기능성 생리활성물질학

Functional Bioactive Material Science

서형주 · 한성희 · 박현정 · 송재철 공저

책을 펴내면서

미래는 모두 생물 신소재의 생리활성에 주목하고 있다!

2018년 12월 8일 오전, 책상머리에서 이 책을 쓰기 시작하였다. 평소 이런 책이 필요하고, 이런 책이 제일의 화두가 될 것으로 생각해 왔기 때문이다. YB의 흰고래수염에서 "작은 연못에서 시작된 길, 바다로 바다로 갈 수 있음 좋겠네, 어쩌면 그 험한 길에 지칠지 몰라, 걸어도 걸어도 더딘 발걸음" 이란 가사처럼 힘든 작업이었다. 물론 지금까지 생리활성물질에 대한 정제된 자료가 없다는 것도 시작점이 되었다. 그동안 지치고 포기하려고 했던 적이 많았지만 더딘 발걸음으로 자료들로 난잡한 책상머리에서 3여 년 동안 이 책에 몰두하였다.

그래서 많은 시행착오를 겪고 힘든 시간들이 이 책의 군데군데 묻혀져 있다. 이 책은 우선 관련 자료를 모으는데 많은 시간을 보내었다. 그동안 강단에서 강의한 자료를 중심으로 건강기능식품이나 천연생리활성, 생물신소재 등에 관한 책들, 그리고 생화학, 영양생리학, 영양학 관련 대학교재 등을 중심으로 이를 다시 정리하고, 이들로부터 모은 내용들을 식약처에서 발간된 건강기능식품 관련 자료들과 함께 비교, 정리하면서 대략적인 책의 윤곽을 잡게 되었다. 생리활성 관련 논문, 기능성 소재에 대한 국내외 특허, 건강기능식품에 관한 뉴스와 신문기사, 방송자료 등의 정보도 취합, 재편집하는 작업도 병행하였다. 그리고 나름 구글, 네이브 등을 비롯한 각종 사이트의 신정보에 대한 모든 자료까지 검색, 확인, 발췌하는 노력도 경주하였다. 그 결과 최종적으로 책의 내용을 논리적으로 기술하였다고 자평한다.

과거에 관련 서적을 저술한 경험이 있었지만, 이런 류의 책을 쓰는 것은 쉬운 일이 아니었다. 그것은 여기에 관련된 유사한 소문이나 자료들이 너무 많고 방대하고 비과학적이어서 이들 내용 모두를 적절하게 논리적으로 규명하고 진위를 가리는 것은 또한 쉽지 않았으며, 내용 중 원저자들에 대한 저작권 침해가 되지 않는 작업의 경우에는 저술작업 내내 긴장하지 않을 수 없었다. 그래도 아직 미흡한 곳이 있을 것으로 생각되어 미리 널리 양해를 구하는 바이다.

이 책은 건강기능식품이 대중화되고, 이에 관한 관심이 높아져 기능성과 생리활성에 대한 지식의 필요성이 높아지면서 보다 논리적이고 심오한 전문적인 정보에 대한 욕구가 필요한 시점에 작업된 것이었으며 따라서 더욱 심도 있는 연구나 접근, 새로운 소재와 제품의 개발, 그리고 전문적인 기능성 생리활성에 대한 이론적 메커니즘을 구하고자 하는 모든 이들에게는 모두 유익한 자료가 되리라 확신하는 바이다.

책을 저술하는 내내 생리활성에 대한 종합적인 이해와 논리적 근거를 견지하였고, 특히 이 책을 저술하는데 내내 각종 자료와 정보, 자료의 입력 작업, 논문검색 등을 소홀히 하지 않았으며, 특히 고려대학교 바이오시스템 의과학부 학부생, 대학원 석·박사 제자들의 레포트, 논문 등도 이 책의 저술에 도움이 되었으므로 감사를 표하는 바이다.

2022년 12월 이 책을 마무리하였다. 힘들고 부족함도 많았지만 두려움 없이 넓은 세상에 나아가는 날로 기억하고자 한다. 책 내용의 가치와 진가를 인정하고 주저 없이 기꺼이 출판을 허락해 주신 유한문화사 천승배 사장님에게 진심을 다해 깊은 감사를 드리고, 이 책을 통해 우리들을 사람되게 만들어 주신 양한철 교수님께 다시 한 번 고개 숙여 감사를 드린다. “너 가는 길이 너무 지치고 힘들 때 말을 해 줘, 숨기지 마, 넌 혼자가 아니야, 우리도 언젠가 흰수염고래처럼 헤엄쳐 두려움 없이 이 넓은 세상 살아갈…” 이라는 흰고래수염의 가사로 이 책의 모든 것을 마무리하고자 한다.

2023년 1월

저 자

차 례

제1장 생리활성물질 총론 / 17

제2장 소재 종류별 생리활성물질 / 33

제3장 소재 성분별 생리활성물질 / 47

제5장 생체기능 관련 생리활성물질 각론 / 345

제 1 장

생리활성물질 총론

〈1절〉 생리활성물질의 정의와 중요성

1.1 생리와 생리활성의 정의

생리활성물질(生理活性物質)의 정의를 규명하기 위해 우선 용어 자체의 의미를 이해할 필요가 있다. 생리(生理)라는 용어 "physiology"는 *physis*(nature / origin)와 *logia*(study)의 합성어로 생물이 생명을 유지하는 여러 가지 현상이나 기능 또는 그 원리, 생활방법 등을 취급하는 용어이다(Physiology is the scientific study of the functions and mechanisms which work within a living system). 특히 Merrian-Webster는 생리를 생명이나 생체(예: 기관, 조직, 세포)의 기능과 활동 및 그와 관련된 물리적・화학적 현상을 의미한다고 규정하고 있다(the focus of physiology is on how organisms, organ systems, organs, cells, and biomolecules carry out the chemical and physical functions that exist in a living system).

결론적으로 생리(生理)라는 용어는 삶에 대한 연구, 즉 유기체의 내부 작용과 주위 환경 간 상호작용하는 신체 내 장기(organ)와 시스템이 어떻게 작용하는지, 어떻게 소통하는지, 생존에 유리한 조건을 만들기 위해 어떻게 노력하는지에 관한 것이다. 흔히 통념적으로 월경(月經)의 뜻으로 통하는 생리와 흔히 생리현상으로 이야기하는 대소변, 트림, 방귀 등도 결론적으로 생체내의 모든 기능과 현상과 관련되는 것들이라 말할 수 있다. 따라서 생리활성(生理活性, physiological active / bioactive / biological activity)의 의미를 단정적으로 정의하면 생리기능의 조절을 말한다(biological response modification, BRM). 즉 생리기능의 조절이란 생체의 생리활동의 증진 혹은 억제를 통해 항상성(homeostasis)을 유지해 생체조직 내에 비정상적인 것을 바로 잡아주는 모든 생리적 현상을 의미한다.

따라서 생리활성물질(physiological active substances / bioactives / biological activity compounds)이란 곧 생리활성을 조절하는 물질이다. 생리활성 조절은 생리활동

과도 관련이 있는데, 생리활동은 유기체의 정상적인 기능으로 인간이 먹거나, 자고, 생각하는 행위로 생체의 심혈관계, 신경계, 소화기관, 내분비선, 면역계, 근육계, 신장계, 생식기, 호흡기 및 골격계와 관련이 있으며, 환경에 관계없이 스스로를 조절하는 신체의 항상성 유지와 관련이 있다(Physiological activity refers to the normal function of an organism. It may refer to specific organs or the organism as a whole). 따라서 생리활성물질은 살아있는 유기체, 조직이나 세포의 생리활동의 증진 혹은 억제를 조절하는 생리기능 조절 물질이다.

실제 생리기능을 조절하는 물질인 영양소와 호르몬 등도 엄밀한 의미에서 생리활성물질이지만 영양소는 신체의 지속 가능성에 필수적이고 호르몬 역시 생체기능을 조절하는 필수적 요소인데 반해 생리활성물질은 영양소와 동일한 기능을 수행하지만 필수적인 것은 아니고 다만 건강에 다양한 영향을 미칠 수 있는 물질로 보고 있다.

1.2 생리활성물질의 특성과 기능성과의 관계

우선 식품(food)을 분류할 때 물리적 기능성, 화학적 기능성, 생물학적 기능성(생체활성 및 기능조절 기능) 등으로 구분하거나 1차 기능(영양적, 영양분 공급 기능), 2차 기능(기맛, 냄새, 색 등의 감각기호적 기능), 3차 기능(기능 및 생리활성기능) 등으로 구분한다. 이 경우 생물학적 기능과 3차 기능은 바로 기능성 및 생리활성적 기능을 말한다. 3차 기능은 기능식품(functional food)의 근본적인 정의를 내리는 기초가 된 기능이다. 이러한 관점에서 생리활성과 기능성과의 상호관계를 정립할 필요가 있어 보이는데, 일반적으로 생리활성이라는 용어와 기능성이라는 용어는 현재 유사하게 사용되고 있다. 그러나 엄밀하게 말하면 기능성의 의미 속에 생리활성의 조절이라는 의미가 들어 있는 셈이다.

건강기능식품에 관한 법률 제3조 제1호에 보면 “건강기능식품이란 인체에 유용한 기능성을 가진 원료나 성분을 사용하여 제조(가공포함)한 식품”으로 정의하고 있으며, 동법 제3조 제2호에 의하면 “기능성이란 인체의 구조 및 기능에 대하여 영양소를 조절하거나 생리학적 작용 등과 같은 보건 용도에 유용한 효과를 얻는 것을 말한다” 라고 정의해 두고 있다. 이 정의 속에 “생리학적 작용”이라는 용어가 들어 있는 것에 주목해야 한다.

기능성이란 용어에 양양성 기능(인체의 정상적인 기능이나 생물학적 활동에 대한 영양소의 생리학적 작용), 생리활성 기능(인체의 정상 기능이나 생물학적 활동에 특별한 효과가 있어 건강상의 기여나 기능향상 또는 건강유지·개선을 나타내는 기능), 질병발생 위험감소 기능(질병의 발생 또는 건강상태의 위험감소와 관련한 기능) 등이 있는데, 이것들을 종합적으로 고려하면 기능성의 한 분야에 생리활성이 있음을 알 수 있다. 따라서 기능성과 생리활성을 같은 의미로 사용해도 큰 무리는 없어 보이지만, 혹자는 기능성과 생리활성을 조합한 생리활성기능이란 용어를 더 합리적인 매력적인 용어로 간주하고 있다. 그것은 인간의 질병을 예방하거나 그 진행을 더디게 함으로써 몸의 건강을 증진시키는 기능이 기능성이고, 곧 생리활성기능으로 인식해도 무방하기 때문이다.

생리활성물질과 기능성식품, 약(藥)과의 관계를 보면 생리활성과 기능성은 동일한 의미로 사용 가능하지만, 약리성(藥理性)은 치료, 증상이나 질병, 의학적 상태의 경감과 관련된 화학물질에 대한 인체의 효과 또는 인체에 대한 화학물질의 효과를 검정하여 질병에 효과가 있음을 밝히는 분야인데, 따라서 기능성과 생리활성은 약리적 효과를 주목적으로 하지 않고 예방적 목적으로 사용하는 반면, 약리성은 치료적 목적으로 사용되는 용어로 단정할 수 있다.

1.3 대사, 대사산물(대사물질)과 생리활성물질과의 관계

모든 생체는 대사(metabolism), 성장(growth), 생식과 번식(reproduction), 환경에의 적응(adaptation), 유기적 관계(organization), 상호의존과 작용(interdependence), 활동과 운동(movement) 등을 하면서 항상성을 유지하면서 생존하고 있다. 이들 중 특히 중요한 것은 생체의 원활한 대사작용이다.

대사(代謝)라는 용어는 물질대사(物質代謝, metabolism)의 약자로 생물의 세포에서 생명을 유지하기 위해 일어나는 화학반응을 말하는데 생물은 이 대사를 통해 성장하고 번식하며, 구조를 유지하고 환경에 반응하게 된다. 즉 대사라는 단어는 생물체 내에서 일어나는 모든 화학반응을 의미하는데, 이것에는 이화작용과 동화작용이 있다. 이화작용(catabolism)은 세포 호흡을 통하여 유기분자를 분해하고 에너지를 얻는 반응이고, 동화작용(anabolism)은 에너지를 이용하여 세포의 구성 성분을 합성하는 반응인데, 세포 내에서 일어나는 반응의 대사경로 일부를 우리는 중간대사(intermediate metabolism)라 부른다.

생체내 영양성분 대사는 1차 대사라 부르고, 생존에 꼭 필요한 것은 아니지만 일반적으로 필요한 대사 또는 특정한 곳에 일어나는 대사를 2차 대사라 부른다. 이러한 1, 2차 대사는 경우에 따라 대사반응을 조절할 필요가 있는데, 이를 조절하는 물질이 바로 생리활성물질이다. 일반적으로 생체 내에서 대사는 정상상태 유지를 위해 자동적으로 조절되지만, 대사과정에 문제가 발생할 경우 이를 조절하기 위하여 생리활성물질의 개입이 필요하다.

1.4 생리활성물질/건강기능성식품의 분류와 종류

생리활성물질의 분류와 종류는 다양한 기준에 의해서 이루어진다. 간단한 분류는 생리활성물질의 상품유형에 따라 과립/정제/분말/액상/시럽/캡슐환/편상/페이스트상/젤리 등으로 분류한다. 그러나 소재/종류별 생리활성물질로 분류할 경우에는 식물성 유래 생리활성물질, 동물성 유래 생리활성물질, 미생물 유래 생리활성물질, 해조류/미세조류 유래 생리활성물질, 천연고분자 유래 생리활성물질, 천연색소/피토케미컬 유래 생리활성물질, 허브/향기성분 유래 생리활성물질, 광물성 유래 생리활성물질 등으로 분류한다.

성분별로 생리활성물질을 분류할 경우에는 탄수화물 유래, 단백질/아미노산 유래, 지질/지질유도체 유래, 비타민 유래, 무기질 유래, 효소 유래 생리활성물질 등으로 구분한다. 또 생리활성물질의 기능성과 약리성에 따라 분류하면 항암, 면역, 비만, 대사증후군(혈관, 혈압, 뼈 관련), 호르몬 분비 관련, 갱년기/만성퇴행성 질환 관련, 항노화 관련, 자유기/항산화 관련, 소화장기 기능개선 관련, 신경전달물질/치매/기억/우울 관련, 스트레스/수면/불면 관련, 항염증 관련, 치아 건강(충치) 관련, 피부/미용 관련, 기타 신체기능의 개선 관련, 성장 관련, 피로/만성피로 방지 관련, 항(抗)방사선 관련, 성기능 증강 관련, 시력향상 관련 생리활성물질 등으로 구분한다.

이와 유사하게 건강기능성 식품의 분류는 절대적인 기준은 없지만 보통 기능성 중심으로 구분하여 영양소 기능, 생리활성기능, 질병발생 위험감소 기능 등으로 구분한다. 특히 생리활성기능은 과학적 근거 정도에 따라 3가지 등급, 즉 ○○에 도움을 주는 생리활성기능 1등급, ○○에 도움을 줄 수 있는 2등급, ○○에 도움을 줄 수 있으나 관련 인체 적용시험이 미흡한 3등급 등으로 구분하고 있다.

생리활성기능의 경우 제출된 기능성 자료가 인체의 정상 기능이나 생물학적 활동에 특별한 효과가 있어 건강상의 기여나 기능 향상 또는 건강유지, 개선을 나타내는 경우에 한하여 인정하는데 2011년 11월 1일부터 기능성 원료 인정을 위한 제출자료 수준에 따라 기능성 인정등급을 세분화하여 건강기능식품 개발 촉진 및 소비자의 선택권을 보장, 확충하고 있다. 생리활성기능과 유사한 질병발생 위험감소 기능은 제출된 기능성 자료의 질병발생 위험감소 정도를 말하는데, 확보된 과학적 근거자료의 수준이 상당한 과학적 합의(scientific agreement)에 이를 정도로 높을 경우에만 인정된다. 상당한 과학적 합의는 성분 또는 원료와 건강효과 간의 상관성이 과학적으로 인정될 정도의 수준을 말하는데, 관련 분야의 전문가들에 의해 만장일치에 가까운 합의 수준을 의미한다.

건강기능성식품은 원료 또는 성분 등을 기준으로 분류하거나 식약처의 인정 정도에 따라 고시형과 개별인정형 등으로 구분하고 있다. 고시형 건강기능식품은 건강기능식품 공전에 따라 건강기능식품에 관한 법률 제14조(기준 및 규격)에 따른 고시된 건강기능식품의 기준 및 규격을 말하는데, 식약처장이 기능성 원료를 지정하여 고시하며 제조기준 및 규격, 최종제품의 요건(1일 섭취량, 기능성 내용 및 섭취 시 주의사항) 등이 적합한 경우 품목 제조신고 또는 수입신고만으로 유통 판매 가능한 것을 말한다.

그러나 개별인정형 건강기능식품은 건강기능식품 기능성 원료 인정에 관한 규정에 따라 운영되는 고시되지 않은 새로운 기능성 원료에 관한 것인데 안전성, 기능성 및 기준규격에 관한 자료를 식약처에 제출하여 개별인정을 받은 후 제조 또는 수입 가능한 품목들이다. 고시형은 영양소와 기능성 원료(terpen류, phenol류, 지방산 및 지질류, 당 및 탄수화물류, 발효미생물류, 아미노산 및 단백질류, 기타류) 등으로 주로 구분하고* 개별인정형은 보통 기능성 중심으로 분류하고 있다**.

* **단백질류**(일반단백질/대두단백/로얄젤리/아미노산류/자라분말), **지질류**(감마리놀레산/레시틴/배아유/뱀장어유/식물스테롤/식물스테롤에스테르/스쿠알렌/알콕시글리세롤/옥타코사놀/에이코사펜타엔산(EPA)/도코사헥사엔산(DHA)/자라유/지방산류/포도씨유), **탄수화물류**(글로코사민/뮤코다당·단백/식이섬유/키토올리고당/키토산/프락토올리고당), **비타민류 및 무기질류**, **식물류**(녹차추출물/매실추출물/배아/알로에/인삼/엽록소/홍삼), **발효미생물류**(식물추출발효/바이오틱스/홍국/효모/효소), **조류**(스피루니나/클로렐라), **기타**(버섯류/화분/프로폴리스추출물) 등으로 분류하는 경우도 있다.

** 기능성 내용을 보면 간(肝) 건강, 갱년기남성/갱년기 여성건강, 과민피부 상태개선, 관절/뼈건강, 기억력 개선, 긴장완화, 눈건강, 면역기능 개선, 배뇨기능 개선, 월경 전 변화에 의한 불편한 상태 개선, 전립선 건강, 위 건강/소화 건강, 장 건강, 피부 건강, 치아 건강, 요로 건강, 유산균 증식을 통한 여성 질 건강, 정자운동성 개선, 피로 개선, 혈중 중성지방 개선, 혈중 콜레스테롤 개선, 혈행 개선, 운동수행 능력 향상, 인지능력 향상, 체지방 감소, 칼슘 흡수 촉진, 항산화, 혈당조절, 혈압조절, 어린이 키 성장 도움 등의 기능이 여기에 속한다.

1.5 생리활성물질과 건강기능식품의 원료와 특이사항

생리활성물질과 건강기능식품의 원료에 필수적으로 사용하는 기능성 원료의 정의를 보면 "기능성 원료"라 함은 건강기능식품의 제조에 사용되는 기능성을 가진 물질로서 동물, 식물, 미생물, 물 등 기원(起源)의 원재료를 그대로 가공한 것, 이것을 추출, 정제하거나 정제물의 합성물 또는 이들 모두의 복합물로 정의한다. 기능성 원료는 기능성 원료별로 정해진 1일 섭취량 및 제조 시 유의사항에 적합하게 사용하여야 하고, 두 가지 이상의 기능성 원료를 혼합하여 사용할 수 있으나 이 경우 안전성과 기능성이 유지됨을 전제 조건으로 하여야 한다.

건강기능식품의 기능성 원료의 범위는 건강기능식품에 관한 법률 제15조와 건강기능식품 기능성 원료 및 기준규격 인정에 관한 규정에 따라 결정한다. "원재료"라 함은 원료를 제조하기 위하여 사용되는 기원물질을 말하며, 품질과 선도가 양호하고 부패·변질되지 아니하고 유해한 오염물질과 농약, 동물용의약품 등의 잔류물질 및 이물 등이 기준 및 규격에 적합하여야 한다.

원재료는 흙, 모래, 티끌 등과 같은 이물질을 충분히 제거하고, 먹는 물로 깨끗이 씻어야 하며, 비가식(非加食) 부분을 충분히 제거해야 한다. 건강기능식품에 사용하는 주정은 「주세법」, 원료소금 및 수처리제 등은 「식품의 기준 및 규격」에, 축산물 및 그 가공품은 「축산물위생관리법」에 적합한 것이어야 한다. "기타 원료"는 별도의 규격을 설정하지 않고 건강기능식품의 제조에 사용할 수 있는 원료 또는 성분을 말하는데 「식품의 기준 및 규격」, 「식품첨가물의 기준 및 규격」, 「축산물의 가공기준 및 성분규격」에 적합한 것으로 기타 원료를 사용할 때에는 기능성 원료의 안전성과 기능성 유지를 최우선적으로 고려하고 지방, 콜레스테롤, 나트륨, 포화지방, 트랜스지방 등의 영양성분 함량이 가능한 한 적게 들어가도록 제조되어야 한다.

영양성분을 건강기능성식품에 사용할 경우 비타민과 무기질 제품은 일상식사에서 부족될 수 있는 것을 보충하는 정도로 하고 식사를 대용하거나 다른 성분의 섭취가 목적이 되어서는 아니 된다. 그리고 정제·캡슐·환·과립·액상·분말 등으로 한 번에 섭취하기 편한 형태로 제조되어야 한다. 비타민과 무기질의 최소함량은 1일 영양성분 기준치의 30% 이상으로 하며, 섭취 대상을 특별히 정하는 경우에도 한국인 영양섭취 기준에서 정한 대상 연령군의 권장섭취량 또는 충분섭취량의 30% 이상이 되도록 하면 된다. 대상 연령군에 해당하는 권장섭취량 또는 충분섭취량이 2개 이상인 경우 그 중 높은 값을 사용한다.

비타민과 무기질의 과잉섭취로부터 안전성을 확보하기 위해 설정된 최대 함량기준은 최종제품의 표시량에 대한 임의기준으로 적용한다. 1일 영양성분 기준치의 30% 이상을 함유하고 있는 영양성분의 경우에는 영양정보란에 모두 표시하여야 하고, 표시한 영양성분의 기능성 내용 등은 모두 표시할 필요까지 없다.

건강기능식품은 인체에 보건 목적의 유용한 효과를 얻기 위한 기능성 원료 또는 성분의 섭취를 주된 목적으로, 정제·캡슐·환·페이스트상(paste)·시럽·겔·젤리·바(bar)·필름·과립·액상·분말·편상의 형태로 1회 섭취가 용이하게 제조·가공되어야 하며, 최종제품의 제조 시 기능성 원료의 특성이 변화될 수 있는 추출, 정제, 발효 등의 제조·가공을 하여서는 아니 된다. 일반 식품 또는 식사를 대신할 수 있는 식품유형은 「건강기능식품 기능성 원료 및 기준·규격 인정에 관한 규정」에 따라 인정을 받아야 한다.

건강기능식품의 제조에 사용되는 기계·기구류, 기구 및 용기·포장과 부대시설물은 항시 위생적으로 유지·관리하여야 하며, 건강기능식품 포장 내부의 습기, 냄새, 산소 등을 제거하여 제품의 품질을 유지시킬 목적으로 사용되는 물질도 「기구 및 용기·포장의 기준 및 규격」에 적합한 포장재를 사용하여야 하며, 건강기능식품에 그들이 이행되지 않도록 포장하여야 한다. 건강기능식품의 제조에 사용하는 물은 「먹는물관리법」의 먹는 물 수질기준에 적합한 것이어야 한다. 냉동된 원료의 해동은 위생적으로 실시하고, 냉동건강기능식품을 해동시켜 실온 또는 냉장건강기능식품으로 유통시켜서는 아니 된다. 실온 또는 냉장건강기능식품을 냉동시켜 냉동건강기능식품으로 유통시켜서도 아니 되며, 냉장건강기능식품을 실온에서 유통시키는 것은 더욱 아니 된다.

건강기능식품은 제품의 특성에 따라 냉장, 냉동하거나 적정한 방법으로 살균 또는 멸균처리 하여야 하는데, 건강기능식품의 제조 중 열처리, 냉각 또는 냉동 공정은 제품의 기능성, 안전성을 고려하여 적정한 방법으로 실시하여야 한다. 건강기능식품의 용기를 회수하여 재사용하고자 할 때에는 깨끗이 세척하고 세제, 세척제 등이 잔류하지 않도록 하여야 한다. 건강기능식품에 관한 법률 제17조에 의하면 건강기능식품은 반드시 용기·포장에는 건강기능식품이라는 문자 또는 도형을 표시하고, 기능성분 또는 영양소 및 그 영양권장량에 대한 비율(영양권장량이 설정된 것에 한함), 섭취량 및 섭취방법, 섭취 시 주의사항, 유통기한 및 보관방법, 질병의 예방 및 치료를 위한 의약품이 아니라는 내용 등을 표시하여야 한다.

질병의 예방 및 치료에 효능·효과가 있거나 의약품으로 오인·혼동할 우려가 있는 내용을 표시하면 안 되고, 사실과 다르거나 과장된 표시·광고, 소비자를 기만하거나 오인·혼동시킬 우려가 있는 표시·광고, 의약품의 용도로만 사용되는 명칭(한약의 처방명을 포함)의 표시·광고 등은 할 수 없다. 동 법률 제23조에는 썩었거나 상한 것으로 인체의 건강을 해(害)할 우려가 있는 것, 유독·유해물질이 들어 있거나 또는 묻어 있는 것 또는 그 염려가 되는 것, 병원미생물에 오염되었거나 오염 염려가 있어 인체의 건강을 해칠 우려가 있는 것, 불결하거나 다른 물질의 혼입 또는 첨가 그 밖의 사유로 인체의 건강을 해할 우려가 있는 것 등은 건강기능식품으로 판매하거나 판매할 목적으로 제조·수입·사용·저장 또는 운반하거나 진열하지 못하게 하고 있다.

생리활성물질을 응용한 상품유형은 매우 다양하다. 생리활성물질을 분리·정제하여 최종 제품을 만들 경우 그 성분 자체가 주위 환경에 매우 예민하고 불안정하고 잘 변할 가능성도 배제할 수 없으므로 보관, 취급 등에 특별히 유의해야 한다. 특히 순도가 높은 경우에는 순도 저하가 일어나지 않도록 하여야 하는데 따라서 분리·정제된 것은 안전성과 소재 자체의 변성을 방지하기 위하여 여러 형태로 전환시켜 저장, 보관하거나 아예 상품화 하여 유통되게 된다. 다만 현재 생리활성물질에 관한 별도의 규정은 없으나 향후 건강기능식품 기능성 원료를 참고하여 필요할 경우 어떤 형태로든 정립할 필요가 있어 보인다.

〈2절〉 기능성식품 및 생리활성물질의 역사

2.1 생리활성물질과 건강기능식품의 유래

인간은 삶 속에서 식품을 통해 영양분을 공급받고 활동하며 살아왔는데, 실제 보통 식품을 통한 영양소의 섭취로만으로도 건강은 유지될 수 있다. 그러나 사회환경의 변화와 운동부족, 스트레스 증가, 신종 질환의 출현 등으로 체내 영양적 요구만으로는 건강을 유지할 수 없게 되었다.

단순 식사를 비롯한 미식(美食) 추구, 관능적 섭취, 영양적 불균형 등으로 자연히 건강과 여러 신체 생리활성을 도와주는 식품들의 요구가 자연스럽게 생기게 되었다. 즉 식사 패턴이 변화하면서 체내 영양 요구 다양화와 생리적 활동의 원활성을 높이기 위한 보조적 성격의 식품이 등장하게 되고 따라서 제3의 식품형태인 기능성식품의 역할이 주목받게 되었다. 기능성식품은 보완적 의미를 갖는 식품으로 특정 생리활동을 중점적으로 활성화 또는 억제, 조절하는데 다소 제한적이지만 생체내 생리활성을 조절할 수 있는 식품이나 성분, 생리활성 대사산물 등은 체내 생체기능을 보다 활성화 하는데 기여할 수 있다. 실제 생리활성물질이란 용어는 식품과는 전혀 다른 뉘앙스를 가지고 있다. 식품의 정의는 먹을 수 있도록 처리한 모든 음식물을 말하지만, 생리활성물질은 특정한 생체내 생리적 현상이나 활동을 보완, 조절, 억제, 활성화시킬 수 있는 음식물 속에 함유된 특정 성분만을 분리, 정제하여 고농도 형태로 만들어 적당량 사용하는 데 그 의의가 있다.

생리활성물질의 역사는 기능성식품에서 자연스럽게 생겨난 것이므로 기능성식품의 발전 경위와 크게 다르지 않을 것이다. 식물 또는 동물체내에서 천연물이나 생리활성물질을 분리 시도된 것은 18세기 말부터로 알려져 있다. 스웨덴의 약사 Scheele는 포도에서 주석산(tartaric acid), 레몬에서 구연산(citric acid), 사과에서 사과산(malic acid), 우유에서 젖산(乳酸, lactic acid, 유산), 요(尿)에서 요산(uric acid) 등을 분리하였는데, 이것이 생리활성물질의 생화학적 연구의 시초로 보고 있다.

그 후 19세기에는 양귀비에서 모르핀(morphine)이 분리되고 이어서 알칼로이드(alkaloid), terpenoid, 배당체(配糖體, glycoside) 등의 화합물질들이 분리, 그 화학구조가 밝혀지게 되었다. 20세기 초 소련의 식물학자 Tswet에 의해 칼럼크로마토그라피(column chromatography)법이 개발되어 미량 유사물질 분리가 용이하게 이루어져 많은 생리활성물질이 발견되었으며, 이어서 다양한 크로마토그라피법, 적외선분광광도계(IR), 자외선분광광도계(UV), 핵자기공명측정기(NMR), 질량분석기(MS) 등의 기기분석장치가 도입되어 복잡한 생리활성물질 구조가 쉽게 해석되어 생리활성물질 연구가 급속히 발전, 진전되었다.

우리나라의 경우 법적(건강기능식품에 관한 법률 / 약칭 건강기능식품법)으로 2002년 '건강기능식품'으로 정의내렸지만 명명하기 이전에는 기능성식품에 대한 용어가 통일되지 않은 채 혼란스럽게 사용되어 오다가 3차 기능이 요구된다는 것이 확실해지자 소비자의 혼란을 막고 합리적인 용어로의 정의가 필요하다고 생각되어 다양한 검토 끝에 최종적으로 건강기능식품이란 용어를 선택하게 되었다(건강기능식품에 관한 법률 / 건강기능식품법, 시행 2003. 8. 27. 법률 제6727호, 2002. 8. 26. 제정).

"건강기능식품"이란 인체에 유용한 기능성을 가진 원료나 성분을 사용하여 제조한 식품을 말하며, "기능성"이란 인체의 구조 및 기능에 대하여 영양소를 조절하거나 생리학적 작용 등과 같은 보건 용도에 유용한 효과를 얻는 것을 말한다. 따라서 '건강기능식품'에는 반드시 문구 또는 인증 마크, 기능성 원료, 일일 섭취량 등을 표시하도록 하여 법률에 따라 만들어지고 검증을 받는 반면 인증마크나 기능성 표시가 없는 단순한 것은 '건강식품'으로 부르면서 서로 구분하도록 하였다. 건강기능식품과 의약품도 서로 혼동하지 않도록 하였는데, 의약품은 질병이나 인체 내의 손상의 회복을 위해 치료가 목적이 되어 복용, 도포 또는 주사하는 것으로 치료가 그 목적인 반면 건강기능식품은 치료의 효과가 아니라 질병의 위험성을 낮춰주는 가능성을 지닌 것으로 국한하여 서로 구분하도록 하였다.

2.2 기능성식품의 배경

기능성식품의 배경에는 사회적인 변화가 숨어 있다. 기능성이 강조되면서 각종 관련 용어들이 등장하고, 특히 미국에서는 처음에 "vita foods, health foods, functional foods, functional nutritional foods, dietary supplements" 등의 용어로 영양강화, 영양기능, 영양보충 등의 의미로 건강기능성식품을 유통하였는데, 그 이후 건강과 생리활성 치료예방 목적의 개념이 첨가된 이런 바 "pharma foods, nutraceutical foods, pharmaceutical foods, medical foods, medical therapeutic food, therapeutic food"

등으로 불리워지는 많은 종류들의 식품들이 개발되었다. 특히 뷰티-미용의 개념을 강조한 fitness foods는 건강기능식품으로 특이한 인기를 얻기도 하였다.

1989년 미국에서 designer foods라는 용어를 처음 사용하였다. 그 당시 이 용어는 건강증진을 위해 만든 건강증진·강화식품으로 정의하였다(Designer foods are normal foods fortified with health promoting ingredients). 이 식품은 정상적인 식품과 모양이 비슷하며 규칙적으로 섭취되도록 하였는데, 예를 들면 "designer milk, designer grains, designer egg, probiotics, designer foods enriched with micro and macronutrients and designer proteins" 등의 이름으로 유통되었다. 현재 designer foods은 강화식품, 건강기능식품 등으로 인식되어지고 있지만, 실제는 특정 성분을 적당히 첨가한 맞춤식품(Lifetech foods)으로서의 의미가 더 크다.

이러한 기능성식품에 대한 개념이 과거에 없었던 것은 아니다. 정확한 용어 확립이 없었다 뿐이지 기능성식품의 역사는 수천 년 전으로 거슬러 올라간다. 인류는 동물들이 특정 상황에서 먹는 식물에 대해 유심히 관찰하고, 그 식물에 어떤 물질은 동물에게 좋은 기능을 준다고 생각하게 되었다.

6만 년 전 네안데르탈인(Homo neanderthalensis)의 무덤에서 약으로 사용했던 허브(herb)가 발견되었고, BC 4000년경 중동 지방에 살던 수메리아인(Sumeria인)들은 타임(thyme), 겨자(芥子, mustard) 사프론(saffron), 고수(香荽, coriander, 빈대풀), 계피(桂皮, cinnamon) 등을 의약품으로 사용하였다고 하며 그리스, 로마, 이집트에서도 식물을 의약품으로 사용했다는 증거들이 문헌을 통해 남겨져 있다. 근대 의학의 아버지라 불리는 히포크라테스(Hippokrates)는 '식품이 약이 되고, 약이 식품이 된다'는 말을 하였으며, 300~400개 정도의 식물을 치료 용도로 사용하였다고 한다.

서양에서만 식물이나 일상 식품에서 질병의 예방과 관리의 기능이 발견된 것은 아니다. 우리나라나 중국의 경우 '약식동원(藥食同源)'의 개념이 있었는데, 이것은 약과 음식은 그 근원이 같다는 뜻으로 서양에서의 히포크라테스 남긴 말과 일맥상통하는 점이다. 고대인들의 특징은 조리, 가공하지 않거나 익히지 않고, 있는 그대로의 음식을 섭취하는 매크로바이오틱(macrobiotic)의 식사였다. 다만 과거에는 실험적·임상적·과학적 기법이 부족하여 어떤 물질이 생리활성기능을 가진 것인지, 어떤 성분이 건강을 도와줬는지는 알 수 없었고, 그럼에도 불구하고 사람들은 은연중에 자연스럽게 기능성을 가진 식품을 찾거나 섭취하는 노력을 경주하였다.

우리나라의 경우 건강기능식품이 법률로 정해지기 훨씬 전인 1960~1970년부터 기능성식품의 일종인 비타민제가, 1970~1980년대는 비타민 외에 버섯추출물이, 1980~1990년대에는 스쿠알렌(squalene), 키토산 등이, 2000년대 초, 중반에는 성인병 위주의 기능 개선과 항산화 관련 제품이, 2000년대 후반에는 웰빙의 바람을 타고 홍삼, 클로렐라, 감마리놀렌산이, 2010년 이후에는 밀크씨슬(milk thistle), 가르시아 캄보지아(*Garcinia cambogia*) 추출물(γ-linolenic acid, GLA) 등이, 2016년에는 루테인, 프로바이오틱스 관련된 제품들이 유행하였고 최근에는 이너뷰티(inner-beauty), 다이어트, 피부건강, 면역증강 등이 사회적인 이슈로 나타나면서 빅데이터를 바탕으로 연령과 성별에 따른 소비자들의 니즈를 분석하는 새로운 기능성 생리활성물질 등이 사회적 변화에 빠르게 순응해 가고 있는 것이다.

우리나라는 1977년 식품위생법에 영양식품이라는 분류가, 1987년에는 영양식품군에 유아, 병자, 임산부 등의 건강증진 용도를 더한 특수 영양식품*이, 1989년에는 21개 품목의 건강보조식품** 제도가, 비타민과 무기질 섭취를 주목적으로 하는 영양보충용 식품과 식사대용 식품이 건강관련 식품으로 등장하게 되었다.

* 식품공전에서는 특수 영양식품은 "영유아, 병약자, 노약자, 비만자 또는 임산부 등을 위한 용도에 제공할 목적으로 식품원료에 영양소를 가감시키거나 식품과 영양소를 배합하는 등의 방법으로 제조 가공된 조제 분유류, 이유식류, 영양보충식품, 특정 용도식품, 식이섬유 가공식품 등의 식품.

** 건강보조식품은 "건강보조의 목적으로 특정 성분을 원료로 하거나 식품원료에 들어 있는 특정 성분을 추출, 농축, 정제, 혼합 등의 방법으로 제조, 가공한 영양성분 보급 식품으로, 일반적 식품의 형태가 아니고 천연물로부터 유래하였으며, 과거부터 식용되어 온 의약품으로 사용된 식품이 아닌 과학적으로 생리활성이 있는 것으로 경구로 섭취한 것이다. 물론 건강증진에 도움이 되는 유효성분을 함유하고 있으며, 안전하고 식용 시 거부감이 없고 제품의 형태가 캡슐, 정제, 과립 등 의약품 형태를 갖추고 있다. 2020년 현재 건강보조식품은 25개 품목군으로 구분하고 있다.

미국에서의 건강식품은 건강을 가져오는 치료적인 성질에 있다고 암시되는 식품으로 건강을 보다 향상시키거나 스트레스와 질병에 대해서 생리학, 심리학적으로 건강을 촉진한다고 생각되는 식품류나 성분 등을 포함하는 것으로 정의하고 있다. 종류를 보면 최소 가공한 자연식품(natural foods), 유기식품(organic foods), 다이어트식품(dietary foods), 건강보조식품(식이보충제, dietary supplement health foods) 등이 있는데* 그 중에서도 건강기능식품과 가장 유사한 것은 식이보충제(dietary supplements)이다. 식이보충제란 문자 그대로 일반적인 식사를 보조하는 제품이다.

* 자연식품(Natural foods) : 식품첨가물 무첨가, 저(低)정제 가공식품, Nut류, Dry fruits, 무첨가 소시지 등). 유기식품(Organic foods) : 화학비료, 농약 등을 사용하지 않고 유기적으로 재배, 수확한 농산물. 다이어트식품(Dietary foods) : 저칼로리, 저염, 스포츠음료 등 영양소를 조정한 영양소 조정 식품. 건강보조시품(식이보충제, Dietary supplement health foods) : 비타민, 미네랄, 아미노산, 허브 등의 동・식물 또는 이들 원료 성분의 대사물, 구성 성분, 추출물 또는 혼합물(비타민, 미네랄, 허브, 아미노산 등)로 정제・가공한 것.

미국에서는 1990년에 영양표시 및 교육법(NLEA, Nutirtion Labelling and Education Act)이 제정되면서 모든 가공식품에 영양표시를 의무화하고 식품의 영양소 함량 강조표시를 하도록 하였으며, 특정 질병과 특정 영양소의 상관관계를 표현하는 건강 강조표시(Health claim)를 하도록 하였다. 이 건강강조표시는 소비자에게 식품에 대한 과학적인 정보를 전달하게 되며, FDA가 정한 기준에 적합할 경우 식품 또는 식이보충용 식품(dietary supplement)에 사용할 수 있도록 하였다.

1994년에는 식이보충제 건강교육법(DSHEA, Dietary Supplement Health and Education Act)이 제정되어 식이보충제의 기능성 표시가 가능하게 되었는데, 적용범위(비타민, 미네랄, 허브, 아미노산, 기타 추출물 및 혼합물), 형상(정제, 캡슐, 분말, 액상 등 일반식품의 형태가 아니어야 함) 등을 고려하여 건강증진에 대한 표현을 할 수 있도록 하였다. 다만 질병의 치료, 예방 등에 대한 표시는 자유롭게 하지 못하도록 규제하였다. 또 FDA는 과학적 기준(Significant Scientific Agreement, SSA)을 충족하는 경우에만 2003년 '영양증진을 위한 소비자 건강정보 발의법(Consumer Health Information for Better Nutrition Intiative)에 의해 식품의 질병발생 위험 감소기능 표시를 인정하고 있다. 건강강조표시 심사기준으로 활용되는 SSA는 식품과 질병과의 관계에 대한 엄격한 기준으로 과학적 근거를 기초로 하고 있다.

유럽(EU)에서는 기능성식품을 영양 및 건강 강조표시에 관한 규칙(Regulation (EC) No1924 / 2006)과 함께 기존의 식품보충제 지침(Directive 2002 / 46 / EC)을 보충하는 규정으로 식품보충제로 관리하고 있는데, 식품보충제는 식품으로 분류되어 있다. 유럽에서의 기능성식품은 개별적 제품(성분 / 제품 지향적)보다는 기능 측면을 중요시하는데, 유럽 전체에 공식적으로 통용되는 기능성식품의 정의는 없으나 유럽의 기능성식품 프로젝트인 "Functional Food Science in Europe(FUFOSE)"에서 제안한 기능성식품 정의를 일반적으로 사용하고 있다.

FUFOSE에서는 기능성식품이란 "과학적으로 인체에 하나 혹은 그 이상의 건강향상을 목적으로 생산된 식품으로, 그 효과가 증명된 식품"이며, 일반식품 또는 일반 성분의 천연적인 효과와는 달리 구분되며, "건강을 촉진하거나 혹은 질병 감염의 위험을 감소시키거나 예방하는 데 도움을 주는 식품"으로 정의하고 있다. 따라서 유럽에서는 건강강조표시*를 할 경우 유럽연합집행위원회(EC)의 건강 및 영양정보표시 규칙(Regulation on Health and Nutritional Claims)에 따라 제출한 과학적 근거 자료를 유럽식품안전청(European Food Safety Authority, EFSA)에서 검토하고 EC의 인정을 받아야 한다. 기능성식품 총괄부서는 유럽식품안전청(European Food Safety Authority, EFSA), 유럽의약품기구(EMEA, European Agency for the Evaluation of Medicinal Products)이다.

* 1. **영양강조 표시**(Nutrition Claims) : 이 표시는 유익한 특정의 영양학적 특성을 지니고 있다는 점을 서술하고 있거나, 암시 혹은 내포하고 있는 표시로 건강강조 표시(Structure / Function Claim), 질병발생 위험감소 표시, 어린이 성장 건강강조 표시, 기타 건강강조 표시 등이 있다.

2. **일반 건강강조 표시**(일반적으로 수용되는 과학적 근거 기반) : 새로운 과학적 근거 또는 별도로 시행한 연구결과에 근거해야 하고, 새로운 원료나 성분을 사용하고자 하는 경우에는 신규 식품규칙을 준수해야 하며, 식품첨가물인 경우에는 기존 식품첨가물 관련 규정을 준수해야 한다.

일본의 건강식품산업은 급격하게 성장한 1969년 건강식품을 "식품성분이 갖는 생체방어, 생체리듬의 조절, 질병의 방지와 회복 등 생체조절 기능을 생체에 대하여 충분히 발휘할 수 있도록 설계되고 가공된 식품"으로 규정하고 널리 이 용어를 사용하였다. 그러다 1986년부터 영양성분을 가지고 특정한 보건용도에 적합하게 쓰일 수 있는 식품을 "기능성식품"으로 정의하였다.

1991년에는 식품은 특성상 기능성식품이 갖는 제3차 생체조절기능 뿐만 아니라 영양기능과 감각기능 등 3가지 기능을 가진 특정 보건용 식품을 제정하여「식생활에 있어서 특정의 보건목적으로 섭취하는 자에 대해서 그 섭취를 통해 해당 보건의 목적을 기대할 수 있다는 뜻을 표시한 식품」이라고 하였다. 특정 보건용식품은 유효성과 안전성, 품질 등에 대한 과학적인 자료를 기초로 국가가 표시내용 등을 엄정하게 심사하여 허가하였다.

2001년에는 건강기능과 영양보조식품을 종합적으로 정리하여 보건기능식품(FHC, Food with Health Claims)으로 통합하고 특정보건용식품(FOSHU, Food for Specified Health. Use / 개별 평가형)과 영양기능식품(FNFC, Food for Specified Health Uses / 규격 기준형)으로 구분하였다. 특정보건용식품은 특정한 보건기능을 가지고 있어 건강증진에 도움이 되는 것이며, 영양기능식품은 영양성분을 보급하고 특별한 보건용도에 적합한 것으로 신체의 성장, 발달, 건강의 유지에 필요한 영양성분의 보급·보완을 목적으로 한 것이다. 정제, 캡슐, 분말 등의 형태이며 비타민, 미네랄, 단백질, 지방산, 식이섬유, 허브. 기타의 식품성분을 포함하고 있다.

중국은 1996년 건강기능식품을 '건강식품관리법'에 따라 '보건식품(health food)'이라 불렀다. 2005년에 '국가식품약품감독관리국령의 보건식품등록관리방법'으로 보건식품을 새롭게 정의, 관리하고 있다. 보건식품이란 특정 보건기능 또는 비타민, 미네랄 보충을 목적으로 하는 식품으로 특정인이 사용하기 적합하고 유기체 조절기능을 갖추고 있으며, 질병치료의 목적으로 사용하지 않으며, 인체에 어떠한 급성 또는 만성의 위해가 없는 식품으로 정의하였다.

보건식품의 조건에는 필요한 동물, 사람에 대한 임상실험을 통해 제품의 명확한 기능을 증명해야 하며, 모든 원료와 최종식품은 식품의 건강효과에 관한 조건을 충족시키도록 하였다. 중국의 경우 건강 관련 제품은 개인의 건강한 삶을 유지하기 위해 섭취하는 식품으로 별도의 전문가 허가가 필요하지 않은 식품으로 규정하고 스포츠 영양제, 건강보조식품, 체중조절 식품 등으로 구분하였으며, 건강보조식품을 더 세부 분류하여 식이보충제(일반 식품에 특정 식품성분의 섭취를 보강하기 위한 제품으로 인삼 등 천연제품과 글루코사민 등 추출제품 등으로 구분 가능), 강장제(건강 증진 및 육체 활력 제고를 위한 제품으로 주로 드링크류로 제조되며 비타민, 미네랄, 아미노산 등의 성분이 혼합 함유됨), 비타민 등 3가지로 구분하였다. 중국은 국가식품의약품감독관리총국(China Food and Drug Administration, CFDA / 전 국가약품감독관리국)이 건강관련 제품을 총괄하고 있다.

2.3 건강기능성식품과 생리활성물질의 유통기한과 표시기준

건강기능식품의 경우 유통기한 설정은 지난 2000년부터 자율화 되어 제조업소에서 자율적으로 설정해 왔으나 2008년부터 건강기능식품공전에 맞춰 건강기능식품의 유통기한 설정 가이드라인에 의해 과학적으로 유통기한을 설정하도록 하였는데, 제품의 제조일로부터 소비자에게 판매가 허용되는 기한(건강기능식품법률 표시기준)을 유통기한이라고 하였다(식품의 경우, 1985년 유통기한 표시제 도입).

「건강기능식품에 관한 법률」 제7조, 동법 시행규칙 제8조 제1항 제1호·식품의 유통기한 설정기준(식품의약품안전청고시 제2008-53호, 2008. 8. 14)에 의하면 "유통기한"이란 제품의 제조일로부터 소비자에게 판매가 가능한 최대기간을 말하고, "건강기능식품 제조업자가 품목 제조신고 또는 해당하는 사항을 변경하고자 하는 경우는 포장단위가 소비자가 구입 후 장기간에 걸쳐 소비되는 점을 감안하여 마지막 소비시점까지 품질과 안전성이 보장 되도록 구매 이후의 사용·보관실태 등을 함께 고려하여 유통기한을 설정해야 한다" 라고 명시하고 있다.

유통기한을 설정할 경우에는 이화학적·생물학적 효소반응 등을 품질 변화의 요소인 온도, 습도, 산소, 광선, 수분, 금속 등의 영향을 고려하여 변질, 부패, 식중독균 또는 독소발생 현황은 물론 제품의 관능적 요소인 색, 향, 물성, 조직 등의 변화를 종합하여 품질 저하의 경시적 변화를 참고하여 결정하게 된다. 특히 안전을 강화하기 위해서 기준 조건보다 더 엄격하고 열악한 조건을 재현하는 가속시험을 실시해야 한다. "가속시험"이란 온도가 성분의 화학적·생화학적·물리학적 반응과 부패 속도에 미치는 영향을 이용하여 단기간에 저장온도를 상승시켜 증가된 변화율로부터 획득한데이터를 시간과 반응속도 상수로 표현되는 화학반응식을 사용하여 정상 저장조건으로 외삽*하여 유통기간을 예측하는 시험을 말하는데, 보통 건강기능식품 원료 또는 제품을 40℃(온도), 75%(습도)인 악조건에 두었을 때 품질의 변화, 기능성의 변화 등을 관찰한다.

* 외삽법(extrapolation) : 이전의 경험에 비추어 보다 과학적인 맥락에서는 이전의 실험으로부터 얻은 데이터들에 비추어 아직 경험 / 실험하지 못한 경우를 예측해 보는 기법이다.

2009년 1월부터 유통기한 설정 방법은 가속실험에 의한 방법, 기존 유통제품과 비교하는 방법, 공인된 문헌이나 논문을 인용하는 방법 등이 있는데, 현재 식품업체에서는 의약품 등의 안전성 시험기준을 응용해 유통기한 설정 실험을 진행하고 있다. 통상적으로 건강기능식품 시장에 있는 유사제품과 비교해 배합비 등이 같을 경우 기존 제품과 유사하게 유통기한을 설정하고 있으며, 새로운 제품을 생산할 경우에는 자체적으로 설정한 안전성 실험을 기준으로 유통기한을 추정하는 방법을 사용되고 있다.

유통기한 설정 실험을 생략할 수 있는 경우는 (가) 신규 제품이 기존 유통제품과 각 항목이 일치하는 경우로서, 기존 제품은 최초 생산 후 유통기한 1회 이상 도래한 제품 또는 유통기한 설정 실험을 통하여 유통기한을 설정한 제품에 한한다. (나) 유통기한 설정과 관련한 내·외 식품관련 학술지 등재 논문, 정부기관 또는 정부 출연기관의 연구보고서, 한국건강기능식품협회 등 동업자조합에서 발간한 보고서를 인용하여 유통기한을 설정하는 경우이다(2023년 1월부터 식품의 경우 유통기한 대신 소비기한으로 바꾸는 제도를 도입).

생리활성물질의 경우 기능성 원료로, 완제품으로, 건강기능성식품의 주 / 부원료로 사용하는 등 그 사용 형식이 다양하고 별도로 취급되고 있지 않으므로 일괄적으로 유통기한을 정할 수 없다. 따라서 생리활성물질의 경우에는 일정한 설정방법 없이 건강기능성식품의 경우에 준하여 산업체 자발적으로 유통기한을 결정하고 있다. 참고로 일반 가공식품의 경우에는 포장, 보존조건, 제조방법, 원료, 보존료 사용여부, 유탕·유처리 여부, 살균 또는 멸균방법 그리고 냉장 또는 냉동보존 등 유통실정을 고려하여 유통기한 설정을 위한 실험을 통하여 유통기한을 설정하고 있다.

건강보조식품 및 특수 영양식품(영양보충용 식품과 식사대용 식품 중 체중 조절용 식품에 한함)의 광고는 정하는 바에 따라 사전심의를 받아야 하는데, 신체조직 기능의 일반적인 증진에 관한 내용은 표현할 수 있다. 예를 들면 체질개선, 식이요법, 건강증진, 영양보급 등의 표현은 가능하며, 영양학적으로 공인된 사실(노약자, 임신·수

유기 영양보급, 병후 회복, 환자에 대한 영양보급 및 보조 등의 표현), 식품성분이 신체조직이나 생리학적 기능에 미치는 작용 등은 표현할 수 있다(영양보충용 식품인 비타민, 칼슘, 철, 아미노산, 지방산 보충식품 등의 기능성에 대한 내용 표시 가능). 그러나 어떠한 경우라도 질병의 예방과 치료에 관한 사항 등 의약품적인 표현은 사용할 수 없다.

제 2 장

소재 종류별 생리활성물질

소재 / 종류별 생리활성물질은 주로 동물, 식물, 미생물, 해양자원 기원으로 대별할 수 있다. 일반적으로 동물보다 식물기원 생리활성물질이 많고 다양하다. 동물은 자체 조직성분이 생리활성을 가지거나 대사산물이나 영양성분의 분해산물이 생리활성을 가지는 경우가 많다. 그러나 식물의 경우에는 잎, 줄기, 뿌리, 종자, 씨, 그리고 열매 구성성분들이 생리활성을 가지거나 식물 자체 또는 열매껍질 등의 향기, 색깔 성분들이 생리활성을 가진 경우가 많은데, 특히 허브(herb)라고 부르는 향기성분은 중요한 생리활성 소재이다. 수산물의 경우에는 어류 자체의 조직구성 성분을 비롯하여 새우 등 갑각류의 껍질, 각종 해조류 / 미세조류 등은 중요한 생리활성 소재로 알려져 있다.

대부분의 생리활성물질 성분(동식물에 함유된 성분이나 대사 합성 / 분해 대사물질, 발효 생성물질 등)은 분리 · 정제 · 화학구조 규명, 생리활성 정도를 최종적으로 규명하여 상품화하는 데 매우 어렵고 복잡한 단위공정을 거쳐야 한다. 어떤 특정 물질을 혼합물로부터 분리하기 위해서는 우선 분리하고자 하는 성분이나 물질의 이화학적 · 생물학적 특성은 물론 조직 속에서의 결합상태, 수분과의 결합정도, 수용성 / 불용성 관계 화학구조적 특징, 관련 효소와의 반응 여부, 용매와의 반응 친화성 여부 등 다양한 요인들을 고려하여야 특정 성분을 성공적으로 분리할 수 있다.

이 분리과정은 매우 다양한 분리기술, 즉 침전, 분쇄, 삼투 / 투석, 추출용매 / 용제. 초임계기술, 원심분리 등 단위공정(unit operation / unit process)을 적절하게 융합하여 조작하여야 한다. 이렇게 분리한 물질은 분리된 상태를 잘 파악하여 불순물을 제거, 완전한 순순한 물질로 정제하는 단위공정을 거쳐야 한다. 정제공정은 칼럼을 이용하거나 물질적인 매체인 흡착제 등을 사용하게 된다. 순수 분리된 정제물질을 동정하는 것은 이화학적 · 생물학적 방법으로 이루어진다. 본 편에서는 소재 / 종류별 생리활성물질의 종류와 그 활성성분을 간단히 소개하고자 한다.

〈1절〉 식물성 유래 생리활성물질

1.1 생리활성을 가진 식물류

과일과 채소를 포함한 식물류 생리활성을 가진 소재를 나열하면 그 수가 매우 많고 다양하여 모두 언급하기는 불가능하다. 어떤 식물이라도 각자 생존에 필요한 다양한 생리활성물질을 가지고 있는데, 식물 자체의 영양성분은 물론 각종 영양대사 과정에서 생기는 다양한 대사성 생리활성물질 등은 인간에게도 필요한 성분들이 많다.

따라서 식물기원 생리활성을 가진 대표적인 종류로는 과일, 채소, 콩류, 견과류, 버섯류 등이 있는데, 그 식물들의 각종 배아부분, 껍질부분, 씨 부분 등도 좋은 기능성 원료 또는 생리활성 소재이다. 특히 콩, 아마인, 들깨 등 유지 원료로부터 얻은 각종 식물유 등은 생리활성을 가진 것들이 많다. 또 약용자원 식물은 식품재료와 다르게 약재로 쓰이고 있거나 각종 질병에 이용 가능한 유효성분이 과학적으로 증명된 자원 식물들이 많고, 현재 제품화되고 있는 것도 많다. 약용자원 식물은 주로 사용부위에 따라 구분하고 있다*.

* ① **뿌리나 지하부를 이용하는 것**: 인삼, 마(산약), 천남성, 황련, 천문동, 택사, 대황, 감초, 작약, 당귀, 더덕(양유), 지황, 천궁, 패모, 황기, 시로, 고삼, 반하, 하수오, 칡, 부자, 백지, 전호, 독활, 맥문동, 홍경천 등, ② **수피(껍질)를 이용하는 것**: 키니네, 석류피, 두충, 뽕나무(상백피), 황벽나무 등, ③ **목재를 이용하는 것**: 제라늄, 마황, 으름(목통) 등, ④ **잎을 이용하는 것**: 박하, 디키탈리스, 솔잎, 약모필(어성초), 알로에(노회), 쑥 등, ⑤ **꽃을 이용하는 것**: 호프, 사프란, 제충국, 홍화, 감국 등, ⑥ **종자를 이용하는 것**: 달맞이꽃, 결명자, 아주가리(피마자), 들깨, 율무(의이인), 순비기나무(만형자), 우엉(우방자) 등, ⑦ **열매를 이용하는 것**: 오미자, 구기자나무, 모과나무, 매화나무(매실), 명자나무(노자) 등.

1.2 식물성 생리활성물질 성분

식물성 생리활성물질은 식물 자체의 기능을 조절하는 기능과 역할을 수행하는데, 식물체 자체가 곤충이나 미생물로부터의 자신을 보호하기 위한 성분도 여기에 해당된다. 식물성 생리활성물질은 특정 식물로부터 각종 방법으로 추출한 추출물을 사용하는 경우가 많은데, 경우에 따라서는 추출물 중 특정 성분만 분리하여 사용하는 경우도 있다. 일반 추출물은 각종 성분이 뒤섞여 있어 순도가 다소 떨어지므로 기능성 정도는 반드시 확인하여야 한다.

식물성 생리활성물질의 주요 기능과 생리활성은 다양한데, 단독으로 그 활성을 가지는 것이 있는가 하면 복합적인 기능을 가진 것들도 있다. 보통 항산화작용을 비롯하여 해독작용, 면역기능 증강, 항미생물(항균 또는 항바이러스), 항당뇨효과, 항노화, 인지기능 개선, 호르몬 조절작용 등 생리활성 기능을 가진 것을 비롯하여 항암, 변비 완화, 항신부전, 항알레르기, 항비만, HIV증식 억제, 담석증 예방, 이뇨작용, 치매예방, 항콜레스테롤혈증, 고지혈증 예방, 동맥경화 억제, 항심혈관 질환 등에 유효한 성분을 가진 것도 있다. 그 외 정장 효과, 골다공증 예방, 혈압 강하작용, 항혈전작용, 간기능 증진 등에 유효한 것도 있다.

식물성 생리활성물질의 주요 성분을 보면 플라보노이드(flavonoids), 폴리페놀(resveratrol, tannins, quercetin 등), 플라본(flavon), 이소플라본(isoflavon), 프로폴리스(蜂膠 / 봉교, propoli), 사포닌(saponin), 카로티노이드(carotinoid), 설포라판(sulforaphane), 리모넨(limonene), 리그난(lignan), 알릴화합물, 레시틴(lecithin), 아세틸콜린(acetylcholine, ACh), 프로테아제(protease), β-글루칸(glucan) GABA(γ-aminobutyric acid) 등을 비롯하여 파이토케미칼(phytochemical)* 등이 있다. 또 α-글루코시데이즈(glucosidase) 활성저해, 티로시나아제 활성저해, AChE효소 활성저해 등 효소활성을 조절하는 것들도 있다.

* 주요한 파이토케미칼류에는 monophenol, flavonone, flavone, flavonol, flavanol, isoflavone, phenolic acid, hydroxycinnamic acid, carotenoid, xanthophyll 등이 있다

식약처가 고시한 고시형 원료의 영양소와 기능성 원료*는 물론 별도로 인정한 원료 또는 성분인 개별인정형 대부분도 식물기원이다. 이와 같이 식물기원에는 다양한 생리활성물질이 들어 있다**.

* 영양소는 필수지방산, 단백질, 식이섬유, 비타민류와 무기질류 등 18종이, 인삼, 홍삼, 엽록소 함유식물, 클로렐라, 스피루리나, 곤약감자 추출물 등 52종과 식이섬유 15종을 합한 총 67종이 기능성 원료이다. 고시형의 경우 성분은 영양소, terpene류, phenol류, 지방산류와 지질류, 당 및 탄수화물류, 발효미생물류, 아미노산 및 단백질류, 기타류 등으로 분류하고 있다. 개별인정형 기능성별로는 간 건강, 갱년기 남성 / 여성 건강 등을 비롯하여 혈중 콜레스테롤 개선, 혈행 개선까지 기능별로 구분하고 있다.

** 콩의 경우 phytic acid, triterpenes, phenolics, lignan, carotenoid, coumarin, protease inhibitor, oligosaccharides와 dietary fiber, protease inhibitors, oligosaccharides, dietary fiber 등이 있고, 진정 / 해열 / 진통작용 / 위궤양 방어 및 치유 / 항궤양과 혈압 강하 등에 효과가 있다는 도라지는 triterpenoid계 사포닌이, 솔잎에는 oniene, pinene, camphene 등의 정유 성분이, 염증 / 해독 / 치질 / 임질 / 요도염, 방광염 / 자궁염 / 폐렴 / 기관지염 / 무좀 / 약창 등에 효능이 있는 어성초는 decanoyl acetaldehyde, methyl ketone, myrcene, lauric aldehyde, capric acid, codarine, quercitrin, isoquercitrin, reynoutrin 및 hyperin 등의 성분이, 산국(山菊)에는 borneol, DL-camphor, pienene, limonene, thujone, luteolin, camphene, chrysanthenone, α-terpinene 등을 비롯하여 essential oil, acacetin-7-rhamnoglucoside, luteoline-7-glucopyranoside 등의 배당체,

guaianolides, arteglasin A, angeloyajadin, yejuhua lactone 등의 sesquiterpenoids 그리고 chrysanthemin 등의 성분이 들어 있다. 마늘에는 alliin이, 양파에는 quercetin 4′-glucoside, quercetin 4′ 7′-dialycoside, quercetin 4′-glucoside, quercetin 4′ 7′-diglycoside, quercetin 3, 7-diglycoside, quercetin 3, 4′-diglycoside, quercetin aglycone, isorhamnetinmonoglycoside, kaempferol, monoglycoside 등의 flavonoid류가 들어 있다.

〈2절〉 동물성 유래 생리활성물질

2.1 생리활성을 가진 동물류

생리활성물질을 이용하는 동물성 소재는 식물성 소재에 비해 그렇게 다양하지 않다. 실제 생리활성물질과 관련된 것은 포유류인 축산물 등의 근육과 젖 등에서 생리활성물질을 탐색, 분리하고 있지만 일반화되지 못하고 있으며, 그 외 벌과 같은 곤충류를 비롯하여 해양생물인 어류와 크릴, 게, 새우 등이 생리활성 소재로 활용되고 있을 정도이다(이 부분에 관해서는 해양자원 유래 생리활성물질편을 참고 바람).

2.2 동물성 생리활성물질 성분

동물성 생리활성물질 성분에는 결체조직인 젤라틴과 우유단백질인 카제인을 비롯하여 게, 새우껍질의 키토산, 상어간에 많이 함유되어 있는 불포화탄화수소($C_{30}H_{50}$)로서 스쿠알렌(squalene : 올리브, 아마란스씨, 쌀겨, 맥아 등에도 함유), 상어와 소, 홍어의 연골성분인 콘드로이틴황산(chondroitin sulfate : 해삼, 멍게, 우렁쉥이, 군소, 골뱅이 등의 수산 무척추동물과 가다랑어 상어연골 등의 수산 가공부산물에도 함유) 그리고 꽁치, 정어리, 참치, 고등어 등 등푸른생선의 DHA(docosahexaenoic acid), EPA(eicosapentaenoic acid) 등이 있으며 어류 추출물, 어유, 어류 단백펩타이드 등도 동물성 유래 생리활성물질이다. 꿀벌의 로얄젤리, 프로폴리스(propolis)도 생리활성물질로 활용되고 있다.

〈3절〉 미생물 유래 생리활성물질

지구 생물 총량의 60%를 차지하는 미생물은 지구 생태계를 유지하는 유일한 생물자원이다. 미생물(微生物, microorganism)의 어원은 'Micro'로 그리스어로 '작다' 라는 용어로, '크다' 라는 'Macro'와 비교되는 용어이다. 맨눈으로는 관찰할 수 없고 광학현미경이나 전자현미경으로만 볼 수 있는데 진균(fungi), 원생동물(protozoa), 세균

(bacteria), 바이러스(virus), 조류(algae) 중 일반적으로 다세포인 곰팡이와 효모와 단세포인 세균으로부터 생리활성물질을 분리하고 있다.

1673년 레벤후크(Anton van Leeuwenhoek)가 현미경을 발명하면서부터 본격적으로 미생물 생리, 조직, 대사에 관한 연구가 시작되었으며, 따라서 자연스럽게 생리활성을 가진 미생물류에 대한 관심을 가지게 되었다. 미생물 관련 생리활성물질의 유형은 미생물 균체 자체, 미생물 내에 대사되어 생성된 유용물질, 그리고 미생물 세포 외로 분비된 유용물질 등이 있는데 복합효소(단백질, 당류, 지방질, 섬유소, 산과 알칼리 합성효소 및 분해효소 등), 1차 대사산물, 2차 대사산물, 항균/항생물질 등이 여기에 속한다. 감염성 질병 제어용 소재나 항바이러스 효과를 갖는 생리활성물질, 염증제어 및 면역조절 소재 등도 미생물에 의해서 얻을 수 있는 것들이다.

생리활성물질 관련 미생물 종류에는 사람, 동·식물의 질병을 유발하는 병원성 미생물, 독성물질을 생산하는 독성미생물, 각종 변질, 부패와 관련된 부패미생물, 주류, 장류, 김치류 등 전통 발효식품의 제조나 항생물질, 효소, 아미노산, 비타민, 생리활성물질을 생산하는 유용 미생물 등이 있다. 최근에는 생물산업의 핵심체로 미생물로부터 대형 bioreactor 안에서 유용물질을 생산하거나 미생물 세포 자체가 물질 생산 공장으로 이해되어 미생물 세포 내에서 일어나는 생명현상의 작용기전을 연구하여 생리활성물질을 탐색하고 있다.

현재 실질적으로 활용되고 있는 생리활성물질 중 가장 일반화된 것은 단연 유산균류이지만 곰팡이류, 조류, 버섯류, 클로레라, 스피룰리나 등도 생리활성물질을 가진 유용한 것들이다. 1928년 푸른곰팡이에서 얻는 항생물질인 페니실린(penicillin)이 상용화된 이후 방선균을 중심으로 한 β-lactam, streptogramin, macrolide, glycopeptide, aminoglycoside 등 각종 천연 항생물질과 항암성분 등을 미생물로부터 분리하고 있으며, 독성을 약화시킨 살모넬라균을 이용하여 아토피 피부염을 치료하기도 한다. 생명공학분야에서는 미생물을 이용한 벡터/재조합벡터, 형질전환(形質轉換, transformation)체, 융합세포(細胞融合, cell fusion), 재조합단백질(recombination protein), 모노클로날항체(monoclonal antibody, 단일 클론항체) 등도 모두 생물학적 물질(biological material) 또는 생리활성물질 대상으로 보고 있다.

〈4절〉 해양자원 유래 생리활성물질

4.1 해양자원 유래 생리활성물질의 개략

해양자원은 어패류, 해조류, 미세조류로 대별한다. 바다는 지구 면적의 70% 이상으로 지구 생물종의 80% 이상에 해당하는 30만 종 가량의 생명체가 살고 있는 풍부한 자원의 보고인 블루오션(blue ocean)이다. 아직 해양자원의 활용도는 1% 미만이지만 식품, 의약, 화학, 에너지 자원으로 활용하고자 하는 가능성은 매우 높다. 특히 의약품에 관한 새로운 소재와 생리활성물질의 탐색은 매우 중요한 미래 먹잇감으로 그 중요성이 확대되고 있다. 특히 해양동물 유래의 글루코사민(glucosamine), 콘드로이틴황산(chondroitin sulfate), 키틴/키토산(chitin/chitosan), 타우린(taurine) 등을 비롯하여 해양동물 어유(fish oil)로부터 얻은 EPA(eicosapentaenoic acid), DHA(docosahexaenoic acid), 간유, 스쿠알렌(squalene) 등을 비롯하여 해양식물 중 해조다당류(algae polysaccharide)인 푸코이단(fucoidan), 알긴산(alginate), 한천(agar), 카라기난(carrageenan), 포르피란(porphyran) 등, 그리고 해양 미세조류(microalgae)인 클로렐라(chlorella), 스피룰리나(spirulina) 등은 미래 지향적 생리활성물질들이다.

해양유래 자원의 성분적 특성은 천연 고분자 소재이다. 천연 고분자는 모든 생물에 의해 자연적으로 생성되는 가장 풍부한 중합체로 글리코시드결합(glycosidic bond)에 의해 생성된 반복되는 탄수화물 단당류 단위의 긴 사슬형태를 이루고 있거나 단백질 형태로 존재한다. 해양유래 자원 중 해조류 유래 고분자인 알긴산, 카라기난, 푸코이단, 포르피란과 해양미생물(microorganism) 유래 고분자인 덱스트란(dextran), 잔탄검(xanthan gum), 젤란검(gellan gum) 그리고 해양동물 유래인 키틴/키토산, 히알루론산(hyaluronic acid) 등이 여기에 속한다.

천연 고분자 소재들은 합성고분자 소재들에 비해 수분 함유율이 높고, 생체적 합성 및 생분해성이 뛰어날 뿐만 아니라 인체 내에서 면역반응이 적게 나타나기 때문에 고부가 가치 바이오 소재로 인정되고 있다. 실제로 해양유래 생리활성 기능을 기본으로 한 다양한 건강기능식품 또는 소재인 글루코사민, EPA, DHA, 키틴, 키토산, 키토올리고당, 뮤코다당, 단백식품, 해조추출물 함유 다이어트 소재 등이 고시형으로, 미역 등 복합추출물 식품 등이 개별인정형 품목 등으로 활용되고 있다.

4.2 해양자원 유래별 생리활성물질

1) 해조류

지구 생태계의 1차 생산자인 조류(藻類, algae)는 육상식물을 제외한 모든 광합성 생물을 통칭하는 일반 용어로 은화식물(*Cryptoga* / 포자로 번식하는 식물을 지칭하는 식물의 2대 분류군 중 하나)의 한 무리로 뿌리, 줄기, 잎의 구별이 없고 포자에 의하여 번식한다. 조류 중에는 맨눈으로 확인할 수 있는 크기가 큰 것에서부터 눈으로 볼 수 없는 작은 크기의 조류에 이르기 까지 그 종류가 다양하다.

식물성 플랑크톤과 같이 현미경으로 관찰할 수 있는 단세포성 조류는 미세조류(microalgae), 물속에 있는 조류는 해조류(sea algae)라 부르며, 모두 다양한 기능과 생리활성을 가지고 있다. 해조류는 물속에 살면서 엽록소로 동화작용을 하는데 시아노박테리아[*Cyanobacteria* / 남세균(藍細菌) / 남조세균(藍藻細菌)]처럼 단세포인 경우도 있고, 미역이나 김과 같이 다세포인 경우도 있지만, 일반적으로 육안으로 식별이 가능한 것은 다세포 식물을 지칭한다.

보통 수산식물은 해조류(macroalgae)와 해초류(sea grasses)로 구분한다. 녹조류(green algae / 파래), 갈조류(brown algae / 톳, 미역, 다시마, 대황, 모자반 등), 홍조류(red algae / 김, 우뭇가사리, 카라기난 등) 등으로 대별되는 해조류는 광합성에 관여하는 색소의 특징에 의해 구별되는데, 세계적으로 약 8,000종, 한국 근해에는 약 500여 종, 그 중 식용 가능한 것은 50여 종이다. 녹조류는 비교적 수심이 얕고 밝은 곳에, 갈조류 및 홍조류는 차례로 점차 깊고 어두운 곳에서 자라는 특징을 갖고 있는데 성게, 전복, 소라 등 바다 생물에게 중요한 먹이가 되며, 식품과 의약품의 원료, 생리활성물질 소재로 많이 이용되고 있다.

해조류의 일반 성분은 수분이 60~95% 정도이고, 나머지 성분 중 다당류가 50% 이상, 회분이 40% 정도, 단백질은 약 15~20% 정도인데, 단백질의 소화율은 40% 이하로 낮은 편이다. 해조류의 다당류는 해조 바깥층의 미세한 섬유상 결정구조인 세포벽다당류, 이를 덮고 있는 무정형 겔상태의 점질다당류, 세포 안에 있는 저장다당류 등으로 구분하고 있는데, 해조의 세포벽은 육상식물보다 두껍지만 유연하면서도 탄성이 좋다. 특히 육상식물에는 없는 세포 간 다당(점질 다당)은 해수 중의 이온을 선택적으로 흡수 교환하고, 수분을 일정 수준으로 유지하는 기능을 가지고 있다.

엽록소를 다량 함유하고 있는 녹조류의 세포벽 다당류를 보면 파래는 셀룰로오스 Ⅰ, Ⅱ, 청각목은 크실란, 만난 등으로 되어 있다. 세포 간 점질다당류는 청각속 등은 갈락토아라바녹실란, 파래속은 고도로 분지된 헤테로다당류(D-글루크로닌산, D-키실로스, L-람노스로 구성)와 저장다당류로 전분(아밀로스 16~27% / 아밀로펙틴 잔기수 25 이하)을 가지고 있다. 녹조류의 일반 유리아미노산 및 펩타이드는 글루탐산, 프롤린, 글리신, 알라닌, 아미노설폰산 등이 있는데, 그 중 파래류는 β-알라닌, β-베타인, γ-부틸로베타인 등의 생리활성물질로 가지고 있다.

갈조류는 세포벽 다당류는 β-D-Glc-(1→4)의 직쇄 글루칸인데, 점질다당류로는 알긴산, 푸코이단 등을, 저장다당류로는 라미나란을 가지고 있다. 다당류인 알긴산의 경우를 보면 미역, 다시마와 같은 길조류의 싱분이지만 생체 적합성이 뛰어나고 독성이 낮으며, 수용액은 2가 양이온과 결합하여 하이드로겔(hydrogel)을 비교적 쉽게 생성하고 다량의 수분을 함유하여 생체조직 내 세포외 기질의 기능을 모방함으로써 세포들에게 일정한 공간을 제공하고 물과 영양분을 용이하게 공급하는 기능을 가지고 있다. 따라서 연골, 뼈, 근육, 혈관 등 많은 조직 재생에 응용되어 화상부위, 수술 후 상처부위, 만성위궤양 등에도 활용되는 유용한 생리활성 소재이다.

갈조류의 일반 유리아미노산 및 펩타이드는 글루탐산(건물량의 5%, 다시마), 아스파르트산(aspartic acid), 프로린(proline) 등이 있다. 갈조류의 색소 성분은 엽록소 a, c와 카로틴(carotene), 후코산틴(fucoxanthin) 등이 있다. 홍조류는 엽록소 a, d와 피코에리트린(phycoerythrin), 피코시아닌(phycocyanin) 등과 같은 색소를 가지고 있고, 세포벽 다당류로는 셀룰로오스 I, 키실(xylan)란, 만난(mannan) 등이, 점질다당류는 아가(agar), 카라기난 등이, 저장다당류는 전분(트레할로스 등 저분자 화합물 전구체) 등으로 되어 있다. 홍조류의 일반 유리아미노산 및 펩타이드는 알라닌, 글루탐산, 타우린(김), 시트룰린 등이고, 김은 β-알라닌, β-베타인, γ-부틸로베타인, uvaline 등을 가지고 있다.

이미 언급한 바와 같이 해조류의 다당류는 생리활성물질을 가진 다양한 기능성과 약리성을 가지고 있는데, 특히 항암효과를 가진 종류로는 황산다당(갈조류), glucuronic sulfate(청각), 푸코이단(다시마류) 등이 있고, 혈액응고방지 / 혈중 중성지질 감소에는 해조황산다당(sulfated polysaccharides), 푸코이단(fucoidan), 카라기난, sargassan(헤파린 유사 기능) 등이 효과가 있고, 항콜레스테롤 효과에는 해조 산성다당류(acid polysaccharide) 등이 있다. 또 영양성을 가지고 있는 가용성 식이섬유소(한천, 만난 등)를 비롯한 설탕(sucrose / 자당(蔗糖, 녹조), 트레할로스(trehalose / 홍조), D-만니톨(다시마 표면 백색분말) 등도 생리활성에 관여하는 중요한 해조류 기원 소재이다. 그 외 만니톨 같은 저분자 당류와 유기산(사과산, 구연산, 호박산 등)을 함유하고 있는가 하면 다시마의 경우 감칠맛(MSG) 성분을 가지고 있다.

해조류는 아미노산이나 펩타이드 등의 저분자 질소화합물 등을 함유하고 있는데 엑스질소량은 10～300 mg% 정도, 아미노산, 펩타이드 및 암모니아는 40～70% 정도이다. 그 외 유기염기, 핵산 성분인 뉴틀레오타이드 등도 함유되어 있다. 아미노산이나 펩타이드 등은 홍조류의 라미닌(laminin / 혈압 강하작용), 갈조류의 카르노사딘(carnosadine / 항염증 / 항암 / 면역증가), 홍조류의 호모타우린(homotaurine / 항스트레스성 궤양 억제 / 항미생물 작용), 김의 포르피오신(porphyosin / 항스트레스) 등이 여기에 해당하며, 기타 아미노산(페탈로닌 외 27종)과 펩타이드계(에이세닌, 시트룰린 유도체 외 4종)도 생리활성물질로 알려져 있다.

물살이 거센 프랑스 Brrehat Archipelago 북동해안에 서식하는 바다의 조류인 *Ulva lactuca*라 불리는 해초에서 얻은 펩티드(Aosa Biopeptide)의 경우에는 유연성과 탄력을 가진 펩티드로서 피부 주름살을 없애고 탄력을 부여하는 특이적인 생리활성

기능 소재로 인정되고 있다. 자외선 흡수물질인 팔리틴(palythine / 붉은 은행초), 포르피라(porphyra / 김), 시노린(shinorine / 진두발)* 등을 비롯하여 산성 다당류(항혈액 응고작용, 항고지혈장 작용, 항종양 작용, 중금속 선택적 제거효과)도 생리활성물질이다.

* Palythin, porphyra, shinorine 등을 Mycosporine like Amino Acids(MAAs)라 부른다. MAA는 분자량이 작고 물에 대한 용해도가 높으며, UV 등에 의해 세포 내 손상방지를 위해 생겨나는 방어물질로 자외선으로 인해 생기는 피부손상과 노화를 막을 수 있는 소재로 개발되고 있다.

해인초의 카인산(kainate), 알로카인산(allokainic acid / 구충제 / 신경전달물질 및 저해제), 서실의 도모산(dosoic acid) / 구충제 / 곤충 살충제 / 신경전달물질 및 그 저해제), 다시마의 라미닌 [(laminin / 고혈압 예방 및 치료(말초신경 확장)], 지누아리의 카르노사딘(carnosadine / 항염증 작용 / 항암작용 / 면역부활작용) 등도 생리활성을 가진 해조류이다. 혈장 콜레스테롤 저하물질인 갈조류의 알긴산(alginic acid) 및 홍조류의 푸노란(funoran), 카라기난(carrageenan) 등 식이섬유도 중요한 생리활성물질이다. 향후 해조류는 정미성분, 항균성, 구충성, 항암과 항염, 항산화, 혈압강하, 면역 등 분야에 더욱 활용할 것으로 사료되며, 특히 혈액관련, 피부관련, 신경관련 생리활성물질의 연구 대상이 될 것으로 예상하고 있다.

2) 미세조류

해양미생물에서 발견된 신물질 중 37% 이상이 해양 미세조류(microalgae)로부터 생성하는 것으로 밝혀져 해양 미세조류에 대한 관심이 높아지고 있다. 약 1만 종이 넘는 미세조류는 식물 플랑크톤이라 부르기도 하는데, 해양생태계의 먹이사슬 중 가장 아래층에 위치하고 있다. 광합성 작용으로 이산화탄소를 포집하고, 산소를 생성하는 성질을 가지고 있으며 바다, 연못 등을 비롯하여 온천, 심해 등 열악한 환경에서 살 수 있는 불가사의한 식물이다.

배양력이 뛰어난 미세조류는 클로렐라, 스피루리나 등을 비롯하여 적조, 녹조 등이 여기에 속한다. 미세조류는 세포분열로 아주 쉽게 분열하면서 개체수가 폭발적으로 증가하는 것이며, 일반 식물처럼 줄기나 뿌리 등의 조직이 필요 없기 때문에 모든 세포가 광합성에 참여할 수 있다는 점이 특징이다.

미세조류가 가지고 있는 기능성과 생리활성은 다양한데, 특히 3～10 ㎛ 크기인 클로렐라의 경우는 많은 기능을 가지고 있어 다양하게 활용되고 있다. 클로렐라의 어원은 그리스말로 녹색을 의미하는 클로로스(*Chloros*)와 라틴어로 '아주 작은 것'을 의미하는 엘라(*Ella*)의 합성어이다. 클로렐라는 호수 등 민물을 떠다니며 서식하는 녹조류 플랑크톤인데, 1890년 네덜란드의 미생물학자 바이엘링(Beijerinck)에 의해 발견된 조류로 현재 10여 종이 있다.

클로렐라는 미세한 타원형 단세포 녹조류로 개체 분열이라는 원시적 방법을 통해 증식하는데, 광합성 능력이 뛰어나고 성장 증식속도도 빠르다. 1974년 미국항공우주국과 러시아에서 클로렐라를 우주식(宇宙食)으로 주목하면서 영양성은 물론 기능성과 생리활성물질에 대한 연구가 이루어지게 되었다. 클로렐라는 50~60%가 단백질이며, 단백질 중에 핵산을 많이 가지고 있다. 15~20%가 다당체인 탄수화물이며, 지질은 30% 정도인데 리놀레산(linoleic acids), 팔미틴산(palmitic acid / hexadecanoic acid), 스테롤(sterol) 등으로 구성되어 있다.

헤미셀룰로오스와 같은 식이섬유 외 유산균 성장촉진물질(chlorella growth facto, CGF), 엽록소, 그리고 각종 비타민, 각종 무기질(철분, 칼륨, 마그네슘, 구리, 아연, 요오드, 코발트) 등을 가지고 있다. 클로렐라는 콜레스테롤 저하작용, 다이옥신 및 중금속 해독작용, 스트레스궤양 예방작용, 골다공증 예방작용 등과 같은 기능성을 가지고 있으며, 질병에 대한 저항력 상승에 관여하는 당단백질(glycoprotein)의 생체방어 조절작용을 비롯하여 항종양 / 암효과, 세균감염 저항성, 항바이러스, 면역증강 등 생리활성효과가 있는 것으로 알려져 있다. 그 외 특히 단백질의 구조유지나 단백질의 활성발현에 중요한 시스테인 합성효소의 활성화, 당펩티드의 성장 초기 당대사 활성화, 생체 내에서 중금속 배출기능, 독성물질의 분해, 동맥경화 및 간장 장애의 억제, 뇌졸중 개선, 세포부활, 식품의 풍미 향상 및 보습효과 등의 기능성을 가지고 있다. EPA나 DHA를 함유한 클로렐라도 상품화되고 있다.

미세조류 중 *Heamatococcus pluvialis*(녹색식물문 녹조강)가 생산하는 생리활성물질인 astaxanthin(3, 3′-dihydroxy-β, β′-carotene-4-4′-dione)은 자연계에 널리 분포되어 있는 ketocaroteneoid로 polysoprenoid와 oxygen quenching(활성산소 억제) 기능를 가진 benzenoid ring의 결합체이다. 이 물질은 연어, 송어, 갑각류의 양식에 필수적인 carotenoid로 물고기와 동물의 음식물 속에 들어 있는 색소의 원료일 뿐 아니라 β-catotene, α-tocopherol 보다도 높은 항산화 활성을 가진 성분으로 면역기능 활성화, 암 예방, 비타민 A 전구체 등 중요한 대사적 역할을 수행한다. 암, 알레르기, 천식, 류마티스 관절염 등의 주요 원인인 NF-κB 과다 활성을 억제하여 항암, 항염증 치료기능을 가지고 있는 것으로 알려져 있는데, 그것은 astaxanthin이 LPS (lipopolysaccharide, 리포다당류)로 자극된 대식세포(大食細胞, macrophage)에서 세포내의 ROS(reactive oxygen species, 활성산소)를 소거시키므로 NF-κB의 활성을 억제, 이로 인해 NO(nitric oxide) 및 항염증성 cytokine들의 생성을 억제하기 때문이다.

청록색인 스피루리나(*Spirulina*)는 나선상(spiral) 모양으로 폭이 5～8 ㎛, 길이 0.3～0.5 mm 정도로 가늘고 긴 남조류(藍藻類, blue-green algae)로 진핵세포(eukaryote) 구조를 가지고 있는 녹조류와 달리 세균의 구조와 비슷한 원핵세포(prokaryote) 구조로 이루어진 엄밀하게 이야기 하면 시아노박테리아(blue-green algae, 남세균)인 미세조류(藻類, algae)의 일종이다.

필수영양소가 풍부하고 소화흡수율이 좋으며, 항산화 효과가 있기 때문에 건강기능 소재로 알려져 있다. 단백질 65～70%, 지질 6～9%, 당질 8～14%, 식이섬유 4～12%, 미네랄 13종, 비타민류 12종, 색소류 3종 등 인체에 필요한 다양한 유효 영양성분을 가지고 있으며, 단백질의 경우 18종 이상의 아미노산으로 구성되어 있어 그 구성 비율로 보았을 때 완전식품에 가까워 NASA(National Aeronautics and Space Administration, 미국항공우주국)에서는 미래식량, 우주식량으로 선정된 슈퍼푸드(super food)이기도 하다.

스피루리나는 클로렐라와 달리 세포벽이 연한 것이 특징이며 클로필 a, 카로티노이드, β 카로틴, 제아잔틴(zeaxanthin), 피코시아닌(phycocyanin) 등 색소를 가지는데, 그 중에서도 피코시아닌의 남색색소 때문에 이것이 청록색으로 보인다. 과산화지질의 생성 억제와 항산화 관련 효소인 SOD(superoxide dismutae)를 비롯한 다양한 항산화 물질을 함유하고 있는 독립영양 미생물인데, 프로스타그란딘(prostaglandins)으로 변하는 불포화지방산의 γ-리놀렌산도 풍부하게 들어 있다.

이와 같이 스피루리나는 항산화능을 비롯하여 콜레스테롤 저하, 체중감소, 면역증진, 체력회복과 운동 수행능력 향상 등의 기능을 가지고 있으며, 스피루리나의 항산화력 증진을 위해 *Spirulina* 추출물을 *Lactobacillus*와 *Bacillus*로 발효하여 항산화, 항염증 및 항노화 기능을 향상시킨 소재도 개발되어 있다. 면역력 강화, 피부건강, 혈중콜레스테롤 개선 등의 기능성을 인정한 건강기능 소재이기도 하다.

3) 해양동물

해양동물 유래의 생리활성기능성 소재에는 글루코사민(glucosamine), 콘드로이틴황산(chondroitin sulfate), 키틴 / 키토산(chitin / chitosan), 타우린(taurine) 등과 해양동물 어유(fish oil)인 EPA / DHA, 간유, 스쿠알렌(squalene) 등이 있다(각 소재는 본서의 해당 쪽에 자세한 기술을 참조 바람). 특히 키틴 / 키토산은 하이드로겔(hydrogel), 나노섬유(nanofiber), 나노입자(nanoparticle)와 같은 다양한 형태로 변화되어 흡수성이 뛰어난 보습제 제조에 활용될 뿐만 아니라 항균 및 항산화 활성을 통한 상처 치료를 목적으로 이용되기도 하는데, 키틴은 피부의 항상성을 유지하고 라디칼의 활성을 중화하며, 활성 약물의 경피적 투과를 유도하는 화장품 생리활성기능 소재로 인정되고 있다.

키토산은 다양한 기능으로 광범위한 분야에 활용되고 있는데, 키토산 나노섬유의 경우 상피층의 과립 밀도를 증가시키고, TGF-β 생성을 낮추는 등 다양한 피부보호 효과와 비타민, 카로티노이드 및 콜라겐 등의 피부투과를 촉진하는 기능 소재로 중요하게 활용되고 있다. 또 키토산은 생체 적합성, 생분해성, 무독성, 비면역성 등 인체 조직과 친화성이 좋고 거부반응이 낮아 지혈과 통증 완화작용을 바탕으로 상처치료 기능을 비롯하여 난용성 약물을 인체 내의 원하는 부위에 전달시킬 수 있는 약물 전달체 및 유전자 전달체 소재로서의 기능도 가지고 있다.

피부 재생을 촉진하고, 상처 치료용 패치, 드레싱 등으로 상처부위의 접합과 상처의 회복속도를 빠르게 해 주고, 치료용 하이드로겔형으로는 화장품 보습용 마스크 팩, 국소부위 겔 패치 등으로 이용되고 있다. 또 키틴이나 키토산은 항균성을 이용한 치약 첨가제로 충치균 생육억제, 치아의 부식이나 플라그 형성을 방지하는 등 충치억제제, 안과 분야에서는 키틴이나 키토산을 이용하여 렌즈의 투과성을 높이고, 안구의 상처부위 치료를 촉진하기 위한 용도로 사용되고 있다.

해양동물 유래 소재인 콘드로이틴황산은 우렁쉥이와 미더덕의 껍질에 있는 탄수화물의 일종으로 점성을 갖는 산성 뮤코다당이다. 피부, 근육, 장기 등의 생체 조직의 수분과 영양분을 축적하는 기능을 가지고 있어 피부노화 억제, 동맥경화 억제, 세균 감염 억제 등에 도움을 주는 것으로 알려져 있다.

눈의 유리체에서 처음 발견된 히알루론산은 해양유래 천연고분자로 뛰어난 보습력과 낮은 면역 부작용으로 인해 다양한 화장품 소재 필러로 뿐만 아니라 안구의 주요 구성성분으로 안구 건조증 및 염증성 눈질환 치료제로 사용되고 있으며, 관절 활액의 주성분으로 관절의 연골 손상 및 관절염 등 다양한 관절 질환의 치료제로도 사용되고 있다. 최근에는 히알루론산이 암과 관절염 같은 다양한 염증성 질환의 질병세포에 과발현되는 CD44* 수용체와 특이적으로 결합한다는 사실이 알려지면서 세포 내부로 약물을 전달하기 위한 약물 전달체로도 이용되고 있다.

* CD44 항원은 세포-세포 상호작용, 세포 부착 및 이동에 관여하는 세포-표면 당단백질이다. 많은 유형의 세포 표면에 존재하는 당단백질 CD44는 면역반응, 염증, 암의 재발 등과 관련이 있는 것으로 알려져 있다.

바위, 수초, 이끼 등 다양한 표면에 부착하여 서식하는 패류인 홍합에서 분리한 접착단백질도 생리활성물질인데, 주된 구성성분은 아미노산 고분자이다. 이것은 의료용 접착제로 활용되고 있는데, 이 홍합단백질은 족사(足絲, byssus)라는 가느다란 섬유실로 이 섬유실(thread) 끝에 표면부착 기능을 가진 패드(pad)가 달려 있다. 홍합의 족사는 12종류 이상의 단백질로 구성되어 있으며 3,4-dihydroxyphenyl-L-alanine (DOPA)이라는 아미노산이 풍부한 것으로 알려져 있다. 홍합유래 단백질은 물속에서도 접착력을 유지하고 단백질과 철 이온과의 상호작용을 통한 가교반응을 일으켜 접착과 탈착을 반복해도 접착을 유지할 수 있는 기능을 갖고 있다.

홍합의 족사 구조에 존재하는 카테콜아민(catecholamine)을 키토산에 화학적으로 결합하여 만든 키토산-카테콜 복합체는 주사바늘 코팅 기능을 가지고 있어 주사바늘 구멍을 막는 실런트(sealant) 역할을 하여 찔러도 피가 나지 않는 특수 의료기 제조원으로 활용되고 있다.

제 3 장

소재 성분별 생리활성물질

〈1절〉 탄수화물과 생리활성물질

1.1 생리활성 이해를 위한 탄수화물의 기초 이론

우선 탄수화물의 생리활성을 이해하기 위해서는 탄수화물이 무엇인가? 탄수화물은 어떻게 대사되는가? 탄수화물이 생리활성물질로 거론되는 이유는 무엇인가? 탄수화물의 생리활성물질에는 어떤 종류가 있는가? 그 중 무엇이 중요하고 어떤 기능과 생리활성을 가지고 있는가? 등을 우선 이해할 필요가 있다. 탄수화물의 생리활성을 이해하기 위해서는 어떤 탄수화물이 있는지를 알아야 한다.

탄수화물(炭水化物, carbohydrate)은 탄소의 수화물로 탄소(C), 수소(H), 산소(O) 원자로 구성된 생체분자로 보통 수소원자 : 산소원자의 비율이 2 : 1이며, 일반적으로 $Cm(H_2O)n$으로 나타내는데, 구조적으로 알도스(aldose / 알데하이드기 -CHO / polyhydroxyaldehyde) 혹은 케토스(ketose / 케톤기 - CO / polyhydroxyketone) 단위로 구성된 화합물이며 분해했을 때 이러한 물질이 생성되는 물질의 총칭이다.

생화학적인 탄수화물이란 용어는 보통 당류(糖類, saccharide) 또는 당으로 부르고 있는데, 흔히 단당류 및 이당류를 그냥 당이라 부르기도 한다. '당류'라는 단어는 '당(sugar)'을 의미하는 그리스어에서 유래되었다. 당 단위 수는 단당류 1개, 소당류 2~7개, 다당류 10개 이상이며, 골격 탄소원자 수는 3탄당 3개, 4탄당 4개, 5탄당 5개, 6탄당 6개이다. 탄수화물을 분류할 때 우선 화학적 성분 중심으로 분류하거나 영양소 종류를 기초로 분류하는 경우가 많다.

우선 영양소를 중심으로 분류할 경우 탄수화물 유래 생리활성물질을 언급하게 되는데, 탄수화물은 전분성과 비전분성으로 구분하고 전분성에는 전분 / 전분유도체, 덱스트린류(난소화성 덱스트린 / 폴리덱스트린), 올리고당류, 기능성 올리고당류, 이당류, 단당류, 시럽(물엿), 고과당 등이 있다. 그리고 비전분성에는 섬유소(셀룰로오스와 헤미셀룰로오스), 펙틴, 리그닌 등을 비롯하여 저항전분, 글루칸, 글루코만난, 검류, 이소플라본, 당알코올(자일리톨, 솔비톨, 이소말톨, 말티톨, 만니톨, 에리스리톨, 락티톨, 환원물엿) 등이 있다. 경우에 따라서는 고급 탄수화물(고분자물질)과 저급탄수화물로 구분하기도 하고, 단순 탄수화물(C, H, O로만 구성)과 복합, 유도 탄수화물, 배당체 등으로 구분하기도 하며, 또 저장다당류(전분, 글리코겐, 이눌린, 덱스트린)와 구조다당류(셀룰로오스, 헤미셀룰로오스, 펙틴. 리그닌, 아가/아가로스, 키틴 등) 등으로 구분하기도 한다.

1.2 생리활성을 이해하기 위한 탄수화물의 주요 대사

탄수화물의 생리활성을 이해하기 위해서 탄수화물의 주요 대사에 관한 기본지식이 요구된다. 탄수화물은 생체의 중요한 에너지 자원으로 탄수화물 물질대사를 통해서 생성된 에너지를 이용하고 있다(그림 1-1).

가장 기본적인 탄수화물 물질대사는 해당(解糖, glycolysis / glycose + lysis) 과정이다. 이 해당과정은 1개의 포도당 분자($C_6H_{12}O_6$)가 pyruvate(CH_3COCOO^-)의 2개의 분자로 전환하는 대사경로로 10가지 효소촉매 반응이 관여하고 있다. 해당과정은 EMP pathway(Embden-Meyerhof-Parnas pathway), ED pathway(Entner-Doudoroff pathway)와 혼합발효(heterofermentative) 및 정상발효(homofermentative) 경로 등이 있으나 가장 일반적인 유형은 EMP로 ATP 소비단계와 ATP 생산단계로 구분한다. 해당과정의 전체 반응식은 다음과 같다.

$$\text{포도당} + 2NAD^+ + 2ADP + 2Pi \rightarrow 2\text{피루브산} + 2NADH + 2H^+ + 2ATP + 2H_2O$$

이 과정에서 2개의 ATP(아데노신 삼인산)와 2개의 NADH를 만드는 데 생성된 피루브산과 NADH + H^+는 산소호흡에서의 추가적인 반응에 사용된다. 산소호흡을 하는 세포는 많은 ATP를 합성하지만, 무산소호흡을 하는 경우에는 많은 ATP를 만들지는 않는다. 즉 무산소호흡은 포도당 1분자당 ATP 생산량이 적지만, 격렬한 활동 등으로 산소가 부족한 상황에 직면하면 무산소호흡으로의 대사 흐름은 증가하게 된다. 진핵생물에서 산소호흡은 1분자의 포도당에 대해 대략 32분자의 ATP를 생성하

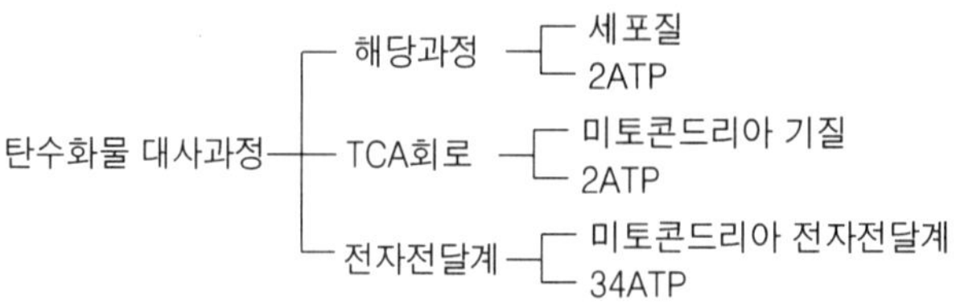

그림 1-1. 탄수화물 대사과정

는데, 이것은 대부분 산화적 인산화에 의해 생성된다.

해당과정이 계속해서 일어난다면 NAD^+는 고갈되고, 해당과정도 중단하게 된다. 따라서 해당과정을 계속 진행시키기 위해서는 NAD^+가 재생성되어야 하는데 NAD^+를 재생성하는 한 가지 방법은 피루브산을 환원시키는 소위 젖산발효(혐기성 해당과정)이다. 이 과정을 통하여 피루브산은 젖산으로 환원되고, 이 과정에서 NADH가 NAD^+로 산화된다[호기성 조건에서 젖산을 피루브산으로 전환시켜 과잉의 젖산을 제거하는 회로가 코리회로(Cori cycle)이다].

$$\text{피루브산} + NADH + H^+ \rightarrow \text{젖산} + NAD^+$$

산소가 부족한 조건에서 NADH의 전자는 피루브산을 젖산으로 환원되고, NADH가 NAD^+로 산화되어 NAD^+를 보충한다. 젖산발효에서 포도당 1분자당 2분자의 ATP가 생성되는데, 젖산발효를 통해 ATP를 생성하는 속도는 산화적 인산화를 통해 ATP를 생성하는 속도의 약 100배이다. 해당과정에 의해 생성된 $NADH + H^+$는 산화되기 위해 미토콘드리아로 이동되어야 하는데, 미토콘드리아 내막은 NADH와 NAD^+에 불투과성이다. 그러므로 NADH로부터 전자를 미토콘드리아 내막을 가로질러 운반하기 위해서는 두 개의 셔틀(malate-aspartate shuttle과 glycerol-3-phosphate shuttle)이 사용된다*.

* ① Malate-aspartate shuttle에서 NADH의 전자가 세포질의 oxaloacetic acid로 옮겨져 말산(malic acid)이 형성된다. 그런 다음 말산은 미토콘드리아 내막을 가로질러 미토콘드리아 기질로 이동하여 미토콘드리아 기질에서 NAD^+에 의해 재산화되어 옥살아세트산과 NADH를 형성한다. 그리고 옥살아세트산은 미토콘드리아 밖으로 쉽게 운반되는 아스파르트산으로 전환되고 세포질로 재순환된다. ② glycerol-3-phosphate shuttle에서 세포질의 NADH의 전자가 dihydroxyacetone phosphate로 옮겨져 미토콘드리아 외막을 쉽게 가로지를 수 있는 형태인 글리세롤 3-인산을 형성한다. 그런 다음 글리세롤 3-인산은 dihydroxyacetone phosphate로 재산화되고, NAD^+ 대신에 FAD로 전자를 전달한다. 이 반응은 미토콘드리아 내막에서 일어나며, $FADH_2$가 전자전달계의 부분인 유비퀴논(조효소 Q)으로 직접적으로 전자를 전달한다. 이 과정에서 전자는 궁극적으로 산소(O_2)로 전달되어 물(H_2O)이 형성되고, 방출된 에너지는 ATP의 형태로 저장된다.

해당과정의 최종산물인 피루브산은 능동수송에 의해서 미토콘드리아 기질로 들어가 아세틸-CoA, CO_2, $NADH + H^+$로 전환된다. 이 아세틸-CoA는 시트르산회로(citric acid cycle / krebs cycle)로 들어가서 CO_2, $NADH + H^+$, $FADH_2$, ATP가 생성되는 데 쓰이게 된다. 생성된 NADH는 전자를 O_2로 전달하여 물을 생성하거나 O_2를 사용할 수 없는 경우 젖산 또는 에탄올과 같은 화합물을 생성하는 데 주로 사용된다. NADH는 합성반응에서는 거의 사용되지 않으며, 포도당 신생합성에서는 예외적으로 사용된다.

NADH와 혼동하기 쉬운 NADPH는 지방산 합성과 콜레스테롤 합성반응에서의 환원제로 사용되고, NADH는 에너지 방출반응에서 생성된다는 것이 다르다. NADPH의 공급원은 두 가지인데, 말산은 $NADP^-$의존성 말산효소에 의해 산화적으로 탈카복실화되고, 피루브산, CO_2, NADPH를 생성하며, 또 하나는 포도당을 리보스(ribose)로 전환시키는 오탄당 인산경로*에 의해 생성된다.

* 오탄당인산경로(五炭糖燐酸經路, pentose phosphate pathway / PPP/ phosphogluconate pathway / 육탄당일인산경로(六炭糖一燐酸經路, hexose monophosphate pathway)라 부른다.

미토콘드리아 내막에 있는 전자전달계를 통해 NADH + H^+와 $FADH_2$에서 방출된 전자는 최종 전자수용체인 O_2에 전달되어 H_2O를 형성하는데, 이 과정에서 방출되는 에너지를 이용해서 미토콘드리아 내막을 경계로 H^+의 농도 기울기가 형성된다. H^+ 농도 기울기는 산화적 인산화로 불리는 과정에서 1분자의 NADH + H^+의 산화에 의해 약 2.5분자의 ATP를, 1분자의 $FADH_2$의 산화에 의해 약 1.5분자의 ATP를 생성하는데 사용된다.

피루브산카복실화효소(pyruvate carboxylase, PC)에 의해 옥살아세트산(oxaloacetic acid)을 생성하는 반응은 보충대사반응(anaplerotic reaction)인데, 활동으로 인한 조직(예 : 심장과 골격근)의 에너지 필요량이 갑자기 증가할 때 아세틸-CoA가 대사되는 시트르산회로(citric acid cycle / TCA 회로(tricarboxylic acid cycle / Krebs cycle)의 용량을 증가시킨다. 이와 같은 옥살아세트산의 생성은 시트르산 회로의 아세틸-CoA를 대사하는 용량을 증가시키는데, 아세틸-CoA 1분자당 9분자의 ATP와 1분자의 GTP를 형성하기에 충분한 에너지를 방출한다. 또 옥살아세트산을 제거하기 위해서는 말산을 미토콘드리아에서 세포질로 이동시켜 재생성 될 수 있는 옥살아세트산의 양을 감소시키면 된다. 시트르산회로의 중간 생성물들은 퓨린(purine), 피리미딘(pyrimidine)과 같은 뉴클레오타이드를 비롯하여 포르피린, 테트라피롤(terapyrrole) 등 아미노산 합성을 유도한다.

오탄당인산경로는 해당과정에서 생성된 포도당 6-인산(glucose 6-phosphate)의 탈수소반응(dehydrogenation reaction)으로 시작하여 다양한 오탄당과 NADPH를 생성한다. 생성된 오탄당은 뉴클레오타이드와 핵산의 합성에 사용되거나 피루브산으로 분해될 수도 있다. 또한 글리코겐(glycogen) 합성도 해당과정의 시작 부분인 포도당 6-인산으로 시작한다. 지질 및 인지질의 생성을 위한 글리세롤은 해당과정의 중간 생성물인 글리세르알데하이드 3-인산(glyceraldehyde 3-phosphate)으로부터 시작한다. 보통 해당과정과 포도당 신생합성은 동시에 활성화시킬 수 없는데, 만일 이 두 반응이 같은 세포 내에서 동시에 일어난다면 반응 사이클당 4개의 고에너지 인산결합(2개의 ATP와 2개의 GTP)이 가수분해되어 낭비하게 된다.

1.3 탄수화물 관련 생리활성물질

탄수화물은 생체 내에서 다양한 역할을 수행하는데, 5탄당인 리보스(ribose)는 조효소(예: ATP, FAD, NAD^+)의 주요 성분이며, 유전물질인 RNA의 골격을 구성하는 성분이다. 디옥시리보스(deoxyribose)는 DNA의 구성성분이다. 일반적으로 탄수화물과 기능성 탄수화물이란 용어는 전혀 다르다. 일반 탄수화물을 기능성이나 생리활성을 가진 형태로 만든 것을 기능성 탄수화물이라 부른다. 기능성 탄수화물은 크게 전분당과 pullulan(maltotriose 단위가 α-1, 6 결합으로 연결된 수용성 다당류), 식이섬유(천연 식이섬유, modifier 식이섬유)로 구분한다. 전분당에는 기능성 올리고당과 cyclodextrin(α/β/γ/분지형)으로 구분하며, 기능성 올리고당에는 직쇄형(말토올리고당)과 분지형(이소말토, 갈락토, 프락토올리고당, 팔라티노스)으로 구분한다.

또 단순다당류(전분/섬유소/글리코겐/덱스트린/이눌린), 복합다당류(펙틴/헤미셀룰로오스/검류/키틴), 당유도체(배당체*/알코올/아미노당**/티오당/데옥시당/우론산(갈락투론산, 글루쿠론산, 만누론산, 키틴, 뮤코당, 알칼로이드, 히알루론산), β-glucan 등도 생리활성과 관련이 있으며 당복합체(glucoconjugates), 당질체(glycome/당과 글리칸의 총체), 변형전분, 저항전분, 분지올리고당, 대두올리고당, 섬유물질(펙틴물질/이눌린/식이섬유/리그린), 동물성섬유(키틴 & 키토산/콜라겐/콘드로이틴), 난분해성 섬유소, 폴리덱스트로오스(polydextrose) 등 기능성 탄수화물도 생리활성과 관련되는 것들이다. 중요한 생리활성 관련 탄수화물을 소개하면 다음과 같다.

* 배당체(솔라닌, 나린진, 시니그린, 루틴, 아미그달린, 헤스페리딘, 안토시아닌, 안토시아닌)

** 아미노당(glycoprotein, glycopeptide, peptidoglycans, proteoglycans)

1) 오탄당

오탄당(pentose)은 천연 단당류 중에 육탄당 다음으로 많이 분포되어 있고, 생체 내에서 다당류로 존재하는 것이 일반적이다. 오탄당은 단당류 중 탄소원자를 5개 가지고 있는 물질인데, 알데하이드기(CHO-)를 갖는 알도펜토스(아라비노스, 릭소스(lyxosc / $C_5H_{10}O_5$) 리보스, 디옥시리보스, 사일로스(목당, 목재당))와 케톤기(CO-)를 갖는 케토펜토스(ribulose / xylulose)로 구분한다.

일반적으로 알데하이드와 케톤작용기는 각기 하이드록실기(OH- / hydroxyl group)와 분자내 작용을 통해 헤미아세탈(hemiacetal) 또는 헤미케탈(hemiketal)을 이루며, 무기산과 반응하면 푸르푸랄(furfural)을 만든다. 오탄당 인산경로(pentose phosphate pathway)는 글루코오스 6-인산 탈수소효소에 의해 NADPH를 생성하면서 오탄당을 합성하는 기본 회로인데, NADPH는 모든 생물의 생합성 반응에 필요한 환원력의 공급원으로 다양한 생화학 과정에 사용된다. 특히 이는 활성산소(reactive oxygen specie, ROS)로부터 세포를 보호하는데 긴요한 역할을 한다.

오탄당 인산경로의 속도는 $NADP^+$의 수준에 의해 조절되고, 오탄당 인산경로의 핵심적 물질인 글루코오스 6-인산은 NADPH, 리보오스 5-인산, 그리고 ATP에 대한 수요에 따라 결정된다. 생리활성과 관련된 중요한 오탄당은 리보스(D-ribose)와 자일로스, 아라비노스, 람노스(rhamnose) 등이 있다.

(1) D-리보스

리보스(ribose)는 1891년 Hermann Emil Fischer에 의해 처음 보고되었는데, 리보스 중 β-D-ribofuranose는 RNA 골격의 일부를 형성하며, DNA와 RNA를 구성하는 뉴클레오타이드(nucleotide)의 구성성분 중 하나이다. 뉴클레오타이드 속에서는 furanose형으로, 유리형 속에서는 pyranose형으로, 핵산 속의 염기와는 β-glycosidic bond를 이루며 존재한다. ATP와 NADH와 같은 리보스의 인산화된 유도체는 물질대사에서 중심적인 역할을 수행하고, ATP 및 GTP로부터 형성된 cAMP와 cGMP는 일부 신호전달경로에서 2차 전달자로 작용한다.

소장에서 88~100% 잘 흡수되는 리보스는 ATP의 구성성분 중 하나인데, 따라서 리보스가 부족하면 ATP생성도 감소한다. 그래서 일각에서는 살이 찌지 않는 특이한 형태의 당으로 전해지고 있다. 격렬한 운동을 하거나 스트레스를 받는 동안 심장과 골격근에서 많은 양의 ATP가 고갈될 경우 ATP 에너지를 심장과 골격근에 공급해 주어 운동효과 증진은 물론 혈압 개선이나 울혈성 심부전(congestive heart failure) 환자의 운동내성을 향상시켜 주는데 도움을 준다.

실제 생체는 빠르게 리보스를 생성할 수 없고, 또한 조직과 세포에 저장되는 성분도 아니다. 리보스는 인체 모든 세포에서 합성되지만 합성속도가 매우 느리며 각 조직마다 만들어지는 양도 제각각이다. 각 생체 조직에서 만들어진 리보스는 만들어진 바로 그 조직에서만 사용할 수 있을 뿐, 심장 등 필요로 하는 다른 조직으로 옮겨지지는 않는다. 따라서 심장을 비롯해 골격근과 뇌는 리보스를 매일매일 필요한 만큼 만들게 된다. 간, 부신피질, 지방 조직과 같은 곳에서는 리보스가 많이 생산되는 편이다.

일반적으로 혈류나 산소가 부족해 스트레스 상황에 처한 신체조직은 잃어버린 에너지를 서둘러 회복하는 데 필요한 D-리보스를 충분히 만들어내지 못한다고 한다. 리보스는 세포에 의해 반드시 효소에 의해서 리보스 5-인산(ribose 5-phosphate)으로 인산화되어야 사용될 수 있는데, 전환된 리보스 5-인산은 트립토판(tryptophan) 및 히스티딘(histidine) 생성과 오탄당 인산경로에 이용된다.

(2) 자일로스

식물(자작나무, 메이플, 옥수수 등)의 세포벽에서 많이 발견되는 자일로스[D-xylose / 크실로스 / 목당(木糖) / 목재당(그림 1-2)]는 오탄당류이고, 소화흡수율이 낮은 알데하이드기를 가지고 있는 알도스형 환원당이다.

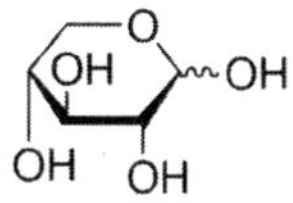

그림 1-2. 자일로스 구조

자일로스는 헤미셀룰로오스로부터 얻거나 식물 크실란(자일란 / xylan)을 추출, 가수분해하여 얻는다. 자일로스가 주목을 받는 것은 이것의 당알코올형 자일리톨(xylitol)이기 때문인데, 자일로스의 환원에 의해 생산된다. 생체에는 소화효소가 없지만 장내에는 이용된다(설탕의 혈당지수 GI(Glycemic Index)는 68이며, D-xylose 10% 혼합설탕의 GI는 49).

1881년 핀란드의 과학자 코흐(Koch)에 의해 나무로부터 처음 분리되어 1930년대에 상업화된 것으로, 설탕의 약 40~60% 정도의 감미도를 가지고 있다. 자일로스는 *O*-글리코실화(glycosylation / 당의 부착) 반응시 프로테오글리칸(proteoglycan)의 세린(serine) 또는 트레오닌(threonine)에 첨가되는 첫 번째 당이며, 헤파란황산(heparan sulfate)과 콘드로이틴황산(chondroitin sulfate)과 같은 음전하를 띤 다당류의 생합성 경로에서도 첫 번째 당이다.

제로(0) 칼로리인 자일로스는 카라멜반응을 하고, 설탕분해효소 수크라제(sucrase)의 활성을 억제하여 설탕의 체내 흡수를 억제하고, 이를 체외로 배출시키는 효과가 있어 급격한 혈당 상승의 방지 및 당뇨, 비만 등의 성인병 예방에 좋은 효과가 있는 것으로 알려져 있다. 아라비노스와 자일로스로 구성된 복합다당체인 아라비녹실란(arbinoxylane)은 항알레르기성, 면역활성 및 항암에 관련된 생리활성물질로 알려져 있다. 자일룰로스(xylulose)는 알도스형인 자일로스와 다르게 케톤기를 가지고 있는 케토스형 오탄당이다. D-자일룰로스의 부분입체 이성질체를 리불로스(ribulose)라 부른다. 시중에는 보통 자일로스 설탕으로 유통되고 있다(표 1-1).

표 1-1. 시판되고 있는 설탕과 자일로스 설탕의 비교

제품명	백설 하얀설탕	자일로스 설탕	자일로 슈가
제조사	A사	B사	C사
성분비	• 원당 100%	• 하얀설탕 90% • D-자일로스 9.5% • 난소화성 말토덱스트린 0.5%	• 하얀설탕 90% • D-자일로스 9.5%

(3) 아라비노스

아라비노스(arabinose, 그림 1-3)는 5개의 탄소원자가 포함된 단당류이고, 알데하이드기를 가지고 있는 알도스인데 아라비아고무로부터 최초로 분리하여 붙여진 이름이다. 설탕의 약 50% 정도의 단맛을 가지고 있는, 실제로 자연계에서 D-아라비노스보다 더 일반적인 형태로 존재하는 L-arabinose는 헤미셀룰로오스 및 펙틴과 같은 생체고분자의 구성성분으로 자일로스와 함께 식물체(쌀겨, 볏짚, 밀기울, 목피, 잎 등)에서 주로 발견된다.

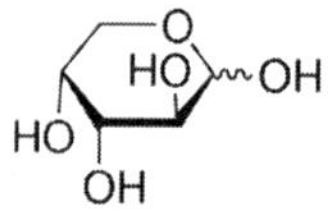

그림 1-3. 아라비노스 구조

아라비노스(arabinose)는 대표적인 5탄당으로 동물의 장(腸)에서는 거의 대사되지 않는데, 장에서 효소 sucrase가 설탕을 포도당과 과당으로 분해하는 것을 억제해 주어 과혈당 관련 질환의 예방, 치료뿐만 아니라 체지방의 증가 방지, 지방축적 억제 효과를 갖는다. 즉 아라비노스는 설탕 섭취 후 혈당의 급격한 상승을 완화시킨다. 또 사람의 장에서는 흡수될 수 없지만 비피더스균과 같은 프로바이오틱스에 의해 이용될 수 있기 때문에 잠재적인 프리바이오틱이기도 하다.

식물 세포벽의 헤미셀룰로오스 분획 중 25～30% 가량이 아라비노스로 구성되어 있는데, 산가수분해법이나 포도당으로부터 아라비노스를 유기합성하는 볼분해(Wohl degradation)방법, 그리고 효소 arabinofuranosidase와 xylase를 이용하여 L-arabinose를 생산하기도 한다. 또 아라비노스 이성화효소로 갈락토스와 반응하여 타가토스(tagatose)를 생산하는 데 기질로 활용되기도 한다.

2) 단당류

단당류의 생리활성은 특별하게 거론하지는 않지만, 기본당인 포도당의 대사와 이와

관련된 대사산물에 관한 물질의 생리활성은 매우 다양하다. 본 장에서는 생리활성에 중요하다고 생각되는 단당류에 대해 간단히 소개하고자 한다.

(1) 포도당

포도에 들어있는 당이라 하여 붙인 포도당(glucose / dextrose)은 대표적인 단당류로 전분으로부터 소화, 흡수되어 혈당에 관여하는 매우 중요한 기본 당류이다. 포도당 직쇄상의 알데하이드기(-CHO)가 환원력을 나타내기 때문에 포도당을 환원당이라 부른다. 적혈구나 뇌세포, 신경세포가 주 에너지원으로 사용하는데, 혈당을 일정 수준으로 유지하는 데 중요한 당이며, 여분의 당은 간과 근육에 글리코겐으로 저장되고, 나머지는 비장으로 전환되어 지방조직에 저장된다.

에너지가 필요한 경우 해당과정과 TCA회로를 거쳐 조직에 필요한 ATP형 에너지를 공급하며, 일부는 펜토오스 인산경로, 글루쿠론산 회로 등을 거치며, 체내에서 지방산이나 아미노산으로 전환되기도 하고, 반대로 아미노산이나 젖산으로부터 포도당을 합성하기도 한다. 생체에 흡수된 과당과 갈락토오스는 간에서 포도당으로 전환한 후 혈당으로 존재한다.

포도당의 합성능력은 원래는 동물에는 없고(아미노산 등의 대사산물로부터 필요로 할 시 합성되는 건 gluconeogenesis임) 식물이나 광합성 미생물(녹조, 갈조, 홍조 등) 등이 소위 탄소동화작용으로 만들어지는 데 필요에 따라 과당으로 전환되어 이용된다. 에너지원인 포도당은 지방산, 아미노산 등의 합성재료로 이용되거나 전분이나 섬유소로 전환되어 세포벽과 같은 구조다당이나 저장다당(전분)으로 축적된다. 잉여 포도당은 글리코겐(glycogen)으로 전환하며, 비필수 아미노산과 지방산으로 전환되어 축적된다. 지방산으로 부터는 합성이 불가능하지만 일부 미생물에서는 가능하다.

(2) 타카토스

육탄당류, 단당류인 D-타가토스(tagatose, 그림 1-4)는 과일, 카카오, 유제품에 함유된 자연 친화적 감미성분으로(감미도 92%) 인체 흡수율은 20~25% 정도이다. 소화효소 및 소장의 탄수화물 분해를 억제하여 신체의 탄수화물 흡수를 억제하는 항고혈당 효과를 가진 매우 낮은 혈당지수(GI 3)를 가진 당이다.

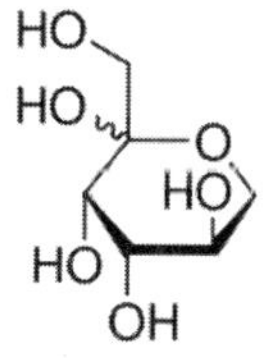

그림 1-4. 타가토스 구조

타가토스는 포도당을 글리코겐으로 이동시키는 효소 glucokinase(GK)를 활성화시켜 혈당치를 저하시키는 기능을 가지고 있다. 보통 유당(lactose)으로부터 효소분해로, L-arabinose isomerase 등을 이용한 생물학적 효소전환으로 만들어지는데 식품에 활용할 경우 풍미와 갈변화을 일으켜 풍미를 향상시키는 소재로 사용되기도 한다.

(3) 과당과 DFAs

포도당의 이성질체인 과당(fructose / levulose)은 전분을 주원료로 하여 당화시켜 얻은 포도당을 이성화하거나, 설탕을 가수분해하여 얻은데 설탕, 솔비톨보다 달며, 자일리톨과는 당도가 비슷한, 당대사에 중요한 역할을 하는 육탄당이다. 포도당과 달리 과당은 인산화과정 및 포도당으로의 전환과정에서 인슐린을 필요로 하지 않으며, 쉽게 글리코겐으로 전환된다.

포도당과 달리 인체는 과당에 둔감하여 대부분의 과당이 에너지대사에 이용되지 못하고 간으로 이동, 분해되어 지방이 되고, 간에 쌓여 지방간의 원인이 된다. 또한 포도당의 섭취는 인슐린 및 렙틴(leptin) 분비를 자극하여 "에너지원이 들어 왔다" 라는 신호를 뇌에 전달해 포만감을 느끼게 하지만, 과당 섭취는 호르몬 분비를 자극하지 않기 때문에 포도당보다 포만감을 덜 주게 된다. 포만감을 잘 느끼지 못하기 때문에 더 많이 먹게 되어 에너지 공급 과잉상태가 되기 쉬운 당이다. 그러나 동량의 포도당, 솔비톨에 비해 혈당상승은 적은 편이다.

보통 과당은 포도당을 이용하지 못하는 당뇨병 환자를 위한 에너지 공급을 비롯하여 급성 알코올중독(에틸알코올), 약물중독, 그 외 비경구적으로 수분과 영양보급을 필요로 하는 경우에 사용하는 당이다. 혈당치를 회복시켜 주며, 간의 글리코겐 고갈을 최소화시키며 단백절약효과를 나타내기도 한다. 일반적으로 고령자는 생리기능이 저하되어 있는 상태이므로 신중히 섭취하는 것이 좋으며, 피하 대량 투여 시 혈장으로부터 전해질이 이동하여 순환부전(vertebrobasilar insufficiency, VBI)을 초래할 수 있으므로 피하주사보다 천천히 정맥 내 투여하도록 한다.

DFAs(difructose dianhydrides, 그림 1-5)는 동물의 체내에서 분해되지 않는 2개의 과당(fructose)이 환원형 말단에서 결합된 고리형(cyclic), 비소화성 이당류로 체내에 흡수되지 않기 때문에 설탕 대체 저칼로리 감미료(0.5)로 사용되는데, 결합의 종류에 따라 DFA Ⅰ, Ⅱ, Ⅲ, Ⅳ, Ⅴ 등 5종이 있다.

DFAs는 생체 내에서 금속이온인 칼슘, 철분 등과 쉽게 복합체를 형성하여 소장에서의 흡수를 용이하게 할 수 있기 때문에 무기질 흡수를 촉진하는 기능성 소재로도 알려져 있다. DFA Ⅳ는 과당 중합체(fructose polymer)인 레반(levan)이나 이눌린(inulin)을 원료물질로 하여 화학적 또는 효소분해 방법으로 생산되는데, 체내에서 소화효소에 의해 분해될 수 없으므로 소장에서 흡수되지 않고 대장으로 이행하여 프리바이오틱(prebiotics)으로 작용하는 당이다. 최근에는 장 건강은 물론 대장 내 장내미생물 생육을 도와주는 기능성 소재로 활용되고 있다.

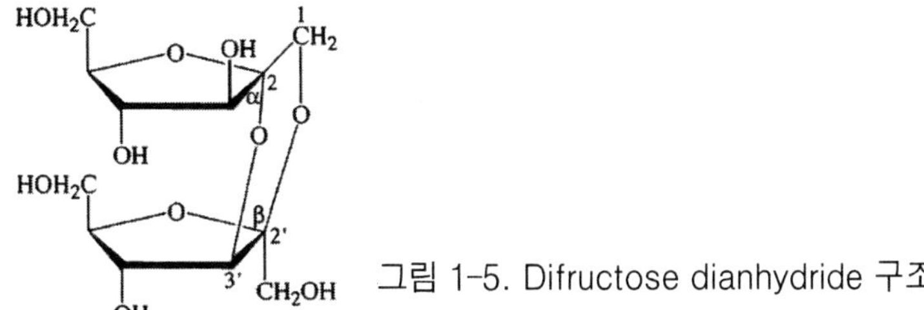

그림 1-5. Difructose dianhydride 구조

(4) 액상과당

액상과당(high fractose corn syrup, HFCS)과 과당은 서로 다른 용어이다. 액상과당은 과당을 액상으로 만들면서 포도당을 함께 넣어 만든 과당-포도당 혼합액상 당류(학술적으로 엄밀히 말하면 혼합형 시럽이다)를 말한다. 보통 액상과당은 과당 비율이 55%인 55% HFCS(high fructose corn syrup)을 말하는데, 과당 비율은 얼마든지 조절할 수 있다. 전분을 포도당으로 만들고 포도당의 일부를 포도당 이성화효소(glucose isomerase)로 처리하여 과당비율을 조절하여 만드는데, HFCS-55는 설탕보다 더 단맛이 나는 반면 HFCS-42는 단맛이 설탕과 비슷하다.

액상과당은 편리한 점도 있지만 보통 생리활성 측면에서 문제가 많은 당류로 소개되기도 하는데, 그것은 액상과당을 과잉섭취하기 쉬운 당류라는 점이다. 따라서 과잉의 액상과당 섭취는 비만, 고혈압, 심근경색증, 이상 지질혈증, 영양불량, 췌장염 등의 원인이 된다고 한다.

액상과당은 설탕보다도 더 빠르게 흡수하지만, 인슐린 분비가 제대로 되지 않아 포만감을 느끼지 못해 과식하면서 비만의 원인을 제공한다. 액상과당을 과다 섭취할 경우 인슐린, 렙틴, 그렐린(ghrelin) 등 내분비호르몬 교란을 불러 비만, 당뇨병을 유발하는데, 과당은 포도당과 달리 인슐린 분비 능력이 떨어져 식후에도 렙틴 분비를 자극하지 못해 그렐린의 농도를 높게 유지한다. 그러면 상대적으로 식욕이 높게 유지되기 때문에 비만을 유발할 수 있다. 즉 포만감과 식욕 억제 등 조절 능력이 마비되는 셈이다. 또 액상과당을 과잉 섭취하면 과당은 간에서 지방으로 바뀌고, 이는 지방간으로 전환된다.

간질환 중에서 최근에 가장 많은 것이 비알콜성 지방간인데, 이는 지나친 과당의 섭취가 원인인 것으로 알려져 있다. 과당은 지방산 합성에 관여하는데, 인슐린의 영향을 받지 않고 간세포 내로 다량 들어오면 지방산 합성을 주관하는 효소들이 활성화되어 간에 중성지방이 생성되고, 초저밀도지단백질이 늘어난다. 이러한 지방성분이 혈액을 통해 이동하여 혈관벽에 과다하게 쌓이면 질병이 발생할 수도 있다. 즉 액상과당 과다섭취는 중성지방을 증가시켜 이상 지질혈증(고지혈증)을 일으킬 수 있으며, 따라서 고혈압 등 대사증후군을 유발할 뿐만 아니라 심혈관 질환의 간접 원인이 되기도 한다. 통풍은 콩팥기능이 떨어져 요산을 배설하는 능력이 부족할 때 발생하는데, 과당이 혈액내 요산을 증가시켜서 통풍을 일으키기도 한다.

(5) 희소당 알룰로오스

케토스형 육탄당인 알룰로오스(D-allulose, 그림 1-6)는 사이코스(D-psicose = D-ribo-2-hexulose)라 부르는데, 과당(D-fructose)의 C-3 epimer로 자연계에 매우 소량(건포도, 무화 등)만 존재하기 때문에 '희소당(rare sugar)'으로 알려진 감미료(improved sweetener)의 일종이다. 사이코스라는 용어는 항생물질인 배당체 psicofuranine의 당부분에서 유래한 것이다.

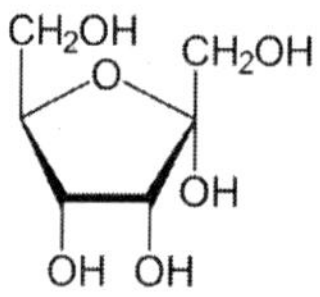

그림 1-6. 알룰로오스 구조

분자식이 $C_6H_{12}O_6$인 단당류로 3번 탄소의 수산화기(hydroxy基 / hydroxy group) 위치가 다른 과당(D-fructose)의 이성체이고, 실제 유통되는 알룰로오스는 천연물이 아닌 효소(케토오스-3-에피메라아제) 등을 사용해 과당(fructose)으로부터 인공적으로 합성한 것이다. 단맛 상승효과를 갖는 저칼로리로 영양감미료의 대체제 후보 중 하나이며, 당도는 설탕의 70% 수준, 칼로리는 5%(대략 0.2kcal/g)에 불과한 무칼로리 감미료로 알려져 있다.

알룰로오스의 생리학적인 기능을 보면 혈당지수를 높이지 않고 포도당의 흡수를 방해하는 항고혈당이며, 지방의 합성을 저해해 다이어트 효과가 있는 항고지혈증, 체중 조절 및 체지방 감소, 비만 예방 및 개선 효과를 가진 소재이다. 그 외 인슐린 저항성, 항산화제 작용, 소염효과, 뇌신경보호, 죽상동맥경화 억제효과, 당대사나 지질대사의 개선, 항노화, 내당능 등 효능을 가진다.

일본, 미국 등에서 상품화되고 있는 balance 감미료는 바로 희소당 함유 시럽을 말하는데, 포도당 + 저 GI의 과당 + 생리기능을 갖는 희소당(사이코스, 아로스, 소루보스 등) 등 3가지를 혼합한 것으로 Rare Sugar Sweet(RSS), ASTRAEA 등 상품명으로 유통되고 있다. 기존 에리스리톨(erythritol)과 자일리톨(xylitol) 등도 일종의 희소당이다. 알룰로오스는 난백 거품을 많이 발생시키며, 마이얄반응(Maillard reaction)을 통한 항산화 물질의 생성을 유도하는 능력도 가지고 있어 식품산업계에서는 중요한 소재로 활용되며, 한 연구에 의하면 유산균(*Lactobacillus plantarum* HY7716)도 알룰로오스의 생산능을 가지고 있다고 한다.

(6) 디옥시당 푸코스

디옥시당(deoxy sugar / deoxyribose / 2-deoxy-D-ribose)에는 육탄당인 푸쿨로스(fuculose), 푸코스(fucose, fucose / 6-deoxy-L-galactose, 그림 1-7), 람노스(rhamnose) 등이 있는데, 하이드록시기 하나가 수소로 치환된 것이 디옥시당이다.

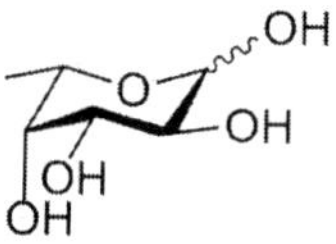

OH OH OH OH

그림 1-7. 푸코스 구조

만약 하이드록시기가 아미노기로 치환되면 아미노당이다. 푸코스는 갈조류의 다당류인 후코이단(fucoidan)의 주성분이며, 6번 탄소(C-6)에 하이드록시기가 없는 6개의 탄소원자가 포함된 단당류이자 알데하이드기를 가지고 있는 알도스인데 α(1→3) 글리코사이드결합으로 연결된 구조를 하고 있다.

푸코스는 α-푸코시데이스(α-fucosidase)라 불리는 효소에 의해 푸코스 함유 중합체로부터 만들어진다. 푸코스는 항암, 면역력 증가, 피부손상 개선, 대사질환 개선, 항비만, 지방세포 내 지방축적 억제, 지방세포 분화 및 지방합성 억제 등에 효과를 가지는 바이오 소재이다.

3) 이당류

이당류(二糖類, disaccharide)는 두 개의 단당류가 글리코사이드결합으로 연결된 당으로 그 종류는 매우 많다(표 1-2). 이당류 분해효소(sucrase / lactase / maltase)의 도움을 받아 분해된다. Cellobiose와 엿당(maltose의 관용명) 등과 같은 환원성 이당류는 두 개의 환원당 중 하나의 단당류가 환원성 알데하이드로 작용할 수 있는 유리 hemiacetal 단위를 갖는 것과 헤미아세탈 단위가 글리코사이드결합에 참여하여 환원제로 작용하지 않는 sucrose와 trelalose와 같은 비환원성 이당류로 대별된다.

본 장에서는 생리활성과 관련되거나 관련될 것으로 예상되는 것만 간략 소개하고자 한다.

표 1-2. 일반적인 이당류

이당류	단위체 1	단위체 2	결 합
수크로스(설탕, 자당)	포도당	과당	$\alpha(1\rightarrow2)\beta$
락툴로스	갈락토스	과당	$\beta(1\rightarrow4)$
락토스(젖당, 유당)	갈락토스	포도당	$\beta(1\rightarrow4)$
말토스(엿당, 맥아당)	포도당	포도당	$\alpha(1\rightarrow4)$
트레할로스	포도당	포도당	$\alpha(1\rightarrow1)\alpha$
셀로비오스	포도당	포도당	$\beta(1\rightarrow4)$
키토비오스	글루코사민	글루코사민	$\beta(1\rightarrow4)$
코지비오스	포도당	포도당	$\alpha(1\rightarrow2)$
니게로스	포도당	포도당	$\alpha(1\rightarrow3)$
아이소말토스	포도당	포도당	$\alpha(1\rightarrow6)$
β,β-트레할로스	포도당	포도당	$\beta(1\rightarrow1)\beta$
α,β-트레할로스	포도당	포도당	$\alpha(1\rightarrow1)\beta$
소포로스	포도당	포도당	$\beta(1\rightarrow2)$
라미나리비오스	포도당	포도당	$\beta(1\rightarrow3)$
겐티오비오스	포도당	포도당	$\beta(1\rightarrow6)$
투라노스	포도당	과당	$\alpha(1\rightarrow3)$
말툴로스	포도당	과당	$\alpha(1\rightarrow4)$
아이소말툴로스	포도당	과당	$\alpha(1\rightarrow6)$
겐티오비울로스	포도당	과당	$\beta(1\rightarrow6)$
만노비오스	만노스	만노스	$\alpha(1\rightarrow2)$, $\alpha(1\rightarrow3)$, $\alpha(1\rightarrow4)$ 또는 $\alpha(1\rightarrow6)$
멜리비오스	갈락토스	포도당	$\alpha(1\rightarrow6)$
멜리비울로스	갈락토스	과당	$\alpha(1\rightarrow6)$
루티노스	람노스	포도당	$\alpha(1\rightarrow6)$
루티눌로스	람노스	과당	$\beta(1\rightarrow6)$

(1) 트레할로스

버섯, 맥각, 해조류, 효모, 곤충, 새우, 해바라기씨 등에 함유되어 있는 "꿈의 당, 부활의 당"으로 부르고 있는 트레할로스(trehalose, 그림 1-8)는 mycose, tremalose 등으로 부르기도 하는 포도당 2분자가 α,α-1, 1결합한 비환원성 이당류이다. 감미도는 설탕의 38%이며, 소장에는 트레할로스를 분해하는 효소 트레할라제(trehalase)가 있기 때문에 음식으로 섭취한 트레할로스를 포도당으로 바꿔 흡수할 수 있다.

보습성이 강하고 고온, 산성 등의 조건에서 안정한 분자구조를 가지고 있으며, 세포 생성을 촉진하고 세포 표면에 막을 형성하는 능력이 있어 세포내 손상을 방지한다. 즉 세포로부터 수분이 빠짐에 따라 물분자 대신에 트레할로스가 세포막이나 단백질 등의 생체 물질과 결합하여 세포 내부를 보호하게 된다. 특히 골다공증 예방, 치주염 예방작용 등 새로운 생리기능 및 인슐린 저 분비성이 규명되어 대사증후군 예방에 적합한 소재로써 주목받고 있다. 그 외 전분노화 억제, 단백질변성 억제, 빙결정성장 억제, 식감조정, 맛과 냄새의 개선 작용 등 다양한 기능으로 식품과 화장품업계에서 많이 활용되는 소재이다.

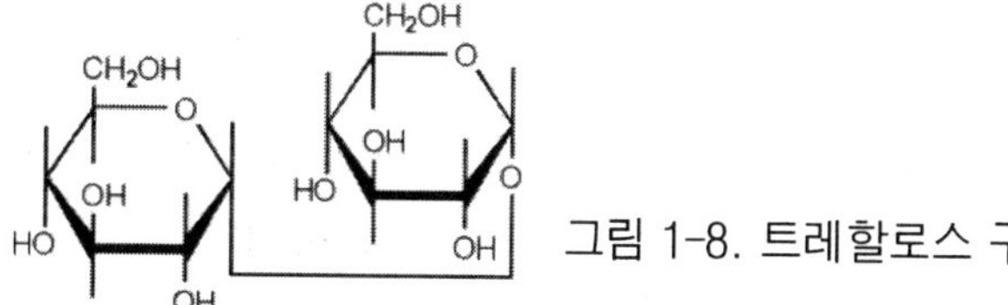

그림 1-8. 트레할로스 구조

(2) 팔라티노스

비우식(非齲蝕, dental cariescaries-free) 천연 감미료인 팔라티노스(palatinose / isomaltulose / 6-*o*-D-glucopyranosyl-D-frutose, 그림 1-9)는 1950년대 독일의 Off-stein(Palatin)에서 팔라티노스 생산균이 발견된 이래 붙어진 이름인데, 환원당이고 포도당과 과당이 각각 1분자가 결합해 만들어진 이당류이다.

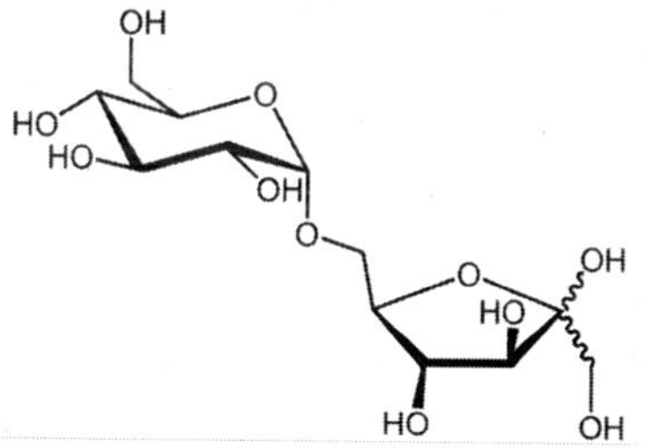

그림 1-9. 팔라티노스 구조

소장에서 완전히 소화 흡수되는 4 kcal / g의 당질이며, 공업적으로 비환원당인 설탕을 원료로 하고 α-glucosyl transferase(sucrose isomerase)의 고정화효소를 이용, 결합위치를 변환(설탕은 α-1, 2결합, 팔라티노스는 α-1, 6결합)하여 만든다. 팔라티노스는 소장에 존재하는 이소말타아제에 의해 포도당과 과당으로 분해・흡수되지만 이 효소반응이 늦기 때문에 설탕과 비교해 소장에서의 소화・흡수 속도가 약 1/5로 늦고, 혈당치가 급격히 상승・하강하는 일은 잘 일어나지 않는다.

팔라티노스는 두뇌와 근육에 지속적으로 에너지를 공급하는 slow calorie이고, 소장에서의 소화·흡수가 완만하기 때문에 혈당치가 급격하게 상승하거나 하강하지 않는다. 팔라티노스가 sucrase 및 α-glucosidase를 저해하는데 소장에서 α-glucosidase를 경쟁적으로 저해하고, 포도당의 흡수를 지연시켜 설탕 및 전분 유래의 당질인 포도당, 맥아당, 덱스트린, 가용성전분 등의 소화 및 흡수 속도를 지연시킨다.

팔라티노스는 천천히 흡수되기 때문에 인슐린의 급격한 분비가 일어나지 않고 식후의 고혈당이나 고인슐린을 억제하므로 혈당을 조절하고, 인슐린 반응성과 저항성을 개선하여 비만을 예방한다. 게다가 소장 내에서 완전히 소화·흡수되므로 다량 섭취해도 설사나 복부 팽창감을 일으키지 않는 안전한 당질이다. 팔라티노스는 설탕이나 포도당 등과 혼합해도 혈당치 상승 억제 효과가 있다.

팔라티노스를 섭취하면 설탕섭취의 경우와 비교해 내장지방이 잘 축적되지 않으며, 팔라티노스의 섭취량이 많을수록 그 안의 내장지방 축적 억제 효과가 높아 소위 대사증후군(metabolic syndrome)을 개선하는 바이오 소재로 알려져 있다. 팔라티노스는 그 자신이 충치의 원인이 되지 않는 비우식원성일 뿐만 아니라 설탕과 함께 섭취되면 설탕에 의한 우식의 발생을 억제한다. 구강 내에서 플라그(plaque / 치태)에 접하더라도 충치 유발의 기준인 pH 5.5 이하로는 내려가지 않기 때문에 충치를 유발하지 않는다. 또한 팔라티노스는 플라그의 기질이 되는 불용성 글루칸(glucan)의 형성을 저해하기 때문에 플라그의 형성이 억제된다.

팔라티노스를 섭취하면 혈중 아디포넥틴(adiponectin)이 증가하고, γ-GTP(γ-glutamyl transpeptidase)는 감소한다. 아디포넥틴은 지방세포에서 분비되는 244개의 아미노산의 폴리펩타이드(단백질)인데, 인슐린 저항성을 개선하여 동맥경화를 막고 비만과 당뇨병을 치료할 수 있는 물질로 알려져 있다. γ-GTP는 간의 해독작용에 관계하는 세포 밖의 아미노산에 glutaminyl 기를 결합시키는 효소로 아미노산을 세포 내로 운송하는 작용을 한다. 알코올이나 약물로 인하여 간 장애가 생기면 γ-GTP가 혈중에 증가하므로 알코올에 의한 간 장애의 지표로 사용한다. 신장에 가장 많이 함유되어 있고, 다음으로 췌장, 간, 비장, 소장에도 존재한다.

4) 라피노스(3당류)와 스타키노스(4당류)

(1) 라피노스

라피노스(raffinose, 그림 1-10)는 D-galactose, D-glucose, D-fructose가 결합된 3당류로, 식물의 종자, 콩, 양배추, 브로콜리, 생강, 아스파라거스 등 야채와 곡류에 들어 있다. 비환원성인 라피노스는 비트(사탕무)에 약 0.1% 정도 미량 존재하는 천연

올리고당 소재로서 인간의 소화계에 존재하지 않는 α-galactosidase에 의해 D-갈락토스와 수크로스로 가수분해될 수 있다. 장내 유익균 비피더스균의 증식과 대장균과 같은 유해균의 억제, 배변 활동을 원활히 하는 데 도움을 줄 수 있는 소재로 이용되고 있다.

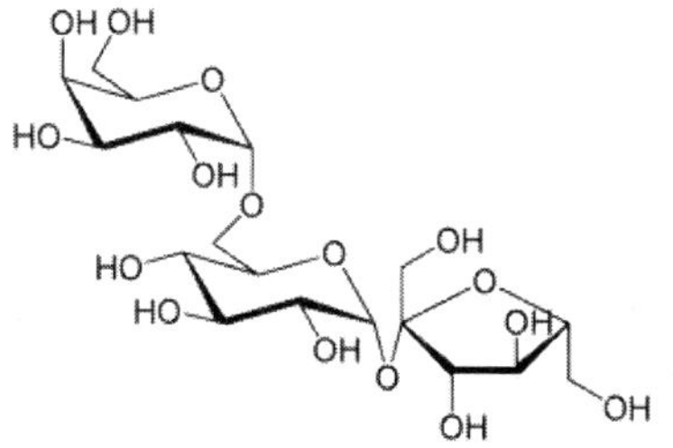

그림 1-10. 라피노스 구조

라피노스는 인체에 무해하고 단맛을 지녀 가글이나 치약 등 치아 관리 제품에 응용하며, 비피더스균의 생육과 증진에 도움을 준다. 림프구의 증식과 다형핵 세포(polymorphonuclear cell)의 대식작용을 증가시켜 면역기능을 높여 주며, 아토피성 피부염를 야기하는 캔디다균(*Candida*)의 생육도 억제하여 아토피성 피부염 개선에 효과가 있는 당류이다. 항생제 내성을 줄여 더 약한 항생제로도 항생제 효과를 높일 수 있는 소재이기도 하며, 간 기능 개선에도 도움을 주는 식약처 개별인정형으로, 생리활성기능 2등급(○○에 도움을 줄 수 있음)으로 분류된 소재이다. 대두올리고당에 스타키오스(stachyose)와 함께 들어 있다.

(2) 스타키노스

스타키노스(stachyose, 그림 1-11)는 galactose 2분자, glucose, fructose로 이루어진 4당류로 보통 4~10당류를 올리고당(oligosaccharide / 소당류 / 과당류)이라고 부르니까 엄밀하게 말하면 β-glycosidic 결합을 하고 있는 갈락토스 함유 갈락토올리고당(galacto-oligosaccharides / GOS)인 셈이다.

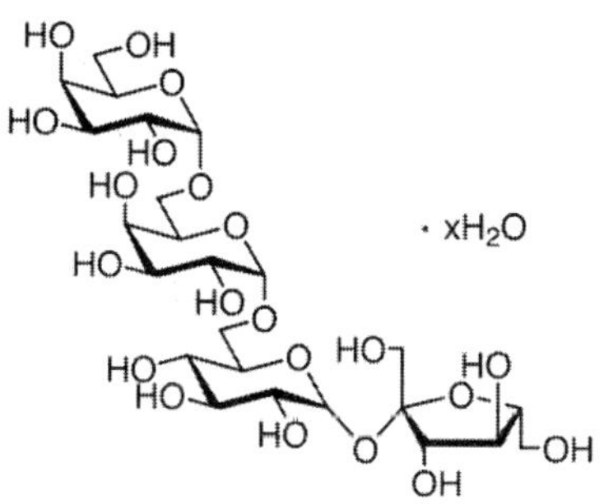

그림 1-11. 스타키노스 구조

GOS는 피부 보습과 수분손실 개선, 주름 개선, 장내 유익균 증식, 면역활성 개선, 아토피 발생 감소 등 기능을 가지고 있으며, 모유에 함유되어 있는 갈락토실락토스를 가지고 있어 유아용 분유의 프리바이오틱스 소재로 사용하기도 한다. 스타키노스는 약한 단맛을 가진 비환원성 올리고당으로 장내 세균 발효로 가스가 발생하는 원인 물질이기도 하다.

5) 다당류

다당류(多糖類, polysaccharide)의 정의는 3개 이상의 단당류가 글리코시드결합(glycosidic bond)을 한 고분자인데, 구성 다당류의 종류와 숫자에 따라 모든 것이 결정된다. 다당류를 분류할 때 보통 단순다당류 / 복합다당류, 그리고 저장다당류 / 구조다당류로 분류한다.

단순다당류라는 용어에는 두 가지 의미가 있는데, 한 가지는 전분(starch), 섬유소(cellulose), 글리코겐(glycogen), 덱스트린(dextrin), 이눌린(inulin) 등과 같이 한 종류의 단당류로만 이루어져 있는 경우이거나 다당류를 분해했을 때 탄수화물만 생기는 경우를 모두 단순다당류(동종 다당류 / 동질 다당류 / homopolysaccharide / homoglycan)라 부른다. 복합다당류는 펙틴(pectin), 헤미셀룰로오스(hemicellulose), 리그닌(lignin), 한천(agar), 검류(gums), 키틴(chitin) 등 같이 다른 단당류가 하나라도 들어간 경우를 복합다당류(heteropolysaccharide / heteroglycan, 이질다당류)라 하는데, 분해할 때 탄수화물이외 다른 물질이 생긴다.

또 다당류에는 녹말, 글리코겐과 같은 저장다당류와 셀룰로오스, 아라비노자일란(arabinoxykan), 펙틴, 키틴 등과 같은 구조다당류가 있는데, 동물의 활동적인 생활에 빠르게 대사될 수 있는 글리코겐은 동물에서 저장다당류로 사용되며, 구조다당류인 셀룰로오스는 유기분자로 생물들의 세포벽에 사용된다.

질소 작용기를 가진 키틴(chitin)은 절지동물의 외골격과 일부 균류의 세포벽에서 발견되는 구조다당류인데, 셀룰로오스와 비슷한 구조를 가지고 있다. 이밖에 희소 다당류에는 칼로스(callose), 라미나린(laminarin), 크리솔라미나린chrysolaminarin), 자일란(xylan), 만난(mannan), 후코이단(fucoidan), 갈락토만난(galactomannan) 등이 있다

다당류 가운데 가장 일반적인 기본 다당류가 전분이다. 전분은 많은 포도당이 글리코시드결합에 의해 중합되어 있는 고분자 중합체(polymer)이다. 녹말이라고 부르는 전분은 대표적인 식물성 저장 탄수화물로 녹색식물의 엽록소에서 광합성 작용에 의해 만들어져 식물의 종자나 뿌리 등에 저장되어 에너지원으로 사용하게 된다. 전분은

식물에 입자의 형태로 들어 있는 경우가 대부분이며, 식물의 종류에 따라 그 모양과 크기가 모두 다르다.

전분은 포도당이 α-1, 4결합을 통해 연결된 아밀로오스(amylose)와 아밀로오스 사슬의 일부가 α-1, 6결합에 통해 생성된 가지가 있는 아밀로펙틴(amylopectin)으로 구성되어 있는데, 이 비율은 전분의 종류에 따라 다르다. α-포도당은 대개 6~8분자마다 한 번씩 회전하여 나선상 구조를 이루고 나선상 내부에는 어떤 물질을 포접(반응)할 수 있도록 공간을 만들어 두고 있다. 아밀로펙틴은 α-포도당이 α-1, 결합으로 연결된 아밀로오스의 사슬 사이사이에 다른 아밀로오스 사슬이 α-1, 6결합에 의해 가지를 지닌 구조를 띠며, 보통 포도당 18~27개마다 한 개의 가지를 가지고 있다. 아밀로펙틴은 가지를 가지고 있기 때문에 나선상의 형태는 이루고 있지 않고, 따라서 포접화합물(包接化合物, inclusion compound / clathrate compound)도 형성하지 않는다.

전분은 가수분해하는 효소에 의해 분해된다. 전분의 분해효소에는 전분의 α-1, 4결합을 무작위로 가수분해하는 α형과 전분의 α-1, 4결합을 맥아당 단위로 말단에서부터 가수분해하는 β형, 그리고 전분의 α-1, 4결합과 α-1, 6결합을 말단에서부터 포도당 단위로 가수분해하는 글루코아밀라아제 등이 있다. 액화효소라 부르는 α-아밀라아제는 타액, 췌장액, 발아 종자, 미생물 등에, 당화효소라 부르는 β-아밀라아제는 감자, 곡류, 두류, 엿기름, 타액 등에, 글루코아밀라아제는 동물의 간조직과 미생물에 존재한다.

아밀로펙틴에서 α-아밀라아제가 작용하지 못하고 남은 부분을 α-아밀라아제 한계 덱스트린, 아밀로펙틴에서 β-아밀라아제가 작용하지 못하고 남은 부분을 β-아밀라아제 한계 덱스트린이라고 부른다. 글루코아밀라아제는 아밀로오스 모두 분해 가능하며, 아밀로펙틴은 80~90% 분해 가능한데, 포도당을 생산하는 데 많이 이용되고 있다.

전분입자는 분자 간에 강한 결합력에 의하여 규칙적으로 모인 미셀구조(결정형 구조)로 되어 있는데, 이를 생전분(β전분)이라고 부른다. 생전분에 물을 넣고(수화, 팽윤) 가열하면 60~80℃ 사이에 전분입자가 파괴되어 미셀구조가 흐트러지는데, 이때 전분입자들은 소실되게 되며, 아밀로오스와 아밀로펙틴 분자들로 된 교질용액을 형성한다. 이를 전분의 호화(gelatiniation) 또는 교질화, α화라고 하며, 호화된 전분은 α전분이라고 부른다. 전분입자들이 붕괴되고, 현탁액은 교질용액으로 변하게 되는데, 이 용액을 급속하게 냉각하게 되면 반고체의 젤이 형성되며, 완만하게 냉각하게 되면 전분분자들이 침전하여 규칙성을 가진 형태로 변하게 된다. 이때 젤(gel)을 가열하면 졸(sol) 상태로 가역적으로 변화한다.

전분의 노화는 호화된 α 전분을 낮은 온도에서 방치하면 전분입자들이 다시 모여 규칙성 있는 미셀구조를 형성하게 되는데, 이 과정을 노화 또는 β 화라고 부르고, 이 전분을 β 전분이라고 한다. 이 전분은 미세한 결정성의 구조를 갖게 된다. 노화가 진행되는 과정에서는 호화상태에서 불규칙적인 배열을 하고 있는 졸상태의 전분입자들이 수소결합에 의해 부분적으로 규칙적인 분자배열을 지닌 미셀구조를 가지게 되면서 반결정상태의 침전을 형성하는데, 이때 젤상태로 다시 되돌아가게 된다.

α 전분은 물 분자가 침입하기 쉽고, 소화효소가 접촉할 수 있는 면이 넓어서 소화가 용이하지만 노화가 진행된 β 전분은 단단해서 소화하기 어렵다. 또 전분에 수분을 첨가하지 않고 고온에서 가열하면 전분분자의 부분적인 가수분해 또는 열분해가 일어나 가용성 전분을 거쳐 가용성 덱스트린이 생성되게 되는데, 이 이화학적 변화를 호정화(dextrinization)라 부르고, 따라서 호정화된 덱스트린은 호화전분보다 물에 잘 녹고, 효소작용도 받기 쉬운 상태가 된다.

혹자는 이 화학방법에 의해 비호화 또는 분산된 것을 과립성 전분이라 부르기도 하는데, 이 전분은 호화온도 이하에서는 불용성이지만 그 이상의 온도에서는 쉽게 용해된다. 가끔 "신속 소화성 전분"이라는 용어를 사용하곤 하는데, 이것은 섭취 후 최초 20분 내에 완전히 흡수되는 전분 또는 이의 일부를 의미하는 용어이다. 이에 반해 "느린 소화성 전분"은 섭취 후 소화 흡수되는데 20분 이상 걸리는 전분으로 보통 노화된 전분을 말한다. 일부에서 이 전분과 저항성 전분(건강한 사람의 소장에서 흡수되지 않은 전분의 소화 산물 및 전분의 합으로 정의)을 혼동하여 사용하기도 한다.

생전분(native starch)은 특별한 기능이나 생리활성을 가지고 있지 않지만 이를 이화학적・생물학적으로 분해 또는 변환시키면 다양한 기능과 생리활성을 가지게 되는데, 다당류를 각종 방법에 의해 분해, 변환하면 완전분해물, 중간분해물, 또는 분해혼합물들이 만들어진다. 다당류의 생리활성과 관련하여 일부 다당류가 암환자의 회복을 유도하고, 종양과 암의 치료(암 발생을 억제 암 예방 작용, 종양에 대한 면역성 증강, 면역증강 작용, 항종양 작용) 등에 일정의 역할을 하는 것으로 알려져 있다. 예를 들면 글루칸*과 glucose와 mannose를 포함하는 버섯다당류는 항종양작용을 나타내는데, 특히 1,3-β-glucan은 다양한 생물학적, 면역약리학적 작용을 나타내며 1,3-β-glucan과 골격구조가 비슷한 1,3-α-mannan도 항종양작용을 갖는다.

* 원래 균류의 세포벽은 chitin 또는 cellulose 등 두 개의 다당류로 구성되어 있는데, 하나는 견고한 섬유질이며, 다른 하나는 매트릭스와 같은 α-glucan, β-glucan, glycoprotein이다. 항종양과 관련 글루칸은 hetero-α-glycan, hetero-β-glucans, α-glucan-protein, β-glucan-protein, α-manno-β-glucan, heter-glycan-protein complexes 등이다.

다당류가 단백질이나 펩티드와 결합한 다당－단백질이나 다당－펩티드 복합체도 매우 강한 항암 활성을 가지는데, 버섯다당류의 경우 다당류가 T임파구의 증식과 면역보강(immunopotentiation)을 촉진하고, 종양세포에 직접 작용, 암세포 증식을 직접적으로 억제한다. 예를 들면 구름버섯(*Trametes versicolor*)의 다당-펩티드 복합체인 PSP(polysaccharide-peptide)는 유방암세포 증식억제를, 상황버섯(*Phellinus linteus*)의 단백질 결합 다당인 PBP(protein-bound polysaccharide)는 대장암 증식 억제를, 표고버섯에서 분리된 렌티난(lentinan)과 *Schizophyllum commune*에서 분리된 schizophyllan은 암의 면역요법제로 사용되고 있다.

특히 다당류인 렌티난은 영양촉진 효과는 물론 위암 및 기타 암을 치료하며, 간을 보호하고, 다른 위장병(과민성, 담석, 궤양 등), 빈혈 등 질환을 효과적으로 개선해 주는 바이오 소재이다. 또 대부분의 버섯류에 함유된 krestin(PSK / polysaccharide krestin / 다당－단백질 결합체)도 항암효과가 있는 것으로 알려져 있다. 인진쑥 및 물쑥의 다당류는 면역활성작용 및 간 보호활성을 좋게 하는 기능을 가지고 있는데, tumor necrosis factor(TNF)-α, 인터루킨(interleukin, IL)-1, 인터루킨-2, 인터루킨-6, 인터루킨-12, 인터페론(interferon, IFN) γ 와 GM-CSF(granulocyte-macrophage colony-stimulating factor) 등과 같은 다양한 사이토카인(cytokines)의 생산과 림프계 세포를 증식하고, 자극하는 강력한 면역조절 기능을 나타낸다고 한다. 본 장에서는 주요 다당류의 종류별 기능성과 생리활성에 관련된 것들을 좀 더 소개하고자 한다.

(1) 단순다당류

▣ 변성전분과 저항전분

변성전분(starch modified / modified starch, 변형전분)은 천연전분을 화학적·물리적 또는 효소 기반 등 다양한 방법으로 가공, 변형, 변화시킨 새로운 특성을 지닌 전분을 말한다. 특히 변성전분은 생전분을 화학물질로 처리하여 전분을 화학적으로 변형시키거나 또는 호화시켜 전분 본래의 특성을 변화시킨 것을 말하는데, 여기에는 산화전분(oxidized starch)을 비롯하여 다양한 전분*들이 있다.

* 산화전분(oxidized starch), 아세틸아디프산이전분(acetylated distarch adipate), 아세틸인산이전분(acetylated distarch phosphate), 옥테닐호박산나트륨전분(starch sodium octenyl succinate), 인산이전분(distarch phosphate), 인산일전분(monostarch phosphate), 인산화인산이전분(phosphated distarch phosphate), 초산전분(starch acetate), 하이드록시프로필인산이전분(hydroxypropyl distarch phosphate) 및 하이드록시프로필전분(hydroxypropyl starch) 등

보통 전분을 화학적 또는 물리적으로 변형시키는데, 경우가 따라서 초음파(ultra-sonication)나 효소처리를 하는 경우도 있다. 초음파 처리된 전분은 천연전분에 비해 점착성, 응집력, 탄력성 및 끈적임이 높아지므로 이를 조직개선을 위한 적절한 곳에 사용하고 있다. 이와 같이 변성전분은 전분의 특성은 물론 다양한 기능을 가지도록 만든 것인데, 예를 들면 혈당(blood glucose) 수준 및 식후 당의 흡수 등을 제어할 수 있어 식후 흡수율 및 흡수시간 등을 조절할 수 있는 소재로 사용되기도 한다.

저항전분(resistant starch, RS)은 난소화성 전분으로 총 식이섬유량을 결정하는 데 영향을 주는 인자인데, 가끔 식이섬유로 분류하곤 한다. 저항전분은 소장에서 전분분해효소에 대한 저항성 때문에 소장에서 소화되지 않고 대장으로 이동되어 발효되므로 식이섬유와 비슷한 생리활성 효과를 가지는데(식이섬유처럼 측정, 정량됨) 1992년 건강한 사람의 소장에서 흡수되지 않는 전분을 저항전분으로 정의하였다. 저항전분은 자연식품이나 가공식품에는 어느 정도(3～20%) 함유되어 있는데 4가지 유형이 있다.

저항전분 1은 물리적으로 소화가 되지 않는 전분인데 세포벽이 있어 소화가 어려운 씨앗류, 콩류, 통곡물의 전분, 도정된 낟알이나 종자와 같이 물리적으로 효소의 접근이 어려운 전분을 말한다. 저항전분 2는 생감자 전분, 바나나 전분, 고아밀로오스전분(high amylose style starch)처럼 젤라틴화, 호화되지 않는 β형의 결정형을 갖는

표 1-3. 저항전분의 종류

산화전분	차아염소산나트륨에 의한 산화반응
아세틸아디프산이전분	무수아디판산 및 무수초산에 의한 에스테르화 반응
아세틸인산이전분	산화염화인 또는 메타삼인산나트륨과 무수초산 또는 초산비닐에 의한 에스테르화 반응
옥테닐호박산나트륨전분	무수옥테닐호박산에 의한 에스테르화 반응
안산이전분	산화염화인 또는 메타삼인산나트륨에 의한 에스테르화 반응
안산일전분	인산일전분반응 및 안산이전분반응
인산화안산이전분	폴리삼인산나트륨 및 메타삼인산나트륨에 의한 에스테르화 반응
초산전분	무수초산 또는 초산비닐에 의한 에스테르화 반응
히드록시프로필안산이전분	산화염화인 또는 메타삼인산나트륨에 의한 에스테르화반응 및 프로필렌옥시드에 의한 에스테르화 반응
히드록시프로필전분	프로필렌옥시드에 의한 에스테르화 반응

생전분을 말한다. 바나나처럼 날 것일 때는 저항성 전분이 많지만 숙성하면 저항성 전분이 사라지는 종류도 있다. 저항전분 3은 노화된 전분으로 조리 후 따뜻할 때는 저항성 전분 함량이 낮지만 식히면 다시 많아지는 종류인데, 호화된 전분이 노화되어 형성된 것이라 할 수 있다. 저항전분 4는 화학적으로 변형된 전분을 말하는데 에테르, 에스테르 등 화학물질을 전분에 반응시켜 만든다.

저항전분은 변 부피 증가, 대장 미생물 발효로 인한 단쇄지방산 증가, 분변을 통한 담즙산의 배설 증가, 혈장과 간에서의 콜레스테롤과 중성지방의 감소를 비롯하여 혈당감소 효과를 가진 소재이다. 저항전분의 종류는 표 1-3과 같다.

▣ 식이섬유와 섬유소(셀룰로오스)

섬유(纖維, fiber)라는 용어는 라틴어의 *fibra*에서 유래하였는데, 길이가 긴 천연 또는 합성물질로 정의하고 있다(Fiber is a natural or synthetic substance that is significantly longer than it is wide). 즉 세포의 원형질이 변하여 일정한 모양과 일정한 방향으로 길게 늘어진 것이다. 섬유는 영양의 중요한 구성 요소로 식물은 물론 동물에서도 발견되는데, 식물섬유는 일반적으로 리그닌과 함께 셀룰로오스 배열을 기반으로 하고 있는데, 어떤 섬유건 사람이 식품재료로 섭취할 수 있는 것을 식이섬유(Dietary fiber) 또는 섬유소라 부르고, 화학적 용어로는 셀룰로오스(cellulose / 프랑스 화학자 Anselme Payen가 셀룰로오스 발견)이다.

일반적으로 식이섬유를 소화되지 않는 다당류로 정의하는데, 그렇다고 소화되지 않는 것 모두를 식이섬유라 말하지 않는다. 미국 FDA는 "식이섬유는 인간의 소화효소가 분해시키지 못하는 3당류 이상의 다당류"로 정의하고 있으며, 영양표시에 대한 Codex Alimentarius Guidelines(FAO / WHO, 1995)에서는 식이섬유를 "인간의 소화기관에서 분비되는 소화효소에 의해 분해되지 않는 섭취 가능한 식물성 혹은 동물성 물질"로 정의하고 있다. 이 정의의 특징은 동물성 급원의 물질도 식이섬유로 취급한다는 것이다. 또 CODEX(Codex Alimentarius Commission / 국제식품규격위원회)는 식이섬유를 "인간의 소장 내 효소에 의해 가수분해되지 않는 10개 이상의 단량체를 가진 탄수화물 중합체로 정의하고 있다*. 유럽연합(EU)은 CODEX 정의를 따르고 있으나 인간의 소장에서 분해・흡수되지 않는 3개 이상의 단량체를 가진 탄수화물도 식이섬유의 범주에 포함시키고 있다.

* 우리나라는 2012년 개정된 식이섬유 분석법(AOAC 2001. 03) 기준에 따라 "인간의 효소에 의해 분해되지 않는 3당류나 그 이상의 중합도를 가진 탄수화물"로 정의하고 있으며, 건강기능식품 기준 및 규격에서는 식이섬유를 영양성분과 기능성분으로 사람의 소화효소로 분해하기 어려운 난소화성 섬유 성분으로 정의하고 있다.

결론적으로 식이섬유는 인간의 소화효소로 분해되지 않는 다당류 등의 고분자물질의 총체 또는 인간의 소화효소로 분해되거나 흡수되지 않는 식물의 난소화성 다당류라고 규정한다(장내 일부 미생물은 식이섬유를 분해함). 따라서 식이섬유는 그 원료물질, 분자량, 분자구조에 따라 매우 다양하며 종류별로 기능성을 인정하고 있고, 심지어 동일 기능성일 경우라도 식이섬유별로 섭취량이 각각 다르다. 동물에서도 섬유(纖維)라는 용어를 사용하는데, 이것은 동물의 특정 단백질을 말하는 것으로 식이섬유와는 다르다. 동물기원의 천연섬유인 실크, 털(양모 포함), 모발, 모피, 깃털 구성성분들을 비롯하여 섬유질 단백질(단백질 필라멘트) 등은 바로 동물섬유들이며, 생물학적으로 매우 중요한 단백질이다.

식이섬유는 불용성 / 수용성으로, 고분자 / 저항전분 / 저분자로, 또는 천연성 / 합성 식이섬유 등으로 구분한다. 불용성 식이섬유는 물에 녹지 않는 것으로 식물의 구조를 형성하는 식물 세포벽 물질인 리그닌(탄수화물이 아닌 유일한 식이성 섬유소로 식물의 목질 부분을 형성하는 큰 분자), 키틴, 셀룰로오스, 헤미셀룰로오스(식물 세포벽에서 셀룰로오스를 둘러싸고 있음) 등이 여기에 속한다. 수용성은 물에 녹는 것인데 펙틴, 난소화성 말토덱스트린, 폴리덱스트로스, 이눌린, 검(gum, 식물이 손상되었을 때 반응으로 식물이 분비하는 것) 등이 여기에 속한다. 수용성 식이섬유는 식물에 불용성 식이섬유 등과 함께 존재한다. 또 식이섬유를 단순다당류인 저항전분(resistant starch, RS), 복합다당류(비전분 다당류)인 고분자식이섬유(high molar weight dietary fibre, HMWDF), 난소화성 소당류(올리고당류)인 저분자식이섬유(low molar weight dietary fibre, LMWDF) 등으로 세분하기도 한다(그림 1-12).

경우에 따라서는 식이섬유를 천연 식이섬유(구아검, 펙틴, 알긴산 등 각종 검류)와 합성 식이섬유(폴리덱스트로스 등)로 분류하기도 하는데, 합성 식이섬유에는 설탕(sucrose), 과당(fructose)을 합성하거나 이눌린을 가수분해해 생산한 프락토올리고당

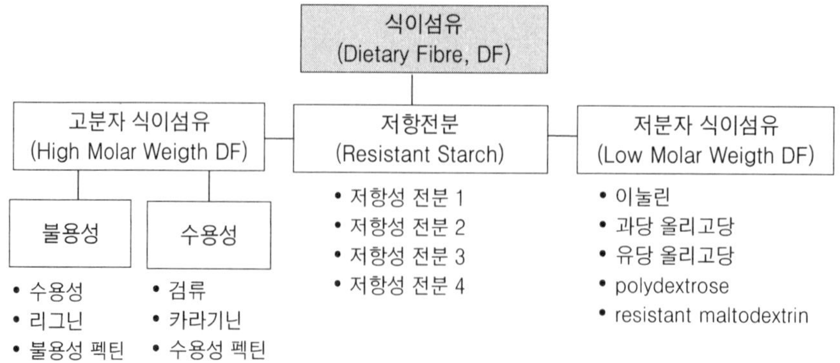

그림 1-12. 식이섬유의 한 분류 예

(fructo-oligosaccharides) 등이 있으며, 포도당, 구연산, 솔비톨을 원료로 하여 고온・감압 하에서 합성한 폴리덱스트로스(polydextrose) 등도 여기에 해당한다.

식이섬유의 생리적 기능은 다양한데, 우선 불용성인 경우 분변량 증가, 분변의 장 통과시간 단축, 변비 방지 등 변비예방이 주요 생리기능이다. 그리고 수용성은 음식물의 위장 통과를 느리게 하거나 포도당을 천천히 흡수시키고 혈청 콜레스테롤 감소 등 효과를 가진다. 즉 식이섬유는 위 내 음식물의 통과속도를 느리게 해 포만감을 주어 음식 섭취량을 적게 하며, 동시에 영양소 흡수를 줄여 준다. 또 장의 연동작용이 활발하도록 자극하고, 음식물이 장을 통과하는 시간을 단축시켜 준다. 특히 수용성인 경우 물에 쉽게 용해되거나, 겔을 형성하여 포도당의 흡수 속도를 억제하거나, 다른 영양소의 흡수를 방해하기도 한다. 대장에서도 식이섬유는 발암물질을 흡착하고 장의 연동운동을 촉진해 변의 장내 체류시간을 단축시켜 대장암 예방 등 대장 기능에 긍정적인 역할을 하며, 대장미생물(microflora) 중 비피더스균의 생육을 돕고, 유해미생물의 생육을 억제하는 등 대장의 균총의 변화에도 큰 영향을 미친다.

식이섬유가 풍부한 식품은 낮은 당지수를 가졌기 때문에 식후 혈당 증가를 느리게 하고, 이러한 느린 혈당의 상승이 근육과 지방세포로 포도당을 옮기는 데 필요한 인슐린의 양을 줄여주게 된다. 수용성은 소장에서 당 섭취를 느리게 하고, 따라서 혈당이 천천히 증가하므로 인슐린이 덜 필요하게 된다. 이러한 현상이 당뇨병 치료와 예방에 도움을 주는 것이다. 또 식이섬유는 소장의 콜레스테롤 흡수를 방해하므로 혈청 콜레스테롤이 감소하고, 따라서 인슐린 분비가 감소되면서 간에서의 콜레스테롤 합성이 감소하게 된다.

소장에서의 식이섬유는 담즙산과 결합하여 배설되므로 담즙산의 재흡수를 억제하여 혈중 콜레스테롤을 저하시킨다. 담즙산이 대변으로 소실되면 간은 손실된 담즙산을 대체할 담즙산을 더 만들기 위해 순환 혈중 지단백으로부터 콜레스테롤을 제거해야 한다. 또 지질의 배설을 증가시켜 혈액, 간의 중성지방 및 총 콜레스테롤 수준을 낮추는 역할도 동시에 일어난다. 만약 배변을 위해 압력을 가하게 되면 변비가 생기고, 대장벽의 근육층 사이에 작은 주머니인 게실이 만들어지면서 이 게실에 섬유소가 들어가 박테리아가 이들을 분해, 산과 가스를 형성, 이 가스가 게실을 자극하여 염증을 일으키는 소위 게실염의 직접 원인이 된다. 그렇다고 과량의 식이섬유를 섭취하게 되면 포만감으로 다른 식품의 섭취를 자제하게 되고, 소장에서의 소화・영양성분(리보플라빈, 단백질 등)의 흡수를 방해, 영양불균형을 초래할 수도 있다.

일부 식이섬유는 무기질과 흡착하여 불용성 화합물을 형성하는 피트산(phytic acid) 또는 수산(옥살산, oxalic acid)을 함유하고 있어 어린이의 성장발달에 필수적인 칼슘・철・마그네슘・구리・인・아연 등의 흡수를 억제하여 체내에 필요한 필수

무기질(essential minerals)의 결핍을 초래할 수 있다. 건강기능식품의 기준 및 규격에 따라 식이섬유 관련 건강기능식품은 고시형과 개별인정형 제품으로 유통되고 있는데, 구아검 / 구아검 가수분해물, 글루코만난(곤약 / 곤약만난), 귀리식이섬유, 난소화성 말토덱스트린, 대두식이섬유, 목이버섯 식이섬유, 밀 식이섬유, 보리 식이섬유, 아라비아검(아카시아검), 옥수수겨 식이섬유, 이눌린 / 치커리 추출물, 차전자피 식이섬유, 폴리덱스트로스, 호로파종자 식이섬유 등이 여기에 속한다.

보통 섬유소라 불리어지고 있는 자연에서 가장 풍부한 셀룰로오스는 반복적인 포도당 단위체가 β-글리코사이드 결합으로 연결된 중합체로 식이섬유의 대표적인 성분이다. 셀룰로오스를 분해하는 효소인 cellulase는 단일 효소 체계가 아닌 복합효소(complex enzyme)에 속하는데, 섬유소 중의 β-1, 4 glucoside 결합을 가수분해하는 효소이다. 섬유소는 glucose만으로 구성된 homopolysaccharide이지만, 이것이 효소적으로 분해되어 최종 산물인 glucose가 되기 위해서는 최소한 3종의 섬유소 분해효소(cellobiohydrolase / glucanohydrolase / cellobiase)가 작용해야 한다.

▣ 글리코겐

식물의 포도당 중합체인 전분과 비슷한 소위 동물성 전분이라고 부르는 단순다당류인 글리코겐은 동물 및 균류에서 2차적인 장기 에너지 저장원으로 기능적인 면이나 생리활성 측면에서 매우 중요한 소재이다. 글리코겐을 보면 아밀로펙틴과 비슷한 구조를 가지고 있으며, 전분보다 더 조밀하고 가지가 많은 것이 구조적 특징이다*.

* 프랑스의 생리학자 클로드 베르나르(Claude Bernard, 1813년 7월 12일~1878년 2월 10일)는 1857년간에서 순수한 글리코겐을 분리하면서 탄수화물은 간에 글리코겐으로 저장되며, 필요시 혈액 속에 포도당으로 전환하여 혈당을 유지한다는 이론을 전개하였다. 간에서 글리코겐이 발견된 직후 Sanson은 근육 조직에도 글리코겐이 있음을 발견했고, 1858년 아우구스트 케쿨레(Friedrich August Kekulé von Stradonitz, 1829년 9월 7일~1896년 7월 13일 / 독일 유기화학자)에 의해 글리코겐의 실험식이 결정되었다.

글리코겐은 다양한 유형의 세포들의 세포기질 / 세포질에서 과립의 형태로 발견되는데, 포도당들이 $\alpha(1\rightarrow4)$ 글리코사이드결합으로 연결된 중합체로서 $\alpha(1\rightarrow6)$ 글리코사이드결합으로 연결된 가지를 가지고 있다(그림 1-13). 글리코겐의 주기능은 포도당에 대한 갑작스런 요구에 신속하게 공급할 수 있도록 간과 근육에서 만들어지고(뇌와 위에서도 합성함), 그곳에 저장되어 즉각적으로 이용 가능하도록 되어 있다(콩팥에서 소량, 뇌의 일부, 신경 아교세포와 백혈구에서도 소량, 임신 중에 자궁은 배아를 키우기 위해 글리코겐 소량 저장). 간세포에서는 간 중량의 8%(성인에서 100~120 g), 근육에서는 근육 중량의 1~2%의 비율로 저장되어 있다.

글리코겐은 육체적 활동 시 사용되며, 휴식 시 재충전된다. 글리코겐은 근육으로부터 혈류로 운반되어 혈당이 일정 수준 아래로 떨어질 경우 혈당을 증가시킬 수도 있다. 운동경기 전에 근육에 에너지(글리코겐의 형태) 저장을 증가시키기 위해 운동선수들이 사용하는 탄수화물 축적이 바로 근육 글리코겐 축적이다. 간에서 글리코겐이 축적, 저장되는 것은 식사 후에 간에서 방출되는 것보다 많은 포도당을 혈액으로부터 흡수하여 혈당량이 증가하면서 인슐린이 분비된다.

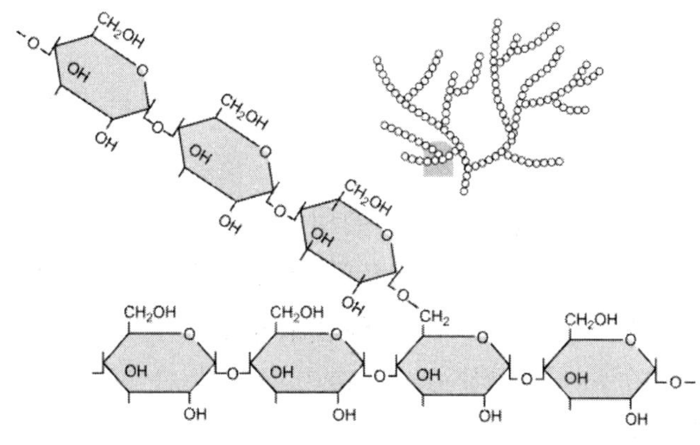

그림 1-13. 글리코겐 구조

간세포로 들어간 혈당이 인슐린의 간세포 작용으로 글리코겐 생성 효소를 포함한 여러 효소들의 작용을 자극하게 되면 포도당 분자는 인슐린(insulin)과 포도당이 충분하게 남아 있는 한 글리코겐 사슬에 붙게(첨가)된다. 포도당 수치가 떨어지기 시작하면 인슐린 분비가 감소하고, 글리코겐 합성이 중단된다. 에너지가 필요할 때 글리코겐은 분해효소인 글리코겐 포스포릴레이스(glycogen phosphorylase)에 의해 분해되어 다시 포도당으로 전환되어 혈당의 주요 공급원으로 이용된다,

췌장호르몬인 글루카곤(glucagon)은 인슐린과 길항작용을 하는데, 인슐린의 수치가 정상보다 낮아지면(혈당량이 정상 범위 이하로 떨어지기 시작하면) 글루카곤의 분비량이 증가하고, 글리코겐의 분해와 포도당 신생합성(gluconeogenesis, GNG / 다른 공급원으로부터 포도당의 생성)을 자극한다. 근육의 경우에는 글리코겐이 포도당의 즉각적인 예비 공급원으로 작용하는데, 근육세포는 간세포와 다르게 포도당을 혈액으로 전달하기 위한 효소(glucose-6-phosphatase / 포도당 6-인산 가수분해효소)가 부족하기 때문에 근육세포에 저장된 글리코겐은 근육세포 내에서만 사용될 수 있으며, 다른 세포에는 사용되지 않는다.

간에 저장된 글리코겐만이 포도당으로 분해하여 혈류를 통해 다른 장기로 보내진다. 장거리 운동선수들이 경험하는 글리코겐 고갈, 즉 hitting the wall 현상을 예방하

기 위해서는 운동 중에 혈당으로의 전환율이 가장 높은 탄수화물(고혈당지수)을 지속적으로 섭취하거나 일단 운동이나 식이로 글리코겐의 저장량을 최대한 고갈시킨 후에 최대한의 탄수화물을 섭취하여 근육 내의 글리코겐 저장 용량을 최대로 증가시키는 탄수화물 로딩(carbohydrate loading) 방법을 사용하면 어느 정도 글리코겐 고갈을 예방할 수 있다. 글리코겐 대사가 비정상적으로 일어나는 가장 흔한 질환은 글리코겐 합성이나 분해에 필요한 효소가 부족할 경우 당원병(glycogen storage disease)에 걸린다.

▣ 덱스트린

가) 일반 덱스트린과 난소화성 덱스트린

덱스트린(dextrin / 호정(糊精, 그림 1-14)의 생리활성과 기능성에 관한 종류로는 일반 덱스트린(general dextrin, GD), 말토덱스트린(maltodextrin, MD), 난(비)소화성 덱스트린(nondigestible dextrin, ND). 폴리덱스트로스(polydextrose, PD), 사이클로덱스트린(cyclodextrin, CD / 환상(環狀) 올리고당) 등이 있는데, 모두 단순다당류이며, 전분을 가수분해하여 얻은 것들이다.

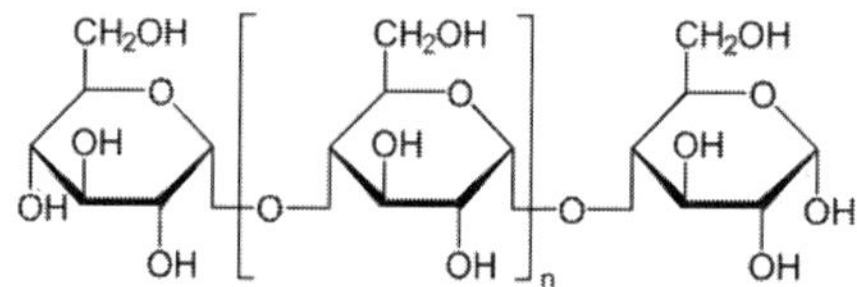

그림 1-14. 덱스트린 구조

덱스트린은 프로바이오틱스(probiotics / 유익균) 또는 좋은 박테리아를 제공하는 프리바이오틱 화합물인데, 원래 덱스트린은 전분을 산이나 효소로 가수분해 할 때 가장 먼저 만들어지는 전분보다 분자량이 작은 저분자량의 가용성 전분을 총칭한다. 이와 같이 전분은 약간 분해한 고분자량에서 요오드-전분반응을 보이지 않는(많이 분해된) 저분자량까지 넓은 범위에 걸쳐 있는데, 가용성 전분도 덱스트린의 일종으로 보통 풀(paste)이라고 불리어지고 있다.

일반 덱스트린 종류는 전분에 염산을 가하여 175~200℃에 배소(焙燒, roasting)하는데, 저온에서 배소한 것은 백색~황색 덱스트린, 염기성 약품을 가하여 배소한 것은 알칼리변성 덱스트린, 산 용액을 가한 것은 습식성 산성변성 덱스트린, 아밀라아제 효소로 처리한 것은 효소변성 덱스트린이라 부르는데, 공업적으로는 보통 산을 첨가하여 배소한 백색·담황색·황색의 3종류의 덱스트린을 만들고 있다.

백색 덱스트린은 더운 물에 잘 녹고, 찬물에도 40% 이상 녹으며, 담황색 및 황색 덱스트린은 찬물에 완전히 녹는다(점성이 낮아 사무용 풀, 수성도료, 제과의 조합용이나 약품의 부형제 등으로 사용). 생체 내에서는 입속의 침이나 소장 내의 세균에 의해 전분이 가수분해되면서 덱스트린이 만들어진다. 말토덱스트린(maltodextrin / DE14~20 미만)은 폴리덱스트로스의 구조에서 힌트를 얻어 마츠타니화학회사(Matsutani Chemical)가 개발한 수용성 식이섬유인데, 전분을 효소에 의해 부분적으로 가수분해한 것이다.

전분당과 당류 사이를 구분할 때 포도당 당량(dextrose equivalent, DE)를 사용하는데, DE10 이하, DE10~20, DE20 이상 등으로 구분한다. DE10 이하는 가용성 전분이나 덱스트린, DE10~20은 말토덱스트린, DE20 이상은 가루엿 말토덱스트린이라 부른다. 난(비)소화성 덱스트린(nondigestible maltodextrin, NMD)은 DE10 이상, 고순도 말토덱스트린은 DE18, 고순도 덱스트린은 DE7~8, 불용성 덱스트린은 DE3 등이다. 난소화성 말토덱스트린은 옥수수 전분의 원료를 가열하여 얻은 배소 덱스트린을 α-amylase와 amyloglucosidase(AMG / glucoamylase)로 효소분해하고, 정제한 덱스트린 중에 난소화성 성분만 분획, 식이섬유를 850 mg/g 이상(액상인 경우 580 mg/g 이상) 함유하고 있도록 만든 것이다.

저열량 소재이며 수용성 식이섬유라고도 부르는데, 고시형 건강기능식품 기능성 원료로 인정된 품목이다(시판되는 난소화성 말토덱스트린은 85%의 식이섬유를 함유). 체중 감소, 내장지방 감소, 식후 혈당상승 억제, 중성지방 및 나쁜 콜레스테롤(LDL) 저하는 물론 결장 건강 향상, 대사증후군 개선에 효과가 있는 소재이다. 또한 배변활동을 원활하게 하고 칼슘, 마그네슘, 철 및 아연 등의 무기질의 흡수작용을 돕는 것으로 알려져 있는 등 기능성이 인정된 건강기능성 원료이다. 다량 섭취 시 위장장애, 피부 알러지, 경련, 복부팽만, 혈당상승 등의 부작용이 유발되기도 한다.

나) 폴리덱스트로스

폴리덱스트로스(polydextrose, PD / 그림 1-15)는 포도당을 주원료로 소량의 솔비톨과 구연산(89 : 10 : 1 비율)을 무작위 ester결합한 소재로 미국의 DuPont™ Danisco®가 개발한 최초의 수용성 / 난소화성 / 저칼로리 다당이다. 1981년 미국 FDA에서 승인받은 것으로 화학적 구조 및 특성상 수용성 식이섬유(Soluble Dietary Fiber)로 분류하고 있다.

폴리덱스트로스의 기능성과 생리활성 특성은 우선 저칼로리(1 kcal/g)란 점이다. 물론 구조상 기존의 당질 가수분해효소 amylase와 소장점막에 존재하는 당질 가수분해효소 등으로도 가수분해될 수 없는 당류이며, 장내세균에 일부 이용되지만 에너지 전환율은 약 25%이다. 폴리덱스트로스는 수용성 식이섬유와 같은 기능과 생리활성을 가지고 있는데, 소화관의 움직임을 활발히 하거나 변 부피를 증가시키고, 장 내용물의 통과시간을 단축시키며 혈당치, 혈청 콜레스테롤치를 저하시킨다. 또 식후 혈당 상승을 완만하게 하는 효과를 비롯하여 대장암 억제, 발암물질 체외 배출, 혈중 인슐린과 중성지방 상승억제, 지방흡수 억제, HDL콜레스테롤 상승 등의 기능성을 가지고 있다.

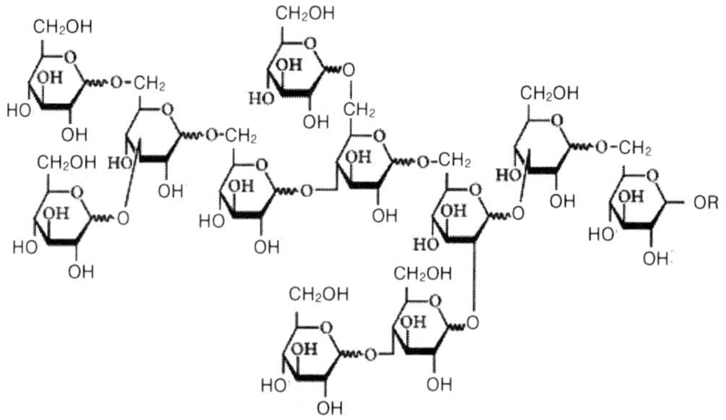

그림 1-15. 폴리덱스트로스 구조

유효한 대장미생물(microflora)의 성장과 prebiotics 효과, 유해미생물의 부패를 줄여 주며, 정장작용, 단쇄지방산의 생산과 발암성 물질대사의 저해, 칼슘흡수 촉진 효과를 나타낸다. 물론 포만감, 비충치성, 용해성, 흡습 및 보습성, 수분활성 조절, 안정제, 증점제, 증량제 등을 비롯하여 점탄성의 향상, 유연성의 부여, 광택개선, 식감개량, 보존기간 연장 등의 식품산업에서의 다양한 기능도 가지고 있다.

다) 사이클로덱스트린

전분을 cyclodextrin glucanotransferase(CGTase / CTase)로 처리한 사이클로덱스트린(cyclodextrin, CD / Scharginer dextrine / cycloamylose / cycloglucan)은 환상(環狀) 올리고당으로, 포도당 분자가 6～12개 결합한 다당류로 glucopyranose 단위들이 α-(1, 4)결합을 통해 고리형(링) 구조를 하고 있는 올리고당류 또는 단순다당류이다. 가장 일반적인 사이클로덱스트린은 한 개의 고리에 6～8개의 글루코피라노사이드(glucopyranoside) 단위가 있어서 원뿔모양을 형성한다.

사이클로덱스트린은 포도당 분자가 많아질수록 내부 공간이 커지므로 큰 분자물질을 포접할 수 있는데, 공간(cavity) 내의 포접물질을 게스트(guest) 물질이라 하며, cyclodextrin를 호스트(host)라 부른다. 이러한 호스트-게스트의 포접물(inclusion body)은 다양한 기능을 나타낸다.

구조적 특징은 하이드록실기가 고리 밖으로 위치하여 고리 외곽은 친수성(親水性, hydrophile)을, 고리 내부는 소수성(疏水性, hydrophobe) 특성을 가지고 있는 양성(兩性) 특성 때문에 각종 지질성 물질의 유화 및 균질화를 통해 안정한 유화액을 만들어 주며, 고리 내부의 소수성 특성을 이용해 소수성 게스트 분자들과 접착(fitting)이 일어나 host-guest inclusion complex를 만든다. 사이클로덱스트린의 호스트 molecule 역할 때문에 여러 가지 화학물질을 포접(inclusion)하는 특성을 가지고 있는데, 이 특성은 식품, 의약 및 농약 등의 분야에 이용되고 있다. 특히 휘발성 향기(flavor) 성분이나 향료 등의 안정화 및 악취 은폐(masking) 용도로 이 소재를 사용하고 있다.

사이클로덱스트린(그림 1-16) 종류에는 포도당이 6~8개인 제1세대, 9~10개인 제2세대, 그 이상을 제3세대 사이클로덱스트린이라고 부르는데, 6개를 특히 α-CD라 하고, 포도당 분자가 하나씩 증가하면 β-, γ-, δ-, ε-, ζ-CD로 명명한다.

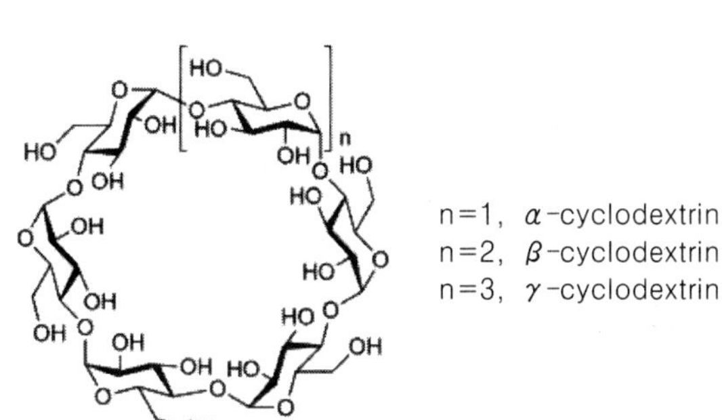

그림 1-16. 사이클로덱스트린 구조

보통 유통되는 것은 α-, β-, γ-형인데, α-형은 전분에 사이클로덱스트린 생성 효소를 작용시켜 6개의 포도당이 α-1, 4글리코시드결합을, β-형은 7개의 포도당이, γ-형은 8개의 포도당이 α-1, 4글리코시드결합을 한 환상의 올리고당이다. 고순도의 α-, β-, γ-사이클로덱스트린은 고가이므로 식품분야에서 보다 의약 및 농약 분야에서 사용되며, 식품분야는 α-, β-, γ-형의 혼합물(CD 20% + 포도당 분자가 4개 이상 결합된 비고리형 다당류 약 80%)의 형태가 사용되고 있다.

사이클로덱스트린은 말토덱스트린(maltodextrin)과 함께 미세 캡슐화(microencapsulation)의 피복물질(보통 maltodextrin, modified starch, chitosan, alginate, gelatine, gum arabic 등이 주로 이용됨)로 활용되어 기능성 항산화 식품 또는 미백 화장품 소재의 흡습제어 항산화 효과(DPPH radical 소거능, hydroxyl radical 소거능) 및 미백 효과(tyrosinase 저해활성)의 증신에도 활용되고 있다.

미세 캡슐화(microencapsulation) 기술은 특정 환경조건 하에서 일정 속도로 방출하여 핵(내용) 물질들(core material, 색소, 항산화물질, 산, 효소, 향기성분, 비타민,

유지 등)이 가지고 있는 기능성 또는 생리작용을 크게 향상시킬 수 있으며, 외부 환경으로부터 핵물질의 고유성 유지, 산화방지 및 보존성 향상, 이취(異臭) 차단 등의 목적으로 사용되고 있다. 특이 생리활성 기능으로는 관절의 연골병변 방지와 골세포 형성을 도와주는 기능을 가지고 있다.

▣ 이눌린

Neosugar 또는 당뇨병 환자용 설탕(diabetic sugar) 등의 별명을 갖고 있는 이눌린(inulin, 그림 1-17)은 달리아, 돼지감자(뚱딴지 / Jerusalem artichokes), 목향 등 국화과 식물의 괴경이나 우엉, 치커리의 뿌리 등과 양파와 마늘 속에 콜로이드상으로 존재하는 과당 중합체인 프럭탄(fructans)이다.

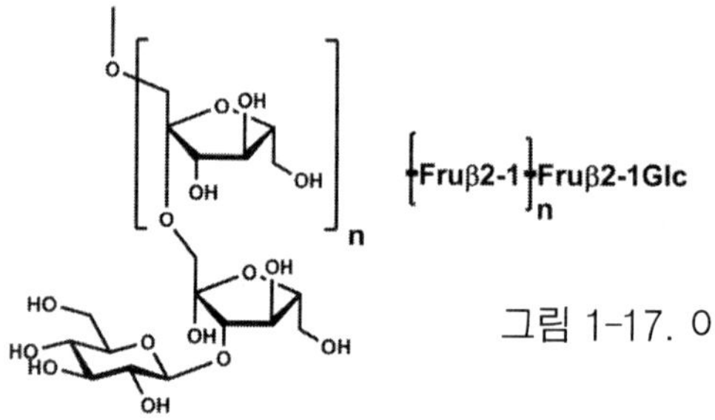

Fruβ2-1 Fruβ2-1Glc n

그림 1-17. 이눌린 구조

인체 내에서 흡수되지 않는 수용성, 난소화성 섬유질(fiber)형 단순다당류인데, 그 분자구조는 glucose 잔기에 fructose 1～60 분자가 β(2.1) 결합된 직쇄상 구조로 sucrose의 fructose측에 β-D-fructo-furanose가 β-(2->1)결합으로 순차적으로 탈수중합(식물유래 이눌린의 경우 중합도는 약 8～60)한 것이다. 그래서 fructo-oligosaccharides(FOS)와 구조만 다를 뿐 효과는 거의 같다고들 말한다. 이눌린은 식물로부터 추출하여 얻어진 2종류의 효소 sucrose 1-fructosyltransferase(SST) 및 fructan 1-fructosyltransferase(FFT)에 의해서 만들어지거나, 미생물(*Aspergillus* 속 또는 *Fusarium, Streptococcus mutans*)이 생산하는 효소에 의해 만들어진다.

이눌린의 기능성을 보면 대장에서 분해, 발효되어 장내 유익한 비피더스균의 영양 급원으로 이용되며, 이눌린이 분해될 때 생긴 단쇄지방산류인 아세트지방산(acetic fatty acids)과 프로피온 지방산들이 점막세포들의 증식을 유도하여 철분 흡수를 돕는다. 또 뷰트릭산(butyric acid)은 대장암(colon cancer)을 예방해 주는 기능을 가지고 있다.

이눌린은 혈당지수(glycemic index, GI)가 매우 낮고, 혈중 VLDL(very low density lipoprotein)과 LDL(low density lipoprotein) 콜레스테롤 수치를 낮춰주고 칼슘,

마그네슘, 인, 구리, 철, 아연 등의 무기질 흡수를 증가시켜 준다. 또 물에 녹기 때문에 겔 형태로 소화관을 지나가므로 당의 소화, 흡수속도를 느리게 해서 혈당의 상승속도를 지연시켜 혈당조절을 하며, 공복감을 저하시키고, 식이섬유소로 인한 대장운동을 촉진하여 변비를 예방하고, 정장작용에 도움을 준다. 담즙산의 배설을 도와서 혈액 내 콜레스테롤 수치를 감소하는 기능도 가지고 있다. 이눌린은 혈관벽을 자유롭게 통과하고 세포외액 속으로 확산되지만 세포막은 통과하지 못하기 때문에 세포 외액량을 측정하는 데 적합한 물질이며, 신장 사구체(絲球體, capsula glomeruli / glomerular capsule, 토리)*의 여과능력을 시험할 때에도 이용되는 소재이다. 또 유지함유 식품의 저지방화를 위한 지방대체 소재로 이눌린이 활용되고 있다.

* 사구체는 보우먼주머니(Bowman's capsule) 안에 뭉쳐 있는 모세혈관으로(지름은 약 0.1～0.2 mm의 크기) 신소체를 구성한다. 삼투압에 의해 혈장 성분의 일부가 사구체에서 보우먼주머니로 밀려나감으로써 물질의 여과가 이루어져 분자량이 작은 것(무기염류, 아미노산, 포도당, 요소, 물)들은 세뇨관으로 이동한다. 이 때 분자량이 작은 것은 여과되고, 분자량이 큰 것(적혈구, 단백질, 지방 등)들은 여과되지 못한다.

▣ 풀루란

고분자 생중합체인 풀루란(pullulan / exopolysaccharide, EPS / 그림 1-18)은 진균류의 일종인 *Aureobasidium pullulans*의 성장에 의해 세포 외적으로 생성되는 다당류로 1938년 Bauer R에 의해 처음 발견, 명명되었고, 1976년에 상업화되었다. 수용성 다당류인 풀루란은 maltotriose 단위가 α-1, 6결합으로 연결된 것으로, 이 구조는 버섯의 자실체에 있는 β-1, 3 glycoside결합을 주쇄로 하고, 그 C-6 위치에 1개의 glucose 잔기가 붙어있는 β-glucan 다당류와 구조가 흡사하다. 현재는 발효공정을 통해 풀루란을 제조하고 있다.

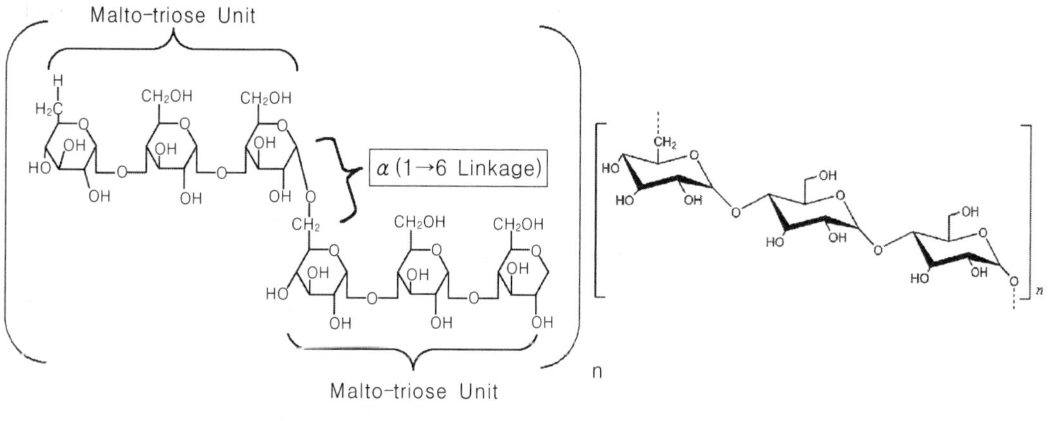

그림 1-18. 풀루란 구조

다른 다당류에 비해 수용성 저점도이며, 수분 보유력이 우수하고, 부착성이 있는 중성용액으로 겔화도 일어나지 않는다. 특히 풀루란은 산, 알칼리, 열, 금속이온 등에 안정하다. 이러한 특성 때문에 필름, 캡슐을 만드는 데 이용되는데, 피막성 외에 강력한 점착력을 가지고 있어 기초제로 피부와 모발의 코팅, 주름개선용 보습제 등 제품에 사용되는 소재이다. 코팅 및 필름 형성능 이외 투명하고 향미도 없어 얼굴 주름 형성과 깊이를 줄일 수 있고, 조직의 콜라겐 합성과 재생을 도와주는 등 피부 타이트닝(skin tightening) 효과, 안티(anti) 주름, 피부재생 효과를 보이는 화장품 소재이다.

입속에서 빠른 용해가 일어나기 때문에 물 없이도 섭취가 가능하여 충치를 예방하는 가식성 필름으로도 사용되고 있다. 필름은 얇고 가볍기 때문에 식품의 산화방지를 위한 수용성 포장 재료로 사용되는데, 다만 풀루란 필름이 다소 딱딱하고 잘 부서지는 단점을 가지고 있다. 효소에 의해 소화되지 않아 케이크, 저칼로리 식품의 원료로 이용되고 있다.

풀루란은 히알루론산(hyaluronic acid), 키토산, 젤라틴 등과 함께 다양한 생체재료로 사용되고 있는데, 일반적으로 수술 후에 손상된 조직이 회복되는 과정에서 일어나는 조직유착(tissue adhesion) 현상, 즉 통증과 염증반응 등의 심각한 부작용을 방지하는 기능을 가지고 있다. 즉 유착 방지를 위한 유착방지막[anti-adhesion barrier / 보통 hydrogel, 필름, 마이크로 입자, 전기방사섬유(electrospun fiber)로 만듦]을 형성하는 데 기여하여 염증 억제, 다른 조직과의 상처 접촉 방지, 피브린(fibrin) 침착 방지, 피브린의 용해 및 흡수 촉진, 섬유아세포(fibroblast)의 증식 억제 등에 관여하는 바이오 소재이다.

(2) 복합다당류

복합다당류는 단순다당류와 다르게 2종류 이상의 당으로 구성되어 있으며, 다양한 기능과 생리활성을 가지고 있다. 본 장에서는 주요한 복합다당류를 중심으로 소개하고자 한다.

▣ 펙 틴

펙틴(pectin, 그림 1-19)이란 용어는 그리스어의 "엉겨있는 / 굳어진 / 응고" 등의 의미를 가진 말인데, 잼을 만들기 위한 성분으로 널리 알려져 있다. 1825년 프랑스의 화학자인 앙리 브라코노(Henri Braconnot,1780～1855)에 의해 추출되었다고 하는데, 식물 세포막이나 세포막 사이의 엷은 층에 존재하는 물질(고등식물은 1차 세포벽과 중엽에 주로 존재)로 식물 세포벽의 구성다당류 중 가장 복잡한 형태로 존재하고 있는 교질성 성분을 말한다. 수용성 복합다당류의 일종이며, 셀룰로오스-헤미셀룰로오스 네트워크에 둘러싸인 수화된 겔형태로 갈락토오스의 산화물인 D-galacturonic acid(galA) 단위의 α-1, 4결합으로 구성된 고분자물질(α-D-1, 4-polygalacturonic acid)이다.

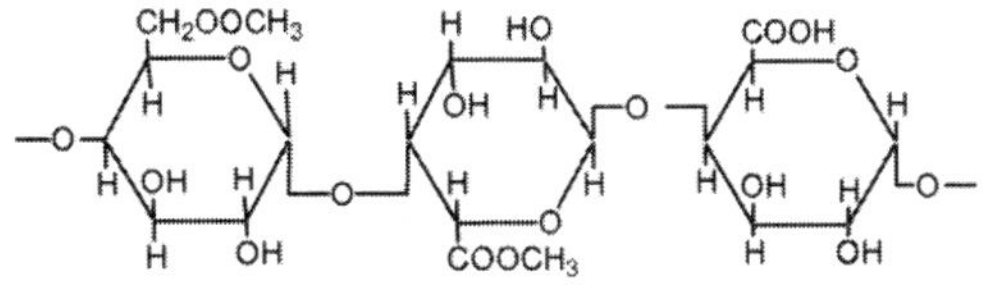

그림 1-19. 펙틴 구조

보통 galA의 COO-기가 $-CH_3$화 되어 있거나 염 형태 혹은 유리산(free acid) 형태인 homogalacturonan 또는 rhamnogalacturonan I(RG-I), RG-II 형태로 존재하기도 한다. RG-I은 galA와 rhamnose(Rha)로 구성된 이당류가 반복된 주쇄에 고도로 분지된 구조를 하고 있으며, RG-II는 α-1, 4결합으로 연결된 homogalacturonan을 주쇄로, 여기에 올리고당(oligosaccharide)이 아주 복잡한 형태로 분지된 것이다. 식물체 다당에서 보이는 각종 약리활성은 주로 pectin류에 존재하는 rhamnogalacturonan(RG)의 구조적 차이와 밀접한 관계가 있다.

펙틴의 종류에는 펙틴(pectin), 펙틴산(pectic acid), 펙티닌산(pectinic acid), 프로토펙틴(protopectin) 등이 있으며, 통상적으로 메틸알코올로 에스테르화 된 카르복실산기(carboxylic acid / COO-)가 50% 이상일 때 펙틴을 고급 메톡실펙틴(high methoxyl pectin, HM), 메틸알코올로 에스테르화 된 카르복실산기가 50% 미만인 것은 저급 메톡실펙틴(low methoxyl pectin, LM)이라 부른다. 펙틴의 성질은 에스테르화 정도, 아마이드산(acid amide) 정도, 갈락투론산(D-galacturonic acid) 함유량 및 분자량 등에 따라 결정된다.

펙틴의 기능과 생리활성은 우선 혈당과 콜레스테롤 저하, 변비와 설사 등의 예방, 유산균 증식으로 인한 장 건강 유지, 체내 독성물질 장 밖 배설 기능, 면역기능 강화, 체내 중금속 제거, 대장암 예방, 방사능물질의 배설 촉진 등이다. MCP(modified citrus pectin /감귤류 펙틴)는 결장과 폐 및 전립선암을 포함한 다양한 종류의 암에 대한 예방제로 알려져 있는데, 종양세포(tumor cell, TC)의 전이를 방해하거나 혹은 세포자살[아포토시스(Apoptosis), 세포자멸사]*을 유도함으로써 항암효과를 나타낸다. 즉 펙틴의 특수한 구조적 특징이 전립선암 세포 내의 세포자살을 유도하는 능력이 있다는 것이다. 또 MCP는 백혈병 세포배양에서 NK세포**를 활성화시키는 것으로, 이는 면역체계를 자극하는 것으로 알려져 있다.

* 세포자살은 다세포 생물체에서 볼 수 있는 일종의 programmed cell death(특별한 프로그램자살)인데, 세포 형태와 내부의 생화학적 변화로 일어난다. 세포의 신호전달체계가 세포의 죽음 과정을 조절하는 데 즉각적으로 일어나는 과정이 아니고 내재화(프로그램화)되어 일어난다. 주변 세포에 영향을 끼치지 않으면서 세포가 분해되고, 대식세포에 의해 제거되는 일종의 정해진 과정에 따라 일어난다.

** 전체 림프구에서 5~10% 비율로 소량 존재하는 자연살해세포(NK cell)는 다양한 기전을 통해 암 세포나 바이러스에 감염된 세포를 직접적으로 공격하여 사멸시키는 기능을 가지며, 정상세포에서 돌연변이와 같은 이상이 감지되었을 때 가장 처음 방어하여 이를 제거한다. 또 선천면역세포이면서도 획득면역세포를 자극하여 더 강력한 방어작용을 한다.

또 MCP는 갈렉틴-3(galectin-3)의 활동을 억제하는 유일한 천연물질이다. 갈렉틴-3은 각종 섬유성 질환에서 중요한 역할을 담당하는 단백질의 일종으로 암, 섬유증, 염증상태를 판단하는 근거로 활용되는 성분이며, 암세포의 성장에 관여하는 물질이다. MCP는 암세포와 갈렉틴-3이 서로 부착하는 것을 막아주는데, MCP가 암세포의 수용체에 결합하여 암세포의 전달 시그날을 억제하여 암세포의 성장을 멈추고 자멸하는 데 기여한다.

펙틴은 당과 산의 존재 하에서 겔을 형성하는 능력이 있는 물질로 카라기난이나 젤라틴과 다르게 카르복실기를 가지고 있어 겔 형성이 다소 특이하다. 실제 펙틴은 겔화 능력이 낮은 편이지만 설탕을 넣을 경우 펙틴 분자가 서로 엉켜 그물구조를 만들므로 겔을 쉽게 잘 만들게 된다. 설탕이 물 분자를 많이 흡수하면 펙틴분자들이 흡수할 물이 적어 어쩔 수 없이 펙틴끼리 서로 결합하면서 겔이 만들어진다.

펙틴은 흡습성이 강하고, 친수성 교질용액을 형성하여 점성을 가지며, 분자량이 큰 펙틴은 겔형성 속도는 느리나 형성된 겔은 단단해진다. 펙틴 분해효소들은 조직 연화(softening)를 일으키고, 과즙의 혼탁을 제거(clarification)하는 데 이용된다. 이러한 특성으로 펙틴은 안정제, 고화방지제로 사용되며 잼, 초콜릿, 젤리 등에 응고제, 아이스크림의 유화제로도 사용되고 있다.

▣ 헤미셀룰로오스

식물 세포벽을 구성하는 성분은 셀룰로오스, 헤미셀룰로오스(그림 1-20), 리그닌, 펙틴, 크실란(xylan / 글루쿠로노아라비노크실란, 펜토산의 일종으로 자일란으로도 불림)과 글루칸(β-1, 3-글루칸, β-1, 4-글루칸), 글루코만난, 크실로글루칸 등이 있다. 헤미셀룰로오스(hemicellulose / hemi는 그리스어로 '반'이란 뜻)는 셀룰로오스와 그 이름이 비슷하여 모든 것이 다 비슷하다고 생각하지만 셀룰로오스보다 분자량이 훨씬 작고, 셀룰로오스와는 전혀 다른 다당류이다.

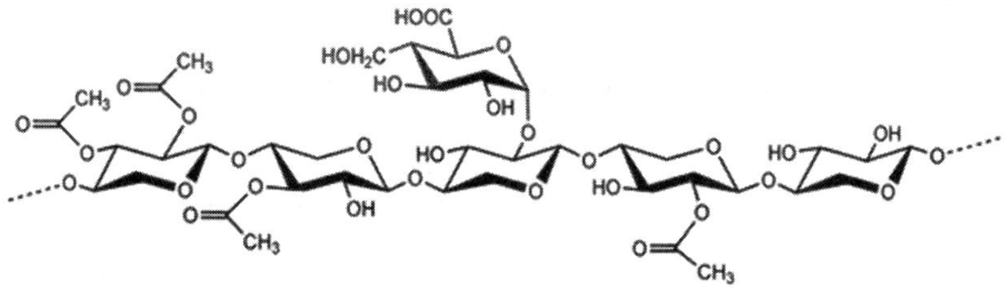

그림 1-20. 헤미셀룰로오스와 구성 당

셀룰로오스는 가수분해할 경우 β-D-포도당만 나오는 섬유소형 단순다당류이지만 복합다당류인 헤미셀룰로오스는 자일로오스(D-xylose)와 글루쿠론산(D-glucuronic acid)의 유도체인 4-methyl-D-glucuronic acid 등이 주성분이고, 그 외 포도당(D-glucose), 아라비노오스(L-arabinose), 만노오스(D-mannose), 람노오스(L-rhamnose), 휴코오스(L-fucose) 등도 헤미셀룰로오스의 구성성분이다*.

* Hemicellulose는 4-O-methyl-D-glucopyranosyl uronic acid를 side chain으로 가진 1, 4-β-D-xyloyranose와 같은 여러 가지의 당들로 이루어진 branched-chain polymer이며, 참고로 Cellulose는 1, 4-β-D-glucopyranose 단량체로 형성된 선형폴리머(linear polymer)이다.

대부분의 헤미셀룰로오스는 무정형(amorphous)이며, 셀룰로오스와 다르게 미셀 섬유상(fibrous)도 아니다. 구성 단위(structural units)들도 일정하지 않으며, 그 출처에 따라 그 분자량은 물론 구성단위의 종류나 비율도 크게 다르다. 헤미셀룰로오스는 알칼리에 비교적 잘 녹는 편인데, 이 때 헤미셀룰로오스의 산(acid) 성분들, 즉 글루쿠론산(glucuronic acid), 갈락투론산(galacturonic acid) 등은 수용성 염을 형성한다. 가장 많은 헤미셀룰로오스 분자는 자이로글루칸(xyloglucan)으로, 이것은 포도당 단위가 β-1, 4결합으로 연결되어 있고, 그 끝 분자는 xylose가 α-1, 6결합으로 연결되어 있다.

헤미셀룰로오스는 식물 세포벽의 기본 조직인 셀룰로오스 미세섬유를 서로 묶어 응집력 있는 네트워크로 만들어 주는 밧줄 역할을 하거나 미세섬유 간 접촉을 막는 윤활성 막을 씌우는 역할을 한다. 헤미셀룰로오스 분해효소는 헤미셀룰로오스가 여러 종류의 당으로 결합되어 있기 때문에 다양한 결합을 분해하는 효소 xylanase, mannase, β-xylosidase, α-galactosidase, α-glucuronidase, acetylesterase 등이 필요하다. 이 중에시도 더욱 중요한 것은 endo형의 xylanase와 mannase이다. 이 효소들에 의한 분해양식은 cellulase에 의한 셀룰로오스의 분해양식과 유사하다.

▣ 리그닌

셀룰로오스, 헤미셀룰로오스 등과 결합하여 세포벽의 구성 물질로서 존재하는 조섬유질인 리그닌(lignin)은 철근과 철근 사이 시멘트처럼 가느다란 섬유소를 서로 단단하게 묶어 주는 복합다당류이다. 즉 식물조직 세포들의 세포막에 존재하여 결착제(cementing substances)로서 작용할 뿐만 아니라 식물의 줄기 내에서 물을 운반하는데 핵심적인 역할을 한다. 또 배와 같은 과실류의 심부(core) 근처의 석세포(石細胞)들이 바로 리그닌의 주성분이다.

리그닌은 탄수화물이 아니며, 지용성 페놀 고분자로 방향족(芳香族, aromatic) 탄화수소 화합물들의 중합체(polymers of aromatic hydrocarbons)이다. 노란색 또는 갈색의 페닐프로판형(phenylpropan) 탄소골격(C_6-C_3)을 가진 3차원 가교(cross-linking) 구성을 한 열경화성, 무정형 망상구조이다. 메톡실기(methoxyl group), 수산기(hydroxyl group), 그리고 카르보닐기(carbonyl group)와 같은 기능기들을 가지고 있다. 라틴어인 “lignum(목재 또는 나무)”이라는 용어에서 유래하였으며, 리그닌의 유무에 따라 나무와 풀을 구분하기도 한다.

식물체가 늙게 되면 세포벽이 목질화 되는데, 이것은 리그닌이 셀룰로오스, 헤미셀룰로오스 등과 결합한 상태로 목질화 된 부분의 세포막에 특히 많이 들어 있기 때문이다. 볏짚, 밀짚, 겨 등에는 15~20%, 소나무 등의 목질부에는 20~40% 들어 있으며 양송이, 표고, 느타리 등 40여 종의 버섯에도 들어 있다.

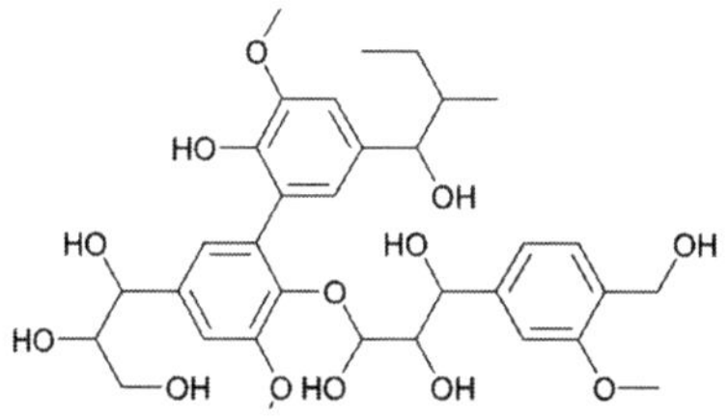

그림 1-21. 리그닌 구조

육각형의 벌집구조(그림 1-21)를 하고 있는 리그닌을 식물체에서 분리하는 방법은 주로 식물체 내의 다른 성분을 우선 분해 제거하여 리그닌만을 불용성 잔유물로 남게 하는 방법과 리그닌을 가용성으로 하여 용출시키는 방법 등이 있다. 또 식물 펄프로부터 만든 교차결합(cross-linked) 폴리머인 lignocellulose부터 리그닌을 분리하기도 하고 과산화효소(peroxidase)를 이용하거나 일부 fungi 및 세균이 분비하는 ligninases를 이용하여 만들 수도 있다. 식물체내에 존재하는 리그닌을 원형 그대로 추출하는 것은 그렇게 쉬운 일이 아니다.

식품조리 시 리그닌의 열 분해물은 훈제 음식의 특징적인 향미(flavor), 방부성(preservative activity) 또는 항산화성(antioxidant activity) 등을 부여하며, 특히 훈연(燻煙) 가공품은 모두 리그닌의 열분해(thermal decomposition)로 만들어진 바닐린(vanillin) 등의 4-비닐구아이아콜(4-vinyl guaiacol) 유도체를 가지고 있다. 식물에 들어 있는 성분들 중에서 가장 천천히 분해되는 것 중 하나가 바로 리그닌이고, 이 성분 또한 식물을 분해, 부식시키는 데 기여하는 성분이기도 하다.

리그닌은 폴리페놀과 다당류가 결합된 형태로 다른 항종양 다당류에는 볼 수 없는 독특한 생물학적 작용을 나타낸다. 이러한 작용의 본체는 폴리페놀이다. 리그닌의 페놀류 화합물(천연 폴리페놀 화합물들)은 각종 페놀성 물질과 방향족 화합물들의 원료로 이용되는데, 이러한 구조적 특성이 리그닌의 항균성, 항산화성을 부여하는 이유이다. 또 섬잣나무의 솔방울에 함유된 리그닌은 탁월한 항바이러스 활성을 갖고 있어 에이즈 바이러스, 인플루엔자 바이러스, 간염 바이러스 등에 특효를 나타낸다. 또 B 림프구에 의한 항체 생산 촉진, 대식세포 활성화, 비타민 C의 작용 증강 등의 면역활성도 가지고 있다. 또 리그닌은 아스피린의 전구체로서 의료용 약물 원료로 사용되기도 한다.

최근 들어 바이오에너지 원료로서 바이오매스 내의 리그닌 함량을 조절하는 연구에 많은 관심이 모아지고 있다. 나무가 불꽃을 내는 것도 섬유소와 리그린이 산소와 함께 타기 때문인데, 리그린이 많을수록 불꽃이 많이 일어난다. 리그닌은 식용유지의 산패를 억제하며, 생체 내에서도 비타민 A나 E 등의 산화를 억제하여 준다. 리그닌은 페놀기에 붙은 수산기(-OH)가 산성을 띠어 다양한 금속과 착물을 형성하므로 산업계에서는 중금속 제거제로 활용되며, 우수한 콜로이드 특성과 유동성 때문에 안정제, 분산제, 계면활성제(surfactant)로 이용되고 있다. 특히 리그닌을 화학적으로 처리한 물질을 이용해 polyesters, polyethers, polyurethanes와 같은 바이오플라스틱을 제조하기도 한다.

▣ 검 류

일부 육상식물, 미생물 또는 해조류로부터 얻을 수 있는 고무질 소재인 검류는 복합다당류의 일종으로 수용성이며, 낮은 농도에서도 점도가 높은, 겔성 성질을 갖는 친수성 콜로이드(hydrocolloid, 교질물질)이다. 호료((糊料)라 부르며 겔, 농후, 현탁, 유화안정, 피막 등의 기능을 가진 소재이다.

검류의 종류에는 천연 나무검류(아라비아검, 트라가칸스검, 카라야검, 가티검 등), 종자나 뿌리유래 검류(구아검, 메뚜기콩검 등), 해조류 검류[알긴산(염), 한천(아가),

카라기난, 퍼셀라란 등)] 등이 있으며, 변형 검류로는 셀롤로오스를 변형한 것(CMC, MC), 그리고 전분 유도체 검류(SCMC, HES, HPS), 미생물 발효형 검류(잔탄검, dextran), 합성 검류(vinyl polymer, acrylic polymer, ethylen oxide polymer) 등이 있다. 대부분 검류는 음이온 또는 중성이온으로 자연에 존재하며, 양이온 금속과 결합한 상태로 존재한다. 검류는 식품산업 이외 생리활성에 관해서는 거의 알려져 있지 않지만 실제 생리활성을 가진 것들이 많고, 향후 생리활성물질로 활용성이 클 것으로 전망하고 있다.

가) 아라비아검 / 트라가칸스검

아라비아검(아카시아검 / arabic gum / gum arabic, 약칭 GA / 그림 1-22)은 아카시아 나무껍질에서 얻어지는 수액(분비물)인데, 대표적인 천연검으로 개별인정형 생리활성기능 2등급으로 분류되어 있다. 주성분은 다당류로 구조식에 관한 정설은 없으나 일반적으로 D-갈락토오스(36.8%), L-아라비노오스(30.3%), L-람노오스(11.4), D-갈락투론산(13.8%) 등으로 구성된 중성염(칼슘, 마그네슘 등) 고분자형 전해질이다.

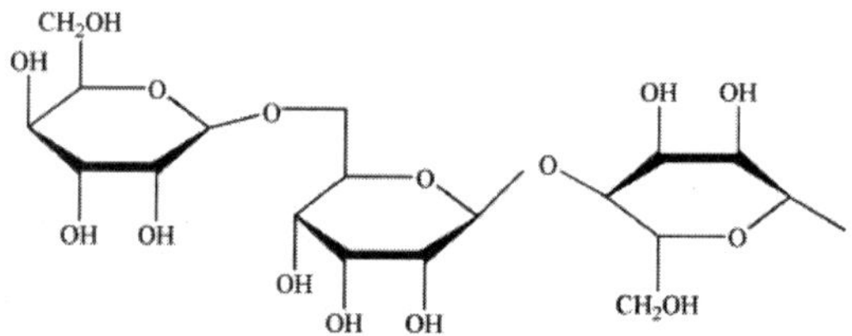

그림 1-22. 아라비아검 구조

아라비아검은 식품산업에서는 유화제, 안정제(stabilizer)외 다양한 소재로 사용되고 있는데 생리활성기능 또한 다양한 편이다. GA는 수용성 섬유질로 항산화 및 세포 보호 특성을 가지고 있으며, 요소와 크레아티닌 수치를 낮추어 신부전증에 대한 유리한 작용으로 만성신부전을 치료하는 데 사용되어 왔다. 또 GA는 수지상세포의 성숙을 수정하는 능력이 있고, 결장암 및 염증성 장질환 치료, 배변기능 향상, 항염증제, 강력한 항산화제, 항말라리아제, 면역조절제, 지질저하 효과, 프리바이오틱 특성 및 혈당 강하제로 활용될 수 있다. 또 GA는 비만과 당뇨병의 예방 및 치료에 유용할 수 있는 장내 포도당 수송을 늦추는 것과 같은 치료 가능성과 함께 장내 포도당의 발달을 방해할 수 있는 안지오제닌 및 α-카테닌 발현을 감소시킨다. 결장 미생물도 GA를 단쇄지방산으로 분해한다.

트라가칸스검(tracacanth gum, 약칭 TG / 그림 1-23)은 *Astragalus* 관목의 추출 검물질로 물에 쉽게 수화, 팽창되는 소재인데 D-galactose, D-galacturonic acid, L-

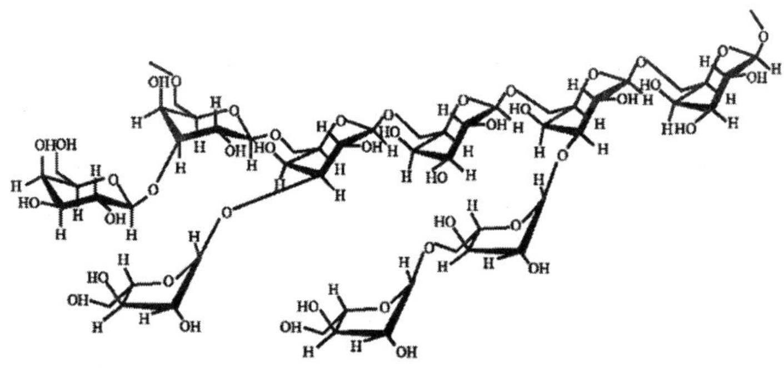

그림 1-23. 트라가칸스검 구조

fucose, D-xylose, L-arabinose 등을 함유하는 tragacanthin(수용성)과 tragacanthic acid(bassorin, 불용성) 부분으로 이뤄진 복합다당류이다. TG는 냉수에도 팽윤되고, 고온 / 저온에서 안정도가 높으며, 2% 이하의 낮은 농도에서 점성이 큰 분산액을 만들고, 2% 이상의 농도에서는 페이스트와 같은 젤을 형성한다. 그리고 다른 친수콜로이드와는 달리 산성용액 중에서 안정한데, 이는 산에 매우 안정한 galactose가 골격을 이루고 있고, 산에 약한 L-arabinofuranose 등이 곁사슬이나 가지에 위치하기 때문이다. 트라가칸스검은 식품, 제약 및 화장품 분야에서 오랫동안 사용된 하이드로콜로이드로 *Bifidobacterium* 성장을 촉진하는 잠재적 프리바이오틱 활성을 가지고 있어 프리바이오틱 화합물의 생산 소재로 활용되고 있다.

나) 카라야검 / 가티검

카라야검(gum karaya, 약칭 GK / 그림 1-24)은 *Sterculia*의 분비물로 아세틸화 된 가지가 일부 존재한 복합다당류(분자량은 약 9,500,000)로 약 37%의 uronic acid와 8%의 아세틸기를 함유하고 있다. 치환된 아세틸기로 인하여 물속에서 팽윤하는 성질을 갖고 있으며, 물을 매우 빨리 흡수하여 낮은 농도에서도 점성이 큰 콜로이드분산

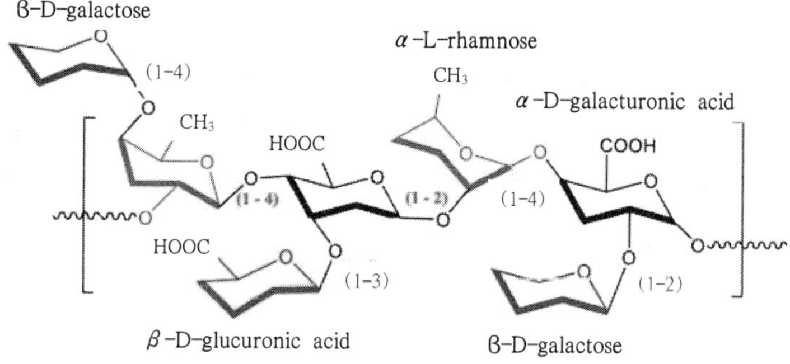

그림 1-24. 카라야검 구조

액을 만든다. 중심 사슬은 D-galactose, L-rhamnose, D-galacturonic acid 단위로 구성되어 있고, 곁사슬은 D-glucuronic acid를 함유하고 있다.

GK는 중요한 히드로콜로이드로 식품 및 제약산업에서 약물 전달시스템 및 증점제, 겔화, 유화제, 안정제 및 캡슐화제와 같은 여러 용도로 사용되고 있고, 특이한 생리활성에 대해서는 잘 알려지지 않고 있으나 이 성분이 잇몸 생성을 자극하고, 잇몸 상처를 치유하는 기능을 가진 것으로 알려져 있다.

가티검(gum ghatti, 그림 1-25)은 인디안검(Indian gum)이라고도 부르는데, 인도의 건조 삼림지대에 분포된 가티식물에서 침출된 무정형 복합다당류이다. 구성 단당류는 L-arabinose, D-galactose, D-mannose, D-xylose, D-glucuronic acid이지만 4-*o*-substituted α-D-mannopyranose 단위가 교대로 배열되어 있으며, 1→6결합으로 연결된 β-D-galactopyranose 단위 사슬이 함유되어 있다.

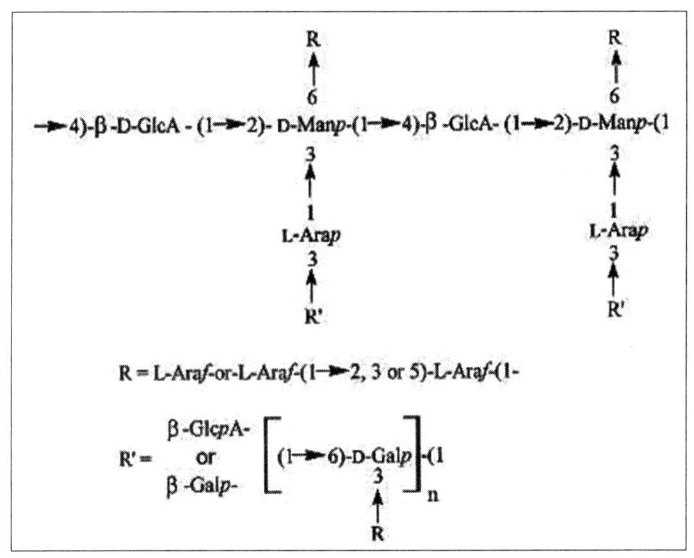

그림 1-25. 가티검 구조

(출처: International Journal of Chemical Studies 2021 : 9(2) : 17-18)

GT는 약 5% 이상의 농도에서는 점도가 높은 분산액을 형성하며, 주로 물속 기름 에멀젼(oil-in-water emulsion, O/W)의 안정제로 사용되는 물질인데, 특이한 것은 GT를 활용한 생체 은나노입자(Ag NP-GT)가 항균활성과 세포독성 살균제로 알려지면서 생체 적합성 살균제 소재로 활용되고 있다.

다) 구아검 / 메뚜기콩검

구아검(guar gum, 그림 1-26)은 구아(guar) 종자에서 얻어지는 검물질로 D-mannose가 β-1, 4결합으로 된 직선상의 중합체 내에 mannose 2분자마다 D-galactose가 α-1, 6 결합되어 가지가 조밀하고 수화가 잘 되며, 냉수에서도 점성이 높은 용액을 형성한다. pH에 안정하고 다른 다당류들과 강한 수소결합을 하여 유연한 막을 형성하는 특성을 가지고 있다. 2～3%의 용액에서 겔을 형성한다.

구아검과 셀룰로오스의 분자간 상호작용은 지방 대체물을 만드는 데 이용된다. 부분가수분해 구아검(partially hydrolyzed guar gum, PHGG)의 경우에는 식이섬유와 관련된 많은 특성을 가지고 있어 배변 빈도를 증가시키고, 변을 부드럽게 하여 위장관 불내증 환자의 설사를 크게 개선하거나 분변 pH 저하로 인해 *Lactobacillus* spp.은 물론 *Bifidobacterium* spp.와 같은 장내미생물 균형을 개선하여 유해균의 감염 및 집락화를 예방한다. 또 PHGG는 단백질 이용의 감소 없이 지질대사를 개선함으로써 미네랄의 흡수를 촉진하고, 혈청콜레스테롤과 중성지방을 낮추어 주며, 혈장 포도당 수준을 유의하게 감소시켜 급성 식후 혈장 포도당 및 인슐린 반응을 개선하는 등 다양한 생물학적 기능을 갖는 식이섬유의 유망 물질이다.

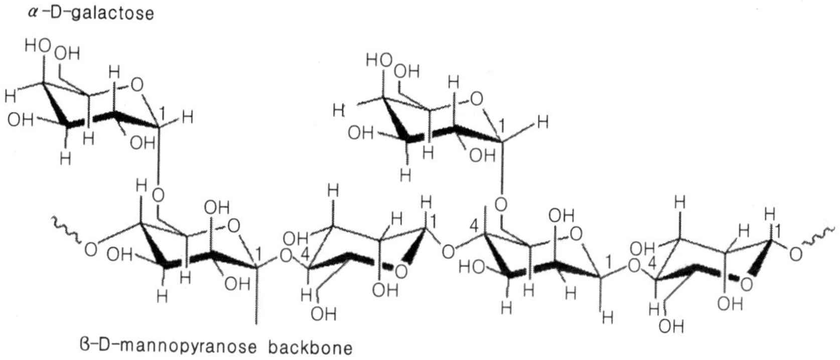

그림 1-26. 구아검 구조

메뚜기콩검(locast bean gum, 그림 1-27)은 메뚜기콩 종자의 배유를 분쇄하여 얻는데 구아검과 같이 galactomannan이 주요 성분이다. 메뚜기콩검은 1, 4결합으로 이루어진 갈락토만난을 주사슬로 하고 β-D-mannopyranosyl 단위체와 α-D-galactopyranosyl 그룹이 1, 6결합으로 곁사슬을 가지는데, 평균적으로 하나의 D-galactosyl 단위체당 세 개의 D-mannosyl 단위체가 결합되어 있다. 분자량은 300,000～360,000 Da 정도이다. Galactomannan의 구조가 구아검과는 서로 다르기 때문에 물리적 성질도 상당히 다르다.

실온에서 물에 매우 적은 양이 용해되며, 약 85℃로 가열하여야만 완전히 용해된다. pH의 영향을 거의 받지 않고 안정성이 높다. 이 용액은 단독으로는 겔을 잘 형성하지 못하지만 agar, *k*-carrageenan, xanthan 등과 혼합하면 쉽게 젤을 형성한다. 잔탄검과 혼합 사용하여 다양한 점도, 응집성, 크림성과 같은 젤 조직 변화를 유도할 수 있어 다양하게 활용될 수 있는 소재이다. 메뚜기콩검의 생리활성은 잇몸건강에 도움이 되고, 당뇨병, 배변, 심장병 및 결장암 등 같은 질병에 유효한 것으로 알려져 있다.

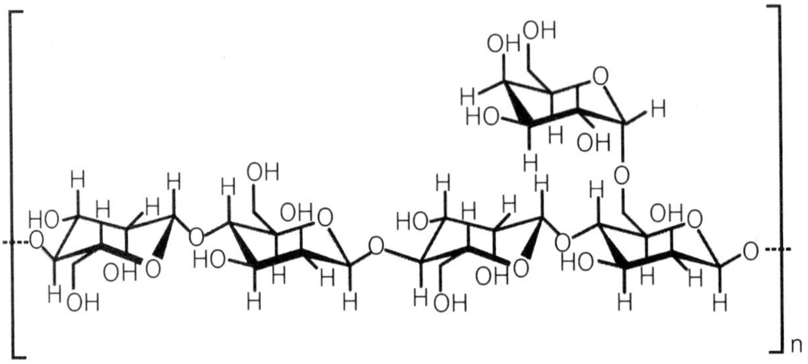

그림 1-27. 메뚜기콩검 구조

라) 알긴산 / 아가(한천)

알긴산(alginic acid, 그림 1-28)은 미역, 다시마 등의 갈조류 세포막의 다당류로 주로 D-mannuronic acid가 β-1, 4결합으로 연결된 직선상의 생체고분자이다. 알긴(algin)은 알긴산의 Na^{+}, Ca^{2+}, Mg^{2+}의 염을 말하며, 주로 수용성인 Na alginate이다. Alginate 분자는 약산인 카르복실산의 염이므로 pH가 낮아짐에 따라 카르복실기의 이온화 정도가 감소하며, pH 3 이하에서는 이온화가 억제된다.

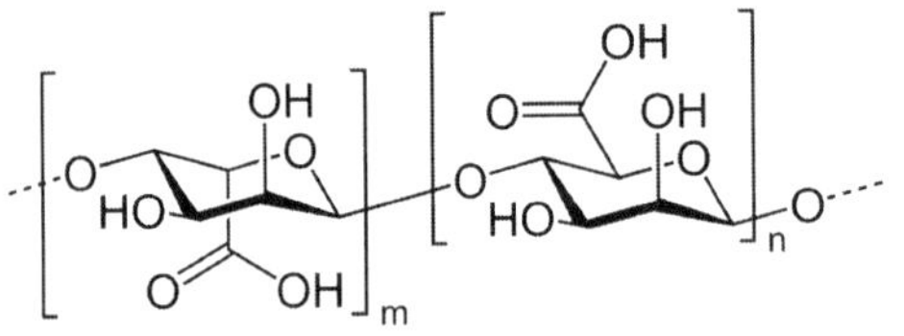

그림 1-28. 알긴산 구조

분자들 사이의 결합이 증가할수록 용액의 점도가 커지며, 낮은 pH에서는 알긴산이 침전한다. 알긴산은 낮은 pH에서 물과 용질에서 자신의 무게의 200～300배를 흡수하여 높은 점도, 높은 pH 젤을 생성할 수 있는데, 이것은 위산 내용물에 떠다니는 물리적 장벽을 형성하여 식도로 위산 역류를 감소시킨다. 역류성 식도염과 소화불량의 치료와 제산제 소재로 사용되고 있다.

한천(agar, 그림 1-29)은 홍조류와 녹조에서 추출되는 복합다당류로 수분 15%, 단백질 2%, 회분 3.5%, 지방 0.5% 이하로 구성된 다당류로 수용성 겔을 형성하는 능력이 매우 강하다. 한천은 중성다당류인 agarose 70%와 산성다당류인 agaropectin 30%로 구성되어 있다. Agarose는 agarobiose가 α-1,3 결합을 통해 연결된 코일상의 직선구조, 즉 D-galactopyranose와 3, 6-anhydro-L-galactopyranose가 교대로 β-1→3 결합과 α-1→4 결합으로 연결된 구조를 갖고 있다. Agarobiose는 agar의 공통 기본 구조이다. Agaropectin은 agarobiose 10～50개마다 한 개씩 존재하는 galactose에 황산기가 결합되어 있는 다당류로 D-glucuronic acid와 소량의 pyruvic acid로 구성되어 있다.

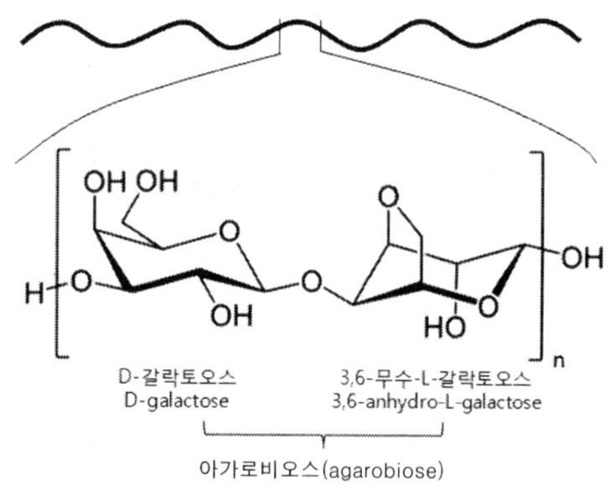

그림 1-29. 한천 구조

Agarose와 agaropectin은 0.04% 농도에서 겔을 만든다. 한천 용액은 열가역성 겔을 형성하는데 85～90℃에서는 융해되며, 30～40℃에서는 고체화되어 겔을 형성한다. 한천 겔은 고온에서도 잘 견디는데, 겔 형성 온도는 해조류 종류, 한천의 농도와 분자량에 따라 다르고, methoxyl기의 함량에 비례한다. 한천은 또한 물속에서 팽윤하여 고점도를 가진다.

한천 용액은 응고력이 세고, 응고한 것은 비교적 용융점이 높고 잘 부패하지 않으며, 또 물과의 친화성이 강하여 수분을 일정한 형태로 유지하는 능력이 크기 때문에 젤리・잼 등의 과자와 아이스크림, 양조시의 찌꺼기 앉힘 등의 식품가공에 많이 이용되고 있다. 세균의 작용으로 잘 분해되지 않고 응고력이 강하기 때문에 세균 배양용으로도 쓰이며, 인체에 소화・흡수되지 않아 변비를 예방하는 데도 도움을 준다.

마) 카라기난 / 퍼셀라란

카라기난(carrageenan, 약칭 CA / 그림 1-30)은 홍조류 세포벽의 세포 간 충전물질인데, 황산기가 당류 단위에 결합되어 있는 몇 가지 galactan의 혼합물이다. 구성단위인 D-galactopyranose가 번갈아 (1→3)-α-D-글라이코사이드 결합과 (1→4)-β-D-글라이코사이드 결합으로 연결되어 있으며, 대부분의 당에 1～2개의 황산기가 C-

2나 C-6의 수산기에 결합되어 있다.

CA는 카파(κ), 람다(λ), 이오타(ι)의 3가지 성분으로 분리되는데, 기본구조는 galactose polymer로, κ-carrageenan, λ-carrageenan, ι-carrageenan 등 6형으로 대별된다. CA을 구성하는 직선형의 D-galactan은 주로 κ-, ι- 및 λ-carrageenan이다. κ-와 ι-carrageenan은 β-1→4 D-galactopyranose와 α-1→3 3,6-anhydro-D-galactopyranose가 번갈아 연결되어 있는 공통적인 구조를 갖고 있는데, 황산기의 수와 위치가 서로 다르다.

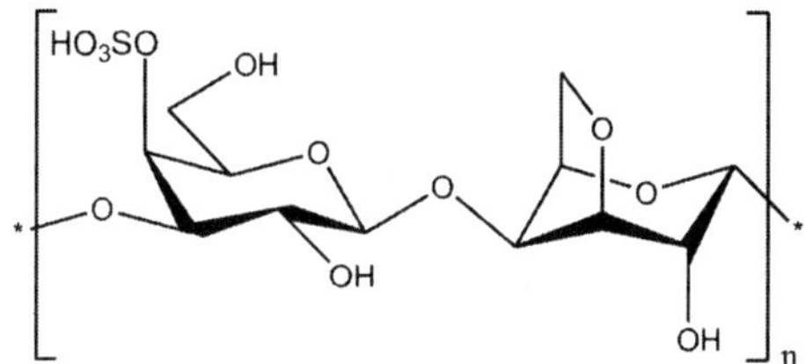

그림 1-30. 카라기난 구조

최근에는 CA가 카라기난 기반 생체 재료에 활용되는데 항바이러스, 항균, 항고지혈증, 항응고제, 항산화, 항종양 등과 같은 생리활성 특성 외에도 생분해성, 생체적합성, 무독성 등의 다기능적 생체 소재로 관심을 받고 있으며, 특히 면역조절 특성, 생체활성 및 이화학적 특성 때문에 약물전달, 조직공학 개발에 적합한 생체 소재로도 알려져 있다.

퍼셀라란(furcellaran, 그림 1-31)은 Danish agar라고도 하며, 홍조류인 *Furcellaria* 로부터 추출한 다당류이다. D-galactose(46~53%), 3,6-anhydro-D-galactose(30~33%) 및 이들의 황산에스터(16~20%)로 구성되어 있어 *k*-carrageenan과 구조가 유사하나, *k*-carrageenan이 당 잔기 2개마다 하나의 황산기를 갖는데 비해 furcellaran은 당 잔기 2~3개마다 하나의 황산기를 갖고 있는 점이 다르다.

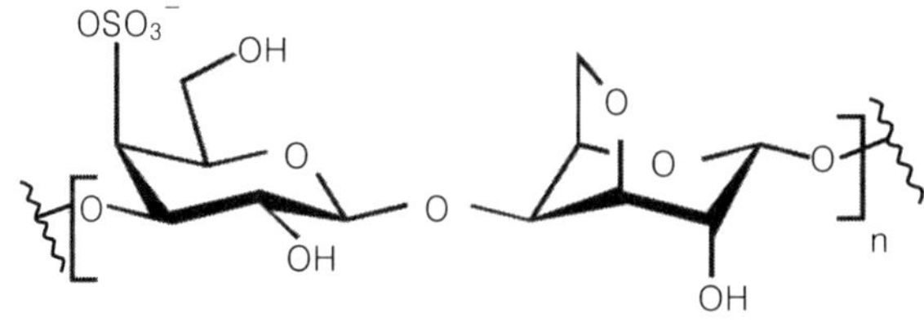

그림 1-31. 퍼셀라란 구조

퍼셀라란은 *k*-carrageenan과 유사하게 열가역성 젤을 형성하며, 주로 펙틴의 대용물질로 잼, 젤리 등에 사용된다. 최근에는 항산화 가수분해물 활성을 높이고, 생리활성 펩타이드 공급을 위한 미세 캡슐화 코팅 소재로 활용되고 있다.

바) 잔탄검 / 커들란 / 젤란

천연 증점제인 잔탄검(xanthan gum, 약칭 XG / 그림 1-32)은 양배추의 엽소병 원인균인 *Xanthomonas campestris*를 순수배양 발효하여 얻거나 옥수수, 밀, 대두와 같은 식품재료로부터 얻을 수 있는 고분자 세포외 고분자 복합다당류이다.

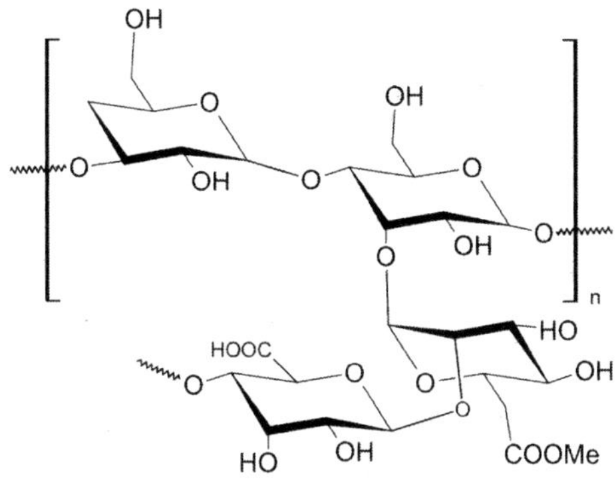

그림 1-32. 잔탄검 구조

XG는 두 개의 glucose, 두 개의 mannose 그리고 하나의 glucuronic acid 단당류 5분자로 이루어진 오당류로 1, 4결합으로 이루어진 β-D-glucose를 주사슬로 하고 3,000,000～5,000,000 Da의 분자량을 갖는다. 수용액은 중성이며, 냉수에 분산되고 열수에 거의 녹는다. 다른 검류에 비교하여 점도가 높은 편이고, 내열성을 가지고 있어 가열이나 pH에 점도 변화가 적다. 저칼로리용으로 체중 감소를 일으키며, 식품에는 안정제, 증점제, 결착제, 유화제, 고결제, 발포제 등으로 사용되고 있다. 고분자 XG은 약물과 단백질의 운반체와 세포의 스캐폴드(scaffolds)로 사용되는 이화학적 네트워크 구축에 유리하고, 내산성이므로 정제의 부형제 또는 약물방출 응용을 위한 지지 히드로겔로 사용되고 있다.

커들란(curdlan, 그림 1-33)은 D-glucopyranose가 β-1→3결합으로 연결된 직선상의 중합체로서 분자량은 44,000～77,000 정도이며, *Alcaligenes faecalis* var. *myxogenes, Agrobacterium radiobacter* 등에 의해 생성된다. 다양한 겔을 만들지만 pH가 알칼리성으로 높아지면 점차 규칙적인 구조가 붕괴되어 불규칙적인 코일 구조를 취한다. 보수력, 결합성, 점탄성, 안정성 등 조절 목적으로 사용하며, 드립(drip) 손실과 녹말의 노화를 억제하는 소재이다. 최근에 커들란의 유용성은 잠재적인 치료 응용 가능성 때문에 제약산업에 의해 더욱 연구되고 있는데, 선 임상환경에서 면역조절 및 항종양 활성을 나타내는 소재로 알려져 있고, 특히 생체 내에서 말라리아 분열소체의 증식을 예방하고 치료하는 데 활용하고, HIV를 비롯한 바이러스에 대해 강력한 항바이러스 효과를 가지고 있다. 커들란의 프리바이오틱 특성은 장내 건강한 미생물군의 성장을 촉진하여 숙주에 유익한 효과를 부여하므로 다양한 위장장애 문제의 관리를 위한 프리바이오틱스 제조에 사용된다. 향후 신약 및 식이보조제로서의 소재뿐만 아니라 항암, 항말라리아, 항바이러스 및 항균제로서 응용될 것으로 생각되어지는 소재이다.

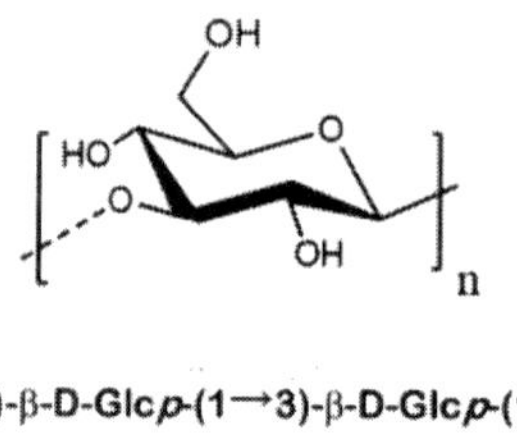

그림 1-33. 커들란 구조

젤란(gum gellan, 약칭 GG / 그림 1-34)은 *Sphigomonas elodea*가 생성하여 분비하는 직선형의 음이온성 복합다당류(분자량 약 500,000)로 1,3-β-D-glucuronic acid, 1,4-β-D-glucose 및 1,4-α-L-rhamnose의 4당류 반복 단위로 구성되어 있다. 반복 단위당 약 1.5개의 acyl 치환기를 갖고 있는데, 따라서 탈에스터화 정도에 따라 다양한 조직감을 갖는 겔을 만들고, 겔화는 양이온의 종류와 농도의 영향을 받는다.

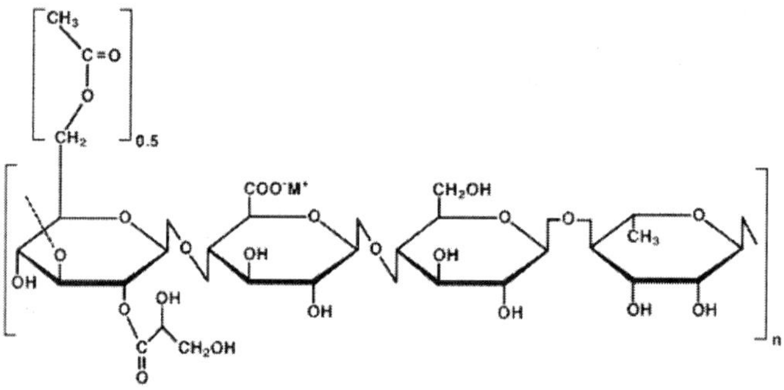

그림 1-34. 젤란 구조

냉수에 녹아 큰 점성을 보이지만 온도가 올라가면 25~50℃ 범위에서 점도가 급격히 저하하는데, 이것은 비교적 규칙적인 이중나선 구조로부터 불규칙적인 코일 형태로 그 구조가 변하기 때문이다. GG는 세포접착, 생체 적합성, 생분해성, 약물전달과 같은 매우 다양한 특성을 가진 기능성 소재이다. 따라서 조직공학 및 재생의학 분야에서 유망한 재료로 다른 중합체와 혼합 사용되고 있는데 약물전달, 상처치유, 항균활성 및 세포접착을 위한 GG기반 생체 재료, 하이드로겔 및 스캐폴드 등 다양한 생물의학 응용 분야에 유익한 소재이다.

사) 셀룰로오스검

셀룰로오스검(cellulose gum, 그림 1-35)은 셀룰로오스의 carboxymethyl cellulose sodium salt(CMC)라 부르는 단순다당류의 염형태 복합다당류인데, 셀룰로오스의 변형검 일종이다.

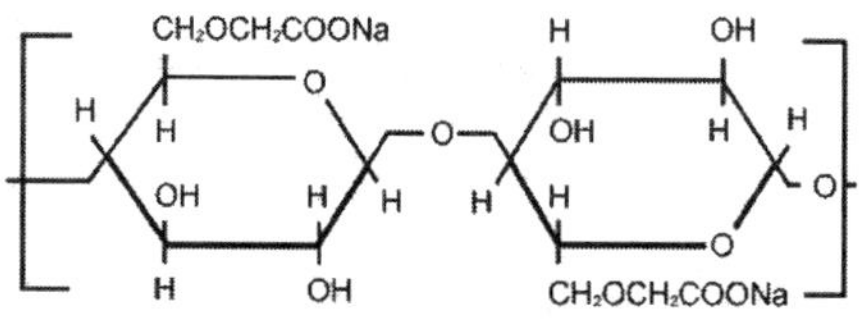

그림 1-35. 셀룰로오스검 구조

식물조직에서 추출하며, 물에는 잘 녹아서 분산되는 친수성 교질용액를 만들므로 결합제, 증점제, 유화안정제, 피막형성제, 수분증발 및 노화 방지 등으로 사용된다. 특히 얇은 피막을 형성하는 성질 때문에 피부를 보호하는 소재로도 사용되고 있다. 안전하고 저렴하며, 음료에 침전물이 생기지 않도록 하는 중요한 원료로 화장품을 비롯한 식품, 화학 등의 소재로 사용되고 있다. 화장품 분야에서는 헤어겔 등의 겔 타입 제품을 만드는 용도로 사용되고 있으며, conditioner, 치약, 물비누, 수분크림 등 각종 제품을 만드는 데 이용되고 있다. 부작용으로는 과다 섭취 시 위장장애, 변비, 설사 등을 유발한다.

▣ 키틴 / 키토산

키틴(chitin, 그림 1-36)이라는 어원은 고대 그리스의 남녀가 입은 옷의 일종인 튜닉(tunic)이나 프록(frock)을 뜻하는 그리스어 *khitōn*에서 유래하였는데, 1823년에 프랑스 과학자인 Antoine Odier*는 그 물질이 생물의 외피를 구성하는 것에서 나오므로 희랍어의 '봉투'를 의미하는 '키틴'으로 명명했다고 한다.

* Chitin was first discovered in mushrooms by prof Henri Braconnot of France in 1811. The name chitin comes by Antoine Odier in 1823. Chitosan was discovered in 1859 by prof C. Rouget. The name of chitosan was introduced in 1894 by Hoppe-Seyler.

동물성 식이섬유로 불리는 키토산과 키틴을 총칭해 기틴질이라고 부른다. 키틴[chitin, 갑각소(甲殼素)]은 가재, 게, 새우 등 갑각류의 껍질, 풍뎅이, 매미, 베뚜기 등 곤충의 외골격, 오징어 등 연체동물의 성분, 곰팡이, 효모, 버섯 등 진균류의 세포벽 등의 중요한 구성성분이다. 무코다당류인 키틴은 일반적으로 자연계에서는 단독으로 존재하지 않는다. 약 5,000개 이상의 N-acetyl D-glucosamine(GlcNAc, 아미노산 중합체)이 β-1, 4결합으로 긴사슬 형태로 연결된, 직선상의 천연 고분자 중합체 복합다당류이다. 화학적으로 포도당에서 수소 하나를 아민기로 대체한 것을 사슬형태로 이어놓은 꼴이다.

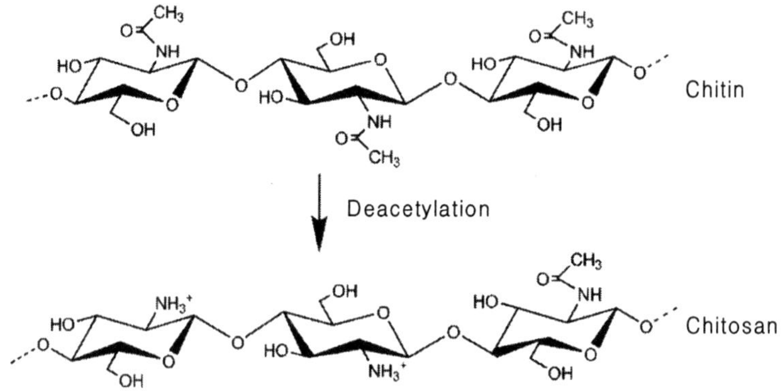

그림 1-36. 키틴 / 키토산 구조

지구상에서 생성되는 생물질 중 셀룰로오스 다음으로 자연계에 가장 많이 존재하는 키틴은 포도당 유도체의 가지가 없는 긴사슬인 점에서 셀룰로오스와 매우 비슷한 화학구조와 물리적 성질을 갖고 있다. 키틴은 생체 내에서 단백질과 탄산칼슘 등과 복합체를 이루어 생물의 골격과 외피를 형성하여 지지체, 보호체 역할을 하는 중요한 성분이다. 식물의 세포는 셀룰로오스라는 세포벽을 갖는 것과 같이 균류의 세포벽에도 키틴질의 딱딱한 성분을 가지고 있다. 키틴은 시간이 지남에 따라 자연환경에서 생분해될 수 있으며, 세균과 균류와 같은 미생물에 의해 분비되기도 하지만, 일반적으로 폐기 처리되는 갑각류의 껍질을 활용하는 것이 경제적이기 때문에 미생물에 의한 생산은 하지 않고 있다.

키틴은 반응성이 약하여 물에 잘 녹지 않고 셀룰로오스보다 안정적이기 때문에 미생물의 분해에 훨씬 잘 견딜 수 있다. 키틴은 용해하지 않아 이용하기 힘들기 때문에 보통 뜨거운 진한 알칼리 NaOH용액으로 처리하여 아세틸기를 제거하는 탈아세틸화(deacetylation)로 바꾸면서 인체에 쉽게 흡수되는 생체 적합(biocompatible)한 자연분해(biodegradable)되는 물질인 키토산을 만들어 사용하고 있다.

키틴이 용매에 난용성인 것은 키틴을 구성하는 GlcNAc 잔기의 아세트아미드기(acetamide / ethanamide / CH_3CONH_2)와 수산기(OH- / 하이드록시기) 사이에 만들어지는 강력한 수소결합 때문이다. 천연에 존재하는 키틴은 보통 일부만 탈아세틸화되어 일반적으로 10～30%의 키틴과 혼합되어 있으므로 chitin / chitosan이라고도 한다. 갑각류인 새우와 게 등의 껍데기를 강산에 담가 탄산칼슘을 용출한 후 알칼리와 함께 끓여 단백질이나 다른 유기물을 제거 분리하면 키토산을 얻을 수 있다. 일부에서는 식물의 chitinase 효소를 이용하여 키틴을 분해하고 있다.

키틴과 키토산은 의료, 식품, 화장품, 섬유 등 실생활에 유용하게 사용되는데 항암작용, 항콜레스테롤 작용, 방부보존 작용, 장내대사 개선, 간기능 개선, 혈압조절, 배설조절, 항균 / 항바이러스 작용, 노화억제, 체질 개선, 약물 운반체, 항고혈압제, 항지혈제, 관절염 치료, 중금속 배설 촉진, 지방흡수 억제, 무기질 흡수조절, 면역력 증진을 비롯하여 당뇨병, 신장병, 신경통 등에 이용되거나 외과수술 봉합용 실, 인공혈관, 화상치료(인공피부의 주원료), 지혈효과, 상처치유 등에도 사용되는 등 다양한 생리활성 기능을 가지고 있다. 식물 생장속도를 빠르게 하고, 과일 재배 시 유해 곤충으로부터 보호하는 기능을 가지고 있으며, 키토산(chitosan)으로 공기 중의 독성 생화학물질을 감지하는 센서를 만든다고도 한다.

▣ 아라비노자일란

아라비노자일란(arabinoxylan, 약칭 AX / 그림 1-37)은 식물의 1차 세포벽과 2차 세포벽 모두에서 발견되는데, 쌀 · 밀 · 호밀 · 보리 · 귀리 · 수수 등 곡류의 세포벽에 존재하는 헤미셀룰로오스(hemicellulose)의 일종으로 비전분 복합다당류(non-starch polysaccharides)이다. AX는 아라비노스와 자일로스로 구성된 중합체인데, 자일로오스(Xyl)가 β(1— 4)결합된 골격에 α-L-아라비노오스(Ara)가 2번, 그리고 / 또는 3번 위치에 결합하고 있는 펜토산(pentosan)으로 아세틸기(acetyl group), 페룰로일기(feniloyl group) 등의 다양한 곁사슬을 가지고 있다. 대부분의 Xyl에는 Ara가 1개 치환되어 있지만 2개 이상의 Ara가 1—>2, 1->3, 그리고 1—>5 결합으로 Xyl와 연결되어 있는 AX도 있다.

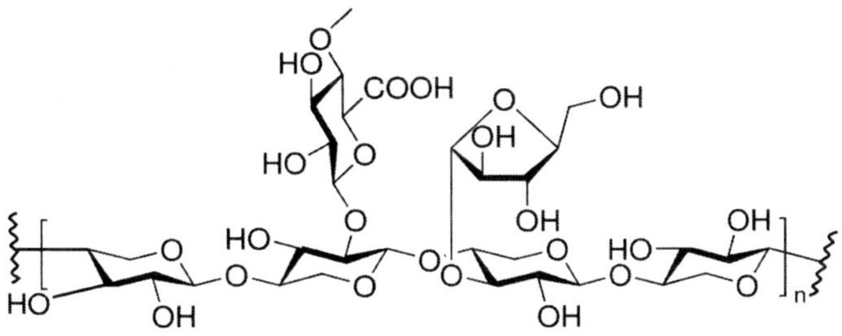

그림 1-37. 아라비노자일란 구조

AX의 생리기능성은 식이섬유로서의 기능은 물론 면역활성 증기, 항암, 항바이러스 / 항균, 당뇨예방 기능 등을 가지고 있는 것으로 알려져 있다. 또 숙주의 저항성을 증강시켜 암, 면역결핍질환, 약물치료 후 면역능의 억제 등에 효과를 보이는데, 일부 종양세포와 바이러스에 감염된 세포를 제거하는 기능을 수행하는 자연살해세포(natural killer cell, NK / large granular lymphocytes, LGL)의 기능을 증진시키는 것으로 알려져 있다. 또 AX는 암세포들을 직접적으로 공격하기보다 숙주의 여러 면역반응을 활성화시켜 항종양 또는 항암활성을 보인다고 한다.

자연살해세포에 의해 암세포와 같은 표적세포가 파괴될 때는 핵막, 세포막 및 세포질에 존재하는 과립(granules)이 "erforin(pore-forming molecules, 구멍형성 물질)"이라는 물질을 분비하여야 하는데, AX는 자연살해세포의 과립화와 자연살해세포의 증식이나 활성에 관여하는 사이토카인(cytokine)을 많이 생성하는 데 관여한다. 또 AX는 피부암이나 대장암의 예방효과가 있는 장내 단쇄지방산(shoet-chain fatty acid, SCFA) 생성을 촉진시켜 암세포 증식을 저해하고, 암세포 분화와 세포고사 apoptosis)를 촉진한다고 한다. 또 치명적인 AIDS의 증식을 선택적으로 억제한다고 한다.

또 식이섬유인 AX는 혈청내 중성지방과 총 콜레스테롤 함량을 감소시키고, 콜레스테롤 생합성 조절효소인 3-hydroxy-3-methylglutaryl-CoA(HMG-CoA) reductase를 활성화시켜 콜레스테롤을 대부분 steroid로 전환 배설시킨다. 또 소화관에서 콜레스테롤의 재흡수를 억제하고, 담즙을 통한 LDL-콜레스테롤의 배설을 증가시킴으로써 결과적으로 총 콜레스테롤 수준을 감소시킨다. 간에서의 콜레스테롤 축적 억제, 혈당수준 조절, GE(gastric empting, 위 배출)*시간 지연, 콜레스테롤이나 포도당의 소장에서의 흡수방해 및 소화효소저해 지질대사를 개선하는 등 기능을 가진다.

* Gastric empting은 위에서 액체 또는 고체상의 음식물이 배출되는 시간, 정도를 말하는데, 임상적으로 위염, 위식도 역류, 소화성 궤양 질환 등 소화장애 여부를 결정하는 데 이용된다.

AX는 상처-드레싱 접촉면을 고습도로 유지함으로써 상처 난 부위의 2차 감염을 막고 각종 상처 분비물이나 독성물질들을 제거하여 지속적인 상처부위를 멸균상태 또는 습기가 유지되도록 하는 기능을 가지고 있다.

▣ 산성다당류 / Muco다당류

산성다당류는 중성이나 알칼리성다당류에 비해서 생리활성을 많이 가지고 있는 편인데, 산성다당류의 정의는 다당류의 구조 중 카복실기(COO-), 인산기(PO_4^{3-}) 또는 황산에스터(sulfuric ester)의 작용기를 가지고 있는 모든 것을 말한다. Muco당이 여기에 속하는 경우가 많다. 동물의 황산기를 가진 GAG류(glycosaminoglycan : hyaluronic acid, chondroitin sulfate, keratin sulfate, heparan sulfate, heparin 등), 퓨코이딘(fucoid), 카라기난(karageenan), 인산기를 가진 teichoic acid, 카르복실기를 가진 펙틴, 아가로펙틴 등도 모두 산성다당류라 할 수 있다.

보통 산성다당류 중 galacturonic acid, glucuronic acid 함량이 높은 것은 체내에 침투한 병원체의 세포막을 파괴하고 살균작용도 하는데, 예를 들면 상황균사체 추출물인 Mesima는 항암 면역활성을 가지고 있는데, 그것은 산성다당류인 α-(1,6)-헤테로글리칸(heteroglycan)과 갈락토만노글루칸(galactomannoglucan), GAG 등 유효성분을 갖고 있기 때문이다.

인삼뿌리 및 쑥잎의 산성다당류는 위장질환 병원균인 *Helicobacter pylori* 에 대한 세포부착 저해활성이 있고, 녹차(*Camellia sinensis*) 잎의 산성다당류는 병원균 세포부착 저해활성은 물론 황색포도상구균(*Staphylococcus aureus*)과 여드름 간균(*Propionibacterium acnes*) 등에 의한 적혈구 응집반응(hemagglutination)을 저해하는 활성을 가지고 있어 여드름(acne / ane vulgaris), 아토피(atopy) 등 각종 피부질환의 예방 및 치료에 효과를 보이는 소재이다. 중요한 산성다당류 / Muco 다당류에 대해 좀 더 자세히 언급하고자 한다.

가) 히알루론산

포유동물의 결합조직 중에 널리 그리고 대량으로 분포되어 있는 산성다당류인 히알루론산(hyaluronic acid, 그림 1-38)은 피부에 많이 존재하는 생체합성 천연물질로 1934년 Meyer 등에 의해 소 눈의 유리체에서 분리, 명명된 대표적인 glycosaminoglycans(GAG)이다. 즉 뮤코다당류(mucopoysaccharide)의 일종인데, 콜라겐(collagen), 엘라스틴(elastin) 등과 함께 피부세포를 구성하는 주요 성분이다.

N-아세틸글루코사민(N-acetylglucosamine)과 글루쿠론산(glucuronic acid)으로 이루어진 직쇄상, 점액성의 고분자 다당류(high molecular weight polysaccharide)로 분자량은 보통 $10^6 \sim 10^7$이며, 수용액 상태에서는 수소결합에 의해 2차 구조를 형성하고, 불규칙한 코일이 확장된 형태로 존재한다. 사람에게는 힘줄(腱), 대동맥, 피부, 눈의 유리체 및 관절의 활액(관절액) 등에 존재하며, 결합조직의 세포 사이에 많이 분포하는 뮤코다당류로 나이가 들어감에 따라 감소하게 된다. 그러나 이를 보충 섭취하면 그 수치는 올라간다.

히아루론산의 생리활성은 다양하게 연구되고 있는데, 피부의 건조 정도와 수분 보유량 등을 개선하는 등 피부보습과 관련되어 식약처에서 2006년 히알루론산을 피부보습에 도움을 줄 수 있는 기능성 소재로 인정하였다. 이와 같이 히알루론산은 피부에 보습 및 수분증발을 막는 역할 뿐만 아니라 콜라겐이나 엘라스틴이 세포 사이에서 원활하게 움직일 수 있도록 하는 일종의 윤활제 역할을 한다. 또 히알루론산은 체내의 연골이나 관절 주변에 존재하여 물과 결합, 겔상태로 존재하면서 관절이 움직일 때 윤활제의 역할을 하여 연골의 손상을 방지한다. 이러한 성질로 히알루론산은 관절염 치료제로도 사용되고 있다.

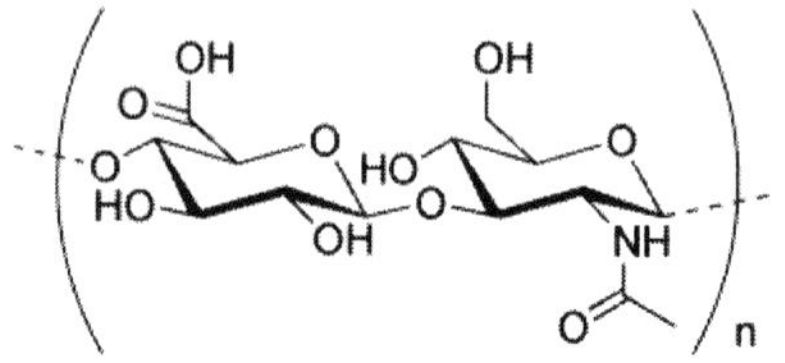

그림 1-38. 히알루론산 구조

우선 히알루론산은 관절에서 항염증 효과(anti-inflammatory), 동화작용 효과(anabolic), 진통효과(analgesic)를 가지는데, 항염증 효과는 히알루론산이 포식작용(phagocytosis)과 유착작용(adherence)을 방해하고, 활액 내 염증 매개체(inflammatory mediators) 수준을 낮춰주는 기능을 말한다. 연골세포의 증식을 촉진하고, 관절 통증 감소와 더불어 연골의 기능을 개선한다.

히알루론산은 수산화기(-OH)가 많기 때문에 친수성 성질을 갖는데, 이 성질은 피부내로의 흡수를 쉽게 하고, 피부보습 효능을 높여 주는 동시에 피부세포의 분화를 촉진시켜 피부노화를 방지하는 데 도움을 준다. 다양한 상피세포에서 발현되어 있는 CD44단백질*과 반응하여 다양한 생리적 작용을 조절하며, 피부조직 회복 및 보호 장벽을 형성하는 데도 도움을 준다.

* CD44 is a receptor for hyaluronic acid and a major cell surface marker(cell surface adhesion receptor) for metastasis and progression in certain types of cancers

히알루론산은 부착력과 탄성이 좋아 간단한 미용시술에 사용되는 필러(filler) 재료로 각광받고 있는데, 필러는 인체 구성 성분과 유사한 다당질로 구성되어 있어 부작용이 적고, 생체적 합성이 좋다고 한다. 히알루론산의 결합배열을 달리 하면 다양한 탄성을 얻을 수 있는데, 부착력과 탄성이 좋다는 성질 때문에 수술 후 상처부위가 들러붙지 않게 하는 유착방지제로도 이용되고 있다.

포도에서 추출한 레스베라트롤(resveratrol) 분자와 히알루론산이 결합하면 피부 속 내추럴 히알루론산의 생성을 증가시키게 되어 피부의 생화학적 구조를 관리하는 중요한 역할을 한다고 한다. 열상과 창상에 대한 치유효과도 겸비하고 있다. 만약 노화로 인한 히알루론산 함량이 감소되면 피부는 건조하고 주름은 깊어진다. 프로바이오틱스 코팅 소재에 기능성 수화 히알루론산을 활용하기도 하는데, 이는 프로바이오틱스 섭취 시 위장관 내에서의 균 생존율을 높이고, 장점막에 자리 잡도록 하는 부착능 등을 개선시키며, 장내 균총들 간 자리싸움에서 유익균이 우위를 점해 유해균을 억제하는 이른바 경쟁적 배제(competitive exclusion)의 효율성을 높여 준다고 한다.

즉, 코팅기술에 사용된 히알루론산 입자는 장내 유해균에 대해서 항균작용을, 유익균에 대해서는 생장을 촉진하는 선택적 길항작용을 한다. 향후 마이크로바이옴(microbiome) 분야에서의 응용 및 상용화에 필요한 소재로 알려져 있다. 고분자 히알루론산(high-molecular mass hyaluronа, HMM-HA)은 항암에도 효능이 있다고 한다.

나) 콘트로이틴황산

아미노당을 함유하는 복합 산성다당류인 콘드로이틴황산(chondroitin sulfate, 그림 1-39)은 우론산(D-glucuronic acid), N-acetyl-D-galactosamine과 황산으로 결합되어 있는 점질성 다당류(뮤코당 / mucopolysaccharide)인데, 황산기를 가진 것과 가지지 않는 것이 있다. 콘드로이틴황산의 사슬은 전기적으로 음성을 띠고 있다. 보통 콘드로이틴황산은 상어연골로부터 알칼리 방법과 효소적 방법(alcalase와 protamex의 두 가지 단백질 분해효소)에 의해 추출한다.

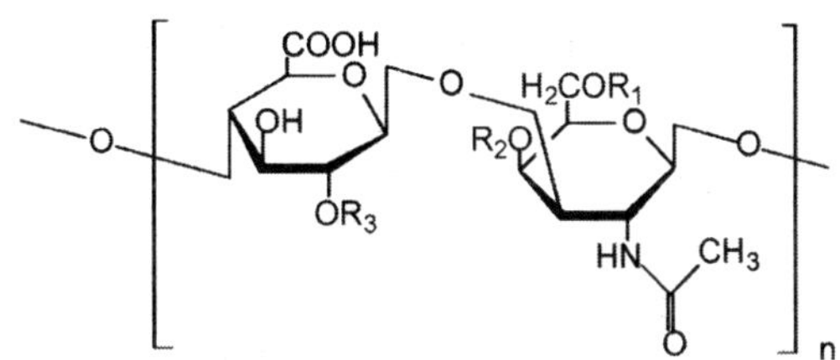

그림 1-39. 콘드로이틴황산 구조

콘드로이틴황산은 동물 결합조직의 기질이나 연골을 비롯하여 장기, 피부, 뼈, 점액, 체액 등에 광범위하게 분포되어 있으며, 우렁이나 달팽이, 족발과 도가니탕 등을 비롯하여 수산물(홍어나 가오리, 해삼, 유령 멍게, 오징어, 우렁쉥이, 군소, 보라골뱅이 등의 수산 무척추동물과 가다랑어 안와, 상어연골 등의 수산가공 부산물)에도 들어 있다. 글루코사민과 함께 연골조직은 물론 인체의 연결조직에 존재하여 콜라겐과 함께 세포 간의 매트릭스(matrics)를 형성하는 주성분이다. 연골조직에는 건조 중량의 약 30% 정도 들어가 있으며, 가장 많이 들어 있는 곳이기도 하다.

조직 속에서는 chondromucoprotein의 형태도 존재하며, 1개의 단백질 사슬에 수십 개의 콘드로이틴황산 사슬이 결합되어 있다. 관절 속의 활액이 연골에 미끌도록 도와주는 역할을 하며 피부, 탯줄 등 각종 결합조직에 함유되어 각 조직 중에 수분과 영양분을 축적하는 역할을 한다. 콘드로이틴과 하이알루론산 단백질 복합체는 관절연골에 27~43% 존재하면서 관절에 탄성을 주고, 관절부를 둘러싸고 있는 인대의 탄성 유지에 도움을 준다. 나이가 들면서 콘드로이틴황산이 감소되면 피부의 노화가 빨라지고, 관절의 움직임이 원활치 못하게 된다.

콘드로이틴황산은 황산기의 위치와 우론산의 종류에 따라서 A, B, C, D, E 등으로 분류하는데, 보통 A, B, C를 중요하게 취급하고 있다. 콘드로이틴황산 A와 C는 N-acetylgalactosamine(GalNAc)과 D-glucuronic acid이 1,3결합과 1,4결합을 번갈아가며 연결된 이당류의 중합체이며, 이당류 1개당 1개의 황산에스테르기를 갖는다. 황산콘드로이틴 B는 D-글루쿠론산 대신에 α-L-iduronic acid(IdoA / 글리코사미노글리칸인 데르마탄황산과 헤파란황산의 구성성분)을 함유하고 있으며, 이들을 β-heparin 또는 dermatan sulfate 라고도 한다. 콘드로이틴황산 A, C에서 황산기를 약산처리 또는 효소 설파타아제(sulfatase)로 제거한 것을 chondroitin이라고 하며, condroitin proteoglycan으로서 대표적인 종류는 aggrecan이다.

콘드로이틴황산은 신체에서 생산되는 연골파괴 효소를 중성화하고, 효소 수준을 조절하여 관절의 균형을 유지하고, 마모되었거나 손상된 연골을 제거한 후 손상된 연골을 복구하는 기능을 가지고 있다. 연골파괴 효소의 작용을 막아 기존의 연골이 일찍 파괴되는 것을 방지하며, 연골로 가는 양분의 이동 통로를 끊으려는 다른 효소들의 작용을 억제한다. 관절은 연골조직으로 구성되어 있으며, 혈관이 없기 때문에 새롭게 생성되지는 않는다. 따라서 연골조직의 주성분인 GAG류(Glycosaminoglycan)를 보충해 주어야만 한다. 투여한 콘드로이틴황산의 약 70%가 효소에 의해서 대사되어 GalNAc(N-아세틸갈락토사민), 글루쿠론산, 황산이온으로 분해 흡수되어 연골조직에 도달하게 된다. 이러한 점에서 글루코사민이 연골*의 망상조직 안에 있는 프로테오글라이칸의 형성을 돕는다.

* 관절 연골(cartilage)은 아주 얇은 두께이지만 하중을 분산하여 높은 강도를 유지하고, 통증 없는 자유로운 운동이 가능한 유연한 접속 조직으로 뼈 사이, 귀와 코, 팔꿈치, 무릎과 뒤꿈치, 척추 디스크 등에 존재한다. 뼈처럼 단단하고 견고하지 않지만 근육보다는 유연하지 못하며, 혈관 및 림프 공급도 없고 신경 지배도 없는 조직이다. 단일 연골세포는 타 조직세포에 비해 대사능력이 좋으며, 세포질 세망(endoplasmic reticulum), 골지막(golgi membrane)과 같은 소기관을 갖고 매우 활발한 대사활동을 보인다. 연골세포는 확산을 통해 윤활액으로부터 영양소를 섭취하고 있는데, 성장함에 따라 대사능력, 기질 합성력, 세포의 분화력은 점차 감소하여 성장이 완료된 후에는 연골세포는 더 분열하지는 않으나 기질들은 합성한다.

콘드로이틴황산은 체액을 끌어당기는 자화액(liquid magnet) 역할도 하며, 관절기능을 부분적으로 회복시키고, 스트레스 등에 의한 불쾌감과 어깨 결림, 두통, 신경통,

요통, 관절통 등에도 부분적으로 효과를 보인다. 항염작용을 하며, 연골에 영양분을 공급하는 통로를 차단하는 효소의 작용도 억제한다. 또 새로운 연골을 만드는 데 필요한 프로테오글라이칸, 글라이코스아미노글라이칸(glycosaminoglycan, GAGs), 콜라겐의 생성을 촉진시킨다.

인공적으로 투여된 콘드로이틴황산은 연골에서 자연적으로 생성된 콘드로이틴황산과 매우 유사하게 작용하여 오래된 연골이 일찍 파괴되는 것을 막고 새로운 연골의 생성을 촉진시킨다. 글루코사민과 콘드로이틴황산은 콜라겐과 프로테오글리칸의 생산, 연골의 천연성분 및 관절액을 자극함으로써 연골의 퇴화를 막는 역할을 한다. 또한 연골을 분해할 수 있는 효소의 활동으로부터 관절을 보호한다. 이런 기능으로 관절염으로 인한 관절통증과 강직을 완화하는 골관절염(osteoarthritis) 치료에 이용된다.

콘드로이틴황산은 피부노화를 억제하고, 피부에 윤기와 탄력을 주며, 콜레스테롤 저하와 동맥경화의 억제 및 예방, 트롬빈의 활성억제를 통한 항혈액응고작용, 진통효과, 신생혈관 생성 억제능에 의한 항종양 및 항암 활성, 각막 보호작용 등 헤아릴 수 없을 정도의 다양한 생리활성을 가지고 있다. 세포의 증식과 분화 등에 중요한 역할을 하며, 세포 외 기질의 구성 성분으로 세포끼리 서로 연결하거나 신경회로를 형성하는 역할에 도움을 준다. 조직에 보수성과 탄력을 주고, 영양분의 소화・흡수, 대사에 관여하며, 피부와 머리카락, 손톱 건강을 좋게 한다.

의약품으로서 콘드로이틴황산 나트륨은 점안제, 퇴행성 관절염의 보조제 등으로 사용되며, 최근에는 강장 드링크류 형태로 활용되고 있다. 콘드로이틴황산은 안구의 각막을 보존하며, 투명도를 잘 유지키시면서 각막의 팽화를 억제한다. 백내장 수술 시 사용되는 점탄성 물질은 콘드로이틴과 하이알루론산의 복합체이다. 콘드로이틴황산은 큰 부작용은 없지만 가끔 위장통, 오심 등을 유발한다. 천식이나 혈액응고 장애가 있는 경우에는 섭취에 신중해야 한다고 한다.

다) 케라틴황산

케라틴황산(keratan sulfate, KS / keratosulfate / 그림 1-40)은 소 각막에서 처음 발견된 proteoglycan(PG)의 일종인 sulfated glycosaminoglycans으로 N-acetylglucosamine(GlcNAc)과 galactose(Gal)의 C-6번에 황산기를 가진 N-acetyllactosamin 골격구조의 선형 중합체이다[KS consists of a linear polymer of N-acetyllactosamine backbone of Gal β1 4 GlcNac β1-3 that has a sulfate moicty at C-6 positions of galactose(Gal) and N-acetylglucosamine(GlcNAc)]. KS는 우론산을 포함하지 않는 유일한 GAG인데, 종류에는 KSI, KSII, KSIII 등이 있다. KSI은 각막조직에서 분리되

었고, KSII는 골격조직에서 분리되었는데, KSIII은 특정 세린 또는 트레오닌 아미노산에 o-연결된 뇌조직에서 분리되었다.

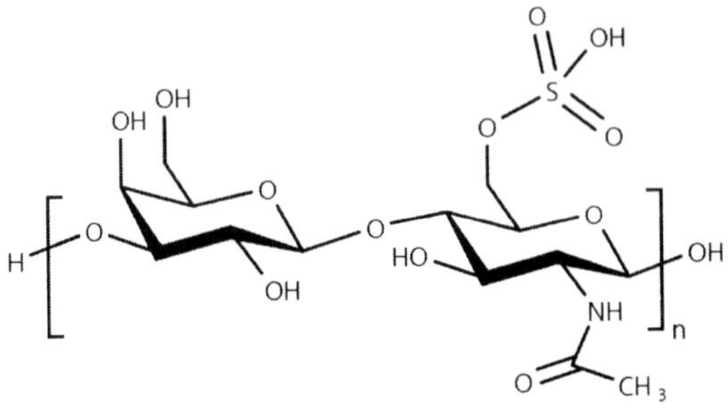

그림 1-40. 케라틴황산 구조

이 종류는 단백질 연결 차이를 기반으로 하고 있는데, KSI는 N-아세틸글루코사민을 통해 특정 아스파라긴 아미노산에 N-연결되고, KSII는 N-아세틸갈락토사민을 통해 특정 세린 또는 트레오닌 아미노산에 o-연결되어 있으며, KSIII는 만노스를 통해 특정 세린 또는 트레오닌 아미노산에 o-연결된 것이다.

KS는 각막, 뼈, 연골, 뇌의 세포외 기질(extracellular matrix, ECM)과 상피조직의 표면에 널리 분포되어 있는데, 각막 투명성, 세포신호전달, 염증조절, 류마티스 관절염 및 만성폐쇄성 폐질환(COPD)과 같은 염증치료에 효과가 있으며, KS 생합성 조절장애는 황반변성 및 원추각막근 위축성, 측삭경화증 등 질병과 관련이 있다. 또 암에서 KS의 발현은 진행된 종양 등급 및 불량한 예후와 관련이 있는 것으로 알려져 있는데, KS는 유선암, 갑상선암, 췌장암 등 암의 잠재적인 진행 및 전이를 예측하고 새로운 예후 바이오마커로 활용할 수 있는 소재이다.

라) 헤파린

헤파린(heparin / 간을 의미하는 그리스어 접두사인 "*hepa-*"에서 그 이름 유래)은 동물의 간, 폐 등에 있는 황산기를 가진 산성 뮤코다당류의 일종으로 음전하를 가진 당복합체이다. 헤파린(그림 1-41)은 세포외 기질로써 동물조직에 존재하는데, 세포를 둘러싼 세포외 기질에서 발견된다. 당 분자들이 길게 이어진 사슬에 황산기가 붙은 형태이며, 분자량과 황산기가 붙은 정도에 따라 기능이 다르다. 헤파린은 glycosaminoglycans(GAGs)족의 일원이며, 이당류 단위로 구성된 음이온성, 분산성, 선형 다당류이다. 헤파린 중 주요 이당류는 L-이두론산(IdoA) 및 N-아세틸-D-글루코사민(GlcNAc), 또는 D-글루쿠론산(GlcA) 및 N-아세틸-D-글루코사민(GlcNAc)이다. 보통 혈장 내에 여러 단백질(혈액 응고인자나 성장인자를 포함)과 가역적 혹은 비가역적으로 결합하는데, 황산기가 가진 음전하와 당사슬이 만드는 입체적인 구조 때문에 혈장 내 단백질들과 선택적으로 상호작용한다. 또 헤파린은 혈액응고, 세포생장과 분화, 면역, 암 등 생물학적 과정(biological process)을 조절해 주는 소재이다.

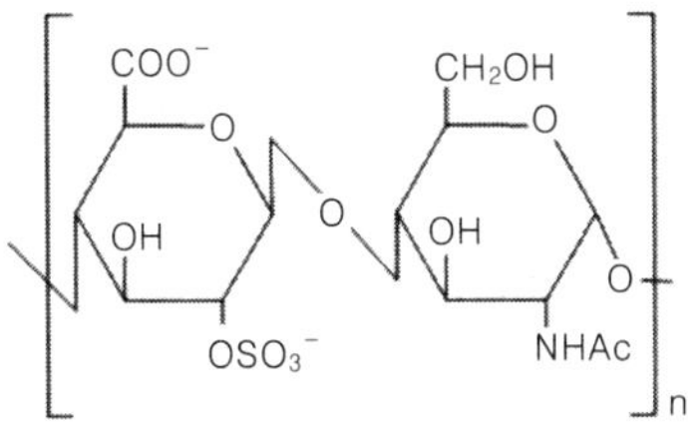

그림 1-41. 헤파린 구조

헤파린은 항응고제이다. 헤파린은 혈액 내에서 안티트롬빈(antithrombin)이란 물질과 결합하여 트롬빈(thrombin)의 작용을 억제하는 작용을 한다. 즉 헤파린 / 항트롬빈 III 복합은 트롬빈의 작용을 억제하므로 결국 혈액응고를 방지한다. 따라서 헤파린은 그 강력한 항응고작용으로 혈전색전증(thromboembolism)의 치료 및 예방에 널리 쓰이고 있다. 그 외 헤파린은 호흡곤란증후군, 알레르기성 비염, 천식 및 염증성 장질환 등을 비롯하여 항암기능을 가진 소재로 알려져 있다.

마) 후코이단

후코이단(fucoidan, 그림 1-42)*은 해초 중에서도 다시마, 미역 등 갈조류의 세포벽에서 발견되는 특유의 미끈미끈한 수용성 식이섬유의 일종으로, 구조는 헤파린과 흡사하다. 후코이단은 황산기를 가진 산성다당류인데 fucose C2 또는 4번 위치에 황을 함유하고 있는 특이한 구조를 가지고 있다.

* 1913년 스웨덴 Uppsala universitet D. Klein가 다시마의 미끈미끈한 성분의 하나로 발견하여 푸코이딘(fucoidin)으로 이름 붙였지만, 이후 국제 당질 명명규약에 의해 '후코이단'이라 부르게 되었다.

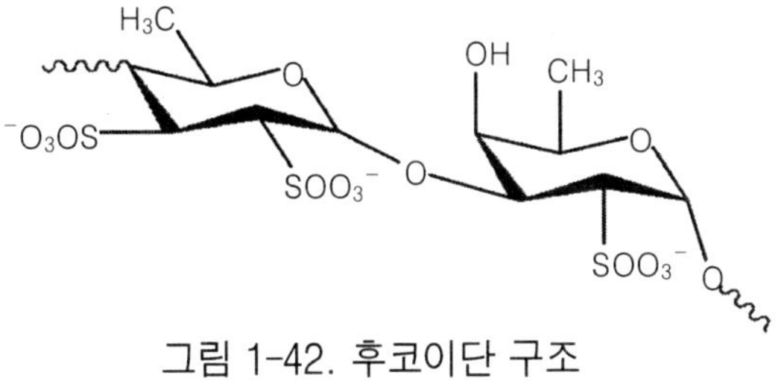

그림 1-42. 후코이단 구조

헤파린과 후코이단은 서로 비슷한 아미노산 조성을 가지고 있으나 저해작용은 다소 차이가 난다. 후코이단의 트롬빈(thrombin) 억제작용은 안티트롬빈(antithrombin Ⅲ, AT-III)이 아닌 주로 헤파린 보조인자(Heparin cofactor II, HC Ⅱ)를 통해 일어난다. 또 후코이단의 항혈액응고 활성은 황산기의 함량에 따라 영향을 받고 암세포의 증식 억제도 황산기 함량이 증가하면 좋아진다. 후코이단의 항암활성, 항HIV, 항혈액응고작용 등은 고분자보다 저분자 상태인 경우에 더 높은 활성을 보인다.

분자의 성분 중에 황산기가 붙어 있는 분자는 친수성이 강하고, 보습력이 매우 높아 상처를 감싸 아물게 하는 기능을 가지고 있다. 후코이단은 아토피성 피부염과 같은 알레르기 질환의 발생 원인인 IgE(Immuno-globulin E)의 생성을 억제하고, 알레르기 매개물질의 분비를 억제함으로써 알레르기 증상을 완화시키고 예방하는 데 유용하다. 또 후코이단은 멜라닌 합성을 막고, 멜라닌 소체*가 각질세포로 이동하는 것을 막아 피부의 멜라닌색소 침착을 방지한다. 저분자화 된 후코이단은 보습, 미백효과도 가지고 있다.

* 멜라닌세포에서 티로신(tyrosine)은 티로시나아제(tyrosinase)의 작용을 받아 도파(DOPA / dihydroxy-phenylalanine), 도파퀴논(DOPA / quinone)으로 전화되고, 티로시나아제 관련 단백질인 TRP-2(Tyrosinase related protein-2)와 TRP-1(Tyrosinase related protein-1)의 작용에 의해 피부의 주된 색소인 멜라닌으로 합성된다. 색소는 멜라닌 소체 형태로 피부 각질층으로 이동, 침착되어 흑화를 야기한다. 멜라닌 생성을 억제 하는 물질로서는 아스코르비산(ascorbic acid), 코직산(kojic acid), 알부틴(arbutin), 하이드로퀴논(hydroquinone) 등이 있다.

후코이단은 면역세포의 활성을 유도하는 것으로 알려진 수지상세포*를 성숙화 시켜 T세포 활성화와 인터페론감마(림프구의 증강을 도모하기 위한 주사제의 한 종류) 분비를 유도하므로 면역을 높여 주는 소재이다.

* 수지상세포는 골수세포, 혈구세포 혹은 제대혈 줄기세포 등 다양한 전구세포들에서 분화되며, 그 특성이나 기능에 따라 크게 임파구성 DC(Lymphoid-DC)와 골수성 DC(Myeloid-DC)로 나눌 수 있으며, 임파구성 DC는 주로 중추 및 말초 면역조절에 관여하고, 골수성 DC는 외래성 항원이나 감염에 대한 면역유도에 관여하는 것으로 알려져 있다.

그 외 콜레스테롤 저하, 혈압저하, 항바이러스, 항산화제 등 다양한 생리기능을 가지고 있으며, 특히 악성세포가 스스로 사멸하도록 하는 아포토시스(Apotosis) 작용도 가지고 있다.

▣ 협막다당류

협막다당류(capsular polysaccharide, CPS)를 이해하기 위하여 우선 협막(capsule)의 구조와 기능을 이해할 필요가 있다. 협막capsule)은 일부 원핵세포(세균)의 세포벽 바깥에 있는 단단히 짜여진 보호층으로 세포가 표면에 잘 달라붙도록 도와주는 구조이다(그림 1-43). 이러한 협막은 세균의 표면에 면역반응을 일으키고, 세균의 파괴를 유도할 수 있는 항원 단백질을 가지고 있다. 대개 다당류로 구성되어 있으나 탄저균(*B. anthracis*)의 협막처럼 폴리펩티드로 구성된 것도 있다. 보통 세포벽 외부에 세포벽에 견고하게 부착되어 있는 다당류로 된 두꺼운 협막(capsule)과 세포벽에 느슨하게 부착되어 있는 다당류인 얇은 점질층(slime layers)을 가지고 있다. 협막은 숙주세포에 부착할 수 있고 건조방지, 숙주 면역체계로부터 세포를 보호하는 기능을 가지고 있다. 병원성 세균은 일반적으로 두껍고, 점액과 같은 다당류 층을 가지고 있으며, 세균과 균류, 조류를 포함한 많은 미생물들은 종종 표면에 협막다당류를 부착하기도 하며, 건조를 방지하기 위해 다당류를 분비하기도 한다.

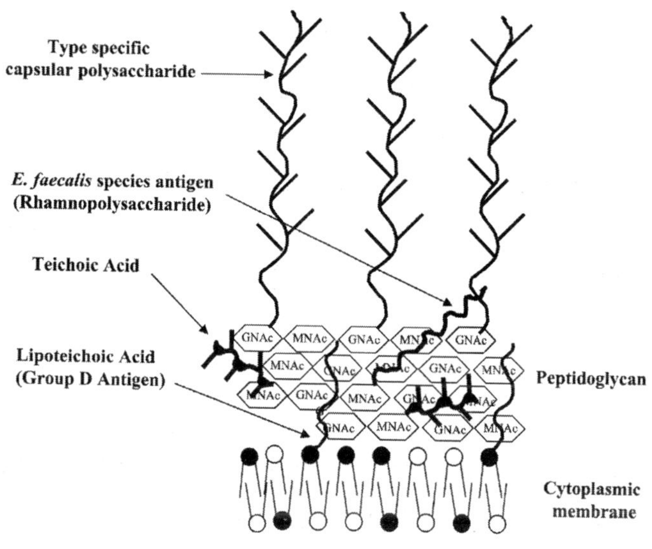

그림 1-43. 협막다당류 구조

(출처 : Lynn E. Hancock and Michael S. Gilmore, PNAS 99(3) 1574-1579, February 5, 2002)

세포 표면의 다당류는 세포벽과 환경 사이에 장벽 역할을 하고, 숙주와 병원체 간의 상호작용을 매개하는데, 식세포 작용이 정상적으로 일어나기 위해서는 협막에 특이적으로 결합하는 항체가 필요하다. 한 종류의 협막은 한 종류의 항체와 특이적으로 결합한다. 협막을 구성하는 협막다당류는 보통 수용성이며, 산성인 산성다당류(분자량은 100～200 kDa 정도)이다.

세포 표면에서 발견되는 주요 항원인 협막다당류는 1～6개의 단당류 소단위체들이 규칙적으로 반복되어 구성된 직신형 구조를 하고 있다. 협막다당류는 면역원성이고, 백신 항원으로 사용되기 때문에 백신 제조에 빈번하게 사용된다. 그것은 백신이 세균의 협막으로 작용하기 때문이다. 일반적으로 협막을 가진 균은 병원성이 강하다.

6) 전분당과 올리고당 / 기능성 올리고당

전분당(starch sugar)이라 함은 전분['starch' 용어는 강한(strong), 빳빳한(stiff), 강화하다(strengthen), 빳빳해지다(stiffen)는 의미의 게르만어 어근에서 유래된 단어]을 비롯하여 전분이 만들 수 있는 모든 당류를 통칭하는 용어이다. 따라서 전분의 모든 분해물은 여기에 속하며, 분해물의 혼합형도 전분당으로 간주한다. 단당은 물론 올리고당, 가용성 전분 등도 여기에 속하고, 전분류 등을 이화학적·생물학적 방법으로 변형, 전환시킨 당알코올, 기능성 올리고당, cyclodextrin 등도 엄밀하게 이야기하면 전분당의 종류라 할 수 있다.

혹자는 전분당을 건강기능 위주 저칼로리용이라 하여 제 2세대 당류라고 말하기도 하는데, 기존 설탕은 1세대, 환자용이거나 의약품 원료로 사용되는 타카로오스, 알로오스, 사이코오스 등은 당의 과다섭취로 인한 질병 걱정 없이 제로 칼로리의 단맛을 즐길 수 있어 이들을 제 3세대 당류라 부르고 있다. 따라서 본 장에서는 여기에 속하는 소재 중 기능성과 생리활성이 있는 것들을 중심으로 소개하고자 한다. 그 종류는 시럽(물엿), 기능성 올리고당(직쇄형, 말토올리고당)과 분지형(이소말토 / 갈락토올리고당 / 프락토올리고당 / 겐티오올리고당 / 자일로올리고당), 고과당, 풀루란(pullulan) 등이다.

(1) 시럽(물엿)

시럽(syrup)의 순수 우리말은 물엿이다. 시럽의 의미는 일반적 의미의 시럽과 전문적인 의미의 시럽으로 구분한다. 일반적인 시럽이란 즙이라고도 부르는데, 당밀(糖蜜)에 유기산 등을 넣어 신맛을 내게 하고, 그 외 향료, 색소 등을 넣어 만든 색깔 있는 착색음료를 보통 시럽이라 말한다. 그러나 전문용어의 시럽(물엿)은 "전분 또는 곡분, 전분질 원료를 산 또는 효소로 가수분해시켜 여과, 농축한 점조상의 것 또는 가수분해 생성물을 가공한 것을 말한다" 라고 정의하고 있다.

물엿은 엿류의 한 종류로 전분 또는 전분질 원료를 주원료로 하여 효소 또는 산으로 가수분해시킨 후 그 당액을 가공한 것(물엿, 기타 엿, 덱스트린)이다(그림 1-44). 시럽*은 주로 식품첨가물 감미료로 사용되는데, 시중에 유통되고 있는 메이플시럽(maple syrup)은 사탕단풍(*Acer saccharum*)으로 부터 만들어지며, 설탕 약 62%, 과당 1%, 포도당 1% 정도, 그 외 약간의 유기산, 비타민, 무기질, 식물호르몬, 식물화합물(phytochemicals) 등으로 구성되어 있다. 참고로 대체 감미료로 이용되는 기능성 당류는 그림 1-45에 제시하였다.

엄격한 의미에서 감미원료로 사용되고 있는 시럽은 전분을 분해한 소위 전분당 일종으로 전분을 산, 효소로 가수분해한 것 또는 이들의 조합으로 만들어진 것인데, 가수분해로 전환된 정도를 포도당 당량(dextrose equivalent, DE)이라 부른다.

* 참고로 시럽관련 용어 중 혼동을 피하기 위해 식약처의 관련 용어의 정의를 보면 우선 당류라 함은 전분질 원료나 당액을 가공하여 얻은 설탕류, 당시럽류, 올리고당류, 포도당, 과당류, 엿류 또는 이를 가공한 당류 가공품을 말하고, 당시럽류라 함은 사탕수수, 단풍나무 등에서 당즙을 채취한 후 정제, 농축 등의 방법으로 가공한 액상의 것을 말한다.

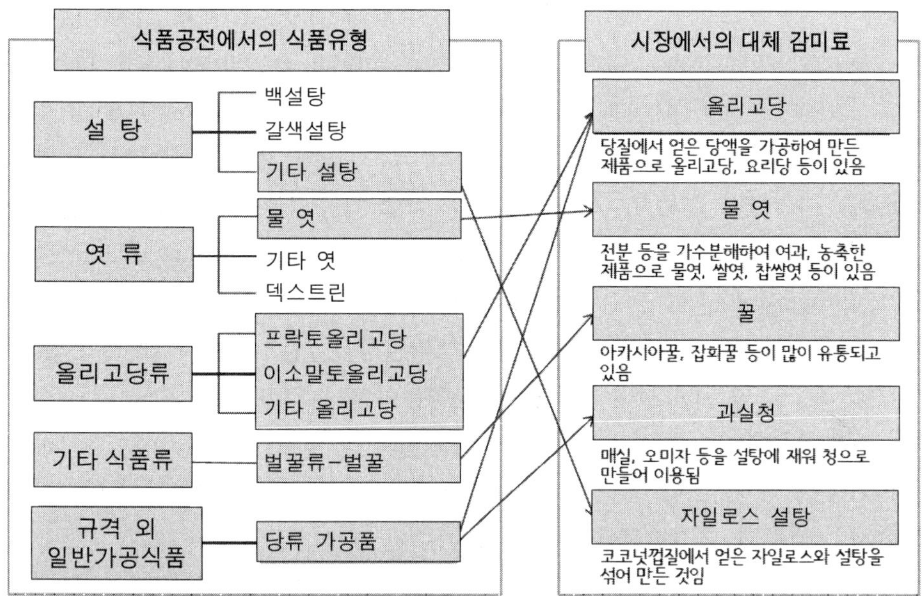

그림 1-44. 감미료 관련 당류

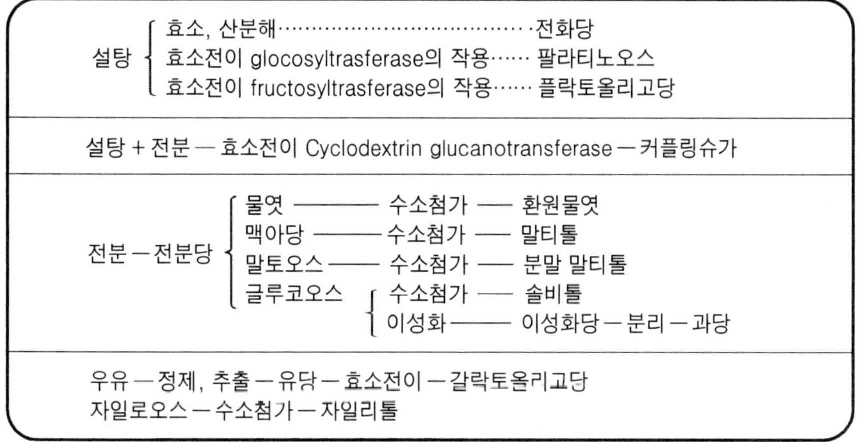

그림 1-45. 대체 감미료로 이용되는 기능성 당류

포도당 당량은 그 속에 포도당이 얼마나 들어 있는지를 %로 나타낸 수치인데, 만약 포도당 당량이 100인 것은 전분이 모두 포도당으로 완전 가수분해된 상태를 의미한다. 시중에 유통되는 옥수수시럽의 DE는 30～70, 말토덱스트린(maltodextrin)의 DE은 10～20 정도이다. 메이플시럽(maple syrup)은 식물유래 천연물질로, 약리활성이나 생리활성에 대한 연구가 활발히 이루어지고 있는데, 보통 단풍나무(사탕단풍나무 / sugar maple / *Acer saccharum*), 흑풍나무(black maple / *Acer nigrum*), 적풍나무(red maple / *Acer rubrum*) 등으로부터 만든다.

단풍나무과에서 채취한 메이플시럽은 항산화활성 성분 함량과 색상, 맛에 따라 Grade A golden(delicate taste / 75% 이상), Grade A amber(rich taste / 50～74.9%), Grade A dark(robust taste / 25～49.9%) 및 Grade A very dark(strong / 25% 이하) 등으로 표준 등급화 하여 분류하고 있다. 단풍 메이플시럽에는 설탕, 포도당, 과당을 비롯하여 고분자 다당류와 같은 복합 탄수화물 등이 들어가 있으며, 그 외 무기질(K, Ca, Mg, Na, Mn, Zn, Fe), 비타민(riboflavin, niacin, thiamine), 아미노산(arginine, threonine, proline), 유기산(fumaric acid, malic acid), 식물호르몬(abscisic acid, phaseic acid) 등과 다양한 생리활성물질인 phenolics(lignan, phenolic acid, stilbene, coumarin, flavonoid) 등의 성분이 함유되어 있다.

특히 메이플시럽(maple syrup)은 항산화물질인 폴리페놀(polypenol) 때문에 지방축적과 염증을 억제하거나 노화방지 뿐만 아니라 간 기능을 활성화하여 암모니아 수치를 현저히 낮추며, 혈액순환을 원활하게 해주어 결과적으로 동맥경화, 노화방지, 노인성 치매, 뇌경색, 심근경색 등의 예방에 도움을 준다. 또 혈당지수(glycemic Index, GI)가 낮아 항당뇨 효능을 가지고 있다. 메이플시럽에 함유된 아브시스산(abscisic acid)*이라는 식물호르몬은 인슐린 분비를 촉진하고, 혈당량을 적절하게 조절, 유지하며, 최근에는 전립선암, 폐암 세포의 성장을 더디게 하며 유방암, 결장암, 뇌종양 세포의 확장을 막는 성분들도 탐색되고 있다.

* 아브시스산(abscisic acid, ABA)은 발아를 억제하는 성분인데, 식물의 발아를 억제하는 스트레스 호르몬의 일종이다. 식물의 생장조절 물질이기도 하여 휴면 유도, 기공 개폐, 생장억제, 노화 및 낙엽 촉진 등의 기능을 수행하며 추위, 염, 수분 등이 부족할 때에 함량이 늘어난다. 만약 아브시스산 생성이나 신호전달에 문제가 있는 식물은 기공을 닫을 수 없어 계속 증산작용을 하여 잎은 순식간에 말라 버린다.

(2) 올리고당과 기능성 올리고당

"적다"라는 뜻을 가진 oligo에 유래한 올리고당은 당질 원료를 이용하여 당 분자가 직쇄 또는 분지 결합되도록 효소를 작용시켜 얻은 당액이나 이를 여과・정제・농축한 액상 또는 분말상 형태의 당으로, 프락토올리고당(fructo-oligosaccharide, FOS), 이소말토올리고당(isomalto-oligosaccharide, IMO) 갈락토올리고당(galacto-oligosaccharide, GOS), 말토올리고당(malto-oligosaccharide, MO), 자일로올리고당(xylo-oligosaccharide, XOS), 겐티오올리고당(gentio-oligosaccharide) 또는 이들을 서로 혼합한 혼합올리고당이 여기에 속한다.

올리고당 가공품은 올리고당에 식품 또는 식품첨가물을 가하여 가공한 것이다. 일반적인 올리고당과 기능성 올리고당(functional oligosaccharides)은 그 구조가 다르고, 기능이나 생리활성 또한 다르다. 일반적인 올리고당은 전분을 부분 가수분해한 것으로, 포도당 단위가 3~10개 정도로 특별한 기능성을 가지고 있지 않아 과거 주로 시럽형태로 만들어 식품첨가용으로 사용하였다. 그러나 기능성 올리고당은 고부가 가치가 높은 올리고당으로, 전분이나 일반적인 올리고당을 각종 방법으로 구조를 변형시켜 다양한 기능과 생리활성을 갖도록 조절한 일종의 합성기능성 물질이다. 이렇게 변형된 올리고당은 식이섬유와 유사하게 작용하거나 특별한 기능과 생리활성을 갖게 되는데, 대장암 예방, 게실염 예방, 변비 개선 등이 그 예이다. 프리바이오틱스도 기능성 올리고당이다. 올리고당에 대한 일반 정보는 표 1-5와 같다.

기능성 올리고당으로는 키토올리고당(chito-oligosaccharide), 셀로올리고당(cello-oligosaccharide), 대두올리고당(soy-oligosaccharide) 등 소재 중심의 것과 4당류인 스타키오스(stachyose), 3당류인 라피노스(raffinose) 등이 있다. 본 장에서는 직쇄형과 분지형 중 보통 기능성 올리고당으로 취급되어온 것들을 중심으로 소개하고자 한다.

▣ 직쇄형

직쇄형 올리고당의 대표적인 것은 말토올리고당(malto-oligosaccharide, MO / malto-dextrin oligosaccharides)이다. MO은 겉보기는 구조적으로 일반형 올리당과 같지만 기능성을 인정받은 기능성 당이다. MO은 전분을 분해하여 만든 말토트리오스(G3, maltotriose, 그림 1-46)를 주성분으로 하여 제조한 것으로 α-1, 4결합으로 이루어진 직쇄 올리고당이다. 말토덱스트린으로 분류될 수 있는 가장 짧은 사슬을 가진 올리고당은 말토트리오스이다.

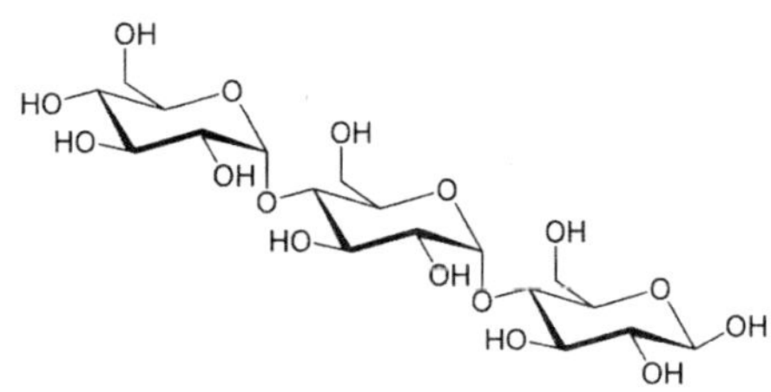

OH
HO
HO
O
OH
O
OH
HO
O
OH
O
OH
HO
O
OH
OH

그림 1-46. 말토트리오스 구조

표 1-5. 올리고당에 대한 일반 정보

원 료	올리고당명	칼로리 (kcal/g)	혈당치 상승	정장 작용	최소 유효량 (g/일)	최대 무작용량 (g/kg 체중)	
						남	여
설 탕	트레할로스	4	적음				
	파라치노스	4	적음			1.0	
	파라치노스 올리고당	3	적음	●	5		
	프락토올리고당	2	적음	●	3		0.4
설탕・당류	글루코실수크로스	4					
	락토수크로스	2	적음	●	2	0.6	0.6
유 당	갈락토올리고당	2	적음	●	2.5	0.3	0.3
	락츄로스	2	적음	●	3		0.26
전 분	이소말토올리고당	4		●	10	>1.5	>1.5
	사이클로덱스트린	2					
	분지사이클로 덱스트린	2					
	트레하오스	4					0.65
	니게로올리고당	4					
	만노스	4		●	10		
	말토올리고당	4					
	겐티오올리고당	2	적음	●	4		
자일로스	자일로올리고당	2	적음	●	0.4～0.7	7.5	7.5
키 틴	키틴올리고당			●			
	키토산올리고당		적음				
천연추출	대두올리고당	2		●	5	0.64	0.96
	라피노스	2		●	3		

이 당은 3개의 포도당분자가 α(1→4)글리코사이드 결합으로 연결된 3당류인데, 사람의 침 속에 흔히 존재하는 소화효소인 α-아밀레이스에 의해 α(1→4)글리코사이드 결합을 무작위적으로 가수분해하여 만들어지는 가장 흔한 3당류이다. 저점도 등을 가지고 있으며, 임상검사용으로도 쓰이고 있다.

MO는 산업적으로 순한 저감미 단맛 특성, 낮은 삼투압 농도, 수분 보유능력(보습성) 및 저점도, 전분의 노화방지 억제, 설탕의 결정화를 방지하고, 전분의 퇴화에 대한 저항성을 제공하는 능력을 기반으로 식품, 음료, 화장품, 제약 및 정밀화학 공업에서 유아용 우유 및 스포츠 음료의 원료, 각종 식품의 향미 증진제, 부형제 및 충전제, 점도 증가제, 환자용 유동식 등으로 사용되고 있다. MO는 인간의 건강, 특히 운동선수 및 특수 환자에 사용할 수 있는 유익한 특성을 가지고 있는데, 위에서 소화에 저항력이 있어 소장으로 들어가 장세포에서 방출되는 α-글루코시다아제의 주요 기질로 사용되므로 포도당과 에너지의 지속적이고 안정적인 공급원을 제공한다. 특히 혈당 조절반응에도 관여하는 좋은 당이다.

▣ 분지형

가) 이소말토올리고당

이소말토올리고당(isomalto-oligosaccharide, IMO)은 포도당이 α-1, 6결합으로 되어 있는 isomaltose(꿀의 천연 구성물), panose(α-1, 6결합과 α-1, 4결합), isomaltotriose(α-1, 6결합), isomaltotraraose, isomaltopentaose, nigerose(α-1, 3결합), malto-hexaose, maltoheptaose, kojibiose 및 higher branched oligosaccharides 등을 포함한 α-D-(1, 6) 연결기를 가진 포도당 올리고머(oligomer)인데, 분지형 소화 저항성이 있는 단쇄(short chain) 탄수화물의 올리고당이다. IMO의 제조에 사용되는 원료는 효소에 의해 이소말토올리고당의 혼합물 형태로 된 전분이며(그림 1-47), 청주·단술·된장 등 전통 발효식품에도 함유되어 있다.

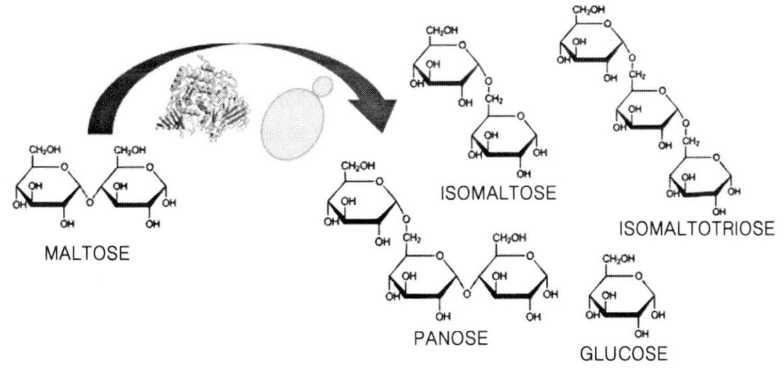

그림 1-47. IMO 구조와 합성
(출처: Mary Casa-Villegas et al. ACS Omega 2017, 2, 11, 8062-8068)

전분을 간단한 효소가수분해에 의해 먼저 인간이 쉽게 소화할 수 있는 α (1, 4)-글리코시드결합을 갖는 di-, tri- 및 oligosaccharide(2, 3 또는 그 이상의 포도당 단위) 등과 같은 maltose시럽으로 전환한다. 이러한 α (1, 4)-글리코시드결합은 소화 저항성이 있는 α (1, 6)-글리코시드결합으로 추가 변환되어 포도당 부분과 IMO을 형성한다. IMO에서 발견되는 대다수의 올리고당은 함께 연결된 3～6개의 단당(포도당) 단위이지만, 이당류는 물론 긴 다당류(최대 9개의 포도당 단위)도 존재한다.

인간 장 효소는 α (1, 4)-글리코시드결합을 쉽게 분해하지만, α (1, 6)결합은 쉽게 가수분해되지 않고 소화 저항성을 나타낸다. 따라서 IMO는 상부 위장관에서 부분적으로만 소화된다. 이와 같이 IMO는 인간의 소화기 건강에 긍정적 효과를 발휘하는 다기능 물질이다. 장내 유익세균인 *Bifidobacterium* 균수의 선택적 증가를 도와 주는 IMO혼합물의 올리고당은 대장에서 박테리아에 의해 적어도 부분적으로 발효되며, 따라서 세균 하위 집단의 성장을 자극한다.

치아 우식증(齲蝕症, dental caries)은 치아 표면에 불용성 글루칸(glucan, 치석)이 형성되는 치태(齒苔, dental plaque)에 세균이 이를 분해하여 산을 만들고, 이것이 치아의 단단한 조직인 에나멜을 공격한다. IMO는 형성되는 치태의 양을 줄이고, 형성되는 에나멜(tooth enamel, 법랑질)을 공격하는 산의 양도 감소시키는 anti-caries agents 역할을 한다. IMO는 낮은 혈당지수(glycemic Index, GI)를 나타내며, 장의 움직임을 좋게 하고, 변을 많이 생기게 하며, 결장의 미생물발효 등을 효과적으로 개선시킨다.

IMO는 프락토올리고당에 비해 열과 산에 강해 조리 시 고온에서의 손실과 소화 시 위산에 의한 손실이 거의 없다. 장까지 도달하는 비중이 높아 영양학적으로도 우수하고 생리적 기능으로도 장내 유익균을 도와 장 건강을 좋게 하는 소재이다. 또 IMO는 감마 인테페론(γ-interferon, γ-IFN)의 생성과 NK세포(NK cell / Natural killer cell / Large Granular Lymphocytes, LGL / 자연살해세포)의 활성 증가를 비롯한 장관 면역개선, 감염억제 효과를 비롯하여 특히 알레르기비염, 천식이나 아토피성 피부염 증상을 개선한다고 한다.

섬유 공급원으로 사용되는 IMO는 저칼로리 감미료(설탕의 50%)로 식이섬유로 간주하는데, 그것은 포도당 단위가 소화 저항성 연결고리(주로)로 연결되어 있어 프리바이오틱 효과를 가질 뿐만 아니라 보습성도 우수하다. 내열성과 내산성, 그리고 전분 노화방지 기능은 식품첨가물로 사용되고 있는 이유이다. 그러나 과량 섭취하면 장염, 설사와 같은 위장증상을 유발할 수도 있다.

나) 갈락토올리고당

갈락토올리고당(galacto-oligosaccharide, GOS / 그림 1-48)은 유당의 효소 변환으로 얻어지는 올리고당으로 유당(lactose)에 갈락토스(galactose)가 β-1, 4결합으로 된 4'-갈락토실락토스(4'-galctosyl lactose / 4'-GL)가 주성분이다. 또 4'-GL에 갈락토스가 β-1, 4결합된 4～6 당류와 갈락토스와 글루코스가 β-1, 3결합한 2당류로 이루어져 있다. GOS는 체내 분해율과 흡수율로 낮으며, 다른 올리고당에 비해 내산성과 내열성이 좋고, 몸 안에서 거의 분해·흡수되지 않고 무사히 대장까지 도달한다.

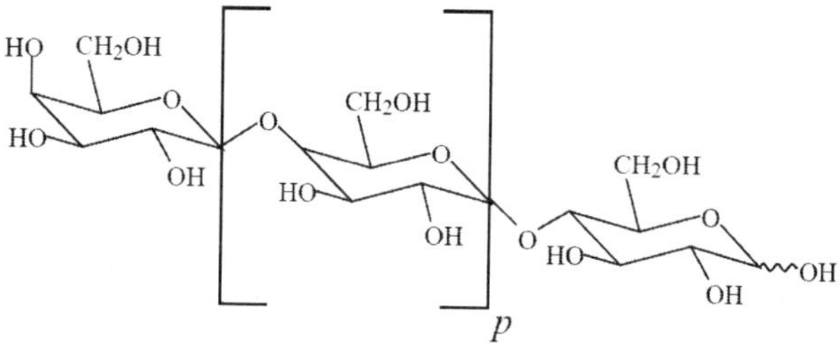

그림 1-48. 갈락토올리고당 구조

GOS는 구조적 특이성으로 인해 선택적 프리바이오틱스 소재로서 중요할 뿐만 아니라 2차 기능으로서 면역활성과 피부개선에 도움을 주고, 체내 미네랄 흡수촉진을 통해 골다공증 예방 및 장 건강 유지를 통해 대장암을 예방하는 기능을 가지고 있다. 조제식을 중심으로 한 영유아식에 제한적으로 활용되고 있지만 향후 생리활성에 기반하여 보다 다양한 소재로 사용될 것으로 생각된다.

다) 프락토올리고당

프락토올리고당(fructo-oligosaccharide, FOS / 그림 1-49)은 설탕(GF)의 과당(fructose) 잔기에 1～3개의 과당이 결합된, 설탕과 유사한 구조를 가진 당류의 혼합물을 말한다. 그 구성 성분은 1-케스토즈(1-kestose, GF2), 니스토즈(nystose, GF3), 1-F프락토퓨라노실니스토즈(1-F fructofuranosylnystose, GF4) 등이다. 설탕을 녹여서 당액을 만든 후에 효소 및 미생물로 분해하여 만든다.

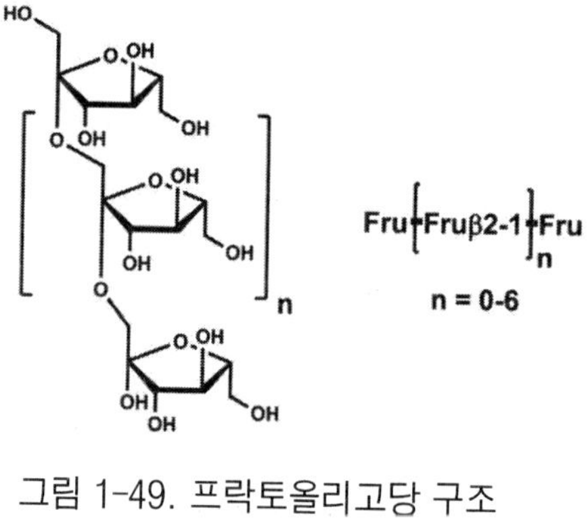

그림 1-49. 프락토올리고당 구조

FOS는 장내 비피더스균의 증식, 장내 유해균의 성장억제 효과를 가지는데, 섭취한 FOS는 위산과 소화효소에 의해 분해되지 않고 대장에 도달하여 장내 비피더스균만이 선택적으로 이용하게 된다. 이러한 기작이 바로 유익균은 증식하고, 유해균은 억제하는 이유이다. 따라서 FOS를 섭취하면 장내 비피더스균의 증식을 통하여 장내균총 개선, 병원균의 침입 방지, 장내 부패 억제, 비타민 B군 생산 등 인체에 유용한 효과를 얻을 수 있다.

장내균총의 변화를 통한 단쇄지방산(short chain fatty acid)의 생성, 부패물질의 감소와 장의 연동운동 촉진, 장내 삼투압을 통한 변의 수분 증가 등은 배변에 영향을 주는데, FOS는 이렇게 원활한 배변을 할 수 있도록 도와주고, 장내 유익균의 증식을 통해 유해균의 성장을 억제시켜 암모니아계열 화합물의 생성을 막아주므로 변취를 개선시키고, 장 건강을 유지시키는 역할을 한다. 또 칼슘흡수를 촉진하는 것으로 알려져 있는데, 칼슘은 섭취 후 평균 30% 정도만이 흡수되며, 나머지 70% 가량은 배출되어 흡수가 어려운 영양소 중 하나이다. 그런데 FOS가 칼슘 등 무기질의 흡수를 도와준다고 한다.

이것은 FOS의 대사과정에서 생성된 단쇄지방산에 의해 장내가 산성화되어 미네랄성분의 용해도가 증가함으로써 대장 내 흡수도가 높아진 것으로 설명할 수 있다. 또 FOS의 섭취는 성장기 어린이의 골밀도 증가, 노화에 따른 골질환에 대한 예방효과를 기대할 수 있으며, 폐경기 여성의 골질환 개선 효과도 얻을 수 있다. FOS는 독특한 분지형태의 결합방식으로 소장에서 소화되지 않아 체내 흡수되지 않으므로 혈당치 상승에도 관계가 없다. 또한 FOS는 난충치성 당질이라 부르기도 하는데 그것은 충치균 *Streptococcus mutans*에 의해 합성되는 불용성 글루칸이 치석을 형성, 산을 축적시킴으로써 치아 에나멜층의 탈미네랄화를 야기하여 충치를 유발하는데, 이런 경우 치석형성을 최소화하여 건치 유지에 도움을 주게 된다. 그 외 FOS는 궤양성 대장염에 대해 단기치료 소재로도 사용되고 있다.

라) 겐티오올리고당

겐티오올리고당(gentio-oligosaccharide, GnOS / 그림 1-50)은 식물의 줄기나 뿌리와 야생의 벌꿀에 존재하며, 전분을 원료로 하여 효소반응에 의해 제조된다.

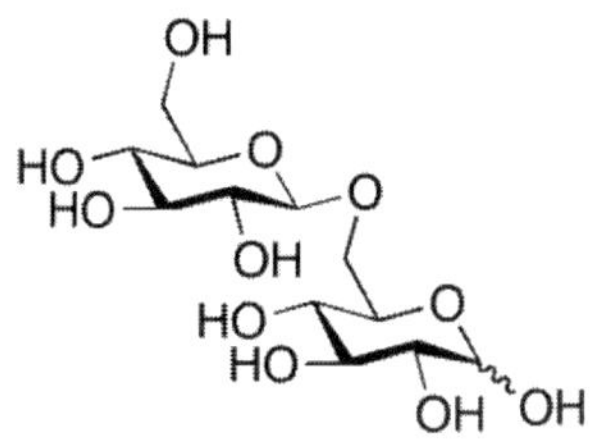

그림 1-50. Gentiobiose 구조

산업적으로 β-글루코시다제 효소를 이용한 고농도의 포도당의 축합 및 트랜스글루코실레이션(transglycosylation)에 의해 제조되고 있는데, 2당류인 겐티오비오스(gentiobiose)와 셀로비오스(cellobiose)를 주축으로 그 외 겐티오트리오스(gentiotriose) 및 겐티오테트라오스(gentiotetraose) 등으로 구성된 감미료형, 복합다당류 기능성 올리고당이다. GnOS는 위나 소장에서 가수분해되지 않으면서 대장에 도달할 수 있는 저소화성 당(low digestible sugar)이며, 무기질 흡수에 도움을 주고, 장내의 *Bifidobacterium* 및 *Lactobacillus* 등에 의해 이용되어 장내 미생물 환경개선에 도움이 된다. 정장작용 효과가 우수한 갈락토올리고당과 유사한 수준의 정장작용 효과를 갖는다. GnOS가 단쇄지방산(SCFA) 생성량이 높은 유산균들의 성장을 더 잘 도와주므로 프리바이오틱 기능을 가지며, 대장암 세포의 일종인 HT-29세포에 대한 선택적 억제효과도 나타낸다고 한다.

마) 자일로올리고당

자일로올리고당(xylo-oligosaccharide, XOS / 그림 1-51)은 2~7개의 D-xylose로부터 β-1, 4-자일로오스 글리코시드결합을 통해 만든 기능성, 단순다당류형, 기능성올리고당인데, 보통 자일란(xylan)을 다량 함유하는 식물 원료로부터 제조한다. 예를 들면 옥수수가루, 목화씨 껍질, 벼 껍질, 평지씨 껍질 등 원료를 엔도형 자일라나제를 이용해 가수분해한 후 분리, 정제하여 얻는다. XOS는 pH 및 열에 대한 안정성이 비교적 양호하고, 산성조건(pH = 2.5~7) 하에서 가열에 의해서도 기본적으로 분해되지 않으며, 당도(saccharinity)는 설탕의 약 40%이다.

XOS는 인체에 소화 흡수되기 어렵고, 장관 내 잔류율이 높고, 매우 양호한 비피더스균 증식을 돕고, 병원균을 억제하여 설사를 방지하며, 변비예방 및 장관 내의 독소를 제거하는 기능을 가지고 있다. 또 비교적 낮은 에너지 때문에 당뇨병 환자, 비만

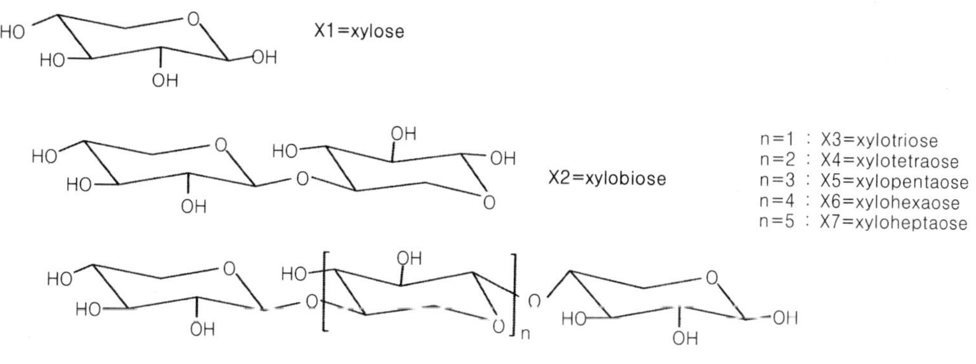

그림 1-51. 자일로올리고당 구조

증 환자, 고혈압 환자에게 좋으며, 혈청 중의 콜레스테롤 함량을 감소시키고, 혈압도 낮추어 준다. 또 인체 면역력을 증강시키고, 종양을 억제하며, 충치도 예방하는 효과를 가진 소재이다. 항염, 항산화, 항종양, 항균 특성 등 다양한 기능적 생물학적 활성을 가지고 있으며, 최근 동물의 성장과 질병에 대한 저항력을 향상시키는 것으로 입증되어 동물건강 분야에 활용도를 높이고 있다.

7) 배당체(당유도체)

(1) 배당체

유도체(derivative)란 어떤 유기화합물을 모체로 하여 작용기의 도입, 산화, 환원, 원자의 치환 등 모체의 구조와 성질을 대폭 변하지 않는 한도 내에서 만든 모든 화합물을 지칭한다. 즉 일반적인 화합물에 수소원자 또는 특정 원자단이 다른 원자단에 의해 치환된 화합물을 말한다. 당유도체는 당의 알데히드, 케톤기가 다른 원자단으로 치환된 것으로 당알코올, 데옥시당, 옥시당, 우론산, 알돈산, 아미노당 등이 대표적인 당유도체이다. 당유도체는 당을 함유하고 있으므로 보통 배당체(glycoside, 당과 당이 결합한 것은 holoside라고 부르지만, 당과 당 이외의 성분(aglycone)이 결합한 것은 배당체라 부름)라고 부른다.

식물의 꽃이나 과일의 색소 등에 많이 발견되는 배당체는 엄격한 의미에서 활성 유기화합물이 당과 결합되어 있는 형태인데, 배당체에서 당이 빠진 구조를 비당성분(非糖成分, aglycon)이라고 부른다. 보통 당의 저장, 삼투압 조절, 해독작용, 식물대사의 노폐물 제거작용을 하는데, 하나 이상의 당(보통 glucose, galactose, mannose, fructose, rhamnose 등)이나 우론산(uronic acid, 당산)으로 이루어진 탄수화물이 하이드록시기 화합물과 결합하고 있는 천연에 널리 존재하는 물질은 모두 배당체라고 보면 된다.

하이드록시 화합물은 페놀이나 알코올의 유도체와 같이 비당성분(아글리콘)으로 이루어졌으며, 헤미아세탈성(hemiacetals) 하이드록실기(배당체성 하이드록실기 / 헤미아세탈성기 / anomeric hydroxyl group라고도 함)가 아닌 당분 성분인 아글리콘에서 수소를 제외하고 얻어지는 치환기로 치환된 화합물이다. 여러 포도당 단위로 구성된 셀룰로오스나 글리코겐, 전분처럼 다른 종류의 탄수화물과 같이 존재한다.

일반적으로 단당에서 아노메릭하이드록실기(anomeric hydroxyl group)와 각종 알코올, 페놀, 카르복실산 등의 수소원자와의 반응에 의해 물과 함께 생성된다. 이때 결합을 글리코시드결합이라 한다. 글루코시드결합을 형성할 때 단당에서 아노메릭하이드록실기를 제외한 것은 글리코실기(glycosyl group)라고 부르는데, 이 글리코실기와 직접 결합하고 있는 원자에 의해 *o*-글리코시드, N-글리코시드, S-글리코시드, C-글리코시드로 분류한다.

아노머탄소 원자가 있기 때문에 α, β 형의 아노머(anomer)가 존재한다. 즉 어글리콘이 α를 차지하고 있는 배당체는 α-글리코시드, β를 차지하고 있으면 β-글리코시드라 부른다. 또 식물원을 중심으로 두충엽 배당체, 인삼사포닌 배당체, 가시오갈피나무 배당체, 대두사포닌 배당체 등으로 구분하기도 한다*. 또 사포닌 + 당은 사포닌계 배당체, 플라보노이드 + 당은 플러보노이드계 배당체, 카로티노이드 + 당은 카로티노이드계 배당체 등으로 부르고, 쓴맛 나는 배당체로는 나린진(naringin), 리모닌(limonin), 큐커비타신(cucurbitacin) 등이 있다.

* 사포닌은 식물에 포함된 배당체 수용액이 발포성인 것으로, 일반적으로 스테로이드와 트리테르펜 배당체이다. **두충엽 배당체** : 혈압조절, 콜레스테롤 상승억제, 변이원성 억제, 과산화지질 생성억제. **인삼사포닌 배당체** : 위장기능 조절, 대사촉진, 항피로, 항콜레스테롤, 당대사 조절. **가시오갈피나무 배당체** : 대사촉진, 당대사조절, 항스트레스, 항피로, 과산화지질 생성. **대두사포닌 배당체** : 혈청지질 개선, 간기능 조절, 항비만 억제 등.

o-배당체는 다양한 식물에 많이 존재하고, 동물계에도 여러 종이 존재하는데, 많은 약리작용과 생리활성을 가지고 있다. 식물계에는 대단히 많은 복잡한 구조의 아글리콘이 존재하는데, 안토시아닌(anthocyanin)은 안토시아니딘을 어글리콘으로 하는 *o*-배당체이고, 청산배당체도 시아노히도린(cyanohydrin)을 어글리콘으로 하는 *o*-배당체이다. 또한 아글리콘의 종류에 따라 페놀화합물 배당체(phenolic glycoside / polyphenol glycoside), 쿠마린(coumarin) 배당체, 플라보노이드 배당체, 칼콘(chalcone) l 배당체, 안토(antho) 배당체, 안트라퀴논(anthraquinone) 배당체, 인돌(indol) 배당체, 청산(cyanogenic) 배당체, 스테로이드(steroid)계 배당체, 알칼로이드(alkaroid) 배당체 등으로 세분한다.

S-배당체는 black mustard 씨앗과 고추냉이 뿌리에 포함된 sinigrin과 흑겨자의 sinarubin 등의 매운 맛을 가진 겨자오일 배당체이다. N-배당체(질소 배당체)는 핵산과 보효소 등 생화학적으로 중요한 성분이며, 동물계에 널리 분포되어 있으며, 뉴클레오티드로서 핵산의 구성단위이며, 당단백질 등에 존재하는 생체 내에서 중요한 역할을 한다.

(2) 아글리콘 중심으로 한 배당체 분류와 생리활성

▣ 페놀화합물 배당체

난수용성이 많은 폴리페놀은 생체 내에서 배당체 형태로 저장되어 있다가 필요시 당이 제거된 aglycon 형태로 바뀌어서 사용되는데, 이것이 phytochemical로 널리 알려진 폴리페놀(polyphenol) 성분이다. 폴리페놀은 terpenoid, alkaloid 등과 함께 대표적인 식물 2차 대사산물로 생명유지에 필수적인 역할을 하는 1차 대사산물과 달리 소량만 생산되고, 다양한 생물학적 기능을 가지고 있다. 특히 항산화 효과는 폴리페놀의 대표적인 생리활성이며, 최근 들어 골다공증 예방, 항균, 항암, 항동맥경화, 항알레르기, 혈류증강, 면역증강, UV차단 효과 등 새로운 기능들이 밝혀지고 있다.

페놀 배당체(phenolic glycoside / polyphenol glycoside)는 페놀 유도체 부분이 글리코시드 결합으로 당 부분에 연결되어 있는데, 단일 페놀 또는 플라보노이드 골격에 하나의 페놀성 하이드록실 그룹을 갖는 모노페놀형과 적어도 2개의 페놀성 하이드록실 그룹을 갖는 폴리페놀형 화합물로 구분한다*.

* 모노페놀형 화합물의 예는 페놀, 누룩산(kojic acid), 디메톡시페놀(dimethoxyphenol), 아세트아미노펜(acetaminophen), 바닐린(vanillin) 및 데이제인(daidzein)이 있고, 폴리페놀형 화합물에는 히드로퀴논(hydroquinone), 에피칼로카테킨(epigallocatechin), 에피카테킨갈레이트(epicatechin gallate), 안토시아니딘형 / 안토시아닌형 화합물, 카페인산(caffeic acid), 카테콜(catechol), 레조르시놀(resorcinol), 프로코카테쿠산산(protocatechuic acid), 갈산(gallic acid), 제니스테인(genistein), β-레조르실산(resorcylic acid) 및 프롤로글루시놀(phloroglucinol) 등이 있다

페놀 배당체는 대식세포에서 강력한 활성산소종 소거 활성을 가지며, 신호전달 경로의 활성화를 통해 산화스트레스 관련 만성 대사성 질환을 예방하는 기능을 가진 것으로 알려져 있다.

▣ 쿠마린 배당체

쿠마린 배당체(coumarin glycoside)는 생체 내에서 배당체 형태로 저장되었다가 필요시 당이 제거된 aglycon 형태로 바뀌어서 사용되는데, 쿠마린은 주로 포아풀과(*Poaceae*), 난과(*Orchidaceae*), 꿀풀과(*Labiatae*)식물에 많이 함유되어 있는 benz(a)pyrone 골격을 갖는 phenyl propanoids 화합물이다. 쿠미란 핵에 furan ring이 하나 더 붙은 화합물을 총칭하여 furano coumarin이라고 하는데, 이것의 대표적인 것이 피부에 광감작작용(dermal photosensitizing activity)을 가지고 있는, 주로 파슬리, 셀러리, 무화과, 양방풀나물에 함유되어 있는 psoralen이다.

쿠마린은 여러 가지 곰팡이들에 의해 dicoumarol로 대사되며, dicoumarol은 10ppm 이상의 농도에서 독성을 가지는데 출혈(항응혈제, 항응집제)을 일으키는 물질이다. 와파린(warfarin / 3-[α-acetonyl benzyl]-4-hydroxycoumarin)이 바로 출혈형 살서

제(殺鼠劑, 쥐약)이다. 맥각(*Sclerotina sclerotium*)에 오염된 셀러리는 psoralen이 고농도로 함유되어 있어 이로 인해 피부염을 유발시킨다고 한다. 또 밤나무, 칠엽수, 물푸레나무, 민들레뿌리 등에 존재하는 쿠마린계 배당체인 페놀성 화합물인 에스쿨레틴(esculetin)은 강한 항응혈성 활성을 가진 물질이다.

쿠마린 배당체는 진정작용, 관상혈관 확장작용, 광감작작용, 항암작용, 모세혈관 투과성 저하작용, 혈액응고 방지작용, 자외선 흡수작용, 협심증 예방 등 생리활성을 가지고 있다고 한다. 귤과 식물인 붓순나무(*Skimia japonica Thunb*)에는 쿠마린 배당체인 스키민(skimmin)이 함유되어 있다. 스키민은 7-hydroxycoumarin으로 쿠마린계열의 천연 생성물인데 Umbelliferone의 배당체이다. Umbelliferone은 항산화 특성을 가지고 있는 물질로 L-페닐알라닌(L-phenylalanine)으로부터 합성되며, shikimate pathway를 통해 생산된다. Umbelliferone의 자외선 활성은 선스크린제(sunscreen) 및 섬유용 형광 증백제로 사용되며, 구리 및 칼슘과 같은 금속이온의 형광 지시약으로도 사용되고 있다.

■ 플라보노이드 배당체와 이소플라본

식물이나 균류의 2차 대사산물의 일종인 플라보노이드(flavanoid 또는 바이오플라보노이드, 그림 1-52)는 노랗다는 뜻의 라틴어 *flavus*에서 유래하였는데, 2개의 페닐고리(A와 B)와 heterocyclic고리(C)로 구성된 15개의 탄소 골격의 일반적인 구조(C6-C3-C6)를 가지고 있는 케톤함유 페놀화합물이다. 페놀류의 종류에는 안토잔틴(anthoxanthin), 플라바논(flavanone), 플라바노놀(flavanonol), 플라반(flavan), 안토시아니딘(anthocyanidin), 이소플라본(isoflavone) 등이 있다. 이러한 플라보노이드를 아글리콘으로 하는 배당체를 플라보노이드 배당체라고 하는데, 식물이 만드는 플라보노이드 배당체는 대략 6종류가 있다.

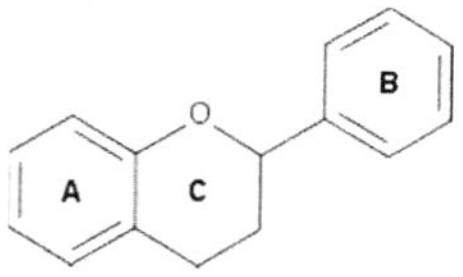

그림 1-52. Flavanoid 기본 구조

플라보노이드는 모세혈관 투과성을 낮추는 작용, 뇨 배출작용, 방사선 보호작용, 혈압 조절작용, 구충작용, 동상 예방효과, 항알레르기, 항염증, 항미생물(항균, 항진균, 항바이러스), 항암 및 항당뇨, 설사 방지 등의 기능을 가지고 있으며, 자외선으로 인해 발생한 라디칼(radical) 소거능, 지질 과산화 생성 억제능 등의 항산화력과 미백작용인 티로시나제(tyrosinase) 활성 억제능이 보고되고 있다. 특히 천연 플라보노이드

화합물인 나린제닌(naringenin)과 나린제닌 유도체의 염증 억제작용, 항암효과와 플라보노이드계 화합물인 퀘세틴(quercetin)의 항산화 작용은 매우 중요한 생리활성으로 취급되고 있다.

플라보노이드는 배당체(glycosides)로 거의 모든 식물에 포함되어 있는데, 함량이 높은 식품은 파슬리, 양파, 블루베리 및 딸기류, 홍차, 녹차 및 우롱차, 바나나, 모든 감귤류, 은행, 적포도주, 다크 초콜릿(코코아 함량 70% 이상) 등이다. 플라보노이드는 분자량이 상대적으로 크고 또 수용성이어서 각질층을 쉽게 통과하지 못하는 등 흡수가 어렵지만, 배당체에서 당을 제거된 아글리콘(aglycone)으로 전환하면 플라보노이드 성분의 피부흡수력은 뛰어나고 동시에 우수한 항산화력과 미백활성 효과를 가진다.

이소플라본(그림 1-53)은 천연적으로 콩에 존재하는 파이토케미컬(phytochemical)의 일종인데, 콩에 함유된 이소플라본은 여성호르몬인 에스트로겐과 구조적으로 유사하고, 생물학적 작용도 유사하기 때문에 식물성 에스트로겐이라 부르기도 한다.

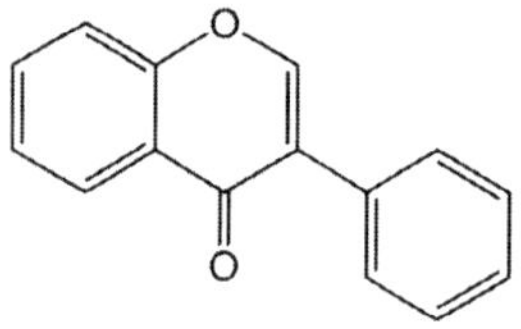

그림 1-53. 이소플라본 구조

이소플라본은 3-phenylchrome 골격을 갖고 있는 화합물인데, 가장 잘 알려진 이소플라본은 제니스테인(genistein), 다이드제인(daidzein), 포르모노네틴(formononetin), 비오카닌 A(biochanin A), 쿠메스트롤(coumestrol) 등이 있다. 당과 결합된 형태인 배당체인 7′-o-glucosides, 6′-o-acetylglucosides 그리고 6′-o-malonylglucosides 등은 장내 미생물이 분비하는 β-glucosidase라는 효소에 의하여 당이 떨어져 나간 유리 이소플라본인 비배당체로 변환되며, 위 속에서 위산에 의하여 가수분해되어 유리형태로 되기도 한다. 이소플라본은 지용성으로 지질과 같이 소화 흡수되며, 간에 도달한 이소플라본은 글루쿠로니드(glucuronide)나 황산염 형태로 간에 저장되고, 대사과정을 거친 것은 신장을 통해서 체외로 배설된다.

식물성 에스트로겐은 현재까지 암, 폐경기증후군, 심혈관질환과 골다공증을 포함하는 호르몬 의존성 질병에 대하여 잠재적인 대체 소재로 알려져 있는데, 이소플라본 중 제니스테인과 다이드제인은 항암효과와 항산화효과를 가지며, 암세포의 증식에 관여하는 효소의 작용을 저해한다. 특히 전립선암 억제를 비롯하여 에스트로겐 수용체(estrogen receptor)와 약하게 결합하여 에스트로겐 활성을 필요로 하는 유방암세포의 발생을 억제한다. 또 이소플라본을 추가한 레티놀 성분은 피부노화를 억제하는데,

이것은 피부노화를 일으키는 주요 원인인 여성호르몬 감소와 활성산소에 의한 산화적 스트레스를 여성호르몬과 유사한 이소플라본이 개선하여 피부의 항노화(안티에이징)가 일어나기 때문이다. 또 이소플라본은 약한 에스트로겐 활성을 증폭시켜 뼈세포의 증식을 촉진하고, 뼈 손실을 예방하며, 나아가 폐경 및 노화로 인한 골다공증의 예방에도 도움을 준다.

▣ 칼콘 배당체

칼콘 배당체는 칼콘(chalcone, 그림 1-54)을 아글리콘으로 하는 화합물이다. 칼콘은 식물의 2차 대사물 생성과정에서 발견되거나 2차 대사물로 알려진 플라보노이드 계열(넓은 의미에서는 폴리페놀계열) 화합물의 일종이다. 예를 들면 명일엽*의 줄기를 자를 때 흐르는 노란색 액체가 바로 항산화물질인 칼콘이다.

* 명일엽(明日葉, Angelica keiskei, 일명 신선초)은 암치료, 혈액 청소부라고 할 정도로 좋은 생리활성을 가진 식물로, 오늘 잎사귀를 모두 따낼 경우 내일(明日) 또 다시 새 잎사귀들이 자라난다 하여 붙인 이름이다.

플라보노이드 또는 이소플라보노이드의 전구체로 알려져 있는 칼콘 화합물은 플라보노이드 계열 화합물이 갖는 C6-C3-C6 골격을 가진 화합물로 양쪽의 두 C6골격은 방향족 환(aromatic ring)으로, C3골격은 에논(enone)으로 구성되어 있다. 치환기에 따라 다양한 칼콘 화합물을 만드는데, 치환기가 하이드록실(hydroxy)일 때는 친수성의 성질을 증가시키고, 메톡시(methoxy)일 때는 소수성의 성질을 증가시킨다. 만약 칼콘 화합물에 메톡시기와 벤조기를 치환기로 덧붙이게 되면 벤조히도록시메톡시칼콘(benzohydroxymethoxychalcone) 화합물이 되어 세포막의 투과성을 높여 주게 된다.

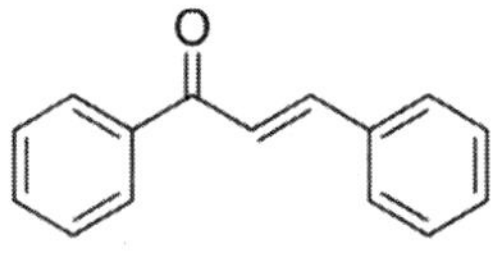

그림 1-54. 칼콘의 구조

칼콘은 간 기능을 보호하고, 암(간과 위)세포의 성장억제 및 사멸기능을 가지며, 여드름을 치료하고, 피부상의 기름(oil) 또는 모공(pore)의 출현(appearance)을 감소시킨다. 멜라닌(melanin) 생성을 억제하는 미백효과를 비롯하여 유해한 자외선으로부터의 보호기능도 가지고 있다. 대표적인 칼콘류에는 계피, 홍화, 후추 등과 같은 식물에 함유되어 있는 dihydroxymcthoxychalcone, 카르타민(carthamine) 등이 있으며, 칼콘 유도체는 항염증성, 면역조절, 일산화질소 저해, 항암, 항HIV 활성 등 매우 다양한 약물학적 활성을 나타내는 것으로 잘 알려져 있다.

▣ 안토시아닌 배당체

안토시안(anthocyan)이란 안토시아닌(anthocyanin)과 안토시아니딘(anthocyanidins)을 통틀어 부르는 용어인데, 페놀기를 가지고 있는 폴리페놀 플라보노이드계 화합물이다(그림 1-55). 300여 종이나 되는 안토시아닌은 식물체의 액포 또는 세포질에 배당체 형태로 존재하며, 가수분해되면 당과 비당체인 안토시아니딘(anthocyanidin)이 생성된다.

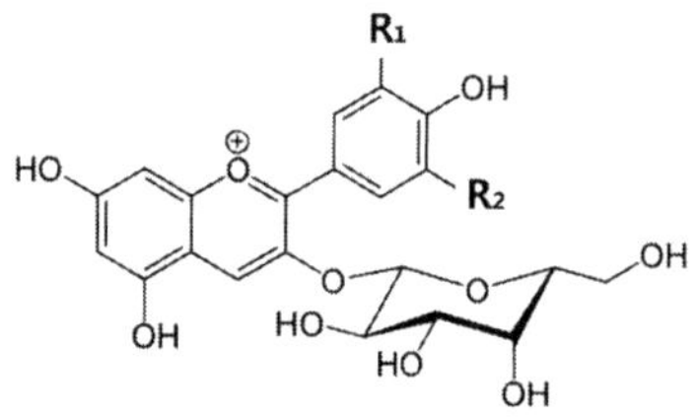

R_1	R_2	안토시아닌 이름
H	H	Pelargonin
O-H	H	Cyanin
$O\text{-}CH_3$	H	Peonidin
O-H	O-H	delphinidin
$O\text{-}CH_3$	O-H	Petunidin
$O\text{-}CH_3$	$O\text{-}CH_3$	malvidin

그림 1-55. 안토시아닌의 종류와 구조
(출처 : Flavonoids : chemistry, biochemistry, and applications. Andersen, Øyvind M., Markham, Kenneth R. CRC, Taylor &Francis. 2006, 재편집)

아글리콘인 안토시아니딘에는 6종류가 있는데, 자홍색을 나타내는 시아니딘(cyanidin)이 가장 흔히 있는 물질이다. 그리고 주황색은 시아니딘(cyanidin)보다 hydroxyl(-OH)기가 하나 작은 pelargonidin에 의한 것이고, 단자색, 적자색 및 청색은 시아니딘보다 hydroxyl기가 하나 더 많은 delphinidin에 의한 것이다. 또한 이들 3종류의 배당체 외에 메칠에스터(methylester)로 된 시아니딘의 유도체인 peonidin과 delphinidin의 유도체인 petunidin 및 malvidin이 존재한다. 안토시아니딘은 pH에 따라 anthocyanidin의 색깔이 변하는데, 산성에서는 빨간색, 중성에서는 옅은 자색, 염기성에는 파란색이다(그림 1-56).

안토시아닌은 150종의 플라보노이드 중에서 가장 강력한 항산화 능력을 가지고 있으며 자외선 차단제, 염증치료 효과, 유방암과 종양의 진행 억제, 눈의 노화 억제, 야맹증 완화, 망막 손상을 예방 및 시력 향상 효과, 혈관 속 노폐물과 콜레스테롤 배출, 혈당조절, 혈압저하, 그리고 모세혈관을 튼튼하게 하는 기능을 가지고 있는 소재이다.

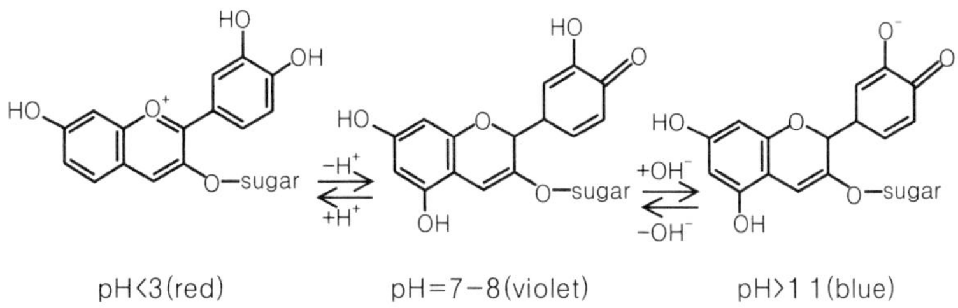

그림 1−56. 안토시안 색소의 pH에 따른 변화
(출처 : International Conference On Food Science and Engineering 2016 IOP Publishing : IOP Conf. Series : Materials Science and Engineering 193, 2017)

▣ 안트라퀴논 배당체

안트라퀴논(anthraquinone, 그림 1-57)은 페놀계 방향족 유기화합물로 안트라센의 유도체이다. 안트라퀴논 배당체는 안트라퀴논(아글리콘)과 당이 결합한 것이다. 안트라퀴논은 알로에 등 몇몇 식물, 조류(藻類), 곤충 등에 함유된 착색물질이다.

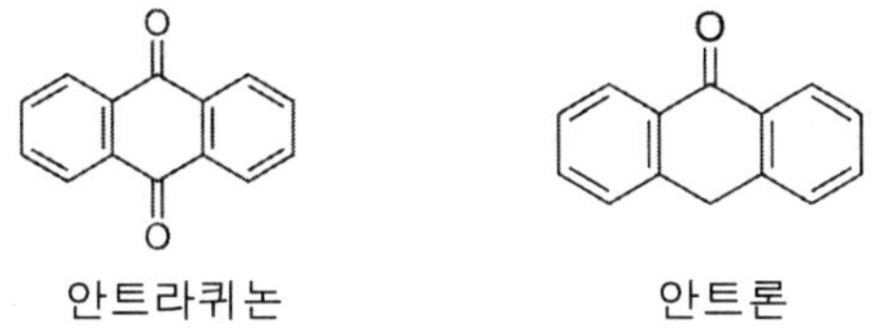

그림 1-57. 안트라퀴논과 안트론의 구조

안트라퀴논류는 생리학적 스펙트럼이 넓고, 종양세포의 분화를 강력히 억제할 뿐만 아니라 안트라퀴논(anthroquinone)과 안트론(anthrones)이 대장의 연동운동을 증가시키고, 대장점막의 염소이온 통로를 열어 대장에서 전체 수분 흡수량을 감소시킴으로써 설사약으로 사용된다. 안트로퀴논 배당체는 장내 세균이 만든 효소에 의해 일부 분해되지만 대부분 소화되지 않은 상태로 대장에 이르는데, 그에 의해 대변이 부드러워지고 배변횟수가 증가한다. 일부에서는 항피부제제, 통증완화, 항암, 항종양, 항염, 항균, 방사능 보호기능, 고혈압 예방에 효과가 있다고도 한다.

▣ 인돌 배당체

인돌 배당체는 인돌(indole, 아글리콘 역할)이 당과 결합한 화합물을 말한다. 특정 인돌 유도체는 19세기 말까지 중요한 염료였는데, 1930년대에 인돌 치환기가 알칼로이드(예 : 트립토판과 옥신)에 존재한다는 사실이 알려지면서 인돌에 대한 관심이 커졌고, 안트라닐레이트(anthranilate)를 통해 시키메이트 경로(Shikimate Pathway)로부터 합성된다는 사실도 알려지게 되었다. 보통은 세포가 필요로 할 때 트립토판 효소에 의해 트립토판으로부터 만들어진다.

Indole이라는 명칭은 indigo 염료에서 유래하였다. 아글리콘인 인돌은 방향족 헤테로 사이클릭 유기화합물로 다섯 고리 헤테로 고리 화합물인 피롤(pyroll) 고리에 벤젠(benzen) 고리가 연결되어 있는 사이클 구조를 하고 있다. 인돌은 질소(N)를 함유하는 함질소 유기화합물로 알칼로이드류이지만 염기성은 아니다. 사람의 대변에 들어있는 성분이며, 스카톨(skatol)과 함께 강한 분변 냄새를 풍기는 성분이다. 그러나 매우 낮은 농도에서는 꽃향기를 내므로 향수 소재로 사용되고 있다.

아미노산인 트립토판은 인돌 유도체(그림 1-58)이며, 신경전달물질 세로토닌의 전구체이다. 다수의 인돌 유도체는 세로토닌과 같은 신경전달 물질을 포함한 중요한 세포 기능을 가지고 있다. 트립토판에서 유래한 인돌 배당체에는 맥각 배당체(ergot alkaloid / ergotamine / ergocristine 등), fescue alkaloid(ergovaline / ergosine / ergonine / lysergic acid amide), 3-methylindole(트립토판이 장내세균에 의해 생성), β-carboline 등이 있다.

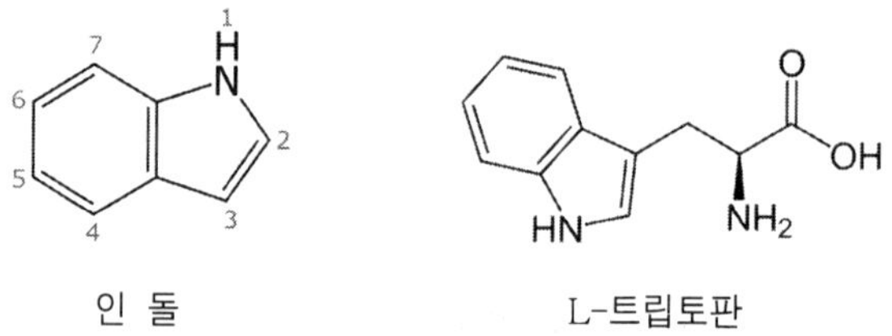

인 돌 L-트립토판

그림 1-58. 인돌과 트립토판 구조 비교

뇌의 송과선(松果腺)에서 분비되는 인돌 유도체(indole derivatives) 중 하나인 멜라토닌(melatonin)은 여러 대사과정에서 끊임없이 생성되고 있는 활성산소*를 제거하여 단백질, 지질, 그리고 DNA을 효과적으로 보호하는 약리학적 효과를 가지고 있다. 인돌은 세포 보호작용을 한다.

* 활성산소(reactive oxygen species)는 세포내 과립(mitochondria, microsome, peroxisome) 및 cytosol에서 생성되는데, 활성산소는 대식세포(macrophage)의 살균작용, 오래된 단백질의 제거 등에 이용되는 필수 불가결한 물질이나, 반응성이 커서 생체 내에서 유해한 작용을 나타낼 수 있다. Ascorbate, vitamin E, cysteine, cysteamine, L-mercaptoethylamine, butylated hydroxytoluene(BHT), dimethylethanolamine 등이 주된 항산화물질이다.

양배추에 많이 함유된 인돌 유도체인 인돌-3-카비놀(indole-3-carbinol, 그림 1-59)은 지방세포 분화의 억제, 체지방량의 감소, 내장지방의 감소, 총콜레스테롤 농도의 감소, 혈장 중성지방 및 간 조직 중성지방의 감소, 공복 시 혈당 감소 및 혈중 인슐린 농도의 감소를 초래하여 궁극적으로 비만, 고지혈증, 지방간 또는 당뇨의 예방에 유효한 소재이다. 또 이것은 소신경교세포(microglia)의 과도한 활성화를 감소시켜 신경세포의 사멸을 억제하고, 신경보호 효능을 가지는 인지기능의 저하 또는 손상을 치료 또는 개선하기 위한 화합물로도 알려져 있다.

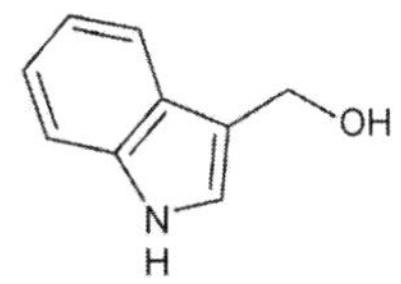

그림 1-59. 인돌-3-카비놀 구조

▣ 청산 배당체

청산 배당체(cyanogenic glycosides, 시안 배당체)는 매실, 복숭아, 살구 등의 미숙 과육이나 복숭아씨, 사과씨, 포도씨, 앵두씨, 아마씨, 매실씨 그리고 은행열매, 카사바(cassava), 리마콩, 벚나무속 식물(초크체리, 체리, 배, 서양오얏), 아몬드, 죽순 등에 들어 있는데(수박씨에는 없음) 주로 장미과(*Rosaceas*), 콩과(*Leguminosae*), 벼과(*Gramineae*) 식물에 많이 함유되어 있다.

청산 배당체는 cyan(아글리콘)과 당이 결합한 것으로 식물에 매우 미량 함유되어 있다. 시안 배당체의 종류에는 아미그달린(amygdalin / 아몬드, 사과, 살구, 체리, 배, 복숭아 오얏 등의 종자), 두린(dhurrin, 수수), 리나마린(linamarin / phaseolunatin, 리마콩), lotoaustralin, prunasin(고사리), 삼부니그린(sambunigrin), 비시아닌(vicianin) 등이 있다. 식물에 들어 있는 β-글리코시다아제나 장내세균 효소에 의해서 시안산(청산, HCN / hydrocyanic acid)이 만들어진다.

시안산은 시안이온이 인체 효소 중 하나인 시토크롬산화효소(cytochrome oxidase, 세포호흡 효소)*에 포함되어 있는 철이온(Fe^{3+})과 결합하면서 효소의 기능을 마비시킨다. 따라서 효소가 시안과 결합을 하면 효소가 산소에 전자를 전달하는 기능이 마비되어 필요한 에너지를 만들어 내지 못하게 된다.

* 미토콘드리아(mitochondria)에 존재하는 시토크롬 산화효소는 산소가 포도당과 반응하여 살아가는 데 필요한 에너지를 생성하는 과정에서 촉매로 작용하는 중요한 효소로, 전자를 전달하는 일종의 전자 운반체로, 전자전달 활성과 관련이 있는 헴단백질인 사이토크롬을 산화시키는 효소를 말한다. 사이토크롬이 철-포르피린을 가지고 있어 산화되어 전자를 주는 역할을 하는데, 이 과정에서 전자가 전달되는 것에서 촉매 역할을 하는 효소이다. 전자의 전달에 촉매로 작용하기 때문에 전자 전달에 있어서 가장 마지막에 작용한다.

시안산은 시토크롬 산화효소를 저해하는데, 심할 경우 소화기를 해치고 어지럽거나 구토 등 증상을 비롯하여 질식, 위장관 증상, 호흡곤란, 긴장성 경련 등을 유발할 수 있으며, 만성 중독이 오면 췌장염, 척수염, 골수염, 약시, 시력장애 등이 올 수 있다. 눈동자가 풀어지거나 작아지며, 체온이 증가하거나 정신이 혼미해지며, 현기증이 나거나 구토증상이 나며, 경기를 일으키고 얼굴빛이 변하고 호흡이 힘들어지게 되는 경우도 있고, 배가 아프며 설사를 동반하는 등 다양한 증상을 보인다. 또 중추신경에 기능 이상을 일으키기도 한다.

시안산 자체로는 독극물이지만 배당체로 존재할 땐 반응성이 거의 없어서 중독을 일으키지 않는다. 쓴맛을 가진 아미그달린(amygdalin)은 β-D-젠티비오스(β-D-gentiobiose)의 만델로나이트릴(L-mandelonitrile)로 구성된 시안함유 배당체(cynogenic glycoside)로, 시안 배당체들을 함유하고 있는 식물들은 대부분의 경우 이 배당체들을 알데하이드 또는 케톤, 당류와 시안산으로 가수분해하는 효소를 갖고 있다. 아미그달린은 매실이 성숙 또는 후숙하는 동안 씨앗과 과육에서 약 80%가 감소하며, 과육에는 극히 적은 양이 들어 있다. 아미그달린은 면역력을 활성화시키고, 항암기능과 살균작용, 진통작용, 항암작용, 비타민 B_{12} 합성, 혈압조절, 빈혈을 치료하는 데 유효하며, 진해제로도 사용된다.

▣ 스테로이드계 배당체

스테로이드계 배당체는 당과 스테로이드가 결합한 화합물로 아글리콘이 스테로이드(steroid / glucocorticoid, GC)이다. 스테로이드는 스테롤, 담즙산, 성호르몬 따위의 스테로이드 핵을 가진 지방 융해성 화합물을 통틀어 이르는 말이다. 스테로이드계 배당체는 solanium 알칼로이드(질소원자를 가진 화합물), 아코나이트(aconite) 배당체, veratum 배당체 등이 있다.

스테로이드는 지방산을 함유하지 않고, 6개의 탄소원자로 사이클로헥실(cyclohexyl ring) 고리 3개, 5개의 탄소원자로 이루어진 사이클로펜틸(cyclopentyl ring) 고리 1개로 된 스테로이드 핵 구조를 가진 지질성 유기화합물이다(그림 1-60).

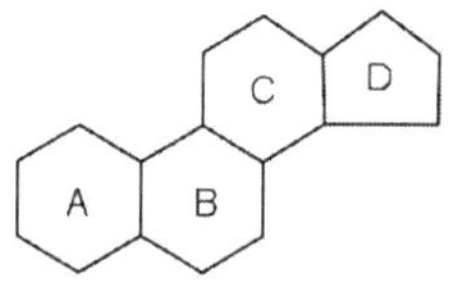

그림 1-60. 스테로이드(steroid / glucocorticoid) 구조

스테로이드는 콜레스테롤 호르몬과 성호르몬(sex hormone)을 포함하는 다중고리 구조의 화합물로 콜레스테롤로부터 생성되고, 작용기전에 따라 성호르몬(sex hormone), 부신피질호르몬(mineralocorticoid), glucocorticoid 등이 있다. 스테로이드 중

근육을 키우는 스테로이드는 anabolic steroid이고, 염증 완화나 만병통치용 약에 쓰이는 것은 corticosteroid이다. Anabolic steroid는 근육과 골밀도를 늘리는 역할을 하는 스테로이드의 총칭으로, 운동선수들이 흔히 사용하는 스테로이드이다. Testosterone 수치를 회복시켜 근육의 회복을 빠르게 촉진하고, glucocorticoid(염증을 줄이기 위해 분비 근육 조직이 약화됨)의 근육조직 약화를 차단해 준다.

스테로이드는 염증부위로 백혈구가 이동하는 것을 막고 백혈구, 섬유 모세포(fibroblast), 내피세포(endothelial cell)의 작용을 방해한다. 염증과정에 관여하는 체액인자의 생산과 작용을 억제하여 강한 항염증 효과와 면역조절 효과를 가진다. 스테로이드는 자유롭게 세포막을 통과하여 세포질내의 스테로이드 수용체(cytosolic glucocorticoid receptor)에 결합하여 세포핵내로 이동하여 염증 매개물질 유전자의 전사(transcription)를 억제하여 IL-1(interleukin-1), IL-6, TNF-α(종양 괴사인자, tumor necrosis factor-α) 등과 같은 염증 전구성 사이토카인의 합성을 저해함으로써 항염 및 면역조절 작용을 나타내게 된다.

고농도의 스테로이드는 혈장과 미토콘드리아 등의 세포막에 직접 녹아 들어가 그들의 특성을 변화시킴으로써 항염 및 면역조절 작용을 나타낸다. 또 스테로이드는 세포질 내의 스테로이드 수용체와 결합하여 항염 단백을 분비하여 세포질 내에서 신호전달물질이나 효소를 조절한다.

스테로이드는 진통효과를 비롯하여 난치병인 자가면역질환(autoimmune disease), 아토피, 두드러기 등에 면역억제제로 탁월한 효과를 가지며, 아나필락시스(anaphylaxis)와 같은 급성 과민반응의 경우에도 생명을 살리는 약물이기도 한다. 또 스테로이드는 염증세포의 활성, 증식, 분화 등을 감소시키고 염증성 사이토카인(cytokine, 면역세포가 분비하는 단백질)의 생성과 분비를 억제한다. 장기간 스테로이드를 투여할 경우 오히려 면역력을 약화시키고, 인체 호르몬의 교란을 일으켜 쿠싱증후군(Cushing's syndrome)을 야기시킨다. 스테로이드는 여성의 식욕을 증가시키므로 비만의 간접 원인이 되는데, 이를 근거로 살찌는 약으로 유통되고 있다.

(3) 주요 배당체와 생리활성

■ 솔라닌

솔라닌(solanine, 그림 1-61)은 식물들이 만들어 내는 방어 물질인데, 가지과(*Solanaceae* / 가지, 감자, 토마토, 담배 등에 포함)에 포함된, 높은 수용성을 갖는 solanum glycoalkaloids 배당체이다.

솔라닌의 종류에는 α-솔라닌, β-솔라닌 및 γ-솔라닌 등이 있다. 감자의 경우 스테로이드계 alkaloid는 α-solanine과 α-chaconine이 있으며, 이들은 강한 cholinesterase 저해작용이 있어 용혈작용 및 운동중추 마비작용을 가지고 있다. 감자의 경우 솔라닌은 chaconin과 동일하게 감자의 녹색부위에서 발현되는데, 감자가 오랫동안 햇빛에 노출될 경우 껍질부분이 초록색으로 변하고, 그 초록색 부분에 솔라닌이 존재하게 된다. 물론 초록색은 무해한 클로로필이지만 색깔이 초록색으로 변했다는 것은 솔라닌이 많이 생성되었다는 신호이다.

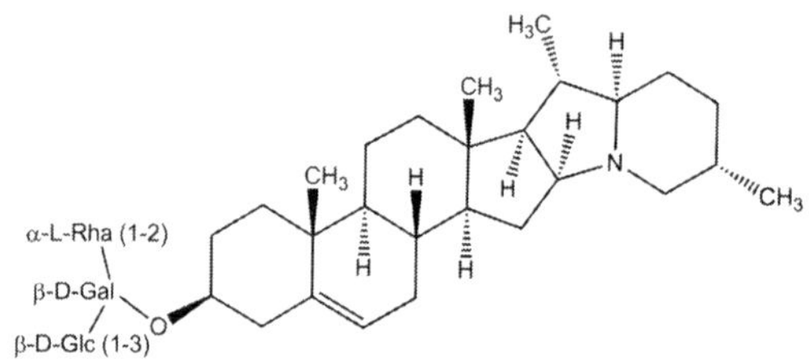
α-L-Rha (1-2)
β-D-Gal
β-D-Glc (1-3)
O
CH3
CH3
H3C
H
N
CH3

그림 1-61. 솔라닌의 구조

감자 싹에 가장 많이 들어 있고, 그 다음엔 껍질이고, 살에는 가장 적게 들어 있다. 솔라닌의 중독 증상으로는 구토, 두통, 혀의 경직, 언어장해, 안면 창백, 시력장애, 정신착란/환각, 근육위축 등이 있고, 순환기능이나 호흡기능에도 문제를 야기시킨다. 솔라닌은 미토콘드리아 막에 포텐셜을 저하시켜 칼륨이온이 미토콘드리아로부터 세포질로 이동하게 만들어 세포 손상과 사멸을 유도하기도 한다. 한 보고(한국축산학회지 21권 4호 1979년 07월)에 의하면 솔라닌은 칼슘 흡수를 증가시키는데 비타민 D와 유사한 효과, 즉 솔라닌은 뼈 흡수 감소와 조직 칼슘 농도 증가를 보이는 것으로 미루어 비타민 D보다 더 강력한 효과를 발휘한다는 것이다.

▣ 나린진

쓴맛을 가진 배당체인 나린진(naringin)은 생물학적 활성을 갖는 천연 플라보노이드, 페놀화합물이다. 나린진은 포도와 감귤, 자몽씨의 성분으로 flavanone-7-*o*-glycoside, 즉 flavanone(flavan의 환원형) 배당체이다. 인체 간에서 존재하는 naringinase에 의해 naringin을 빠르게 naringenin으로 대사하는데, 이 효소는 식물, 효모 및 균류에서 발견된다. 독성이 없는 나린진은 천연 항균제로 널리 알려져 있으며, 항산화작용, 금속 봉쇄작용을 하며, 특히 악성세포의 성장 억제, 발암물질에 의해 손상된 세포 보호, 일산화질소(NO) 생성 억제, 면역기능 활성화 등 생리활성기능을 가진 소재이다.

시토크롬 P450 효소를 억제하고, 장에서 특정 약물의 생체 이용률을 높이며, 대사증후군, 심혈관계 합병증 치료에도 효과적이다. 특히 혈액 내 LDL-콜레스테롤의 함량을 낮추고, 지방세포의 지방분해를 촉진시켜 비만 예방을 도와준다. 특히 자몽의 천연 플라보노이드(나린제닌)는 C형 간염을 치료하는 데 유효하다고 한다. 나린진은 나린제닌(naringenin)으로 대사되는데(그림 1-62), 특히 나린제닌은 유방암 세포의 사멸, 간세포의 VLDL 분비 감소, 콜레스테롤치 저하, 항바이러스 등에 대한 기능을 가지며, C형간염 치료에도 활용하고 있다.

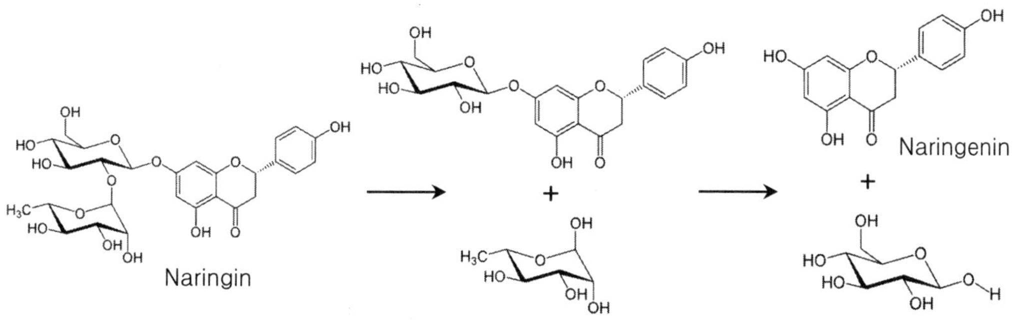

Naringin

Naringenin

그림 1-62. 나린진이 나린제닌으로 전환
(출처 : EFSA, 15(11) : 5011, Journal 2017)

나린진 유도체인 α-글리코실나린진(glycosylnaringin)은 수용성이고 독성이 없으며, 생체 내에서 쉽게 가수분해되어 나린진과 D-글루코오스를 만들어 나린진이 생리활성을 발휘하도록 하며, 비타민 P 강화제로 사용되고 있다. 나린진 또는 나린제닌은 콜라겐에 의해 일어나는 혈소판의 응집을 억제하므로 혈소판 응집으로 인한 동맥경화증 등의 예방 및 치료, 혈류 개선에도 효과가 있다.

▣ 두린과 리나마린

수수류(*Sorghum*)에 들어 있는 두린(dhurrin, 그림 1-63)은 청산 배당체인데, 아글리콘은 *p*-hydroxymandelonitrile이다. 두린의 이성질체인 지렌(zieren)도 식물에서 발견된다. Dhurrin의 이름은 *Sorghum*에 대한 아랍어 단어 "*Dhura*"로부터 유래하였고, 1906년에 여러 사탕수수 품종에서 시안화수소(HCN)에 의한 가축 중독의 원인으로 확인되었다. Tyrosine에 의해서 생합성된다.

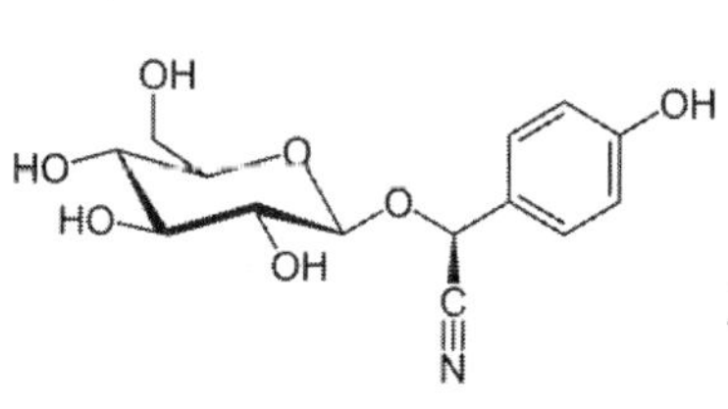

그림 1-63. 두린의 구조

두린이 가수분해할 때 생기는 아글리콘은 빠르게 분해되어 시안화수소를 형성하며, 이것은 혈류로 흡수, 시안화 중독을 유발한다. 이것을 이용하여 두린을 곤충 기피제로 사용하고 있다.

오색콩(리마콩, *Phaseolus lunatus*), 강남콩, 아마인(flax seed), 카사바(casava) 등 2,500여 종의 식물 종에 들어 있는 청산 배당체인 리나마린(linamarin / phaseolunatin / manihotoxin / acetone cyanohydrin-3-D-glucoside / α-hydroxy Isobutyronitrile β-D-glucose, 그림 1-64)은 매우 약한 염기성(본질적으로 중성) 화합물로 천연독소로 시안화수소(HCN)를 0.05~0.27% 함유하고 있다.

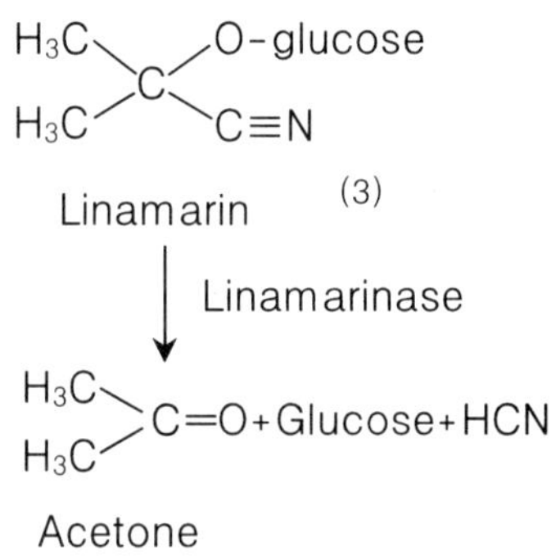

H_3C, H_3C — C — O-glucose, $C{\equiv}N$

Linamarin (3)

↓ Linamarinase

H_3C, H_3C > C=O + Glucose + HCN

Acetone

그림 1-64. 리나마린의 분해대사
(출처 : I. E. Liener, in Encyclopedia of Food Sciences and Nutrition(Second Edition), 2003

시안화물은 전자수송 사슬의 네 번째 복합체(진핵세포의 미토콘드리아 막에서 발견됨)에 있는 사이토크롬 C 산화효소(cytochrome C oxidase)의 억제작용을 가지고 있다. 리나마린은 아세톤시아노히드린의 배당체(cyanogenic glucosides)인데, 효소 리나마레이스(linamarase)에 의해서 분해되면 아글리콘인 acetone cyanohydrin이 생기며, 이것은 다시 효소 lyase에 의해 아세톤과 시안화수소로 나누어진다. 주요 독성 메커니즘은 독성 시안화물 이온 또는 시안화수소의 생성인데 대사 및 영양장애, 신경질환, 정신장애 / 불안, 기분장애를 일으키며, 중추신경계 및 심장과 같이 주로 호기성 호흡에 의존하는 조직에 영향을 준다.

▣ 시니그린

시니그린(sinigrin / 2-propenylglucosinolate / allyllucosinolate, 그림 1-65)은 겨자의 주성분으로 콩나물, 브로콜리, 흑겨자(Brassica nigra)의 씨앗 등에서 발견되는 황산염 배당체, 즉 겨자 배당체(글루코시놀레이트)이다.

효소 myrosinase는 시니그린을 겨자기름(allyl isothiocyanate)으로 분해하여 겨자와 고추냉이의 매운맛을 나게 한다. 옛날부터 겨자 씨앗과 그 기름은 관절 통증, 발열, 기침 및 감기 완화, 부기 감소 등 민간요법으로 사용되었으며, 다양한 피부질환 및 상처의 치료에도 사용되어 왔다.

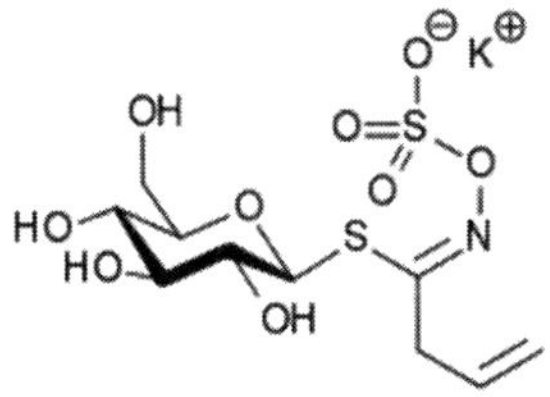

그림 1-65. 시니그린 구조

과학적으로 생체활성을 가진 시니그린은 항암제(특히 방광암, 간암), 항돌연변이와 항종양을 비롯하여 항염, 항균, 항곰팡이 그리고 항산화 효과를 가지고 있는 소재이며, 암에 의한 DNA 손상 예방, 고중성지방혈증 예방, 죽상동맥경화증(粥狀動脈硬化症, atherosclerosis), 만성 염증성 질환 예방에도 유효한 성분이다. 시니그린의 활성화로 생성된 isothiocyanate는 항종양 효과가 있는 것으로 알려져 있다. 시니그린은 바이오훈증(biofumigation) 과정에서 천연 살충제로도 사용된다.

▣ 루 틴

바이오 플라보노이드인 루틴(rutin, 그림 1-66)*은 메밀, 사과, 감귤류, 무화과, 녹차, 아스파라거스, 복숭아 등 많은 식물에서 발견되는 페놀화합물형 플라보노이드 중 플라보놀 배당체이다. 케르세틴과 이당류로 구성되어 있는데, 아글리콘은 케르세틴이다. 루틴은 체내 흡수가 약하고, 대사가 빠르며, 배설이 빠르기 때문에 생체 이용률이 낮은 물질이다.

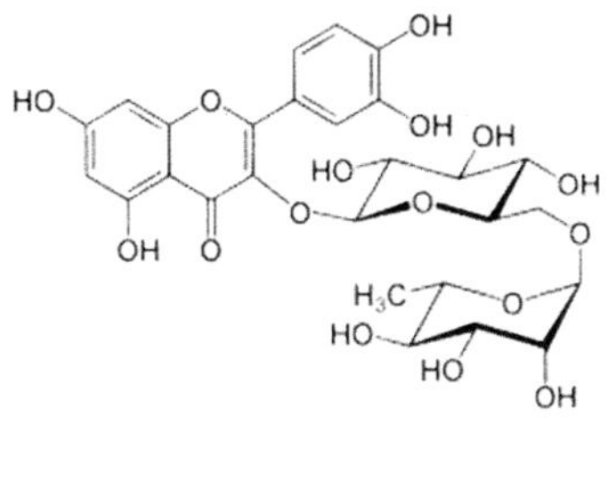

그림 1-66. 루틴의 구조

* 루틴을 Rutoside, Phytomelin, Sophorin, Birutan, Eldrin, Birutan Forte, Rutin trihydrate, Globularicitrin, Violaquercitrin, Quercetin rutinoside 등으로 부르고 있다. Lutin 이름은 *ruta graveolens*에서 유래되었고, 미국 생화학자와 노벨상 수상자 Albert Saint-Gyorgy가 1936년에 발견하였다.

루틴은 강력한 항산화 능력을 가지고 있으며, 콜라겐을 생성하고, 비타민 C 활성을 높여 준다. 또 루틴은 동맥 및 모세혈관과 같은 혈관의 유연성을 강화하고, 정맥류와 같은 질환을 완화하는 데 도움을 준다. 치질(부은 정맥으로 인한)을 치료하고, 혈전 형성을 예방하여 심장마비, 폐색전증, 심부정맥 혈전증 등 예방에 기여한다. 루틴은 혈액응집을 억제하고, 적혈구의 변형 가능성을 증가시키며, 소염효과를 나타낸다. 특히 당뇨 망막 병증의 진행을 늦추고, 미세 혈전증 및 혈관 망막의 다른 병변을 예방하는 데 도움이 된다.

혈압을 조절할 수 있고(중추혈관 및 말초혈관 확장), 갑상선 기능을 개선하고, 알레르기를 줄이며, 근골격계에 좋은 영향을 미치고, 관절염 통증을 완화시키는 등 강력한 항염증 기능을 가지고 있다. 강력한 항산화 효과를 가지며 위/십이지장 궤양, 류마티즘, 고혈압 및 죽상동맥경화증에도 효과를 보이며, LDL콜레스테롤 수치를 저하시켜 준다. 아글리콘인 플라보놀(flavonol, 노란색 식물성 색소의 총칭, 비타민 P라고도 함)은 혈전증후군, 정맥부전, 내피기능장애 등의 잠재적인 효과를 주는 물질이다. 그러나 과량 섭취할 경우 루틴은 부작용도 다양하게 나타나는데 근육경직, 흐린 시야, 두통, 발진, 신경질, 알레르기 반응 등을 나타나며, 임신 중이거나 모유 수유중인 여성은 루틴 보충제 복용을 금지하고 있다.

▣ 사포닌

사포닌(saponins, 그림 1-67)의 어원은 그리스어인 *Sapona*인데, Soap 즉 비누라는 뜻이다. 이러한 이름이 붙은 것은 사포닌이 비누처럼 몸 안의 기름기를 씻어 내주는 역할 때문으로 사료된다. 사포닌을 산 또는 효소로 가수분해하면 사포제닌(sapogenin)과 당이 생기므로 사포닌은 사포제닌을 아글리콘으로 하는 배당체이다.

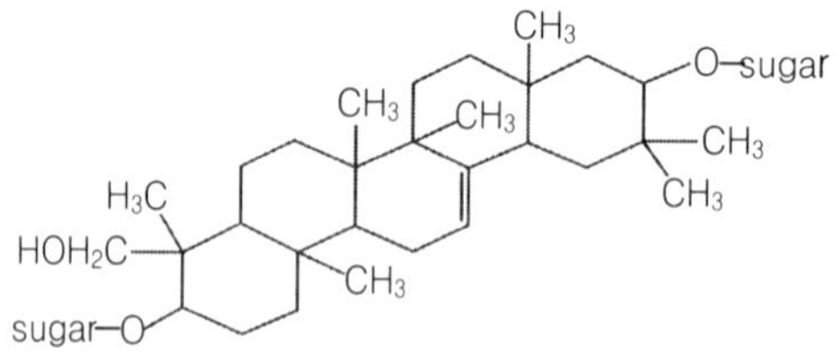

그림 1-67. 사포닌 구조

인삼과 홍삼은 물론 콩, 파, 더덕, 도라지, 미나리, 알팔파, 땅콩, 시금치, 팥, 도토리, 사탕무, 아스파라거스(Asparagus), 마늘, 양파, 영지버섯, 은행, 칡, 우슬(쇠무릎) 등에도 함유되어 있는 성분으로, 스테로이드 알칼로이드 혹은 트리테르펜(triterpene)의 배당체로도 부르며, 특히 스테로이드성 사포닌을 사라포닌(saraponins)이라 부른다.

식물뿐만 아니라 일부 극피동물(불가사리, 해삼)에서도 검출되는 성분이다. 인삼에 함유된 사포닌 종류인 진세노사이드(ginsenoside)와 엘루테로사이드(eleutheroside)가 유명하다. 대두의 사포닌인 soya saponins이 갖고 있는 단당류는 D-galactose, L-arabinose, L-rhamnose, D-glucose, D-xylose와 D-glucuronic acid이다.

사포닌은 그 기능이 너무 많고 다양하여 단정적으로 말하기는 어렵지만 가장 중요한 기능은 바로 면역력을 높여 주는 성분이라는 점이다. 사포닌의 생리활성 중 대표적인 것은 유리기(free radicals)에 의한 DNA를 포함한 세포 파괴를 저지하고, 돌연변이를 억제하여 암 발생을 억제하여 주는 항암효과와 암세포의 성장을 지연시키는 기능이다. 혈액 중에서 콜레스테롤과 난용성인 착화합물을 형성하며, 콜레스테롤 흡수를 저해하고, 콜레스테롤 배출을 도와 비만을 근본적으로 개선하는 소재이다. 즉 사포닌은 담즙산에 결합하여 콜레스테롤이 재흡수되지 못하도록 한다. HDL콜레스테롤에는 큰 영향을 미치지 않지만 나쁜 LDL콜레스테롤은 감소시킨다. 사포닌은 유해성분이 장점막에 접촉하는 시간을 줄여 주며, 유해성분을 흡착해서 독성을 약하게 하며, 혈액순환을 원활히 해주며, 면역증강과 HIV에 대한 감염 저해작용, 항산효과를 가지고 있다. 그 외 신장이나 요로결석 치료에 도움이 되며, 우울증 치료, 간 해독. 칼슘흡수 촉진, 혈당조절, 정상적인 골밀도를 유지하는 기능 등을 가지고 있다.

▣ 사이카신

소철(*Cycas revoluta* / *C. circinalis*)은 태평양 연안에서 비상식량으로 사용되는 식물로 종자, 뿌리, 줄기에 사이카신(cycasin)을 함유하고 있다. 사이카인은 발암성 및 신경독성을 일으키는 배당체로 알려져 있는데, methylazoxymethanol(MAM)과 포도당이 결합한 물질이다. 즉 MAM이 아글리콘인 아족시(azoxy) 배당체인 셈이다(그림 1-68).

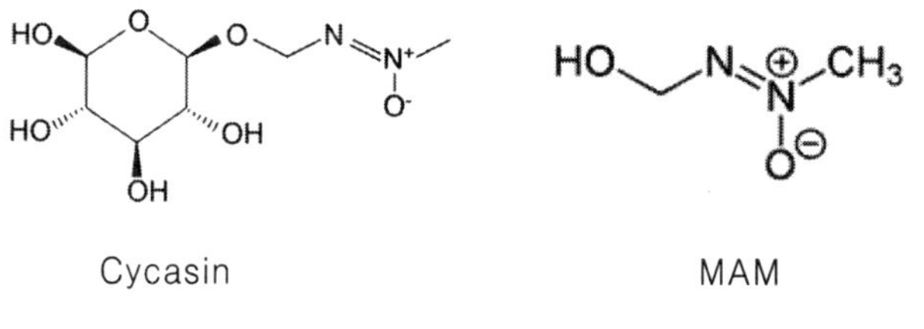

Cycasin　　　MAM

그림 1-68. 사이카신과 MAM 구조

사이카인의 독성 기작은 β-glucosidase 효소에 의해서 사이카인으로부터 MAM이 생성되며, 이것이 분해하여 포름알데히드(HCHO)와 메틸디아소늄(methyl diazonium)을 형성한다. 메틸디아늄은 강력한 메틸화제로 DNA가 메틸화되면 장기 손상은 물론 잠재적인 암 유발 가능성을 높여 준다. 사이카인의 중독 증상으로는 구토,

설사, 약화, 발작이 있으며, 중독의 후기 단계는 발암 가능성, 간기능 장애 등으로 이어질 수 있다. 치매 특징인 근육위축, 안면마비를 비롯하여 말을 할 수 없거나 삼킬 수 없는 증상을 나타내기도 하며, 임신 중 섭취하면 태반을 통과하여 태아에게 장, 뇌종양을 일으킨다.

■ 아미그달린

아미그달린(amygdalin, 그리스어 아몬드라는 의미의 *amygdálē*에서 유래됨. 그림 1-69)은 살구, 아몬드, 사과, 복숭아, 매화, 자두의 씨앗에서 발견되는 시안 배당체(cyanid glycoside)이다. 아미그달린은 1830년 Pierre Jean Robiquet과 Antoine Boutron Charlard 등이 아몬드 종자(Prunus dulcis)에서 처음으로 분리하였으며, 장내 β-글루코시다제인 amygdalase에 의해 가수분해되어 gentiobiose와 L-mandelonitrile(benzaldehyde cyanohydrin)을 만든다.

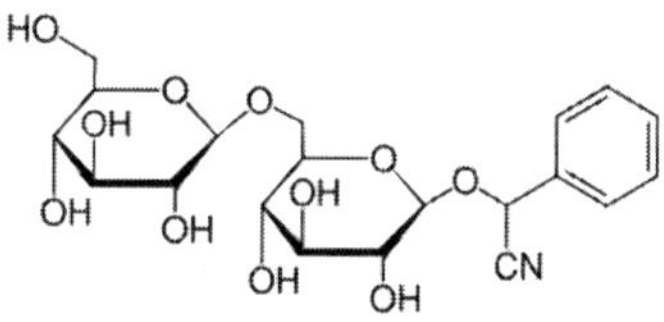

그림 1-69. 아미그달린 구조

Gentiobiose는 추가로 가수분해되어 포도당을 생성하지만 mandelonitrile은 분해되어 benzaldehyde와 시안화수소(HCN)를 생성한다. 시안화수소는 생체에 흡수되어 중추신경의 자극과 마비를 동시에 일으키고, 또 혈액 중의 산화/환원작용을 못하게 하는 독성물질이다. 방향족 아미노산 phenylalanine으로부터 유래된 아미그달린은 1920년대 미국에서 암 치료제로 사용되었지만, 너무 독성이 강하고 심각한 부작용(메스꺼움과 구토, 두통, 현기증, 체리 붉은 피부 색, 간 손상, 비정상적으로 낮은 혈압, 윗눈꺼풀 처짐, 신경손상으로 인한 걷기 장애, 열, 정신혼란, 혼수상태 및 사망 등)의 위험이 있는 것으로 알려져 암 치료제로 사용이 중단되었다. 비타민 B_{17}이라는 이름으로 부르기도 한 성분이다.

■ 헤스페리딘

바이오 플라보노이드 배당체인 헤스페리딘(hesperidin)*은 감귤류에서 발견되는 플라바논(flavanone) 배당체인데, 아글리콘은 플라바논(flavanon)이며, hesperetin이라고 부른다. 즉 hesperetin에 이당류인 rutinose가 결합한 배당체이다(그림 1-70).

* 헤스페리딘(hesperetin)은 eriodictyol의 플라바논인 4′-메톡시 유도체이고, hesperetin의 7-o-배당체인 hesperidin은 flavanonglycoside이다.

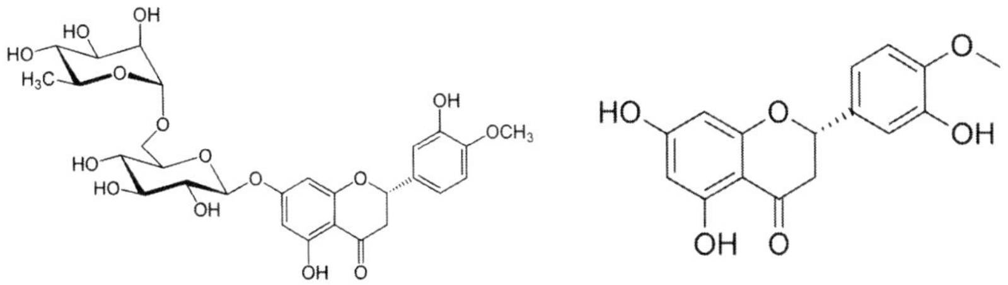

Hesperidin Hesperitin

그림 1-70. 헤스페리딘과 헤스페리틴의 구조

헤스페리딘은 1828년 프랑스 화학자인 Lebreton에 의해 감귤류 껍질의 흰색 내부층(mesocarp / albedo)에서 처음으로 분리하였다. 식물 방어에 중요한 역할을 하는 헤스페리딘은 비타민 P라 부르는데, 그 생리활성 기능은 매우 많고 다양하다. 모세혈관을 강화하여 뇌출혈 예방, 항동맥경화, 혈관강화, 고혈압 예방기능을 가지고 있으며, 간의 해독작용을 도와 피로회복에도 도움을 준다. 항암, 항알레르기, 항염증, 항혈소판응집(antiplatelet aggregation) 및 기타 항균작용을 하며, 병에 대한 저항력을 높여주는 소재이다. 비타민 분해를 억제하여 콜레스테롤 수치를 저하시키고, 아디포넥틴 증가로 인한 지방축적 억제, 당뇨병으로 인한 눈 손상 예방, 항우울제, 항알레르기, 통증완화, 스트레스와 불안 감소, 치질 치료제, 피부세포 생산 촉진, 골다공증 예방, 수면강화, 혈류 증가 등 기능을 가진 소재로 알려져 있다. 자유라디칼의 세포 손상을 억제하는 항산화작용과 지질과산화작용을 억제하기도 한다.

8) 당알코올

당알코올(sugar alcohol / polyols)은 단당류나 올리고당류의 카보닐기(carbonyl group / −C(=O)−)가 환원된 형태의 고부가가치 화합물인데, 마이얄 반응(Maillard reaction)을 하지 않고 열과 pH 변화에 비교적 안정한 형태로 다양한 생리활성과 기능을 가지고 있다. 니켈(Ni) 촉매를 사용하여 당의 수소화에 의해 만들거나 erythritol과 같이 발효에 의해 만들어지기도 한다.

당알코올의 주요 생리적 기능을 보면 세균이 이용하지 못해서 충치예방 등에 유용하고, 물질 자체가 안정하여 가수분해기 안 되고 소장에서 매우 제한된 양만 흡수되어 칼로리는 최대 설탕의 50% 정도이다. 설탕 대체 소재로 기능하고, 혈당치에 미치는 영향도 미미하여 다이어트 소재로 활용할 수 있다.

단점으로는 당알코올은 혈당수치를 안정하게 하지만, 설탕처럼 단맛을 내지 못하기 때문에 경우에 따라 다량 사용할 우려가 있으며, 소화과정에서 완전하게 흡수되지 않기 때문에 배를 부르게 하고(헛배부름), 가스가 차고 설사를 하는 경우도 생긴다. 메스꺼움, 구토, 위경련, 복통, 설사, 탈수 등과 같은 부작용을 동반한다. 일부에서는 당알코올이 알레르기반응을 보인다고도 한다. 본 장에서는 많이 사용되는 주요 당알코올 중심으로 그 내용을 간단히 소개하고자 한다.

(1) 자일리톨

자작나무, 떡갈나무나 옥수수, 벚나무, 기타 채소 등에서도 추출할 수 있는 자일리톨(xylitol / Birch sugar / meso-xylitol / xylit / xilitol / xylite / xylo-pentane-1,2,3,4,5-pentol)은 오탄당으로 xylose의 알데히드기(CHO-)가 알코올기(OH-)로 변한 것이다. 자두, 딸기, 꽃양배추 및 호박에서 소량 존재하며, 인체와 동물은 탄수화물의 대사과장 중에 미량 만들어진다.

자일리톨은 고대 그리스어로 나무를 뜻하는 크실론(ξύλον)에 유래하며, 따라서 크실리톨이라고 부르기도 한다. 아라비톨(arabitol), 리비톨(ribitol)과는 이성질체 관계이며, 유럽에서 1891년에 처음으로 합성되었다. 혈당지수는 7~13(포도당은 100)이며, 소량 사용 시 혈당과 인슐린 수치에 미미한 영향을 주고, 인슐린이 소모되지 않기 때문에 당뇨병 환자의 설탕 대용으로 사용된다.

자일리톨(그림 1-71)은 비타민 D, 칼슘과 함께 과학적으로 질병예방 효과가 입증된 건강기능성 재료이고, 그 중에서도 최고 등급인 질병발생 위험 감소 등급에 해당되는 소재이다. 2008년 유럽식품안전청(EFSA)은 "자일리톨 추잉검이 어린이의 충치 위험을 감소시킨다" 라고 하였다. 자일리톨은 치아충치 예방, 귀 감염 예방, 구강건조 방지, 당뇨병 환자를 위한 설탕 대체제로서 널리 알려져 있다.

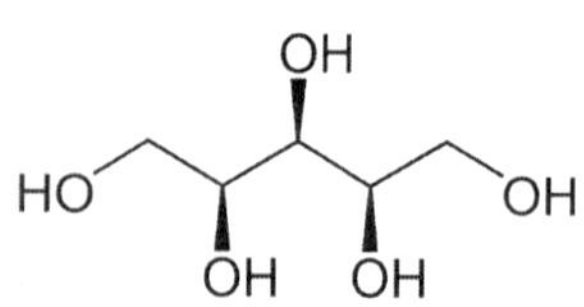

OH
HO OH
OH OH

그림 1-71. 자일리톨의 구조

자일리톨은 충치의 주요 원인균인 뮤탄스균(*S. mutans*)이 당을 발효시키지 못하여 산(acid) 생성이 불가능하기 때문에 치아를 보호하거나 손상된 치아 표면을 복원하는데 도움을 준다. 자일리톨은 장에 거의 흡수되지 않고 대부분이 장내균에 의해 발효되어 장쇄 유기산과 가스로 전환되며, 흡수되지 않은 자일리톨은 소변으로 배설된다. 일부 장을 통해 흡수된 자일리톨은 주로 간에서 대사되는데, 세포질에서 비특이적인

NAD의존성 탈수소효소(polyol dehydrogenase)에 의해 D-xylulose로 전환된다. 특이한 것은 자일리톨은 사람에겐 안전하지만 고양이나 개와 같은 애완동물에게는 치명적이라고 한다. 자일리톨은 섭취량에 제한을 두지 않았지만 과량 섭취 시 위장장애를 일으켜서 설사, 복통 등을 유발한다.

(2) 솔비톨

사과, 복숭아가 함유한 솔비톨(sorbitol, 글리시톨)은 포도당을 수소로 환원시킨, 즉 포도당의 알데히드기가 알코올기로 전환된 것으로 설탕과 매우 흡사하며, 비타민 C의 중간물질이며, 만니톨과는 이성질체 관계이다(그림 1-72).

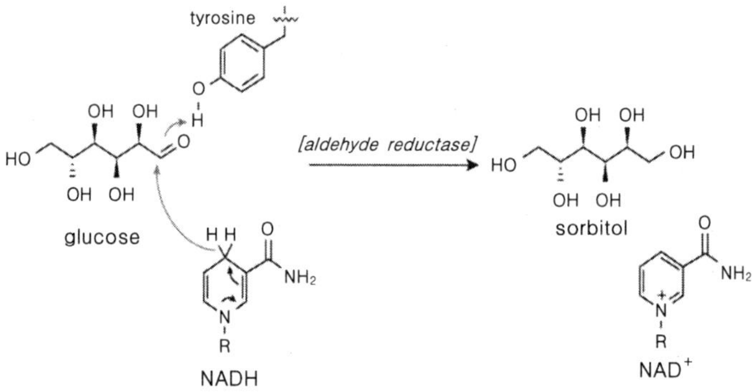

그림 1-72. 솔비톨 구조와 생성

(출처 : Srinivasan, K. Gundekari, S. India Patent WO 2017 / 60922. April 13, 2017)

솔비톨 1g은 2.6 kcal에 해당하는 열량을 가진다. 당뇨병 환자를 위한 감미료로 쓰이는 경우가 많은데, 그 이유는 소화가 느리기 때문에 설탕처럼 인슐린 수치를 급격히 올리지 않기 때문이다. 보습효과가 있고, 세균이 이용하지 못하는 당이며, 소화가 잘 되지 않고, 물을 흡수하는 성질을 갖고 있기 때문에 장을 자극하여 배변을 유도한다. 그러나 과용하면 설사를 일으키는데, 이것은 관장약의 성분이기도 하다. 연화제·습윤제·부동제(不凍劑)로 사용되며, 의약품으로서는 당뇨병 환자용 감미제로 사용되고 있다.

(3) 이소말트와 말티톨

이소말트(isomalt)와 말티톨(maltitol)은 말톨(maltol, 페놀화합물)*과 에틸말톨(페놀화합물), 이소말톨(isomaltol, 퓨란물질)**과는 전혀 다른 당알코올이다(그림 1-73).

* 말톨은 맥아당이 아미노산과 반응해서 생기는 페놀성 성분이다. 이 성분은 당 알코올류와 용어가 비슷하여 당알코올로 오해하기 쉬운 화합물이지만 당알코올이 아니다. 생체

노화와 관련된 지질의 과산화를 억제하는 효능이 있다. 에틸말톨(ethylmaltol) 역시 당 알코올이 아니며, 말톨의 -OH가 에틸기 $-C_2H_5$로 치환된 캐러멜화된 설탕과 조리된 과일과 같은 달콤한 향기를 갖는 흰색의 고체이다.

** 이소말톨[Isomaltol : 1-(3-Hydroxy-2-furanyl)ethanone]은 전분의 효소분해로 얻은 천연 퓨란(furan) 화합물이다. 설탕의 열분해(캐러멜 라이즈)에 의해 생성되는 빵 껍질의 맛 성분이다. Maillard 반응 후에 아미노산과 환원당으로부터 얻어지는 성분이다.

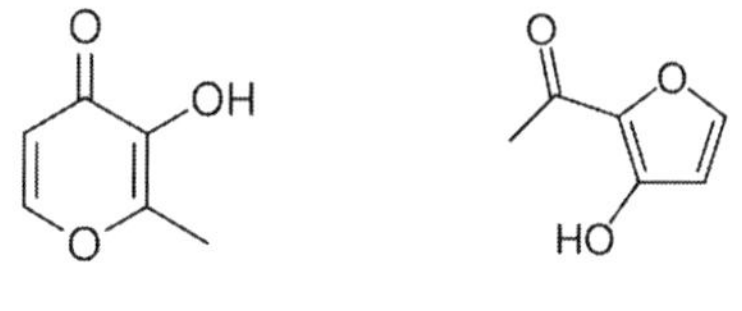

말 톨　　　이소말톨

그림 1-73. 말톨과 이소말톨 구조와 생성

설탕과 같은 물리적 특성을 위해 사용되는 이소말트(isomalt)는 제조 원료가 설탕이며, 환원 팔라티노스(palatinose)라고 부르는 이당류의 당알코올 감미료이다. 설탕을 원료로 하여 당 전이효소*에 의해 일차로 팔라티노스(palatinose, isomaltulose)를 만들고, 이어 팔라티노스를 다시 수소첨가시켜 이소말트를 만든다. 감미도는 0.9 정도이고, 칼로리는 2.1 kcal /g이다.

* 당 전이효소는 크게 glycosyl transferase(GTase), transglycosidases(TGase), glycoside phosphorylase(GPase), glycoside hydrolases(GHase) 등 4가지가 있다.

무취의 백색, 비흡습성 결정질 물질인 이소말트는 2종류가 있는데, 하나는 포도당과 만니톨이 동량 결합한 이당류인 것(α-D-glucopyranosido-1,6-mannitol)과 포도당과 소르비톨이 동량 결합한 이당인 것(α-D-glucopyranosido-1,6-sorbitol)이 있다(Isomalt is an equimolar mixture of two diastereomeric disaccharides, each composed of two sugars: glucose and mannitol and also glucose and sorbitol). 따라서 이소말트를 완전 가수분해하면 포도당(50%), 솔비톨(25%) 및 만니톨(25%)을 얻는다. 이소말트(그림 1-74)는 포도당과 만니톨과 포도당, 솔비톨로 구성된 2개의 서로 다른 부분 입체 이성질체 이당류이다.

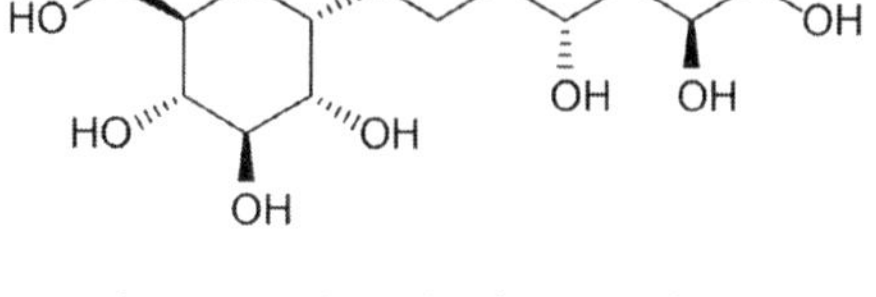

그림 1-74. 이소말트(isomalt) 구조

이소말트는 당알코올(sugar alcohol)의 일종인 설탕 대체물(10% solution = sweetening power 50~60% of sucrose)로 혈당 수치에 거의 영향을 주지 않으며, 인슐린 분비도 자극하지 않는다. 낮은 혈당지수(GI)를 가진 비충치 유발 저혈당 및 저에너지성 당류로 소장에서 소화율이 낮기 때문에 이소말트의 대부분이 결장에 도달, 결장 점막에 좋은 환경을 주는 프리바이오틱으로 기능을 수행한다. 그러나 다량 섭취하면 헛배와 설사를 포함한 위통의 위험이 있고, 소장에서 불완전하게 흡수되기 때문에 장에 불쾌감을 줄 수 있으며, 대장에서 삼투성 설사를 유발하고, 장내 세균총을 자극하여 헛배를 유발할 수 있다. 식이섬유와 같이 이소말트를 적정량 규칙적으로 섭취하면 장 장애의 위험(lead to desensitisation, decreasing the risk of intestinal upset)을 감소시킬 수 있다.

이소말트는 sucralose와 같은 고강도 감미료와 혼합하여 설탕과 같은 단맛을 가진 혼합물을 만들 수 있다. 설탕과 옥수수 시럽보다 결정화가 잘 되지 않으므로 sugar-free candy, hard-boiled candy를 만드는 데 활용하고 있다. 이소말트는 낮은 흡습성에 의한 케이크(caking) 방지는 물론 모든 약리물질과의 친화성이 크고, 아미노기(amino group)와 반응하지 않아 갈변현상이 일어나지 않는다. 이소말트의 장점은 강렬한 감미료와 결합하면 질감, 볼륨감, 풍미(flavor)를 그대로 가지면서 감미력의 시너지 효과를 일으키고, 감미료 특유의 쓴 뒷맛을 은폐하는 능력을 가지고 있다.

말티톨(maltitol / 4-o-α-d-glucopyranosyl-d-glucitol, 그림 1-75)*은 전분에서 얻은 maltose의 수소화에 의해 생성된 이당류 당알코올의 하나로, 포도당과 소르비톨이 합쳐진 형태이다.

* 말티톨 시럽(환원 맥아물엿)은 말토스 함량이 많은 맥아물엿을 환원반응시켜 제조한다. 순도가 높은 하이말토스시럽을 환원시켜 생산하는데, 캐러멜화 반응(160℃ 이하에서 없음)과 Maillard 반응은 나타나지 않고 보습성이 좋다.

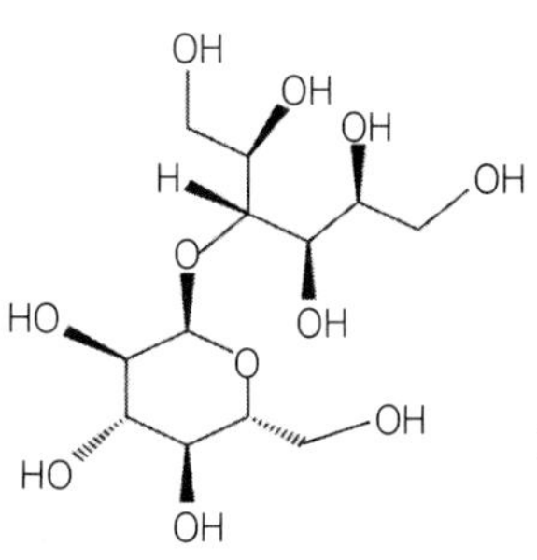

그림 1-75. 말티톨(maltitol) 구조

이소말트의 이성질체 관계인 말티톨은 열에 비교적 안정하며, 낮은 혈당지수를 가진다. 구강세균에 의해 대사되지 않아 비충치성이며, 설탕보다 다소 천천히 흡수되기 때문에 당뇨병 환자에게 적합하며, 바람직한 바삭바삭한 질감과 광택있는 표면을 제공한다. 말티톨은 또한 젤라틴 캡슐, 연화제 및 습윤제의 가소제로 사용될 수 있다. 무기질의 생체 이용률을 높여 주는데 과다 섭취 시 설사와 심각한 위장장애(가스, 팽창 등)를 유발할 수 있다.

(4) 만니톨

1806년 Joseph Louis Proust에 이해 발견된 만니톨(D-mannitol / mannite / manna sugar, 그림 1-76)은 솔비톨 이성질체인 당알코올의 일종으로 전분 또는 설탕으로 만든 과당의 수소화로 만든다. 즉 공업적으로 D-글루코오스를 알칼리 상태에서 환원하여 만든다. 만니톨은 박테리아, 효모, 균류, 조류, 지의류 및 많은 식물을 포함하여 다양한 천연물에서 발견 또는 생성되는 물질이다. 어떤 종류의 곰팡이는 글루코오스나 수크로오스로부터, 어떤 것은 대장균을 이용하여 과당으로부터 만니톨을 만든다.

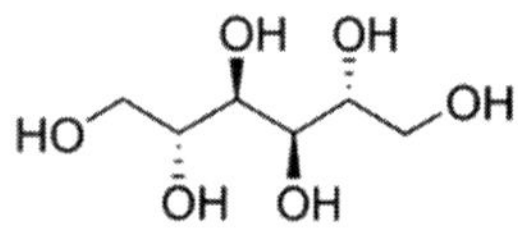

그림 1-76. 만니톨의 구조

자연발생 당알코올인 만니톨은 혈장 삼투압을 상승시켜 뇌 및 뇌척수액을 포함한 조직에서 간질액 및 혈장으로의 흐름을 향상시켜 뇌압을 감소시키는 기능을 가지고 있는데, 그것은 만니톨이 혈액 뇌장벽(blood brain barrier, BBB)를 통과하지 못하므로 BBB 사이에 삼투압 차이를 만들어 뇌조직에서 혈관내로 물을 이동시켜 뇌의 탈수화를 유도, 뇌압을 감소시킨다. 따라서 만니톨의 삼투성 이뇨 특성 때문에 임상적으로 뇌부종 및 여러 원인으로 생기는 두개 내압상승(intracranial pressure, ICP)의 관리에 사용되며, 심장 및 혈관 수술, 신장 이식 및 횡문근 융해증 관리 등 신장 보호용으로도 사용되고 있다. 혈액점도를 감소시키고, 미세혈관 뇌혈류를 호전시키며, 자유유리기 제거능력 등으로 신경보호 효과도 가진다. 이 기능을 근거로 만니톨을 독성물질의 배설 촉진제, 녹내장 치료제, 신장기능 진단 보조제, 신경마취제 등으로 사용되고 있다. 물의 재흡수를 방해하는 역할 때문에 소변의 양이 늘어나므로 삼투성 이뇨제로도 사용되고 있다.

식품산업에서는 흡습성이 매우 낮은 만니톨을 이용하여 말린 과일 및 추잉껌의 코팅제로 사용하고 있으며, 그래서 종종 사탕 및 추잉껌의 성분으로도 사용되고 있다. 부작용으로는 전해질 문제와 탈수증을 비롯하여 심부전 및 신장 문제의 악화 등을 유발하며 외상, 울혈성 심부전, 활동성 뇌출혈이 있는 사람들에게는 만니톨의 섭취를 금지하고 있다.

(5) 에리스리톨

에리스리톨(erythritol / (2R, 3S)-butane-1,2,3,4-tetrol, 그림 1-77)은 미국에서 식품첨가물로 안전하다고 인정한 당알코올(폴리올)로 1848년 스코틀랜드 화학자 John Stenhouse의해 발견되었으며, 1852년에 처음으로 분리되었다. FDA에서 2001년 식품첨가물로 승인해준 감미료이다.

에리스리톨은 erythrol, erythrite, erythoglucin, eryglucin, erythromannite and phycite 등으로 불리어지며, Zerose는 erythritol의 상품명이다. 수박, 간장 및 배, 포도, 멜론, 버섯 등과, 치즈, 와인, 사케 등 발효식품에 함유되어 있는데 전분을 효소 가수분해하여 생성된 포도당을 효모(*Moniliella pollinis*) 또는 다른 균류로 발효시켜 만든다. 감미도는 0.6~0.7인 비칼로리성 당알코올이며, 시원한 청량감을 가지며 단맛뿐만 아니라 질감과 부피를 증가시키는 데에도 사용되며, 갈변문제를 예방하는 소재이다.

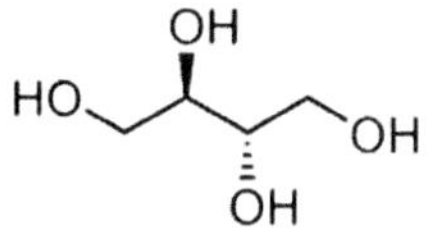

그림 1-77. 에리스리톨 구조

에리스리톨은 장에서 지방의 분해를 증가시키고, 다른 감미료(자일리톨과 만니톨)보다는 빨리 소장으로 운반되지만 필요한 효소가 부족하여 체내에서 약 10% 정도만 흡수되고, 나머지는 소변과 대변 등으로 배출되거나 대장균에 의해 분해된다. 이와 같이 에리스리톨 흡수는 포도당 수준에 영향을 받지 않아 혈당치나 인슐린 분비에 영향을 미치지 않으므로 당뇨환자 혹은 저탄수화물 고지방 식이요법을 하는 사람에게 추천되는 당알코올이다. 에리스리톨은 당뇨병 환자에게 설탕 대체용으로 사용 가능한 소재이며, 거의 제로 칼로리(0.2 kcal/g)로 흡습성은 거의 없고, 과당의 흡수를 방해하고, 치아부식을 방지하는 비충치성이다.

에리스리톨은 항산화작용도 가지고 있으며, 고혈당으로 인한 혈관 손상을 예방한다. 보통 섭취량으로는 위에 오래 머물러 있지 않아 다른 당알코올 보다 설사가 덜 생기는 편이지만 과량 섭취하면 가스유발 및 복부팽만, 경련, 복통, 설사, 메스꺼움, 과민성 장증후군 및 소화불량을 초래하거나 두통을 일으킨다.

(6) 락티톨

락티톨(lactitol, 그림 1-78)*은 유당으로부터 얻은 비천연성 당알코올이며, 저칼로리 감미료(감미도 0.4 / 2 kcal/g)인데, 섭취된 락티톨의 약 2%만이 소장에서 포도당과 솔비톨로 소화 흡수되고, 나머지는 대장균, 유산균 *Bifidobacteria*와 *Lactobacilli*에 의해 식이섬유로 간주되어 가스, 단쇄지방산(SCFA) 및 젖산으로 발효되는데, 이를 두고 프리바이오틱으로 취급하기도 한다.

* 락티톨(lactitol / 4-O-α-D-galactopyranosyl-D-glucitol / 4-O-β-d-galactopyranosyl-sorbitol))은 J. B. Senderens가 1920년에 처음으로 발견하였으며, 1937년에 Wolfrom *et al.*에 의해 공업적 생산되었다. 락토오스(30～40% w/w)의 용액을 니켈 촉매하에 수소화시켜 제조하고, 1987년에 처음으로 유통되었다

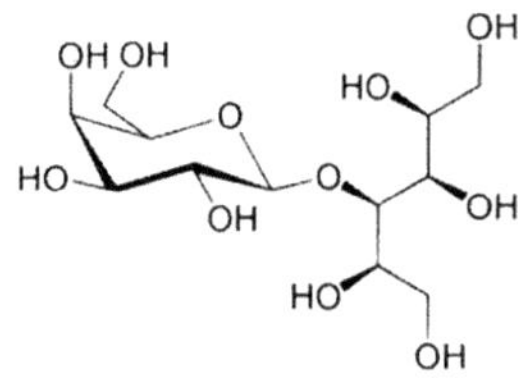

그림 1-78. 락티톨의 구조

식품첨가물로 GRAS(generally recognized as safe)로 분류되어 안전성이 보장된 소재로, 만성 변비에 탁월한 효능을 가지고 있고 식욕억제제, 구취제거제*로도 사용되고 있다. 치아 우식증 예방을 비롯하여 습윤제, 가소제 등으로 사용된다.

* 구취의 원인은 VSC(휘발성 황화합물, volitile sulfide compound), 휘발성 질소화합물, 저급 지방산 등인데, 주 원인인 VSC는 악취물질로서 만이 아니라 강력한 생체 독성을 갖는데, 구강내 세포의 잔해나 음식 중의 함황아미노산을 기질로 하여 구강내의 혐기성균의 대사에 의해 생성된다. 특히 세균의 cystathionine-β-syntase, cystathionine-γ-lyase 효소에 의해 시스테인으로부터 황화수소가 L-methionine-γ-lyase 효소에 의해 메티오닌으로부터 메틸메르캅탄이 생성된다. VSC는 점막의 투과성을 항진하며, 또 섬유아세포의 콜라겐 합성 저해 및 상피 기저막의 손상을 촉진하고, 합성을 저해하는 물질이며, SOD(superoxide dismutase)를 강하게 저해하여 발암성 가능성을 가지고 있다.

락티톨의 열량은 설탕의 1/2에 불과하며, 혈당량을 증가시키지는 않는다. 기능성과 생리활성 면에서 프리바이오틱인 락티톨은 장내 미생물 군집 조절을 통해 장내세균 생육을 촉진하여 단쇄지방산(SCFA)을 비롯하여 젖산 및 기타 유기산 생성을 도우며, 간 손상을 감소시키고, 문맥-전신성 뇌병증(portal-systemic encephalopathy)의 임상 치료, 장 유래 내독소혈증(gut-derived endotoxemia) 치료, 변비 및 간성 뇌병증의 치료, 간경변 예방 등에 유효한 것으로 알려져 있다. 락티톨은 일부 사람들에게 경련과 설사를 유발하는데, 그것은 위장에 β-galactosidase가 부족하고, 장벽에서 물을 끌어당기는 삼투효과 때문이다.

(7) 환원물엿과 폴리글리시톨(시럽)

■ **환원물엿**

환원물엿(reduced syrup)은 물엿(syrup, 전분가수분해물)을 수소첨가 반응시켜 제조된 여러 가지 당알코올의 혼합물이며, '환원'이란 의미는 포도당의 카보닐기(carbonyl group / −C(=O)−)가 알코올기로 환원되므로 지어진 이름이다. 환원물엿은 환원전분가수분해물(hydrogenated starch hydrolysate, HSH / 수소화 전분가수분해물)인데, 스웨덴 회사인 Lyckeby Starch가 1960년대에 개발하여 그 사용이 일반화된 당알코올이다.

환원물엿과 유사하게 사용되는 용어가 바로 환원당(reducing sugar)이다. 환원물엿은 환원당과는 다른데, 환원물엿은 당알코올 혼합물이지만 환원당은 단일로 환원력을 가지고 있는 당을 말한다. 따라서 환원당은 유리알데히드기 또는 유리케톤기를 가지고 있어 환원제로 작용할 수 있다. 단당류인 갈락토스, 포도당 및 과당, 그리고 이당류인 유당 및 말토스(엿당 또는 맥아당)는 환원당이다(설탕과 트레할로스는 비환원성 이당류). 환원당은 마이얄(Maillard) 반응에서 아미노산과 반응하는데, 마이얄 반응은 고온에서 음식을 조리하는 동안 음식의 풍미를 결정하는 데 중요한 반응이다. 아세탈 또는 케탈 결합을 가진 당은 유리알데히드 사슬이 없기 때문에 환원당이 아니다.

무색·투명하고 점성이 있는 환원물엿은 솔비톨과 유사한데, 전분이 완전히 가수분해되지 않기 때문에 솔비톨, 말티톨, 말토트리톨 등 혼합물로 존재한다. 혼합물 중의 폴리올(polyol)이 50% 이상이 한 종류이면 "솔비톨 시럽" 또는 "말티톨 시럽"이라 부른다. 환원물엿은 감미료 및 보습제, 결정화 개질제, 질감 및 점도 조절 능력을 가지며, 동결 및 건조로 인한 손상을 보호하며, 자일리톨과 유사하게 구강 세균에 의해 쉽게 발효되지 않아 치아 우식증을 방지하는 소재로 사용되고 있다. 또한 난소화성 당으로 소화관에서 천천히 흡수되므로 포도당에 비해 혈당 변화가 심하지 않고 저칼로리, 저감미이며, 피막 형성이 용이하고 보습성이 우수한 소재로 알려져 있다.

▣ 폴리글리시톨(시럽)

폴리글리시톨(polyglycitol syrup, PGS)은 일명 수소첨가 전분가수분해물(hydrogenated starch hydrolysate), 수소첨가 전분시럽(hydrogenated starch syrup) 등으로 부르는데, 일종의 환원물엿이다. 전분으로부터 효소에 의해 분해된 저감미 물엿을 원료로 하여 수소첨가에 의해 제조된 당알코올의 일종이며, 다른 알코올류와 다르게 포도당을 구성단위로 한 올리고당 말단에 솔비톨이 결합된 당알코올의 혼합물이다. 구성은 보통 솔비톨, 말티톨, 말토트리티톨 및 수소화 다당류로 되어 있다.

말토스 함량이 많은 맥아물엿을 환원반응시켜 제조하는 말티톨 시럽(환원맥아 물엿)과 다르게 증점·보습·저감미제로 사용되는 폴리글리시톨 시럽은 일반적으로 물엿류를 환원반응시켜 제조한다. 물엿과 다른 점은 말단의 포도당이 솔비톨로 변환된 것으로, 이것으로 인해 내열성을 비롯한 다양한 특성을 가지게 된다. 달지도 않으면서 점도가 높고, 갈변이 되지 않으면서 칼로리도 낮은 당알코올이다. 부드럽고 온화한 감미를 가지며, 설탕보다는 감미도(20~30)가 낮으므로 제품의 저감미화가 가능하며 솔비톨, 설탕, 액상 과당보다 점도가 높기 때문에 증점효과도 있고, 결착성 및 식감개선 효과를 보여준다.

물엿은 가열 130℃ 이상의 온도에서 현저하게 갈변되지만, 폴리글리시톨 시럽은 당의 구조상 환원기(R-OH)가 존재하지 않는 비환원당이므로 가열조건, 산 / 알칼리 조건하에서 안정하며, 단백질이나 아미노산 존재 하에서 가열하여도 마이얄반응에 의한 착색이 거의 일어나지 않는다. 수분유지 능력인 보습성이 높아 식품에 배합한 경우 식품 중의 수분을 일정하게 유지시키고, 가공식품의 부피 감소나 중량 증가를 막을 수 있는 유용한 소재이다.

9) 아미노당

단백질과 당과의 결합을 언급할 때 흔히 아미노당과 당단백 등을 거론하게 되는데, 통상 아미노당은 당과 아민류와의 결합을 나타내며(예: 글루코사민과 갈락토사민) 당단백은 단백과 당류의 결합을 말한다(예: peptidoglycans, proteoglycans, glycoprotein, glycopeptide 등). 엄밀히 말하면 당류와 단백이 결합한다는 관점에서 보면 서로 다르지 않다. 이들은 모두 당배당체(유도체)이고, 복합단백질이다. 본 장에서는 중요하다고 생각되는 아미노당을 우선적으로 소개하고자 한다.

(1) Peptidoglycan

Peptidoglycan(PGN, 그림 1-79)은 proteoglycans, glycopeptide와 혼동하기 쉬운 용어이다. 내부 압력에 대항하며, 삼투압으로부터 세포를 보호하며, 세포의 형태를 유지하는 기능을 갖는 PGN은 murein이라고 부르는데, 원핵생물 세포벽의 주성분이고, 다당류의 짧은 펩티드(peptide) 고리가 결합한 화합물이다. PGN을 이해하기 위해서는 우선 세균의 세포벽 구조 이해가 우선이다.

PGN은 세포벽을 형성하는 대부분의 세균 원형질막 외부에 그물망 층(mesh-like layer)을 형성하는 고분자로 아미노산에 당류가 결합되어 있는 결정 격자구조의 핵심이다. β-(1, 4) 연결된 N-acetylglucosamine(NAG / GlcNAc)과 N-acetylmuramic acid(NAM / MurNAc / NAMA)이 교대로 β-(1, 4)-글리코시드 결합으로 이루어진 다당류에 NAM에 4개 또는 5개의 아미노산이 붙어있는 구조가 바로 PGN이다. 즉 PGN은 NAG와 NAM 잔기가 교대로 β-1, 4결합된 다당 사슬구조를 가지고 있고,

이 다당사슬은 세균 세포벽 구조를 이루고 있는 peptide망에 연결되어 있다.

아미노산의 종류와 수에 따라 PGN도 달라진다. NAM의 경우는 원시핵세포(prokaryotic cell)의 세포벽에서만 발견되고, 진핵세포(eukaryotic cell) 세포벽에서는 발견되지 않는다. 세균도 세포벽이 있어 세포모양을 유지하고 세포를 보호하는데, 식물세포의 세포벽은 주성분이 cellulose인 반면 세균의 세포벽은 PGN과 지질 다당류로 구성되어 있다. PGN의 존재는 그램양성균으로서 세균의 특성을 결정짓는 주요 인자인데, 세균 세포벽의 구성성분을 크게 두 가지로 분류한다. 하나는 지질 다당체(lipopolysaccharide)를 밖에 가지고 있고, 세포벽과 세포막 사이에 PGN을 가지고 있는 그램음성균과, 또 다른 하나는 PGN과 lipoteichoic acid (LTA)를 가지고 있는 그램양성균으로 구분한다. 그램양성균의 세포벽은 여러 층의 PGN층이 두껍게 감싸고 있어(세포벽의 약 80~90% 정도) 단단한데 반해 세포막은 얇아 투과성이 높다.

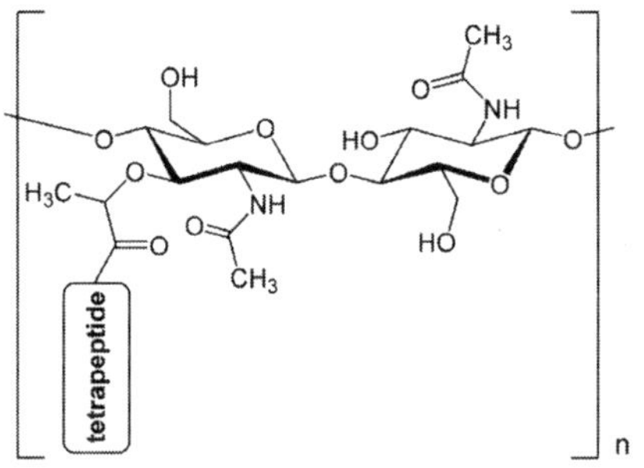

그림 1-79. Peptidoglycan 구조

그러나 그램음성균의 세포벽은 PGN층이 한 겹(세포벽의 10~20% 정도)으로 되어 있어 때문에 매우 얇으며, 물리적 강도 또한 약하고 대신 세포벽 안과 밖은 2중으로 존재하는 세포막 때문에 투과성은 낮은 편이다. 그램음성균의 세포 외벽에는 인지질(燐脂質, phospholipid), lipopolysaccharide(脂糖, 지당), lipoprotein(脂蛋白質, 지단백질) 등으로 구성된 외막이 감싸고 있다(그림 1-80). 이러한 세포벽 구조의 차이가 바로 그램염색*의 차이로 나타나므로 이를 세균 분류에 이용하고 있다. 이러한 구분은 나아가 감염예방을 목적으로 하는 백신개발에 있어서도 중요한 지표로 사용되고 있다.

* 그램염색을 하면 그램음성균과 그램양성균 모두 색소에 염색이 되는데, 그램양성균은 탈색제로 사용되는 알코올이 여러 층의 펩티도글리칸을 탈수시켜 분자 간의 공간을 좁혀버린다. 그래서 색소 복합체가 밖으로 빠져나오지 못해 탈색되지 않고 색소를 유지된다. 이것에 비해 그램음성균은 펩티도글리칸이 얇고, 알코올에 의해 단단해지지 않으므로 색소가 쉽게 빠져나간다.

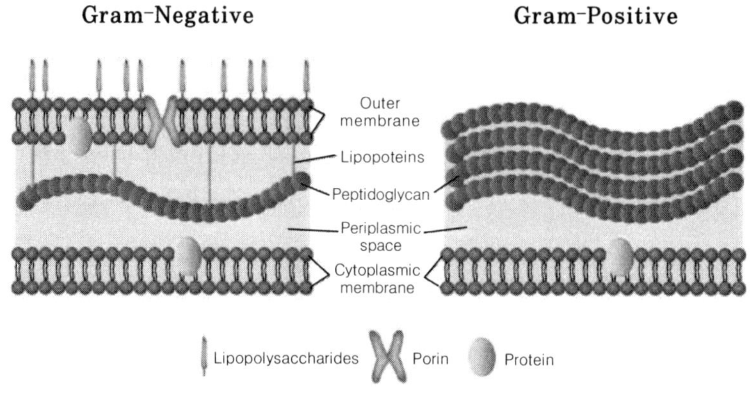

그림 1-80. 세균의 세포벽 구조
(출처 : Biology Dictionary By Kate Latham Reviewed by : BD Editors, 2021)

그램양성균은 색소나 약제에 대한 감수성이 높고 대사작용에는 아미노산과 비타민을 필요로 한다. 이들 중 일부는 균체 외독소를 방출하는데, 이 독소는 강력하지만 가열하게 되면 쉽게 파괴된다. 이 독소는 생체 내에서 항원성을 높이고, 이들 항체가 독소와 결합하면 독소 고유의 기능이 사라지거나 중화되는 특이성을 가지고 있다. 그 밖에 외독소에 특정 처리(예 : 포르말린 처리)를 하게 되면 독성이 없어지는데, 이 비활성독소(toxoid)를 사용하여 면역을 유도하면 독소 제거용 항체를 다량 생산할 수 있게 된다.

그러나 그램음성균은 일반적으로 색소에 대한 저항력이 강하고 계면활성제에도 내성이 강한 특징을 가지며, 생존에 필요한 영양요구가 간단하여 단순한 구성의 배양액에서도 잘 자라며, 독소 역시 균체내독소로 가열에 의해서 잘 파괴되지도 않는다. 이들 독소 역시 항체반응을 유도할 수 있으며, 다양한 범위의 면역성을 나타낸다. 그램양성균은 ipopolysaccharide(LPS)가 없으나 그램음성균은 이를 가지고 있어 독성물질이 세균 내부로 들어오는 것을 차단하여 세균 자신을 보호하는 데 중요한 역할을 한다. PGN의 두 종류 구성성분에 대한 정보와 생리활성은 다음과 같다.

▣ N-아세틸글루코사민(NAG)

갑각류의 껍질이나 연체류의 뼈를 분쇄, 탈단백한 후 탈염화하여 만든 키틴*을 키토시나아제(chitosanase)로 분해하여 여과・농축한 NAG(GlcNAc, 그림 1-81)는 천연 신소재로 모유(초유 1.5 g NAG / L)와 우유(0.1 g NAG / L)에 함유되어 있다. NAG는 포도당의 아미드 유도체, 즉 글루코사민과 아세트산 사이의 2차 아미드인데, 생물학적 시스템에서 중요한 소재이다(N-Acetylglucosamine(NAG / GlcNAc) is an amide derivative of the monosaccharide glucose. It is a secondary amide between glucosamine and acetic acid. It is significant in several biological systems).

* 키틴 및 키토산은 생체 고분자인데, 키토산은 불용성인 키틴으로부터 탈아세틸화 반응에 의해 제조된다. 키틴에 있는 N-아세틸 연결을 농축된 알칼리(40~50% NaOH 또는 KOH)로 가수분해하여 얻는데, 수용성인 키토산은 통상적으로 D-글루코사민(GlcN) 및 N-아세틸-D-글루코사민(GlcNAc 또는 NAG)의 공중합체이다.

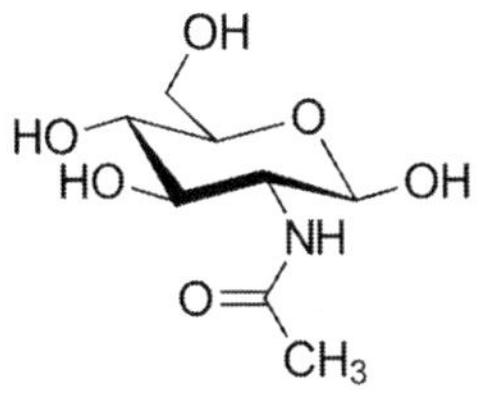

그림 1-81. N-아세틸글루코사민(NAG)

NAG는 상쾌한 단맛(설탕의 1/2)을 가진 열과 pH에서 안정성이 우수한 물에 잘 녹는 성분이다. 체내에서 포도당을 통해 생합성되며 관절 윤활액, 점막성분, 세포와 세포 사이의 결합 성분인 glycosaminoglycan(GAG) 등의 구성요소이다. 즉 NAG는 체내에서 히알루론산(hyaluronic acid)이나 콘드로이친황산(chondroitin sulfate)이라는 GAG의 주요 구성단위로 존재하는데, GAG는 관절 연골이나 전신 피부 등에 많이 분포해 연골 재생 및 수분 보유 등에 관여한다. NAG는 체내에서 글루쿠론산과 중합하여 진피(dermis)의 주요 성분인 히알루론산을 형성하는데, 진피 내 히알루론산이 감소될 경우 피부 노화(피부 건조, 탄력성 저하, 유연성 저하, 주름 생성 등)의 요인이 된다. 따라서 히알루론산 구성성분인 NAG를 섭취하게 되면 피부 내 히알루론산의 생합성을 증가시켜 피부노화를 개선하게 된다. 나이가 들수록 NAG의 생합성 기능이 떨어지므로 식품을 통해 NAG를 섭취, 보충해야 한다.

이와 같이 NAG는 연골의 생성과 생성을 자극하는 관절 완충 소재인데, 관절염 통증을 줄이고, 관절의 연골을 회복시키며, 관절염의 진행을 늦추는 기능을 가지고 있다. 그 외 염증 억제, 다발성 경화증 억제, 피부보습 등에도 도움을 준다. NAG는 체내에서 글루코사민(GlcN)과 동일한 대사경로를 가지므로 글루코사민과 동일하게 관절 및 연골의 건강에 도움을 주는데, 체내에서 글루코사민은 NAG 형태를 거쳐서 연골 구성 성분인 GAG 합성에 사용된다. 즉 NAG는 GAG합성에 있어서 글루코사민보다 더 직접적인 원료 물질이다. NAG는 체내 대사 관점에서 볼 때 글루코사민과 동등한 기능을 가진 것으로 볼 수 있다.

▣ N-아세틸뮤라민산

미생물이 가지는 세포내 탄소 에너지원은 glycogen과 같은 세포내 다당류(intra-cellular polysaccharide)와 세포벽 구조다당류(N-acetylglucosamine, NAG), NAM(N

-acetylmuramic acid)가 있으며, 세포 밖에 유용한 물질로 이용되는 것으로는 세포외 다당류(extracellular polysaccharide)가 존재한다. 세포외 다당류는 일부 세포벽에 캡슐을 형성하기도 하고, 세포벽을 빠져 나가기도 한다. NAM은 구조 다당류의 일종이다. PGN은 N-acetylglucosamine(GlcNAc)과 N-acetylmuramic acid(MurNAc) 잔기가 교대로 β-1, 4결합된 다당사슬 구조를 가지고 있고, 이 다당사슬은 세균 세포벽 구조를 이루고 있는 peptide 망에 연결되어 있다(그림 1-82).

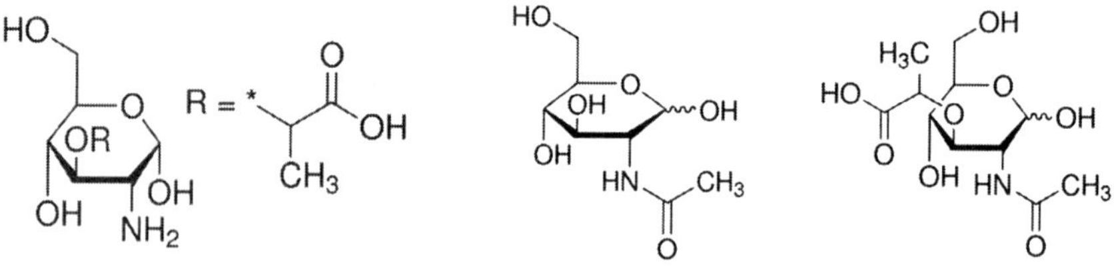

Muramic acid NAG(N-acetyl glucosamine) NAM

그림 1-82. Muramic acid, NAG, NAM(N-acetylmuramic acid) 구조

NAM(N-acetylmuramic acid / MurNAc / NAMA)는 NAG(N-acetyl glucosamine)의 단당류 유도체로 세균 세포벽에서 펩티도글리칸(peptidoglycan, PGN)의 핵심 구조인데, NAG와 phosphoenolpyruvate(PEP)가 결합한 것이다. 이 결합은 세포질에서만 일어나고, 따라서 세포벽의 PGN 가닥을 만드는 과정에서 pentapeptide(L-alanyl-D-isoglutaminyl-L-lysyl-D-alanyl-D-alanine)가 NAM와 결합할 수도 있는 것이다. 즉 세균 세포벽의 PGN중합체의 일부가 바로 NAM이다. NAM은 NAG에 공유결합되고, C-4의 하이드록실기에 L-alanin이 연결되어 있다.

NAG-NAM 가교는 세균의 중요한 방어막인 셈인데, 만약 이 결합이 무너지면 세균은 자연스럽게 죽게 된다. 이 방법을 응용한 것이 항생제인데, lysozyme도 NAM과 NAG residue들 사이의 1, 4-β 결합을 가수분해하여 1, 4-β 결합을 끊어지게 하여 세균세포 내로 물이 많이 유입되면서 결국 세포는 파열되어 죽게 된다.

이상과 같이 NAM은 세포벽의 구성물질로 세포를 보호하는 데 중요한 역할을 하는데 유익한 생물인 경우는 이를 잘 보호해야 할 필요가 있지만, 유해한 미생물인 경우에는 항생제나 효소 등으로 파괴시켜 시스템 자체를 붕괴시켜야 한다. 참고로 NAM(N-acetylmuramic acid)과 혼동하기 쉬운 NANA(N-acetylneuraminic acid / Neu5Ac, 그림 1-83)가 있는데, 이 둘은 서로 다른 물질들이다. NANA는 포유동물의 세포에서 발견되는 시알산(sialic acid)이다. 음전하를 띤 NANA 잔기는 점액의 복합다당류 및 세포막의 당단백질에서 발견되며, 뇌의 뉴런 세포막의 중요한 구성 성분인 강글리오사이드 같은 당지질에서도 발견된다. NANA는 병원성 세균에 탄소와 질소를 공급하는 영양분으로 사용되거나 일부 병원균에서는 활성화되어 세포 표면에 위치하기도 한다. NANA는 감염방지에 관여하는 것(입, 코, 위장관, 호흡기 점막과 관련된 점액)과 함께 인플루엔자 바이러스가 자신의 적혈구응집소(hemagglutinin)를 통해 숙주의 점액세포에 부착되도록 하는(인플루엔자 바이러스 감염에 필요한 단계 중 초기단계) 수용체 역할을 한다.

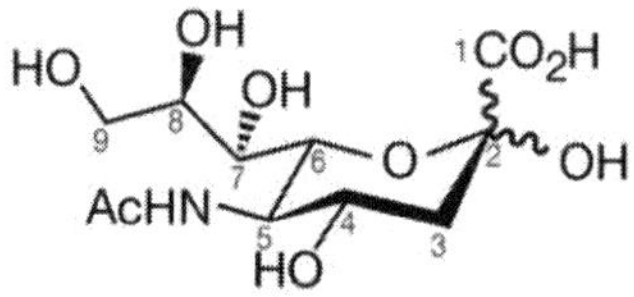

그림 1-83. ANA(N-acetylneuraminic acid / Neu5Ac) 구조

(2) Proteoglycans

결합조직에서 발견되는 프로테오글리칸(proteoglycans)은 명확한 정의는 없지만 단백질이 당화된 물질인데 다당류가 주성분이다(보통 복합다당류에서 취급). 유사한 용어로 세포벽의 peptidoglycan(PGN)과 혼동해서는 안 된다. 세포외 기질(extracellular matrix)의 주요 구성 성분의 하나로 피부 및 연골 등에 널리 분포되어 세포 사이에서 발생하는 공간 사이의 필러(filler) 역할, 즉 연골과 같은 결합조직 구성 성분, 관절 등의 윤활성분이다.

일반적으로 뮤코다당(mucopolysaccharide)이라 부르는 glycosaminoglycan(GAG)과 단백질과의 공유결합 화합물을 총칭하는 뮤코다당단백질(mucopolysaccharide-protein)이다. 즉 1개의 핵심 코어단백질에 수개에서 수십 개의 GAG(당쇄)가 공유결합한 복합당질을 말한다. GAG는 특이하게 코어단백질과 비교하면 당의 함량이 많기 때문에 세포 표면에 존재하는 일반 당단백질과는 구별되어진다. GAG는 아미노당인 N-acetyl glucosamine(NAG)나 N-acetylgalactosamine(GalNAc)에 우론산(uronic acid)이 결합한 것인데, 우론산은 황산기($-SO_4^{2-}$)와 카르복실기($-COO^-$)를 가지고 있어 강한 음전하를 띠고 있다.

결론적으로 proteoglycans는 GAG-우론산-당사슬[GlcA(glucuronic acid)-Ga(galctose)l-Gal-Xyl(xylose)]-serin-core protein 구조라 정의할 수 있다(그림 1-84). Proteoglycans에 포함된 다수의 GAG사슬은 스폰지와 같이 물을 부드럽게 머금고 있어 탄성 및 충격으로부터의 내성이 좋은 연골 특유의 기능을 가지고 있다. GAG는 주로 세포 표면 또는 세포 외 기질(ECM)에 있지만, 일부 세포에서는 분비성 소포에서도 발견된다. 코어단백질은 기질(matrix) 중에서 여러 가지 분자와 결합하는 성질을 가지고 있다.

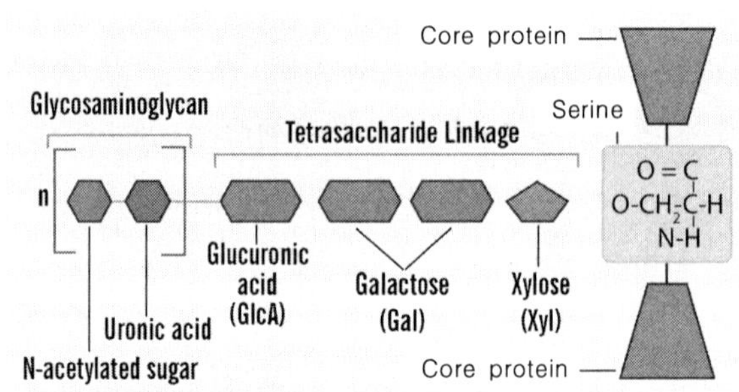

그림 1-84. Proteoglycans 구조

(3) Glycoprotein

Glycoprotein(당단백)은 glycopeptide(당펩타이드)와 그 의미가 크게 다르지 않다. 정의는 glycoprotein과 glycopeptide는 모두 아미노산 측쇄에 탄수화물이 공유결합한 소위 단백질 당화(glycosylation) 복합단백질이다. 따라서 이들 용어는 단백질류에 가까운지 탄수화물에 가까운지 단언할 수 없지만 경우에 따라 편의적으로 적당하게 사용하고 있다. 이와 같이 당단백질은 탄수화물이 단백질의 특정 아미노산에 공유결합되어 있는 생체분자로 생물체 내에서 중요한 역할을 한다.

당단백은 동물, 식물, 세포 소기관 등에 널리 퍼져 있으며, 세포 내의 당단백질은 특히 세포 외벽에 많이 존재하고 수많은 세포-표면의 반응에 관여한다. 턱밑샘, 소화관내 점막, 침, 위액과 같은 분비액 등에 함유되어 있다. 세포 표면의 당단백질은 세포간 인지(recognition), 종양세포의 전이(metastasis), 세포 성장, 세포간 구별 그리고 숙주-병원체(host pathogen) 간의 상호작용 등 생리적으로 중요한 일들을 조절하는데, 당단백질이 한 가지 형태로 존재하지 않고 여러 개의 서로 다른 당복합체로 존재한다.

몸에서 발견되는 당단백질의 한 예는 점액이다. 호흡기 및 소화관의 점액에서 분비되는데, 점액에 부착될 때 당은 상당한 물 보유 능력을 가지며 또한 소화효소에 의한 단백질 분해에 내성을 갖게 한다. 당단백의 기능은 조직형성(콜라겐), 윤활제 기능(뮤신), 운송기능(혈장단백질, 트렌스페린). 면역기능(immunoglobulins), 호르몬(TSH 등), 효소기능(alkaline phosphatase) 등이다. 렉틴(lectin)이라고 하는 당단백을 통해서는 백혈구의 식균작용을 할 수 있으며, 적혈구에 있는 당단백질의 종류로 혈액형을 결정한다. 당단백은 세포 외부로부터 오는 신호를 감지·인식하고, 화학물질을 운반하는 기능을 한다. 즉 생체 내에 있어서 세포끼리의 인식이나 화학물질의 수송 등을 담당하고 있다. 생체 세포막 속의 당단백질은 세포 간의 소통을 주관하는 당사슬이 붙어있는 쪽을 향하고, 막을 관통하는 모습으로 존재한다.

당사슬과 펩티드사슬의 결합방식은 일반적으로 2종류가 있다. 하나는 펩티드 내의 아미노산인 serine 혹은 threonine의 수산기와 N-acetylgalactosamine(GalNAc)이나 mannose 등과의 *o*-glycoside결합이고, 다른 하나는 asparagine의 amide기와 N-acetyl glucosamine(NAG)과 같은 당과의 N-glycoside결합이다. 1980년대 중반까지만 해도 핵이나 세포질에는 당단백질이 존재하지 않는다고 믿었었다. 그러나 그 이후 핵이나 세포질에서 단백질의 serine이나 threonine의 수산기(-OH)에 *o*-linked N-acetyl-glucosamine(NAG / GlcNAc)으로 당화가 되어 있는 많은 당단백질을 발견하게 되었다.

탄수화물과 단백질 간의 연결에는 일반적인 공통점이 있는데, 탄수화물과 단백질의 연결에서 가장 많이 발견되는 것은 *N*-연결과 *o*-연결이다. *N*-연결은 N-acetyl-glucosamine이 단백질의 아스파라진(asparagine)의 side chain에 β로 연결되어 있고, *o*-연결은 N-acetylgalactosamine이 단백질의 serine 혹은 threonine의 side chain에 α로 연결되어 있다(그림 1-85). 당단백질에서 흔히 발견되는 8가지 당은 β-D-glucose(β-D-Glc), β-D-galactose(β-D-Gal), β-D-mannose(β-D-Man), α-L-fucose(α-L-Fuc), N-acetylgalactosamine(β-D-GalNac), N-acetylglucosamine(β-D-GlcNac), N-acetylmuramic acid(MurNAc), N-acetylneuraminic acid(Neu5Ac or NANA) 등이다.

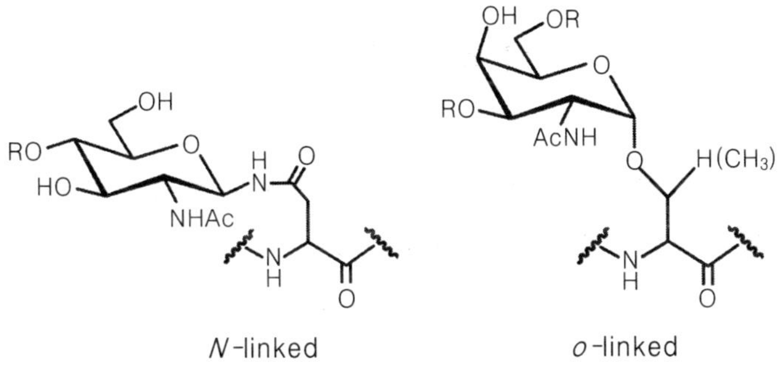

그림 1-85. 탄수화물과 단백질 간의 *N*-연결과 *o*-연결

이들 당들은 단백질 접힘(folding)을 돕고, 단백질의 열적 안정성을 향상시키며, 단백질분해효소(protease)에 대한 저항력을 가진다. 단백질의 용해도(solubility) 변화 등에 관여하며, 세포 신호전달에도 관여한다. 즉 호르몬의 지시를 세포 내에 전달하고, 독소와 세균으로부터 세포를 보호하는 인식과 면역기능을 수행한다.

당단백질은 생각보다 그 종류가 많다. 예를 들면, 호르몬으로는 난포자극호르몬, 갑상선자극호르몬(thyroid-stimulating hormone, TSH)이나 갑상선의 티레오글로부린(thyreoglobulin) 등이 있고, 효소로는 리보핵산 가수분해효소(ribonuclease) B, 인베르타아제(invertase), alkaline phosphatase 등이 있으며, 혈액 중에는 피브리노겐

(fibrinogen), γ-글로부린(γ-globulin), 트랜스페린(trsnsferrin) 등이 있다. 우유 중의 카제인과 난백 중에는 오브알부민(ovalbumin), 뮤신(mucins), immunoglobulins, patatin(감자의 당단백질 계열), lectins(세포와 단백질 간 생물학적 인지 역할을 하는 당단백), selectins(세포부착 lectins으로 막관통 당단백질), antibodies, calnexin(소포체의 당단백질), calreticulin(소포체 단백질) 등이 있다(그림 1-86).

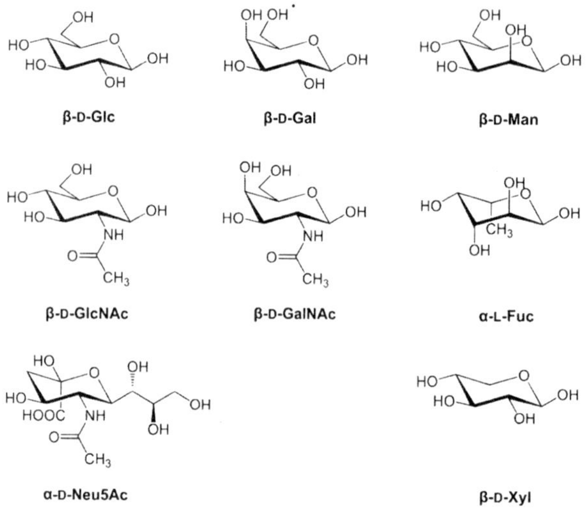

β-D-Glc β-D-Gal β-D-Man

β-D-GlcNAc β-D-GalNAc α-L-Fuc

α-D-Neu5Ac β-D-Xyl

그림 1-86. 당단백질에서 흔히 발견되는 당류

(4) Glycopeptide

Glycopeptide(당펩타이드)는 이미 설명한 바와 같이 당단백과 크게 다르지 않다. 펩티드를 구성하는 아미노산 잔기의 측쇄에 공유결합된 탄수화물 잔기(글리칸)가 결합한 형태인데 수정, 면역체계, 뇌 발달, 내분비계 및 염증 등과 관련이 있는 중요한 물질이다. Glycopeptide 결합형식은 N-연결된 글리칸이 자연계에서 발견되는 가장 일반적인 연결 형식인데, N-연결된 글리칸은 글리칸이 아스파라긴(Asn, N) 잔기에 붙어 있다. 대부분의 N-연결된 글리칸은 GlcNAc-β-Asn 형태를 취하고 있으며, 단백질 폴딩 기능 외에도 단백질 기능을 조절한다(그림 1-87).

σ-linked glycans은 아미노산 하이드록실 측쇄(일반적으로 세린 또는 트레오닌)에 글리칸이 결합된 형식인데, 대부분 GlcNac-β-Ser / Thr 또는 GalNac-α-Ser / Thr의 형태를 취한다. C-linked glycans은 3가지 연결 중에서 가장 흔치 않는 것인데 C-결합은 mannose가 tryptophan 잔기에 공유결합하는 것을 말한다. C-연결 글리칸의 예는 α-mannosyl tryptophan이다. 글리코펩티드는 항생제 소재로 사용되는데, 글리코펩티드계 항생제는 세균 세포벽의 peptidoglycan 합성을 억제하여 균을 사멸하게 만든다.

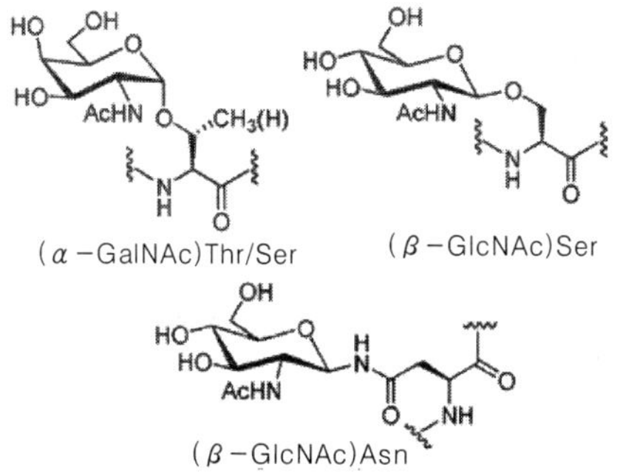

(α－GalNAc)Thr/Ser　　(β－GlcNAc)Ser

(β－GlcNAc)Asn

그림 1-87. Glycopeptide 결합형식

글리코펩티드와 유사한 용어로 글리코매크로펩타이드(glycomacropeptide, GMP)라는 용어가 있는데(그림 1-88), 용어는 카제인(casein)에서 파생된 유청 펩타이드(wheypeptide)를 말한다. 장내 세포에서 배출되는 콜레시스토키닌(cholecystokinin, 에너지 및 식품흡수 조절호르몬) 자극, 혈소판 응집억제를 비롯하여 비피더스균 등 유익 장내세균 생육에 도움을 주는 소재이다. 그리고 충치예방, 잔근육 발달, 분지아미노산의 공급원으로도 알려져 있는 소재이다. 글리코매크로펩타이드에는 방향성 아미노산이나 페닐알라닌이 들어 있지 않아 페닐케톤뇨증(phenylketonuria, PKU / 아미노산의 하나인 페닐알라닌을 대사하지 못하는 유전병) 환자의 식단에도 사용된다.

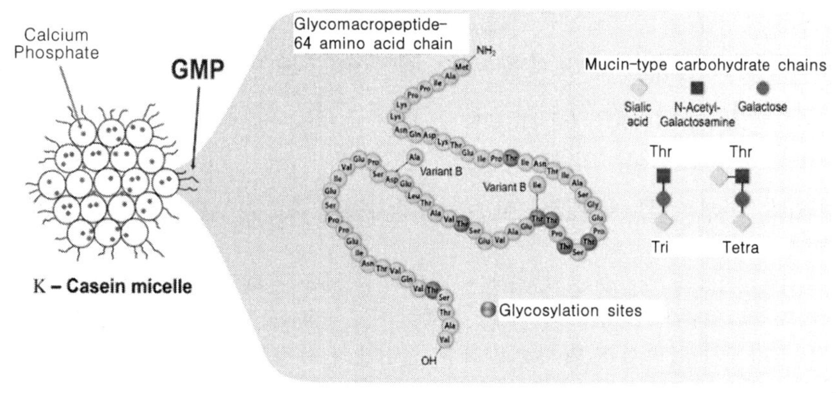

그림 1-88. Glycomacropeptide 정보

(출처 : Int. J. Sci. & Eng. Res. 8(12), December-2017, ISSN 2229-5518)

10) 우론산

우론산(uronic acid)은 당(糖)의 알데히드기 또는 카보닐기를 가진 당 유도체로 당의 알데하이드기는 그대로 두고 다른 쪽 끝의 1차 알코올기(CH_2OH-)만이 산화되어 카르복실(COOH)화된 화합물을 통틀어 이르는 화합물이다(그림 1-89). 따라서 카보닐 작용기와 카르복실산 작용기 모두를 갖고 있는데, 예를 들면 글루코오스나 갈락토오스, 헥소오스, 펜토오스 등은 각각 글루쿠론산, 갈락투론산, 헥슬로론산, 펜트론산이라 부른다. 당 명칭의 어미 -ose를 uronic acid로 바꾼 것이다.

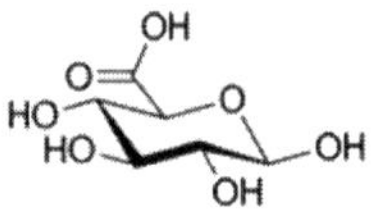

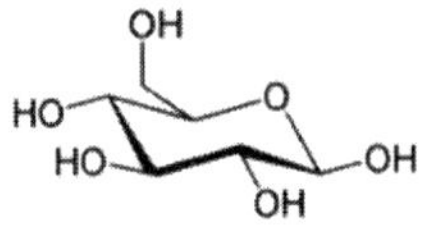

glucose 형태(산화 전)　glucuronic acd의 β-D 형태(산화 후)

그림 1-89. 우론산의 관련 구조

글루쿠론산(glucuronic acid)은 아라비아고무, 밀짚, 목재 등의 구조다당류를 구성하는 성분이며, 히알루론산의 구성 성분이다. 포도당에서 유도되는 우론산은 간에서 독성을 해독하는 작용을 하며 캄파, 보르네올, 멘톨, 클로랄, 페놀 등 동물 체내에서 산화되기 어려운 독성물질을 글루쿠론산 글리코시드(glucuronic acid glucoside)로 전환시켜 소변으로 배출시킨다. 글루쿠론산은 콘드로이틴황산(chondroitin sulfate), 헤파린(heparin), 히알론산(hyaluronic acid) 등의 뮤코다당이나 식물의 각종 다당류의 구성 성분이기도 하고, 아스코르브산(ascorbic acid) 생합성의 중간물이기도하다.

글루쿠론산은 몸 안에 알코올・페놀 따위의 독소가 들어오면 이들과 결합하고, 결합 생성물을 오줌에 섞어 배출함으로써 해독작용을 한다. 또 보습제, pH 조정제로서 피부에 사용되는데, 이것은 글루쿠론산이 피부에 수분을 공급하고 매끄러움을 유지시켜 주며, pH를 조절하는 데 도움을 주기 때문이다. 또 콜라겐 합성 촉진, 노화세포에서 활동성 개선 등 다양한 생리활성을 나타내는 항노화 기능성 원료이기도 하다. 자외선에 의한 광노화 손상 억제, 항산화, MMP-1(matrix metalloproteinase-1)* 생합성 저해효과, 피부 잔주름 개선, 보습, 피부자극 완화 기능도 가지고 있다.

* Matrix metalloproteinase(MMP)는 세포외 기질을 분해하는 매우 중요한 효소로서 현재까지 약 20종이 알려져 있는데, 그 중에서도 collagen을 분해하는 효소는 MMP-1, 8, 13의 3가지가 알려져 있다. MMP-1은 콜라겐의 특정 부위에 작용하여 콜라겐을 두 조각으로 자르게 하는 콜라겐 분해효소이다. MMP 발현의 억제는 콜라겐 대사의 조절과 콜라겐 생성에 많은 영향을 미친다.

갈락투론산(D-galacturonic acid)은 펙틴의 주성분인 우론산인데, 천연 면역자극제라고 흔히들 말한다. 천연 면역성은 동물이 미생물에 의한 감염이나 종양의 진전을 막는 방어의 최일선으로 전염병이나 암을 예방하는 효과적인 방법이 될 수 있다. 홍삼 다당체 속의 글루크론산과 갈락투론산이 정상세포를 손상하는 활성산소를 억제하고, 체내 해독작용을 통해 면역세포와 자연살해세포를 활성화함으로써 암을 억제한다. 결국 홍삼 다당체 성분이 면역을 담당하는 대식세포를 활성화시켜 암세포를 제거한다고 할 수 있다. 홍삼 다당체를 항암제와 병용 투여 시, 항암작용 강화는 물론 종양 감소도 우론산 때문이며, 홍삼이 위염, 위궤양, 위암의 원인균인 헬리코박터세균의 증식을 막아주며, 감기 등의 바이러스 질환 예방, 후천성면역력결핍증(AIDS) 환자의 면역세포 수를 증가시키는 것도 우론산과 관련이 있다.

11) 글루코노만난

우리에게 곤약으로 친숙한 글루코만난(glucomannan)은 포도당과 mannose가 결합되어 있는 다당류 중합체를 일컫는다. 글루코만난은 식품의 유화제로 쓰이거나 식품의 부피를 크게 하여 포만감을 높이는 다이어트식품의 원료로 사용되어 왔는데, 최근 새로운 기능에 초점이 맞추어져 연구가 활발히 진행되고 있다. 식이섬유 하이드로콜로이드 다당류인 글루코노만난은 포도당, 콜레스테롤, 중성지방 및 혈압 수치를 낮추고, 체중 감량을 가능하게 하며, 신진대사 조절을 통해 항당뇨병, 항비만, 완하제, 프리바이오틱 및 항염작용 등의 기능을 가진 것으로 알려져 있다.

현재 연구되고 있는 기능에는 항산화, 세포성 돌연변이 억제, 면역증진 등인데, 잘 알려진 주 기능은 혈관건강 개선이다. LDL은 혈관건강에 악영향을 일으키는 혈전인자 중 하나이다. 이 LDL은 혈관 내에서 혈액의 응고인자들과 결합해 혈전을 만들고, 혈관에 침전되어 혈관의 경화 및 고혈압의 원인이 되는데, 이 LDL의 구성 성분 중 ApoB100(apolipoproteinB100)이 혈전인자로 알려져 있다. 글루코만난은 지방세포의 CRG100 수용체의 리간드(ligand)로 작용할 수 있는데, 글루코만난이 결합하여 지방세포에 신호를 전달하면 ApoB100의 합성이 억제되는 것으로 알려져 있다. 이 ApoB100의 합성 억제는 결과적으로 혈관의 LDL입자의 감소를 불러일으켜 혈관기능의 개선을 일으킨다.

12) 글루칸과 글리칸

글루칸(glucan)과 글리칸(glycan)은 서로 다르며, 포도당만으로 이루어진 다당은 글루칸(glucan)이라 하는데, 예를 들면 β-글루칸은 포도당(glucose)이 β-1, 3화학결합을 중심으로 중합된 다당류를 총칭하는 용어이다. 그러나 글리칸(glycan)은 여러 종류의 단당이 혼합된 형태인데, 엄격한 의미에서 glycan이라는 용어에는 탄수화물 자체는 물론 당단백질, 당지질 또는 proteoglycan과 같은 복합당의 경우 탄수화물 부분만을 지칭하기 위해 사용되고 있다. 이런 경우 보통 복합다당의 경우 어미에 글리칸(-glycan)을 붙인다. 글루칸과 글리칸과 유사하게 혼동스럽게 사용되는 대표적인 용어가 글리콤(glycome)이다. 이 용어는 우리말로 당질체라고 부르는데, 즉 당과 글리칸의 총체를 말한다. 글리콤은 어떤 유기체의 모든 글리코시드복합체를 대표하는 용어로 프로테움보다 훨씬 더 복잡한 용어이다[프로테옴(proteome / protein in expressed by a genome)은 게놈의 상대어로 단백체 또는 단백질체를 말하는데, 세포 내의 단백질의 총합을 뜻한다].

(1) 글루칸

글루칸은 포도당으로 이루어진 다당의 총칭으로 사람이 소화시킬 수 없는 성분이다. 포도당의 이성체에 따라 전분은 α-글루칸, 셀룰로오스(cellulose)는 β-글루칸이라 부르는데, 섬유소의 β-글루칸 핵심은 β 1→3결합이다(그림 1-90). β-글루칸의 생성 유래에 따라 버섯, 효모 등 미생물의 세포벽이나 세포외 다당류에서 분리하는 미생물 유래의 β-글루칸과 보리, 귀리, 호밀과 같은 곡물의 식이섬유에서 추출, 생산되는 식물성 β-글루칸으로 구분하는데(동물기원은 존재하지 않는다) β-글루칸의 결합양식에 따라 β-1,3 glucan, β-1,3-1,6 glucan, β-1,3-1,4 glucan 등이 있다.

FDA의 GRAS(general recognized as safe)로 승인된 식품첨가물인 β-1,3 glucan은 포도당 분자 간에 β-1,3결합을 이루는 고분자 단순다당류이다. 수용성 식이섬유인 β-1,3-1,6 glucan은 귀리, 보리, 호밀 등 곡물 등으로부터 분리한 것인데, 포도당 분자 간에 β-1,3결합 및 β-1,4결합하여 만들어진 고분자 물질로 항암작용을 가지고 있다.

면역기능과 관련된 렌티안(lentinan, 그림 1-90)은 포도당이 β-1,3결합과 1,6결합을 반복하여 가지는 버섯다당류인데, 조혈모세포의 분화촉진인자로 작용해 백혈구의 수를 증가시키는 한편, 면역세포의 수용체에 리간드(ligand)로 작용하여 면역반응을 활성화시키는 것으로 알려져 있다. 또 렌티안은 기억력을 회복시켜 주며, 그 외 고혈압, 관절염, 당뇨병, 류마티스, 동맥경화 및 알레르기성 질환 등에 효과가 있으며, 살충제, 제초제를 살포할 때 토양 피막제로도 사용되고 있다.

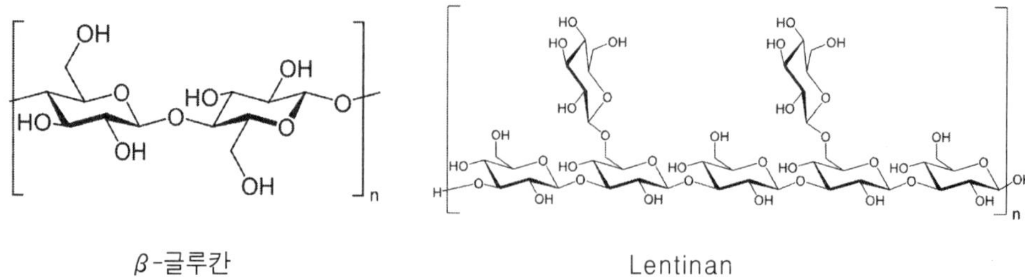

β-글루칸

Lentinan

그림 1-90. β-글루칸과 Lentinan의 구조

효모 유래의 β-글루칸은 불용성이나 *Auerobasidium*속의 β-글루칸은 수용성이다. β-글루칸은 각각의 단일사슬의 나선들이 서로 수소결합으로 안정화된 특이한 삼중 나선구조를 하고 있는데, 점성이 높고 열, pH에도 안정하여 식품에서 증점제나 겔화제로도 사용하며, 다양한 생리활성의 소재로 활용되고 있다. β-글루칸의 생리활성을 보면 우선 세균과 곰팡이 감염에 대한 저항력이 있고, 면역세포의 기능강화, 결핵균에 대한 대식세포의 식균작용 강화, 식중독균에 대해 숙주의 저항력이 있는 등 항균작용과 항암, 면역작용 등을 가지고 있다.

특히 면역계 내에서 대식세포(macrophage) 기능을 강화시켜 주는데, 대식세포는 다른 림프구나 백혈구의 증식인자인 사이토카인(cytokine)을 분비시켜 면역세포인 T세포와 B세포의 활동을 지원하여 암세포의 증식과 재발을 억제하는 면역기능을 가지고 있다. 이와 같이 β-글루칸은 면역세포의 기능을 활발하게 해 주는 Interleukin, Interferon 등의 생성을 촉진시키는 사이토카인을 생산한다. 또 β-글루칸은 피부재생/보호효과를 가지는데, 이것은 피부 표피세포의 약 5%인 면역계의 주세포인 대식세포 및 랑저한스세포(Langerhans cell)를 활성화시켜 주기 때문이다*.

* 대식세포는 피부 표피세포 증식인자를 분비하여 피부의 유지 기능을 도와주며, 랑저한스세포는 피부에 상처 회복, 즉 피부재생에 도움을 준다.

또 자외선 차단 및 자외선에 노출된 피부세포의 회복에도 도움을 주는데, 2차 감염 억제 및 피부보습 효능을 높이고, 피부 면역활성을 강화시켜 피부조직 활성을 촉진시킬 수 있는 상처 치료용 드레싱 소재로 활용하고 있다. 이 분야는 상처 치료용 글루칸을 당쇄 공학기술을 통한 저분자량화 및 아세틸화 등 구조 변화를 유도하는 구조변환기술 때문에 가능하다.

또 β-글루칸은 세포의 노화억제에 관련이 있는 생리활성 소재인데, 그것은 β-글루칸이 염색체의 텔로미어(telomere, 염색체의 끝부분에 있는 말단소립/DNA 손상부위)에 달라붙어 세포분열 시 피부손상을 억제하여 결과적으로 노화를 억제하게 만든다. 그 외 β-글루칸의 기능은 유해 활성산소를 제거하고, 체내 콜레스테롤의 수치를 낮추어 주며, 장내 유익균총의 성장을 촉진하며, 간의 지질 침착을 저해한다. 현재 β-글루칸은 건강기능 소재 또는 영양보조식품으로 유통되고 있고, 에이즈 치료에까지 그 응용 범위를 확대하고 있다.

(2) 글리칸과 당생물학

글리칸(glycan)이란 복합당의 경우 탄수화물 부분을 지칭하기 위해 사용되는 용어인데, 세포-세포 간 신호전달 및 인식, 단백질 접힘과 같은 것들과 관련이 있는 중요한 물질이다. 글리칸(glycans)은 과거 거의 주목을 받지 못하였으나 미국국립연구위원회(National Research Council)에서 글리코사이언스(glycoscience)의 핵심 소재로 연구가 시작되면서 그 구조와 기능이 탐색되고 의학, 에너지 생성 및 재료과학 등 다양한 영역에서 소재로 활용하기 시작하였다. 즉 당생물학의 한 분야로 새롭게 연구대상이 되었다.

최근까지는 글리칸은 단지 에너지 공급원 정도로 간주되었으나 세포 표면에서 단백질과 지방질과 같이 세포 간에 대화에 관련된 성분으로 알려지면서 특히 글리칸의 콘트롤을 통해 세포내 단백질의 분배가 이루어지고, 기관 내에 세포와 세포가 서로 소통하는 중요한 성분으로 주목을 받게 되었다. 즉 글리칸의 발견은 DNA(1953년 해독)와 단백질(1963년 해독)에 이어 21세기 제3의 '생명의 코드'로 손꼽힐 정도의 발견으로 세포의 '커뮤니케이션 안테나'로 불릴 정도로 글리칸은 세포 메신저 역할로 세포와 세포 간 중요한 생화학적 신호를 전달하는 기능을 가지고 있다.

글리칸은 특별한 특성을 보유하는 고분자 그룹인데, 아주 다양한 분자구조[올리고메트릭, 폴리메트릭, 선형 / 발달한 분지(가지)형]를 가지고 있다. 일반적으로 세포의 외부 표면에서 발견되며, 글리칸의 당사슬은 크게 *N*-당사슬과 *o*-당사슬이 있다. *o*-결합 당화(glycosylation)는 산소원자를 매개로 올리고당이 세린 또는 트레오닌 등 아미노산 잔기에 결합하는 과정에 관여하며, *N*-결합 당화(glycosylation)는 질소원자를 매개로 올리고당이 아스파라긴 아미노산 잔기에 결합하는 과정에 관여한다. *N*-연결된 글리칸은 진핵세포에서 적절한 단백질 접힘(holding)에 매우 중요하다. *N*-연결된 글리칸은 또한 세포-세포 상호작용에 중요한 역할을 한다. 글리칸은 막 단백질과 분비 단백질에서 다양한 구조적 및 기능적 역할을 담당하는데, 대부분의 단백질은 합성 과정에서 어느 정도의 당화(glycosylation) 과정을 거치게 된다.

글리칸의 생리활성 기능을 보면 우선 글루칸이 부족하거나 기능 저하가 일어나면 성장저하, 정신장애, 저혈압, 소뇌형성 저하증, 호르몬이상, 간질, 사팔뜨기, 응고장애, 조직섬유증 등과 같은 질환이 일어날 수 있다. 또 말라리아나 유행성 전염병을 근절하거나 AIDS, 유방암, 악성 흑색종, 전립선암, 치매, 고셰병(Gaucher's disease) 등과 같은 난치, 희귀질환 등을 치료하는 데 필요한 성분이다.

글리칸은 피부를 구성하는 주요한 요소로 피부의 신진대사는 물론 피부의 항상성에 결정적인 역할을 한다. 노화방지용 화장품에도 글리칸을 활용하는데, 서로 다른 3가지의 글리칸 구조를 결합하면 피부세포 재생에 도움을 주는 새로운 글리칸 복합체를 만들어 이를 화장품 성분으로 사용한다. 글리칸은 피부에 더 많은 콜라겐을 생산해 피부를 건강하게 만들며 피부 부상, 화상 및 상처 등을 치유하는 기능을 가지고 있다.

'당(糖)사슬'이라고 불리우는 글리칸이 노화방지의 비밀 열쇠를 쥐고 있다고 하며, 세포의 신진대사, 예를 들면 합성, 번식, 구별 등 세포조직 구조와 형성에 참여한다는 것이 일반적인 견해이다. 시장에 출시된 헤파린, 적혈구 생성 촉진호르몬 그리고 유행성 감기치료제 같은 약품들이 글리칸과 관련이 있는 것으로 알려졌고, 새로운 암 치료제와 소염제도 글리칸이 관련된 것으로 알려져 있다. 식품업계에서는 글리칸이 짠맛을 증폭시키는 기능에 주목하고 고혈압 환자들이 염분 섭취를 줄이면서도 짠맛을 느낄 수 있도록 하여 글리칸이 소금을 줄이는 데 식료품 보조제 등으로 활용하고 있다.

당생물학(glycobiology)은 당류의 구조, 생합성, 생물학을 아우르는 바이오 분야의 최신 학문으로 인체나 나무, 해조류 등에 존재하는 당류의 구조나 기능을 분석해 질병치료에 활용하는데 당생물학의 대표적인 연구물질이 바로 글리칸이다. 복잡한 사슬구조로 이뤄진 글리칸은 사슬구조들끼리 서로 융합하면 또 다른 구조를 만들어 내기 때문에 다양한 기능을 만들 수 있다. 미국 MIT는 미래를 변화시킬 10대 혁신과학으로 당생물학을 주목하고 있다. 조류인플루엔자나 신종플루 등 새로운 바이러스성 질환의 치료제인 타미플루도 당생물학의 연구 결과물이며, 심장이나 폐수술 후 혈액이 응고되는 것을 막는 헤파린도 당생물학 분야에서 탄생한 치료제이다. 이것은 글리칸과 같은 당물질이 단백질과 함께 세포를 구성하고 있어 다양한 난치병 치료제를 개발할 수 있다고 한다.

13) 당복합(연결)체와 글라이코믹스

1976년에 Yuan C. Lee에 의해 처음으로 당단백질이란 용어를 사용한 이후 이 용어는 새로운 당복합결체(glycoconjugate)로 그 범위가 넓어졌으며, 이것이 글라이코믹스(glycomics)로 발전하였다. 글라이코믹스(그림 1-91)라는 용어의 "글라이코(glyco-)는 단맛이나 설탕에 대한 화학 접두사인 *glyco*-에서 유래되었고, *-ome*은 전체, *-ics*는 방법론적인 학문"을 말하는 용어에서 유래된 복합적인 용어인데, 결론적으로 말하면 당(糖)을 포함하는 모든 물질에 대한 연구분야를 말한다.

당단백질, 당지질, proteoglycan 등을 대변하는 당복합체(neogly coconjugate)는 당생물학(glycobiology)의 중요한 분야이자 글라이코믹스의 기본 연구 대상이다. 당복합체는 물리학적 · 생화학적 · 병리학적 특성이 중요한데, 물리학적 특성에는 수용성, 전하, 질량의 변화, 단백질 접힘, proteolysis 등이 있고, 생화학적 특성은 효소 및 호르몬의 활성변화, 면역특성의 조절, 렉틴, 항원, 독성과의 상호작용 등이 있다. 병리학적 특성은 암, 천식, 당뇨, 염증 등에 나타나는 당의 구조 등을 중심으로 접근한다(그림 1-91). 글라이코믹스는 유전체, 생리학적, 병리학적 및 글리콤(glycomes)에 대한 포괄적으로 접근하여 주어진 세포 유형 또는 유기체의 모든 글리칸 구조에 대해 복잡한 생합성 경로를 중심으로 연구하는데 글라이코믹스가 새롭게 각광을 받고 있는 분야는 재조합단백질로 대표되는 생물의약품이다.

글라이코믹스의 중요 연구대상은 당단백질과 세포 표면 당사슬이다. 당단백질은 생물의약품을 개발하는 데 매우 중요한 소재인데, 생체 내에서 3가지의 장소에만 존재한다. 첫째는 혈액이나 체액 같은 세포외의 장소이다. 세포외로 분비되는 수용성 단백질은 호르몬이나 항체가 많으며, 체내를 돌아다니면서 수용체와 반응하여 신호를 전달하거나 면역작용에 관여한다. 분비된 당단백질이나 수용체는 렉틴 활성을 가지고 있으며, 이를 통해 상호 신호전달을 한다. 두 번째는 막단백질과 세포 표면에 머무르는 점액(mucus)을 포함한 세포외 기질(extracellular matrix)이다. 세포 표면에 있는 대표적 당단백질인 뮤신은 탄수화물 함량이 전체의 반 이상을 차지하고, 그 대부분이 *O*-당화로 구성되어 있다. 셋째는 세포내 소기관이다. 세포 표면 당사슬은 세포성 면역기능에 관여하는데, 인체의 면역계는 외부에서 침입하는 세균 및 바이러스 등에 대항해서 면역세포의 당화 스위치를 작동시키고 항체에 부착되는 당사슬을 바꾸면 면역반응이 조절된다.

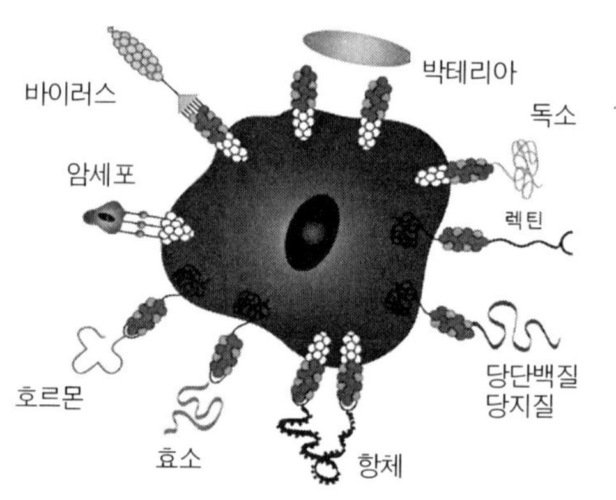

그림 1-91. 글라이코믹스의 연구 분야

정상세포가 암화 되면 세포 표면에 다양한 비정상적 구조의 당사슬이 발현하게 된다. NK세포는 정상세포와 암세포를 구분하여 공격하게 되는데, NK세포는 복합형 당사슬을 발현하는 정상세포보다 만노스형이나 혼합형만을 합성하는 CHO 세포의 돌연변이를 선택적으로 공격한다. 또 세포 표면 당사슬은 신경세포, 면역세포 등 다양한 세포의 분화와 기관 발달 및 조절에도 폭넓게 관여한다. 글라이코믹스 기술은 부작용이 있는 헤파린(항응고제)를 부작용 없도록 하여 항응고 활성 외에 항염증 및 항암작용을 동시에 가질 수 있도록 하였으며, glycosaminoglycan인 히알우론산을 안과수술 보조제, 안구건조증 치료용 인공 누액, 관절기능 개선제로 주로 사용하도록 하였다. 또 글라이코믹스 기술로 주름살 및 흉터 제거용 filler 개발, 가슴 확대용 보형물, 피부이식용 scaffold 등 다양한 기능을 가진 소재를 개발하는 데 일조하였다.

〈2절〉 단백질 / 아미노산 유래 생리활성물질

단백질 / 아미노산 유래 생리활성물질을 소개하기 전 우선 단백질과 아미노산에 대한 기본적인 지식이 필요하다. 단백질이란 무엇인가? 어떻게 소화 흡수되는가? 원(元) 단백질의 기능은 무엇인가? 단백질을 변화시키면 어떤 기능을 갖는가? 기능성 아미노산, 펩타이드, 단백질은 무엇인가? 단백질은 어떤 성분과 잘 어울리며, 어떤 새로운 생리활성을 가질 수 있는가? 중요한 단백질 생리활성물질에는 어떤 것이 있는가? 등에 대한 이해를 할 필요가 있다. 특히 단백질과 아미노산의 구조와 기능, 그리고 그들의 특성과 생리활성기능 등을 총체적으로 정리할 필요가 있다. 따라서 본 장에서는 이러한 관점에서 단백질 / 아미노산 유래 생리활성물질을 소개, 설명하기로 한다.

2.1 단백질의 정의와 일반적 정보

단백질(蛋白質, protein)은 질소를 가진 생체구성 고분자 유기물질로 protein은 그리스어의 *proteios*(중요한 것)에서 유래된 것이다. 단백질은 수많은 아미노산의 연결체로 22가지의 서로 다른 아미노산들이 펩타이드결합(peptide bond)한 폴리펩타이드(polypeptide), 즉 중합체를 말한다. 흔히 사용되는 protein 관련 용어인 peptone, proteose, peptide / polypeptide 등도 확실하게 비교 이해하여야 한다.

일반적으로 단순히 polypeptide를 단백질이라 말하지만, 엄밀하게 말하면 이건 단백질이 아니다. 여러 가지의 폴리펩타이드 사슬이 4차 구조를 이루어 고유한 기능을 갖게 되었을 때만 비로소 단백질이라고 정의한다. 따라서 분자량이 비교적 작은 것은 폴리펩타이드라고 말하고, 분자량이 큰 것들만 단백질이라고 한다. Peptone은 단백질 소화(분해) 시 분해 초기단계에 만들어지는 분자량이 큰 수용성 단백질을 말하고(a soluble protein formed in the early stage of protein breakdown during digestion), Proteose는 단백질 소화분해 과정에서 짧은 단백질의 가수분해 분해에 의해 생성된 다양한 아미노산 단계에서의 수용성 화합물을 말한다. Peptone보다는 더 분해된 상태를 의미한다(A proteose is any of various water-soluble compounds that are produced during digestion by the hydrolytic breakdown of proteins short of the amino acid stage). Peptide는 사슬 내에 연결된 2개 이상의 아미노산으로 구성되는 화합물로, 카르복실기(COO-)와 아미노기(-NH_2)가 결합하여 (-OC-NH-)형태의 단위를 만들고, 이것이 다음 단위에 계속 연결되었을 경우를 말한다. 결코 펩타이드는 분해된 단백질이지만 아미노산은 아니다(A compound consisting of two or more amino acids linked in a chain, the carboxyl group of each acid being joined to the amino group of the next by a bond of the type -OC-NH-. Peptide has a different definition, but it can be applied to the other two too as all are degraded proteins but not amino acids).

특정 폴리펩타이드 내에서 아미노산들이 정해진 유전정보 순서대로 배열된 단순한 상태를 1차 구조라 부른다. 물론 아미노산이 가지는 다양한 종류의 곁사슬은 폴리펩타이드의 형태와 기능에 영향을 미친다. 많은 폴리펩타이드들이 일단 만들어진 후 안으로 굽히거나 접혀서 둥근 공의 형태를 갖게 되며, 내부의 아미노산들이 이웃한 다른 아미노산들과 결합한다.

폴리펩타이드는 수소결합을 통하여 주름치마와 비슷하게 여러 개 납작하게 접힌 β-병풍구조를 가지게 되는데 이것을 2차 구조라 하고, 이것은 용수철과 같이 나선형 형태를 나타낸다. 나선 또는 병풍의 구조를 가진 폴리펩타이드들은 서로간의 상호작용으로 더 복잡한 공 모양의 입체구조를 만드는데 이것을 3차 구조라고 한다. 3차 구조를 가진 폴리펩타이드들은 서로 뒤틀려 꼬여있는 화학적인 4차 구조를 이룬다(그림 2-1). 단백질은 생물체 내의 구성 성분으로 세포 안의 각종 화학반응의 촉매역할(효소), 호르몬 원료, 항체 원료, 신경전달 물질원료, 면역물질 등 생체 내 중요한 역할을 담당하고 있다.

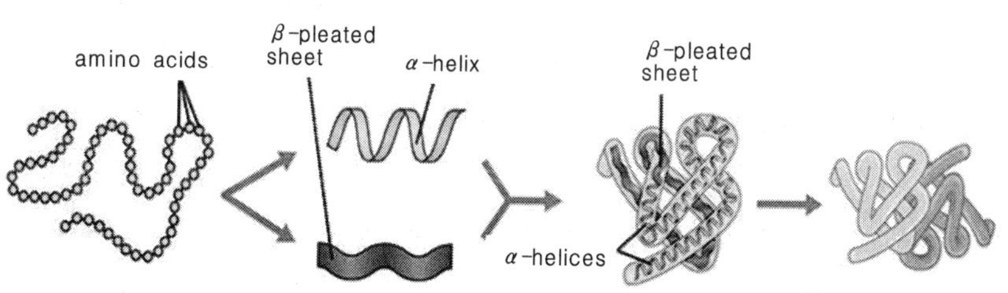

그림 2-1. 단백질 구조

단백질을 분류할 때 흔히 동물성 / 식물성 단백질, 단순단백질 / 복합단백질 / 유도단백질(derived proteins) 등과 같이 구분한다. 유도단백질은 단백질이 외부로부터 산, 알칼리 또는 효소에 의하여 부분적으로 변성된 단백질을 말하는데, 변성 정도에 따라 제1차 유도단백질, 제2차 유도단백질로 나눈다*.

* 1차 유도단백질은 젤라틴, 수용성 단백질이 불용성으로 변한 경우, 제2차 유도단백질은 제1차 유도단백질보다 가수분해 또는 변성이 더 진행된 단백질로 프로테오스(proteose) 펩톤(peptone) 그리고 펩톤보다 더 가수분해가 진행된 펩티드류(peptides) 등을 말한다.

또 형태에 따라 콜라겐(collagen)과 같은 섬유상 단백질(fibrous proteins)과 오브알부민(ovalbumin)과 같은 구상단백질(globular protein)로 분류하기도 하며, 경우에 따라서는 근육단백질과 결체조직 단백질로, 또는 완전단백질 / 부분적 불완전단백질 / 불완전단백질 등으로 구분하기도 한다. 구조가 비교적 간단한 단백질인 단순단백질(simple protein)은 필수 / 비필수아미노산으로만 구성되어 있고[예 : 알부민(albumin), 글로불린(globulins), 글루텔린(glutelins), 프롤라민(prolamins), 히스톤(histone) 등], 단순단백질에 비단백질 성분이 함유된 것은 복합단백질(conjugated proteins)이라 부르는데, 함유된 성분에 따라 핵단백질, 당단백질, 인단백질, 지방단백질, 색소단백질 등으로 구분한다.

완전단백질(complete protein)은 필수아미노산을 모두 가지고 있으면서 그 함량 비율이 합리적인 경우의 단백질을 말하는데, 실제 100% 완전단백질은 없지만 완전단백질에 가까운 것으로는 우유의 카제인(casein), 계란의 오브알부민(ovalbumin) 및 대두의 글리시닌(glycinine) 등이 있다. 이 단백질들은 보통 고급단백질이라 부른다. 부분적 불완전단백질(partial incomplete protein)은 몇 종류의 필수아미노산이 부족한 단백질로 밀의 글리아딘(gliadin), 보리의 호르데인(hordeine) 등이 여기에 속한다. 불완전단백질(incomplete protein)은 필수아미노산의 미흡으로 성장에 문제를 야기하고, 체중을 감소하는 형태의 단백질인데, 젤라틴(gelatine)과 옥수수의 제인(zein)이 대표적인 예이다.

단백질을 적게 섭취하거나 과다 섭취하면 인체 문제가 발생하는데, 과다 섭취 시에는 신장기능 악화, 탈수현상, 칼슘 배출 유도, 영양소 불균형 유도 등을 야기한다. 단백질은 천연단백질이 물리적인 요인(가열, 건조, 교반, 압력, X선, 초음파, 진동, 동결)이나 화학적인 요인(산, 염기, 요소, 유기용매, 중금속, 계면활성제) 혹은 효소의 작용 등으로 원래의 성질을 잃어버리는 변성현상을 일으킨다.

아미노산(amino acid, 22개)은 생체 구성단백질의 구성단위이다. 단백질을 완전히 가수분해하면 암모니아와 아미노산이 생성되는데, 아미노산은 아미노기(-NH_2)와 카르복실기(COO-)를 가지고 있는데, α-아미노산을 보통 아미노산이라 부르고 있다. α-아미노산은 아미노기와 카르복실기가 α-탄소에 붙어 있는데, 곁사슬에 따라 무슨 아미노산인지가 결정된다. 아미노산은 곁사슬의 성질에 따라 산성, 염기성, 친수성(극성), 소수성(비극성) 등 네 가지 종류로 구분된다. 보통 아미노산은 중성에서 Zwitter ion(양극성 이온)으로 존재하며, 공명 안정화를 취하고 있다*.

* 프롤린(proline)은 실제로는 아미노기를 포함하지 않기 때문에 엄밀하게 말해서 아미노산이 아니라 '이미노산(imino acid)'으로 부르기도 한다. 그러나 생화학적으로 다른 아미노산과 비슷한 기능을 수행하기 때문에 아미노산으로 분류하고 있다.

가장 간단한 글라이신(glycine)을 제외하고 모든 아미노산은 두 가지 광학활성을 가지고 있는데, 그것이 D형과 L형이다. 단백질(protein)을 구성하는 아미노산의 거의 대부분이 L-아미노산 형태이며, 일부 특이한 바다생물에서 D-아미노산이 발견되고 있다.

아미노산은 생합성 여부에 따라 필수와 비필수아미노산으로 구별하는데, 필수아미노산은 생체 내에서 전구물질로부터 합성할 수 없는 아미노산으로 반드시 음식을 통해 섭취해야 한다. 유아와 성장기 어린이에게만 필수아미노산으로 인정되는 것(시스테인과 티로신, 아르기닌, 히스티딘)이 있는가 하면 글루타민, 글리신, 시스테인, 아르기닌, 세린, 티로신, 프롤린 등과 같이 체내에서는 합성되지만, 그 양이 충분치 않아 음식으로 섭취해야 하는 준필수아미노산(조건부 필수아미노산, conditionally essential amino acid)도 있다. 특히 아르기닌(arginine)은 체내에서 합성되는 비필수아미노산이지만, 일정 연령에 달하지 않는 아이들에게는 합성되지 않기 때문에 성장이 빠른 유아기에서는 준필수아미노산, 즉 조건부 필수아미노산으로 분류하기도 한다.

실제 필수아미노산과 비필수아미노산을 명확히 구분하기는 그렇게 쉽지 않으며, 만약 비필수아미노산이 부족하면 다른 아미노산으로부터 언제든지 필요한 양만큼 합성이 가능하다. 또 황을 포함한 아미노산인 메티오닌과 호모시스테인은 서로 변환이 가능하지만 둘 다 사람의 체내에서 합성되지는 않는다. 마찬가지로 시스테인은 호모시스테인으로부터 변환할 수는 있으나 합성되지는 않는다.

필수아미노산의 경우 필요량에 대해 가장 부족되는 필수아미노산을 제1제한아미노산, 두 번째로 부족되는 아미노산을 제2제한아미노산이라 부르는데 보통 리신, 메티오닌, 트립토판, 트레오닌 등이 제한아미노산이 되는 수가 많다. 또 아미노산은 그 성질에 따라 지방족, 방향족으로 구분하고 친수여부에 따라 소수성, 친수성으로 구분한다. 친수성 아미노산은 다시 산성과 염기성 아미노산으로 구분하고, 산성 아미노산은 음전하성을, 염기성 아미노산은 양전하성을 띠고 있다*.

* 지방족(글라이신, 류신, 메티오닌, 발린, 알라닌, 아이소류신 프롤린), 방향족(트립토판, 타이로신, 페닐알라닌, 히스티딘), 소수성(글라이신, 류신, 메티오닌, 발린, 알라닌, 아이소류신, 트립토판, 페닐알라닌, 프롤린), 친수성(글루타민, 세린, 시스테인, 아스파라긴, 트레오닌, 타이로신), 산성 아미노산(글루탐산, 아스파르트산), 염기성 아미노산(리신, 아르기닌, 히스티딘) 등이 있다.

아미노산의 생리활성 기능을 이해하기 위해서는 아미노산풀(amino acid pool)의 의미를 이해하여야 한다. 아미노산풀은 생체 내에서 단백질이 생성되고 분해되는 균형을 뜻하는 시스템을 말한다. 체내에서는 단백질 합성 및 분해과정을 조절하는 단백질 교체 사이클이 계속적으로 진행되어 세포내 단백질 양이 단백질 합성과 분해의 균형을 유지하는데 세포의 생존능력 유지, 성장과 세포의 단백질량 조절, 그리고 효소의 수준, 단백질 및 에너지 영양상태, 호르몬 등이 이와 관련되어 있다.

단백질 교체는 주로 소장・근육・간・신장・두뇌・혈장・적혈구・헤모글로빈 등에서 일어나는데, 간은 단백질 분해율이, 다른 조직은 단백질 합성률이 크게 작용한다. 간에서는 유입된 아미노산의 1/4 정도만 지단백질(지질 수송: LDL, HDL 등)을 형성하여 분비되고, 3/4은 간조직 내에서 대사된다. 이 3/4은 우선적으로 단백질 합성에 이용되고, 나머지는 이화과정을 통해 포도당・지방질・요소합성 기질로 이용된다.

2.2 단백질 / 아미노산의 기능과 생리활성

단백질과 아미노산은 다양한 생리활성을 가지고 있다. 단백질의 생리활성은 주로 단순단백질과 복합단백질, 펩타이드류 등에 해당되는데, 필수아미노산은 물론 비필수아미노산도 생리활성 기능을 가진 것들이 많다. 본 장에서는 크게 아미노산류와 단백질류로 구분하여 그들의 생리활성 기능을 소개하고자 한다.

생리활성을 가진 일반 아미노산과 필수아미노산으로는 알라닌, 아스파라긴산, 아스파라긴, 아르기닌, 세린, 글리신, 글루타민산, 글루타민, 티록신, 프롤린, 메치오닌, 시스테닌, 시스틴 등이 있고, 생리활성을 가진 기능성 아미노산으로는 BCAA(branched chain amino acid, 분지사슬형 아미노산), theanine, taurine(황아미노산), L-carnithin, melatonin, condroithin과 glucosamine, lysozyme, SOD(superoxide dismutase, 과산화물 제거효소), GABA(γ-aminobutyric acid), catecholamine 등이 있다. 이와 같이 아미노산은 단백질을 구성하는 기본 요소로 근육형성, 혈당, 수명, 암, 신경질환 등 거의 모든 신체대사와 질병발생에 관련되어 있는 생리활성물질로 생각할 수 있다.

기능성 펩타이드로는 실크 펩타이드, 콜라겐 펩타이드, 글루타치온, 아스파탐, protamin, 글루타민 펩타이드, ACE활성저해 펩타이드, 우유 펩타이드, 콩 펩타이드, 난백 펩타이드, 정어리 펩타이드, 발효유 유래 펩타이드, 밀단백 펩타이드, 간장유래 펩타이드, 된장유래 펩타이드, 칼슘흡수 촉진 펩타이드, 혈소판 응집저해 펩타이드, 혈청콜레스테롤 감소 펩타이드, 면역증가 펩타이드, 비피더스증식 펩타이드, 항균성 펩타이드, 항고혈압활성 펩티드, 저 allergen 펩타이드, 항산화 펩타이드, lactoferrin 펩타이드, LPP(low phenylalanine peptide), LCP(liquid collagen peptide) 등이 있고, 기능성 단백질로는 lactoferrin, collagen 등이 있다. 그 외 기타단백질 의약품으로는 항체의약품, 백신, 유전자 의약품, 재생 의약품, 저분자 의약품, 약물전달 시스템, 바이오

플라스틱, 효소, 화장품소재 등이 있으며, 효소 가수분해물(arazyme 효소단백질)과 단백체학 생리활성물질 등도 중요한 기능성을 가진 단백관련 소재들이다.

2.3 아미노산류의 생리활성

1) 필수아미노산의 생리활성

필수아미노산은 체내에서 합성되지 않거나 합성되더라도 그 양이 매우 적어 생리기능을 충분히 수행하기 어려워 반드시 음식으로부터 공급받아야만 하는데, 실제 필수아미노산의 생리활성 기능은 매우 다양하고 중요하다.

근육 형성에 가장 중요한 역할을 하는 류신(leucine, 그리스어로 "희다"를 의미하는 "*leuco*"에 연관되어 명명)은 발린(valine)과 성질이 매우 비슷하며, 이소류신(isoleucine)과는 이성질체 관계인데, 이들은 근육 구성 성분의 35%를 차지하는 BCAA(branched chain amino acid)의 구성 성분들이다. 무산소 운동 위주의 트레이닝을 하는 사람에게 필수적인 물질로 취급되고 있다.

류신대사의 주요 최종 생성물은 아세틸-CoA 및 아세토아세테이트(acetoacetic acid / CH_3COCH_2COOH)이다. L-류신과 D-류신 모두 발작을 진정하는 진정 효과를 가지며 체지방 증가를 억제한다. 류신은 성장호르몬과 뼈의 생성에 직접 관여하며, 칼슘흡수 촉진, 질소 평형 유지작용, 콜라겐 형성 관여, 항체/효소/호르몬 생성 관여, 근소실 억제 및 조직손상 회복 등을 비롯하여 헤르페스바이러스(herpes virus) 억제작용, 혈당으로 인한 백내장 증상 완화, 프롤린과 함께 지질단백질의 동맥혈전 형성을 억제하고, 로이신/아르기닌과 함께 면역력을 증강시키는 등 다양한 생리활성을 갖는 소재이다.

이소류신(Isoleucine)은 류신과 발린과 함께 BCAA 중 하나이다. 이소류신은 근육단백질 합성을 유도하는 능력(발린보다는 강하지만 류신보다 훨씬 약함)을 가지고 있고, 운동 중에 포도당 흡수 및 포도당 사용을 상당히 증가시킬 수 있다. 이소류신은 글리코겐 합성을 촉진하지 않지만 근육 세포로의 포도당 섭취를 증가시키며, 골격근으로의 포도당 흡수를 증가시키고, 항콜린작용(anticholinergic reaction)을 나타낸다. 탄수화물, 지방, 단백질을 분해하여 에너지를 생성하고 헤모글로빈을 생성하는데 관여하며, 혈당조절, 근육생성 및 보수 등 기능을 수행한다.

페닐알라닌(phenylalaine)은 페닐케톤뇨증(phenylketonuria, PKU)에 대한 이야기를 많이 하는 아미노산인데, 이것은 phenylalanine에서 tyrosine으로 전환되기 위해서는 hydroxylase가 관여해야 하는데, 이 효소가 결여되면 페닐케톤뇨증이 생겨 갑상선기능 저하, 피로감, 비만, 성장저하, 저항력 저하 등이 나타날 수 있다. 페닐알라닌은 식욕 억제효과, 통증 해소, 항우울제 작용, 기억력 개선 기능을 비롯하여 신경세포와 뇌 사이 신호전달 물질인 노르에피네프린(norepinephrine 또는 noradrenaline)을 생산하는 데 중요한 역할을 한다. 체내에서 티로신으로 전환되며, 뇌에서도 생체내 카테콜아민인 도파민(dopamine), 노르에피네프린(norepinephrine), 에피네프린(epinephrine)으로 전환된다. 장을 자극하여 cholecystokinin을 분비하여 뇌의 만복중추신경을 자극하여 공복감을 줄여 준다.

트레오닌(threonine)은 4탄당인 트레오스와 연관성이 있기 때문에 그 이름으로 유래한 것인데, 성장을 촉진하는 효과가 있으며, 간에 지방이 끼는 것을 막는 역할을 한다. 또한 콜라겐(collagen), 엘라스틴(elastin), 치아의 에나멜질(enamel, 법랑질)을 만드는 데 쓰이며, 포도당을 글리코겐으로 합성하는 일에도 관여한다. 트레오닌은 척수경련, 다발성 경화증, 대뇌 동맥증후군 및 근위축성측삭경화증(amyotrophic lateral sclerosis, ALS / 루게릭병) 등을 비롯한 다양한 신경계질환 치료에 사용되며, 체내에서는 글리신으로 전환된다.

메티오닌(methionine)은 콜린(레시틴) 및 크레아틴과 같은 화합물의 전구체로 시스테인 및 타우린의 합성 원료로도 사용된다. 또한 메티오닌은 황을 제공한다. S-아데노실-L-메티오닌(S-adenosyl-L-methionine, SAM)은 L-메티오닌으로부터 유래되며, 신체 내에 메틸기를 제공하고, 또한 뇌의 다양한 신경전달물질의 합성에 관여한다. L-메티오닌과 SAM은 간에서 지방축적을 저해하고, 동맥 촉진성 지질대사를 저해한다. 그것은 또한 뇌, 심장 및 신장의 혈액순환을 개선하고, 따라서 항우울제, 염증, 근육통 및 간질환을 완화하는 물질로 사용된다. 특히 알코올에 의해 야기되는 간질환에도 효과적이다. 메티오닌은 또한 독성물질의 해독 및 배설, 납과 같은 중금속 배설을 촉진시키며, 골관절 질환에 대해 항염증 효과를 갖는다. 관절회복을 촉진하고, 모발의 필수영양소로서 탈모를 방지한다. 그 외 간의 지방과 콜레스테롤 수치 저하, 레시틴 합성 증가, 모발, 피부 및 손톱의 이상 예방 등의 기능을 가지고 있다.

1901년에는 영국의 화학자 홉킨스(Frederick Gowland Hopkins)와 콜(S. W. Cole)이 카제인(Casein)으로부터 분리한 트립토판(tryptophan)은 인돌(indole) 화합물과 비슷한 성질을 나타내는 아미노산인데 우울, 불면, 두통 등의 증상을 개선하는 데 도움이 되는 아미노산으로 알려져 있다. 멜라토닌(melatonin)과 신경전달 호르몬인 세로토닌(serotonin)을 활성화시켜 불면증을 개선시키고, 성장기 어린이와 유아의 성장 호르몬을 증가시킨다. 식욕부진이나 스트레스에도 작용하여 적절한 식욕을 돋워주며, 뇌의 신경안정 호르몬 활성화를 통해 편두통과 정서적 문제에서 벗어날 수 있게 도와준다. 그 외 콜레스테롤 감소하고 요통, 복통 등을 완화하고 우울감, 월경전증후군을 개선하는 데 도움을 준다.

라이신(또는 리신, lysine)은 동물성 단백질에 많이 존재하고, 식물성 단백질에는 그 함유량이 적은데, 아동기에 적절한 성장과 뼈의 발달을 돕는다. 칼슘 흡수를 돕고 항체, 호르몬, 효소, 콜라겐 생성 및 조직형성과 복구에 도움을 준다. 감기, 고열 등에 의한 입가의 발진과 포진 바이러스(Herpes viruses)의 치료에 효과적이다. 또한 혈중 중성지방을 줄여주고, 골다공증을 예방하는 효과도 있다. 또 라이신은 면역증강 역할을 하는 물질로 알려져 있다. 라이신의 결핍은 카르니틴(carnitine) 생성을 방해하므로 식욕부진, 체중감소, 빈혈, 피로, 집중력 저하, 오심, 효소의 이상, 성장부진 등의 증세를 보인다.

1896년에 독일 물리 / 의학자 알브레히트 코셀(Ludwig Karl Martin Leonhard Albrecht Kossel)이 처음 분리한 히스티딘(histidine, 어원은 그리스어이며 '조직'이란 뜻)은 어른에게는 비필수지만 유아기 아이들에겐 필수아미노산이다. 히스티딘은 카르노신(carnosine, 근육과 신경조직에 강한 항산화 작용을 하는 물질)이나 히스타민과 같은 생체 관련 물질의 전구체로 지방분해를 촉진하고, 자외선으로부터 피부손상을 막아 주는 역할을 하는가 하면 백혈구, 적혈구 생성을 촉진하고, 스트레스나 만성관절염을 완화시키는 기능을 한다. 류마티스성 관절염 치료에 도움을 주며 불감증 해결, 성욕증진 기능도 가지고 있다. 따라서 히스티딘이 부족하면 특히 성장기의 아이들에게는 성장이 늦어지거나 피부에 습진 등이 생긴다.

발린(valine)은 류신, 이소류신과 함께 근육을 만드는 BCAA 중의 하나로, 1901년 독일의 화학자 에밀피셔(Emil Fisher)가 카제인에서 최초로 분리해 낸 필수아미노산이다. 새로운 근육을 만들거나 손상된 근조직을 재생하는 데 필요한 소재이다. 즉 근육을 만드는 성분으로 근육을 움직이게 하는 에너지원이며, 피로물질이 쌓여져 근육이 뭉치는 것도 막아준다. 또 발린은 간과 담낭의 질환을 개선하는 효과도 있고, 또 신경에도 작용하는데 발린이 부족하면 신경수초(myelin sheath)의 이상이 생겨 심한 경우 치매를 유발할 수도 있다[수초화(Mylineated)는 미엘린 수초가 뉴런의 축삭돌기에 감기어 자극의 전달 속도를 더욱 빠르게 하는 현상이다]. 수술 후에도 발린이 충분하다면 빨리 회복할 수 있다고 한다.

2) 비필수아미노산의 기능과 생리활성

체내에서 당질의 중간 대사물과 질소 또는 필수아미노산으로부터 합성될 수 있는 아미노산들을 비필수아미노산이라고 부르는데, 이것 역시 필수아미노산 못지않게 특이한 생리활성을 가진 것들이 많다.

아르기닌(arginine)은 성장호르몬의 분비를 유도하고, 상처 치료 및 간의 재생 촉진, 세균, 바이러스 및 종양세포에 대한 면역을 증진시키는 기능을 가지고 있다. 글루타민(glutamine)은 브레인푸드(brain food)라 할 정도로 뇌의 영양성 근원이 되는 소재로 위궤양 치료에 도움을 주고 알코올 중독, 정신분열, 설탕중독 등을 조절하는 기능을 가지고 있는 소재이다.

또 글루타민은 노폐물 해독(암모니아를 독성이 덜한 요소로 바꾸어줌), 장 점막의 회복기능을 비롯하여 신경세포에 에너지를 공급하여 뇌기능을 강화하는 소재인데, 이것은 글루타민이 GABA를 형성시켜 뇌기능 강화는 물론 항우울, 항불안, 항경련 작용을 해주기 때문이다. 그 외 각종 중독증을 개선하며, 지방간을 개선해 준다. 수술 후 회복기능을 가지며, 근육성장 인자로서의 기능을 가지고 있다. 인체 아미노산 비율과 흡사한 실크아미노산에도 글루타민이 포함되어 있다.

글리신(glycine)은 콜라겐(collagen)의 생합성에 필수적이고, 근육기능에 불가결한 크레아틴(creatine) 공급에 관여하며, 간장에서 자유기(free radical)를 제거하며, 해독작용을 한다. 췌장에서 glucagon의 방출을 자극하여 포도당을 혈액 중에 방출함으로써 저혈당증을 치료하며, 뇌하수체의 기능을 돕는다. 노폐물을 제거하고, 세포막에 손상을 주는 벤조산과 결합하여 마뇨산(hippric acid)를 형성하여 체외로 배출시킨다. 핵산과 담즙 생성에 필수적이며, 간질발작을 막는 데 도움을 준다. 우울증과 저혈당증, 전립선 장애 치료를 돕고, 면역계에 반응하는 호르몬의 제조 소재이기도 하다.

실크단백질인 세리신과 피브로인에 특히 다량 함유된 L-세린(serine)은 동물성 단백질에서 발견되며 뇌, 근육 및 피부 건강에 사용되는 소재이다. 1865년 실크단백질로부터 분리하여 라틴어로 실크를 뜻하는 *sericum*에서 이 아미노산을 명명하였다. 체내에서 글리신으로부터 합성되며 퓨린과 피리미딘, 글리신, 시스테인, 트립토판(박테리아 내에서) 그리고 각종 물질대사들의 생합성에 관여한다. L-세린은 단백질, DNA 및 세포막의 생산에 중요한 역할을 하며, 근위축성 측삭경화증(ALS, 루게릭병), 만성피로증후군 및 알츠하이머병과 같은 뇌질환을 치료하기 위해 사용되며, 신경전달물질로써 뇌에서 뉴런의 화학시냅스를 자극하는 등 뇌 내에서의 세포 소통에 중요한 소재이다. L-serine과 D-serine은 모두 몸에 트립토판을 만드는 과정에서 중요한데, 체내의 근육량을 증가시키는 크레아틴 수치를 증가시키며, 항체(면역글로불린) 생산에 관여하고, 발작예방에 글리신은 물론 세린도 관련한다.

신경전달물질의 전구체인 티로신(tyrosine)은 에피네프린, 노르에피네프린 및 도파민을 포함하여 신경전달물질이라고 불리는 몇 가지 중요한 뇌 화학물질의 생산에 필수적인 구성 요소인데, 뇌의 도파민성 세포에서 티로신은 티로신수산화효소(tyrosine hydroxylase, TH)에 의해 L-DOPA로 전환된다. TH는 신경전달물질인 도파민 합성에 관여하는 속도 제한효소(rate-limiting enzyme)이다. 그런 다음 도파민은 노르에피네프린(노르아드레날린) 및 에피네프린(아드레날린)과 같은 다른 카테콜아민으로 전환된다. 갑상선 콜로이드에 있는 갑상선 호르몬인 트리요오드티로닌(T3)과 티록신(T4)도 티로신에서 유래한다. 티로신은 스트레스, 추위, 피로(쥐의 경우), 장시간 작업 및 수면부족, 스트레스호르몬 수치 감소, 스트레스에 의한 체중감소 방지 등 인지 및 신체 수행의 개선 효과를 가지며 기억력 개선, 갑상선, 부신 및 뇌하수체의 기능을 촉진하는 소재이기도 하다. 티로신과 관련한 단백질 티로신 포스파타제(PTP)는 세포성장, 분화, 세포 자멸사 및 세포이동과 같은 기본적인 생물학적 과정을 제어하는 다수의 신호전달 이벤트에 관여한다.

아스파르트산(aspartic acid)는 1827년 Auguste-Arthur Plisson과 Étienne Ossian Henry에 의해 처음 발견되었는데, TCA회로에서 에너지 생산을 촉진하고, ATP 합성효소 사슬에서 수소수용체 역할을 담당하는 아미노산이다. 생체 내에서는 TCA회로와 오르니틴회로(ornithine cycle) 또는 요소회로(Urea cycle) 양쪽을 연결하는 대사상 중요한 아미노산이고, 핵산의 구성 성분인 퓨린, 피리미딘의 전구체이다. 오르니틴회로는 아르기닌 생성에 관여하며, 알라닌의 생합성이나 미생물의 라이신, 트레오닌, 메티오닌 등의 아미노산의 생합성에도 관여한다. 아스파르트산은 중추신경계뿐만 아니라 신경내분비계 및 내분비계에서 중요한 역할을 하는데, 신경전달 및 호르몬 분비의 조절제로 주목을 받고 있다. 골격근의 피로방지효과, 피로에 대한 저항성 증가, 지구력 증가, 근육을 구축하고 근육 질량을 유지하는 데 기여하며, 빌리루빈과 담즙산의 장간순환 증가로 인한 담석 형성을 억제하는 기능을 가지고 있다.

시스틴(cystine)과 시스테인(cysteine)은 둘 다 황함유 아미노산으로 시스테인(cysteine)이 산화되어 시스틴(cystine)으로 전환된다. 이 두 가지 유형은 체내에서 상호교환이 가능한데, 보통 시스틴은 반필수(조건부) 아미노산, 시스테인은 비필수아미노산으로 분류되어 있다.

시스틴은 그리스어의 방광을 뜻하는 *kustis*에서 유래한 용어인데, 시스테인보다 더 안정적이고, 황의 흡수장애에 있는 사람들에게는 필수적인 아미노산이다. 시스틴은 산화 / 환원 과정을 담당하며, 중금속을 배출하는 역할을 한다. 체내에서는 필수아미노산인 메치오닌으로부터 합성되는데, 체내의 메치오닌이 결핍한 경우는 시스틴 합성이 상대적으로 감소하여 케라틴 양이 저하되어 모발이나 손톱의 질을 약하게 만든다. 그래서 일부에서는 시스틴을 케라틴과 병용해서 섭취하여 흡수효과를 높이고 있다.

시스테인은 항산화 기능을 가진 친수성 아미노산으로 콜라겐 생성에 관여하고, 항산화제인 글루다치온(시스테인-글리신-글루탐산)을 만드는 데 사용된다. 시스테인은 체내에서 대사되면 유황이 발생되어 이것이 다른 물질과 반응하여 활성산소나 방사선 등의 위해로부터 신체를 지키는 해독제나 조혈제 명목으로 사용되고 있다. 시스테인의 식품산업에서의 응용은 풍미(반응향)의 생산인데, 시스테인과 환원당이 마이얄 반응을 하면 육류의 맛을 내고, 제빵의 경우 물성 개선과 풍미의 향상을 위한 가공보조제로 사용되고 있다.

히스티딘(histidine, HIS)은 히스타민 전구체로 독특한 생화학적 및 생리학적 특성을 지닌 유아와 성장기 어린이에게 필요한 영양학적 아미노산이다. HIS는 양성자 완충, 금속이온 킬레이트화, 반응성 산소 및 질소 종의 소거, 적혈구 생성을 비롯하여 히스타민성 시스템에서 독특한 역할을 하는 아미노산인데, 만성신부전 환자의 류마티스 관절염과 빈혈치료를 비롯하여 HIS 또는 HIS 함유 디펩티드(HIS-CD)의 경우 격렬한 운동 중 피로를 예방하고 노화 관련 장애, 대사증후군, 아토피 피부염 및 알레르기, 궤양, 염증성 장질환, 안과질환, 신경계 장애의 치료에 사용되고 있다. 또 지방분해 촉진, 자외선으로부터 피부손상을 막고 백혈구, 적혈구생성 촉진 기능을 가지고 있다.

프롤린(proline)은 1901년 독일 유기화학자 피셔(Hermann Emil Fischer)가 카제인의 가수분해 도중 처음 분리하여 프롤린이라 명명하였는데 글리신, 아르기닌과 함께 콜라겐 형성에 관여하는 아미노산이다. 노화방지, 피부손상 복구에 도움을 주고, 피부보습 효과, 주름생성 억제. 주름 개선용 소재(보통 세린, 이소류신 또는 글루타민을 포함한 아미노산 혼합물로 사용됨)로 중요하다. 그 외 관절과 인대의 성분으로 관절손상, 연골재생에 관여하고 상처치유, 수면촉진, 혈당조절, 면역증진에 유효하며, 세포 삼투압 조절 및 단백질 보호에도 관여한다. 미생물의 경우 주위 환경으로부터 스스로를 보호하기 위해 내뿜는 물질이기도 하다. 프롤린은 유산균을 통해 대중에게 알려진 아미노산인데 유산균의 '갑옷'으로 알려져 있다. 그것은 유산균에 프롤린을 첨가하면 유산균의 생존율이 더 높아지기 때문이다. 프롤린 유산균은 비만 세균의 증식을 억제하고, 체내 독소 유입을 막아 준다고 한다.

β-알라닌(alanine)은 자연계에서 유일한 β 유형의 아미노산으로 우라실(uracil)과 시토신(cytosine)의 대사산물뿐만 아니라 히스티딘과 결합하여 카르노신(carnosine)을 형성한다. 근육에서 카르노신(carnosine)의 농도를 증가시키고, 운동선수의 피로를 줄이며, 전체 근육활동을 증가시킨다. 간에서 포도당의 생산을 촉진하여 근육에 에너지를 주는 작용을 한다. 지방산의 생합성에 관계하여 지방산 분해효소를 활성화한다고 알려져 있다. 또 알라닌은 항피로, 항산화, 기억기능 개선, 노화방지, 알코올의 대사촉진, 간기능 보호, 인슐린의 분비촉진 등의 생리활성을 가지고 있으며, 신경전달물질 또는 호르몬 조절제로서 신체의 신진대사를 조절하고, 전립선 비대증에 사용되는 의약품 성분이기도 하다. 콜라겐을 재생하는 데 필요한 아미노산으로 피부 컨디셔닝제, 킬레이트제, 세정제 등의 원료로 사용되고 있다.

2.4 기능성 아미노산류와 복합단백질류의 생리활성

본 절에서는 필수/비필수아미노산과는 별개로 기능성 아미노산류로 분류되는 것들을 중심으로 그 생리활성을 소개하고자 한다.

1) BCAA

BCAA(branched chain amino acid, 분지형 아미노산)는 다양한 생리적·대사적 역할을 하는 고유한 특성을 가지고 있어 단순한 영양 이외의 생리적 기능을 가지고 있다. 운동하는 사람들의 보충제로 많이 알려져 있는 BCAA는 구성 아미노산이 L-valine, L-leucine, L-isoleucine이다. 이 3가지 아미노산들은 생명체를 구성하는 모든 단백질에서 발견되지만, 특히 근육단백질을 이루고 있는 필수아미노산에서 30% 이상의 높은 비율을 차지하고 있다.

BCAA는 테스토스테론, 성장호르몬, 인슐린 등과 같은 동화호르몬을 증가시켜 근육발달에 도움을 주며, 골격근에서 주로 대사되어 에너지원으로 이용되며, 운동 중 근 손실을 방지해 주는 기능을 가지고 있다. 근육 내 단백질이 운동 중 에너지원으로 소비되는 것을 억제하고, 근육단백질의 붕괴를 막아주기 때문이다. 이것은 단백질이 근육 합성을 위한 아미노산으로 저장될 수 있게 도와줘 근육의 손실을 최소화하면서 더 많은 근육을 키우게 된다.

또 BCAA를 섭취하면 운동 후의 근육 통증이 줄어드는데, 이것은 운동으로 생긴 단백질 손상으로부터 빠른 회복에 도움을 주기 때문이다. 대사성 질환을 포함한 다양한 질병은 단백질, 특히 근육 단백질 손실을 유발하는데, 이때 BCAA를 보충하면 단백질 합성을 촉진하고 분해를 줄일 수 있으며, 질병상태를 개선하게 된다. BCAA 섭취는 체지방의 감소를 촉진시켜 주는데, 그것은 운동 중에 신체 내 많은 양의 BCAA가 존재하면 우리 몸은 혈류 속의 높은 BCAA 수준을 감지하고, 이것을 과도한 근육 붕괴의 신호로 받아들이게 되면서 결국 근육 붕괴를 멈추고 더 많은 지방을 사용하도록 만든다.

BCAA(그림 2-2)는 BCKDH(branched-chain α-keto acid dehydrogenase) 복합체에 의해 분해되는데, 이 효소는 평소에는 인산화된 형태로 불활성화되어 있다가 운동 시 탈인산화되어 활성화되기 때문에 에너지대사의 에너지원으로 이용된다. 운동 전후에 BCAA를 섭취하게 되면 뇌로 아미노산을 이동시키는 아미노산 전달체가 tryptophan의 이동을 저해해 피로를 지연시키게 된다. BCAA는 mTOR 신호전달 경로의 중요한 조절자이며, 단백질 합성 및 단백질 회전율을 조절해 주며, 간과 SK근육(skeletal muscle, 골격근, 수의근)의 포도당 흡수를 촉진하고, 글리코겐 합성을 향상시킨다. BCAA의 산화는 이화작용이 지방산 산화를 증가시키고, 비만 위험을 감소시키기 때문에 대사 건강에 유익한 것으로 알려져 있다. BCAA는 면역, 뇌 기능 및 기타 웰빙의 생리학적 측면에서도 중요하며, 림프구 성장과 증식, 면역세포 기능, 뇌 단백질 합성 및 에너지 생산, 신경전달물질 합성에도 절대적으로 필요하다. BCAA는 치료적으로 사용될 수 있으며, 향후 연구 핵심은 다양한 조직 및 신호전달 경로에서의 역할일 것으로 추측된다.

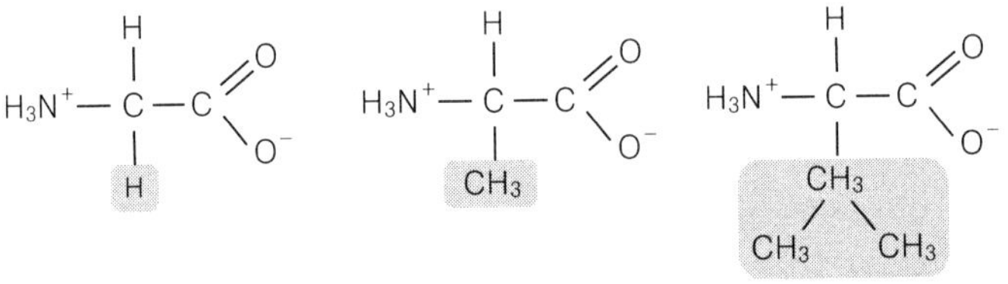

그림 2-2. BCAA 구조

2) Theanine

L-테아닌(theanine / L-theanine / L-γ-glutamylethylamide / N-5-ethyl-L-glutamine, 그림 2-3)은 L-글루타메이트와 L-글루타민(L-glutamine)의 아미노산 유사체로 차(검은색, 녹색 및 흰색 차에 건조 중량의 약 1 %의 양으로 존재)와 일부 버섯품종에만 들어 있는 천연 유리아미노산이다. 테아닌은 녹차의 뿌리에서 글루타민과 에틸아민(ethylamine)으로부터 효소작용으로 생합성되어 줄기를 타고 이동하여 잎에서 저장되며, 햇빛을 받으면 분해되어 카테킨(catechin)으로 전환된다. 이 성분은 재배시기나 조건에 따라 함량이 변하는데, 이 테아닌의 함량이 많을수록 고급 제품이다.

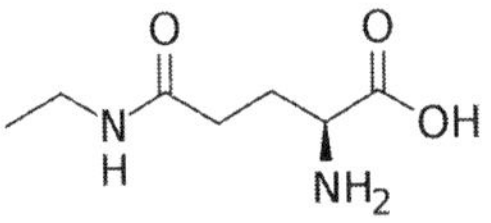

그림 2-3. L-theanine 구조

L-테아닌은 FDA에서 GRAS로 인정된 식이보충제이다. 테아닌의 생리활성 기능은 천연 신경안정제이다. 뇌의 주요 신경정보전달 물질인 glutamic acid는 주로 주간에 신호전달을 담당하는 물질(야간에는 GABA가 지배)인데, 테아닌은 glutamic acid 유도체로서 흥분성 신경전달물질인 글루타메이트와 그 구조가 매우 유사하다. 따라서 테아닌은 신경세포에 있는 글루탐산 수용체와 결합하여 신경전달 매개물질인 글루탐산을 차단시켜 뇌의 스위치를 수면을 취할 수 있도록 전환시킨다. 이와 같이 신경전달 화학물질의 방출과 전달시스템을 활성화함으로써 신경계 전체를 안정화시키는 기능을 가지게 된다.

테아닌 성분을 복용하게 되면 뇌혈관으로 진입하여 뇌신경세포를 보호하고 두뇌를 활성화시킨다. 테아닌은 복용 후 30~40분 후부터 두뇌의 뇌파 중에 가장 안정된 상태의 α파를 증가시키면서 신경을 안정시키는 점에서 치매 예방 및 치료제로서의 활용 가능성을 보여 주고 있다. 또 뇌의 여러 부위에서 세로토닌, 도파민, GABA 및 글리신 등의 수치를 증가시키고, 기억과 학습능력을 향상시킨다. 테아닌은 정신적 육체적 스트레스를 감소시키고, 인지능력을 증강시키며 불안 완화, 혈압조절 및 기분 개선 등에 효과를 가진다. 이러한 다양한 생리 및 약리작용으로 테아닌은 의약품 원료, 기능성식품 원료, 동물약품, 기능성 화장품 원료 등으로 다양하게 활용되고 있다.

3) Taurine

타우린(2-aminoethanesulfonic acid, 그림 2-4)은 1827년 오스트리아 화학자인 Friedrich Tiedemann과 Leopold Gmelin에 의해 소의 담즙에서 처음 발견되었다. 타우린은 포유류의 뇌, 심장, 간, 신장 등의 장기와 골격근육, 혈구세포 등에 고농도로 존재하며, 세포 외액에 비하여 세포 내액에 매우 높은 농도로 존재한다. 주로 해조류, 콩류, 버섯류, 굴, 가리비 등 조개류, 오징어, 문어, 생선의 검붉은 살 등에 많이 함유되어 있고 소, 돼지, 닭 등 육류 등에는 함유량이 적은 편이다.

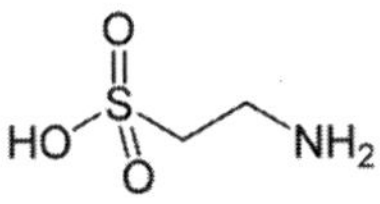

그림 2-4. Taurine 구조

β-아미노산인 타우린은 카르복실기 대신에 황을 함유하는 아미노산으로 분자량이 작고 자연계에서 쌍극이온으로 존재하며, 다른 아미노산과는 구별되는 특이한 화학적·생물학적 특성을 가지고 있다. 최근 두뇌발달, 망막의 광수용체 활성, 심장근육의 수축, 삼투압 조절, 생식기능, 성장발달, 면역체계의 유지 및 항산화 활성 등 다양한 생물학적 기능이 새로 보고되면서 약리학적 측면에서 생리활성물질로 재조명되어지고 있다. 타우린은 함황아미노산 대사의 최종 산물로서 단백질 합성에 사용되지 않을 뿐 아니라 다른 물질로 전환되지도 않은 채 체내에서 여러 생리기능을 담당하고, 남은 여분은 소변으로 배설된다.

타우린은 강력한 신경전달 억제제인 GABA(γ-aminobutyric acid)와 구조적으로 매우 흡사하다는 것에 착안하여 중추신경계에서 신경자극 전달의 억제 기능이 있는 것으로 알려져 있다. 신경계가 지속적으로 흥분한 상태가 되면 타우린은 신경세포 밖으로 유리되어 과도한 흥분을 억제하며, 흥분성 인자들에 의한 신경조직 장애에 대해 방어효과를 가진다. 또한 퇴행성 신경질환의 원인인 산소라디칼(oxygen radicals)에 의한 세포막의 과산화지질 생성을 억제함으로써 치매예방에 좋다고 한다. 최근 각종 기능성 음료 및 의약품에 영양강화 목적으로 사용되는데, 시중에 이를 함유한 에너지 드링크가 많이 유통되고 있다.

4) L-Carnithine과 Acetyl-L-carnitine

사람의 간에서 생합성 되며, 동물의 뇌, 심장, 간, 콩팥, 근육에 존재하는 천연물질인 L-카르니틴(carnitin / vitamin BT / 3-hydroxy-4-trimethylammonio-butheic acid)은 염기성 아미노산인 라이신과 메티오닌, 그리고 NH_4^+(암모늄이온)를 함유하고 있는 비타민 B복합체 중 하나인 아미노산 유도체이다.

카르니틴 종류에는 D-카르니틴과 L-카르니틴이 있는데, 우리가 쉽게 접할 수 있는 것은 L-카르니틴이다. L-카르니틴은 BBB(blood-brain barrier, 뇌혈관벽)를 통과할 수 없어 뇌와 관련된 기능에는 크게 영향을 주지 못한다. 따라서 카르니틴은 아세틸 CoA와 결합하여 아세틸-L-카르니틴(acetyl-L-carnitine)으로 전환되어 미토콘드리아 내막으로 이동, 아세틸 CoA를 무사히 미토콘드리아 내부 전자전달 시스템으로 보내어 에너지를 만들게 한다(그림 2-5).

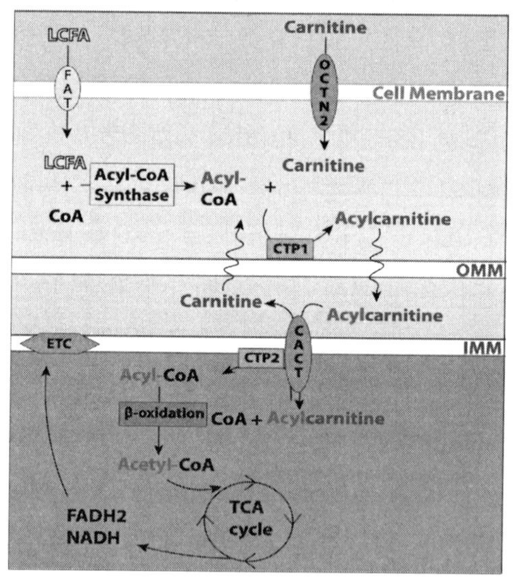

그림 2-5. The Carnitine Shuttle (출처 : Metabolites, 11, 51, 2021)

카르니틴은 다양한 생리활성을 가지고 있는데 우선 콜레스테롤 저하, 뇌 기능 강화 등 이외 칼슘과 함께 뼈를 단단하게 하고, 뼈 질량을 증가시켜 준다[이와 비슷한 물질이 바로 오스테오칼신(osteocalcin)이다. 이 물질 역시 카르니틴이 작용하는 효과와 거의 같다]. 또 L-카르니틴은 근육조직에 작용하여 근육의 힘을 더 강화시키고, 포도당 분해를 촉진하므로 혈당을 감소시켜 당뇨병 치료에도 효과를 보인다. 남성 무정자증 불임을 치료하는 데도 사용하고 있다. 그러나 카르니틴은 지방산을 분해하는 데 필요하므로 권장 섭취량보다 낮아지면 중성지방이 축적되어 비만을 일으킬 확률이 높다. 카르니틴은 건강보조식품 및 특수 영양보충용 식품의 성분으로 유통되고 있다.

알츠하이머병 치료를 도와주는 것으로 알려진 아세틸-L-카르니틴은 L-카르니틴의 아세틸화된 분자로 아미노산의 일종이다. 스포츠 드링크, 칠면조 고기와 붉은색 고기, 견과류와 열매에서 발견되며, 야채류에도 조금 들어 있다. 강력한 항산화 기능을 가진 아세틸-L-카르니틴은 L-카르니틴보다 뇌혈관벽이나 뇌세포막의 침투가 좋아 뇌신경 손상을 막아주어 뇌기능 퇴화 지연, 뇌신경보호, 기억력 회복에 유효하고, 치매, 알츠하이머, 파킨슨씨병의 예방과 치료는 물론 중풍 후 환자의 뇌신경 회복에도 도움을 준다. 또 심장기능 향상, 지방연소, 혈행 개선에 기여한다. 특히 아세틸-L-카르니틴은 당뇨병의 근본 요인인 인슐린저항증(insulin resistance, IR)을 저하시키고, 혈압 저하 기능을 가지고 있는데, 이것은 지방연소를 돕는 호르몬 아디포넥틴(adiponectin) 수치를 높여 주기 때문이다.

아세틸-L-카르니틴과 α-리포산(α-lipoic acid)*이 함께 존재할 경우 지방 연소가 획기적으로 증가하고, 파킨슨씨 증상도 크게 완화, 개선된다. 남성불임의 경우 정자부족과 정자무력증을 치료하여 정자 운동성을 증가시키는 등 성기능 향상과 더불어 노화방지에 도움을 준다.

* α-리포산은 thiol 계열에 속하는 항산화제로서 당뇨병 환자의 말초신경병증의 치료제로 널리 사용되고 있는데, 중추신경계와 말초조직에서 AMPK(AMP-activated protein kinase)의 활성을 조절하여 체내 에너지 대사는 물론 혈관세포에서도 항동맥경화증을 치료하는 기능을 가지고 있다.

아세틸-L-카르니틴은 신체 내부로 흡수되어 혈류를 따라 몸 전체로 이동하는데, 카르니틴과 다른 점은 뇌장벽 BBB(blood-brain barrier)를 쉽게 통과하여 뇌에 있는 세포들의 에너지 대사를 촉진시킨다. 아세틸-L-카르니틴은 뇌에서 가장 중요한 신경전달물질인 아세틸콜린(acetylcholine, ACh)의 전구체이며, 콜린(choline)과 병용하면 더욱 그 기능이 증가한다.

5) Melatonin

1917년 초, Carey Pratt McCord와 Floyd P. Allen이 발견한 멜라토닌(melatonin, N-acetyl-5-methoxy tryptamine)은 동식물, 곰팡이, 세균에서 볼 수 있는 물질로, 생선, 달걀, 버섯 등 다양한 식품에서 발견된다. 멜라토닌의 함량은 동물성 고기보다 달갈과 생선에 더 많이 들어 있으며, 식물성 식품에서는 견과류 피스타치오(Pistachio)에서 멜라토닌 함량이 가장 높다. 일부 곡물과 발아된 콩류 및 씨앗에도 멜라토닌이 다량 함유되고 있다.

호르몬의 일종인데, 트립토판(tryptophan)으로부터 합성되는 멜라토닌은 뇌의 송과샘에서 분비되는데, 명암의 자극에 따라 분비량이 조절되는 광(光) 주기를 예측하는 호르몬이다. 수면호르몬인 멜라토닌(melatonin)과 스트레스호르몬인 코르티졸(cortisol)은 생체시계(circadian clock)에 맞춰 주기적으로 분비되고 소멸된다*.

* 멜라토닌은 상대적으로 빛에 민감하여 낮에 그 분비량이 점차 줄어들다 오후 8시 이후 분비가 활성화된다(코르티졸은 매일 새벽 6시부터 분비량이 증가하다 오전 9~10시 이후부터 점차 감소).

멜라토닌은 체내에서 트립토판으로부터 생합성되는데, tryptophan이 tryptophan-5 hydroxylase에 의하여 수산화(hydroxylation)되어 5-hydroxy-tryptophan이 되고, 이것이 5-hydroxy-L-tryptophan decarboxylase에 의하여 카르복실기(carboxyl group)가 떨어지면서 세로토닌(serotonin)으로 변된다. 세로토닌은 serotonin-N-acetyl transferase에 의하여 acetyl 그룹이 전이되면서 N-acetyl-serotonin으로 변하고, acetylserotonin *o*-methyltransferase에 의하여 메톡실기(methoxyl group)을 형성하여 멜라토닌이 된다(그림 2-6).

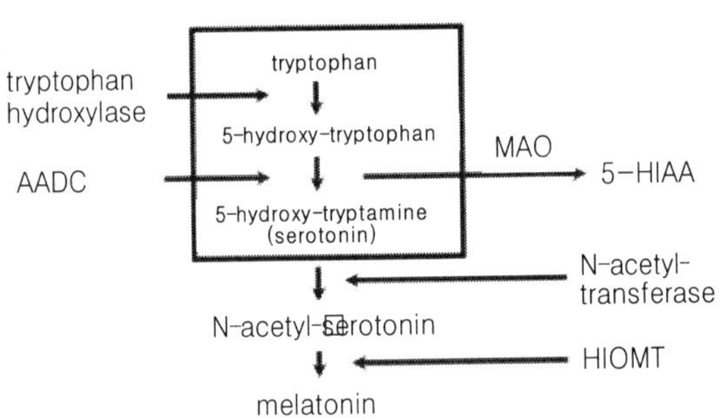

그림 2-6. 멜라토닌 생합성 경로

멜라토닌은 인체의 생체리듬을 조절하고, 생식선자극호르몬의 분비를 억제한다. 수면장애 및 사차병 개선, 심혈관보호, 혈압조절, 항산화, 항염증, 면역증강, 항암, 항당뇨병, 항비만, 노화방지 및 신경보호 등의 기능을 가지고 있다. 따라서 멜라토닌이 풍부한 식품을 섭취하면 불면증을 개선과 함께 다양한 건강상의 이점을 얻을 수 있다.

6) GABA

GABA(γ-aminobutyric acid)는 비단백 아미노산으로 동물(뇌), 식물류(발아현미를 비롯한 발아곡류, 녹차, 배추뿌리, 콩, 뽕잎, 해양식물 등)에 널리 퍼져 있는 중요한 신경전달물질이며, 여러 대사질환에 다양한 기능을 수행하는 생리활성물질이다. GABA는 1950년 Florey와 Robert에 의해 포유류의 뇌 추출액에서 처음 발견되었다. GABA는 4개의 탄소로 구성되어 있고, L-글루탐산이 glutamate decarboxylase (GAD)의 탈탄산반응에 의해 CO_2와 함께 생성되며, pyridoxal-5′-phosphate dependent 경로로 합성된다(그림 2-7).

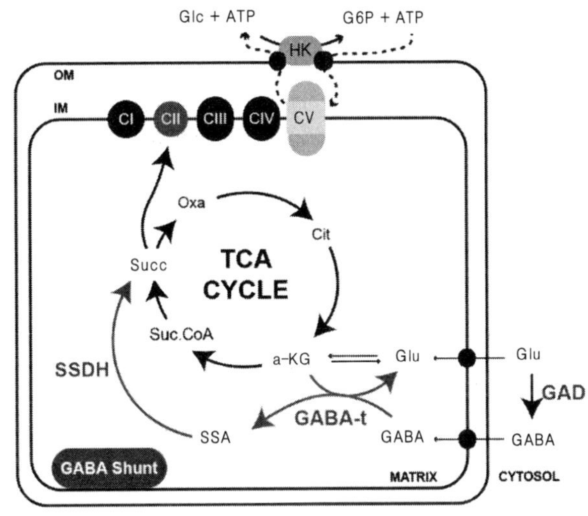

그림 2-7. GABA 대사
(출처 : *Neurochemical Research* volume 47 : 470-480, 2022)

GABA는 신경 안정제로 중추신경과 말단조직에서 신경전달을 억제하는 억제성 신경전달 물질인데(γ-aminobutyric acid is the chief inhibitory neurotransmitter in the developmentally mature mammalian central nervous system. Its principal role is reducing neuronal excitability throughout the nervous system) 뇌 혈류개선, 산소공급 증가, 뇌세포 대사기능을 촉진시켜 신경안정, 스트레스 해소, 기억력 증진, 성장호르몬의 분비 조절, 혈압강하, 통증완화, 우울증 완화, 중풍과 치매 예방을 비롯하여 불면, 비만, 뇌졸중, 주의력 결핍장애, 갱년기장애 등을 예방하는 기능을 가지고 있다.

또 대장암세포의 진이 및 증식억제 효과를 가지녀, GABA 합성회로가 파킨슨병과 발작, 알츠하이머병, 정신분열 등에 연관이 있다고 한다. 나이아신아미드(niacinamide)와 이노시톨(inositol)과 함께 GABA는 뇌의 운동센터의 수용체 부위를 점령

함으로써 불안 및 스트레스와 관련되는 메시지가 뇌의 운동센터에 도착하지 못하게 한다. 또 GABA는 알코올에 대한 욕구를 감소시키고, 알코올 분해를 빠르게 하며, 간 기능을 보호한다. 당뇨의 개선, 췌장의 각종 효소분비와 그 활동을 촉진하고, 콜레스테롤과 중성지방을 감소시키는 기능을 가지고 있다.

7) Catecholamine

카테콜아민(catecholamine)은 카테콜(catechol)에서 유래된 모노아민계열 신경전달물질 또는 호르몬을 총칭해서 일컫는 말이다. 생체내 카테콜아민에는 도파민(dopamine), 노르에피네프린(norepinephrine / noradrenaline), 에피네프린(epinephrine / adrenaline) 등이 있다. 이들은 모두 아미노산의 일종인 티로신(tyrosine)으로부터 만들어진다(그림 2-8).

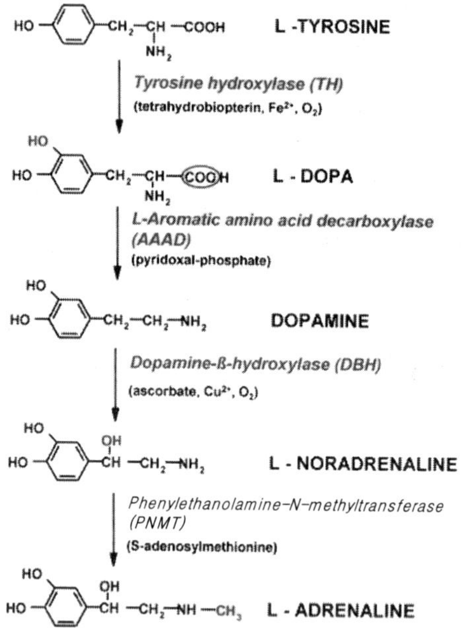

그림 2-8. 카테콜아민의 생합성
(출처 : Physiological Reviews Vol. 89, No. 2)

페닐알라닌수산화효소(phenylalanine hydroxylase)에 의해 페닐알라닌이 수산화되면 티로신이 만들어진다. 카테콜아민을 분비하는 신경세포 또는 신경내분비세포(neuroendocrine cells)는 이 티로신을 도파(L-DOPA / L-3,4-dihydroxyphenylalanine)로 변환시킨다. 이후 도파는 각각의 효소에 의해 순서대로 도파민, 노르에피네프린, 에피네프린으로 변환되어 소포에 저장된다. 그 이후 특정 신경자극에 의해 세포외 방출

(exocytosis)이 일어나면 세포는 카테콜아민을 혈액이나 시냅스 후 뉴런(postsynaptic neuron)에 분비하게 된다.

카테콜아민은 수용성으로 혈장단백질에도 잘 붙기 때문에 혈액 내의 순환이 용이하다. 카테콜아민은 신경세포에서 분비되어 신경전달물질로 작용한다. 또 호르몬으로도 작용하는데, 스트레스에 의해 교감신경계가 흥분되면 부신수질의 크로마핀세포*에서 혈액으로 대량으로 방출되어 인체의 대항회피반응(fight-or-flight response)**을 유도한다.

* 크롬친화세포(chromaffin cells)은 부신수질(adrenal medulla)을 구성하는 신경내분비세포(neuroendocrine cells)로 교감신경계의 신경절(ganglia)에도 일부 존재한다. 스트레스로 인해 자율신경계가 활성화되어 크롬친화세포에 자극이 가해지면 카테콜아민을 분비하여 인체를 스트레스에 대항하는 상태로 전환시킨다.

** 대항회피반응(fight or flight response)은 '싸움 또는 도주반응'이라고 부르는데, 불안감과 공포를 느끼면 싸울 것인지 도망갈 것인지 빨리 결정해야 하는 생리적 반응이 일어난다.

환경 스트레스를 받으면 혈액 속의 카테콜라민 수치가 높아지는데, 수치가 높이지면 안면 홍조를 유발하며, 뇌간의 핵을 자극하거나 손상을 주기도 한다. 특히 교감신경계에 영향을 미쳐 중추신경계 외상을 일으킨다. 카테콜아민은 육체활동을 위해 일반적인 생리적 변화를 일으키는데, 예를 들면 심박수, 혈압, 혈당치 및 교감 신경계의 전반적인 반응을 증가시킨다. 카테콜아민은 분해된 후에 소변으로 분비되며, 체내의 카테콜라민 수치와 관련된 질병의 진단을 위해 분비 수준을 측정하고 있으며, 소변검사를 통해 갈색 세포종을 감지하는 데 사용되고 있다(자세한 신경전달물질에 관해서는 관련 파트를 참고 바람).

8) Glutathione

글루타티온(glutathione, GSH / 환원형)은 동물세포, 식물, 미생물 등에 널리 퍼져 있는 세포 내에서 일반적으로 존재하는 유기황화합물이다. 글루타메이트 측쇄의 카르복실기와 시스테인의 아민기 사이에 γ-peptide결합을 갖는데, 시스테인의 카르복실기는 정상 펩타이드결합으로 글리신에 결합되어 있다. 즉 글루타치온은 L-글루타민(glutamine), L-시스테인(cysteine) 및 글리신(glycine)의 선형 트리펩티드(tripeptide)로 전자를 잃으면 상기 분자는 산화되고, 두 개의 산화된 글루타치온 분자는 이황화결합(-S-S- / disulfide bridge)에 의해 결합되어 glutathione disulfide(글루타치온 이황화물 / GSSG / 산화형 글루타치온)를 형성한다(그림 2-9).

일반적으로 글루타치온 생성량이 감소하는 것은 노화의 주범인 활성산소의 축적 때문이다. 글루타치온은 인체의 항상성(homeostasis)을 유지시켜 주는 중요한 소재로 세포의 활성화는 물론 노화된 세포를 교체해 주고, 세포 내에 축적되어 있는 노폐물이나 독소를 제거하는 기능이 탁월하다. 특히 이상 분열하는 세포를 억제함으로써 항암효능도 가지고 있다. 글루타치온은 생물분자를 공격하는 oxygen radicals(활성산소)로부터 생성되는 peroxide를 해독시키는 peroxidase 보조인자로 DNA, 단백질 및 기타 생체분자의 산화된 중심부(oxidized center)를 환원시키는 transhydrogenase의 보조인자로 사용된다.

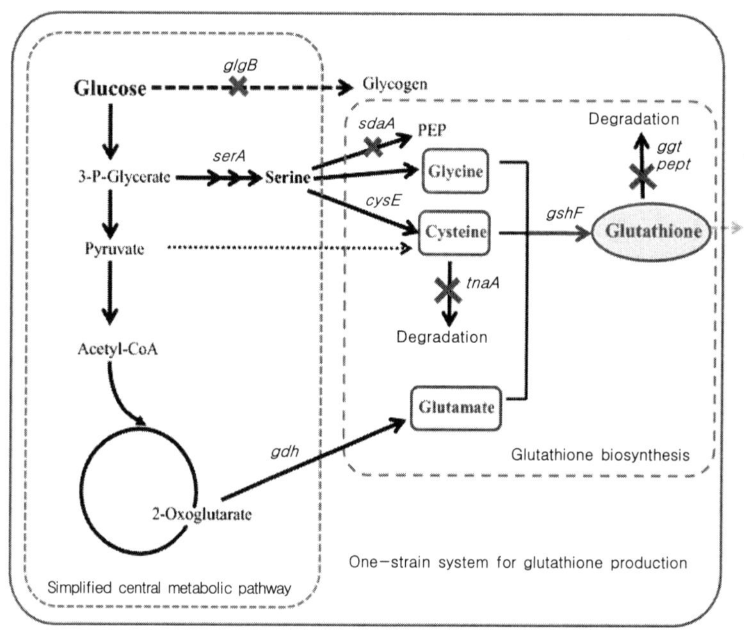

그림 2-9. 글루타치온 대사
(출처 : Microbial Cell Factories volume 15, Article number : 38, 2016)

체내에서는 환원형 글루타치온(GSH)과 산화형 글루타치온(GSSG) 두 가지 형태로 존재하는데, 보통 환원형으로 존재한다. 환원형 글루타치온(GSH)은 인체의 간과 피부세포에 주로 분포하며, 멜라닌색소 생성을 억제하는 동시에 활성산소를 분해·제거하는 항산화기능을 가지고 있어 많은 단백질과 효소에서 sulfhydryl group(thiol group / -SH)을 보호한다. 즉 글루타티온은 효소활동에 도움이 되는 효소분자의 -SH 기를 보호하고, 파괴된 효소분자에서 -SH 그룹의 활성 기능을 복원하여 효소의 활성을 회복시킨다. 면역력 증진 외 효소작용으로 독성물질과 같은 외인성 화합물의 제거에도 관여하는데, 노화가 진행될수록 생체내 글루타치온 생성량은 줄어든다.

글루타치온은 과산화수소, 자유라디칼 등에 의한 산화로부터 hemoglobin을 보호하여 산소를 운반하는데, 만약 산화제의 작용으로 적혈구의 hemoglobin의 일부가 산화되어 F^{+3}로 산화되어 methemoglobin으로 변하면 산소운반 능력을 잃게 된다. 글루타치온은 시스테인(cysteine)과 함께 글루타치온 과산화효소(glutathione peroxidase)를 활성화시키는데, 이 효소는 활성산소로부터 간, 폐, 심장과 혈액 등의 손상을 막아주며, 또한 DNA의 복구, 임파구의 활성을 지니고 있다.

지방간 생성을 억제하는 기능을 가진 글루타치온은 주로 간에서 70%가 만들어지고, 폐에서 15%, 신장에서 15% 가량 만들어지는데, 가장 많이 저장하고 있는 곳도 간이다. 글루타치온은 혈관으로 유입되어 적혈구를 맑게 해주고, 백혈구를 보호해 준다. 또한 폐와 장에도 존재하여 탄수화물의 신진대사를 돕고, 동맥경화를 유발하는 산화지방을 분해시켜 주는 역할을 하며, 체내 세포들의 산화를 방지해 준다.

글루타치온은 방사선 및 방사성 약물로 인한 백혈구 감소증의 증상에 강력한 보호효과가 있으며, 방사선 손상으로부터 생긴 피부, 수정체, 망막을 보호하고 각막염, 백내장을 치료해 준다. 인체에 들어간 독성화합물, 중금속 이온 또는 발암물질과 결합하여 이를 제거, 중화, 해독을 촉진하고, 피부노화 및 색소침착 방지, 면역강화 및 항종양, 간염, 용혈성 질환 등에도 유효한 기능을 가지고 있다. 글루타치온이 결핍되면 신경계의 정신질환, 떨림증, 균형유지 결핍 등이 나타난다. 글루타치온은 혈액에 녹아있는 중성지방이나 LDL(Low Density Lipoprotein) 콜레스테롤을 낮추어 주고, HDL(High Density Lipoprotein) 콜레스테롤을 증가시켜 준다.

9) Nucleic Acid

핵산(nucleic acid)은 뉴클레오타이드(nucleotide)가 긴사슬 모양으로 중합된 고분자 유기물의 한 종류이다. 스위스 과학자 Friedrich Miescher는 1868년에 핵산(DNA)을 발견하고, 1953년 Watson과 Crick은 DNA의 구조를 결정하였다. 핵산은 바이오폴리머 계열의 구성원이며, 선형 중합체로서의 폴리뉴클레오티드(polynucleotide)이다. 모든 생명체와 유기체의 모든 살아있는 세포의 핵에 정보를 생성, 인코딩(encoding)하고 저장하는 역할을 한다.

뉴클레오티드는 핵산의 구성 성분이며, 호르몬 또는 그 밖의 외부자극에 대해서 화학적인 신호로 작용할 뿐만 아니라 효소의 보조인자와 대사중간체의 구성 성분이기도 하다. 핵산은 DNA와 RNA를 중심으로 질소를 함유하는 염기(base)와 5탄당, 인산으로 구성되어 있으며, 염기와 5탄당의 결합은 뉴클레오시드(Nucleoside)라 부른다. 유전정보의 저장고로 DNA는 생물학적 정보를 저장하고 있고, RNA에는 리보솜 구성 RNA(rRNA), 전령 RNA(mRNA), 운반 RNA(tRNA) 등이 있다(그림 2-10).

뉴클레오티드는 핵산을 구성하는 단위 이외에 세포 내에서 에너지 운반체, 효소의 보조인자, 세포간 정보 전달인자 등의 기능을 갖는다. 핵산은 피부미용과 피부노화 방지, 피부세포 재생, 아토피 예방 등의 효과가 있는데, 핵산이 부족하면 케라틴(keratin, 각질층)이라는 단백질 합성이 잘 이루어지지 않아 피부건강이 나빠진다.

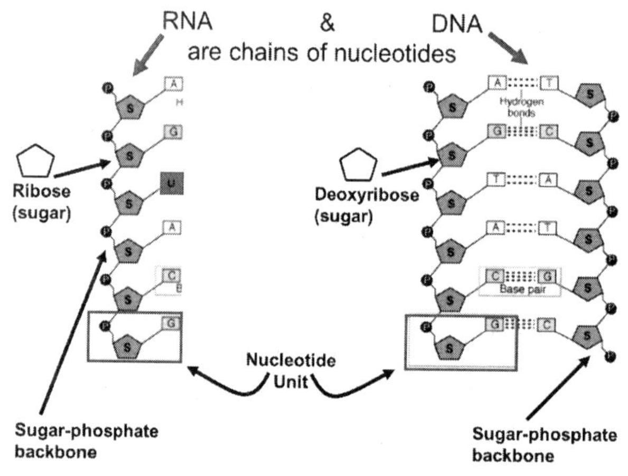

그림 2-10. 핵산 구조

핵산은 면역을 활성화하는 기능을 가지고 있는데, 세포의 분화, 증식을 촉진하고, interleukin-2라는 물질을 생성, 촉진하여 암세포를 파괴하는 killer T세포에 암세포의 공격을 지시하고, NK세포(자연살해세포, natural killer cell)의 활성화도 돕는다. 간 기능 저하를 방지하고, 당뇨를 예방하며, 수정체 내의 항산화 물질 부족으로 생기는 백내장을 핵산이 강한 항산화 작용으로 경감시켜 준다.

핵산의 섭취는 적혈구의 생산도 크게 증가시켜 준다. 뉴클레오티드는 머리 모세포 활성을 도와 백발이나 탈모 등 모발의 노화를 억제, 방지한다. 또 활성산소에 의한 세포손상, 피로 등을 방지하며, 뇌기능 개선, 뇌세포 감소 억제, 뇌 노화방지를 비롯하여 빈혈예방, 신진대사 촉진, 지방연소 촉진 등 비만 예방에도 도움이 되는 소재이다. 기초대사를 활발하게 하는데도 기여하며, 항산화 작용과 말초혈관 확장 작용으로 노인성 치매 예방에 도움을 준다.

10) Protamin

프로타민(protamine / polyamine)은 주로 어류(연어, 청어, 고등어, 철갑상어 등)의 정자핵(精子核)에 함유되어 있는 강한 염기성 핵단백질의 총칭으로 DNA를 압축 및 보호하여 유전정보를 보호하는 역할을 한다. 가수분해에 의해 염기성 아미노산(arginine, alanine, glycine 등)을 생성하는 단순단백질의 일종으로 아르기닌이 전체 아미노산의 70~88%를 차지한다. 1874년 스위스의 생화학자 Johann Friedrich Miesche* 가 농즙(고름) 중의 핵상물질(核狀物質)에서 뉴클레인(nuclein)과 함께 연어의 정자 세포핵 속에서도 염기성 물질인 핵단백질이 들어 있음을 알고 이를 프로타민이라 명명하였다.

* 1868년의 Johann Friedrich Miescher는 스위스의 의사이자 생리학자이다. 미셰르가 관심을 가졌던 것은 핵(nucleus)이라는 세포의 기관인데, 병원에서 쉽게 얻을 수 있는 버린 붕대들에서 고름을 짜내 얻은 백혈구로부터 핵을 추출하고, 이로부터 산성 물질을 얻어 이를 뉴클레인(nuclein)이라고 명명했다. -in이라는 이름은 생물학자들이 단백질을 명명할 때 주로 사용하는 접미사이다. 단백질 분해효소인 펩신을 처리한 후에 뉴클레인을 분리해 냈음에도 불구하고 그는 핵산이 단백질일 가능성을 배제하지 않았던 것으로 생각하였다.

프로타민은 인슐린제제 및 항헤파린제와 같은 의약물 분야에 사용되는데, 헤파린의 항응고효과를 중화하기 위해 보통 심장수술, 혈관수술 등에 사용한다. 부작용으로는 폐동맥 압력을 증가시키고 말초혈압, 심근 산소 소모량, 심박출량 및 심박수를 감소시킨다. 보통 프로타민황산염이 헤파린 과다 복용에 대한 해독제로 사용되고 있다. 프로타민은 지방흡수 억제 효과로 비만예방 소재로 사용되는데, 이것은 지질 소화 및 흡수 효소인 리파아제 활성의 저해를 통해 일어나며, 이로 인해 식이성 지방의 흡수를 감소시킨다. 또 프로타민은 인슐린의 작용시간을 늘려 주는 구실을 한다. 식품업계에서는 식품보존제로 사용하고 있다.

11) Polyamines

폴리아민(polyamines, PA)은 2개 이상의 아미노기를 갖는 유기화합물을 말하는데, 제1급 아미노기를 2개 이상 갖는 직사슬형의 지방족 탄화수소의 총칭이다. 폴리아민에는 triamine인 spermidine과 tetraamine인 spermine인데, 이들은 diamine의 putrescine과 cadaverine과 관련이 있다*. 폴리아민 대사는 효소인 ornithine decarboxylase (ODC)의 활성에 의해 조절된다(그림 2-11).

* Putrescine과 cadaverine은 1885년 베를린의 의사인 Ludwig Brieger(1849~1919)에 의해 처음 기술되었으며, 아르기닌(arginine)이 효소(arginine decarboxylase, ADC)에 의해 agmatine으로, agmatine은 agmatine imino hydroxylase(AIH)에 의해 N-carbamoylputrescine으로 변형되고, 이것은 putrescine으로 전환된다. 두 번째 경로에서는 아르기닌(arginine)이 오르니틴(ornithine)으로 전환된 다음 이 오르니틴이 ornithine decarboxylasc(ODC)에 의해 putrescine으로 선환된다. 정액과 일부 미세 조류에서도 발견되는 putrescine은 아미노산이 분해되어 생산되며, 부패한 냄새와 독성을 가진다.

Spermine은 spermine oxidase에 의해 아크롤레인을 생성하는데, 아크롤레인은 세포가 손상되었을 때 생성되는 물질로 알려져 있다. 또 신부전환자와 뇌졸중(brain stroke) 환자의 경우 putrescine과 아크롤레인 함량이 증가하는데, 이를 활용하면 세포 손상과 관련된 질병에 대한 정보를 얻는데 유효하다. 선형 폴리아민은 저분자 생리활성 물질인데 염기성으로 세포 내에 다량으로 존재하며, 포유동물의 뇌에서 고농도로 발견된다. 폴리아민은 세포의 다양한 이온채널의 조절인자이며, 혈액 뇌장벽의 침투성을 향상시키고, 노화를 조절하는 호르몬의 기능을 가지고 있다.

음식 중의 폴리아민은 장관에 신속하게 흡수되고, 단시간에 몸의 각 조직세포 내로 이동하여 세포내 여러 가지 경로들을 조절하는 역할을 하는데, 세포분열과 분화를 증진시키고, RNA와 결합하여 단백질 합성을 조절한다. 또 항염증 및 면역억제 활성, 위궤양과 급성간염의 치료, 치매예방과 개선, 기억력 향상에 도움을 주고, 세포증식 촉진, 세포분화 촉진, 단백질합성 촉진, 항알레르기, 핵산과의 상호작용에 의한 구조 안정화, 효소활성 조절 등의 기능을 가지고 있다. 폴리아민은 암환자의 혈청에서 높은 농도로 존재하는데, 이것을 이용해서 발암 여부를 결정하는 데 이용하고 있다. 만약 폴리아민이 결핍되면 세포주기를 지연시키고, 세포자살에 영향을 미친다.

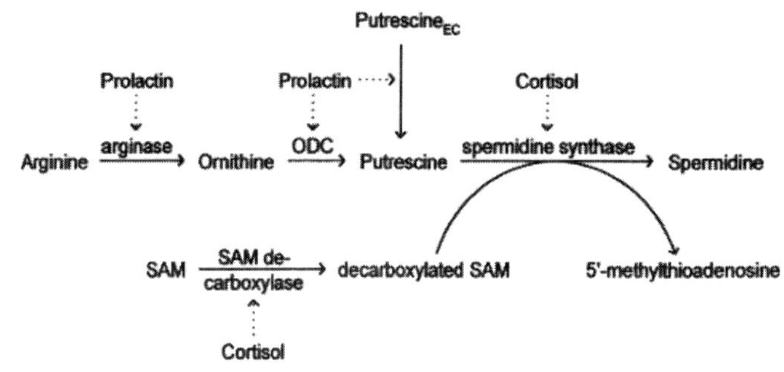

그림 2-11. 폴리아민의 합성 경로
(출처 : Franklyn F. BolanderJr., in Molecular Endocrinology(Third Edition), 2004)

12) Aspartame

아스파탐(aspartame / aspartyl-phenylalanine-1-methyester, 그림 2-12)은 아미노산계 dipeptide인 합성 감미료의 일종으로 공업적으로 생산할 때는 아스파르트산(aspartic acid)와 방향족 아미노산인 페닐알라닌(phenylalanine), 그리고 메탄올(methanol)을 4 : 5 : 1의 비율로 섞어 만든다.

1965년 James M. Schlatter(American chemist and researcher whose discovery of the sweetness of aspartame in 1965 led to the development of G. D. Searle & Co.'s most famous product, NutraSweet)는 위궤양에 잘 듣는 약물을 개발하기 위해

위산 생산을 지시하는 gastrin이라는 호르몬을 억제하는 물질을 검색하다 우연히 이 물질을 발견하게 되었다. 설탕보다 200배 가까이 강한 단맛을 가진다. NutraSweet, Sugar Twin, Equal이라는 브랜드로 시판된 후 우리나라에서는 1985년에 식품첨가물로 지정된 대표적인 인공감미료이다.

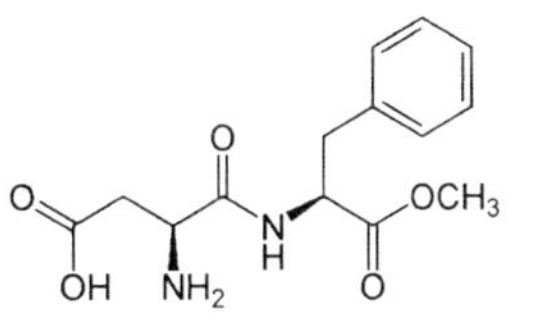

그림 2-12. Aspartame 구조

아스파탐의 안전성에 대한 논란은 멈추지 않는데, 우선 면역조절 장애, 면역세포 및 기관의 산화스트레스 유도 등에 관한 우려와 함께 두통, 발작, 행동, 인지 및 기분 변화에 대한 연관성을 제기하고 있다. 실제 아스파탐이 인체에 들어오면 페닐알라닌과 아스파르트산염으로 변환되어 뇌와 간, 신장, 췌장, 내분비선 등의 세포 생리기능을 자극하는데, 아스파탐으로 유발되는 프로락틴(prolactin, 젖 준비 호르몬) 과잉 생산이 여성의 유방암 발생 증가와 관련이 있다고 한다.

특히 아스파탐의 페닐알라닌은 페닐케톤뇨증(phenylketonuria, PKU) 환자에게 유해할 수 있으며, 그 외 아스파탐 섭취로 페닐알라닌 섭취량이 초과될 경우 뇌와 신경계 등에 영향을 주어 뇌의 세로토닌 수준을 낮추어 우울증이나 정서장애 등의 질환을 일으킬 수 있다. 아스파탐의 약 40%를 차지하는 아스파르트산의 과잉 섭취도 뇌 속에 주요 신경원을 파괴한다고 하는데, 장기간 섭취하면 다발성 경화증, 간질, 알츠하이머(치매), 파킨슨병, 뇌손상 등을 유발한다고 한다.

아스파탐의 약 10%를 차지하는 메탄올은 두통, 현기증, 위장장애, 시력저하 등을 유발하는 등 아스파탐의 위해 가능성을 경고하고 있다. 아스파탐은 암(뇌종양), 심장질환, 우울증, 두통, 발작, 시각장애, 다발성 경화증, 파킨슨병, 탈모, 심지어는 남성 가슴 확대까지 온갖 부작용을 거론하고 있는데, 인공감미료로 매우 유용하고, 각종 유해문제로 인한 안전성 등은 향후 해결해야 할 과제이다.

2.5 기능성 펩타이드류

2～50개 아미노산이 연결된 중합 펩타이드는 자연계 존재하거나 단백질 분해과정에서 생성되는데, 보통 일반 펩타이드와 기능성을 가진 기능성 펩타이드로 구분한다. 단백질과 펩타이드를 명확하게 구분할 수는 없으나 아미노산이 2개 이상 결합된 상태로서 아미노산 수가 100개까지는 보통 펩타이드, 그 이상의 것은 단백질로 보고 있다. 펩타이드는 소화흡수를 신속하게 할 필요가 있는 스포츠 음료나 피로회복용 드링

크 같은 특수식품 제조 원료로 활용되는 소재이다.

식품 중에 존재하는 펩타이드는 아미노산을 공급하는 영양기능, 감각기능, 다양한 생리활성 기능을 나타내는데, 대표적인 것이 면역반응에 관여하거나 항균작용을 하는 펩타이드이다. 생리활성 기능을 가진 펩타이드는 그 종류가 많고, 생리활성 기능 또한 다양한데, 1970년대 이후 nutraceutical로서 각광을 받기 시작하였다. 펩타이드성 호르몬을 비롯하여 신경전달물질, 세포성장인자, 항균물질, 항혈전물질, 효소저해제, 항고혈압성 물질, 항진통성 물질, 칼슘흡수 촉진제, 생체방어 및 면역부활제, 혈소판 응집 저해제, 면역조절제, 지질산화 억제제 등은 모두 생리활성을 가지고 있는 기능성 펩타이드들이다.

단백질은 위장관 통과 시 소화효소 작용으로 분해되지만, 생리활성 펩타이드는 경구투여 시 장관 통과과정에서 고유 구조를 유지한 채로 장관에 잘 흡수되며, 흡수 후 생리활성 기능을 그대로 유지하는 장점을 가지고 있다. 예를 들면 기능성 펩타이드 중 화장품 피부 관련 생리활성 펩타이드의 경우 디펩타이드(dipeptide)는 피부세포 활성화, 활성산소억제 작용을, 카퍼펩타이드(copper tripeptide)는 피부염증방지, 조직보호 및 치유, 손상된 조직 치유, 노화방지 등을, 테트라펩타이드(tetrapeptide)는 피부세포분열 촉진, 세포벽강화를, 펜타펩타이드(pentapeptide)는 주름개선, 엘라스틴, 콜라겐의 성장촉진을, 헥사펩타이드(hexapeptide)는 피부주름억제, 탄력재생, 상처치유를, 옥타펩타이드(octapeptide)는 반복적이고 빠른 엘라스틴, 콜라겐증진, 진피보호 역할을, 올리고펩타이드(oligopeptide)는 피부세포생성 촉진, 조직치유 등의 효과를 가지고 있다.

실제 기능성 펩타이드는 단백질 식품을 가수분해한 가수분해물이므로 대두, 우유, 밀, 계란, 어류, 육류, 콜라겐, 옥수수 펩타이드 등을 펩타이드류 소재로 활용되기도 한다. 식품산업에서도 단백 펩타이드 소재는 일반식품의 영양가치 강화 외에 특수목적 식품 제조에 보수성, 증점성, 유화성, 기포성, Masking 효과나 조직감 부여 등의 기능성을 위해 주로 사용되며 조제분유, 크림파우더, 분말유지 등에도 이용되고 있다. 본 장에서는 기능성을 가진 펩타이드 중심으로 그 내용을 소개하고자 한다.

1) 실크 펩타이드

실크의 원료인 실크 펩타이드(silk peptide)는 천연 누에고치 단백질을 프로테아제 N(protease N)과 뉴트라제(neutrase) 효소로 펩타이드 상태로 가수분해한 성분으로 여러 개의 아미노산으로 구성되어 있는데, 섬유상 단백질인 피브로인(fibroin)과 이들을 부착시키는 고무상 단백질인 세리신(sericin)으로 구성되어 있다. 피브로인의 주성분은 글리신과 알라닌이며, 세리신의 주성분은 세린, 아스파라긴산, 글루타민산 등이다.

실크 펩타이드는 100% 수용성이며, 체내 흡수율이 매우 뛰어나며 인지기능 향상, 당뇨 개선, 파킨슨병 증상 완화, 체력증진, 비만 개선 등 다양한 생리활성 기능을 가지고 있다. 우선 실크 펩타이드는 파킨슨병을 유발하는 세포인 6-hydroxydopamine(6-OHDA)를 감소시켜 신경세포를 보호하고, 뇌 손상을 회복하며, 치매환자의 인지기능을 회복시켜 준다. 특히 콜린성 신경(cholinergic synapse)내 choline acetyltransferase(ChAT)의 유전자 발현을 촉진시켜 인지기능(기억력 습득)을 회복시켜 준다. 또 실크 펩타이드는 췌장에서 β-세포의 활성을 유도하여 인슐린 분비능력을 회복 또는 촉진시켜 혈당강하, 당뇨에 효능을 나타내며, 또 혈중 leptin* 농도를 높여 인슐린 분비를 촉진하고, 혈당상승을 억제한다. 피브로인 가수분해물(fibroin hydrolysate)도 인슐린 분비를 촉진하는 데 기여한다.

* 지방세포에는 leptin이라 불리우는 작은 단백질을 분비하는데, leptin은 혈액을 통해 순환되다가 시상하부에서 식욕을 억제하는 작용을 한다. 축적된 지방의 양이 많으면 leptin 분비량이 증가하고, leptin에 의해 시상하부가 자극되면 식품 섭취량이 저하되게 된다.

실크 펩타이드는 콜레스테롤, 동맥경화에도 효과가 있는데, 특히 콜레스테롤 침착을 억제하여 세포막 유동성을 증가시켜 활성산소의 생성을 저해하는 항산화 작용으로 산화적 스트레스를 억제한다고 한다. 또 항종양 효과는 물론 면역활성에 중요한 림프구인 CD4 cell과 CD8 cell을 증가시켜 병원체 감염 시 방어 면역반응을 유발시키며, NO생성을 촉진하여 면역증강의 잠재적 가능성을 높이고, 질병에 대한 면역력도 높여 준다. 실크 펩타이드 주요 성분인 세리신도 칼슘이나 셀레늄과 같은 미네랄 성분과 결합 시 장내 흡수와 유보율을 높여 준다. 화장품업계에서는 실크 펩타이드의 피부 흡수력, 보습력 등 기능성을 고려하여 코스메틱 제품 성분으로도 활용하고 있다.

2) 글루타민 펩타이드

글루타민 펩타이드(glutamine peptide)란 여러 개의 글루타민이 연결된 것으로, 단일 글루타민보다 글루타민끼리 붙어진 형태인 글루타민 펩타이드가 흡수력이 더 좋고, 글루타민과 비슷한 생리활성 기능을 가지고 있다. 글루타민은 근육 조직에서 가장 풍부한 아미노산인데, 강렬한 운동과 훈련을 하면 글루타민은 근육에서 빠져 나가게 된다.

이러한 글루타민의 고갈은 근육 소모를 유발하고 면역기능을 저하시킨다. 따라서 글루타민 펩타이드를 섭취하면 생체 이용률과 섭취 속도가 빨라 근육 회복을 가속, 향상시켜 근육 회복을 도와준다. 이와 같이 글루타민은 근육량을 늘리고 유지하는 데 도움을 주며, 지방 손실도 막아 준다. 그러한 의미에서 글루타민 펩티드도 근육단백질 합성을 도와주고, 근육세포가 수분을 유지하도록 해 주며, 근육 손실이 있을 때 근육합성을 촉진시켜 주는 등 근육의 회복과 재성에 중요한 역할을 담당한다. 또 혈당치를 조절하고, 피곤함을 없애주며, 단백성 유리질소 노폐물 해독, 장 점막의 회복, 뇌기능 강화, 항우울, 항불안, 항경련, 지방간 개선 등에도 도움을 주는 소재이다.

3) ACE 활성저해 펩타이드

고혈압, 울혈성 심부전의 1차 치료제로 사용하는 ACE 활성저해 펩타이드는 ACE (angiotensin converting enzyme) 활성을 저해하는 펩타이드를 말한다. ACE는 혈관 수축을 유도하고, aldosterone 분비를 촉진하여 혈압 상승을 촉진하는 효소이다. 또한 ACE는 혈압 강하작용을 가지는 브래디키닌(bradykinin)과 같은 물질을 분해하여 불활성화시키는 한편 불활성 상태의 angiotensin-I을 절단하여 혈압상승 작용을 유발하는 angiotensin-II로 활성화시켜 혈압 상승을 유도한다.

우선 ACE 활성저해 펩타이드를 이해하기 위해 레닌과 알도스테론, ACE의 기능을 이해할 필요가 있다. 레닌은 신체의 레닌-안지오텐신계(renin-angiotensin system, RAS)에 관여하는, 신장에서 분비되는 단백분해효소(호르몬이 아님)인데, 레닌은 혈압저하, Na농도 감소, 또는 K농도 증가시 신장에서 유리된다. 혈압이 떨어지면(수축기의 경우 100 mmHg 이하) 신장에서 혈류에 레닌효소를 방출한다.

레닌이 앤지오텐신 I을 안지오텐신 II로 변환되는 과정에서 혈액 내 농도가 증가한다. 즉 혈압은 레닌-안지오텐신 알도스테론계(renin-angiotensin-aldosterone system, RAAS) 등 내분비계 조절 때문에 유지된다. 알도스테론(aldosterone)은 부신피질에서 생산되는 호르몬으로 그 생산은 레닌과 안지오텐신에 의해 조절된다. 알도스테론은 원위세뇨관에서 일어나는 Na^+재흡수 / K^+방출을 증가시키는 호르몬으로 혈액 양을 증가시켜 혈압을 높인다. 이와 같이 알도스테론은 혈중의 나트륨과 칼륨 농도를 정상으로 유지하고, 혈액 양과 혈압을 조절하는 데 있어 중요한 역할을 한다(그림 2-13).

ACE는 혈압을 조절하는 레닌-안지오텐신 시스템의 중요한 효소인데, 기질(substrate)은 안지오텐신 I과 브래디키닌(bradykinin)이다. ACE(안지오텐신 전환효소)는 안지오텐신 I이 안지오텐신 II(강력한 혈관 수축제)로 전환되는 것을 촉매하고, 브래디키닌(강력한 혈관 이완제)의 불활성화에 관여한다. 따라서 ACE는 이 두 가지 펩타이드(안지오텐신 I과 브래디키닌)에 작용하여 혈관을 수축시키고, 고혈압을 초래한다. 따라서 ACE의 작용을 억제하면 안지오텐신 II의 생성이 감소하고, 브래디키닌이 활성화되어 혈압 상승을 막아주게 된다. 이런 작용을 하는 것이 바로 ACE 활성저해제이며, 고혈압과 울혈성 심부전을 치료하는 데 결정적인 소재가 되는 것이다.

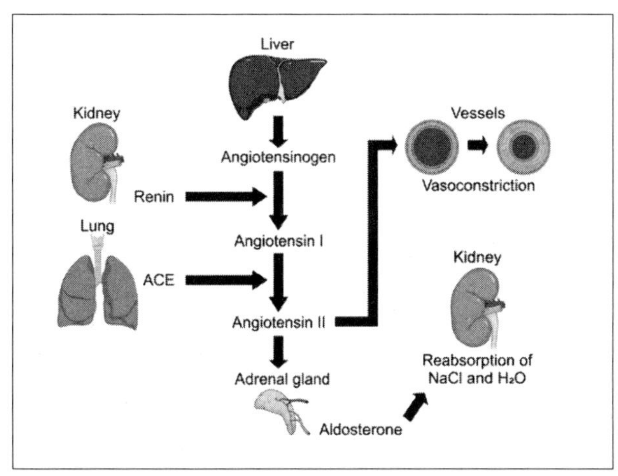

그림 2-13. 레닌-안지오텐신계(RAS)와 레닌-안지오텐신 알도스테론계(RAAS)
(출처 : REVIEW article, Front. Pharmacol, 8 April 2021)

신장 원위세관(distal tuble)에서 Na농도 감소, 혈액부피의 감소, 교감신경에 의한 신장자극이 일어나면 신장은 레닌을 분비하고, 이 레닌은 간에서 생성되어 혈액 내 존재하는 안지오텐신 I의 첫 아미노산 잔기 10개를 자르게 된다. 이어서 ACE는 2개의 아미노산 잔기를 더 잘라내어 안지오텐신 I을 안지오텐신 II로 전환시킨다. 안지오텐신 II는 혈관수축과 혈관평활근의 비대, 심실비대를 일으키고, 부신피질을 자극하여 알도스테론을 방출하므로 Na이온 및 Cl이온의 보존과 K이온의 배출을 일으킨다. 이렇게 하여 혈압이 상승하게 된다. 특히 Na이온은 혈액의 부피를 증가시켜 혈압을 올리게 만들며, 뇌하수체 자극으로 호르몬인 바소프레신[vasopressin, 항이뇨호르몬(antidiuretic hormone, ADH)]이 분비되어 콩팥에서 수분의 재흡수를 촉진하고, 모세혈관을 수축시켜 혈압을 높게 만든다.

ACE 활성저해 펩타이드류는 명태껍질(Alaska pollack skin), 담륜충(rotifer), 뱀독, 오리피부(duck skin), 우유단백질, 된장, 간장, 정어리, 참치, 젤라틴, 옥수수 등에서 분리한 펩티이드이지만, 이것을 종류별로 분류하면 콩단백 유래 펩타이드, 우유 유래 펩타이드, 정어리 유래 펩타이드, 발효유 유래 펩타이드, 밀단백 유래 펩타이드,

간장/된장 유래 펩타이드 등이 있다. 자주 처방되는 ACE 활성저해제(Perindopril, Captopril, Enalapril, Lisinopril 및 Ramipril 등)는 처음에는 고혈압 치료제로 승인되었으나 다른 심혈관질환(급성심근경색 = 심장마비), 심부전(좌심실 수축기 기능 장애) 및 신장질환, 당뇨로 인해 신장에 발생하는 장애(당뇨성 신병증)에도 효능이 있음이 알려져 지금은 다양한 질환 소재로 사용되고 있다.

ACE 억제제의 유해반응으로는 저혈압, 기침, 고칼륨 혈증, 두통, 현기증, 피로, 메스꺼움, 신장 손상 등을 비롯하여 브래디키닌 증가로 인한 마른기침, 혈관부종 및 발진, 저혈압 그리고 염증관련 통증이 발생할 수 있다. 임신한 여성에게는 선천성 기형 등 태아의 이상과 사산 및 신생아 사망 등도 보고되고 있다.

4) 아편상 펩타이드

동물의 뇌에서 분비되는 아편상 신경전달 물질을 아편상 펩타이드라고 부른다. 내인성(內因性) 모르핀이라고도 부르는 아편상 펩타이드에는 엔돌핀(β-endorphin / endogenous morphine / opiate peptid / opiate-like peptide), 엔케팔린(enkephalin) 등이 있는데(그림 2-14), 엔돌핀의 종류는 α-엔돌핀, β-엔돌핀, γ-엔돌핀, α-neoendorphin, β-neoendorphin, σ-엔돌핀 등이 있고, 엔케팔린에는 Met-엔케팔린, Leu-엔케팔린 등이 있다. 본 장에서는 아편상 펩타이드 중 엔돌핀을 중점적으로 소개하고자 한다.

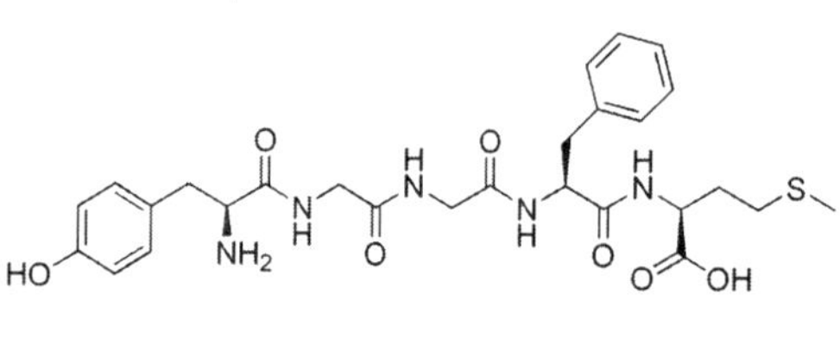

엔돌핀 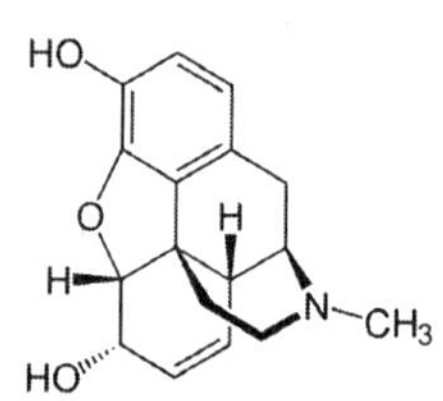　　　　모르핀

그림 2-14. 엔돌핀과 모르핀의 구조

엔돌핀이라는 이름은 내인성 모르핀(endogenous morphine)에서 연유하였는데, 몸 안에서 생기는 모르핀이라는 뜻이다. 실제 효능은 모르핀의 대략 800배 정도라고 한다. 엔돌핀은 뇌와 뇌하수체에서 생성되는 '아편 유사물질'들을 말하는데, 중추신경계의 아편 유사 수용체(opiate receptor)*에 작용하는 신경전달물질들이다. 엔돌핀은 위장관의 신경절, 혈액, 태반과 뇌하수체, 중추신경계, 뇌척수액, 콩팥에서 발견되며, 엔돌핀이 원인이 되는 수축억제는 엔돌핀과 아편 수용체 사이에서 일어나는 특별한 상호작용 때문이다.

* 아편 유사 수용체는 δ, κ, μ의 세 종류가 있는데, 수용체의 종류에 따라 다른 생리학적 기능을 가진다. μ수용체는 진통작용을 조절하고, δ수용체는 감정적인 행동을 조절한다. μ와 δ수용체는 각각 Met-엔케팔린과 Leu-엔케팔린에 의해 조절된다. κ수용체는 또 다른 엔돌핀인 다이노르핀(dynorphin)에 의해 조절된다.

뇌하수체와 시상하부 뉴런으로부터 혈액으로 분비되는 가장 강력한 마약 성분인 β-엔돌핀은 preopiomelanocortin(POMC, 마약-멜라닌-부신피질호르몬 전구단백질)의 분해를 통해 생성되어 척수와 뇌로 이동한다. 엔돌핀과 부신피질자극호르몬(adrenocorticotropichormone, ACTH), 멜라닌세포자극호르몬(melanophorotropin / melanocyte stimulating hormone, MSH) 등은 POMC와 같은 큰 분자량의 단백질 분자 속에 있다가 필요할 때 각각 독립된 호르몬으로 작용한다. 즉 엔돌핀과 ACTH, MSH 호르몬은 스트레스를 받았을 때 스트레스에 대항하기 위한 분비되어 통증을 진정시켜 준다, 이와 같이 엔돌핀은 통증을 경감하며 쇼크로부터 생명을 보호하기 위하여 사용된다.

기쁘거나 행복할 때 나오는 물질은 도파민(dopamine)인데 반해 엔돌핀은 그 반대로 인체가 감당하기 힘든 고통을 당하거나 큰 스트레스를 받을 때 이 상황을 감쇄시켜 주기 위해 생성되는 일종의 마약물질과 같은 것이다. 실제 엔돌핀은 즐거울 때만 나오는 것은 아니고 운동을 할 때, 흥분할 때, 고통을 느낄 때, 매운 음식을 먹을 때, 사랑을 느낄 때 분비된다. 엔돌핀이 분비되는 상황에서는 아드레날린도 거의 같이 분비되는데, 이런 경우 엔돌핀은 통증을 차단하고 여기에 아드레날린의 효과가 더해져 더욱 강력한 효과를 가지게 된다. 엔돌핀이 뇌내에서 작용한다면 엔케팔린은 척수에 작용한다. 엔돌핀은 혈뇌 장벽을 넘지 못한다.

멜라닌 색소를 증가시켜 스트레스 시 피부를 검게 만드는 원인물질도 엔돌핀이다. 엔돌핀은 뇌의 영역에서 높은 농도로 발견되며, 스트레스를 많을수록 혈액과 뇌의 엔돌핀 농도는 높아지고, 동시에 고통을 느끼는 임계점도 높아진다. 매운 맛이 중독성을 가진 이유도 엔돌핀 때문이라는 것인데 실제로 매운 맛은 입안 세포들이 느끼는 일종의 통증(통각)을 동반하는 감각인데, 그 때 느끼는 통증에 대해 반사적으로 엔돌핀이 분비되다 보니 매운 맛에 중독되게 된다.

엔돌핀과 같은 아편 유사제는 뇌하수체호르몬(pituitary hormone) 분비를 조절하는 기능을 가지고 있는데, 아편 유사 단백질을 주사하면 프로락틴(prolactin, 젖 분비 호르몬), 성장호르몬, 항바이러스성 단백질, 멜라닌세포자극호르몬 등이 분비되고, 여포자극호르몬과 황체형성 호르몬의 분비는 오히려 억제된다.

5) 항균성 단백 펩타이드

항균성 단백 펩타이드는 보통 식품의 보존료(방부제)로 사용되고 있는데, 그 종류에는 천연소재와 합성품(각종 유기산류 / 페놀화합물), 그리고 lactoferrin*, lysozyme, catechin, nisin, penicillin, gramicidin 등이 있다. 김치, 장류, 젓갈, 유제품 등의 발효식품에서도 항균성 펩타이드가 함유되어 있다. 우수한 항균소재는 인체에 무해하고, 영양적이면서 높은 방부성을 가진 것인데, 이러한 조건을 만족하는 천연 항균성 저분자 peptide류가 여기에 해당한다.

* 락토페린(lactoferrin)은 항균성 물질로 감염방어 작용을 하는 단백질로 사람과 젖소의 초유(初乳)에 가장 많이 들어 있다. 세균의 번식에 필요한 철분을 차단해 세균 증식을 억제 / 사멸하며 항바이러스, 항염증 기능을 가고 있다,

이 peptide류의 항균기작은 영양분 이동정지(stasis effect), 사멸효과(cidal effect), 흡착작용(adhesion-blockade effect), 상승효과(synergistic effect), 식작용 촉진인자(opsonic effect) 등이며, 양전하성 pepeide가 미생물 세포벽의 음전하성 인지질과 결합(cationic effect)하여 항균작용이 생기게 된다. 이러한 펩타이드는 천연물 중에 그 함량이 적기 때문에 각종 단백질을 효소분해시켜 올리고 펩타이드(oligopeptide)나 가수분해물을 만들어 효과가 좋은 합성 저분자 peptide를 만들어 사용하고 있다.

6) 밀단백 펩타이드

밀단백(글루텐) 펩타이드(gluten peptide)는 밀 올리고 펩타이드, 밀단백 가수분해물 등으로 부르고 있는데, 이들은 기능성 소재 또는 밀 섭취로 야기되는 글루텐의 셀리악병(celiac disease)을 예방하는 소재로 사용되고 있다. 글루텐 펩타이드는 칼슘 및 철분의 미네랄 흡수를 촉진하고, 외인성 고지혈증(hyperlipidemia) 및 콜레스테롤혈증(hypercholestereolemia)을 억제해 주는 소재이다.

글루텐은 밀, 보리, 호밀, 귀리 등에 함유된 단백질인데, 보통 사람들은 특별한 문제없이 글루텐을 소화하지만, 일부 사람들은 글루텐이 위장관에서 면역반응을 일으켜 소화기관 점막세포에 염증을 일으키고, 융모 손상을 일으켜 영양분을 흡수할 수 없게 만들어 영양실조에 걸리게 하는데, 이것을 셀리악병(Celiac disease)이라고 한다. 셀리악병은 글루텐 불내증으로 알려진 병이며 흔한 소화장애 중 하나인데, 보통 유전적 소인을 가지고 있는 사람에게 발병하지만 임신 및 출산, 바이러스감염, 심한 정신적 스트레스 등도 이 병의 유발요인이다.

밀단백 펩타이드는 밀 단백질이 글루텐효소(glutaminase) 작용에 의해 만들어지는 올리고 펩타이드의 일종이다. 이 물질은 고품질의 작은 분자 단백질 분해물인데, 소화되지 않고 그대로 흡수되는 소재이다. 또 이것은 감칠맛의 원료가 되는 글루타민산(glutamic acid)의 소재로 사용되고 있다.

밀가루 음식을 끊기 어려운 이유를 글루텐 펩타이드로 설명하기도 하는데, 그것은 밀 단백질을 가수분해할 때 생기는 글루텐의 폴리펩타이드(polypeptides)가 아편 펩타이드(opioid peptides)와 관련이 있다는 것이다. 아편 펩타이드는 혈관을 지나 두뇌의 마약 수용기(piate receptors)에 달라붙어 마치 마약을 복용한 듯한 쾌락을 주는데, 이것이 밀가루 음식에 대한 중독 이유이다. 아편 펩타이드는 정신분열증(schizophrenia)의 원인으로 지목되기도 하는데, 정신분열증 환자가 밀 음식을 끊었더니 그 증상이 호전되었다는 것이 이를 증명하고 있다.

밀단백 펩타이드와 유사하게 사용되는 난백 가수분해물은 수용성 펩타이드로 그 기능은 매우 다양하다. 이것은 근육 지구력과 순발력을 높여 주며, 혈류를 개선하고 피로물질인 젖산 축적을 억제하는 등 스포츠 생리활성 소재로 사용되고 있다.

7) 난백 펩타이드

난백 펩타이드(egg white peptide)는 난백을 가열하고, 단백질 가수분해효소(proteinase)를 첨가하여 만든 가수분해물로 난백이 갖고 있는 아미노산 밸런스를 그대로 유지하면서 내열성을 높인 소재이다. 콜라겐에 의해 유발되는 혈소판 응집의 억제, 혈액응고 시간의 지연 및 cAMP와 cGMP의 생산 증가 등과 같이 항혈전 효과에 관련된 활성을 갖는 소재이다. 따라서 난백 펩타이드는 고지혈증, 심근경색, 뇌혈전증, 고혈압 등의 혈전형성이 원인이 되는 순환기계 질환의 치료에 매우 유용하게 이용되고 있다. 또 알레르기의 원인 물질인 알부민을 완전히 분해시키고, 유해한 혈중 지질과 콜레스테롤을 저하시키고, 유익한 HDL콜레스테롤를 높여 주는 작용을 한다. 또 난백 펩타이드는 항고혈압 및 항산화 기능을 가지고 있다.

난백 펩타이드는 아니지만 난백 단백질 관련한 생리활성물질이 있는데, 그것은 ovotransferrin과 ovomucin, lysozyme, cystatin 등이다. 이것들은 항균성과 감염방어성을 가진 난백 단백질로 난백 단백질의 약 12%를 점유하고 있다. Ovotransferrin은 철, 망간 등의 2가 금속이온과 결합하여 세균발육을 저지하는 기능을 가지고 있다. Ovomucin은 난백의 점성에 관여하는 거대 당단백질로 각종 병원성 바이러스에 의한 적혈구 응집반응을 저지하는 기능을 가지고 있다. 또 cystatin은 thiol protease 저해제로 항바이러스 작용을 가지고 있다.

8) 대두단백질과 대두 펩타이드

대두 펩타이드는 대두의 부분적 가수분해물로 다양한 조합의 아미노산이 peptide결합한 중합올리고 펩타이드제이다. 대두 펩타이드는 분자량에 따라 그 기능이 달라지는데 보통 분자량이 낮을수록 소화흡수도 빠르고, 분자량이 클수록 소화 흡수되기 어렵다. 일반적으로 아미노산 단독으로서 보다는 아미노산 3개까지로 된 펩타이드 형태가 흡수 효율이 좋다고 한다.

이미 알려진 대로 대두단백질은 혈중 콜레스테롤 저하, 지질대사 개선 및 심혈관질환, 비만과 관련된 질환, 만성질환의 예방 등에 효과적인 것으로 알려져 있는데, 대두 펩타이드는 대두단백질보다 더 우수한 생리활성 기능을 가지고 있는 것으로 알려져 있다. 대두 펩타이드의 주요 생리활성 기능은 항고혈압, 항혈전, 항종양 등이다. 대두 펩타이드는 소화기 내에서 소장 내의 담즙산 및 콜레스테롤과 결합하여 담즙산의 재흡수를 저해함으로써 혈중 콜레스테롤의 저하, LDL과 지방 감소, 동맥경화 예방, 항고혈압, 혈소판 응집저해 등 효과를 가지고 있으며 면역증강, 저알레르기성 등의 기능도 가지고 있다.

9) 유제품 관련 펩타이드와 비피더스균 증식 펩타이드

유제품 관련 펩타이드는 카제인의 부분 가수분해물인 CPP(casein phosphopeptide, 칼슘흡수 촉진인자)와 GMP(glycomacropeptide, 비피더스균 증식 펩타이드), 그리고 유청단백질(whey protein)의 부분 가수분해물인 유청단백 펩타이드, 카제인에서 유래한 항고혈압 효과를 가진 tripeptide(IPP / isoleucine-proline-proline와 VPP / valine-proline-proline) 등이 있다.

칼슘흡수 촉진인자인 CCP는 혈압을 낮추며 ACE저해, 면역기능 등을 가지며, 철의 보관, 유지수송을 도와주는 소재이다. 특히 CPP와 GMP는 충치의 원인균인 *Streptococcus mutans*의 증식을 저해하므로 치약의 성분으로 사용되고 있다. CPP가 칼슘과 결합하면 산성으로 되는 것을 완화해 주어 산의 공격으로부터 치아를 보호해 주고, 치아 표면에 보호피막을 형성해 준다. CPP와 GMP는 칼슘, 철 등 무기질 흡수를 도와준다.

유청단백질이나 유청단백질 가수분해물은 항산화효과, 항고혈압, 면역기능, ACE저해, 항균, 종양세포의 증식 억제, 지방산 합성 저해 등 다양한 생리활성을 가지고 있다. 유청단백질의 주성분인 β-lactoglobulin(β-Lg)은 비타민의 일종인 retinol과 결합하여 산화를 방지하고, 사람의 회장에 유해균이 흡착, 증식하는 것을 저해해 준다. α-lactalbumin에는 tryptophan(6%)과 cysteine(5%)이 비교적 많이 들어 있는데,

tryptophan은 신경전달물질인 serotonin의 전구물질이다. 유청을 양이온 교환수지에 통과시킬 때 흡착되는 염기성 단백질은 뼈 대사의 개선 및 골다공증 예방과 개선에 유효한 기능을 가지고 있다.

일반적으로 생리활성을 가진 peptide는 운반체 매개 수송이나 세포 간 확산에 의해서 흡수되는데, 그 중 세포간 확산은 원형 그대로 peptide가 세포의 단분자막을 통과하는 것이다. 펩타이드 중 di-, tripeptides는 특정한 운반체를 통한 능동수송이 가능하나 oligopeptide의 경우에는 세포 간 경로를 통해 능동수송 된다. 세포 간 경로는 peptide 상태를 그대로 유지하는 수송경로이다.

비피더스균증식 펩타이드는 장내 좋은 균인 비피더스균을 증식시키고, 위암의 원인인 헬리코박터균을 무력화시키는 작용이 있는 펩타이드로 시알산이 많은 글루코메크로펩티드(glycomacropeptide, GMP / casein-derived peptide / casein glycomacropeptide / casein glycopeptide / casein macropeptide)인 셈이다. 이 펩타이드는 유단백질 유래 생리활성 펩타이드로 κ-casein에서 분리하며, 유청단백질의 20%에 달하는 주요 단백질이다. 즉 우유에 렌넷을 첨가하면 chymosin의 작용으로 인해 우유단백질은 두 부분으로 나누어진다. 이때 $1\sim10^5$ 잔기는 *para*-κ-카제인이고, 나머지 $10^6\sim10^9$ 잔기는 GMP라 하는데, 이는 유청으로 용출된다.

비피더스균 증식 펩타이드가 다양한 생리활성을 갖는 것은 펩타이드에 부착된 탄수화물 부분에 기인하는데, GMP는 분자량이 크기 때문에 그 자체로 흡수될 수 없고, 분자량이 작은 peptide로 분해된 후 흡수된다. GMP의 아미노산 구성 성분은 방향족 아미노산이 부족한 반면, 곁가지 사슬을 가진 아미노산이 많다. GMP는 칼슘, 철 및 아연의 흡수에 도움을 주는 펩타이드이다.

GMP는 음식의 식욕 조절과 췌장에서 소화효소 분비, 담즙산의 소화관 분비 등을 조절하는 콜레시스토키닌(cholecystokinin, CCK) 호르몬의 분비를 촉진하므로 건강기능식품 소재로 널리 사용되고 있다. 비피더스균 증식 펩타이드의 주요 기능은 비피더스균 증식 효과 이외 위산분비 억제 그리고 대장균이나 비브리오균이 생산하는 독소를 중화시키는 능력이 있고, 충치균 생육 억제, 면역활성을 높여 주는 능력, 혈류의 흐름을 원활하게 하는 기능 등을 가지고 있다.

10) 혈소판 응집저해(항혈전) 펩타이드와 히루딘

혈소판 응집저해 펩타이드(platelet aggregation inhibitory peptides, PAIP)는 혈전 생성을 억제하는 소재로, 여기에는 히루딘(hirudin, 거머리나 모기의 침샘에서 분비되는 혈액응고 억제제)을 비롯하여 모유의 lactoferrin, 대두발효 성분 등이 있다. 이 펩타이드를 이해하기 이해서는 우선 혈소판과 혈전에 관한 기초적인 지식을 필요로 한다.

미끈미끈한 공모양인 혈소판(血小板, platelet / thrombocyte)은 혈관의 상처난 부분을 아물게 하고, 지혈하는 기능을 담당하는 혈액의 한 성분이다. 혈액 한 방울에는 25만 개의 혈소판이 들어 있는데, 혈관에 상처가 난 경우 이 상처를 아물게 하기 위해 혈소판이 모여 울퉁불퉁한 모양의 혈전을 만들게 된다. 즉 혈전이 바로 혈소판 응집을 의미한다. 혈소판은 흡연이나 스트레스의 자극으로 표면에 돌기가 생기면서 별사탕 모양으로 변하여 혈관벽에 달라붙기도 하고, 혈소판끼리 잘 엉겨 붙기도 하여 혈관을 막곤 한다.

혈행 장애의 위해요인(risk factor)은 고혈압, 흡연, 콜레스테롤, 당뇨병, 비만, 스트레스, 불안감, 공포감 등이 있다. 혈관에 상처가 나면 혈장 내의 대표적인 리간드(ligand)인 섬유소원(fibyinogen, 당단백질)은 트롬빈에 의해 섬유소(fibrin)로 전환되고, 섬유소가 적혈구와 혈소판과 결합하여 혈전을 만들게 된다. 주요한 세포외의 세포간질 단백질인 파이브로넥틴(fibronectin)은 고분자량의 당단백질인데, 섬유소원과 섬유소 사이에 상호작용하며. 섬유담백질(actin), 콜라겐, 그리고 프로테오글라이칸(proteoglycans)과 같은 구조적 분자들과도 상호작용한다.

혈전 생성과정을 보면 우선 손상된 혈관 내막에 혈소판 덮개(plug)가 형성되면 혈액 응고계가 활성화되기 시작한다. 그 중 마지막 단계에서 인지질(phospholipid) 표면에서 프로트롬빈(prothrombin)이 트롬빈(thrombin)으로 전환되어 혈소판 활성 촉매제인 트롬빈과 collagen이 혈소판 표면에서 결합하게 된다. 이 때 혈소판은 자극을 받아 변형되고 응집을 일으킨다.

결론적으로 혈관 내 혈전은 죽상반*의 파열, 혈소판의 활성화, 혈소판의 유착 및 혈소판의 응집과정을 거쳐 형성된다. 이 과정을 좀 더 자세히 설명하면 죽상반의 균열 / 파열에 의한 혈관내피 손상부위에 von Willebrand factor(vWF)와 혈소판의 glycoprotein(GP)Ib 수용체가 관여하여 혈소판의 유착(platelet adhesion)을 일으키고, 활성화된 혈소판의 GP IIb / IIIa 수용체에 fibrinogen을 매개로 혈소판끼리 엉겨붙는 소위 혈소판 응집(platelet aggregation)이 일어나 혈전이 생성하게 된다. 이와 같은 혈소판의 활성화에는 thromboxane A2(TXA2), collagen, tissue factor, thrombin, epinephrine, ADP 수용체 등 여러 인자들에 의해 일어난다(그림 2-15).

혈전(血栓, thrombus / blood clot / 혈병)은 혈액응고 과정에서 혈액이 지혈되어 생성된 암적색을 덩어리인데, 이것은 혈소판과 피브린이 모여 응집한 것이다. 혈전 종

* 죽상반(atheroma)이 형성되면서 혈관의 내강이 좁아지게 되고, 말초로의 혈류 장애를 일으키는 죽상 경화증(粥狀硬化症, atherosclerosis)은 동맥경화증의 일종으로, 대식세포(macrophage)와 지질, 칼슘 및 지방물질의 침착물인 죽상반(atheromatous plaques)과 관련된 경화인데, 주로 큰 동맥에서 일어난다.

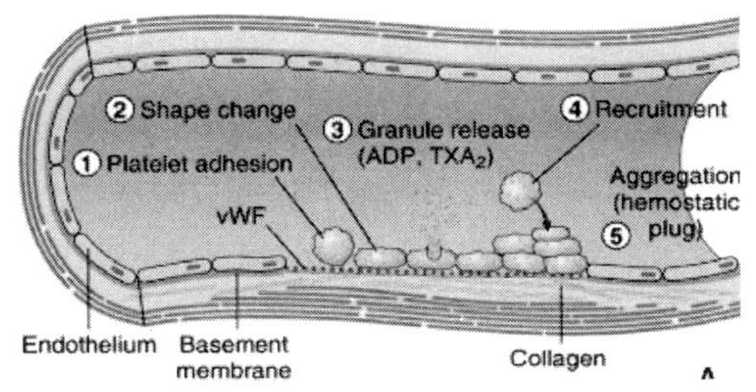

그림 2-15. 혈전 형성과정
(출처 : Veterinary Clinics : Samall Animal Practice, Volume 42(1) : 1-218, 2012)

류에는 동맥혈전과 정맥혈전이 있는데, 심장에서 온몸으로 혈액을 전달하는 동맥에 혈전이 생긴 것을 동맥혈전증, 온몸을 돌고 난 피를 심장으로 보내는 정맥에 혈전이 생긴 것을 정맥혈전이라 한다. 혈전 중 백색혈전은 동맥에서 형성되는데, 혈소판과 피브린이 응집한 것으로 흰색을 띤 곳은 비교적 적혈구 함량이 적기 때문이다.

이와 같은 혈소판 활성화를 막기 위해 사용되는 항혈소판제에는 aspirin, ticlopidine, clopidogel, hepairn 등과 혈소판 응집을 막기 위한 혈소판 길항제가 있다. Aspirin은 cyclooxygenase(COX)를 비가역적으로 억제함으로써 혈소판의 TXA2의 생성을 억제하여 항혈전 효과를 내며, ticlopidine과 clopidogrel은 ADP 수용체에 의해 유발되는 혈소판의 활성화와 응집을 억제한다. Cilostazol은 선택적으로 cyclic AMP sensitive phosphodiesterase를 억제하여 세포내 cyclic AMP 농도를 증가시킴으로써 혈소판 응집 억제 및 혈관확장 작용을 하게 된다.

항응고제인 히루딘(hirudin)은 65개의 아미노산으로 구성된 polypeptide로 강력하고 특이적인 thrombin 억제제로 혈전 내로 침투하여 혈전에 붙어있는 트롬빈도 억제하며, 혈관벽 손상부위에서 혈소판의 부착과 혈전의 성장을 감소시킨다. Warfarin은 혈액 응고인자의 생산을 억제하는 작용을 한다. LDL콜레스테롤은 serotonin 유도 혈소판 응집을 촉진시켜 혈전 형성에 관여하고, HDL콜레스테롤은 혈전 용해작용을 촉진시켜 항혈전 효과를 나타낸다. 고지혈증 치료제로 사용되고 있는 statin도 혈전 생성을 억제하는 기능을 가지고 있는데, 그것은 statin이 혈중 plsminogen activator inhibItor-1(PAI-1) 농도를 감소시키고, tissue plasminogen activator(tPA) 농도를 증가시켜 혈전을 용해, 혈전 생성을 막아주기 때문이다.

Statin은 원래 콜레스테롤합성(그림 2-16)의 마지막 단계인 HMGCoA 환원효소(3-hydroxy-3-methyl-glutaryl-coA reductase, HMGR)에 경쟁적 억제자로 작용하여 순환으로 들어가는 LDL을 하강시키고, LDL-수용체 활성을 상향 조절하여 혈중 LDL 콜레스테롤을 감소시키는 고지혈증 치료제이다. 혈전과 관련 고혈압 치료제로는 β 차단제*, 이뇨제, 안지오텐신전환효소억제제(angiotensin converting enzyme inhibitor, ACEi), 안지오텐신수용체차단제(angiotensin receptor blocker, ARB), 칼슘 길항제 등 여러 종류가 있는데, 특히 안지오텐신전환효소억제제는 내피세포 기능 개선 및 혈소판 응집 억제기능을 가지고 있다. 난백 펩타이드도 혈소판 응집의 억제인자로 항혈전 소재이다.

* β 차단제(β-Blocker)는 혈압 강하, 고혈압 / 협심 / 심근경색 예방, 부정맥 예방 등 기능을 가진 약물로, 교감신경의 아드레날린 수용체 중 β수용체 만을 차단한다.

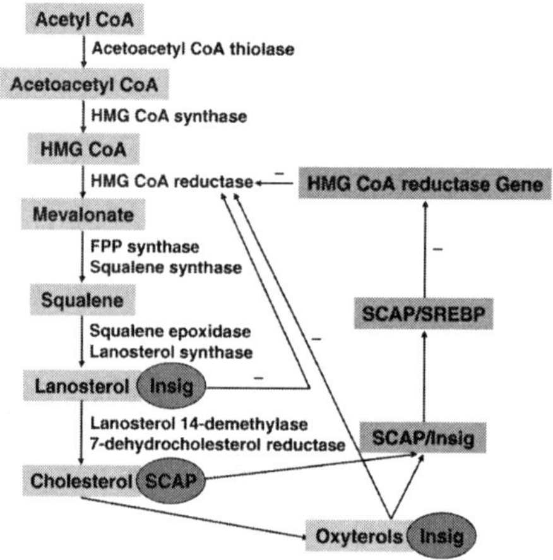

그림 2-16. 콜레스테롤 합성과 HMGCoA 환원효소
(출처 : Lipids in Health and Disease volume 11, Article number : 173, 2012)

11) 저 Allergen 펩타이드

1906년에 오스트리아 빈의 소아청소년 과학자 Clemens Peter Freiherr von Pirquet는 알레르기(allergy)라는 말을 처음으로 사용하였는데, 그 어원은 "변형된 것"을 뜻하는 그리스어 *allos*에 기인한다. 알레르기는 면역시스템의 오작동으로 나타나는 두드러기, 가려움, 콧물, 기침 등의 과민반응을 말한다. 즉 알레르기는 우리 몸의 세포가 특정한 항원에 과도하게 반응하여 오히려 우리 몸의 특정 장기를 파괴하는 과민반응(hypersensitivity)의 일종으로 ImmunoglobulinE(IgE)에 의해 매개되며, 제1형 과민반응으로 분류된다. 아토피 피부염과 같은 알레르기 질환의 경우 알레르겐의 주기적인 노출이 선천면역세포인 비만세포와 호염구를 자극하여 사이토카인(Th2 면역반응과 연관된 interleukin4(IL4), IL5, IL13) 분비를 증가시켜 히스타민(histamine) 등을 방출하는 비정상적인 면역과민반응을 일으킨다.

면역과민반응에는 알레르기 반응, 접촉성 피부염, 과민성 쇼크 반응 등이 있다. 알레르기를 야기하는 물질을 알레르겐(allergen) 또는 알레르기 항원이라 부르는데, 항원이 우리 몸에 들어오면 항체가 만들어지고, 항원-항체반응이 일어나면서 알레르기의 증상이 나타난다. 과민반응 중 자기 자신의 단백질(자가항원, 면역글로불린, 콜라겐, DNA 등)과 같은 자가항원 등에 대해서 신체는 과민반응(자가 항체반응)을 일으키는데, 이것을 자가 알레르기(자가면역, autoallergy) 반응이라 부른다.

이 알레르기 반응으로 신체 장기 손상과 이상을 초래하는데, 기관지 천식(allergic asthma), 과민증(anaphylaxis), 아토피 피부염(atopic dermatitis), 알레르기성 비염(allergic rhinitis), 알레르기성 위염(allergic gastritis), 알레르기성 설사(allergic diarrhea), 알레르기성 구내염(stomatitis), 알레르기성 기관지염(allergic bronchitis), 알레르기성 결막염(allergic conjunctivitis) 및 알레르기성 각막염(allergic keratitis), 두드러기(urticaria) 등이 여기에 해당하는 일반적인 알레르기 질환이다.

이와 같은 알레르기성 질환은 대부분 항원-항체반응에 의해 활성화된 조직의 비만세포의 탈과립화(degranulation)에 의해서 야기된다. 비만세포의 세포막에 존재하는 면역글로불린 IgE 수용체(immunoglobulin IgE receptor) I인 Fce-수용체(Fce-receptor가 특이 항원-항체반응으로 활성화되면 세포내 칼슘이온(Ca^{2+})의 유입을 증가시켜 궁극적으로 세포내 과립에 저장된 매개체(히스타민, TNF-α(tumor necrosis factor-α)와 새로이 생성되는 매개체(leukotrienes, LTs) / prostaglandin / 혈소판 활성인자(platelet-activating factor) 및 다양한 염증 사이토카인을 유리하게 되어 알레르기성 질환을 유발하게 한다.

알레르기성 질환의 치료 및 예방을 위하여 항히스타민제와 류코트리엔(길항제, leukotriene antagonist) 등을 사용하고 있다. 항히스타민제는 히스타민 작용에 직접 길항작용을 하는 속효성인 반면에 항알레르기제(cromolyn sodium / DSCG)는 알레르기반응에 관여하는 세포로부터의 히스타민, 류코트리엔(leukotriene) 등의 생성, 유지를 억제하여 알레르기 발증을 억제하는 제재이므로 급성 증상을 억제하기는 어려운 제재이다. 이런 경우 스테로이드제제를 사용하면 항염작용과 면역억제 작용이 동시에 나타나 급성 알레르기 반응을 억제할 수 있게 된다.

이를 장기간 투여하면 신경과민, 불면, 불안 등 정신적인 장애와 비만, 녹내장, 백내장, 위염, 골다공증, 피부이상 등 부작용을 보이므로 이러한 부작용을 최소화하기 위해 다양한 저알레르기성 펩타이드를 사용하고 있다. 이것은 비만세포에서의 탈과립 현상을 효과적으로 억제하기 때문이다. 비만세포의 탈과립을 위해서는 과립막(granule membrane)이 세포막과 융합되어야 한다. 이 때 막융합의 근본적인 힘을 제공하는 것이 SNARE(soluble N-ethylmaleimide-sensitive factor attachment protein rcceptor)라고 불리우는 단백실이다.

혈액으로부터 분리된 면역글로불린도 항염증, 항알레르기 효과를 가진 소재이며, 일부 단백 다당체도 항알레르기 소재이다. 면역반응을 시작하라는 신호를 담당하는 단백질(STAT6)이 몸속에서 과도하게 활성화되면 알레르기성 염증 가능성은 높아진다. 또 인터페론γ(Interferon-gamma, IFN-γ)가 Th2 세포를 방해하거나 IL-4에 의한 IgE 생성을 방해하면 알레르기 반응이 억제되며, 흉선호르몬인 tymopoietin, thymopentin도 Th1 사이토카인 생성을 촉진하고, Th2 사이토카인을 억제하므로 항알레르기제로 사용 가능한 것이다. 또 트립토판(tryptophan) 함유 펩타이드도 알레르겐의 장내 흡수를 억제하는 항알레르기 소재이다. 많이 사용되는 알레르기 약제는 표 2-1과 같다.

표 2-1. 알레르기 약제

반응유형	병원 기전/조절제		약제
Immediate	IgE	Histamine	Antihistamines
		Serotonin	Cyprohepadine
		Leukotriene	Zafirlukast/montelukast (Antagonist) Zileuton(Inhibitor)
Late	Cell mediated immunity & others		Steroid: systemic/ topical/nasal/inhaler

12) LPP(low phenylalanine peptide)

저(低) 페닐알라닌 펩타이드(low phenylalanine peptide, LPP)는 페닐알라닌 함량이 낮은 펩타이드 혼합물을 말하는데, 이 소재는 바로 페닐알라닌을 분해하지 못하는 질병인 페닐케톤뇨증(phenylketouria, PKU) 환자의 식이소재로 개발되었다. 주로 유청단백질을 단백질 분해효소로 가수분해한 후 생성된 페닐알라닌을 제거해 제조한다. 유전질환인 페닐케톤뇨증은 페닐알라닌 하이드록실라제(phenylalanine hydroxylase)가 없기 때문에 페닐알라닌을 대사할 수 없는 질환인데, 이 장애를 가진 사람들은 페닐알라닌 섭취량을 조절해야 한다.

L-페닐알라닌은 생물학적으로 DNA로 코드화된 아미노산 중 하나인 L-티로신으로 전환되며, 이 L-티로신은 다시 도파민, 노르에피네프린(노르아드레날린) 및 에피네프린(아드레날린)으로 전환되는 L-DOPA로 전환된다. 후자의 3가지는 카테콜라민(catecholamines)으로 알려져 있다. 페닐알라닌이 전혀 들어 있지 않는 글리코매크로펩타이드(glycomacropeptide, GMP)는 페닐케톤뇨증 환자의 식단에 적합하게 만든 소재이며, 이 GMP는 그 외 혈소판응집억제, 비피더스균 생육보조, 근육발달 기능 등을 가지고 있다. 과도한 페닐알라닌 섭취는 세로토닌과 다른 방향족 아미노산의 생산을 방해한다.

2.6 기능성 단백질

1) Lactoferrin

철과 결합한 붉은 단백질인 transferrin의 일종인 락토페린(lactoferrin, LF)은 다기능 구형 당단백질로 lactotransferrin(LTF)이라고 부른다. 초유와 우유, 타액, 눈물 및 비강 분비물과 같은 다양한 분비액에 함유된 물질이다. 우유와 대부분의 생물학적 체액에 풍부하고, 포유동물의 선천면역 기능과 적응면역 기능을 연결하는 세포 분비 분자인 락토페린은 여러 가지 생리적 기능을 가지고 있는데, 유해한 미생물의 감염에 대한 방어작용, 유아 장내에서의 철분흡수촉진, 염증조절작용, 림프구의 성장촉진 등을 비롯하여 항균 / 항바이러스, 면역증강, 항암, 항염증, 항산화, 골형성 증가, 파골세포형성 감소, 위장장애 제거 등의 기능을 가지고 있다. 유아용 조제유에 lactoferrin을 추가하면 생체활성이 향상되어 조제유를 먹는 유아의 건강을 향상시킬 수 있다.

2) Collagen

콜라겐(膠原質, collagen)은 결합조직 단백질이며, 모든 평활근조직, 혈관, 소화관, 심장, 담낭, 신장 및 방광세포와 조직을 유지하는 머리카락과 손톱의 주성분이다. “트로포콜라겐(tropocollagen)”으로 알려진 콜라겐 분자는 피브릴(fibrils)과 같은 큰 콜라겐 응집체의 일부이다. 근육조직에서 콜라겐은 근내막(endomysium)의 주요 구성 성분이며, 근육의 1～2% 정도, 근육 총 무게의 약 6%에 해당한다.

콜라겐은 글리신(glycine), 프롤린(proline), 하이드록시프롤린(hydroxyproline) 및 아르기닌(arginine)과 같은 아미노산을 포함하고 있는데, 콜라겐의 종류에는 콜라겐 1 [피부, 힘줄, 관(도관, 맥관, 혈관 등), 장기, 뼈의 성분], 콜라겐 2 [연골], 콜라겐 3 [망상 조직], 콜라겐 4 [세포막의 형성 기반], 콜라겐 5 [세포 표면, 머리카락, 태반] 등이 있다. 나이가 들면 콜라겐 생성이 느려지고, 피부세포가 약화되어 피부가 가늘어지고 손상되기 쉬우며, 머리카락도 생명력을 잃는다. 그리고 피부의 처짐과 주름, 힘줄과 인대가 탄력을 잃고, 관절도 딱딱해진다.

콜라겐은 섬유아세포 엘라스틴 합성을 유의하게 증가시켜 진피 섬유아세포 유래 세포외 기질의 형성을 강화시켜 피부 수분 및 탄력 증진은 물론 뼈와 근육 지탱 / 유지, 관절통증 감소, 관절염 증상 완화 등의 기능을 가지고 있다. 관절과 인대 구조 등에도 중요한 물질이다. 콜라겐에는 크레아틴(creatine)의 합성에 관여하는 글리신이 농축되어 있어 이것이 근육운동에 에너지를 제공한다. 또 콜라겐은 셀룰라이트* 외관을 감소시키며, 내장의 결합조직에 존재하여 소화관을 보호한다.

* 셀룰라이트(cellulite)란 지방에 체액(수분)과 노폐물(독성물질)이 결합되어 형성되는 변형 세포로, 정상적으로 배출되지 못하고 지방과 엉겨 붙은 일종의 피부 변성 결과물이다. 주로 엉덩이, 허벅지, 하복부에 발생한다.

3) 폴리감마 글루타민산

수용성, 음이온성, 아미노산계 폴리머인 폴리감마 글루탐산(poly-γ-glutamic acid / γ-PGA, 그림 2-17)은 청국장과 낫또(natto)의 끈적끈적한 D, L-glutamic acid의 중합체인 고분자 점액 성분이다. γ-PGA는 글루탐산의 카르복실기와 아미노기가 아마이드결합된 생분해성 물질로, 수용액의 pH에 따라 카르복실기가 이온화된 경우에는 random coil의 구조를, 이온화되지 않을 경우에는 helix 구조를 가지는 등 구조적 특성에 따라 다양한 기능을 가진다.

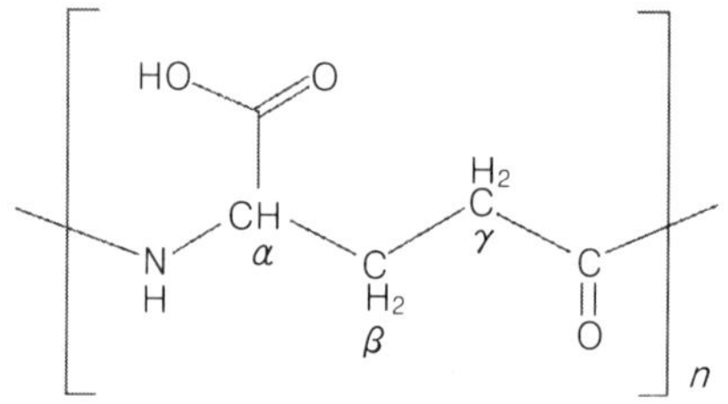

그림 2-17. γ-PGA 구조

γ-PGA는 무기질 흡수 촉진제(특히 칼슘이온 용해제 / 칼슘흡수 촉진제), 수분 흡수 및 보습제, fiber 또는 film의 재료, 의약운반용 담체, 식품의 선도 유지제 등의 기능을 가지고 있는데, 소장에서 칼슘이 인과 결합하여 불용성이 되는 것을 저해하고 칼슘의 흡수를 촉진시킨다. 또 흡습 / 보습제로 피부 적합성이 좋아 히알루론산(hyaluronic acid)의 대체물질로 사용되며, 신진대사 촉진, 항암, 항알레르기, 항산화 효과를 비롯하여 세포벽 보호, 면역력 증진, 피부건조와 각화 방지, 주름방지 및 피부 보습, 조골세포 분화 등의 기능을 가지고 있다.

γ-PGA의 면역증강 효과는 γ-PGA이 대식세포를 자극하여 TNF-a와 IL-1b의 분비를 유도하고, T-임파구에서 IFN-g의 분비를 촉진하여 T세포 및 B세포, 대식세포, 자연살해세포(NK cell) 등을 활성화시킨다. 또 γ-PGA는 호염구의 세포사멸을 유도하여 항알레르기 효과를 나타낸다. 최근에는 γ-PGA이 비만, 혈당, 이상고지혈증 개선효과를 가지며, 수면부족과 불면증에 도움을 주는 소재이다.

2.7 기타 단백질과 관련된 소재와 생리활성

1) 바이오 의약품과 항체 의약품

광의의 바이오 의약품(biologics / biological products / biological agents)은 생물의약품이라고도 부르며, 생물체에서 유래하는 세포, 단백질, 유전자 등을 원료로 제조한 의약품을 말한다. 생물학적 제제, 백신, 인슐린, 성장호르몬, 인터페론 등과 같은 단백질 의약품을 비롯하여 유전자재조합 의약품, 항체치료제, 세포치료제, 유전자치료제 등도 바이오 의약품(표 2-2)이며, 유전자재조합 기술로 생성된 의약품으로 인슐린, 성장호르몬, 에리스로포이에틴(erythropoietin, EPO / 조혈인자 / 펩타이드 호르몬) 등과 같은 호르몬제, 단일 클론항체(monoclonal antibody) 의약품, 퓨전 단백 등도 바이오 의약품이다.

바이오 의약품은 주성분의 종류와 활용 기술에 따라 크게 3가지로 분류하는데, 생물학적 제제(vaccine, toxoid, 항독소, 혈액제제)와 유전자재조합 기술 등을 활용한 펩타이드 또는 단백질을 유효 성분으로 하는 의약품을 1세대 바이오 의약품(인슐린)이라 부르고, 2세대 바이오 의약품은 특정 항원을 표적으로 질병세포를 공격하는 항체를 통해 질병을 치료하는 항체의약품을 말하는데, 바이오시밀러[biosimilar / 복제약 / 바이오 복제약 / 바이오제네릭(Biogeneric)]와 항체의약품이 이 범위에 속한다.

표 2-2. 바이오 의약품의 종류와 정의

구 분		정 의
Chemical	제네릭	특허 만료된 신약(오리지널)을 단순 복제한 의약품
	개량 신약	이미 허가된 의약품을 개량한 의약품
	신 약	화학구조나 본질 조성이 새로운 신물질 또는 신물질을 유효성분으로 하는 복합제제 의약품
Bio.	생물학적 제제	생물체에서 유래된 물질이나 생물체를 이용하여 만든 물질을 함유한 의약품
	단백질 의약품	유전자 재조합 또는 세포배양기술을 이용하여 제조된 펩타이드 또는 단백질 등을 유효성분으로 하는 의약품
	항체 의약품	단일클론항체를 유효성분으로 하는 의약품
	세포 치료제	세포를 체외에서 배양/증식, 선별하는 등 이화학적, 생물학적 방법으로 제조하는 의약품
	유전자 치료제	질병치료 등을 목적으로 인체에 투입되는 유전물질 또는 유전물질을 포함하는 의약품

3세대 바이오 의약품은 세포 치료제와 유전자 치료제 등을 말한다. 세포 치료제는 사람의 세포를 추출한 뒤 배양 및 조작을 통해 만들어진 세포를 이식해서 치료하는 의약품으로, 사용되는 세포의 기원에 따라 자가, 동종, 이종세포 치료제로 구분된다. 유전자 치료제는 유전자 조작기술을 활용하여 치료 유전자를 환자의 세포 내에 주입시켜 유전자 결함을 치료하거나 예방하는 치료제이다.

항체 의약품이란 항체를 이용하여 면역세포 신호전달 체계에 관여하는 단백질 항원이나 암세포 표면에서 발현되는 표지인자를 표적으로 하는 단일 클론항체(monocional antibody)를 만들어 인체의 부작용을 최소화하도록 단백질을 개량한 재조합 바이오 의약품을 말한다. 이와 같이 항체 의약품은 항원-항체반응을 이용하여 특정 질병과 관련된 항원 단백질에 특이적으로 결합되도록 만든 의약품인데, 처음에는 단세포 항체로 시작하여 마우스 항체를 사용하였는데, 점차 전체 부위를 사람 유래로 만든 인간항체 사용 등으로 발전하고 있다.

항체 의약품은 초기에는 여러 종류의 형질세포로부터 유래된 다클론항체(polyclonal antibody) 의약품(antithymocyte globulin)이 개발되었지만, 1975년 Kohler와 Millstein 등에 의해 B-림프구(쥐의 면역세포)와 골수종 세포를 융합시켜서 하이브리도마(hybridoma)라는 새로운 형태의 세포를 만드는 방법을 발표한 이후 여러 종류의 단일 클론항체(monoclonal antibodies)를 개발하였다. 단일 클론항체 의약품은 정확한 약리작용과 고도의 특이성을 가지며, 특이 항원 또는 인터페론, 사이토카인과 특이적인 상호작용을 한다. 바이오 의약품은 고분자 단백제제로 대사작용을 받지 않고 고유의 면역활성을 가지고 있으며, 그 자체가 항원으로 작용하면서 면역반응을 나타낸다.

2) 재조합단백질 의약품과 바이오시밀러(biosimilar)

재조합단백질 의약품은 유전자재조합 기술을 이용하여 생체에서 충분히 얻기 힘든 단백질 성분을 대량으로 생산한 의약품인데, 최초의 소재는 인슐린이다. 이전에는 소와 돼지의 췌장에서 인슐린을 추출하여 치료제로 사용하였으나, 사람 인슐린과 아미노산 배열이 달라 안전하게 사용하지 못하였다. 1982년에 최초의 재조합 인슐린이 출시된 이후 성장호르몬, EPO(erythropoietin)* 등 다수의 재조합단백질 의약품이 출시되었다.

* EPO는 당단백질 호르몬으로 적혈구 생성인자로 부르고, 신장과 간에서 만들어지며, 적혈구를 만들고, 상처 회복, 빈혈에 관여한다.

바이오시밀러(biosimilar)를 설명할 때 바이오신약(new biologics)이란 용어와 같이 사용하는 경우가 많은데, 바이오신약은 간세포 배양, 유전자재조합, 유전자조작 등의 생명공학적 방법을 직·간접적으로 활용하여 만들어낸 신약을 말한다. 바이오시밀러는 흔히 제2세대 바이오 의약품이라고 부르기도 하고, 바이오 복제약, 바이오 제네릭(Biogeneric), 동등 생물의약품, FOB(follow-on biologics) 등으로 불리어지고 있다.

일반 의약품은 화학합성 제제이지만, 바이오 의약품은 동물세포나 효모, 대장균 등을 이용해 고분자의 단백질 제품을 만드는 과정을 거쳐 만들게 되는데, 원래의 약과 동일하지는 않지만 생물학적으로 거의 동일한 효과를 내는 동등성 인증 의약품이다. 즉 오리지널 바이오 의약품의 복제약인 셈이다. 바이오시밀러와 비슷한 용어로 바이오베터(Biobetter)라는 용어가 있는데, 이것은 새로운 기술을 적용하여 기존 바이오 의약품보다 그 품질을 우수하게 개량한 의약품을 말하며, 오리지널 의약품에 비하여 개선된 의약품이다. 기존 바이오 의약품보다 더 낫다는 의미에서 'better'라는 단어를 사용하고 있다.

3) 백 신

백신(vaccine, 예방주사)은 바이오 의약품으로 특정 질병에 대한 면역력을 강화시킬 목적으로 투여하는 항원단백질 또는 미생물체이다. 항원, 즉 병원체를 약하게 만들어 인체에 주입하여 항체를 형성하게 하여 그 질병에 저항과 면역성을 갖게 하는 의약품이다. 우두법을 발견한 에드워드 제너(Edward Jenner)가 라틴어로 소를 뜻하는 Vacca라는 용어를 처음 사용하였고, 루이 파스퇴르(Louis Pasteur)가 vaccine이라는 용어를 사용하였다. 병원체를 완전히 죽여 만드는 사백신(inactivated or killed vaccine)과 약독화시켜 만든 생백신(live attenuated vaccines)이 있다. 백신 안에 있는 병원체는 병을 일으킬 만큼 강하지는 않지만 면역반응을 일으키기에는 충분할 정도이다.

4) 유전자 치료제

제3세대 바이오 의약품인 유전자 치료제는 질병 치료를 목적으로 세포에 유전물질 또는 유전자를 도입하여 질병을 치료 / 예방하는 의약품인데 암, 심혈관질환, 선천성 유전병 등 소위 난치성 질환을 치료 대상으로 삼고 있다. 즉 결핍 및 결함이 있는 유전자를 교정 또는 교체하여 질병을 분자 수준에서 근본적으로 치료하는 것으로, 특정 세포나 조직에 치료 유전자를 전달하기 위해서는 유전자 전달체인 벡터(vector)*가 반드시 필요하다.

* 유전자 치료제 핵심기술은 유전자를 운반할 수 있는 유전자 전달체(Vector)인데, DNA 분자를 말한다. 벡터는 세포 내에서 복제가 가능하며, 유전자 발현이 일어날 수 있는 종류에는 플라스미드, 인공염색체, 바이러스류와 비바이러스 등이 있다.

유전자 치료제는 유전물질을 포함하는 의약품으로, 치료용 유전자(gene)와 유전자 전달체(vector)로 구성된다. 전달 방식에는 대상 세포나 조직에 치료 유전자를 직접 주입하는 *In vivo* 방식과 체외에서 세포를 치료 유전자로 형질 전환시켜 증식시킨 후 대상 조직에 삽입하는 *ex vivo* 방식이 있다. 치료 대상에 따라 체세포 유전자 치료(somatic gene therapy)와 생식세포 유전자 치료(germline gene therapy)로 분류한다. 체세포 유전자 치료는 치료하고자 하는 유전자를 체세포에 삽입하는 방법인데, 삽입한 대상자의 유전자만 치료가 가능하며, 다음 세대로의 전달은 되지 않는다. 하지만 생식세포 유전자 치료는 치료 유전자 또는 유전자의 변형이 이루어짐에 따라 다음 세대로 전달될 위험성이 있어 이 치료방법은 신중하게 접근하여야 한다. 최초의 유전자 치료제는 2003년 중국에서 허가받은 gendicine이다. 유럽에서는 2012년 Glybera, 미국에서는 2015년 Imlygic이 최초로 허가를 받았다.

5) 저분자 의약품

원래 의약품을 분자 구조적인 측면에서 구별할 때 저분자 의약품, 바이오 의약품, 천연물 의약품 등으로 구분하는데, 저분자 의약품(small molecule drug)은 약물의 크기와 질량이 작은 의약품을 말하며, 분자량이 1,000 이하인 화학합성품이다. 합성이 쉽고, 효과적인 약물 디자인이 가능한 의약품으로, 일명 저분자 신약이라고 부른다. 콜레스테롤 저하제, 항암제, 천식 치료제, 항생제, 개량 신약 등이 여기에 해당한다.

저분자 의약품은 유기합성에 의해 만들어지며, 대부분의 경우 약효를 나타내는 순수한 물질은 원료 의약품(active pharmaceutical ingredient, API)이라 부른다. 일반적으로 전합성(pure synthetic) 저분자 의약품과 반합성(semi synthetic) 저분자 의약품으로 구분하는데, 전합성 저분자 의약품은 출발물질부터 최종 화합물까지 순수한 화학합성에 의해 제조되는 의약품이며, 반합성 저분자 의약품은 천연물로부터 추출한 중간체를 이용하고, 나머지 반응은 유기합성 기술을 이용하여 만든다.

2.8 기타 효소류와 생리활성

1) 라이소자임

1922년에 영국의 세균학자 Alexander Fleming이 발견한 라이소자임(lsozyme)은 G(-)세균의 세포벽 peptidoglycan을 파괴하는 효소(muramidase / N-acetylmuramide glycanhydrolase)이며 사람의 눈물, 타액, 모유, 수액, 코점액, 임파선(lymph node / 림프절 / 임파절), 백혈구, 혈장, 연골, 심장, 폐, 위장, 췌장, 간장, 장관 등 생체 내 모든 조직에 들어 있다. 129개의 아미노산으로 구성된 단일쇄의 펩티드, 염기성 단백질이며(분자량 145,000) 시스테인을 8분자 가지고 있고, 이것에 의해 만들어지는 S-S 결합이 4개나 되는 매우 안정한 효소이다. 세포 내 작은 기관인 라이소좀(lysosome, 리소좀)에서 분비되며, 면역체계의 일부를 형성하는 동물에 의해 생산되는 항균인자이다.

이 효소는 glycoside 가수분해효소인데, G(+)세균 세포벽의 주요 구성 성분인 펩티도글리칸에서 N-acetylmuramic acid(NAM / MurNAc)와 N-acetyl-D-glucosamine (NAG / GlcNAc) 잔기(residue) 사이의 1, 4-β-결합의 가수분해 촉매 효소로 작용하여 세균 세포벽을 손상시켜 세균을 용해시키는 기능을 가지고 있다(그림 2-18).

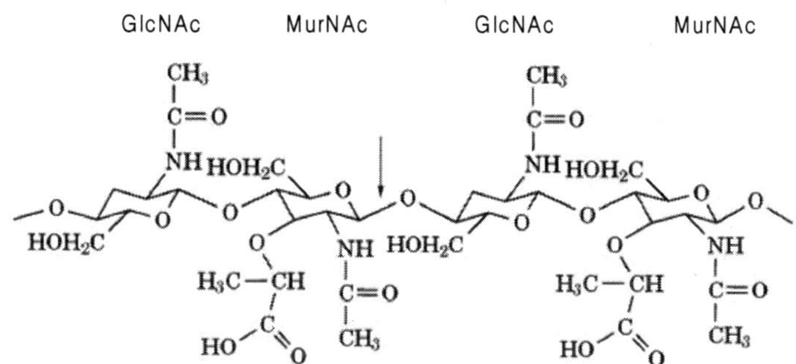

그림 2-18. 라이소자임의 MurNAc / GlcNAc결합 가수분해 위치

생체방어 기구의 하나로 중요한 역할을 하는 라이소자임은 전염병의 예방, 항생물질의 부활, 포도상구균(*Staphylococcus aureus*)의 항생물질 감수성 증대, 인플루엔자 예방효과 등을 가지고 있다. 라이소자임*이 세포벽을 분해할 때 생기는 muramic peptide는 면역부활 작용 이외 백혈구의 탐식능 증강에 의한 항염증작용, 선유아세포의 증식 촉진에 의한 조직수복 촉진작용 등을 가지고 있다. 피부로 분비되는 땀에 라이소자임이 포함되어 있고, 눈물이나 침에도 라이소자임이 들어 있어 병원체가 침입하는 것을 막아 준다.

* 라이소자임(lysozyme)과 락토페린(lactoferrin)은 살균효과를 갖는 효소로서 점막의 국소감염에 대한 방어작용에 기여한다고 알려져 있다. 눈물, 기관지, 침샘, 위점막 등에 두 효소가 모두 분포하고 있고, 비점막, 소장점막, 자궁경부내막 등에는 라이소자임만이 분포하고 있다.

2) SOD

산소를 이용하는 생물체는 정상적인 대사를 하는 동안 지속적으로 superoxide radical anion(초과산화물, $O_2^- \cdot$), hydrogen peroxide(H_2O_2), hydroxyl radical(OH・) 등과 같은 반응성이 큰 활성산소(reactive oxygen species, ROS)를 생성하는데, ROS가 생성되면 ROS들은 생체내의 고분자물질인 불포화지방산, 단백질, DNA 등과 반응하여 다양한 기전을 통해 DNA 손상이나 지질과산화, 단백질변성 등을 일으키며, 암, 뇌졸중, 노화, 심혈관질환, 염증 등의 여러 가지 질병을 일으킨다. 그 결과 세포기능은 상실되고, 심각한 손상을 동반하여 체내 신호전달 체계를 망가뜨리거나 면역력을 저하시킨다.

생체내의 방어기전으로서 superoxide dismutase(SOD, 과산화물 제거효소 / 초과산화물 불균등화 효소), catalase(CAT), glutathione peroxidase(GPx) 등과 같은 항산화 효소들이 막의 지질 과산화에 의한 손상, sulfhydryl-containing 효소의 불활성화 등에 관련된 활성산소들을 불활성화시키거나 제거함으로써 항산화작용을 하게 된다. 이와 같이 SOD는 산소에 노출된 모든 살아있는 세포에서 중요한 항산화 방어물질이며, 가장 효율적인 효소 산화방지제 중 하나이다.

Duke 대학의 Irwin Fridovich와 Joe McCord는 1968년에 superoxide dismutase의 효소활성을 발견하였다. SOD(superoxide dismutase, 초과 산화물 불균등화 효소)는 초과산화물(O_2^-, superoxide) 라디컬(radical)을 산소나 과산화수소(H_2O_2)로 바꾸는 효소이다($2\ O_2^- + 2\ H^+ \rightarrow H_2O_2 + O_2$). 다음은 전 반응에서 나온 과산화수소를 과산화효소(peroxidase)로 처리하거나($H_2O_2 + 2\ H^+ + 2\ e- \rightarrow 2\ H_2O$) 또는 카탈레이스(catalase)로 처리한다($2\ H_2O_2 \rightarrow 2\ H_2O + O_2$).

3) Protease Inhibitors

세포 내에는 특정 단백질분해효소(protease)에 대한 억제단백질(inhibitor protein)이 존재하는데, 일반적인 상태에서는 단백질분해효소가 억제제(inhibitor)와 복합체(complex)를 이루어 존재하기 때문에 단백질 분해가 일어나지 않는다. 그러나 세포의 상황에 따라 억제제가 불활성화되면 복합체로부터 단백질분해효소가 유리되어 단백질을 분해하게 된다. 단백질분해효소 저해제는 콩 뿐만 아니라 곡물, 감자, 과일, 채소, 땅콩, 옥수수 등의 모든 식물계에 들어 있는데, 주요 단백질분해효소 저해제로는 trypsin inhibitors를 비롯하여 aspartic protease inhibitors, cysteine protease inhibitors, metalloprotease inhibitors, serine protease inhibitors, threonine protease inhibitors 등이 있고, 그 외 aprotinin, bestatin, calpain inhibitor, chymostatin, E-64, leupeptin, α-2-macroglobulin, pefabloc SC, pepstatin, PMSF, TLCK 등이 있다.

단백질분해효소 저해제의 작용이 좋은 경우도 있고, 그렇지 않는 경우도 있는데, 좋은 경우는 단백질분해효소 저해제(protease Inhibitors, PIs) 때문에 세포 내 단백질이 파괴되지 않으므로 질환 예방과 치료에 도움을 주는데 특히 결장암, 폐암, 췌장암, 구강암, 식도암의 발생 억제에 도움을 준다. 또 트립신 저해제는 트립신(trypsin, 단백질 분해효소) 활성을 억제해서 세포가 더 이상의 손상을 입지 않도록 해 주는데, 만약 사람의 위와 어린 반추동물의 단백질분해 소화효소인 트립신이 장내에 장시간 노출되어 있다면 세포는 타격을 입어 장세포의 손상이 일어날 것이다.

대두의 경우 단백질분해효소 억제제에는 Kunitz형과 Bowman-Birk형이 있는데, Bowman-Birk형은 트립신과 키모트립신(chymotrypsin)을 억제하는 능력이, Kuniz형은 트립신만 억제하며 기능을 가지고 있다. Bowman-Birk형은 결장암, 폐암, 경구암 등에 효과가 있는데, 그것은 방사선조사로 유발된 암유전자 발현 저해, 종양 pormotor의 기능을 억제시켜 DNA의 나선구조 파괴나 DNA 염기 산화를 막기 때문이다. 대두의 트립신 저해제는 췌장의 β-B세포를 증식시키며, 기능을 회복시켜 인슐린 분비를 촉진하여 혈당을 정상화시키는 기능을 가지고 있다.

또 트립신 저해제는 체내 세포에서 발생되는 자유라디칼을 막아 과산화수소 생성을 감소시켜 세포들의 산화적 손상을 저해하고, 변형된 세포의 전이를 막아주는 역할을 한다. 다만 소화의 관점에서 보면 트립신이나 키모트립신의 활성을 저해하는 트립신 저해제의 작용은 소화를 잘 못하게 할 수도 있다. 따라서 트립신 저해제는 트립신의 생물학적 활성을 억제 / 감소시켜 위액이 적은 사람, 췌장기능에 장해가 있는 사람, 유지를 많이 섭취하는 사람에게는 소화 장애를 일으키는데, 그것은 트립신 저해제가 단백질과 경쟁적으로 트립신과 결합 / 반응하기 때문이다.

트립신 억제제는 키모트립신 기능도 부분적으로 방해한다. 대부분 열처리를 하면 저해인자는 활동성을 잃게 된다. 또 트립신 억제제는 성장 및 신진대사, 소화기 질환을 유발하는 것으로도 알려져 있으며, 트립신 저해제가 다량 분비되면 췌장 비대가 일어나므로 췌장염을 유발할 수 있다. 또 펩타이드 종양 관련 트립신 억제제(TATI)는 점액성 난소암, 요로 상피암 및 신장세포암, 췌장선암의 표지자로 사용되고 있다. 트립신 저해제가 존재하면 단백질 효율이 저하되어 단백질을 효율적으로 완전하게 활용할 수 없게 된다.

Aspartic protease inhibitors는 renin, HIV-1 protease, plasmepsins, β-secretase, HTLV-I protease 등에 영향을 미치는데 고혈압, 에이즈, 말라리아, 알츠하이머병 및 성인 T세포 백혈병, HTLV-I 관련 골수증, 경련마비 근절 및 다양한 관련 질환을 치료할 수 있는 소재이다. Metalloprotease inhibitors(TIMPs)는 매트릭스 금속단백 분

해효소(matrix metalloproteinases, MMP)의 억제제인데, MMPs는 중요한 기질분해효소(matrix-degrading proteases)이다. 이것은 세포외 기질의 많은 성분을 분해시킬 수 있는 아연과 칼슘-의존성 엔도펩티다아제로 상피세포, 내피세포, 섬유모세포 등의 구조를 이루는 세포들과 대식세포, 림프구, 호산구 그리고 중성구 등의 염증세포에서 만들어진다.

MMPs는 비활성화된 형태(proMMP)로 분비되어 활성화된 형태(active MMP)로 전환되어야 단백분해능을 갖는다. MMPs는 대부분의 세포외 기질을 분해하는 기능을 가지며 발생, 혈관생성 그리고 상처 치유와 같은 정상적인 생리과정에 관여하고, 종양의 침투, 염증과 같은 병적인 상태에도 관여하는 등 양면성을 가지고 있다. 대표적인 병적 상태로는 관절염, 종양 전이, 동맥경화, 섬유화, 궤양 등을 들 수 있다. TIMPs는 조직에서 주로 작용하는 MMPs 억제제로 MMPs의 억제는 물론 세포성장 촉진, 혈관생성 유도, 세포외 기질의 대사 균형 유지 등에 중요한 역할을 담당한다. MMPs와 그 억제효소인 TIMPs의 균형은 세포외 기질의 파괴와 침착에 중요한 역할을 하고, 이들의 항상성이 깨지게 되면 비정상적인 조직의 변화를 초래하게 된다. 세린프로테아제(serine protease)는 혈장 응고인자를 활성화시켜 혈장 응고를 유발하지만, 세린프로테아제 억제제(serine protease Inhibitors)는 혈장 응고를 방지해 준다.

4) AMPK

신체내 근육, 간 등의 조직에 다양하게 분포되어 있는 AMPK(5′-adenosine monophosphate activated protein kinase / AMP-activated protein kinase / AMP-활성단백질 인산화효소)는 지구력 향상, 운동능력의 향상, 피로의 경감, 피로예방 및 개선 기능을 가진 효소로 의약품 소재로 사용되고 있다. AMPK는 세포내 에너지 항상성 유지 및 영양분 대사조절의 중추적 역할을 하는 전사인자로, 여러 효소들의 인산화를 조절함으로써 지방산 합성, 콜레스테롤 생합성 등 다양한 생리작용을 수행하는 효소이다.

운동을 하게 되면 에너지인 ATP소모가 많아져 ATP가 부족해지게 되는데, 이때 AMPK가 활성화되어 ATP를 소비하는 과정(ATP consuming pathways)은 억제하고, ATP를 생산하는 쪽(ATP producing pathways)으로 생리작용이 진행되면서 에너지의 균형을 잡아주게 된다. ATP를 소비하는 과정(ATP consuming pathways)은 보통 지방산, 콜레스테롤, 글리코겐, 단백질 합성과정에서 볼 수 있고, ATP를 생산하는 쪽(ATP producing pathways)은 glycolysis, β-oxidation, glucose uptake 등에서 볼 수 있다.

결론적으로 AMPK는 포도당대사, 지질대사, 미토콘드리아에서의 대사과정을 조절해 준다. AMPK가 활성화가 되면 간에서는 지방산/콜레스테롤 합성은 억제되고, 지방산 산화는 촉진되며, 골격근에서는 지방산 산화와 당 흡수가 촉진된다. 지방세포에서는 지방분해가 촉진되고, 지방생성이 억제된다. 또한 췌장세포에서의 AMPK는 세포내 에너지 상태의 센서로 작용하여 인슐린 분비 조절에 중요한 역할을 하는데, 만약 AMPK가 활성화되면 인슐린 분비는 촉진된다. 또 근육세포의 경우 ATP가 소모되고, 그 결과 AMP의 양이 상대적으로 증가하면 AMPK의 활성도가 증가되고, 동시에 포도당의 흡수가 증가된다. 운동에 의해 AMPK가 활성화되면 혈당량이 감소하므로 제2형 당뇨환자들의 당뇨치료에 이 원리를 응용할 수 있다. AMPK는 지질합성의 억제로 항동맥경화 및 콜레스테롤 개선, 고지혈증 등 대사성 질환을 예방하고, 치료하는 데도 중요한 역할을 한다.

5) Luciferase

형광이라는 용어는 일반적으로 사용되는 방출광의 유형인데, 광원에서 에너지를 흡수한 다음 다른 파장으로 빛을 방출하는 형광단의 산물이다. 반면에 생물발광은 빛의 근원보다는 효소반응에 의해 공급되는 빛으로 생물산업에 이를 활용하고 있다. 그 대표적인 것이 루시페린(luciferin) 빛이다. 반딧불, 해파리와 같은 동물에서 발견되는 빛인데, 이 빛의 발광은 생물체에 함유된 효소 luciferase 때문이다.

Luciferase는 생체 발광을 생성하는 산화 효소류에 대한 일반적인 용어이며, 기질은 루시페린이다. Luciferase는 반딧불 이외 일부 발광성 미생물에 들어있는 효소인데, 형광단백질과 달리 외부 광원을 필요로 하지는 않는 생물광(빛)이다. 반딧불의 배에 달린 화학 전구에 루시페린이라는 물질과 루시페라제(luciferase)라는 효소가 관여하고 있다. 루시페린은 루시페라제와 마그네슘이온(Mg^{2+})의 도움으로 산화 루시페린(oxy-luciferin)이 되면서 빛을 만들어 낸다.

$$\text{Luciferin} + O_2 + \text{ATP} \xrightarrow[\text{luciferase}]{Mg^{2+}} \text{Oxyluciferin} + \text{light}$$

이 원리를 이용하면 발광유전자를 바이러스에 집어넣어 각종 유해세균을 검출할 수 있는데, 화학발광에 대한 루미놀(luminol) 반응은 혈액 속에 헤모글로빈에 들어있는 철에 의해서 촉진되어 혈흔을 찾는 데 특히 이용된다. 최근에는 가종 세균의 감염여부를 빛의 밝기로 해석하거나 암세포를 규명하는 데 이 원리를 활용하고 있다.

6) 혈전 용해제

혈전 용해제를 설명하기에 앞서 혈액응고에 대한 이론을 간단히 정리하고자 한다. 혈액응고란 몸에 상처가 났을 때 혈액이 엉겨 붙어 피를 멎게 하는 것을 말하는데, 혈소판과 혈장에 있는 몇 가지 혈액 응고인자들이 관여한다. 혈액응고에 관련된 혈소판은 혈구 중에서 크기가 가장 작은 무세포로 지름은 2～4 ㎛ 정도이다. 사람의 경우 혈액 $1mm^3$ 중에 약 15～40만 개가 들어 있다. 형태는 원형 또는 타원형으로 일정치 않고, 수명은 약 8～11일이고, 골수에서 만들어져 비장에서 파괴된다. 주된 작용은 출혈이 있을 경우에 지혈과정의 초기단계에 관계하는 것으로 상처가 났을 때 혈소판이 손상된 혈관벽에 붙고 혈소판끼리 엉겨 붙으면서 혈액응고가 일어난다.

혈액응고에는 비타민 K가 존재할 때 간에서 생성하는 프로트롬빈(prothrombin), 트롬빈(thrombin)의 작용에 의해 섬유소로 전환되는 피브리노겐(fibrinogen, 섬유소원), 효소 활성화를 위해 모든 응고과정에 필요한 칼슘 등이 중요한 역할을 한다. 혈소판은 혈액을 응고시키고, 혈액응고에 필요한 인지질(phospholipid)을 유지시켜 주며, 일단 응고된 혈소판전(platelet plug)을 수축시키는 역할을 한다. 혈소판 인자에는 4종류가 있는데, 이 중 제3인자가 응고에 가장 중요한 역할을 한다고 한다. 혈장 속에는 제1혈액 응고인자로부터 제13혈액 응고인자까지 많은 종류의 혈액 응고인자들이 있는데, 이들이 순차적으로 관여하여 혈액응고를 일으킨다.

상처가 났을 때 지혈되는 과정을 보면 우선 혈관 손상에 의해 혈관 내피세포 내측에 위치한 콜라겐 섬유(collagen fiber)들이 노출되면서 여기에 von Willebrand factor가 먼저 부착하고, 혈소판(platelet)이 그 위에 달라붙게 된다. 이러한 혈소판 부착(platelet adhesion) 과정에서 혈소판은 활성화되고, GP IIb / IIIa 수용체와 섬유소원(fibrinogen)이 결합하여 혈소판 응집(platelet aggregation)이 일어나게 된다.

활성화된 혈액응고 인자들은 대부분 serine protease라는 효소들이다. 이와 같이 혈액응고 인자들이 활성화되어 혈액응고가 진행되면 최종적으로 섬유소 응괴(fibrin clot)가 일어나 지혈이 된다. 즉 혈소판 표면에서 최종 산물인 섬유소 응괴가 손상된 혈관벽을 막아 지혈이 일어난다. 체내에서 생성된 혈전은 혈소판 및 피브린이 뭉친 암적색 덩어리를 말하는데, 보통 섬유소 용해과정을 통해 소멸되지만 일부는 혈류와 함께 떠돌아다니다 혈관을 막기도 한다. 이와 같이 혈액응고는 부정적인 영향을 미치기도 하지만 상처가 난 경우 빠른 시간 안에 지혈되는 것도 매우 중요한 일이다.

혈액응고(혈전)를 녹이는 혈전 용해제(anti coagulation enzyme / thrombolytic agents / 항응고제)는 일명 섬유소 용해 프로테아제(fibrinolytic protease)라고 부르는데, 혈전을 용해시켜 혈액응고와 관련된 질환을 예방하는 중요한 단백효소이다. 혈전

용해제는 lasminogen 활성제와 fibrin을 직접 분해하는 plasmin(단백 분해효소) 등 두 가지 유형이 있다. 섬유소 응괴에 의해 지혈된 이후에는 섬유소 용해(fibrinolysis) 과정을 거치고 혈관 보수과정을 거쳐 완전히 정상 상태로 치유하게 된다.

한편, 인체의 병태 생리학적 장애 결과로 혈전이 가수분해되지 않고 혈액이 응고된 상태가 지속되면 고혈압, 급성심근 경색, 허혈성 심장질환, 판막심장 질환, 말초혈관 질환, 부정맥, 뇌졸중 등과 같은 혈전증 및 다른 혈관 질환을 일으킬 수 있다. 이런 경우 fibrinolytic protease는 fibrin(혈액응고 단백질)을 분해하는 단백분해효소(protease)로 혈관 내 피브린 침착을 방지하고 용해하는 혈전 용해제로 작용하게 된다.

2.9 단백체학과 생리활성

단백체학(proteomics)은 생물 정보학의 한 분야로 세포 안 또는 개체 안의 모든 단백질을 총체적으로 연구하는 분야로 유전체학(遺傳體學, genomics), 전사체학(轉寫體學, transcriptomics), 상호작용체학(interactomics) 등*과 같이 생겨난 학문 분야이다. 인간 생체활동의 기본 단위는 단백질인데, 하나의 기능단위에 대한 모든 가능한 단백질 집합을 단백체(proteome)라고 부른다.

* 상호작용체학(interactomics)은 세포 내의 분자들 간, 유전자 단백질 간 상호작용을 연구하여 다양한 생물체의 유전과 진화 등 생물학적 과정을 매개하는 모든 물질에 대한 정보를 얻는 학문 분야이다. 전사체학은 전사체 수준에서의 유전자 발현(gene expression)을 연구하는데, 전사체란 모든 mRNA의 집합을 의미한다. 즉 전사체학은 mRNA 수준에서 생명현상을 다루는 학문이다.

특정한 환경 하에서 특정 유전자의 지시에 따라 생합성된 단백질을 의미하는 proteome이란 용어는 “PROTEin expressed by a genOME”의 합성어이다. 즉 proteomics는 proteome의 어미에 접미사 *-ics*가 붙어 만든 용어이며 단백질의 성질 발현, post-translational modification(번역 후 변형), 단백질과의 결합에 의한 세포내 변형과 네트워 형성 등을 질병의 진행과정과 연계하여 연구하는 분야이다. 따라서 바이오신약 개발의 핵심 기술인 단백체학은 세포내의 단백질 기능, 유전체에서 발현된 단백질들에 대한 생체의 활동, 질병, 단백질의 상호작용, 유전자 발현 양상, 유전자 결함 등 생물학적 모든 단백질 관련 정보를 연구한다.

이러한 학문의 배경에는 바이오산업에서의 의약품 개발의 주요 표적이 단백질이기 때문이다. 즉 유전자가 어떤 단백질을 만들어 생명체를 유지시키고, 질병을 통제할 수 있는지를 분지 수준에서 규명할 필요가 생겼기 때문이다. Proteomics와 genomics를 상호 비교하면 이들 모두는 공히 유전자의 구조와 기능을 밝힌다는 점에서 유사하다. 그러나 proteomics는 단백질 차원에서 지노믹스는 유전자 차원에서 각각 유전자의 기능을 취급한다. Proteomics는 일단 유전자의 산물인 단백질을 대상으로 특정 단백질과 이를 만드는 유전자의 기능을 동시에 밝혀내는데 반해 지노믹스는 세포의 핵산(DNA, RNA 또는 이들의 유사체)을 대상으로 각 유전자 발현, 유전자 대량 분석(DNA칩 및 올리고 칩), 유전자의 발굴(mining) 등 유전자 구조를 근간으로 연구하는 기술이다.

이러한 연구를 위해 자연스럽게 단백질 구조 분석를 통해 특정 단백질이나 특정 유전자 정보를 예측, 유추하고 구조와 기능 간의 관계를 규명할 필요가 생기면서 구조 유전체학(sturctural genomics) 또는 구조 단백체학(structural proteomics)이 필요하게 되었다. 이러한 관점에서 단백체학은 생리활성물질은 물론 신소재을 개발하는데 매우 중요한 학문 분야라 할 수 있다.

〈3절〉 지질 / 지질유도체 유래 생리활성물질

3.1 지질의 이해

지질이란 동식물의 조직에 있는 지방, 왁스(wax), 스테롤(sterol) 등의 유기화합물의 총칭이며, 생명체 내에서 발견되는 물질 중 소수성(hydrophobic) 물질을 말한다. 생체 내에서 에너지 저장 및 신호전달 등의 역할을 하며, 에너지 생산과 저장, 세포막 구성 성분, 효소 보조인자(cofactor), 지용성 비타민의 운반과 흡수를 돕고, 필수지방산의 공급원으로 2차 전달 메신저(second messenger)의 기능을 수행한다. 물에는 잘 녹지 않고 유기용매에 잘 녹는다.

지질은 고체인 것은 fat, 액체인 것은 oil이라 부르고, 학술적 용어는 lipid이다. 흔히 지방(기름)이라고 부르는 것은 지질의 약 95%를 차지하는 중성지방(triglyceride, TG)이며, 우리 몸에 꼭 필요한 영양소이다. 지질은 영양학적 기능으로 고효율 에너지 공급원이지만, 체내에서 생합성되지 않는 필수지방산을 가진 지질은 반드시 음식으로부터 공급해 주어야 한다. 식품에 존재하는 지질성분 중 가장 많은 것은 중성지방이며, 그 다음이 인지질(phospholipid, PL), 콜레스테롤 그리고 미량의 지용성 비타민과 기타 지질 성분이다.

지질의 종류에는 보통 식물성, 동물성 지질로 구분하거나 지질 구성 성분과 구조에 따라 단순지질, 복합지질, 유도지질 등으로, 또는 비누화(saponifiable) 정도에 따라 검화유(단순지질 / 복합지질), 불검화유(유도지질), 스테롤(지방산이 없어 비누화되지 않는 지질) 등으로 분류한다. 단순지질은 글리세롤과 지방산으로만 되어 있는 경우인데, 중성지방과 왁스가 여기에 속한다. 동식물의 보호물질로 분비되는 왁스(wax)는 고급 알코올과 지방산의 에스테르로 되어 있으며, 지방에 비해 훨씬 안정한 지질이다.

복합지질은 지방산과 글리세롤에 인이 붙어 있는 인지질(phospholipid), 당을 가지고 있는 당지질(세레브로사이드, 강글리오사이드), 단백질을 가지고 있는 지단백, 황을 가지고 있는 황지질 등이 있다. 인지질은 글리세롤을 포함한 글리세로인지질(glycerophospholipid), 양친매성(amphipathic) 구조를 한 포스파티드산(phosphatidate), 글리세롤을 포함하지 않는 스핑고지질(sphingolipid) 등이 있으며, 대표적인 인지질의 종류에는 포스파티딜콜린(phosphatidyl choline / lecithin, 레시틴), 포스파티딜에탄올아민(phosphatidyl ethanolamine / cephalin, 세파린), 포스파티딜세린(phosphatidyl serine), 포스파티딜이노시톨(phosphatidyl inositol) 등이 있다.

유도지질은 단순지질과 복합지질이 가수분해되어 생성된 물질인데, sterol류(콜레스테롤, 담즙산, 에르고스테롤, sitosterol, stigmasterol)와 고급지방산(카로테노이드) 등이 있다. 지방산은 단일결합의 포화지방산과 이중결합의 불포화지방산으로 구분하는데, 불포화지방산도 단일불포화지방산과 다가불포화지방산으로 구분하며, 지방산의 이중결합 수에 따라 단일불포화(monounsaturated fatty acids, MUFA), 다불포화(polyunsaturated fatty acids, PUFA)로 나누고, 다불포화지방산은 이중결합이 CH_3 말단에서 몇 번째 위치에서 처음 시작하느냐에 따러 다시 ω3, ω6으로 나뉘며, 단일불포화지방산은 이중결합의 성격에 따라 *cis, trans* 지방산으로 구별한다.

지방산 중 반드시 섭취해야 하는 필수지방산과 그렇지 않는 비필수지방산이 있으며, 필수지방산은 체내에서 생합성되지 않거나 충분한 양이 합성되지 않기 때문에 반드시 외부로부터 섭취하여야 하는데, 그 종류에는 ω6계의 리놀레산(linoleic acid / C18 : 2)와 ω3계의 리놀렌산(linolenic acid / C18 : 3), 그리고 아라키돈산(arachidonic acid / C20 : 4 / ω6) 등이 있다. 아라키돈산은 체내에서 리놀레익산으로부터 일부 합성되긴 하지만 그 양이 적기 때문에 필수지방산으로 분류하고 있다. 그 외 경우에 따라서 EPA(eicosapentanoic acid / C20 : 5 / ω3)를 필수지방산에 포함하기도 한다. 또 탄소수의 많고 적음에 따라 지방산을 고급지방산과 적은 저급지방산으로 구분하는데, 이것을 다시 단쇄(short chain), 중쇄(medium chain), 장쇄(long chain) 지방산 등으로 세분화하기도 한다. 구성 지방산의 탄소 수에 따라 탄소가 4~8은 단쇄, 8~14까지를 중쇄, 16 이상을 장쇄지방산이라고 한다. 동물성 지방에는 포화지방산이, 식물성 지방에는 불포화지방산이 많으며, 다가불포화지방산은 특별한 식품재료에 많이 들어 있다(표 3-1).

식물의 경우 지방산은 세포막의 주성분이고 에너지원이다. 식물은 주요 지방산으로 포화지방산과 불포화지방산을 가지는데, 18개 이상의 탄소원자를 가지며, 2개 이상의 불포화결합을 갖는 지방산인 다중불포화지방산(polyUnsaturated fatty acid, PUFA)을 많이 가지고 있다. 고등동물은 일반적으로 linoleic acid(LA)의 합성에 관여하는 불포화효소를 갖고 있지 않기 때문에 반드시 식물(식물성 원료의 식품)을 통해 PUFA를 섭취하여야 한다. 고등동물의 체내에서는 이들 불포화지방산을 기질로 하여 디호모-γ-리놀산(dihomo γ-liolenic acid), 아라키돈산(arachidonic acid, C20 : 4 / n-6), eicosapentaenoic acid(EPA / C20 : 5 / n-3), 및 ocosahexaenoic acid(DHA) / C22 : 6 / n-3) 등을 합성한다. 특히 노인과 유아 등은 디호모-γ-리놀산, 아라키돈산, EPA, DHA 등의 생합성 능력이 저하되기 때문에 이들 지방산을 적절하게 섭취하여야 한다.

표 3-1. 지방산 종류

Alpha(α) Nomenclature	Omega(ω) Family	Common Name	Food Source
Saturated Fatty Acids			
12:0	—	Lauric acid	Coconut and palm oils
14:0	—	Myristic acid	Coconut and palm oils ; most animal and plant fats
16:0	—	Plamitic acid	Animal and plant fats
18:0	—	Stearic acid	Animal fats, some plant fats
20:0	—	Arachidic acid	Peanut oil
Unsaturated Fatty Acids			
cis9-16:1	ω-7	Palmitoleic acid	Marine animal oils
cis9-18:1	ω-9	Oleic acid	Plant and animal fats, olive oil
cis9, cis12-18:2	ω-6	Linoleic acid	Nuts, corn, safflower, soybean, cottonseed, sunflower seeds, and peanut oil
cis9, cis12, cis15-18:3	ω-3	Linoleic acid(α-linoleic acid)	Canola, soybean, flaxseed, and other seed oils
cis5, cis8, cis11, cis14-20:4	ω-6	Arachidonic acid	Small amount in plant ant animal oils
cis5, cis8, cis11, cis14, cis17-20:5	ω-3	Eicosapentaenoic acid(EPA)	Marine algae, fish oils
cis4, cis7, cis10, cis13, cis16, cis19-22:6	ω-3	Docosahexaenoic acid(DHA)	Animal fats as phospholipid component, fish oils

3.2 지방세포의 이해

지방세포는 지질세포로 체지방 혹은 그냥 지방이라 부르는데, 혈액 속에 있는 지방이 아닌 피하지방, 내장지방 같은 것을 말하고, 영어로 adipocytes, lipocytes, fat cells, adipose tissue, body fat, fat depot, fat 등으로 표현하고 있다. 지방세포는 에너지를 지방으로 저장하는 세포로 안드로겐(androgen, 남성호르몬)으로부터 에스트로겐(estrogen, 여성호르몬)까지 합성할 수 있으며, 식욕조절에 중요한 역할을 하는 렙틴(leptin, 포만감 관련 호르몬)을 생성하는 곳이기도 하다. 지방조직에는 백색지방조직(white adipose tissue, WAT)과 갈색지방조직(brown adipose tissue, BAT), 베이지색지방조직(beige adipose tissue, BeAT) 등이 있으며, 지방세포를 이룬다.

지방세포는 결합조식(connective tissue)의 한 종류로 1940년대 말까지만 하더라도 단순 칼로리 저장소라 생각하였지만, 그 후 지방조직이 개체의 에너지 항상성(energy homeostasis)을 조절, 유지하는 데 중요한 역할을 한다는 것이 알려지면서 주목을 받기 시작하였다. 지방조직의 주요 기능으로는 에너지 저장(주기능), 외부 충격으로부터 신체 보호(완충제), 냉기로부터의 보호(단열 및 열 생산-갈색지방), 호르몬 생성(렙틴 등) 등이다. 지방조직이 존재하는 곳은 피부 밑(피하지방, 뱃살 등), 내장 주위(내장지방), 골수, 유방 등이며, 남녀 간에 지방이 쌓이는 곳이 조금 다른 것은 호르몬 차이 때문이다. 여자는 주로 아랫배(배꼽 아래쪽), 허벅지, 엉덩이와 피부 아래에 피하지방의 형태로, 또한 폐경 이후의 여성은 남성과 같은 내장지방의 형태로 나타난다. 남자는 내장에도 쌓이고, 배꼽을 중심으로 한 복부에 주로 쌓인다. 주로 내장 사이 사이에 분포하는 내장지방의 형태로 축적된다.

이미 설명한 바와 같이 지방조직은 백색·갈색·베이지색 지방 등 3가지로 나뉘는데, 백색지방의 경우 중성지방을 저장하는 일종의 저장소로 체내 지방세포의 대부분을 차지하며, 주로 피하조직과 내장 주변에 존재한다. 내장지방이 많을수록 건강에는 악영향을 미치는 것으로 알려져 있다. 갈색지방은 갓난아기의 목이나 볼, 어깨 주변에 분포하며, 나이를 먹을수록 줄어드는데, 갈색지방의 주요 역할은 열 생산으로 체온을 조절해 주는 역할이다.

최근에는 체온이 저하할 경우 성인의 백색지방이 갈색지방처럼 변하여 연소, 체온을 올리는 용도로 사용됨이 밝혀졌는데, 이렇게 갈색지방화된 백색지방을 따로 베이지색지방이라고 일컫는다. 남성과 다르게 여성의 경우 피하지방의 지방조직이 너무 과하게 부풀고 몰려들면 지방층 위의 피부층까지 그 형태가 변하는데, 그것을 셀룰라이트(cellulite)라 부른다. 지방조직에서 식욕을 억제하는 렙틴이라는 호르몬이 분비되는데, 이 지방조직이 많아지면 렙틴 분비가 많아져 렙틴 저항성이 생기게 된다. 분비되는 렙틴이 많으면 식욕은 그대로 유지되어 비만으로 이어지곤 한다.

3.3 지질 / 지방산의 대사 이해

지질의 생리활성을 이해하기 위해서는 우선 지질의 체내 대사에 관한 지식이 필요하다. 지질은 크게 소화, 흡수과정을 거치면서 체내 대사과정을 거치게 되는데, 그 내용을 요약하면 다음과 같다.

1) 지방분해 이화작용

지방세포의 기능은 음식을 잘 섭취할 때는 중성지방을 만들어 저장하는 것이고, 음식이 장관을 통해 흡수되지 않을 때에는 다른 세포들의 ATP 합성을 위해 필요한 에너지를 제대로 제공하는데, 이를 위해 지방산과 글리세롤을 혈액으로 방출하게 된다.

이와 같이 지방의 분해는 에너지를 얻거나 다른 경로에 지질 관련 물질이 필요한 경우 일어나게 된다. 지방산의 α-산화*는 공복시 간(肝)과 근육(mitochondria)에서 일어나는데, 장기간 탄수화물이 공급되지 않는 경우 공복(기아, 단식)이 계속될 때는 지방산 β-산화(oxidation)가 가속화된다.

* 지방산의 α-산화는 지방산의 카르복실 말단이 탄소 하나가 짧아지는 과정, 즉 지방산의 α 탄소는 탈탄산으로 제거되고, 나머지 지방산의 분자는 알데히드로 변환된다.

물론 이 경우 acetyl CoA가 다량 생산되면 이의 적체로 ketone체가 형성되어 케토시스(ketosis)를 야기할 수도 있다(그림 3-1). 보통 지방산은 미토콘드리아 기질로 직접 이동하지 못한다. 지방산은 CoA와 반응해 acyl화 되어 acyl CoA가 되고, 이것은 카르니틴과 결합하여 아실-카르니틴(acyl-carnitine)이 된다. 이것은 카르니틴아실기 전이효소(carnitine acyl transferase)를 통해 세포질에서 미토콘드리아로 들어가게 된다. 이와 같이 지방산이 산화되기 위해서는 미토콘드리아 외막을 거쳐 기질로 들어가는 활성화 과정이 우선 필요하다.

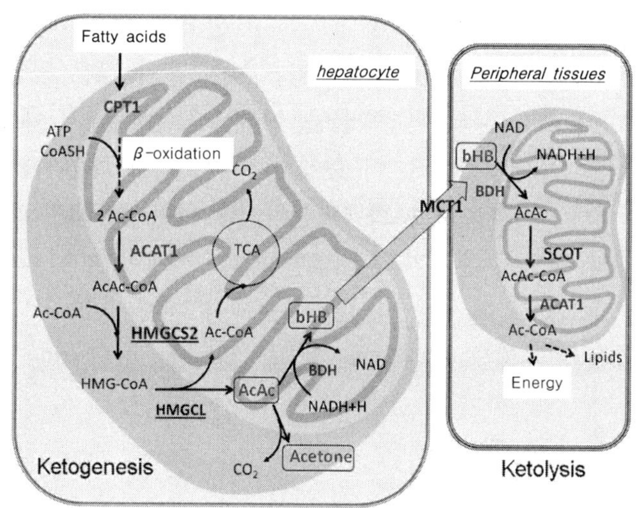

그림 3-1. 케톤체 형성과정

(출처 : International Journal of Molecular Sciences 17(12) : 2093, 2016)

지방산 acyl CoA의 acyl사슬이 탄소 10개 이상인 경우 카르니틴과 반응하여 아실-카르니틴을 생성하고, 이것은 일종의 수송체인 카르니틴-아실카르니틴 전이효소(carnitinc acyl-carnitine transporter / translocase)에 의해 미토콘드리아의 내막 안쪽으로 이동하게 된다. 지방산 acyl CoA가 탄소수 10개 미만일 때는 간단히 확산되어 미토콘드리아 내막을 통과하게 된다*.

* 지방산 산화를 위한 카르니틴 왕복 통로는 ① 아실 CoA가 카르니틴의 -OH기로 전이된다. 이 반응은 미토콘드리아 외막에 있는 카르니틴팔미토일전이효소 I (carnitine palmitoyltransferase, CPT)이 촉매작용을 한다. ② 카르니틴-아실카르니틴 수송체(translocase)가 아실카르니틴을 미토콘드리아 기질로 이동시킨다. ③ 미토콘드리아 내막에 있는 카르니틴 아실 전이효소 II(팔미토일 전이효소)가 아실카르니틴을 다시 아실 CoA로 전환한다. 유리 카르니틴은 다시 세포질로 돌아간다(아실기가 팔미토실기인 경우).

미토콘드리아의 내부에 존재하는 효소들에 의한 지방산의 분해는 지방산의 카르복실기 말단에 한 분자의 CoA(coenzyme A)를 붙여주는 것부터 시작한다. 이 첫 단계는 ATP를 AMP와 2개의 인산기로 분해하는 것과 동시에 일어난다. 지방산 이화작용은 세 단계로 구분되는데, β 산화(oxidation)가 그 첫 번째이다. β 산화는 미토콘드리아에서 지방산이 분해되어 아세틸-CoA와 NADH, $FADH_2$를 생산하는 과정이다. Acetyl CoA는 시트르산 회로에 들어가고, NADH와 $FADH_2$는 전자전달계에서 사용된다. 지방산 이화작용의 두 번째 단계에서는 아세틸-CoA를 산화하고, 이산화탄소가 부산물로 생산되며, 마지막으로 전자운반체에서 전자전달계로 전자가 전달된다. 이와 같이 지방산이 미토콘드리아 기질에 들어오면 β 산화가 시작된다.

지방산은 신체 대부분의 조직에서 산화된다. 부신수질과 같은 몇몇 조직은 지방산을 에너지원으로 사용하지 않고 탄수화물을 이용한다. 체내에서 대부분의 지방산은 14개에서 22개의 탄소를 갖고 있고, 이 중에서 16개짜리와 18개짜리가 가장 흔하다. 탄소 18개를 갖고 있는 한 분자의 포화지방산이 분해되면 146개의 ATP 분자가 만들어진다. 반면, 1개의 포도당 분자가 분해되면 최대 38개의 ATP분자가 만들어진다. 따라서 지방산과 포도당의 분자량 차이를 고려해서 지방 1g을 분해하여 만들어진 ATP는 탄수화물 1g을 분해할 때에 비해 2.5배 정도 더 많아진다.

2) 지방과 지방산의 합성

지방 합성은 체내 지방이 필요한 경우에만 일어나는데, 우선 지방산이 만들어진 후 지방을 합성한다. 한번 지방산이 형성되면 글리세롤에 있는 3개의 수산기 각각에 지방산을 연결시킴으로써 만들어질 수 있는데, α-glycerol phosphate라는 인산화된 글리세롤에 연결된다.

우선 지방산 합성과정을 보면 지방산의 합성은 지방산의 분해과정과 거의 역으로 진행되는데, 지방산을 분해하는 효소들이 미토콘드리아에 있다면 지방산 합성경로에 쓰이는 효소들은 세포질에 존재한다. 지방산 합성에서 필요한 것은 우선 acetyl CoA carboxylase(ACC)이다. ACC는 지방산 대사의 주요한 조절인자이며, 지방산 생합성의 개시 전에 관여하는 효소이다. 아실운반단백질(acyl carrier protein, ACP)은 지방산 합성효소에 함유되어 있는 지방산운반단백질로 지방산 합성 과정에서 지방산 말단에 붙어 지방산 사슬을 증가시키는 작용을 한다. 또 지방산 합성 과정에서 에너지원으로 사용되는 NADPH는 오탄당 인산화 회로에서 공급되거나 말산이 피루브산으로 전환되는 과정에서 생성한다. 지방산 합성은 세포질의 acetyl CoA와 함께 시작하는데, 이 acetyl기를 다른 CoA 분자에 이동시켜 4개의 탄소를 갖는 사슬을 만든다. 이 과정을 계속 반복하면 한 번에 2개의 탄소를 덧붙여 긴 사슬의 지방산이 만들어진다. 이것이 바로 모든 지방산이 짝수개의 탄소원자로 존재하는 이유이다.

지방산 생합성은 과량의 탄수화물 섭취시 에너지 사용 후 남은 포도당, 케톤원성 아미노산, 알코올 유래 지방산, 식이지방으로부터 우선 지방산을 합성하게 되는데, 이것이 바로 중성지방 합성의 전 단계이다. 지방산의 합성은 일련의 축합, 환원, 탈수 그리고 환원반응에 의해서 이루어지는데, 준비단계로서 acetyl CoA는 미토콘드리아로부터 지방산 합성부위인 세포질로 이동된다. 이곳에서 acetyl CoA가 활성화되고, 두 단계의 반응을 거쳐서 malonyl CoA를 생성하게 되는데, 이 malonyl CoA의 형성이 지방산 합성의 결정적인 단계이다.

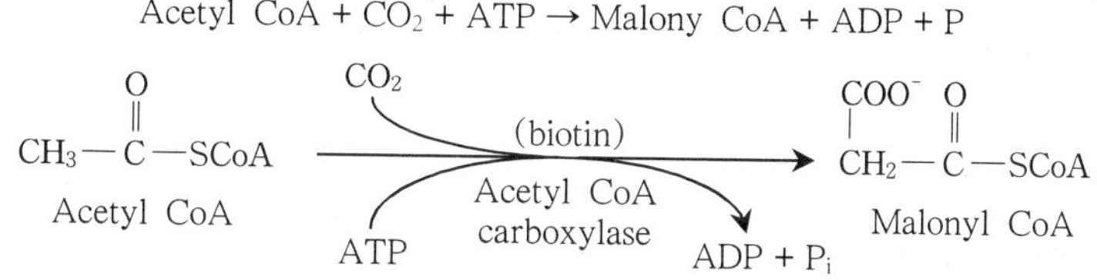

이때 반응 중간산물들이 운반체인 아실기운반단백질(acyl carrier protein, ACP)에 부착되어 지방산 합성을 위한 기초 역할을 하므로 한 번에 2개 탄소씩 첨가되면서 원하는 지방산을 합성하게 된다. 즉 acetyl CoA와 malonyl CoA가 각각 acetyl ACP와 malonyl ACP로 됨으로써 acetoacetyl ACP가 형성되고, 이어서 원하는 지방산을 만들게 된다. 이때 지방산 합성에 필요한 에너지는 NADPH가 제공한다.

케톤체의 합성은 오랜 공복시와 질식, 그리고 심한 당뇨로 인슐린의 공급이 원만하지 못할 경우 일어난다. 케톤체 합성 과정은 acetyl CoA가 TCA회로로 들어가지 못하게 되어 acetyl CoA의 체내 축적이 일어나고, 이 acetyl CoA이 축합반응을 통해 케톤체를 합성한다. 중요한 것은 지방산 분해과정에서 만들어진 acetyl CoA는 새로운 포도당 분자를 합성하는 데는 사용될 수 없는데, 그것은 포도당은 지방으로 쉽게 전환될 수 있으나 지방의 지방산 부분은 포도당으로 전환될 수 없기 때문이다.

지방합성에 즈음하여 콜레스테롤의 합성에 관해 언급하지 않을 수 없다. 콜레스테롤은 스테로이드 호르몬의 전구물질로 스테로이드 호르몬으로 작용하며, 담즙산으로 전환하여 담즙산 역할을 하며, 비타민 D로 전환하기도 하는 매우 중요한 지질성 물질이다. 체내 콜레스테롤의 합성은 간, 소장, 기타 조직(부신, 정소 및 난소)에서 일어나는데, 체내에서 합성된 콜레스테롤 80%와 음식으로 섭취한 콜레스테롤 20%로 구성된다. 콜레스테롤 합성은 다음과 같은 순으로 이루어진다. Acetyl CoA→HMG CoA(β-Hydroxy β-methylglutaryl-CoA)→메발론산→Cholesterol). 그리고 콜레스테롤 합성의 조절은 HMG CoA 환원효소에 의해 이루어진다.

3.4 주요 지질류의 생리활성

지금까지 지질과 지방세포, 그리고 지질의 분해와 합성에 관한 기본적인 이론을 설명하였다. 본 장에서는 지질관련 기능성 소재들인 식약처 고시형*과 개별형을 비롯하여 현재 사용 중인 지질관련 생리활성 기능성 소재들을 중심으로 그 기능을 간단히 소개하고자 한다.

* 고시형으로 필수지방산, ω-3, 감마 리놀렌산, 레시틴, 스쿠알렌, 식물스테롤과 스테롤, 알콕시글리세롤, 매실 추출물, 공액 리놀렌산, 가르시니아 캄보지아 추출물, 루테인, 헤마토코쿠스, 쏘팔메토, PS 등이 있고, 개별형으로 알로에, 초록잎 홍합추출, 사탕수수왁스, PS, 루테인 에스테르, 비즈왁스 알코올, 로즈힙, 루테인/지아잔틴 추출물, DHA 농축유지, 식물 스타놀에스테르 등이 있다.

1) 지방산의 생리활성

(1) 필수지방산의 생리활성

필수지방산은 체내에서 생합성되지 않거나 불충분한 양이 합성되기 때문에 반드시 섭취가 필요한 지방산으로 ω6계의 리놀레산(C18 : 2 / 리놀레익산)과 ω3계의 리놀렌산(C18 : 3), 그리고 아리키돈산(C20 : 4 / ω6) 등이 있다. 아라키돈산은 체내에서 리놀레산으로부터 일부 합성되지만 그 양이 충분치 못하므로 필수지방산으로 분류하고 있다. 경우에 따라서는 아이코사펜타에노익산(EPA / C20 : 5 / ω3)를 필수지방산으로 포함시키고 있다.

▣ 리놀레산

ω6계의 리놀레산(linoleic acid / C18 : 2 / 비타민 F / 리놀산)은 콩기름 · 면실유 등에 다량 함유된 불포화지방산이다. 스스로 합성할 수 없으며, 항피부염 인자로 모발이나 피부장애를 감소시키는 데 부족하면 다양한 증상과 질환*을 유발한다.

* 신진대사 장애, 동맥경화, 고혈압, 혈관기능 장애, 갱년기 장애, 알레르기 유발, 발육부진, 담석 외에 생식기관, 신장, 전립선 장애 등을 유발한다.

리놀레산은 아테롬성 동맥경화증(atherosclerosis)을 예방하는 기능을 가지고 있다. 이 경화증은 동맥혈관 벽에서 섬유질과 지방성 병변을 유발하는 염증질환인데, 수명을 단축시키는 원인을 제공하고, 이 증상이 더 발전되면 손상된 혈관을 파열시키고, 혈전을 유도하는 물질들을 분비하게 하여 과다한 혈소판과 섬유소의 축적을 촉진시켜 동맥 혈관벽에서 혈전을 형성하게 만든다. 리놀레산은 또 칼슘과 인이 세포에 동화되는 것을 촉진하는 기능도 가지고 있다. 리놀레산은 체내에 들어오면 γ-리놀렌산으로 일시적으로 변환이 되는데, 이는 혈소판과 세포막의 구성 요소로 활용되고 있다. 주로 소장을 통해 흡수되는 리놀레산은 또한 대사과정에서 인체에 유익한 성분을 만들어 내는데, 이것이 바로 프로스타글란딘(prostaglandin)이다. 리놀레산 효능에 주목하는 것은 바로 이 프로스타글란딘 때문이다.

▣ α-리놀렌산과 γ-리놀렌산

ω3계의 리놀렌산(C18 : 3)은 α-linolenic acid(ALA)와 γ-linolenic acid(GLA) 등이 있는데 서로 이성질체이다. α-linolenic acid은 C18 : 3, 이중결합 위치는 9, 12, 15(ALA)이고, γ-linolenic acid은 C18 : 3, 이중결합 위치는 6, 9, 12이다.

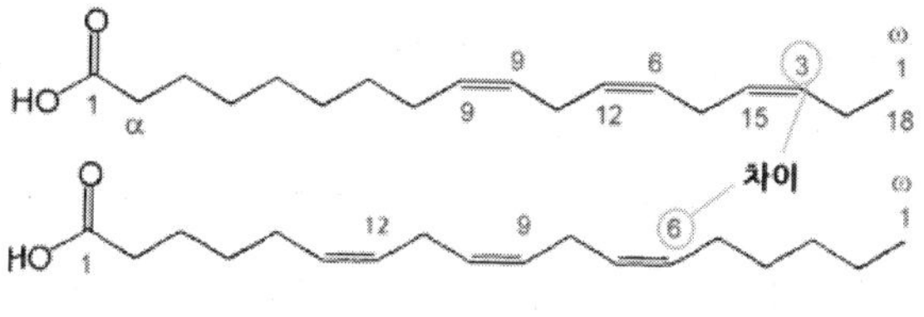

가) α-리놀렌산

α-리놀렌산은 필수지방산으로 12- 및 15-불포화 효소가 없기 때문에 스테아르산(stearic acid)으로부터 합성이 불가능한 필수지방산으로 들깨유, 아마씨유에 많이 함유되어 있다. α-리놀렌산은 체내에서 일부 eicosapentaenoic acid(EPA, 20 : 5 / n-3)와 docosahexaenoic acid(DHA / 22 : 6 / n-3) 등을 합성할 수 있으나 그 양은 매우 소량이다. α-리놀렌산은 상대적으로 산화되기 쉽고, 다른 오일보다 더 빨리 산패되는 경향을 가진다. α-리놀렌산(ALA)은 알레르기성 질환 개선, 암 발생 억제, 세균성 질환 억제, 혈압과 혈전 조절, 피부질환 억제 등의 기능을 가지고 있다. 또 α-리놀렌산은 신경계의 필수지방산인데 뇌의 노화 억제, 신경장해 개선에도 도움을 준다.

α-리놀렌산은 심장발작을 비롯하여 심장 및 혈관질환을 예방, 치료하는 데 유효하다. 또 α-리놀렌산은 콜레스테롤을 낮추어 고혈압을 방지하고, 혈관의 경화(죽상 동맥경화)를 호전시키며, 류마티스성 관절염(RA), 당뇨병, 신장질환, 궤양성 대장염 및 크론병, 편두통, 피부암, 우울증, 건선 및 습진, 알레르기성 및 염증성 질환 등의 예방과 치료에 효능을 가지고 있다. 일부에서는 전립선암에 걸릴 위험을 낮춘다고도 한다.

나) γ-리놀렌산

γ-리놀렌산(γ-linolenic acid / GLA / ω-6)는 α-리놀렌산(n-3)의 입체 이성체이며 n-6 불포화지방산이다. 리놀렌산에는 α- 및 γ-형태가 있고, β-형태는 없다. 1919년에 Heiduschka와 Lüft는 달맞이꽃 종자에서 기름을 추출하고 그 이름을 γ-라고 명명하였으며, 정확한 화학구조는 Riley에 의해 밝혀졌다. 주로 식물성 기름(유채, 콩, 호두, 아마인, 들깨)에 함유되어 있고, 특히 달맞이꽃 종자유에 다량 함유되어 있다. γ-리놀렌산은 인체 내에서 합성이 불가능한데, 그것은 γ-리놀렌산의 전구물질인 리놀레산(linoleic acid)은 음식으로 충분히 공급받을 수 있지만, 이것을 γ-로 전환시키는 효소(Δ6 desaturase / D6D)가 부족해 리놀레산을 γ-리놀렌산으로 만들 수 없다. D6D의 결핍 혹은 활성 저하의 원인으로는 리놀레산의 과도한 섭취와 음주, 흡연, 스트레스, 비타민 결핍, 과량의 포화지방산 섭취 등이 있다.

음식에서 섭취한 γ-리놀렌산은 거의 대부분 homo-γ-linolenic acid로 대사되는데, 그것은 homo-γ-형이 효소(Δ5 desaturase) 불활성화로 arachidonic acid로 변하지 않기 때문이다. 따라서 음식물로 섭취한 γ-리놀렌산은 체내에서 대부분 homo-γ-linolenic acid로 변하여 이것이 TXA2(thromboxane A2, 혈소판 응집인자) 생성을 억제하고, PGE1(postaglandin E1, 동맥관을 여는 작용)*를 합성하여 그 결과 혈소판 응집을 억제하고, 혈관을 확장시키며, 콜레스테롤 합성을 억제하는 등 심혈관 질환을 예방하게 된다.

* 전립선(prostate gland)에서 유래한 prostaglandin(PG)은 그 종류가 많은데 PGA / PGP / GCB는 혈압 저하작용, PGD2는 혈소판 응집작용, PGE1은 동맥관을 여는 작용, PGE2 / PGF2α는 평활근 수축, 말초혈관 확장작용, PGG는 혈압 저하작용, 혈소판 응집작용, PGH2는 혈소판 응집작용, PGI2는 혈관 확장작용, 혈소판 합성 저해작용, PGJ는 항종양 작용을 가진다.

γ-리놀렌산은 콜레스테롤 수치를 낮추는 프로스타글란딘(prostaglandin)의 생체 내 합성에 필수적인 물질이며, 혈당강하, 고혈압 예방, 항염증, 골다공증, 류마티스성 관절염에도 유효하다. 여성호르몬인 에스트로젠(estrogen)의 양을 조절해 월경전증후군에 효과가 있으며, 폐경에 따른 불편 증상을 호전시킨다. γ-리놀렌산은 혈액을 묽

게 해 혈액순환을 좋게 하고, 염증을 줄여줄 뿐 아니라 혈중 콜레스테롤 수치와 혈압을 낮추어 혈행 개선에도 도움을 준다. 또한 세포에 활력을 주어 피부노화를 예방하고, 아토피나 건조피부 개선에 유효하며, 유방 통증과 습진, 비만예방에도 효과가 있는 것으로 알려져 있다.

■ 아라키돈산

ω6계 아리키돈산(arachidonic acid, AA / C20 : 4, "20"이란 그리스어 "*eikosi*"에서 유래)은 4개의 이중결합을 가진 고도불포화지방산으로, 동물 세포막과 소포체막의 인지질 속에 존재하며, 생체내 뇌, 모유, 간, 혈액 등에 풍부하게 함유되어 있다. 체내에서 합성할 수 없는 필수지방산으로 난항, 육류(특정 내장부위), 유제품, 어패류 및 기타 동물성 식품에서 찾아볼 수 있다. 체내에서 리놀레산(linoleic acid)은 γ-리놀렌산(gamma linolenic acid)으로 변환되며, 이는 다시 분해되어 AA가 된다. AA는 혈관내 콜레스테롤의 축적을 막아주는 역할을 비롯하여 항상성 기능(homeostatic function)을 조절하는 소재이다. 또 AA는 신체에서 화학적 전달물질 기능을 하는 호르몬과 유사한 프로스타글란딘(prostaglandins)과 혈소판 응집과 혈전생성에 관련된 트롬복산(thromboxanes)과 같은 조절물질의 합성에 사용된다(그림 3-2).

AA는 유아발육(유아 성장과 체중 증가, 두뇌발달), 유아시력 향상, 유아의 뼈 형성에 도움을 준다. 그리고 뇌세포(신경세포) 대사촉진, 뉴런의 성장촉진, 신호전달(신경

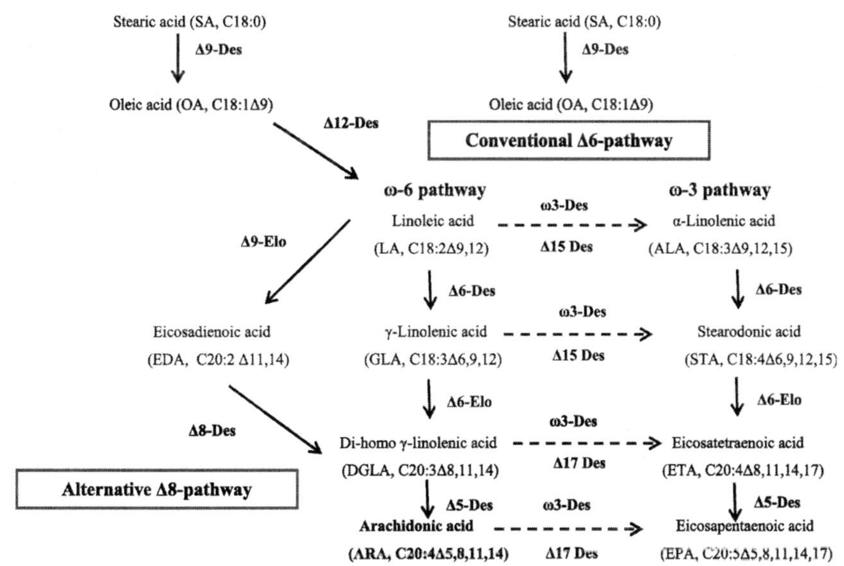

그림 3-2. 리놀렌산과 아라키돈산의 변환
(출처 : Journal of Advanced Research, Volume 11, 3-13, May 2018)

발화 및 시냅스 신호전달) 활성화, 신경전달물질 방출, 뇌졸중 / 알츠하이머병 / 파킨슨병 / 정신분열증 / 기분장애 등을 개선, 예방해 준다. 근력을 좋게 하며 수면보조, 간 보호, 인슐린 분비 등에도 관여한다. AA가 프로스타글란딘(PG)으로 전환하면 프로스타글란딘은 염증 신호과정과 세포내 에너지 이동(cAMP / 칼슘이온 농도 증가 / G-단백질결합 수용체 활성화) 등에 관여하고, 연골형성의 강력한 조절인자로 작용하여 뼈, 연골 및 근육의 성장을 강력하게 자극하는 단백질(인슐린 유사 성장인자)의 생산을 증가시켜 뼈 형성을 촉진시킨다.

AA를 leukotrienes으로 전환하면 면역세포를 활성화시키고, 미생물 방어를 촉진하며, 염증반응을 조절할 수 있지만, AA가 생리활성을 갖는 eicosanoid로 변환되면 오히려 eicosanoid의 과잉이나 불균형으로 염증과 관련한 질환이 발생하기도 한다. AA(COX효소를 통해)로부터 만들어지는 트롬복산(thromboxane)은 아이코사노이드(eicosanoids) 지질 패밀리의 일원으로 혈소판을 만들며, 근육수축과 혈액응고에 관여하여 상처와 다른 조직 손상 부위를 재생, 회복하는 데 중요한 역할을 한다.

AA의 부작용도 보고되고 있는데 동맥경화나 알레르기, 혈전 등에 AA가 관계한다고 하는데 과도하게 섭취하면 AA는 염증을 촉진하므로 암발생 위험을 증가시킨다. 그것은 과량의 AA가 생성되면 과잉의 AA를 제거하기 위해 신체에서는 류코트리엔(leukotriene) 생합성을 차단하기 위해 5-LOX(5-lipoxygenase)효소 생산이 증가하기 때문이다. 또 과도한 AA는 뇌신경을 과도하게 흥분시켜 인지기능을 훼손시키므로 따라서 AA의 적당한 섭취로 뉴런 기능이 정상화되도록 하여야 한다.

AA의 결핍은 중추신경계 손상, 허약하고 약화된 혈관 유도, 면역세포(백혈구와 T세포) 감소, 학습장애를 유발할 가능성이 높다. AA는 나이가 들면 식사량이 감소하여 섭취량이 부족할 수 있고, 노화로 효소의 작용이 약해져 합성능력이 떨어져서 AA의 양이 감소할 수도 있다. 이 때문에 기억력 쇠퇴나 치매를 부를 수 있으므로 노인은 뇌의 노화나 치매를 예방하기 위하여 AA를 섭취하여야 한다.

■ 아이코사노이드

아이코사노이드(eicosanoid)는 탄소수가 20개인 필수지방산(AA, EPA, DHL)으로부터 형성된 자가분비호르몬 같은 물질로 생체 내 모든 세포 수준에서 합성되는 물질이며, 미량으로 각종 생리활성을 나타내는 강력한 정보전달 물질이다. 대부분의 포유동물의 조직에서 생산되는 호르몬과 비슷한 자율조절물질(autocrineregulator)인 셈이다. 아이코사노이드는 아라키돈산 및 리놀렌산(linolenic acid) 등과 같은 고도불포화지방산(polyunsaturated fatty acid)에서 유래하며, 세포활성과 연관된 화합물이다.

아이코사노이드는 우리 몸에 이로운 작용을 하는 것과 해로운 작용을 하는 것이 있는데, 공통적인 것은 호르몬시스템 기능에 관여한다는 것이다. 아이코사노이드는 한자리에 고정된 마이크로칩과 같아 노르아드레날린(noradrenaline/norepinephrine), 인슐린, 코르티솔 (cortisol) 등의 호르몬체계 뿐만 아니라 심장혈관계, 면역체계, 신경체계, 생식체계의 기능 등 우리 몸에서 관여하지 않는 부분이 없을 정도로 중요한 물질이다. 주목할 점은 인슐린이 인체에 해로운 쪽으로 작용하는 아이코사노이드 생성을 촉진한다는 것이다.

대부분의 아이코사노이드는 아라키돈산(5, 8, 11, 14-eicosatetraenoic acid)에서 유도된다. 아라키돈산은 리놀산으로부터 탄소 2개와 이중결합 2개가 삽입됨으로써 합성된다. 아이코사노이드의 생산은 세포막의 인지질 분자에서 효소 포스포리파아제 A 2(phospholipase A2)에 의해 아라키돈산이 방출되면서 시작된다. Prostaglandin, thromboxane, 루코트리엔 등과 같은 아이코사노이드는 활성화되는 기간이 짧고(보통 몇 초 몇 분에 측정), 소량 생산되기 때문에 연구하기가 매우 어렵다.

아이코사노이드는 수퍼 호르몬과도 같다. 그것은 인체의 모든 세포에서 만들어지며, 인체 내의 모든 호르몬을 조절할 뿐만 아니라 모든 생리학적 작용을 조절하는 핵심 물질이기 때문이다. 혈당치를 조절하는 인슐린(insuline)과 글루카곤(glucagon) 등 호르몬도 아이코사노이드가 조절한다. 즉 심혈관계 시스템, 면역시스템, 신경시스템, 생식시스템 등을 포함한 모든 인체 시스템을 아이코사노이드가 조절한다. 따라서 적절한 음식 섭취와 적절한 운동으로 아이코사노이드를 최적 농도로 조절해야 한다.

탄소수 20개의 아라키돈산(불포화 4개)으로부터 합성된 유도체인 아이코사노이드는 호르몬과는 달리 혈류를 타고 조직 사이로 운반되지 않고 바로 그 조직에서 필요한 양 만큼 생성되어 사용된다. 생식기능, 염증반응, 발열, 상해나 질병관련 통증, 혈전 형성, 혈압조절, 위산분비 등과 관련된 기능을 수행한다. 아라키돈산으로부터 유도되는 3가지 물질은 다음과 같다

가) Prostaglandin

프로스타글란딘(prostaglandin, PG)은 프로스탄산(prostanoic acid) 골격을 가지는 일련의 생리활성물질을 말한다. 아라키돈산에서 생합성되는 아이코사노이드의 하나인데, PG과 thromboxane을 프로스타노이드(prostanoid)라 부른다. PG는 1933년 Goldblatt, 그리고 1934년 스웨덴의 생리・의학자인 Ulf Svante von Eule가 각각 발견하였고, 1936년 처음 정액으로부터 분리하였다. 진립선(prostate gland)에서 유래하였다 하여 prostaglandin이라 명명하였다.

생체 내에서 합성된 생리활성물질로 장기나 체액 속에 널리 분포하면서 극히 미량으로 자궁의 수축과 이완, 염증 생성·억제에 관여한다. PG는 인간의 다양한 조직과 기관에서 유래되는데, 먼저 phospholipaseA2에 의해 세포질에서 아라키돈산이 유리된다. 이 아라키돈산에 cyclooxygenase-2(COX-2)가 작용하면 prostaglandin G2가 만들어지고, 이것이 PG 또는 thromboxane을 합성한다. 아라키돈산에 lipooxygenase가 작용하면 leukotrienes(LTs) 합성계에 들어가 leukotriene이 만들어진다.

PG는 세포내 정보전달 물질이며, 많은 호르몬 작용을 중개하는 3', 5'-cyclic-AMP (c-AMP)의 합성을 조절한다. c-AMP 때문에 PG는 세포의 기능에 광범위한 영향을 준다. 어떤 PG는 분만이나 월경 시 자궁 평활근의 수축을 촉진하거나 수면에 영향을 주고 발열, 염증반응, 통증 등을 일으킨다. 모세혈관 확장, 혈류의 흐름에 관여하며, 위액분비 억제, 기관지 근육의 수축·이완 기능을 가지고 있다*.

* PGA, B, C는 혈압 저하작용을, PGD 2는 혈소판 응집작용, 수면 유도작용을, PGE1은 동맥관을 여는 작용, PGE2는 평활근 수축작용, 말초혈관 확장작용, 발열 / 통각 전달작용, 뼈 신생 골 흡수작용을 가지고 있다. PGF 2α는 평활근(자궁, 기관지, 혈관) 수축작용, PGG는 혈압 저하작용, 혈소판 응집작용을, PGH 2는 혈소판 응집작용을, PGI 2는 혈관 확장작용, 혈소판 합성 저해작용을, PGJ는 항종양 작용을 가진다.

나) Thromboxane

Prostanoid라 부르는 트롬복산(thromboxane, TX)은 아이코사노이드(eicosanoid)로 알려진 지질계열로 혈소판에 의해 만들어지는 물질이다. 아라키돈산에서 유래되었으며 PG과 관련이 있고, 혈액응고 및 혈관수축을 일으킨다. 트롬복산(thromboxane)이란 이름은 clot formation의 혈전병인 thrombosis에서 유래하였다. 트롬복산 종류에는 활성을 가지지만 매우 불안정한 트롬복산 A2(TXA2)와 비활성인 트롬복산 B2 (TXB2)가 있다. 혈관 수축제 및 강력한 고혈압 약제로 사용되는 TX는 혈소판 응집(혈액응고)을 촉진한다.

상처가 났을 때 아라키돈산으로부터 생성한 혈소판(prostacyclin)을 응집시켜 혈액을 응고하게 만든다. 혈소판이 혈관의 손상된 라이닝에 고착되어 플러그가 형성하는데 끈적끈적한 혈소판은 혈관 수축을 자극하는 트롬복산 A2(TXA2)를 포함하여 여러 화학물질을 분비하여 혈액흐름을 감소시킨다. 활성화된 혈소판에 의해 생성된 트롬복산 A2는 혈소판 응집을 증가시킬 뿐만 아니라 새로운 혈소판의 활성화를 자극하는 혈전형성 특성을 갖는다.

혈소판 응집은 혈소판의 세포막에서 당단백질 복합체 GP IIb / IIIa의 발현을 매개함으로써 일어나며, 순환하는 fibrinogen은 인접한 혈소판의 수용체와 결합하여 혈전을 더욱 강화시킨다. 저용량으로 장기간 항응고 인자인 아스피린을 사용하면 혈소판 응집 억제효과를 나타내는데, 이것은 혈소판에서 트롬복산 A2의 형성을 비가역적으로 차단하고, 혈소판에서 트롬복산의 전구체를 합성하는 COX효소를 억제하여 응고를 막아주기 때문이다(그림 3-3).

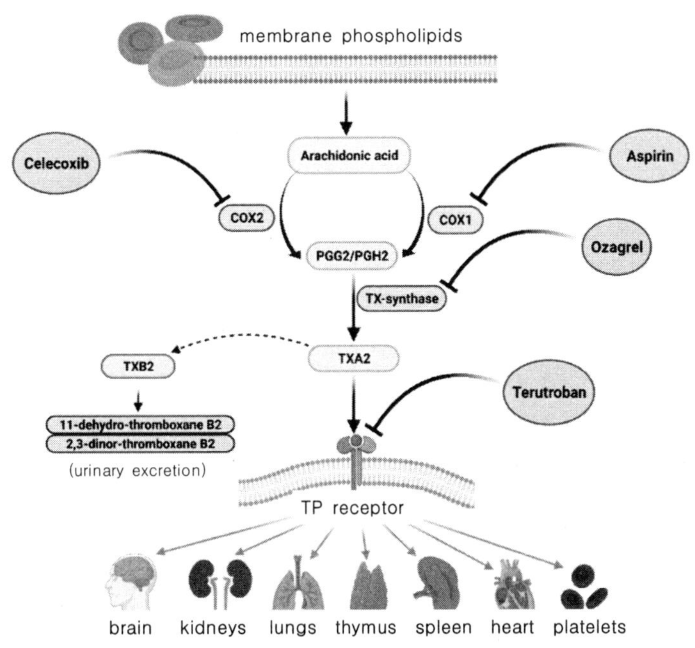

그림 3-3. 트롬복산과 길항제의 작용
(출처 : Int. J. Mol. Sci. 22(21), 2021)

다) Leukotrien

류코트리엔(leukotrien)은 천식이나 알레르기반응에서 나타나는 염증반응에 관여하는 물질로, 백혈구(leukocytes)와 3개의 이중결합(triene) 구조에서 그 이름이 유래되었다. 류코트리엔은 백혈구에서 주로 생성되는데, 염증 자극 후 짧은 시간 내에 조직에 고농도 류코트리엔이 만들어진다. 기도염증과 수축, 과민반응 유발, 천식, 알레르기의 원인이며, 이 물질이 기도의 평활근을 수축시키기 때문에 다량 섭취하면 천식을 유발한다. 알레르기 반응에서 히스타민보다 기관지 수축작용이 더 강하다.

아라키돈산이 cycloxygenase에 의해 PG로, 5-lipoxygenase(LO)에 의해 류코트리엔으로 전환되는데, 대부분의 5-LO 경로를 통해 합성되지만 15-LO와 12-LO에 의해서도 형성된다. 5-Lipoxygenase를 억제하면 류코트리엔 생성이 억제되는데, 이것이 류코트리엔 길항제이다(그림 3-4).

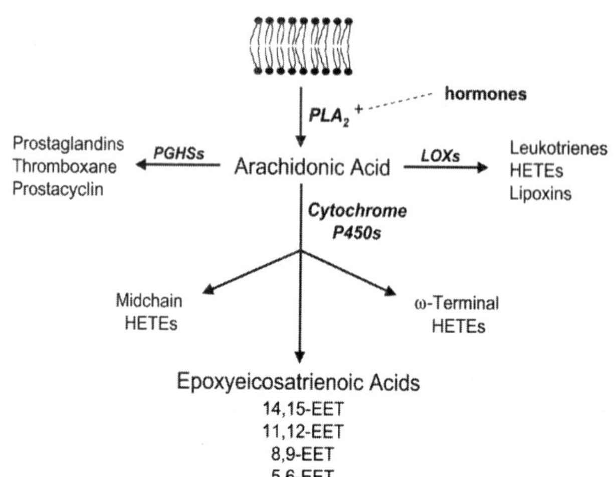

그림 3-4. 아라키돈산 대사경로에 의한 류코트리엔 합성
(출처 : The J. of Biological Chemistry, Vol. 276, No. 39, pp. 36059, 2001)

▣ ω-3 지방산과 ω-6 지방산

ω-6과 ω-3은 우리 몸의 세포막을 구성하는 중요한 성분으로 ω-6은 지방을 축적하고, ω-3은 지방을 분해하는 일을 한다. ω-6은 혈액내 콜레스테롤 수치를 낮춰주는 역할을 하지만, 과잉 섭취 시 혈압을 상승시키며, 혈액내 콜레스테롤을 간으로 전달해 혈액순환을 원활하게 하는 HDL콜레스테롤 수치까지 저하시켜 알레르기, 암, 심장병 등 만성질환 유발 가능성을 높여준다. ω-3과 ω-6 지방산은 체내 필요에 따라 다양한 형태로 전환되어 면역작용이나 다양한 화학적 메신저로 작용하는데, 혈압조절, 혈액응고, 염증반응, 면역 및 알레르기 반응, 위액분비, 수면주기조절, 호르몬합성 등 다양한 체내 조절에 관여한다. 따라서 ω-3과 ω-6 지방산이 결핍되면 염증이 생기고, 피부 탈락 및 위장장애, 면역기능이 손상될 수 있으며, 특히 성장기에는 성장지연이 나타난다.

ω-3과 ω-6은 다양한 형태로 전환되지만, 이 반응은 서로 경쟁적이다. 따라서 어느 한 종류의 지방산이 지나치게 많기 보다는 두 지방산이 균형적으로 존재하도록 하는 것이 중요하다. ω-6은 염증반응, 혈전생성 쪽으로 유도하지만, ω-3은 이와 반대로 항염증, 혈전 방해 쪽으로 유도하므로 두 지방산의 균형있는 섭취가 중요한 것이다. 서구화된 식사에서 보통 ω-6과 ω-3의 비율은 15~16(비는 15~16 : 1) 정도이지만, 건강한 ω-6과 ω-3의 섭취 비율은 1~4 정도라고 한다. 예를 들면 류마티스 관절염 환자는 2~3의 비율이 염증을 감소하는 데 도움을 주고, 10 이상의 비율은

부정적인 영향을 미친다. 대장암 환자에서 2.5의 비율은 직장세포 증식을 감소시키지만, 4의 비율은 효과가 없다. 4의 경우 심장질환 사망률 70% 감소, 2.5일 경우 직장암 세포 확산 억제, 2～3일 경우 류마티스 관절염 회복, 5일 경우 천식 발작율 감소, 10일 경우 천식 발작율 증가 등 ω-6과 ω-3의 비율에 따라 생리 균형은 크게 달라진다. 만약 ω-6을 더 섭취하면 지방세포를 증식시키고, 염증 반응을 일으켜 다양한 질환이 일어날 가능성이 높아진다.

가) ω-3 지방산의 생리활성

지방산의 분류에 있어서는 ω-3(n-3) 지방산은 구조상 지방산의 메틸기(CH_3^-) 말단부터 3번째의 탄소가 이중결합을 갖는 일련의 필수 불포화지방산으로 α-리놀렌산(α-linolenic acid / ALA), DHA(docosahexaenoic acid), EPA(eicosapentaenoic acid), SDA(stearidonic acid), ETA(eicosatetraenoic acid) 등이 여기에 속한다. 탄소 사슬의 양끝은 카르복실기(COOH)와 메틸기(CH_3)이며, 첫 번째 이중결합의 위치는 메틸기에서부터 세며, 이를 ω(omega end) 또는 *n*이라고 부른다.

ω-3과 ω-6, ω-9계열의 지방산은 동물체 내에서는 서로 변환할 수 없다. 따라서 포유동물은 ω-3를 섭취하여야 하는데, 사람의 생체 내에서 합성되는 양이 매우 적고, 대사속도도 매우 빨라 인체 내에는 극소량만이 존재한다. 특히 모유에는 1리터당 40～60 ㎎ 정도만이 존재한다. 그것은 포유류는 탄소수가 18인 ALA로부터 EPA(탄소수 20)와 DHA(탄소수 22)를 합성하는 제한적인 능력을 가지고 있다.

ω-3은 불포화지방산으로, 상온에서는 액체로 존재하며 어유, 어분, 들깨, 유채씨, 달맞이꽃 등에 함유되어 있는데, 일상에서 사용하는 식용유 중에서는 ω-3 지방산 함량이 높은 것은 들기름(50%), 대두유(7%), 캐놀라유(10%) 등이다. ω-3 지방산은 간에서 중성지방 및 VLDL 합성을 억제함으로써 중성지방의 수치를 낮추어 준다. 지방세포에서 유리된 지방산이 간에 전달되면 중성지방으로 합성되는데, 중성지방의 합성에는 최소한 4가지의 핵수용체 [liver X receptor(LXR), hepatocyte nuclear factor-4α(HNF-4α), farnesol X receptor(FXR), and peroxisome proliferator-activated receptors(PPARs)]가 관여하는데, ω-3 지방산이 이러한 핵수용체를 조절하면 중성지방 합성은 억제할 수 있다.

ω-3은 신경세포막과 망막에 분포하며, 세포막에서 전기적인 자극을 빠른 속도로 다음 세포에 전달하는 역할을 하며, 세포를 보호하고, 세포의 구조를 유지시키며, 원활한 신진대사를 돕고, 혈액의 피막형성을 억세하고, 뼈의 형성을 촉신시키는 동시에 강화하는 효과가 있다. ω-3 지방산 중에서도 EPA와 DHA는 주로 어류에 많이 포함되어 있는데, 심혈관 질환의 예방효과가 ω-3 지방산인 식물성 리놀렌산보다 더욱

효과가 좋다. 정제되지 않은 어유 속의 EPA, DHA 비중은 3분의 1정도인데, 필수지방산이 풍부한 어유 3g을 먹으면 1g의 EPA, DHA를 섭취할 수 있는 셈이다. ω-3 중에 EPA, DHA가 차지하는 비중은 ω-3의 형태에 따라 33~85%로 다양하다

ω-3의 종류를 1(TG, triglyceride), 2(EE, ethyl ester), 3세대(rTG, reesterified triglyceride / reconstituted triglycerides)로 구분하기도 하는데, 1세대는 추출한 그대로의 지방으로 글리세롤 뼈대에 지방산이 3개 붙어 있고, 그 중의 하나가 불포화 ω 지방산이다. 이 세대는 천연 형태라서 흡수율은 높지만 정제・농축되지 않고 EPA, DHA 비율은 약 33% 수준으로 낮은 편이다. ω-3로서 고지혈증 치료제인 의약품 오마코®는 EPA, DHA를 약 84% 함유한 EE형 약물이다. 2세대는 중성지방을 에탄올과 반응하여 에틸 에스테르화한 반합성 형태인데, 흡수율과 생체 이용률은 1세대보다 못하지만 효율이 높아 고함량의 3세대를 만드는 원료가 되고 있다. 2세대형은 흡수율이 낮은 단점이 있지만 EPA, DHA 함량을 85%까지 높일 수 있도록 정제・농축하고, 그 과정에서 불순물이 제거되었다는 것이 장점이다. 2세대 EE를 함유하는 원료를 직접 제품화하거나 이 원료를 재조합(re-esterification)하여 만든 것이 최근 주목받고 있는 3세대형 rTG이다. 3세대형은 화학적으로 EE를 TG로 바꾼 형태(re-esterified TG)로 정제과정을 거친 고순도・고농도 그리고 가장 높은 흡수율, 고 생체 이용률을 가진 형이다. rTG는 모양은 1세대와 같지만 구성 지방산이 3개 모두 불포화지방산이다.

DHA와 EPA는 세포막의 G-단백질 수용체에 리간드(ligand)로서 작용하며, 항염증 반응과 인슐린 감작 반응에 기여한다. 류마티스 관절염에서는 염증물질인 인터루킨(Interleukin) 17의 생성이 증가하고, 염증 발생을 억제하는 조절 T세포(regulatory T cell / Treg / Tregs)가 감소하는데, ω-3을 섭취하면 인터루킨 17이 감소하고, 조절 T세포가 증가하게 된다. 본 장에서는 이미 설명된 α-리놀렌산(지방산편 참고 바람) 외 EPA와 DHA에 대해서 기술하고자 한다.

① EPA의 생리활성

EPA(eicosapentaenoic acid / eicosa-5, 8, 11, 14, 17-pentenoic acid / C20 : 5 / n-3)는 고도불포화지방산의 하나로 유상(油狀)의 액체이다. 연어, 대구간, 청어, 크릴, 고등어, 연어, 정어리 등의 어유(魚油), 그리고 다양한 종류의 식용 조류, 아마씨유(flaxseed oil), 모유 등에 함유되어 있다. 그린랜드에 사는 에스키모에게는 관상동맥경화증 등 허혈성 심질환 발생률이 낮다는 점에 착안하여 혈액 속의 지방산 분포를 조사했더니 아라키돈산이 적고, EPA가 많았다는 사실이 보고된 이후 EPA는 생리활성 기능성 소재로 각광을 받기 시작하였다.

EPA는 thromboxane-3 및 leukotriene-5 eicosanoids의 전구체 역할을 하는 다중 불포화지방산(PUFA)으로 eicosapentaenoyl ethanolamide(EPEA / C20 : 5 / n-3)의 전구체 및 가수분해 생성물이다. 또 docosahexaenoic acid(DHA)의 전구체이기도 하다. 인체는 α-리놀렌산(ALA)을 EPA로 전환시키는데, ALA를 EPA로 전환시키는 효율은 EPA를 함유한 식품에서 EPA를 흡수하는 것보다 훨씬 적다.

EPA의 생리활성 기능은 너무 많고 다양하다. 우선 심장마비, 심장발작, 심장돌연사 위험 감소, 불규칙한 심장박동 억제, 심장동맥 막힘 등 심장질환을 예방하는 데 유효하며, 뇌 항고지혈증, 혈소판 응집억제 등 혈액관련 기능을 가지고 있다. 또 EPA는 정신분열증, 성격장애, 기분장애 치료 등에 효과가 있으며, 우울증을 완화시키는 소재이다. 또 EPA는 수술 후 감염을 줄이고, 상처 치료를 도모하며, 회복시간을 단축시켜 준다. 콜레스테롤 저하제인 스타틴(statins)과 함께 복용하면 중성지질의 수치를 감소시킬 수 있을 뿐만 아니라 그 외 생리문제, 꽃가루 알레르기, 류마티스 관절염, 크론병 및 궤양성 대장염, 편두통, 당뇨병, 고혈압 등에도 효과가 있는 것으로 알려져 있다. 암세포의 조직활성에 관여하는 성분을 감소시켜 암전이를 억제시킨다. 보통 EPA는 DHA와 다양한 조합을 통해 효과를 배가하고 있다.

② DHA의 생리활성

ω-3 지방산의 일종인 DHA(docosahexaenoic acid / C22 : 6 / n-3)는 참치, 청어, 넙치, 연어, 대구간, 고등어, 갈치, 꽁치 등에 포함되어 있고, 성인 뇌세포의 지방에도 10% 정도, 대뇌 피질 속 지질 속에 약 15%~20%, 망막 속 지질의 30%~60%를 차지하며, 고환 및 정자 속에서는 농축된 상태로 존재한다. DHA는 태아 및 유아는 물론 성인의 인지기능 유지, 신경계 발달, 학습기능 향상 등 뇌의 움직임을 활발하게 만든다. 우울증 예방 및 치료, 스트레스 상황에 처한 사람들의 공격적인 행동 감소, 노인성 치매, 주의력 결핍으로 인한 과잉 행동장애(ADHD)를 완화시켜 준다.

DHA는 중성지방의 혈중 농도 저하, 콜레스테롤 수치 저하, 중성지방 합성 억제 등을 통하여 심장 및 순환기질환의 위험을 줄여 준다. 또 DHA는 발암억제 작용이 있으며, 대장암을 비롯하여 위암, 방광암, 전립선암, 난소암 등에 효능이 있는데 보통 DHA를 항암제와 병용하여 부작용을 최소화 하고, 치료 효과를 높이고 있다. DHA는 활성산소를 제거하는 작용을 가진 항산화제이다. 활성산소는 세포에 공격성이 매우 강한 산소로 보통 체내에 침입하는 세균이나 바이러스를 격퇴하는 유용한 작용도 하지만, 체내에서 과도하게 생성되면 세포의 유전자를 손상시켜 세포의 암화를 촉진하는 위험인자이기도 하다. DHA는 당뇨병 예방에 유효하며, 노화로 인한 시력손실 위험과 황반변성(AMD) 질환 예방을 비롯하여 생리통 완화, 천식, 건선, 류마티스 관절염, 궤양성 대장염, 편두통, 두통 등에도 유효한 기능을 가지고 있다.

나) ω-6지방산의 생리활성

ω-6 지방산(n-6 지방산)은 공통적으로 *n*-6 위치(메틸 말단으로부터)에 최종 -C=C- 결합을 갖는 다중불포화지방 계열로 옥수수기름, 홍화씨유, 호박씨유, 포도씨유, 아마인유, 카놀라유, 달맞이꽃 종자유, 대두유, 면실유, 해바라기씨유 등 식물성 기름에서 주로 발견된다. ω-6 지방산에는 linoleic acid(LA / C18:2), γ-linolenic acid (GLA / C18 : 3), calendic acid(C18 : 3), eicosadienoic acid(C20 : 2), dihomo-γ-linolenic acid(DGLA / C20 : 3), arachidonic acid(AA / C20 : 4), docosadienoic acid (C22 : 2), docosatetraenoic acid(adrenic acid / C22 : 4), docosapentaenoic acid(C22 : 5), tetracosatetraenoic acid(C24 : 4), tetracosapentaenoic acid(C24 : 5) 등이 있는데, 중요한 것은 linoleic acid, γ-linolenic acid, arachidonic acid 등이다.

신체의 모든 조직에서 발견되는 ω-6 지방산은 심혈관 질환과 심장병(혈전증, 관상동맥심장 질환(CHD), 뇌졸중)의 위험을 낮추며, 총 콜레스테롤 수치와 LDL콜레스테롤 수치의 저하, HDL콜레스테 수치 상승에 도움을 주는 지방산이다. 또 ω-6 지방산은 ω-6 아이코사노이드로의 전환에 의한 세포 손상을 막고, 세포 복구를 촉진하며 천식, 관절염, 염증 등을 예방하거나 그 위험을 낮추는 기능을 가지고 있다.

ω-6 지방산인 리놀레산(linoleic acid)은 세포막의 지질에서 발견되는 필수지방산 중 하나이며, 인체가 합성할 수 없는 지방산이다. 포유동물 세포는 효소 ω-3 불포화 효소가 없으므로 ω-6 지방산을 ω-3 지방산으로 전환시킬 수는 없다. 아이코사노이드들의 전구물질인 아라키돈산의 생합성에 사용되는 2개의 이중결합을 가진 다불포화지방산이다.

항간에 ω-6 지방산 함량이 높은 지방은 암세포를 촉진시키는 반면 ω-3 지방산이 풍부한 지방은 암세포의 성장을 저지한다고 하는데, 그것은 ω-6 지방산 함량이 높은 지방을 만성적으로 과잉 섭취할 경우에 해당하는 말이다. 그것은 리놀레산을 과다 섭취하면 혈전이 생기기 쉽고, 알레르기 반응을 악화시키며, 궤양성 대장염 발생 가능성을 높여 준다. 또 리놀레산의 대사물질인 EpOME(epoxyoctadeca-*cis*-12-enoic acid / coronaric acid / isoleukotoxin)의 농도가 높아지면 대장 염증과 종양 성장을 유발하여 암 발생빈도가 높아진다. 그러나 한편에서는 리놀레산이 암세포의 DNA합성을 억제하여 암세포 성장을 억제하거나 암에 대한 위험을 감소시킨다고 주장하기도 한다. 만약 리놀레산이 부족하면 상처 치유가 잘 안 되고, 탈모를 유발한다. 간혹 리놀레산(LA)과 공액리놀레산(CLA)를 혼동하는 경우가 있는데, 둘은 그 기능이 완전히 다르다.

ω-6 계열의 불포화지방산인 arachidonic acid은 혈소판 응집을 촉진하는 프로스타글란딘 E2(PGE2 / Prostaglandin E2), TXA2(thromboxane A2), LTB4(Leuko-triene B4) 등을 합성한다. 이들은 우리 몸에 상처가 났을 때 혈액을 응고시켜 주고, 세균이 침입하였을 때 염증반응을 유발하는 중요한 물질들이다. 하지만 arachidonic acid가 과량 생성되거나 섭취할 경우 혈전 생성이 촉진되고, 콜레스테롤이 증가하며, 과도한 염증반응이 일어나 심혈관질환을 유발, 악화시킨다. ω-6 지방산을 과잉 섭취하면 비만과 만성염증을 유발하는데, 만성염증은 지방세포, 면역세포, 뇌세포 등을 파괴시켜 인슐린 저항, 당뇨, 동맥경화증, 알츠하이머, 파킨슨병, 헌팅턴병, 그리고 암을 유발한다. 만성염증을 예방하기 위해서는 ω-3 지방산의 섭취율을 높이고, ω-6 지방산의 과잉 섭취를 줄여야 한다.

(2) 트랜스지방산의 생리활성

불포화지방산에는 *cis*와 *trans* 이성질체가 존재하는데, 트랜스 이성질체가 바로 트랜스지방산(trans fatty acid, TFA)이고, 트랜스지방은 트랜스지방산만으로 구성되어 있다. 트랜스지방산은 자연상태에서는 거의 찾아볼 수 없지만 실제 천연 트랜스지방산(natural trans fatty acids)은 반추동물 유래 식품[우유(소, 암양, 염소 유래), 유제품(요구르트, 치즈)] 및 반추동물 고기(쇠고기, 양고기)에 자연적으로 존재하기 때문에 인간의 식단에서 완전히 제거할 수 없다. 그러나 현재의 식이 섭취량으로는 심혈관 건강에 영향을 주지 않는다고 하는데, 그것은 천연 트랜스지방산은 알려진 생리학적 기능이 없기 때문에 특별한 영양학적 관심도 없기 때문이다. 일부에서는 그래도 염증, 제2형 당뇨병 및 비만에 대한 우려를 표하고 있다.

트랜스지방산은 대부분 액체상태의 식물성 기름에 수소를 넣어 인위적으로 고체로 만드는 경화과정(hydrogenation)에서 생기는데, 미량이라도 트랜스지방산은 LDL은 증가시키고, HDL은 감소시켜 심혈관 질환의 위험성을 증가시키며 면역력 저하, 두뇌활동 저하, 당뇨병, 알레르기, 만성피로 증후군, 인슐린 저항성, 비만, 어린아이들의 과잉행동 증후군 등 문제를 야기하기도 한다. 트랜스지방산은 간의 지방 저장을 촉진하고, 콜레스테롤 합성 경로를 자극, 콜레스테롤 합성을 촉진하는 등 지질대사 장애를 유발하여 다양한 질병을 일으킨다.

(3) 공액리놀렌산(공액지방산)의 생리활성

공액지방산(conjugatcd lipid)은 이중결합이 하나의 단일결합을 두고 서로 이어져 있어 공액(conjugated)이라는 독특한 구조적 특성을 가지고 있는데, 그 결합을 공액이중결합(conjugated double bond / -c=c-c=c-)이라 부른다. 공액지방산은 다중불포화지방산인데, 대표적인 것이 공액리놀레산(conjugated linoleic acid, CLA)이다. CLA는 1935년 Booth 등에 의해 처음으로 그 존재가 인식되고, 1977년 Parodi는 처음으로 공액이중결합이 18개 탄소사슬의 11번째에서 트랜스(trans) 형태로 존재한다는 것을 밝혔다. 그 이후에 이중결합이 다른 위치에서도 공액형태로 존재한다는 것이 밝혀졌으며, 다이어트 기능성 물질로 알려진 공액리놀레산은 1987년 미국 위스콘신 대학 Michael M. Pariza 연구팀에 의하여 보고되었다. CLA는 대표적인 다가불포화지방산 중 하나인 리놀레산(linoleic acid)과 동일한 분자식을 가지지만, 이중결합의 위치 차이에 의해 다른 생화학적 기능을 갖는 이성질체(isomer) 지방산이다. CLA는 리놀레산(LA)과 매우 유사한 구조를 가지고 있지만, LA와는 다른 생물학적인 효과를 나타낸다.

CLA는 2006년에 식약처로부터 체지방 감소에 도움을 주는 1등급 고시형 기능성 원료로 인정받은 건강보조제이다. 쇠고기나 양고기 등 반추동물의 고기나 우유, 치즈, 버터 등의 낙농제품, 닭 등의 가금류나 계란 등의 난류 등에 미량 존재하지만, 주로 유기합성에 의해 생산하고 있다.

CLA의 주요 생리활성은 항산화, 항암, 콜레스테롤 저하로 인한 항동맥경화를 비롯하여 면역증진, 항당뇨, 체지방 감소를 비롯하여 고혈압, 심혈관 질환, 골다공증 예방과 치료효과를 가지고 있지만, 대표적인 효능은 체지방 감소 효과이다. 체내에 존재하는 리포단백 라이페이스 효소(lipoprotein lipase, LPL)의 작용을 억제하여 지방세포에 지방이 축적되는 것을 막는 동시에 세포 내 미토콘드리아 조직을 활성화시켜 기초 대사량을 촉진시킴으로써 체지방 분해를 촉진하는 효과를 가진다. 또 CLA가 체지방을 감소시키는 것은 hormone sensitive lipase와 carnitine palmitoyl transferase의 활성을 증가시켜 체지방을 감소시키고, 지방세포가 커지는 것을 막기 때문이다. 또한 노쇠한 지방세포가 스스로 파괴되도록 유도해 지방세포수를 감소시키는 작용도 한다. 또 포도당에 대한 내성을 원래의 상태로 회복시킬 수 있고, 지방조직에서 PPARγ(peroxisome proliferator-activated receptor gamma)*를 활성화하여 aP2 (adipocyte fatty acid binding protein2) mRNA**의 수준을 증가시키므로 인슐린(insulin)의 수준을 높이게 된다.

* PPARs는 α, β, γ, δ 등이 있으며, 세포의 분화와 발달, 대사 등에 관여하는 핵단백질 수용체의 일종이다. PPARα는 간에 고농도로, PPARγ는 지방조직에 고농도로 발현되는데, PPARα/δ는 지방을 비롯한 에너지의 소모와 관련이 있다. PPARγ는 지방조직의 형성과 축적에 중요한 역할을 하고, 인슐린 저항성을 개선할 뿐만 아니라 비만, 지방간을 개선시킨다. PPARγ의 발현량이 증가하면 지방이 축적되고, PPARα/δ의 발현량이 증가하면 지방이 소모된다.

** 지방조직 특이 유전자인 aP2는 PPARγ의 표적 유전자로 지방조직에서 지방합성에 관여하는 효소 중 하나이다.

또 다른 CLA의 생리적 기능은 항암이다. CLA는 유방암, 피부암, 전립선암 및 대장암의 발생과 암세포의 증식을 억제하는데, programmed cell death라고 부르는 apoptosis가 CLA의 가능한 항암 기전으로 생각되고 있다. Apoptosis* 기전의 결함이나 부적절한 apoptosis 신호전달 등에 의해 apoptosis 조절 이상이 생기면 세포는 비정상적으로 증식하여 암이 되며, apoptosis 기전이 회복되면 항암이 된다.

* Apoptosis는 세포 내・외적인 신호에 의해 시작되어 일련의 과정을 거쳐 이루어지는데, cysteine acid proteases인 caspase는 apoptosis의 중요한 조절인자로 작용한다. 즉 apoptosis는 세포가 여러 요인(tumor necrosis factor(TNF)-α, TNF receptor ligand (FasL), DNA damage와 endoplasmic reticulum stress)에 의해 죽음에 이르게 되는 생리학적 과정인데, apoptotic cell은 세포 수축, 핵의 응축과 DNA 절단과 같은 특징을 나타낸다.

유산균을 이용해 콩을 발효시켜 공액리놀레산 함유 콩발효물을 제조하기도 하며, 가르시니아(*Garcinia cambogia*)와 CLA를 함께 복용하여 CLA의 지방 흡착율을 더 좋게 하는 기능성식품도 유통되고 있다.

(4) 단쇄지방산의 생리활성

단쇄지방산(short chain fatty acids, SCFA)은 휘발성 지방산(VFAs)이라고도 하는데, 탄소원자가 6개 미만인 지방산을 말한다. 단쇄지방산은 monocarboxylate transporter(MCT)를 통해 혈액-뇌장벽을 통과, 문맥을 통해 흡수될 수 있는 것들이다. 단쇄지방산은 개미산(formic acid / methanoic acid), 아세트산(acetate), 프로피온산(propionate), 부틸산(butyrate), 발레르산(valeric acid / pentanoic acid) 등을 말하는데, 미생물발효에 의하여 생성되는 것은 주로 아세트산, 프로피온산, 부틸산 등이며, 젖산도 여기에 포함시키고 있다. 단쇄지방산은 다양한 생리활성 기능을 가지고 있는데, 그 정도는 구성 단쇄지방산의 조성과 관련이 있다. 장내미생물들은 맹장과 대장에서 비소화성 다당류와 식이섬유를 발효시켜 에너지를 얻고, 그 부산물로 유기산과 단쇄지방산을 생성하는데, 생성되는 유기산 및 단쇄지방산의 양이나 비율은 식이섬유를 구성하는 단당류의 종류, 결합의 종류, 중합도, 용해도 등에 따라 달라진다.

생성된 단쇄지방산은 맹장과 대장의 장벽을 통하여 신속히 흡수되어 장세포에서 이용되거나 혈액을 통해 말초조직으로 이동, 체내 에너지로 사용되는데, 이 에너지는 전체 에너지의 3% 정도에 해당한다. 이와 같은 장내의 단쇄지방산은 장 상피세포의 영양소로 작용하여 세포증식, 분화, 유전자 발현 등 장질환의 예방 및 치료 기능을 수행하며, 장내 pH를 산성화시킨다. 또한 단쇄지방산은 담즙산의 용해도 감소, 암모니아 흡수 감소 등의 원인을 제공하며, 무기질을 흡수가 쉬운 형태로 전환시킨다.

이러한 영향으로 단쇄지방산은 과민성 대장증후군, 염증성 장질환 등과 같은 소화기질환을 포함하여 암, 심혈관질환, 비만의 위험을 감소시키며, 면역기능을 강화시켜 항염증 효과를 나타낸다. 특히 단쇄지방산은 손상된 대장의 재생을 촉진시켜 대장의 건강을 증진하는 데 도움을 준다. 또 단쇄지방산이 다발성 경화증(multiple sclerosis, MS)*을 포함한 자가면역 질환에도 효과적이다. 이에 반해 라우르산(lauric acid, C12) 같은 장쇄지방산의 경우 염증을 유발하는 T세포를 활성화시켜 소화관 장벽에서 나와 뇌를 포함한 다른 인체 부위로 퍼져나가는 것을 촉진하여 다발성 경화증을 악화시키는 원인물질이다.

* 다발성 경화증은 뇌와 척수의 축삭 주변의 지방성 말이집을 감싸는 부분이 손상을 입은 염증 질환으로 목을 구부리면 척수를 따라 전기가 오르는 듯한 느낌을 받는 증상이다. 신경섬유의 자극으로 인한 것으로 심한 경우 시신경의 손상, 운동 장애 및 마비, 체성감각신경의 손상, 복시(겹쳐 보임), 어지러움 등을 수반한다.

단쇄지방산은 지방세포에서 식욕억제 호르몬인 렙틴(leptin) 호르몬을 분비하게 하여 식욕을 억제하고, 인슐린 민감도를 증가시키고, 소장의 L-세포에 작용하여 인슐린 분비를 촉진하는 GLP-1(glucagon like peptide-1)*을 증가시켜 혈당을 조절한다. 단쇄지방산은 교감신경계를 활성화시켜 심박수를 늘리고, 에너지 소비를 증가시켜 비만을 예방한다.

* GLP-1은 인슐린 감수성에 좋은 영향을 주는 호르몬으로 췌장에 작용하여 인슐린 분비 증가, 글루카곤 분비 감소로 혈당강하 효과를 나타낸다. 위에서 음식물 통과를 지연시키고, 식욕을 억제하는 등 혈당조절에 관여한다.

만약 유해 장내미생물이 많으면 단쇄지방산의 조성이 바뀌면서 간에서 콜레스테롤 합성을 증가시켜 고지혈증을 유발하고, 장내 염증을 유발하며, 장내미생물이 만들어 낸 독소가 장을 침투해서 간에 도착한 후 전신 염증으로 확대된다. 부틸산은 장질환의 예방 및 치료에 중요한데, 장내에서 부틸산의 70～90%는 맹장과 대장의 상피세포에서 주요 에너지원으로 사용되어 대장 상피세포의 증식과 분화를 촉진한다. 부틸산에 의한 장 상피세포의 증식 촉진은 장 상피세포의 표면 증대를 가져와 이를 통한 무기질 흡수능력을 증가시켜 준다. 부틸산은 또한 비특이성 면역과 세포 매개성 면역에도 관여하여 면역조절 효과가 있으며, 염증성 장질환의 치료 목적에도 사용하고 있다. 또한 부티르산은 대장 종양세포의 증식을 억제하고, apoptosis를 촉진하여 대장암 예방효과를 가진 우수한 소재이다.

아세트산은 포도당을 탄소원으로 이상 젖산균이나 비피더스균에 의해 발효되어 생성되는 발효산물로, 장내 단쇄지방산 조성에서 가장 높게 나타난다. 흡수된 아세트산은 혈액을 통해 근육 등의 말초조직에서 대사되어 에너지로 사용되며, 혈청 유리지방산을 감소시킨다. 프로피온산은 소화관 장벽에서 조절 T세포(regulatory T cell)의 다발성 경화증 증상을 완화시키는 데 기여하는데, 조절 T세포는 면역계를 억제하여 과도한 염증반응과 자가반응을 하는 면역세포를 조절하는 세포이다. 젖산은 젖산균 또는 비피더스균에 의해 생성되는 대사산물이다. 최근 연구에 의하면 젖산과 같은 유기산에 의한 pH 감소는 장내 유해균의 생육을 억제하고, 면역능력을 촉진하며, 미네랄의 흡수를 증가시킨다. 생성된 젖산은 다시 효소적 작용에 따라 다른 대사산물로 전화되는데, 젖산은 주로 아세트산, 부틸산 같은 단쇄지방산으로 대사된다.

(5) 올레산의 생리활성

올레산(oleic acid / C18 : 1 / OA / n-9)은 중성지방의 구성 불포지방산으로 1개의 이중결합을 가진 단가 불포화지방산이다. 이중결합이 하나밖에 없으므로 산화되기는 어렵다. 모유에 가장 많이 함유된 지방산이고, 올리브유(olive oil)나 동백유(camellia oil), 카놀라유 등과 같은 식물성 유지 뿐만 아니라 소, 돼지와 같은 동물의 유지에도 존재하는 지방산이다. 소에 있는 지방 중 약 45%는 올레산이다.

동물에서는 글리세린과 에스테르(ester)를 형성하여 피하지방이나 간에 저장되고, 공기 속에 방치해 두면 산화되어 황색 또는 갈색으로 착색되며 썩는 냄새를 풍긴다. 올레산은 세포막에서 수용체의 존재를 변화시킬 수 있는데, ① 콜레스테롤 수용체 생산을 감소시켜 소장에서 콜레스테롤 수송을 차단하고, ② 심장 보호인자(혈소판 응집 및 지혈인자)의 생산량을 증가시키며, ③ 건강한 혈관 기능을 촉진하기 위해 단백질 생성을 증가시키며, ④ 면역세포(호중구)를 돕는 기능을 가지고 있다. 이러한 기능들은 통증관련 염증 해소, 빠른 면역반응에 결정적인 역할을 하게 된다.

올레산은 또한 신경전달물질 조절에서 GABA(γ-aminobutyric acid) 재흡수를 차단하여 세포 밖의 GABA 농도를 증가시켜 뇌 관련 신경전달을 촉진시키고, 수용체 결합에 대해 세로토닌(serotonin)과 경쟁하여 장의 세로토닌 활성을 감소시킨다. 또 올레산은 뇌와 신경계에 빌딩의 블록과 같은 역할을 하는데, 그것은 신경(성숙 축삭) 수복과정에서 myelin(수초 ; 뉴런을 여러 겹으로 둘러싸고 있는 절연체)의 형성과 신경 성장 등에 필요하기 때문이다.

이와 같이 올레산은 뇌 염증을 예방하고, 노화를 지연시켜 주는데, 그것은 세포막의 산화스트레스 및 에너지 생성(해당과정과 전자전달) 과정에서 생기는 자유라디칼(free radical)에 의한 DNA 손상을 감소시키기 때문이다. 또 올레산은 근육에 대해 근위축(muscle atrophy)을 억제하는 기능을 가지고 있는데, 근위축은 근육조직의 손상 및 파괴, 노화로 인한 근육세포의 회복력 장애, 근육신경 손상, 근육 사용 장애 등으로 장기간 해당 근육을 사용하지 않아 발생한다.

올레산은 암유전자(종양형성 유전자, oncogene) 활동을 억제하고, 유방암 치료제의 일종인 허셉틴(herceptin, 유방암의 표적 치료제)의 약효를 증진시키는 것으로도 알려져 있다. 허셉틴은 HER2(human epidermal growth factor recepter2) 수용체에 선택적으로 결합하는 단일클론 항체로 유방암 증식을 억제하는 물질이다. 정상적으로 발현하는 HER2 유전자는 세포성장을 조절하지만, 과발현되는 경우에는 종양을 일으킨다. 올레인산은 면역체계를 개선시키고, 병원체 식별 및 방어를 담당하며, 염증 부위에 사이토카인 IL1-b(Interleukin 1-b / 감염에 대한 염증과 면역반응들을 조절하는 핵심적 사이토카인) 등을 방출하여 염증의 신속한 분해를 유도한다.

올레산은 류마티스성 관절염에 도움이 되고, 만성 신경통을 감소시키는데, 이것은 올레산이 통증 인식에 관여하는 수용체(transient receptor potential vanilloid 1, TRPV 1)를 억제하기 때문이다. TRPV 1는 통증 유발물질(캡사이신, pH, 열 등)에 의해 활성화되는 비특이적 양이온 채널로서 통증 발현에 핵심적인 막단백질이다. 올레산은 세포에서 산화스트레스를 줄이고, 산화 손상으로부터 DNA를 보호하여 암 위험을 낮추고, LDL콜레스테롤 저하 / HDL콜레스테롤 상승을 비롯하여 항균기능, 항산화 효과를 가지고 있다. 올레산은 인슐린 저항성을 없애 당뇨병을 예방하고, 체지방을 개선하여 비만을 예방하는 기능을 가진다. 그러나 올레산의 부정적인 효과를 지적하는 경우도 있는데, 올레산을 많이 섭취하면 필수지방산의 결핍을 가져오며, 임신기간 동안 스테로이드 호르몬 합성의 변화를 가져온다.

(6) 가르시니아 캄보지아 추출물과 Hydroxycitric acid(HCA)의 생리활성

가르시니아 캄보지아(*Garcinia cambogia*)* 추출물은 인도 남서부에서 자생하는 열대식물인 가르시니아 캄보지아 열매의 껍질부위 추출물로서, 주기능성 성분은 구연산(citric acid)에서 유래된 hydroxycitric acid(HCA)이다.

* 산미제(souring agent) 및 카레 등의 향신료로 사용하며, 오렌지색의 크기에 붉은색이나 노란색의 열매를 맺는 호박모양 과일

가르시니아 캄보지아 추출물은 1969년 Brandeis대학의 연구자들이 hydroxycitric acid의 Krebs / citric acid cycle 억제제로서의 역할을 인정하고, 탄수화물로부터 지방합성 경로의 억제를 통해 체내 지방생성을 억제한다는 사실을 규명하였다. HCA는 구연산의 유도체로 4개의 이성질체를 가지며, 탄수화물에서 지방을 생성하는 필수적

인 구연산 리아제효소(citrate lyase)를 저해하여 식욕을 억제하며, 복부지방을 감소시켜 LDL을 저하시켜 체중 감량 및 비만 억제기능을 가지고 있다. 즉 HCA는 시트르산(citrate)이 아세틸-CoA와 옥살아세트산(oxaloacetate)으로 분해되는 데 관여하는 ATP-시트르산 분해효소(ATP-citrate lyase)의 활성을 저해하므로 결국 탄수화물이 지방으로 전환되는 것을 억제한다. 또 HCA의 한 이성체는 췌장 α-아밀라아제와 장 α-글루코시다아제를 억제하여 탄수화물 대사를 감소시킨다. 또 HCA는 색소침착 제거 또는 피부미백에도 사용하는데, 이것은 HCA의 티로시나제(tyrosinase) 활성저해효과 때문이다. 티로시나제는 생체 내에서 티로신(tyrosine)이라는 물질의 산화과정을 촉진하여 멜라닌(melanin)*이 생성되도록 하는 효소이다.

* 멜라닌은 피부, 털, 눈, 뇌에 존재하는데, 피부의 기저층에 존재하는 멜라닌세포(melanocyte)에서 만들어지는 갈색 / 검은색의 고분자의 색소물질이다. 멜라닌은 글로불린과 강한 결합을 한 단백질 색소인데, 인종에 따라서 멜라닌 발현 유전자가 다르고, 이에 따라 멜라닌 세포 양이 피부색을 결정한다. 피부가 자외선으로부터 해를 입는 것을 방지하고, 체온을 유지하는 데도 도움을 준다.

HCA는 또한 기분, 식욕, 성욕과 관련한 세로토닌 수준을 증가시켜 우울증과 불안증을 완화하고, 신장에서 형성된 결석(칼슘 옥살산염)을 용해, 제거시킨다. 가르시니아 캄보지아 추출물의 부작용으로는 구강 건조증, 현기증, 두통, 설사, 급성 간기능 부전 및 손상, 당뇨병 환자의 저혈당 우려, 고환 위축과 정자생산 방해 등이며, 치매나 알츠하이머병의 상태를 더욱 악화시킬 수도 있다. 따라서 임산부, 수유부 및 어린이 등이 섭취할 경우에는 주의를 요하는 소재이다. 체중 조절용 조제식품에 부원료(최소량 5% 이하를 사용하여야 하나, 1일 섭취량 6 g을 초과할 수 없음)로 사용되고 있으며, 미국 등 외국에서는 500～4500 ㎎/일의 섭취량 수준에서 식이보충제 또는 식품원료 등으로 유통되고 있다.

2) 복합지질의 생리활성

복합지질(compound lipid)은 지방산과 글리세롤 이외에 비 지질분자(당, 단백질, 이온인산, 황산염이온)단이 결합된 지방질을 말하는데, 단순지질과 구분하는 용어이다. 종류에는 크게 인지질, 황지질, 당지질, 지단백 등이 있는데, 본 장에서는 복합지질 중 생리활성을 가진 것 중심으로 설명하고자 한다.

(1) 인지질의 생리활성

인지질(phospholipid)이란 인산염(phosphate) 구조를 기반으로 한 머리부분과 2개의 소수성 꼬리를 가진 양친매성(소수성과 친수성기를 모두 가진 amphipathic) 지질을 말한다. 생물의 세포막에는 보통 3종류의 양친매성(amphipathic) 지질, 즉 phosphoglycerides, sphingolipids(스핑고지질), sterols(스테롤) 등이 있는데, 이 중 phosphoglyceride와 몇 가지 sphingolipid는 인지질에 속하고, 스테롤과 일부의 sphingolipid는 인지질에 속하지 않는다.

▣ Phosphoglyceride의 생리활성

포스포글리세리드(Phosphoglyceride)는 대표적인 인지질로 인산의 -OH기에 어떤 것이 붙느냐에 따라 phosphatidylcholine(PC), phosphatidylethanolamine(PE / cephalin), phosphatidyl inositol(PI), phosphatidylserine(PS) 등으로 구분한다(그림 3-5).

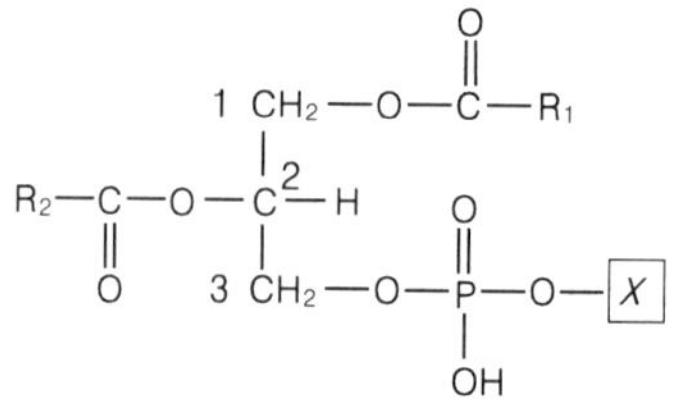

```
                          O
                          ‖
        1 CH2—O—C—R1
              |
R2—C—O—C²—H       O
    ‖         |             ‖
    O     3 CH2—O—P—O—[X]
                            |
                           OH
```

'Head' groups (- X) of Glycero-phospholipids

Name of X-OH	Formula of -X	Phospholipid Name
Water	**—H**	***Phosphatidic acid***
Ethanolamine	**$—CH_2CH_2NH_3^+$**	***Phosphatidylethanolamine***
Choline	**$—CH_2CH_2N(CH_3)_3^+$**	***Phosphatidylcholine (Lecithin)***
Serine	**$—CH_2CH(NH_3^+)COO^-$**	***Phosphatidylserine***
Glycerol	**$—CH_2CH(OH)CH_2OH$**	***Phosphatidylglycerol***
Phosphatidylglycerol	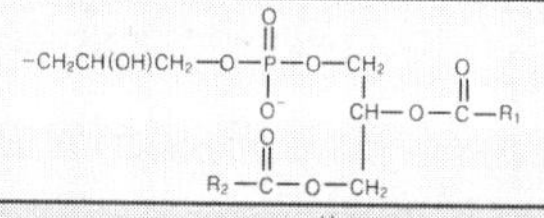 $-CH_2CH(OH)CH_2-O-P(=O)(O^-)-O-CH_2-CH(-O-C(=O)-R_1)-CH_2-O-C(=O)-R_2$	***Diphosphatidylglycerol (Cardiolipin)***
Myo-inositol	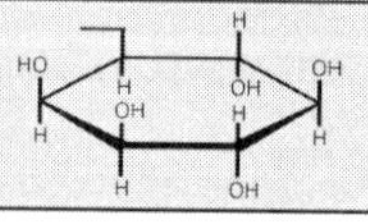 (HO, H, OH, OH, H, H, H, OH, H, OH, H, OH 고리 구조)	***Phosphatidylinositol***

그림 3-5. 각종 Phosphoglyceride 구조식

중성 pH에서 포스파티딜콜린(PC), 포스파티딜에탄올아민(PE)은 전하를 띠지 않지만 포스파티딜이노시톨(PI), 포스파티딜세린(PS)은 -1의 음전하를 띤다. 포스포리파아제(phospholipase)가 포스포글리세리드에 반응하면 리소인지질(lysophospholipid)를 생성하는데, 이는 두 acyl 가지 중 1개가 없는 분자이다. 보통 리소인지질은 특별한 세포 간에 신호를 전달하는 역할을 하고, 막의 물리적 성질과 관련이 있는 성분이다. 더욱 자세한 것은 다음과 같다.

가) 포스파티딜콜린과 DMAE(dimethylaminoethanol)의 생리활성

포스파티딜콜린(phosphatidylcholine, PC)은 세포막에서 가장 풍부한 인지질로서 간에서 지질 축적을 막는 지방성 인자이다. 1846년 프랑스의 화학자 Gobley가 난황(lekithos ; 난황을 그리스어로 *lekitos*라 함)에서 분리하고, 1850년 그 포스파티딜콜린(phosphatidylcholine)을 레시틴(léchithine)으로 명명하고, 1874년에는 그 구조를 밝혔다. 대두유, 달걀, 젖, 해산물, 유채, 목화씨, 해바라기씨 등에 함유되어 있고, 동물의 간, 뇌, 신경조직 등에도 함유되어 있다(레시틴의 시작은 난황레시틴이지만, 대두레시틴도 중요하다).

원래 레시틴이란 용어는 포스포스파티딜콜린(phosphatidicolin, PC), 포스파티딜에탄올아민(phosphatidylethanolamine, PE), 포스파티딜이노시톨(phosphatidylinositol, PI) 등 각종 인지질 혼합물을 말하는데, 레시틴의 핵심 성분은 포스파티딜콜린(Phosphatidylcholine)이다(보통 포스파티딜콜린을 레시틴이라 부른다). 예를 들면 대두레시틴은 리놀레산을 주성분으로 phosphatidicolin(PC), phosphatidylethanolamine (PE) 및 phosphatidylinositol(PI) 등을 골고루 함유하고 있으나, 난황레시틴은 올레인산과 팔미틴산을 주성분으로 약 70%의 phosphatidicolin(PC), 약간의 스핑고미엘린(sphingomyelin, SM)을 함유하고 있으며, phosphatidylinositol(PI)은 거의 함유하고 있지 않다.

레시틴은 담황색의 투명하거나 또는 반투명 점성을 가진 특이한 냄새를 가진 유화작용을 하는 복합지질이다. 지방구의 피막이나 지질단백질을 이루며, 생체기능을 발휘하며, 세포구조와 대사작용에 중요한 역할을 담당하는 포스포글리세리드의 일종이기도 하다. 인산. 콜린 및 글리세롤의 에스테르와 2분자의 지방산으로 구성되어 있는데, 지방산의 불포화 정도와 지방산의 위치, 사슬길이에 따라 그 기능은 달라진다.

레시틴은 세포막의 구성 성분이며, 세포자극의 2차 전달물질로 작용하여 생체의 항산성 유지에 매우 중요한 역할을 수행한다. 레시틴은 영양의 흡수 및 노폐물의 배설 등 인체 내의 기초대사에 관여하며 리놀렌산, 리놀레산 등 필수지방산인 불포화지방산을 함유하고 있기 때문에 LDL콜레스테롤을 저하시키는 데 도움을 준다. 레시틴은 혈액의 응고를 방지하며, 유화작용으로 인해 혈액 속의 지질이나 콜레스테롤을 분해하고 배설시키므로 고혈압이나 뇌졸중, 동맥경화, 혈전증, 협심증과 같은 성인병 예방에 도움이 된다. 또 레시틴은 항산화작용을 하며 비만을 예방한다.

레시틴은 신경전달물질인 아세틸콜린의 전구체이다. 따라서 기억력 감퇴, 알츠하이머, 불안, 조울증 등의 질환 치료 및 예방을 도와주며 뇌세포에 영향을 미쳐 기억력 증대, 집중력 향상, 치매예방, 뇌기능의 활성화 등의 효과를 가진다. 이로 인해 레시틴이 뇌세포의 활동에 매우 긍정적인 효과를 준다고 하여 두뇌식품이라고 부르기도 한다. 레시틴은 피부세포를 활성화시키는 데도 관여하는데, 그것은 나이가 들면서 체내에 과산화지질이 증가하게 되고, 이 과산화지질은 단백질과 결합하여 지방 갈색소 리포푸신(lipofuscin)*을 형성하여 세포 중에 쌓이게 된다. 이런 경우 레시틴은 피부의 신진대사를 활성화하여 리포푸신의 침착을 막아주고, 더불어 피부경화증, 두드러기, 건선, 각화증, 피부거침 등을 예방하는 데 도움을 준다.

* 노화의 지표인 지방갈색소(lipofuscin)란 세포 내에 축적되는 지방질과 섬유질, 단백질의 혼합 노폐물 덩어리인데, 세포 속에 축적되면서 세포의 기능을 방해하여 노화를 일으킨다. 피부에 축적될 경우 검버섯이나 기미를 일으키고, 장기에 축적될 경우 장기 기능 감소와 위축을 초래한다. 레시틴은 리포푸신이 피부 침착되는 것을 방지해 준다.

레시틴은 태아의 발육을 정상으로 유지시켜 주는데, 만약 임산부의 레시틴 수치가 낮으면 유산이나 사산의 원인이 된다. 따라서 양수 내의 레시틴 수치를 높이면 태아의 정상 발육을 돕게 된다. 레시틴은 이뇨작용을 도와 세포내의 불필요한 물질을 배설시키며, 신장의 기능을 강화하고 혈액 성분을 깨끗하게 유지시켜 준다. 당뇨병 환자의 경우 인슐린 분비를 촉진시켜 혈중 당 수치를 정상화시킨다. 또 레시틴은 간염, 여드름, 담낭질환, 다발성 경화증, ADHD, 고지혈증 등에도 효과가 있고, 면역력을 높여주며 노화를 막아준다.

콜린의 전구체인 DMAE(diethyaminoethanol)는 세포막 인지질 성분이면서 두뇌 영양소인 포스파티딜콜린이나 포스파티딜세린과 같이 비타민 B_5를 조효소로 이용하여 뇌의 학습과 기억에 관여한다. 또 주요 신경전달물질인 아세틸콜린을 합성하는 Natural Brain Stimulant로써 인지능력과 기억력에 영향을 주며, 조울증을 완화하는 데 도움을 줄 뿐만 아니라 ADHD 증상을 개선하는 데도 유익한 성분이다. 또 DMAE는 특정 자유라디칼을 소거하는 능력을 가진 항산화제이기도 하다. 다만 부작용으로 근육경직이나 불면증을 초래할 우려가 있는 것으로 알려져 있다.

나) 포스파티딜에탄올아민의 생리활성

포스파티딜에탄올아민(phatidylethanolamine, PE)은 인지질의 일종으로 2개의 지방산을 분자 내에 함유하고 있다. 세팔린(cephalin)이라 부르는데, 모든 인지질의 25~45%를 차지하며, 대부분의 세포에서 발견된다. 난황, 콩의 배유 등에 함유되어 있으며 생체내 뇌, 신경조직에서도 발견된다. 포스파티딜세린 탈카르복실화(decarboxylation)는 미토콘드리아 막(膜)의 PE 합성의 주요 경로이다. PE는 간으로부터의 지단백질 분비, 세포분열 과정의 세포막 형성과 기능, 유당을 세포 내로 능동적으로 수송하는 역할을 담당한다. 또 혈액응고에 중요한 역할을 하는데, 그것은 프로트롬빈

(prothrombin)으로부터 트롬빈(thrombin)의 형성을 촉매하는 2개의 단백질인 Factor V와 Factor X을 조절하므로 트롬빈 형성 속도를 조절하기 때문이다.

생체 내에서 PE는 인지질가수분해 효소인 포스포리파제(phospholipase) A2의 작용을 받아 1개의 지방산이 제거됨에 따라 리소포스파티딜에탄올아민(lysophosphatidylethanolamine, LPE)으로 변환되는데, LPE는 동식물 세포에 천연적으로 존재하며, 특히 난황이나 뇌 세포에 많이 함유되어 있다. LPE는 과실의 숙성(ripening)과 노화(senescence)에 매우 중요한 역할을 하는데, 저장 중 연화(loss of firmness) 억제, 과실의 호흡속도(respiration rate) 저하, 에틸렌(ethylene) 가스형성 조절 기능 등을 가지고 있어 농산물 저장에 중요한 소재이다.

다) 포스파티딜이노시톨의 생리활성

포스파티딜이노시톨(phosphatidylinositol, PI)은 phosphatidylglyceride의 한 종류로 지질에서 유래된 2차 정보전달 물질이고 세포막을 구성하고 있는 인지질의 일종이다. 세포막에 있는 인지질은 세포막을 응집성 있게 만들어 액상 용질을 투과하지 못하게 만들며, 세포외 신호에 의해 조절되는 여러 효소들에 의해서 2차 정보전달 물질로 전환된다. 인지질을 2차 정보전달 물질로 전환하는 효소로는 인지질분해효소(phospholipase), 인지질인산화효소(phosphorylase / phosphotransferase / phosphatidylkinases), 인지질인산가수분해효소(phosphatase) 등이 있다.

PI의 이노시톨은 *myo*-형이다. PI는 인산화되어 phosphatidylinositol monophosphate(PIP1), phosphatidylinositol bisphosphate(PIP2) 및 phosphatidylinositol triphosphate(PIP3) 등을 형성하는데, 이를 이노사이드(inositides) 또는 포스포이노시티드(phosphoinositides)라 부른다. PIP류는 뇌 조직과 골지체 막에 매우 적은 양 존재하는데, 세포 소기관의 특이적인 신호전달이나 생리학적 기능을 조절하며, 인슐린 신호전달 경로와 같은 세포 신호전달에 중요한 역할을 한다. 또 세포내 이입(endocytosis), 세포외 유출(exocytosis) 및 기타 수송에도 중요한 역할을 한다.

PIP류는 생체막 위에서 일어나는 운송체 트레피킹(vesicular trafficking)의 조절, 세포막 운송(membrane transport) 등을 수행하는 데 꼭 필요하다. 만성 간염을 일으키는 C형 간염 바이러스의 게놈 복제에도 PIP가 중요한 역할을 하는데, PIP의 생합성 저해 정도에 따라 새로운 유형의 C형 간염 치료제를 개발할 수 있다. 최근에는 PI 대사경로를 차단하여 종양세포의 성장과 증식을 억제할 수 있는 항암제를 개발했다고 한다. 이것은 정상세포 성장에는 영향을 미치지 않고 종양세포만을 선택적으로 억제해 주는 기능 때문이다.

라) 포스파티딜세린의 생리활성

포스파티딜세린(phosphatidylserine, PS)은 대식세포가 사멸세포(apoptotic cell)를 인식하여 제거하는 중요한 표지자이다. PS는 세포막의 내부에 존재하나, 세포가 사멸 신호를 받거나 적혈구가 노화되면 세포막의 외부로 노출되어, 이것을 대식세포가 세포 표면의 수용체를 통해서 인식하여 탐식작용을 하게 된다. PS는 피부미용 효능, 항아토피 및 항염증 효능을 가지고 있는데, 특히 PS는 피부 내 조직세포의 PPAR (peroxisome proliferators activated receptors) α를 활성화하여 자외선 및 화학물질로 인한 피부의 염증반응을 억제, 완화하며, 피부 각질세포의 분화를 촉진하여 피부를 건강하게 만든다.

PPAR은 에너지 항상성을 조절하는 인자로 다양한 기전을 통해 피부장벽의 투과성 조절, 표피층 증식억제, 표피층의 분화 유도 등과 같은 피부상태를 조절하여 염증관련 피부질병 뿐만 아니라 표피층의 과증식으로 인한 건선, 상처치유, 여드름 등 다양한 피부질환 예방과 치료에 도움을 주는 소재이다. 그 외 피부 각질세포를 자외선 또는 활성산소종으로부터 보호하고, 케라티노사이트(keratinocyte)의 세포분화를 촉진하여 피부 각질세포의 턴오버*를 촉진해 피부재생에 도움을 준다. 또한 PS가 자외선에 의한 피부노화 및 주름, 피부노화에 의한 콜라겐의 감소 방지, 개선을 물론 아토피 개선에도 효과를 가진다.

* 피부가 새로운 세포가 생성되었다가 떨어져 나가는 기간을 피부 turn over 주기라 부르는데, 보통 28일이다. 턴오버 주기가 느려지면 각질 때문에 유효성분이 피부에 잘 스며들지 않으므로 피부 트러블을 유발하게 된다.

노화가 진행되면 뇌의 PS양은 현저히 줄고, 생체막 지질 조성 및 점성이 변화되어 효소의 활성과 수송 메커니즘이 둔화되고, 학습 및 기억능력이 떨어진다. PS는 이러한 생체막의 인지질과 콜레스테롤의 비율을 정상화시켜 유동성 및 조성을 복원시키는 효능을 가진다. 또 PS는 수상돌기의 밀도를 증가시키는데 뇌 해마의 수상돌기축은 정보를 보존하고, 인식작용이 일어나는 곳으로 노화가 진행되면 신경세포가 사멸되고, 뇌세포들 간 접속이 감소되면서 수상돌기축의 쇠퇴로 이어져 해마에서 수상돌기축의 밀도가 감소하게 되는데, 이를 PS가 예방하여 수상돌기 밀도를 회복시켜 준다.

PS는 세포로부터 신경성장인자(nerve growth factor, NGF)를 생성하고 방출하게 되는데, 만약 나이가 들어 NGF 생성량이 감소되면 알츠하이머형 치매의 원인이 된다. PS는 NGF의 생성을 촉진하고, NGF의 이용효율을 높이며, 뇌에 활력을 주고, 노화나 스트레스에 의한 신경세포의 손상을 막는다. PS는 신경전달 물질의 작용을 촉진시켜 노화로 인한 기억력 상실을 막는다. PS는 신경전달 물질인 아세틸콜린의 합성 및 방출을 조절하면서 그 양을 적절하게 유지시켜 뇌 내의 뉴런군의 퇴행성 변화를 방지하여 학습, 기억 및 기타 인식기능을 좋게 해 준다.

또한 PS는 도파민의 방출을 회복시켜 글루타민산에 의한 신경전달 물질의 작용을 촉진시키며, 여기에 작용하는 효소인 protein kinase C, tyrosinehydroxylase, acetylcholinesterase, ATPase 등을 활성화시켜 뉴런의 작용, 세포내의 메시지 전달을 유지하는 데 도움을 준다. 이러한 이유로 PS는 브레인 푸드(Brain Food), Well-Thinking 등 두뇌 관련 건강식품들로 인기를 얻고 있는데, 기억력 및 집중력 저하 억제, 항우울증, 인지기능 개선, 알츠하이머증 초기의 치매증 개선, 정신불안의 해소, 아이들의 ADHD(attention deficit hyperactivity disorder, 주의력 결핍증) 개선 등 주로 뇌기능 개선 제품으로 활용되고 있다.

마) 스핑고지질의 생리활성

스핑고지질의 명명 배경에는 “스핑고지질의 머리는 사람이고, 몸체는 사자인 스핑크스(sphinx)와 닮았으며, 또 서로 다른 분자가 합쳐져서 불가사의한 구조를 갖고, 그 생물학적 기능도 미스테리하다”라는 의미에서 그 구조에 스핑고지질이라는 이름을 붙였다고 한다. 1874년 Thudichum이 뇌추출물에서 cerebroside, sphingomyelin을 발견한 때부터 스핑고지질 연구가 본격화되었다, 세포내 스핑고지질은 인지질 중 phosphocholine(PC)가 약 50%, sphingomyelin(SM)이 약 10~55, ceramide(CER)가 약 1~2%, sphingosine(SPH)이 0.15%이며, sphingosine-1-phosphate는 미량 존재한다.

하등동물에서 고등동물의 세포막에 널리 분포되어 있는 스핑고지질(sphingolipid)은 스핑고신을 가지고 있는 지질인데, 글리세롤 대신 스핑고신을 골격으로 한다. 스핑고지질은 신경조직에 고농도로 존재하며, 스핑고신과 같은 스핑고이드염기로부터 유도되는 지질군이다. 염기성분인 스핑고신(sphingosine/2-amino-4-trans-octadecene-1,3-diol)은 C18 불포화탄화수소사슬에 아미노기와 알코올기(-OH)가 연결되어 있는데, 지방산이 sphingosine의 아미노기와 아마이드결합을 하면 바로 스핑고지질의 기본구조가 만들어진다. 즉 스핑고지질의 -OR의 R 대신 H가 붙으면 세라마이드(ceramide)이고, 포스포콜린(phosphocholine)이 붙으면 스핑고미엘린(sphingomyelin), 포도당 1분자가 결합되면 글루코실세레브로사이드(glucosylcerebroside), 2, 3, 4당류가 붙어있는 것은 lactosylceramide, 복합올리고당이 붙어 있으면 갱글리오사이드(ganglioside)라 부른다. 스핑고지질의 구조와 관련 비교 구조는 그림 3-6과 같다.

스핑고지질은 세포 표층의 구성 성분으로, 특히 피부의 상층인 각질층의 주요 지질성분이다. 스핑고지질은 장쇄지방산과 스핑고이드의 아미노기의 산-아미드결합에 의해 결합된 불균일한 사슬을 갖는 세라미드 구조인데, 주요 기능으로는 proteinkinase C 억제, collagenase 억제, MMP(matrix metalloproteinase, 세포외기질 금속함유 단백분해효소) 억제, 종양 억제, allergen 억제, 노화억제는 물론 세포증식 및 분화에 관여한다. 또 세포막에 존재하는 스핑고지질은 세포증식 조절, 상호식별, 감염이나 세포의 악성화 등에 관여하고, 세포의 시그널 전달기구에 중요한 역할을 한다. 스핑고지질은 세포질 안의 리소좀(lysosome)에 있는 가수분해 효소에 의해 분해되는데, 만약 효소 결손이 일어나면 대사계 이상으로 스핑고지질이 생체 내에 축적되는 이른바 리피도시스라(lipidosis) 질환의 원인이 된다. 리피도시스는 유전자 이상으로 인한 지질 축적증으로 sphingolipide의 축적증을 가리킨다. 대부분은 유아기 때 발병하며, 뇌변성 질환의 증상을 나타낸다.

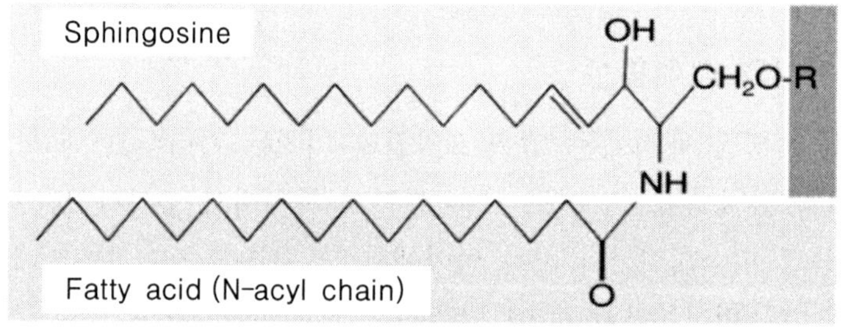

Substituent (R)	Sphingolipid
H	Ceramides
Phosphocholine	Sphingomyelins
Sugar (S)	Glycosphingolipids
- Single sugar(glucose or galactose)	- Cerebrosides
- Lactose(disaccharide)	- Lactosylceramides
- Oligosaccharide	- Gangliosides
- Sugar+sulfate	- Sulfatides

그림 3-6. 스핑고지질과 유사구조 비교

(출처 : Frontiers in Neuroscience 10, 488, 2016)

막지질인 세라마이드(스핑고지질의 기본구조)가 많아지면 세포사멸의 직접적인 원인이 되고, 인슐린의 기능을 저해하는 원인이 된다. 스핑고신에 인산이 붙어 있는 스핑고신 1-인산(S1P)은 세라마이드와 스핑고신과는 다르게 세포 보호작용을 가진 세포 생존인자이다. 특히 파골세포(osteoclast)의 분화에 관여하는 S1P는 뼈의 대사에 중요한 역할을 하는데, S1P를 잘 이용하면 골다공증과 관절염 치료를 위한 새로운 소재로 사용할 수 있다. S1P는 세포 수명(cell survival), 성장(prolification)과 이동(migration) 등을 조절하고, 암과 알츠하이머 등 예방과 치료에 관련하는 소재이다.

스핑고신키나제(스핑고신인산화효소, sphingosine kinase / SK / SphKs)는 스핑고신을 G단백질 신호전달 조절능력을 가지는 스핑고신-1-인산(sphingosine-1-phosphate / S1P)으로 변환시키는 효소인데, 그 종류에는 SphK1(SK1), SphK2(SK2) 2종류가 있다(그림 3-7). 두 인산화 효소들은 세포 생존, 증식, 분화 및 염증과 관련이 있는데, SphK1은 암세포의 성장을 지속시키는 능력을 가지고 있다. 만약 SphK1을 저해한다면 다양한 암세포의 성장을 억제할 수 있을 것이다. 한편, 알츠하이머병은 β 아밀로이드가 신경세포를 손상시켜 발생한 것으로 알려져 있는데, SphK1 효소가 많이 생성되면 염증반응이 개선되고, β 아밀로이드가 감소해 기억력이 향상된다.

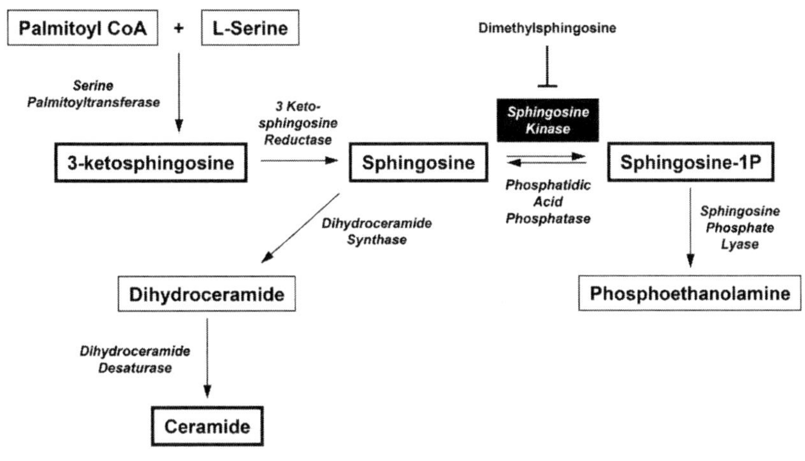

그림 3-7. 스핑고지질 대사경로

(출처 : ASM Journals, mBio Vol. 6, No. 5, 2015)

스핑고미엘린은 동물 세포막에서 발견되는 스핑고지질의 일종으로, 스핑고신과 지방산으로 이루어지는 세라미드 골격에 포스포콜린(phosphocholine)이 결합된 구조이다. 젖 중에 많이 존재해 있고, 우유 인지질의 약 30%를 차지하고 있으며, 뇌나 신경조직에 존재하고, 특히 신경세포 축색(축삭)돌기를 둘러싸고 있는 미엘린 외피(myelin sheath)에서 발견된다. 또 난황 등의 식품 중에도 약간 포함되어 있다. 스핑고미엘린은 머리부분에 phosphocholine, phosphoethanolamine 등을 함유하고 있어 글리세로인지질(glycerophospholipid)과 함께 인지질로 분류된다.

스핑고미엘린은 글리세롤에서 합성되지 않는 인지질 중의 하나로 구조적으로 신호전달 경로에 중요한 역할을 한다. 스핑고미엘린은 생체 내에서 정보전달계를 통하여 세포의 증식이나 분화에 영향을 미치고, 알츠하이머형 기억장애의 예방이나 치료에 유효하고, 학습능력을 향상시키며, 노화를 지연하는 기능을 가지고 있다. 따라서 SphK1 효소를 활용하면 알츠하이머병을 예방 / 치료할 수 있다(그림 3-8).

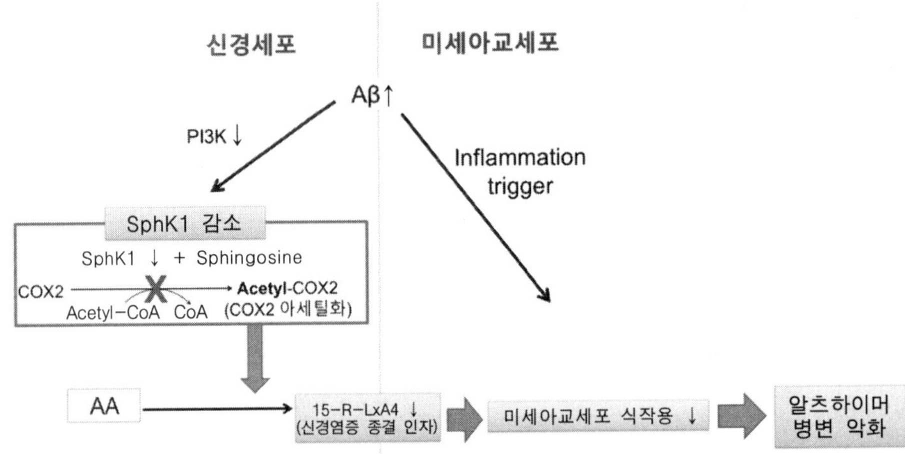

그림 3-8. 알츠하이머병에서 신경세포의 Sphk1 감소에 의한 염증종결 실패 모식도
(출처 : Nature Communications volume 9, Article number: 1479, 2018 / BRIC, 2018-04-19)

바) Cardiolipin의 생리활성

카디오리핀은 보통 세포막과 혈소판에서 발견되는 복합지질분자로 1940년대 초 소 심장에서 처음으로 분리되었다. 세포내의 중요한 지질 성분인 카디오리핀(cardiolipin, CL / diphosphatidylglycerol lipid / calcutta antigen)은 여러 종류의 음전하를 갖는 인지질 중 하나로 원핵생물과 진핵생물 모두에 존재하는 미토콘드리아 내부막의 중요한 구성 성분이다(내부 미토콘드리아 막에서 지질의 대략 25 %를 구성). 카디오리핀은 전자 수송복합체, 운반단백질 및 인산키나아제와 같은 다양한 종류의 미토콘드리아 단백질을 조절하는 데 중요한 역할을 하며, 호흡 및 에너지 전환에 관여하는 미토콘드리아 효소에 대한 적절한 구성을 유지하는 데도 중요하다. 지질 매개체 형성의 전구체이며, 많은 인간 질병은 카디오리핀 화합물의 농도 결함 또는 감소로 인해 발생한다.

카디오리핀은 경우에 따라서 활성산소 종의 생성을 유발하기도 하는데, 카디오리핀의 산화스트레스 유발 과산화는 카디오리핀이 고도불포화지방산, 특히 리놀레산이 풍부하기 때문에 생긴다. 특이한 것은 카디오리핀 하이드로퍼옥사이드(CLOOH)의 축적은 세포자살의 시작을 의미하는데, 낮은 수준의 카디오리핀은 CLOOH의 축적을 유발하고, 세포사멸에 대한 민감성을 높여 준다. 또 카디오리핀은 미토콘드리아 스트레스 시 외부 미토콘드리아 막에 노출되어 세포 신호전달 경로에도 영향을 미친다.

카디오리핀은 혈액응고에 관여하는데, 나이가 들면 그 양이 감소한다. 카디오리핀을 언급할 때 부가적으로 카디오리핀 항체를 거론하게 되는데, 카디오리핀 항체는 부적절한 혈전형성과 반복적인 유산의 원인을 찾는데 필요한 항목으로 3개의 아형(IgG,

IgM, IgA)이 있다. 즉 카디오리핀 항체(cardiolipin antibodies, 항카디오리핀 항체)는 혈소판 감소증, 반복유산, 조산 등과 관련된 항체이다. 카디오리핀에 대항한 카디오리핀 항체는 항인지질체(antiphospholipid)라고도 부르는데, 이 항체가 만들어지면 환자에게 부적절한 혈전이 동맥 / 정맥에서 반복적으로 나타나 혈전증 유발, 자가면역 질환, 혈소판 감소, 신체장기 또는 세포이식에 따르는 거부반응, 재발되는 자연유산과 불임 등을 비롯하여 만성피로를 유발한다. 카디오리핀 항체 증후군은 루푸스와 같은 자가면역 질환의 하나이다. 만약 카디오리핀의 생산 결함 또는 노화 중 농도, 구조의 변화로 인해 많은 의학적 문제가 발생하는데, 파킨슨병 및 알츠하이머병도 카디오리핀의 결합과 관련이 있다.

▣ 스테롤 / 식물성 스테롤 / 동물성 스테롤의 생리활성

스테롤(sterol)은 스테로이드 알코올로 식물과 동물, 곰팡이류(균류)에서 발견되는데, 동물에서 가장 흔한 스테롤은 콜레스테롤이다. 스테롤은 진핵세포막에 존재하고, 세균의 세포막에는 존재하지 않는다. 스테롤은 기본적으로 4개의 고리를 가진 이소프렌구조(isoprenoid-based) 탄화수소인데, 식물성 스테롤의 일반적인 기능은 혈액의 콜레스테롤을 감소, 장의 점막을 통한 콜레스테롤의 흡수 억제, 관상동맥 심장질환의 위험도 저하 등이다.

불검화물(유지 성분 중 비누화되지 않고 남는 미량의 성분을 불검화물이라고 하며 레시틴, 토코페롤, 스테롤류, 비타민, 색소 등이 이에 속함)에 속하는 것을 스테롤류라고 부르는데, 동물성 유지에 들어 있는 스테롤과 식물성 유지에 들어 있는 스테롤은 완전히 다르다. 스테롤의 종류에는 캄페스테롤(campesterol), β-시토스테롤(sitosterol), 스티그마스테롤(stigmasterol) 등이 있으며, 동물성 스테롤은 콜레스테롤(cholesterol)이, 균류의 세포막에는 에르고스테롤(ergosterol)이 들어 있다. 그리고 식물성 유지에는 캄페스테롤(campesterol), 스티그마스테롤(stigmasterol), β-시토스테롤(sitosterol), 푸코스테롤(fucosterol) 등 식물성 스테롤(phytosterol)이 들어 있다.

캄페스테롤(campesterol)은 식물성 스테롤의 일종으로, 콜레스테롤과 그 구조가 비슷하며, 소장에서의 콜레스테롤 흡수를 방해하는 콜레스테롤의 경쟁적 저해제 역할을 하는 스테롤이다. 캄페스테롤은 아나볼릭스테로이드(anabolic steroid)의 일종인 볼데논(boldenone)의 전구체인데, 스포츠 선수들의 금지된 스테로이드성 약물인 단백동화스테로이드 boldenone undecylenate는 가축의 성장을 촉진하는 성분이다. 아나볼릭스테로이드(단백동화 스테로이드)는 남성스테로이드(테스토스테론)의 한 형태로 세포 내 단백합성을 촉진해 근육의 성장과 발달을 가져오지만 탈모, 불임, 성기능 장애 등 부작용을 초래한다.

스티그마스테롤(stigmasterol)은 황체호르몬의 일종인 프로게스테론(progesterone)의 합성에 관련하는 식물성 호르몬이다. 또 스티그마스테롤은 안드로겐(androgen), 에스트로겐(estrogen), 코르티코이드(corticoids) 호르몬과 비타민 D_3의 전구체로도 많이 사용되는데, 특정 암을 예방하는 것으로 알려져 있다. 스티그마스테롤은 콜레스테롤의 흡수를 막아주는 기능도 가지고 있다. β 시토스테롤(sitosterol)은 식물성 스테롤의 일종으로, 콜레스테롤의 구조와 비슷하고 전립선 비대증을 예방해 주며, 혈중 콜레스테롤의 수치를 낮추는 데 기여한다. 캄페스테롤과 마찬가지로 아나볼릭스테로이드 볼데논의 전구체로 알려져 있다.

푸코스테롤(fucosterol)은 분자구조 내에 fucose기를 함유하고 있는 sterol로 톳, 모자반, 미역, 다시마 등의 갈조류와 김, 우뭇가사리 등의 홍조류, 파래 등의 녹조류에 들어 있다. 푸코스테롤은 저농도에서도 콜레스테롤의 생합성 억제 활성이 우수하고 혈류 개선, 항당뇨, 항암효과 등 다양한 생리활성을 가지며, 피부주름 개선, 피부노화를 방지하는 소재이다. 또 푸코스테롤은 sGOT 및 sGPT 활성을 감소시키는 한편, SOD(superoxide dismutase), 카탈라제(catalase) 등과 같은 항산화 효소의 활성을 증가시켜 간세포 보호 또는 간 질환의 예방 및 개선 효과를 나타낸다.

스테롤 중 가장 중요한 스테롤은 바로 동물성 콜레스테롤(cholesterol)이다. 물론 식물도 극소량의 콜레스테롤을 생산하여 식물세포의 세포막에서 미량 발견되고 있는데 이것을 식물스테롤, 즉 파이토스테롤(phytosterols)이라 부른다. 파이토스테롤은 소화관에서 재흡수되는 콜레스테롤과 경쟁하기 때문에 콜레스테롤 재흡수를 낮춰 준다. 콜레스테롤은 간, 척수, 뇌와 같이 세포막이 많은 기관에서 높은 농도로 발견되는 혈전의 주요 구성 성분이며, 혈액을 통해 운반되는 스테로이드 알코올인 스테롤의 하나이다. 1784년에 최초로 담석에서 발견되었으며, 콜레스테롤이라는 이름은 각각 담즙과 고체를 의미하는 그리스어 *chole-*와 *stereos*, 그리고 알코올을 의미하는 *-ol*이 합쳐져 만들어졌다. 미국의 Konrad E. Bloch와 독일의 Feodor F. K. Lynen은 콜레스테롤과 지방산대사에 대한 연구로 1964년 노벨 생리학·의학상을 수상하였다.

콜레스테롤은 -OH기가 많기 때문에 양친매성이고, 인산구조가 없기 때문에 인지질에 속하지는 않는다. 콜레스테롤과 일부 스테롤은 매우 소수성이기 때문에 그들만으로 세포막을 이루는 것은 불가능하다. 그 대신 인지질 막 사이에 들어가 인지질이 뭉치는 것을 막아 주어 유동성(fluidity)을 유지하면서 적당한 물리적 강도(rigidity)를 부여하게 된다. 막지질의 약 30~40%를 구성하는 콜레스테롤은 동물 세포막의 구조와 기능에 필수적인 역할을 하는데, 막 유동성에 영향을 미친다. 이러한 구조적 영향으로 세포막의 유동성이 조절된다.

섭취된 콜레스테롤은 대부분 ester화 되어 있는데, 콜레스테롤을 많이 섭취하면 체내의 콜레스테롤 합성은 줄어들게 된다. 간은 에스테르화되지 않은 콜레스테롤을 담즙을 통하여 소화관(intestinal tract)으로 배출시킨다. 분비된 콜레스테롤의 절반 정도는 소장에서 재흡수되어 혈류로 돌아온다. 콜레스테롤은 지단백을 통해 운반된다. 지단백은 공 모양의 입자로, 양친매성 단백질과 지질에 둘러싸여 있다. 양친매성 분자는 수용성 부분이 바깥쪽을, 지용성 부분이 안쪽을 향하게 정렬되어 있다. 중성지질과 콜레스테롤 ester는 양친매성 분자로 둘러싸인 내부에서 운반되고, 양극성인 인지질과 콜레스테롤은 지단백 입자의 단일층 표면에 박힌 형태로 운반된다.

콜레스테롤을 언급할 때 많이 사용되는 용어가 나쁜 콜레스테롤(LDL, low-density lipoprotein)과 좋은 콜레스테롤(HDL, high-density lipoprotein)이다. 지단백이 형성될 때 단백질 비율이 낮으면 LDL이 되고, 높으면 HDL이다. 지방섭취는 혈중 콜레스테롤 농도에도 영향을 미친다. 불포화지방 섭취는 혈청 LDL과 총콜레스테롤 농도는 낮추어 주고, HDL 농도를 높여 준다. 포화지방을 섭취한 경우에는 HDL, LDL, 총콜레스테롤 농도가 모두 높아지는데, 트랜스지방은 LDL 농도를 높이는 반면 HDL 농도는 낮아진다.

콜레스테롤은 간에서 글라이신(glycine), 타우린(taurine), 글루쿠론산(glucuronic acid), 황산염과 연결되어 담즙산(bile acid)으로 산화된다. 담즙산은 콜레스테롤과 함께 간에서 배출되어 담낭으로 이동한다. 약 95%의 담즙산은 장에서 재흡수되고, 나머지는 대변으로 손실된다. 담즙산의 배출과 재흡수는 기초적인 장간순환(entero-hepatic circulation)으로 지방의 소화와 흡수를 위해 필수적이다.

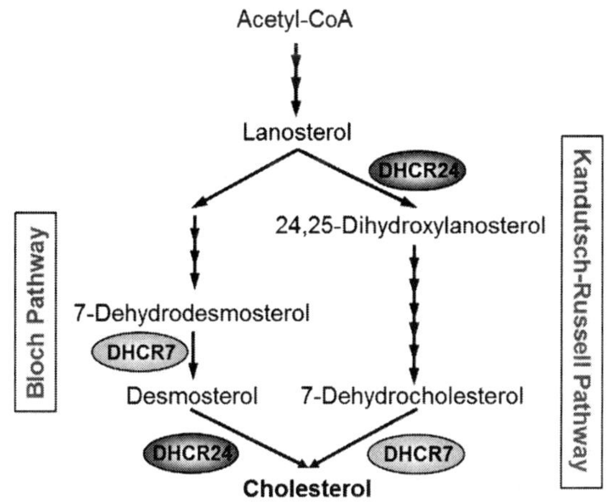

그림 3-9. 콜레스테롤 합성 경로
(출처 : J. of Lipid Research, 56(4) : 888, 2015)

담낭에서 농축된 경우에 콜레스테롤은 결정화하여 담석의 주요 성분이 된다. 매일 최대 1g의 콜레스테롤 에스터가 대장에 유입된다. 이 콜레스테롤은 식이로 공급된 것이거나 담즙 혹은 장 상피세포에서 유래되었을 수도 있고, 대장의 세균이 대사한 것일 수도 있다. 콜레스테롤은 대개 코프로스타놀로 전환되며, 흡수되지 않는 스테롤로 대변을 통해 배출된다. 동물의 생존에 필수적인 콜레스테롤은 음식을 통해서 흡수되지만 간, 장, 부신, 생식기관에서 간단한 분자로부터 복잡한 과정을 거쳐 콜레스테롤 중 약 20~25% 정도를 합성한다. 합성은 37단계에 이르는 복잡한 과정을 통해 이루어지는데 aetyl-CoA와 acetoaetyl-CoA 분자의 축합으로 시작한다. 개략적인 합성경로는 그림 3-9와 같다.

콜레스테롤은 비타민 D, 부신피질호르몬(adrenal cortical hormone)인 코르티솔(cortisol)과 알도스테론(aldosterone)을 포함하는 스테로이드호르몬, 성호르몬인 프로게스테론, 에스트로겐, 테스토스테론 및 그 유래물을 합성하는 주요 전구체 분자이다. 간에서 콜레스테롤은 담즙(bile)으로 전환되어 담낭(gallbladder)에 저장되는데, 담즙에는 담염(bile salt)이 들어 있어 소화관에서 지방의 용해성을 높이고, 지방뿐만 아니라 지용성 비타민 A, D, E, K의 흡수를 돕는다. 또 콜레스테롤은 2차 신호전달자로서 기능을 하는데 세포내 수송, 세포 간 신호전달, 신경전도에 관여하고, 배[胚, 배아(胚芽) / embryo]의 분화에서도 신호전달 분자로서 중요한 역할을 수행한다. 콜레스테롤을 세포내 이입에서 하는 역할은 methyl β-cyclodextrin(M β-CD)이 담당한다.

(2) 황지질의 생리활성

황지질(sulfolipids / sulfatides)은 갈락토오스의 C3에 황산기가 붙은 산성 지질을 통틀어 이르는 말인데, 일반적으로 황지질이라 함은 sulfoquinovose와 diacylglycerol이 glycoside 결합한 sulfoquinovosyl diacylglycerol(SQDG)을 말한다(그림 3-10).

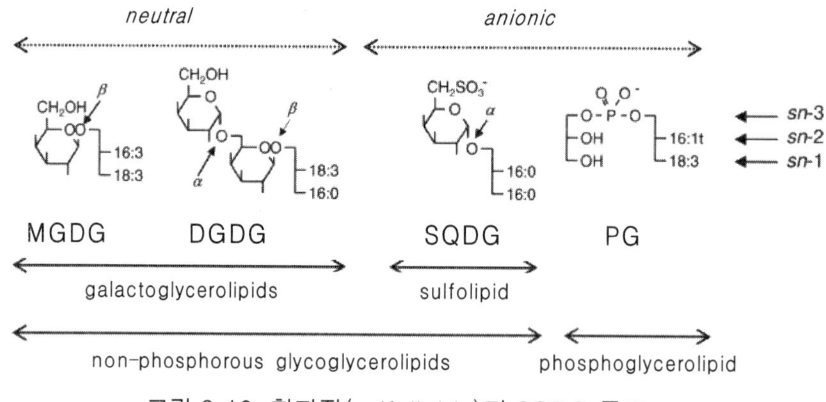

그림 3-10. 황지질(sulfolipids)과 SQDG 구조

SQDG는 많은 광합성 식물, 조류, *Cyanobacteria* [남세균(藍細菌) / 남조세균(藍藻細菌) ; 광합성을 통해 산소를 만드는 세균], 보라색 유황 박테리아에서 발견되며, 인체에서는 뇌 및 신경조직에도 발견된다. 보통 인이 결핍되면 세포막을 구성하고 있는 인지질이 감소하는데, 이 경우 이를 보충하기 위해서 SQDG를 증가하여 세포막의 기능을 유지하게 된다. SQDG는 항암작용, 항에이즈, 항염증성 등의 기능을 가지고 있으며, 바이러스 감염 예방에도 효과가 있는 것으로 알려져 있다.

(3) 스핑고당 지질의 생리활성

스핑고당 지질(당스핑고 지질, glycosphingolipid)는 탄수화물이 부착된 스핑고 지질인데, 소수성인 세라마이드 부분과 글리코사이드결합 탄수화물 부분으로 구성되어 있다. 아미노알코올인 스핑고신을 함유하고 있는 당지질의 일종인 셈이다. 스핑고당 지질에서의 탄수화물 부분은 세포막의 외부에서 세포 부착이나 세포-세포 상호작용과 같은 생물학적 과정에서 중요한 역할을 한다. 스핑고당 지질은 또한 종양 발생 및 개체 발생에서 중요한 역할을 하는데, 스핑고당 지질에는 cerebroside, globoside, ganglioside 등이 있다.

▣ Cerebroside의 생리활성

Cerebroside는 가장 간단한 스핑고당 지질인데, ceramide에 당이 결합한 glucosyl-ceramide(monoglycosylceramides)를 말하며, glucose와 galactose를 포함한다. 갈락토스와 결합한 것을 galactocerebroside(galactosylceramide)라 부르는데, 신경조직에서 발견되고, 식물에서는 발견되지 않는다(그림 3-11).

포도당이 결합한 glucocerebroside(glucosylceramide)는 신경조직을 제외한 다른 조직(비장, 적혈구)에서 발견된다. Cerebroside는 뇌와 신경, 비장, 간, 부신, 신장 및

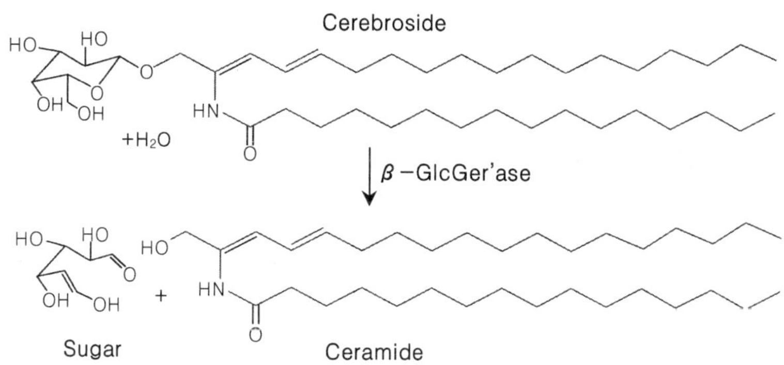

그림 3-11. Cerebroside 구조

폐에 존재하며, 신경자극의 전기절연체 역할을 한다. Cerebroside는 피부의 지질막 내에서 지질막의 주요 성분인 ceramide로 바뀌어 보습기능을 좋게 하며, 피부손상을 빠르게 회복시켜 주는 것으로 알려진 차세대 화장품 원료로 사용되고 있다. Ceramide와 그 기능은 Cerebroside와 거의 동일하다. 고셔병(Gaucher Disease)은 glucocerebrosidase라는 효소 결핍으로 glucocerebroside라는 지질이 대식세포에 축적되면서 각종 증상(간 비대, 근육량 감소, 혈소판 감소 및 그로 인한 출혈, 골통, 관절통 등 골격계 증상) 등을 유발하는 질환이다.

■ Globoside의 생리활성

Globoside는 ceramide 측쇄에 하나 이상의 당을 가진 글리코스핑고지질(당지질)을 말한다. 탄수화물 잔기는 보통 N-acetylgalactosamine, D-glucose, D-galactose의 조합으로 되어 있다(그림 3-12). 신경 말단과 세포 표면의 특정 호르몬 수용체 부위에 특히 풍부하여 분자 인식에 중요한 역할을 하며, 세포 증식과 운동성을 증가시키는 것으로 알려져 있다. 일부 연구에서는 globoside가 암 조직뿐만 아니라 배아 발생 중에도 높게 발현된다고 한다.

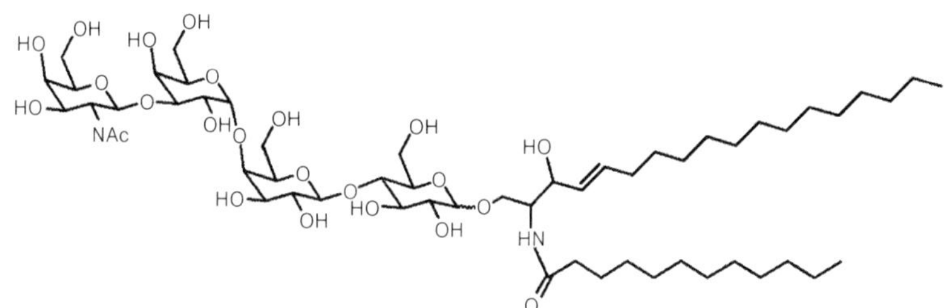

그림 3-12. Globoside 구조

■ Ganglioside의 생리활성

Ganglioside는 친수성 당부분과 소수성 지질부분으로 구성된 글리코지질로 보통 스핑고당 지질이라 부른다. 세라마이드-포도당-갈락토오스-NANA구조를 기본 구조로 하고 있는데, 세라마이드(ceramide)는 sphingosine base에 장쇄지방산(long chain fatty acid)이 펩타이드 결합한 것이므로 ganglioside를 가수분해하면 sphingosine base, 지방산, 포도당 1분자, 1～2개의 galactose 분자, N-acetylgalactosamine(siailic acid / NANA) 등이 생긴다(그림 3-13).

수용성 지질인 ganglioside는 세포막의 유동성, 투과성과 단백질의 인산화 등을 조절하면서 생체 내 신호전달에 관여하는 물질로 알려져 있다. 또한 ganglioside는 인체

내에서 사이토카인으로 불리우는 각종 인체 면역물질의 활성화에도 기여하는데, 중추 신경계 내에 ganglioside 함량이 증가하면 뇌세포 및 신경세포의 발달 및 분화에 기여하여 뇌의 건강 유지에 도움을 주어 학습, 기억력을 증진시키고 두뇌를 활성화시킨다. 또 ganglioside는 조혈모세포의 증식과 분화를 촉진시켜 혈액순환을 원활하게 할 뿐만 아니라 골격조직 내의 NF-κB*라는 염증인자를 억제시켜 관절염의 예방 및 치료에 큰 역할을 한다.

* NF-κB(nuclear factor kappa-light-chain-enhancer of activated B cells)는 DNA의 전사과정, 사이토카인의 생성과 세포의 생존에 관여하는 단백질 복합체이다.

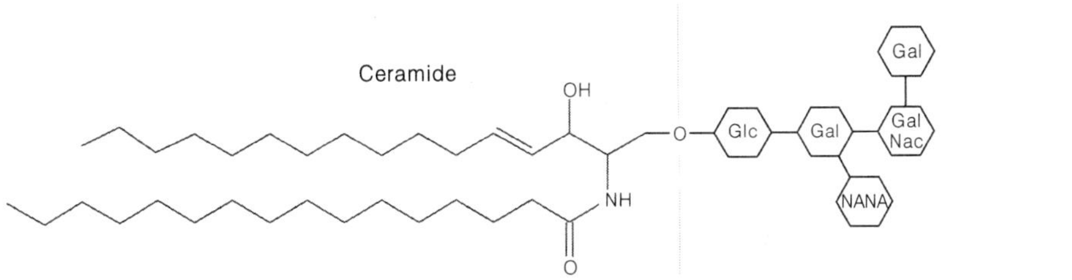

Glc=D-glucose
Gal=D-galactose
NANA=N-acetylneuraminic acid
GalNac=N-acetyl-D-galactoseamine

그림 3-13. Ganglioside 구조
(출처 : Current Alzheimer Research 15(13), 2018)

이미 설명한 바와 같이 ganglioside는 극성의 머리부분에 산성당인 시알산(siailic acid / N-acetylgalactosamine / NANA)을 가지고 있는데, 이 산은 뉴라민산(neuraminic acid)의 아실 유도체의 총칭으로 바이러스 리셉터 작용, 독소의 중화, 암의 전이 등 중요한 생리기능을 가지고 있는 물질이다. 시알산은 다양한 신호전달 과정에서 중요하며, 중성 스핑고당지질의 탄수화물 부분은 사람의 ABO식 혈액형 항원을 결정하는 데 중요하다.

(4) 지단백의 생리활성

혈중 콜레스테롤과 중성지방의 운반이 주 역할인 혈액 지(질)단백(lipoprotein, LP)은 밀도와 구성 성분 및 전기영동 양상에 따라 chylomicron(킬로마이크론, 암죽미립 / CM), 초저밀도 지단백(very low density lipoprotein, VLDL), 저밀도 지단백(low density lipoprotein, LDL), 중간밀도 지단백(intermediate density lipoprotein, IDL), 고밀도 지단백(high density lipoprotein, HDL) 등으로 구분하는데, 단백질 / 지질 비율이 낮으면 지단백의 밀도는 낮아진다. 즉, 지단백은 지질에 대한 단백질의 비율을 기준으로 여러 등급으로 세분화한다.

지질단백질 입자는 이러한 분자구조를 가지고 있어서 콜레스테롤 수송의 시작점과 끝점을 결정한다. 보통 VLDL과 LDL의 증가는 동맥경화를 촉진하지만, HDL은 동맥경화를 예방하는 것으로 알려져 있다. 구형 입자인 지단백은 표면은 인지질과 유리 콜레스테롤 및 아포(apo) 지단백으로, 내부는 중성지방과 에스테르화 콜레스테롤로 구성되어 있다. 지단백에는 지질단백 표면을 구성하고 있는 아포지단백도 포함시키는데 아포-지단백은 크게 세 가지가 있다. HDL의 아포지단백을 apo A, LDL의 것을 apo B, 그리고 VLDL의 것은 apo C라 부른다. 아포지단백은 지질 단백질의 구조를 안정화시키는 역할과 함께 지질을 용해시키고, 세포막의 특정한 수용체에 결합하여 지질을 특정한 조직으로 이동시키는 역할을 한다.

Chylomicron은 콜레스테롤 수송 분자 중에서 가장 밀도가 낮은 것으로, 껍질에 아포지단백 B-48, C, E 등이 있는데, 장으로부터 근육 혹은 에너지나 지방생산이 필요한 다른 조직으로 지방을 운반하여 지방산이 연료로 소비되거나 저장되도록 해 준다. 쓰이지 않은 콜레스테롤은 콜레스테롤이 풍부한 chylomicron 잔여물에 남아 간으로 이동한다. 초저밀도 지단백(VLDL)은 정식 명칭이 초저밀도 지단백 콜레스테롤(very low density lipoprotein cholesterol)인데, 보통 초저밀도 지단백(VLDL)이라 부른다(VLDL의 껍질에는 아포지단백 B100과 E가 있음).

VLDL은 chylomicron과 같이 가장 많은 양의 중성지방(triglyceride, TG)을 갖고 있는데, 심질환으로 진행될 위험 정도를 평가하기 위해 검사하는 항목이다. VLDL 입자는 간에서 혈중으로 분비되어 혈류를 타고 순환하며, 최종적으로 중성지방을 잃고 나서 LDL로 전환되며, 중성지방을 체내 다른 곳으로 운반한다. 저밀도 지단백(LDL)은 주요 혈중 콜레스테롤 운반체인데, 각 LDL 분자에는 1,500여 개의 콜레스테롤 에스터(cholesteryl ester)가 들어 있다.

LDL 분자의 껍질에는 단 1개의 아포지단백 B100이 있어 말초조직에서 LDL 수용체와 결합, 원형질막의 특정 구역인 클라트린 피막 홈(clathrin-coated pit)으로 모여들게 된다. 리간드가 수용체에 결합하면 피막 홈에서 수용체가 집합하여 리간드를 세포내로 이입시킨다. 이것이 바로 클라트린 매개 세포내 이입(endocytosis)이다*. 이 경로는 세포가 에너지를 이용하여 단백질 같은 분자를 세포 내로 옮기는 과정인데, 그것은 세포에 필요한 물질은 극성분자인 경우가 많아 소수성 세포막을 통과할 수 없기 때문에 특수한 운송과정이 필요하다. LDL과 그 수용체는 세포내 이입을 통해 세포 내에서 소포(vesicle)**를 형성한다.

* 세포내 이입 경로는 클라트린 매개 세포내 이입, 카베올리(caveolae) 세포내 이입, 거대음작용(macropinocytosis), 포식작용 등이 있으며, 주로 클라트린에 의존하여 이동하는 경우가 많다. 클라트린은 원형질막 안쪽 표면에 피막 홈을 형성하고, 이 홈은 세포질로

함입되어 피막으로 둘러싸인 소포를 형성한다. 이 과정에서 세포 외액이 세포 내로 들어온다.

** 소포는 대개 세포질 단백질인 클라트린으로 이루어진 피막으로 둘러싸여 있다. 소포는 거의 모든 세포에 있고, 리소좀(lysosome)과 합쳐지고, 소포 내의 콜레스테롤 에스터는 리소좀에 있는 lipase에 의해 가수분해된다. 소포는 물질을 특이적으로 농축하고, 특정 단백질은 제외하는 곳이다. 세포의 피막 소포에 흔히 있는 수용체로는 LDL을 혈류에서 제거하는 저밀도 지질단백질 수용체, 트랜스페린에 결합한 철 이온(ferric ion)을 세포 내로 가져오는 트랜스페린 수용체, 표피성장인자 등 특정 분자의 수용체가 있다.

LDL 수용체는 콜레스테롤 흡수과정에서 모두 쓰이고, 수용체의 합성은 SREBP (sterol regulatory-element binding proteins, 스테롤 조절요소-결합단백질)에 의해 조절된다. SREBP는 또한 세포 내에 콜레스테롤이 존재하는지에 따라 콜레스테롤의 신생합성(*de novo*)을 조절하는 단백질이기도 하다. 세포 내에 콜레스테롤이 많으면 LDL 수용체의 합성은 중단되어 LDL 분자로부터 새로운 콜레스테롤이 유입되지 않도록 한다. 반대로 세포에 콜레스테롤이 부족하면 LDL 수용체 합성이 진행된다. 이 과정이 정확히 조절되지 않으면 수용체에 결합하지 못한 LDL 분자가 혈류에 나타난다. 이들은 산화하여 대식세포에 포식되고, 끝내는 거품세포를 형성한다. 거품 세포는 종종 혈관벽에 잡혀 죽상동맥경화반(atherosclerotic plaque)을 만드는 원인이 된다.

IDL(intermediate density lipoprotein)은 세포에서 에너지원, 호르몬 생성을 위하여 VLDL과 CM의 분해과정에서 만들어지는데, VLDL보다 중성지방은 적게, 콜레스테롤은 더 많이 가지고 있다. 이 IDL은 간으로 흡수되어 지방과 콜레스테롤을 충전하여 VLDL로 활동하거나 지질단백질분해효소인 lipase의 도움을 받아 세포로 중성지방을 공급한 뒤 아포 B-100단백질과 결합하여 LDL로 변경된다.

좋은 콜레스테롤로 알려진 고밀도 지질백(HDL)은 혈관벽에 침착되어 쌓이게 되는 플라그(plaque)의 생성을 저하시키고, 혈액을 순환하면서 말초혈관에 쌓인 콜레스테롤을 걷어 간으로 이동시켜 주는 역할을 하여 심혈관계 질환을 예방해 주는 소재이다. 즉 역방향 콜레스테롤 수송(RCT)을 통해 콜레스테롤을 다시 간으로 운반한다. 이와 같이 고밀도 지단백(HDL)은 콜레스테롤이나 중성지방 등과 같은 불용성 지방을 혈액으로 운반할 수 있도록 가용성 단백질과 결합하여 비누와 같은 양친매성 성질을 갖는 복합체 형태이다.

보통 혈액 콜레스테롤의 약 30%는 HDL에 의하여 운반되는데, HDL 입자는 동맥죽종에서 콜레스테롤을 탈취하여 이를 간으로 운반하고, 간에서는 밖으로 배설되거나 재활용된다. HDL은 생리학적으로 산화, 염증, 내피세포 활성화, 응고, 혈소판 응집 등을 억제하여 죽상동맥경화에 대한 보호작용을 한다. HDL의 콜레스테롤 가용 능력은 매우 중요한데, 면역에 관여하는 B세포와 T세포를 활성화시키고, 대식세포와 림프구의 기능을 조정해 준다. 또 류마티스 관절염, Crohn병 같은 염증성 장질환, 궤양성 대장염 등과 같은 면역매개 염증질환들이 HDL과 관련이 있다고 한다.

3) 유도지질의 생리활성

유도지질이란 단순지질과 복합지질이 가수분해될 때 얻어지는 화합물 중 지방질의 성질을 가진 물질로 그 종류에는 지방산, 고급알코올, 탄화수소, 스테롤, 모노글리세리드 및 디글리세라이드, 스테로이드, 테르펜, 카로티노이드, 지용성색소, 지용성 비타민 등 다양하다. 본 장에서는 중요한 유도지질의 특성과 생리활성에 대해 소개하고자 한다.

(1) 모노, 디글리세라이드의 생리활성

모노글리세리드(monoglyceride)는 글리세롤과 1개의 지방산이 에스테르결합된 글리세리드이다. 이것은 생리활성 소재로 사용하기보다 식품산업에 친유성 계면활성제, 유화제로 많이 사용되고 있다. 그 물성과 기능을 살펴보면 수분의 분리현상(weeping)을 방지하고, 조리 시 물 튀김(spattering)을 방지하는 기능을 가지고 있으며, 특히 유제품에서 유지방구의 응집을 촉진하며, 오버런(overrun)을 조절하여 입 안에 부드러운 촉감을 주고, 보형성을 유지시켜 식감을 높여 준다. 기포제, 두부제조 시 소포제로 사용되기도 하며, 전분 중 아밀로오스와 아밀로펙틴의 복합체를 형성하여 호화 및 노화를 방지하고, 빵 반죽의 부피 증대, 전분의 노화방지, 부드러운 조직 형성을 도우며, 껌에 사용하면 껌이 치아에 붙지 않도록 해 주는 소재이다.

보통 섭취한 지질은 소장 내에서 지방산, 글리세롤 및 모노글리세리드 등으로 가수분해하는데, 탄소수 10개 이하의 지방산을 가진 모노글리세리드는 가용성이므로 소장점막을 통해 직접 문맥으로 수동적으로 흡수되지만, 탄소수가 14개 이상인 것은 반드시 담즙산염과 함께 미셀(micelle)을 형성, 이 미셀형태로 점막세포 내로 이동하여 장점막세포 내에서 다시 지방으로 재합성된다. 재합성된 지방은 가용성 형태로 직경 1u 이하의 작은 지방질 알맹이인 킬로마이크론(유미미립)을 형성, 융모 중앙의 중심 유미관을 통해 림프관으로 들어가 순환 혈액 내로 들어가게 된다. 따로 모노글리세라이드를 생리활성물질로 사용하는 경우는 없어 보인다.

디글리세라이드(diglyceride)는 지방산과 글리세린의 에스테르교환 반응에 의하여 제1, 제2 또는 제1, 제3위치의 글리세린에 지방산이 결합된 유지 조성물로 중성지방과 특별히 구분하여 취급되고 있다. 다이글리세리드는 일반 중성유지와 같이 소화, 흡수되는 과정은 같으나 구조적으로 안정하여 리파아제 작용을 받지 않으므로 최종적으로 중성지방으로 거의 재합성되지 않는다. 따라서 섭취하더라도 혈중 중성지방의 함량을 상승시키지 않으며, 체지방 축적과 무관한 성분이다. 따라서 비만 개선, 체지방 축적방지, 다이어트를 위한 용도로 다양하게 사용되고 있으며, 질병 예방 및 영양분 공급 등을 목적으로 사용되기도 한다. 중쇄지방산(medium chain fatty acid)을 이용한 디글리세라이드는 체내 지방축적 방지를 목적으로 주로 식용유 제품에 응용되고 있다.

(2) 중쇄지방산과 중쇄중성지방의 생리활성

중쇄중성지방(medium chain triglycerides, MCT)은 대다수 동물의 유지방(milk fat)과 코코넛, 야자수 등과 같은 식물에 중성지방의 형태로 다량 존재하고 있다. MCT는 야자유, 팜유를 가수분해한 후 카프릴산(caprylic acid)과 카프르산(capric acid) 등을 분획하고, 이것을 다시 글리세롤과 에스테르화하여 제조된 대표적인 대체지방이다. 탄소수 6～12개 중쇄지방산(medium chain fatty acid, MCFA)이 1개, 2개 또는 3개 에스테르화된 지질화합물을 말한다.

저점성, 무취(odorless), 무미(tasteless)의 투명한 물질이다. 보통 음식을 통해 섭취하는 지방은 주로 탄소수 14～20개의 장쇄중성지방(long chain triglycerides, LCT)인데, 이것은 지방 특유의 소화과정인 유화과정과 킬로미크론(chylomicron) 형성과정을 거쳐 림프관으로 흡수되지만, 탄소수가 8～12개인 중쇄중성지방은 지방소화의 특징인 킬로미크론의 형성 없이 간문맥을 통해 간으로 흡수되고, 담즙이나 리파아제 없이도 소화가 가능한 지방이다.

이와 같이 MCT는 신속하고 직접적인 에너지 공급원으로 사용할 수 있는데, 그것은 장쇄지방보다 훨씬 소수성이 약하고, 리포프로테인(lipoprotein)이라 불리는 수송체(transporter)에 내포되지 않고 간문맥(portal vein)을 통해 직접 간에 도달하기 때문이다. MCT는 간에서 보통의 지방보다 산화되기 쉽고, 또 체내에서 잘 연소되기 때문에 체지방으로 축적되지 않고, 탄수화물처럼 에너지 생산에 사용된다. 또한 침과 위액 속 효소들만으로도 거의 분해되기 때문에 장쇄지방 분해 등에 췌장 내 효소들은 필요가 없는 셈이다. 분해 흡수가 빨라 다른 비타민, 아미노산 등의 영양분 흡수를 도와 신진대사를 높여주는 효과를 가지고 있다. 또 중쇄지방산은 장쇄지방산에 비해 식이성 발열효과가 높을 뿐만 아니라 식욕 감소, 포만감 상승과 더불어 식사 후 만복감을 더 오래 지속시킬 수 있고, 식사 후 식욕이 생기는 시간도 더 오래 걸리는 등의 이유로 MCT를 다이어트 소재로 이용하고 있다.

한편, 지방산화시 carnitine acyl transferase 효소가 필수적인 장쇄지방산과 달리 중쇄지방산은 이 효소의 도움 없이 간세포의 미토콘드리아 내로 들어갈 수 있으므로 빠르게 β 산화가 진행되면서 에너지 소비와 지방산화가 증가되어 지방조직에 지방

축적이 잘 되지 않는다. 또한 산화로 생성된 acetyl-CoA는 TCA회로를 통해 탄소와 물로 산화되거나 장쇄지방산과 콜레스테롤의 합성에 이용될 수 있으며, 두 분자의 acetyl-CoA는 케톤 형태로 결합할 수 있고, 이는 뇌에서 에너지원으로 사용된다.

MCT는 일부에서 재구성한 지질이라고도 부르는데, 그것은 간경변에 이용하기 어려운 장쇄지방산을 중쇄지방산으로 전환하거나 미생물에서 유래한 고도불포화지방산인 아라키돈산, 어유의 EPA, DHA 등을 random 에스테르화하여 소화하기 쉬운 중성지방 형태로 재구성하기 때문에 붙여진 이름이다.

MCT는 면역기능 향상(체내의 아라키돈산의 과다는 항체나 림포카인의 합성을 저해하는 반면, EPA나 알파 리놀렌산은 이와는 반대로 작용함), 건성 또는 예민성(delicate) 각화성 피부질환 치료, 저칼로리 대체 유지제로 사용되고 있으며, 혈전증 예방, 콜레스테롤 함량 저하 등의 기능을 가지고 있다. 중쇄지방산은 분자구조가 짧아 쉽게 흡수되기 때문에 다른 음식들과 함께 먹으면 마그네슘, 칼슘, 비타민 B군 및 지용성 비타민 A, D, E, K, 아미노산 등의 영양분 흡수를 개선하여 신진대사를 높여준다. 중쇄지방산은 소화기 내에 존재하는 미생물의 균형에 영향을 미치는데, 특히 장내 병원성미생물인 장균, 살모넬라균 등에 우수한 항균효과를 나타내고 있다. 한번에 다량으로 섭취할 경우, 설사, 구역질, 복통, 식욕부진 등의 증상을 일으킨다.

(3) 스테로이드의 생리활성

스테로이드(steroid, 그림 3-14)라는 용어는 보통 glucocorticoid(GC)를 말한다. 구조적 정의를 보면 스테로이드는 스테롤, 담즙산, 성호르몬 등과 같이 스테로이드핵을 가진 지방 융해성 다중고리(polycyclic) 화합물 전체를 이르는 말이다.

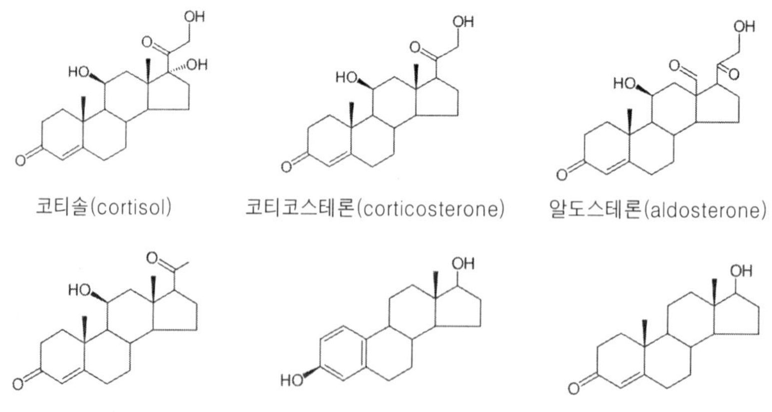

그림 3-14. Steroid 구조

지방산은 함유하지 않고 오직 6개의 탄소원자로 이루어진 헥산고리(hexane ring) 3개와 5개의 탄소원자로 이루어진 펜탄고리(pentane ring) 1개를 기본 구조로 한 지질 유기화합물인 셈이다. 스테로이드는 보통 콜레스테롤을 연상하게 하는데, 그것은 스테로이드 호르몬이 콜레스테롤로부터 만들어지기 때문이다. 따라서 스테로이드라는 용어는 특정한 화학구조를 가진 화합물 전체를 가리키는 것이지 특정 호르몬만을 지칭하는 것은 아니며, 그 종류도 많고 그 효능도 제 각각이다.

스테로이드를 작용기전에 따라 분류하면 성호르몬(sex hormone)과 수액 및 혈압을 조절하는 광물 부신피질호르몬(mineralocorticoid / 알도스테론), 당을 조절하는 글루코코르티코이드(glucocorticoid / 코르티졸) 등으로 나눈다. 또 스테로이드를 기능에 따라 분류하면 콜레스테롤형과 스테로이드호르몬으로 구분한다. 스테로이드의 사용은 좋은 점도 있고 나쁜 점도 있는데, 좋은 기능으로는 강력한 항염증 효과와 면역조절 효과 등이며, 류마티스 질환을 포함한 다양한 질환에서 사용되고 있다. 스테로이드의 임상작용은 염증부위로 백혈구가 이동하는 것을 막고 백혈구, 섬유모세포, 내피세포의 작용을 방해하고, 염증과정에 관여하는 체액인자의 생산과 작용을 억제한다. 스테로이드는 대식세포나 T세포 등의 다양한 염증세포의 활성, 증식, 분화, 생존을 감소시키고, 염증성 사이토카인의 생성과 분비를 억제시킨다.

한편, 스테로이드의 부작용은 신체적 · 정신적으로 광범위하게 발생하는데, 이차성 골다공증, 소화성궤양 위험, 감염위험 증가, 동맥경화증의 발생 등에 관여하며, 간에서 당 생성을 증가시키고, 인슐린저항 상승 가능성, 식욕증가로 체중증가 가능성, 저밀도지단백 상승, 백내장과 녹내장 발생 / 악화 우려, 각종 피부질환(여드름, 색소침착, 쉽게 멍이 들거나 반상출혈, 피부조직 위축, 상처 치유의 지연, 안면홍조, 입 주위 염증), 기분장애, 충동적 · 공격적인 성격, 과민성, 감정적 불안정성, 불안, 불면, 기억력 장애, 인지장애 등을 동반할 수도 있다. 성호르몬을 과량 사용하면 남성의 경우에는 정상적인 남성호르몬 분비가 억제되어 유방이 커지거나 정자의 생성이 감소하며, 여자에게는 월경주기가 불규칙해지고, 불임을 유발하는 등 심각한 남성화 증상을 보이게 된다.

(4) 이소프레노이드의 생리활성

유도지질의 일종인 이소프레노이드(isoprenoid)은 5개의 탄소로 이루어진, 2개의 C=C결합을 가진, 가지있는 사슬의 불포화탄화수소인 isoprene(2-methyl-1,3-butadiene)을 말한다. 이소프레노이드 화합물은 “terpene” 또는 “terpenoid”라고도 부르며, 천연 이소프레노이드는 2, 3, 4, 6 또는 8개의 이소프렌 단위로 이루어져 있다. 이소프렌 단위(C5)의 수에 따라 C10인 것을 ① 모노테르펜(monoterpene), ② C15를 세스키테르펜(sesquiterpene), ③ C20을 디테르펜(deterpene), ④ C30을 트리테르펜(triterpene), ⑤ C40을 테트라테르펜(tetraterpene) 등으로 부르며, 어떤 경우에는 분자 내에 이소프렌(C_5H_8) 단위체의 수에 따라 모노테르펜($C_{10}H_{16}$)은 2개, 세스퀴테르펜($C_{15}H_{24}$)은 3개, 디테르펜($C_{20}H_{32}$)은 4개, 트리테르펜($C_{30}H_{48}$)은 6개, 테트라테르펜($C_{40}H_{64}$)은 8개 등으로 이소프렌 단위체 중심으로 분류하기도 한다(그림 3-15).

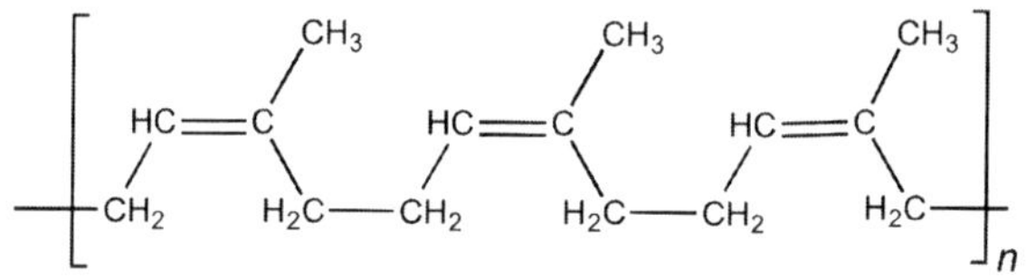

그림 3-15. 이소프레노이드(isoprenoid) 구조

중요한 이소프레노이드로는 lycopene, β-카로틴 등과 같은 항산화제로서의 기능을 가진 카로테노이드를 비롯하여 항-말라리아성을 가진 아르테미시닌(artemisinin) 등과 같은 세스퀴테르페노이드(sesquiterpenoid), 암 화학요법제인 탁솔(taxol)과 같은 디테르페노이드(diterpenoid) 등이 있다. 이소프레노이드는 색소와 향기를 나타내는 소재에서 비타민 및 성호르몬의 전구물질에 이르기까지 비교적 다양한 편이다.

▣ 테르펜 유도체의 생리활성

테르펜(terpene / hydropene)은 유도지질의 일종으로, 동식물에 널리 분포되어 있는 가연성의 불포화탄화수소이며, 일반식 $(C_5H_8)n(n \geq 2)$을 갖는 탄수화물 및 이들의 유도체의 총칭이다. 구조상으로 이소프렌분자가 기본 단위이며, 정유(essential oil)의 주요 성분이다. 식물의 생체 내에서 아세트산이 효소의 작용으로 스쿠알렌을 거쳐 콜레스테롤이 되는 생합성의 초기단계에서 생성되는데, 메발론산이 모든 테르펜의 생합성의 전구(前驅)물질이다.

테르펜은 자외선으로부터 산화를 방지하고, 세균들의 침투 방지 및 살균효과, 그리고 활성산소로부터 DNA세포막의 과산화 지질화를 방지하며, 중성지방을 분해하여 동맥경화를 예방하고 혈관을 정화한다. 또 당뇨나 고혈압을 예방하며 피부재생, 근육재생, 노화 예방 등의 기능도 가지고 있다. 테르펜이 중추신경을 자극해서 기분을 좋게 하고, 염증을 막아주며, 종양이 자라는 것을 억제하는 효능을 가지고 있다. 또 테르펜은 곤충을 유인하거나 다른 식물의 성장을 방해하는 방어물질이기도 하다.

종류별 테르펜의 생리활성 기능을 보면 모노테르펜은 강력한 살균효과, 항염, 항암, 활력증진, 거담 등의 효능이 있으며, NFkB(nuclear factor kappa-light-chain-enhancer of activated B cells)와 같은 종양형성 유전자들의 신호전달 체계를 차단함으로써 암세포가 자멸사에 이르도록 유도한다. Sesquiterpene은 담즙 생성에 영향을 주고 항염, 항암, 진정 / 이완 등 기능을 비롯하여 고지혈증, 지방간, 당뇨 또는 비만의 예방 또는 치료용 기능도 가지고 있다. Diterpene은 피로인산게라닐게라닐(geranyl-geranyl pyrophosphate)로부터 합성되는데 레틴올(retinol), 레티날(retinal), 그리고 파이톨(phytol)과 같은 생화학적으로 매우 중요한 성분으로 항염, 항암에 대한 효력이 있으며, 혈액응고를 감소시키는 역할을 한다. 대표적으로 은행잎에서 추출되는 징코라이드(ginkgolide)가 여기에 속한다. Triterpenes은 항암, 항염증, 항바이러스 효능을 가지고 있으며, 그 외 라텍스(latex) 성분인 테트라테르펜(tetraterpene)도 다방면에 활용되고 있다.

테르펜의 생리활성을 기술할 때 피톤치드(phytoncide)에 관한 이야기를 빼 놓을 수 없다. 피톤치드는 러시아 생화학자인 Boris P. Tokin 박사가 1928년 처음 발견하고, 1943년 미국 세균학자 S. A. Waksman이 명명하였다. 피톤치드는 공격하는 생물체의 성장을 저해하는 성분으로 테르펜계 휘발성 유기화합물이다. 그리스어로 식물을 의미하는 *Phyton*과 살균이라는 뜻의 *cide*가 합성된 말이다. 항생 / 항균물질, 스트레스 해소, 심폐기능 강화, 정서 순화, 두뇌활성화 등의 효능 이외 공기를 정화시켜 쾌적한 기분을 느끼게 하는 삼림욕 효과를 가지며, 아토피를 유발하는 집먼지 진드기의 번식을 억제하기도 한다.

▣ 스쿠알렌의 생리활성

심해상어의 간유, 올리브, 아마란스씨, 쌀겨, 맥아 등에 많이 함유되어 있는 공기 중에 불안정한 스쿠알렌(squalene)은 항암, 독성물질 보호, 피부 항산화, 방사선 보호, 지혈 등을 비롯하여 체내 스테로이드 호르몬과 비타민 D, 담즙산, 콜레스테롤의 생합성에도 이용되는 중요한 불포화 이소프레노이드 탄화수소($C_{30}H_{50}$) 소재이다. 스쿠알렌(squalene)과 혼동하기 쉬운 스쿠알란(squalane)은 포화탄화수소이며, 공기 중에 매우 안정한 물질로 화장품 소재로 사용되고 있다(그림 3-16).

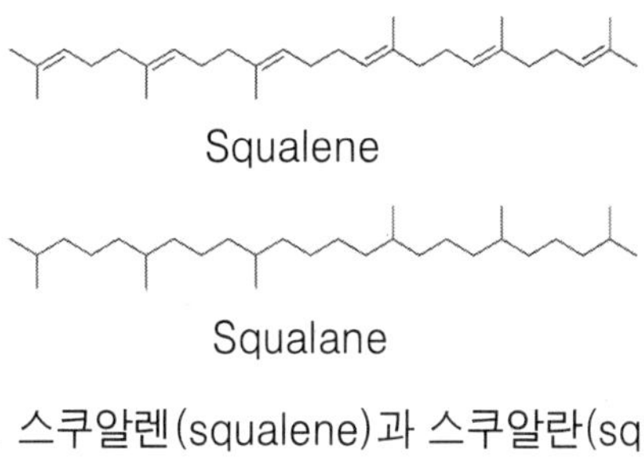

Squalene

Squalane

그림 3-16. 스쿠알렌(squalene)과 스쿠알란(squalane) 구조

스쿠알렌은 콜레스테롤 합성과정에서 중간대사물질로 얻을 수 있다. 스쿠알렌의 생리활성 기능은 매우 다양하고 중요하다. 스쿠알렌의 항산화 기능은 활성산소[reactive oxygen species, ROS) / 일중항산소(singlet oxygen)] 제거능력 때문이다. 즉 스쿠알렌은 염증반응 동안 증가되는 활성산소에 의한 산화스트레스로부터 유기체를 보호해 주는 항산화 기능을 가지고 있다. 스쿠알렌은 심근경색을 예방하고 환원형 글루타치온(reduced glutathione, GSH), 글루타치온 의존성 항산화효소(glutathione peroxidase, GPX / glutathione-s-transferase, GST)의 활성 증가에 도움을 주며, 미토콘드리아 내의 TCA cycle과 호흡에 관여하는 효소들의 활성도를 유지하여 노화를 억제하고, 미토콘드리아 항산화 방어시스템을 높게 유지하여 활성산소가 주요 원인인 노화에 의한 질환을 최소화시킨다. 또 스쿠알렌은 과산화 라디칼(peroxide radicals)의 공격에 안정적이기 때문에 피부 표면에서의 유해산소를 제거하여 지질 과산화 연쇄반응을 억제함으로써 표피 성장인자(epidermal growth factor, EGF) 활성화는 물론 피부조직을 재생하는 데 도움을 준다.

스쿠알렌은 면역기능을 높이는 데도 기여하는데, 세균에 대한 호중구(neutrophil granulocyte)의 반응을 증가시키고, 혈액내 보체(補體, complement system) 농도를 높여 준다. 또 혈청내 총 항산화 상태를 높이고, 말초 혈액 단핵구에서 IFN-γ(interferon-γ), TNF-α(tumor necrosis factor-α, 종양 괴사인자), IL-2(interleukin-2) 등과 같은 면역단백질의 분비를 증가시킨다. 또 스쿠알렌은 독성으로부터 세포를 보호하는 기능을 가지고 있으며, 종양 억제, 항암효과를 가지고 있는 소재인데, 특히 폐암유발 NNK(4-(methylnitrosamino)-1-(3-pyridyl)-1-butanone)를 간에서 감소시키고, 피부암을 일으키는 종양(tumor) 촉진제를 억제하는 기능을 가지고 있다.

스쿠알렌은 환경호르몬과 중금속으로부터 세포를 보호하는 효과가 있는데, 그것은 중금속을 스쿠알렌이 흡착하여 다른 곳으로 배출하기 때문이다. 특히 스쿠알렌은 납에 의한 손상된 간 조직을 회복하는 효과를 가지고 있다. 카드뮴으로 증가되었던 SOD 활성을 스쿠알렌이 감소시키고, 또 수은 독성을 감소시킨다. 스쿠알렌은 방사선에 의한 조직손상을 회복하는 보호작용도 가지고 있다.

▣ 주요 모노테르펜과 생리활성

가) 리모넨

오렌지향인 리모넨(limonene, 그림 3-17)은 모노테르펜의 하나로 감귤류의 껍질과 허브류의 잎이나 꽃에 많이 분포되어 있다. 항산화, 항균, 항염, 항스트레스 활성, 항암작용 등을 비롯하여 중추신경 흥분을 진정시켜 주는 기능을 가지고 있다. 유방암과 관련된 단백질과 세포핵의 연결고리를 차단함으로써 종양이 성장하고 분화하는 것을 억제한다.

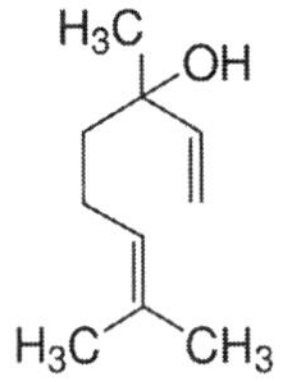

그림 3-17. 리모넨 구조

나) 리나룰과 시트랄

리나롤(그림 3-18)은 자연계에 존재하는 테르펜알코올(terpene alcohol)로서 200종 이상의 꽃(특히, 민트향기가 나는 *Lamiaceae*속 허브종), 향료식물에 포함되어 있는 부드러운 방향성의 화합물이다. 상업적으로 향장제품, 아로마 용도로 많이 이용되고 있고, 항산화능 및 지질대사 조절효능 등을 가지고 있다. 이런 이유로 리나롤은 아로마테라피 등에 사용하고 있다. 또 리나룰은 우울증, 불안장애, 알츠하이머병 또는 파킨슨병으로 인한 치매 또는 수면장애 등의 중추신경계 장애를 예방, 치료하는 기능을 가지고 있다.

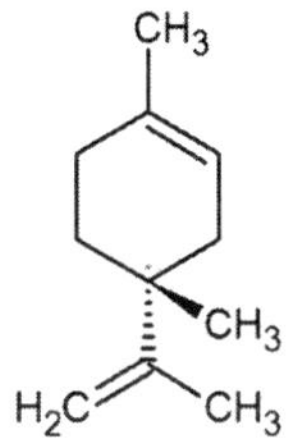

그림 3-18. 리나롤 구조 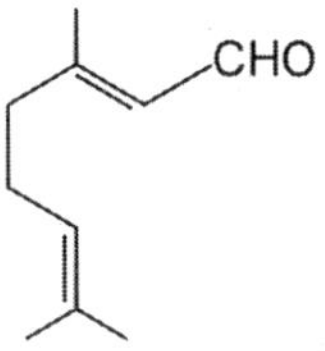 그림 3-19. 시트랄 구조

시트랄(citral, 그림 3-19)은 테르페노이드 한 쌍 혹은 그 혼합물이다. 이 쌍의 화합물은 이중결합 이성질체이다. E-이성질체는 게라니알(geranial) 혹은 시트랄 A라고 하며, Z-이성질체는 네랄(neral) 혹은 시트랄 B라고 한다. 시트랄은 레몬향을 가지고 있어 음료, 아이스크림, 방향제, 주방세제에도 사용되고 있다. 시트랄은 콜라겐 합성을 증가시키고, 콜라게네이즈효소(collagenase) 활성을 억제하여 주름개선 효과가 뛰어나고, 염증 억제효과, 항비만 효과, 탈모 및 발모효과 등을 가지고 있다. 항균효과 때문에 곤충에게 페로몬(pheromone)과 유사한 효과를 나타낸다.

시트랄은 비타민 A의 합성 원료이지만 눈과 피부에 자극을 주거나 알레르기를 유발할 수도 있는 성분이기 때문에 화장품 원료로는 사용을 제한하고 있다(식약처 고시 알레르기 유발 성분).

다) 게라니올과 티몰

게라니올(geraniol, 그림 3-20)은 모노테르페노이드이자 알코올이다. 장미기름, 팔마로사 기름(palmarosa oil), 그리고 시트로넬라 기름의 성분이며 제라늄, 레몬 등 여러 정유(精油)에도 소량 포함되어 있다. 게라니올은 장미향을 가지며 복숭아, 산딸기, 자몽, 사과, 자두, 라임, 오렌지, 레몬, 수박, 파인애플, 블루베리 등의 맛을 낸다. 게라니올은 항균, 불안완화, 우울증 및 스트레스 해소, 피부탄력 회복, 자연살해세포의 활성화 등의 기능이 있으며, 장미향으로 마음의 안정을 가져다주는 미용 소재이다.

게라니움(geranium) 정유의 주성분은 게라니올이다. 게라니움 정유는 아로마테라피 적용 시에 장미의 효능과 비슷하여 여성 질환, 우울증, 갱년기 장애 증상들의 관리에 쓰이고 있다. 특히 화를 가라앉히고, 우울증, 스트레스 완화에 도움을 준다. 호르몬 불균형에서 오는 증상들, 생리전 증후군, 림프 순환을 도와서 부종 완화에 효과가 있으며, 피부 적용시 피지분비 조절에 유용한 오일로 쓰여지고 있다.

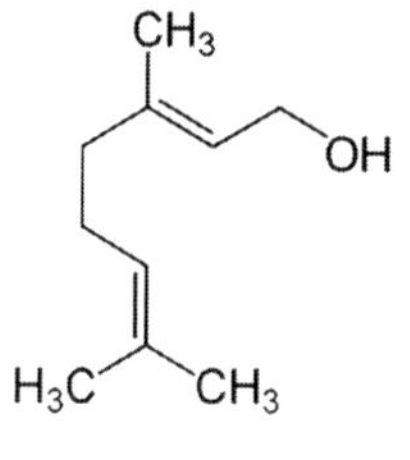

그림 3-20. 게라니올 구조

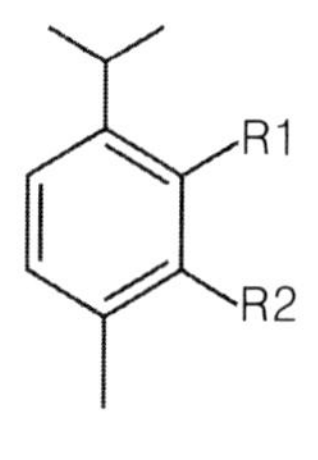

그림 3-21. 티몰 구조

방향성 정유의 하나로 착향료로 사용되고 있는 티몰(thymol, 그림 3-21)은 타임(thyme) 또는 올가노(organo)의 정유에서 추출되는 강한 항산화작용을 가진 모노테르펜(monoterpene) 페놀의 일종이다. 고대 이집트에서 미이라를 만드는 데 사용되었다고 하는데, 생리활성으로는 강력한 항산화작용, 항균성 및 항진균 등이며, 돌연변이를 효과적으로 개선시키는 효능을 가지고 있다. 티몰은 장점막을 통해 잘 흡수되며, 간에서 대사되어 폐, 소변, 대변, 그리고 피부를 통해 배출된다.

라) α-피넨과 페릴릴 알코올

소나무 피톤치드의 가장 대표적인 성분인 α-피넨(α-pinene)은 테르펜(terpene) 계열의 화합물로서 향을 가진 티-트리 오일(tee-tree oil)의 주요 성분이다. α-피넨이 존재하는 대표적 식물로는 소나무, 약쑥, 쑥갓, 후추 등이며, 로즈마리(rosemary), 유칼리 기름(Eucalyptus oils), 캄포(Camphor), 천년초(Opuntia humifusa) 등도 이 성분을 가지고 있다.

α-피넨은 기억력 증진 및 인지기능 장애 치료 / 예방 효과가 있으며 항염증, 피부주름 개선 및 기억력 증진 효능도 가지고 있다. 특히 이 성분은 중추신경계의 GABA A형 수용체에 결합하여 GABA에 의한 억제성 신경전달을 연장시켜 진정-수면효과를 나타낸다. 특히 α-피넨은 급성 췌장염의 예방과 치료에도 사용되는 소재이기도 하다(그림 3-22).

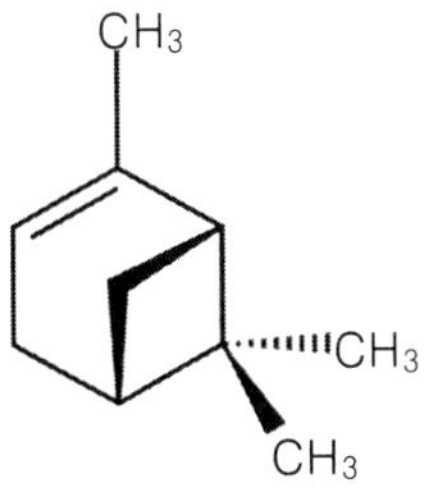

그림 3-22. 알파-피넨 구조

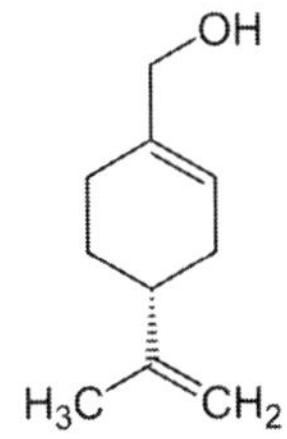

그림 3-23. 페릴릴 알코올 구조

칼슘 길항제인 페릴릴 알코올(perillyl alcohol / POH, 그림 3-23)은 주로 감귤과 오렌지, 레몬으로부터 분리하는데 구아바잎, sage, lavender, peppermint, spearmint, cherry, 셀러리씨 등에 함유된 성분이다. 이것은 항암효과를 가지고 있으며, 기존 항암제와 병합 치료하면 NF-κB를 억제해 암세포 사멸 가능성을 높여 준다고 한다. 강력한 항산화 작용, 항염작용도 가지고 있다.

4) 기타 기능성 지질 유도체의 생리활성

(1) 알콕시글리세롤의 생리활성

알킬글리세롤(alkyl glycerol)인 알콕시글리세롤(alkoxy glycerol)은 중성지방과 유사하나, 글리세롤에 3개의 지방산이 에스테르결합(-COO)한 중성지방과 달리 알콕시글리세롤은 에테르결합(C-O-C)을 가진 글리세롤에테르(glycerol ether) 구조인데, chimyl alcohol, batyl alcohol, selachyl alcohol 등 3종류가 있다(그림 3-24). 동물의 조혈기관, 즉 골수, 비장, 간에서 주로 발견되며, 그 이외에도 혈장, 적혈구, 호중구, 우유나 모유에서도 발견된다. 상어간유는 스쿠알렌과 알콕시글리세롤이 주성분인데, 고대부터 노르웨이나 스웨덴의 서부 해안지역 어부들 사이에 민간약용으로 사용되어 왔다.

알콕시글리세롤의 생리활성은 크게 항종양, 항미생물, 항암, 조혈기능이다. 알콕시글리세롤은 암의 성장과 전이를 효과적으로 억제하는데, 이것은 알콕시글리세롤의 대사산물들이 세포내 신호전달에 영향을 미치며, 섬유아세포 성장인자(basic fibroblast growth factor, bFGF)의 자극에 의한 내피세포 증식을 억제하기 때문이다. 알콕시글리세롤은 유방암세포, 난소암세포, 전립선암세포들을 괴사시키거나 세포자살을 유도하고 T세포 림프구, 자연살해세포를 활성화시켜 암세포를 죽이고, 이들의 성장을 억제한다.

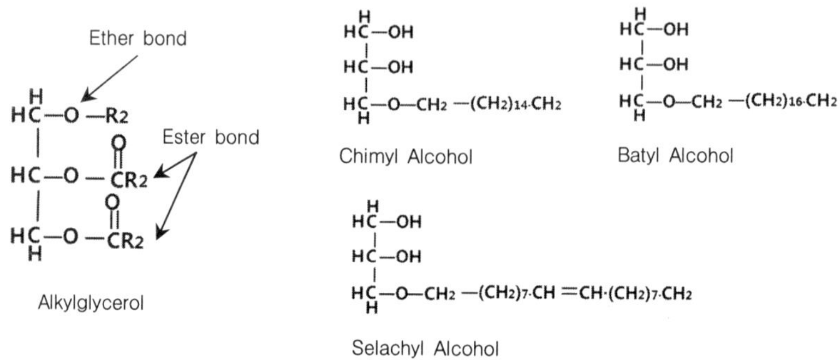

그림 3-24. 알콕시글리세롤 구조와 종류

알콕시글리세롤의 항균효과는 세포벽이 얇은 그람음성균 보다 세포벽이 두텁고, 펩티도글리칸(peptidoglycan)이 많은 그람양성균에서 더 효과적이다. 알콕시글리세롤은 세포막이나 세포벽을 약하게 하거나 합성을 방해 또는 분해하여 세포를 파괴하는 기능을 가지고 있는데, 이것은 알콕시글리세롤의 일종인 dodecylglycerol(DDG)이 단백분해효소인 protease의 분비를 촉진하고, 이 프로테아제는 이후 자기분해효소인 autolysin으로 변환되기 때문이다. 또한 DDG는 세포벽의 구성 성분인 펩티도글리칸과 지질, 리포테이코산(lipoteichoic acid) 등과 같은 세포벽 구성 성분의 합성을 방해하여 미생물 생육을 어렵게 만든다.

알콕시글리세롤 중 바틸알코올(batyl alcohol)과 치밀알코올(chimyl alcohol)은 골수에서 백혈구, 적혈구, 혈소판의 생성과 분화를 촉진하는 조혈작용을 가지며, 류마티스 관절염 환자의 말초혈액에서 증가한 혈중 보체 농도를 낮추어 주며, 자연살해세포 활성도 및 활성산소 부산물 등의 농도를 조절하여 관절염을 예방, 치료해 준다. 또 알콕시글리세롤은 칼슘과 결합하는 능력이 강하므로 골 손실을 막아준다.

알콕시글리세롤은 면역을 정상화시키는 기능을 가지고 있는데, 백혈구 중 과립구와 면역글로불린(IgG, IgM) 수치를 증가시키고, 혈청내 적혈구와 헤모글로빈 수치도 증가시켜 준다. 또한 세포독성 대식세포를 활성화시켜 식세포작용을 향상시키고, 체액성 면역반응을 증가시키며, B림프구를 통해 대식세포를 활성화시켜 준다. 또 알콕시글리세롤은 인터페론감마(IFN-γ), 종양괴사인자 알파(TNF-α), 인터루킨-2(IL-2) 등과 같은 면역사이토카인(cytokine) 물질과 인터루킨-12와 NO의 생성도 촉진하는데, 인터루킨-12는 Th1(T helper type 1)면역반응을 증가시키는 주요 사이토카인이다.

(2) 폴리코사놀과 옥타코사놀의 생리활성

폴리코사놀(policosanol / polycosanol)은 밀의 배아에서 추출한 맥아유(wheat germ oil)와 일벌의 배 아래에서 분비되는 밀랍(beewax), 사과, 포도의 과피, 사탕수수(sugar cane) 등에서 추출되는 물질인데, 긴 탄소사슬을 가진 1차 포화지방족 알코올 혼합물이다. 종류에는 에이코사놀(eicosanol), 헤네이코사놀(heneicosanol), 도코사놀(docosanol), 트리코사놀(tricosanol), 테트라코사놀(Tttracosanol), 헥사코사놀(hexacosanol), 헵타코사놀(heptacosanol), 옥타코사놀(octacosanol), 트리아콘타놀(triacontanol) 등이 있는데(표 3-2), 가장 다량의 구성 성분은 옥타코사놀(60~70%)이며, 이것은 생리활성 소재로 많이 이용되고 있다.

표 3-2 폴리코사놀(policosanol)의 종류와 구조

화합물	구 조	화학식	화합물명
1	OH	$C_{22}H_{46}O$	도코사놀
2	OH	$C_{24}H_{50}O$	테트라코사놀
3	OH	$C_{26}H_{54}O$	헥사코사놀
4	OH	$C_{27}H_{56}O$	헵타코사놀
5	OH	$C_{28}H_{56}O$	옥타코사놀
6	OH	$C_{30}H_{62}O$	트리아콘타놀

폴리코사놀은 콜레스테롤 합성시 초기 속도를 촉매하는 효소인 HMG-CoA 환원효소의 활동을 저해시켜 총 콜레스테롤과 LCL-C 수치를 낮추고, HDL-C의 수치를 증가시켜 준다. 옥타코사놀(octacosanol)은 글리코겐 저장능력을 증가시키고, 근육 내 지방세포의 유리지방산을 에너지원으로 사용하는 기능을 가지고 있으며, 지방대사를 촉진시킨다. 주요 생리활성은 지구력과 운동력을 강화하며, 상승된 LDL콜레스테롤 감소, HDL증가, 중성지방 저하, 근위축증(muscular dystrophy) 개선, 심폐기능 강화, 지방조직의 지단백분해효소(lipoprotein lipase) 활성자극, 스트레스 감소, 피로회복, 다발성경화증 개선, 파킨슨씨 환자 증상 개선, 임신중 유산 예방 등에 도움을 준다. 또 옥타코사놀은 스트레스로 생긴 불면증에 효과가 있는데, 이것은 옥타코사놀이 스트레스 호르몬인 코티코스테론을 감소시켜 스트레스로 교란된 수면을 정상화시키는 효과를 가지고 있기 때문이다.

(3) 루테인의 생리활성

루테인(lutein)은 잔토필(xanthophylls / phylloxanthins / 그리스어 *xanthos*(황색)와

phyllon(잎)에서 유래)의 하나로서, 비타민 A 활성을 가지지 않는 자연상태로 존재하는 카로티노이드(carotenoid)이다. 루테인은 식물, 기타 잔토필에서만 합성되며, 인체가 스스로 합성할 수 없기 때문에 음식 등으로 외부에서 섭취하여야 한다. 시금치, 브로콜리, 망고, 파파야, 복숭아, 자두, 도토리, 호박, 서양호박 및 오렌지, 케일, 당근, 녹색콩, 아욱콩, 양배추, 키위 등에 함유되어 있으며, 루테인은 미리스트산(myristic acid), 라우르산(lauric acid) 및 팔미트산(palmitic acid)과 같은 유기산 혹은 지방산으로 에스테르화된 형태로 존재한다. 이 형태는 유리상태의 루테인보다 생리적 활성은 낮은 편이다.

루테인(lutein, 그림 3-25)은 망막(retina)의 중심부인 황반(macula / macula lutea / macula of retina)에 축적되는 물질인데, 황반(눈의 망막 주변에 있는 달걀 형태의 유색 영역)은 안구에 유해한 가시광선을 흡수하고, 항산화작용을 통해 망막을 보호하는 중요한 역할을 하는 곳이다. 황반에는 시세포와 시신경이 집중되어 있어 시력에 결정적인 영향을 미치는데, 나이가 들면서 노화와 함께 황반 내에 시세포와 시신경들이 죽게 되면서 노폐물이 축적되고, 이 노폐물에 의해 시세포와 시신경이 손상되는 악순환이 반복되어 황반부의 변성이 일어난다.

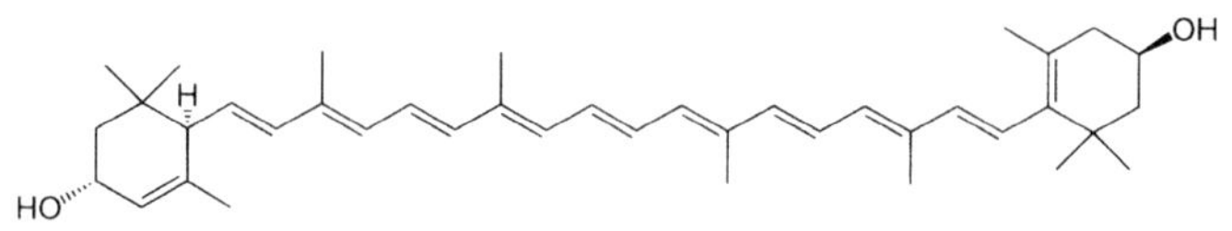

그림 3-25. 루테인의 구조

일반적으로 노화 등으로 눈 건강이 나빠진 경우 황반 색소의 밀도가 낮아지는데, 이때 루테인은 황반색소(황반색소인 잔토필을 구성하는 카로티노이드는 lutein과 zeaxanthin)의 밀도를 높이는 기능을 가지고 있다. 노인성 망막황반변성, 백내장, 색소성 망막염 같은 특정 안질환의 예방과 치료에 효과를 보이며, 그 외 루테인은 항산화, 피부건강, 항염증, 항스트레스 활성도 가지고 있다.

루테인은 ovalbumin(OVA)으로 유도된 천식(asthma)의 경우 기도 과민성을 억제하고, 기관지 염증을 감소시키며, T세포의 사이토카인과 유전자 발현을 조절할 수 있는 면역기능을 가지고 있다. 또 루테인은 관상동맥질환(coronary artery disease, CAD)과 관련이 있는 만성 염증을 억제하는 효과를 가진다. 관상동맥 질환은 관상동맥의 벽에 플라크가 형성돼 혈관이 좁아지거나 막히는 질환으로, 이 질환은 지속적인 염증반응이 동반되고 있다. 혈중 루테인 수치가 높을수록 지방세포에서 염증반응의 지표인 인터루킨-6(IL-6) 수치는 낮아진다. 루테인을 과다하게 섭취할 경우 부작용으로 카로틴피부증(carotenodermia)이 나타나며, 닭에게 루테인을 공급하면 피부와 달걀색이 난황색이 된다.

(4) 헤마토코쿠스 추출물과 아스타잔틴의 생리활성

헤마토코쿠스(*Haematococcus pluvialis*)는 바다나 호수, 북극지방의 설원 등에 서식하는 미세조류(algae)의 일종인데, 눈의 피로도 개선에 도움을 주는 것이 헤마토코쿠스 추출물이다. 헤마토코쿠스에는 항산화작용을 하는 아스타잔틴(astaxanthin)이 풍부하게 함유되어 있다. 카르티노이드계 잔토필의 일종인 아스타잔틴(그림 3-26)은 새우, 게, 가재, 크릴, 붉은 송어, 연어, 도미 등 색깔이 붉은 어패류에도 많이 존재한다. 5개의 탄소 전구체, isopentenyl pyrophosphate(IPP), dimethylallyl pyrophosphate로부터 만들어진 테르펜(테트라테르페노이드)이다. 아스타잔틴은 붉은-오렌지색인데, 공액이중결합 사슬이 많아 강한 항산화 능력을 갖는다. 아스타잔틴은 강력한 항산화제, 면역강화제, 항염증제, 신경보호제 및 항균, 항세포자멸사 효과를 가진 면역조절제로 알려져 있다. 망막의 혈류개선. 노안개선, 신진대사 강화, 노화방지, 심혈관질병방지, 염증치료, 통증치료, 암예방, 당뇨병 치료, 천식치료, 위염치료 등 다양한 기능을 가진 소재이다.

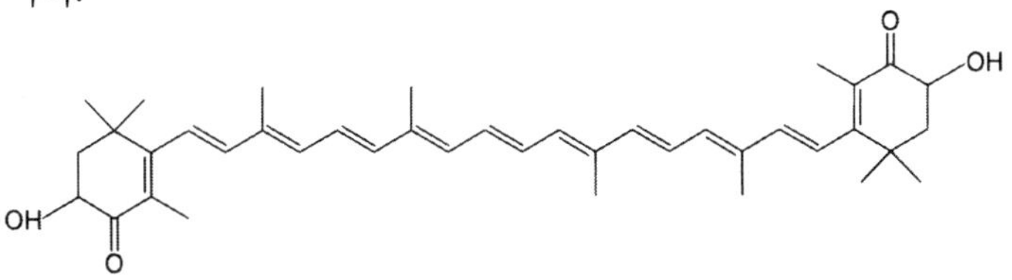

O OH OH O

그림 3-26. 아스타잔틴의 구조
(출처 : Mar. Drugs 2014, 12(1) : 128-152, 2014)

특히 아스타잔틴은 항산화 능력을 가지고 있는데, 자외선 등으로 발생하는 활성산소를 제거하는 작용을 하고, 과산화지질이 생성되는 것을 억제해 준다. 아스타잔틴은 혈액망막장벽(blood retinal barrier)을 쉽게 통과하므로 다른 항산화물질에 비해 쉽게 망막에 도달할 수 있어 망막관련 질환 등을 예방하는 데 도움을 준다. 혈액망막장벽이란 혈액내의 독소 등이 망막에 도달하지 못하게 하는 차단벽이다(베타-카로틴이나 lycopene 등은 통과하지 못하므로 망막에 도달할 수 없음). 아스타잔틴은 체내에서 비타민 A로 변환되지는 않는다.

(5) 쏘 팔메토의 생리활성

쏘 팔메토(saw palmetto)는 작은 야자나무(종려나무)의 일종으로, 톱야자라고도 부른다. 쏘 팔메토란 이름은 잎사귀 밑에 있는 톱니바퀴처럼 생긴 줄기로부터 그 이름이 유래되었는데, 주성분은 지방산과 스테롤이다. 쏘 팔메토에 관심을 갖는 것은 바로 전립선 비대에 관한 정보 때문이다. 전립선은 남성 생식기관의 일부로 방광과 요도 사이의 호두크기의 샘인데, 나이가 들면서 보통 비대하여 방광이나 요도에 압력을 가하므로 비뇨문제를 일으킨다. 전립선이 비대해지는 것은 dihydrotestosterone(DHT) 호르몬이 과잉으로 분비되기 때문인데, 쏘 팔메토가 testosteron을 DHT로 전환되는 것을 막고 요도에 압력을 가하는 내부 안감을 축소시켜 전체적으로 전립선 비대증(benign prostatic hyperplasia, BPH)에 도움을 준다.

쏘 팔메토에 함유되어 있는 활성 성분인 지방산과 스테롤(sterol)이 테스토스테론 호르몬의 생성과 작용을 저해하여 배뇨문제를 개선시켜 주며 잦은 배뇨, 야뇨, 배뇨속도, 소변 중 긴장완화 등에도 도움이 된다. 이와 같이 쏘 팔메토는 이뇨작용을 돕기 때문에 소변계통 질환에 효과는 물론 남성의 성기에 혈류량을 증가시켜 성기능도 향상시켜 준다. 쏘 팔메토는 DHT에 대한 모낭의 민감도 증가로 인해 발생하는 탈모를 방지하고, 심장마비의 위험 증가와 관련이 있는 혈청 sitosterol을 감소시켜 심장질환 예방을 도모한다. 쏘 팔메토는 혈액 응고를 늦출 수 있으며 기침, 소화불량, 수면장애 및 불임치료에도 사용되며 기관지염, 당뇨, 편두통 등에도 일부 효과가 인정되고 있다.

(6) 비즈왁스알코올의 생리활성

지방족 고밀도 알코올인 비즈왁스알코올(beeswax alcohol, BWA)은 벌집의 밀랍*에서 추출한 6가지 고분자 지방족 알코올이 혼합된 천연성분으로, 우선 항산화 효소(SOD / GPX)를 증가시켜 세포막을 튼튼하게 만들어 활성산소의 공격을 미리 차단한다.

* 밀랍(wax)은 꿀벌이 생산하는 여러 화합물의 혼합물로 형성된 천연 왁스로 벌꿀 저장 및 애벌레 및 번데기 보호를 위한 것으로, 주로 지방산과 다양한 장쇄 알코올의 에스테르로 구성되어 있는데, Triacontanyl palmitate가 밀랍의 주성분이다.

비즈왁스알코올은 비스테로이드성 항염증 생리활성 성분인데, 원래 염증이란 유해한 자극에 의해 손상된 것을 복구하고, 정상적인 기능을 회복시키려는 조직의 숙주반응을 말하지만, 급성 염증은 퇴행성질환, 자가면역질환 및 많은 악성종양을 포함한 많은 질병과 연관된 병적 만성염증을 유발한다. 오늘날 염증을 치료하는 데 사용되는 비스테로이드 항염증제(Non-steroidal anti-inflammatory drugs, NSAIDs)는 항염증 및 진통효과를 나타내지만, 이것은 위장관 세포에서의 PG(prostagladine)의 생성을 억제하고 LOX(lipoxygenase) 경로를 통한 위장 독성 LT(leukotriene)의 생성을 증가시켜 위장관 부작용을 유발하기도 한다. PG는 점액과 중탄산염의 생성을 촉진하고, 점막내 혈액순환을 조절하여 점막장벽을 보호하는 물질이다.

비즈왁스알코올의 주요 기능은 항산화 기능과 세포보호 효과이다. 특히 세포보호 효과의 경우, 첫째는 위점막 세포기능 회복으로 위점막 세포를 공격하는 활성산소를 줄여 세포가 제 기능을 갖도록 하며, 건강해진 세포는 점액을 원활히 분비하도록 위점막을 보호하게 한다. 이와 같이 비즈왁스알코올은 위 점막의 방어력을 향상시켜 위점액의 분비를 증가시키고, 지질과산화 감소, 위 점막에서 항산화 효소활성 증가 등 다양한 기전을 통해 위장보호를 유도한다. 또 비즈왁스알코올은 위-식도 역류질환을 예방하는 기능도 가지고 있는데, 위-식도 역류질환은 식도와 위 사이에 있는 조임근(괄약근) 힘이 약해지거나 닫혀 있어야 할 때 열려서 위산이나 위속 내용물이 식도로 역류하는 병이다. 위산이 식도를 손상시켜 다양한 증상(쉰 목소리, 후두염, 인두이물감, 만성기침, 흉통, 가슴속쓰림)과 식도협착, 식도궤양, 바렛식도(식도 점막이 위 상피세포처럼 변해 암 발병 위험이 올라감), 식도암 등과 같은 합병증 위험을 높이는 질환이다.

비즈왁스알코올의 둘째 기능은 관절을 감싸고 있는 연골세포가 제 기능을 하도록 보호하고, 관절의 염증생성을 막는 관절의 염증생성 억제이다. 활성산소가 쌓이면 연골세포가 관절을 보호하는 활막액 분비를 잘 못하게 만든다. 또 비즈왁스알코올은 관절 손상(연골퇴행, 관절염증)을 개선하여 골관절염을 완화시키며, 비알코올성 지방간을 개선, 회복하고 인슐린 저항성도 개선하여 준다.

3.5 지질체학과 생리활성

단어 끝에 붙이는 -ome과 -omics라는 용어는 연구영역(-ome)과 연구분야(-omics)란 의미를 갖는다. 유전자의 전체 모습과 변화만으로는 부족하여 유전자 발현 형태인 단백질의 동정과 특성, 그리고 이들의 정량을 통한 단백질 전체의 모습, 단백질 간 상호작용 등을 연구하는 소위 proteome과 proteomics에 대한 관심이 높아지고 있다. 또 단백질들에 의해 생성되고 변화되는 대사체(metabolites)들의 총체적 기능을 연구하는 metabolome과 metabolomics도 관심의 대상이다.

이와 같은 경향으로 지질(lipids)에 대해서도 lipidomics, lipidome과 같은 용어를 쓰기 시작하였는데, lipidomics는 metabolomics의 일부분으로 지질성 물질에 대한 유전자, 지질성 대사체, 지질대사 경로, 지질 관련 유도체의 변화를 총체적으로 연구하는 학문이다. 지질물질들이 대사되어 변하면서 계속적으로 다른 신호전달 물질로 변환된다는 sequential signaling과 lipidomics의 필요성을 제시한 on demand라는 두 단어는 지질물질의 lipidomics 연구의 핵심이다.

On demand는 필요시에만 지질물질이 생성된다는 뜻으로 생리적 변화, 병리적 상태에서의 지질대사체의 변화가 새로운 신호전달 물질의 생성과 새로운 경로를 활성화시키는 데 필요하다는 의미이다. Functional lipidomics라는 용어가 있는데, 이것은 특정 지질들의 세포에서의 기능과 이 기능을 수행하는 기전에 대해 연구하는 것을 말하고, shotgun lipidomics는 지질 추출물로부터 크로마토그래피를 통한 분리과정 없이 전체적으로 각각의 지질분자의 종류를 분석하는 연구 분야이다. 향후 지질체학은 다양한 생리활성 기능을 가진 소재를 발굴하는 데 중요한 연구 분야로 생각되어진다.

제 4 장

천연색소 / 피토케미컬 유래 생리활성물질

〈1절〉 천연색소의 중요성과 정의

식품재료와 식품이 가지고 있는 고유 색깔은 동·식물, 해산물이든 매우 다양하고 그 구성 성분의 종류도 매우 많다. 이러한 고유 색깔은 향기와 더불어 대부분 외부로부터 자신을 보호하기 위한 보호막으로 작용한다. 건강을 위한 수단으로 천연색소를 'Five a day'라는 용어로 설명하는 경우는 매우 흥미로운 일이다. 그것은 천연색소에서 가장 흔하게 언급되는 붉은색, 노란색, 초록색, 보라색, 하얀색 등 5가지 색을 가진 과일과 채소를 날마다 1가지씩 섭취하면 건강에 결정적으로 도움이 된다는 미국의 공익 캠페인 로고 때문이다. 이와 비슷하게 영국에서도 하루에 5가지 색깔의 채소와 과일을 섭취하자는 'Eat 5 colors a day'라는 캠페인이 있고, 호주에서도 비슷하게 2개의 과일과 5가지의 색깔의 채소를 섭취하자는 'Go for 2&5'라는 캠페인이 전개된 바 있다.

천연색소는 수천 년 전부터 그 성분의 종류와 기능, 기작에 대한 지식을 알지 못한 채 약이나 독극물로 광범위하게 사용되었는데 차츰 그 소재의 성분과 기능, 구조 등이 밝혀지면서 다양한 생리활성을 갖는 소재가 있음이 하나 둘씩 밝혀지게 되었다. 최근에 식물기원 천연색소(일부 향기 성분 포함)를 피토케미컬(phytochemical)이라 하여 중요시하는 것도 바로 이러한 경향 때문이다. Phytochemical이란 용어는 그리스어로 식물(plant)을 의미하는 '*phyto-*'와 화학을 뜻하는 '*-chemical*'에서 유래한 것으로, 식물 속에 들어 있는 색깔과 향기(냄새)에 관한 화학물질로 정의한다.

피토케미컬은 식물이 미생물, 해충 등의 각종 외부위험 요인들로부터 자신을 보호하기 위해서 혹은 식물들끼리 서로 신호전달을 하거나 자외선과 활성산소로 인해서 세포가 손상되는 것을 방지하기 위해서 식물 스스로가 만든 2차 대사산물의 일종으로 식물의 잎이나 뿌리에서 만들어지는 10,000여 종의 화학물질이 여기에 속한다. 따라서 피토케미칼은 식물들이 그저 자신들이 살기 위해서 만드는 물질이었지만, 사람들에게는 중요한 영양소로서 인정되어 현재 제 7대 영양소(탄수화물, 지질, 단백질, 비타민, 무기질, 섬유소, 그리고 피토케미컬)로 불릴 정도이고, 경우에 따라서는 이를 식물 생리활성 영양소 또는 식물내재 영양소라고 부르기도 한다.

피토케미칼은 인체 내에서는 항산화나 세포손상 억제 작용, 암예방, 혈중 콜레스테롤 저하, 염증 감소 등 다양한 생리활성 기능을 가진 중요한 영양소로 인식할 뿐만 아니라 이 'phytochemical therapy'를 단순 질병 예방과 특정 의약품(버드나무 껍질에서 추출한 아스피린, 말라리아 특효약 퀴닌 등), 건강기능식품 소재 등에 응용하고 있는 것은 이 성분이 부작용 우려가 있는 약과 다르고, 다양한 분야에서 다양한 목적으로 응용 가능하기 때문이다.

〈2절〉 생리활성 천연색소의 종류

천연색소는 색소원에 따라 크게 동물, 식물기원 색소로, 용해성 정도에 따라 수용성과 지용성 색소로, 그리고 화학성분 중심으로 페놀화합물(phenolic compounds), 알칼로이드(alkaloids), 질소함유혼합물(nitrogen-containing compounds), 유기황화합물(organosulfur compounds), 피토스테롤(phytosterols), 카로티노이드(carotenoids) 등으로 구분한다.

동물기원 색소로는 멜라닌, 포르피린, 헤모글로빈, 헤모시아닌, 포르핀, 미오글로빈, 우로빌린, 크산토마틴, 클로로크루오린, 카민(코치닐), 빌리베르딘, 빌리루빈, 핀나글로빈, 로돕신, 리보플라빈 등이 있고, 식물기원 색소에는 베탈라인(베타시아닌 / 베타잔틴), 엽록소(엽록소 a, b, c, d, f), 커큐미노이드(커큐민), 플라보노이드(안토시아닌 / 안토시아니딘 / 안토크산틴 / 플라빈 / 탄닌), 카로티노이드(카로틴 / 레티놓드 / 잔토필(크산토필), 기타(퀴논 등) 등이 있다. 본 장에서는 동식물기원 색소를 생리활성 관점에서 접근하고자 한다.

2.1 동물기원 색소 소재

동물성 기원 색소는 피부색과 속살의 색깔로 구분하지만 활용 면에서 그렇게 중요하게 취급되지는 않는다. 그것은 색소 종류가 비교적 단순하고 그 기능도 유의적이지 못하여 생리활성 기능성 소재로 개발하기에는 다소 어려워 보인다. 동물기원 색소의 종류를 보면 헤모글로빈, 미오글로빈, 헤모시아닌, 멜라닌, 카민(코치닐), 빌리루빈, 로돕신, 포르피린, 리보플라빈, 크산토마틴, 포르핀, 우로빌린, 클로로크루오린, 빌리

베르딘, 핀나글로빈 등이 있다. 본 장에서는 주요 동물기원 색소에 관한 생리활성 기능을 기술하고자 한다.

1) 헤모글로빈과 헤모시아닌

헤모글로빈(hemoglobin)은 적혈구에서 철을 포함하는 붉은색 단백질로 산소를 운반하는 역할을 한다. 헤모글로빈은 4개의 헴을 가지고 있는데, 헴(heme) 하나는 1개의 산소분자와 결합하므로 결국 헤모글로빈 하나는 총 4개의 산소분자가 결합한 셈이다. 즉 철을 포함한 포르피린고리(porphyrin ring)와 단백질의 일종(글로빈)인 헴이라는 구조 4개가 모여 이루어져 있는데, 철이 부족하면 헤모글로빈이 그 기능을 수행할 수 없으므로 빈혈(anemia)이 일어나게 된다. 헤모글로빈은 산소가 풍부한 폐에서는 산소와 결합하고, 산소가 희박한 조직에 이르면 이산화탄소 때문에 pH가 낮아지면서 산소는 분리된다. 그러나 이산화탄소가 혈장 속에 녹아 폐로 운반되어 폐호흡으로 체외에 방출되면 pH는 다시 원상태로 돌아가고, 헤모글로빈은 다시 산소와 결합하게 된다.

혈액 1$\mu\ell$에 4～500만 개의 적혈구가 있고, 한 개의 적혈구 안에 2억 8천만 개 정도의 헤모글로빈이 들어 있다. 헤모글로빈은 골수의 적아세포(erythroblast)에서 합성되며, 간에서 적혈구(수명 약 120일 정도)가 파괴되면 헤모글로빈 역시 파괴되는데, 이때 포르피린고리가 쓸개즙 색소로 배출된다. 선홍색을 가진 헤모글로빈은 산소헤모글로빈 HbO_2의 형태로 산소를 운반하고 검붉은 색을 띤 카바미노헤모글로빈(carbaminohemoglobin)은 $Hb \cdot CO_2$ 형태로 이산화탄소를 이동시킨다.

산소 헤모글로빈이 4개의 산소분자와 결합하는 것과 달리 카바미노헤모글로빈은 1개의 이산화탄소와 결합하며, 폐포 근처로 운반된다. 헤모글로빈이 일산화탄소와 결합하면 카복시헤모글로빈(carboxyhemoglobin)을 만들어 안정한 형태가 되므로 산소와는 결합하지 않는다. 이렇게 될 경우 인체는 산소 부족현상을 일으킨다. 혈액 내에서 카바미노헤모글로빈의 형태로 옮겨지는 이산화탄소는 약 23% 정도이다. 헤모글로빈은 산소 전달과 산화환원 반응에 관여하며, 산화질소(NO)와 헤모글로빈(Hb)의 상호작용은 인간의 호흡 주기에서 저산소성 혈관 확장 및 과산소성 혈관 수축의 생리학적 반응을 유지함으로써 산소의 흡수 및 전달을 조절하게 된다.

헤모시아닌은 헤모글로빈과 구조는 비슷하나 1분자당 결합한 원자가 철이 아닌 구리이다. 질량은 최소 헤모글로빈의 7.8배 이상이며, 헤모시아닌은 일산화탄소와 결합하지 않으므로 헤모시아닌을 가진 동물은 일산화탄소 중독에 걸리지 않는다. 헤모시아닌은 특별하게 생리활성 소재로는 사용되지 않는다.

2) 미오글로빈

헤모글로빈이 체내에서 산소의 운반체로 작용하는데 비해 육색소인 미오글로빈은 단백질의 3차 구조로 조직 내에서 산소의 저장체로 작용한다. 미오글로빈은 헤모글로빈과 같이 헴의 중심에 있는 철과 글로빈단백질의 히스티딘(histidine)의 이미다졸 고리(imidazole ring)의 질소원자와 결합하여 만들어진 색소인데, 헤모글로빈은 적색인데 비해 미오글로빈은 선홍색을 띤 적자색을 띤다.

신선한 육색은 미오글로빈에 의해 적자색을 띠나 고기의 표면이 공기와 접촉하면 산화되어 비교적 안정한 색소인 옥시미오글로빈(oxymyoglobin, OxyMb)으로 변한다. 그러나 천천히 산소와 반응한 자동산화가 일어날 경우 OxyMb의 2가 철이온이 3가로 변하면서 소위 흑갈색의 메트미오글로빈(metMb)으로 변하게 된다. 이 변화들은 가역적이므로 공기가 통하지 않는 곳에 두면 다시 미오글로빈으로 변한다. 헤모글로빈에 비해서는 산소 친화성이 크고, 일산화탄소에 대한 친화성이 낮은 것이 특징이다.

미오글로빈은 153개의 아미노산으로 이루어져 있으며, 8군데의 영역이 α-나선구조를 하고 있다. 미오글로빈은 낮은 산소 농도에서도 에너지를 생성시키는 역할을 하는데, 근육에서 혈액으로 산소를 공급하는 하는 것이 아니라 근육세포 내의 에너지 생성 소기관인 미토콘드리아로 산소를 이동시킨다. 산소 해리도가 크다는 것은 미오글로빈에서 산소가 잘 떨어져 조직세포로 산소가 잘 공급되는 것을 의미하며, 포화도가 크다는 것은 미오글로빈에 산소가 잘 결합한다는 뜻이다. 즉 미오글로빈은 심장 근육세포와 골격근 섬유에서 일반적으로 산소의 임시 저장 및 수송단백질의 기능을 가진 산소결합 단백질이다.

육류를 가열하면 적자색의 미오글로빈은 선홍색인 옥시미오글로빈을 거쳐 흑갈색의 메트미오글로빈이 되고, 가열을 계속하면 메트미오글로빈의 글로빈은 변성되어 분리되며, 갈색 내지 회색의 헤마틴(hematin)이 된다. 유리된 헤마틴*은 헤민(hemin)이 되고, 헤마틴이나 헤민은 계속 산화되어 갈색, 회색 또는 무색의 각종 포르피린 유도체(porphyrin derivatives)로 변하게 된다(그림 2-1).

* 청색 또는 흑갈색인 색소단백질인 헤마틴(hematin, hemamatin, ferriheme hematosin, hydroxyhemin, oxyheme, phenodin 또는 oxyhemochromogen이라고도 함)은 페리(Fe^{+3}) 프로토포르피린에 해당하는 것으로 hemin의 염소원자를 hydroxyi로 치환한 것인데, 강산으로 처리하면 철원자를 잃고, 헤마토포르피린으로 변한다. 헤마틴이 단백질이나 피리딘 등 염기와 결합한 것을 파라헤마틴이라 부른다. Hematin은 사이토크롬 및 퍼옥시다아제의 구성 요소로 포르피린의 합성을 억제하고, 글로빈의 합성을 자극한다.

근육에서는 ATP생성이 필요하므로 미토콘드리아나 세포내 산소 축적을 위해 미오글로빈이 다량 함유하고 있다. 미토콘드리아 중의 산소단백질이나 미오글로빈은 철을 함유하기 때문에 붉은색을 띠지만 자주 사용하지 않는 근육은 대개 산소가 없이도 에너지를 얻을 수 있는 해당계에 의해서 ATP가 생성되므로 상재적으로 미토콘드리아나 미오글로빈 함량이 적어 근육 색깔은 엷은 백색근을 띠게 된다.

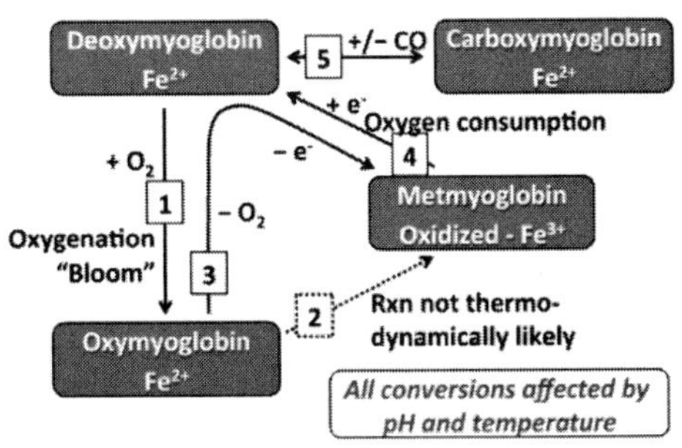

그림 2-1. 미오글로빈의 가열변화
(출처 : AMSA, Meat Color Measurement Guidelines, Revised 2012)

적색근은 근섬유가 가늘고 미토콘드리아나 미오글로빈을 많이 함유하고, 오랜 시간 휴식 없이 작용하는 경향이 있는 반면 백색근은 근섬유가 굵고, 미토콘드리아나 미오글로빈의 함량이 적어 휴식, 회복을 반복하면서 단기간 작용하는 경향을 가지고 있다. 그 동안 미오글로빈을 생리활성 기능성 소재로 사용되지는 않았으나 최근 미오글로빈이 결핍된 심장이 질소종(NO)의 혈관 확장과 심정지 작용이 더 두드러진다는 것이 알려지면서 미오글로빈이 활성산소와 질소종에 대한 소거 능력을 입증하였다. 이것은 미오글로빈의 ROS 및 NO 소거 기능이 암세포의 억제와 관련이 있어 향후 미오글로빈이 암 치료의 귀중한 표적이 될 것으로 생각된다.

3) 카로티노이드

동물성 카로티노이드는 생리활성 기능 소재로 그렇게 많이 이용되지 못하고 주로 식물성 소재들만이 기능성 소재로 이용되고 있다. 본 장에서는 동물성 카로티노이드에 국한하여 설명하고자 한다. 일부의 동물성 식품은 카로티노이드를 가지고 있다. 이들은 동물에 의해 합성된 것이 아니라 대부분 동물의 먹이인 식물성 먹이로부터 흡수되어 동물의 조직이나 기관에 축적된 것이다. 원래 식육의 적육 부위에는 카로티노이드가 거의 없으나 지방에는 약간 함유되어 있다. 우육의 황색 지방에는 α-, β-, γ-카로틴 등이 존재하며, 이 중 β-카로틴이 65%를 차지한다.

유지방 중에도 카로티노이드가 카로틴(carotin)과 크산토필(xanthophyll)의 두 종류로 존재하는데, 이들은 버터나 치즈의 색에 영향을 미친다. 즉, 소가 녹초를 섭취하는 여름에는 유제품의 색이 진하고, 겨울에는 색이 연한 편이며, 시판되는 버터는 β-카로틴을 사용하여 색을 부여하고 있다. 난황의 황색은 전부 사료에서 유래된 카로티노이드로 대부분 루테인이고, 제아잔틴(zeaxanthin), 크립토잔틴(β-cryptoxanthin) 등도 같이 존재한다. 따라서 난황의 색을 진하게 하려면 루테인이 많은 녹초를 사료로 주면 된다. 어패류의 경우 도미의 표피, 연어나 숭어의 근육 등의 적색이 아스타잔틴(astaxanthin)에 의한 것이고, 조개살의 적색은 카로틴과 루테인에 의한 것이다.

물고기 표피의 색은 종류에 따라 적색, 오렌지색, 갈색, 청록색, 흑색 등의 여러 색을 띠는데, 이 중 적색의 크산토필은 담즙 색소, 흑색은 멜라닌에 의한 것이다. 그 외 연어나 숭어의 녹색 형광은 살멘산(salmenic acid), 생선의 광체는 함질소 염기인 구아닌에 의한 것이다. 새우나 게의 껍질에는 원래 적색의 카로티노이드인 아스타잔틴이 단백질과 약하게 결합하여 회록색 또는 청록색을 나타낸다. 이것을 가열하면 단백질이 변성, 분리되고 유리형의 아스타잔틴이 된 후 산화되어 적색의 아스타신으로 변하게 된다. 동물성 카로티노이드의 성분에 관한 생리활성 기능은 식물성 카로티노이드 편에서 다시 보충 설명하고자 한다.

4) 오징어 / 문어 먹물 성분

동물성 카로티노이드의 생리활성 기능 중 자주 언급되는 것이 오징어나 문어의 먹물이다. 먹물은 특유 기관인 먹즙낭에서 분비되는 검은 액체로 단백질의 일종인 멜라닌(melanin) 색소가 주성분이다. 멜라닌은 흑색~갈색 색소로 피부를 비롯하여 머리털이나 검은 점, 눈, 귀, 뇌, 중추신경계, 망막 등 부위에 분포하고 있는데, 피부에서는 표피와 진피(眞皮)의 경계부에 존재한다. 세포 내에서 만들어진 멜라닌 과립은 계속적으로 표피세포에 보내지는데, 그 양이 많으면 피부색이 황갈색에서 흑갈색을 띠고, 적으면 색 정도가 엷어진다. 포유류, 조류, 절지동물의 경우는 큐티쿨라층(cuticula) 내부에 들어 있고 파충류, 양서류, 어류, 갑각류, 곤충류 등은 피부에 존재한다.

멜라닌은 주로 글로불린과 강한 결합을 이루는 멜라닌프로테인으로 존재하는데 세포 내의 소기관인 melanosomes에서 tyrosine이 tyrosinase효소에 의해 DOPA, DOPA quinone으로의 전환하는 등 몇 단계를 거쳐 합성된다(그림 2-2). 피부의 색은 주로 멜라닌의 양에 의하여 결정되며 멜라닌의 감소, 증가 및 분포 등의 변화에 따라 피부 상태가 결정된다. 멜라닌 세포에서 합성된 멜라닌은 자외선을 차단하여 피부를 보호하는 이로운 작용을 하지만 과도한 멜라닌이 생성되면 기미, 주근깨 및 피부반점이 형성되고, 심할 경우 피부노화 및 피부암 유발에 관여한다.

오징어 먹물의 또 다른 성분은 항암 / 항균효과를 가진 콘드로이틴황산(chondroitin

sulfate)과 같은 뮤코다당류(mucopolysaccharides)의 일종인 일렉신(illexin)과 노화방지, 피부미용에 좋은 핵산 성분, 그리고 타우린(taurine) 등이다. 타우린은 콜레스테롤 수치를 낮춰 혈관건강을 돕고, 간 기능을 개선하며, 원활한 신진대사와 몸속 노폐물을 배출시켜 피부미용에도 탁월한 효과를 보인 소재로 알려져 있다. 또 타우린은 혈관에 산소공급을 원활하게 하여 혈관건강을 도와주고, 고혈압을 예방하며, 동맥경화 및 혈관계 질환에 효능을 보인다고 한다.

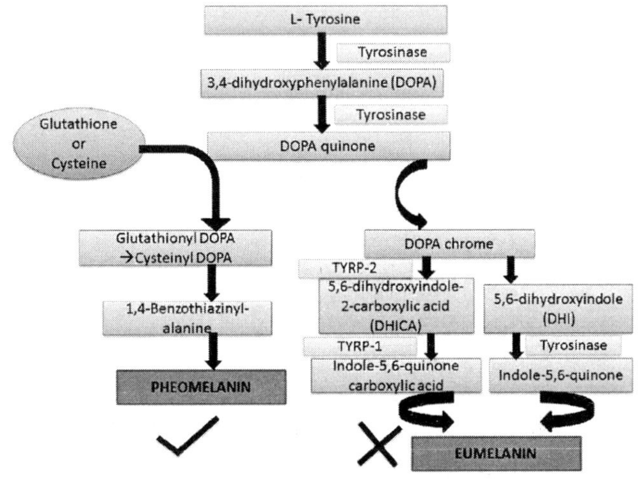

그림 2-2. 멜라닌의 합성 경로
(출처 : Indian J. Dermatology, Venereology and Leprology 79(6) : 842-6, 2013)

5) 코치닐과 카르민

코치닐(cochineal)이란 용어는 스페인어 "코치닐라(*cochinilla*)"에서 유래된 프랑스어 cochenille에서 파생된 것으로, "스칼렛색(scarlet-color)"을 의미하는 라틴어 "*coccinus*" 또는 "베리 수확용 스칼렛 염료(berry yielding scarlet dye)"를 의미하는 라틴어 "*coccum*"에서 유래하였다고 한다. 식품 및 립스틱(E120 또는 Natural Red 4)의 착색제로 사용되고 있는데, 선인장(*Nopalea coccinellifera*)에 기생하는 연지벌레라고 하는 곤충(*Dactylopius coccus*)이 생산하는 염료이다. 코치닐의 성분은 카민(carmine)이지만, glycerol myristate(지방)와 cochineal wax를 함유하고 있다. 카르민(carmine, 그림 2-3)은 12세기 프랑스어 '*carmin*'에서 유래하였는데, 다른 곤충의 침입을 막는 카민산(carminic acid)이 알루미늄 또는 칼슘염과 혼합되어 만들어지는 염료이다.

코치닐 색소는 식용색소 적색 2, 3, 40호와 같은 적색계열의 타르색소 대체 천연색소로 사용되고 있는데, 식품의 산도에 따라 중성에서는 핑크색을, 산성에서는 주황색,

알칼리성에서는 보라색을 나타낸다. 코치닐은 색소기능 이외 피부 재생을 촉진하며, 미백, 세정작용으로 피부를 맑고 깨끗하게 하는 기능을 가지고 있다. 그러나 코치닐 성분에 과민하거나 알레르기가 있는 사람에게는 알레르기성 물질임을 명심해야 한다. 이를 과용하면 두드러기, IgE매개 호흡기 과민증, 비염, 천식, 아토피 등 각종 알레르기 유발 원인이 되고, 드물지만 아나필락시스(anaphylaxis) 쇼크를 일으킨다.

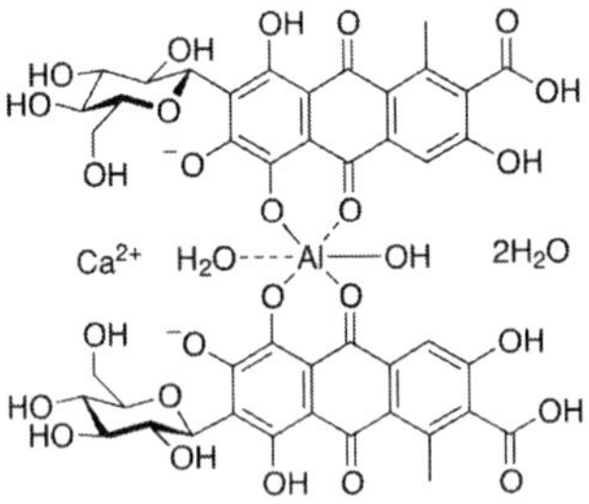

그림 2-3. 카르민 구조

6) 빌리루빈

빌리루빈(bilirubin, 그림 2-4)은 등황색, 붉은 갈색의 담즙색소로 담즙의 구성 성분이다. 빌리루빈은 헤모글로빈에서 유래한 porphyrin IX가 간 또는 비장의 망내계 세포(reticuloendothelial cell)에서 효소에 의한 산화, 환원반응으로 만들어진 tetra-pyrrole 화합물이다. 적혈구가 파괴되면 글로빈과 헴부분으로 나누어지는데, 이 헴 부분에서 다시 철부분이 제거되면 비결합형 빌리루빈(conjugation bilirubin)이 된다. 이것을 간접 빌리루빈이라 부른다. 이 형태는 혈중에 존재하더라도 알부민과 결합하지 못할 경우 사구체를 통과할 수 없고, 따라서 소변으로 배설되지도 않는다. 그러나 이 형태는 물에 대한 용해도가 낮은 지용성이므로 순환하는 혈액 중의 혈청알부민(HSA)과 가역적으로 결합하여 간으로 운반된다.

간에 도달한 간접 빌리루빈은 알부민과 분리되어 간 실질세포에 들어가고, 여기에서 2분자의 glucuronic acid와 결합(conjugation)하여 가(수)용성 결합형 빌리루빈(diglocrunide conjugation / 포합 빌리루빈 / 직접 빌리루빈)이 된다. 이 결합형 빌리루빈은 모세담관을 경유하여 담즙에서 농축되고, 필요한 경우 십이지장으로 배설, 분해되어 대장세균에 의해 비결합형태로 변한 뒤 대변으로 배출된다. 결합형 빌리루빈이 대장세균에 의해 분해되면 우로빌리노겐으로 변하게 되는데, 이 우노빌리겐의 약 85%는 stercobilinogen, stercobilin 형태로 분변으로 배설되고, 나머지 약 15%는 장관에 재흡수되어 다시 간에서 빌리루빈으로 전환되어 일부는 담즙으로 가고, 일부는 소변으로 배설된다(그림 2-4).

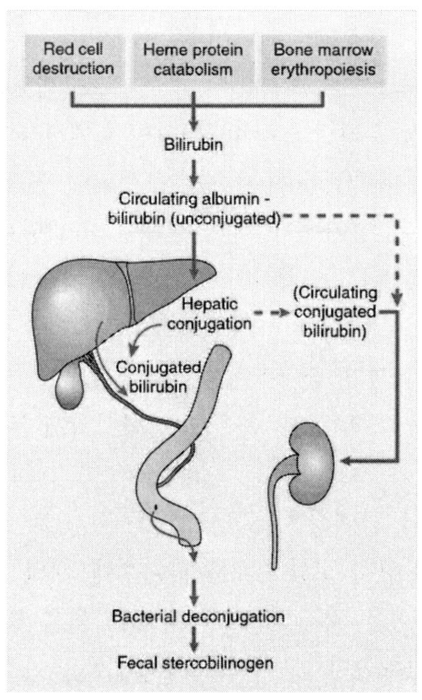

그림 2-4. 빌리루빈 대사 경로
(출처 : Richard J. Aspinall, Simon D. Taylor-Robinson, Mosby's Color Atlas and Text of Gastroenterology and Liver Disease(Paperback), 2001)

혈액의 빌리루빈 농도가 증가하거나 빌리루빈 순환장애가 생기면 황달이 생길 수 있는데, 황달은 혈액내 빌리루빈 색소가 너무 많아서 그 색소가 조직 내로 침투하여 황색을 띠면서 나타나는 질환이다. 즉 적혈구 붕괴 속도나 간에서의 빌리루빈 conjugation 능력이 정상인 사람은 빌리루빈의 혈중 농도가 낮지만, 그렇지 않으면 혈중에 각종 빌리루빈이 축적되어 황달 증상이 나타난다. 빌리루빈의 농도가 너무 높으면 뇌에 손상을 입힐 수도 있다.

간이 나빠지면 담즙을 통해 빌리루빈이 밖으로 나가기 힘들기 때문에 혈액 속에 빌리루빈이 증가한다. 따라서 황달이 있으면 간에 이상이 있을 위험이 높으며, 혈액 속에 빌리루빈 수치가 높을수록 간 상태가 심각한 것을 의미한다. 황달에는 용형성 황달, 간세포성 황달, 폐쇄성 황달 등의 종류가 있으며, 따라서 의료기관에서 간 손상의 징후나 증상, 간질환, 담관 폐쇄, 용혈성 빈혈 혹은 간과 관련된 대사 문제가 있을 때 총 빌리루빈(total bilirubin). 직접 빌리루빈(direct bilirubin), 결합 빌리루빈(conjugated bilirubin), 간접 빌리루빈(indirect bilirubin), 비결합 빌리루빈(unconjugated bilirubin) 등을 체크하고 있다.

7) 로돕신

망막에 있는 광수용 세포(photoreceptor cell)인 간상세포에 존재하는 광수용 색소 로돕신(視紅, rhodopsin)의 레티날(retinal, 비타민 A에서 유래)은 색소단백질로 옵신(opsin)과 보결분자단인 레티넨(retinene)으로 구성되어 있다. 눈을 통해 빛이 들어오면 로돕신의 레티날이 굽은 형태에서 펴진 형태로 바뀌면서 떨어져 나오게 되는데, 이때 방출된 에너지가 옵신을 활성화시키고 간상세포(杆狀細胞, rod cell)를 흥분시켜 신호를 내보내 시신경을 흥분시킨다. 그 흥분된 시신경이 대뇌로 전달된다. 즉 빛이 광수용성 세포에 도달하게 되면 어두운 상태에서의 11-*cis*-레티날이 all-*trans*-레티날 형태로 바뀌고, 이 구조 변화는 옵신을 변화시키게 된다.

옵신의 변화는 최종적으로 트랜스듀신(transducin, G protein의 한 종류)이라는 조절단백질을 활성시키고, 이 단백질은 cGMP를 5'-GMP로 만드는 phosphodiesterase (PDE)를 활성화시킨다. 활성된 로돕신 1분자는 수백 개의 트랜스듀신을 활성화시킬 수 있고, 활성된 트랜스듀신은 각각 PDE 분자 하나씩을 활성화하고, PDE는 1초에 수천 개의 cGMP를 가수분해한다. 그러므로 간상세포는 아주 적은 빛에 의해서도 큰 반응을 하게 된다. 망막의 주변부에 위치한 원기둥 모양인 간상세포(약 9,200만 개)는 눈의 망막에 위치한 광수용 세포이며, 또 다른 타입의 광수용 세포인 원추세포와는 다르게 약한 빛을 감지한다. 간상세포는 한 개의 광자에도 반응할 만큼 민감하며, 광자 한 개에 대한 민감성이 원추세포보다 100배 더 민감하다. 이와 같이 간상세포는 원추세포보다 더 민감하여 여러 개의 간상세포는 하나의 연합뉴런에 연결되어 신호를 모으고 증폭시킬 수 있으며, 원추세포에 비해 적은 빛의 양에도 작용할 수 있으므로 따라서 밤의 시야에도 중요한 역할을 하게 된다.

간상세포는 원추세포보다 조금 더 두껍지만 그 구조는 유사하다. 세 가지 종류의 광수용 색소를 가지고 있는 인간의 원추세포와는 달리 간상세포는 단 하나의 광수용 색소만을 가지고 있어서 색을 보는 역할은 거의 하지 않는다. 또한 간상세포는 원추세포에 비해 느리게 빛에 반응하고 반응속도도 느리다. 이 때문에 원추세포에 비해 간상세포는 순간적으로 변하는 이미지를 감지하는 것에는 적합하지 않다(그림 2-5). 간상세포는 498 nm(초록색, 파란색) 부근의 파장의 빛에 가장 민감하고, 640 nm(붉은색) 이상의 파장에서는 완전히 빛을 감지하지 못한다.

레티날(레티넨)은 비타민 A로부터 유도된 성분이기 때문에 비타민 A의 결핍은 간상세포에서 필요한 색소의 결핍을 유발하게 된다. 그렇게 되면 간상세포가 어두운 상태에서 잘 작동하지 못하게 되고, 따라서 원추세포도 어둠 속에서의 약한 빛을 잘 감지하지 못하기 때문에 밤에 잘 보지 못하는 야맹증에 걸리게 된다. 어두운 곳을 볼 때 더 많은 로돕신이 필요하기 때문에 어두운 곳에 가면 로돕신이 더 많이 생기게 된다. 비타민 A가 부족하면 로돕신을 생성하기 힘들다. 밝은 곳에서는 로돕신이 분해되고, 어두운 곳에서는 로돕신이 합성되는데, 어두운 곳에 적응하는 것을 암순응, 밝은 곳에 적응하는 것을 명순응이라 부른다.

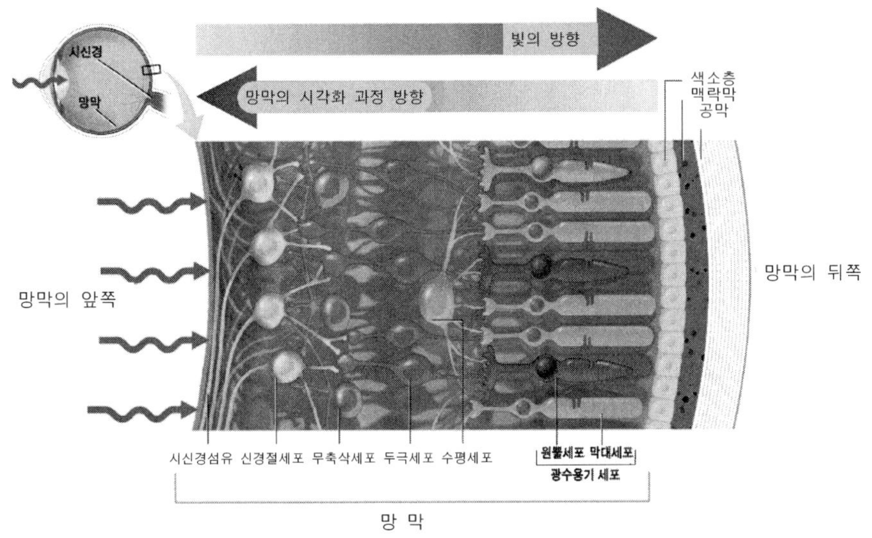

그림 2-5. 빛과 간상세포 / 원추세포 반응
(출처 : https : //eyeamfinethankyou.com / 299)

2.2 식물기원 색소 소재

1) 식물기원 색소(피토케미컬)의 종류

식물기원 색소는 식물색소 종류별*, 화학성분별로 구분하는데, 본 장에서는 화학성분 중심으로 기술하고자 한다. 중요한 화학성분은 페놀화합물(phenolic compounds), 알칼로이드(alkaloids), 질소함유 혼합물(nitrogen containing compounds), 유기황화합물(organosulfur compounds), 피토스테롤(phytosterols), 카로티노이드(carotenoids) 등이다. 식물체에서 유래된 색소는 영양소로 사용하기보다 생리활성을 나타내는 것이 많은데 그 종류가 매우 다양하고, 생리활성 또한 매우 광범위하다. 일반적인 생리활성 기능을 보면 인체의 노화방지, 항암작용, 항산화작용, 심혈관질환 예방, 콜레스테롤 저하, 면역증가 등인데, 이 기능들은 각종 질환의 예방이나 신체 체질 개선 등에 매우 중요한 것들이다.

* 식물성 색소는 베탈라인(베타시아닌, 베타잔틴), 엽록소(엽록소 a. b. c, d, f), 커큐미노이드(커큐민), 플라보노이드(안토시아닌, 안토시아니딘, 안토크산틴, 플라빈, 탄닌), 카로티노이드[카로틴, 레티놓드, 잔토필(크산토필)], 기타(퀴논, 피코시아닌, 피코에리트린 등) 등으로 구분하기도 한다.

2) 피토케미컬의 종류별 생리활성

피토케미컬을 분류할 때 특별한 기준은 없으나, 일반적으로 화학성분 중심으로 분류하는 경우가 많다. 본 장에서는 피토케미컬을 그림 2-6과 같이 분류하고, 이를 설명하고자 한다.

(1) 페놀화합물의 생리활성

피토케미컬 중 페놀화합물(phenolics)은 phenolic acids, stibenes, flavonoids, lignans, coumarins, tannins 등으로 분류하는데, 여기에는 천연색소 성분도 있고, 천연향기(냄새) 성분도 함유되어 있다.

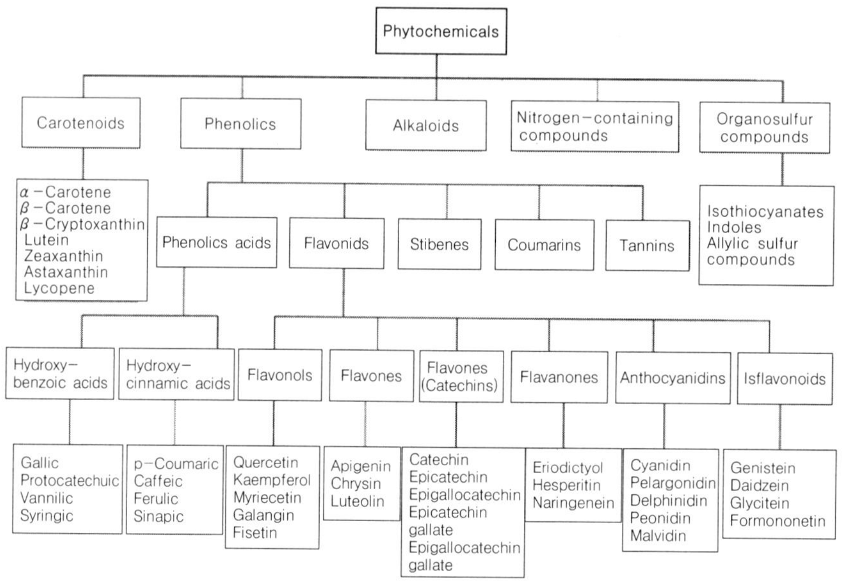

그림 2-6. 피토케미컬 분류

(출처 : Annals of Phytomedicine 3(2) : 4-25, 2014)

■ Phenolic acids의 생리활성

페놀화합물의 일종인 페놀산(phenolic acids)은 감귤류, 알로에베라, 사과, 포도, 석류, 딸기, 블루베리, 파인애플, 망고, 자두, 체리, 배, 쌀, 귀리, 옥수수, 바질, 타임, 오레가노, 버섯, 땅콩, 차, 커피 등 채소와 과일 그리고 통곡류에서 발견되는데, 특히 껍질과 씨에 많이 들어 있다. 페놀산은 크게 hydroxy benzoic acid 유도체(gallic acid, p-hydroxy benzoic acid, protocatechuic acid, vannilic acid, syringic acid)와 hydroxy cinnamic acid 유도체(*p*-coumaric acid, caffeic acid, ferulic acid, sinapic acid)로 구분한다.

모든 페놀산은 강한 항산화작용을 가지고 있는데, 활성산소의 영향으로 인한 세포의 손상을 막아주며, 이 과정을 통해 암이나 심장질환 같은 특정 질병의 발병 위험을 낮춰준다. 또 페놀산은 항염증작용을 하는데, 따라서 관절염 같은 염증성 질환을 완화시켜 준다. 또 페놀산은 항균성, 항바이러스 능력을 가지고 있다.

가) Hydroxy benzoic acid 유도체

Hydroxy benzoic acid 유도체에는 갈릭산(gallic acid), *p*-hydroxy benzoic acid, protocatechuic acid, vannilic acid, syringic acid 등이 있다.

① Gallic acid

페놀산의 일종인 갈릭산(gallic acid, GA / 갈산 / 몰식자산 / 3,4,5-trihydroxybenzoic acid)은 기생식물, 수생식물 및 청녹색 조류와 같은 많은 육상식물에서 발견되며, 다양한 오크종의 줄기 껍질, 그리고 과일(딸기, 포도, 바나나 포함), 차, 정향, 녹차, 홍차, 포도주, 커피, 머루, 식초 등에 두루 함유되어 있고, 산수유, 오미자, 산사자(山査子), 오배자(五倍子) 등 한약재에도 많이 함유되어 있다. 갈릭산은 스웨덴 화학자 Carl Wilhelm Scheele에 의해 1786년에 처음으로 연구되었다.

탄닌 중 gallotannins을 가수분해하면 갈릭산과 포도당이, ellagitannins이 가수분해되면 ellagic acid와 포도당이 만들어진다. 갈릭산의 염과 에스테르는 갈레이트(epigallocatechin gallate, EGCG)라고 부른다. 갈릭산은 식물세포의 정상적인 대사과정에서 부차적으로 생산되어 세포내 특수 장소에 축적되는 2차 대사산물의 일종이다. 갈릭산은 쓴맛을 가진 담황색이고, 철 등 금속과 반응하면 자색, 흑청색으로 변하며, 장내세균에 의해서 비산화적으로 탈탄산, 탈수산화되어 분해된다.

일종의 히드록시벤조산인 갈릭산(gallic acid)은 염증이나 알레르기 반응을 일으키는 히스타민(histamine)과 사이토카인 등과 같은 화학물질의 발현을 통제하여 알레르기를 억제하는 데 도움을 준다. 또 갈릭산은 천연 항산화제로 사용되고 그 외 비만, 고혈압, 항균 / 항바이라스, 혈당조절, 이상지혈증, 간기능 보호, 미백효과, 과산화물에 의한 손상으로부터 피부 멜라닌세포를 보호하는 등의 기능을 가지고 있다. 발효차 중의 미량성분인 갈릭산 산화물(purpurogallin carboxylic acid)은 항염 효능이 있어 신경 퇴행성 질환의 발병과 관련된 단백질인 α-시누클레인(α-synuclein / α-Syn, 파킨슨병 진단 단백질)의 성질을 변경하므로 아밀로이드 단백질(amyloid protein, 알츠하이머 결정단백질) 형성에 영향을 미친다고 한다. 또 갈릭산은 HAT(histone acetyl-transferase) 활성을 억제하여 항암활성을 높여 준다.

② *p*-hydroxy benzoic acid

p-hydroxy benzoic acid(PHBA)의 에스테르형은 보통 파라벤(paraben)이라 부르는데, 파라벤은 식품산업에서 박테리아와 곰팡이류 등 폭넓은 미생물 보존료로 사용되는 첨가물이다. 파라벤은 자연에 존재하며 과일, 채소, 딸기, 치즈, 식초 등에 함유되어 있는데, 보존효과는 alkyl chain의 탄소수가 많을수록 좋으며, 용해도는 탄소수에 반비례한다. 파라벤은 대표적인 지용성 물질로 우수한 항균기능을 가지고 있는데, 이것은 파라벤이 세포막 투과 능력이 좋아 전자수용체를 저해하여 미생물세포가 아미노산 흡수를 하지 못하게 하기 때문이다.

또 이 성분은 세포질 구성 성분을 용출시켜 막 자체의 물리적 손상과 투과막 파기를 유도하여 정상적인 미생물의 대사 저해, 관련 필수효소의 불활성화를 일으켜 미생육 생육을 억제한다. 파라벤은 비교적 빠르게 흡수, 대사 및 배설되는데 methyl-과 ethyl-, prophyl-paraben은 위장관에서 흡수되어 간, 신장을 통해 빠르게 배설되고, 체내 축적이 거의 되지 않는 것으로 알려져 있다. 파라벤은 장내 세균에 의해 phenol 또는 protocatechuic acid로 변하고, 이는 다시 미생물 작용으로 여러 과정을 거쳐 마뇨산(*p*-hydroxy hipupuric acid)으로 소변으로 배설된다.

파라벤은 내분비계 장애 추정물질로 여성호르몬인 에스트로겐과 유사하게 작용해 유방암 발생 또는 성조숙증을 일으키며, 남성의 경우 정자수 감소 등 남성의 미성숙을 유발하는 것으로 일부 보고되고 있는데, 미국 FDA에서는 파라벤 중 메틸과 프로필형만 GRAS에 포함시키고 있다. 그 외 파라벤의 부작용으로 정자 기형, 전립선 장애, 자외선 노출 시 피부노화 촉진, 기미, 주름, 검버섯 형성, 과민성 감작반응 야기, 세포용혈, 세포사멸 등이 있다. 파라벤이 회장품의 방부목적으로 이용되고 있는데, 실제 이 성분이 피부를 통해 인체 내에 축적되는 함량은 미미하지만 여전히 안전성 여부에 대한 논란이 일고 있다. 식품산업에 사용되는 파라벤은 메칠 / 에칠형을, 의약품에는 메틸 / 에틸 / 프로필형 파라벤을 사용하고 있다.

③ Protocatechuic acid

Protocatechuic acid(PCA)는 페놀산의 일종인 3, 4-dihydroxybenzoic acid인데, hydroxybenzoic acid 유도체이다. 녹차, 복분자, 오디, 흑밀, 버섯, 아보카도, 양파, 버섯 및 약용식물 등에서 발견되는 천연 polyphenolic 화합물이다. 산화방지제인 폴리페놀의 주요 대사산물이다(그림 2-7). 주요 생리기능은 자유라디칼의 소거 및 생성을 억제하는 항산화 기능이다. 그리고 항염증 효과를 가지며, 종양 성장을 감소시키는 항암효과, 심혈관계 질환을 억제하는 항동맥경화, 고지혈증 치료 효과 등을 가지고 있다. 백혈병 세포 사멸을 유도하고, 신경줄기세포의 증식을 증가시킨다. 특히 피부질환과 피부 생리활성에 효과가 있는데, 멜라닌 생성 억제를 비롯하여 COX(cyclo-oxygenase) 효소활성 억제, 콜라겐합성 증가, 콜라게나제(collagenase) 효소활성 억제 등을 통하여 주름개선 효과, 탈모방지, 발모효과, 피부 미백효과, 피부염증 억제효과, 주름개선 등의 생리활성 기능을 가지고 있다.

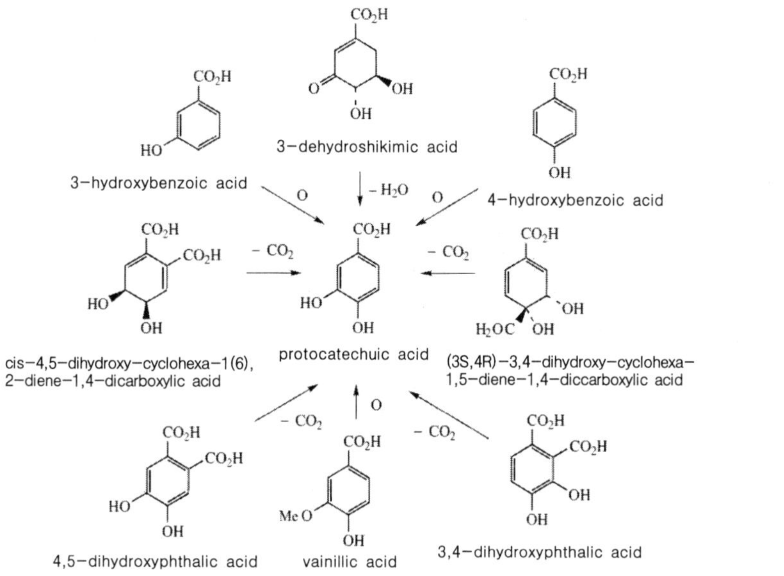

그림 2-7. Protocatechuic acid의 변환

④ Vannilic acid

바닐린의 산화 형태인 바닐린산(vannilic acid /4-hydroxy-3-methoxybenzoic acid)은 향료로 사용되는 dihydroxybenzoic acid 유도체로 페놀성 화합물 중 하나이다. 페놀화합물처럼 shikimic acid pathway에 의하여 만들어지며, 방향족 고리에 항산화작용과 관련된 수산기(-OH)와 카르복실기, 메톡실기($-OCH_3$) 등을 가지고 있다.

바닐린산의 주기능은 항산화작용, 항돌연변이 작용, 항암작용 및 항염증작용 등이 있으며, 특히 피부 노폐물 제거, tyrosinase의 활성을 억제하여 멜라닌 합성을 저해하며, 멜라닌의 과도한 합성과 산화적 손상에 의한 피부노화 억제, 피부착색 억제, 그리고 피부미백 효과를 가지고 있다. 바닐린산은 활성산소종(reactive oxygen species, ROS)의 세포독성을 억제하고, ROS에 대한 항산화능을 가지고 있으며, H_2O_2의 산화적 손상으로 인한 단백질 합성이나 전자전달계에 관여하는 세포 소기관의 손상, 세포내 신호전달 체계나 칼슘 채널의 이상으로 인한 항상성 파괴를 막아주는 기능을 가지고 있다.

⑤ Syringic acid

시린직산(syringic acid, SA / o-methylated trihydroxybenzoic acid / 4- hydroxy-3,5-di-methoxybenzoic acid)은 수산기와 카르복실기를 가지고 있는 페놀산의 일종으로 혈당을 안정시키는 기능을 가진 폴리페놀 유도체이다. 시린직산은 암세포를 선택적으로 억제하며, 아디포넥틴(adiponectin)*의 순환을 증가시켜 내장지방, 인슐린 저항성 등을 감소시키는 항비만에 유효한 소재이다. 또 염증 유전자 조절 등을 통해 항염증 및 항스테로이드 효과를 가진다. 또 시린직산은 또는 비알콜성 간질환에 대한 천연 치료제로 사용되고 있다.

* 지방세포에서 분비되는 단백질의 일종으로, 근육세포로 포도당이 유입되는 것을 촉진하여 인슐린 저항성을 개선시키는 착한 호르몬이다. 식욕억제 효과를 가지며, 근육에서 지방산의 β-산화를 촉진하고, 지방합성을 억제한다. AMPK 활성과 PPARα 활성에 영향을 주어 체지방을 조절해 준다. 아디포넥틴은 체지방이 과도하게 축적될 경우 아디포넥틴의 발현량 및 혈중 농도가 감소되므로 체지방 축적의 지표로 사용한다.

시린직산은 활성산소에 의한 지질 과산화로 유발된 세포막 손상에 대해 강력한 항산화 작용을 하는데, 이것은 시린직산이 자유라디칼 제거를 비롯하여 MDA(malondialdehyde, 지질대사산물 / 지질과산화물질 / 활성산소에 의한 산화 정도를 측정하는 기준 물질) 생성을 감소시키기 때문이다. 또 시린직산은 신경보호제로서 산화스트레스에 대항하여 SOD(superoxide dismutase) 생성을 촉진하고, 산화적 스트레스와 신경세포의 퇴행을 감소시키고, 세포독성 및 해마 신경세포의 세포사멸을 약화 또는 억제하고, 손상된 해마 뉴런의 회복에 관여한다.

나) Hydroxy cinnamic acid 유도체

Hydroxy cinnamic acid 유도체에는 *p*-coumaric acid, caffeic acid, ferulic acid, sinapic acid 등이 있다. 쿠마린산(*p*-coumaric acid)은 cinnamic acid가 산화효소에 의해 산화되어 생성된 페놀성 2차 대사산물로 hydroxycinnamic acid의 일종이다. 쿠마린산은 타이로신으로부터 합성할 수 있으며, 카페인산의 전구물질이다. *p*-쿠마린산은 과일, 채소류 등에 보통 들어 있으며, 특히 토마토, 발아보리, 인진쑥 등에 많이 들어 있다. 쿠마린산의 생리활성 기능은 다른 페놀화합물과 거의 동일한 기능을 가지고 있는데, 제일 중요한 기능이 바로 항산화 기능이다.

그 외 티로시나아제(tyrosinase) 활성 억제, 항균, 항염증, 항암을 비롯하여 중성지질 및 콜레스테롤 저하, 자외선 B(ultraviolet B / 315 nm ~ 280 nm 파장)의 차단, 당뇨, 고혈압 예방 등에 효과가 있다. 피부노화 방지, 미백, 주름 등의 효과로 화장품 소재로 이용되고 있다. 특히 쿠마린산은 치석, 충치, 치주질환을 유발하는 구강세균

발육을 억제하여 치과용으로도 사용되고 있다. 카페인산(caffeic acid)은 인간의 혈장(plasma)에 흔히 존재하는 생리활성물질로 hydroxycinnamic acid 화합물 중 하나이다. -OH, -COOH group을 가지고 있는 카페인산은 쿠마린산으로부터 합성되며(그림 2-8), 다양한 생리활성을 가지고 있다.

L-타이로신 —TAL→ 4-쿠마린산 —C3H→ 카페인산 —COM→ 페룰린산

그림 2-8. *p*-coumaric acid와 Caffeic acid

일반적으로 산화스트레스(oxidative stress)에 노출되었을 때 간독성대사와 관련된 cytochrome P450(CYP) 1A1 1A2 효소계(Phase I)의 유전자 발현과 효소활성이 증가하여 간 손상과 간 섬유화가 일어나는데, 이때 카페인산이 간 독성을 억제시키고 독성물질을 체외로 배출시키므로 간을 보호하게 된다. 지방산의 대사 및 스테로이드의 생합성에도 관여하는 cytochrome P450 효소들은 주로 간세포의 endoplasmic reticulum막에 존재하면서 체내로 유입된 화학물질의 산화 촉매, 발암원에 대한 방어, 해독작용 등을 수행하지만, 일부에서는 독성 감소보다 오히려 독성을 증가시키는 물질로 이야기하기도 한다. 그것은 외부 발암물질이 phase Ⅰ 효소인 cytochrome P450 효소에 의해 대사되어 더욱 활성화된 물질로 바뀌면 매우 강한 독성을 가지게 된다. 즉, cytochrome P450 대사 결과 반응성이 강한 중간산물로 활성화될 경우 세포내 독성을 유발하고 발암물질을 활성화시키며, 종양개시와 촉진에 관여하게 된다. 만약 cytochrome P450 효소의 활성을 억제시킬 수 있다면 발암은 예방할 수 있다. 과도하게 생성된 활성산소는 세포내 항산화 방어계의 기능을 저하시켜 주는데, 그것은 활성산소가 과다하게 생성될 경우 세포막을 구성하고 있는 지질이 과산화하여 *t*-BHP(*tert*-butyl hydroperoxide / *t*-BuOOH)와 같은 지질과산화산물을 만들게 되며, 이것이 peroxynitrite(ONOO-)를 생성하게 만든다.

이와 같이 지질과산화산물은 세포내 cysteine, histidine, lysine 등과 결합하여 단백질 기능을 손상시키고, 세포내의 칼슘농도의 변화, 신호전달 체계를 변화시키므로 결국 세포를 죽게 만든다. 이런 경우 카페인산은 지질과산화산물인 t-BHP의 생성을 억제하거나 제거하여 활성산소 및 활성질소를 효율적으로 제거하여 항산화 효과, 노화억제 효과를 갖는다. 또 카페인산은 세포내 항산화물질(glutathione / GSH)의 증가를 통하여 간 보호 활성을 증가시키는 소재로 알려져 있다.

페루릭산(ferulic acid)는 카페인산으로부터 생합성되는 유기화합물인 hydroxycinnamic acid이다. 이것은 식물 세포벽에서 발견되는 풍부한 페놀성 화학물질로서 -OH, -COOH, 이중결합 등의 관능기로 구성되어 있다. 페루릭산의 -OH, -COOH기의 에스테르화와 메틸화는 암세포에 대하여 항암작용을 나타낸다고 한다. -OH기와 -COOH기가 동시에 작용할 경우 정상적인 세포에는 독성을 나타내지 않으나 암세포에는 선택적으로 작용하는 매우 유용한 항암 그룹이다. 견과류에 다량 함유되어 있으며 채소류, 곡물류, 과실 및 차, 각종 약용식물 등에 널리 함유되어 있다. 페루릭산은 리그닌과 다당류를 가교 결합시켜 세포벽을 강하게 만드는 목재섬유 물질인 리그노셀룰로오스(ligno cellulose)의 구성 성분으로 리그난의 합성에도 사용되며, 다른 방향족화합물 제조에도 사용된다.

활성산소종(ROS)과 자유라디칼은 DNA 손상, 암 및 가속화된 세포 노화에 관여하는데, 페루릭산은 많은 천연 페놀과 마찬가지로 ROS과 같은 자유라디칼에 대해 반응성이 있는 항산화제이다. 그 외 콜레스테롤 저감기능, 항균/항염, 혈전과 동맥경화 예방, 노화방지, 골다공 예방, 면역기능, 운동능력 향상, 식물종자 발아 억제, 탈색기능 등 다양한 생리활성기능을 가진 소재이다. 특히 장파장의 자외선을 흡수하는 기능 때문에 미백화장품 원료로 사용되며, 멜라닌색소 재생을 억제해 준다.

시나픽산(sinapinic acid / 3, 5-dimethoxy-4-hydroxycinnamic acid / 4-hydroxy-3, 5-dimethoxy-cinnamic acid)은 phenylpropanoid계의 hydroxycinnamic acid의 일종으로 복분자, 사과, 자두, 체리, 블루베리 등의 베리류의 과일 및 쌀, 귀리, 메밀 등의 곡류에서 일반적으로 존재하며, 특히 과일 및 곡류로부터 제조되는 와인, 식초와 같은 발효식품에서도 고농도로 발견된다. 시나픽산은 강력한 항산화 활성을 가지고 있으며, 최근에는 고혈당 치료, 우울증 및 기억상실증 치료, 신경세포 보호, 항염증, 항세균, 탈모방지/발모촉진, 항불안 및 기억력 개선 등의 효과를 가진 유용한 소재로 알려져 있다. 시나픽산은 노화과정에서 발생된 산화스트레스를 억제하며, PPAR-α (peroxisome proliferator-activated receptor α)를 상향 조절하여 산화스트레스에 의해 활성화된 NF-κB(nuclear factor k-light-chain-enhancer of activated B cells)를 억제할 뿐만 아니라 Apo(apolipoprotein, 아포지단백) A1이 증가되어 HDL을 증가시킴으로써 죽상동맥경화증 등 염증성 질환을 예방/치료할 수 있다.

혈액응고에 관련된 트롬빈, 프로트롬빈, 다수의 혈액응고인자를 강력히 저해하여 혈전 생성을 억제하므로 혈행 개선을 통해 혈전증의 예방 및 치료에 도움을 주는 소재이다. 또 시나핀산은 피부 미백용 화장 성분 및 노화된 피부를 재생하는 기능 이외 피부의 기미 및 반점과 같은 비정상적 색소침착과 태양에의 과노출에 기인하는 색소침착과 관련된 피부문제를 해결해 주는 기능을 가지고 있다.

▣ Stibenes의 생리활성

스틸벤(stibenes)은 1843년 프랑스 화학자 Auguste Laurent에 의해 발견되었는데, "stilbene"이라는 이름은 헬라어인 *stilbo*에서 파생되었는데 "빛나는" 것을 의미한다. *cis*-와 *trans* 등 입체 이성질체가 있다. 스틸벤 골격을 지닌 폴리페놀류는 천연에서 폭넓게 발견되며 항미생물, 항말라리아, 항산화, 항백혈병, 항혈소판응집, 항암, 항-HIV, 티로신 카이나제 억제, 항염증, 항돌연변이, 항진균 및 간보호 효과 등 다양한 생리활성을 갖는 것으로 알려져 있다. Stilbestrols는 에스트로겐 활성을 나타낸다. 스틸벤 중 생리활성 기능이 널리 알려진 것은 스틸벤 유도체(stilbenoids)인 resveratrol과 pterostilbene이다.

가) 레스베라트롤

레스베라트롤(resveratrol, 그림 2-9)은 3, 5, 4′-trihydroxy-transstilbene인데, 식물이 해충을 비롯한 열악한 환경에 처했을 경우 자체 방어수단으로 만들어 내는 항생제인 파이토알렉신(phytoalexin)이며, 폴리페놀계 물질이다.

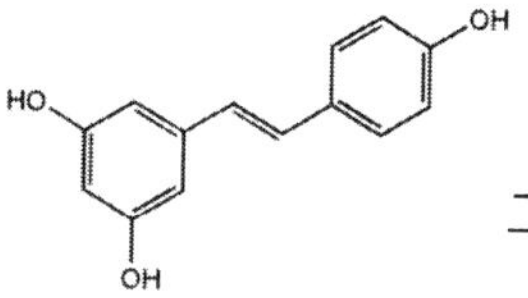

그림 2-9. 레스베라트롤(resveratrol) 구조

포도껍질, 포도씨, 땅콩, 오디 등에 들어 있고, 적포도주에 많이 들어 있다. 와인에서의 레스베라트롤 함량은 와인발효가 길어질수록 많아지는데 적포도주에 많고(0.2～5.8 mg/L 정도), 백포도주에는 적게 포함되어 있다. 레스베라트롤은 *cis*-, *trans* 2가지 형태가 있는데 trans만이 생리활성 효과가 있는 것으로 알려져 있다. 열과 자외선에 의해서 *trans*-는 *cis*-형으로 변한다. 레스베라트롤을 처음 보고한 사람은 1939년 일본의 과학자 Michio Takaoka인데, 이 성분을 호장근(虎杖根, hellebore / *Reynoutria japonica*, 호랑이지팡이 뿌리)에서 분리하였다. 1992년 와인이 심혈관계 질환에 효과를 가지며, 와인의 프렌치 패러독스(French paradox)* 효과가 레스베라트롤 때문이라는 논문이 나오면서 이 소재에 대한 관심이 높아졌다.

* French paradox는 프랑스인들이 콜레스테롤과 포화지방이 많은 고기를 먹어도 고지혈증이나 심혈관질환이 없다는 데서 유래한 말이다.

레스베라트롤의 생리활성기능은 심장질환 예방, 항암, 항노화, 항염을 비롯하여 자외선 차단, 모공수축, 색소침착 등으로부터 피부를 보호하여 주름개선, 미백, 보습 등이다. 체내에서 재빨리 대사되며, 대사산물은 주로 황화유도체와 glucuronide 유도체이다.

나) Pterostiben

프테로스틸벤(pterostiben / trans-3,5-dimethoxy-4-hydroxystilbene)은 레스베라트롤과 구조적으로 유사한 methoxylated resveratrol이다. 그래서 이것을 3, 5-dimethoxy-resveratrol이라고도 부른다(그림 2-10). 이 이름은 식물의 *pterocarpus*속의 이름을 따서 명명되었다. 프테로스틸벤은 stilbene 종류의 분자에 속하는 레스베라트롤과 유사한 식물성 화학방어물질이다. 포도, 크랜베리(cranberries), 블루베리, 아몬드, 땅콩, 적포도주 등에 존재하는 페놀화합물의 일종으로 대표적인 기능은 항산화이다. 이 소재는 과산화수소(H_2O_2)와 슈퍼옥사이드 음이온(O_2^-)과 같은 산화성 스트레스(OS)와 반응성 산소종(ROS)의 생성을 감소시킨다. 또 프테로스틸벤은 각종 암을 억제하며, 그 외 신경손상 완화, 혈관질환 예방, 혈당 감소 등 기능을 가지고 있다.

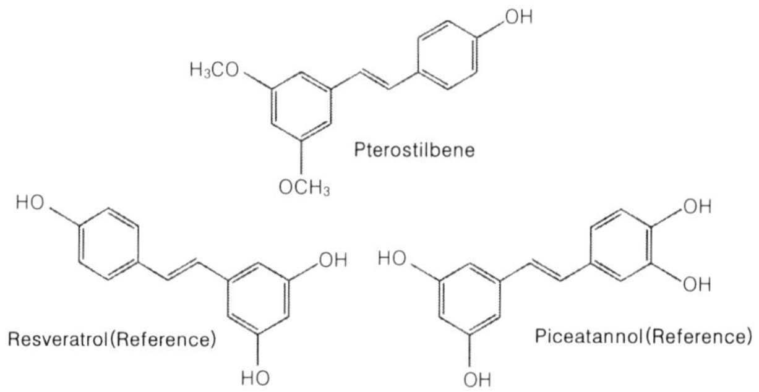

그림 2-10. 프테로스틸벤(pterostiben) 구조

프테로스틸벤은 산화질소 라디칼(nitric oxide, NO)을 직접 제거하지 않지만 LPS (lipopolysaccharide)에 자극을 받으면 소액성 산화질소 생산을 감소시켜 신경염증을 제거해 준다. 또 체지방 감소, 동맥에서의 플라크 침전 방지, 중성지방과 LDL 콜레스테롤 저하 기능도 가지고 있다.

▣ 플라보노이드(flavonoids)의 생리활성

가) 플라보노이드(flavonoids)의 정의와 기능

식물유래 폴리페놀 계열의 화합물을 플라보노이드(flavonoids / bioflavonoid)라고 하며, 현재 4,000종 이상 존재하는 것으로 알려져 있다. 플라보노이드는 식물과 진균류의 2차 대사산물로, 동물에는 비교적 적고, 식물에는 널리 함유되어 있는데, 특히 건조된 녹차 잎의 경우 플라보노이드가 녹차 잎 무게의 30% 정도 함유되어 있다. 플라보노이드 함량이 높은 식품에는 양파, 딸기류, 녹차 및 우롱차, 바나나, 감귤류, 은행, 적포도주, 다크 초콜릿 등이 있으며, 파슬리는 플라본(flavone), 블루베리는 안토시아니딘(anthocyanidins), 홍차는 플라바놀(flavanol)이 풍부하게 들어 있다.

Flavonoids는 그리스어 *flavus*에서 유래된 말인데, 이는 '노란색'을 의미하며, 예로부터 색소 성분으로 알려져 염료나 식용색소로 사용되었다. 안토시아닌(anthocyanin)은 철, 주석, 구리, 알루미늄 등의 금속이온과 반응할 경우 청색, 자색, 갈색을 띠는데, 안토잔틴 (anthoxanthin)도 마찬가지로 금속이온과 반응하여 어두운 색을 띠게 된다.

플라보노이드는 플라본(flavone)을 기본 구조로 하는데(그림 2-11), 2개의 페닐기가 탄소원자 3개의 heterocyclic고리(C)를 매개로 C6-C3-C6형 탄소골격 구조(총 15개의 탄소골격)를 갖는다.

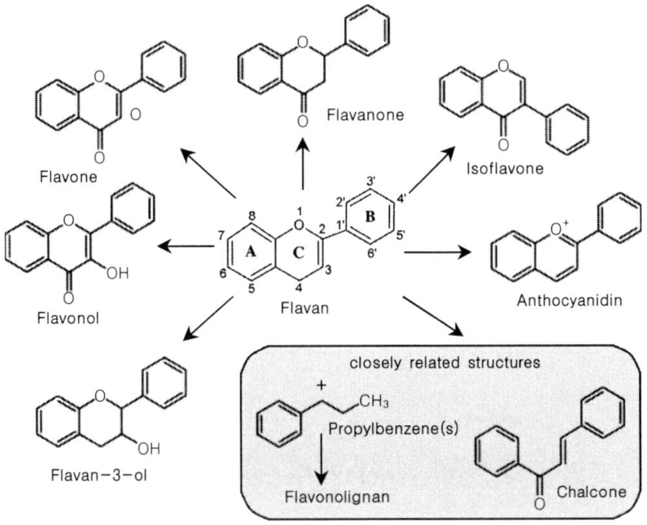

그림 2-11. 플라본 구조를 중심으로 한 플라보노이드

플라보노이드는 중앙의 3개의 탄소구조에 의해 분류하며, 이것이 여러 당류와 에테르결합을 통해 글루코시드의 형태로 존재하는 경우가 많다. 보통 A고리의 5, 7위, B고리의 3′, 4′위에 하이드록시기(hydroxyl group, -OH) 또는 메톡실기(methoxyl group, $-CH_3O$)가 붙어 있고, 거의 대부분이 *o*-글리코시드이다. 페닐프로파노이드(phenylpropanoids) 구조를 가지고 있는 *p*-쿠마로일-조효소 A분자와 malonyl-CoA 3개 분자가 결합해서 플라보노이드 기본 구조인 나린제닌(naringenin) 물질을 만들며, 이후 여러 효소를 이용해 나린제닌에 변화를 일으키면 다양한 플라보노이드를 만들 수 있다.

플라보노이드류의 종류에는 flavonoids(bioflavonoids), isoflavonoid, neoflavonoids 등이 있으며, 3가지 플라보노이드류는 모두 케톤함유 화합물이다(그림 2-12). 플라보노이드는 안토잔틴(anthoxanthin), 플라본(flavone) / 아이소플라본(isoflavones), 플라보놀(flavonols) / 플라바노놀(flavanonol) / 플라반-3-올(flavan-3-ol), 플라반(flavan), 플라바논(flavanones), 안토시아니딘(anthocyanidins)* / anthocyanin 등으로 분류하고 있다.

* 안토시아니딘에는 펠라고니딘, 시아니딘, 델피니딘, 페투니딘이 있고, 안토시아닌에는 칼리스테핀, 크리산테민, 이데인, 니수딘, 페오닌, 페투닌, 델핀 등이 있다.

플라보노이드의 일반적인 생리활성기능은 항산화, 항알레르기, 항염증, 항균, 항진균, 항바이러스, 항암, 설사 방지 등이다. 그러나 인체에 흡수되기 어렵고(5% 미만), 흡수되는 물질의 대부분은 신속하게 대사되고 배설된다. 이러한 결과로 플라보노이드가 가진 항산화 활성은 무시될 만한 수준이라고 말하기도 한다. 일부에서는 플라보노이드가 풍부한 식품을 섭취한 후에 나타나는 혈액의 항산화 능력이 플라보노이드에 직접적으로 기인한 것이 아니라, 플라보노이드의 분해와 배설활동으로 인한 요산의 생산 때문이라고 말하기도 한다.

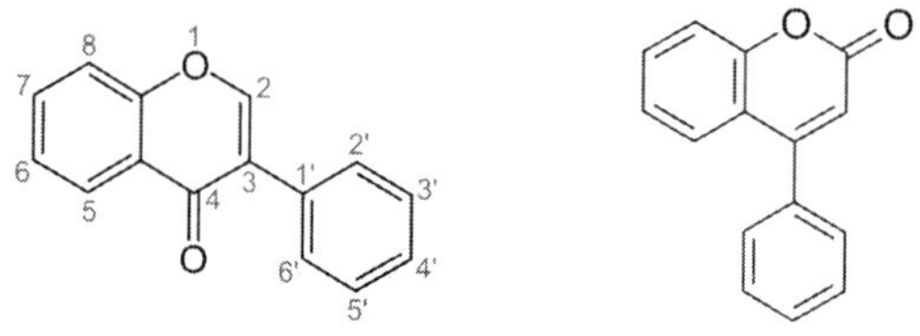

isoflavonoid neoflavonoids

그림 2-12. Isoflavonoid와 Neoflavonoids 구조

나) 플라보노이드(flavonoids)의 종류와 기능

① 안토잔신

식물 속 플라보노이드 색소 중 하나인 안토잔틴(anthoxanthions)은 산성과 중성에서 흰색, 염기성에서 노른색을 띠고, 안토시아닌은 산성에서는 빨간색, 중성에서는 옅은 빨간색 또는 무색, 염기성에서는 파란색을 띤다. 안토잔신에는 flavones, flavonols이 있다

a) Flavones

플라본(flavones)은 2-phenylchromen-4-one(2-phenyl-1-benzopyran-4-one)을 기본 구조로 한 플라보노이드 계열의 물질로 향신료와 빨간색 또는 보라색, 자주색 과일 및 채소에서 발견되며, 특정 식물군(chrysin은 포플라의 어린 잎눈이나 섬잣나무의 심재, primetin은 설앵초, apigenin은 달리아의 노랑꽃 등)에서도 발견된다. 플라

본은 수산화(hydroxylation), 메틸화(methylation), 당화(glycosylation) 등을 통해서 다양한 물질군을 형성할 수 있는 기본 골격을 가지고 있는데, 플라본 및 플라본과 같은 골격을 가진 것으로는 아피제닌(apigenin), 프리메틴(primetin), luteolin, tangeritin, chrysin, 6-hydroxyflavone 등이 있다. 황색을 가진 플라본은 체내 잘 흡수되지 않고, 체내에서 빠르게 소변으로 배설되는 것으로 알려져 있다.

아피제닌(apigenin / 4, 5, 7-trihydroxyflavone)은 glycosides의 aglycone인 플라본류에 속하는 천연 생성물로 파슬리, 셀러리, 로즈마리, 오레가노, 백리향, 바질 및 고수풀 등과 같은 향신료에 들어 있고, 그 외 카밀레, 정향, 시금치, 박하, 적포도주, 감초 등 많은 식물에서 발견된다. 아피제닌은 다양한 생리활성을 가지고 있는데, 주기능은 항산화, 항암, 항염, 항균을 비롯하여 혈압저하, 심장질환, 신경학적 증상 완화 그리고 노화 지연이다.

우선 아피제닌은 뇌의 GABA 수용체를 조절하며, 중추신경계에 긴장감을 완화시켜 고압을 낮추는데 도움을 주며, 스테로이드성 급성조절 단백질인 StAR(steroidogenic acute regulatory protein) 생성을 도와 노화를 지연 또는 예방한다. 나이가 들면서 과식, 과음할 경우 StAR이 감소하여 호르몬 생산이 비정상적으로 증가하면서 노화가 가속화되며, 따라서 질병에 걸릴 가능성이 높아진다. 또 아피제닌은 나이가 들면서 증가하는 방향화 효소*(aromatase / estrogen synthetase / estrogen synthase)를 억제하여 죽상동맥경화증과 심장마비의 위험을 줄여 준다.

* 방향화 효소는 시토크롬 P450 효소군에 속하는 안드로겐을 에스트로겐으로 바꾸는 생합성의 마지막 단계를 담당하는데, 방향화 효소가 과다하게 분비되면 소년에게 여성형 유방증이나 소녀에게 유방비대와 성조숙증을 유발한다. 이 효소가 결핍되면 CYP19 유전자가 손상되어 여성의 남성화를 일으킨다. 방향화 효소 과다증후군(aromatase excess syndrome, AES)은 방향화 효소의 유전자 발현이 과도해지는 희귀한 유전병이다. 여성의 경우 방향화 작용으로 여성호르몬을 지나치게 공급받으면 유방암이 생기므로 방향화효소 억제제(aromatase inhibitor)를 사용한다.

아피제닌은 유리기에 의한 손상을 방지하고, COX-2(cyclooxygenase-2)를 차단하며, PPAR-γ를 활성화시켜 전립선암, 유방암, 위암, 방광암 및 백혈병 등의 암 위험을 줄이고, 면역체계를 강화해 준다. 또 강력한 항산화 및 항염증 기능을 가지고 있으며, 신장 손상을 억제하고 불안을 완화하며, 신경세포의 분화 촉진, 뇌세포의 생성을 촉진하는 기능을 가지고 있다. 특히 혈액 공급량을 늘리거나 세포재생을 촉진하는 성분을 자극하며, 모낭(hair folliclc)의 퇴행 인자인 TGF-β1(transforming growth factor-β1)의 발현을 억제하여 모발의 성장을 촉진하고, 모간(hair shaft)의 성장을 도모한다.

루테올린(luteolin / luteolol / 3, 4, 5, 7-tetrahydroxyflavone, 그림 2-13)은 노란색 결정체가 있는 flavonoid의 한 종류인 flavone이다. 루테올린은 차(녹차), 야채(양파, 셀러리, 당근, 파슬리, 브로콜리, 영국 시금치, 콩), 과일(사과, 감귤류, 포도, 커피, 오렌지, 레몬, 만다린, 체리, 블루베리)과 와인을 비롯하여 백리향, 민들레, 들깨, 박하, 로즈마리, 타임, 세이지, 올리브오일, 페퍼민트 등 다양한 식물에 함유되어 있다.

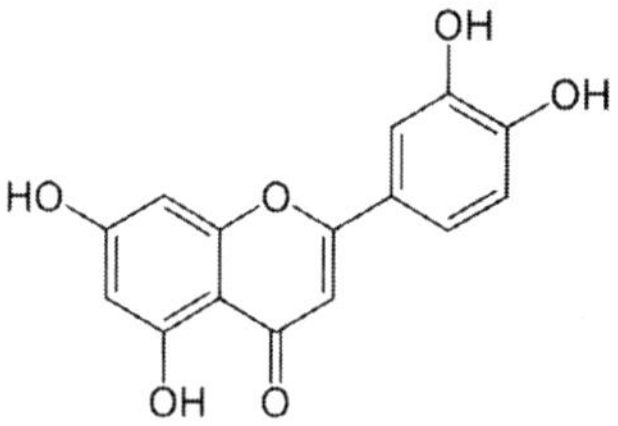

그림 2-13. 루테올린 구조

루테올린의 주 기능은 내재 및 외인성 신호전달 경로를 통해 항산화와 항염증, 탄수화물의 신진대사조절 효과를 가진 화합물이다. 그 외 뇌 신경세포의 활성화를 도와 뇌 노화를 지연하여 기억력 감퇴를 줄여 주고, 치매를 예방한다. 또 피부병변 및 주름과 같은 산화스트레스 징후의 완화 및 예방, 피부 일레르기 예방에 도움을 주며, 심혈관 질환(CVD)을 효과적으로 예방한다. 특히 암세포의 증식과 전이를 억제하고, 발암 표적 단백질의 발현을 저해하는 등 손상으로부터 정상세포를 보호하는 기능을 가지고 있다. 루테올린은 잠이 드는 시간을 단축해 주고, 수면시간을 늘려주는 소재이기도 하다.

b) Flavonols

플라보놀(flavonol)은 3-hydroxyflavone(3-hydroxy-2-phenylchromenen-4-one)을 기본 골격 구조로 하는 플라보노이드 계열의 폴리페놀 물질이다. 다양한 과일과 채소, 적포도주 및 차와 같은 음료, 양파, 부추, 브로콜리, 케일, 딸기, 블루베리, 포도 및 일부 허브 등에 존재하며, 당과 결합하여 myricetin, kaempferol, quercetin 등을 만든다(그림 2-14).

플라보놀은 플라바놀(flavanol)과 다르므로 혼동하지 말아야 한다. 플라보놀의 구조를 보면 탄소 2번과 3번 위치 사이에 이중결합이 있고, C의 4위치에 산소(케톤그룹)가 있어 다른 플라보노이드와는 다른 구조이다. 플라보놀 구조의 3-하이드록실그룹은 당과 연결될 수 있는 즉, 글리코실화가 될 수 있는 중요한 곳이다. 대부분의 과일과 채소, 식물에서 분리한 플라보놀은 글리코실화 형태이다. 플라보놀과 관련된 당은 포도당, 람노오스(rhamnose), 그리고 기타 당인데, 가장 보편적인 당화 유도체는 kaempferol, quercetin이다. 플라보놀은 자외선으로부터 식물을 보호하고, 여러 가지

꽃 색깔을 만들어 내며, 곤충이나 미생물의 공격에 대한 방어작용에도 관여한다. 또한 콩과식물의 뿌리를 통해 토양으로 분비되어 질소고정 공생체의 상호작용을 중개하는 역할도 한다. 항산화, 항염증, 항암효과를 가지고 있으며, 다른 세포 신호전달 경로를 조절한다. 강력한 항산화 물질이다. Myricetin(myricetol)은 항산화 특성을 지닌 플라보노이드 계열의 flavonol 물질이다.

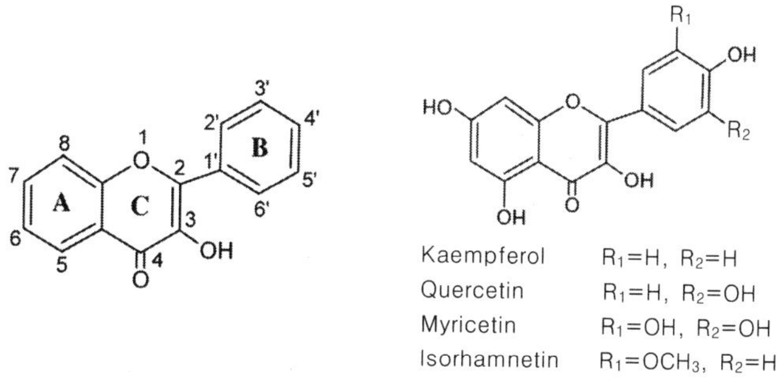
8
1
2
3
4
5
6
7
2'
3'
4'
5'
6'
1'
A
B
C
O
OH
O
R1
OH
R2
HO
O
OH
OH
O
Kaempferol R1=H, R2=H
Quercetin R1=H, R2=OH
Myricetin R1=OH, R2=OH
Isorhamnetin R1=OCH3, R2=H

그림 2-14. 기본 플라보놀 구조와 myricetin, kaempferol, quercetin 구조

일반적으로 야채, 과일, 견과류, 열매, 차, 적포도주에서 발견되는데 오렌지, 블루베리 잎, 포도, 브로콜리, 양배추, 고추(붉 고추, 녹색칠리, 피망), 마늘, 토마토, 녹차와 홍차 등에서도 발견된다. Myricetin의 생리활성 기능은 매우 다양하다. 작게는 숙취 예방을 비롯하여 항산화, 항암, 항바이러스, 항혈전, 항당뇨, 항염, 항동맥경화, 신경보호, 소염 등의 효과를 가진다.

우선 myricetin은 산화방지제로 작용하는데, 효소 glutathione S-transferase(GST)를 유도하여 자유라디칼로부터 세포를 보호하고, 산화적 스트레스 요인으로부터 뉴런을 보호한다. 또 myricetin은 발암성이 높은 화합물인 benzopyrene 같은 다환방향족 탄화수소에 의해 유발되는 피부종양 발생 위험을 줄여 준다. Myricetin은 항바이러스 활성을 가지는데, 그것은 바이러스 증식에 필요한 역전사 효소를 억제하기 때문이다. 또 myricetin은 산화 스트레스에 의해 유발된 혈소판 활성화/응집을 예방하고, 혈소판 표면 수용체에 결합하는 피브리노겐의 능력을 제한한다. 특히 myricetin의 항염증제 성질은 염증 동안 발생하는 interleukin-12와 interleukin-1β와 같은 사이토카인의 생성을 억제하고, 염증 신호경로를 방해한다. 파골세포의 분화를 억제하므로 골다공증 치료 및 골질환 예방을 도모하는 소재로도 사용되고 있다.

Kaempferol(3, 4′, 5, 7-tetrahydroxyflavone)은 사과, 양파, 부추, 감귤류, 포도, 적포도주, 은행나무 등에 존재하는 플라보노이드 계열의 플라보놀이다, 노란색 결정으로 17세기 독일 자연주의자인 Engelbert Kaempfer의 이름을 따서 명명되었다. Kaempferol은 산화스트레스를 줄이는 항산화제 역할을 하며 항암, 항비만의 기능을 가지고 있다. 또 kaempferol은 세포의 지질 및 DNA의 산화적 손상을 예방하고, LDL의 산화와 혈소판 형성을 억제하여 동맥경화를 예방한다. 특히 kaempferol은 죽상(粥狀)동맥경화 플라크(atheroma, atherosclerotic plaque) 형성의 초기단계에 역할하는 MCP-1을 억제하는 기능을 가지고 있다. 죽상경화증은 동맥 내피에 생긴 죽상경화 플라크(plaques)가 동맥 내경의 70% 이상을 차지할 경우 혈류의 흐름이 나빠져 협심증을 비롯한 다양한 증상을 일으킨다. 만약 플라크 내의 단핵세포와 대식세포가 활성화되어 백혈구를 병변으로 끌어들이거나 단핵세포가 금속단백질분해효소(metallo-proteinases)를 분비하여 결체조직과 플라크을 파괴하면 플라크와 함께 있는 섬유소 덮개(cap)가 약화되어 동맥 자체가 터지게 된다.

쓴맛을 가진 퀘르세틴(quercetin / 5, 7, 3, 4-flavon-3-o)은 플라보노이드 계열의 플라보놀이다. 많은 과일, 채소 및 곡물에서 발견되는데 붉은 양파, 토마토, 포도, 버찌, 사과껍질, 감귤류, 양파껍질, 메밀, 브로콜리, 케일, 토마토, 적포도주, 홍차 등에서 발견된다. 그 이름은 *Quercus*(Quercetum, Oak Forest)로부터 유래되었다. 인간은 체내에서 케르세틴을 만들 수 없다. 퀘르세틴의 주기능은 항산화 작용이다. 활성산소를 제거하고, 세포의 손상과 이에 따른 노화를 억제하는 기능을 가지고 있다. 그 외에 항염, 항암(전립선암, 대장암), 항바이러스, 신경질환(알츠하이머병이나 파킨슨병과 같은 신경퇴행성 질환) 예방, 알레르기 증상 완화(항히스타민), 접촉성 피부염 예방, 심장질환의 위험 감소 등이다. 또 혈관을 확장하고, 혈압을 낮추며, 혈관내 노폐물 축적을 막는다. 우울증과 같은 불안감을 해소시키는 데도 기여하며, 죽상동맥경화증을 완화하기도 한다.

c) Isoflavones

플라보노이드(flavonoid)계인 이소플라본은 플라본과 다르게 천연적으로 콩에 존재하는 phytochemical로 이소플라보노이드(isoflavonoids)의 일종이다. 여성호르몬인 에스트로겐과 구조적, 생물학적 작용이 유사하기 때문에 식물성 에스트로겐이라 부른다. 식물성 에스트로겐은 현재까지 암, 폐경기증후군, 심혈관질환, 골다공증을 포함하는 호르몬 의존성 질병에 대하여 잠재적인 대체 요법을 제공하는 소재로 알려져 있다. 이소플라본은 3-phenylchrome 골격을 갖고 있는 화합물인데, 가장 잘 알려진 이소플라본은 제니스테인(genistein), 다이드제인(daidzein), 포르모노네틴(formononetin), 비오카닌 A(biochanin A), 쿠메스트롤(coumestrol) 등이다.

콩에는 12종의 이소플라본이 존재하며, 콩 이소플라본은 화학적 구조에 따라서 배당체(glycoside)와 비배당체(aglycone)로 구분되는데, 이해를 돕기 위한 실례는 그림 2-15와 같다. 당과 결합된 형태인 배당체인 7′-*o*-glucosides, 6′-*o*-acetylglucosides 그리고 6′-*o*-malonylglucosides 등은 장내미생물에서 분비하는 β-glucosidase라는 효소에 의하여 비배당체로 변환된다. 배당체 형태로 존재하고 있는 이소플라본은 위산과 장내미생물 효소인 β-glucosidase에 의해 유리상태의 genistein, daidzein 및 그 외 대사산물 등으로 전환되어 장에서 흡수된다.

이소플라본은 지용성이므로 다른 지용성 영양소와 같은 경로로 흡수, 대사된다. 즉, 장에서 흡수된 이소플라본은 킬로미크론(chylomicron)에 포함되어 림프관을 따라 혈액으로 운반되어 모든 세포에 전달된다. 간에 도달한 이소플라본은 glucuronide나 황산염 형태로 간에 저장되었다가 담즙을 통해 소장으로 배출되어 장관을 순환하게 된다. 순환이 끝난 이소플라본은 주로 소변으로 배설되는데, 섭취한 이소플라본은 2일이 지나면 거의 모두 배설되며, 그 중 절반 정도는 약 12시간 이내에 배설된다. 이소플라본 중 특히 genistein과 daidzein은 항암효과와 항산화효과를 가지고 있는 중요한 물질이며, 암세포 증식에 관여하는 효소를 저해하는데, 특히 전립선암을 억제하는 기능을 가지고 있다.

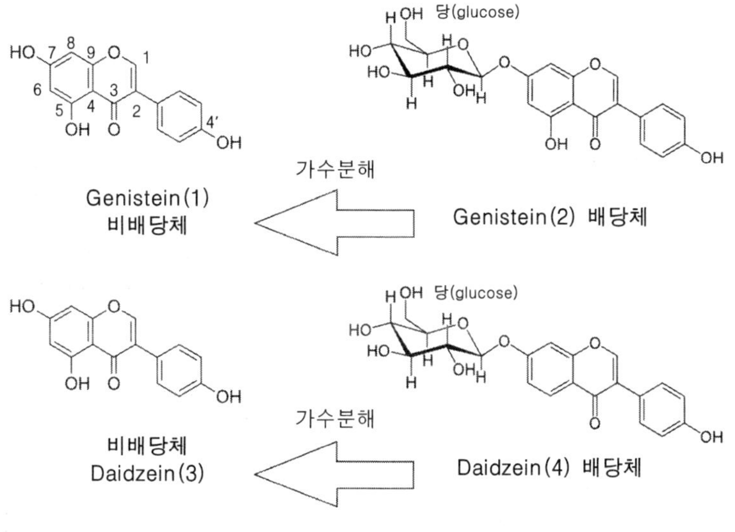

Genistein(1) 비배당체 ← 가수분해 ← Genistein(2) 배당체

비배당체 Daidzein(3) ← 가수분해 ← Daidzein(4) 배당체

그림 2-15. 이소플라본 배당체(glycoside)와 비배당체(aglycone)

이소플라본 중 항암(유방암, 결장암, 폐암, 전립선암, 피부암) 작용은 대부분 genistein 때문인데, 이것은 에스트로겐 수용체(estrogen receptor)와 약하게 결합하여 암세포 증식을 감소시키고, 암세포 형성에 관여되는 tyrosine protein kinase를 저해하며, 정상세포의 분열을 촉진하기 때문이다. 또한 genistein은 맥관 형성(angiogenesis)을 억제시켜 산소나 영양분의 공급을 차단시켜 종기의 발달을 저해한다. 또 이소플라본은 뼈세포의 증식을 촉진하여 뼈 손실을 예방하며, 폐경 및 노화로 인한 골다공증의 예방에 유용하다. 즉 이소플라본은 에스트로겐과 같은 역할을 하여 뼈의 칼슘 용

출을 막고, 칼슘 흡수율을 높여 주는 비타민 D 활성에 관여하며, 뼈의 재흡수를 저해하고, 뼈의 밀도를 높여 준다. 식약처에서는 대두이소플라본을 "뼈 건강에 도움을 준다"는 기능성 소재로 인정하고 있다. 그 외 이소플라본은 생체내 또는 외에서 항산화제 역할을 하며, 혈당과 콜레스테롤을 저하시킨다.

② Flavanols / Catechin

플라바놀(flavanols / 3-hydroxy-2-phenylchromenen-4-one)은 3-hydroxyflavone을 기본 골격구조로 -OH그룹의 위치에 따라 다양한 기능을 가진다. Catechins을 비롯한 epicatechin, epigallocatechin, epicatechingallate, epigallocatechingallate 등이 여기에 속한다. 플라바놀의 대표적인 성분인 catechin(flavan-3-ol)은 플라보노이드계 폴리페놀로 4개의 부분 입체 이성질체를 갖는다. 그 중 2개는 *trans* 배열 catechin이고, 나머지 2개는 *cis* 배열한 epicatechin이다(그림 2-16).

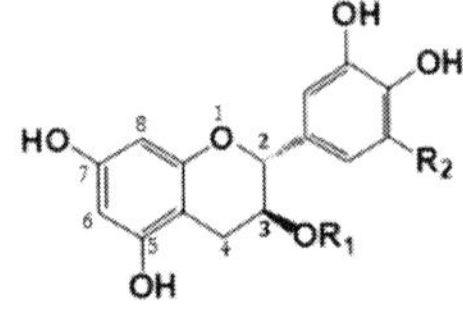

(+)-Catechins	R1	R2
(+)-Catechin	H	H
(+)-Catechin gallate	Gallyl	H
(+)-Gallocatechin	H	OH
(+)-Gallocatechin gallate	Gallyl	OH

(-)-Epicatechins	R1	R2
(-)-Epicatechin [EC]	H	H
(-)-Epicatechin gallate [ECG]	Gallyl	H
(-)-Epigallocatechin [EGC]	H	OH
(-)-Epigallocatechin gallate [EGCG]	Gallyl	OH

그림 2-16. 카테킨의 종류와 구조
(출처 : Current Drug Targets 17(999), 2016)

플라바놀은 사과, 배, 차, 코코아, 포도 및 블루베리 등 과일과 채소에 존재하는 대표적 항산화물질이다. 플라바놀은 항암, 심장질환을 예방하고, 뇌의 신진대사와 혈액순환을 개선시키며, 기억력 장애를 예방하므로 조기 치매환자들에게는 유용한 물질이다.

Catechin은 코코아, 복숭아, 녹차, 식초, 보리 등에 함유되어 있는데, 주요 생리활성 기능은 항산화이다. DNA 손상에 영향을 주는 반응성 산소종을 효과적으로 제거하며, 전사인자와 효소활성에 미치는 영향을 통해 간접적으로 항산화 작용을 수행한다. 그 외 항암, 항비만, 항당뇨, 소염작용, 충치예방, 장내 세균총 정상화 등 다양한 기능을 가지고 있다. 또 혈관 확장을 도모하고, 콜레스테롤을 저하시킨다. 바이러스성 간염 치료에도 활용되고 있으며, 노화를 지연시켜 주는 기능을 가지고 있다.

녹차는 catechin류 중 EGCG 및 ECG 함량이 가장 많은데 떫은맛이 강하고, 단백질과의 결합을 강하게 하는 차의 탄닌 주성분이기도 하다. 홍차의 catechin는 서로 축합하여 결정성 홍색소인 theaflavin과 축합형 탄닌 thearubigin 등으로 변한다. 다만 적혈구와 결합하면 자가 항체의 방출을 유도하여 용혈성 빈혈과 신부전을 일으킬 수도 있다.

③ Flavanones

플라바논(flavanone)은 flavonoids의 일종으로, 플라본(flavone)에서 유래된 다양한 방향족의 무색 케톤(ketones)이다(그림 2-17). Chalcone에 chalcone isomerase 효소를 작용하여 플라바논을 생산하며, 가운데 링구조에 이중결합 구조가 없고, 카이랄 중심(chiral center) 탄소가 존재하며, 당과 쉽게 결합한다. 안토시아니딘의 배당체가 안토시아닌이라면 플라바논의 배당체는 헤스페리딘(hesperidin)이다.

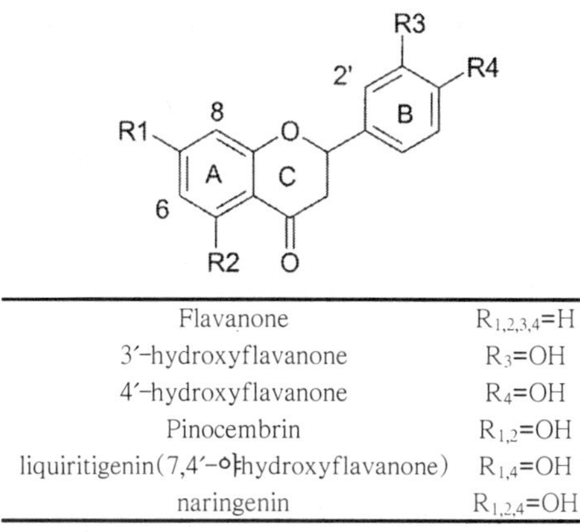

Flavanone	$R_{1,2,3,4}$=H
3′-hydroxyflavanone	R_3=OH
4′-hydroxyflavanone	R_4=OH
Pinocembrin	$R_{1,2}$=OH
liquiritigenin(7,4′-야hydroxyflavanone)	$R_{1,4}$=OH
naringenin	$R_{1,2,4}$=OH

그림 2-17. Flavanone과 그 유도체 구조

플라바논은 과일, 채소, 곡물, 나무껍질, 뿌리, 줄기, 꽃, 와인, 차 등의 다양한 식물에 존재하며, 식물에서 수분(pollinating)을 위한 곤충 유혹, 미생물 감염에 대한 변화 적응, 세포증식 조절 등 다양한 기능을 수행하는 성분이다. 인체에서는 세포-신호전달(cell-signaling) 조절에 다양하게 관여하며 항산화, 항혈전, 항염증, 항당뇨, 항암, 신경보호 등 매우 중요한 생리할성 기능을 가진 성분이다.

헤스페리딘은 매우 복잡한 구조를 가지고 있는 플라바논 배당체인데 레몬, 오렌지와 같은 감귤류 껍질의 과육과 하얀부분에 1.5～3% 포함되어 있으며, 미숙과에 많고 녹색채소에도 포함되어 있다. 헤스페리딘(hesperetin-7-rhamnoglucoside)은 1828년 프랑스 화학자인 Lebreton에 의해 감귤류 껍질의 흰색 내부층에서 처음으로 분리되어 감귤류 *hesperidium*에서 그 이름을 유래하였다. 헤스페리딘은 바이오 플라보노이드라고도 부르는데, 담황색 결정으로 냄새와 맛이 거의 없고, 이당류 루티노스(rutinose)와 결합하여 플라보노이드계 색소 중에 플라바놀 배당체 형태로 존재한다.

헤스페리딘의 생리활성 기능은 매우 중요한데 우선 모세혈관 투과성을 유지하고, 모세혈관 삼투압을 조절하여 모세혈관 건전성을 개선시키는 역할을 하는 비타민 P이다. 치질, 정맥류와 같은 혈관 상태를 좋게 유지시켜 주며, 콜라겐 생성 촉진, 항산화, 항염증, 혈중 중성지방 및 혈중 콜레스테롤 저하, HDL콜레스테롤 상승효과를 가지고 있다. 또 헤스페리딘은 유선세포로부터 히스타민의 방출을 억제하여 알레르기 증상을 억제하며, 폴리아민 합성을 억제하여 항암효과를 가지고 있다. 항균, 노화지연 효과는 물론 파골세포수를 감소시켜 뼈 손실을 줄여 주어 골밀도 저하를 막고, 오염물질인 카드뮴 배설을 촉진한다. Methyl hesperidin은 헤스페리딘의 메틸유도체인데, 레몬즙에서 비타민 C와 함께 모세혈관 벽을 증강시키는 물질이다. 영양 강화제로도 사용되며, 출혈성 신장염, 급성간염 등 일반적으로 혈관 투과성에 이상을 가진 모든 증상에 대하여 소염작용을 하는 성분이다. 비타민 C와 병행하면 상승효과를 가진다.

황색결정인 쓴맛을 가진 나린진(naringin / naringoside)은 플라보논 naringenin과 이당류가 결합한 flavanone-7-O-glycoside이다. 감귤류, 특히 자몽에 많이 들어 있고, 쓴맛을 가지고 있다. 나린진은 생체에 흡수된 후 장내에 존재하는 naringinase에 의해 아글리콘 naringenin(쓴맛이 아닌)으로 대사되는데, 먼저 나린진은 α-L-rhamnosidase에 의해 rhamnose와 prunin으로 가수분해되고, 이 prunin은 β-d-glucosidas에 의해 naringenin과 glucose로 가수분해된다. 나린진은 포도, 자몽씨 추출물의 주성분으로 플라보노이드류이며, 천연항균제이다.

나린진의 주요 기능은 정균 및 항균작용인데, 세포막의 효소작용을 방해하여 세균의 생육을 저해한다. 또 혈소판 응집 억제, 항산화, 콜레스테롤 저하와 항동맥경화, 항암, 금속봉쇄작용 등을 수행하며, 악성세포의 성장을 중지시키고, 발암물질에 의해 손상되어진 세포를 보호하는 항암 기능을 가지고 있다. 나린진은 칼슘채널 차단제(calcium channel blockers)인 verapamil과 diltiazem과 병용했을 경우 혈압을 유의하게 저하시킨다. 특히 나린진은 혈청 GOT(glutamate-oxaloacetate transaminase), GPT(glutamate-pyruvate transaminase) 및 γGTP(γ-glutamyl transpeptidase)의 농도를 저하시킬 수 있어 각종 간 질환의 예방 및 치료제로서 유용하게 사용되고 있다.

나린진(naringin)과 다르게 나린제닌(naringenin)은 노란색의 결정형 분말로 벤젠고리를 2개 가진 플라보노이드의 일종인 플라바논 배당체이다. 오렌지, 유자 등의 감귤류에 많이 들어 있다. 나린제닌은 항산화 효과가 매우 크며 항염증, 지방감소, 탄수화물대사 증진, 면역시스템 조절, 혈소판응집 억제작용, 나쁜 콜레스테롤을 저하시키며, 암 세포에서 손상된 DNA를 복구하는데 도움을 준다. 특히 나린제닌은 간에서 시토크롬 *p*-450(cytochrome *p*-450) 효소들을 억제하고, 발암물질인 아플라톡신 B1(aflatoxin B1)의 활성을 저해한다*.

* 나린제닌의 아글리콘(aglycones)인 나린진은 사람의 간 마이크로솜(microsome)에서 발암물질인 아플라톡신 B1 활성저해 효과가 없다.

나린제닌은 HCV(hepatitis C virus)가 간세포로부터 방출되어 다른 세포로 옮겨가는 것을 막아 C형 만성간염을 치료하는 데 사용되는데, 그것은 HCV가 간세포로부터 방출될 때 VLDL과 결합하여 다른 세포로 이동하게 되는데, 이 때 나린제닌이 이 결합을 차단하므로 HCV가 간세포로부터 방출되지 않도록 해 주기 때문이다.

④ Anthocyanins / Anthocyanidins

단풍색깔인 안토시아닌(anthocyanin)은 안토시아니딘(anthcyanidin)과 당의 결합체인데, 강한 빛으로부터 스스로를 방어하거나 화분매개 곤충을 유인하는 기능을 가지고 있는 색소 성분이다. 딸기, 블루베리, 포도와 같은 과실, 가지, 자색고구마 등의 식물체의 액포 또는 세포질에 배당체로 존재하며, 결합하는 당의 종류와 위치에 따라 다양한 기능을 가진다. 경우에 따라서는 방향족 또는 비방향족 유기산과 결합하여 존재하며, 현재 화학적 구조가 밝혀진 것만 300여 종이나 된다.

안토시아니딘은 크게 6종류로 분류한다. 자홍색을 나타내는 시아니딘(cyanidin)이 가장 흔한 것이고, 주황색은 시아니딘보다 -OH기가 하나 작은 펠라르고니딘(pelargonidin), 적자색 및 청색은 시아니딘보다 -OH기가 하나 더 많은 델피니딘(delphinidin)이다. 이들 3종류의 비당체 외에 메칠에스터(methylester)로 된 시아니딘의 유도체인 페오니딘(peonidin), 델피니딘(delphinidin)의 유도체인 페튜니딘(petunidin) 및 말비딘(malvidin) 등이 있다(그림 2-18).

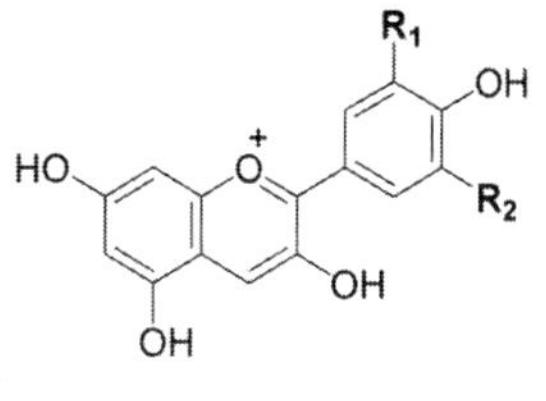

R1	R2	Anthocyanidin
H	H	Pelargonidin
OH	H	Cyanidin
OH	OH	Delphinidin
OH	OCH3	Petunidin
OCH3	H	Peonidin
OCH3	OCH3	Malvidin

그림 2-18. Anthocyanins과 Anthocyanidins 구조
(출처 : Foods 9(1) : 2, 2020)

안토시아니딘의 안정성은 pH에 따라 다른데, 산성조건에서는 착색된 안토시아니딘으로 염기조건에서는 무색의 칼콘 형태로 존재한다. 안토시아닌과 안토시아니딘의 생리활성 기능은 거의 동일하다. 이것들의 공통된 기능은 단연 항산화 기능이다. 안토시아닌은 150종의 플라보노이드 중에서 가장 강한 항산화제로, 종양과 유방암의 진행을 억제하고 심장질환, 관절염, 알츠하이머 / 치매, 그리고 많은 질병과 관련된 만성 염증을 억제하는 데 유용한 성분이다. 그 외 알레르기 완화, 시력 개선, 다이어트, 통증 감소, 피로회복, 수면장애 개선 등에 효과를 가진다.

특히 안토시아닌은 혈당 신진대사를 높이고, 당뇨병의 부작용인 혈당 조절을 나쁘게 하는 비정상적인 콜라겐 생산을 억제하고, 당뇨병의 증상 중 실명으로 이어지는 망막증을 완화하고, 모세혈관의 손상을 개선시켜 준다. 또 안토시아닌은 콜레스테롤 수치를 낮추고, 혈압을 낮추며, 혈액 순환을 증진하고, 산화스트레스를 막아 심혈관 건강에 도움을 준다. 또 궤양 치료에 유용한데, 그것은 안토시아닌이 위 점액과 위액 분비를 높여서 위를 보호하기 때문이다. 안토시아닌은 기억상실과 운동기능 저하를 억제하고, 뇌 지방의 손실을 줄여 인지기능을 높여 준다.

a) Cyanidin과 Delphindin

적색인 시아니딘 [2-(3, 4-Dihydroxyphenyl)chromenylium-3, 5, 7-trio]은 anthocyanidin의 일종으로 포도, 아로니아, 오미자, 월귤 나무속, 각종 베리류, 붉은 사과, 자두, 붉은 양배추, 붉은 양파 등 종자 및 껍질에 함유되어 있는 기능성 성분이다. 블랙라즈베리에서 발견된 antirrhinin(cyanidin-3-rutinoside / 3-CR)과 cyanidin-3-xylosylrutinoside, 붉은 양파에서 발견된 cyanidin-3, 4-di-O-β-glucopyranoside과 cyanidin-4-O-β-glucoside, 적포도주에서 발견된 cyanin(cyanidin-3, 5-O-diglucoside) 등은 모두 시아니딘의 유용한 유도체들이다.

시아니딘은 shikimate 경로와 polyketide synthase(PKS) III를 통해 합성되며, pH에 따라 시아니딘의 색깔이 변하는데 pH<3에서 적색, pH 7-8에서 보라색, pH>11에서 청색을 가진다. 시아니딘은 강력한 항산화 기능으로 산화 손상으로부터 세포를 보호하고, 관절염과 관련된 염증을 조절하는데 이것은 과산화수소, 히드록실라디칼 및 활성산소와 같은 반응성 산소종(ROS)의 작용을 억제하기 때문이다. 특히 산화질소(NO) 매개 염증성 질환을 예방하는 기능도 가지고 있다.

항암의 경우에는 암세포 성장뿐만 아니라 암 유전자의 발현을 억제하므로 악성 결장염 치료, 전립선 암세포의 사멸과 분화를 유도하는 천연 항암물질이다. 또 시아니딘은 COX-2 단백질의 양을 감소시키며, 내피세포에 도움을 주어 혈관 형성을 예방하고, 건강한 혈압을 유지하도록 하며, 모세혈관 강화를 통해 산화스트레스와 염증을 줄임으로써 혈압을 낮추고, 동맥경화를 예방한다. 탄수화물대사를 조절하고, 인슐린 저항성을 감소시켜 혈당을 조절하며, 아디포넥틴과 렙틴의 분비를 향상시켜 비만을 예방하며, AMPK(AMP-activated protein kinase / AMPK / ATP 활성화 단백질인산화효소)와 관련된 허혈성 질환을 억제해 준다.

허혈은 혈관에서 색전증이나 출혈을 불러오는 혈액 공급의 커다란 장애 현상인데, 일반적으로 허혈상태의 세포들은 세포 사멸, 자가소화작용이나 세포 괴사에 쉽게 노출되어 있다. 만약 혈액에 산소 공급이 불충분하거나 허혈에 의한 혈액 공급이 불충분하면 혈당조절이 되지 않거나 저혈당, 저산소증 등과 같은 상황이 오는데, 이 경우 AMPK가 활성화되어 이를 회복시켜 준다. 즉 AMPK는 항상성 유지를 위해 혈당과 ATP 수준을 회복시켜 주는 중요한 역할을 한다. 또 시아니딘은 골격근, 지방조직 특히 백색지방과 갈색지방에서 주로 발현되는 PPARγ(peroxisome proliferator-activated receptor γ)을 활성화시켜 에너지 항상성이나 염증반응을 조절하고, 인슐린 매개 포도당 섭취를 증가시킴으로써 인슐린 저항성을 감소시켜 혈당을 조절해 준다. 그 외 이뇨작용, 비만 개선, 지각능력 개선에도 유효성이 있는 성분이다.

Delphinidin은 anthocyanidin 일종으로 포도, 석류, 각종 벨리류의 청색-적색을 나타낸다. Delphinidin은 pH에 민감하지 않지만 산성에서는 빨간색을, 염기성에서는 파란색을 보인다. 배당체로는 myrtillin, tulipanin 등이 있고, 자줏빛을 띤 청색인 violdelphin, 자주색을 띤 nasunin 등도 여기에 속한다. Delphinidin의 생리활성 주기능은 항산화와 항균이다. 그 외 파골세포 생성을 위한 전사인자(NF-κB, c-fos 및 Nfatc1)들의 활성 억제를 통해 폐경기 골다공증에서 골 소실을 예방한다. 또 야맹 예방, 항유방암, 비만 및 심장질환 등 관련 질환에 약리적 효과를 갖는다. 특히 delphinidin은 염증억제 기능을 가지고 있어 질병의 발병 위험을 낮추어 준다.

b) Pelargonidin과 Malvidin

Pelargonidin은 anthocyanidin 일종으로 적색, 등적색, 주황색을 가지며, 팥죽의 색깔과 흡사하다. 모란, 장미, 나팔꽃, 딸기, 팥 등에 Pelargonidin-3-Glucoside 형태로 존재하며, 항산화작용을 비롯하여 혈당치 저하, UV(A)로부터 피부세포 보호 및 DNA 손상 방지, 염증 완화, 혈관건강을 유지하는 기능을 가지고 있다. Malvidin은 delphinidin의 3, 5-메톡시 유도체인 *o*-methylated anthocyanidin인데, malvidin diglucoside는 malvin, malvidin-3-glucoside는 oenin, malvidin-3galactoside는 primulin이라 부른다(그림 2-19).

Malvidin은 적포도주의 색깔 성분이며, 약산성이나 중성일 경우에는 빨강색, 염기성일 경우에는 파란색을 띤다. Malvidin의 주 기능은 활성산소 제거와 함께 뛰어난

항산화 능력이다. 안지오텐신 I 전환효소(angiotensin I-converting enzyme)를 억제하여 항고혈압 활성을 나타내고, NF-κB 경로를 차단하여 항염증효과(anti-inflammatory effect)를 가지고 있다. 또한 malvidin은 세포활동을 도와주고, 단핵구 백혈병세포(monocytic leukemia cells), 위선암세포(gastric adenocarcinoma cells) 및 HT-29 결장암세포(HT-29 colon cancer cells) 등과 같은 종양 세포주를 억제한다. 그리고 신경세포의 산화스트레스(oxidative stress)를 저하시키는 기능도 가지고 있다. 저혈당 기능, 심근 및 관상동맥을 강화하고, 심혈관 건강에도 기여한다.

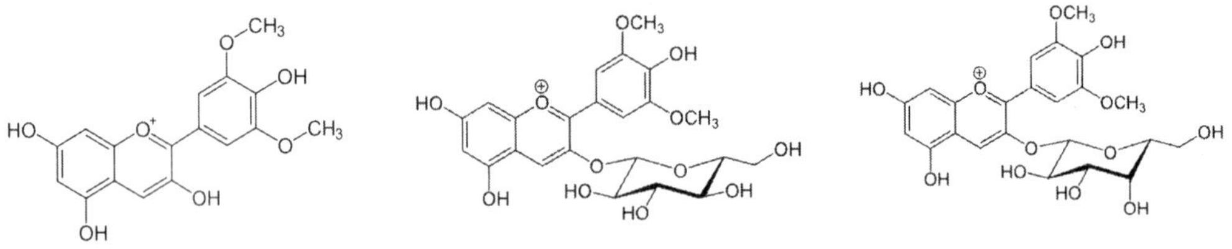

Malvidin 구조 Oenin 구조 Primulin 구조

그림 2-19. Malvidin과 그 유도체 구조

Malvidin-3-glucoside(oenin) 및 malvidin-3-galactoside(primulin)도 생리활성기능을 가지고 있는데, malvidin-3-glucoside는 malvidin-3-galactoside보다 우수한 항염효과를 가진다. Malvidin-3-glucoside은 보라색 포도의 껍질과 포도주에서 발견되는 붉은 색소 중 하나인데, 폴리페놀 산화효소에 의해서 산화되지 않는다. 현재 일부 malvidin은 식품이나 의약품의 착색에 사용되고 있다.

▣ Lignan의 생리활성

리그난(lignan, 그림 2-20)은 2개의 C6C3 구조가 결합되어 있는 폴리페놀 물질이다. 벤젠에 가지와 같이 뻗어난 3개의 탄소원자의 사슬이 α, β, γ로 표시되어 있는데, 이러한 C6C3구조들이 β위치에 다시 β-β'결합한 것을 리그난이라 부른다. 리그난은 아글리콘(aglycones)과 글리코시드(glycosides) 형태로 존재하고 있다.

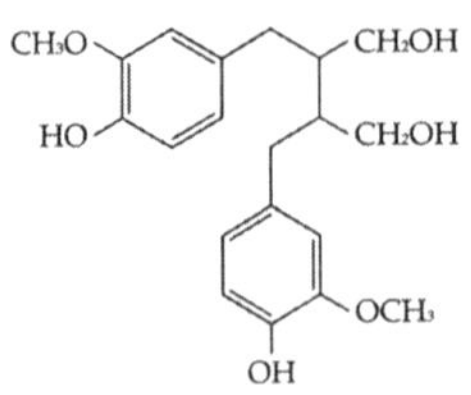

그림 2-20. 리그난 구조

(출처 : American Journal of Clinical Nutrition. 79 : 727-747, 2004)

콩, 아마씨, 과일, 채소, 차, 초콜릿, 곡물 시리얼, 딸기, 견과류 및 다양한 씨앗에 리그난이 함유되어 있으며, 리그난 전구물질은 열매, 과일, 채소 및 전체 곡물에서도 발견된다. 식물성 리그난의 흡수와 생체 전환은 사람마다 크게 다르다. 식물에 함유되어 있는 아글리콘과 글리코시드는 장내세균로 인해 deglycosylation, demethylation, dehydroxylation 및 dehydrogenation 등과 같은 가수분해 반응에 의해 당과 리그난으로 분해되어 enterolignans를 형성한다.

리그난은 대부분 식품에서 secoisolariciresinol(Seco)과 matairesinol(Mat) 형태로 존재하며, 섭취 후 장내 미생물 균총에 의해 각각 동물성 리그난인 enterodiol(END)과 enterolactone(ENL)으로 전환되어진 후 쉽게 체내 흡수될 수 있는 형태로 변해야 에스트로겐 활성도 가지게 된다. 즉 동물성 리그난인 END와 ENL은 에스트로겐 수용체에 결합할 수 있어 에스트로겐 효과를 갖는 호르몬성 물질이다. 리그난의 주 생리활성 기능은 항산화와 에스트로겐 유사 작용이다.

우선 식물성 리그난과 동물성 리그난은 모두 강한 항산화 작용을 가진다. 그 정도는 장내 미생물 균총에 따라 다르지만 모두 항산화 영양소인 비타민 E보다는 우수한 항산화 능력을 가지고 있으며, 대표적인 항산화물질인 γ-tocopherol의 항산화 활성도 상승시켜 주고, α-토코페롤의 상승작용을 도와 노화억제 효과를 나타낸다. 과산화지질의 생성을 억제하고, LDL-콜레스테롤의 산화를 억제하는 기능도 가지고 있다. 또 리그난은 식물성 에스트로겐(phytoestrogens)이라 부를 정도로 구조적·기능적으로 에스트로겐과 유사하고, 그 활성도 유사하다. 식물성 에스트로겐은 화학적 구조와 생체합성 측면에서 리그난(lignan), 플라보노이드(flavonoid), 칼콘(chalcone), 스틸베노이드(stilbenoids) 등의 그룹으로 분류된다.

동물성 리그난인 ENL은 에스트로겐 합성효소를 활성화시키고, 테스토스테론(testosterone)과 테스토스테론 전구체인 안드로스테네디온(androstenedione)의 활성을 억제하여 리그난이 에스트로겐과 유사한 역할을 하도록 하고, 남성호르몬의 감소, 에스트로겐의 합성 증가를 통해 폐경기 여성들의 갱년기 증상을 완화시켜 준다. 에스트로겐 수치가 높을 경우에는 리그난이 일부 에스트로겐 수용체 부위에 결합하여 실제로 총 에스트로겐 활동을 감소시키므로 전체 에스트로겐의 균형을 유지시켜 주는데 이것이 항에스트로겐 효과이며, 잠재적으로 호르몬 관련 암(유방, 자궁, 난소 및 전립선)의 위험을 감소시키는 데 도움을 주게 된다.

또 리그난은 심혈관질환 예방에 유효한 성분인데, 이것은 리그난이 혈중 콜레스테롤 수치를 낮추고, 고콜레스테롤 식이에 의한 내피 의존성 혈관 이완을 개선하여 혈관과 심혈관 보호작용(고콜레스테롤혈증, 죽상동맥경화증, 혈전, 뇌졸중)을 하기 때문이다. 리그난은 골질환 예방과 치료에 효과가 있는데, 골질환은 파골세포와 조골세포의 균형이 깨져 파골세포의 기능이 비정상적으로 항진된 경우 골파괴 속도가 빨라져 골소실과 골다공증으로 이어진다.

활성화된 파골세포는 골단백 용해제의 일종인 카텝신 K(cathepsin K)를 특이적으로 생성하는데, 골질환을 예방하려면 이들 골단백 용해제의 작용을 억제하여 변으로 칼슘 성분이 배설되는 것을 감소시키고, 동시에 칼슘의 골 흡수를 촉진시켜야 한다.

리그난은 항염증 및 항균활성을 갖는데, 염증반응은 세균이나 외부 이물질이 침입하였을 때 생체가 이에 대해 방어하기 위한 국소 반응으로 리그난이 염증 매개물질의 최종 산물인 NO를 억제하고 iNOS 발현을 억제한다. 그 외 항암, 간 해독 촉진, 담낭 질환 예방 등의 기능을 수행한다.

▣ Coumarin과 와파린의 생리활성

쿠마린(coumarin, 2H-chromen-2-one / 1-benzopyran-2-on)은 식물 자체의 방어물질로 벤조피론(benzopyrone)의 방향족 유기화합물이다. 쿠마린[와파린 의약품의 상표명인 쿠마딘(coumadin)과 혼동하기 쉽다]은 많은 식물(계수나무, 계피, 클로버, 감초, 딸기, 검은 건포도, 살구, 체리 등)에 들어 있으며, 혈액응고를 방해하는 항응고 물질이다. 혈액응고란 지혈의 한 과정으로 섬유소라는 물질을 만들어 내는 과정이다. 이 섬유소라는 물질은 혈관의 손상된 부위에 작용하여 여러 가지 세포들을 얽혀 묶는 역할을 하여 결국 손상된 혈관에서 혈액의 손실을 막는다.

혈액응고에는 여러 가지 혈액 응고인자가 관여하는데, 이것들 중의 대부분은 간에서 비타민 K를 이용해서 생성된다. 쿠마린은 간에서 비타민 K를 이용해서 생성되는 혈액 응고인자의 생성을 억제하여 혈액응고가 일어나지 않도록 만든다. 림프 부종의 치료 및 혈장 antithrombin 수준을 증가시키는 능력도 가지고 있으며 항염증, 항종양, 항균성을 포함한 다양한 생물학적 생리기능을 가지고 있다.

일부에서는 쿠마린이 쓴맛과 달콤한 냄새를 가지고 있어 향수 원료로 사용하고 있으며, 쓴맛이 있어 식욕 억제제로도 사용되고 있다. 그러나 쿠마린은 간 및 신장에 약간의 독성을 나타내어 다소 위험할 수도 있지만 독성이 비교적 낮은 편이다. 현재 쿠마린은 미국 FDA에 의해 직접 식품에 첨가되는 것이 금지된 성분인데, 알코올성 음료에서만 제한적으로 사용을 허가하고 있다. 사람에게 알레르기 반응을 일으킬 수 있으며, 학령기 아동들에게 경미한 신경장애를 일으킬 수 있다고 한다. 쿠마린은 "달콤한 클로버 병"인 출혈병과 관련이 있으며, 쥐약으로 사용되기도 하며, 반복적으로 사용할 경우 특정 발암 우려가 제기되는 물질이다.

와파린(warfarin, 그림 2-21)은 현재 가장 널리 사용되는 경구용 임상 항응고제로 몸 안에 불필요한 혈전(혈액 응고덩어리)의 생성을 억제하는 쿠마린계 물질이다.

1940년대에 처음으로 소개된 후 혈전의 치료와 예방에 사용되고 있는 비타민 K 길항제이다. 와파린은 기계적 심장판막, 심부정맥 혈전증, 폐색전증, 뇌졸중 및 기타 질병이 있는 환자의 치료 및 예방에 일반적으로 사용되며, 심근경색 및 혈전색전성 사망의 재발 감소와 관련이 있는 성분이다.

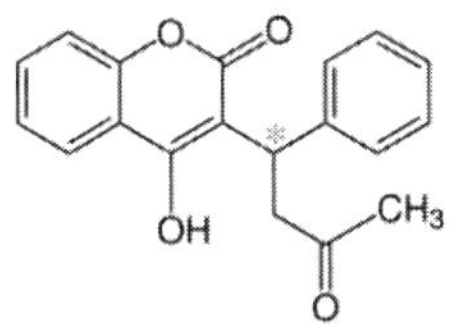

그림 2-21. Warfarin 구조

와파린은 개인차, 낮은 치료지수, 다양한 인자에 대한 감수성, 이상반응에 대한 감수성에 의해 영향을 받고 항응고 정도도 성별, 연령, 식이요법, 유전적 다형성 등에 영향을 받으므로 피가 응고되는 데 걸리는 시간인 프로트롬빈 타임(prothrombin time)을 측정한 후 사용하고 있다. 예를 들면 와파린의 작용이 나타날 때까지 걸리는 시간이 길므로 빠른 시간 내에 항응고 효과를 보는 경우에는 헤파린(heparin)과 같은 약제를 병용한다. 와파린의 효과를 감소시키는 대표적인 성분이 비타민 K이다. 부작용으로는 궤양, 혈뇨, 혈변 등 각종 출혈과 피부괴사(skin necrosis), 백혈구 감소증 등이 있으며, 다른 약물과 병용시 상호작용 때문에 출혈 위험이 뒤따를 수 있다.

▣ Tannin의 생리활성

탄닌(tannin)은 식물체 내에서 미생물, 곤충, 포유동물 등에 대한 방어기능을 갖는 물질로 폴리페놀의 일종인 방향족 화합물이다. 하이드록실기를 가지고 있어 단백질이나 다른 고분자와 강하게 결합하는데 도토리묵, 차, 포도주, 감 등 떫은맛의 성분이다. 탄닌은 보통 가수분해형 탄닌(hydrolysable tannins)과 축합형 탄닌(condensed tannins)으로 구분하는데(그림 2-22), 가수분해형 탄닌은 gallic acid, ellagic acid를 기본 구조로 하며, glucose과 ester결합을 하고, 축합형 탄닌은 catechin과 같은 flavonal-3-OH가 연속적으로 축합한 고분자물질로 붉은색 혹은 갈색의 침전물(plobaphene)을 생성한다. 보통 미숙과실에 많고 성숙해감에 따라 감소하는데, 예를 들면 감에는 epi-catechin, catechin-3-gallate, epigallocatechin, gallocatechin-3-gallate이 1 : 1 : 2 : 2의 비율로 들어가 있다.

탄닌은 철(Ⅲ)염과 반응해 푸른색으로 변하고(블루 블랙잉크 제조), 금속이온과 반응하여 착색 침전물을 생성한다. 산업체에서 접착제 원료, 보일러의 관석 제거, 금속면의 부식방지제 등 용도로 사용되고 있다. 탄닌의 두 형태는 생체 내에서 생리작용이 다소 상이하지만, 일반적으로 탄닌은 해독작용, 항균작용, 지혈작용, 면역증강 효과, 혈관보호 및 카드늄 독성 해독, 강장작용, 피부보호 및 멜라닌 색소 억제, 항암작용, 소염작용 등의 기능을 가지고 있으며, 항산화 및 자유라디칼 소거 활성도 가지고 있다. 특히 가수분해형 탄닌은 간에서 과산화 농도를 줄여 콜레스테롤 수치를 낮추어 준다.

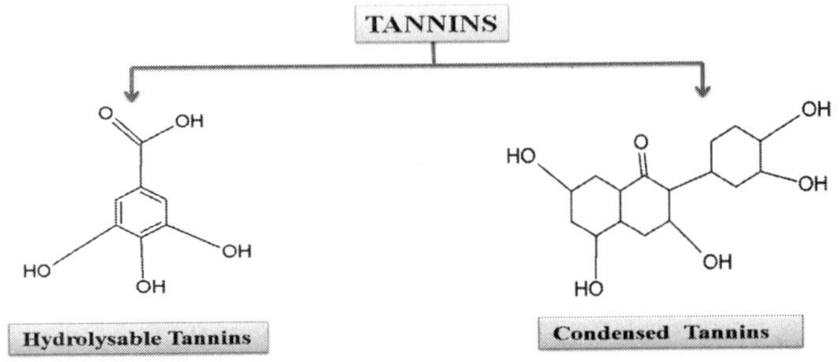

TANNINS

Hydrolysable Tannins

Condensed Tannins

그림 2-22. Hydrolysable tannins과 Condensed tannins 구조
(출처 : International Journal of Pharma Research & Review, 4(5) : 40-44, 2015)

(2) N-함유 화합물(Nitrogen containing compounds)의 생리활성

■ **알칼로이드와 알칼로이드 배당체**

"치료하는 독약"으로 불리워지는 알칼로이드(alkaloid)는 식물추출물 가운데 N를 함유한 헤테로고리를 가진 알칼리성, 방향족의 질소화합물을 모두 일컫는 말이다. 알칼로이드(alkaloids)는 적어도 하나의 염기질소원자(basic nitrogen atom)를 포함하는 헤테로고리 화합물(heterocyclic chemical compounds)인데, 보통 아미노산에서 합성되며, 쓴맛을 가진 수용성 물질이다. 그러나 아미노산, 염기, 아민 등은 질소를 포함하고 있지만 알칼로이드로 분류되지는 않는다. 알칼로이드는 체내 산성조건에서는 용해도가 낮고, N원자가 양전하를 띠게 되어 분자는 염기성을 나타내는데, 이것은 염기 N원자가 중성 pH에서 염기반응(basic reactions)을 보이기 때문이다.

이와 같이 알칼로이드라는 단어는 "알칼리성(alkaline)"에서 비롯되었으며, N-함유 염기(nitrogen-containing base)를 기술하기 위해 사용된 용어이다. 알칼로이드라는 이름은 1818년 독일의 약사 K. F. W. Meissner가 알칼로이드(alkaloid)가 알칼리(염기성)와 유사하다고 해서 붙어진 이름이다. 식물계 외에 동물계에서도 발견되는 알칼로이드는 모두 함질소 염기성 화합물 또는 아민성 성분이다. 그러나 알칼로이드라 해서 모두 염기성 물질만은 아니다. 분자 중에 N가 아미드기(amide)를 이루고 있어도 염기성이 아닌 것도 있다. 질소를 가진 아미노산이나 단백질, 그리고 피롤(pyrrole), 퓨린(purine), 피리미딘(pyrimidine), 아민류 등은 함질소유기화합물이지만 알칼로이드로 분류하지 않으며, 차나 커피의 성분인 카페인(caffeine)이나 세포분열을 촉진시키는 작용이 있는 제아틴(zeatin) 등도 함질소화합물이지만 알칼로이드로 분류하지 않는다.

알칼로이드는 식물뿐만 아니라 박테리아, 균류, 동물 등 대부분의 생물이 만들어낼 수 있는 물질이며, 아미노산이 변형되어 합성되므로 그 종류는 매우 많다. 알칼로이드는 식물체 내에서 유기산과 염을 형성하여 존재하는데 그 또한 종류가 많다*.

* 주요 알칼로이드는 indole alkaloids, piperidine alkaloids, pyridine alkaloids, tropane alkaloid, pyrrolizidine alkaloids, steroid계 alkaloids, quinolizidine계 alkaloid, 알칼로이드성 아민, purine계 알칼로이드 등이 있고, 천연 독성물질은 solanine, pyrrolizidine alkaloid, lycorine, tomatine, caffeine, theobromine, muscarine, neurine, amatoxin, phallotoxin 등이 있다. 니코틴(nicotine), 코카인(cocaine), 몰핀(morphine), 아트로핀(atropine), 에페드린(ephedrine), 스트리키니네(strychinin nux vomica), 헤로인(heroin), 퀴닌(quinine), 코데인(codeine), 쿠라레(curare), 바트라코톡신(batrachotoxin, BTX), 디메틸트립타민(dimethyltryptamine, DMT), 갈란타민(galanthamine), 세팔로탁신(cephalotaxine) 등도 알칼로이드이고, 세로토닌(serotonin)이나 히스타민(histamine)도 아민형 알칼로이드이다. 선인장에서 분리한 메스칼린(mescaline)이나 독미나리(Conium maculatum)의 유독성분인 (+)-코니인(coniine) 등도 알칼로이드이다.

일반적으로 알칼로이드는 식물이 동물에게 잡혀 먹히지 않기 위해서, 혹은 동물을 이용해 다른 곳으로 퍼져나가기 위해 진화시킨 화학물질이라는 설이 많은데, 보통 중추신경계와 자율신경계 그리고 근육체계 내에서 작용하거나 혈액순환과 샘(gland) 분비를 촉진하는데 습관성 독성을 가진 것들이 많다. 일반적으로 알칼로이드는 독성이나 환각작용, 항말라리아 활성, 항종양 활성, 항기생충 활성, 항염, 항균 활성, 혈압강하 활성, 최음 활성, 강심 활성, 호르몬 활성, 페로몬 활성, 식물생장촉진 활성, 비타민 활성, 자궁수축 활성 등 여러 가지 생리활성 작용을 가지고 있다.

담배의 니코틴, 마취제인 양귀비의 모르핀과 헤로인, 환각제인 LSD(lysergic acid diethylamide), 강력한 진통/환각 효과를 갖는 코카인, 말라리아의 치료제인 키니네, 담배의 주성분인 니코틴 등을 비롯하여 *Claviceps* 곰팡이에서 생산되는 맥각 알칼로이드*도 여기에 속한다. 맥각 알칼로이드에는 clavine alkaloids, D-lysergic acid, 이것의 유도체인 ergopeptines 등이 있는데, 항편두통약, 자궁수축제, 항파킨슨제, 고혈압약 등으로 사용되고 있다.

* 맥각 알칼로이드(ergot alkaloid)의 기본 골격인 lysergic acid에서 화학변환시켜 유도한 LSD(LSD-25, D-lysergic acid diethylamide), 모르핀을 아세틸화하여 만든 헤로인(heroin), (-)-에피네프린(ephedrine)을 환원하여 만든 메탐페타민(methamphetamine)은 알칼로이드를 원료로 하여 만든 화합물이다.

4개 고리를 가진 4환계 알칼로이드(tetracyclic alkaloid)인 갈란타민(galantamine)은 콜린에스테라아제 억제제(cholinesterase inhibitor)이다. 따라서 갈란타민은 중추신경계의 아세틸콜린(acetylcholine) 농도를 증가시킴으로써 콜린성 기능을 향상시킬 수 있다. 갈란타민은 소아마비(poliomyelitis), 알츠하이머병(Alzheimer's disease)과 같은 다양한 질병 및 장애 그리고 신경성 동통(neuropathic pain), 알코올 남용(alcohol abuse), 금연(smoking cessation)과 같은 다양한 신경계통 질환의 치료를 위해 사용되며, 유기인계 중독(organophosphorous poisoning) 해독제로도 사용되고 있다. 세팔로탁신(cephalotaxine)은 골수성 백혈병(myeloid leukaemia) 치료에 유효한 물질이며, 퀴닌은 항말라리아제(antimalarial agent)로서 다리 경련(leg cramps)과 기타 근육 경련(muscular spasms)을 치료하기 위한 소재이다. 퀴니딘(quinidine)은 퀴닌의 입체 이성질체로 심장박동의 부정맥(arrhythmias) 치료에 사용되고 있다.

▣ 글루코시놀레이트 / 겨자배당체 / 티오시아네이트 / 이소티오시아네이트

모든 식물의 2차 대사산물인 글루코시놀레이트(glucosinolates / goitrogenic glycosides)는 일명 황산염 겨자배당체라고 부르는데 겨자, 양배추(흰양배추, 배추, 브로콜리), 물냉이, 양고추냉이, 케이퍼(caper) 및 무 등과 같은 매운 식물의 천연 성분이다. 이 성분은 해충과 질병으로부터 식물 자체를 방어하기 위한 성분으로 알려져 있다. 이들 구조를 보면 글루코시놀레이트는 황 및 질소를 함유한, 포도당 및 아미노산으로부터 유도되는 유기화합물인데, 수용성 음이온을 띠고 있다. 글루코시놀레이트는 특정 아미노산으로부터 합성되는데, 일부는 독성효과(주로 goitrogens)가 있어 동물의 섭식행동을 변화시킬 수 있는 성분이며, 항갑상선 작용 이외 암과 치매에 대한 생리활성 가능성을 탐색하고 있다.

겨자배당체는 식물 및 장내세균에 의해서 만들어진 효소(glucosinolase 혹은 thioglucosidase)에 의해 glucose, HSO_4^-, 그리고 아글리콘체(isothiocynates, thiocyanates, nitriles, oxazolidine-2-thiones) 중 하나를 만들어 내는 황산기를 가진 thioether 배당체이다. 즉 당 부분인 β-D-thioglucose가 아글리콘과 에스테르결합을 하고 있다. 글루코시놀레이트가 효소 myrosinase에 의해 티오글루코시드(thioglucoside)를 생성하는데, 이것이 가수분해할 경우 식물에 대한 방어역할을 하는 활성물질인 Isothiocyanates(mustard oil, 겨자오일)를 만들게 된다(그림 2-23).

이소치오시아네이트류(Isothiocyanates) 형태는 allyl isothiocyanate를 비롯하여 chlotonyl-, buthy-, bezyl- -, β phenyl ethyl-, anyl-, phenethyl- 등이 있는데, 가장 많이 사용되는 성분이 겨자유의 주성분인 allyl-형(allyl isothiocyanate / ITC)이다. 이소치오시아네이트는 이소시아네이트 그룹의 산소를 황으로 대체한 화합물로 glucosinolates 전구체로부터 만들어진 것으로, 옛날부터 향신성 향료로 사용되어 왔다. 와사비, 고추냉이, 겨자, 무, 브뤼셀 콩나물, 양배추, 콜리플라워, 물냉이, 파파야 씨앗, 케이퍼 등에 함유되어 있으며, chlotonyl-형은 겨자와 비슷한 향기를, butyl-형은 고추냉이 특유의 신맛과 향기를, benzyl-형은 송이버섯의 향기를, 아닐형(anyl-)은 겨자 향기를 낸다. 특히 아닐형은 휘발성이 있는 아닐겨자유라고도 부르는데 흑겨자, 백겨자 또는 일본산 겨자 중 지방성분이 배당체 시니그린(sinigrin)과 같이 함유되어 있으므로 겨자를 열탕처리한 후 시니그린을 효소 가수분해하면 지방성분만 수증기 증류하여 얻을 수 있다.

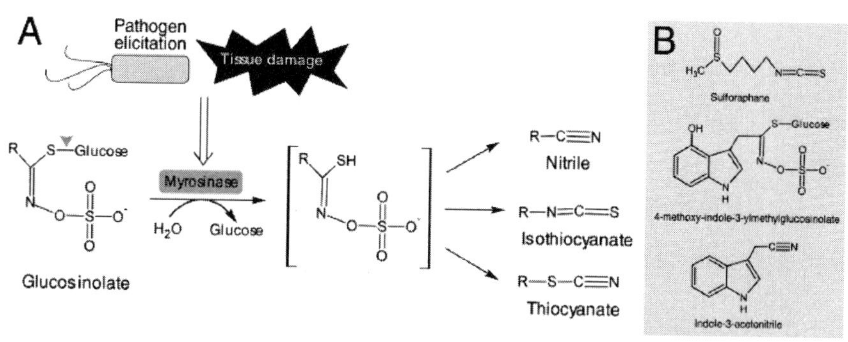

그림 2-23. Glucosinolates의 분해대사
(출처 : Ph. D Thesis, Anders K Nilsson, Un. of Gothenburg. May 2013)
(Advisor : Ellerström, X Andersson)

Sinigrin은 allyl isothiocyanate의 전구체이고, glucotropaeolin은 benzyl-형의 전구체, gluconasturtiin은 phenethyl-형의 전구체, glucoraphanin은 sulforaphane(SFN)의 전구체이다. 병원균 공격에 대한 방호시스템으로서 여러 식물이 만들어 내는 화합물인데, 효소 myrosinase에 의해 glucosinolates의 가수분해로부터 얻는다.

이소치오시아네이트는 glucosinolates(식물체의 2차 대사산물로 아미노산의 유도체인 S-glucose와 N-sulfate를 포함하고 있음)로부터 만들어지는데, 보통 채소에서 비활성인 상태로 존재하다가 채소 세포가 외부로부터 흠집을 입거나 손상을 입을 경우 채소 자체에 함유된 효소인 myrosinase(thioglycoside glucohydrolase)에 의해 가수분해 되어 이소치오시아네이트를 만들게 된다. 이 이소치오시아네이트는 체내에서 일련의 반응을 거쳐 glutathione conjugation에 의해 mercapturic acids를 형성한 후 소변을 통해 체외로 배설된다(그림 2-24).

이소치오시아네이트의 생리활성 기능은 혈전 억제, 관절염과 근육염 완화, 변비완화 기능, 해독, 산화스트레스 억제 등이고, 그 외 발암물질의 무독화로 항암(방광암, 유방암, 결장암, 폐암 및 간암) 효과를 가지고 있다. 이 물질은 프로그램화된 세포사멸, 즉 아폽토시스(apoptosis)를 통해 암의 전조를 보이는 세포들을 자기사멸(self-destruct)시키는 능력을 가지고 있다. 세포사멸과 세포의 성장 및 분화로 생체 내에서 항상성을 유지하고 있는데, 바로 아폽토시스가 유전자 제어로 적절하게 세포사멸을 유도하여 몸의 항상성을 유지하는 역할을 하는데, 세포가 괴사나 병으로 죽는 네크로시스(necrosis)와 전혀 다르다. 만약 아폽토시스가 적절하게 활성화되지 않거나 과도하게 세포사멸을 할 경우에는 각종 질병으로 이어지게 된다. Sulforaphane(SFN), PEITC(phenethyl isothiocyanate), BITC(benzyl isothiocyanate) 등도 동물에서 발암 및 종양 형성을 억제하는 것으로 알려져 있는데, 그것은 특정 암 세포주에서 세포사멸을 유도하는 돌연변이 p53 단백질과 결합하여 세포사멸을 증가시키기 때문이다.

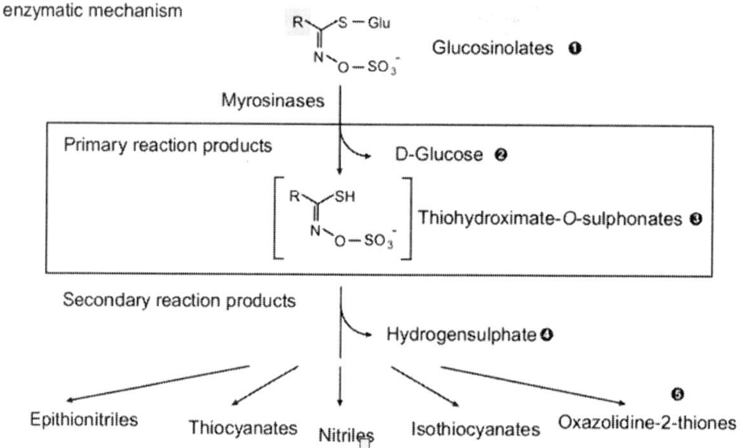

그림 2-24. Isothiocyanate의 생성과 분해
(출처 : Trends Plant Sci., (6) : 263-70, 2002)

항암효능은 glucosinolates의 가수분해 산물인 이소치오시아네이트가 가지고 있는데, 이것은 아폽토시스 억제 Bcl-2(B-cell lymphoma 2) 계열 단백질의 활성을 낮추어 암세포들을 사멸시키기 때문이다. Bcl-2는 아폽토시스 경로를 조절하는 단백질로 아폽토시스를 촉진하여 항암효과를 높이는 계열과 아폽토시스를 억제하여 항암효과를 낮추는 계열이 있다. 보통 종양세포들은 자신이 생존하기 위해 세포사멸에 내성을 갖는 돌연변이를 일으키게 되는데, 이 때 중요한 기전으로 작용하는 것이 바로 Bcl-2계 단백질들이다. 만약 Bcl-2 단백질들이 아폽토시스 유도를 차단하고 그에 따라서 아폽토시스 신호전달 경로의 중추기관인 미토콘드리아 활성화도 막히게 되면 암세포는 살아남지 못하게 된다.

또 이소치오시아네이트류는 충치원인균으로 알려진 *Streptococcus mutans*를 비롯하여 *Streptococcus sobrinus*, *Lactobacillus casei*, *Staphylococcus aureus*, *Entero-*

coccus faecalis, *Aggregatibacter actinomycetemcomitans*, *Candida albicans* 등과 치근관내 감염 시 자주 발견되는 세균들 중 편성혐기성 세균인 *Fusobacterium nucleatum*, *Prevotella nigrescence* 등 구강미생물에 대해서 강한 항균 활성을 가진다. 이소티오시아네이트(isothiocyanates)는 점막을 자극하며, 강력한 항갑상선 작용을 하는 물질이다. 식이 이소티오시아네이트(dietary isothiocyanates)는 세포사멸 유도 및 세포주기에 대한 영향을 비롯한 다양한 생물학적 활성을 갖는 친전자성 화합물로 정상세포에서는 세포성장 촉진을, 암세포에서는 항암기능을 가지고 있다. 십자화과 식물성 유도체인 페네틸 이소티오시아네이트(phenethyl isothiocyanate, PEITC)는 항산화, 항염 및 항암 특성을 비롯하여 위장관의 산화/염증 관련 장애를 억제하는 기능을 가지고 있다.

티오시아네이트(thiocyanates)는 포유동물 생물학의 유비쿼터스 분자로 항균 및 항염증 효과를 가지며, 감염성 폐질환 및 동맥경화의 치료에 영향을 미친다. 또 갑상선 나트륨-요오드 symporter의 강력한 경쟁적 억제제로 갑상선 여포세포로의 요오드 수송을 감소시키기 때문에 갑상선에서 생성되는 티록신의 양을 감소시킨다. 즉 갑상선의 요오드 흡수를 저해하므로 갑상선호르몬(thyroxine)의 생산을 억제한다. 따라서 요오드 결핍 갑상선 기능 저하증 환자는 티오시안산염을 함유한 식품을 피하는 것이 가장 좋다. 20세기 초, 티오시아네이트는 고혈압 치료에 사용되었지만, 관련 독성 때문에 더 이상 사용되지 않고 있으나 그 대사산물인 티오시안산염인 니트로프루시드 나트륨(sodium nitroprusside)은 여전히 고혈압 응급치료에 사용되고 있다.

▣ 인돌과 인돌유도체 / 스카톨

사람의 분변 냄새지만 매우 낮은 농도에서는 오렌지 향기가 나는 향수의 구성 성분으로 활용되고 있는 인돌(indole)은 비염기성, 방향족 헤테로고리 화합물로 N를 가지고 있다. 5개의 헤테로고리 화합물인 피롤(pyrrole / pyrrol)에 벤젠이 달라붙어서 분자가 방향(芳香)성을 가지게 된다. 인돌은 실온에서 고체이며, 자연환경에 널리 분포되어 있고, 다양한 박테리아에 의해 생산될 수 있다.

인돌(indole)은 -ole로 끝나서 알코올 일종인 것 같아 보이지만 알코올은 아니다. 그 이름 자체는 인디고(indigo)와 발연황산(oleum)의 합성어이며, 인디고 염료를 발연황산으로 처리하여 만든다. 인돌은 포자형성, 플라스미드 안정성, 약물내성, 생물막 형성 등 생리학적 기능을 가지고 있는데, 특히 인돌유도체인 트립토판은 신경전달 물질인 세로도닌의 전구체이다. 즉 치환된 인돌은 신경전달 물질인 세로토닌 및 멜라토닌과 같은 트립토판 유도 트립신 알칼로이드의 중요한 요소이다(그림 2-25).

인돌화합물에는 식물호르몬 작용을 하는 인돌아세트산(indole acetic acid, IAA / 옥신), tryptophol, 항염증제인 indomethacin, betablocker pindolol 및 자연적으로 발생하는 hallucinogen dimethyltryptamine 등이 있는데, 이들은 각각 특유의 생리활성을 가지고 있다. 인돌화합물은 단백질 키나아제(protein kinase)에 대한 억제작용을 가지고 있어 단백질 키나아제에 의해 유발되는 비정상 세포성장 관련 질환의 예방 및 치료에 유용한 소재이다. 단백질 키나아제는 단백질의 티로신, 세린 및 트레오닌 잔기에 위치하는 하이드록시 그룹의 인산화를 촉매하는 효소로 세포의 성장, 분화 및 증식을 유발하는 성장인자 신호전달에 중요한 역할을 담당하고 있는 효소이다. 만약 단백질 키나아제가 돌연변이나 과발현을 일으킬 경우 정상적인 세포내 신호전달 체계를 붕괴시켜 암, 염증, 대사성 질환, 뇌질환 등 다양한 질병을 유발하게 된다.

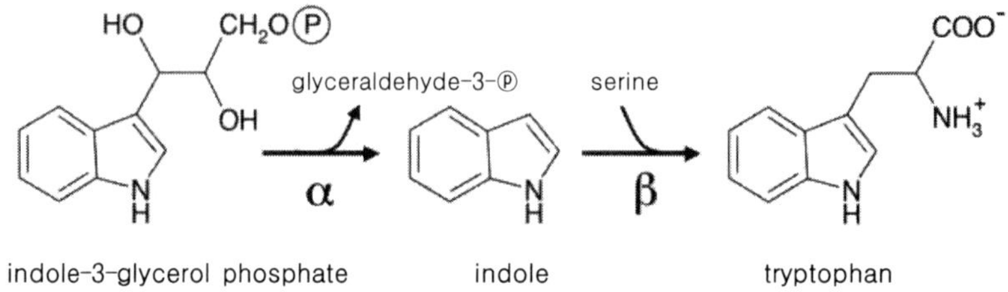

그림 2-25. Tryptophan으로부터 Indole의 합성
(출처 : BMC Plant Biology 8(1) : 44, 2008)

인돌아세트산은 인돌구조에 -COOH가 결합한 것으로 옥신(auxin)이라 부른다. 이 물질은 무색의 결정으로 식물에서 흔히 발견되는 식물호르몬의 하나인데, 식물의 세포의 크기를 증가시키며, 식물성장을 도와주는 아주 적은 양으로도 열매의 생장과 발근 촉진. 낙과방지 등을 비롯하여 햇빛 방향으로 식물이 자라나도록 하는 성장촉진제이다. 그러나 옥신은 낮은 농도에서는 세포의 신장을 촉진하지만, 높은 농도에서는 식물 대사작용을 혼란시켜 식물에 병을 유발하거나 죽게 만드는 제초제 역할을 한다. 인돌-3-아세트산은 피부에 도포되었을 때 상처치유와 피부의 주름을 개선하며, 최근에는 이를 여드름에 의해 각화된 피부를 개선시킬 수 있는 여드름 피부용 제품으로 사용되고 있다.

인돌유도체(indole derivatives)는 생체 내에서 가장 흔하게 볼 수 있는 항산화 화합물 중 하나이며, 이와 관련이 있는 아미노산은 L-트립토판이다. 인체 내에서 생성되는 인돌유도체들은 신경전달 물질로서의 기능뿐만 아니라 활성산소 제거제의 역할을 수행한다. 특히 뇌의 송과선에서 분비되는 인돌유도체의 하나인 멜라토닌(melatonin)은 활성산소종들을 제거하여 단백질, 지질, 그리고 DNA을 효과적으로 보호하는 중요한 물질이다. 인돌유도체 중 tryptophan(TRP), 5-methoxyindole-3-acetate (MIA), 5-methoxytryptamine(MT), 5-hydroxy-D-tryptophan(HDT), 5-hydroxy-L-tryptophan(HLT), 5-hydroxytryptamine(serotonin), N-acetyl-5-hydroxy-tryptamine(AHT), N-acetyl-5-methoxy-tryptamine(melatonin) 등은 5번 위치에 hydroxyl기를 가지고 있는데, 이 유도체는 chain-breaking 항산화제로 지질과산화 억제, 활성산소 제거 등을 통해 항산화 능력을 가지고 있는 것들이다.

스카톨(3-methylindole)은 인돌에 메틸기가 하나 붙은 가장 간단한 인돌유도체 중 하나로 방향족 헤테로고리 화합물이다. 스카톨은 아미노산인 트립토판으로부터 만들어지는데, 육류 섭취를 많이 하는 경우 대변이나 방귀의 냄새가 특이한 불쾌취를 갖는 것은 바로 이 성분 때문이다. 그러나 오렌지 꽃, 자스민을 포함한 여러 가지 꽃과 에센셜 오일에 함유된 스카톨은 낮은 농도에서 매우 향기로운 꽃향기를 가지므로 이를 활용해 향료 원료로 사용하고 있다. 스카톨이라는 이름은 배설물을 의미하는 그리스어 어원인 *skato*-에서 유래되었다. 꿀벌과 모기들을 유인/수집하는 미끼로 사용되고, 한때는 비살상용 화학무기(방귀탄)로 사용한 적도 있다고 한다.

(3) 유기황화합물의 생리활성

유기황화합물(organic sulfur compounds, OSC)은 많은 종류가 있으나 생리활성을 가진 것으로는 MSM(methyl sulfonyl methane), allylic sulfur compounds, isothiocyanates, sulforaphane 등이 있고, 그 외 thiazol, thiophene, sulfolane, 염화 thionyl, 염화 sulfonyl 등도 여기에 속하는 화합물이다.

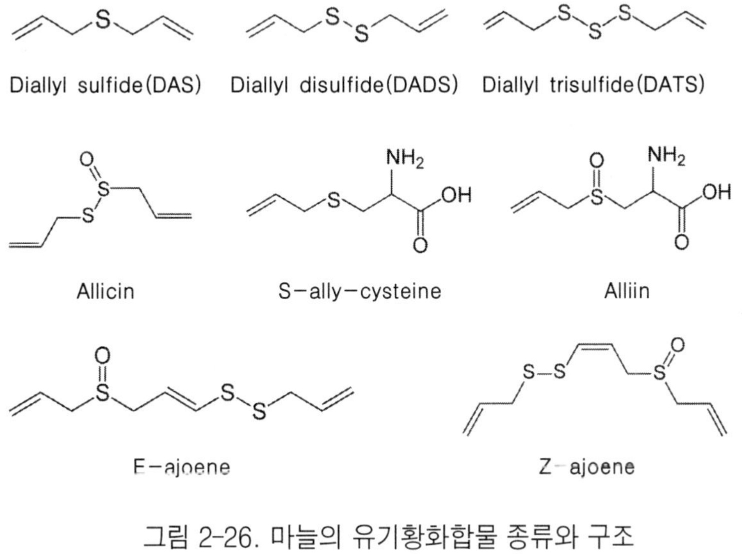

그림 2-26. 마늘의 유기황화합물 종류와 구조
(출처 : Foods 8(7) : 246, 2019)

유기황화합물을 이야기할 때 항상 마늘의 성분에 관해서 언급한다. 그것은 마늘에 다양한 유기유황 성분이 많이 들어 있기 때문이다. 그 종류를 보면 allicin, diallyl sulfide(DAS), diallyl disulfide(DADS), diallyl trisulfide(DATS), S-allyl cysteine (SAC), allyl 1-propenyl disulfide, allyl 1-propenyl disulfide, methyl allyl disulfide, methyl allyl trisulfide, allyl alcohol 등이다(그림 2-26).

본 장에서 유기(유)황화합물 중 자주 언급되는 MSM과 알릴황화합물, dimethyl sulfoxide, diallyl disulfide 등에 관해서 소개하고자 한다. 대부분의 유기황화합물은 황을 함유한 화합물이므로 황 특유의 냄새를 가지며, 일부는 사카린과 같이 달콤한 맛을 내는 것도 있다.

▣ MSM

콜라겐을 만드는 재료인 MSM(methyl sulfonyl methane, 그림 2-27)은 소나무에서 처음 추출되었는데, 먹을 수 있는 유황이라 하여 식이유황이라고 불렀다. MSM는 대부분의 신선한 음식에 들어 있고, 부추과 채소(마늘, 양파, 부추, 파 등), 우유, 커피, 토마토, 녹차류, 치즈, 맥주, 옥수수, 사과, 통곡물, 콩류 등에 들어 있다. 익혀지거나 가공되면 그 함유량은 사라지거나 감소한다.

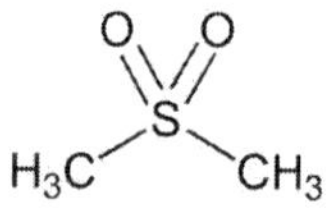

그림 2-27. MSM 구조

MSM은 체내에서 콜라겐을 만드는 소재이며, 체내 글루타치온 농도를 올려주고, 모발과 손톱을 만드는 단백질 생성을 촉진하며 연골, 콜라겐, 피부조직 등에 유용한 소재이다. 피부의 외양을 개선시키며 여드름, 건선 및 피부염 등과 같은 많은 만성 피부 질환을 퇴치하는 역할도 한다. 또 알레르기 증상을 완화하며, 방광염을 예방하고, 근육 손상 복원, 탈모 완화, 관절염에 유효한 기능을 가지고 있다. 특히 MSM은 강력한 항산화제인 글루코사민 생성을 돕고, 또 이와 병용 투여하면 그 효과는 상승한다.

MSM의 주 생리활성 기능을 정리하면 항염(anti-Inflammation), 항산화(antioxidant). 활성산소 제거(free-radical scavenging), 면역조절(immune modulation), 관절염과 염증 제거(arthritis and inflammation), 연골보호(cartilage preservation), 운동 및 신체기능 개선(improve range of motion and physical function), 운동과 관련된 근육통 감소(reduce muscle soreness associated with exercise), 산화스트레스 감소(reduce oxidative stress), 계절 알레르기 개선(improve seasonal allergies), 피부 개

선(improve skin quality and texture), 항암(antjcancer) 등이다. GRAS(generally recognized as safe) 승인 물질이며, 부작용이 거의 없는 매우 안전한 소재로 알려져 있다.

▣ 알릴황화합물

알릴황화합물(allyl sulfur compounds, ASC)은 마늘, 양파, 부추 등의 유기황성분인데, 특히 마늘에 유황함유 화합물이 많이 들어 있고, 그 기능 또한 다양하다. 알릴황화합물은 잠재적으로 건강을 촉진하는 여러 생리활성을 가지고 있는데, 대표적인 기능은 고지혈증, 고혈압, 혈전형성 등을 감소, 심장질환 및 뇌졸중의 위험을 낮추고, 면역능력을 높여 주는 것이다. 또 항암 및 악성종양세포 억제, 해독, 항우울증, 항증식에 대한 효과(antiproliferative effects), *Helicobacter pylori*에 대한 예방효과를 가지고 있다.

유기황화합물의 기본 성분인 유황은 자연에서 유리상태로 존재하거나 화합물로 광범위하게 존재하는데, 화합물로 존재할 때 그 기능이 훨씬 더 좋다. 유황은 유기황화합물과 그 기능이 유사한데 살균, 해독, 통증완화, 염증치료, 항암 등에 유효할 뿐만 아니라 인슐린의 적절한 기능, 비타민 B_1(티아민)과 B_7(비오틴), 글루타티온, N-아세틸시스테인과 같은 특정 대사 매개체의 합성, 포도당대사에도 도움을 준다. 피부미백, 기미, 탄력성(주름 탄력성) 및 피부각질 제거, 피부조직(케라틴-표피)에 침착된 유해물질의 해독, 피부염(건성피부, 상처, 아토피피부, 여드름피부, 알레르기) 등을 개선시키는 효과를 가진다. 유황을 가진 식물로는 인삼, 마늘, 생강, 브로콜리, 시금치, 양파, 강황 미나리, 해초류 등과 소나무 송진, 겨자, 강황 등이 있으며, 동물에는 사향, 우황, 웅담, 녹용 등이 있다.

▣ Dimethyl sulfoxide와 Diallyl disulfide

Dimethyl sulfoxide(DMSO)는 무색 액체인 유기황화합물로 마늘 특유의 냄새 성분이다. DMSO는 주로 국소 진통제, 항염증제 및 항산화제로서 사용되고, 피부를 비롯한 생물학적 조직을 통해 일부 화합물의 흡수 속도를 증가시키기 때문에 연조직의 건강을 돕고, 손상 후 연조직을 치유하는 데 도움을 주며, 경피약물 전달시스템에 사용되는 물질이다. FDA는 간질성방광염(interstitial cystitis / 방광충만과 통증을 느끼며 빈뇨, 야간뇨, 절박뇨 등을 동반하는 질환) 환자의 증상 완화를 위해서 사용을 승인하였다. 감염이나 종양으로 인한 비뇨생식기 염증 완화에 도움을 준다.

Diallyl disulfide(DADS / 4, 5-dithia-1, 7-octadiene)는 마늘 등에 함유된 유황화합

물인데, diallyl trisulfide와 diallyl tetrasulfide와 함께 마늘 특유의 냄새를 갖는 황색 액체이다. 마늘 성분인 allicin의 분해산물이며, 피부자극제 및 알레르기 항원이기도 하다. DADS의 불쾌한 특유의 냄새는 포식자에 대한 보호기작으로 만들어진 자가보호 물질인데, 식물세포 파괴 시 유기황화물을 방출하여 자기 자신을 보호하게 된다.

1844년에 오스트리아 과학자 Theodor Wertheim은 마늘에서 나오는 매운 냄새 물질을 분리하여 "알릴황"이라고 명명하였고, 1892년에 독일 화학자 Friedrich Wilhelm Semmler가 diallyl disulfide가 마늘 오일의 한 성분이라고 밝혔다. 1947년 A. Stoll과 E. Seebeck은 시스테인 유도체 alliin에 alliinase를 작용하면 allicin이 된다는 사실을 발표하였다. Diallyl disulfide와 trisulfide는 마늘을 파괴할 때 방출되는 allicin의 분해에 의해 생성된다. Diallyl disulfide의 생리활성 기능은 간세포의 해독 기능을 지원하고, 산화적 스트레스로부터 신경세포를 보호하며, *Helicobacter pylori*에 대한 항균 효과를 가지고 있다. 결장/직장암을 예방하며, 죽상동맥경화증이나 관상동맥 심장질환 등 심혈관 질환을 예방한다.

(4) Phytosterol

식물 sterols 또는 stanol esters로 알려진 피토스테롤(phytosterol)은 콜레스테롤과 유사한 식물성 스테로이드이며 200가지 이상의 스테롤 및 관련 화합물들이 존재한다. 피토스테롤은 식물에 포함되는 각종의 스테롤 및 그들의 혼합물의 총칭이다. 피토스테롤에는 β-sitosterol, sitostanol, stigmaterol, sigmastanol, campesterol, campestanol 등이 있는데(그림 2-28), 보통 유리형태 또는 지방산 에스테르 및 당지질로서 존재하며, 췌장효소에 의해 소장에서 가수분해된다.

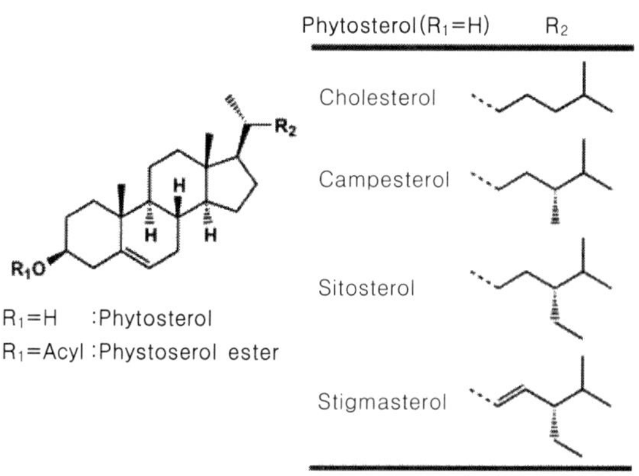

Phytosterol(R_1=H) R_2
Cholesterol
Campesterol
Sitosterol
Stigmasterol
R_1=H :Phytosterol
R_1=Acyl :Phystoserol ester

그림 2-28. Phytosterol 종류와 구조
(출처 : Molecules 27(2) : 523, 2022)

일반적으로 피토스테롤은 고지혈증, 동맥경화, 부정맥, 심근경색 등의 질병을 유발하는 요인인 콜레스테롤의 체내 흡수를 저해하고, 소장에서 콜레스테롤이 흡수되는 것을 방지함으로써 혈액 중 콜레스테롤 양을 저하시키는 콜레스테롤 관련 생리활성 물질이다. 1954년부터 콜레스테롤 치료제로 Cytellin이라는 약품이 시판될 정도이다. 피토스테롤의 가장 큰 기능은 콜레스테롤 수치의 저하 능력이다.

또 피토스테롤은 죽상동맥경화증을 예방하고, 결장암을 비롯 각종 암을 억제할 수 있는 가능을 가지고 있다. 보통 콜레스테롤을 이야기할 때 스타틴을 거론하게 되는데, 스타틴은 콜레스테롤 합성 속도조절 단계에서 작용하는 HMG-CoA(3-hydroxy-3-methylglutaryl coenzyme A)의 환원효소를 경쟁적으로 억제하여 간에서의 콜레스테롤 합성을 줄여 세포의 콜레스테롤 항상성을 유지하게 만든다. 또 지질 중간산물(lipid intermediate) 합성도 방해하며, 혈관 내피세포의 기능을 개선시킨다. 콜레스테롤 합성은 대부분 밤에 일어나므로 반감기가 짧은 스타틴의 효과를 극대화하기 위해 밤에 복용하곤 한다. 이와 같이 스타틴은 HMG-CoA 환원효소의 억제를 통해 콜레스테롤 합성을 감소시키는 기능을 가지고 있다.

▣ β-Sitosterol과 β-sitostanol

식물스테롤 에스테르라고 부르는 β-sitosterols(2,4-에틸콜레스테롤)은 콜레스테롤(cholesterol), 코티솔(cortisol), 테스토스테론(testosterone) 등과 분자구조가 유사한 화학구조를 가진 여러 식물스테롤 중 하나이다(그림 2-29). β-sitosterols은 포유류 세포막에서 콜레스테롤과 유사한 방식으로 막 유동성과 투과성을 조절하는 특유의 냄새를 가진 흰색의 왁스 같은 물질이다. 식물성 기름, 견과류, 아보카도, 현미, 과일, 채소, 씨앗 및 샐러드와 같은 식품에서 발견된다.

생리활성기능을 보면 주기능은 전립선 비대증(BPH) 억제와 완화(쏘팔메토와 같이 5-alpha reductase 억제 또는 DHT의 androgen recepter 결합 억제), 혈중 콜레스테롤 수치 감소, 항균, 항염, 항암, 항당뇨, 항동맥경화 등이고, 그 외 감기와 독감, 류마

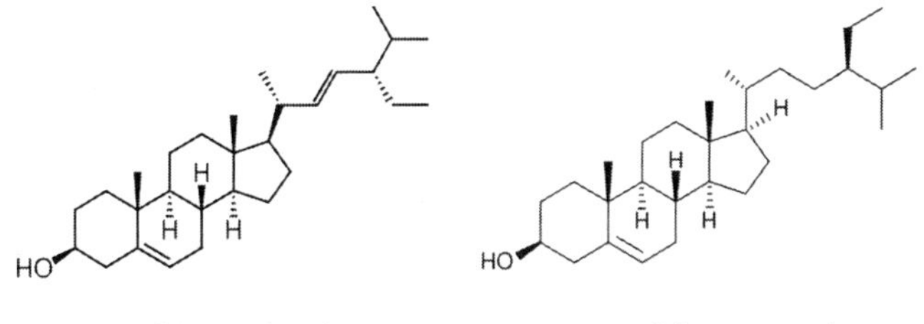

Stigmasterol

Stigmastanol

그림 2-29. β-Sitosterols와 β-Sitostanol 구조

티스 관절염, 결핵, 건선, 알레르기, 자궁경부암, 섬유근육통, 전신성 홍반성낭창, 천식, 탈모, 기관지염, 편두통 및 만성피로증후군 등에 효과가 있는 것으로 알려져 있다. 또 상처와 화상치료를 위해 사용되기도 하며, 관상동맥심장질환(CHD)의 위험을 줄인다고 한다. 스트레스호르몬(cortisol)의 정상화, 남성형 탈모에도 효과가 있는 소재이다.

또 다른 연구에 의하면 β-Sitostero이 콜라겐 분해효소 생성을 억제하는 기능을 가지고 있는데, 만약 콜라겐이 붕괴되면 피부는 주름을 만들고, 노화를 촉진하며, 피부 탄력을 감소시킨다. 따라서 콜라겐 분해효소를 억제하면 콜라겐 생성을 촉진하여 주름형성을 방지하고, 피부노화를 억제하면서 피부 탄력을 증진시켜 피부의 수분 손실을 막고, 피부 보습효과를 더 높일 수 있다.

β-sitosterols은 부분효능제로 사용되는 대표적인 소재인데, 부분효능제란 어떤 물질의 효능의 일부만을 발현하여 그 물질의 과잉으로 나타나는 문제점을 감소시키는 동시에 그 물질이 결핍되어 나타나는 문제점을 채워주는 즉 넘치는 걸 방지하고, 모자라는 걸 일정부분 채워주는 기능을 말한다. β-sitosterols은 잇몸약으로 알려진 인사돌의 주요 성분이다. β-sitostanol(fucostanol / dihydrositosterol / stigmastanol / 5-디히드로 24-에틸콜레스테롤)은 β-sitosterols로부터 탈수소화된 형태로 식물성 기름 중에 스테롤과 함께 존재하는 성분이다. β-sitosterols의 단점을 보완하기 위해서 만든 것으로 버터, 마아가린 등과 같은 고형 유제품에 첨가제로 사용되어 혈중 콜레스테롤을 낮추는 데 기여한다.

▣ Stigmasterol

Stigmasterol(24-ethyl sterols)은 대두, 견과류, 유채씨, 강낭콩, 야자기름, 채종유, 맥문동, 생우유, 기타 식물의 종자 등에 함유된 불포화 식물스테롤이며, 곁사슬에 이중결합을 갖는 식물성 스테롤(phytosterol)의 일종이다. Stigmasterol은 22번과 23번 탄소 사이에 이중결합을 가진다는 점에서 콜레스테롤과 구별된다. Stigmasterol은 에스트로겐과 관련 있는 호르몬의 일종으로 androgens, estrogens, corticoids의 생합성 중간체로 사용되고, 여성의 호르몬 중 하나인 progesterone 합성에 관련한다. 또 비타민 D_3의 전구체로도 사용된다. 1959년 부신에서 분비되는 주요 호르몬인 cortisone의 상업적 합성을 위해 stigmasterol을 원료로 사용하였다.

Stigmasterol은 유방암, 난소암, 전립선암 결장암 등에 효과적이며, 혈중 LDL콜레스테롤 수치를 저하시키는 작용을 한다. 골격의 동통, 견비통, 신경통 및 해열, 진통, 협통 등 통증 완화에 도움을 주며, 심혈관질환의 위험을 줄여 준다. Stigmasterol은 알츠하이머 환자의 뇌에서 만들어지는 β-amyloid 단백질의 형성을 억제하는 것으로도 알려져 있다.

▣ Campesterol

Campesterol(24-메틸콜레스테롤)은 식물성 스테롤의 일종으로, 콜레스테롤과 구조가 비슷하다. Campesterol은 보통 야채, 과일, 견과류씨에 소량 들어 있고 바나나, 석류, 후추, 커피, 자몽, 오이, 양파, 귀리, 감자 및 레몬 등에도 들어 있다. 카놀라와 옥수수기름에는 16~100 mg/100g 정도 들어 있다. Campesterol이라는 이름은 유채(*Brassica campestris*)에서 처음 분리되었기 때문에 유채이름을 인용하여 명명하였다. Campesterol은 스테로이드의 일종으로, anabolic steroid의 일종인 볼데논(boldenone)의 전구체이다.

Boldenone undecylenate은 주로 가축의 성장을 촉진하는 동물의약품으로 사용되는데, 스포츠 선수들이 몰래 복용하는 금지된 스테로이드성 약물이기도 하다. 일부 운동선수들이 실제로 호르몬 자체를 남용하지는 않아도 campesterol이나 유사한 식물성 스테로이드가 풍부한 음식을 섭취할 경우 금지 약물이 양성으로 나타날 수도 있다. Campesterol은 소장에서의 콜레스테롤 흡수를 다소 방해하는 것으로 알려져 있는데, 그것은 campesterol이 콜레스테롤과 경쟁적 저해를 하거나 소장 운반세포에 직접적인 영향을 미치기 때문이다.

Campesterol의 혈청 수치와 campesterol 대 콜레스테롤의 비율이 심장위험의 척도로 결정하는데 비율이 높을수록 심장 위험은 낮다. 그렇다고 극도로 높은 수치인 경우에는 척추 스테롤혈증과 같은 유전적 질환은 의심하게 된다. 콜레스테롤의 장내 흡수는 장과 간에 있는 스테롤 흡수를 촉진하는 단백질과 스테롤 유출을 담당하는 단백질의 활성 여부에 따라 결정되는데, 이 결정은 식이 및 담즙성 스테롤(콜레스테롤과 식물성 스테롤 모두)의 흡수 및 유출에 변화를 가져온다. 실제 campesterol 섭취가 LDL수치를 낮출 수 있지만 죽상동맥경화반의 크기를 줄이거나 죽상동맥경화증, 심장병, 심장질환, 고콜레스테롤 혈증을 유의하게 치료하는 것은 아니다. 그 외 골관절염으로 유발된 연골분해에 전형적으로 관여하는 몇몇 염증 및 기질분해 매개체를 억제하는 것으로 알려져 있다.

(5) 카로티노이드의 생리활성

▣ 카로티노이드의 정의와 유용성

현재까지 600여 종 존재하는 것으로 알려진 카로티노이드(carotinoid / tetraterpenoid)는 식물, 조류(algae), 광합성 박테리아에 의해 만들어진 색소 성분으로 식물의 광합성을 돕고, 자외선으로부터의 유해를 막아주며, 외부 공격으로부터 자신을 보호하기 위해 생산되는 대표적인 피토케미칼 식물색소 성분이다. Carotinoid라는 용어는 당근의 영문명인 'carrot'으로부터 유래된 이름이다. 특이적으로 병독성 인자라고 말하는 활성산소를 제거하는 항산화 작용을 가진 대표적인 물질이다. 보통 사람과 동물은 대부분 카로티노이드를 합성할 수 없어 음식물을 통해 얻어야 하는데, 일부 동물은 카로티노이드를 자체 생성하기도 한다. 진딧물과 거미, 진드기, 그리고 연어의 분홍색, 요리된 바닷가재의 붉은색 등이 여기에 해당한다.

카로티노이드 색소의 종류로는 카로틴, 잔토필, apocarotenoids, vitamine A retinoid 등이 있는데, 음식 섭취로 얻은 카로티노이드는 동물의 지방조직에 저장되어 있으므로 오직 동물성 지방을 통해서만 카로티노이드를 얻을 수 있다. 카로티노이드는 일부 지방산과 같은 긴 불포화지방족 화합물 사슬의 존재로 인해 일반적으로 친유성이다. 대부분의 식물에서의 카로티노이드는 엽록체의 틸라코이드(thylakoid, 단백질과 지질로 된 주머니 모양의 구조)에 엽록소와 함께 들어 있고, 과실・꽃・뿌리 등 일부에서는 색소체 중에 결정형태로 들어 있다. 엽록체에 존재하는 카로티노이드는 광합성 때 보조색소로서 빛에너지를 흡수, 이것을 엽록소 a로 옮기는 역할을 한다.

카로티노이드는 탄소원자 10개를 가지고 있는 테르펜(terpene) 4개로 이루어져 있는 tetraterpenoid이다. 이 구조를 보면 그 끝이 고리구조이거나, 그 끝에 산소원자가 붙어 있기도 하는 폴리엔(polyene) 탄화수소사슬의 형태를 띠고 있다. 따라서 α 카로틴, β 카로틴, lycopene 등과 같이 산소 없이 탄소와 수소만으로 된 불포화탄화수소를 카로틴(carotene)이라 부르고 lutein, cryptoxanthin, zeaxanthin, astaxanthin 등과 같이 산소를 포함하는 카로티노이드를 잔토필(xanthophylls, 원래는 phylloxanthins)이라 부른다. 카로티노이드의 이중 탄소-탄소결합은 공액계(conjugated system)를 이루게 되는데, 이 때문에 분자의 전자가 분자의 다른 부분으로 자유롭게 이동할 수 있다(그림 2-30).

카로티노이드의 색깔은 연한 노랑, 밝은 오렌지, 진한 빨강 등 다양한데, 이는 카로티노이드 구조와 관련이 있다. 가을에 나뭇잎을 노랗게 물들이는 색소는 잔토필인데, 일반적으로 식물이 노화하면 젊은 시기에 있었던 카로틴류가 산화해 잔토필류로 변하기 때문이다. 카로티노이드의 생리활성 기능은 그 종류에 따라 조금씩 다르지만, 공통적인 생리활성 기능은 항암(폐암, 직장암, 두경부암, 유방암, 자궁암, 전립선암), 면역증진, 자외선으로부터 피부보호, 강력한 항산화, 해독작용 등이다. 본 장에서는 카로티노이드의 각각에 대한 생리활성 기능을 소개하고자 한다.

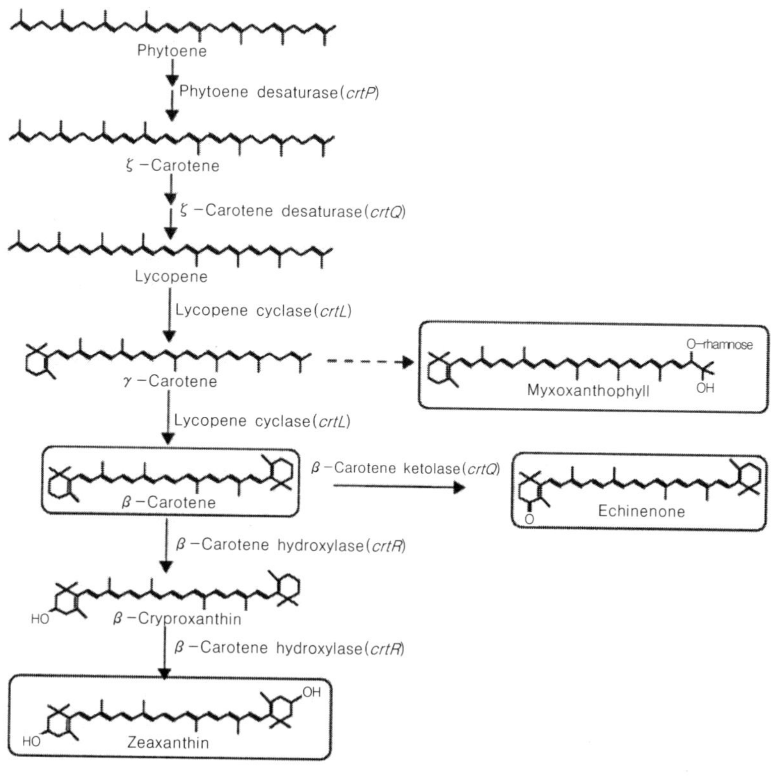

그림 2-30. Carotene과 Xanthophylls의 생합성
(출처 : j. Biol. Chem., 272(15) : 9728, 1997)

▣ 카로틴의 생리활성

카로틴(carotene)은 산소가 없이 탄소와 수소만을 포함하는 불포화 탄화수소형 카로티노이드이다. 당근에 많이 함유되어 있고, 밝은 오렌지색을 띤다. 카로틴은 레티노이드로의 변화를 거쳐서 암의 예방인자로 작용하며, 항산화제의 특성을 가지고 있는데, 카로틴에는 α-, β-, γ-, δ-, ε-, ζ(제타)-카로틴을 비롯하여 lycopene, phytoene, phytofluene 등의 종류가 있으며 그 중 α-, β-, lycopene 등이 중요하게 취급되고 있다.

카로틴 중 α-, β-카로틴과 잔토필의 β-크립토잔틴은 비타민 A의 전구체로 신체 내에서 레티놀(retinol)로 전환되지만 루테인, 제아잔틴, 리코펜은 비타민 A의 활성을 가지고 있지 않는 카로티노이드이다. 비타민 A의 활성을 갖는 카로티노이드 중 β-카로틴이 가장 효력이 크며, 다른 것들은 그의 반 정도의 활성을 가진다. 카로티노이드 화합물이 비타민 A의 대사 전구체라는 사실은 1930년에서야 알려졌다. 알려진 바와 같이 비타민 A는 성장촉진, 시각기능의 유지, 세포분화, 면역기능, 태아 발육에 필수적인 비타민으로 전염병의 발병률과 사망률을 낮추는 데 중요한 역할을 한다. 카로틴 종류와 합성경로를 그림 2-31에 소개하였다.

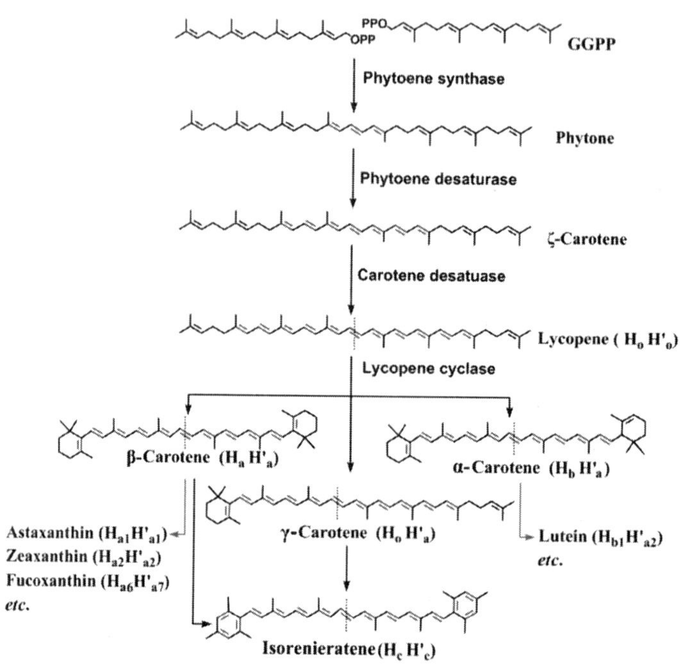

그림 2-31. 카로틴 종류와 합성경로
(출처 : Mar. Drugs 12(9) : 4810-4832, 2014)

가) α-카로틴

카로틴 중 2번째로 흔한 α-카로틴은 비타민 A의 전구체로 노란오렌지, 야채(당근, 고구마, 호박, 겨울 스쿼시), 진한 녹색채소(브로콜리, 녹색콩, 녹색완두콩, 시금치, 순무, 잎상추, 아보카도, 호박, 감, 당근, 질경이, 토마토, 완두콩 등) 등에 들어 있으며, 구조 한쪽 끝에 β-ionone고리를, 반대쪽 끝에 α-ionone고리를 가지고 있다. 일반적으로 α-카로틴은 심혈관 질환, 전립선암 예방, 노인성 황반변성 및 백내장의 위험 감소에 도움을 주는데, α-카로틴 농도가 높을수록 심혈관 질환이나 암으로 사망할 위험은 더 낮아진다고 한다. α-카로틴은 β-카로틴과 화학적으로 유사하지만 뇌, 간 및 피부에서 암세포의 성장을 억제하는 데는 더 효과적이라고 한다. 특히 폐암의 위험 감소에 더 효과적이라고 한다.

나) β-카로틴

비타민 A*의 전구체(프로비타민)인 β-카로틴(β-carotene)은 가장 많은 카로티노이드 중 하나로 녹색 잎에 풍부하게 존재하며, 강하게 착색된 적색-주황색, 오렌지 색소를 갖는 카로티노이드이다. 당근과 붉은 팜유, 망고, 늙은 호박, 고구마, 복숭아, 시금치, 케일, 브로콜리, 파파야, 키위, 살구, 순무, 민들레잎, 오렌지 등에 풍부하게 들어 있다.

* 비타민 A 활동의 단위는 국제단위 IU이었지만, 현재는 FAO / WHO에 의해 1967년에 개발된 레티놀 당량(RE)(1μg RE=1μg 레티놀, 6μg β-카로틴 또는 12μg α-카로틴 또는 β-카로틴을 사용하고 있다. 1μg RE=1μg 레티놀, 1μg RAE=2μg -β-carotene의 보조제 / 1μg RAE=식품에서 all-trans-β-카로틴 12μg / 1μg RAE=식품에서 얻은 α-카로틴 또는 β-크립토산틴 24μg / 1μg RAE=3.33 IU 레티놀 / 1 IU 레티놀=0.3μg RAE / 1 IU β-carotene=0.15μg RAE / 1 IU β-carotene=0.05μg RAE / 1 IU 식품에서 얻은 α-carotene 또는 β-cryptoxanthin=0.025μg RAE

β-카로틴은 isoprenoids이며, 비극성 화합물로 매우 친유성이다. 8개의 이소프렌단위에서 생화학적으로 합성되어 총 40개의 탄소를 가지고 있다. 카로틴 중에서 β-카로틴은 분자의 양 말단에 β-고리를 갖고 있다. 일반적으로 β-카로틴를 포함한 대부분의 카로티노이드는 십이지장에서만 흡수되는데, 이 때 비타민 E(α-tocopherol)의 흡수를 담당하는 SR-B1(scavenger receptor-B1) 막단백질이 중요한 역할을 한다. 그러나 흡수효율은 9~22% 정도로 그다지 크지 않다. β-카로틴 1분자는 장내 효소(β, β-carotene 15, 15′-monooxygenase)에 의해 2분자의 비타민 A로 분해된다.

β-카로틴의 생리활성은 첫째, 모든 카로티노이드와 크게 다르진 않지만 그래도 중요한 것은 항산화 기능이다. 자유라디칼은 산화를 통해 세포를 손상시키고, 만성질환을 유발하는데, β-카로틴은 항산화 기능을 통해 면역체계를 돕고, 활성산소로부터 보호하여 암과 심장병 발병 위험을 낮춰 준다. 자유라디칼 수치가 체내에 너무 높아져 불균형이 발생하면 산화스트레스로 알려진 세포 및 조직 손상이 발생하여 만성질환을 일으킨다. β-카로틴이 풍부한 과일 및 채소를 매일 4회 이상 섭취하는 사람은 암이나 심장병에 걸릴 위험이 낮다고 한다.

둘째, β-카로틴의 기능은 인지능력 저하의 방지이다. 인지능력은 산화스트레스의 영향을 많이 받는데, 산화스트레스를 줄임으로써 인지능력의 저하를 예방하고, 알츠하이머병과 같은 인지장애 질환을 억제할 수 있다. 셋째, β-카로틴은 피부건강을 향상시키는 데 도움을 준다. β-카로틴을 포함한 항산화 함유 영양소를 많이 섭취하면 자외선에 대한 피부 방어력이 높아지고, 피부건강과 외모를 유지하는 데 도움을 준다.

넷째, β-카로틴은 폐암을 비롯한 특정 종류의 암에 걸릴 위험을 낮추어 주고, 시력 상실을 유발하는 질병인 노화/고령관련 황반변성(age related macular degeneration, AMD)을 포함하여 눈에 영향을 미치는 질병들을 예방하는 데 도움을 준다. β-카로틴을 포함하여 혈중 카로티노이드 수치가 높으면 고령관련 황반변성 발병 위험을 35%까지 줄일 수 있다고 한다. 특히 흡연에 의한 경우 노인성 황반변성 위험을 줄이는 데 특히 효과적이라고 한다.

β-카로틴은 콜레스테롤을 낮추기 위해 사용되는 약물과는 상호 작용하여 β-카로틴의 흡수를 감소시키며, 알코올을 같이 섭취할 경우 레티놀로 전환하는 능력이 감소될 뿐만 아니라 간독성을 유발할 수도 있다. 또 장벽(점막) 내에서 β-카로틴은 효소인 디옥시게나제에 의해 부분적으로 비타민 A(레티놀)로 전환되는데, 몸에 충분한 양의 비타민 A가 있으면 β-카로틴의 전환율은 다소 감소한다. 과량의 β-카로틴은 주로 체내의 지방조직에 저장되어 표피의 최외층에 카로티노이드가 침착되는 carotenodermia 원인이 되는데, 과도한 섭취를 중단하면 신속하게 원래대로 되돌아온다.

다) 리코펜

리코펜(lycopene)은 빨간~밝은 주황색 카로티노이드의 색소로 카로틴의 일종인 파이토케미컬이다. Lycopene이란 용어는 토마토종인 *Lycopersicum*에서 유래하였다고 한다. 리코펜은 식물, 광합성 박테리아, 균류 및 조류의 광합성 색소 단백질 복합체에서 발견되며 토마토, 자몽, 수박, 고추 등에 들어 있다. 리코펜은 8개의 이소프렌 단위로 구성된 대칭형 테트라프로필렌(tetrapropylene)인데, 탄소와 수소로만 구성되어 있고, all-*trans* 형태의 분자는 길이가 길고 직선이며, 11개 공액이중결합 시스템을 가지고 있다. 리코펜은 가시광선의 가장 긴 파장을 흡수하여 빨간색으로 보이는데, 식물과 광합성 박테리아는 자연적으로 모두 *trans* 리코펜을 생산한다. 리코펜은 과일과 채소의 빨간~밝은 주황색을 담당하고, 과도한 빛 손상으로부터 광합성 유기체를 보호하는 기능을 수행한다. 리코펜은 β-카로틴과 xanthophyll과 같은 카로티노이드의 생합성에서 중요한 매개체이다.

리코펜의 가장 중요한 생리활성 기능은 강력한 항산화 효과인데, 비타민 A 전구체 활성은 가지고 있지 않지만 그 기능이 매우 다양하다. 리코펜은 혈중 지질과 혈압상승과 같은 심혈관계 위험인자를 완화해 주는 기능을 가지고 있는데, LDL콜레스테롤과 총 콜레스테롤 수치를 낮추고, HDL콜레스테롤을 높여 준다. 따라서 리코펜은 뇌졸중 위험을 낮추며, 심장질환 예방에도 도움을 주는 소재이다. 또 리코펜은 전립선암, 대장암, 방광암, 식도암, 피부암, 폐암, 췌장암 등 다양한 암의 예방효과를 가지며, 특히 전립선 비대증을 예방하는 데 유효하다.

갱년기 이후 가속화되는 골 흡수(골조직에서 칼슘이 빠져나가 뼈에 구멍이 나고 부서지기 쉬워지는 상태)를 감소시켜 골다공증을 포함한 많은 골질환 예방효과를 가지며, 자외선으로 인한 피부 손상을 줄여 준다. 만성 폐쇄성 폐질환 완화 기능도 가지고 있다. 리코펜은 지용성이므로 다른 지용성 물질과 같은 경로를 통해 소화·흡수되는데, 리코펜의 생리활성과 흡수는 소량의 식용 유지를 첨가함으로써 더 좋아진다.

▣ 잔토필의 생리활성

탄소와 수소만 포함하고 있는 카로틴과 달리 산소도 가진 옥시카로티노이드를 잔토필(xanthophyll, 원래는 phylloxanthins)이라 부른다. 잔토필 종류에는 lutein, α-및 β-cryptoxanthin, zeaxanthin, astaxanthin, neoxanthin, violaxanthin, flavoxanthin 등이 있는데 그 중 β-크립토잔틴만이 프로비타민 A 활성을 갖는 유일한 잔토필이다. 잔토필은 그리스어 *xanthos*(황색)와 *phyllon*(잎)에서 유래한 것으로 보통 노란색이다. 잔토필은 대부분의 녹색식물 잎에서 가장 많이 발견되는데, 동물의 체내와 동물성식품에서 발견되는 잔토필은 식물을 통해 유입된 것이다. 난황, 지방 및 피부의 황색은 섭취된 잔토필류에서 유래한 것이다. 눈의 망막에 있는 황반(황색 반점)이 황색인 이유는 잔토필의 루테인과 제아잔틴이 존재하기 때문인데, 이 잔토필은 이온화 청색광 및 자외선을 흡수하여 눈을 보호해 준다.

가) 루테인과 제아잔틴

루테인(lutein)은 카로티노이드 중 잔토필의 하나이다. 황색 / 오렌지색 과일과 채소에 함유되어 있는 루테인은 미리스트산(myristic acid), 라우르산(lauric acid) 및 팔미트산(palmitic acid)과 같은 유기산 혹은 지방산으로 에스테르화 형태로 존재한다. 시금치, 금잔화, 브로콜리, 고구마, 케일, 노란당근, 양배추 등과 난황 등에서 발견되는데 주황색, 노란색 과일과 잎이 많은 녹색채소를 통해 자연스럽게 루테인을 섭취할 수 있다.

루테인의 중요한 생리활성은 항산화와 황반(macula lutea) 보호이다. 식물체의 경우 루테인은 자외선으로부터 자신을 보호하는 역할을 수행하는 것이지만, 사람에게는 눈의 황반 및 수정체의 주요 성분으로, 눈의 건강과 시력증진에 중요한 역할을 하는 성분이다. 특히 루테인은 노화로 인해 감소될 수 있는 황반색소 밀도를 유지하여 눈 건강에 도움을 주며, 자외선과 청색광의 흡수력이 뛰어나 망막에 도달하는 청색광을 감소시켜 눈부심 현상, 물체가 흩어지는 등의 시각장애를 완화시키는 능력을 가지고 있다. 신경조직망을 가진 황반은 망막의 가장 안쪽에 있으며, 눈의 망막에서 시세포가 밀집되어 있어 빛을 가장 선명하고 정확하게 받아들이는 부분이다.

여러 가지 원인에 의해 이 황반부에 변성이 일어나 시력장애를 일으키는 질환을 황반변성(macular degeneration)이라고 한다. 상기 황반변성은 녹내장, 당뇨망막증과 함께 실명의 3대 원인 중의 하나이다. 그 외 루테인은 관상동맥질환과 연관이 있는 만성염증을 억제하는 효과가 있는데, 관상동맥 질환은 관상동맥의 벽에 플라크가 형성되어 혈관이 좁아지거나 막히는 질환이고, 지속적인 염증반응을 동반한다. 루테인은 염증표지인 인터루킨-6(IL-6) 수치를 낮게 하여 만성염증을 억제해 준다. 루테인은 강력한 항산화 능력은 가지고 있는데, 그 기능은 이미 설명한 다른 카로티노이드와 크게 다르지 않다.

제아잔틴(zeaxanthin)은 루테인의 이성체(입체 이성질체는 아님)로 잔토필(Xanthophyll)의 일종이다. 식물과 일부 미생물에서 합성되며, 식물에서는 루테인과 함께 존재한다. 클로렐라(*Chlorella ellipsoidea*)에 많이 들어 있고 시금치, 케일, 순무 잎, 상추, 브로콜리, 옥수수, 양배추, 키위, 메론, 매실, 아보카도, 파프리카, 고추, 구기자 등 녹황색 채소나 과일에 들어 있다. Zeaxanthin이란 용어는 yellow를 의미하는 그리스어인 *xanthos*에서 유래하였다. 제아잔틴은 눈의 망막에 존재하는 잔토필카로티노이드이며, 대부분의 생리활성은 눈에 관한 것이다.

제아잔틴은 황반 중심부에 존재하며, 황반색소 밀도 유지에 도움을 주는 성분으로, 몸 안에서는 합성되지 않고 노화가 진행되면 제아잔틴 성분은 감소한다. 제아잔틴은 루테인과 같이 각막과 수정체를 투과해 들어오는 청색광(블루라이트)을 제어해 망막의 손상을 막아 주어 망막을 보호하고, 눈의 노화를 억제하여 시력을 보호하는 데 도움을 주는 성분이다. 실제 제아잔틴은 망막의 변성 및 이상증에 관련된 질환을 치료 또는 예방하는 소재로 사용되고 있다. 특히 제아잔틴은 색시증(망막병증 중 색이 다르게 보이는 질환), 적시증(사물이 붉그스름하게 보이는 질환) 및 일광 망막병증에 수반되는 증상을 치료 또는 경감시키는 데 유효한 기능을 가지고 있다.

일반적으로 눈이 노화되는 동안 망막의 기능장애와 변성이 일어나고, 청색광으로 안구의 세포막이 손상하여 백내장을 비롯한 다양한 안구질환이 생기게 된다. 백내장이란 눈으로 들어온 빛이 통과하는 수정체가 혼탁해져 시야가 뿌옇게 보이는 질환이다. 특히 망막세포는 세포분열 및 재생 능력이 떨어져 손실 또는 소실될 경우 재생, 대체할 수 있는 방법이 없어 망막변성(retinal degeneration)으로 이어지는 경우가 많다. 망막변성이란 안구의 신경조직인 망막과 망막에서 중요한 기능을 담당하는 황반에 노화, 염증, 혈관질환, 유전적 이상 등의 병적 변화가 발생하여 실명에 이르게 하는 질환이다. 과다 흡연자, 알코올 중독자 또는 카로티노이드가 풍부한 음식을 적게 섭취하는 사람들과 산화스트레스에 만성적으로 노출된 사람은 루테인과 제아잔틴의 효과가 미미하다고 말하기도 하는데, 미국과 유럽에서는 루테인 및 제아잔틴이 시력 향상과 노인성 황반변성 예방에 대한 확실한 증거가 충분치 않다고 주장하기도 한다.

나) β-크립토잔틴과 아스타잔신

β-크립토잔틴(cryptoxanthin)은 카로티노이드 색소의 잔토필 중 하나로, 감귤류나 감을 비롯하여 난황, 버터, 사과 등에 들어 있다. α- 및 β-카로틴보다 생체 이용률이 더 높고 시력, 성장, 발달 및 면역반응에 필요한 필수영양소인 비타민 A(레티놀)의 전구체인 프로비타민 A로 사용되는 대표적인 항산화제이다. β-크립토잔틴은 항산화작용은 다른 카로티노이드보다 다소 낮지만 산화방어 및 세포 간 신호전달 역할에는 중요하며, 세포와 DNA에 유리라디칼 손상을 예방하고, DNA에 대한 산화적 손상의 복구를 자극하여 대사증후군, 간기능 장애, 동맥경화 등 생활습관 병의 위험을 감소시키는 데 도움을 준다.

β-크립토잔틴의 항암기능에 관해서는 β-카로틴, 리코펜보다는 관심이 덜하지만 대장(결장)암이나 피부암, 폐암에 대해서는 잠재적 발생위험을 감소해 주는 것으로 알려져 있다. β-크립토잔틴은 유전적 조절, 항산화 및 염증 표지자에 영향을 미치는데, 폐암세포 성장을 억제하고, 폐의 염증, 폐조직 세포에서 종양괴사인자 농도를 낮춰 주고, 폐종양의 다양성과 부피를 감소시킨다. 또 방광의 병변 발생률을 감소시키며, 결장암의 발병을 억제해 준다. 특히 β-크립토잔틴은 사람의 골다공증을 예방하는 골형성 인자로 뼈 형성을 촉진하는 데 유효한 소재이다.

뼈의 항상성이란 뼈 형성과 파골, 뼈 흡수 사이의 균형을 통해 뼈의 건강을 유지해 주는 것인데, 노화로 뼈 형성 감소/뼈 파괴/뼈 흡수 증가가 일어나면 뼈의 손실이 자연스럽게 일어나게 된다. 이러한 경우 β-크립토잔틴은 골형성과 관련한 단백질의 유전자 발현에 영향을 미쳐 노화에 따른 뼈 손실을 예방하고, 뼈 석회화를 자극해 준다. β-크립토잔틴은 단백질 합성을 향상시키거나 강화시켜 근육소실을 예방하고, 화상으로부터 회복/치료하는 기능을 가지고 있다. 담즙분비 촉진을 자극하기도 한다. 그 외 β-크립토잔틴은 면역기능에 영향을 주며, 콜레스테롤 항상성에 기여하고, 인슐린 저항성 및 간기능 장애 위험을 감소시키는 기능과 관련이 있다. 또 비알코올성 지방간 질환을 예방하는 데 도움을 주며, 눈 건강과 관련하여서는 β-카로틴, 루테인보다는 그 효과가 낮지만 그래도 유효한 성분이다.

아스타잔신(astaxanthin)은 *keto*형 carotenoid인데, 잔토필(xanthophyll)의 일종으로 tetraterpenoid 화학물이다. 아스타잔신은 -OH와 -C=O기를 모두 함유하는 zeaxanthin과 canthaxanthin의 대사산물이며, 지질 용해성 색소이다. 1975년에 합성에 성공하였는데, 인체에서 비타민 A로 전환되지는 않는다. 미국 FDA에서는 식품의 특정 용도를 위한 식품착색제로 승인한 소재로 건강보조식품 및 사료보충제로 사용되고 있다. 아스타잔신은 효모(*Xanthophyllomyces dendrorhous*)에서 유래하고, 조류(*Haematococcus pluvialis*)가 영양염(nutrients) 부족, 염분 증가, 과도한 햇빛 등 자연적인 스트레스를 받으면 아스타잔신을 만든다. 아스타잔신은 조류의 녹색단계에서는 세포의 증식을 촉진시키기 위한 양분이지만 강렬한 햇빛 등 환경스트레스를 받을 경우 세포를 보호하는 방어 성분이다. 아스타잔신은 붉은 연어, 홍도미, 홍합, 갑각류(새우, 크릴새우, 게, 가재 및 가재) 등의 붉은 오렌지 색상의 색소 성분이며, 특히 크릴새우는 아스타잔신의 주요 공급원이다. 일부에서는 이 색소를 동물성 색소라 부르기도 한다.

아스타잔신의 주요 기능은 항산화 작용이다. 자외선 등으로 발생하는 활성산소를 제거하는 작용을 하고, 과산화지질이 생성되는 것을 막아 주는데, 이것은 아스타잔신의 공액이중결합의 사슬 때문이다. 보통 항산화 산화방지제는 수용성(친수성)과 지용성(소수성)으로 구분하는데, 수용성은 혈액과 세포내·외 체액에 존재하면서 세포질과 혈장의 산화물질과 반응하는 비타민 C, 글루타티온, 카테킨 등을 말한다. 지용성은 세포막에 존재하는데, 지질과산화로부터 세포막을 보호하는 비타민 E, 비타민 A, 아스타잔신 등을 말한다.

아스타잔신은 체력을 증가하려는 운동선수에게는 필수적인 지용성 성분인데, 그것은 운동 후 빠른 회복, 체력과 지구력 향상, 신체 성능 향상, 격렬한 운동 후 관절과 근육통증 완화 등 기능 때문이다. 운동 후 발생하는 활성산소는 세포막을 손상시켜 근육을 피곤하게 만들고, 근육통을 느끼게 하는데, 이 때 강력한 항산화제인 아스타잔신이 근육조직에서 활성산소를 감소시키므로 이 증상을 해결해 준다. 아스타잔신의 또 다른 기능은 암세포 증식 억제이다. 암(간암 및 유방암, 폐암)세포 증식을 억제하고, 아폽토시스(apoptosis)를 촉진하는데, 아포톱시스는 세포조직이 손상되거나 기능장애가 있는 세포를 자연적으로 제거하는 세포의 자연사 과정을 말한다.

산화스트레스를 줄여 림프종 세포에서 반응성 산소종의 생산을 중단시켜 백혈병 세포의 성장을 억제하며, 암의 증식과 염증을 감소시킨다. 특히 MMPs효소(matrix metalloproteinases)는 종양세포가 다른 곳으로 이동하여 종양의 성장과 진행을 촉진하는데, 아스타잔신이 이 MMPs를 억제하고, 종양에의 혈액공급 차단, 세포증식 및 암 진행 경로를 조절하여 암 확산을 예방한다. 또 아스타잔신은 세포 간의 신호전달을 원활하게 하는데, 세포 간 신호전달에 결함이 생기면 염증, 세포 손상 및 궁극적으로 암과 같은 장애로 직결된다.

아스타잔신은 루테인과 더불어 시력을 강화하는 기능을 가지고 있어 시력 건강보조식품으로 알려져 있는데, 특히 안구건조증에 효과를 가지고 있다. 안구건조증의 주된 요인은 눈의 깜빡임 횟수와 관련이 있다. 눈은 깜빡일 때마다 눈물막을 형성해 안구를 보호하게 되는데, 눈은 1분에 15～20회 정도 깜빡이고 있다. 깜박임이 줄게 되면 눈에 모래알이 들어간 듯한 이물감을 느끼게 되며, 눈곱이 끼고 충혈 등의 증상을 보이며, 종국에는 눈물막이 과도하게 증발하고 눈꺼풀염, 눈피지선염 등이 발생하기도 한다. 심한 경우 눈을 제대로 뜨기 힘들고 안구피로, 두통 등의 증상이 나타나며, 각결막염으로 진행되기도 한다. 특히 스마트폰의 청색광(blue light / 가시광선 중 400～490 nm 범위의 단파장 빛)에 장시간 노출되면 망막과 망막내 시세포에 독성으로 작용하여 망막 색소상피(RPE)와 광수용체(photo receptor) 세포를 손상시켜 망막 퇴행성 질환과 실명 질환인 황반변성을 일으키게 된다. 이 경우 아스타잔신이 이를 예방해 준다. 즉 아스타잔신은 망막의 혈류를 개선해 수정체의 굴절을 조절하는 모양체 근육(초점조절에 관련된 근육)에 더 많은 혈액이 도달하도록 하여 풍부한 영양을 공급하는 데 결정적 역할을 담당한다*.

* 오메가 3(DHA · EPA)는 안구건조 개선과 망막 기능 유지의 효과가 있다. DHA는 망막 조직의 주성분으로 눈물 막을 튼튼하게 해 눈물 분비가 줄어드는 것을 예방한다. EPA는 염증성 물질인 PGE2를 감소시켜 염증 유발을 억제한다.

아스타잔신은 자외선을 차단하는 미백성분으로 피부보호 기능을 가지고 있으며, 노화방지 / 안티에이징 기능를 가지고 있다. 그 외 위염, 천식, 당뇨병, 염증, 통증 등 예방과 치료에 유효하며, 두뇌 활성화로 치매를 예방하고, 관절과 골격시스템의 건강 등에도 좋은 소재이다.

(6) 엽록소의 생리활성

엽록소(chlorophyll)는 대표적인 피토케미칼 식물 녹색이며, 광합성의 핵심 분자로 빛에너지를 흡수하는 안테나 역할을 하는 색소이다. 녹색식물에서 엽록소는 세포기관에서 막 모양의 디스크 같은 단위(틸라코이드)로 존재하며, 엽록소는 엽록체의 그라나(grana) 속에 함유되어 있다. 포유류와 다른 척추동물의 적혈구에서 발견되는 산소 운반체인 헤모글로빈과 구조와 유사하다. 엽록소에는 엽록소 a, b, c, d, e와 박테리오 클로로필 a와 b 등 여러 가지 종류가 있는데, 모두 공통적으로 포르피린고리(porphyrin ring)인 질소함유 구조를 기본으로 하고 중앙에 Mg^{+2}을 가지고 있다.

엽록소(chlorophyll)는 시아노박테리아(*Cyanobacteria* / 남조세균)와 조류에서도 발견되는데, 그리스어 *chloros*(녹색), *phyllon*(잎)에서 유래하였다. 엽록소는 1817년 Joseph Bienaimé Caventou와 Pierre Joseph Pelletier에 의해 처음으로 발견, 부리, 명명되었고, 엽록소에서 마그네슘의 존재는 1906년에 발견되었다. 엽록소는 식물류는 물론 스피루리나(spirulina), 클로렐라(chlorella) 등에도 많이 들어 있다. 엽록소 a는 광합성을 하는 모든 식물에 들어 있고, 엽록소 b는 육상식물과 녹조류, 유글레나(*Euglena*) 등에 들어 있으며, 조류 중에는 엽록소 c나 엽록소 d를 가진 것도 있다. 이밖에 광합성을 하는 홍색세균은 세균 엽록소(bacteriochlorophyll)를 가지고 있다.

고등식물의 엽록소는 엽록소 a와 엽록소 b가 약 3 : 1의 비로 들어 있는데, 이 중 빛에너지를 직접 화학반응계에 전달하는 것은 엽록소 a이며, 다른 색소가 흡수한 빛 에너지도 일단 엽록소 a에 전달되었다가 다시 화학반응계에 이동되는 것으로 생각된다. 엽록소는 건강기능식품에 항산화식품으로 각광받고 있는데, 특히 엽록소는 활성산소 및 독성물질을 없애는 항산화활성 작용이 우수하고 강력하다.

엽록소가 갖는 대표적인 생리활성으로는 조혈작용, 비타민 제공, 효소활성 유지, 탈취작용, 섬유소 제공, 소염작용, 신진대사촉진, 체내 효소의 제조 및 활성의 유지, 감염예방, 염증확산 방지, 통증억제, 체질개선 등을 비롯하여 노화, 암, 유전자 돌연변이, 위장병, 여드름, 기미, 주근깨, 얼룩점, 빈혈, 만성피로, 심장질환, 고혈압, 중풍, 간염 및 간경화 예방 등이다. 특히 식물 섬유소가 엽록소와 함께 존재하기 때문에 엽록소를 섭취함으로써 섬유소도 충분히 섭취할 수 있게 된다. 엽록소는 몸에 흡수되지 않지만 각종 발암성 물질이나 다이옥신 같은 유해물질과 결합해 몸 밖으로 빠져 나오게 하는 해독기능을 가지고 있으며, 또 장점막세포의 부활 기능도 갖고 있어 위궤양 같은 질병도 막아준다.

(7) Curcuminoid와 Curcumin의 생리활성

황색을 띤 curcuminoid에는 curcumin, desmethoxycurcumin, bis desmethoxycurcumin 등이 있는데, curcumin이 대표적인 성분이다(그림 2-32). 선형 diarylheptanoid이며, 천연 페놀이다. 이것은 산성 pH에서 물에 대한 용해도가 낮지만 알칼리성

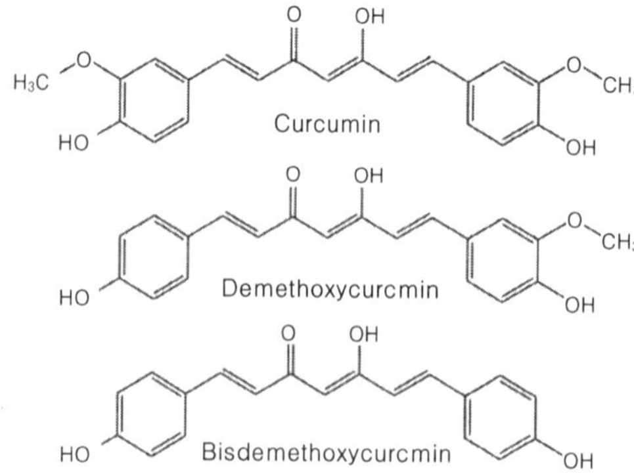

그림 2-32. Curcuminoid 종류와 구조
(출처 : Food Chemistry 336, 30, 2021)

용액에서는 가수분해된다. 카레, 겨자의 성분인 curcumin은 알칼로이드인 curcuminoids의 일종으로, 생강과에 속하는 식물인 강황, 울금의 뿌리에서 추출한 카레 특유의 황색 향신료 성분으로 활성산소를 제거하는 기능을 가지고 있는 curcuminoid 중 가장 강력한 산화방지제이다.

Curcumin의 생리활성 기능은 항종양, 항산화, 항아밀로이드와 항염증을 가지고 있으며, 산화에 의한 DNA 손상과 지질과산화를 억제하고, 자유라디칼을 소거해 준다. 또 curcumin은 암세포 성장에 필수적인 혈관 신생을 저해하여 각종 암 발생을 저지시켜 주며, 알츠하이머병(노인성 치매)을 예방한다. Curcumin의 강력한 항산화 기능은 세포의 산화를 방지하고, 염증을 감소시키는 것인데, 활성산소를 중화시켜서 노화를 늦춰주고, DNA손상 및 지질과 산화를 억제하며, 유리기 등을 제거한다. 그 외 curcumin은 담즙 분비를 통해 콜레스테롤 소비를 높이며, 지방세포의 분화를 억제하고, 사이토카인(cytokine)으로 내분비계의 생물학적 작용을 매개하는 adipokine의 작용을 저해하기도 하여 비만, 콜레스테롤 축적 억제에 도움을 준다. 또 위의 소화액 분비를 촉진하여 혈액을 묽게 하는 특성을 가지고 있으며 해독, 간 기능 강화, 위궤양 원인균 생육 억제, 이담작용, 이뇨작용, 멜라닌색소 방지, 체중감량 효과 등을 가지고 있다. 몸속의 지방조직이 늘어나는 것을 막아 주며, 새로운 혈관의 생성을 낮춰 지방축적을 억제하며, 다이어트에도 효과적이다. Curcumin의 흡수율을 높이기 위해 검은 후추의 피페린(peperine) 성분과 함께 하면 상승효과를 가진다.

제 5 장

생체기능 관련 생리활성물질 각론

〈1절〉 항암관련 생리활성물질

1.1 암의 정의와 항암기작

인간의 몸을 구성하고 있는 가장 작은 단위인 세포는 정상적인 경우 분열하며 성장하고 사멸하기도 하여 세포수의 균형을 항상 유지하고 있다. 그러나 어떤 원인으로 세포가 손상을 받은 경우, 정상적인 세포의 역할을 하지 못하는 경우 스스로 죽게 되거나 또는 여러 가지 이유로 비정상적으로 변하여 과다하게 증식하거나 주위 조직 및 장기에 침입하여 종괴를 형성하면서 정상 조직의 파괴를 초래하는 상태에 이르게 되는데, 이를 암(癌 / cancer)이라 정의한다.

암과 유사하게 사용되는 "혹"이란 용어는 비정상적인 체내의 덩어리를 말하는데, 의학적으로 '종양성 병변' 정도의 개념으로 정리한다. 종양(tumor / neoplasia / new + growth / 신생물)은 비정상적으로 자라난 세포 덩어리이다. 양성종양은 비교적 서서히 성장하여 신체 여러 부위에 급속히 확산하지만, 전이하지는 않기 때문에 보통 제거하면 특이한 경우를 제외하고는 생명에 위협을 초래하지 않는다. 그러나 악성종양(malignant tumor / malignant neoplasm)은 빠른 성장과 침윤성(파고들거나 퍼져 나감) 성장 및 체내 각 부위에 확산, 전이하여 생명에 위험을 초래한다. 암은 바로 악성종양을 의미한다.

암종(carcinoma)은 점막, 피부 같은 상피성세포에서 발생한 악성종양을 뜻하고, 육종(sarcoma)은 근육, 결합조직, 뼈, 연골, 혈관 등의 비상피성세포에서 발생한 악성종양을 말한다. 암(악성종양)이 발생하는 원인은 정확히 밝혀지진 않고 있지만, 일반적으로 정상적인 세포의 유전자나 암 억제 유전자에 돌연변이가 그 원인이라는 것이다. 그 원인이 되는 화학적인 인자로는 발암물질, 물리적인 인자로는 태양 광선에 포함되는 자외선과 방사선, 생물학적인 인자로는 발암성 바이러스, 체내의 호르몬 이상, 200여 종에 이르는 유전형 등이라고 한다.

대부분은 간접 발암원이지만 일부는 직접 발암원인데, 직접 발암원은 인체의 정상 세포에 존재하는 DNA나 RNA 그리고 단백질에 공유결합을 형성하여 이들의 구조와 기능을 변화시키는 인자로 보고 있다. 간접 발암원은 그 자체로는 반응성(영향력)이 약하지만, 체내에 흡수된 후 간세포에 존재하는 특수한 P450효소계에 의해서 대사됨으로써 활성화되어 강한 반응성을 나타나는 경우이다.

암은 혈액이나 림프액을 타고 여기저기로 마구 옮겨 다니는데, 이것이 전이라고 부른다. 세포는 성장(growth), 분화(differentiation), 죽음(apoptosis)의 과정을 엄격하게 조절받고 있는데, 암세포는 세포의 유전자 중 일부에 이상이 생겨 이들 유전자의 산물인 단백질의 특성이 바뀌게 되고, 그 결과로 세포 성장 조절에 이상을 초래하게 된다. 이러한 세포 성장 조절의 이상은 유전자의 변이를 동반하면서 유전자의 이상이 생겨 유전자 질환인 암이 생기게 된다.

1.2 발암단계와 발암물질

발암은 자연스럽게 단계를 거쳐 일어나는데, 제1단계는 암유발 개시단계이다. 발암원이 DNA를 공격하여 돌연변이를 유발하는 비가역반응을 말한다. 제2단계는 암유발 촉진단계로 암 발생을 촉진하고 유지하는 단계이다. 대표적인 암유발 촉진물질로서는 TPA(12-0-tetradecanoylphorbol-13 acetate)가 있다. 엄격하게 말하면 TPA는 발암원의 작용을 촉진하는 종양 촉진제로 작용하고 발암원은 아니다. 제3단계는 암 진행 단계인데, 양성종양에서 악성종양으로 전환하여 악성종양의 특성이 증대되는 과정인데, 이 단계에서는 암유전자와 암억제유전자의 돌연변이가 점차 증가하게 되어 염색체의 이상이 분명하게 나타난다.

1965년에 국제기구로 세워진 국제 암연구기관(International Agency for Research on Cancer, IARC)은 발암물질을 Group 1(확실히 사람에게 암을 일으키는 물질), Group 2A(사람에게 암을 일으키는 개연성이 있는 물질), Group 2B(사람에게 암을 일으키는 가능성이 있는 물질), Group 3(사람에게 암을 일으키는 것이 분류가 되지 않은 물질), Group 4(사람에게 암을 일으키지 않는 물질) 등으로 구분하였다. 흥미로운 것은 지방세포가 여러 종류의 펩타이드 성장인자(peptide growth factor)를 분비하는데, 이러한 펩타이드 성장인자가 암세포의 성장과 전이를 촉진하고, 악성종양 유발에 관여한다는 것이다. 지방세포에 지방이 과량 축적되면 아디포넥틴(adiponectin)의 생성이 감소하게 되는데, 이것의 감소가 각종 암(유방암, 난소암, 전립선암, 위암 등)의 발생률을 높여 준다.

암세포의 억제에 NF-κB*단백질이 관여하는데, TNF-α(종양괴사인자-α/ tumor necrosis factor-α), IL-69(Interleukin 6) 등 향염증성 사이토카인이 NF-κB를 활성화시켜 암을 억제하게 만든다. COX-2 저해제와 아디포넥틴 단백질도 암과 염증을 억제하는 물질이다.

* NF-κB(nuclear factor kappa-light-chain-enhancer of activated B cells)는 염증반응 조절, 면역체계 조절, 세포고사, 세포증식, 상피세포의 분화(epithelial differentiation) 등에 관여하는 단백질군으로 다양한 유전자들의 발현을 조절하며, 세포내의 신호전달 체계의 중심축을 이루고 있다. NF-κB의 잘못된 전사 조절은 암, 염증성 질환과 자가 면역질환, 면역계의 발달이상 등을 초래한다.

1.3 항암소재와 생리활성

암은 유전 질환이다. 즉, 암은 세포가 성장하고 분열하는 방식을 제어하는 유전자의 특정 변화로 인해 발생하는데, 암세포의 특징은 정상세포가 성장하고 분열하지 못하는 조건에서도 계속 성장하고 분열한다. 혈관(血管)계를 제멋대로 사용하여 새로운 혈관이 자라도록 하여 암세포에 영양분을 공급한다. 정상세포는 대개 50~70번의 분열 횟수를 갖지만, 암세포와 종양은 훨씬 더 많은 분열을 하며, 신체의 다른 부위로 돌아다니며 새로운 종양을 만든다.

암의 증상은 국소적 증상(평상시에 보이지 않는 종류의 종양, 출혈, 아픔이나 궤양 등)과 전이 증상(퍼지는 증상), 시스템 증상(체중 감소, 식욕저하, 피로, 이상체중 증가, 체력감퇴, 빈혈, 호르몬 변화 등) 등으로 구분하는데, 이들 치료방법은 수술, 항암, 방사선치료, 조혈모세포이식, 면역요법 등이다. 항암제란 주로 DNA에 직접 작용하여 DNA의 복제, 전사, 번역과정을 차단하거나 대사경로에 핵산 전구체의 합성을 방해하고, 세포분열을 저해함으로써 암세포에 대한 세포독성을 나타내는 제제이다.

항암제는 암세포뿐만 아니라 정상세포에서도 동일하게 작용하기 때문에 정상조직의 손상은 불가피하다. 그러나 암세포와 정상세포의 대사 사이에는 양적인 차이가 있어 항암제는 암 조직에서 보다 큰 독성을 나타내게 된다. 항암제는 작용 방식에 따라 세포독성 항암제, 표적치료 항암제, 면역 항암제 등으로 구분하거나 1세대, 2세대, 3세대 항암제 등으로 구분한다. 효과와 부작용이 모두 강한 1세대 항암제는 세포독성 항암제이다. 암세포, 정상세포 가릴 것 없이 마구잡이로 파괴하는 항암제로 가장 초창기에 개발되었기에 1세대 항암제라 부른다. 탈모, 구토 등 부작용이 대표적이다. 암세포만 파괴하는 2세대 항암제를 표적 항암제라 부른다. 표적 항암제는 암세포 부위를 포착해서 공격하므로 부작용은 적지만 사람에 따라 그 효과가 매우 다르며, 사용 중 내성이 생기는 경우가 발생할 경우 3세대 항암제인 면역 항암제를 사용하게 된다. 이것은 최소한의 부작용으로 암세포를 제거하는 방법이다.

항암치료에는 국소요법인 수술요법과 방사선요법 등이 있고, 전신요법으로는 항암화학요법, 생물학적 요법 등이 있는데, 화학요법에는 DNA 알킬제, 대사길항제, 스테로이드호르몬 등이, 생물요법에는 면역요법제, 유전자 치료, 신생혈관형성 억제제 등이 사용된다. 화학제제 중 알킬화제는 유기물질의 수소원자를 알킬기로 치환시키는 능력을 가진 물질인데, DNA의 알킬화제가 대부분의 세포독성 작용, DNA 복제와 RNA 전사를 방해하고 세포분열을 저해한다. 만성 백혈병과 골수증식증에 사용되는 busulfon(1, 4-butandiol dimethanesulfonate), 혈액종양, 유방암, 난소암, 자궁경부암, 전립선암, 소세포성 폐암, 육종 및 소아 종양에 사용하는 cyclophosphamide, 그리고 1세대 항암제인 cisplatin 등이 여기에 속한다.

대사길항제(antimetabolite)는 세포의 기능과 복제에 필요한 정상 대사물과 그 구조가 유사하여 이것이 암세포의 성장에 필수적인 생합성 경로의 유사기질로 작용함으로써 암세포의 분열 및 성장을 억제하여 암세포를 사멸하게 하는 제제이다. 생물요법은 생물 추출물 등을 사용하여 면역체계를 자극하여 암세포에 대항하도록 하는 면역요법이다. 이 요법은 선천성 면역세포들이 방출하는 여러 사이토카인(cytokine)*들이 면역세포를 자극하여 면역세포의 수를 증가시키거나 면역반응을 증가시키는 사이토카인을 생성하여 암세포를 억제 또는 치료하는 방법이다.

* 사이토카인은 면역세포가 분비하는 저분자량의 단백질류를 말하는데, 그 종류는 매우 많다. 주로 면역세포들(T림프구, B림프구, 백혈구, 대식세포)이 주로 생산하지만, 그 외에 섬유아세포, 내피세포, 기질세포 등도 생산하며, 다양한 기능을 가지지만 주로 세포의 증식과 분화를 촉진하거나 억제하며, 염증, 조혈에도 관여한다.

항암식품이나 생물소재는 매우 다양하게 거론되지만, 실제 특별한 항암 소재를 단정적으로 거론하는 것은 불가능하다. 그러나 항암 생물소재에 들어 있는 항암성분은 현재까지 많은 것들이 밝혀지고 있다. 일반적으로 항암식품이라고 부르는 것은 동식물, 한약제류, 허브와 차류, 기호식품, 향신료 등인데, 이 식품들은 항암성분들을 가지고 있다. 지금까지 알려진 항암성분은 주로 당류, 펩타이드류, 고도불포화지방산류, 각종 비타민과 무기질 등인데, 좀 더 세분하면 설포라판(sulforaphane), 낙산염(butyrate), 리코펜, 알리신, 안토시아닌, α-락트알부민(α-lactalbumin), 펩타이드(단백질분자), 테르펜/테르피노이드류, 식이섬유, β글루칸, 케르세틴(Quercetin), 카나비노이드, 모링가, 후코이단, 비타민 C, 레스베라트롤, 글루코시놀레이트, 루테인, 인돌-3-카비놀, 사포닌, 이소플라본. 이소티오시아네이트, 황화아릴류, S-아릴시스테인, 커큐민(curcumin), 미리세틴(myricetin), 게라니인(geraniin) 그리고 토코트리에놀 T3 (tocotrienols(T3) 등이 있다.

항암을 거론할 때 항변이성에 관한 소재나 성분을 이야기하곤 하는데, 우선 변이(變異, mutation)라는 용어를 이해할 필요가 있다. 변이는 개체 간에 혹은 종(種)의 무리들 사이에 나타나는 형질의 차이를 말하는데, 크게 유전변이(유전자형 변이)와 환경변이(표현형 변이)로 대별하며, 방사선 등 외부요인으로 생기는 유전적 변화를 돌연변이라 부른다. 즉 유전자나 그 집합체에 있는 염색체에 변화가 일어나 그것이 복구되지 않은 채 세포분열에 의해 다음 세대로 전해지는 것을 돌연변이라 하며, 변이원성을 가지는 화학물질을 변이원(mutagen)이라 한다.

예를 들면 암을 유발하는 것으로 알려진 2개의 BRCA 유전자 돌연변이(BRCA1 및 BRCA2)가 있는데, 이 유전자 돌연변이는 여성이 유방암과 난소암에 걸릴 위험을 높여 주고, BRCA2 유전자 돌연변이는 남성 유방암 및 전립선암 위험을 높여 준다. 암세포에는 정상세포에서 암세포로 변하는 유전자 돌연변이가 있다. 이러한 유전자 돌연변이는 유전될 수 있고, 나이가 들고 유전자가 마모되면서 시간이 지남에 따라 발생하거나 담배 연기, 알코올 또는 태양으로부터의 자외선(UV) 복사와 같이 유전자를 손상시키는 무언가가 주위에 있는 경우 발생할 수 있다.

항돌연변이는 돌연변이를 저지하는 것으로, 항돌연변이물질로는 porphyrin, fatty acids, polyphenols, sulfhydryl 화합물, 셀레늄, 식이섬유소 등을 비롯하여 식품 내의 효소, 지방산, 비타민, 항산화제 등이 있다. 과채류, 약용식물, 해조류, 어류, 장류, 유산균류, 향신료 등도 항돌연변이 및 항암효과를 가지고 있는 것들인데, 항변이원성 성분은 항암성분과 거의 유사하다. 돌연변이는 세포 분열 중 실수로 인해 발생하거나 환경에서 DNA 손상 인자에 노출되어 발생할 수 있는데, 단일 돌연변이는 암을 유발하지 않을 가능성이 높지 않지만 보통은 암이 여러 돌연변이로 인해 발생한다.

〈2절〉 면역 / 과민면역(알레르기) 반응 관련 생리활성물질

2.1 면역의 정의와 기전

면역은 외부에서 체내에 침입한 바이러스나 세균 등을 식별하여 제거하는 생체방어 시스템으로 질병으로부터 생명체를 보호하는 생물학적인 구조 및 과정을 의미하는데, 체액성 면역(humoral immunity)과 세포성 면역(cell-mediated immunity)으로 구분하거나 선천성 면역(innate immunity)과 적응성 면역(adaptive immunity / acquired immunity / 후천성 면역)으로 구분하기도 한다. 또 비특이면역반응과 특이면역반응으로 구분하기도 하는데, 비특이면역은 체내에 들어온 이물질을 제거하기 위해 즉각적으로 일어나는 1차적인 면역반응으로, 항균성 펩타이드라든지 식세포작용

(phagocytosis)과 보체(complement system)가 여기에 관여한다. 특이면역은 이전에 침입한 이물질을 기억(immunological memory / 면역기억)하여 다시 그 물질이 침입하였을 때 항원을 특이적으로 인식하는 방어시스템으로 B세포와 T세포가 여기에 속한다.

외부 병원균에 대한 우리 몸의 방어기작 체계에 대한 학문을 통틀어 면역학(immunology)이라고 부르는데, 방어기작 체계 자체를 면역시스템(Immune system)이라 부른다. 면역시스템은 자신(self)과 남(non-self)을 구분할 수 있는 능력을 가지고 있는데, 자신에 대해서는 면역반응(immune response)이 유도되지 않지만 남에 대해서는 면역반응이 유도된다.

1796년 Edward Jenner가 천연두 백신(smallpox vaccine)을 처음으로 소개함으로써 우리 몸 안의 면역시스템에 대한 개념이 확립되었는데, 만약 면역시스템에 고장이 나면 병이 생긴다. 자가면역질환(autoimmune disease)은 면역시스템이 자신을 남으로 오인하여 자신의 몸을 공격함으로써 발생하는 질병이고, 과민반응(hypersensitivity)의 하나로 알려진 알레르기(allergy)는 면역시스템의 과도한 반응으로 인해 생기는 질병이다. 이러한 면역과잉반응을 억제하는 면역관용(tolerance)은 면역원성(immunity)과 잘 조화되어야만 한다.

병원균에 대해 우리 신체의 면역시스템은 두 가지 방어기전을 갖는데, 첫째는 병원균에 대한 즉각적인 방어를 담당하는 선천면역이며, 둘째는 병원균의 특정 항원에 대한 특이적인 항체나 세포를 생성하여 기억하는 후천면역이다. 선천면역은 병원균 특이적인 구조를 인식하는 수용체를 이용하여 감염세포를 죽이거나 세포독성 물질을 분비함으로써 작용한다. 이에 반해 후천면역은 병원균의 항원 결정기(epitope / antigenic determinant)를 인식하는 세포를 이용하여 강력하고 지속적인 면역반응을 유도하게 되는데, 후천면역은 크게 B세포의 활성으로 생성되는 체액성 면역반응(humoral immune response)과 T세포의 활성이 중심이 되는 세포성 면역반응(cell-mediated immune response)으로 나눌 수 있다.

B세포(B cell)는 림프구 중 항체를 생산하는 세포로 면역반응에서 외부로부터 침입하는 항원에 대항하여 항체를 만들어 낸다. B세포의 활성은 항원 특이적인 항체(antibody)의 생성으로 이어진다. T세포(T cell) 활성은 T세포 자체의 독성화 및 독성물질 생성으로 이어져 감염된 세포를 사멸시킨다. T세포 또는 T림프구(T lymphocyte)는 항원 특이적인 적응면역을 주관하는 림프구의 하나로 비정상적인 세포를 죽이거나 B세포가 항체를 생산할 수 있도록 도와주고, 면역기능을 조절하는 역할을 한다. 면역과 관련하여 백혈구는 크게 식세포와 림프구(lymphocyte)로 나누는데, 식세포에는 호염기성 백혈구(알레르기 반응에 관여 히스타민을 분비하며, T세포의 분화

를 촉진), 호산성 백혈구(기생충을 죽임), 호중성 백혈구(병원체를 죽임, 비특이적 면역), 비만세포(히스타민을 분비), 단핵구(대식세포로 분화, 모노카인을 분비), 대식세포(미생물을 소화하며, T세포에 항원 결정부위를 제시하여 활성화, 림포카인을 분비), 수지상 세포(항원을 제시) 등이 있다.

대식세포(macrophage, Mφ / MP / 탐식세포)는 체내 모든 조직에 분포하여 면역을 담당하는데, 침입한 세균 등을 잡아 소화하여 그에 대항하는 면역정보를 림프구에 전달하는 세포이다. 수지상 세포(dendritic cell)는 항원전달세포(antigen-presenting cell) 중의 하나로서, 바이러스 침입에 대한 방어역할을 하는 주요한 세포인데, 나뭇가지처럼 생겼고, 피부 밑에 분포하고 있는 주요 항원전달세포이고, 흉선(胸腺, thymus)에서 T세포의 분화를 돕기도 한다. 비만세포(mast cell)는 알레르기반응을 매개하는 주요 세포로, 이것이 활성화되면 히스타민(histamine) 등을 분비하여 알레르기반응을 유발한다.

림프구에는 B세포(형질세포로 항체를 분비하며, 기억세포가 됨), T세포(독성 T세포는 세포성 면역에 관계하며, 도우미 T세포는 B세포를 분화시킴), 자연살해세포(NK cell / natural killer cell / large granular lymphocytes, LGL / 비특이적 방어) 등이 있는데, NK세포는 암세포 등을 공격할 때 퍼포린(perforin)이라는 단백질을 분비하여 암세포막에 구멍을 내고, 여기에 그랜자임(granzyme) 효소를 넣어서 암세포를 사멸시킨다. 암세포를 인식하면 직접적으로 공격할 수도 있으나 사이토카인을 분비하여 세포독성 T세포, B세포를 활성화시켜 간접적으로 공격하기도 한다.

면역세포(Immunocyte)는 외부에서 침입한 병원균이나 이물질, 바이러스 등에 저항하여 이겨낼 수 있도록 방어하는 세포인데, 면역력을 조절하거나 균을 직접 잡아먹기도 한다. 활성화된 면역세포는 암세포 특이적 항원을 인식하여 암세포를 직접 탐식하거나, 암세포 표면에 구멍을 뚫어 세포독성 물질을 주입하여 세포 살해를 유도하는데, 정상세포는 공격하지 않고 암세포만을 선별적으로 공격한다.

면역기능을 담당하는 세포들은 특정 기관에서 생성되어 분화과정을 거쳐 신체의 각 장기로 이동하여 그 역할을 담당하는데, 면역 장기는 주 면역장기(primary lymphoid organ)와 보조 면역장기(secondary lymphoid organ)로 나눈다. 주 면역장기로는 B세포 및 T세포가 만들어지는 골수(bone marrow)와 T세포의 분화가 일어나는 흉선(thymus)이, 보조 면역장기로는 몸 구석구석에 자리 잡고 있는 각종 림프절(lymphnodes)과 비장(spleen), 편도선(tonsils), 인두편도선(adenoids), 페이어스 패치(Peyer's patches), 맹상(appendix) 등이 있다.

모든 면역세포는 골수에 있는 조혈모세포(hematopoietic stem cell)로부터 분화하여 크게 lymphoid progenitor cells와 myeloid progenitor cells이 된다. Lymphoid progenitor cells은 다시 분화하여 후천면역을 담당하는 T세포 및 B세포 등이 되며, myeloid progenitor cells은 분화하여 대식세포(macrophage), 호산구(eosinophil), 호중구(basophil), 호염기구(basophil), 과립거대핵세포(megakaryocyte), 적혈구(erythrocyte) 등이 된다. 항원이 처음 침입하면 B림프구가 형질세포로 분화하여 클론을 형성하는 데 시간이 걸리므로 면역반응이 나타나는 데도 시간이 걸리게 된다. 형질세포는 놀라운 속도로 항체를 생산하지만, 수명이 길지 않아 10일 정도가 되면 항체 농도는 최고가 되었다가 다시 감소한다. 항원이 재침입하면 기억세포에 의해서 빠르고 강력하게 반응하는 2차 면역반응이 나타나는데, 2차 면역반응은 1차 반응을 유발했던 항원에 대해 절대적이며 특이적이다.

2.2 면역 이해를 위한 기초 이론

1) 항원-항체 반응 그리고 보체의 기능

항원은 사람의 몸에 면역반응을 불러일으키게 하는 물질을 말한다. 항원은 면역반응을 일으켜 특히 항체 생성을 일으키는 물질로, 생명체 내에서 이물질로 간주되는 물질 전체를 말한다. 주로 병원균이나 바이러스의 단백질이지만 자기 변이세포(암세포)의 단백질, 인공합성물 등 다양한 항원이 존재한다. 항체는 사람 몸 안에 침입한 항원에 맞서기 위해 자기방어를 목적으로 만들어 내는 물질인데, 항원의 침입과 동시에 항체를 만든다. 항원-항체 반응은 생명체 내로 들어온 항원 때문에 일어날 수 있는 면역체와의 반응을 총칭한 것으로, 이는 항원과 항체 간 특이적 결합반응을 의미한다. 반응의 종류에 따라 응집반응, 세포와 독소의 중화반응, 식세포작용 등으로 구분한다. 항원-항체반응은 백혈구의 B세포에서 생성된 항체들과 면역반응 과정의 항원들 사이의 특정한 화학 상호작용이다.

항체는 특정한 항원에만 결합하는데, 그것은 각각의 항체의 특정한 화학적 구조 때문이다. 항원들은 정전기 상호작용, 수소결합, 반데르발스 힘, 그리고 소수성 상호작용과 같은 약한 비공유결합을 통하여 항체들에게 결합된다. 항체는 중화작용(neutralization), 보체 활성화(Complement Activation) 그리고 옵소닌작용(opsonization)을 하는데, 중화한다는 의미는 항체가 외부 병원체의 특정 부위와 결합해서 병원체의 성장이나 복제를 무력화시키는 것을 말하며, 이것을 주로 담당하는 항체가 IgA이다.

보체(complements)란 항체의 기능을 완벽하게 수행할 수 있도록 보조해 주는 데서 그 이름이 유래하였다. 생물의 병원체를 제거하기 위한 면역작용과 식작용의 기능을 보완하는 물질인데, 보통 자연면역으로 부르고 있는 일종의 면역체계를 말한다. 항체가 없어도 세균이나 바이러스가 직접 보체와 반응하는데, 이 시스템을 보체계라고 부른다. 보체계의 반응을 제어하는 인자(因子)를 제어단백질이라고 한다. 보체계는 선천성 면역의 첫 번째 단계를 담당하며, 감염원을 가장 빨리 인식하고 파괴하며, 면역세포들과의 상호작용을 통해 선천성 면역과 후천성 면역을 이어주는 중요한 임무를 수행한다. 보체는 염증물질의 분비를 활성화시키고, 면역세포들과의 상호작용을 통하여 염증반응을 조절할 뿐만 아니라 감염원을 공격할 수 있는 물질을 만들어 내는 등 외부 감염원을 효과적으로 제거하는 역할을 한다.

보통 보체의 기능은 옵소닌화(opsonization), 주화성(chemotaxis), 세포용해, 항원관련 작용물질의 응괴 등이다. 보체계의 활성(complement activation)은 특정 세포가 관여하는 것이 아니라 다양한 보체 단백질들이 단계적으로 활성화되면서 발동한다. 혈액에는 보체(complement)라는 C1부터 C9까지의 단백질이 있다. 이 보체는 항체가 결합된 박테리아나 바이러스와 같은 외부 물질을 용해하는 역할을 하는데, 평소 혈액 속을 다니다가 항원과 항체가 만나게 되면 보체가 활성화된다(고전적 경로). 보체가 활성화되면 외부물질에 달라붙어 막공격복합체(membrane attack complex, MAC)를 만들어 세포막을 뚫는다. 이처럼 보체계가 완벽하게 활성화 되면 최종적으로 박테리아의 표면에 다양한 보체 단백질들이 결합하여 막공격복합체를 형성하여 박테리아를 직접 죽이는 작용이 일어난다. 바이러스에도 보체가 달라붙을 수 있으며, 보체가 달라붙는 것만으로도 바이러스는 중화(neutralization)될 수 있다. 이 역시 항체와 비슷하다. 그 외에도 항체와 같이 항원의 표면에 달라붙어 옵소닌화를 통해 식세포의 식작용을 촉진한다. 이 기능은 항체의 기능과 거의 일치한다.

식세포의 표면에 보체인식 수용체(CR1, CD35)가 있어 항원에 달라붙어 활성화된 보체 단백질을 인식하여 항원을 통째로 먹어 삼킨다. 세포와 조직의 항상성을 유지하기 위하여 보체 시스템은 다수의 조절단백질에 의하여 일정한 수준의 활성화가 유지된다. 이러한 조절 기전에 문제가 생길 때에는 자가면역질환이나 감염병 등이 발생하게 된다.

2) 수지상세포와 기억세포/ 항원제시세포

수지상세포(dendritic cell, DC)는 면역반응 유도에 있어서 가장 강력한 항원제시세포(APC)인데, 항원을 접한 적이 없는 naive T cell을 자극할 수 있는 일차면역반응(primary immune response)을 유도하는 능력을 가지고 있다. 또한 면역기억을 유도할 수 있는 특성을 갖는 유일한 면역세포이기도 하다. 수지상세포는 세포 표면에 항원제시 분자들(MHC 분자와 보조자극 분자들)을 많이 발현하고 있고, IFN-alpha, IL-12 등 여러 가지 사이토카인을 분비하기 때문에 항원 특이 세포살해 T세포의 생성, Th1 세포의 증식 및 활성화를 유도할 수 있는 능력을 가지고 있다.

항암 면역반응을 유도하기 위해서는 세포독성 T세포의 유도가 중요하게 여겨지는데, 세포독성 T세포 유도반응은 바이러스의 침입으로 주로 이루어진다. 효과적인 항암 면역반응을 유도하기 위해서 인체 내에서 새로운 항원에 대한 면역유도를 담당하는 가장 강력한 항원전달 세포인 수지상세포를 암치료 백신제작에 사용하고 있다. 최근에는 종양세포와 수지상세포를 융합시켜 항암 면역반응을 유도하는 데 활용하여 수지상세포의 기능을 활성화하고, 또한 세포독성 T세포를 효과적으로 자극하고 있다.

면역체계에서 중요한 것은 항체와 기억세포이다. 기억세포(memory cell)는 림프구의 한 종류인 B세포 중의 하나인데, 기억 B세포와 혈장 B세포로 세분화한다. T세포로부터 받은 면역정보를 기억하는 혈장세포는 항원의 재침입시 항체를 생성하고, 신속하게 대처한다. 이러한 기억세포의 장점과 특징을 살려 개발된 것이 예방주사와 백신이다. 새로운 항원에 처음으로 감염되었을 때, 항원에 노출된 적이 없는 B세포(naive B cell)가 증식하여 클론(clone)을 만든다. 이 때 대부분의 B세포는 형질세포로 분화하지만, 몇몇 세포들은 기억세포로 분화한다. 기억세포들은 수년 또는 평생 체내에서 살아남을 수 있는데, 1차 면역반응 과정에서 생성된 기억세포들은 항원에 더 좋은 반응성을 가지며, 더 빠르게 증식할 수 있으며, 2차 면역반응에서는 더 많은 수의 항체가 생성된다. 기억세포와 동일한 항원을 인식하는 B세포는 항원수용과 기억세포의 도움으로 형질세포와 기억세포로 분화된다.

항원제시 세포(항원전달 세포 / antigen-presenting cell, APC)는 체내에서 세포성 면역을 담당하는 주요한 세포들로 B세포, 대식세포, 수지상세포 등이 있다. 이들은 체내에 들어온 외부 단백질을 끌어들여 세포 내에서 잘게 자른 뒤 그 단백질 조각을 주조직 적합성 복합체(MHC)를 이용해 항원으로 제시한다. 세포 내부의 단백질은 어느 정도 시간이 지나면 자연스럽게 폐기처분이 되고, 새로운 단백질이 만들어진다. 일단 항원이 세포 내부로 들어오는 기작으로는 크게 식세포작용(phagocytosis)과 수용체 연관 세포내 섭취(receptor-mediated endocytosis)가 있다. 전자는 대식세포나 수지상세포가 여기에 해당되며, 후자는 B림프구가 해당된다.

항원제시 세포(APC)들은 자기 세포 표면에 "항원"이라고 표시를 하게 되면 T세포의 표면에 노출된 항원 수용체들이 이 항원과 결합하여 펩타이드들이 자기 몸의 것인지 아닌지를 T세포가 판단하도록 만들어 준다. 면역의 시작은 '자신의 물질과 자신이 아닌 물질의 구별'이 이루어지는데, 통상적으로 자신의 물질인데도 우리 면역이 자신이 아닌 물질로 인식하여 필요하지 않은 과도한 면역반응을 일으키는데, 이것을 자가면역질환이라고 한다. 만약 펩타이드와 MHC II 단백질의 결합작용을 차단하면 자가면역 반응을 억제할 수 있다.

3) 림프조직과 사이토카인 / 인터루킨 / 인터페론

림프계의 구성은 기능적으로 순환계와 면역계로, 해부학적으로는 림프관과 림프조직으로 나눈다. 림프관은 림프액(lymphatic fluid)이 조직에서 정맥으로 이동하는 통로인데, 모세혈관에서 흡수될 수 없는 종류의 간질액(interstitial fluid)을 흡수하여 정맥으로 이동시켜 몸의 체액(body fluid) 균형을 도모한다. 즉 림프관은 림프액을 수송하고 흡수하는 역할을 한다. 림프조직은 림프구를 생성하고, 림프액이 림프절을 통과할 때 불순물을 여과시키는 등 면역반응에 중요한 역할을 하는데 비장, 흉선, 장관의 페이어반(peyer's patch), 간, 폐, 골수 등도 림프조직과 함께 면역기능에 중요한 역할을 하는 곳들이다.

림프계는 정맥계와 병렬 주행을 하며, 몸의 말초에서 림프모세관(vessle)으로부터 시작되고, 중간 중간이 림프절의 체인으로 중단되어 있다. 림프계는 대체적으로 혈관의 구조와 해부학적 위치(얕은 층, 깊은 층 그리고 내부 장기 림프계)가 비슷하고, 혈액과 림프액 모두 백혈구, 혈장, 혈청단백을 포함하는 공통점을 가지고 있다. 또한 최종 경로가 심장으로 향하고, 질환과 감염으로부터 몸을 보호한다는 유사점이 있다. 그러나 림프계는 혈관계와 달리 간질액으로 유출된 물질 중 분자량이 큰 물질을 흡수하고 이동시키며, 이러한 물질을 혈액으로 되돌려 주는 역할을 한다. 혈관계는 '심장'이라는 중앙 펌프를 이용해 혈액을 '순환'시키지만, 림프계는 림프를 움직이게 하는 중앙 펌프가 없기 때문에 한 방향으로만 이동한다. 따라서 림프의 흐름은 '순환(circulation)'이라는 용어보다는 '수송(transport)'이라는 용어를 사용한다. 림프액은 투명한 액체로써 물로 세포를 세척하며, 영양분을 공급하고 노폐물을 운반하는데, 림프절에서 비롯된 림프액은 평상시 신체 혹은 근육의 움직임에 따라 자연스럽게 체내에서 순환한다.

림프절은 체내의 노폐물을 거르는 역할을 하며, 수많은 림프구를 포함한다. 특정 감염에 노출된 경우 림프절이 부어오르는데, 귀 뒷부분이나 목 안처럼 몸의 표면과 가까이 위치한 림프절들은 이러한 경우 부어오르거나 부은 것처럼 느낄 수도 있다. 림프관은 조직 체액에 들어온 손상된 세포, 암세포, 이물질(예: 세균과 바이러스) 등을 수거해서 수송하며, 모든 림프는 전략적으로 위치한 림프절을 지나면서 손상세포, 암세포, 이물질 등을 걸러내게 된다. 림프절(lymph node)은 림프구로 채워져 있는 작은 결절인데, 체액을 거르는 체와 같은 역할을 한다.

림프절에는 손상된 세포, 암세포, 감염성 미생물, 이물질을 포식해 파괴하도록 특화된 백혈구(예: 림프구 및 대식세포)가 존재하는 등 림프계의 중요한 기능은 손상된 세포를 몸에서 제거하고, 감염과 암의 확산을 방지하는 것이다. 림프구(lymphocyte)

는 백혈구의 하나로서 식균(食菌)작용을 하는 작은 원형의 세포이며, 원형질은 청색을 띠고, 핵 주변은 밝게 보인다. 소림프구와 대림프구로 구별되며, 운동능력은 백혈구의 구성 성분 중 가장 약하고, 혈액 1mm 중에 1,500~2,500개가 들어 있다.

골수의 조혈간세포에서 림프아구(lymphoblastic)가 만들어지고, 이것이 성숙하면 일부는 흉선을 통해 T림프구가 되어 흉선과 림프절의 방피질(傍皮質) 영역에 분포한다. 또 다른 일부는 장관 림프절을 통해 B림프구가 되어 림프절의 여포(follicular), 수질(medullary)에 분포한다. 혈액 중에는 T림프구가 75%, 나머지 25%가 B림프구인데, 어느 쪽의 성질도 가지고 있지 않은 면역기능이 없는 널(null)세포라는 미성숙 림프구가 있다. B림프구는 필요에 따라 형질세포 등과 같은 분비세포로 변화되어 침입한 항원에 대해 항체글로불린(antibody globulin)을 분비한다. T림프구는 CD4(세포표면 항원무리 또는 분화 클러스터, cluster of differentiation) 항원을 가지고 있으면서 알레르기 반응, 세균에 대한 공격 작용을 하며, B림프구의 기능을 조절하는 작용을 가지고 있다. 이와 같이 생체에 해로운 항원물질이 침입하면 림프구는 분열해서 그 수를 증가시키고, T림프구와 B림프구가 서로 협력해 항원물질을 무해한 물질로 만든다.

사이토카인(cytokine)은 우리 몸에 바이러스가 침투했을 때 분비되는 면역물질로서 주로 백혈구에서 분비되는 당단백질로, 세포 간의 의사소통을 원활하게 하는 세포 간의 언어와도 같은 면역체계 신호전달물질이다. 즉 사이토카인은 면역세포 간에 정보를 매개하는 역할을 하며, 다른 면역세포에 대해 활성 혹은 억제적으로 작용하여 마치 회로망처럼 복잡한 기능을 수행하고 있다. 사이토카인은 단핵세포(monocyte) 혹은 대식세포(macrophage)와 림프구(lymphocyte)에서 주로 분비되지만, 또한 신경원(neuron), 내피세포(endothelial cell), 성상세포(astrocyte)나 소교세포(microglia) 등의 뇌 세포에서도 분비된다.

일부 일반 세포와 면역계 세포들도 시이토카인을 분비한다. 사이토카인은 면역, 감염병, 조혈기능, 조직회복, 세포 발전/성장에 중요한 역할을 수행한다. 사이토카인 종류에는 인터루킨(Interleukin, IL), 인터페론(Interferon, IFN), 종양괴사인자(tumor necrosis factor, TNF), 콜로니 자극인자(colony stimulating factor, CSF), 증식인자(growth facto, GF) 등이 있다. 인터루킨은 메신저로서 다른 세포(T세포, B세포, 조혈세포)에 정보를 전달해서 세포들의 발달과 분화를 촉진시키는 기능을 가지는데, 현재 밝혀진 인터루킨은 35가지나 된다.

사이토카인은 항암 면역요법, 류머티스 관절염, 조혈기능, 조직회복, 뇌질환 치료, 세포성장 등에 두루 활용된다. 우리 몸에 바이러스가 침투하면 정상적으로 면역체계가 작동하지만, 너무 많은 면역세포들이 한 장소에서 활성화되면 통제가 불가능해지고, 면역작용이 과다 작용하여 바이러스 등이 강제로 활성화된 면역세포들에 의해 심각한 손상을 받게 된다(cytokine storm). 따라서 이를 방지하기 위해 IL-10, TGF-beta와 같은 항염증성 사이토카인들이 역할을 하게 된다. 면역사이토카인(immuno-cytokines)은 항체 또는 항체의 일부와 사이토카인이 결합된 융합단백질의 일종으로, 사이토카인의 면역조절 기능과 항체의 질병 자동추적(disease-homing) 특성을 동시에 갖는 소재이다. 원래 면역사이토카인은 주로 암 치료제로 개발되어 왔지만, 최근에는 만성염증성질환과 자가면역질환을 위한 새로운 치료제로 활용되고 있다.

인터페론은 Alick Issacs와 Jean Lindenmann 등이 1957년 인플루엔자 바이러스를 관찰하는 도중 바이러스의 증식을 방해하는 인자로서 처음 발견하였고, 그들은 이 인자를 방해(Interfere)와 관련이 있다고 하여 영어의 '간섭하다'라고 하는 interfere-로부터 interferon이라고 명명하였다. 항바이러스, 암 억제 유전효과를 가진 인터페론(interferon, IFN)은 직접적으로 병원체를 죽이는 것은 아니고 병원체들이 증식하지 못하게 간섭하는 물질이다. 즉 바이러스 표면의 단백질 합성을 방지하고, 면역기능과 염증을 억제하는, 세포성장을 통제함으로써 바이러스들을 간섭한다.

인터페론은 척추동물의 면역세포에서 만들어지는 자연단백질로서 바이러스, 박테리아, 기생충, 종양 등 외부의 침입자들에 대응하고, 다른 세포 안에서 바이러스 증식을 막는 면역반응을 돕고, 자연살해세포와 대식세포 등의 선천면역세포들을 활성화시켜 준다. 인터페론은 두 가지 물질로 분류하는데, 항원제시세포(APC)에서 생산, 분비되는 Type 1과 T세포 및 자연살상세포에서 분비되는 Type 2가 있다. Type 1은 Interferon α와 β가 존재하고, 인터페론 수용체를 통해서 감염세포에 작용한다. Type 2는 인터페론 γ라고도 불리우며, NK세포, T세포로부터 자극을 받으면 분비되는데 면역세포 활성화에 기여한다. 대표적으로 NK세포 활성화, 매크로파지 활성화, Th2 억제, MHC 발현 증가 등의 기능을 가지고 있다. 인터페론 α는 백혈구에서, β는 섬유아세포에서, γ는 면역림프구에서 생산된다. 인터페론을 이용하면 인공적으로 항바이러스제와 치료제를 개발할 수 있다.

2.3 면역과민(알레르기) 이해를 위한 기초 이론

1) 알레르기와 과민반응 정의

알레르기(allergy)란 외부로부터의 자극에 대한 비정상적인 면역학적 기전에 의해 반응하는 면역과민반응(hypersensitivity)을 일컫는 의학 용어로, 다양한 항원에 대한 면역계의 반응으로 발생하는 질병으로 정의한다. 알레르기 과민반응(hypersensitivity reactions)은 면역반응들의 여러 유해반응들 중 하나이며, 이런 유해반응들은 조직손상을 일으키며, 심각한 질병과 부작용을 야기한다. 알레르기 자체의 의미는 '과민반응'이라는 뜻이다. 그리스어 낱말 *allos*가 어원이며, 이는 '변형된 것'을 뜻한다. 알레르기의 개념은 1906년 프랑스 학자 Clemens Von Pirquet가 소개하였다. 그는 알레르기를 '이물질(異物質)에 대한 신체의 잘못 변화된 능력'으로 정의하였는데, 이는 면역학적 반응을 포함하는 극히 광범위한 정의로 간주된다.

면역시스템의 오작동으로 보통 사람에게는 별 영향이 없는 물질이 어떤 사람에게는 두드러기, 가려움, 콧물, 기침 등의 이상 과민반응을 일으킨다. 면역반응은 몸이 갖는 방어시스템인데, 무익한 반응이 일어나거나 이상하게 강한 반응이 일어나면 면역반응은 오히려 몸에 해로운 것이 된다. 이것이 이른바 알레르기 또는 과민증이다. 인체는 해로운 물질을 항원으로 인식하고 항체를 만들어 이를 제거하려고 하는데, 보통 사람은 항원으로 인식하지 않는 물질을 항원으로 인식하여 항원-항체반응을 일으킨다. 즉 알레르기의 경우 보통 사람은 항원으로 인식하지 않는 것을 항원으로 인식하는 데부터 이상반응이 시작된다.

알레르기와 과민반응은 원래 다른 의미로 사용되었는데, 과민반응은 평범한 사람에게는 전혀 반응을 보이지 않을 정도의 미세한 자극에도 어떤 사람에게는 예민하게 반응하는 것을 말하는 것이고, 알레르기(면역과민반응)는 인체에 알레르겐이 들어 왔을 때 알레르겐과 IgE 항체가 상호작용하여 염증성 물질을 방출시켜 조직에 염증을 일으키고, 이상 증상을 유발하는 반응으로 아토피 피부염, 비염, 천식 등이 여기에 해당된다. 그래서 알레르기를 접촉성 피부염이나 과민반응 혹은 독반응 등과 엄연히 구별하고 있다.

결론적으로 말하면 면역과민반응은 면역과 관련된 이상반응이고, 알레르기가 여기에 해당된다. 식약처의 용어 정의를 보면 "과민반응이란 특정 항원에 대해 과도한 면역반응이 일어나 조직 손상 등의 부적절한 피해를 주는 면역반응을 지칭하고, 제1형부터 제4형까지 분류하면서 제1형 과민반응을 알레르기"로 정의하고 있다. 그러나 일반적으로 사람들은 알레르기라는 용어와 과민반응, 면역과민반응이란 용어를 동일하게 취급, 사용하고 있다.

2) 알레르기 기전과 면역과민 반응의 4가지 유형

알레르기 기전은 B세포나 T세포가 분자적인 방법으로 외부의 물질을 제거할 수 없을 때 물리적인 힘을 이용해서 외부의 병원균을 없애기 위한 메커니즘인데, 예를 들면 외부에서 유해한 물질이 들어 왔는데 제거할 수 없는 경우 물리적으로 재채기 등을 하게 하여 밖으로 이물질을 방출/제거하는 이론을 근거로 하고 있다.

알레르기 원인이 되는 항원이 처음 침입하게 되면 우리 몸에서는 면역글로블린(immunoglobulin E, IgE)이 생성되고, 생성된 IgE는 비만세포의 표면 수용체(high-affinity receptor for IgE / Fc ε RI)와 결합하여 비만세포 표면에 위치한 수용체에 항원이 결합하면서 비만세포는 활성화되어 알레르기 유발물질인 히스타민, 염증성 사이토카인 등의 분비를 유도하여 알레르기 반응을 일으키게 된다. IgE는 알레르기 질환의 발생에 관여하는 단백질의 일종으로, 알레르기 반응에서 중요한 역할을 하므로 종종 "알레르기 항체"라고도 불리어지고 있다. 일반적으로 총 IgE의 농도 증가는 알레르기 증상의 발현 및 악화와 연관성을 나타내는데, 알레르기 항원 확인검사 결과가 음성이더라도 총 IgE 농도가 증가되어 있으면 알레르기 질환 발생빈도가 높다고 판단한다.

면역과민반응에는 4가지 유형이 있다. Type 1은 특정 항원에 대해 특이적인 항체 IgE가 분비하여 비만세포, 호염구 표면의 Fc receptor와 결합한다. 항원이 IgE에 교차결합하면 세포과립이 방출, 히스타민(혈관투과 증가, 부종), prorease, prostaglandin(염증, 열), leukotriene(기도평활근 수축, 호흡억제) 등이 전신성 아나필락티스 쇼크(과민성 쇼크 또는 anaphylaxis shock), 건초열, 천식, 아토피성 피부염, 음식 알레르기 등을 일으킨다. Type 2는 세포 표면에 결합한 물질을 항원으로 인식하여 결합세포를 파괴하는데, 항체 중 IgG와 IgM이 주원인이다. 이들에 의해 유도되는 보체활성과 포식세포에 의해 세포는 파괴된다. 관련 질환은 수혈거부, 적아세포증(erythroblastosis fetalis), 페니실린에 의한 용혈성 빈혈 등이다. Type 3은 항원이 많은 상태에서 항원-항체 복합체에 의한 세포독성 반응을 말하는데, 다양한 조직에 침착된 항원-항체 복합체는 보체활성과 대량의 중성구 침윤으로 염증반응을 일으키는데 주로 혈관벽, 관절의 윤활막, 신장의 기저막, 뇌의 맥락막총 등에서 일어난다. 관련 질환으로는 혈청병, 괴사 혈관염, 류마티스성 관절염, 사구체 신염, 루프스* 등이 있다.

* 루프스병은 몸의 면역체계가 자신의 몸을 스스로 공격하는 만성 자가면역질환으로, 피부, 관절, 신장, 폐, 신경 등 여러 부위에 염증이 생기며, 다양한 증상이 생긴다.

Type 4는 항원에 처음 접촉해 활성화된 memory T cell이 피하조직에 머물러 있다가 반복적으로 같은 항원에 노출되었을 때 cytokine을 분비해 지연된 과민반응을 일으키는 현상으로, 관련 질환에는 접촉피부염, 결핵, 조직이식 거부반응 등이 있다.

3) 알레르겐

알레르기를 일으키는 물질을 알레르겐(allergen) 또는 항원이라고 하는데, 그 종류는 매우 다양하다. 항원이 우리 몸에 들어오면 항체가 만들어지고, 항원-항체 반응이 일어나 이로 인해 알레르기의 증상이 생긴다. 이처럼 알레르겐은 외부로부터 신체 내에 들어와서 알레르기를 유발하는데, 아직 그 기전은 명확히 규명되지 않았으나 유전적 요인과 환경적 요인 등이 복합적으로 작용하면서 발생하는 것으로 추정하고 있다. 환경적 요인은 생물학적 요인, 화학적 요인, 물리적 요인 등으로 분류하는데, 생물학적 요인으로는 흡입 알레르겐(주로 숨을 들이마실 때 호흡기를 통해서 들어오는 알레르겐), 식품 알레르겐, 부유 세균이나 진균 등이 여기에 포함되며, 화학적 요인으로는 공기오염과 관련된 각종 화학물질, 그리고 물리적 요인으로는 온도, 습도 등이 여기에 해당한다.

(1) 대기 알레르기 및 화분 알레르기

대기 알레르기는 실내외 공기가 항원이 된다. 증상으로는 맑은 콧물, 누런 코, 코막힘이 동반된 재채기, 기침을 비롯하여 눈, 코, 인후의 가려운 증상, 알레르기성 음영(shiner, 부비동 주위에 혈류의 증가에 의하여 발생되는 눈 아래 부위의 어두운 동그란 음영), 알레르기성 설루트(salute, 소아 알레르기 비염환자가 코 부위를 지속적으로 문질러서 발생되는 가느다란 주름), 눈물 과다 분비, 결막염 등이 있다. 코를 싸고 있는 점막에 알레르기 항원이 접촉되면 연쇄작용이 발생되며, 비만세포로부터 히스타민이 분비되어 이 물질이 코에 있는 혈관을 확장시켜 혈관 벽을 통해 혈장에 빠져나와 내점막에 붙게 되고, 결국 코막힘 증상이 초래된다. 히스타민은 재채기, 소양감, 자극을 야기하고, 점액을 과다 분비시키는 알레르기성 비염을 유발하며, 프로스타글란딘(prostaglandin, PG), 류코트라이엔(leukotrienes) 등의 또 다른 화학물질이 비만세포에 의해서 발생되어 알레르기 증상을 일으키게 된다.

화분 알레르기는 나무, 잡초 및 목초 등의 꽃 수술에서 만들어내는 동물의 정자 역할을 하는 화분(bee pollen)에 기인한 것으로, 화분이 바람에 실려 이동, 사람의 코나 인후 등에 들어가 화분 알레르기인 계절성 알레르기 비염을 유발한다. 알레르기를 일으키는 화분의 대부분은 꽃이 없는 나무, 목초, 잡초 등과 같은 평범한 식물들에 의해서 만들어지며, 이러한 식물들은 곤충 또는 바람을 통해 운반이 용이한 건조한 미세 화분 덩어리를 가지고 있다. 가장 광범위한 화분 알레르기는 통년성 알레르기 비염을 유발하는데, 연중 지속되는 대기 알레르기 항원에 의해서 초래되거나 일정한 계절에만 발생되는 계절성 비염과 구분한다.

(2) 곰팡이, 집 먼지, 진드기 알레르기, 동물 알레르기

곰팡이는 계절성 알레르기 비염의 중요한 원인인데, 주로 봄부터 늦가을까지 증상을 보이게 된다. 그러나 기후가 온화한 지역에서는 1년 내내 곰팡이가 번식되어 1년 내내 알레르기의 요인으로 알레르기성 비염을 유발한다. 곰팡이는 코와 상부 호흡기의 방어망을 피해 폐까지 도달하여 천식을 유발하며, 포자가 에어컨이나 가습기를 통해 휘산된다. 이 증상이 진행되면 심각한 심장 및 폐질환을 가져온다. 집안에서 발견되는 먼지에 의한 알레르기는 통년성 알레르기 비염의 가장 흔한 원인이다.

집 먼지는 알레르기를 유발시킬 수 있는 잠재력을 지닌 물질들의 다양한 복합체인데 면으로 된 천(limit), 가죽, 의자, 이불 등에 채워 넣는 충전물질, 박테리아(곰팡이, 진균에서 나온 포자), 음식조각, 식물이나 곤충에서 나온 조각들 등 집에는 특이한 알레르기 항원들이 있게 마련이다. 여기에 진드기도 포함되어 있다. 진드기는 주로 침대, 천으로 장식된 가구, 카페트 등에 주로 서식하며, 여름철에 번식하고, 겨울철에 대개 죽는데, 따뜻하고 습한 곳에서는 추운 계절에도 죽지 않고 지속적으로 생육한다. 햇볕이 잘 들어올 때 공기 중에 떠다니는 먼지들을 볼 수 있는데, 여기에는 죽은 진드기나 진드기에서 분비된 물질들이 다량 포함되어 있다.

단백질로 구성된 이러한 분비물들이 실질적 알레르기를 유발시키는 요인이다. 바퀴벌레로부터 나오는 분비물질들 또한 알레르기를 유발시키는 원인물질이다. 애완동물들도 알레르기를 유발시키는 주요한 주범인데, 개나 고양이로부터 떨어져 나온 비듬이나 털에 붙어 있는 이물질이나 동물 침에 포함된 단백질이 주요한 알레르기 항원이다. 그 중의 고양이가 애완동물 알레르기의 가장 흔한 경우인데, 고양이 침에 오염된 털이 침이 마르게 되면 공기 중에 날려 사람에게 흡입되기 쉽게 된다. 카페트와 가구는 애완동물 알레르기 항원의 주요한 서식처이며, 집안 공기 내에 수개월간 남아 있다.

4) 알레르기 질환과 히스타민, 항알레르기제 / 항히스타민제

알레르기 질환은 단일 질환으로 발생하기보다는 다중 질환으로 발생한다. 이처럼 알레르기 질환이 특징적 순서에 따라 다양한 표현형으로 나타난 것을 '알레르기 행진'이라 부른다. 이는 어린 영아의 아토피 피부염과 연관성이 있는데, 식품 알레르기가 먼저 발생하고, 그 이후 천식 및 알레르기 비염과 같은 호흡기 알레르기 질환이 연이어 발생한다. 물론 알레르기 질환은 유전, 환경적 요인 등 다양한 인자들의 복합적인 작용으로 발생된다.

아토피(atopy)라는 용어는 알레르겐에 대해 IgE-감작을 일으키는 유전적 체질과 관련이 있는데 천식, 비결막염 또는 습진 등 전형적 증상으로 나타난다. 즉 아토피란 IgE항체 고 반응자에 대한 임상적 현상으로 정의할 수 있다. 과민증(hypersensitivity)은 어떤 특정한 자극에 노출될 경우 그 증후가 나타나는데, 천식은 각종 세포, 특히 비만세포, 호산구, T림프구가 작용하는 기도의 만성 염증성 질환으로 질병 감수성이 있는 사람이 대부분 과민증에 노출되기 쉽다.

알레르기성 천식은 면역학적 기전에 의한 것으로 IgE항체가 관여하지만, 비 알레르기성 천식의 경우에는 비 면역학적 형태의 천식이다. 코와 결막에 일어나는 면역학적 과민반응의 증상을 알레르기성 비결막염이라고 하는데 대부분 IgE - 매개성이다. 피부의 경우는 알레르겐에 대해 방어벽을 가지고 있으나 알레르겐이 침입할 경우 방어벽이 무너져 표피나 진피로의 알레르겐이 침입, 국소적으로 비만세포(mast cell)가 활성화되어 즉시 혈관 투과성을 증가시켜 수분(혈장 단백질과 혈장액)을 혈관 외로 이동, 부종을 유발한다. 알레르겐에 의해 활성화된 비만세포가 분비한 히스타민도 피부에 가려움을 동반하여 붉은 발진을 일으키고, 이런 상태가 계속 지속되면 피부 발적을 동반한 피부 만성염증을 유발하게 된다.

알레르기 성분인 히스타민은 인체에 기본 구성 성분으로 세포 증식, 분화와 혈구생성, 염증반응, 조직 재생과 신경전달 등에 관여하는 저분자량 물질로 histidine decarboxylase에 의해 생성된다. 이 효소는 주로 중추신경계, 위점막의 벽세포(parietal cell), 비만세포, 호염구 등 전신에 분포되어 있다. 혈소판, 임파구, 호중구 등의 면역세포는 히스타민을 생산, 분비하는데 세포 내에서 생산하여 저장할 수 있는 세포는 호염구와 비만세포이다. 세포 외로 분비된 히스타민은 대부분 효소(histamine N-methyltransferase와 monoamine oxidase)에 의해 대사되어 소변으로 배출된다.

히스타민은 조직에서 H1, H2, H3, H4의 4가지 수용체를 통하여 작용하는데 혈관확장, 혈관의 투과성 증가는 H1-, H2-수용체를 통하여, 피부신경의 자극에 의한 소양증 및 기관지 평활근의 수축은 H1-수용체를 통하여, 위산 증가는 주로 H2-수용체를 통하여 나타낸다. H3-수용체는 신경전달 물질의 분비조절에 관여하며, H4-수용체는 염증반응 및 골수모세포 등의 분화에 관여한다. 히스타민을 생산하는 신경세포들이 활성화되면 대뇌, 소뇌, 뇌하수체 등의 H1-수용체가 활성화된다. 활성화된 H1-수용체는 수면주기의 각성과 인지작용, 기억능력, 수분조절, 식욕억제, 체온조절과 심혈관계 조절, 스트레스 등에 의해 ACTH(adrenocoticotropic hormone,부신피질자극호르몬) 분비를 촉진하게 된다. 히스타민 수용체는 G단백연결수용체(G-protein coupled receptor, GPCR)에 속하는데, 세포의 분화단계나 미세환경 변화로 히스타민 수용체의 발현이 달라지면 히스타민의 기능도 달라진다. H1-항히스타민제는 혈관이나 신경세포 등에 있는 H1-수용체에 대한 히스타민의 작용을 억제하여 알레르기염증 반응의 저하를 유도한다.

알레르기 반응은 체내의 히스타민, 류코트리엔(leukotrienes, LTs) 등의 특수한 화학전달 물질과 관련이 있고, 항알레르기제는 그러한 화학전달 물질의 유리를 억제하거나 그 작용을 억제하여 알레르기 반응을 사전에 막는 작용을 한다. 항알레르기제에는 항히스타민제를 비롯하여 화학전달물질 억제제, thromboxane 합성저해제, 류코트리엔 조절제, Th2 사이토카인(cytokine) 저해제 등이 있는데, 화학전달물질 억제제는 알레르기 반응과 관계가 있는 비만세포에서 유리되는 히스타민, 류코트리엔 C4 등의 유리를 억제하는 물질이다. 비만세포막을 안정화시켜 Ca^{2+}유입을 억제하여 알레르기를 유발하는 화학전달 물질의 비만세포로부터 유리를 억제한다. Thromboxane 합성저해제에는 트롬복산 A2의 생성을 억제하는 트롬복산합성효소 저해제와 트롬복산 A2의 작용을 억제하는 트롬복산 A2 길항제 등 2종류가 있는데, 천식환자 기관지의 과민상태를 개선시켜 준다.

류코트리엔 조절제는 류코트리엔 수용체에 선택적으로 작용하여 류코트리엔 작용을 길항한다. 류코토리엔(류코트리엔 C4, D4, E4)은 기도 수축, 기도 염증, 기도 과민성 항진, 기도 점액 분비항진 등 기관지 천식과 관련이 많은 성분이다. Th2 사이토카인(cytokine) 저해제는 알레르기성 질환의 발현에 관계가 깊은 IL－4와 IL－5 생성을 억제한다.

항히스타민제는 약 40종 이상이 있는데, 1940년대 이후에는 1세대 H1-항히스타민제, 1980년대는 2세대 H1-항히스타민제가 상품으로 유통되었는데, H1-항히스타민제는 알레르기 질환의 치료제로 사용되었고, 1990년대 이후에 H1 이외에 H2, H3, H4의 히스타민 수용체를 활용하였다. 항히스타민제의 효과는 항히스타민과 결합한 히스타민 수용체의 정도에 따라 결정되며, 이들의 결합은 수용체 주위의 히스타민과 항히스타민제의 상대적 농도에 의하여 좌우된다. H1-항히스타민제(histamine antagonist / antihistamine)는 화학구조와 기능에 따라 akylamine, piperazine, piperidine, ethanolamine, ethylendiamine, phenothiazine 등 6군으로 구분하며, 기능에 따라서는 혈액뇌장벽(blood brain barrier)의 투과 여부에 따라 1세대와 2세대 항히스타민으로 분류한다.

1세대 H1-항히스타민제의 방향족 고리와 alkyl 치환체는 지질친화성(lipophilicity)를 가지므로 중추신경계로의 유입이 쉽게 이루어진다. 대표적인 1세대 항히스타민제로는 chlorpheniramine, hydroxyzine, piprinhydrinate, mequitazine 등이 있는데, 빨리 흡수되고 작용도 빠르지만 약효 지속시간이 짧아 여러 번 투여해야 하는 것이 단점이다. 2세대 항히스타민제는 혈액뇌장벽을 투과하는 특성이 매우 낮거나 없어 진정작용이 매우 낮고, 5～8시간 지나야 최대 효과를 보인다. 알레르기 질환에서는 주로 2세대 항히스타민제가 사용하고 있다. 알레르기 비염이나 아나필락시스(anaphylaxis)에서 보이는 제1형 과민반응은 H1-수용체의 활성화에 의한 전형적인 반응이지만, H1-항히스타민제가 아나필락시스에서 두드러기, 발진과 소양증을 감소시킬 수 있다.

이와 같이 아나필락시스의 치료에서 1세대 항히스타민제가 사용되고, 2세대 항히스타민제는 전신 증상의 예방을 위해 사용된다.

2.4 면역관련 생리활성물질

면역관련 소재는 면역성분과 면역관련 식품으로 나누는데, 많이 알려진 면역성분을 소개하면 후코이단(fucoidan), lactoferrin, saponine(진세노사이드), β glucan, 오메가 3, monacolin-K(단백다당체, eritadenine / phenolic compound), ramalin, L-글루타민, lentinan, schizophyllan, krestin, arabinoxylans, 펙틴, PLAG, modified citrus pectin(RG-I), 키토산, 비타민 C, 비타민 D, 아미노산, 다당류, 게르마늄, nodakenin, paeoniflorin, chlorogenic acid 등을 비롯하여 interferon-γ(IFN-γ), immunoglobulin A(IgA), lysozyme, cytokines, NK-세포, IL-2, 등이다.

면역관련 식품으로는 그 종류가 매우 많은데 주로 동·식물식품을 비롯하여 가공식품, 한약제로 사용되는 것 등이 여기에 속한다. 식약처에서 면역관련 건강기능식품으로 인정한 것 중 고시형 원료는 인삼, 홍삼, 알로에겔, 알콕시글리세롤 함유 상어간유, 클로렐라 등 5종이며, 개별인정 원료는 당귀혼합 추출물, L-글루타민, 게르마늄효모, 금사상황버섯, 표고버섯균사체, 스피루리나, 클로렐라, 청국장배양 정제물, 동충하초주정 추출물, 효모베타글루칸 등이 있다. 본 장에서는 면역관련 소재 중 일부를 소개하고자 한다.

1) L-글루타민과 효모 베타글루칸

L-글루타민(L-glutamine)은 면역기능을 개선하는 생리활성 기능성 원료 2등급으로 지표성분은 L-글루타민이다. 글루타민은 gluthathione의 전구체이며, 스트레스 상황에서 소모가 증가하여 외부로부터 추가 공급을 필요로 하는 준필수 아미노산(semi-essential or conditionally essential amino acid)이다. L-글루타민은 다양한 생리적 기능을 수행하는데, 주요 기능은 질소 균형을 유지시켜 주며, 임파구 증가 등 면역세포의 증식을 돕는 것이다. 그 외 면역기능 향상, 장점막 안정화, 산화적 스트레스에 대한 방어작용, 손상 단백질 회복, IL-6과 TNF와 같은 염증성 사이토카인의 생성 억제 등 다양한 기능을 수행한다. L-글루타민은 최근 들어 세포재생 능력에 효과가 있는 것으로 확인되면서 화장품 원료로도 사용되고 있으며, 노화 연구 대상 소재이기도 하다. L-글루타민은 면역기능 개선 이외 영양제, 소화기궤양 치료제, 알코올중독 치료제, 뇌기능 향상제 등 의약용으로 꾸준히 이용되고 있다.

효모 베타글루칸(효모 β-glucan)은 면역기능 개선에 도움을 주는 생리활성 기능성 원료 2등급으로, 지표성분은 β-glucan(1일 섭취량 β-glucan으로 250 mg/일)이다. 효모 베타글루칸은 효모의 세포벽을 이루는 β-glucan을 추출한 것으로 보리, 귀리와 같은 곡물의 식이섬유에서 추출 생산되는 식물성 β-글루칸과 효모 유래의 β-글루칸, 미생물의 세포벽이나 세포외 다당류에서 분리하는 미생물 유래의 β-글루칸 등이 있다(β-글루칸에 대한 더 많은 자료는 제3장 1절 참조).

β-glucan의 종류에는 β-1, 3-glucan, β-1, 3-1, 4-glucan, β-1, 3-1, 6-glucan 등이 있는데, β-1, 3-glucan은 고분자 다당류 물질로 *Agrobacterium*속 및 *Acaligenes faecalis*와 같은 미생물의 발효에 의해 생산되며, 커드란(curdlan)이라 부른다. β-glucan은 면역계 내의 대식세포(macrophage)의 기능을 강화시키고, 이 대식세포가 다른 림프구나 백혈구의 증식인자인 사이토카인(cytokine)을 분비시켜 면역계 전체의 기능을 강화시킨다. 또한 β-글루칸의 섭취는 장내 유용균총의 성장을 촉진시켜 인체의 면역력 강화에 도움을 준다.

2) 게르마늄 효모와 스피루리나, 클로렐라

게르마늄 효모는 면역기능을 개선하는 생리활성 기능성 원료 3등급으로, 지표성분은 게르마늄이다. 효모 균체 내에 게르마늄이 단백질과 결합하여 구조적으로 안정한 게르마늄 효모는 유기게르마늄을 함유한 효모인데, 면역계 자극을 통한 면역증강, 항암 및 관절염 치료 효과 등을 가지고 있으며, 주 기능은 면역강화용이다(1일 섭취량은 Geranti Bio-Ge 효모로 1.2 g/일). 게르마늄은 토양, 하수, 식물 및 동물의 체내에 존재하는 극미량 원소로 항미생물, 항암, 항산화, 면역조절, 중금속 해독 등의 약물학적 효과를 가진 금속으로 고혈압, 당뇨병, 심장질환, 퇴행성 질환, 류마티스 관절염 등의 난치병 예방, 완화 및 치료에 효과가 있는 것으로 알려져 있다. 생물학적 유용성을 갖는 게르마늄 화합물로는 spirogermanium, germanium lactate citrate, carboxyethylgermanium sesquioxide(Ge-132) 등과 같이 유기산과 결합된 유기게르마늄인데, 이 유기게르마늄은 인삼, 알로에, 마늘 등의 식물에 많이 들어 있다. 유기게르마늄 화합물은 대식세포와 NK세포의 활성화 및 각종 인터페론의 유도 및 생산 증가에 기여하여 면역기능 향상에 도움을 주는 성분이다.

스피루리나(*Spirullina platensis*)는 보통 피부건강, 항산화, 혈중 콜레스테롤 개선에 유효한 소재인데, 면역기능에 관해서는 인체에서의 확인이 더 필요한 소재이므로 생리활성 기능성 원료 3등급으로 분류하고 있다(클로렐라는 2등급). 스피루나속 조류를 인공적으로 배양하고 건조하여 제조하는데 지표성분으로 총 엽록소를 5 mg/g 이상 함유하고 있어야 한다(1일 섭취량은 스피루리나로 67～72 mg/일). 피부건강과 항산화에 도움을 줄 수 있는 경우 1일 섭취량은 총 엽록소로서 8~150 mg, 혈중 콜레스테롤 개선에 도움을 줄 수 있는 경우는 총 엽록소로서 40~150 mg이다. 스피루리나의 생리적인 기능으로는 항암, 항산화, 중금속 독성 완화, 콜레스테롤 저하, 항알레르기, 바이러스와 세균의 증식 억제 등이지만 보다 중요한 것은 면역증강 효과이다. 스피루리나 추출물은 대식세포의 이물 탐식능을 증가시키고, IgM 항체량, r-INF 생성량을 증가시켜 NK-cell의 기능을 활성화시키고, IgA 항체 생산을 증가시키는 등 면역증강 및 면역기능 활성화 작용을 가지고 있다(스피루리나에 대한 더 많은 자료는 제2장 4절 참조).

클로렐라(chlorella)는 면역 개선에 도움을 주는 생리활성 기능성 원료로 하루 섭취기준은 엽록소의 최대 섭취량인 150 mg이다. 클로렐라는 녹조류의 일종인 *Chlorella vulagris*의 인공배양 건조물로 광합성에 의하여 증식하는 단세포식물로 그 직경은 3~10 ㎛이다. 클로렐라는 50~60%가 단백질, 15~20%가 탄수화물이며, 이 외에 엽록소, 비타민, 미네랄, 식이섬유 등과 같은 영양소가 풍부한데 클로렐라 엑기스의 주성분은 다당체와 핵산관련 물질인데, 핵산은 성장촉진 효과를 가지고 있다. 또한 지질은 30% 정도가 리놀레인산(linoleic acids)이고, 15% 정도가 팔미틴산(palmitic acid)이며, 탄수화물도 헤미셀룰로오스(hemicellulose)를 많이 함유하고 있다.

클로렐라 추출물의 면역관련 생리작용은 생체방어 조절작용, 항종양효과, 세균감염 저항성, 항바이러스 작용 등이며, 그 외 단백질의 구조 유지나 단백질의 활성 발현에 중요한 역할을 나타내는 시스테인(cysteine)을 합성하는 효소를 가지고 있으며, 생체방어 조절작용을 활성화하는 당단백질(glycoprotein)을 가지고 있다. 클로렐라 추출물은 macrophage를 통한 탐식기능의 증가 및 T세포와 B세포를 동시에 촉진하는 것으로 알려져 있다.

3) 금사상황버섯과 표고버섯 균사체

금사상황버섯은 면역력 증진에 도움을 주는 생리활성 기능성 원료 2등급으로 지표성분은 β 글루칸이고, 1일 섭취량은 금사상황버섯 추출물로서 3.3 g/일이다. 1968년 Ikekawa 등이 상황버섯(*Phellinus linteus*) 자실체 추출물이 소화기계통의 암을 억제한다고 보고한 이후 항암활성을 비롯하여 체액성 면역기능 증가 등이 보고되었다. 상황버섯 자실체(fruiting body)는 β-glucan을 가지고 있는데, β-glucan은 박테리아, 효모, 버섯(담자균) 및 귀리 등 식물에서 볼 수 있는 성분이다. 이미 설명한 바와 같이 β-glucan은 면역증강 효과와 항암효과가 있는 것으로 알려져 있으며, macrophage나 dendritic cell의 receptor에 직접 부착하여 여러 가지 cytokine을 분비하도록 하며, T세포 또는 B세포를 활성화시키고, NK세포의 활성 및 IL-12, TNF-α, IFN-γ의 발현을 높여 면역기능을 개선해 준다. 장염의 감소나 장점막의 면역도 강화해 준다.

표고버섯 균사체는 면역 개선에 도움을 주는 생리활성 기능성 원료 3등급으로 지표성분은 α-1, 4 glucan이며, 2등급으로 지표성분은 α-glucan(α-1, 4 + α-1, 6)이다. 표고버섯 균사체의 1일 섭취량은 표고버섯 균사체로서 1.8~3.6 g/일이다(참고로 표고버섯 균사체 열수 추출물의 지표성분은 β-glucan). 표고버섯은 본래 떡갈나무에서 자라는데 단백질, 지방, 탄수화물, 식이섬유, 비타민(A, B, B_{12}, C, D, 나이아신), 무기질 등 다양한 영양성분을 가지고 있다. 표고버섯 균사체 배양 추출물의 유용성분에는 β-1, 3 글루칸, 리보핵산(구아닐산 및 아데닐산), 항종양성과 면역을 증강시키는 레티난(letinan), 혈압을 강하시키는 에리타데닌(eritadenin), 비타민 D의 모체인 에르고스테롤(ergosterol) 등이 있다. 특히 β-글루칸은 분자의 크기나 결합방법에 따라 β(1-3)과 β(1-4), β(1-6) 등으로 나뉘는데, 항암작용이 좋은 것은 β(1-3)형이다.

균사체는 버섯의 몸체(자실체)가 아닌 뿌리 부분을 말하는데, 배양조에서 30~40일 정도 배양시키면 아세틸화된 α-글루칸과 같은 면역기능이 있는 성분이 생성되는 기능성 균사체가 만들어진다. 이것을 용매로 추출한 것이 표고버섯 균사체 추출물이다. 표고버섯 균사체는 자실체보다 글루칸 성분이 풍부하여 균사체에서 추출해 만든 AHCC(다당류 관련 화합물, active hexose correlated compound)는 기능성 소재로 사용되고 있다. AHCC는 버섯균사체를 배양탱크에서 배양한 후 효소반응을 거쳐 만들어진 면역증강 물질이다. AHCC는 β-글루칸 외 주성분이 아세틸화된 α-글루칸으로 저분자로 이뤄져 있고, 신체 내 흡수가 빠르며, 면역력 증가를 돕고, 암세포를 억제하거나 사멸시키는 데 도움을 준다. 아세틸화된 α-글루칸은 α-글루칸과 달리 면역활성 작용을 가지고 있는데 α-글루칸*은 항암효과는 없지만 아밀라아제라는 효소에 의해 분해되어 포도당이 된다.

* 글루칸은 포도당으로 구성된 모든 다당을 일컫는 말로서 전분도 셀룰로오스도 글루칸에 속한다. 단 전분은 α-글루칸, 셀룰로오스는 β-글루칸에 해당된다. 섬유소(cellulose)는 결합양식이 β1→4이고, β-글루칸은 β1→3이 core 부분이다.

표고버섯 균사체는 면역계의 기능을 촉진시키고, 세포조직의 면역능력을 활성화시켜 암세포의 증식과 재발을 억제하고, 면역세포의 기능을 활발하게 하는 인터루킨(interleukin), 인터페론(interferon)의 생성을 촉진시키고, 면역세포인 백혈구와 림프구를 활성화시킨다.

4) 당귀혼합 추출물과 동충하초 주정추출물

당귀혼합 추출물은 면역개선과 노인의 인지능력 개선에 도움을 주는 생리활성 기능성 원료 2등급으로, 지표성분의 함량은 조다당 30～50%, nodakenin 0.1～0.4%, paeoniflorin(작약의 주요 기능 성분) 0.8～1.5%, chlorogenic acid 0.08～0.2% 정도로 표준화 되어 있다(그림 2-1).

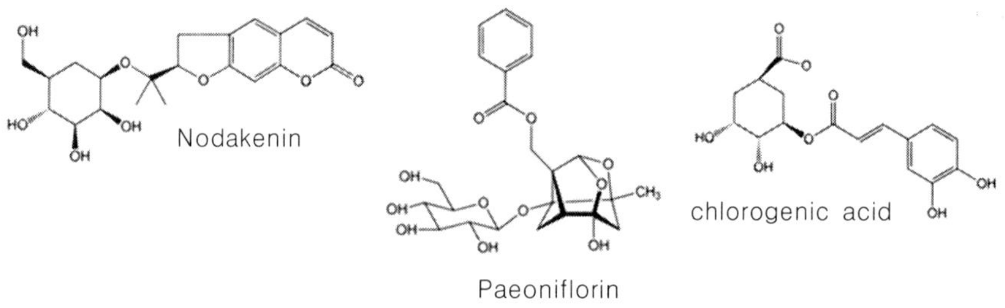

Nodakenin

Paeoniflorin

chlorogenic acid

그림 2-1. 당귀 혼합물의 지표성분들의 구조

당귀(*Angelica gigantis radix*)는 미나리과에 속한 다년생 초목으로 토당귀(참당귀)와 일당귀(왜당귀) 및 중국당귀 등을 일컫는 한약재로 참당귀는 한국에서, 왜당귀는 일본 북부에서, 중국당귀는 중국에서 재배 생산되고 있다. 당귀혼합 추출물은 원재료인 당귀뿌리, 천궁뿌리, 백작약 뿌리 동량을 정제수에 중탕 후 여과하고, 농축한 원료에 주정을 첨가한 후 정치시켜 조다당체를 회수한 것과 배합하여 만드는데, 다당 성분은 당귀로부터 유래한 arabinogalactan을 비롯한 이당, 단당 등이 포함되어 있다. 당귀 추출물은 다당류 이외 decursin, decursinol, decursionl angelate, essential oils 등 성분을 가지고 있으며 항산화, nitrite 제거능을 가지고 있다. 특히 decursionl angelate과 decursin 등은 항암효능을, nodakenin은 혈소판 응고방지 및 혈액응고 방지 효능을 가지고 있다.

면역 개선에 관해서는 당귀혼합 추출물은 림프구를 활성, 증가시키며 백혈구 및 IL-12, TNF-α, NO 및 NF-kB, NK세포활성, cytokine 증가, IFN-γ 등의 활성을 증가시켜 면역기능을 개선한다. 당귀 추출물은 피부세포의 증식 촉진, 항산화 효능, 콜라겐 합성 촉진, 피부면역 증강 및 피부 보습력 개선 효과도 있는 것으로 알려져 있다. 동충하초 주정추출물은 면역개선에 도움을 주는 생리활성 기능성 원료 2등급으로 지표성분은 cordycepin(3'-deoxyadenosine)이다(그림 2-2).

동충하초 주정추출물 1일 섭취량은 1.5 g/일이다. 동충하초 중 번데기동충하초(*Cordyceps militaris*)를 현미에서 배양한 후 추출한 것으로 면역세포(비장세포, 자연살해세포)의 활성과 면역물질(사이토카인) 생성을 증가시키며, 대식세포의 증가 등으로 면역력을 회복시켜 준다. Cordycepin은 동충하초의 아데노신 유사체(adenosine analog)로 면역활성 기능뿐만 아니라 항염증, 항산화 및 항암 등 다양한 약리학적 특성을 가진 성분이다. 특히 세포사멸 촉진, 세포주기 정지 유도, 세포 내 신호전달 경로 조절, 암세포의 침윤 및 전이 억제를 통해 암의 증식을 지연시키고, 신호경로를 포함한 다양한 기전을 통하여 암세포 분리, 이주, 침윤 및 전이 등을 억제하는 성분이다.

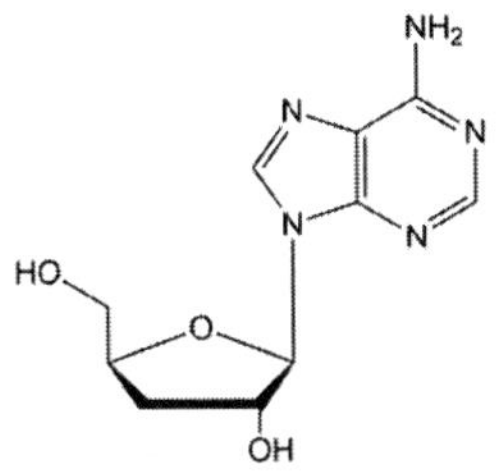

Cordycepin
(3'-deoxyadenosine)

그림 2-2. 동충하초의 면역조절 지표물질의 구조

동충하초는 겨울철에 곤충의 유충이나 성충의 체내에 균사체가 잠복해 있다가 여름철에 자실체가 자라나는 버섯인데, 널리 알려진 약리작용을 보면 자양강장 및 면역증강을 비롯하여 혈액순환을 높이고, 심장병과 뇌혈관 장애에 효과가 있으며, 당뇨병 예방, 신장의 혈류량 증가, 천식과 알레르기 질환 개선, 간질환 개선, 항암, 항균작용을 한다.

5) 인삼다당체 추출물과 청국장균 배양정제물

인삼다당체 추출물은 면역 개선에 도움을 주는 생리활성 기능성 원료 2등급으로 지표성분은 galactose와 arabinose의 합, 진세노사이드 Rg1과 Rb1의 합이다. 1일 섭취량은 인삼다당체 추출물로서 6 g/일이다. 인삼은 생약재료로 수삼, 백삼, 홍삼, 산삼, 장뇌, 미삼, 원삼 및 태극삼 등을 모두 포함하는 가장 넓은 개념의 용어이다. 인삼의 일반 성분으로 탄수화물 50～70%, 조단백질 10～15%, 조사포닌 3～8%, 회분 3～7% 등이다.

주요 생리활성 성분으로는 사포닌과 비사포닌인 페놀성 성분, 다당체, 정유 성분(essential oil), 펩티드, 식물성 스테롤(phytosterol), 폴리아세틸렌(polyacetylenes), 폴리페놀(polyphenols), 플라보노이드, 알칼로이드 성분(alkaloids), 비타민, 미네랄(minerals), 효소 등이다. 또 사포닌 이외의 성분으로 중요한 성분으로는 홍삼의 세조 과정에서 생성되는 말톨(maltol) Arg-Fru-Glc(arginine fructose glucose)와 같은 항산화 성분 등이다. 가장 대표적인 약리성분은 식물체의 여러 사포닌 중 인삼 사포닌만을 특별하게 구분하여 명명한 '진세노사이드(ginsenoside)'라는 인삼 사포닌인데, 당부분(glycone)과 비당부분(aglycone)으로 구성된 배당체이다.

다당류는 진산(ginseng + 다당체를 의미하는 -an을 붙여서 ginsan)과 파낙산(panaxan)으로 구분되며, 진산은 글루칸(포도당으로 이루어진 다당체)과 프럭탄(fructan, 과당으로 이루어진 다당체)으로 구성된 순수한 다량체이다. 인삼의 다당류는 면역기능을 증진시켜 종양을 억제하고, 고혈당을 저하시키는 효과를 가지고 있다. 진산은 골수세포뿐만 아니라 말초혈액세포의 재생과 분화까지 촉진하여 조혈촉진 및 항균작용이 있으며, 대식세포를 활성화시켜 IL-12의 생성을 촉진시켜 Th1-임파구가 인터페론의 생성을 활성화시킴으로써 자연살해세포(NK cell)의 능력을 증가시키고, 암세포에 대한 세포성 면역(cell-mediated immunity / CTL) 반응을 증강시킨다.

1980년대 중반에 인삼으로부터 20여 종의 다당체, 즉 파낙산(panaxan) A, B, C, D,…U가 분리되었는데, 이 가운데 중성 다당체는 글루코스(glucose), 갈락토스(galactose), 람노스(rhamnose), 아라비노스(arabinose), 만노스(mannose) 등으로 구성되어 있다. 면역활성이 강한 산성 다당체는 이들 중성당 외에 우론산(uronic acid)과 갈락투론산(galacturonic acid) 등 산성당으로 이루어져 있다. 산성당의 대부분은 글루쿠론산(glucuronic acid)으로, 이 산성당이 면역증진 활성에 중요한 역할을 한다. 수십 종의 폴리아세칠렌 중 대표적인 것이 파낙시놀(panaxynol), 파낙시돌(panaxydol), 파낙시트리올(panaxytriol)이다. 특히 파낙시돌은 암세포 증식억제 효과를, 홍삼 특유의 파낙시트리올은 위암세포의 억제 효과를 가지고 있다. 또 항산화성 페놀계 화합물(phenolic compounds)의 일종인 말톨(maltol)과 Arg-Fru-Glc(AFG), Arg-Fru은 홍삼 제조과정 중에 생기는데, AFG는 말타제(maltase)의 작용을 억제하고, 혈관을 확장하는 약리활성을 가지고 있다. 그 외 항산화 성분으로 살리실산(salicylic acid), 페롤린산(ferullic acid), 겐티신산(gentisic acid), 카페인산(caffeic acid), 바니린산(vanillic acid) 등이 존재한다(그림 2-3).

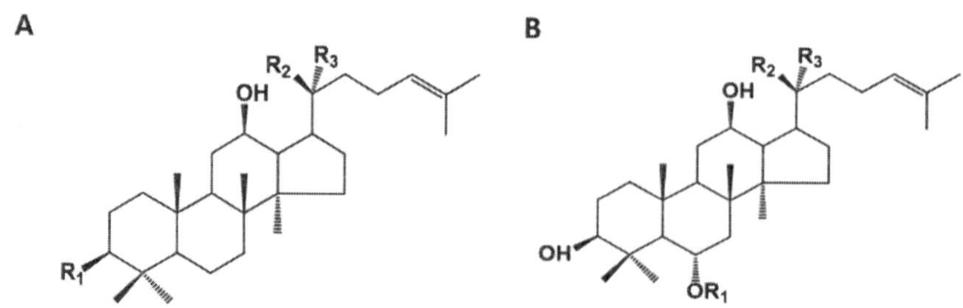

그림 2-3. 진세노사이드 구조(A : protopanaxadiol계, B : protopanaxatriol계)
(출처 : Curr. Top. Lact. Acid Bact. Probiotics 2019, 5(1) : 1-12)

청국장균 배양정제물은 면역 개선에 도움을 주는 생리활성 기능성 원료 2등급으로, 지표성분은 폴리감마글루탐산칼륨(poly-γ-glutamic acid / γ-PGA, 그림 2-4)이다. 1일 섭취량은 폴리감마글루탐산칼륨 1,000 mg/일이다. 폴리감마글루탐산은 청국장이나 낫도(natto)에 존재하는 균주인 *Bacillus subtilis*에 의해 생산되는 점액성, 아미노산계열 고분자로 NK cell을 활성화시켜 면역력을 증대시키며, dendritic cell의 IL-12 분비를 촉진한다고 한다.

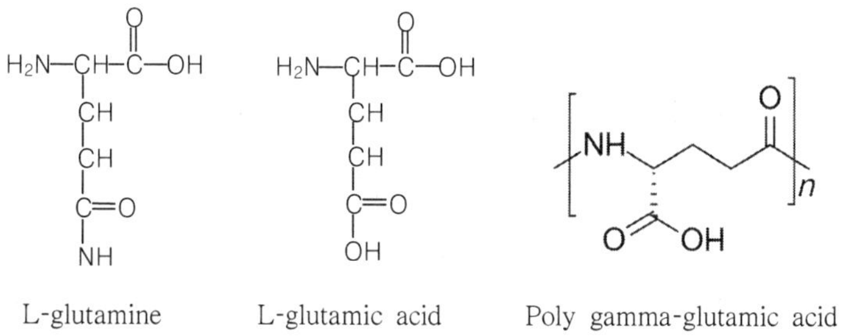

L-glutamine L-glutamic acid Poly gamma-glutamic acid

그림 2-4. 청국장균 배양정제물의 지표물질 γ-PGA

특히 γ-PGA는 아토피 피부염 예방과 치료 효과를 가진 소재로 알려져 있는데, 아토피 피부염과 같은 알레르기 질환의 경우, 알레르겐의 주기적인 노출이 선천면역 세포인 비만세포와 호염구를 자극하여 IL4, IL5, IL13 등과 같은 Th2 면역반응과 연관된 사이토카인의 분비를 증가시켜 히스타민(histamine) 등을 방출시키는 등 비정상적인 과민면역반응을 일으킨다. γ-PGA는 Th1 면역을 증가시켜 아토피 피부염 발생을 감소시킬 뿐만 아니라 Th2 분화에 관여하는 호염구의 활성 및 수적 감소를 유도한다. 호염구(basophil)는 알레르기성 질환에 관여하는 세포로서 알레르겐의 하나인 단백질분해효소 파파인(papain)의 자극에 의해서 생체 내에서 사이토카인 IL4를 분비하고, 기억 Th2 세포 반응을 증가시킨다. 즉 γ-PGA에 의해 활성화된 iNKT 세포가 IFNγ와 TNFα 발현을 통하여 호염구의 세포사멸을 유도함으로써 파파인과 같은 알레르기 유발물질에 의해 발생하는 알레르기 면역반응을 억제한다고 한다.

6) 면역관련 식품

실제 건강기능식품으로 인정된 것 이외 다양한 면역관련 생리활성을 가지는 식품이나 소재 등이 있는데 그 중 당귀, 백작약, 천궁, 강황, 홍삼 등 한약재를 비롯하여 소고기, 돼지고기, 닭고기 수프 등 일반 동물성 재료, 유산균 식품, 플로폴리스, 요구르트, 그리고 고등어, 조개, 굴 등 수산재료, 농산물 재료인 감, 감잎마늘, 사과, 아사히베리, 수박, 포도, 토마토아몬드, 고구마, 단호박, 당근, 무, 생강, 파프리카, 도라지,

양배추, 시금치, 브로콜리, 피망, 녹차 / 녹색 잎, 현미, 보리, 귀리, 버섯, 차, 견과류 등도 면역관련 소재들로 활용되고 있다.

2.5. 면역과민 반응 완화에 도움을 주는 생리활성물질

면역과민 반응 완화에 도움을 주는 것으로는 *Enterococcus faecalis* FK-23 효소 및 가열처리 분말(LFK), 구아바잎추출물등복합물, 다래추출물, 소엽추출물, 피카오프레토 분말 등 복합물, 합성 PLAG 등이 있다.

1) *Enterococcus faecalis* FK-23 효소 및 가열처리 분말(LFK)

Enterococcus faecalis FK-23 효소 및 가열처리 분말(LFK)은 비특이적 면역과민 반응 감소에 도움이 되는 생리활성물질로 꽃가루에 의해 나타나는 코막힘의 개선에 도움을 주는 기능성 원료 2급으로 지표성분은 vaccenic acid(C18 : 1 / n-11, 11-octadecenoic acid, 그림 2-5)이다. 1일 섭취량은 1 g이다.

E. faecalis(장내세균) FK-23을 37℃, 10시간 이상 배양한 후 정제한 후 효소처리하여 제조하는데, 주 작용기전은 Th2 매개면역을 Th1 매개면역 방향으로의 전환이다. 동물실험에서 감작상태를 발생시킨 후 *E. faecalis* 효소 및 가열처리 분말(LFK)를 보충하면 호산구가 감소하고, IgG2 농도가 증가하며, IgE : IgG2의 비율이 감소되어 면역에 도움이 되는 것으로 확인되었고, 알레르기의 경우 LFK를 투여하면 알레르기형 코막힘 증상의 개선에 도움이 된다.

Vaccenic acid는 1928년 동물성 지방과 버터에서 발견되었으며, 반추동물의 지방과 우유, 버터, 요구르트와 같은 낙농제품에서 발견되는 자연산 트랜스 지방산이다. 반추동물에서 생산되는 우유 중에도 1～8%의 트랜스 지방산이 포함되어 있는데, 트랜스 지방산 중 vaccenic acid가 60～80%를 차지한다. TVA(trans vaccenic acid)는 기능성 지방산으로 알려져 있는 CLA 합성 전구물질로 트랜스 지방산과는 달리 자연

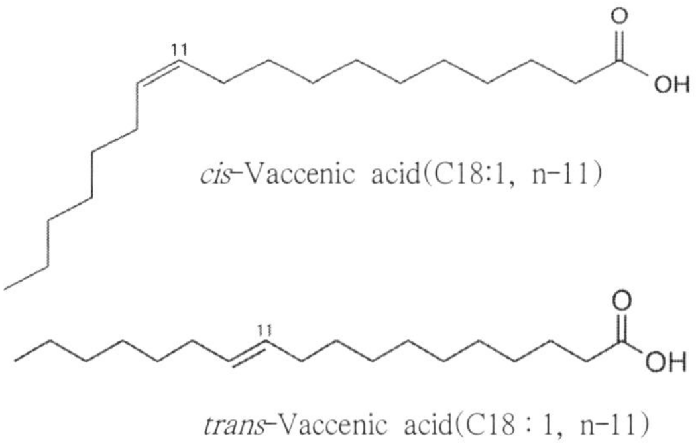

11 O OH

cis-Vaccenic acid(C18:1, n-11)

11 O OH

trans-Vaccenic acid(C18 : 1, n-11)

그림 2-5. Vaccenic acid의 구조

적 트랜스 지방산이다. Vaccinic acid를 섭취하면 총 콜레스테롤과 LDL콜레스테롤, 중성지질 수치를 낮추는 기능을 가지고 있으며, 체중 감소에도 효과가 있다.

2) 구아바잎추출물 등 복합물과 다래추출물, 소엽추출물

구아바잎추출물 등 복합물은 과민반응에 의한 코 상태(코 가려움, 재채기, 콧물)에 도움을 줄 수 있는 생리활성 기능성 원료 2등급으로, 지표성분은 ① ellagic acid, ② EGCG, ③ gallic acid 등 총 폴리페놀과 그 함량이며, 1일 섭취량은 구아바잎추출물 등 복합물로서 800 mg/일이다. 구아바잎 추출물은 구아바(Guava / *Psidium gujava*) 잎을 열수 추출하고 여과, 농축하여 제조하는데, 지표성분의 함량은 총 폴리페놀이 250～450 mg/g 함유되어 있어야 한다. 구아바잎의 주정추출물은 비만세포가 탈과립하는 것을 억제하고, 비만세포 흥분 시 관찰되는 prostaglandin이나 leukotriene 경로를 억제한다. 염증을 유발한 대식세포에서 염증인자의 생성과 발현을 억제하며, 혈중 히스타민 농도를 낮추어 준다. Mitogen-activated protein kinase(MAPK) 경로를 차단하는 기능을 가지고 있다.

다래추출물은 면역과민반응 개선에 도움을 주는 생리활성 기능성 원료 2등급으로, 지표성분은 ① quinic acid, ② citric acid 등이며, 1일 섭취량은 다래추출물로서 2g /일, 액상 다래추출물로서 1.4～1.7 g/일이다. 염기성인 퀴닌산(quinic acid / polyhydroxy carboxylic acid)는 cyclitol의 일종으로, chlorogenic acid의 가수분해에 의해 만들어진다. 카페산(caffeic acid) 및 퀴닌산(quinic acid)의 에스테르형이 클로로겐산(chlorogenic acid)이다(그림 2-6).

퀴닌산은 1790년 Hoffmann에 의해 분리되었는데 사과, 복숭아, 커피의 종자 등에 다량 함유되어 있으며, 관다발 식물에 널리 분포되어 있다. 사과의 경우 껍질을 벗기거나 자르면 사과세포의 일부가 파괴되고, 그 결과 퀴닌산이 공기 중에 노출, 효소가 색이 없는 퀴닌산을 산화시켜 옅은 붉은 갈색을 띠는 산화 퀴닌산으로 변화시키므로 사과의 표면 색깔이 변하게 된다. 클로로겐산은 주요 페놀성 성분이며, 커피콩에 함

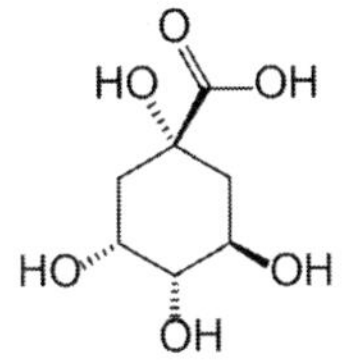

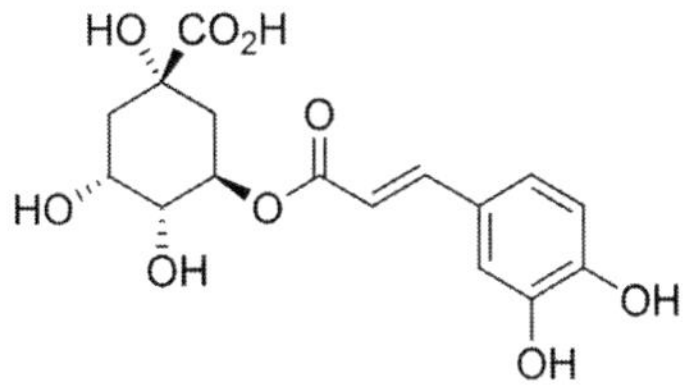

Quiniac acid　　Chrologenic acid

그림 2-6. Quiniac acid 및 Chrologenic acid 구조

유되어 있는 물질로서 식물대사의 중요한 인자이고 항산화제이다. 천연 또는 합성된 클로로겐산은 내분비교란물질에 의한 남성 생식기능 저하에 대한 예방 및 치료용 약제로 사용하기도 하며, 고혈압 예방 및 치료제, 혈압 강하제, 항암제로서의 기능을 가지고 있다. 다래(*Actinidia arguta*) 잎에는 flavonol triglycoside 계열의 quercetin 유도체와 kaempferol analog들이, 다래 열매에서는 monoterpenes과 esters가, 꽃에서는 다량의 linalool 유도체가, 다래 줄기에는 (+)-catechin과 (−)-epicatechin 등이 함유되어 있다. 다래나무의 약리활성으로는 다래나무 줄기의 항암효과, 면역증강, 항산화 활성이 알려져 있고, 다래 열매에는 항염증 및 항산화 효과를 가진 물질은 물론 알레르기를 유발하는 actinidin도 들어 있다.

다래는 단핵구(monocyte), 과립구(granulocytes), 림프구(lymphocyte)를 증가시킴으로써 골수보호 효과를 가지며, 다래의 n-butyl alcohol 추출물은 위암 세포사멸(apoptosis)를 일으킴으로써 항암효과를 가진다. 식용다래 미성숙 열매의 열수추출물은 Th1 / Th2 pathways를 조절하고, IgE 생산을 억제하여 각종 알레르기 질환 치료에 도움을 준다. 또 이 추출물은 IgE는 물론 Th2 사이토카인인 IL-4와 IL-5를 선택적으로 억제하여 면역개선 효능을 나타내고, 땅콩 등 특정 알레르겐에 대해서도 피부면역반응 개선 효과를 보인다. 소엽(*Perilla frutescens*, 자소 / 차조기) 추출물은 면역과민반응 개선에 도움을 줄 수 있으나 인체에서의 확인이 필요한 생리활성 기능성 원료 3등급으로 분류하고, 지표성분은 rosmarinic acid이다(그림 2-7).

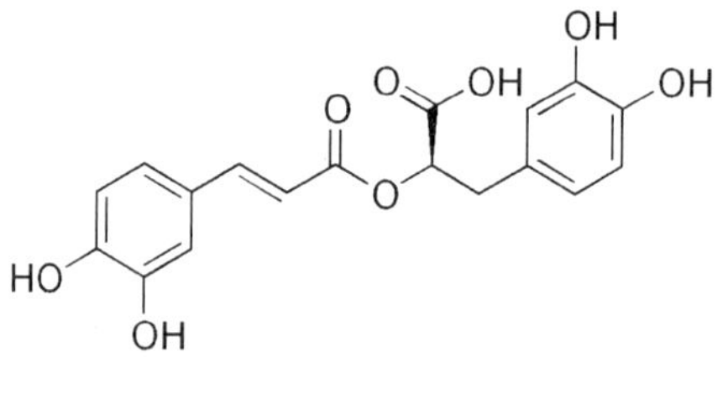

그림 2-7. Rosmarinic acid의 구조

소엽추출물의 주요 생리활성은 항산화 작용, 아토피 피부염 치유, 보습 효과, 살균 / 방부효과(페닐알데히드 등) 등인데, Th2 과민면역반응에 의한 기도 염증 및 천식 감소를 보이는 소재이기도 하다. 이 추출물은 cytokine의 pro-allergenic, pro-inflammatory cytokine의 유전자 발현을 억제하는 기능을 가지고 있는데, 항원에 의해 생성된 IgE의 생성을 억제하고, 항원-특이성 IgE(antigen-specific IgE) 생산과 복강 비만세포(mast cell)로부터 히스타민 방출을 억제시켜 알레르기 저해 활성을 보인다. 히스타민은 혈관 확장과 같은 과민성 반응(anaphylactic responses)을 유도하며, 혈관 투과성과 평활근의 수축을 증가시키는 물질이다.

3) 피카오프레토 분말 등 복합물과 합성 PLAG

피카오프레토(*Picãopreto*) 분말 등 복합물은 과민면역반응 개선에 도움을 주는 생리활성 기능성 원료 2등급으로 지표성분은 ① total polyphenol, ② vitamin C, ③ chlorogenic acid, ④ cinnamic acid 등이며, 1일 섭취량은 아세로라농축물(acerola extract), 계피추출물, 피카오프레토 분말 3종 혼합물로서 1,350 mg/일이다. 피카오프레 분말 등 복합물은 국화과 식물인 피카오프레토(*Picãopreto*)와 계피추출물, 아세로라농축물 3종의 복합물로서 과민반응에 의한 코상태 개선에 도움을 주는 소재이다. 지표성분인 폴리페놀은 분자 내에 다수의 수산화기가 있는 페놀을 말하는데, 플라보노이드와 비 플라보노이드로 구분한다.

플라보노이드는 플라보놀, 카테킨, 안토시아닌, 이소플라본 등이 있으며, 비 플라보노이드는 페놀산, 스틸베노이드(stilbenoid), 리그난(lignan) 등이 있다. 식이 폴리페놀은 항산화, 항염증 및 항암작용을 가지고 있는데 피카오프레토도 항염증, 항균제, 항산화, 항암기능을 가지고 있다. 합성 PLAG(1-palmitoyl-2-linoleoyl-3-acetyl-rac-glycerol)는 과민면역반응 개선에 도움을 주는 생리활성 기능성 원료 3등급으로 지표성분은 β1-palmitoyl-2-linoleoyl-3-acetyl-rac-glycerol이며(그림 2-8), 합성 PLAG로서 1 g/일이다.

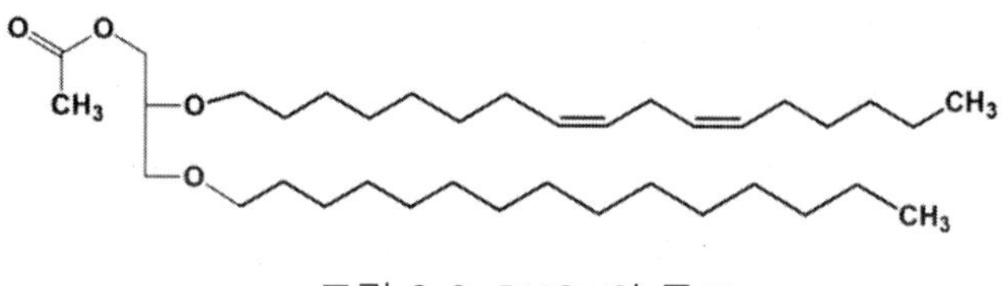

그림 2-8. PKCA의 구조

PLAG는 녹용에 미량 포함되어 있는 천연성분인 PLAG(EC-18)인데, 이것과 동일하게 유기합성한 것을 합성 PLAG라 부른다. PLAG(EC-18)는 천연물 유래 호중구 / 혈소판 감소증 치료, 패혈증 및 천식, 아토피와 자가면역질환 등에 효과를 가진 물질이다. 인체는 다양한 원인들(외부감염 또는 내부요인들)로 인하여 염증이 발생하고, 이를 때마다 빠른 면역반응을 통해 정상적인 상태로 회복되게 되는데, 이런 경우 PLAG는 탁월한 능력을 가진 물질이다. 또 사이토카인 단백질은 면역세포 간의 커뮤니케이션에 활용되는 물질로서 각각의 면역세포들은 고유한 사이토카인을 형성해 상황을 알리고, 상호 협동하고 적절히 견제하는 방식의 시스템을 만들어 유지하고 있다. 어떤 사이토카인이 얼마나 발현되느냐에 따라서 활성화되는 면역세포의 종류도 달라지고, 면역시스템 자체의 기능 여부도 결정된다.

이런 경우 PLAG는 세포 내에서 필요 이상의 염증성 사이토카인의 분비를 조절하여 염증을 해결해 주는 역할을 한다. 또 PLAG는 과도한 케모카인(chemokine)의 분비를 조절하여 면역세포들이 염증부위로 침윤되는 것을 막아 염증반응을 줄이는 생리활성을 가지며, 또 과도한 IL4 분비를 조절하여 Th2의 과잉으로 인한 다양한 질환에 효과적으로 작용한다. 즉 암세포 주변 환경의 변화를 유도함으로써 암세포의 성장과 전이를 억제하여 Th1, Th2 균형을 회복시키는 작용기전을 지니고 있는 소재이다.

〈3절〉 비만과 체지방 개선 관련 생리활성물질

3.1 비만 정의와 비만 기전

비만(obesity)이라는 단어는 비대함을 뜻한다. 비만 용어인 'fat'은 앵글로색슨 계열의 단어이지만 비만의 영문 'obes'는 라틴어 '*obesus*'에서 유래한 단어이다 'obesus'는 '철저하게 먹어치우다', '끝까지 먹어치우다' 라는 뜻을 지닌 '*obedere*'의 과거분사로서 '아주 잘 먹었다'라는 의미를 가지고 있다. '비만'이라는 용어가 처음에는 신체의 상태를 표현하는 방법으로 "살찌다, 뚱뚱하다"라는 단순한 일반적 용어로 사용되었으나 비만이 체내의 체지방(body fat) 또는 지방조직(adipose tissue)의 양이 과잉으로 증가한 상태라는 사실이 알려지면서 비만은 단순한 체중의 과잉이 아니라 지방조직의 증가로 규정, 영양불량 문제 중 하나로 인식하게 되었다.

결국 비만이란 신장에 비하여 체중이 무겁다는 의미로 해석되어 그 정도가 표준체중에서 10%를 초과할 경우 과체중(over body weight), 20% 이상 초과할 경우 비만(obesity body weight)이라는 용어를 사용하게 되었다. 세계보건기구(WHO)에서 비만을 "건강을 해칠 정도로 지방조직에 비정상적인 또는 과도한 지질이 축적된 상태(Obesity can be defined as the excessive accumulation of fat in adipose tissues, to the extent that health may be impaired)"로 규정하고, 체질량지수(BMI, body mass index) 25 이상은 과체중, 30 이상은 비만으로 정의하였다. 또 비만을 "세계적인 전염병(world epidemic)"이라고 규정하고 5D, 즉 용모 손상(disfigurement), 불편(discomfort), 무능(disability), 질병(disease), 사망(death) 등에 영향을 미친다고 단정하였다. 비만이 되는 경우는 에너지 섭취가 에너지 소비보다 많아 소비되지 않고 남은 과잉 에너지가 지방조직에 체지방으로 축적되어 있는 상태이며, 체중은 정상이지만 체지방의 증가로 인해 활성 조직량이 감소한 경우이다. 비만은 에너지의 섭취와 소비가 불균형을 이루어 초래되는 것으로, 여분의 에너지는 지방세포의 형태로 전환되어 체내에 저장되어진다. 축적된 지방세포에서 분비되는 유리지방산과 사이토카인 등은 인슐린 저항성을 유발하고, 염증반응을 증가시켜 대사증후군, 당뇨병, 심장혈관 질환 그리고 암 등의 만성질환 발병의 직접적인 원인이 되고 있다

비만의 이론은 다양하다. 그렇다고 단정적인 이론은 존재하지 않는다. 그것은 비만의 발생이 매우 복합적인 요인에 의해서 이루어지기 때문이다. 비만은 음식을 많이 섭취하여 발생하기도 하지만 인슐린, 렙틴, 코티솔, 갑상선자극호르몬 등과 같은 호르몬 불균형, 높은 렙틴호르몬 수치, 코르티솔의 과잉분비, 비정상적인 에스트로겐 생성, 가짜 호르몬에 압도된 테스토스테론, 면역체계 이상, 소화관내 박테리아의 체계변화와 음식중독의 원인으로 알려진 뇌신경전달물질인 도파민과 보상시스템 등 매우 복합적인 원인과 기전 때문에 일어난다. 그 외 당류 섭취 정도, 합성식품첨가물 과용, 가공식품의 섭취 정도, 알코올 섭취 정도, 운동부족, 만성염증 등도 비만에 관여하는 요소들이다. 특히 스트레스를 받을 때 소위 스트레스 호르몬으로 불리는 코르티솔이 분비되고, 이것이 복부에 지방축적을 촉진시키는 등 정신적 문제도 비만에 영향을 미친다.

가장 일반적인 비만의 이론은 푸쉬(push)설과 풀(pull)설이 있다. 푸쉬설은 비만을 바라본 가장 근본적인 설인데, 음식물의 과잉섭취와 에너지 소모의 불균형의 결과로 비만이 발생한다는 것이고, 풀(pull)설은 비만은 과잉 에너지 섭취뿐만 아니라 선천적으로 타고난 신진대사 이상으로 인한 복합적인 결과라는 것이다. 곧 비만상태에 있다는 것은 신체가 어려움에 처해 있다는 것을 의미하고, 체중이 불어나는 것도 소화기능과 신진대사에 장애가 있음을 의미한다는 것이다. 비만이 뇌와 관련이 있다는 주장을 하기도 한다. 그것은 뇌가 포만감을 조절하기 때문이다.

뇌는 음식의 섭취량과 먹는 속도를 조절하는데, 이것이 잘 조절되지 않으면 체중증가가 일어난다. 포만감을 느끼는 것은 위장 등 소화기관의 작용이 아니라 뇌의 작용으로 어느 정도 먹으면 포만의 신호가 뇌로 전달되면서 뇌가 과식하지 않도록 명령을 내리게 된다. 그런데 만약 급히 음식을 먹어대면 뇌가 이 같은 '포만명령'을 내릴 시간적 여유가 충분치 않아 포만감을 느낄 때까지 많은 양의 음식을 빨리 먹어치우게 된다. 또 비만의 이론을 설명할 때 호르몬에 관한 이론을 펼치기도 하는데, 스트레스 호르몬인 코르티솔이 과잉 분비되거나 특정 호르몬의 수치가 달라져도 지방이 잘 쌓이는 체질로 변할 수 있다고 한다.

우리 몸이 에너지 과잉상태에 대응하는 기전은 정상적인 상태에서 작동하는 식욕저하, 일시적인 에너지 저장과 에너지 소비 촉진인데, 이들은 호르몬 작용에 의해 조절된다. 충분한 식사로 위에 음식이 차면 위에서 CCK(cholecystokinin)라는 펩티드성 호르몬이 분비되며, 이는 위에 있는 말초신경을 자극하고, 이 신호가 신경세포 연결을 통해 시상하부로 전달되어 식욕을 저하시킨다.

우리 몸에서 에너지 섭취와 소비를 생리적으로 조절하는 대표적인 호르몬은 인슐린이다. 특히 뇌하수체의 염증신호가 비만 관련 인슐린 저항 발생에 관여하는데, 인슐린 저항성은 지방세포가 지방산을 더 많이 받아들이게 만들고, 만약 피하지방 조직이 인슐린 저항성 상태에 놓이게 되면 지방은 내장에 축적하게 된다. 만약 지속적으로 에너지 공급 과잉이 일어나면 체내 지방세포에 지방 축적이 증가되고, 세포가 커지는 지방세포 비대(hypertrophy)가 일어난다. 계속적으로 더 비만이 증가하면 지방세포의 수 자체가 증가하는 과다증식(hyperplasia)도 수반된다. 이는 stem cell로 부터 지방세포로의 분화가 더욱 촉진되면서 나타나는 현상이다.

지방세포는 단순한 지방저장세포로서의 기능 외에 50여 종의 다양한 사이토카인을 생산 분비하는 곳인데, 염증반응에서 중심 역할을 하는 사이토카인들이 대부분 여기에 분비된다. 지방세포가 분비하는 사이토카인은 TNF-alpha, IL-6과 대식세포를 유도하는 케모카인인 MCP-1(monocyte chemoattractant protein-1) 등이 있다. 비만할 경우 지방세포가 혈중 염증지표(CRP / TNF-alpha / IL-6, IL-18) 단백질을 만들게 되고, 따라서 만성염증을 유도할 뿐만 아니라 TNF-alpha 양을 증가시키게 된다. 비만과 관련한 지방세포는 특이적으로 3가지 단백질(효소)을 만들어 분비하는데, 그것은 아디포카인(adipokine)인 렙틴(leptin), 레지스틴(resistin), 아디포넥틴(adiponectin) 등이다.

렙틴(식욕억제 호르몬)의 작용은 정상적인 사람의 대사에서 체내 에너지 섭취와 소비를 조절하는 가장 중요한 단백질인데, 시상하부 신경세포에 있는 수용체를 자극하여 식욕을 억제한다. 동시에 근육세포에서 렙틴 수용체가 자극되어 에너지를 소비하는 이화작용(catabolic) 기전이 촉진되므로 총체적인 에너지 소비를 증진시키고, 궁극적으로 몸 안에 축적된 에너지양을 줄이게 된다. 또 렙틴은 혈관내피세포의 부착단백질(adhesion molecule)의 발현을 촉진시켜 단핵세포 등의 활착을 촉진하며, TNF-alpha의 발현을 증가시킴과 동시에 T-면역세포를 활성화시킨다.

지방세포가 분비하는 또 다른 단백질인 레지스틴은 면역작용이 활발히 일어나는 곳에서 발견된 케모카인 단백질들과 매우 형태적으로 유사하며, 면역작용과 연관이 있다. 지방세포에서 분비되는 단백질의 일종인 아디포넥틴(adiponectin, 인슐린 감수성을 조절하는 호르몬)은 1994년에 Scherer 박사가 발견한 지방분해 호르몬인데, 비만을 포함한 대사질환과 심혈관 질환의 발병 위험을 예측하는 지표로 사용되고 있다. 아디포넥틴이 감소하면 당뇨병 등의 대사질환이나 심혈관 질환의 발병 위험이 높아진다고 하는데, 아디포넥틴은 인슐린 감수성을 높이고 염증, 혈관보호, 간에서의 당신생 억제, 근육의 포도당 흡수 및 지방산 산화 증가, 염증성 사이토카인 억제 및 항염증성 사이토카인 증가, 내피세포 기능 손상 억제 등의 기능을 한다. 아디포넥틴이 부족한 경우 지방세포가 지방을 수용할 수 있다는 신호를 보내지 않기 때문에 과잉의 지방이 위험한 장소(간, 심장, 근육조직)에 축적되고 염증, 당뇨, 심장질환을 유발하게 된다. 특이한 것은 렙틴은 면역작용을 증가시키는 방향이지만, 아디포넥틴은 면역활성을 억제하는 기능을 가지고 있다.

3.2 비만과 호르몬

비만의 원인은 바로 이러한 호르몬들의 불균형이다. 인체내 생리기능을 조절하는 호르몬(hormone)은 비만과 깊은 관련이 많다. 체중 조절에 영향을 주는 대표적인 호르몬은 성장호르몬, 코티솔, 인슐린, 지방을 억제하는 렙틴, 식욕을 자극하는 그렐린 등이 있고, 그 외 다수의 호르몬도 간접적으로 비만에 영향을 미친다. 호르몬은 외분비선(소화샘, 젖샘, 땀샘, 눈물샘 등)과 다르게 신체의 내분비기관에서 생성되는 화학물질(내분비선은 분비관이 없고, 췌장은 내분비선과 외분비선을 겸하는 기관)인데, 혈관을 거쳐 신체의 여러 기관으로 운반되어 그곳에서 각각의 호르몬이 지닌 기능을 발휘하게 된다. 호르몬은 체액의 내부 환경을 일정하게 유지, 신체의 성장과 발달의 조절, 성적리듬 유지, 생식과정의 조정, 에너지 생산율 조절, 대사율 안정 그리고 신체가 스트레스나 위기 상황에 잘 대처하도록 도와주는 생리기능 조절물질이다.

호르몬의 구성 성분은 수용성 호르몬인 단백질계(세포막내로 이동이 쉽지 않다. 뇌하수체, 갑상선, 부갑상선, 이자, 부신수질, 가스트린, 세크레틴 등)와 지용성 호르몬인 스테로이드계(세포질내로 쉽게 이동/성호르몬과 부신피질호르몬, 티록신 등) 등이 있는데, 그 중 비만과 관련된 주요 호르몬은 인슐린, 코티졸, 세로토닌, 갑상선호르몬, 렙틴, 아디포넥틴, 그렐린 등이다.

인슐린(Insulin)은 당질, 지질 및 단백질 등 에너지대사를 총체적으로 조절하며, 성장 및 전해질(potassium)을 조절하는 가장 중요한 생체호르몬으로 인슐린은 간에 작용하여 글리코겐 분해와 이 외의 당 생성과정을 억제함으로써 간으로부터 당 생산을 억제하여 혈당 수준을 낮추어 준다. 즉 간에서 포도당 생합성을 억제하여 혈당이 일정하게 유지되도록 하고, 근육과 지방조직에서 단백질과 지방의 합성을 촉진하기도 한다. 비만상태에서는 인슐린 신호는 없어지고, 인슐린이 잘 기능을 수행하지 못하는 인슐린저항 현상에 놓이게 된다.

인슐린 저항성(insulin resistance)은 생리적 인슐린 농도에서 인슐린 감수성(insulin sensitivity)이 정상보다 저하된 상태를 말하는데, 인슐린이 부족하지 않은 상태이지만 오히려 인슐린작용은 감소된 상황을 말한다. 이럴 경우 인슐린저항은 고인슐린혈증을 일으키는데, 고인슐린혈증은 섭식량을 증가시키는 작용 외에 간, 지방조직에서 지방

합성을 촉진시킨다. 혈중 지방의 지방조직에의 침착을 촉진하거나 지방조직에서 지방분해를 억제하는 등의 강한 지방축적 작용에 의해 단순성 비만상태에 이르게 된다.

스테로이드계 호르몬인 코티졸(cortisol)은 스트레스 호르몬이라고도 부르는데, 에너지대사에 관여한다. 코티졸은 당을 글리코겐의 형태로 간에 저장하도록 하며, 에너지가 필요한 경우 간의 당분과 지방세포의 지방산을 혈액으로 이동시키는 기능을 하고 있다. 따라서 코르티솔 수치가 높아지면 인슐린에 대한 감수성을 저하시켜 혈당이 지방으로 바뀌어 체내에 비축된다.

내측 시상하부 중추에 존재하는 신경전달물질인 세로토닌[serotonin, 5-hydroxy-tryptamine / 혈청에서 존재하고(sero), 혈관을 수축시키는 작용(tonin)이 있다고 해서 붙여진 이름]은 필수아미노산 트립토판에서 유도되는 모노아민(monoamine) 물질인데, 자율신경과 호르몬의 균형을 담당하며, 특히 우리의 감정 조절에 중요한 역할을 담당하고 있다. '행복 호르몬'이라고 부르기도 하는데, 우울증 치료는 물론 비만치료제로 널리 알려져 있다. 세로토닌은 식욕과 포만감을 관장하는 호르몬인데, 분비가 원활하지 않으면 폭식증, 거식증과 같은 섭식장애의 원인이 되기도 한다. 세로토닌이 부족하면 배고픈 상태를 유지하게 되고, 달고 기름진 음식에 대한 욕구가 강해져 이로 인해 폭식을 하게 된다.

식욕자극 호르몬 그렐린(ghrelin)과 식욕억제 호르몬 렙틴(leptin)은 비만에 매우 중요한 호르몬이다. 그렐린과 렙틴은 뇌의 중추신경계에 작용하여 시상하부를 활성화시키고, 그 신호를 전달하여 식욕을 비롯하여 에너지 섭취 및 신체대사를 균형, 조절하는 중요한 호르몬이다. 비만상태가 심각해질수록 이들 두 호르몬 신호체계는 파괴되고 만다. 그렐린은 식욕을 느끼게 하는 호르몬으로 위(胃)가 비기만 하면 이를 눈치 챈 호르몬이 뇌에 신호를 보내고, 뇌의 시상하부에 존재하는 뉴로펩타이드 Y(neuropeptide Y, NPY)라는 물질이 활성화되어 역시 뇌의 시상하부에 있는 섭식중추가 자극을 받게 된다. 이 경로를 통해 식욕을 느껴 먹을 것을 찾게 된다.

지방조직에서 분비되는 렙틴(leptin)은 뇌에 작용하여 식욕을 억제하고, 체내대사를 활발하게 함으로써 체중을 감소시키는 호르몬이다. 렙틴은 지방세포에 의하여 생산되며, 식욕을 저하시키도록 뇌에 신호를 보내는 작용을 하고, 지방의 축적이 적당하게 이루어졌을 경우에 대사를 증가시키는 작용을 한다. 복부나 내장에 축적된 지방은 일시적으로 에너지를 저장하거나 방출하는 기능을 담당하는데, 이 역할은 렙틴이 담당한다.

갑상선호르몬(thyroid hormone)은 갑상샘에서 분비되는 호르몬으로 거의 모든 몸세포에서 에너지 생성을 증가시키고, 신체의 기초대사를 조절하여 몸의 발육을 촉진시키는 일을 담당한다. 항간에 자주 언급되는 갑상샘 기능 항진증은 지나치게 이 호르몬이 많이 분비되는 경우인데, 대사과정 속도가 빨라지고, 영양소의 분해 양도 증가하면서 식욕이 왕성해져 갑자기 비만에 이르게 된다.

내장지방세포에 많이 분포되어 있는 성장호르몬(growth hormone)은 뇌의 뇌하수체라는 내분비선에서 생산·분비되는 호르몬으로 체내 골격계의 성장에 중요한 작용을 한다. 성장이 끝난 성인에서는 단백질 합성 및 지방분해 촉진과 같은 신진대사에 직접 작용하여 지방, 근육의 양을 조절하는 데 중요한 역할을 한다. 성장호르몬이 결핍되면 지방의 신진대사가 저하되어 복부지방 축적이 현저히 증가하고, 지방이 분해되지 못하여 비만에 이르게 된다. 여성호르몬인 에스트로겐 수치가 높아지면 인슐린 저항성이 생겨 혈류 내 당 수치가 높아지게 되는데, 이런 경우 지방세포가 많아지게 되어 비만이 된다. 만약 여성호르몬의 분비량이 많아지면 지방세포가 하체에 몰려 하체비만으로 이어지며, 여성에게서 남성호르몬 과분비가 일어나면 얼굴과 복부에 지방이 집중되는 중심성 비만을 일으킨다.

또 뉴로펩타이드 Y는 뇌에 있는 신경전달물질로 식욕을 증가시키고, 에너지 대사량을 낮추어 살이 찌게 만드는 물질이다. 소장에서 분비되는 cholecystokinin 호르몬은 먹은 음식이 소장에 흡수된 후 만복감의 신호를 뇌에 보내 식욕을 조절하게 하는 호르몬이고, 뇌 시상하부(hypothalamus)에서 분비되는 호르몬인 CRH(corticotrophin releasing hormone)는 식욕을 감퇴시키며, 체내 대사량을 증가시켜 체중을 감소시키는 역할을 한다. 뇌 속에서 분비되는 신경전달물질인 norepinephrine도 만복감을 불러 일으켜서 식욕을 억제하는 호르몬이다.

3.3 항비만과 체지방 정의와 기전

비만은 신체 에너지 소비량보다 과잉으로 에너지를 섭취하였을 때 점차적으로 체지방이 피하조직이나 장간막에 축적되어 체중이 증가하는 상태로 유전적, 영양적, 환경적 및 사회적 요인 등 다양한 원인들이 관여된 복합증후군이다. 일반적인 비만의 발생 원인은 과도한 식이섭취, 신체활동 부족, 그릇된 생활습관, 내분비 기능이상 질환 및 유전적인 소인 등이 있는데, 이들 원인으로 지방세포의 크기와 숫자가 증가하여 지방축적을 일으킨다.

지방세포의 크기 증가(hypertrophy)와 숫자 증가(hyperplasia)는 adipokine의 생산과 분비를 통하여 일어난다. 따라서 비만은 지방 전구세포의 분화 및 지방생성 과정에 의하여 지방세포의 세포 내 중성지방(triglyceride, TG)의 축적으로 발생하므로 이러한 지방생성 기전을 조절하는 것이 비만 억제의 핵심이다. 지방세포의 분화는 세포형태 및 유전자 발현의 다양한 변화가 동반되는 복합적인 과정을 통하여 일어나게 된다. 지방세포는 전구세포(preadipocyte)*를 거쳐 지방세포로 분화되며, 분화과정 동안 형태적, 생화학적 변화를 통하여 체내 지방이 축적되며, 지방조직 크기도 증가하게 된다.

* 지방조직의 구성은 1/3~2/3 정도는 지질을 함유하는 지방세포이고, 나머지는 혈구세포, 혈관 내피세포와 지방세포의 전구세포(preadipocyte)로 구성되어 있다.

잘 알려진 대표적인 비만 치료제인 orlistat의 경우도 췌장 및 위장에서 분비되는 지방분해 효소인 lipase의 활성을 억제하여 섭취한 지방 중 약 30%의 흡수를 차단함으로써 체중의 감소에 도움을 준다. 체지방(body fat)은 체내에 존재하는 전 지방을 말하며, 크게 피하지방(subcutaneous fat)과 내장지방(visceral fat)으로 구분하며, 비만을 판단하는 기준으로 사용하고 있다. 피하지방은 피하조직에 저장된 지방을 말하고, 내장지방은 복강 안쪽의 내장 사이에 저장된 지방을 말한다. 또한 복부지방(abdominal fat)은 복부의 내장지방과 피하지방을 총칭하는 것이다.

체지방 감소 기전은 지방흡수 억제 기전, 지방산화 촉진 기전으로 구분한다. 지방흡수 억제 기전은 식이로부터 섭취되는 지방의 흡수를 억제함으로써 근본적으로 체지방의 축적을 억제하는 기전이다. 이러한 지방흡수 억제는 소장에서 중성지방을 분해하는 지방분해효소의 작용을 저해하든지, 섭취한 지방과 흡착하여 변으로의 지방 배설을 증진시키는 작용을 통해 가능하다. 지방산화 촉진 기전은 식이로부터 섭취된 지방이나 체내 축적된 체지방의 산화를 촉진시킴으로써 체지방을 조절하는 기전이다.

체지방이 감소하면 비만의 유병률이 저하되고, 혈압이 낮아지고 인슐린 저항성이 감소되며, 혈중 지질도 개선된다. 그리고 혈전 생성이 감소되고, 각종 염증 지표들도 낮아지는 등 대사증후군 전반에 걸쳐 건강에 도움이 된다. 체지방 조절에 관여하는 기능 정도에 따라 ① 질병발생 위험 감소 기능(비만발생 위험 감소에 도움을 줌), ② 생리활성 기능 1등급(체지방 감소에 도움을 줌), ③ 생리활성 기능 2등급(체지방 감소에 도움을 줄 수 있음), ④ 생리활성 기능 3등급(체지방 감소에 도움을 줄 수 있으나 관련 인체 적용시험이 미흡함) 등으로 나눈다.

3.4 항비만 작용기전과 항비만 소재 분류

비만을 개선하기 위한 여러 가지 치료 방법으로 운동요법, 식사요법(식사제한 치료, 저에너지식 요법, 초저에너지식 요법, 단식요법), 정신요법(행동수정 요법, 인지행동요법), 약물요법, 수술요법 등이 있으며, 약물이나 합성형 비만치료제는 높은 비만억제 효능을 나타내지만, 부작용 역시 많이 나타나므로 안전하고 부작용의 위험이 적은 천연식물 소재에 대한 관심이 높아지고 있다. 천연물을 이용한 항비만 소재는 비만의 예방 및 치료를 목적으로 지방의 대사조절, 당질 및 지방의 흡수조절, 식욕의 억제 및 공복감의 해소 또는 만복감의 유도를 통한 욕구조절 등의 기능을 갖는 소재가 되어야 한다.

이러한 소재들에는 천연재료, 인공재료, 생명공학산물, 동물, 식물, 미생물 등이 있을 수 있다. 일반적으로 비만을 예방/치료하는 것에는 크게 중추신경계에 작용하여 식욕에 영향을 주는 소재와 위장관에 작용하여 흡수를 저해하는 소재 등으로 나눌 수 있다. 중추신경계에 작용하는 것으로는 세로토닌(serotonin, 5-hydroxytryptamine) 신경계를 저해하는 펜플루라민(fenfluramine), 덱스펜플루라민(dexfenfluramine, 상품명 Redux), 노르아드레날린 신경계를 저해하는 에페드린(ephedrine) 및 카페인 등이 있으며, 세로토닌 및 노르아드레날린 신경계에 동시에 작용하여 비만을 저해하는 시부트라민(sibutramine) 등이 있다.

또 위장관에 작용하여 비만을 저해하는 것으로는 췌장에서 생성되는 리파제(lipase)를 저해하여 지방의 흡수를 줄여줌으로써 비만을 치료하는 올리스타트(orlistat)가 있다. 그러나 펜플루라민은 원발성 폐 고혈압이나 심장판막병변 부작용으로, 시부트라민은 혈압을 높이는 부작용으로, 오를리스타트는 소화기 장애, 지방변, 지용성 비타민 흡수 방해 등의 부작용으로 사용이 제한되거나 사용하지 못하고 있다.

일반적으로 항비만 소재를 분류할 경우 작용기전에 따라, 소재 원료에 따라 소재 성분 등을 중심으로 분류하는데, 작용기전에 따라 분류할 경우 크게 소화 및 식욕조절, 지방대사 조절(체지방 합성 억제와 지방흡수 억제) 등으로 구분한다. 소화조절은 섭취된 영양성분의 흡수를 억제하는 작용으로 주로 소화효소의 저해제 및 각 영양성분의 대체제가 여기에 속하는데, 소화흡수 억제와 관련이 있는 아밀라아제(amylase), α-글루코시다제(α-glucosidase) 등이 여기에 해당한다. 이들은 당질의 소화·흡수를 지연시키고, 식후 고혈당을 억제하여 항비만 효과를 나타낸다.

식욕조절은 뇌의 특정 부위에 직접 작용하거나 중간 대사물질에 작용하는 간접적인 방법을 통해 식욕을 저해하는데 보통 식욕촉진인자(neuropeptide Y, NPY)와 NO 합성효소(NO synthase, NOS)의 활성을 억제하고, 식욕억제인자(vasoactive Intestinal peptide, VIP)와 tryptophan hydroxylase(TPH)의 활성을 촉진하여 식욕을 조절한다. 식욕을 억제하는 기전은 신경 생리학적 활성을 조절하여 식욕을 통제하는 것이 가장 합리적인데, 여기에 속하는 소재로는 모노아민류, 펩타이드류, 사이토카인류, 그리고 기타 인자 등이 있다*.

* **펩타이드류** : 췌장 폴리펩타이드, 세크레틴, 봄베신, 뉴로메딘 U계열, 오피오이드 펩타이드, CRF, 멜라노코르틴 및 섬유아세포 증식인자 등의 성장인자류, **사이토카인류** : 인터루킨, 인터페론, MIP-1 등, **기타 인자** : 갑상선 자극호르몬 방출호르몬, 프로오피오멜

라노코르틴, 옥시토신, 알기닌 바소프레신, 프로락틴, 칼시토닌, 인슐린, 소마토스타틴, 콜레시스토키닌, 엔테로스타틴, 갈라닌, 뉴로텐신, 모틸린, 그렐린, CART, CCK(당질), 글루카곤(단백질), 엔테로스타틴, Cyclo-His-Pro(지방), GRP, GLP-1, FGF 등

체지방합성 억제는 축적된 체지방을 분해하거나, 세포내 수준의 지방대사에 작용하여 체지방 축적을 방해하는 작용을 말하는데, 식욕조절 기전, 생체 에너지대사 기전, 지방세포 분화 기전 등과 관련이 있다. 지방흡수 억제는 섭취된 지방이 소화단계에서 흡수되지 않도록 하는 작용을 말하는데, 보통 췌장 내 지방분해효소의 활성을 억제하여 지방 흡수를 줄인다. 지방세포의 신호조절과 관련 있는 효소인 포스포디에스테라아제(phosphodiesterase, PDE)의 활성을 억제하고 AMPK(AMP-activated protein kinase)의 활성화를 촉진하여 체내 축적된 지방의 분해를 유도해도 체중을 감소한다.

올리스타트의 경우도 췌장 리파아제, 카르복시에스테르 리파아제(carboxyl ester lipase)를 비롯한 각종 리파아제를 강하게 억제하는 경우이다. 또 식물스테롤(phytosterol)의 한 종류인 캄페스테롤(campesterol, 산화스테롤의 유도체)의 유도체인 5-캄페스테논(campestenon)도 간 내 중성지방과 콜레스테롤을 감소시키고, 식후 당질대사를 항진시키며, 금식 시에도 지방질대사를 항진시켜 내장지방을 감소시킨다.

항비만 소재를 소재 원료에 따라 분류하는 경우는 식물류, 동물류, 미생물류 등으로 분류하고 있는데, 대부분이 식물성 소재이다. 가장 많이 사용되는 항비만 식물성 소재로는 피토케미컬을 비롯하여 각종 식물추출물*, 홍삼 / 흑삼, 식이섬유소 / 바이오셀룰로오스, 녹두, 귤피, 감초, 헛개나무, 개똥쑥, 구기자잎, 메밀잎, 감귤류, 커피, 샐러드, 올리브잎, 유산균, 두충, 모시잎, 표고버섯, 와송, 오미자, 뽕잎, 우방차, 황정, 알로에, 키토산, 콩 / 검정콩껍질, 모자반, 오디, 감태, 미더덕 등이 있다.

* **식물추출물** : 깻잎추출물, 녹차추출물, 로즈힙 추출물, 녹차추출물, 허브추출물, 홍국발효 참당귀 추출물, 가르시니아 캄보지아 추출물, 고추추출물, 밀순추출물, 야채스프 등.

특히 히어리, 얼레지(차전엽) 함초, 갈대, 연꽃, 곰보배추, 여주, 쇠비름, 무화과, 유자유자 및 산수유, 잎파래, 블루벨리류, 산채류(기린초, 큰까치수염, 털부처꽃, 돌단풍, 생강나무) 등의 추출물들이 지방 및 탄수화물대사에 작용하는 아밀라아제, 글루코시다아제 및 리파아제 저해 활성을 가지고 있어 항비만 효과와 혈당강하 효과를 동시에 가지고 있다. 그 외 카레, 향신료, 막걸리, 유산균 음료, 발효식초, 장류(된장, 고추장 등) 등과 같은 가공식품과 모나스커스색소 유도체(monascus pigment derivatives), 녹색입홍합추출물(greenlipped mussel extract) 등도 항비만 소재로 활용되고 있다.

성분에 따라 항비만 소재를 분류할 때는 탄수화물, 지방, 단백질, 식이섬유, 신소재

(합성물질 및 천연물의 추출물) 등으로 분류하고 있는데, 그 중 주요한 항비만 성분으로는 β-글루칸을 비롯한 다양한 것들이 사용되고 있으며* 약물로서는 당류 흡수억제제인 acarbose, 체지방합성 억제제인 아테미신산(artemisinic acid)이, 지방 흡수제인 제니칼(orlistat)이, 식욕 억제제인 모노아민류, 펩타이드류, 사이토카인류 등을 비롯한 lorcaserin, phentermine, topiramate 등이 있다. 그리고 칼슘도 항비만 기능을 가지고 있다.

* **항비만 성분**으로는 β-글루칸, 레티큘라놀(reticulanol), CLA(conjugated linoleic acid / 복합리놀레산 / 공액리놀레산), (크)잔틴(xanthine), fucoxanthin, 폴리사이클릭 펩타이드(polycyclic peptide), GLP-1 아마이드(glucagon-like peptide-1 amide), 난소화성 덱스트린(nondigestible dextrin), flavonoids, 키토산(chitosan), polydextrose, pectins, polyphenol계 물질/bioflavonoid계 물질, diglyceride, 중쇄지방산(medium-chain triglycerides), 안토시안(anthocyanin), 포스콜린(forskolin), 에보디아민(evodiamine) 화합물, 플로로타닌(phlorotannin), genistein, chlorogenic acid, Rg3, Rh1, Rb1, vitexin, isovetexin, rutin, 파로세틴((Paroxetine), 다이드제인(daidzein), glycitein, phaseolamin, 이눌린(inulin), 푸코스(fucose), hydroxycitric acid(HCA), 니소세틴(nisoxetine), capsicum, L-carnitine, 익센트릭진(exendin), 폴리만뉴로네이트(polymannuronate), α-아드레날린 수용체(adrenoceptor), 아일란토이돌(ailanthoidol), 시코닌(shikonin) 등이 있다.

3.5 체지방 개선 관련 생리활성물질

우리가 섭취하는 음식은 소화 / 흡수되어 필요한 부분에 쓰이게 되고, 사용하고 남은 영양소 일부는 비상 에너지로 간이나 근육에 저장되며, 나머지는 우리 몸에 지방의 형태로 축적된다. 이렇게 저장된 체지방은 우리 몸을 보호하며, 에너지가 부족할 경우 공급원이 되기도 한다. 만약 체지방이 과도하면 호르몬 변화를 일으키고, 혈당 조절, 간과 혈관기능 등에 이상을 초래하게 된다. 체지방의 증가 원인은 과식, 외식, 고열량 음식섭취, 활동량이 적은 경우 등인데, 체지방을 조절하기 위해서는 식이요법이나 규칙적인 운동이 필요하다.

일반적으로 당질과 지방의 소화 / 흡수를 억제하는 경우 체지방 감소에 도움이 되고, 식이섬유 등은 당질과 지방의 소화를 도와주는 효소를 방해하거나, 소장에서의 흡수를 어렵게 하여 섭취에너지를 줄이는 역할을 한다. 체지방이 세포에서 에너지원으로 쓰이기 위해서는 카르니틴 / 지방분해 효소 등의 특정 물질이 필요한데, 이 기능을 담당하는 것이 체지방 감소에 도움이 되는 소재들이다. 체지방 감소에 도움을 주는 생리활성기능 물질은 식약처에서 제사한 고시형과 개별인정형이 있는데* 본 장에서는 주요한 것만 소개하고자 한다.

* **고시형 생리활성 원료**에는 녹차추출물, 공액리놀레산, *Garcinia cambogia* 추출물, 키토산 / 키토올리고당 등이 있고, **개별인정형 기능성 원료**에는 식물성 유지 디글리세라이드, 키토산(chitosan), 락토페린(lactoferrin / 우유정제 단백질), 중쇄지방산함유유지, L-carnitine tartrate, 키토올리고당을 비롯하여 보이차 추출물, 그린마떼(green mate) 추출물, 마테(mate)열수 추출물, 미역등복합추출물((xanthigen), 콜레우스포스콜리(coleus forskohlii) 추출물, 깻잎추출물, 와일드망고종자 추출물, 그린커피빈 추출물, *Garcinia cambogia* 껍질추출물, 히비스커스(*Hibiscus*)등복합추출물, 그린커피빈 주정추출물, 레몬밤추출물 혼합분말, 대두배아추출물등복합물, *Lactobacillus gasseri* BNR17, 서목태(쥐눈이콩) 펩타이드 복합물, 발효식초 석류복합물, 풋사과추출폴리페놀(applephenon), *Finger root* 추출분말, 돌외잎주정추출 분말 등이 있다.

1) 히비스커스 등 복합추출물과 그린마떼 추출물, 마테열수 추출물

히비스커스 등 복합추출물은 생리활성 기능 2등급으로, 지표성분은 ① chitosan, ② (+)-allo-hydroxy citric acid lactone, ③ L-carnitine 등이고, 히비스커스 등 복합추출물로서 2,079 mg/일이다. 히비스커스 등 복합추출물은 L-카르니틴, 키토산, 수산화구연산(hydroxycitric acid, HCA)을 함유하는 복합제로 L-카르니틴은 체내에서 지방산을 미토콘드리아 안으로 이동시켜 미토콘드리아 안에서 체내 지방을 연소시키는 성분이며, 근육이나 혈액 중 카르니틴 농도를 가능한 한 높여 최대 산소 섭취량을 보이면 지방연소 효율은 더 좋아진다.

키토산은 새우, 게 등의 갑각류와 곤충 등에서 단백질과 복합체를 이루어 생물체의 골격과 외피를 생성하는 키틴이 탈아세틸화 한 glucosamine의 중합체로 키토산 섭취 시 체중, 체지방, 혈중 콜레스테롤 및 지질 감소 등의 기능을 가진다. 키토산은 양전하를 띠고 있어 약한 음이온 교환수지로 작용하여 콜레스테롤과 지질을 흡착, 미셀을 형성하고, 소화효소의 작용을 받지 못하도록 한다. 담즙도 흡착하여 배설시켜 체내 콜레스테롤 pool을 감소시키며, 혈중 지질농도를 낮추고, 지질 및 콜레스테롤 흡수를 억제시킨다. 수산화구연산은 인도산 Garcinia cambogia 식물에서 추출한 물질로 지방 합성 시 필요한 ATP-구연산 리아제(ATP-citrate lyase, ACL)라는 효소작용을 억제하여 지방산 합성을 억제한다. 즉 수산화구연산은 미토콘드리아 밖에 존재하는 ACL 효소의 경쟁적 억제제로 지방산 생합성 억제작용과 간에서 글리코겐 합성 억제작용을 수행한다. 만약 수산화구연산과 L-카르니틴을 병용하면 지방의 분해촉진과 지방의 재합성 억제에 더 상승효과를 얻을 수 있다.

그린마떼 추출물과 마테열수 추출물은 모두 마떼를 원료로 한 소재이다. 그린마떼(green mate) 추출물은 생리활성 기능 3등급으로, 지표성분은 ① chlorogenic acid, ② triterpene saponin이며, 별도 2등급의 지표성분은 chlorogenic acid이다. 마테열수

추출물은 생리활성 기능 3등급이며, 지표성분은 chlorogenic acid이다(그림 3-1). 마테추출 분말 또한 우리 몸의 신진대사에 있어 산소에 의한 당 분해를 일정하게 유지시켜 주는 능력이 있어 체지방 감소에 도움을 준다.

마테는 아르헨티나, 브라질, 파라과이 세 나라 국경이 만나는 이과수폭포(Iguazú Falls) 주변이 주요 산지인데, 볶지 않고 사용한 것을 그린마테(green mate)라 부른다. 그린마테 추출물은 미네랄, 비타민 등 영양소가 풍부하게 들어 있으면서 식욕 억제 효과도 가지고 있는데, 음용할 경우 포만감이 빨리 들기 때문에 식사 전에 마시면 식욕을 조절해 줄 수 있다. 또 마테에는 산소에 의한 당 분해를 일정하게 유지시켜 주는 성분을 가지고 있어 체내 젖산의 축적 속도를 지연시켜 주고, 근육이 쉽게 피로하지 않도록 해주며, 콜레스테롤 수치와 혈당을 낮추어 성인병 치료와 예방에 도움을 준다. 다만 카페인이 다량 함유되어 있어 카페인에 민감한 사람이 섭취할 경우에는 주의가 필요하다.

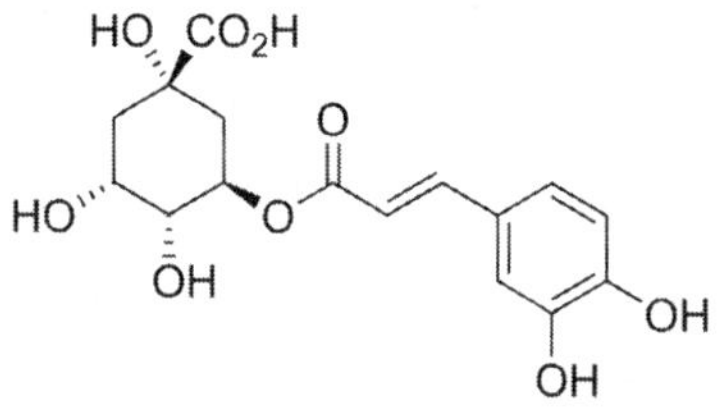

HO CO₂H O HO O OH OH OH

그림 3-1. Chlorogenic acid 구조

상기 추출물의 지표성분인 chlorogenic acid(CRA)는 flavonoid(phenolic phytochemical) 성분으로 간에서 포도당이 지방으로 전환되기 전에 에너지로 전환하므로 지방의 흡수 억제와 차단 효과를 가지고 있으며, 콜레스테롤 분해를 돕는 기능을 가지고 있다. 따라서 항산화, 항암, 항염, 항균을 비롯하여 관절염 예방과 피부노화 억제, 과산화지질 생성 억제, 콜레스테롤 생합성 억제 등에 도움을 주며, 면역보조제로도 사용되고 있다. 가끔 커피에 미량의 CRA가 함유되어 있다고 하는데, 그것은 커피를 볶을 경우 커피 속의 CRA가 대부분 열에 의해 파괴되지만 일부 미량이 커피에 남아 있기 때문이다.

2) 공액리놀레산과 식물성 유지 디글리세라이드

불포화지방산의 복합체인 공액리놀레산(conjugated linoleic acid, CLA)은 생리활성기능 2등급으로, 체중 감소와 지방조직 감소에 도움을 준다. 공액리놀레산의 작용기전은 동물의 간, 지방조직, 근육조직에서 β-산화작용을 증가시키고, 에너지 소비를 증가시키며, 산화 촉진작용을 활성화하여 체지방을 감소시킨다. 또 동물의 호흡계수를 변화시키고, 퍼옥시좀(peroxisome) 산화작용 증가, 카르니틴팔미토일 전이효소(carnitine palmitoyltransferase, CPT), acyl-coenzyme A dehydrogenase, 언커플링 단백질(uncoupling protein) 등의 발현 증가로 에너지 소비를 높여 준다. 또 지방산 합성에 꼭 필요한 효소(stearoyl-CoA desaturase, SCD-1)을 억제하여 지방산 합성을 막아주며, PPAR γ 발현을 유도하여 지질대사를 조절하도록 해 준다.

식물성 유지 디글리세라이드(diacylglyceride)는 생리활성 기능 2등급으로, 지표성분은 디글리세라이드이다. 디글리세라이드를 식이로 섭취하였을 경우 일반적인 중성지질의 소화나 소장벽을 통한 흡수과정 등은 유사하지만, 중성지질의 경우처럼 다시 재합성되어 체내에 잔존하지는 않는다. 일반 중성지질 대비 식후 혈청 및 킬로마이크론에 존재하는 지방함량을 낮추는 효과를 가지며, 인체 내 내장지방 등의 축적 억제에도 효과적이다.

3) 가르시니아캄보지아 껍질추출물과 대두배아추출물등 복합물

가르시니아캄보지아(*Garcinia cambogia*) 껍질추출물은 생리활성 기능 1등급으로, 지표성분은 total(-)-HCA(hydroxycitric acid)이다. 가르시니아캄보지아 껍질 열수추출물을 분무 건조하여 제조하며, 지표성분은 HCA의 함량 약 60%로 표준화하였다. HCA는 탄수화물이 지방으로 전환될 때 사용되는 효소의 활성을 억제하여 체지방량을 감소시킨다. 안전성과 기능성을 확보할 수 있는 하루 섭취량은 HCA 750～2,800 mg이다.

대두배아추출물등 복합물은 생리활성 기능 2등급으로, 지표성분은 ① daidzin, glycitin, genistin, ② L-carnitine이며, 대두배아추출물등 복합물로서 700 mg/일이다. 대두배아추출물등 복합물은 대두배아 열수추출물과 L-카르니틴을 혼합하여 제조하는데, 동물실험에서 지방산 산화를 조절하는 효소의 활성을 증가시켜 체지방 함량을 감소시킨다.

4) 중쇄지방산 함유 유지

중쇄지방산(medium chain fatty acid, MCFA) 함유 유지는 생리활성 기능 2등급으로, 지표성분은 caprylic acid, capric acid이다. 중쇄지방산 함유 유지는 식용유지 중 가공유지에 해당하며, 체지방 감소에 대한 기능성이 인정된 건강기능식품 원료이다. 중쇄지방산은 탄소수가 8～12개이고, 이중결합이 없는 지방산을 말하는데, 이는 탄소 길이가 짧아 췌장 리파아제의 작용을 받지 않고 그대로 장 점막세포로 흡수된 후 장 점막세포 내의 리파아제에 의해 지방산과 글리세롤로 완전히 가수분해되어 림프계로 들어가지 않고 바로 문맥으로 흡수되어 직접 간으로 들어가므로 체내에는 저장되지 않는 항비만 지방산이다.

중쇄지방산은 식이로 섭취 후 킬로마이크론 형태로 간문맥계를 따라서 이동을 하지만 장내 세포 등에 의한 중성지질로의 재합성이 일어나 축적이 잘 되지 않는다. 따라서 대부분 간에서 β-산화 공정을 거쳐 체내 대사의 에너지원으로 사용되어 지방 축적은 일어나지 않는다. 따라서 췌장액 및 담즙 분비에 문제가 있는 환자들에게는 좋은 소재이며, 그 대표적인 것이 MCT oil(medium chain triglyceride oil)이다. MCT oil은 C8 caprylic acid와 C10의 capric acid로 구성되어 있다. 자연에 존재하는 중쇄지방산은 모유 중에는 약 1～3%, 식물성 고체지방인 팜핵유에 약 7%, 야자유에는 약 14% 포함되어 있으며, 우유는 전(全)지방 중에 약 45%가 MCT oil이다.

5) 콜레우스포스콜리 추출물과 깻잎 추출물

콜레우스포스콜리(*Coleus Forskohlii*) 추출물은 생리활성 기능 2등급으로, 지표성분은 forskolin 10%이며, 콜레우스포스콜리 추출물로서 500 mg/일이다. 콜레우스포스콜리는 인도 민간요법인 아유르베다 약제(ayurvedic medicine)로 심장질환, 장경련, 불면증, 동맥경화, 천식 등에 사용해 온 천연식물인데, 뿌리 안에만 존재하는 포스콜린(forskolin, 그림 3-2)이라는 성분만을 활용하여 주로 제지방(fat-free)을 강화시키고, 체지방 감소와 에너지 생산에 도움을 주고 있다. 흔히 콜레우스포스콜리를 5종 기능성을 가진 소재라고 하는데, 5종 기능이란 항산화, 에너지대사, 철의 흡수, 정상적인 면역기능, 체지방 감소 등을 말한다.

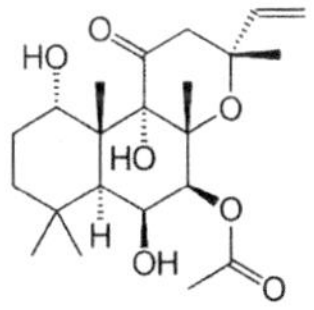

그림 3-2. Forskolin 구조

콜레우스포스콜리 추출물은 세포 내 대사를 활성화시켜 체지방 분해를 도와주는 자연추출 성분으로 기초대사량을 높여 준다. 콜레우스포스콜리는 hormone sensitive lipase를 활성화시켜 체지방을 감소시키는 동시에 단백동화 호르몬(성호르몬, 갑상선 호르몬, 인슐린) 등을 활성화시켜 제지방(fat-free)을 증가시키는데, 이것이 결과적으로 체중을 감량하게 만든다. 콜레우스포스콜리은 에피네프린(epinephrine) 호르몬과 같이 세포막의 호르몬 수용체(adrenergic receptor)를 거치지 않고 바로 adenylate cyclase를 자극하여 cAMP를 활성화시켜 체내의 체지방 분해를 촉진한다.

Tetrahydropyran 유도체로 heterocyclic ring을 가지고 있는 포스콜린은 체지방 감

소 효과를 가진 diterpene 계열의 성분으로 geranylgeranyl pyrophosphate(GGPP)로부터 유래한다. 포스콜린은 adenylate cyclase의 자극으로 cyclic AMP(cAMP)의 수준을 증가시키는데, cAMP는 호르몬 및 기타 세포 외 신호에 대한 세포의 적절한 생물학적 반응에 중요한 2차 메신저이다.

깻잎추출물은 생리활성 기능 2등급이며, 지표성분은 ursolic acid(사과껍질에 있는 항암물질, 그림 3-3)이다. 깻잎추출물(PF501)로서 2.7 g/일이다.

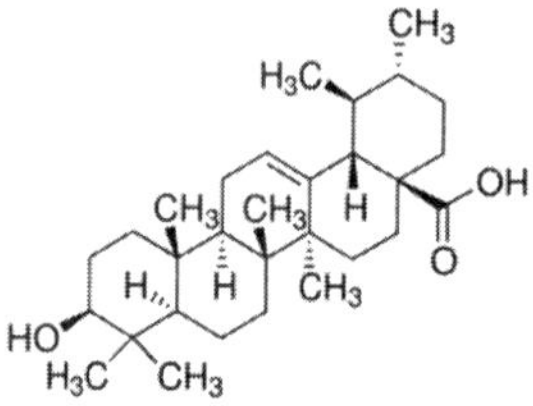

그림 3-3. Ursolic acid 구조

깻잎은 들깨(*Perilla frutescens*)의 잎사귀인데, 깻잎 추출물은 깻잎을 분쇄하고 이를 70% 에탄올로 추출, 여과, 동결 건조하여 만든다. 깻잎에는 플라보노이드(apigenin과 scutellarein), 사포닌(crude saponin), phytol(항암/면역력 증강), ETA(eicosatrienoic acid), 엽록소(chlorophyll), 리놀렌산(linolenic acid), β-carotene 등이 함유되어 있으며, 특유의 정유 성분인 perill keton은 방부기능을 가지고 있다. 깻잎 추출물은 지방세포의 축적 억제와 분화 억제 기능, 식욕억제 등 기능을 가지고 있어 체지방 감소에 도움이 되는 소재이다.

6) L-카르니틴 타르트레이트, 키토올리고당과 키토산

L-카르니틴 타르트레이트(L-carnitine-L-tartrate)는 생리활성 기능 2등급이며, L-carnitine으로서 2 g/일이다. L-카르니틴[비타민 Bt / 3-hydroxy-4-(trimethylammonio) butanoate]는 아미노산인 lysine과 methionine으로부터 생합성된 4차암모늄 화합물(quarternary ammonium compounds)로, 생세포에서 지질의 분해로 생긴 지방산을 세포기질(cytosol)로부터 미토콘드리아로 운반하는 운반체이다. 즉 카르니틴은 지방산을 미토콘드리아로 옮긴 뒤, 지방산을 아세트산이온(CH_3COO^-)과 함께 반응시켜 물과 이산화탄소로 분해하면서 에너지를 만들게 된다(그림 3-4, 그림 3-5).

L-카르니틴은 체내에서 충분한 양이 합성되지 못하지만 지방을 연소시키고, 내장지방 감소로 체지방을 감소하는 데 매우 도움이 되는 소재이다. 카르니틴은 상쾌한 맛을 가지고 있지만 흡습성이 강하여 취급 및 저장이 어려운데 L-카르니틴-L-타르트레이트염 형태로 만들어 놓으면 안정하게 취급할 수 있다.

키토올리고당(chitooligosaccharide)은 생리활성 기능 2등급이며, 지표성분은 chito-

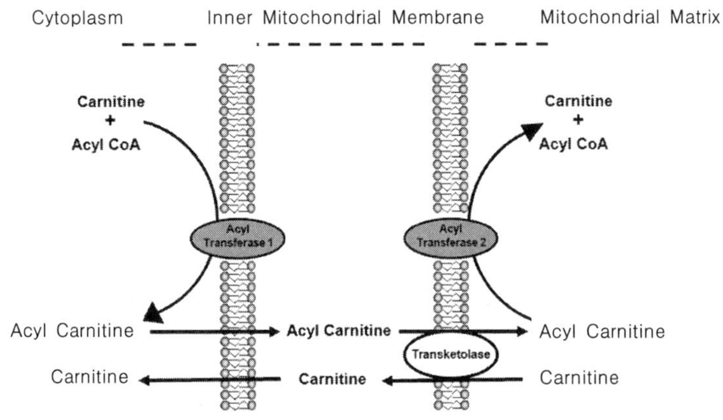

그림 3-4. 카르니틴의 수송
(출처 : Metabolic Aspects of Macronutrients, Nova Science Publishers, Inc., NY, 2013)

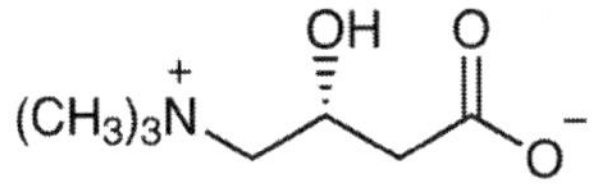

그림 3-5. 카르니틴 구조

oligosaccharide(키토올리고당으로서 3 g/일)인데, 키토올리고당을 200 mg/g 이상 함유하고 있어야 한다. 키토산(chitosan)은 생리활성 기능 2등급으로, 지표성분은 chitosan(글루코사민으로서)이며, 키토산을 80% 이상 함유해야 한다(키토산으로서 3.0~4.5 g/일). 즉 키토산은 탈아세틸화(당 사슬 중에 글루코사민 잔기 비율) 정도가 80% 이상이어야 한다. 키토올리고당은 갑각류(게, 새우 등)의 껍질, 연체류(오징어, 갑오징어 등)의 뼈 원료를 탈단백, 탈칼슘화하여 얻은 키틴(N-acetylglucosamine)을 탈아세틸화하여 얻은 키토산에 효소를 처리한 후 가수분해하여 제조한다.

혈중 콜레스테롤 개선과 체지방 감소에 도움을 줄 수 있는 소재로, 혈중 콜레스테롤 개선에 도움을 줄 수 있는 경우는 키토산 또는 키토올리고당으로서 1.2~4.5 g, 체지방 감소에 도움을 줄 수 있는 경우는 키토산으로서 3.0~4.5 g이다. 키토산(chitosan)은 선형 다당류로 콜레스테롤 저하작용, 면역증강 작용을 가지며 항암, 혈압강하, 간기능 개선 및 혈당저하, 항균 등의 기능을 가지고 있다. 특히 체지방을 감소하는데 도움을 주는 소재로 알려져 있다.

7) 녹차 추출물과 핑거루트 추출분말

녹차 추출물은 생리활성 기능 2등급이며, 지표성분은 카테킨(catechin)이다. 카테킨은 녹차에 가장 많이 들어 있는 폴리페놀이며, 녹차에는 4종류의 카테킨이 있다(그림

3-6). 그 중 에피갈로카테킨 갈레이트(epigallocatechin gallate, EGCG / 갈산염-3-에피갈로카테킨)는 체열발생 증가 및 지방분해 작용이 제일 큰 것이다. 지방 가수분해를 촉진하고, 노르에피네프린(norepinephrine 또는 noradrenaline)의 작용을 강화하여 체열을 발생하며, 대사활성을 높여 지방합성을 억제하게 만든다.

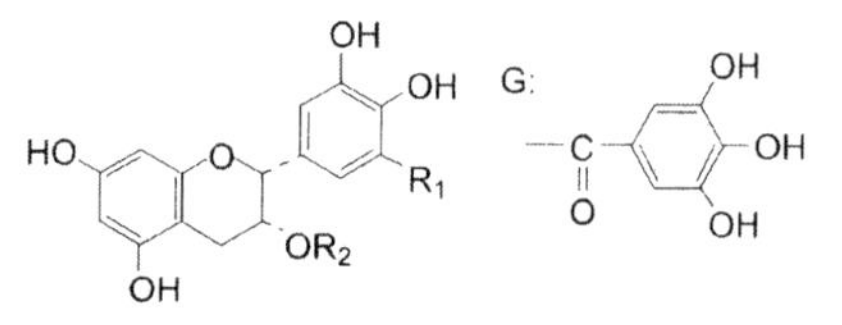

	R_1	R_2
(-)Epicatechin (EC)	H	H
(-)Epigallocatechin (EGC)	OH	H
(-)Epicatechin-3-gallate (ECG)	H	G
(-)Epigallocatechin-3-gallate (EGCG)	OH	G

그림 3-6. 카테킨의 종류와 구조

핑거루트 추출분말은 생리활성 기능 2등급으로, 지표성분은 판두라틴(panduratin) A(그림 3-7)이다. 핑거루트 추출분말로서 600 mg/일이다. 핑거루트(finger root)는 인도네시아와 동남아시아 열대우림에서 자생하는 생강과 식물로, 뿌리 속 '판두라틴'에 그 효능이 숨어 있다. 판두라틴은 'AMPK 효소'를 활성화해 체지방 감소에 도움을 주는 성분인데, 이 AMPK 효소는 신체 에너지대사를 조절하는 핵심 효소로 일정시간 운동했을 때 지방을 연소하는 역할을 한다. 또 핑거루트는 지방생성을 억제하는 효과도 가지고 있다. 이러한 결과로 핑거루트 추출분말은 체중과 체지방 감소에 도움을 주는 소재로 인정되었으며, 그 외 자외선 손상으로부터 피부건강 유지, 피부보습 등 복합 기능성도 가지고 있다.

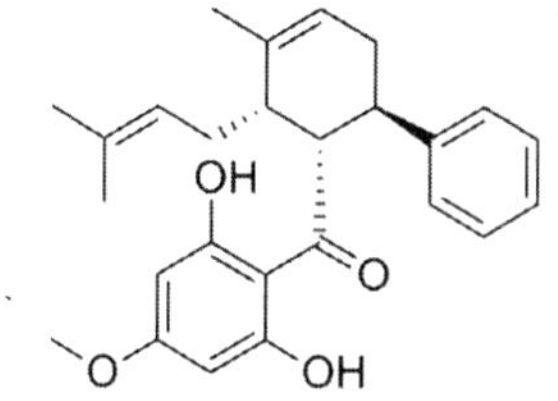

그림 3-7. Panduratin A 구조

8) 서목태(쥐눈이콩) 펩타이드 복합물

서목태(쥐눈이콩) 펩타이드 복합물은 생리활성 기능 2등급이며, 지표성분은 ① arginine, ② leucine 등 아미노산이다. 서리태(쥐눈이콩) 펩타이드 복합물로서 4.5 g /일이다. 서목태(鼠目太, *Rhynchosia volubilis* / 쥐눈이콩, 검정콩, 약콩)는 해독작용과 지방을 분해하는 효과가 탁월하고, 혈액순환을 촉진하며 비만, 당뇨, 고지혈증, 항암효과가 있는 것으로 알려져 있다. 서목태(쥐눈이콩) 펩타이드 복합물은 지방세포 분화 억제를 나타내는 검정콩 유래 헵타펩타이드(hepta-peptide)를 가지고 있는데, 이것이 탄수화물과 지방대사의 조절자로 중요한 역할을 담당하는 AMPK(AMP-activated protein kinase)의 활성을 높여 준다. 즉 AMPK의 활성을 증가시켜서 혈액 내 당의 세포 흡수를 촉진시켜 혈당을 낮추게 만든다.

9) 돌외잎주정추출분말과 레몬밤 추출물 혼합분말

돌외잎주정추출분말은 생리활성기능 2등급으로, 지표성분은 damulin A이다(그림 3-8). 돌외잎주정추출 분말로서 450 mg/일이다. 돌외(*Gynostemma Pentaphyllum*)는 토종 약초로 다년생 여러살이 덩굴식물인데, 체지방 감소에 탁월한 효과를 가지고 있다고 한다. 돌외잎 속에는 스테롤과 당류, 색소, 배당체가 들어 있고, 사포닌도 일부 들어 있다.

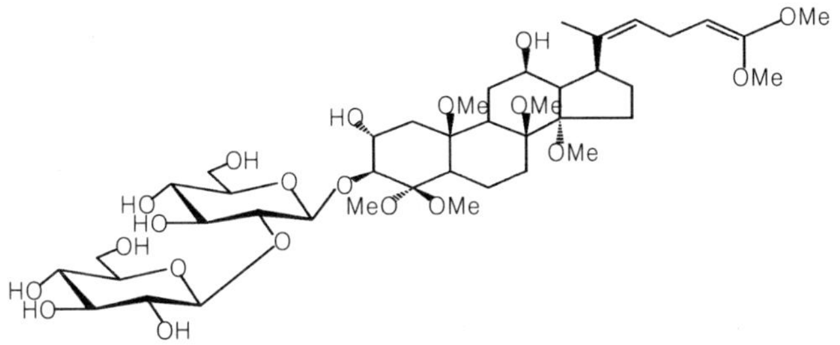

그림 3-8. Damulin A 구조

돌외잎의 사포닌 성분(actiponin)은 AMPK 활성화를 간접적으로 촉진하는 효과를 가지는데, AMPK(AMP-activate Protein Kinase)는 ATP 생산과정을 촉진하는 효소로 AMPK가 활성화되면 저장된 에너지를 활용하게 된다. 특히 골격근에서 AMPK가 활성화되면 지방산의 연소를 촉진하고, 지방합성을 억제하게 된다. 돌외잎 추출물도 체지방 분해, 콜레스테롤 저하 효능 이외 긴장 완화에 도움을 주는 생리활성 기능성 소재이기도 하다.

레몬밤 추출물 혼합분말은 체지방 감소에 도움을 주는 생리활성기능 2등급으로, 지표성분은 ① 레몬밤(rosmarinic acid), ② 뽕나무잎(1-deoxynojirimycin), ③ 인진쑥(6,7-dimethylesculetin) 등이며, 레몬밤 추출물 혼합분말로서 1,380 mg/일이다. 레몬밤은 로즈메린산(rosmarinic acid)을 함유하고 있는데, 이 성분은 3,4-dihydroxyphenyllactic acid와 caffeic acid의 에스테르이다. 뽕나무잎의 성분인 1-deoxynojirimycin(DNX / 1-DNJ)은 duvoglustat, moranolin 등으로 불리워지고 있는데, α-glucosidase

억제제이다. 안진쑥의 성분인 6, 7-dimethylesculetin(scoparone)은 체지방 감소는 물론 면역억제 및 혈관확장 작용을 가지고 있다.

레몬밤은 레몬과 유사한 향을 가지고 있는 허브과 식물로 레몬밤 유효성분으로는 테르페노이드(terpenoid), 플라보노이드(flavonoid), 리그닌(lignin), 폴리페놀(polyphenol), 카로티노이드(carotenoid) 등인데 항산화, 면역보강, DNA 이상 억제, 스트레스 / 긴장 / 불안 완화, 인지기능 향상, 수면장애 완화, 각종 통증 완화, 피부미백 개선 등의 생리활성 기능을 가지고 있는 소재이다. 로즈메린산(rosmarinic acid)은 지방세포에 영양분을 공급하는 신생혈관(angiogenesis) 생성을 억제하고, 내장지방 감소에 도움을 주는데, 하루에 32.4 mg 정도 섭취해야 내장지방 세포를 줄이는 데 도움이 된다. 내장지방은 암세포와 같이 비정상적인 혈관신생에 의해 영양분과 산소를 독차지하면서 급속히 증식된다.

10) 락토페린(우유정제 단백질)과 *Lactobacillus gasseri* BNR17

락토페린(lactotransferrin, LTF / 우유정제 단백질)은 생리활성 기능 2등급으로, 지표성분은 lactoferrin이다(락토페린으로서 300 mg/일). 선천적인 방어 성분의 일부이며, 천연 면역물질이고, 체지방 감소에 도움을 주는 소재이다. 락토페린은 철(Fe)을 세포로 옮기고, 혈액 및 외부 분비물에서 유리 철의 수준을 조절하는 다기능 구형 당단백질이다. 철분이 결합된 단백질로서 철분을 화합하고 유리하는 중요한 기능을 하는 트랜스페린(transferrin) 계열인데 우유, 타액, 눈물 및 비강 분비물과 같은 분비물에 널리 분포되어 있다.

락토페린은 흡수된 철분과 결합함으로써 세균 번식에 필요한 철분 공급을 차단하여 세균 번식을 억제하고 결합된 철분은 체내 모든 세포에 산소를 공급하는 촉매작용을 한다. 우유에서 정제하여 얻거나 재조합으로 제조할 수 있으며, 자연상태에서는 젖소의 초유와 사람의 초유에만 들어 있다. 락토페린은 초유에 함유된 과산화효소와 면역글로블린 A(IgA) 때문에 더욱 생리적 기능이 배가된다.

락토페린은 체지방 감소 이외 질병감염 · 악성종양 · 에이즈 · 안질환 예방, 만성피로 증후군 등을 예방하며, 항균 · 항암 · 항알레르기 기능을 가지고 있으며, 괴사성 장염, 낭포성 섬유증 치료, 자폐증과 뇌손상의 치료에도 도움을 준다. 조직 내에서의 항산화 단백질과 철분의 결합을 유도하거나 임파구와 장관세포와 같은 동물세포의 성장을 촉진시킨다. 락토페린은 병원균에 대한 항체를 갖고 있으며, 강력한 항산화제 역할을 수행하며, 골흡수 감소와 골형성 증가 등 생물학적 기능도 가지고 있다.

Lactobacillus gasseri BNR17은 생리활성 기능 3등급으로, 지표성분은 유산균(*Lac-*

tobacillus gasseri BNR17)이다(*Lactobacillus gasseri* BNR17로서 6x10^{10} CFU/일). 프로바이오틱스(probiotics) 활성 및 혈당조절, 체지방 감소 능력을 가지고 있으며, 장 세포에 대한 부착능력과 병원성 세균에 대한 높은 항균 활성을 갖고 있다. 기존 비만 치료제들은 항비만 성분이 체내에 흡수되어 식욕저하 및 지방분해 저해에 따른 각종 부작용을 일으키는데, 이 유산균은 체내에 공생하면서 지방 흡수를 억제하고, 장 내 용액(gut fluid content)에 녹아 있는 지방산 농도를 감소시켜 비만 억제능을 가지고 있다.

11) 미역 등 복합추출물과 발효식초 석류복합물

미역 등 복합추출물(잔티젠, xanthigen)은 생리활성 기능 3등급으로, 지표성분은 ① fucoxanthin, ② punicic acid이다(미역등 복합추출물(잔티젠)으로서 600 mg/일). 미역 등 복합추출물은 갈조류인 미역을 건조, 유기용매로 추출, 농축한 것(ucoxanthin 함유)에 석류씨 오일에서 유래한 punicic acid를 혼합하여 만든 복합추출물인데, 체중 감소와 지질대사 개선 효과가 있는 것으로 알려져 있다. 미역 등 복합추출물(잔티젠)은 식이효율과 지방조직, 혈청 LDL-콜레스테롤 함량 감소 등으로 체중 감소에 도움을 준다.

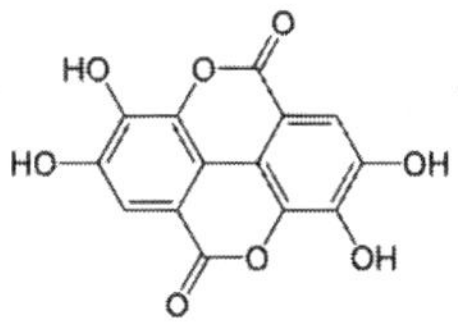

그림 3-9. Ellagic acid 구조

발효식초 석류복합물은 생리활성 기능 2등급으로, 지표성분은 초산(acetic acid), 엘라직산(ellagic acid)이다(그림 3-9). 발효식초 석류복합물로서 22 mL/일이다. 발효식초 석류복합물은 수수 전분, 석류 등을 원료로 초산 발효한 제품으로 체지방 감소에 도움을 준다. 이 복합물의 아세트산(acetic acid)은 혈중 지질, 지방세포 분화 및 지방축적을 억제하여 체중을 감소시키고, 죽상동맥경화증 위험을 낮추어 준다. 특히 고지혈증에 의해 유발된 내장지방 조직의 축적과 염증은 비만 유발성 인자로 알려져 있는데, 내장지방은 직·간접적으로 심혈관계, 면역조절 인자의 생산에 영향을 미치며, 실제 tumor necrosis factor-α와 렙틴(leptin), 염증성 생체 지표 수준을 높여 주는 등 복부지방과 깊은 상관관계를 나타낸다.

천연 페놀 항산화제인 석류의 엘라직산(ellagic acid)은 복부/내장지방 및 혈중지질을 농도 의존적으로 개선하는 체지방 감소에 도움을 주는 성분인데, 양딸기(strawberry), 복분자(raspberry), 블랙베리(blackberry), 호두(walnut), 포도(grape), 석류

(pomegranate)와 석류 과피, 달맞이 꽃 등에 포함되어 있다. 이 성분은 항돌연변이와 암세포 성장억제 효과가 있는 것으로 알려져 있으며, 골 소실을 현저히 개선하여 골다공증을 예방 치료하며, 심혈관 질환과 같은 갱년기 증상에도 효과가 있는 성분이다. 또 갱년기 증상인 우울증과 불안장애 개선에도 유효하다.

12) 보이차 추출물과 와일드망고 종자추출물

보이차 추출물은 생리활성 기능 2등급으로, 지표성분은 gallic acid이다. 보이차 추출물로서 1 g/일이다. 보이차(푸얼차)는 체지방과 콜레스테롤을 낮추고, 몸의 독소를 줄이는 약차(藥茶)인데, 효능의 핵심 성분은 갈산(gallic acid)이다. 갈산은 체지방 감소에 도움을 주는 성분인데, 담즙산과도 결합할 수 있어 담즙산이 지방의 소화작용을 돕고 난 뒤 간으로 재흡수 되는 것을 막아 준다. 이렇게 재흡수가 억제되면 몸이 체내 콜레스테롤을 사용하게 되면서 그만큼 콜레스테롤 농도를 감소하게 만든다. 갈산은 항균, 항바이러스, 항염, 항알레르기, 항암 활성을 가지고 있다.

와일드망고 종자추출물은 생리활성 기능 2등급으로, 지표성분은 식이섬유이다. 아프리칸망고 종자추출물로서 300 mg/일이다. 와일드망고(야생망고, 아프리카 망고)는 서아프리카 사막에서 나는 열매로, 우리가 알고 있는 향긋하고 맛있는 망고와는 다른 종류이다. 와일드망고 종자에는 렙틴 호르몬과 체지방분해 촉진 호르몬인 아디포넥틴, 포만감을 주는 난소화성 말토덱스트린, 식이섬유 등이 함유되어 있어 체지방 감소에 도움을 준다.

13) 그린커피빈 추출물과 풋사과추출 폴리페놀

그린커피빈 추출물은 생리활성 기능 2등급으로, 지표성분은 chlorogenic acid이다. 그린커피빈 추출물로서 400 mg/일이다. 그린커피빈 추출물(green coffee bean extract)은 커피콩을 볶지 않은 상태에서 주요 성분들을 추출한 것인데, 폴리페놀인 클로로젠산(chlorogenic acid)이 10～50% 정도 들어 있다. 이 성분은 체중 감량 및 체지방 연소에 도움을 주는 것으로, 리그닌이라는 불용성 식이섬유 합성의 중간물질로도 알려져 있다. 클로로젠산은 생두에는 풍부하지만 커피를 만들기 위해 생두를 볶는 과정에서 파괴되어 그 함량이 현저하게 감소한다. 따라서 커피에는 카페인이 주요 성분인데 반해 생두에는 클로로젠산이 주요 성분이다. 클로로젠산은 혈압 감소, 혈당 저하, 항산화 기능도 가진 성분이다.

풋사과추출 폴리페놀은 생리활성 기능 2등급으로, 지표성분은 총 폴리페놀이다. 풋사과추출 폴리페놀로서 600 mg/일이다. 풋사과는 일반 사과와 비교할 때 10배 이상의 폴리페놀을 함유하고 있는데, 폴리페놀은 콜레스테롤이 소화관으로 흡수되는 것을 막고, 지질대사를 개선해 체지방 축적을 막아 준다. 사과에는 식이섬유인 펙틴과 함께 폴리페놀, 플라보노이드 등이 풍부한데, 풋사과추출 폴리페놀인 애플페논(apple-phenon)은 카테킨과 클로로젠산 등 폴리페놀 성분이 62%나 함유되어 있으며, 폴리페놀보다 흡수율이 높은 항산화 성분인 oligomeric proanthocyanidin complex (OPC)도 40% 들어 있다. OPC는 대부분의 식물에서 발견되며, 특히 보라색이나 붉은색을 띤 식물의 피부, 씨앗, 종자 등에 들어 있는데, 특히 적포도주와 포도씨 추출물, 코코아, 견과류 및 모든 벚나무 열매, 계피, 소나무 블루베리, 크랜베리, 아로니아, 로즈힙 등에 들어 있다.

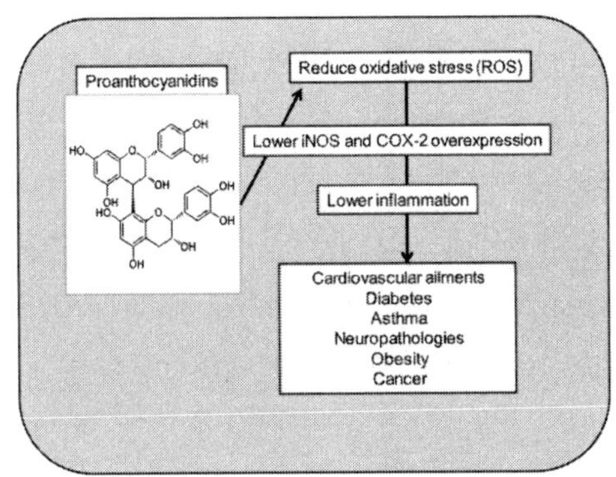

그림 3-10. Proanthocyanidins과 그 기능
(출처 : Biomedicine & Pharmacotherapy, 116, 2019)

Proanthocyanidins은 oligomeric 플라보노이드로 포도, 녹차. 코코아, 적포도주의 성분이며, 대부분이 catechin과 epicatechin의 올리고머와 갈산 에스테르이다. Proanthocyanidins은 식후 고 트리아실글리세롤증(hypertriacylglycerolaemia)으로 인한 대사장애를 개선하며, 지질 저하 및 비만방지를 비롯하여 LDL 수치 저하를 통해 동맥경화 위험을 낮춘다. 그 외 요로감염을 억제하고 항암, 항염, 항균, 항당뇨(anti-diabetic) 및 면역증강, 심장보호(cardioprotective), 신경보호(neuroprotective), 혈관확장성 등의 기능을 가지고 있다(그림 3-10).

14) 시서스(Cissus)

시서스[Cissus quadrangularis(Linn), Vitaceae. CQR-300]는 식용 포도나무속 줄기 덩굴인데, 아시아와 아프리카 전역에서 수세기 동안 요리용 채소로 소비되어 왔으며, 인도인들이 골절 치유를 위해 많이 사용하였다. 인도를 비롯한 따뜻한 열대지방에 널리 분포되어 있고, 아프리카와 아시아에서는 잎, 줄기 및 뿌리 추출물이 경구 수분 보충용으로 사용되거나 다양한 질병 관리에 사용되었다. 처음에는 구충제, 소화불량/소화강장제, 진통제, 천식 등에 사용하였으나 대사장애와 관련된 합병증과 비만관리에도 효과가 있는 것으로 알려지면서 체지방 감소를 비롯한 항균, 항산화작용, 위염(항궤양), 골절(항골다공증), 피부치료, 괴혈병, 위장보호(위점막 손상 보호), 변비, 안구질환, 빈혈, 불규칙한 월경, 화상상처, 치질치료, 심혈관 질환 등 다양한 분야에 활용되었다.

시서스의 생리활성 성분은 높은 함량의 아스코르브산(비타민 C), 카로틴 A, 식물스테롤(단백동화 스테로이드, β-sitosterol), δ-amyrin 및 δ-amyrone, 플라바노이드(quercetin), 아세틸콜린, 트리테르펜(triterpene), 스틸벤(stibene), 이소람네틴(iso-rhamnetin) 등이며, 칼슘도 풍부하게 함유되어 있다. 시서스는 체지방 감소에 도움을 주는데 총 콜레스테롤, LDL-콜레스테롤, 중성지방 및 공복 혈당 수치를 현저하게 감소시키고, HDL콜레스테롤 수치, 혈장 5-HT(5-hydroxytryptamine) 및 크레아티닌(creatinine) 등을 증가시킨다. 시서스의 줄기와 잎의 수성 추출물에 지방과 탄수화물을 분해시키는 lipase(human pancreatic), α-amylase(porcine), α-glucosidase(*S. cerevisiae*) 효소를 억제하는 플라보노이드(퀘르세틴)와 스틸벤이 포함되어 있어 항비만에 도움이 된다.

그 외 시서스는 렙틴호르몬 기능 정상화, 지방세포를 감소시키는 아디포넥틴 농도 증가, 행복호르몬인 세로토닌 증가 등에도 관여하여 비만 억제에 도움을 준다. 특히 시서스에 함유된 플라보노이드계 비타민 P군에 속하는 이소람네틴(O-methylated flavonol from the class of flavonoids)은 1938년 헝가리 생화학자 Albert Szent-Gyorgyi에 의해 발견되었는데, 비만 예방을 비롯하여 강력한 항산화작용, 항염, 항균, 항암, 심혈관 및 뇌혈관 보호 등에 효과가 있으며, 고혈당증 및 관련 질병 치료를 위한 저혈당 제재로 알려진 중요한 소재이다. 시서스의 이소람네틴 추출물은 동물실험에서 간 및 지방조직의 지방축적을 감소시켜 간 지방증과 지방세포 비대를 예방하며, PPAR-γ의 새로운 길항제로서 지방세포분화를 억제하고, 비만 발달을 방해하며, 고지방식이와 렙틴 결핍으로 인한 간 지방증 완화에 도움을 준다. 또 이소람네틴은 활성산소종을 제거함으로써 세포막의 과산화지질화를 막고, 심장병과 순환계 질환을 예방해 주며, 종양촉진 유전자를 차단함으로써 암세포의 자멸사를 유도하는 것으로도 알려져 있다.

〈4절〉 항염증 관련 생리활성물질

4.1 염증의 정의와 염증과정

염증반응(炎症反應, inflammatory response)은 병원체, 외부 자극, 그리고 조직 내 세포사멸세포(apoptotic cell) 등의 유해한 것들에 대한 몸을 방어하기 위해 즉각적으로 나타나는 최전선의 선천적 면역반응을 말한다. 염증반응은 상처 부위의 비만세포로부터 나온 히스타민을 포함하여 상처를 통해 들어온 박테리아를 포식하면서 활성화된 대식세포가 분비한 사이토카인 등에 의해서 시작된다.

염증반응은 글자 그대로 "불을 붙이는 반응"인데, 유해한 것(상처, 독소, 세균 및 바이러스 감염 등)들이 생체의 이화학적 장벽을 뚫고 침입할 경우 바로 손상 받은 세포들이 특정한 화학물질을 분비하여 주변 혈관들을 이완시키고, 혈관의 투과성을 높여 주게 된다. 따라서 상처 주변의 혈류 양이 증가되고, 백혈구들이 혈관 벽을 통해 혈관을 빠져 나와 조직 사이로 들어가게 되는데, 이러한 국부적인 혈류, 혈장 및 세포 등의 증가가 발열, 발적(염증부위 소혈관 확장 - 혈류량 증가, 적혈구 증가), 부종, 백혈구 증가, 피로, 식욕감퇴 등이 동반되면서 종창(손상조직 혈관 주위로 혈액성분 유출), 동통(감각신경 말단부위 압박) 등과 함께 조직 손상으로 이어진다. 특히 염증반응에서 히스타민의 역할이 중요한데, 그것은 히스타민이 주변 모세혈관을 확장시켜 상처난 부위의 혈류량을 늘리며, 혈관 내벽을 구성하는 내피세포들을 활성화시켜 순환하는 백혈구들의 결합을 촉진시키기 때문이다. 또 모세혈관의 투과성을 높여 혈장 성분의 유입과 함께 상처 부위로의 항미생물 단백질과 보체단백질의 공급을 촉진시킨다.

실제 염증반응에는 다양한 면역세포들이 관여하고 있는데, 이러한 다양한 면역세포 중에서도 선천적 면역반응에 중요한 역할을 하는 것은 대식세포이다. 대식세포는 다양한 염증성 자극들을 세포표면에 있는 수용체(pattern recognition receptors, PRRs)를 통해 스스로 인식하게 되는데, 이러한 염증성 자극들에 의해 대식세포가 활성화되면 대식세포는 즉각적인 세포 내 신호전달 과정의 순차적 활성화를 통해 염증성 물질(inflammatory mediators) 및 염증성 사이토카인(pro-inflammatory cytokines) 등의 발현을 증가시키게 된다*.

* 염증성 물질은 산화질소(nitric oxide), 프로스타글란딘(prostaglandin) E2, 활성산소 등이며, 염증성 사이토카인은 종양 괴사인자(TNF)-α, 인터루킨(IL)-1β, 인터루킨-6 등이 있다.

면역물질과 면역세포들에 의한 식세포 활동의 결과로 죽은 미생물, 세포잔해 및 백혈구들이 염증반응 동안 모세혈관으로부터 새어나온 체액들과 어울려 고름을 만든다. 이 때 대식세포에서 나온 물질 때문에 체온이 오르게 된다. 염증반응 후기에는 감염이 주변 조직으로 확산되는 것을 막아 주기 위해 혈장에 존재하는 혈액응고 단백질이 혈소판과 함께 상처 부위를 덮어 더 이상의 확산을 막게 되는데, 이 시점이 바로 치유가 시작되는 시점이다.

염증을 유발하는 인자는 물리적 요인(화상, 자외선, 방사선, 전기, 타박상 등), 화학적 요인(산, 알칼리, 산화제, 알코올 등), 생물적 요인(미생물 감염, 세균, 바이러스, 진균, 리켓치아, 기생충 등) 등을 비롯하여 조직괴사, 면역반응(항원-항체반응, 알레르기 유발물질, 과민반응, 자가면역 등) 등도 여기에 속한다. 염증반응에서 MFG-E8(lactadherin)에 관한 인용을 많이 하게 되는데 이 MFG-E8은 1990년 포유류 상피세포에서 처음으로 그 유전자가 발견되었다. 이 단백질은 유지방구(milk fat globules)에 많이 존재하며, 아미노산 서열이 표피성장인자(epidermal growth factor)와 혈액응고인자 VIII(blood coagulation factor VIII)와 유사하다고 하여 MFG-E8(milk fat globule-epidermal growth factor-8)로 명명하였다. MFG-E8은 당단백질(glycoprotein)로 조직 내 세포자살세포(apoptotic, 세포예정사/세포사멸세포)와 대식세포와 같은 식균세포(phagocytes)를 서로 연결해 주는 다리 역할을 하는데, 그 기능은 apoptotic 세포를 식세포 작용을 통해 제거하는 것이다.

만약 MFG-E8이 결핍되면 식세포작용을 통한 apoptotic 세포의 제거기능에 장애가 생겨 정상적인 신체기능의 항상성 유지가 어렵게 되고, 곧 염증반응이 일어나는데, 만약 apoptotic 세포를 적절히 제거하지 못하면 염증 정도가 커질 뿐만 아니라 염증세포들이 분비하는 염증성 물질들이 암세포의 생존과 증식을 돕고, 혈관 생성과 전이를 용이하게 하며, 적응 면역반응을 파괴하게 만든다. 일반적으로 급성염증에 관여하는 세포 종류를 요약해 보면 호중구, 비만세포(히스타민 분비), 호산구(기생충성 감염), 호염기구(알레르기 반응), 림프구(만성염증 시 작용), 형질세포(염증부위에 있는 항원이나 파괴된 조직에 대한 항체 형성) 등이며, 인터페론 감마(interferon-γ) 분비로 인한 단핵구와 대식세포의 활성화 유도 등도 급성염증과 관련이 있다.

염증반응은 급성(acute) 및 만성(chronic)염증 반응으로 나뉘는데, 급성염증 반응은 감염 또는 손상된 조직에서 즉각적으로 발생하는 염증반응인 반면, 만성염증 반응은 수개월에서 수년 동안 반복해서 발생하는 지속적인 염증반응이다. 만성염증 반응은 단순한 염증반응으로 끝나는 게 아니라 다양한 염증성 자가면역질환(류마티스 관절염, 루푸스, 천식, 건선, 동맥경화, 당뇨, 및 알츠하이머병 등)을 유발하는 주요한 요인이 된다. 이와 같이 염증이 오랫동안 지속되는 만성염증은 암을 비롯한 다양한 질병을 야기시킬 가능성이 높고, 따라서 염증반응을 초기에 제어하지 못하게 되면 생체 내부의 기능 손상은 물론 항상성 불균형 때문에 만성감염과 자가면역질환, 대사성 질환 등으로 발전될 수 있다.

염증의 단계를 설명할 때 보통 4단계로 구분하게 되는데, 1단계는 순환하는 단핵세포와 대식세포가 조직의 항상성에 문제가 생긴 것을 감지한다. 이 세포들은 면역시스템에 경고를 보내고, 호중구를 소환하기 위해 빠르게 사이토카인과 케모카인을 만들게 된다. 2번째 단계에서는 호중구들이 손상 부위로 침윤해서 염증성 단핵세포들의 혈관외 유출을 촉진하는 과립 내용물들을 유리하게 된다. 3단계에서는 혈액 밖으로 나온 호중구들은 세포 수명을 조절한다. 대식세포와 세포 고사된 호중구들은 혈액으로부터 조직으로 더 이상 침윤되지 않도록 막고, 단핵세포들의 유입을 촉진한다. 4단계에서 세포 고사된 호중구의 제거가 대식세포에서 항염증 프로그램을 촉진하게 되고, 이 과정을 통해 궁극적으로 조직의 항상성을 재구축하게 된다. 이러한 죽은 호중구의 교체를 담당하는 것이 바로 대식세포, 수지상세포 등에 의한 포식작용이다(일부 내용은 이창훈, 웹진 8월 2012 내용을 재편집함).

4.2 염증 매개체

대식세포가 활성화되면 염증 매개물질과 염증성 사이토카인들을 분비한다. 염증 매개물질이란 상피세포, 내피세포, 국소 비만세포, 침윤된 염증세포, 면역세포 등에서 분비되어 순차적 염증반응들을 유지, 매개하는 물질인데 단백질, 펩티드, 당단백질, 프로스타글란딘과 류코트리엔을 포함하는 아라키돈산 대사산물들(arachidonic acid metabolites), 사이토카인(cytokine), 산화질소(nitric oxide), 산소자유기(oxygen free radicals) 등이 여기에 속한다.

산화질소는 미생물의 침입 혹은 사이토카인의 자극으로 인해 대식세포를 포함한 다양한 세포가 활성화되면 NO synthase(NOS)에 의해 L-arginine으로부터 생성된다. NOS는 neuronal NOS(nNOS), inducible NOS(iNOS), endothelial NOS(eNOS) 등 3종류가 있는데, 이 중 iNOS는 염증반응을 조절하는 데 중요한 역할을 담당한다. iNOS에 의해 증가된 NO는 패혈성 쇼크, 조직 손상, 류마티스 관절염 등과 같은 질병을 유발하는 중요 원인물질 중 하나이다.

프로스타글란딘(prostaglandin, PG)은 cyclooxygenase(COX)라는 효소에 의해 생성되는데, COX-1은 대부분의 조직에서 PG 생성에 관여하고, COX-2는 성장인자, 세포 증식인자, 사이토카인 등과 같은 요인에 의해 발현되어 다량의 PG를 생성하여 염증관련 질병을 유발하게 된다. 내독소로 잘 알려진 lipopolysaccharide(LPS)는 그

람음성균의 세포 외막에 존재하는 성분으로 대식세포는 toll-like receptor(TLR)-4를 통해 LPS를 인지하여 다양한 염증 매개물질들의 생성을 촉진한다.

이와 같은 염증 매개물질들이 생성되기 위해서는 유전자의 발현을 조절하는 인자인 NF-κB(nuclear factor-κB)의 활성화가 필수적인데, 이것이 iNOS, COX-2, TNF-α, IL-6 등 다양한 염증 매개물질의 전사를 촉진한다. 염증성 백혈구(inflammatory leukocyte)는 세포 내에서 분리되며, 수많은 염증 매개물질*을 합성, 분비하는데, 이러한 매개물질들은 상처부위에서 분비되어 염증 또는 조직 재생에 기여한다.

* 염증 매개물질에는 중성구에 존재하는 미엘로퍼옥시다제(myeloperoxidase, MPO), 호산구에 존재하는 호산구퍼옥시다제(eosinophil peroxidase, EPO), 주요 기초 단백질(major basic protein, MBP), T세포, NK세포에서 분비하는 사이코카인인 INF-r, 대식세포에서 분비하는 케모카인인 IL-8, 백혈구에서 분비하는 아이코사노이드인 류코트리엔 B4, 비만세포에서 분비하는 히스타민 그리고 아이코사노이드인 프로스타글란딘, 대식세포에서 분비하는 사이토카인인 TNF-α(tumor necrosis factor-α), IL-1 등이 있다.

TNF-α(tumor necrosis factor-α)는 세균감염 및 종양질환에 대한 숙주 면역반응 중에 활성화된 대식세포 및 다양한 세포에 의해 생성되는 사이토카인이다. 이 사이토카인은 염증반응의 중요한 매개체 류마티스성 관절염(RA), 건선성 관절염, 크론병, 건선, 척수염(AS) 등 염증성 질환에 중요한 역할을 담당한다. 예를 들면, 류마티스성 관절염에서 TNF-α는 활액 염증을 지속시키고, 뼈와 연골을 지속적으로 파괴시키는데 TNF-α의 활성을 억제하고, 염증 전 사이토카인의 활성을 조절하면 류마티스성 관절염은 막을 수 있다.

현재 염증 치료제로는 스테로이드계 부신피질호르몬 성분을 이용한 덱사메타손, 코티손 등이 있는데, 이것들은 독성이 강하며, 부종과 같은 부작용을 일으킨다. 반복되는 조직의 손상이나 재생에 의해 염증반응이 지속되면 염증관련 세포에서 활성산소종(reactive oxygen species, ROS) 및 반응성 질소종(reactive nitrogen species, RNS)이 과다 생성되고, 그 결과 영구적인 유전자의 변형이 야기되어 질환이 일어난다. 이와 같이 ROS와 RNS는 염증반응과 아주 깊은 관련이 있다. 정상인 경우 염증반응은 조직을 재생하여 생명체 기능 회복이 일어나지만, 항원이 제거되지 않거나 내부물질이 원인이 되어 염증반응이 과도하거나 지속적으로 일어나면 관절질환, 건선 등의 피부질환, 기관지 천식 등의 알레르기성 염증질환 등이 나타나게 된다.

4.3 항염 소재 및 항염증 관련 생리활성물질

염증은 미세혈관이 천공되고, 혈액 성분이 틈새 공간으로 누출되며, 백혈구가 염증

조직으로 이동하는 임상적 증상들을 동반하는데, 이러한 복합적인 반응을 하는 동안 히스타민(histamine), 5-히드록시트립타민(5-hydroxytryptamine, 5-HT), 화학주성 조성물, 브래디키닌(bradykinin), 로이코트리엔(leukotriene) 및 프로스타글란딘(prostaglandin) 등과 같은 화학적 매개물질들이 국소적으로 유리된다. 식세포가 이 영역으로 이동하고, 세포의 라이소좀(리소좀, lysosome) 막이 파괴되어 분해효소가 방출된다. 이러한 모든 작용은 염증반응의 원인이 될 수 있다. 항염증 소재는 많은 종류가 언급되고 있고, 특히 만성염증을 막는 소재도 주위에서 쉽게 찾을 수 있다*.

* **항염증 소재**는 마늘(allicin), 연어(Ω-3), 토마토(lycopene), 두부(isoflavon, Ω-3), 아몬드(Ω-3, 비타민 E), 표고버섯(다당류), 호박(carotinoid, β-카로틴), 벨리류(polyphenol), 비트(betaine), 케일(비타민 k), 녹차(catechin), 노니(scopoletin), 강황(curcumin), 생강(gingerol / shogaol), 양파(quercetin), 진피 / 인동 / 황금(flavonoid), 대추(triterpenoide) 등이 여기에 속하고, 그 외 블랙커민시드((thymoquinone), 갈대뿌리(ergosterol peroxide derivatives), 병풀(madecassoside), 달맞이꽃 추출물(flavonoids) 녹차(indomethacin), 성모초입 추출물(tannin), 인동덩굴꽃 추출물(금운화 추출물, luteolin), 범꼬리뿌리 추출물(3β-friedelinol / alnusenone), 복령 추출물(β-pachyman), 블랙베리잎 추출물(비타민 C, tannin), 인도유향 추출물(boswellic acid), 유자 추출물(pectin). 대나무 추출물(flavonoids / alkaloids), 비터오렌지꽃 추출물(HTF / tetramethoxyflavone), 복숭아나무잎 추출물(tannin), 로즈힙 추출물(hyperoside) 등이 있으며 **만성염증을 막는 소재**에는 개나리 추출물, 고추잎 추출물, 박하 추출물, 뱀딸기 추출물, 뽕나무 추출물, 삼백초 추출물, 소나무 추출물, 약쑥 추출물, 양대줄기 추출물, 어성초 추출물, 왕벚꽃나무 추출물 및 조릿대 추출물 등이 있다.

항염 소재들에 함유된 주요 성분은 펩타이드류, linolenic acid, EPA, DHA, capsaicin, quercetin, curcumin, 히알우론산(hyaluronic acid) 등이며 그 외 비타민 E, K, betaine, polyphenol, lycopene, isoflavon, carotinoid 등이 있다. 특히 지방족 고밀도 알코올인 비즈왁스 알코올(beeswax alcohol, BWA)은 벌집의 밀랍에서 추출한 6가지 고분자 지방족 알코올이 혼합된 천연 성분으로 비스테로이드계 항염(non-steroidal anti-inflammatory / NSAI / NAI) 물질이다. 또 비즈왁스 알코올은 항산화 기능, 세포보호기능을 가지고 있는 염증 억제제로 식도염, 위염증 관절의 염증 등을 막는 기능을 가지고 있다. 비스테로이드계 항염제는 프로스타글란딘의 생합성에 관여하는 사이클로옥시게나제(cyclooxygenase, COX)를 차단하여 그 작용을 발현하는 소재인데, 통증을 줄여주고 체온을 낮추며, 고용량에서 염증을 줄여주는 소염진통 기능을 가지고 있다.

오늘날 염증을 치료하는 데 사용되는 비스테로이드 항염증제는 COX-1과 COX-2 작용을 차단하는 제제들인데, 보통 항염증 및 진통 효과가 좋은 COX-2를 사용하고 있다. 이것은 위장관 세포 PG의 생성을 억제하고, LOX경로(lipoxygenase pathway)

로 만들어진 염증성 위장 독성 LT(leukotriene)의 생성을 최소화하는 항염제이다.

펩타이드류는 COX-2 효소의 발현을 억제하여 염증세포의 증식을 막는데 COX-2는 정상상태에서는 거의 발현되지 않지만, 염증인자나 사이토카인, 엔도톡신 등의 자극이 있으면 빠른 속도로 발현된다. 또 펩타이드류는 염증반응의 촉진인자인 ROS(reactive oxygen species)의 생성을 감소시킨다. 일반적으로 세포내 존재하는 XOD(xanthine oxidase), NADPH산화효소 및 COX 등의 효소들은 지속적으로 ROS를 생성하고, RNS(reactive nitrogen species)도 염증반응 시 대식세포, 호중구 및 다른 면역 세포들의 면역반응으로 ROS을 생성한다.

천연 및 합성 corticosteroid제제는 스테로이드계 호르몬으로 혈압 상승, 신장 손상, 칼륨 및 칼슘분비 증가를 비롯한 수많은 부작용을 일으킨다. 따라서 스테로이드계 물질의 부작용을 극복하기 위해 비스테로이드계 항염증성 물질들의 사용이 요구되는데, 그 중 가장 널리 사용되는 것이 살리실산염이다. 살리실산염 의약품인 아세틸살리실산(acetylsalicylic acid, ASA) 또는 아스피린(aspirin)은 가장 널리 사용되는 진통-해열 및 항염증성 물질인데, 다량 투여 시 부작용을 일으킨다.

미국에서는 항염물질로 커큐민, 어유, 생강, 레스베라트롤, 스피루리나, 비타민 D, 브로멜라인, 녹차 추출물, 견과류, 오메가-3 지방산, 심황, 시나몬, 클로버, 후추, 캡사이신, 에피갈로카테킨-3-갈레이트(epigallocatechin-3-gallate, EGCG) 및 케르세틴(quercetin), 콜히친(colchicine), 카페인산(caffeic acid), 호모바닐산(homovanillic acid) 등을 지목하고 있다.

〈5절〉 혈관 관련 생리활성물질

5.1 혈액과 혈관

인체의 혈액은 혈장과 적혈구, 백혈구, 혈소판 등 세포로 이루어져 있는데, 그 기능은 체조직으로 영양소 운반, 호흡을 통한 산소 수송, 이산화탄소의 배출, 노폐물의 신장으로의 운반, 호르몬의 목표 기관까지의 운반, 체온 유지, 질병에 대항하는 면역인자 소유, 체내 삼투압과 수분 평형 유지, 몸의 수소이온 농도 유지 등이다. 동물의 혈액은 혈장과 혈구로 구성되는데, 척추동물의 경우 혈구는 혈액의 약 45%, 혈장은 혈액의 약 55% 정도이고, 혈장의 91%는 물이다.

혈액의 통로인 혈관(blood vessel)은 피를 내보내는 가느다란 관으로 사람의 혈관 총 길이는 약 120,000 km이며 동맥, 정맥, 모세혈관으로 나눈다. 혈관 중 동맥은 산소나 영양을 함유한 혈액을 심장에서 온몸으로 보내는 관인데, 점점 가늘어진 모세혈관을 통해 조직과의 사이에 물질교환을 이루는데 다시 모여 정맥이 되어 심장으로 되돌아간다. 보통 동맥이 흐르는 혈액은 압력이 높고, 굵은 동맥일수록 혈액의 흐름 속도가 빠르기 때문에 동맥관벽은 정맥과 다르다. 혈액이 동맥에 흐르는 속도는 대동맥부에서 20～60 cm/초이고, 혈관 지름이 좁아질수록 관벽의 마찰 저항 때문에 속도가 떨어진다. 혈액이 심장을 나온 뒤 다시 심장으로 되돌아오기까지의 시간은 팔꿈치 근처에서 측정하면 약 18초 정도이다.

혈관 구조를 보면 혈관 벽의 가장 안쪽은 한 겹의 얇은 상피세포로 덮여 있는데, 이를 내피라고 부른다. 내피 바깥쪽에는 결합조직층이 있어 동맥의 경우 여기에 탄성섬유가 많이 분포되어 있다. 그 바깥쪽에는 두꺼운 근육층이 있으며, 여기에 자율신경(미주신경과 교감신경)이 분포하고 있다. 근육이 수축하면 혈관 내강이 좁아져 혈류가 빨라진다. 근육층 바깥쪽은 결합조직으로 된 외막으로 에워싸여 있는데, 굵은 동맥의 경우는 여기에도 탄성섬유가 풍부하게 분포하고 있다. 혈관벽의 근육에 분포하는 미주신경(부교감신경)은 간뇌의 시상하부의 명령을 받아 자율적으로 혈관을 확장시키고, 교감신경은 반대로 혈관은 수축시키는 작용을 하는데, 평상시에 혈관 벽의 수축과 확장을 조절하는 것은 연수에 있는 혈관 운동중추이다.

하나의 기관에 혈관이 분포되어 있을 때 혈액이 특정한 곳으로 드나드는 곳을 문(門)이라 부른다. 동맥은 보통 단 한번 모세혈관을 거쳐 정맥이 되어 심장으로 돌아오는데, 예외적으로 두 번 모세혈관을 거친 뒤에 심장에 돌아오는 경우가 있는데, 이것을 문맥계(文脈系)라고 부른다. 처음의 모세혈관과 두 번째 모세혈관 사이를 연결하는 혈관은 문맥이다.

혈관 내부 직경이 줄어드는 경우는 고혈압이 장기간 지속될 경우 혈관 근육이 점점 두꺼워져 탄력을 잃고 딱딱해진다. 탄력을 잃은 혈관은 수축기와 이완기 사이의 다이나믹한 혈압 변화에 능동적으로 대처하지 못하고 결국 혈액 유동을 흐트러뜨리게 만든다. 흐트러진 혈액 유동에 영향을 받아 질량이 큰 LDL콜레스테롤(Low-density lipoprotein cholesterol)과 같은 기름 찌꺼기가 혈관 벽에 쌓이기 시작하는데, LDL콜레스테롤이 쌓이는 위치에서 염증반응에 의한 세포 증식이 일어나게 되면 마치 죽과 같이 물컹물컹한 죽상동맥경화반(Plaque)이 형성되면서 결국 관상동맥이나 경동맥의 내부 직경이 좁아진다.

혈관 벽에 생성된 동맥경화반 표면은 thin cap이라 불리는 얇은 막에 의해 둘러쌓여져 있다. 갑작스런 운동이나 자극에 의해서 혈압이 높아지거나 혈류량이 증가할 경우 thin cap은 쉽게 파열될 수 있다. Thin cap의 파열을 시작으로 동맥경화반이 터지게 되면 우리 몸은 이를 상처로 인지, 혈액응고가 즉시 발현하게 된다. 이렇게 생성된 혈전은 결국 동맥을 막아 심장이나 뇌로 공급되는 혈류량을 급격히 감소시키거나 아예 혈액 유동을 불가능하게 만든다. 이러한 위험한 상황이 심장에 혈액을 공급하는 관상동맥에서 발생하면 심근경색증, 뇌에 혈액을 공급하는 경동맥에서 발생하면 뇌졸중이라 부른다. 이처럼 심근경색증이나 뇌졸중 같은 심뇌혈관 질환은 별다른 통증이나 선행증상 없이 갑자기 발생한다.

5.2 혈관 관련 질환의 이해

1) 뇌졸중과 고지혈증, 동맥경화

뇌혈관 질환(뇌졸중)을 이해하기 위해서는 뇌의 혈관과 구조를 이해하여야 한다. 뇌의 부위는 각각 맡고 있는 역할이 다르고, 그 부위에 혈액을 공급하는 혈관이 모두 다르다. 만약 혈관이 막히면 혈액 공급에 문제가 생길 것이고, 그 증상은 문제가 생긴 부위와 연관된 증상으로 나타난다. 뇌로 올라가는 혈관은 크게 경동맥(carotid artery)과 추골동맥(vertebral artery)이 있는데, 경동맥은 내경동맥(internal carotid artery)과 외경동맥(external carotid artery)으로 나누어져 뇌로 올라간다.

뇌로 올라간 내경동맥은 위로 쭉 올라가면서 몇몇 분지를 만들어 내는데(대표적으로 눈으로 가는 ophthalmic artery), 뇌로 올라간 것은 중대 뇌동맥(middle cerebral artery, MCA)과 전대 뇌동맥(anterior cerebral artery, ACA)으로 나누어진다. 추골동맥은 경추의 양쪽에 있는 구멍(transverse foramen)을 통해서 뇌로 올라가는데, 양쪽에서 각 하나씩의 추골동맥이 위로 올라가다가 연수(medulla oblongata)의 전면부에서 합쳐지면서 기저동맥(basilar artery)를 이루게 된다. 이 기저동맥(basilar artery)는 연수의 전면, 교뇌(pons)의 전면, 중뇌(midbrain)의 전면을 지나서 상행하다가 양쪽의 후대뇌동맥으로 나누어지는데, 기저동맥이 막힐 경우 뇌간(brainstem, 연수, 교뇌, 중뇌 그리고 소뇌)에 문제가 생기는데 12개의 뇌신경의 핵이 대부분 이 쪽에 위치하고 있으며, 어느 혈관 분지가 어느 만큼이나 막히느냐에 따라 증상은 달라진다.

뇌혈관 질환의 실질적인 원인은 혈관의 허혈(ischemia)이다. 허혈이란 조직이나 혈관의 혈류 공급 감소상태를 말하는데, 허혈은 비가역적인 세포 손상 및 조직의 괴사(necrosis)로 이어진다. 특히 뇌나 심장은 혈류 부족에 가장 민감한 신체 기관인데, 예를 들어 뇌졸중 또는 두부 손상 등으로 조직에 허혈이 발생하면 허혈폭포반응(ischemic cascade)이라고 부르는 과정이 촉발되어 뇌 조직이 영구적으로 손상당하게 된다. 허혈성 뇌졸중의 경우 주로 혈청 콜레스테롤의 증가, 고혈압, 심장질환 등의 원인으로 생기는데, 뇌로 혈액 공급이 감소되면 glutamate에 의한 Ca이온 채널이 개방되어 과도한 Ca이온이 유입되면서 흥분성 세포독성(exitotoxicity)을 유발하거나 활성산소에 의해 신경세포 내 효소군들이 파괴된다.

뇌에 혈액을 공급하고 있는 혈관이 막히면 뇌경색(infarction), 터지면 뇌출혈이라 부르는데, 이들 모두를 뇌졸중이라 부른다. 뇌졸중(腦卒中, stroke / apoplexy / cerebrovascular stroke / 중풍)은 일종의 뇌혈관 질환(腦血管疾患, cerebrovascular accident, CVA)으로 뇌혈류 이상으로 인한 국소적 의식 상실, 반신마비, 언어장애 등의 신경학적 결손 증상을 통칭하는 말인데, 뇌졸중은 뇌의 혈액의 공급이 갑자기 차단되거나 뇌의 혈관이 터질 때 뇌세포를 감싸는 공간에 피가 누설되면서 발생한다. 뇌졸중은 크게 허혈성 뇌졸중(ischemic stroke)과 출혈성 뇌졸중(hemorrhagic stroke)으로 구분하는데, 허혈성 뇌졸중은 뇌조직으로 가는 혈액 공급의 감소 혹은 차단으로 뇌 조직이 허혈상태가 되어 발생하며, 출혈성 뇌졸중은 혈관이 터져 뇌조직으로 출혈을 일으켜 발생한다. 뇌는 체중의 2% 정도이며, 뇌로 가는 혈류량은 심박출량의 15% 정도이고, 산소 소모량은 몸 전체 산소 소모량의 20%나 된다. 게다가 뇌는 에너지원으로 포도당만을 사용한다.

뇌혈류가 차단되면 뇌세포 활동에 필요한 에너지가 부족해지고, 뇌세포 이온펌프의 중단으로 뇌세포 막의 탈분극이 일어나면서 다량의 신경전달물질이 방출된다. 방출된 물질들이 산화되면서 독성을 가진 자유라디칼이 생산, 독성을 발휘하게 된다. 또 뇌세포 막이 탈분극되면 세포 내로 칼슘이온이 대량 유입하여 지질분해, 산화질소 형성, 단백질 분해가 촉진되어 뇌세포 손상이 일어나고, 뇌세포의 대량 괴사도 일어나게 된다. 뇌조직 손상의 속도는 뇌혈류량이 감소할수록 증가한다.

마비는 뇌졸중에 흔히 일어나는 특징으로 종종 몸의 한쪽에만(반신불수) 일어난다. 뇌졸중의 위험인자는 불변성 인자와 가변성 인자로 나누는데, 불변성 인자는 고령, 가족력 등이며, 가변성 인자는 고혈압, 관상동맥 협착, 당뇨병, 흡연, 심근경색, 울혈성 심부전의 병력, 좌심실 부전, 과도한 알코올 섭취 등이다. 뇌졸중의 증상은 반신마비, 반신 감각장애, 언어장애(실어증), 발음장애(구음 장애), 운동실조, 시야, 시력장애, 복시, 연하장애, 치매, 어지럼증, 의식장애, 두통 등이다. 두통은 뇌경색보다는 뇌출혈 때 더 많이 나타나는데, 특히 뇌동맥류 파열에 의한 지주막하 출혈의 경우 극심한 두통이 발생하며, 의식을 잃는다.

이미 설명한 바와 같이 뇌경색(腦梗塞, cerebral infarction / cerebral infarct)은 뇌의 혈관이 막혀 영양분과 산소를 공급하는 피가 뇌에 통하지 않는 상태인데, 주 원인은 혈전이다. 뇌의 한쪽에서 생기는 경우가 많으므로 한쪽 팔다리가 마비되는 것이 가장 전형적인 증상인데, 시간이 지날수록 뇌출혈의 위험이 높아진다. 뇌경색은 동맥경화증이 생겨 손상된 뇌혈관에 피떡(혈전)이 생기면서 혈관이 좁아져서 막히는 뇌혈전증(혈전성 뇌경색)과 심장 또는 목의 큰 동맥에서 생긴 피떡이 떨어져나가 혈류를 타고 흘러가서 멀리 떨어져 있는 뇌혈관을 막아 생기는 뇌색전증(색전성 뇌경색), 뇌의 아주 작은 혈관이 막히는 열공성 뇌경색 등 3가지로 구분한다.

뇌출혈(腦出血)은 뇌혈관이 터지는 뇌혈관 질환으로 그 종류에는 고혈압성 뇌내출혈(intracerebral hemorrhage)과 뇌혈관이 꽈리모양의 변형을 일으켜 발생하는 뇌동맥류(cerebral aneurysm) 파열에 의한 뇌지주막하출혈(subarachnoid hemorrhage, SAH), 그리고 뇌실내출혈(intraventricular hemorrhage), 경막외출혈(epidural hemorrhage), 경막하출혈(subdural hemorrhage) 등이 있다. 뇌내출혈은 뇌실질내 출혈을 의미하며, 그 원인은 고혈압, 동맥류(aneurysm), 여러 혈액질환(혈우병, 백혈병, 재생불량성 빈혈증 등), 뇌종양, 심장병, 동맥경화, 당뇨병, 고지혈증, 흡연, 비만, 과음, 먹는 피임약 등이며 뇌종양, 뇌동맥류도 그 원인이 된다. 주 증상은 감각마비, 두통, 구토, 어지럼증 등이며, 곧 혼수상태에 빠진다. 출혈이 소량이면 실신하는 일은 없지만 손발에 힘이 없거나 입이 돌아가고 말이 어눌해지기도 한다. 뇌지주막하출혈의 원인은 동맥류파열, 동정맥기형 등이며, 그 밖에 동맥박리(arterial dissection), 혈액질환 등이 있다. 뇌지주막하출혈의 전구증상은 발작 수일 전에 두통과 어지럼증 및 일시적 반신마비, 언어 및 시야장애 등이다. 증상이 약하면 의식장애 없이 심한 두통만을 호소하며, 때로는 경련이나 미열을 동반한다.

고지혈증(hyperlipidemia / hyperlipoproteinemia / hyperlipidaemia)은 체내 지질대사에 이상이 생겨 혈액 속에 필요 이상의 많은 지방성분(중성지방 및 콜레스테롤)이 존재하여 염증을 일으키는 질환이다. 공복 시 혈청 콜레스테롤이 220 mg/dl 이상이거나 중성지방이 150 mg/dl 이상인 경우 고지혈증으로 진단한다. 고지혈증의 위험 요인은 콜레스테롤이나 지방이 많이 함유된 음식을 먹는 식습관, 운동부족, 비만 등이며 가족력, 연령, 성별 등도 영향을 미친다. 고지혈증은 특별한 증상이 없는데 고지혈증의 진단은 혈액검사를 통해서 총콜레스테롤, 중성지방, HDL-콜레스테롤, LDL-콜레스테롤 수치 등으로 종합적으로 판정한다.

동맥경화는 동맥의 탄력성이 감소하고, 동맥벽 내면에 기름기가 끼고 이상조직이 형성되면 동맥벽의 폭이 좁아지고 딱딱해지는데, 이를 동맥경화라 부른다. 동맥경화란 용어 자체는 병명이 아니고 동맥의 병적 변화를 말하는 용어이다. 동맥경화는 문제가 생긴 장기에 따라 뇌동맥 경화는 뇌경색, 관상동맥경화는 심근경색이라 부른다. 동맥경화와 죽상동맥경화(粥狀硬化, atherosclerosis)는 그 의미가 서로 다른데, 동맥경화는 분포 범위가 넓어 온몸의 동맥에 골고루 비슷한 정도로 나타나며, 동맥벽의 중간인 중막에 퇴행성 변화가 일어나 섬유화가 진행되면서 혈관의 탄력 저하로 이어지고, 이것이 수축기 혈압 상승과 심장근육 비대로 이어지게 된다. 그러나 죽상동맥경화(atherosclerosis)는 분포 범위가 좁아 혈관 일부에 생기며, 동맥벽의 가장 안쪽인 내막에 지방과 세포의 덩어리인 죽종이 생겨 혈관이 좁아지고 따라서 혈액의 흐름이 방해되는 상태를 말한다. 죽상경화의 원인은 고혈압, 당뇨병, 고콜레스테롤혈증, 흡연, 비만, 고연령 등 위험인자들이 복합적인데, 관상동맥에 의한 심근경색과 허혈성 뇌혈관 질환의 주요 원인이다.

죽상경화증의 발생기전은 첫째는 지방흔 생성(fatty streak)이다. 이것은 손상 받은 내피세포가 단핵구 흡착을 쉽게 하고, 이 단핵구는 바로 내피하층으로 침습하여 대식세포로 변한다. 이 때 고지혈증이 있는 경우 다량의 콜레스테롤이 내피하층으로 들어오며, 대식세포는 이것(콜레스테롤)을 포식하여 수많은 대식거품세포(foam cells)를 형성한다. 둘째는 죽상경화판 생성(atherosclerotic plaque)이다. 지방흔(fatty streak) 속의 대식세포, 손상 받은 내피세포들이 많은 성장인자를 분비하면 평활근세포와 섬유아세포들이 모여 들고, 지방흔은 섬유질모자로 덮여서 섬유화 플라크로 변한다. 셋째는 섬유화 플라크의 파열이다. 혈류의 물리적 힘에 의해서 섬유화 플라크의 섬유질모자가 파열되면 그 아래의 교조직과 대식세포가 노출되어 여기에 수많은 혈소판들이 흡착하여 혈전(thrombosis)을 만들게 된다.

죽상경화증이 잘 생기는 곳은 대동맥에서 가지가 분지되는 곳이며, 뇌동맥 등 힘(압력)이 많이 가해지는 부위이다. 생체 내 정상적인 세포대사 과정에서 생성되는 활성산소는 체내에서 세포막 손상, DNA 변성, 지질산화, 단백질 분해 등을 초래하여 동맥경화의 간접 요인이 된다. 활성산소가 LDL(low density lipoprotein) 단백질을 산화시키면 이것이 혈관에 축적되어 독성을 나타내고, 여기에 염증반응이 일어나면서 혈관 평활근세포(vascular smooth muscle cell, SMC)의 성장이 필요 이상으로 과도하게 증식되어 동맥경화로 이어진다.

혈소판 유래 성장인자(PDGF-BB)의 자극도 이러한 이상증식을 유발한다. 동맥경화는 상당히 진행되더라도 증상은 나타나지 않는데, 동맥 내부공간의 70% 이상이 막히면 말초부위의 혈류가 감소하여 비로소 증상을 느끼게 된다. 초기 증상으로는 손발이 차고 저리며, 뒷목 당김, 어깨 결림, 기억력 감퇴, 현기증, 만성피로, 발의 냉감, 통증으로 인한 보행장애, 근육통 등이 나타난다. 동맥경화증의 진단은 혈압측정, 혈액검사(콜레스테롤, 중성지방 등의 측정), 요검사, 심전도, 안저검사 등을 종합하여 실시한다.

2) 협심증과 심근경색, 심부전

심혈관 질환은 심장에 혈액을 공급하는 혈관에 이상이 생긴 질환을 말하는데, 협심증과 심근경색이 대표적이다. 협심증(挾心症, angina pectoris)은 관상동맥을 통한 심장근육으로의 혈액 공급에 문제가 생기거나 혈관이 좁아지면서 가슴에 통증을 수반하는 질환인데, 허혈성 심질환 또는 관상동맥질환으로 총칭된다. 협심증은 보통 격렬한 운동, 심한 감정적 스트레스나 과식 후에 발생하는데 심근경색과는 다르다. 두 경우 모두 심장 관상동맥의 혈액 공급의 부족과 관련이 있지만, 협심증은 심근의 일이 많아질 때 혈액순환이 감소되는 것이고, 심근경색은 관상동맥이 막혀 심근으로 가는 혈액공급이 순간적으로 중단되는 것이다.

일반적으로 협심증은 심근의 영구적인 손상을 초래하진 않지만, 심근경색은 영구적인 심근 손상을 초래하고 치명적이다. 협심증의 원인은 비만이나 운동부족, 심리적인 스트레스, 대사증후군 등을 비롯하여 유전, 각종 혈관 손상인자 또는 혈액 응고인자의 과잉 등이다. 협심증에는 안정성 협심증, 불안정성 협심증, 변이형 협심증 등이 있는데, 안정성 협심증은 가만히 안정을 취할 때는 별 불편이 없다가 심한 운동, 스트레스 등으로 심장에 무리가 생겨 심근의 산소 수요가 증가할 때 흉통을 동반하는 질환이고, 불안정성 협심증은 갑작스러운 관상동맥의 협착으로 인하여 산소의 공급이 한계 이하로 감소할 때 발생하는데, 휴식이나 취침 중에 일어나는 경우가 많다. 변이형 협심증은 관상동맥의 협착이 아니고 경련처럼 수축하여 흉통이 발생하는 경우인데, 낮에는 일어나지 않고 수면중이거나 새벽, 아침에 주로 일어나는데 심근경색증, 돌연사의 원인이 될 수 있다.

심근경색(myocardial infarction / acute myocardial infarction, AMI)은 심장마비라고 부르는 허혈성 질환으로 심장의 관상동맥이 혈전(피떡)에 의해 완전히 막혀서 심장근육에 혈액공급이 순간적으로 중단되는 질환이다. 심장 근육은 관상동맥이라 부르는 3가닥의 혈관을 통해서 산소와 영양분을 공급받으면서 혈액을 전신으로 펌프질하는 중요한 기관인데, 관상동맥에 이상이 생기면 심장 근육에 영향을 미칠 수밖에 없다. 여러 가지 이유로 관상동맥 내피세포가 손상을 받게 되어 죽상경화증이 진행되고, 관상동맥 안을 흐르던 혈액 내의 혈소판이 활성화되면서 급성으로 혈전이 생기게 된다. 이렇게 생긴 혈전이 혈관의 70% 이상을 막아서 심장 근육의 일부가 파괴(괴사)되는 경우가 바로 심근경색증인 것이다.

위험인자는 흡연, 비만, 고혈압, 고지혈증, 당뇨, 가족력, 고령 등 다양하며 드물지만 과격한 운동, 과로, 정신적 스트레스, 질병, 겨울철, 아침에 일어난 직후 기온 변화 등도 급성 질환의 원인이다. 증상은 협심증(angina)의 흉통과 비슷하지만 증상의 정도가 더 심하고, 오래 지속되면서 위약감, 발한, 구역, 구토, 어지럼증, 불안 등을 동반하고, 심할 경우 호흡곤란, 의식상실, 혼돈(confusion) 등도 일어난다. 각종 검사방법이 있지만 혈액 속에 트로포닌(troponin)과 크레아티닌키나아제(CK-MB)의 수치를 체크하여 수치가 높으면 심근경색증을 의심하고 있다.

심부전(heart failure)은 심장의 기능 저하로 신체에 혈액을 제대로 공급하지 못해서 생기는 질환으로 숨이 차는 호흡곤란이 주 증상이다. 호흡곤란은 주로 심장에 혈액이 정체(울혈)되면서 심실의 충만 압력이 높아지고, 이로 인해 심장으로 들어오는 폐혈관에 혈액이 정체되어 생기는데 피로감과 운동능력 저하를 나타낸다. 장기간의 심부전은 식욕부진을 비롯하여 혼돈, 불안, 우울증 등을 나타내기도 한다. 일반적으로 심부전의 원인은 심장혈관질환, 고혈압, 빈혈 등이며, 지속적인 과도한 음주, 극심한 스트레스 등도 한 원인이다.

3) 빈혈과 영양성 빈혈

빈혈이란 적혈구 수 또는 헤모글로빈(혈색소)의 양이 적은 상태를 말하는데, 적혈구에는 헤모글로빈이라는 단백질이 포함되어 있다. 적혈구는 이 단백질의 작용으로 폐에서 산소를 받아 신체의 모든 부분으로 전달하는데, 적혈구 수가 감소되거나 적혈구 내 헤모글로빈의 양이 적을 경우에 혈액이 충분한 양의 산소를 운반할 수 없게 되어 빈혈이 일어난다. 적혈구는 골수에서 만들어져 일정기간 혈액 내에서 기능을 한 다음 수명을 다한 후에는 비장 등의 장기에서 파괴되는데, 빈혈은 적혈구가 활동하는 이러한 과정에서 문제가 생길 경우 발생한다.

빈혈이 있을 경우 몸 안에 산소 공급이 저하되면서 만성적인 저산소증이 생기고, 이에 따라 여러 증상이 발생하는데, 경미한 경우에는 별다른 증상이 없지만 만성적일 경우에는 운동 시 호흡곤란, 어지러움증, 두통, 피곤함, 비장비대, 근육통, 창백, 수면장애, 성욕감퇴, 기분장애, 집중력 감퇴, 협심증, 심계항진증, 심장마비 등의 증상을 보인다. 빈혈이 생기는 원인은 월경과다에 의한 출혈 등을 비롯하여 다양한 원인으로 인한 출혈과 골수에서 적혈구의 생성이 잘 안 되는 경우, 엽산이나 비타민 B_{12}의 결핍(거대적아구성 빈혈) 등인데, 만성적인 질환을 앓고 있는 경우(신부전, 심부전 등)에도 빈혈이 발생한다.

빈혈은 그 종류가 많은데 철결핍성 빈혈(Iron deficiency anemia)은 전체 빈혈의 약 80% 정도로 흔한 빈혈이다. 철분섭취 부족, 채식위주 식사, 단백질식품 섭취 부족 등이 주된 원인이다. 출혈성 빈혈(loss anemia)은 출혈로 상당량 혈액이 손실된 경우 체내 저장된 철이 많지 않고 식사를 통해 철분, 비타민 C, 단백질 섭취량도 불충분할 때 생긴다. 거대적아구성 빈혈(megaloblastic anemia)은 비타민 B_{12}와 엽산의 결핍으로 인해 골수에서 적혈구를 만드는 능력이 저하되어 나타난다. 재생 불량성 빈혈(aplastic anemia)은 골수의 조혈기능 저하로 인해 적혈구의 증식이 감소되어 발생되는 빈혈이며, 용혈성 빈혈(hemolytic anemia)은 적혈구가 만들어지는 양보다 파괴되는 양이 더 많은 경우 발생한다.

선천적인 빈혈(congenital anemia)은 약제 사용이나 감염, 비타민 E의 결핍에 의해서, 영양성 빈혈(nutritional anemia)은 철, 비타민, 엽산 등의 영양소의 부족으로 생기며, 신장성 빈혈(kidney anemia)은 만성신장질환(chronic kidney disease, CKD)을 가진 경우 합병증으로 발생하는데, CKD는 손상된 신장 기능(단백뇨, 신세뇨관 증후군 등)을 가진 복합 질환이다.

빈혈의 진단은 혈색소 수치가 남자 성인의 경우 혈색소 농도가 13 g/dL 미만, 여자 성인의 경우 12 g/dL 미만이며, 빈혈과 관련된 증상이 있는 경우 혈액검사에서 페리틴(ferritin, 몸에 있는 철의 저장수치) 수치가 12 미만인 경우 빈혈로 간주한다. 일과성 뇌허혈발작(一過性腦虛血發作)은 심하게 좁아진 뇌혈관으로 피가 흐르지 못하다가 다시 흐르거나 뇌혈관이 피떡에 의해 막혔다가 다시 뚫린 것으로, 잠시 뇌졸중 증상이 왔다가 수분~수시간 내에 곧 좋아지는 질환이다. 이 질환은 금방 아무 일도 없었던 듯이 증상이 사라지기 때문에 대부분의 사람들은 고령, 피로 등의 원인으로 생각하곤 한다.

5.3 혈관질환 예방과 혈관에 도움을 주는 생리활성물질

1) 뇌혈관에 도움을 주는 생리활성물질

뇌혈관 관련 질환을 직접 치료하는 물질이나 소재는 그렇게 많아 보이진 않지만 평소 이들 질환을 예방하는 유사 건강기능식품 등은 많이 유통되고 있다. 뇌혈관 질환의 주 원인이 혈전이므로 결국 혈전을 막아 혈관을 건강하게 하는 기능성 물질이 필요하다. 일반적으로 뇌혈관 질환 예방과 치료에 효과가 있는 생리활성 식품소재*는 다양하지만 보통 채소류가 단연 추천되고 있다. 그것은 채소에 칼륨, 칼슘, 마그네슘, 비타민 C, 섬유질이 많고, 복합탄수화물, 필수지방산, 포화지방과 정제 탄수화물이 적어서 콜레스테롤, 혈전, 혈압 등을 관리하기 좋기 때문이다. 따라서 중풍, 심근경색, 동맥경화 등의 발생을 막는 식품에 셀러리, 마늘과 양파(황 함유), 견과류와 씨 또는 그 오일(필수지방산 함유), 녹색 잎채소(칼슘과 마그네슘 공급원), 정백하지 않은 곡물, 콩류(섬유질), 브로콜리와 감귤류(비타민 C 공급원) 등을 우선으로 추천하고 있으며 비타민 A, C, E, 식이섬유, 미네랄 등도 혈전을 막는 성분으로 알려져 있다. 특히 감귤류(비타민 C, 비타민 P)를 비롯한 각종 물질들이 뇌혈관 질환의 예방과 치료에 도움을 주며, 생강나무와 땃두릅나무 추출물도 혈소판 응집저해 효과, 생체 내 급격한 혈전생성 저해 효과 등으로 혈행을 개선하고, 혈전을 예방 및 치료하는 데 유효한 생리활성물질로 알려져 있다.

* **뇌혈관 질환 예방과 치료에 효과가 있는 생리활성 식품소재**는 감귤류(비타민 C, 비타민 P), 사과 / 배(항산화물질), 은행잎 추출물, 블루베리 / 라즈베리(안토시아닌), 등푸른생선(Ω-3 EPA, DHA), 강황(커큐민), 천마(가스트로딘), 느타리버섯(셀레늄), 메밀(루틴), 홍삼, 버섯, 콩(레시틴, 이소플라본), 삶은 콩(사포닌), 양파(퀘르세틴, 사이크로아린), 마늘(스콜지닌, 알리신), 무(이소티오시아네이트), 우엉(이눌린), 토마토(리코펜), 당근(베터-카로틴), 미역(후코이단, 아르긴산, 라미난, 클로로필), 깨(세사미놀과 세사민), 정어리유, 오징어 / 낙지 / 굴(타우린), 견과류, 당귀 / 단삼 / 치자추출물, 댕댕이나무, 생강나무 등, 복숭아씨, 땃두릅나무, 단삼추출물, 달단(Tartar) 메밀 / 감귤껍질(레몬) / 양파 / 천화분 / 잠분 / 삼백초 / 짚신나물 / 상황버섯 등의 혼합 추출물, 포도씨 추출물 분말 / 대두 / 산사자 / 홍차 / 은행잎 / 녹차 / 빌베리 추출물 / 영지 / 정제어유 등 복합물(상품명 트롬보큐), 울금 추출물, 청국장(레시틴) 등이 있다.

또 일부 학자들은 뇌혈관 질환 예방과 치료에 관여하는 주요 생리활성성분으로 오메가-3, 항산화제, 헤스페리딘(hesperidin), 루틴(rutine), 비타민 E(토코페롤) 호모시스테인(homocysteine), 비타민 B, γ-리놀렌산(γ-linolenic acid), 키토산, 대두단백, 홍국(red yeast rice), 피토케미컬 등을 추천하고 있으며, L-arginine, phenol 화합물, sodium citrate, 헤파린(heparin), 뱀독인 트로와글렉스(trowaglerix) 등을 혈전 생성 예방 물질로 간주하고 있다.

뇌졸중 치료를 위한 항혈전 요법은 항혈소판제 투여, 항응고제 투여, 혈전 용해제 투여 등 방법이 있는데, 항혈소판제와 항응고제는 더 이상의 혈전 생성을 방지하고, 혈전 용해제는 혈전을 녹여 응급환자의 뇌혈관 재관류를 유도하여 뇌세포의 회복을 촉진한다. 혈전 용해제로 혈관을 막은 혈전을 용해하면 이 부분은 회복이 가능하다. 혈전 용해제에는 유로키나제, streptokinase, rt-PA(recombinant tissue plasminogen activator) 등이 있다. 항혈소판제는 혈전성 뇌졸중에 사용되며, 아스피린(aspirin), 트리플루살(Triflusal), 티클로피딘(ticlopidine), 클로피도그렐(clopidogrel), 디피리다몰(dipyridamole), GIIb / IIIa 수용체 길항제 등의 약물이 있다.

혈전을 예방하는 항응고제에는 색전성 뇌졸중에 사용되는데 헤파린(heparin), 저분자량 헤파린(low molecular weight heparin, LMWH), 와파린(warfarin) 등의 약물이 있다. 허혈성 뇌졸중 치료와 예방에는 글루타민산 수용체 길항제, 항산화제, 칼슘 혹은 나트륨 등 이온채널 차단제 등을 비롯하여 carnosine, ellagic acid 유도체, 카로틴유도체, S-cysteinyl 유도체 등이 사용되고 있다. 보통 뇌경색에 의한 2차적 손상을 막기 위한 방법으로는 NMDA 수용체 봉쇄제(excitotoxin), 자유라디칼 포착제(21-aminosteroid, superoxide dismutase), 세포막 안정제(ganglioside / steroid), 유전자 조절요법 등을 사용한다.

2) 심혈관 질환과 동맥경화, 빈혈 예방에 도움이 되는 생리활성물질

심혈관 질환 예방과 치료에 도움이 되는 식품에는 견과류, 생선, 부추, 현미, 두부, 양파, 연어, 브로콜리, 버섯, 청국장, 멜론, 콩, 홍삼, 사과, 고구마, 귤, 뽕잎, 함초, 갈근, 마늘, 홍화씨, 칡, 감태, 매실, 작약, 천년초, 천마, 도토리, 레드비트, 해조류, 씀바귀, 김 등이 있다. 심혈관 질환에 도움이 되는 관련 생리활성성분에는 폴리코사놀(policosanol). SOD(superoxide dismutase) 항산화 성분, Ω-3(DHA, EPA), 플라보노이드(flavonoid), 레시틴(lecithin), D-리보오스, arabinogalactan, 이소플라본(isoflavon) 등이 있다.

동맥경화증의 예방과 치료는 식사요법, 운동요법, 그리고 약물요법이 있는데, 예방을 위해서는 과로와 자극을 피하고, 규칙적인 생활을 하며, 동물성 지방을 제한하고, 비타민과 단백질을 충분히 섭취하며, 과식을 피하는 것이 좋다. 동맥경화 예방 및 치료제로 사용되고 있는 것은 혈소판이 혈관에 응집되는 것을 막아주는 항응고제, 혈관확장 기능을 가진 혈관확장제, 지질의 수치를 저하시키는 지질강하제, 혈관근육을 수축시키는 칼슘흡수를 막는 칼슘길항제 등이 있다. 동맥경화에 의한 혈관 협착(혈관의 좁아짐)도 병든 혈관벽이 두꺼워져서 죽상판을 형성하여 혈관이 좁아지거나 죽상판이 파열되어서 혈관을 막기 때문에 생기는데, 동맥경화로 인한 협착이 심하지 않은 경우 항혈소판제제 등의 약물로 예방적 치료를 받게 된다.

동맥경화를 예방, 치료하는 데 좋은 식품으로는 해조류를 비롯하여 비자, 삼백초, 흰민들레, 홍경천, 오리나무잎, 제피, 택란, 지치, 상추, 발효마늘, 콩잎, 개다래, 복분자 식초, 발효옻식초, 꽁치, 폴리코사놀, 새싹보리추출물, 보이차 엑기스, 유산균, 모시잎, 호두, 비트, 아사이베리, 사과, 아보카드, 브로콜리, 마늘, 녹차, 천연초 등이 보고되고 있으며, 생리활성 성분으로는 Ω-3, 커큐민(curcumin), 비타민 E, 이소플라본, 폴리코사놀(policosanol), 키토산, EPA(eicosa pentaenoic acid), γ-리놀렌산, 대두단백질, 저분자화 알긴산 나트륨, 레시틴, 안토시아닌, 베타인, γ-oryzanol, 인지질결합 대두 펩타이드, 식물 스테롤에스테르 등이 있다.

빈혈의 예방과 치료에 유효한 생리활성 성분으로는 비타민 B_1, B_2, B_6, B_{12} 및 엽산과 다양한 아미노산 외 epoetin α, epoetin zeta, EPO(erythropoietin) 등이 있으며, 녹색잎 채소, 계란노른자, 쇠고기, 쇠간, 굴, 대합 바지락, 자두, 김, 미역 다시마, 파래 쑥, 아몬드, 콩(땅콩, 땅콩버터, 렌즈콩, 흰콩, 붉은콩, 구운콩, 강낭콩), 깨, 팥, 잣, 호박, 버섯 등이 빈혈관련 식품들이 있다. 당귀, 작약, 황기, 숙지황, 천궁 및 감초 등은 조혈소재로 알려져 있고, 철분제인 ferrous fumarate, 그리고 철분보충제 성분으로는 ferric hydroxide polymaltose complex, ferritin extract glycerin hydrate 등이 있다.

죽상경화증은 초기단계에서는 질산염, β-차단제, 칼슘채널 차단제, 아스피린 또는 콜레스테롤 저하제(스타틴) 등과 같은 약물을 사용하여 질병의 진행을 늦추거나 증상을 완화시킬 수 있다. 항산화제도 지질의 과산화를 억제하고, 혈관벽의 산화스트레스를 감소시켜 죽상종의 발생이나 진행을 막는다.

〈6절〉 혈압조절 관련 생리활성물질

6.1 혈압의 정의와 종류, 혈압조절 기전

혈압(血壓)은 혈액이 혈관 벽에 주는 압력으로 팔꿈치 안쪽의 심장에서 나온 혈액을 팔 윗부분의 큰 혈관인 상완동맥에서 측정한 압력을 말한다. 심장박동에 따라 혈압은 최고혈압(수축기혈압)과 최저혈압(이완기혈압)을 넘나들며 변하며, 단위는 mmHg이다. 정상 혈압은 수축기혈압 120~130 mmHg, 이완기혈압 80~85 mmHg 내외이다. 이보다 일정 수준 이상 높아지면 고혈압, 낮아지면 저혈압이라고 부른다. 혈압은 심박출량과 혈류의 저항에 기인하며, 심장으로부터 멀어질수록 낮아진다. 혈압은 소동맥을 지나면서 가장 급격하게 떨어지며, 모세혈관과 정맥을 지나면서 혈압은 더욱 떨어진다. 중력의 힘에도 불구하고 순환이 계속적으로 일어나는 것은 정맥의 판막과 근육의 수축 덕분이다.

혈압은 혈액이 심장에서 밀려나올 때의 압력인데, 심장이 이완될 때는 심실 내압은 0(zero)가 되지만, 동맥 내압은 결코 0가 되는 일이 없다. 이는 혈관벽에 강한 탄력성이 있기 때문에 박동을 했을 때는 확장하여 압력을 늦추고, 심장 이완기에는 수축하여 압력을 유지하기 때문이다. 어떤 원인으로 탄력성이 나빠지면 혈관벽은 확장되지 못하고 저항하게 되어 혈압은 비정상적으로 지속적으로 높아지게 된다. 고혈압은 동맥혈관 내의 압력이 증가한 것을 말하며, 수축기혈압(높은 혈압, 첫 번째 숫자)과 이완기혈압(낮은 혈압, 두 번째 숫자)으로 표시된다. 수축기혈압과 이완기혈압의 차이를 맥압(pulse pressure)이라고 하는데, 이것 또한 건강 위험의 중요한 지표이다. 수축기혈압이나 이완기혈압 중 한 가지만 높아도 고혈압에 해당된다. 저항성 고혈압이란 일반적으로 thiazide 이뇨제, 베타차단제, ACE억제제, 칼슘길항제 등 적절한 강압제 3가지를 병용하여 각각의 최대량을 사용함에도 불구하고 수축기 혈압이 160 mmHg, 확장기 혈압이 90 mmHg 이하로 조절이 되지 않는 상태를 말한다.

고혈압은 90% 이상이 본태성으로 원인을 알 수 없는 경우가 대부분이며, 5~10% 정도는 원인이 명확한 2차성(속발성) 고혈압이다. 본태성 고혈압의 유발 원인은 다양하지만 그 중 유전적인 요인(가족력)이 가장 흔하다. 2차성 고혈압은 인식 가능한 원인으로부터 비롯되는데, 신장질환이 가장 흔한 고혈압의 2차 원인이다. 신장질환은 쿠싱증후군, 갑상선기능항진증, 갑상선기능저하증, 말단비대증, 콘증후군, 고(高)알도스테론증, 부(副)갑상선기능항진증, 크롬친화세포종 등과 같은 내분비계 질환에 기인한다. 또 다른 2차성 고혈압의 원인으로는 당뇨병, 수면 무호흡, 임신, 대동맥축착, 스테로이드성 약물 과용 등이 있다.

내성 고혈압(resistant hypertension)의 일부는 자율신경계가 만성적으로 활발한 것이 그 원인인데, 이것이 신경성 고혈압이다. 고혈압은 뇌졸중, 심근경색(심장마비), 심부전, 혈관 동맥류(예: 대동맥류), 하지동맥류 등의 주요 위험인자이며, 만성신부전의 원인이 되기도 한다. 고혈압으로 인한 합병증이 발생한 이후에는 의식장애, 호흡곤란, 손발부종, 가슴통증 등이 올 수 있다.

혈압을 조절하는 기전은 동맥압 수용체 체계, 수분량의 변화, 혈관 자가조절, 혈관 내피세포, 레닌-안지오텐신 체계 등이 관련되어 있다. 먼저, 동맥압 수용체는 혈압의 수준을 감시하는 역할을 하는데, 혈압이 오르면 미주신경이 작용하여 심박동을 감소시키고, 교감신경계의 긴장을 감소시켜 혈관을 확장시킴으로써 혈압이 올라간다. 혈압이 떨어졌을 때는 동맥압 수용체의 반사조절 작용으로 교감신경계를 활성화시켜 동맥압을 올려 준다. 그러나 동맥압 수용체가 상승된 혈압에 대해 부적절하게 감지될 경우 고혈압이 발생하게 된다. 또 체내 염분과 수분이 과다하면 심장으로 귀환하는 정맥 귀환량이 증가되고, 심박출량을 증가시켜 혈압이 상승하게 된다.

혈관 자가조절은 혈류가 감소되면 혈관 저항을 감소시키고, 혈류가 증가하면 혈관 저항을 증가시켜 혈류를 적당하게 조절해 주어 혈압을 정상적으로 유지시켜 준다. 또 혈관내피에서 분비되는 엔도델린(endodelin)이 혈관을 수축하여 혈압을 높이면 혈관 내피에서 분비되는 또 다른 산화질소(NO)가 혈압을 조절해 준다. 만약 혈압이 떨어지면 신장은 신장 혈류의 감소와 교감신경의 자극에 반응하여 레닌(renin)이라는 효소를 분비한다.

레닌은 안지오텐신노겐(angiotensinogen)의 말단에 있는 아미노산 배열을 분리시킴으로써 안지오텐신 I(angiotensin I)을 유리시키고, 이 안지오텐신 I(angiotensin I)은 폐의 전환효소에 의해 안지온텐신 II(angiotensin II)로 전환된다. 안지오텐신 II는 두 가지 방법으로 혈압을 상승시키는데, 첫 번째는 안지오텐신 II 자체가 강력한 혈관 수축제로 작용하여 말초동맥의 혈관을 수축시켜 혈압을 상승시킨다. 두 번째는 안지오텐신 II(angiotensin II)가 부신피질을 자극하여 알도스테론(aldosterone)을 분비하는 경우인데, 이 알도스테론은 신장의 원위세뇨관과 집합관에서 수분과 염분의 재흡수를 촉진하여 수분과 염분을 보유하면서 삼투압이 높아져 뇌하수체후엽에서 항이뇨호르몬(ADH)을 분비, 이 항이뇨호르몬이 신세뇨관에서 물 재흡수를 증가시켜 혈압을 올리게 된다. 즉 안지오텐신은 교감신경계를 자극하고, 신장(콩팥)에서 물을 저류시키는 알도스테론(부신에서 분비) 및 항이뇨호르몬(송과체에서 분비) 분비를 증가시켜 혈관의 수축을 유발해 고혈압을 일으킨다(그림 6-1).

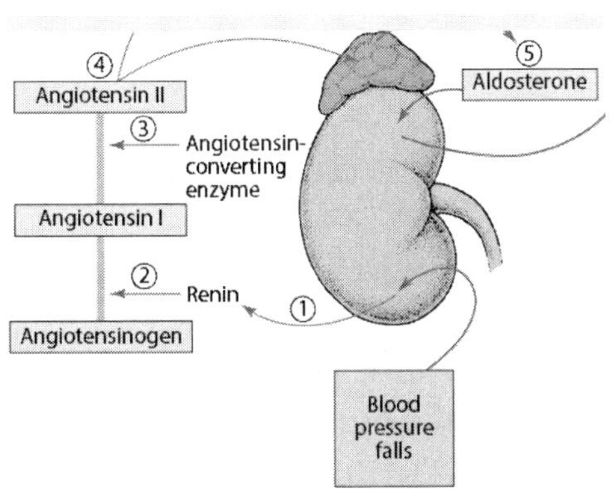

그림 6-1. 혈압조절 기전
(출처 : MSD and the MSD Manuals)

6.2 혈압조절에 도움을 주는 생리활성물질

고혈압을 치료하는 항고혈압 약물로는 가장 일반적인 것이 이뇨제이다. 그리고 칼슘길항차단제, 교감신경차단제(α-, $\alpha-\beta$ 차단제), ACE(angiotensin 전환효소)억제제 등이 많이 사용되는 고혈압치료제제이다. 칼슘길항제는 혈관과 심장의 세포막에 있는 칼슘 통로에 작용하여 혈관을 확장시킴으로써 혈압을 낮추고, 심장의 수축력을 억제하며, 박동수를 조절해 준다. 안지오텐신을 활성화시키는 효소를 억제하는 ACE 억제제는 레닌-안지오텐신-알도스테론(renin-angiotensin-aldosterone) 시스템 경로를 차단하는 안지오텐신수용체길항제(angiotensin-2 receptor blocker, ARB)로 혈압상승을 차단하고 수분, 전해질 등을 조절해 주며, 그 외에 말초혈관 저항 감소, 심장박동수 조절, 수분저류 억제, 손상된 혈관 내피세포의 기능 회복, 저항이 있는 혈관의 벽 두께를 줄이는 역할로 혈압을 조절한다.

혈압조절에 도움을 주는 기능성 원료는 가쯔오부시 올리고펩타이드, 연어 펩타이드, 정어리 펩타이드, 카제인 가수분해물, L-글루타민산 유래 GABA함유 분말, 해태 올리고펩타이드, 나토균 배양분말, 서목태(쥐눈이콩) 펩타이드 복합물, 포도씨효소분해 추출분말, 코엔자임 Q_{10}, 올리브잎 추출물 등이 있다.

1) 정어리 펩타이드와 가쯔오부시 올리고펩타이드

정어리 펩타이드는 혈압 감소에 도움을 주는 생리활성 기능 2등급으로, 지표성분은 펩타이드(peptide), 바릴티로신(valine-tyrosine, 그림 6-2)이다. 1일 섭취량은 바릴티로신으로서 250~400 μg/일이며, 의약품(고혈압 치료제) 복용 시 섭취에 주의해야 한다. 정어리육에 있는 바릴티로신 펩타이드를 추출하여 정제한 물질을 농축하여 만든다.

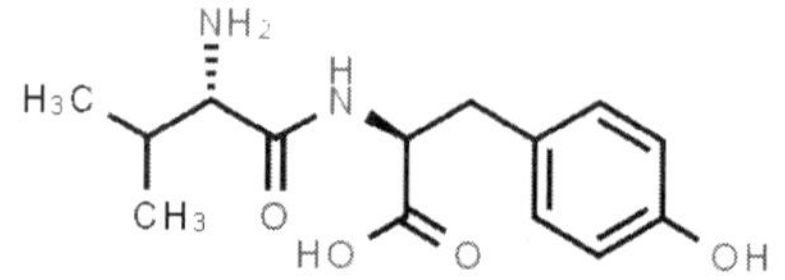

그림 6-2. L-Valyl-L-tyrosine의 구조

정어리는 꽁치와 유사하여 고등어, 청어와 함께 대표적인 등푸른생선으로 EPA나 DHA 뿐만 아니라 정어리육 자체에 혈압을 낮추어 주는 성분이 있는데, 정어리육은 대부분 단백질로 구성되어 있다. 그 중 정어리육 단백질 속에 발린과 티로신이라는 2가지 아미노산이 결합된 펩타이드가 혈압을 정상치로 유지시키는 데 혈관수축을 저해하며, 혈관확장에 의해 고혈압을 조절하고, 혈관을 튼튼하게 해 준다. 이것은 정어리 펩타이드의 바릴티로신이 안지오텐신겐 혈압구조에 대해 혈관수축을 유발시키는 ACE(변환효소)효소를 저해하기 때문이다.

가쯔오부시 올리고펩타이드는 혈압 감소에 도움을 주는 생리활성 기능 2등급으로, 지표성분은 Leu-Lys-Pro-Asn-Met(LKPNM)이다. 1일 섭취량은 가쯔오부시 올리고펩타이드로서 1.5 g/일이고, Leu-Lys-Pro-Asn-Met로서 5 mg/일이다. 임산부와 수유부는 섭취를 삼가고, 신부전이 있는 사람이 복용할 경우에는 유의해야 한다. 가쓰오부시(鰹節, かつおぶし)는 가다랑어의 살을 찌고, 건조시켜 발효한 식품으로 육수를 내는 데 사용하며, 해물로 만든 음식 위에 뿌리는 고명으로 사용하고 있다. 가수분해된 가다랑어의 thermolysin에 의한 단백분해물은 안지오텐신전환효소(ACE) 저해 활성을 가진 것으로 항고혈압 기능을 가지고 있다. ACE저해제 펩타이드의 아미노산 서열은 Leu-Lys-Pro-Asn-Met이다.

2) 카제인 가수분해물과 올리브잎(주정) 추출물

카제인 가수분해물은 혈압 감소에 도움을 주는 생리활성 기능 2등급으로, 지표성분은 Phe-Phe-Val-Ala-Pro-Phe-Pro-Glu-Val-Phe-Gly-Lys이며, 이 성분은 ACE저해제 펩타이드의 아미노산이다. 임산부, 수유부는 섭취를 삼가야 하며, 신부전이 있는 사람, 혈압약을 복용하는 사람은 섭취 시 유의해야 한다. 1일 섭취량은 VPP(Val-Pro-Pro) 및 IPP(Ile-Pro-Pro) VPP(Val-Pro-Pro) 및 IPP(Ile-Pro-Pro)의 합으로서 1.8~3.6 mg/일이다.

올리브잎 추출물은 혈압 감소에 도움을 주는 생리활성 기능 2등급으로, 지표성분은 올유러핀(oleuropein, 그림 6-3)으로 올리브잎 주정추출물으로서 500~1,000 mg/일이다. 1일 섭취량은 90~180 mg/일이다. 혈압약을 복용하는 사람은 섭취 시 유의해야 한다. G단백질 에스트로겐 수용체인 올유러핀은 녹색올리브, 올리브잎에서 발견되는 페놀화합물의 일종인 glycosylated seco-iridoid이다. 올유러핀은 혈관이 딱딱해져 혈압이 올라가는 것을 막도록 혈관을 부드럽게 이완시키는 작용을 하여 혈압을 저하시키며, 인슐린 생산을 촉진하고, 혈당 저하작용을 하는 기능을 가지고 있다.

생 올리브잎에서 자연친화 방식으로 추출한 올리브잎 추출액은 올리브유보다 50배가량 높은 고농도 폴리페놀 계열인 올유러핀과 엘레노산 등이 함유되어 있어 이 성분이 항산화작용, 항균, 항생작용, 콜레스테롤과 혈당 조절작용, 구내용 치료, 면역력 증강작용, 혈액순환과 심혈관 질환 등에 도움을 준다.

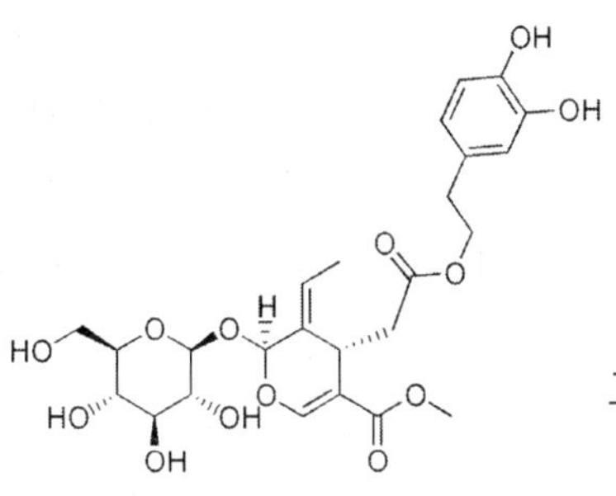

그림 6-3. 올유러핀(oleuropein)의 구조

3) 코엔자임 Q_{10}과 L-글루타민산 유래 GABA 함유 분말

코엔자임 Q_{10}은 항산화 소재로 혈압 감소에 도움을 줄 수 있는 생리활성 기능 2등급으로, 지표성분의 함량은 코엔자임 Q_{10}(Coenzyme Q_{10})이다(그림 6-4). 1일 섭취량은 코엔자임 Q_{10}로서 90~100 mg/일이고, 코엔자임 Q_{10} 가용화 분말로서 270~300 mg/일이다.

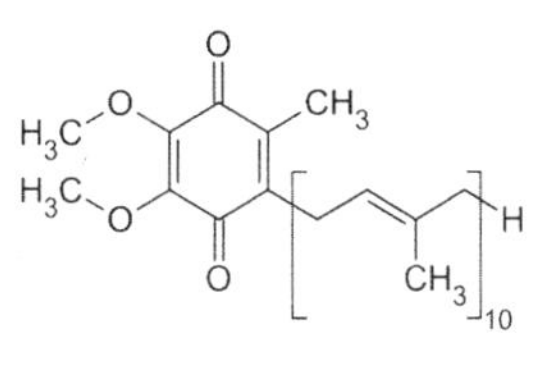

그림 6-4. Coenzyme Q_{10}의 구조

유비퀴논(ubiquinone) 또는 유비데카레논(ubidecarenone)이라 불리는 생리활성물질인 코엔자임 Q_{10}은 *Agrobacterium tumefaciens, Paracoccus denitrificans, Pseudomonas aeruginosa* 등의 배양산물을 용매로 추출하고, 이를 농축 또는 정제하여 제조한다. 코엔자임 Q_{10}은 벤조피렌고리(benzopyrene ring) 구조에 이소프렌 가지(isoprenen branch)를 가진 화합물로 지용성이다. 코엔자임 Q_{10}은 세포의 기능 유지에 필요한 대사물질로 세포막을 보호하고, 자유라디칼의 손상으로부터 지단백을 보호하는 항산화 기능과 LDL의 산화 등에 관여하는 소재이다.

코엔자임 Q_{10}은 일종의 조효소로서 미토콘드리아의 전자전달계에 위치하여 ATP 생성에 중요한 역할을 수행하는데, 당질을 에너지로 바꾸어 혈당을 감소시키고, 비타민 E와 같이 항산화작용을 하여 세포막의 산화를 막고, 산소 이용률을 높이는 작용을 한다. 또 코엔자임 Q_{10}은 항산화 작용에 유래하는 발암 예방, 노화방지 작용, 혈중 LDL 산화 억제를 비롯하여 울혈성 심부전, 협심증 또는 고혈압, 심장병 등 심혈관계 질환에 대한 보조제, 헌팅턴병, 파킨슨병 등과 같은 다양한 신경퇴행질환에서 기능적 쇠퇴 지연, 면역기능 향상을 통한 류머티즘성 변(valve) 질환, 치조염증 개선 효과 등을 가지고 있다.

L-글루타민산 유래 GABA함유 분말은 혈압 감소에 도움을 주는 생리활성 기능 2등급으로, 지표성분은 GABA이다. 1일 섭취량은 GABA로서 20 mg/일이다. L-글루타민산 유래 GABA함유 분말은 혈압이 높은 사람에게 도움을 주며, 노화로 인해 감소될 수 있는 황반색소 밀도를 유지하여 눈 건강에도 도움을 주는 소재이다. GABA(γ-aminobutyric acid)는 유산균발효 기술을 토대로 glutamic acid decarboxylase에 의해 L-glutamic acid로부터 생성되는 비단백질성 신경전달물질이다. GABA는 포유동물의 뇌나 척수에 존재하며, 흥분억제성 신경전달물질(inhibitory neurotransmitter)인데, 뇌의 혈류를 활발하게 하고, 산소 공급량을 증가시켜 뇌세포의 대사기능을 항진시키며, 성장호르몬의 분비조절에도 관여한다. 혈압강하와 ACE 활성 저해작용을 비롯하여 발작 또는 우울증 조절, 뇌세포대사 촉진, 기억력 증가, 성장호르몬의 분비조절, 통증완화, 정신신경안정작용, 스트레스 해소, 학습능력 증강, 장기기억 촉진, 포만감 조절 등 다양한 기능을 가지고 있다.

4) 해태 올리고펩타이드와 연어 펩타이드, 서목태(쥐눈이콩) 펩타이드 복합물

해태 올리고펩티드는 혈압 감소에 도움을 주는 생리활성 기능 2등급으로, 지표성분은 alanine-lysine-tyrosine-serine-tyrosine이다. 1일 섭취량은 해태 올리고펩티드로서 1.6 g/일이다(해태는 상표명). ACE저해제 펩타이드의 아미노산 서열은 Alanine-Lysine-Tyrosine-Serine-Tyrosine(ALTST)이다.

연어 펩타이드는 혈압 감소에 도움을 주는 생리활성 기능 2등급으로, 지표성분은 ACE저해제 펩타이드의 아미노산 서열이 Ile-Trp(Isoleucine-Tryptophan)이다. 1일 섭취량은 연어 펩타이드로서 2 g/일이다. 임산부와 수유부는 섭취를 삼가고, 신부전이 있는 사람, 혈압약을 복용하는 경우 섭취 시 유의해야 한다.

서목태(쥐눈이콩) 펩타이드 복합물은 혈압 감소에 도움을 주는 생리활성 기능 2등급으로, 지표성분은 아르기닌(arginine)과 루신(leucine)이다. 1일 섭취량은 서목태(쥐눈이콩) 펩타이드 복합물로서 4.5 g/일이다. 검정콩(서목태)을 엔도(*endo*), 엑소(*exo*) 프로테아제(protease)로 효소분해, 여과한 후 불용성 물질을 제거하여 수용성 펩타이드 조성물을 얻는다. 서목태(쥐눈이콩) 펩타이드(black soybean single peptide)는 복합물체내 AMP-activated protein kinase(AMPK)를 활성화시켜 에너지대사 촉진과 지방합성 저해작용을 하는 기능을 가지고 있다. AMPK는 신체 내 영양상태와 외부 환경의 변화에 대한 세포의 적응을 중재하는 에너지 감지기 역할을 하는 효소이다.

서목태에 함유된 염기성 아미노산인 아르기닌은 관상동맥을 확장하여 미세순환을 촉진하므로 혈압 조절작용, 심장마비 예방 및 뇌의 순환질환에 도움을 주는 소재이다. 체내에 가장 많이 저장되어 있는 아미노산 류신(leucine)은 BCAA(branched-chain amino acid / 분지사슬 아미노산 / isoleucine / valine)의 일종으로, 단백질 합성을 자극하고, 근육단백질 합성의 증가와 함께 근육단백질 분해를 감소시켜 전체적인 근육량 증가와 형성에 기여하며, 체조직의 재생(recycling)과 회복(recovery) 속도에도 직접적인 영향을 미친다. 또 피로(fatigue) 회복 및 스트레스(stress) 해소, 성장(growth)과 운동능력 등에 기여하는 등 운동과 밀접한 관련이 있는 아미노산이다. 서목태(쥐눈이콩) 펩타이드 복합물에는 아르기닌과 류신이 규격에 맞도록 제조되어 있다.

5) 나토균 배양분말과 포도씨 효소분해 추출분말

나토균 배양분말은 혈압조절에 도움을 주고, 혈소판 응집억제에 의한 혈류 개선에 도움을 주는 생리활성 기능 2등급으로, 지표성분은 피브린 용해효소이다. 1일 섭취량은 나토균 배양분말로서 100 mg/일이다. 혈전 용해에는 혈전에 직접 작용하여 용해시키는 단백분해효소와 혈전분해계를 활성화시키는 효소가 있는데, 단백분해효소로는 브리나제(brinase), 파파인(papain), 트립신(trypsin), 플라즈민(plasmin) 등이 있다.

혈전분해계를 활성화시키는 효소로는 스트렙토키나제(streptokinase), 유로키나제(urokinase), tPA(tissue plasminogen activator) 등이 있는데, 스트렙토키나제는 플라스미노겐 활성인자로 작용하나 연쇄상구균에서 만들어진 효소이기 때문에 항원성이 있어 사용에 제한이 있고, 유로키나제와 tPA는 플라스미노겐 활성효과가 좋으나 생체내 물질이기 때문에 반감기가 짧고 혈전에 대한 특이성이 없으며, 고가인 것이 단점이다. 따라서 은행잎에서 추출한 성분을 비롯하여 소, 돼지에서 추출한 헤파린(heparin), 뱀독(salmonase), 그리고 지렁이(lumbrikinase), 거머리(hirudin), 지네(fibrinolytic enzyme) 등에서 추출된 혈전용해효소와 미생물인 *Staphylococcus* (staphylokinase), *Aspergillus oryzae*(brinolase), *Yersinia*(fibrinolysin), *Bacillus* (subtilisin) 등에서 분리한 혈전용해효소 등을 소재로 활용하고 있다. 일본 된장인 나토(納豆, natto)의 끈적끈적한 물질에서 분리한 *Bacillus subtilus*에서 생성되는 혈전용해효소인 나토키나제(nattokinase / subtilisin NAT / serin protease)는 혈관을 막는 혈전의 발생을 예방하여 혈압 조절과 혈행 개선에 도움을 주는 소재이다. 혈전 때문에 발생하는 심근경색, 협심증, 뇌경색, 뇌출혈 등과 같은 질환을 예방, 치료하는 데 도움을 준다.

포도씨 효소분해 추출분말은 혈압 감소에 도움을 주는 생리활성 기능 3등급으로, 지표성분은 총 폴리페놀(total polyphenol)이다. 1일 섭취량은 포도씨 효소분해 추출분말로 150～300 mg/일이다. 포도씨의 중량은 전체 포도열매 중량의 3～5%를 차지하고 있는데, 포도씨에는 식물성 스테롤을 함유하고 있다. 그 중 나쁜 콜레스테롤을 분해하는 유익한 성분인 β-sitosterol이 가장 많이 함유되어 있다. 이 외에도 포도씨 및 포도씨유에 함유된 기능성 물질로는 카테친류, 레스베라트롤, proanthicyanidin 등이 있다. Proanthocyanidin은 축합형 탄닌의 일종으로 동맥경화 억제, 노인성 치매예방, 항당뇨, 대장암 예방 등에 효과를 보인다. 포도씨 추출물(GSE)은 DPPH(1,1-diphenyl-2-picrylhydrazyl) radical 소거효과와 SOD(superoxide anion dismutase) 유사활성 및 hydroxyl radical 포착효과, 소화효소(단백질 분해효소: trypsin과 α-chymotrypsin, 탄수화물 분해효소: α-amylase와 α-glucosidase, 지방분해효소: lipase) 억제효과 등을 통해 지방흡수를 억제할 뿐만 아니라 탄수화물 및 단백질 흡수 억제까지 겸비한 비만예방 및 치료제로 이용되고 있다.

〈7절〉 혈중 중성지방 개선에 도움을 주는 생리활성물질

7.1 중성지방 정의 및 합성과 분해, 그리고 지방조직

보통 지방이라 부르는 것은 바로 중성지방(triglyceride, TG)이다. 식사를 통해서 섭취한 지방의 95%는 중성지방이며, 나머지 소량은 인지질과 콜레스테롤이다. 중성지방은 효율적인 에너지원인데 과잉의 중성지방은 지방조직에 저장되고, 탄수화물을 많이 섭취할 경우 과잉분은 간과 지방조직에 중성지방으로 축적된다. 중성지방은 1분자의 글리세롤(glycerol)과 3분자의 유리지방산(free fatty acid)이 에스테르결합(ester bond)한 형태로 글리세롤에 결합되어 있는 지방산의 수에 따라 모노아실글리세롤(monoacylglycerol, MAG / MG), 디아실글리세롤(diacyglcerol, DAG / DG), 트라이아실글리세롤(triacylglycerol, TAG / TG) 등으로 구분한다.

혈중 중성지방이란 식사로부터 들어오는 지방이나 간에서 합성되는 지방이 혈액 속에 들어 있는 형태인데, 혈중 지방 중 가장 많은 비중을 차지한다. 12시간 공복상태에서 혈중 중성지방이 150 mg/dL 미만인 경우는 정상이지만, 150~199 mg/dL인 경우는 경계성 고중성지방혈증, 200~499 mg/dL이면 고중성지방혈증, 500 mg/dL 이상이면 매우 높은 고중성지방혈증으로 분류한다. 식후 0~8시간 사이의 혈중 중성지방농도 측정은 잠재적인 고중성지방혈증 위험을 확인하는 지표로 이용되고 있다. 고지방 식사 후 혈액에서 순환하는 중성지방의 90% 이상은 소장에서 킬로미크론(chylomicron, CM) 형태로 흡수되므로 식후 중성지방 농도는 킬로미크론에 존재하는 중성지방 농도를 의미한다.

중성지방은 체내 에너지원으로 좋은 지방이지만 과다하게 합성, 축적되면 인슐린의 기능을 저해하고, 대사증후군, 당뇨병, 및 심혈관계 질환 등 여러 질병을 유발한다. 콜레스테롤이 낮아도 중성지방이 높으면 심혈관계 질환이 더 잘 발생한다. 혈중 중성지방은 LDL콜레스테롤의 생성을 돕고, HDL콜레스테롤의 분해를 촉진한다. 공복상태에서는 저장되어 있던 중성지방이 간에서 VLDL(초저밀도지단백질, very low density lipoprotein) 형태로 혈액으로 분비되어 혈중 중성지방 농도에 반영되는데, 식사로 지방을 섭취하면 혈액 중의 중성지방 농도는 12시간 이내에 정상화된다. 중성지방을 필요한 조직과 기관으로 이동시키는 주요 지단백질은 킬로미크론(chylomicron)과 VLDL이다. 대부분의 중성지방은 VLDL형태로 혈액을 통해 다른 기관(지방조직, 심장, 근육, 대식세포) 등으로 이동한다. 지단백질 표면에 있는 수용성 단백질을 아포지단백질(apolipoprotein / apo)이라고 하는데 Apo B-48, Apo B-100, 및 Apo CII 등이 있다.

중성지방을 이해하기 위해서는 중성지방의 합성을 조절하는 조절유전자를 이해할 필요가 있다. 그 중 sterol response element binding protein-1c(SREBP-1c)는 지방조직과 간 조직에서 중성지방 합성에 필요한 전사인자인데, 이것이 억제되면 지방산 합성이 감소하고, 간 조직에 중성지방 축적이 억제된다. 만약 Liver X receptor(LXR α)의 발현이 감소되면 SREBP-1c 발현이 감소하여 중성지방 합성이 억제되므로 혈중 중성지방 농도가 감소하게 된다. FABPs(Fatty acid binding proteins)는 지방세포 내로 지방산 흡수를 촉진시키는 단백질인데, 이를 제거하면 혈당 감소 및 혈중 중성지방을 감소시킬 수 있다.

PPARγ(peroxisome proliferator-activated receptor gamma)는 주로 지방조직에 발현되는 전사인자로 아디포넥틴(adiponectin)과 같은 인슐린 감수성 아디포카인(adipokine)의 생성에 관여함으로써 지방세포 내 지방축적을 소설하게 된다. 만약 PPARγ의 발현이 감소되면 지방조직에서의 중성지방 합성이 감소하여 혈중 중성지방도 감소하게 된다. CD36(cluster of differentiation 36)은 지방세포에서 지방산 흡수를 촉진시키는 단백질인데, CD36 발현이 감소하면 지방산 흡수가 감소되어 지방합성이 억제된다. 특히 GLUT4(glucose transporter type 4)는 세포내로 포도당을 수송하는 단백질로서 발현이 증가하면 세포내 포도당의 유입이 증가하여 중성지방 합성도 증가한다. 지방조직에서 분비되는 아디포카인(adipokine)들도 대식세포를 불러오는 역할을 하며, 대식세포들은 사이토카인을 분비하여 지방세포의 기능 부전, 지방세포의 인슐린 저항성 및 염증반응을 촉진한다.

내장지방은 피하지방보다 중성지방을 더 쉽게 축적하며, 필요시에 더 쉽게 중성지방을 에너지원으로 이용한다. 내장지방이 과다 축적되면 공복 시에 중성지방의 분해산물인 유리지방산과 글리세롤이 과다하게 방출된다. 내장지방은 문맥과 이어져 있기 때문에 방출된 유리지방산과 글리세롤이 간으로 유입되면 간 내 포도당 생성이 증가하고, 또한 유리지방산은 중성지방 합성에 사용하게 되어 간에 중성지방이 축적된다. 내장 중성지방이 축적될 경우 아디포사이토카인(adipocytokine / 아디포카인)의 분비불균형을 초래하여 렙틴(leptin), 아디포넥틴(adiponectin), tumor necrosis factor α (TNF α), interleukin-6(IL-6), plasminogen activator inhibitor-1(PAI-1) 등의 생산이 촉진되는 반면, 아디포넥틴(adiponectin)의 생산은 저하된다.

아디포넥틴은 지방세포에서 생성되는 247개 아미노산으로 구성된 단백질로서 중성지방축적을 억제하는 작용을 한다. 아디포넥틴의 발현이 증가하면 지단백질 분해효소의 활성이 높아져 VLDL의 분해를 촉진하고, 혈중 중성지방 농도가 저하된다. 지방조직에 중성지방이 과다 축적되면 아디포사이토카인 분비가 증가하고, 혈전형성 촉진인자(PAI-1)도 동시에 증가하여 혈전을 만들게 된다. 내장지방이 축적되면 렙틴의 농도가 상승하는데, 만약 렙틴 발현이 억제되면 AMPK 발현 증가 및 지방산 산화가 증가하고, 중성지방 축적이 감소하며, 따라서 혈중 중성지방 농도도 개선된다.

7.2 혈중 중성지방 개선에 도움을 주는 생리활성물질

혈중 중성지방 개선에 도움을 주는 생리활성물질에는 오메가-3[리놀렌산(linolenic acid) / EPA(eicosapentaenoic acid) / DHA(docoxahexanoic acid)]와 섬유소를 우선적으로 꼽을 수 있다. Ω-3은 간에서의 중성지방 합성을 감소시켜 혈중 중성지방 농도를 낮추며, 혈소판이 뭉쳐서 굳는 것을 억제하여 혈전 생성을 방지한다. 섬유소는 당질과 지방의 소화와 흡수를 억제하여 체지방 감소에 도움을 준다. 특히 수용성 섬유소는 음식물이 위에서 장으로 배출되는 것을 느리게 하고, 장에서의 음식물 이동시간을 증가시키며, 혈당이 급격히 상승하는 것을 막아주며, 혈중 중성지방을 저하시키는 작용을 갖고 있다.

섬유소는 음식이 장에 머무는 시간에 변화를 주어 몸에 해로운 콜레스테롤이 담즙산과 결합하여 배설되도록 돕고, 또 재흡수되지 않도록 함으로써 혈중 중성지방의 농도를 저하시켜 준다. 식약처에서 지정한 혈중 중성지방 개선에 도움을 주는 생리활성 기능 원료에는 고시형으로 EPA 및 DHA함유 유지 등이 있고, 개별인정형 기능성 원료로는 난소화성 말토덱스트린, 정제 정어리어유, 정제 오징어유, DHA 농축 유지, 식물성 유지 디글리세라이드, 글로빈 가수분해물, 유니벡스대나무잎 추출물 등이 있다.

1) 유니벡스대나무잎 추출물

유니벡스대나무잎 추출물은 혈중 중성지방 개선에 도움을 주는 생리활성 기능 원료 3등급으로, 지표성분은 ① tricin, ② *p*-coumaric acid이다. 1일 섭취량은 유니벡스대나무잎추출물로서 300～600 mg/day이고, tricin으로서 0.345～2.07 mg/day, *p*-coumaric acid로서 1.095～6.57 mg/day이다. 대나무잎추출물(bamboo grass extract)은 각종 항산화물질과 폴리페놀, 플라보노이드, 유기산 등을 함유하고 있으며 항균, 항산화, 방부효과, 피부미백, 항비만, 항피로, 당뇨억제, 운동력 향상, 이미/이취 제거 등 많은 기능을 가지고 있다. 특히 혈중 콜레스테롤과 중성지질을 감소시키는데, 나쁜 콜레스테롤이 혈관 내벽에 침투해 달라붙는 것을 방지하고, 혈관에 탄력을 부여하며, 손상된 혈관을 재생, 보호한다. 또 혈액응고를 막아 혈액순환 개선에 도움을 준다. 대나무잎추출물은 대나무 잎을 주정으로 추출 및 농축한 것이다.

2) 정어리 정제어유와 정제 오징어유, 그리고 DHA 농축유지

정어리 정제어유는 혈중 중성지방 개선에 도움을 주는 생리활성 기능 원료 2등급으로, 지표성분은 ① DHA, ② EPA이며, 1일 섭취량은 DHA + EPA 합으로서 500～2,000 mg/일이다. 어유(fish oil)만이 가지고 있는 EPA(eicosa pentaenoic acid), DHA(docosa hexaenoic acid) 등 오메가-3 지방산은 콜레스테롤 수치를 낮추며, 혈액응고 방지효과, 항염, 류마티스성 관절염 등에 유효한 성분이다. 정제 오징어유도 중성지방 개선에 도움을 주는 생리활성 기능 원료 2등급으로, 지표성분은 ① DHA, ② EPA이고, 1일 섭취량은 DHA + EPA 합으로서 0.5～2 g/day이다.

DHA 농축유지는 혈중 중성지방 개선에 도움을 주는 생리활성 기능 원료 2등급으로, 지표성분은 ① DHA, ② DHA + EPA이다. DHA 농축 유지는 DHA + EPA 함량이 38～56% 정도이며, 기존 오메가 제품 대비 2～3배 이상 많이 가진 농축형태이다. 참치유, 정어리유로부터 오메가 지방산을 생산하기 위해 저온반응을 기반으로 한

효소정제 공정과 DHA + EPA를 선택적으로 분별하는 고진공증류 공정, 특유 어취를 제거하기 위한 고진공탈취 공정 등 특별한 공정을 도입하여 제조한 것이다.

3) 난소화성 말토덱스트린과 식물성 유지 디글리세라이드

난소화성 말토덱스트린(resistant maltodextrin / nondigestible maltodextrin, NMD)은 혈중 중성지방 개선에 도움을 주는 생리활성 기능 원료 2등급으로, 지표성분은 식이섬유 난소화성 말토덱스트린으로서 15~30 g/일이다. 난소화성 말토덱스트린은 옥수수 전분을 가수분해하여 얻은 수용성 식이섬유로 85%의 식이섬유를 함유하고 있는데, 포도당 흡수를 억제하여 혈당 상승을 유의적으로 억제하며, 급격한 인슐린 상승을 억제하고, 혈중 중성지방의 상승 억제, 혈청콜레스테롤과 중성지질 등을 개선하는 데 도움을 주는 소재이다. 원래 수용성 식이섬유는 배변활동 원활, 변비개선에 도움을 주는 소재이다.

식물성 유지 디글리세라이드는 혈중 중성지방 개선에 도움을 주는 생리활성 기능 원료 2등급으로, 지표성분은 디글리세라이드(diacylglyceride)이다. 식물성 유지 디글리세라이드는 체지방 개선, 혈중 중성지방 개선에 도움이 되는 소재로 알려져 있는데, 그것은 디글리세라이드가 식이로 섭취가 되었을 경우, 일반적인 중성지질과 소화나 소장 벽을 통한 흡수과정은 유사하지만 중성지질의 경우처럼 다시 재합성이 되어 체내에 잔존하지 않기 때문이다. 일반 중성지질 대비 식후 혈청 및 킬로미크론에 존재하는 지방함량을 낮추는 효과를 가지며, 인체 내 내장지방 등의 축적 억제에 효과적이다.

4) 글로빈 가수분해물

글로빈 가수분해물은 중성지방 개선에 도움을 주는 생리활성 기능 원료 2등급으로, 지표성분은 발린-발린-티로신-프롤린(VVYP / Val-Val-Tyr-Pro)이며, 1일 섭취량은 글로빈 가수분해물로서 1 g/day일이다. 글로빈 가수분해물은 헤모글로빈 수용액을 저온에서 묽은 염산과 용매로 처리한 후 중화시켜 제조하며, 인슐린 분비 강화, 정상 혈당수치 유지로 고혈당을 억제하거나 개선하여(고혈당으로 여겨지는 혈당수치를 감소시킴) 당뇨병과 그와 관련된 질환들을 예방 또는 치료한다. 특히 글로빈가수분해물의 펩타이드형(Val-Val-Tyr-Pro peptide)도 항당뇨, 혈당 증가 억제, 인슐린 분비 강화 및 고혈당으로 인한 질환을 예방 또는 치료하기 위한 소재이다.

신체의 혈당 수치는 인슐린의 고혈당 작용과 아드레날린(adrenalin), 글루카곤(glucagon), 글루코코티코이드(glucocorticoid) 등의 작용으로 간의 균형에 의해 조절된다.

특히 인슐린은 포도당 생성을 방해하고, 간에서 혈액으로 빠져나가는 포도당의 양을 줄이기 위해 간에서 글리코게놀리시스(glycogenolysis, 당원 분해작용 / 글리코겐 분해작용) 및 글루코네오제네시스(gluconeogenesis, 당 신생반응) 반응을 저해한다. 또한 동시에 인슐린은 골격근과 백색지방조직으로 포도당 흡수를 증가시켜 혈당 수치를 감소시킨다. 반대로 아드레날린, 글루카곤 등은 간에서의 글리코제놀리시스와 글루코네오제네시스 반응을 자극하고, 간으로부터 빠져나가는 포도당을 증가시켜 혈당 수치를 높여 준다.

〈8절〉 혈중 콜레스테롤 개선 관련 생리활성물질

8.1 콜레스테롤의 정의와 대사

콜레스테롤은 지방의 일종으로, 동물의 조직에서 발견되는 왁스 형태의 스테로이드 알코올이다. 콜레스테롤은 모든 동물세포의 세포막에서 발견되는 지질이며, 이동은 혈액을 통해 이루어진다. 콜레스테롤은 구조상 수산기와 이중결합을 1개씩 가지고 있으며, 세포막의 유동성(fluidity)을 조절하고 담즙, 스테로이드 호르몬, 비타민 D의 전구체이다. 콜레스테롤은 음식을 통해서 장으로 흡수되지만 필요한 양만큼 우리 몸에서 합성하기도 하는데, 식이를 통하여 체내에 들어온 콜레스테롤은 약 60~80% 정도이다. 콜레스테롤 기준치는 정상 성인의 경우 200 mg/dL이며, 240 mg/dL 이상이면 위험하다. 또한 HDL의 정상 기준치는 60 mg/dl 이상이고, LDL의 정상 기준치는 130 mg/dl 이하가 적당하다.

콜레스테롤은 지단백질(lipoprotein)의 형태로 혈액을 통하여 말초조직에 전달되는데, 지단백질의 중심부에는 소수성 지질(triglyceride, cholesteryl ester)이, 표면에는 친수성 지질(phospholipid, free cholesterol) 및 아포지단백(apolipoprotein)으로 되어 있으며, 혈장 콜레스테롤의 2/3는 cholesteryl ester 형태를 띠고 있다. 지단백의 종류에는 킬로미크론, VLDL, LDL, HDL 등이 있는데 체내로 들어온 콜레스테롤 및 중성지방, 인지질 등은 단백질과 함께 소장의 상피세포에서 킬로미크론의 형태로 만들어져 미세융모의 림프관(lymph vessel)을 타고 혈관(정맥)으로 이동한다. 그 후 킬로미크론은 APOE(AOP 단백질)와 결합하여 근육과 지방조직에 중성지방을 나눠주는 역할을 한다. 킬로미크론 내의 중성지질은 모세혈관 내에 존재하는 지단백질 분해효소(lipoprotein lipase)에 의해 분해되이 유리지방산을 방출시킨다. 이를 통해 생성된 킬로미크론의 잔존물은 간세포 수용체(apoB48과 E)를 경유하여 세포 내로 유입된 후 지방산과 콜레스테롤 등으로 분해된다.

VLDL은 간에서 처리된 킬로미크론 잔류 입자의 중성지방과 간에서 내인적으로 합성된 중성지방을 중심으로 만들어지는데, 간세포에 존재하는 내인성 및 외인성 콜레스테롤은 중성지질, 인지질 및 아포단백질(apoB100)과 함께 VLDL을 구성하여 혈액을 통해 이동한다. 혈액 중의 HDL로부터 apoC와 E를 얻은 VLDL은 몸 전체를 순환하면서 킬로마이크론과 동일하게 중성지방을 분해하며, HDL과 중성지방, 아포단백질, 콜레스테롤에스테르를 교환하며 LDL로 전환된다.

전환된 LDL은 중성지방은 모두 제거되고, 주로 콜레스테롤로 구성되어 있는데, 콜레스테롤을 세포로 운반하고 이용하도록 하는 역할을 담당하고 있다. 혈장 콜레스테롤의 75%가 LDL에 의하여 운반된다. LDL의 일부는 간에서 수용되고, 대부분은 모든 조직세포의 세포막에 존재하는 LDL수용체를 통해 제거되며, LDL에 의해 운반된 콜레스테롤 에스테르는 가수분해되어 세포 내에서 이용된다. LDL은 산화되기 쉬워서 혈관조직에 손상을 줄 수 있으며, 손상된 혈관조직에 콜레스테롤이 쌓이게 되면 플라그를 형성하게 된다. 이로 인해 혈관을 좁게 만들고, 혈관의 기능도 떨어지게 된다. HDL은 킬로미크론 잔류 입자의 표면으로부터 그 구성 성분을 제공받는 지단백 입자로 밀도가 가장 높다.

HDL은 혈관에 있는 콜레스테롤을 간으로 이동시키는 역할을 하는데, 조직세포에서 유리된 콜레스테롤이나 간과 소장에서 합성/분비된 콜레스테롤을 VLDL 또는 LDL에 전달하고, 이를 통해 간접적으로 간에 역수송(reverse cholesterol transport)하는 역할을 담당한다. HDL의 apoA는 LCAT(cholesterol acyltransferase / Lecithin)를 활성화하여 말초조직 또는 혈관 내의 유리 콜레스테롤(free cholesterol)을 콜레스테롤 에스테르로 전환시켜 간으로 수송한다. 말초조직의 콜레스테롤이 간으로 이동되어 대사되거나 체외로 배설되는 유일한 대사경로이다.

체내 콜레스테롤은 혈장과 조직(특히 혈관)에 존재하면서 그 농도를 잘 조절하고 있는데, 조절에 관여한 것으로는 식이콜레스테롤을 흡수한 LDL-수용체를 비롯하여 HMG-CoA reductase(간세포 내 콜레스테롤 합성속도 조절효소), cholesterol 7-hydroxylase(담즙산의 합성속도 조절효소), 콜레스테롤을 ester 형태로 저장하는 ACAT(acyl-CoA cholesterol acyltransferase) 등이 있다. 간에서 메발론산 생성과정에 관여하는 효소인 HMG-CoA reductase의 활성을 저해함으로써 체내 콜레스테롤의 생합성 양을 감소시키거나 HDL에 의한 역수송을 통하여 동맥혈관 벽의 잉여 콜레스테롤을 제거하여 혈관의 플라그 형성을 억제함으로써 혈장 콜레스테롤 제거한다. 콜레스테롤 배출은 담즙에 섞여 소화관으로 분비되거나 피부박리, 장 상피세포 등을 통하여 장내 콜레스테롤과 결합하여 체외 배출된다.

8.2 혈중 콜레스테롤 개선에 도움을 주는 생리활성물질

고콜레스테롤혈증은 유전적 요인, 과식, 과음, 흡연, 갑상선 기능저하증 등의 질환에 의해 발생하는데 보통 콜레스테롤 섭취가 많고, 소비량이 감소하게 되면 LDL 콜레스테롤의 농도는 높아진다. 콜레스테롤은 동맥경화 발생에 직접적으로 작용하지는 않으나 동맥경화에 깊은 관계가 있는 물질인데, 혈청 콜레스테롤의 농도가 증가하면 동맥 내벽에 지방 운반을 담당하는 단백질(lipoprotein)이 침착되어 동맥경화를 유발하는데, 특히 LDL은 산화 감수성이 크며, 산화된 LDL은 세포에 독성을 일으켜 혈관벽에 플라그 형성을 통해 동맥경화증, 협심증, 심근경색증(허혈성 심장병이라고도 함) 등의 심장질환과 뇌졸중, 고혈압 등의 뇌혈관 질환을 유발한다. 따라서 고콜레스테롤 함유식품(동물성 지방, 난황, 생선 알, 뱅어포 등)이나 포화지방산이 많은 육류, 버터, 마가린, 쇼트닝, 팜유 등의 섭취를 피하고, 콜레스테롤의 배출에 도움이 되는 현미, 통밀, 보리 등과 콩, 채소, 과일 등의 섭취를 늘리는 것이 중요하다.

우선 고지혈증 예방하기 위해 포화지방과 콜레스테롤이 높은 식품, 고열량 가공식품, 중성지방을 높이는 알코올 대신 식이섬유가 많고, 혈액 내 콜레스테롤의 축적을 막는 케르세틴 성분이 많은 양파를 비롯하여 시금치(식이섬유와 각종 미네랄), 비트(비타민 A, 칼륨, 철, 베타시아닌 등), 아몬드(불포화지방산) 등이 추천되고 있다. 일부에서는 니코틴산(nicotinic acid / niacin / 비타민 B_3)을 고중성지방혈증 일차 치료제로 사용하고 있으며, 이것은 LDL, 중성지방의 감소와 함께 HDL 상승을 유도하여 관상동맥질환 예방에 도움을 준다.

고지혈증 치료제 니코틴 유도체인 niceritol, cholexamin 등이 니코틴과 함께 지방세포와 대식세포에 발현하는 G단백질 연결 수용체인 GPR109와 작용하면 동맥경화를 예방, 치료할 수 있다. 이 때 니코틴산과 스타틴을 병용하면 동맥경화와 관동맥 협착은 현저하게 줄어든다. 에제티미브(ezetimibe)는 소장 융모의 단백에 작용하여 음식물이나 담즙 내에 존재하는 콜레스테롤이 소장을 통해 흡수되는 것을 억제하는 지질 강하제인데, LDL콜레스테롤이 목표 수치 미만으로 감소하지 않을 경우에는 스타틴과 병용한다.

스타틴(statin / HMG-CoA 환원효소 억제제)은 고콜레스테롤혈증 치료의 일차 선택 약제인 항콜레스테롤제제인데 비교적 부작용이 적고, LDL콜레스테롤을 낮추어 심혈관 질환을 예방하는 물질이다. 그것은 스타틴이 콜레스테롤 전구체인 HMG-CoA (3 hydroxy-3-methylglutaryl coenzyme A) 환원효소를 경쟁적으로 억제하여 간의 콜레스테롤 합성을 줄이기 때문이다. 피브린산 유도체(fibric acid derivatives)는 HDL 콜레스테롤 농도를 상승시키고, 혈중 콜레스테롤, 중성지방을 감소시키는 기능을 가지고 있는데 이것은 VLDL 생산을 억제하고, 대사를 촉진하여 중성지방의 농도를 감소시키며, 아포지단백 A의 생산을 증가시켜 HDL에서 VLDL로 콜레스테롤이 이동하는 것을 억제함으로써 HDL 콜레스테롤 농도를 증가시키게 된다.

식약처에서 인정한 혈중 콜레스테롤 개선에 도움을 주는 생리활성 원료 중 고시형 기능성 원료에는 클로렐라(chlorella), 스피루리나(spirulina), 녹차 추출물, γ-리놀렌산 함유 유지, 레시틴, 식물스테롤/식물스테롤 에스테르, 구아검(guar gum)/구아검 가수분해물, 글루코만난(곤약/곤약만난), 귀리 식이섬유, 대두 식이섬유, 옥수수겨 식이섬유, 이눌린(inuline)/치커리 추출물, 차전자피 식이섬유, 키토산/키토올리고당, 홍국, 대두단백, 마늘 등이 있으며, 개별인정형 기능성 원료에는 대나무잎 추출물, 보리 베타글루칸 추출물, 보이차 추출물, 사탕수수 왁스알코올, 식물 스타놀에스테르(plant stanol ester), 씨폴리놀(seapolynol) 감태주정 추출물, 아마인(linseed), 알로에 복합추출물, 알로에 추출물, 적포도발효 농축액, 양파 추출액, 클로렐라, 홍국쌀(red yeast rice) 등이 있다.

1) 감마리놀렌산 함유 유지와 구아검/구아검가수분해물

감마리놀렌산(γ-linolenic aicd) 함유 유지는 혈중 콜레스테롤 개선을 비롯하여 혈행 개선, 월경 전 변화에 의한 불편한 상태 개선, 면역 과민반응에 의한 피부상태 개선에 도움을 줄 수 있는 생리활성 기능성 2등급으로 지표성분은 감마리놀렌산이다(지표성분의 함량은 감마리놀렌산이 70 mg/g 이상이어야 함). 1일 섭취량은 감마리놀렌산으로서 210~300 mg이다. 음식물로 섭취한 감마리놀렌산(ω-6/γ-Linolenic acid)은 체내에서 대부분 homo-γ-linolenic acid로 대사되어 TX A2(thromboxane A2) 생성을 억제하고, PGE1(prostaglandin E1)을 합성하여 콜레스테롤 합성을 억제하여 혈중 콜레스테롤의 수치를 낮추는 기능을 가지고 있다. 또한 프로스타글란딘(prostaglandin)의 생체 내 합성에 필수적인 물질로 혈액을 묽게 해 혈액순환을 좋게 만든다.

구아검/구아검가수분해물은 혈중 콜레스테롤 개선에 도움이 되는 생리활성 기능성 2등급으로, 지표성분은 식이섬유(660 mg/g 이상 함유)이다. 구아검(guar gum)은 구아(*Cyamopsis tetragonolobus* TAUB)의 종자 배유 부분을 분쇄하거나 열수로 추출하여 고분자 다당류인 갈락토만난(galactomannan)을 얻을 수 있도록 제조한 것이며, 구아검가수분해물은 구아검을 가수분해한 것이다. 구아검과 구아검가수분해물은 수용성 식이섬유인 점질성 다당류 갈락토만난 성분을 가지며, 식후 혈당상승 억제, 장내 유익균 증식 및 배변활동을 원활하게 하는 기능성 소재이다. 갈락토만난은 만노오즈(mannose와 갈락토오즈(galactose)로 구성된 식이섬유의 일종으로 구아검과 로커스트콩검(locust bean gum)의 주성분이기도 하다. 수용액에서 수화되면 큰 점성을 갖는 콜로이드를 형성하는데, 이것이 소장으로 들어가 팽윤되어 장의 당 흡수를 억제하고, 콜레스테롤을 생성하는 담즙의 재흡수를 막아 준다.

2) 귀리 식이섬유와 대두 식이섬유와 옥수수겨 식이섬유

귀리 식이섬유는 혈중 콜레스테롤 개선, 식후 혈당상승 억제에 도움을 주는 생리활성 기능성 2등급으로, 지표성분은 식이섬유(220 mg/g 이상 함유)이다. 1일 섭취량은 혈중 콜레스테롤 개선에 도움을 줄 수 있는 귀리 식이섬유로서 3.0 g 이상, 식후 혈당상승 억제에 도움을 줄 수 있는 귀리 식이섬유로서 0.8 g 이상이다. 귀리 식이섬유는 귀리(*Avena sativa, Avena sterilisand, Avena strigosa*)를 건조, 분쇄, 추출 등의 방법으로 제조한다.

식이섬유에는 식물에 자연적으로 들어 있는 천연 식이섬유(리그닌 / 셀룰로오스 / β-글루칸 / 헤미셀룰로오스 / 펙틴 / 알긴산 / 이눌린 / 저항성 전분)와 식이섬유에서 유용한 성분만을 추출하거나 화학적으로 합성한 합성 기능성 섬유(차전자 / 키틴 / 키토산 / fructooligosaccharides / polydextrose)가 있는데, 모두 흡수성과 팽윤성이 크므로 배변을 용이하게 하고, 포만감을 느끼게 하며, 비피더스균의 활성인자로 작용한다. 특히 콜레스테롤을 흡착하고, 소장에서의 흡수를 저해하여 혈중 콜레스테롤의 농도를 저하시킨다. 포도당의 흡수를 억제하여 당뇨병에도 유효한 소재이다.

대두 식이섬유는 혈중 콜레스테롤 개선, 식후 혈당상승 억제, 배변활동에 도움을 줄 수 있는 소재로 대두(*Glycine max* L. N)를 탈지 및 탈단백 등의 방법으로 처리하여 식이섬유만 분리하여 제조한다. 지표성분의 함량은 식이섬유를 600 mg/g 이상 함유하고 있어야 한다. 1일 섭취량은 혈중 콜레스테롤 개선 및 배변활동 원활에 도움을 줄 수 있는 경우 대두 식이섬유로서 20~60 g, 식후 혈당상승 억제에 도움을 줄 수 있는 경우는 대두 식이섬유로서 10~60 g이다. 옥수수겨 식이섬유는 혈중 콜레스테롤 개선 및 식후 혈당상승 억제에 도움을 줄 수 있는 생리활성 기능 개별인정형 2등급 소재로, 지표성분은 식이섬유이며, 식이섬유를 800 mg/g 이상 함유하고 있어야 한다. 1일 섭취량은 옥수수겨 식이섬유로서 10 g이다. 옥수수겨 식이섬유는 옥수수(*Zea mays*) 겨를 분쇄하여 제조한다.

3) 녹차 추출물과 대나무잎 추출물

녹차 추출물은 항산화, 체지방 감소, 혈중 콜레스테롤 개선에 도움을 주는 생리활성 기능성 2등급으로, 지표성분은 카테킨(catechin)이다. 녹차추출물은 녹차(*Camellia sinensis / Thea sinensis*) 잎을 물 또는 주정, 초산에틸로 추출한 후 여과하여 제조하는데, 카테킨을 200 mg/g 이상 함유하여야 한다. 카테킨은 epigallocatechin(EGC), epigallocatechin gallate(EGCG), picatechin(EC) 및 epicatechin gallate(ECG)를 모두 합한 양으로 환산하며, 4가지 카테킨이 모두 들어 있어야 한다. 1일 섭취량은 카테킨으로서 0.3~1.0 g, EGCG으로서 300 mg 이하이다. 대나무잎 추출물은 혈중 중성지방 개선에 도움을 주는 생리활성 기능 원료 3등급으로, 지표성분은 메틸화 플라본인 트리신(tricine)과 쿠마르산(*p*-coumaric acid이다(그림 8-1). 트리신은 쌀겨, 사탕수수, 대나무 잎의 성분에 들어 있고, 쿠마르산은 땅콩, 토마토, 당근, 바질, 마늘, 포도주와 식초 등에 들어 있다. 대나무잎 추출물은 대나무 잎을 주정으로 추출, 농축한 것으로 1일 섭취량은 대나무잎 추출물로서 300~600 mg/일이고, 트리신으로서 0.345~2.07 mg/일, 쿠마르산으로서 1.095~6.57 mg/일이다.

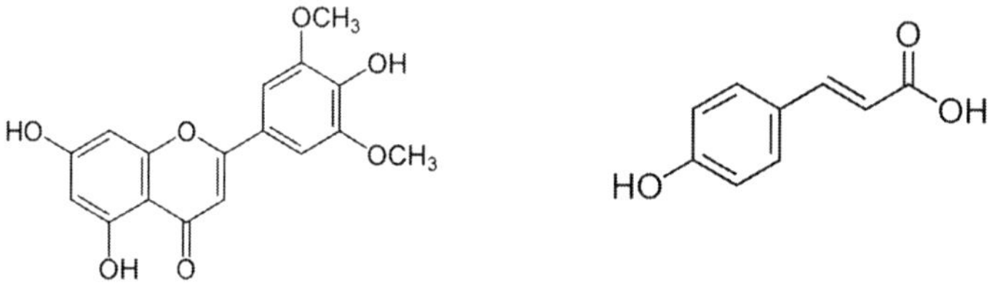

그림 8-1. 트리신(tricine)과 쿠마르산(*p*-coumaric acid)의 구조

4) 마늘과 적포도 발효농축액

마늘은 혈중 콜레스테롤 개선에 도움을 줄 수 있는 생리활성 기능성 원료로, 지표성분은 알린(alliin)으로서 10 mg/g 이상 함유하고 있어야 한다. 마늘(*Allium sativum L.*) 구근에서 비가식 부분을 제거한 후 동결건조하고 분말화하여 제조한다. 1일 섭취량은 마늘분말로서 0.6~1.0 g이다. 마늘에 포함된 주요 기능성 성분인 황화합물은 대체로 불안정해 저급 황화합물로 분해되는 특성을 지니고 있다. 마늘은 고혈압과 동맥경화증, 지방간을 치료하며 항균, 항암, 소염작용이 뛰어나고, 비위를 따뜻하게 해준다. 혈액순환, 소화촉진, 정력을 보강해 주는 등 다능한 기능을 가지고 있다. 또한 마늘의 독특한 냄새와 약효의 주된 성분은 알리신(allicin)인데, 마늘을 자를 때 세포가 파괴되면서 알린(alliin)이 알리신으로 변하기 때문이다. 여기에 관여하는 효소는 알리나이제(allinase)이다.

적포도 발효농축액은 혈중 콜레스테롤 개선에 도움을 줄 수 있는 생리활성 기능성 개별인정형 2등급 소재로, 지표성분은 총 폴리페놀(17.6~26.4 mg/g)과 카테킨(0.13

~0.41 mg/g)이다. 1일 섭취량은 신청원료(적포도 발효농축액)로서 24 mL/day이다. 포도주를 일단 만들고, 이를 농축하고 다시 발효한 제품이다. 적포도 발효농축액은 총 콜레스테롤 및 LDL콜레스테롤 감소, 중성지방 감소 등에 도움을 주며, 더불어 항산화 효과, 피로회복, 체질개선 등에 유효하다.

5) 보리 베타글루칸 추출물과 보이차 추출물

보리 베타글루칸 추출물은 보리에서 분리한 베타글루칸 추출물로, 혈중 콜레스테롤 개선에 도움을 줄 수 있는 생리활성 기능성 2등급이다. 지표성분은 베타글루칸(β-glucan)이고, 1일 섭취량은 베타글루칸으로서 3~8 g/day이다. 효모유래의 베타글루칸은 불용성이나 *Auerobasidium*속의 베타글루칸은 수용성이다. 베타글루칸은 다양한 생리활성 기능 이외 체내의 콜레스테롤 수치를 약 40% 낮추는 기능을 가지고 있다.

보이차 추출물은 혈중 콜레스테롤 개선에 도움을 줄 수 있는 생리활성 기능 2등급으로, 지표성분은 갈산(gallic acid)이다(보이차 추출물로서 1 g/day). 보이차(푸얼차)는 체지방과 콜레스테롤을 낮추고, 몸의 독소를 줄이는 기능을 가지고 있는데, 효능의 핵심 성분은 갈산이다. 갈산은 지질분해효소 활성을 억제하고, 담즙산의 지방 소화작용을 돕고, 담즙산의 간으로의 재흡수를 막아 준다. 재흡수가 억제되면 자연스럽게 체내 콜레스테롤을 사용해야 하므로 그만큼 콜레스테롤 농도를 저하시키게 된다.

6) 사탕수수 왁스알코올과 홍국 / 홍국쌀

사탕수수 왁스알코올은 혈중 콜레스테롤 개선에 도움을 줄 수 있는 생리활성 기능 1등급으로, 지표성분은 폴리코사놀(policosanol)이다(그림 8-2). 1일 섭취량은 폴리코사놀로 5~20 mg/day이다. 사탕수수(*Sacchaum officinarum L.*)의 잎과 줄기를 압착한 후 용매로 추출하여 제조한다. 폴리코사놀은 사탕수수 줄기와 잎 표면에 있는 왁스성분으로 혈중 콜레스테롤 수치를 개선해 준다. 즉 LDL콜레스테롤은 22% 감소한 반면, HDL 콜레스테롤은 29.9% 증가시킨다고 한다.

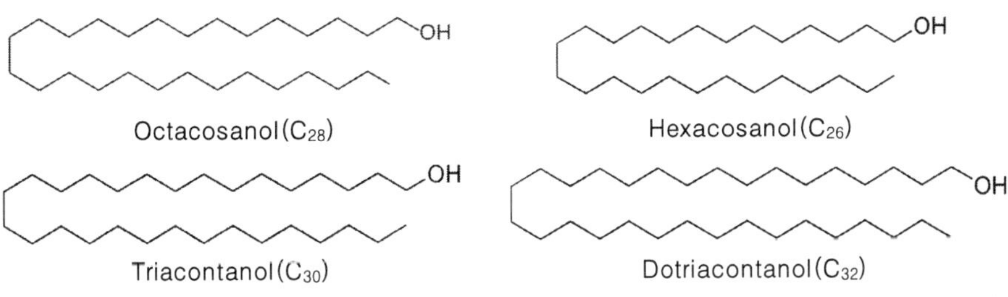

그림 8-2. 폴리코사놀(policosanol)의 구조

폴리코사놀은 octacosanol(60～70%), triacontanol(1～15%), hexacosanol(4.5～10%), dotriacontanol(3～8%) 등 8가지 지방족 알코올의 비율로 구성되어 있으며, 지방족 알코올의 총 함량이 90%를 넘는다. 또 폴리코사놀은 혈압을 올리는 호르몬(aldosterone / renin)의 수치를 저하시킨다. 콜레스테롤 개선 기전은 HMG-CoA reductase에 영향을 주어 아세테이트(acetate)에서 메발론산(mevalonate)을 합성하는 과정을 저해하여 궁극적으로 체내 콜레스테롤 합성을 저해한다.

홍국은 혈중 콜레스테롤 개선에 도움을 줄 수 있는 생리활성 기능성 2등급으로, 지표성분은 총 모나콜린 K(total monacolin K), 활성형 모나콜린 K 등인데, 총 모나콜린 K를 0.5 mg/g 이상 함유하고 있어야 하며, 활성형 모나콜린 K도 확인되어야 한다. 1일 섭취량은 총 모나콜린 K로서 4～8 mg이다. 홍국은 붉은색을 띠는 누룩으로 강한 콜레스테롤 합성 억제 활성을 가지고 있다. 홍국쌀(찐쌀을 제외)은 쌀에 홍국균(*Monascus pilosus* / *Monascus ruber*)을 접종하여 고체 발효시킨 후 분말화하여 제조한다. 홍국의 모나콜린 K(lovastatin)는 hydroxymethylglutaryl-CoA reductase 저해제로서 콜레스테롤 생합성을 저해한다. 모나콜린 K는 *Monascus*의 어근을 따서 명명한 것이다. 모나콜린 화합물에는 활성형과 비활성이 보통 6 : 5의 비율로 존재하는데, 이 비율은 발효 정도를 평가하는 지표로 사용되고 있다.

7) 식물스테롤 / 식물스테롤 에스테르와 글루코만난

식물스테롤 / 식물스테롤 에스테르는 혈중 콜레스테롤 개선에 도움을 줄 수 있는 2등급 소재로, 지표성분은 식물스테롤 함량이 900 mg/g 이상이어야 한다. 다만 식물스테롤에스테르를 원료로 사용할 경우에는 식물스테롤 에스테르와 유리식물스테롤의 합이 800 mg/g 이상, 유리식물스테롤 함량은 100 mg/g 이하이어야 한다. 식물스테롤은 대두유, 옥수수유, 채종유를 생산하는 공정 중 탈취공정 중에 생긴 증류물인 β-시토스테롤(β-sitosterol), 브라시카스테롤(brassicasterol), 스티그마스테롤(stigmasterol), 캄페스테롤(campesterol) 등의 혼합물을 추출·정제하여 제조하며, 식물스테롤 에스테르은 추출 및 정제물을 식용유지 유래 지방산으로 에스테르화하여 만든다. 1일 섭취량은 식물스테롤로서 0.8～3 g(식물스테롤을 원료로 사용한 경우)이며, 식물스테롤에스테르로서 1.28～4.8 g(식물스테롤 에스테르를 원료로 사용한 경우)이다.

글루코만난(glucomannan, 곤약 / 곤약만난)은 혈중 콜레스테롤 개선에 도움을 주는 생리활성 기능성 2등급으로, 지표성분은 식이섬유(690 mg/g 이상 함유)이다. 1일 섭취량은 글루코만난 식이섬유로서 2.7～17 g이며, 곤약(*Amorphophallus konjq*)의 뿌리줄기를 이소프로필알콜로 추출하고 정제하여 다당류 부분을 함유하도록 제조한 것이다. 글루코만난은 비소화성 다당류인 β-D-mannopyranose)와 β-D-glucopyranose가 7 : 3의 비율로 결합되어 있다. 다양한 생리학적인 기능이 많지만, 그 중 혈중 콜레스테롤 개선에 도움을 주는 중요한 소재이다.

8) 아마인과 레시틴

아마인(亞麻仁, *Linum usitatissimum L* / flaxseed / 아마씨)은 혈중 콜레스테롤 개선에 도움을 줄 수 있는 개별인정형 2등급 소재로, 제1 지표성분은 α-리놀렌산(α-linolenic acid), 총 식이섬유, 리그난(lignan)이며, 제2 지표성분은 총 식이섬유, SDG (secoisolariciresinol diglycoside), 리놀렌산(linolenic acid) 등이다. 1일 섭취량은 모두 아마인으로서 50 g/day이다. 아마인은 아마씨를 분쇄하여 제조하는데, 혈액 중 총 콜레스테롤과 LDL콜레스테롤 수준을 유의하게 낮춘다. 아마인은 아마과(*Linaceae*) 식물의 종자로 약 40%의 유지를 함유하고 있는데, 주요 성분은 오메가 3 지방산인 α-linolenic acid(ALA / C18 : 3 / n-3)과 리그난이다.

아마씨와 콩류, 채소, 차, 초콜릿 등에서 고농도로 발견되는 리그난은 식물에 들어 있는 페놀성 화합물로 비영양성이며 칼로리가 없다. 식물성 에스트로겐(phytoestrogens)으로 인체에서 에스트로겐과 유사한 활성을 갖는다. 체내에서 에스트로겐 수용체와 결합하여 에스트로겐의 효능을 나타내어 여성 갱년기 증상 완화와 더불어 심혈관계 질환 예방 및 암 등 만성퇴행성 질환을 예방한다고 한다. 그 외 고지혈증 완화, 간 해독작용 촉진, 과산화지질의 생성억제, LDL콜레스테롤의 산화억제, 장내 콜레스테롤의 흡수억제, 골 손실의 억제 및 골절예방의 효과 등을 가지고 있다. 아마인에는 linustatin과 neolinustatin 등의 독성물질인 청산배당체(시안배당체)가 들어 있으므로 다량 복용할 때는 두통, 구토, 설사, 복통, 호흡곤란, 전신경련 등의 중독작용이 나타나기도 한다.

레시틴(lecithin)은 혈중 콜레스테롤 개선에 도움을 줄 수 있는 생리활성 기능성 2등급으로, 기능성분(또는 지표성분)의 함량은 인지질(아세톤 불용물로서)이 360 mg/g 이상 함유되어 있어야 하며, 인지질 중 포스파티딜콜린(phosphatidylcholine)이 대두레시틴에는 100 mg/g 이상, 난황레시틴에도 600 mg/g 이상 함유되어 있어야 한다. 대두레시틴은 대두에서 추출한 유지를 여과하고, 수소화한 후 분리하여 얻은 레시틴 검화물에서 유지를 추출하여 제조하며, 난황레시틴은 난황을 물 또는 주정(물주정 혼합물 포함)을 사용하여 추출 및 여과한 후 용매를 제거하고 제조한다. 1일 섭취량은 레시틴으로서 1.2～18 g이다.

레시틴은 난황, 콩기름, 간, 뇌 등에 다량 존재하는 복합지실로 한쪽에는 친유성이 강한 지방산기를, 다른 한쪽에는 친수성이 강한 인산, 콜린 부분을 가지고 있다. 일반적으로 레시틴이란 용어는 동식물 조직에 존재하는 지방물질군을 두루 가리키는 용어이다. 생화학에서는 천연상태로 존재하는 phosphatidicolin(PC), phosphatidyletha-nolamine(PE), phosphatidylinositol(PI) 등 인지질 혼합물을 레시틴이라고 부르지만 보통 포스파티딜콜린을 레시틴이라 부르고 있다. 대두레시틴은 리놀레산(linoleic acid)을 주성분으로 하고, 난황레시틴은 올레인산(oleic acid)과 팔미틴산(palmitic acid)을 주성분으로 하고 있다. LDL콜레스테롤을 저하시키고, 혈관벽에 붙어 있는 지방을 분해하여 동맥경화 등을 예방한다.

9) 이눌린 / 치커리 추출물과 파 추출액

이눌린(iulins) / 치커리(*Chicorium intybus*) 추출물은 혈중 콜레스테롤 개선, 식후 혈당상승 억제, 배변에 도움을 줄 수 있는 생리활성 기능성 개별인정형 2등급 소재로, 지표성분은 식이섬유(800 g/g 이상)이다. 이눌린 / 치커리 추출물에는 프럭탄(fructans)으로 알려진 수용성 식이섬유인 이눌린을 가지고 있다(그림 8-3).

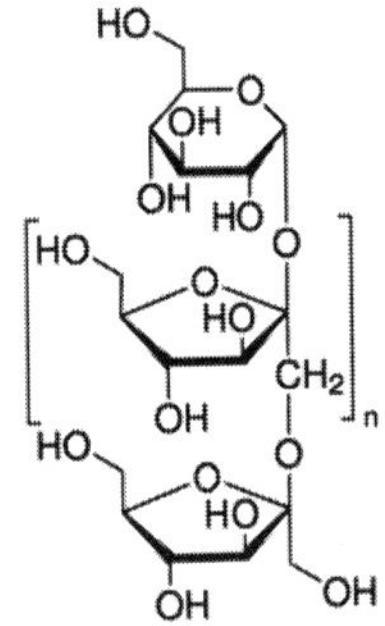

그림 8-3. 이눌린(Inulins)의 구조

이눌린은 대장에 도달한 후 결장 박테리아에 의해 프리바이오틱(prebiotic)으로 작용하는데, 장내 미생물의 영양 공급원으로 저항성 전분처럼 장내 유익한 세균총의 성장을 돕는다. 그 외 칼슘흡수 증가, 혈중 콜레스테롤 개선, 식후 혈당상승 억제에도 도움을 주는 소재이다. 이눌린 / 치커리 추출물은 식이섬유로서 7.2～20 g, 배변활동 원활에 도움을 줄 수 있는 것은 이눌린 / 치커리 추출물 식이섬유로서 6.4～20 g이다.

양파 추출액은 혈중 콜레스테롤 개선에 도움을 줄 수 있는 생리활성 기능성 개별인정형 2등급으로, 지표성분은 케르세틴(quercetin)이다. 양파 및 양파 추출물은 콜레스테롤 개선, 혈액을 묽게 하는 작용, 모세혈관 강화 기능 이외 항암, 항산화, 혈액순환, 살균 / 살충효과, 그리고 중금속 해독 / 배출, 소화촉진, 변비, 생리불순 등의 예방과 치료에 도움을 준다. 생리활성 성분은 케르세틴(플라보노이드계 색소 성분)과 프로토카테츄산(protocatechuic acid, PA), 글루타밀메티오닌(glutamyl methionine), 캠퍼롤(kaempferol) 등이다. 양파를 알코올성 용매, 열수, 초고압 등의 방법으로 추출하거나 당질 분해효소 및 핵산 분해효소 등을 사용하여 양파 추출물을 제조하고 있다.

10) 차전자피 식이섬유와 키토산 / 키토올리고당

차전자피 식이섬유는 혈중 콜레스테롤 개선에 도움을 줄 수 있는 생리활성 기능성 개별인정형 2등급 소재로, 지표성분의 함량은 식이섬유를 790mg/g 이상 함유하고 있어야 한다. 1일 섭취량은 혈중 콜레스테롤 개선에 도움을 줄 수 있는 경우 차전자피 식이섬유로서 5.5 g 이상이다. 질경이의 껍질인 차전자피의 혈중 콜레스테롤 개선에 대한 작용기전은 콜레스테롤 7-α-hydroxylase와 HMG-CoA 환원효소의 활성화 때문이다. 차전자피 껍질에는 높은 함량의 수용성 식이섬유(arabinoxylan와 hemicellulose)가 들어 있어 혈중 콜레스테롤 개선에 효과를 가진다. 차전자피는 일반적으로 안전하나 멜론에 알레르기가 있는 사람에게서 아나필락시스, 호흡곤란, 피부발진과 두드러기 등 과민반응을 보인다.

키토산 / 키토올리고당은 혈중 콜레스테롤 개선, 체지방 감소에 도움을 주는 생리활성 기능성 2등급이며, 지표성분의 함량은 키토산 탈아세틸화도(당 사슬 중에 글루코사민 잔기 비율)가 80% 이상이어야 하며, 키토산(글루코사민으로서)을 800 mg/g 이상 함유하고 있어야 한다. 키토올리고당은 키토올리고당을 200 mg/g 이상 함유하고 있어야 한다. 1일 섭취량은 혈중 콜레스테롤 개선에 도움을 줄 수 있는 경우 키토산 또는 키토올리고당으로서 1.2∼4.5 g이다. 키틴(chitin)은 N-아세틸글루코사민이 긴 사슬 형태로 결합한 중합체 다당류로 절지동물의 단단한 표피, 연체동물의 껍질, 균류의 세포벽 따위를 이루는 중요한 구성 성분이다. 키토산(chitosan)은 키틴을 탈아세틸화 하여 제조하며, 키토올리고당은 키토산에 효소처리한 후 이를 다시 가수분해하여 제조한다. 키토산은 선형 다당류로 콜레스테롤 저하작용 이외 면역증강에 의한 항암작용, 혈압 강하작용, 간 기능 개선 및 혈당 저하작용, 항균작용 등을 가지고 있으며, 특히 체지방을 감소하는 데 도움을 주는 소재로 알려져 있다.

11) 클로렐라와 스피루리나, 씨폴리놀 감태주정 추출물

클로렐라는 피부건강, 항산화, 혈중 콜레스테롤 개선에 도움을 줄 수 있는 생리활성 기능성 개별인정형 2등급으로, 지표성분의 함량은 총 엽록소를 10 mg/g 이상 함유하고 있어야 한다. 클로렐라속 조류(藻類)를 인공적으로 배양하고 건조하여 제조하는데, 1일 섭취량은 피부건강, 항산화에 도움을 줄 수 있는 경우 총 엽록소로서 8∼150 mg, 혈중 콜레스테롤 개선에 도움을 줄 수 있는 경우 총 엽록소로서 125∼150 mg이다. 클로렐라는 혈중 콜레스테롤 개선 이외 NO synthase 효소활성 증가와 대식세포의 식균작용을 통해 혈청내 IgM, IgG 항체 생성반응을 개선하는 등 면역기능 증진에 도움을 주고, 피부와 점막을 형성하며 상피세포의 성장과 발달에 기여한다.

스피루리나는 원료가 스피루리나속 조류(藻類)인데, 이것을 인공적으로 배양하고 건조하여 제조한다. 기능성분(또는 지표성분)의 함량은 총 엽록소를 5 mg/g 이상 함유하고 있어야 한다. 1일 섭취량은 피부건강과 항산화에 도움을 줄 수 있는 경우는 총 엽록소로서 8~150 mg이며, 혈중 콜레스테롤 개선에 도움을 줄 수 있는 경우는 총 엽록소로서 40~150 mg이다. 스피루리나는 나선형 모양을 하고 있는 미생물인 *Cyanobacteria*(남세균)의 일종으로, NASA의 수퍼푸드로 꼽히는 소재이다. 1827년 독일의 해양학자 Turpin이 민물에서 처음 분리하여 spirulina라고 명명하였다.

스피루리나는 고단위 천연 엽록 영양소로서 단백질 함량(55~77%)이 높고, 남색의 피코시아닌(phycocyanin) 색소, 감마리놀렌산(γ-linolenic acid) 등을 포함하여 면역기능 강화 및 암 발생억제, 항균, 항염, 항산화 기능 등을 가지고 있으며, 피부 항노화 기능을 가지고 있다. 피코시아닌(phycocyanin)은 남조류(*cyanobacteria*), 홍조류(*rhodophytes*), 땅속식물(*cryptophytes*)에서 발견되는 푸른색 색소이며(그림 8-4), 특히 남조류가 고유의 푸른색을 가지는 것은 바로 피코시아닌을 다량 함유하고 있기 때문이다. 피코시아닌은 물에 녹으며, 아주 강한 형광을 나타내고 항산화 기능이 뛰어난 물질이다. 피코시아닌은 스피루리나의 주요한 피코빌리 단백질로 건조중량의 29%를 차지하고 있다.

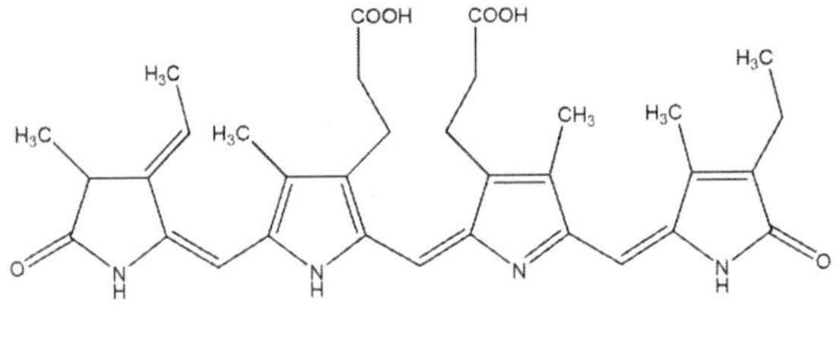

그림 8-4. 피코시아닌(phycocyanin)의 구조
(출처 : Mini Reviews in Medicinal Chemistry 13(8) : 1231-1237, 2013)

씨폴리놀(sea polynol) 감태주정 추출물은 혈중 콜레스테롤 개선에 도움을 줄 수 있는 2등급 소재로, 지표성분은 디엑콜(dieckol)이다. 1일 섭취량은 씨폴리놀 감태주정 추출물로서 72~360 mg/day이다. 감태(*Ecklonia cava*)는 미역과(*Alariaceae*)에 속하는 다년생 갈조류로 다량의 폴리페놀 화합물(polyphenolic compound)를 함유하고 있다. 이 성분은 강력한 세포보호 및 활성화 능력, 항염증, 항암, 항고혈압, 항균 및 항산화작용, lipase 저해활성, 내장지방의 감소 작용, 혈관확장 작용 등의 기능을 가지고 있다. 특히 감태의 유효성분인 디엑콜(dieckol)과 후코이단(fucoidan)은 지방 가수분해효소인 리파아제(lipase)의 활성을 저해시키는 효과가 있어 체지방 감소에 도움을 줄 수 있다.

폴리페놀의 고순도 물질인 씨폴리놀(그림 8-5)은 뇌 세포를 재생 및 복원하고, 경화된 혈관기능을 복원하며, 노화촉진 요소인 만성염증의 진행을 억제한다. 또 혈관기능을 개선하여 손상된 혈관 내피세포를 회복시키며, 혈관의 탄력도를 개선시켜 준다. 디엑콜은 피부홍반을 야기하는 자외선 B(ultra violet B)를 차단한다. 스피루리나(spirulina)는 피부건강, 항산화, 혈중 콜레스테롤 개선에 도움을 줄 수 있는 소재로, 지표성분은 피코시아닌(phycocyanin)이다. 그러나 생리활성 기능 3등급으로 인정받은 경우는 스피루리나 분말로서 4.2 g/day이고, 2등급으로 인정받은 경우는 스피루리나 분말로서 4～8 g/day이다.

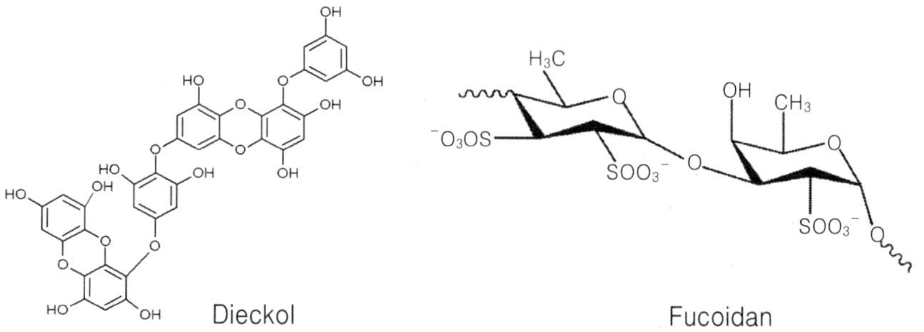

그림 8-5. 디엑콜(dieckol)과 후코이단(fucoidan)의 구조
(출처 : International Journal of Molecular Sciences 16(3) : 6018-6056, 2015)

〈9절〉 혈행 개선과 혈액순환 장애 감소에 도움을 주는 생리활성물질

9.1 혈행과 혈행에 영향을 주는 인자

혈액은 신체 각 조직으로 산소와 영양분을 공급하고, 세포 내 대사로 인해 생성된 노폐물들을 제거함으로써 각 조직의 항상성 유지에 중요할 뿐만 아니라 또 우리 몸에 필요한 호르몬을 운반하고, 외부 유해물질로부터 세포를 보호하며, 적당한 체온을 유지시켜 주고, 지혈작용을 하는 등 신체 내에 중요한 기능을 담당하고 있다. 이와 같은 역할을 제대로 수행하기 위해서는 혈액이 원활하게 순환되어야 한다.

혈행이란 혈액이 혈관을 통해서 신체의 각 부분으로 이동하는 것을 의미한다. 혈행은 다양한 요소에 의해 조절되는데 혈구수(hematocrit), 점성(viscosity), 혈액에 의한 전단응력(shear stress) 등과 같은 물리적인 요소뿐만 아니라 혈중 지질 조성의 변화, 혈구세포(혈소판) 등이 혈행에 관여한다. 만약 혈액의 흐름에 장애가 생기면 동맥경화, 뇌졸중 등 뇌심혈관 질환 등 다양한 질환이 발생하게 된다. 혈행에 영향을 주는 주요 인자로 고혈압, 당뇨병 등의 만성질환, 식습관, 생활방식, 유전적 요인 등을 들 수 있다.

혈장에는 혈구세포(혈소판, 적혈구, 백혈구, 면역세포 등)와 혈액 응고인자들이 다양한 상호작용을 통해 각 세포작용의 평형상태를 유지하고 혈액의 흐름을 조절한다. 혈관 내피는 혈관층의 내막(intima) 표면에 내피세포(endothelial cell)로 이루어진 단일 층으로 혈액의 유동성, 흐름, 혈관 긴장도(vascular tone), 혈소판 응집과 혈전생성 및 용해 등에 관여하고, 내피세포는 일차적으로 혈관벽 내에 순환하는 혈액의 유출을 방지하는 해부학적 장벽(barrier) 역할을 한다.

일반적인 혈행의 장애로는 혈전생성을 비롯하여 적혈구의 변형능력 저하, 과도한 혈액응고 반응, 내피세포의 기능 이상 및 혈관 탄력성 저하 등이다. 산화스트레스, 염증성 사이토카인, 병원성 물질에의 노출 등 염증성 자극이 지속되면 내피세포의 과도한 활성화로 혈관내피가 손상되고, 내피세포로부터 수용성 부착분자(soluble adhesion molecule)의 분비가 과도하게 증가하여 손상된 부위로 산화된 콜레스테롤이 쌓여 플라크를 형성하게 되는데, 이때 혈관 내벽이 부풀어 오르고, 혈관이 좁아져 혈액의 흐름이 방해받게 된다. 혈행의 장애는 혈관 탄력성 저하도 그 원인이 된다. 화로 인하여 자연적으로 혈관 벽이 경직하게 되면 혈관은 장력과 탄력을 상실하게 되어 혈행을 방해하게 된다. 노화에 이르면 엘라스틴(elastin)의 분절과 감소, 혈관벽 내 콜라겐의 증가, 혈중 크레아티닌(creatinine)과 노르에피네프린(norepinephrine)의 증가, 평활근 세포의 베타 수용체(beta receptor) 긴장도의 감소, NO의 분비 감소, 엔도텔린(endothelin)의 분비 증가 등이 혈관 경직을 촉진한다. 또 혈관 내피세포가 손상되고, 혈관 벽의 탄력성이 소실되어도 맥압이 증가하고, 고맥압은 동맥의 경직도를 증가시키며, 혈관에 더욱 강한 압력을 주게 된다.

적혈구가 체내 모세혈관(직경 평균 6 ㎛ 정도)을 통과하기 위해서는 그 형태가 적절하게 변화되어야 하는데, 각종 질환으로 인하여 세포막의 유동성이 변하면 적혈구의 변형력이 현저히 감소하여 혈액의 흐름이 느려지거나 전단응력(shear stress)의 발생으로 혈액 흐름에 문제가 생기게 된다. 원래 적혈구 외막에는 스핑고마이엘린(sphingomyelin)과 포스파티딜콜린(phosphatidyl cholin)이, 막의 내부에는 포스파티딜세린(phosphatidyl serine)과 포스파티딜 이노시톨(phosphatidyl inositol)이 존재하는데, 적혈구가 외부 자극에 의해 손상을 받게 되면 적혈구의 비대칭 구조가 파괴되어 포스파티딜세린이 밖으로 노출되며, 이로 인해 혈액응고 반응이 일어나게 된다.

정상적인 상태에서는 혈관에 상처가 생겨 상처부위에 피가 흘러나오게 되면 지혈 반응이 시작된다. 혈액 손실을 줄이기 위해 먼저 혈관이 수축되고, 혈소판이 손상된 혈관 내피세포에 달라붙어 서로 응집하여 손상된 부위를 메워준다. 혈소판은 활성화되면서 세로토닌(serotonin), 칼슘(Ca^{2+}), 트롬복산 A2(thromboxane A2, TXA2) 등을 유리하여 주위의 다른 혈소판의 응집을 증가시키고, 혈장에 존재하는 혈액응고인자와 반응하여 혈전(blood clot)을 형성함으로써 지혈을 신속하고 효과적으로 일어나도록 한다. 이 경우 혈소판 활성화로 혈관 조절인자들(serotonin / TXA2 / platelet activating factor 등)의 유리로 혈관수축과 함께 혈소판의 점착성과 응집성이 과도하게 일어나 혈관의 지름을 좁혀 혈액의 흐름을 방해할 수 있다. 지혈이 완료된 후에는 혈전이 다시 분해되어 혈액의 항상성을 유지하게 된다.

혈행과 관련한 또 위험인자는 콜레스테롤 함량이다. LDL콜레스테롤이 과도하게 존재하면 혈관에 부착되어 혈관 내 염증반응을 유도하고, 플라크(plaque)를 형성하여 혈관 벽을 두껍게 하고 경직시켜 혈액의 흐름을 방해하게 된다. 이러한 혈행 조절기능이 교란되거나 산화질소(NO)의 생성에 장애가 생기면 혈관이 수축되고, 혈액의 원활한 흐름에 문제가 발생한다.

혈관 이완작용의 핵심적인 역할을 하는 것은 NO(nitric oxide, 산화질소)이다. 이것은 내피세포에서 아미노산인 L-arginine으로부터 eNOS(endothelial nitric oxide synthase , 산화질소 합성효소)에 의해 생성되는데, 생성된 NO는 혈관이완 뿐만 아니라 염증성 사이토카인(proinflammatory cytokine), 케모카인(chemokine), 부착분자(adhesion molecule) 등의 발현을 방해하여 혈전형성에 관여하는 조직인자(tissue factor)의 생성을 억제한다. 본 장에서는 일반적으로 혈행 개선과 혈액 순환장애 감소에 도움을 주는 생리활성 기능성 소재를 간단히 소개하고자 한다.

9.2 혈행 개선에 도움을 주는 생리활성물질

혈행 개선제는 저해된 혈액 흐름을 정상상태로 복원하여 세포와 각 기관의 노화를 방지하고, 세포의 성장과 재생을 촉진하는 기능을 가지고 있는데, 현재 사용되고 있는 약제들은 다양한 부작용을 유발한다고 한다.

1) 프랑스해안송껍질 추출물과 홍삼농축액

다소 낯선 소재이지만 프랑스해안송껍질 추출물은 혈행 개선에 도움을 주는 생리활성 기능성 원료 2등급으로 분류된 것으로, 지표성분은 pro(antho)cyanidin이다. 1일 섭취량은 피크노제놀(pycnogenol)로서 100～300 mg/일이다. 갱년기 여성 건강관련 소재인 proanthocyanidins은 관상동맥 심장질환의 위험을 낮추는 폴리페놀의 일종으로 항산화작용을 통해 체내 유해 활성산소를 없애며, 혈액의 흐름을 방해할 수 있는 혈소판 응집을 억제하고, 혈관을 이완시켜 혈행을 개선하는 소재이다. 또 니트로사민 형성을 차단하여 그들의 영향으로부터 건강한 세포를 보호하며, 만성정맥기능부전, 모세혈관 취약성을 보완해 주고, 일광 화상 및 망막병증의 치료에도 유효한 것으로 알려져 있다(자세한 것은 갱년기 남성과 여성건강 관련 생리활성 물질편 참조).

홍삼농축액은 혈행 개선에 도움을 주는 생리활성 기능성 원료 2등급으로, 지표성분은 ① Rb1+Rg1, ② Rg3(S)이며, 1일 섭취량은 홍삼농축액으로서 3 g/day이다. 홍삼은 인삼을 찐 뒤 말려 색이 붉게 변한 것으로 특유의 성분은 사포닌이다. 이 성분은 20(S)- 및 20(R)-ginsenoside이다. 홍삼의 효능은 널리 알려져 있는데, 그 중 혈액순환 개선에 도움을 주고 피로해소, 면역력 증진, 기억력 개선, 항산화 기능을 가지고 있다. 식물계 사포닌은 성분 확인 시 각 성분이 나타내는 이동거리에 따라 Ro, Ra, Rb,…등으로 표시하는데, Rb1 성분은 중추신경 억제, 해열진통, 간기능 보호, Rg1 성분은 학습기능 개선, 항피로작용, Rg3 성분은 암세포 전이억제, 간 보호작용, 항암제 내성억제 등의 기능을 가지고 있다.

2) 정어리 정제어유 / 정제유와 메론 추출물, 은행잎 추출물

정어리 정제어유는 혈행 개선에 도움을 주는 생리활성 기능성 원료 2등급으로, 지표성분은 ① DHA, ② EPA이며, 1일 섭취량은 DHA + EPA 합으로서 500～2,000 mg/day이다. 어유(fish oil)만이 가지고 있는 EPA(eicosa pentaenoic acid), DHA (docosa hexaenoic acid) 등 오메가 3 지방산은 콜레스테롤 수치를 낮추며, 혈액응고 방지, 항염, 류마티스성 관절염 예방과 치료에 도움을 주는 성분이다. 과다 섭취 시 혈액응고가 저해되어 출혈의 위험이 따를 수 있다. 아스피린에 과민반응을 나타내는 사람은 섭취를 피해야 한다.

정제유는 혈중 중성지질 개선과 혈행 개선에 도움을 줄 수 있는 생리활성 기능성 원료 2등급으로, 지표성분은 ① DHA, ② EPA이며, 1일 섭취량은 DHA + EPA 합으로서 500～2,000 mg/day이다. 정제어유(refined fish oil)는 보통 D-α-토코페롤 0.1%, D-토코페롤 혼합형 0.1%인 것이 많은데, 정제어유에 함유되어 있는 EPA와 DHA의 함량이 높을수록 HDL콜레스테롤이 높아 각종 심혈관 질환의 예방과 치료에 도움이 된다. DHA와 EPA는 혈관 평활근 기능을 조절하여 심혈관을 보호하고, 동맥경화 및 혈전 같은 국소적인 혈행 장애에 보호효과를 가진다. 그 외 혈액응고 방지, 항염, 류마티스성 관절염 예방 등의 기능을 가진다.

메론 추출물은 혈행 개선에 도움을 주는 생리활성 기능성 원료 2등급으로, 지표성분은 SOD이며, 1일 섭취량은 SOD 활성으로 500～1,000 IU/day이다. 밀단백질에 알레르기를 나타내는 사람은 섭취에 주의해야 한다. 메론 추출물은 SOD은 물론 catalase 활성 및 기타 항산화 비타민 등을 함유하고 있다. 멜론의 SOD는 항산화 및 항염, 대식세포(macrophage) 활성화, superoxide anion 억제, peroxynitrite(ONOO-)의 생성 억제, 혈관벽 두께 감소, 콜레스테롤 개선, 대식세포에서 염증유발 사이토카인 TNF 감소, 염증억제 사이토카인 IL-10 증가하는 기능을 가지고 있다. 또 자외선으로 인한 광노화 차단, 손상된 피부의 원상회복에 관여하며, 항산화 능력을 강화시켜 면역력을 높이고 뇌졸중, 뇌출혈, 고혈압, 동맥경화, 뇌경색, 우울증, 급성심근경색, 관동맥질환, 치매, 협심증 관리뿐만 아니라 DNA 손상방지, 종양 억제, 당뇨, 면역, 시력 개선, 노화방지, 기억력 및 집중력 향상 효과 등 다양환 기능을 가지고 있다. 최근에 소맥분에서 추출한 글리아딘(gliadin)을 SOD와 결합시켜 SOD가 파괴되지 않고 소장 점막에 부착되어 작용할 수 있는 글리아딘 코팅제제가 개발되어 소화기에서 파괴되지 않고 원하는 약리작용을 얻을 수 있게 되었다.

은행잎 추출물은 혈행 개선에 도움을 주는 생리활성 기능성 원료 2등급으로, 지표성분은 플라보놀배당체(flavone glycoside / kaempherol, quercetin 및 isorhamnetin의 합)이며, 1일 섭취량은 은행잎 추출물로서 120 mg/day, 플라보놀배당체로서 28～36 mg/day이다. 항응고제 복용 시 섭취 주의를 요한다. 은행잎 추출분말(*Ginkgo biloba* leaf extract)은 플라보놀배당체를 24～30 중량%(240～300 mg/g)를 함유하고 있는데, 플라보노이드(flavonoid)계 화합물인 캠페롤(kaempherol) 및 케르세틴(Quercetin), 미리세틴(myricetin), 이소람레틴(isorhamnetin) 등으로 구성되어 있다. 그 외에 ginkgolides, bilobalides, terpenoids 등도 유효성분으로 분리되고 있다. 일산화질소(NO)와 프로스타글란딘 I2(PGI2 / prostacyclin)을 활성화함으로써 혈소판 응집 억제, 혈전 감소 및 혈관 확장, 혈관 이완 유도를 통해 혈행을 개선해 준다. 그 외 기억력 증강, 인지능력 향상 등 치매(dementia) 예방에도 도움을 주는 소재이다.

3) DHA 농축유지와 L-아르기닌

DHA 농축유지는 혈행 개선에 도움을 주는 생리활성 기능성 원료 2등급으로, 지표성분은 ① DHA, ② DHA+EPA이다. 1일 섭취량은 ① DHA 농축유지로서 0.9～5.3 g/day ② DHA+EPA 합으로서 0.5～2.0 g/day이다. DHA 농축유지는 DHA+EPA 함량이 38～56% 정도로 기존 오메가 제품보다 2～3배 많이 들어 있다. DHA 농축유지 제조에는 저온반응의 효소정제공정과 고진공 탈취공정을 적용하고 있다.

L-아르기닌(arginine)은 혈행 개선에 도움을 주는 생리활성 기능성 원료 2등급으로, 지표성분은 L-아르기닌이며, 1일 섭취량은 L-아르기닌으로서 6 g이다. 저단백질 식사를 하는 경우 또는 천식, 심장계 질환이 있을 경우 섭취에 주의해야 한다. L-아르기닌은 어류 등의 정자 단백질 내에 비교적 많이 함유되어 있는데, NO를 변환시켜 혈관을 완화시키는 작용을 가진다. 산화질소를 생성시키는 내피 의존성 산화질소 합

성효소(endothelial nitric oxide synthase / eNOS)의 기질로 사용되는 것이 바로 아르기닌이다. 아르기닌은 성장호르몬의 분비를 유도하고, 상처 치료 및 간의 재생 촉진, 세균, 바이러스 및 종양세포에 대한 면역을 증진시키는 기능을 가지고 있다.

4) 나토 배양물 / 나토균 배양분말과 카카오 분말

나토 배양물은 혈행 개선에 도움을 주는 생리활성 기능성 원료 2등급으로, 지표성분은 피브린용해 효소활성이며, 1일 섭취량은 HK나토 배양물로서 133 mg/day이다. 과다 섭취 시 혈액응고가 저해되어 출혈의 위험이 증가될 수 있고, 항혈전 관련 약품(항응고제, 항혈소판제제)을 섭취하는 사람은 주의를 요구한다. 나토균 배양분말은 나토 배양물을 건조한 것으로, 혈행 개선에 도움을 주는 생리활성 기능성 원료 2등급이다. 지표성분은 피브린용해 효소활성이며, 1일 섭취량은 나토균 배양분말로서 44~67 mg/day이다. 대두알레르기를 나타내는 사람과 혈액 항응고제 복용자는 섭취에 주의해야 한다.

일반적으로 나토 배양물(분말)은 혈액의 흐름을 방해할 수 있는 혈소판 응집을 억제하여 혈액 흐름을 원활히 하는 소재로, 보통 나토 관련 효소를 함유하고 있다. 나토키나제 분말(nattokinase powder)은 *Bacillus subtlis natto* 배양분말(40~60 중량%)과 덱스트린(40~60% 중량 %)를 혼합한 것으로, 혈행 개선에 도움이 되는 피브린용해 효소활성(17,000~28,000 FU /g / FU는 'Fibrin Unit'를 의미함)을 가지고 있다. 상기 효소활성 범위는 혈액의 응고작용을 방해하여 혈액을 원활히 흐르게 한다. HK나토 배양물은 상품화된 나토 배양물 제품이다.

카카오 분말은 혈행 개선에 도움을 주는 생리활성 기능성 원료 2등급으로, 지표성분은 총 플라바놀(total flavanols)이며, 1일 섭취량은 카카오 분말로서 2.8 g/day이다. 아프리카 열대지방이 원산지인 카카오나무는 그리스어로 '신들의 음식'을 뜻하는 테오브로마 카카오(*Theobroma cacao*)로부터 유래하였는데(코코아는 카카오로 만든 제품), 카카오 열매를 cacao pod, 이것을 쪼개면 나오는 씨를 cacao bean(카카오콩), 볶은 카카오빈의 껍질을 제거하면 나오는 알맹이는 cacao nib, 이 카카오니브를 갈아 걸쭉해진 반죽 같은 것을 cacao mass라 부른다.

코코아 분말은 코코아를 발효, 건조시킨 후 원두를 미세화시켜 만든 페이스트 형태의 코코아매스로부터 코코아버터를 분리하고 나머지를 건조・분쇄한 것인데, 실제 코코아버터가 완전히 분리되지 않아 코코아 분말 내 지방함량이 통상 10~12% 정도 함유되어 있다. 이렇게 제조된 코코아 분말은 플라바놀과 각종 폴리페놀화합물, 그리고 생리활성물질 등을 가지고 있다. 카카오 유래 폴리페놀은 주로 배유(cotyledon)의 색소세포(pigment cell) 안에 저장되어 있는데, 이 폴리페놀은 주로 에피카테킨(epicatechin), 프로시아니딘(procyanidin), 카테킨(catechin) 중합체 등의 flavan-3-ol로 구성되어 있다.

이 구조 중의 페놀성 -OH기는 강력한 항산화 활성과 활성산소 제거능력을 가지고 있다. 코코아에 들어가 있는 procyanidin은 LDL 산화 및 lipoxidase 활성을 감소시켜 심혈관 질환과 암을 예방하는 기능을 가지고 있고 퀘르세틴, 탄닌 등의 폴리페놀도 항산화, 항염증, 항암, 항심혈관계 질환, 항당뇨, 뇌신경보호의 건강 기능적 효능을 가지고 있다. 페네틸아민(PEA)은 신경전달 물질로 통증 및 스트레스 해소, 엔돌핀의 분비 자극 등에 관련하며, 신경전달 물질인 테로브로민은 동기 유발과 행복감, 이완 및 만족감을 느끼게 하는 아난다미드(anandamide, N-arachidonoylethanolamine 또는 AEA)를 방출한다.

9.3 혈액순환 장애 감소에 도움을 주는 생리활성물질

혈액순환 장애(blood circulatory disturbance) 감소는 궁극적으로 혈행 개선과 유사하다. 혈액이 혈관을 통해 흐르는 동안 혈액에서 필요한 물질은 조직 사이에 제공되고, 조직 중의 불필요한 대사산물(代謝產物)은 직접 혈액 속으로 들어가 폐나 신장을 거쳐 체외로 배출된다. 그런데 만일 이들 순환에 이상이 생기면 세포나 조직이 원활한 기능을 발휘할 수가 없게 되는데, 이것이 혈액순환 장애이다. 혈액순환 장애는 만병의 근원으로 알려져 있는데, 혈액순환이 안 되면 신체 장기에 혈액이 도달하기 어려워 혈관질환 뿐만 아니라 인체 장기의 기능을 떨어뜨리고, 결국 호르몬 생성이나 신진대사 등에도 이상을 초래하여 질병을 유발하게 된다.

혈압이 높으면 혈관이 수용할 수 있는 혈액량이 많아져 혈액순환에 무리를 주고, 반면 혈압이 낮으면 혈관 내 혈액량이 적어져 혈액순환을 방해한다. 즉 혈압이 너무 높거나 낮은 경우, 혈관이 좁아지고 막히는 경우, 콜레스테롤과 중성지방이 혈액 속에 쌓이는 경우, 혈액의 점도가 높아진 경우 등은 모두 혈액순환 장애를 유발한다. 뇌혈관 질환과 심혈관 질환은 모두 혈액순환 장애의 원인이거나 관련이 깊다. 손발 저림, 시림, 기억력 감퇴, 만성피로, 무기력증 등은 혈액순환 장애의 5대 증상으로 분류하는데, 순환계에 영향을 줄 수 있는 질병은 죽상동맥경화증, 협심증, 심장허혈 등이다.

혈행 개선과 관련하여 혈액순환 장애를 감소시키는 생리활성물질로는 지질계통의 오메가 3 지방산, γ-리놀렌산, 비타민 E 등이, 그리고 단백질 계통으로는 호모시스테인, 대두단백, 그 외 피토케미컬, 키토산, 홍국, 양파, 알로에 등이 있으며, 오디 추출물도 혈액순환 장애를 유발하거나 확대시키는 다양한 핵심 요소들을 다각도로 개선시킴으로써 혈액순환 장애의 예방과 치료에 긍정적인 효과를 주는 소재이다.

〈10절〉 당뇨병 예방과 치료에 도움을 주는 생리활성물질

10.1 당뇨의 정의와 당뇨병의 종류 및 증상

당뇨란 혈액 속에 당이 높은 고혈당 상태를 말한다. 알려진 이유로는 췌장이 인슐린을 생산하지 못하거나 생산하는 인슐린 양이 충분치 못하여 적절히 작용하지 못하는 경우에 생긴다. 혈액에는 당이 넘치지만 실제 세포는 당이 부족한 편이며, 혈액 속에 당이 소변으로 빠져나가는 경우 이를 보통 당뇨병(diabetes mellitus, DM / diabetes)이라 부른다. 당뇨병은 높은 혈당수치가 오랜 기간 지속되는 대사증후(질환)군을 말하는데, 혈액 중의 포도당(혈당)이 높아서 소변으로 포도당이 넘쳐 나오는데서 지어진 이름이다.

포도당은 탄수화물의 기본 구성 성분인데, 탄수화물이 위장에서 소화효소에 의해 분해되어 포도당으로 변한 다음 혈액으로 흡수되어 세포들에 이용되는데, 이 때 반드시 인슐린 호르몬이 필요하다. 인슐린은 췌장 랑게르한스섬에서 분비되어 식사 후 올라간 혈당을 낮추는 호르몬인데, 만약 여러 가지 이유로 인하여 인슐린이 모자라거나 성능이 떨어지게 되면 체내에 흡수된 포도당은 체내 이용되지 못하고 혈액 속에 쌓여 소변으로 나오게 되는 병적인 상태를 보이게 된다. 결국 인슐린 부족과 그 작용의 부족 등으로 생기는 만성 고혈당증이 대사이상을 초래하는 경우이므로 총체적인 대사성 질병이라 부른다.

당뇨병은 보통 1～3유형으로 구분하는데, 제1형(인슐린 의존 당뇨병 / 연소성 당뇨병)은 원천적으로 충분한 인슐린을 만들어내지 못하는 경우인데, 췌장에서 인슐린을 생성하는 랑게르한스섬의 β-세포의 손실 때문이다. 면역매개형(immunemediated)과 원인불명형(idiopathic)으로 구분하는데, 제1형 대부분은 면역매개형으로 T세포 매개의 자가면역 공격이 β-세포와 인슐린의 손실을 초래한 것이다. 대부분 어린이들에게 발생하므로 '소아 당뇨병'이라고도 부른다. 제1형 당뇨병은 불규칙적이고 예측이 불가능하며, 종종 심각한 저혈당을 동반하는데 대부분 선천적이며, 특정 사람의 백혈구 항원을 포함한 복수의 유전자와 관련이 있다. 성인 잠복 자가면역당뇨병(latent autoimmune diabetes of adults, LADA)은 성인에서 제 1형 당뇨병으로 발전하는 경우를 말한다.

제2형(인슐린 비의존 당뇨병 / 성인 당뇨병)은 인슐린에 적절하게 반응하지 못하는 인슐린 저항으로 시작되어 병이 진행되면서 인슐린 부족현상이 나타나는 가장 일반적인 당뇨병이다. 즉 인슐린 분비 저하와 인슐린 저항성으로 인해 생기는데, 이 두 가지 인자의 관여 정도에 따라 인슐린 분비 부족 우위 당뇨병과 인슐린 저항성 우위 당뇨병으로 구분한다. 제2형 당뇨병은 일반적으로 인슐린 저항성이 있는 것이 특징이며 주로 비만, 운동부족, 부실한 식사, 스트레스 등의 생활방식에 의해 생기므로 후천적 당뇨라 부른다. 제3형인 임신당뇨병(gestational diabetes mellitus, GDM)은 당뇨병의 병력이 없는 임신한 여성이 고혈당으로 발전하는 경우에 발병하는데, 임신 중의 내당능 장애가 여기에 해당하며, 임산부의 약 2～10%가 경험하게 된다.

출산 후에는 증세가 좋아지거나 완전히 치료되는 게 보통이다. 만약 임신당뇨병을 치료하지 않으면 태아거구증, 선천적인 심장과 중추신경계 이상, 골격근 기형 등 위험을 동반할 수 있으며, 적혈구의 파괴로부터 고빌리루빈혈증이 발생할 수도 있다. 기타 유형의 당뇨병으로는 과량의 당질 코르티코이드 때문에 일어나는 스테로이드 당뇨병과 여러 유형의 단일유전자 당뇨병(maturity onset diabetes of the young, MODY) 등이 있다. 일부 유형의 당뇨병은 체조직의 수용체가 인슐린에 반응하지 않아 발생되는데, 보통 염색체 또는 미토콘드리아의 유전적 변이가 β-세포의 기능 결함을 초래하여 생기거나 인슐린 길항성의 호르몬 과다 분비 때문에 당뇨병이 생기기도 한다.

전형적인 당뇨병의 증상은 체중 감소, 다뇨증(polyuria), 다음(多飮, polydipsia), 다갈증(polydipsia), 다식증(polyphagia), 식욕항진 등이다. 처음에는 증상이 가볍지만 시간이 갈수록 불안, 발한, 떨림, 흐린 시각, 두통, 피로, 베인 상처의 늦은 치유, 탈수, 피부의 가려움 등 증상이 일어나고, 심한 경우 착란, 행동 변화, 발작, 의식상실, 드물게는 뇌손상에까지 이르게 된다. 제1형 당뇨병 환자는 당뇨병 케톤산증을 경험하며 구토와 복통, 의식혼탁을 나타내기도 한다.

임상적인 증상으로는 요를 통한 당의 배설(glucosuria), 고혈당(hyperglycemia), 내당능의 이상(abnormal glucose tolerance test), 무력증(asthenia) 등이 있다. 혈당이 높아지면 소변으로 당이 빠져나가게 되는데, 이 때 포도당이 다량의 물을 끌고 나가기 때문에 소변을 많이 보게 되고, 따라서 몸 안의 수분이 모자라 갈증으로 이어진다. 또 섭취한 당이 소변으로 빠져나가 에너지로 이용되지 못하므로 공복감은 심해지고, 점점 더 먹으려 하게 된다. 높은 혈당이 지속되면 수정체에 포도당이 흡수되어 시력을 변화시키며, 피부발진을 비롯한 당뇨병 피부증후군의 증상이 나타난다.

10.2 당뇨병의 원인과 기전, 합병증

당뇨병의 발병 원인은 정확하게 알려지진 않지만 유전적 요인이 가장 가능성이 높아 보인다. 비만도 몸 안의 인슐린 요구량을 증가시키고, 그 결과 췌장의 인슐린 분비기능을 저하시켜 당뇨병을 유발하게 된다. 인슐린 분비는 필요한 양만큼 β-세포에서 분비되는데, 식사 후 혈당치가 높아지면 인슐린이 혈액 속으로 방출되어 간, 근육, 지방조직으로 이동된다. 사용 가능한 인슐린의 양이 충분하지 않거나 세포들이 인슐린에 잘 반응하지 않거나, 또는 인슐린 자체에 결함이 생기면 포도당은 필요로 하는 체세포에 제대로 흡수되지도 않고, 간과 근육에서도 적절하게 저장되지도 않게 된다.

이러한 상황이 계속되면 지속적으로 혈당치는 높아지고 단백질 합성도 어렵게 되며, 산증과 같은 또 다른 대사장애가 일어나게 된다. 시간이 지나도 혈액 내의 포도당 농도가 계속해서 높아지면 신장은 재흡수의 문턱 값에 도달, 포도당을 소변으로 내 보내게 되는데, 이런 경우 소변의 삼투압이 증가하고, 신장에 의한 재흡수가 안되므로 소변의 생성량이 늘어나 다뇨증에 걸리며, 체액의 손실이 늘어나게 된다. 혈액량이 감소되면 체세포와 다른 몸의 구획으로부터 수분이 삼투로 대체되어 탈수를 유발, 갈증이 심화되어 다음증으로 이어지게 된다.

당뇨병은 심각한 합병증을 유발하는 특이한 질환이다. 급성 합병증으로는 당뇨병 케톤산증, 고혈당성, 고삼투성, 비케톤성, 혼수 등이 포함되고, 장기간 합병증으로는 심혈관 질환, 뇌졸중, 만성신부전, 당뇨병성 궤양, 당뇨병성 망막병 등이 여기에 속한다. 또 미세혈관의 손상에 의한 합병증으로는 눈, 신장, 신경 등의 손상이다. 눈의 질환으로는 당뇨병성 망막병, 황반부종, 당뇨병성 백내장 등 눈의 손상이 실명을 가져올 수 있으며, 당뇨병성 신장병으로 알려진 신장의 손상은 단백질뇨를 유발할 수 있어 투석이나 신장이식이 필요할 정도로 만성으로 이어질 수 있다. 또 감각, 운동신경병증(단일 신경병증 / 다발신경병증), 자율신경병증 등도 당뇨신경병도 당뇨합병증의 일종인데, 당뇨신경병은 체내의 신경 손상을 가져와 무감각, 저림, 통증, 통각 변경 등을 비롯하여 피부 손상을 초래하는 질환이다.

근육 당뇨신경병증은 고통스러운 근육 쇠약을 초래하고 당뇨족병(당뇨병성 족부궤양)을 유발하여 통통은 물론 종종 다리를 절단하는 경우도 생긴다. 또 대혈관 합병증으로는 관상동맥, 말초동맥 질환 및 뇌졸중 등이 있다. 당뇨병 환자에서의 고혈당에 의한 최종 당산화물(advance glycosylation endproduct, AGEs)이 뼈의 콜라겐에 축적되면 골강도의 손실과 약화를 초래하며, 그 결과 파골세포와 조골세포의 균형이 깨지면서 소변의 칼슘 배출량도 많아지게 된다. 피부 콜라겐에 AGE가 축적되면 피부 주름을 만들고, 뼈의 단백질에 축적되면 골다공증을, 뇌에 쌓이면 알츠하이머병을 유발한다. 그 외 위장 운동장애, 설사, 배뇨장애, 발기부전, 피부병, 감염, 백내장, 녹내장, 치주질환 등도 흔하게 나타나는 합병증이다.

10.3 당뇨병의 예방과 치료, 그리고 항당뇨 기능성식품과 생리활성물질

당뇨병을 예방하기 위해서는 혈압조절, 혈당조절, 지질조절, 금연, 심혈관질환 조절, 항혈소판제제 사용, 만성 신장질환(chronic kidney disease, CKD)의 조절, 신경병증 조절, 족부병변 조절 등은 필수적이다. 비약물적 치료방법으로는 임상영양요법(medical nutrition therapy, MNT), 자가혈당 관리교육, 운동요법 등이 있다. 약물요법으로 인슐린제제, 경구용 혈당강하제 등이 활용되고 있으나 저혈당 유발, 인슐린 분비기능 상실, 위장장애 등의 다양한 부작용를 야기한다. 혈당강하제 중 α-glucosidase inhibitor인 acarbose, voglibose 등은 소장에서 탄수화물 분해를 억제시켜 섭취한 탄수화물의 분해를 지연시킴으로써 식후 혈중 당 농도의 급격한 상승을 막는다.

보통 당뇨병 치료에는 제1형 당뇨병은 인슐린 주사로, 제2형 당뇨병은 경구용 당뇨 치료제인 메트포르민(metformin)을 사용한다. 2019년 미 FDA에서는 제2형 당뇨병 환자의 혈당을 낮추는 새로운 약물인 Rybelsus(semaglutide)를 승인하였는데, 이것은 글루카곤유사펩티드(GLP-1, glucagon-like peptide)계열이다. 이 성분은 메트포르민이 부족할 때 혈당조절을 개선하는 데 유익한 약물이며, 오젬픽(ozempic)은 혈당치가 상승하면 인슐린 분비를 증가시켜 당뇨병을 조절하는 약물이다. 일부에서는 메트포르민 대신 복용할 수 있는 것으로 Prandin(repaglinide), Canagliflozin(Invokana), Dapagliflozin(Farxiga), Empagliflozin[Jardiance, Actos(pioglitazone)], Herbal options 등을 거론하기도 한다.

약물과 무관하게 일반적인 항당뇨 식품으로 열량, 포화지방, 전이지방, 설탕, 소금이 적게 든 음식들을 선택하고 통곡물과 같은 섬유질이 많은 음식을 비롯하여 저지방, 식물성 유지, 생선 등을 추천하고 있다. 식후 혈당상승을 억제하는데 도움을 주는 기능성 생리활성 소재로는 nopal 추출물, 계피추출 분말, 구아바잎 추출물, 동결건조 누에분말, 마주정 추출물, 바나바잎 추출물, 서목태(쥐눈이콩) 펩타이드 복합물, 솔잎증류 농축액, 실크단백질효소 가수분해물, 인삼가수분해 농축액, 지각상엽추출 혼합물, 콩발효 추출물, 탈지달맞이꽃종자 추출물, 홍경천등복합 추출물 등이 있다. 특히 뽕잎도 항당뇨 소재인데, 그것은 항산화물질(rutin / quercetin / isoquercetin), GABA (γ-aminobutyric acid) 등이 혈당지하 작용을 하기 때문이다. 또 콩의 식이섬유, 비타민 E, 이소플라본(isoflavone), 페놀, 사포닌, 트립신 저해제, 피틴산(phytic acid) 등도 혈당지수를 낮추어 주는 소재이다.

항당뇨용 천연물 소재는 많은 종류들이 유통되고 있는데, 그 내용을 보면 곡류 또는 이들로부터 추출한 화합물, 과일류 또는 이로부터 추출된 화합물, 해조류 또는 이로부터 추출된 화합물, 두류 및 견과류 또는 이로부터 추출된 화합물, 차류 또는 이로부터 추출된 화합물, 생약 또는 이로부터 추출된 화합물, 동물 또는 이로부터 추출된 화합물, 버섯류(눈꽃동충하초, 영지버섯, 큰번데기 동충하초, 표고버섯, 느티만가닥버섯, 차가버섯, 운지버섯, 소나무잔나비버섯, 붉은덕다리버섯, 상황버섯 등) 또는 이로부터 추출된 화합물 등이 있다*.

* 곡류, 채소류 또는 이들로부터 추출한 화합물 : 조개나물(ajuga multiflora bunge), 장생도라지(20년근 이상의 다년생 도라지), 옥수수수염, 흑미, 현미, 옥수수, 보리, 통밀, 율무 및 수수 등.

- 해조류 또는 이로부터 추출된 화합물 : 바오밥(baphia nitida), polytrichastrum alpinum 등.
- 과일류 또는 이로부터 추출된 화합물 : 카카오, 구아바(*Psidum guajava*), 포도씨, 참다래(*Actinidia chinensis*) 열매, 바나바(*Lagerstroemia speciosa*) 등.
- 두류 및 견과류 또는 이로부터 추출된 화합물 : 콩(soy), 분리대두단백, 페네그릭(fenugreek)씨, 검은콩, 아가콩 등.
- 차류 또는 이로부터 추출된 화합물 : 뽕잎, 건조녹차잎, 장군차(*Camellia sinensis* var. *assamica*), 녹차 추출물 등.
- 생약 또는 이로부터 추출된 화합물 : 두릅나무 근피, 황백피, 해당화근부, 닭의장풀, 인삼, 숙지황, 우황, 서홍화, 황기, 수질, 호장근, 황정, 귀전우, 산수유, 목단피, 지골피, 구기자, 백출, 창출, 황련, 갈근, 생지황, 상백피, 백두용, 둥글레, 필발(piper longum), 희첨(*Siegesbeckia* spp.), 대황, 차전자, 욱리인, 빈랑, 마자인, 토사자, 우슬, 산수유, 지실, 방풍, 독활, 지느러미엉겅퀴(*Carduus crispus L.*), 큐맘브린 A, 뜸부기, 오미자, 연자육, 하수오, 구기자, 산약 , 백출 , 맥문동, 녹용, 백모근, 백복령, 유황, 속단 추출물, 백하수오, 땃두릅 뿌리, 천화분, 갈근, 생지황, 오미자, 감초, 의이인, 대극, 강후박, 초갈근, 감초, 프로토카테큐알데하이드, 삼백초(*Saururus chinensis BAILL.*), 마름(*Trapa japonica flerov.*), 노팔 선인장(nopal cactus), 인진쑥, 목초액, 필발, 나도근수, 진세노사이드 Rg3, Rg5 및 Rk1, 청전류(pterocarya paliurus), 여주, 화살나무, 흰양삼, 황기, 뽕나무잎, 하고초, 오갈피, 황금, 황정, 작약, 생지, 결명자, 연령초, 구운감초, 천화분, 지초, 시호, 숙지황, 손바닥선인장(Opuntia ficus-indica L.) Mill)의 줄기, 천화분(Trichosantes kirilowii maxim.), 목단피(Paeonia suffruticosa andrews), 산약(Dioscorea batatas decaisne), 호로파(Trigonella foenum-graecum L.), 삼칠근(Panax notoginseng (Burk. F. H. Chen), 동아, 황기, 천마, 천화분, 금은화, 홍삼 등.

천연물 유래 유효성분의 혈당저하 작용기전은 ① AMPK의 활성을 증가시켜 혈액 내 당의 세포 흡수를 촉진하여 혈당을 강하시키고, ② α-글루코시다제 활성 저해제(α-glucosidase inhibitor), 혈당 및 당화혈색소를 감소시킴으로써 혈당을 감소시키고, ③ 위장관에서 당 흡수 억제를 통해 혈당을 강하시키고, ④ 3T3-L1 지방세포

(adipocyte)에서 인슐린의 작용을 향상시켜 세포막의 GLUT 4(glucose transporter type 4)의 양을 증가시키고, 포도당의 흡수를 증가시킴으로써 혈당을 강하시키며, ⑤ PPAR-γ(peroxisome proliferation-activated receptor-γ)의 활성을 증대시켜 혈당을 강하시킨다.

여기에 속하는 생리활성 성분에는 난소화성 말토덱스트린(nondigestible maltodextrin, NMD), 폴리페놀(polyphenol), 타가토스(tagatose), 소맥알부민, 히드록시프로필메틸셀룰로오스(hydroxypropylmethyl cellulose), 피니톨(pinitol), 후코이단(fucoidan), γ-오리자놀(γ-oryzanol), 올티프라즈(oltipraz), epigallocatechin gallate 또는 epicatechin gallate, L-arabinose, 프로시아니딘(procyanidin), cinnamaldehyde, cumin aldehyde, 카필라리신(capillarisin), protocatechualdehyde, ginsenoside Rg3, Rg5 및 Rk1, 실크펩타이드(silk peptide), 견피브로인(silk fibroin) 등이 있다.

〈11절〉 뼈 / 관절에 도움을 주는 생리활성물질

11.1 골격계의 용어와 뼈의 무기질화

인체의 골격은 몸의 기본 형태를 유지하고 있는 부분으로 뼈, 연골(유리, 섬유, 탄력연골), 인대, 관절(섬유, 연골, 윤활관절)로 구성되어 있다. 뼈의 외면을 덮고 있는 결합조직으로 된 얇은 골막이 뼈를 보호하고 있다. 골 조직은 뼈의 단단한 부분을 이루는 실질조직으로 해면골, 치밀골, 골수 등으로 되어 있다*. 뼈는 신체를 지지하여 그 형태를 갖추게 하는 지주기능, 조혈기능, 내부기관 보호기능, 근육 지렛대 역할을 하는 운동기능, 무기물 등을 축척하였다가 필요에 따라 혈류를 통하여 공급하는 저장기능 등을 가지고 있다.

* **해면골** : 스폰지 모양의 엉성한 조직 / 손목 / 발목 / 척추 / 골반 등의 짧은 뼈(short bone), 치밀골 안쪽, 망상구조이며 대사율이 높고, 골격의 20% 차지함. **치밀골** : 골간을 이루는 견고한 부분, 장골과 골격의 겉부분, 단단하며 대사율이 낮고, 골격의 80% 차지함, **골수** : 해면골의 엉성한 조직과 골수강을 메우는 조직, 혈구를 생성함.

골격(axial skeleton)은 구간골(몸통뼈), 두개골, 척추(경추 / 흉추 / 요추 / 천추 / 미추 / 흉곽), 사지골(팔, 다리, 어깨, 골반의 골) 등이 있으며, 연골은 변형된 결합조직의 일종으로 세포와 세포 사이에 단백질이 많이 들어 있는 물렁뼈이다. 비교적 탄력성을 가지녀, 칼슘침착이 없어 눌렁눌렁한 조직이다. 혈관이나 신경의 분포가 없는 것도 특징이다. 관절은 2개 또는 그 이상의 뼈들이 연결되는 부위를 말한다. 골세포(osteocytes)는 뼈를 구성하는 기본 세포로, 섬유아세포에서 형성된 골아세포가 기질을 만들고, 골아세포가 기질 속으로 들어가 만들어진다.

골세포에는 당단백질과 콜라겐에 칼슘과 인이 침착된 조골세포(osteoblast), 뼈에서 무기질이 용출되고, 콜라겐 분해에 관여하는 파골세포(osteoclast) 등이 있다. 골세포는 치밀골에서 가장 풍부한 형태의 세포로 조골세포가 기질 안에 갇혀서 골세포가 된다. 골세포는 골 일생동안 골기질을 분비하는데, 골기질은 칼슘염과 단백질, 특히 콜라겐을 함유하고 있어 단단하고 잘 부러지지 않아 몸을 단단하게 지지하고 있다.

뼈는 끊임없이 뼈조직을 생성, 분해, 보수, 재생하면서 정상적인 골 질량과 혈중 칼슘농도를 유지한다. 체내 칼슘의 99%는 골격, 1%는 혈액(혈중 칼슘농도 : 10 mg / 100 mL)에 존재하는데, 칼슘의 흡수는 주로 십이지장에서 능동수송, 나머지는 소장 하부에서 확산으로 흡수된다. 혈중 칼슘농도를 조절하는 호르몬은 부갑상선호르몬(parathyroid hormone, PTH)과 칼시토닌(calcitonin)이다. 부갑상선호르몬은 혈중 칼슘농도 저하 시 부갑상선에서 혈류 내로 분비하여 뼈로부터 칼슘을 가져오고, 신장 내에서 비타민 D 활성을 자극하여 장으로부터 칼슘 흡수를 증가시키면서 인의 배출을 촉진하여 소변 내 칼슘 배출을 억제한다(그림 11-1).

부갑상선호르몬은 혈액과 세포 외액에서 이온화된 칼슘의 수치를 분단위로 조절하는 펩티드 호르몬이다. 부갑상선호르몬은 혈중 칼슘 수치를 올리고, 신장의 칼시트리올 합성을 증가시켜서 골격과 신장으로부터 혈중으로 칼슘의 이동을 촉진시킬 뿐만

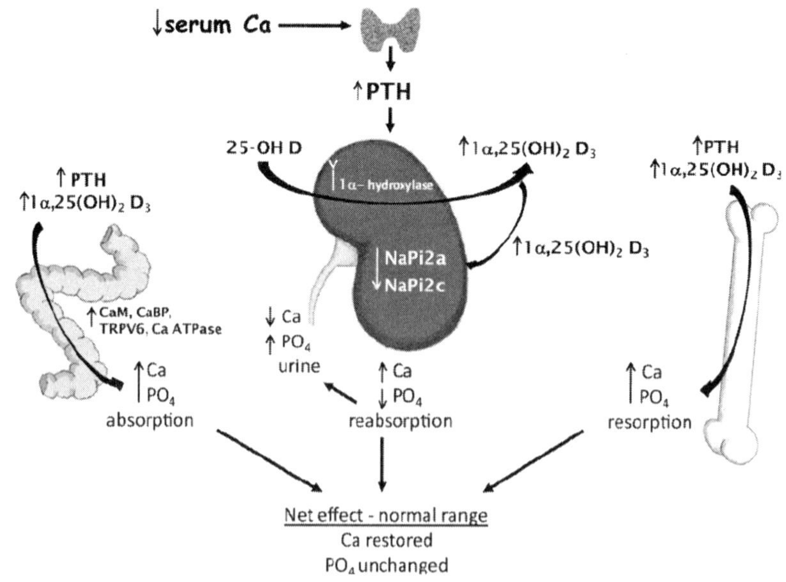

그림 11-1. 비타민 D(D), 부갑상선 호르몬(PTH), 칼시토닌(CT)과 칼슘과 인의 항상
(출처 : Journal of Animal Science, 89(7) : 1957-64, 2010)

아니라 음식으로 섭취하는 칼슘의 장 흡수를 강화한다. 이렇게 상승한 혈중 칼슘 수치는 다시 부갑상선에 되먹임 기전으로 작용하여 부갑상선호르몬의 분비를 감소시킨다. 부갑상선, 골격, 신장, 위장관은 부갑상선 호르몬에 매개되는 칼슘 항상성에 중요한 기관들이다.

혈액 내 칼슘 수치가 정상으로 변하면 PTH의 수준도 정상으로 떨어진다. PTH는 매우 짧은 수명을 갖는데 반감기는 5분 이내이다. 칼시토닌은 혈중 칼슘 수준 증가 시 갑상선에서 분비하여 뼈의 칼슘 침착 증가, 신장에서의 칼슘 재흡수 감소 등 기능을 수행한다. 비타민 D는 칼슘과 인이 흡수되고 이용되는데 필요한 비타민으로, 뼈를 형성하고 유지하는 데 필요하다. 우리 몸에 중요한 영향을 미치는 것은 비타민 D_3(cholecalciferol)인데, 비타민 D_3은 피부세포 속에 존재하는 7-데하이드로콜레스테롤이 햇빛 속 자외선(중간 영역 290~315 nm에 속하는 UVB)의 도움을 받아 프리비타민 D_3(비타민 D_3의 전구체)가 되고, 이 프리비타민 D_3는 2시간 내에 약 50%가 비타민 D_3로 변하는데 간에서 $25(OH)D_3$형으로, 그리고 신장에서는 $1,25(OH)_2D_3$형으로 전환하면서 칼슘 흡수를 도와준다. $1,25(OH)_2D_3$는 활성형으로 소장에서 칼슘 흡수 촉진, 뼈 형성 촉진, 체내 칼슘 항상성을 유지하는 데 중요한 역할을 하는 비타민이다(그림 11-2)

뼈는 단단한 유기질(1/3, 콜라겐), 무기질(2/3, 칼슘과 인의 수산화염(hydroxyapatite)로 이루어진 조직인데 무기질은 뼈의 단단한 성질, 견고성 및 간결성을 부여하며,

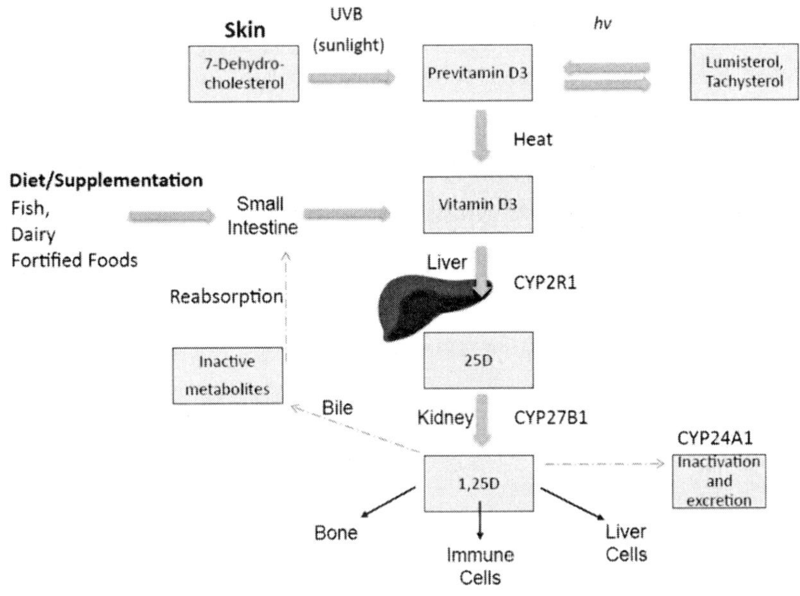

그림 11-2. 비타민 D의 합성 (출처 : Nutrients 10(4) : 496, 2018)

유기질은 탄력성, 강인성 및 질긴 성질을 부여한다. 뼈는 다른 결체조직과는 다르게 무기(질)화(mineralization, 석회화) 과정을 거치게 되고, 일생에 걸쳐 끊임없이 재형성(bone remodeling) 과정을 거치게 된다. 뼈의 무기질화는 세포 혹은 세포외 기질에 칼슘과 무기질이 침착되는 현상을 말하는데, 콜라겐섬유(fiber)가 구성하는 망사구조에 칼슘과 인이 침착하고, 물과 혼합되어 hydroxyapatite($Ca_{10}(PO_4)_6(OH)_2$)라는 단단한 무기물질을 형성하는 과정을 말한다.

뼈는 파골세포에 의해 뼈가 제거되고, 조골세포에 의해 연속적으로 새로운 뼈가 형성되게 된다. 뼈 재형성은 계속적인 뼈 생성(bone formation)과 뼈 (재)흡수(bone resorption) 과정의 반복이 적절히 균형을 이루는데, 뼈 조직을 생성하는 조골세포(osteoblast)와 뼈 조직을 흡수하는 파골세포(osteoclast) 사이에 일어나는 현상이다(그림 11-3).

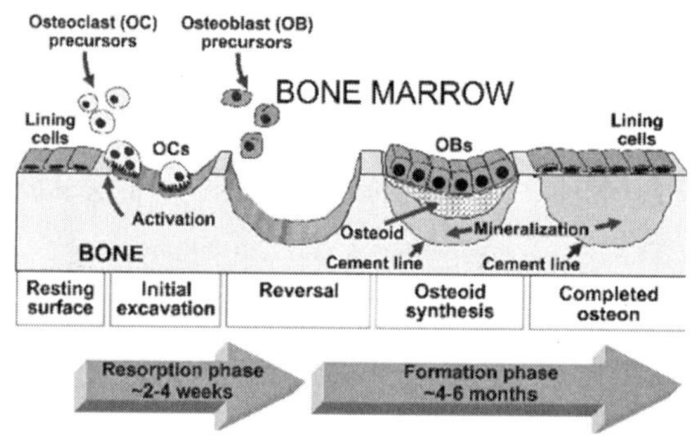

그림 11-3. 뼈 형성 과정
(출처 : J Bone Miner Res. 20 : 177-84, 2005)

뼈 흡수에 관여하는 인자는 osteoprotetegrin(OPG), TGF-β, IL-1, lymphotoxin과 TNF-α, M-CSF(CSF-1), IFN-γ 등이 있다. 조골세포가 골 흡수부위로 이동하는 것은 골 흡수과정에서 생산되어 분비된 active TGF-β을 비롯한 국소 인자들과 기질 단백질인 제1형 콜라겐, osteocalcin 등에 의해 유도되게 된다. 조골세포의 증식과정에 관여하는 인자에는 TGF-β superfamily(TGF-βs I or II)와 PDGF, IGFs-I, II, heparin-binding FGFs 등이 있다.

다음 단계는 성숙 조골세포로의 분화단계로 IGF-I과 BMP-2가 관여한다. 분화과정에서 조골세포는 골기질 단백질의 영향을 받게 되는데, 그 단백질에는 콜라겐(collagen)과 비콜라겐 단백질(noncollagenous proteins, NCPs)이 있다. 콜라겐 단백질은 제1형 콜라겐(type I collagen)으로 전체 골기질의 85~90%를 차지하고 있으며, 뼈뿐만 아니라 인대, 상아질(dentin), 눈의 공막(sclera), 각막(cornea), 폐, 피부조직에서도 발견되는 단백질이다. 비콜라겐 단백질은 뼈 단백의 10~15%를 차지하고 있는

데, 그 중 대부분은 혈장에서 유래된 단백질이다. 콜라겐이 대부분을 차지하는 뼈의 기질 단백질들은 뼈의 탄성과 유연성을 유지시키며, 다른 한편으로 구조적으로 지지 역할을 한다. 콜라겐 단백과 이와 연결되어 있는 비콜라겐 단백들은 무기질화 과정과 골의 재형성에 모두 영향을 미치게 된다.

11.2 골질환 종류와 원인

대사성 골질환에는 골다공증(osteoporosis), 골연화증(osteomalacia), 골감소증(osteopenia), 골위축(bone atrophy), 섬유이형성증(fibrous dysplasia), 페이젯병(Paget's disease), 고칼슘혈증(hypercalcemia), 뼈의 종양성파괴(neoplastic destruction), 암(cancer) 관련 골 재흡수 질병, 골용해(osteolysis), 골관절염(osteoarthritis) 또는 류머티스관절염(rheumatoid arthritis) 등이 있다. 신부전으로 인한 골 질환인 신성골이영양증(renal osteodystrophy), 만성신부전 환자의 대사성 골질환인 무력성 골질환(adynamic bone disease), 화농성균의 감염에 의해 초래된 염증성 감염성 골질환 등 대사증후군 질환을 총칭하여 골질환이라 부른다.

골질환은 신체 내에서 뼈를 생성하는 역할을 하는 조골세포(osteoblast)와 뼈를 파괴하는 역할을 하는 파골세포(osteoclast) 간의 활성에 조화가 무너지면서 일어난다. 파골세포는 뼈가 성장하는 과정에서 불필요하게 된 뼈조직을 파괴 또는 흡수하는 대형의 다핵세포이다. 중간엽 간세포에서 분화된 조골세포는 약 34개월간 생존하여 활성화된 파골세포가 낡은 뼈를 분해시킨 자리에서 새로운 뼈를 만든다. 수많은 조골세포가 골기질을 만들고, 점차 기질이 무기질화 되면서 골 형성이 마무리된다. 이후 조골세포의 약 70% 이상은 사멸되고, 일부는 골세포 및 골 표면세포(bone lining cell)로 분화되어 생존한다. 뼈의 양은 파골세포와 조골세포의 균형에 의해 유지되는데, 뼈를 흡수하는 파골세포의 활성이 증가하게 되면 뼈의 분해가 촉진, 뼈가 얇아지고 쉽게 부러지는 골다공증과 같은 질병이 일어난다.

1) 골다공증, 골연화증, 연골연화증, 골감소증

대표적인 대사성 골질환인 골다공증(Osteoporosis)은 뼈의 질량 감소와 뼈 조직의 구조학적 퇴화를 특징으로 하며, 뼈를 구성하는 미네랄(특히 칼슘)과 기질의 감소상태를 보이는 골절위험이 증가되는 질환이다. 뼈를 흡수하는 파골세포와 뼈를 형성하는 조골세포의 골 항상성 조절 불균형으로 인해 발생하는 질환으로 약해진 골 강도를 특징으로 하는 골격장애를 말한다. 낡은 뼈의 소멸과 새로운 뼈의 생성이 균형 있게 유지되면서 골밀도가 균형 있게 유지되는데, 노화가 진행되면서 새로운 뼈의 대체가 원활히 이루어지지 않아 뼈가 엉성해지고, 이런 과정이 반복되면서 뼈가 얇아지고, 부러지거나 부서질 위험성이 커지게 된다.

일반적으로 골강도는 골밀도(bone mineral density, BMD)와 골질(bone quality)에 의해 영향을 받는데, 골의 질을 구성하는 요소는 골의 구조와 골 교체율, 무기질화, 미세골절, 콜라겐 등이다. 골다공증의 발병은 유전과 종족, 연령, 신체활동 정도, 만성 질환과 약물복용 여부, 식사요인, 알코올, 카페인, 흡연 여부 등에 따라 다르다. 칼슘과 인을 적당량 섭취하면 부갑상선호르몬(PTH)를 자극하여 간접적으로 칼슘 재흡수 증가, 배설 감소로 이어지지만, 지나친 섭취는 PTH 분비를 자극하여 뼈 손실을 유도하게 된다. 성인의 경우 1 : 1 비율로 권장한다.

비타민 D는 칼슘의 흡수에 필수적인데, 노화가 진행될수록 비타민 D_3 합성 능력은 떨어진다. 단백질은 최대 골질량 유지에 중요하지만 과량은 소변으로의 칼슘 배설을 증가시킨다(단백질 1 g이 대사되는 경우 1 mg의 칼슘이 소변으로 배설). 과량의 섬유소 섭취는 무기질 흡수를 방해하여 골질량을 저하시킨다. 피틴(phytin)과 수산(oxalic acid)은 장관 내의 칼슘, 마그네슘, 아연, 철분 등의 흡수를 방해하고, 분변으로의 배설을 증가시킨다. 골절 위험 예측의 기준이 되는 비타민 K는 과잉 석회화를 방지하고, 뼈세포 단백질의 합성에 필요한 성분인데, 비타민 K 섭취가 부족하면 골절 위험이 증가한다. 카페인은 신장과 소장에서의 칼슘 흡수를 방해하여 칼슘 손실을 증가시킨다. 마그네슘(Mg)은 체내에서 반 이상이 뼈에 저장되어 있는데, 부족 시 뼈의 칼슘농도 저하로 골 용해 촉진 및 골 생성이 감소된다.

칼슘의 과잉 섭취는 마그네슘 흡수를 방해하므로 칼슘과 마그네슘의 비율은 2 : 1 정도로 권장한다. 불소(F)는 조골세포수의 증가, 골격 표면 견고성 증가에 관여하며, 고농도는 척추 골밀도를 증가시키지만 과잉 섭취 시 견고성 증가로 골절률을 증가시킨다. 나트륨(Na)은 과량 섭취 시 뼈를 용해시켜 소변으로의 칼슘 배설을 증가시킨다. 철(Fe)은 교원질섬유 합성에 관여하는 효소의 보조인자로 골 형성에 중요하지만 과다한 철분은 아연, 구리 흡수를 방해하여 골질환 위험을 증가시킨다. 칼슘과 철을 동시에 과량 섭취하면 신장 기능이 저하되고, 골절 위험이 커진다. 스트론튬(Sr)은 해수에 많이 존재하는 미량원소로 골형성 촉진, 골 흡수 억제 효과를 가지고 있다.

골연화증(骨軟化症, osteomalacia)은 새로 생성되는 골기질(bone matrix)의 무기질화(mineralization, 석회화)의 장애로 골밀도의 감소를 보이는 질환으로 주로 성인에게 일어난다. 어린이에게 일어나는 골연화증은 구루병(rickets)이라 부른다. 골연화증은 연골연화증과 골다공증과는 다른데, 골연화는 뼈의 형성이나 강화 과정에 문제가 있어 뼈가 약해지는 것인데 반해 골다공증은 이미 형성되어진 뼈가 약하게 되는 경우이다.

골연화증의 주요 원인은 비타민 D 부족, 인산부족, 산증(신세뇨관 산증), 약물(비스포스포네이트 / 항경련제 / 알루미늄 / 납 / 카드뮴), 일차성 골무기질 장애(저인산혈증) 등이다. 장기간 동안 골연화증에 이환된 경우 척추만곡(spinal curvature)의 변형, 흉곽 및 골반의 변형을 나타내기도 하는데, 골연화증에 의한 근육약화 증상인 근병증은 부갑상선호르몬의 증가, 저인산혈증, 칼시트리올의 저하로 인해 나타난다. 비타민 D의 부족은 골연화증 판단 기준인데, 비타민 D가 부족하면 칼슘이 잘 흡수되지 않고 오히려 뼈로부터 칼슘과 인이 점차 소실되어 뼈가 약해지고, 변형되고 쉽게 부러진다.

연골연화증(chondromalacia, 슬개동통증후군)은 관절내 연골조직이 약해지거나 손상된 경우이다. 연골은 관절 내 골단부를 둘러싸고 있는 부분으로 뼈의 충격을 흡수하는 완충작용을 하고, 마찰 없이 부드럽게 움직일 수 있도록 도와준다. 그러나 비타민 D가 부족하거나 칼슘을 대량으로 배설하는 신장질환이 있는 경우 뼈에 칼슘이 섞이지 않고 물렁뼈가 생겨버리는 상태로 뼈가 구부러지게 된다. 연골이 약해지는 부분이 점점 늘어날수록 연골이 갈라지거나 실타래처럼 벗겨져 나오기도 하고, 심한 경우에는 파괴된 연골이 완전히 마모되어서 슬개골 뒷면의 뼈가 노출되기도 한다. 보통 연골연화증은 슬개골 안쪽의 관절연골에 상처가 난 상태이므로 무릎에서 발생하는 경우가 대부분이다. 무릎을 움직일 때 딸깍딸각, 버걱거리는 소리나 걸리적거리는 느낌을 받는 종류의 질환인데, 내리막길을 걷거나 계단을 내려오면 통증이 심하며, 경우에 따라서 붓기도 있다.

골감소증(osteopenia)은 골다공증의 전단계로 파골세포의 흡수(resorption) 및 형성

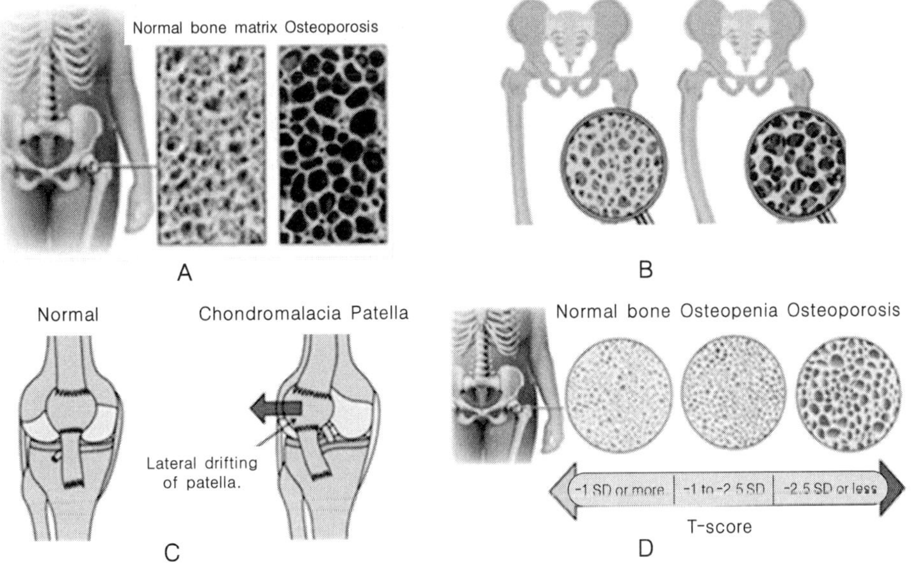

그림 11-4. 골다공증(A), 골연화증(B), 연골연화증(C), 골감소증(D) 도형

에 기인한 것으로, 뼈가 계속 얇아지고 가벼워지면서 골밀도가 경미하게 감소된 상태를 말한다. 골밀도는 뼈 속에 있는 무기질 함량을 말하는데, 이는 뼈가 얼마나 단단한지 보여주는 지표이다. 골밀도는 선천적으로, 불규칙적인 식습관, 대사문제 등이 그 원인이며, 그 외 가족력, 제한된 움직임, 흡연, 과도한 음주 등도 위험요인이다. 골감소증은 특별한 증상과 통증이 없는데, 골밀도 측정 수치인 T값이 -1.0이면 정상이고, -1.0～-2.5이면 골감소증, T-값이 2.5 이하이면 골다공증으로 진단한다. 참고로 그림 11-4는 골다공증(Osteoporosis), 골연화증(osteomalacia), 연골연화증(chondromalacia), 골감소증(osteopenia)의 이해를 돕기 위해 도시한 도형이다.

2) 페이젯병, 고칼슘혈증, 골관절염과 류머티즘성 관절염

외과 의사이자 병리학자인 James Paget가 제안한 페이젯병(Paget disease, 파골세포 질환, 괴사성 괴증)은 뼈가 변형되어 기형적인 상태로 되어 버린 질환으로 이로 인해 뼈가 약화되어 변형, 통증, 골절 또는 관절염 등이 발생한다(그림 11-5). 파골세포의 수와 활성조절에 이상이 생겨 뼈가 파괴되고, 뼈가 재형성되는 속도가 비정상적으로 크게 증가하면 항진 부위가 비대해지는 등 구조적으로 비정상인 쇠약한 뼈를 만들게 된다.

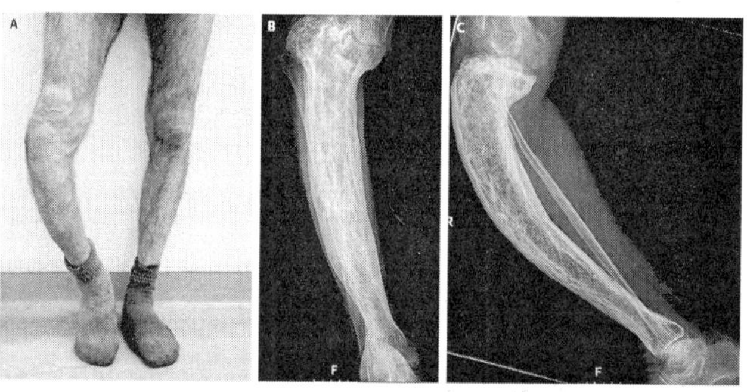

그림 11-5. 페이젯병의 X-ray 사진
(출처 : N Engl J Med 2014 ; 371 : 2417, 2014)

페이젯병으로 인한 비정상적인 뼈 형성은 퇴행성 마모, 신장질환, 신경계 문제, 병리학인 석회화, 골다공증 등으로 이어질 수 있으며, 발병단계는 파골세포 활동 → 혼합된 파골세포(골아 세포활동) → 조골 활동 → 악성 변성이다. 보통 X-ray 검사, 뼈의 칼슘과 인산염 함량, 아미노전이효소 수치 등으로 판단하는데, 혈중 알칼리성 인산가수분해효소의 수치가 높으면 이 병을 의심한다. 치료약으로는 bisphosphonate, risedronic acid, alendronic acid, pamidronic acid, etidronic acid, tiludronate disodium 등과 정맥주사약 졸레드론산(zoledronic acid) 등이 있다.

고칼슘혈증(hypercalcemia)이란 대사 합병증으로 혈중 칼슘 농도가 10.5 mg/dL 이상이거나 이온화 칼슘이 4.2 mg/dL 이상인 경우를 말한다. 칼슘은 생체 내에서 골형성, 호르몬분비, 근육수축, 신경과 뇌기능 조절 등에 중요한 무기질이며, 혈중 칼슘농도는 크게 부갑상선호르몬과 비타민 D, 칼시토닌에 의해 조절되고, 소장을 통해 흡수되어 신장을 통해 배설되는 등 적절한 칼슘농도가 항상 유지된다. 그런데 이 역할을 수행하는 호르몬이나 장기에 이상이 생기면 칼슘농도에 변화가 생긴다.

고칼슘혈증의 원인은 폐암, 유방암, 골수종, 백혈병 등의 악성종양과 부갑상선기능 항진증이 전체의 90%를 차지하며, 그 외 만성신부전과 갑상선기능 항진증, 말단비대증, 갈색세포종, 부신기능부전 등의 질환이나 비타민 D와 A 과다, thiazide 이뇨제, 유방암 호르몬치료제 등의 약물에 의해서도 발생한다. 고칼슘혈증은 무증상이지만 종종 오심, 탈수증, 다뇨증, 변비 및 식욕부진 등을 일으키며 전신 쇠약감, 피로, 우울증, 의식장애, 고혈압, 부정맥, 췌장염이나 궤양 등의 증상이 나타나기도 한다. 치료는 칼슘 배출을 돕고, 수분공급으로 인한 체내 수분과다를 예방하기 위해 프로세마이드 이뇨제(furosemide)를 쓰며, 뼈에서 흡수를 증가시키는 파골세포의 기능을 억제하기 위한 약물을 투여한다.

골관절염(osteoarthritis)은 연골의 손상 혹은 퇴행성 변화로 인해 관절을 이루는 뼈와 인대 등에 손상이 일어나고, 염증과 통증이 생기는 질환으로 퇴행성관절염이라 부른다. 정상 관절에는 각 뼈의 끝에 단단하고 탄력있는 물질인 연골로 씌워져 있어 충격을 흡수, 완화하는 쿠션작용이 이루어진다. 이와 같은 골관절염은 연골의 상층이 분해, 마모되어 완전히 소실되면 연골 아래 뼈들이 서로 마찰되면서 통증과 부기를 초래하는 등 정상적인 기능을 상실하게 된다. 뼈나 연골의 부스러기가 떨어져나가 관절 공간 내에 떠다닐 경우 더 큰 통증과 손상을 초래한다. 무릎관절의 경우에는 움직일 때 소리가 나거나 통증이 수반된다. 골관절염은 노화, 유전적인 요인을 비롯하여 관절부위의 외상, 관절의 과다 사용, 어긋난 모양으로 잘못 연결된 관절 또는 과체중으로 관절과 연골에 과도한 부담 등이 원인이다.

류머티즘성 관절염은 관절의 활막액에서 발생하는 심한 통증을 동반하는 염증성 질환으로 자가면역성 질환으로 알려져 있다. 활막액에서 시작되어 연골 파괴, 관절 변형을 일으키며 다른 연골, 뼈에 심한 손상을 유발한다. 손, 발, 무릎 등의 관절에서 대칭적으로 발생하며, 세 개 이상의 관절에 이상이 생기면 다발성 류머티즘성 관절염으로 진단한다. 원인은 다양하지만 주로 자가면역질환, 유전자, 박테리아나 바이러스 등의 감염, 임신, 수유, 피임 시의 호르몬의 변화 등과 관련이 있다. 증상은 피로, 통증, 관절의 부종을 동반하며, 아침에 관절강직이 30분 이상 지속되는 현상이 60일 이상 지속 시 이 질환으로 진단하며, 진행될수록 관절의 변형이 동반된다.

3) 골형성부전증, 통풍

골형성부전증(osteogenesis imperfecta)은 신체에 큰 충격이나 특별한 원인이 없이도 뼈가 쉽게 부러지는 유전질환으로 정도에 따라 4가지 형(Type Ⅰ~Ⅳ)으로 분류한다. 골형성부전증은 인체 내의 콜라겐 생성에 관여하는 유전자의 결손에 기인하는데, 결손된 유전자로 인해 정상보다 적은 양의 콜라겐을 생성하거나 결함이 있는 콜라겐을 생성함으로써 결과적으로 뼈가 쉽게 부러지는 질환이다. Type Ⅰ은 가장 흔하고 경한 임상증상을 나타내는 형인데, 대부분 골절은 사춘기 이전에 생기며, 콜라겐 양이 정상보다 적은 경우이다. 제Type Ⅰ, Ⅱ, Ⅳ는 상염색체 우성으로, Type Ⅲ는 상염색체 열성으로 유전되며, 특히 Type Ⅱ가 치명적이다.

통풍(痛風, gout)은 요산(尿酸, uric acid)이 체내에 축적되어 생기는 병으로 관절의 연골, 힘줄, 주위 조직에 날카로운 형태의 요산결정이 침착되어 조직들의 염증반응을 촉발한다. 통풍은 퓨린(purine) 대사의 이상과 신장에서의 요산 배설장애로 인해 체내에 과잉 축적된 요산 결정을 면역반응에 의해 백혈구가 탐식하면서 관절과 관절주위 조직에 재발성 발작성 염증을 일으키는 만성 전신성 대사성질환이다.

통풍은 해당 관절 부위가 붓고, 열이 나고, 후끈거리고 근육이 경직되며, 빨갛게 변한다. 환부 표면의 피부 표피층이 벗겨지거나 극심한 고통을 수반하며, 밤이나 새벽에 증상이 잘 나타난다. 엄지발가락에서 흔히 발병하지만 다른 부위(팔, 다리 모든 관절)에도 생긴다. 혈액 속에 요산 수치가 장기간 높게 올라가면 콩팥, 방광, 각 관절에도 침착이 일어나고, 신장에도 요산결석이 생길 수 있다. 통풍의 진단은 침범된 관절의 윤활액이나 조직에서 다형핵백혈구에 탐식되어 있는 요산 결정을 찾아내는 방법이 가장 확실한 방법이지만, 윤활액이나 조직을 얻지 못하는 경우에는 미국 류마티스학회(American College of Rheumatology, ACR)의 진단기준을 참고하여 임상적으로 진단하고 있다.

통풍의 치료에는 체중 감량, 금연, 적절한 운동과 충분한 수분 섭취를 비롯하여 퓨린 함량이 많은 고기의 내장류, 햄과 소시지 등 육류 가공품, 가리비와 게, 새우 등 갑각류, 고등어와 참치, 정어리 등 등푸른 생선, 맥주와 과당이 많은 과일주스 등의 섭취를 자제하고 바나나, 수박, 현미, 우유, 양파 등을 섭취하면 도움이 된다. 또한 비만, 지나친 알코올 섭취, 대사증후군, 2형 당뇨병, 고혈압, 이상지질혈증, 관동맥질환이나 뇌졸중의 가능성, 요산을 증가시키는 약물복용 여부, 요로결석, 만성신장병, 요산 과생산 질환(유전성 퓨린대사 이상, 건선, 백혈병, 림프종 등), 납 중독 등은 통풍을 악화시키거나 발생 위험을 높이는 것들이다.

11.3 칼슘흡수와 관절 / 뼈 건강에 도움을 주는 생리활성물질

칼슘흡수에 도움을 주는 생리활성물질에 앞서 우선 칼슘 보충제(supplement)에 대한 정보를 알고 있는 게 중요하다. 칼슘보충제는 탄산칼슘, 인산칼슘, 골분, 계란 껍데기, 락트산칼슘, D-글루콘산칼슘, L-아스코르브산칼슘, L-트레온산칼슘 등이 있고, 칼슘의 소화 흡수를 촉진시키는 것으로는 비타민 C, 비타민 D, 갈락토올리고당, 프락토올리고당, α-글루코시다아제저해제, 담즙산, 에스트로겐, 난황펩타이드 등이 있다. 비타민 D는 장(腸)에서의 칼슘 흡수를 촉진하며, 뼈에의 침착을 도우며, 비타민 C도 뼈와 근육의 결합에 빠질 수 없는 '콜라겐'의 생성에 필요한 성분이므로 함께 복용하면 뼈의 흡수와 생성을 돕는다. 마그네슘(Mg)도 칼슘의 흡수를 도우며, 뼈의 골아(骨牙)세포에 작용하여 뼈 속에 들어가는 칼슘의 양을 조절한다. 만약 마그네슘이 결핍하게 되면 뼈에 칼슘이 충분히 골고루 퍼지지 않게 된다. 다만 칼슘과 마그네슘의 밸런스는 2 : 1 또는 3 : 1이 이상적이다.

또 칼슘흡수를 증가시키는 성분으로는 유당, 카제인, 라이신, 아르기닌, 구연산, 초산(식초) 등이 있으며, 적당한 운동도 칼슘의 흡수를 촉진시킨다. 소화성 올리고당의 경우에는 대장에 도달한 후 장내 세균총의 작용을 받아 대장 내의 pH를 산성 측에 편중시킴으로써 대장 부위에 있어서의 칼슘 흡수를 촉진시킨다. 식약처에서 인정한 개별인정형 칼슘흡수 촉진 소재로는 액상 프락토올리고당과 폴리감마글루탐산 등이 있고, 고시형 기능성 원료에는 프락토올리고당, 폴리감마글루탐산 등이 있다.

최근 L-아라본산과 그 염 그리고 L-아라보노락톤이 식이성의 칼슘 흡수를 촉진시키는 작용을 가진 소재로 알려져 있는데, 이 소재는 우수한 pH 완충능, 식염 대체 기능도 가지고 있다. 참고로 칼슘 흡수를 방해하는 것도 있는데 당분과 야채류, 칼시토닌호르몬, oxalate, 포화지방산 등이 여기에 해당한다. 당분은 칼슘 흡수를 방해하는 것은 물론 뼈에서 칼슘을 녹여 골밀도를 감소시키며, 야채류도 칼슘의 흡수를 저하시킨다. 카페인은 칼슘이 소장에서 흡수되는 것을 막고, 인과 나트륨 등도 칼슘의 소모를 촉진하는 물질이다.

식약처에서 규정한 관절 건강에 도움을 주는 기능성 원료에는 CMO(cis-9-cetyl-myristoleate)* 함유 FAC(fatty acid complex), MSM(methyl sulfonyl methane), N-아세틸글루코사민, 가시오갈피 등 복합추출물, 강황추출물, 글루코사민, 닭가슴연골분말, 로즈힙 분말, 보스웰리아 추출물, 비즈왁스 알코올, 전칠삼추출물등 복합물, 지방산 복합물, 차조기등복합 추출물, 초록입홍합 추출오일, 호프 추출물, 황금추출물등 복합물 등이 있으며, 뼈 건강에 도움을 주는 기능성 원료에는 가시오가피 숙지황 복합추출물, 대두 이소플라본, 흑효모 배양액분말 등이 있다.

* CMO는 oleate 형태의 지방산 복합군으로 소, 고래 등 동물군, 어유, 달맞이꽃 종자유, 아마인유 같은 식물에서 발견되며, 퇴행성관절염 환자의 관절 기능 개선 및 통증 완화에 효과적인 성분이다.

관절, 뼈 건강에 좋은 기능성 성분으로 triterpenoids계 화합물 중에서도 5환식 골격구조를 가지는 루판(lupane) 유형의 화합물인 루페올(lupeol), 루페논(lupenone)을 비롯하여 플라보노이드 유도체, 이소플라본, 오메가-3, 글루코사민과 콘드로이틴, MSM, 식이유황, 이소플라본, 칼슘, 인산염 등이 있다.

골다공증의 치료에는 식사요법, 운동요법, 칼슘보충제 등의 비타민 D를 섭취하거나(칼슘과 함께 사용하지 않을 경우 독성 우려) 칼슘과 함께 calcitriol(vitamin D_3), 칼시토닌을 섭취한다. 골다공증에 좋은 식품으로는 콩, 버섯, 케일, 멸치, 미역 등을 비롯하여 뼈 건강에 좋은 흑초, 키위, 견과류, 치즈, 두부, 우유 등도 칼슘을 보충할 수 있는 식품들이다. 그 외 골질환 예방과 관절, 뼈 건강에 좋은 식품으로는 사과를 비롯하여 다양한 식품들이 소개되고 있다*.

* 사과, 바나나, 브로콜리, 다시마, 토마토, 고등어, 검은콩, 블루벨리, 보리(성분 규소), 가시오가피, 견과류, 홍화씨, 미역, 무, 연어, 파프리카, 시금치, 케일, 양파, 유제품, 생선, 올리브유, 오렌지류(오렌지 / 밀감 / 자몽), 등푸른생선(고등어 / 정어리 / 꽁치 / 연어 / 청어), 아보카도기름(3분의 1)과 콩기름(3분의 2)을 섞어 만든 것 등이 있다.

〈12절〉 위 기능 개선에 도움을 주는 생리활성물질

12.1 소화기의 의미 – 위의 구조와 기능

소화(digestion)란 용어는 음식물 중에 들어 있는 영양소를 체내로 흡수할 수 있는 상태로 만드는 과정이고, 흡수(absorption)는 소화된 물질이 장관벽 점막을 통하여 혈관 속으로 이동하는 과정이다. 소화관은 하나의 터널(tunnel)로 되어 있으며, 그 속을 통과하는 음식물은 일방통행으로 역류하는 일은 없도록 되어 있다. 소화관(digestive tube)는 입(mouth)에서 항문(anus)까지이며, 이와 관련된 것(accessory organs)은 치아, 침샘, 간, 췌장, liver, pancrease, 쓸개(gallbladder, 담낭) 등이지만 주로 구강(입), 위, 소장 등에서 소화가 이루어지고, 흡수 또한 주로 소장에서 이루어진다. 즉 소장은 소화와 흡수를 동시에 할 수 있는 매우 중요한 소화기관이다.

적당하게 씹은 음식물은 목구멍으로 넘기게 되는데, 이 과정을 연하(嚥下, swallowing, deglutition)라 부른다. 음식물은 구강(Oral cavity), 인두(pharynx)를 거쳐 식도를 통해 음식물이 위로 들어가게 된다. 인체의 한가운데 자리 잡고 있는 위는 소화

기관 중에서 가장 넓은 부분이며, 위쪽으로는 식도와 연결되고, 아래쪽으로는 십이지장과 연결되어 있다.

위는 식도에서 위로 이행하는 위의 입구인 분문부위(噴門, cardiac), 좌상방으로 불룩하게 내민 위저부위(gastric fundus), 중앙의 대부분을 차지하는 근육층이 얇은 위체부(upper body) 그리고 십이지장을 향해서 가늘어지는 유문부(幽門, pylorus)로 나누어 있고, 위벽은 점막층, 점막하층, 고유근육층, 장막하, 장막층의 다섯 층으로 구성되어 있다. 일반적인 소화관의 구조는 그 내면으로부터 점막, 점막하조직, 근육층 및 장막으로 이루어져 있다.

위는 두꺼운 근육으로 이루어진 주머니모양의 소화기관으로 안쪽 벽은 주름이 많고, 주름 사이에 위액을 분비하는 위샘(gastric gland)이 있다. 위는 섭취된 음식물을 일시 저장하고, 수축・이완의 위운동과 소화액이 포함된 위액 분비를 통하여 음식물을 잘게 부수고 소화시키는 기능을 하는 곳이다. 위에서 분비되는 위액은 무색투명하고 약간 점성이 있는 강산성 액이며, 위샘은 주세포・방세포(벽세포)・부세포 3종류의 세포로 구성되어 있다. 주세포는 펩시노겐(pepsinogen)을, 방세포는 염산을, 부세포(점액세포)는 알칼리성 점액을 각각 분비한다.

한편 위액 속의 염산을 위산이라고 하는데, 위산은 단백질 소화작용에 필요한 물질인 펩신(pepsin)의 활성화(펩시노겐을 펩신으로)를 도울 뿐만 아니라 큰 음식덩어리를 작은 조각으로, 단백질 변성(효소가 공격할 수 있는 펩티드 결합을 노출), 음식과 함께 들어온 미생물의 살균작용을 수행한다. 위의 내분비세포와 파라크린(paracrine)세포인 ECL(Enterochromaffin-like cell, 엔테로크로마핀 유사세포 / 히스타민 분비), G세포(gastrin 분비), D세포(랑게르한스섬의 γ 세포, somatostatin 분비) 등에서는 각종 호르몬을 분비된다.

위 속의 소화과정을 보면 음식물이 위에 들어가면 위내 주름이 펴지면서 먹은 만큼 위의 평소 용적도 늘어나는데, 음식물은 근육층이 얇고 연동운동이 약한 위체부에 저장된 후 서서히 아래도 내려와 위의 유문동에서 음식물이 서로 혼합된다. 유문동의 미즙덩어리는 닫힌 괄약근 앞에서 멈춰지고 유문동으로 다시 정체되면서 미즙의 혼합이 다시 일어난다. 유문동의 연동운동이 커질수록 위 내용물 배출속도는 빨라지는데, 위배출은 유문부에서 이루어지며 미주신경, 가스트린, 위 평활근 흥분도 따라 영향을 받는다. 또 십이지장의 지방산, 고장성(高張性, hypertonic), 세크레틴(secretin, 산에 반응), CCK(cholecystokinin, 지방 + 단백질 약간에 반응) 등의 여러 요인들에 의해서도 위배출 정도가 조절된다.

위액 분비에 영향을 주는 4가지 전달물질이 있는데, 그 중 흥분성 전달물질은 아세틸콜린(acetylcholine, Ach), 가스트린(gastrin), 히스타민, 억제성 전달물질은 소마토스타틴(somatostatin)이 있다. 아세틸콜린(Ach)은 미주신경 자극이나 짧은 반사작용에 의해 내인성 신경총에서 분비되는 신경전달 물질로 G세포, ECL세포, 벽세포, 주세포 등을 자극한다. 가스트린은 벽세포와 ECL세포를 자극하여 염산 분비를 촉진시킨다. 히스타민은 주위의 벽세포를 자극하여 염산 분비를 촉진하고, 아세틸콜린과 가스트린의 작용을 증가시켜 준다. 소마토스타틴은 산에 반응하는 D세포에서 분비하는데 G세포, ECL벽세포의 분비를 억제한다.

위점막 표면은 점액세포와 표면 상피세포에서 나온 점액에 의해 물리적 손상, 자가소화, 산에 의한 손상으로부터 보호된다. 위점막 벽세포는 H^+ 투과가 불가하며, 점막코팅이 산 투과의 물리적 장벽이 된다. 또 $HCO3^-$가 풍부한 점액은 점막 주위의 산을 중화시켜 화학적 장벽으로 작용한다.

위는 소화보다는 많은 음식물을 일시에 저장하였다가 조금씩 소장으로 배출하여 한꺼번에 많은 양의 음식이 소장으로 들어가는 것을 막는 작용을 하는 곳이다. 위에서는 연동운동(peristaltic movement, 꿈틀운동)으로 음식물을 위액과 고루 섞이게 하고, 좀 더 잘게 1 mm 이하로 부수어 소장에서 진행되는 다음 단계의 소화를 준비한다. 이를 위해 위산이 분비된다. 위에서의 소화는 일부 단백질의 분해가 일어나는데, 분비되면 위산에 의해 효소작용이 가능한 펩신으로 전환되면서 단백질의 분해가 일어난다. 이곳에서의 분해는 단백질이 펩톤, 펩타이드로 전환되고, 일부는 아미노산으로 전환되어 소장에서 분해가 쉽게 되도록 처리해 주는 예비 소화인 셈이다. 그러나 탄수화물이나 지질은 거의 소화가 일어나지 않고 일시 머무는 곳이다.

음식물이 위내로 들어와서 배출될 때까지의 시간을 위 배출시간이라고 하는데, 보통 3～4시간이 소요된다. 위에서의 흡수 기능을 보면 음식과 수분은 위점막을 통해 혈액으로 흡수되지 않는다. 그러나 알코올은 지질 용해성으로 위 상피세포를 통해 혈액으로 확산되어 들어갈 수 있다. 아스피린과 같은 약산도 위 내의 강산에 의해 전하를 빼앗겨 비이온화 상태가 되고, 지질 용해성이 되어 상피세포를 통해 확산 흡수된다. 지방은 위 운동을 억제하는 가장 강력한 인자인데, 알코올을 섭취하는 동안이나 그 이전에 지방이 풍부한 음식을 섭취하면 위 배출이 늦어지고, 알코올의 작용이 빨리 나타나는 것을 억제해 준다.

12.2 소화기 질환－급성위염, 만성위염과 소화성 궤양

이미 설명한 바와 같이 소화기란 입, 식도, 위, 소장, 대장, 항문 등을 말하는데, 주로 음식물이 소화/흡수되는 위, 소장에 문제가 생겼을 때 소화기 질환이라는 말을 사용하게 된다. 일반적인 소화기 질환은 식욕저하, 식도손상, 연하곤란, 위산과다, 역류성 위염, 위축성 위염, 속쓰림, 신트림, 팽만감, 오심, 복부통증, 명치통증, 소화불량과 소화장애, 위점막 손상, 위궤양, 복통, 구토, 설사, 변비, 헬리코박터균 증식 등 매우 다양하다. 그러나 보통 소화기 질환은 위장의 상부쪽 증상과 하부쪽 증상으로 국한하는 경우가 많다. 상부 증상은 주로 기능성 소화불량(기능성 위장장애)을 말하는데, 복부 위쪽과 중앙이 더부룩하고 팽만감, 구토, 트림 등의 증상이, 하부 증상은 흔히 과민성 장 증후군으로 식사나 스트레스로 인한 복통, 설사, 변비 등을 말한다.

우선 소화불량에 대한 이해가 필요하다. 소화불량은 식후 답답함, 속쓰림, 조기포만감, 상복부 통증 등을 포함하는 주관적 증상으로 유전적·환경적·정신적 스트레스와 위산의 비정상적 분비나 식습관, 생활습관(음주, 흡연) 등의 여러 요인에 의해 생긴다. 위·십이지장 운동 이상과 내장과민증 등에 의해 나타나는 소화불량은 기질적 요인과 기능성 요인이 있는데, 기질적 원인에는 소화성 궤양, 위암, 위식도역류 질환 등과 같은 위장관계 질환, 간 질환, 담췌 질환, 약물, 음식, 전신질환 등이 있고, 기능성 소화불량(functional dyspepsia)은 식후 포만감, 조기 만복감, 명치부위 통증 및 쓰림 등이 있다.

흔히 위장병이라고 하는 것도 정확하게 이해할 필요가 있다. 위장병은 위벽을 보호하는 점막이 조금씩 손상되고, 이 자리에 염증이 생기면서 발생하는데, 위는 본래 통증에 무감각한 신체기관이다. 그러나 속쓰림, 위산역류, 구토 등과 같은 증상이 나타났다면 이미 위 손상은 심각한 수준이며, 곧 만성위염이나 위궤양으로 악화될 수 있다. 위점막 세포가 반복적으로 자극을 받게 되면 돌연변이를 일으켜 위암으로 진행할 수도 있다. 흔히 기능성 위장장애란 용어를 사용하는데, 이것은 특별한 원인 없이 소화불량 증상들이 3개월 이상 지속되는 경우인데, 조금만 먹어도 배가 부르고, 팽창하며 속쓰림, 더부룩함, 구토, 부글거림, 트림이 나오고 메스꺼운 증상이 나타난다.

매우 흔한 위점막 손상(gastric mucosal lesion)은 위점막의 염증 및 궤양이 동반하는 경우인데, 위점막을 보호하는 방어인자와 위점막을 손상시키는 공격인자 사이의 균형이 깨어져 위염이나 소화성 궤양이 나타난다. 위염이나 소화성 궤양은 공격인자가 강해지거나 방어인자가 약해짐에 따라 발생하며, 위점막 손상이 발생하였을 때 위산이나 펩신 분비가 증가할수록 위점막 손상은 더욱 악화된다. 위점막을 공격하는 인자는 위산, 펩신, 헬리코박터(*H. pylori*), 비스테로이드성 항염제(nonsteroidal anti-inflammatory drugs, NSAIDs) 등이다.

흥미로운 것은 위산이나 펩신은 과다 분비되거나 방어인자가 약해졌을 때 공격인자로 작용하여 자기소화(autolysis)작용을 통해 위 점막과 위장벽이 파괴될 경우 위산이 점막을 통해 점막하 조직으로 새어나와 직접적인 조직 손상과 염증을 일으킨다. 염증 중 장크롬 친화성 세포(enterochromaffin cell)에서 방출되는 히스타민은 더 많은 산분비와 점막 손상을 초래하는데, 이를 급성위염(acute gastritis)이라고 한다. 만성위염(chronic gastritis)은 위의 만성적 염증으로 위 점막에 나타나는 염증세포의 출현, 상피세포의 파괴 또는 구조적인 변형, 위 체부와 전정부의 위축 등이 일어나는 질환으로 그 원인은 명확히 밝혀지지 않았으나 *H. pylori* 감염에 의한 것으로 보고 있다. 위 손상 정도에 따라 점막근판을 침범하지 않는 염증성 손상인 미란(erosion)과 점막근판을 넘어 점막하조직 및 근육층까지 침범하는 궤양(ulcer)으로 구분한다. 미란이 심해지면 궤양으로 발전한다.

소화성 궤양은 과식, 식생활 습관의 불규칙, 자극적인 음식과 부패된 음식물 섭취, 수술, 스트레스, 비스테로이드성 항염증성 약물의 장기 복용 등 위점막을 손상시키는 공격인자가 위점막을 보호하는 방어인자보다 다 활발할 때 궤양이 발생한다. 즉 소화성 궤양은 위액 중에 함유된 위산이나 펩신의 자기소화에 의해서 위장 점막 조직을 지나 밑에 있는 조직까지 손상된 상태를 말하며, 일반적으로 위·십이지장 궤양이 소화성 궤양으로 총칭되고 있다. *H. pylori*는 소화성 궤양의 주요 공격인자로 알려져 있다. 소화성 궤양의 임상증상으로는 상복부의 동통과 속쓰림, 신트림, 팽만감, 오심, 구토, 토혈, 흑변, 식욕감퇴, 체중감소 등이 있다. 위 점막을 훼손하고 폐물이 쌓여 독소로 변하면 그 독소가 위장 벽 손상은 물론 혈관과 림프를 타고 전신으로 퍼져 혈관질환, 대사질환, 피부질환 등의 전신 질환을 유발하기도 한다.

위장질환 이야기하면서 헬리코박터(*H. pylori*)에 대한 이야기가 빠질 수 없다. 헬리코박터는 편모(fragella)를 이용해서 위 점액을 뚫고 들어가 상피세포에 정착, 위나 십이지장 점막에 집락을 형성하여 염증을 일으킨다. *H. pylori* 분비물질은 요소를 암모니아와 CO_2로 분해하는 요소 분해효소인 urease인데 암모니아는 세포 독성을 나타내고, CO_2는 과산화질산(peroxynitrate)의 세균사멸 기능을 중화시켜 방어기전을 무력화시키므로 감염을 돕는다. 헬리코박터 감염이 위 전정부에서 발생하면 소마토스타틴(somatostatin) 감소와 가스트린 증가로 위산분비가 많아지고, 이것이 소화불량으로 이어진다. 또 헬리코박터 감염은 위 점막의 사이토카인과 케모카인을 활성화시키면서 위·십이지장에 염증반응을 일으키고, 이를 통해 소화불량이 일어난다.

헬리코박터는 세포의 공포화(vacuolation)를 유발하는 외독소인 세포공포독소(vacuolating cytotoxin A, vac A)를 생성하여 위 점막을 손상시킨다. 헬리코박터가 위 점액층을 침투하여 상피세포에 도달하면 이것을 선천적 면역(innate immunity)으로 인식함에 따라 위 상피세포는 α-defensin, β-defensin 등의 항균 펩타이드를 분비하고 IFN-γ(interferon-γ), TNF-α(tumor necrosis factor-α), 사이토카인(IL-1β / IL-6 / IL-7 / IL-8 / IL-10 / IL-18 등) 등을 분비하여 염증을 유발한다(IL-10은 염증성 Th1 면역반응을 억제). 헬리코박터에 감염되면 체액성 면역반응으로서 IgM,

IgA, IgG 등의 항체를 형성하고, 수지상 세포(dendritic cells)를 자극하여 사이토카인(IL-6, IL-8, IL-10, IL-12 등)을 생산한다. T세포와 관련된 반응에서 제1형 조력 T세포(Th1 / T helper cell 1) 면역반응이 우세하면 조직 손상을 일으키고, 제2형 조력 T세포(Th2 / T helper cell 2) 면역반응이 우세하면 위염증 반응을 방어한다. 따라서 Th1 / Th2 면역반응이 헬리코박터와 관련된 병인에 중요한 역할을 한다.

12.3 위 건강 관련 생리활성물질

위 건강이란 위벽을 보호하고 소화를 도와 위를 편안하게 해주며, 만약 위가 불편하거나 위의 원활한 작용을 방해, 공격하는 요인들이 있을 경우 이를 제거하여 위 본연의 기능을 유지시켜 주는 것이 중요하다. 따라서 위 기능을 개선하기 위해서는 이와 관련된 식품이나 소재, 그리고 기능성을 가진 생리활성물질에 대한 이해가 필요하다. 널리 알려진 위 기능 개선식품으로는 귤 / 귤껍질, 토마토, 당근, 양배추, 브로콜리, 부추, 단호박, 생강, 김, 사과, 검은콩 등이 있다*. 또 삽주 뿌리도 위장질환(위염, 위궤양, 위암 등)에 널리 쓰이며, 죽염 역시 위장을 튼튼히 해주며, 염증질환을 개선해주는 재료이다. 그 외 유근피, 결명자, 민들레도 위 건강에 도움이 되는 소재이다.

* ① **귤과 귤껍질** : 소화를 촉진하는 성분과 소화기의 궤양을 개선하는 성분이 많음, ② **토마토** : 다량의 비타민과 무기질 성분이 위 점막을 보호하고 위염을 예방, 리코펜도 위의 염증에 효과, ③ **당근** : 비타민 A 성분은 위 기능을 강화, 염소 / 인 성분은 위를 튼튼하게 해 줌, ④ **양배추** : 비타민 U는 위 점막을 보호하고, 위궤양과 십이지장궤양을 개선, ⑤ **브로콜리** : 양배추보다 비타민 U 성분이 더욱 풍부, 또 항산화물질인 베타카로틴, 셀레늄이 풍부해 위암 예방에 효과, ⑥ **부추** : 아릴성분이 소화효소의 분비를 촉진, 장을 튼튼하게 하고, 복부팽만감이나 더부룩함 등 증상 개선, 변비 예방, ⑦ **단호박** : 비타민 A가 위를 따뜻하게 함, ⑧ **생강** : 위벽을 보호해 위산으로 인한 속쓰림 예방, ⑨ **김** : 항궤양 성분인 비타민 U가 풍부, 위벽을 튼튼하게 하고, 장운동을 활발하게 해 원활한 배변활동에 도움, ⑩ **사과** : 펙틴은 위장운동을 돕고, 위장 점막에 벽을 만들어 위에 유해한 물질의 흡수를 막음, ⑪ **검은콩** : 위궤양과 위염 예방을 한다.

위를 건강하게 해주는 기능성 소재로는 자일로올리고당, 프럭토올리고당 등 각종 올리고당류와 락토오스, 난소화성 덱스트린, 폴리덱스트로스, 구아검껍질, 차전자피, 소맥밀, 맥주효모, 한천 유래 등 각종 식이섬유류, 각종 유산균류 등이 있는데, 식약처에서는 위 건강과 소화기능 소재로 인정(고시형)한 것으로 헬리코박터균 증식억제 및 위 건강에 도움을 주는 감초 추출물, 위 불편감 개선에 도움을 주는 매스틱검, 위 점막을 보호하여 위 건강에 도움을 주는 비스왁스알코올, 담즙분비를 촉진하여 지방소화에 도움을 주는 아티초크 추출물 등이 있고, 개별인정형으로는 위 건강과 소화건강에 도움을 주는 비즈왁스 알코올, 아티초크 추출물, 감초 추출물, 매스틱검 등이 있다.

본 장에서는 중요하지만 잘 알려지지 않는 소재 중심으로 간단히 소개하고자 한다.

1) 감초 추출물과 매스틱검

감초 추출물은 감초(甘草, *Glycyrrhiza*)의 뿌리 및 뿌리줄기 등으로부터 추출, 분리한 물질로 대체로 triterpenoidal derivatives, flavone analogs, isoflavone계 등 3계열의 성분으로 구분한다*.

* **Triterpenoid 계열**로는 glycyrrhizin, liquoric acid, 18-β-glycyrrhetinic acid, glycyrrhetol, uralenic acid, 24-hydroxyglycyrrhetinic acid의 methylester, glabric acid 등이, **flavone 계통**으로는 liquiritigenin, liquiritin, neoliquiritin, liqurazide 등이, **isoflavone 계열**로는 glycestrone, glycyrol, 5-o-methylglycyrol, isoglycyrol 외에 betulic acid, licoridin, 7-acetoxy-2-methylisoflavone, 7-methoxy-2-ethylisoflavone, 7-hydroxy-2-methyl isoflavone 등이 있다.

보통 지표성분으로 liquriritigenin, liquiritin, glycycoumarin, prunetin, glycyrrhizin 등을 지정하고 있다. 감초의 glycyrrhizin 함량은 한국약전에 2.5% 이상, liquiritin의 함량은 1.0% 이상 함유하도록 규정되어 있다. 감초 추출물의 지표성분은 glabridin인데(그림 12-1), 감초의 뿌리 추출물에서 발견되는 화합물로 glabridin isoflavane, isoflavonoid의 유형들이며, 모두 천연 페놀성분들이다.

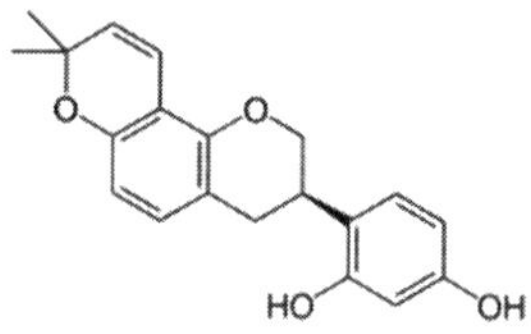

그림 12-1. 감초 추출물의 지표성분인 글라블리딘(glabridin)의 구조

감초의 생리활성성분으로 위염 및 위궤양 억제 성분인 glycyrrhizinic acid, carbenoxolone은 헬리코박터균에 대한 항균활성을, carbenoxolone은 위염 치료와 위 손상 개선 등의 효과를 가지고 있다. 그 외 생리활성 성분은 8-β-glycyrrhetinic acid의 3-acetylate amide는 항궤양과 더불어 항염효과를, glycyrrhetinic acid의 butyrate, salicylate는 항염증, 진통, 해열효과를, glycyrrhetinic acid의 hydrosuccinate(상품명 pyloric sphincter)는 강력한 항궤양 효과를 가진 것으로 알려져 있다.

매스틱검(mastic gum, 아랍어 껌 / 예멘 껌)은 *Pistacia lentiscus*에서 얻은 천연수지인데, 그 이름도 "씹는다"라는 masticate라는 용어에서 유래하였다. 위산 분비를 조절하여 위장 내막을 보호하는 친수성 수지형 교질물질(colloid)이다. *Pistacia lentiscus* 검물질의 주성분은 isomasticadienolic acid, 테르펜, 피토스테롤 등이다. 매스틱검의 주 생리활성 기능은 히스타민 작용을 억제해 위산 과다 분비, 속쓰림, 소화장애 등을 치료 예방하는 것이며, 헬리코박터균의 생육을 억제하는 기능도 가지고 있다. 또 매스틱검은 위 보호기능 이외 항산화 기능, 혈청 콜레스테롤 저하, 피부질환 치료, 혈액순환 등의 기능을 가지고 있다.

2) 비즈왁스 알코올과 아티초크

비즈왁스 알코올(beeswax alcohol)은 위 건강 영양소인데, 벌집 밀랍을 추출·정제한 천연성분으로 위 건강에 도움을 줄 수 있는 기능성(생리활성 2등급) 소재이다. 세포막의 주요 구성 성분인 지질과 단백질이 산화되는 것을 방지하고, 위 점액량을 늘려 위세포를 튼튼하게 만들어 위염, 위궤양 같은 위장병을 완화하고, 위점막 손상을 줄이는 효과를 가지고 있다. 왁스의 주성분은 palmitate, palmitoleate 및 장쇄(C_{30-32}) 지방족 알코올의 올레산에스테르(oleate esters of long-chain) aliphatic alcohols)이다. 비즈왁스 알코올의 지표성분은 tetracosanol 등이다.

아티초크(artichoke)는 지중해 연안이 원산지인 엉겅퀴처럼 생긴 꽃봉오리 채소류이다. 아티초크의 생리활성성분은 apigenin과 luteolin이고, cynarine 성분도 여기에 들어 있다. 원래 아티초크잎 추출물은 고콜레스테롤혈증 환자에게 콜레스테롤 수치를 낮출 수 있는 소재로 알려져 있는데, 담즙 분비량을 증가시켜 소화기능을 개선하는 기능도 가지고 있어 위 기능을 개선하는 소재로 알려지게 되었다. 지표성분은 chlorogenic acid(CGA, 그림 12-2)이다. CGA는 리그닌 생합성의 중간체로 caffeic acid과 L-quinic acid의 3-hydroxyl 에스테르인데 식이보충제, 혈압강하, 항염증 기능을 가진 성분이다.

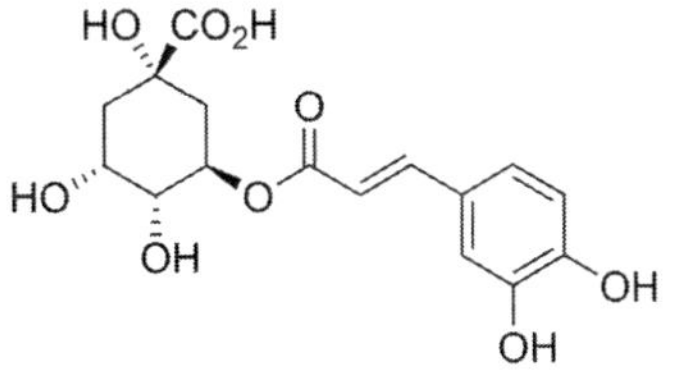

그림 12-2. 클로로겐산의 구조

〈13절〉 장 기능 개선에 도움을 주는 생리활성물질

13.1 장의 기능과 역할

소장은 소장의 첫 부위로 로마자 C자 모양을 한 십이지장(十二指腸, duodenum / 샘창자 / 손가락을 가로로 12개만큼 나란히 놓인 길이(약 25 cm)에 이름 유래), 공장(空腸, 빈창자 / Jejunum), 회장(回腸, 돌창자 / Ileum) 등으로 이어진 가늘고 긴 관으로 전체 길이가 6～7 m이며, 음식물의 90%를 소화・흡수하는 가장 중요한 부위이다. 좌측 위쪽 앞 2/5가 공장이고, 나머지 우측 아래쪽 3/5이 회장이다. 회장 점막에는 작은 판형을 한 집합 림프소절을 육안으로 볼 수 있는 것이 특징인데, 공장에는 이것이 없다.

소장 구조의 특징은 그 점막 구조에 있는데, 소장 표면에는 소장의 주행에 직각으로 뻗어 돌출된 윤상주름(Kerckring, 돌림주름)이 많이 있고, 주름의 점막면에는 융모(絨毛, villus / 부들털)라고 부르는 작은 돌기가 조밀하게 나와 있다. 주름의 돌출구조는 점막의 표면적을 윤상 주름에서 약 3배, 융모에서 약 30배, 미세 융모에서 약 600배로 늘어나 흡수 효율을 높이는 데 좋은 구조로 되어 있다. 또한 융모는 복잡한 신축운동(stretching vibration)을 하여 융모 내에 있는 풍부한 모세혈관이나 모세 림프관으로 유입되는 흡수 물질의 수송을 촉진시킨다. 소화관의 윤상주름은 십이지장에서 키가 크고 조밀하며, 회장에서는 키가 낮고 엉성한 편이다. 십이지장은 위의 유문과 연결되고 상부, 하행부, 수평부(하부) 및 상행부 등의 4부위로 나누고, 앞의 이행부는 심한 굴곡을 보인다. 십이지장 하행부의 십이지장 종주름 하단에 대십이지장유두(greater duodenal papilla)가 있는데, 이곳에 총담관(온쓸개관, common bile duct)과 췌장관(이자관, pancreatic duct)이 연결되어 있다. 공장과 회장은 명확한 경계가 없지만 부채모양으로 유동성이 있으며, 돌림주름과 창자융모가 발달되어 있다. 특히 공장의 흡수면적은 회장에 비해 8배 더 커서 주름과 융모를 통해 영양성분들이 주로 흡수되는 곳이다. 이곳에는 림프소절이라는 림프조직이 있는데, 한 덩어리로 되어 있는 무리림프소절(peyer's patches, 페이어반)은 회장에서도 많이 볼 수 있다.

이와 같이 소장은 음식물의 소화, 흡수가 활발하게 이루어지는 곳인데, 소장의 운동은 크게 국소성 수축(분절운동과 진자운동)과 전파성 수축(윤동운동)으로 구분한다. 분절운동은 주로 1분간에 약 10회, 약 30분간 윤주근육이 횡축방향으로 수축, 이완을 반복하는 것이며, 진자운동은 주로 종주근육이 장축방향으로 수축, 이완을 반복하는 운동인데, 1분간에 10～20회 일어나고 곧 소실된다. 이 2가지 운동으로 미음같은 음식물과 소화액이 충분히 섞이게 되어 소화와 흡수가 이루어진다. 장 내용물은 전파성 수축, 즉 윤동작용으로 일어나는데 종주, 윤주근육이 수축, 확장하여 대장 쪽으로 초속 2～2.5 cm 속도로 내려간다. 위에서 내려온 산성이 강한 미죽(미음)은 곧 약알리성인 장액을 비롯 췌장액, 담즙과 빨리 혼합되어 거의 약산성～중성으로 전환된 후 영양성분의 분해과정에 들어가게 된다.

십이지장으로 췌장액, 담즙이 흘러 들어오면 소장 점막에서 분비되는 많은 양의 장액(腸液, serum)으로 인하여 미음처럼 된 음식물은 소장에서 거의 최종 단계로까지 소화되어 흡수된다. 즉, 점막에 있는 장선(腸腺, serous gland)에서 분비되는 장액은 약알칼리성인 점액과 중탄산소(탄산수소 나트륨, $NaHCO_3$)가 산성 미즙을 중화시키는 데 1일에 약 2L 정도 분비된다. 여기에는 영양소를 소화시키는 데 충분한 효소가 함유되어 있으며, 췌장액의 소화작용을 보강하면 소화는 거의 완성된다.

소화는 탄수화물이 맥아당(maltose, 엿당)으로, 단백질은 올리고펩타이드(oligopeptide)로, 지방은 지방산, 글리세린, 모노글리세라이드(glycerides)라는 형식으로 중간 소화된 후 최종 소화단계인 종말소화, 즉 소화관 내에서 세포로 흡수되어 혈관이나 림프관으로 들어가면서 소화는 마무리된다. 종말소화에 관여하는 여러 가지 효소는 주로 상피세포의 미세융모 세포막에 함유되어 있다. 소화액 분비 및 소장운동은 자율신경의 지배를 받는데, 위로부터 내려온 미죽이 십이지장이나 상부 소장의 점막에 접촉되면 점막에 있는 내분비세포인 세크리틴(secretin) 분비세포(S세포), 콜레시스토키닌(cholecystokinin, CCK), 판크레오자이민 분비세포(pancreozymin) 등이 정보를 포착하여 소화관 호르몬을 분비하고, 그것이 소화액 분비나 운동을 촉진시킨다.

장내분비(enteroendocrine) 세포에서 분비되는 호르몬들은 음식 섭취 조절뿐만 아니라 에너지 소모, 혈당 항상성 그리고 음식 섭취에 대한 다양한 대사반응에 관여하는데 GLP-1(glucagon-like peptide-1), GIP(gastric inhibitory polypeptide / glucose-dependent insulinotropic peptide), peptide tyrosine tyrosine(PYY) 등이 여기에 속한다. 가스트린도 위와 장에서 공통적으로 분비되는 위장 호르몬인데, 분비하는 곳은 위 유문부 전정점막, 십이지장, 소장 점막 등에 존재하는 G세포이다. 가스트린은 위산분비 촉진, 펩신분비 촉진, 위점막 혈류 증가 및 세포 증식작용, 유문 괄약근 억제작용 등을 하는 매우 중요한 호르몬이다. 소화관 호르몬은 혈류를 타고 췌장이나 간, 담낭으로 가서 췌장액, 담즙 분비를 촉진시키고, 소장의 윤동운동이나 융모운동을 촉진시킨다. 장액 분비는 소화관 호르몬이나 소장점막의 미죽에 의한 화학적·물리적 자극 외에 부교감신경의 자극으로 분비가 촉진되고, 교감신경으로 억제된다.

대장(大腸, 큰창자)은 마지막 소화기 관계로 소장과 항문(anus) 사이를 연결해 주고, 맹장(盲腸, cecal)과 결장(結腸, colon / 상행 결장, 횡행 결장, 하행 결장, S상 결장), 그리고 직장(直腸, rectum)으로 되어 있다. 상행 결장과 하행 결장은 복벽에 붙어 고정되어 있고, 횡행 결장과 S자 결장은 고정되어 있지 않고 유동적인데, 특히 S자 결장은 유동 폭이 큰 부분이다. 전체 1.5 m 정도의 길이를 가진 대장은 주로 소화 불가능한 음식물 찌꺼기로부터 수분과 비타민의 일부, 쓸개즙염, 빌리루빈(bilirubin) 등을 흡수하고, 찌꺼기를 보관하고 있다가 몸 밖으로 배출시킨다. 대장 내 세균의 균형 유지, 변의 저장, 장관 내용물을 항문으로 이동시키는 곳이며, 대상 내 음식물 체류기간은 12～25시간이다.

13.2 장과 관련한 질환

장 질환의 대부분은 대장에 관한 것인데, 그 첫 번째가 설사이다. 설사(diarrhea)는 대장에서 어떤 원인에 의해 수분 흡수가 제대로 이루어지지 않아 나타나는 현상으로, 바이러스 감염을 비롯하여 장을 침범하는 여러 가지 질환에서 나타날 수 있는 공통적인 현상이다. 설사는 세계보건기구에서 하루에 3회 이상의 배변 또는 평소보다 잦은 배변으로 정의하고 있다.

급성설사는 대부분이 세균이나 이에 대한 독성, 바이러스 등이 장을 침범하여 일어나는 감염성 설사인데 그 외에도 과식, 알레르기성 위장염, 항생제를 사용하여 생긴 위막성 장염 등의 경우에도 발생할 수 있다. 만성설사는 주로 급성과 마찬가지로 알레르기성 위장염, 과민성 대장증후군, 흡수장애증후군, 염증성 대장질환, 갑상선 기능 항진증 등에 의해 일어난다. 과민성 대장증후군(irritable bowel syndrome)은 스트레스를 받거나 긴장을 하게 되는 경우 장운동이 비정상적으로 항진되어 경련성 복통과 설사, 변비가 동반되면서 일어나는 증상을 말한다.

염증성 대장질환은 크게 궤양성 대장염과 크론씨병 그리고 기타 결핵성 장염, 베제씨병(Behcet's disease / Behcet syndrome, 터키의 피부과 의사인 베체트(Behcet)가 1937년에 베체트병으로 명명) 등으로 구분하는데, 궤양성 대장염(ulcerative colitis, UC)은 대장의 점막에 궤양이 생기는 염증성 병으로 직장에서 시작하여 S결장 좌측 결장 등 상부로 진행하는 질환으로 만성적인 설사, 혈변, 복통이 주된 증상이다. 크론씨병(Crohn's disease)은 자가면역질환의 하나인 만성염증성 장 질환으로 주로 소장과 대장 경계 부위에서 발병하는데, 미국의 의사 크론이 1932년 발견해서 붙인 이름이다. 궤양성 대장염이 점막을 침범하는 질환이라면 크론씨 병은 장관 벽 전체를 침범하는 병이며, 궤양성 대장염은 대장만 침범하는 질환이지만 크론씨병은 소장의 말단부, 식도, 위, 대장 등 소화기관 어느 부위에서도 생길 수 있는 장염 질환이다.

궤양성 대장염은 수술로 완치 될 수 있으나, 크론씨병은 수술해도 다른 곳에서 또 다른 같은 것이 생기므로 수술적 의미는 없다. 대장게실(colon diverticulum)은 대장의 벽으로부터 꽈리처럼 튀어나온 주머니 구조물로 선천적으로 대장벽이 약해서 튀어나오기도 하지만 과도한 변비 등으로 대장의 근육이 약해지기 쉬운 혈관 관통부위에서 튀어나오는 후천적 요인도 있다. 게실에 염증이 생기는 게실염(diverticulosis)은 심한 복통, 복부팽만 등을 갖고 있으며, 가끔 우측 게실염의 경우 급성 충수염(맹장염)으로 오인되어 수술하기도 한다. 대장용종은 점막의 이상 증식으로 종괴가 형성되어 장관 내부로 종괴가 돌출되어 있는 상태를 말하는데 염증성 용종, 과증식성 용종, 선종성 용종 등으로 나누며, 선종성은 암으로 진행된다.

13.3 장 기능 개선에 도움을 주는 생리활성물질

장 건강은 섭취한 음식물이 위에서 소화되고, 소장에서 대부분이 흡수되며, 대장에서 장내세균에 의하여 분해되어 배설되는 기능들이 적절하게 유지될 때를 말한다. 사람의 장에는 100종류 이상, 약 100조 이상의 균이 살고 있는데, 장내에 유익균과 유해균 등 장내 세균총이 균형을 유지하고 있으며, 이 균형이 깨지면 장은 그의 기능을 제대로 수행하지 못하게 된다. 장 기능은 나이, 식생활, 배변습관 등의 요인으로 결정되는데 그 기능이 저하되고, 대장균과 같은 유해균이 생산하는 유독물질(암모니아, 아민 등) 등이 장에서 흡수되어 독성을 나타내면 장은 각종 질환 위험에 빠지게 된다.

장 건강을 위해서는 우선 배변활동이 원활해야 한다. 배설물의 부피가 많으면 장벽을 자극하여 장의 연동운동을 촉진시킨다. 또 유산균/비피더스균 등에 의한 유기산 생성으로 장을 산성화하면 산성에 약한 유해균의 성장을 억제하고, 바람직한 장내 세균총 형성을 도와 장을 건강하게 만든다. 소화되지 않는 당질류는 소장에서 흡수되지 않고 대장에 도달한 후 유익한 균의 좋은 영양 공급원이 되는데 식이섬유/프락토올리고당 등이 여기에 속한다. 이것들은 유익균의 성장을 촉진하고, 유해균의 성장을 방해하여 장내 환경을 개선하는 데 도움을 준다. 장 건강에 도움을 주는 건강기능식품의 대부분은 배변횟수, 배출시간 단축, 변의 수분량 등이 개선되어 장내 유익균이 증가되고, 유해균수가 억제되어 장운동 및 배변활동을 개선시켜 주는 것들이다.

장 건강에 도움을 주는 기능성 소재 중 고시형 기능성 원료에는 알로에 전잎을 비롯하여 많은 종류가 있는데, 이들 소재를 기능별로 다시 분류하면 ① 장내 유익균 증식 및 유해균 억제에 도움을 주는 것으로는 갈락토올리고당, 구아검 가수분해물, 대두올리고당, 라피노스, 락추로스 파우더, 밀전분유래 난소화성 말토덱스트린, 이소말토올리고당, 자일로올리고당, 커피만노올리고당 분말, 프락토올리고당 등이, ② 면역을 조절하여 장 건강에 도움을 주는 것으로는 프로바이오틱스, ③ 배변활동 원활에 도움을 주는 것으로는 대두올리고당, 라피노스, 목이버섯, 무화과 페이스트, 분말 한천, 이소말토올리고당, 자일로올리고당, 커피만노올리고당, 프락토올리고당 등이 있다. 본 장에서는 기호도가 높은 소재 중심으로 그 기능성을 소개하고자 한다.

1) 올리고당류

장내 유익균 증식 및 유해균 억제와 배변활동 원활에 도움을 주는 올리고당은 단당류가 2~10개 결합된 당류의 혼합물인데, 일반적인 올리고당과 기능성 올리고당은 서로 다르다. 일반적인 올리고당은 전분을 가수분해할 경우 생기는 중간 분해물로 보통 직쇄 α-1,4결합을 하고 있으며 기능성도 거의 없지만, 기능성 올리고당은 일반 올리고당에 여러 기술을 적용하여 기능성을 갖도록 구조를 변경한 것이므로 기능성 소재로 고부가가치를 갖는 올리고당류이다.

기능성 올리고당을 기술하기 전 프리바이오틱스(prebiotics)에 대한 이해가 우선되어야 한다. 프리바이오틱스란 소화되지 않는 물질로 선택적으로 유산균, 비피더스균 등 유익균들의 생육과 활성을 조절하여 장을 건강하게 만드는 것들인데, 대부분 상부 위장관(upper gastrointestinal track)의 소화작용에 저항을 가진 짧은 사슬의 올리고당이 여기에 해당된다. 이들은 대장에 소화되지 않은 채로 도달하여 β-galactose와 glucose 가수분해효소(β-galactosidases / β-glucosidases)들을 분비하는 장내 유익 미생물들의 생육을 선택적으로 촉진한다.

기능성 올리고당은 종류도 다양하지만 그 기능도 매우 특이하다. 우선 장 건강과 관련된 것들은 대부분이 난소화성(저칼로리)이다. 말토올리고당처럼 소장에서 소화 흡수되어 에너지화 되는 것도 있지만, 소장에서 소화 흡수되지 않고 대장에 도달하여 장내 세균에 의해 초산, 프로피온산, 낙산 등의 단쇄지방산으로 분해되므로 칼로리와는 무관한 것이다. 장내세균 중 비피더스균은 유아에서 노인에 이르기까지 건강유지에 중요한 대표적인 장내 유익균인데, 이 균이 난소화성 기능성 올리고당(갈락토올리고당, 프락토올리고당, 대두올리고당, 이소말토올리고당, 자일로올리고당, 커피만노올리고당 분말, 키토 / 키토산올리고당 등)과 락투로오스(lactulose), 라피노스(raffinose) 등을 이용하게 된다. 난소화성 올리고당을 이용한 장내 비피더스균들이 증식하면 장내 균총 개선, 병원균의 감염방지, 장내의 부패억제, 비타민의 생산, 장의 운동을 활발히 하여 변비 방지, 설사의 예방, 면역력의 향상, 발암생성물의 분해 등 사람에게 유용한 효과를 준다.

(1) 갈락토올리고당과 프락토올리고당

갈락토올리고당(galactooligosaccharides, GOS)은 가장 널리 사용되는 "비피도제닉(bifidogenic) 효과"라고 일컫는 프리바이오틱스이다. 상부 위장관에서 흡수되지 않고, 소장에서 대사되지 않은 채 대장으로 도달하여 비피더스균(*Bifidobacterium*)에 의해 짧은 사슬 지방산, 젖산, 아세트산, 가스들로 분해된다. 프락토올리고당(fructooligosaccharides, FOS)은 체내의 α-glucosidase에 의해 가수분해되지 않는 난소화성 당인데 변비, 설사, 대장암 감소, 게실 예방, 충수염 예방, 혈당 균형, 기타 고지혈증 개선, 노화방지, 미네랄 흡수 촉진, 비만, 동맥경화 예방 등에 도움을 주는데, 주요 기전은 비피더스균의 성장을 촉진하고, 유해균의 증식 억제이며, 단당류로 분해되지 않으므로 인슐린 분비에 영향도 주지 않는 소재이다.

(2) 커피 만노올리고당 분말과 대두올리고당

커피는 카페인, 클로로겐산(chlorogenic acid, CGA), 나이아신(niacin / 비타민 B_3 / nicotinic acid) 등 여러 종류의 생리활성 성분을 함유하고 있는데, 커피 추출박을 원료로 해서 생산되는 만노올리고당(mannooligosaccharide, MOS)은 장내에서 소화되지 않는 난소화성이기에 정장효과를 나타내며, 장내 유익 비피더스균의 활성을 돕는 프리바이오틱스로서의 기능성을 가지고 있다. 즉 장내 유익균 증식, 유해균 억제, 배변활동에 도움을 줄 수 있으며(생리활성 기능 2등급), 그 외 지방의 흡수를 억제하여 체지방의 저감에 효과가 있어 비만을 억제하는 데도 도움이 된다. 특히 알레르기 원인물질인 'IgE', 호산구 감소 효과로 항알레르기 효과를 가지며, 화분증 등의 증상을 완화하는 기능을 가지고 있다. 커피 만노올리고당은 산뜻한 단맛이 나고, 열이나 산에 강하기 때문에 분말이나 액상 등 여러 식품 형태에 사용할 수가 있다.

대두로부터 분리된 대두올리고당(soybean oligosaccharides, SBOSs)은 장 건강에 도움을 줄 수 있는 생리활성 기능 2등급 소재이다. 대두 유청에서 단백질을 제거하고 정제・농축한 것으로, 기능 성분은 스타키오스(stachyose), 라피노스(raffinose), 수크로스(sucrose) 등이다. 대두올리고당은 면역기능을 향상시키는 데 사용할 수 있는 잠재적인 프리바이오틱스인데, 대장균의 성장 및 활동을 선택적으로 자극하여 장 건강에 도움을 주는 소재이다. 대두올리고당을 섭취하면 대장의 결장에서의 특수 미생물 유전체(microbiota / microbiome) 수 증가뿐만 아니라 microbiota의 구성 자체를 변화시켜 장을 건강하게 만들게 된다.

위장관에 존재하는 박테리아 중 *Bifidobacteria*와 *Lactobacilli* 등은 프리바이오틱스 oligosaccharides를 가장 많이 사용하는데, 이것은 소화효소에 의해 분해되지 않고 장내 유익균에 선택적으로 이용되어 장내 pH를 저하시키므로 유해균 성장에 적합하지 않는 환경을 조성하고, 배변활동을 개선하는 등 잠재적인 유해균의 경쟁적 배제를 촉진시킨다. 그 외 대두올리고당은 혈액 내 superoxide dismutase(SOD) 수치 증가, IgG 수준 증가, 면역 활성화, 비장세포 증식 등을 촉진하며, 항체수를 증가시켜 면역기능을 강화시킨다.

(3) 이소말토올리고당

이소말토올리고당(isomalto-oligosaccharide, IMO)은 전분을 α-amylase, β-amylase 및 transglucosidase에 의해 효소 반응시켜 제조한 기능성 올리고당으로 소화 저항성이 있는 단쇄 탄수화물의 혼합물이다. 이소말토올리고당은 장내 비피더스균의 증식인자인데, 위장관 조절기전은 장내 유익균인 *Bifidobacteria*, *Lactobacilli* 등에 의하여 유익균의 증식에 의한 유기산, 단쇄지방산 등의 생성, pH 저하로 장내 유해균 성장에 적합하지 않은 환경 조성, 배변활동의 개선 등이다. 참고로 일반 올리고당인 말토올리고당은 기능성 올리고당인 이소말토올리고당과는 그 기능이 다르다.

말토올리고당은 난소화성 올리고당과는 달리 정장작용과 같은 기능성은 없지만 소화흡수 속도는 포도당보다 훨씬 빠르다. 그것은 중합도가 작은 직쇄올리고당이 중합도 10 이상의 고분자량의 올리고당보다 빨리 흡수되는데, 이 가운데 말토스(maltose)와 말토트리오스(maltotriose)가 포도당보다 훨씬 빨리 흡수되기 때문이다. 말토스와 말토트리오스와 같은 직쇄올리고당은 가수분해효소에 의해 단당류로 분해 생성되면서 glucose transport site에 부분적으로 높은 농도를 발생하므로 단일 포도당보다 더 빨리 흡수된다.

중합도가 3~6인 직쇄올리고당인 말토올리고당은 빠른 가수분해 속도를 보여 주고 있어 소화흡수가 빠르고, 같은 양의 포도당보다 삼투압이 낮아서 소화기관에 부담도 주지 않는데, 이러한 성질을 이용하여 운동 후의 빠른 에너지원을 공급하기 위한 스포츠 드링크나 소화기관에 부담을 가지고 있는 환자의 식품개발에 적합한 당류이다.

2) 락툴로우스와 라피노스

락툴로우스(lactulose)는 체내 *Bifidobacteirum*의 성장을 촉진하는 프리바이오틱스로 대장 운동을 증가시키고, 변비를 좋게 하며, 장내 미네랄 흡수를 증가시킨다. 락툴로우스는 소장에 흡수되거나 사람 효소에 의해 분해되지 않고 삼투압을 통해 물을 흡수하게 하여 변을 부드럽고 쉽게 이동할 수 있도록 해 준다. 대장의 결장에서 대장균에 의해 lactic acid와 acetic acid를 포함한 단쇄지방산으로 대사되어 결장 내용물을 산성화시켜 유독한 암모니아를 제거한다.

라피노스(raffinose)는 위나 소장의 소화효소에 의해 소화・흡수되지 않고 장에 도달하여 장내 유익균인 비피더스균의 증식원으로 사용되어 대장균과 같은 유해균의 증식을 억제하여 장 환경을 개선시켜 주고, 배변활동을 원활히 하는 데 도움을 줄 수 있는 개별인정형 소재이다. 그 외 면역력 증진, 아토피성 피부염 개선, 간 기능 개선 등에도 도움을 주는 소재이다.

3) 알로에 전잎과 분말한천

알로에 전잎에는 알로에 베라, 알로에 아보레센스, 알로에 사포나리아 등이 있으며, 주요 성분은 aloin(건위정장 작용, 배변활동), aloe emodin(사하작용), aloe ulcin(항궤양 작용), aloinoside A, B(체액 개선작용, 항암작용), aloesin(항세균, 항진균 작용),

alomicin(항종양 작용) 등이다. 이들 성분은 변비 완화작용을 비롯하여 위장관 기능 개선에 도움을 준다. 조절기전으로는 알로에의 성분 중 anthrones이 소장 점액의 배출 촉진, 장의 운동성 증진, 수분과 전해질 분비 촉진(점막투과율 상승으로 대장활동 조절), 간, 췌장, 담낭 등의 소화기계 기능 강화 등이다.

알로에 전잎은 그 외 점막(위장점막, 호흡기점막, 구강점막, 비뇨기점막)의 위궤양, 십이지장궤양, 위염, 염증성 장질환 예방과 치료, 피부의 화상, 습진, 외음부소양, 외용(신경통, 화상, 상처, 건선, 보습) 등에 효과가 있는 것으로 알려져 있다. 알로에 겔은 잎이 큰 알로에 베라(*Aloe Vera*)에서 얻는데, 알로에 베라의 잎 중 비가식 부분과 외피를 제거한 후 겔 부분을 분리하여 건조, 분쇄, 농축한 것이다. 장 건강에 도움이 되는 기능성식품으로 지사제, 소화성 궤양, 염증성 장질환 등의 개선에 효과가 있는 소재인데, 위장관 조절기전은 위액분비 촉진 호르몬인 gastrin의 수치 정상화, histamine 작용 억제, 위산도 감소, 통증 생성물질인 bradykinin 감소, 대장의 prostaglandin E2 and interleukin-8 감소 등이다.

분말한천(agar-agar powder)은 팽창성 하제로 작용하며, 주요 기능은 장 내용물의 증가, 장에서 연동운동 촉진, 배변 일수 및 배변량의 증가 등이다.

4) 목이버섯과 무화과 페이스트

목이버섯은 식이섬유가 전체 성분의 50%를 차지해 식용버섯 중 함유량이 가장 높은데, 장의 연동운동을 촉진해 촉진시켜 노폐물을 빨리 배출하고, 변비 예방과 숙변 제거에 도움을 준다. 또 포도당, 콜레스테롤 등 독소들을 흡수해 배출시키기 때문에 당뇨 조절 및 대장암 예방 기능도 탁월하다.

무화과 페이스트는 배변활동 원활에 도움을 줄 수 있는 생리활성 기능 2등급 개인 인정형 소재이다. 참고로 무화과의 약리작용으로는 해독, 치질 완화, 회충 구제, 신경통 등이다.

5) 식이섬유류

식이섬유는 식물에 자연적으로 들어 있는 lignin, cellulose, β-glucan, hemicellulose, pectin, alginic acid, inulin, 저항성 전분(resistant starch) 등이 있고, 식이섬유에서 유용한 성분만을 추출하거나 화학적으로 합성한 섬유를 기능성 섬유라고 하는데 차전자, 키틴, 키토산, fructooligosaccharides, polydextrose 등이 여기에 속한다. 일반적으로 알려진 기능으로는 흡수성, 팽윤성이 크므로 수분을 많이 흡수하게 되어 소화물을 연하게 만들어 배변을 용이하게 한다. 소화되지 않으므로 적은 양으로도 포만감을 느끼게 하여 다이어트에 보조기능을 담당한다.

식이섬유는 비피더스균의 활성인자로 작용하며, 비피더스균은 통변을 조정하고, 신체의 면역성을 높이는 데 기여하게 된다. 또 식이섬유는 식품 중의 콜레스테롤이나 간장으로부터 분비된 콜레스테롤을 흡착시키며, 소장에서의 흡수를 저해한다. 이러한 섬유의 작용은 혈중 콜레스테롤의 농도를 저하시키고, 동맥경화를 억제시키는 데 기여한다. 또 포도당의 장관에서의 흡수를 억제하여 당뇨병에도 효과적으로 작용한다. 본 장에서는 대두 식이섬유, 목이버섯 식이섬유, 밀 식이섬유, 보리 식이섬유 등을 제외한 일부 식이섬유의 장 기능 개선과 관련된 것을 소개하고자 한다.

(1) 구아검 / 구아검 가수분해물과 차전자피 식이섬유

구아검에는 구아(*Cyamopsis tetragonolobus* TAUB)의 종자 배유부분을 분쇄, 열수로 추출하면 고분자 다당류인 갈락토만난(galactomannan)을 얻을 수 있다. 구아검을 가수분해하면 구아검 가수분해물을 얻는다. 점질다당류 갈락토만난은 수용성 식이섬유이며, 인슐린 반응 개선과 콜레스테롤 저하효과를 가지고 있다. 기능 성분(또는 지표성분)의 함량은 식이섬유 660 mg/g 이상이며, 장내 유익균 증식과 배변활동 원활에 도움을 주며, 그 외 혈중 콜레스테롤 개선과 식후 혈당상승 억제 효과 기능을 가지고 있다.

차전자피 식이섬유는 질경이(*psyllium*)인데, 질경이과(*Plantaginaceae*)에 속하는 다년생 초본으로 어린잎은 식용한다. 한방에서는 뿌리채 뽑아 말려서 차전초(車前草)라 하고, 씨앗을 차전자(車前子, plantaginis semen), 질경이 껍질을 차전자피라 부른다. 차전자 껍질의 주성분은 수용성 식이섬유이며, arabinoxylan와 hemicellulose이다. 질경이의 섬유질은 수용성 흰색 점액성으로 소장에서 흡수되지 않고 다량의 물을 흡수하여 변을 부드럽게 하고, 위 내용물 배출속도를 늦춰주고, 장 통과시간을 연장하며, 변비와 장의 기능을 개선하는 효과를 가지고 있다. 그 외 고콜레스테롤혈증 치료, 당뇨치료 효과도 가지고 있다. 가끔 질경이는 아나필락시(anaphylaxis)를 포함한 알레르기 반응을 일으킨다고 한다. 질경이에는 점액성 팽화물질의 주체인 각종 배당체, 탄닌, 우르솔산(ursolic acid), 스테롤류 등이 들어 있어 이뇨, 진해 / 거담, 건위, 지사(止瀉), 해열, 소염, 어지럼증, 두통, 신장염, 방광염, 요도염 등의 치료에 사용되고 있다.

(2) 밀 전분유래 난소화성 말토덱스트린과 폴리덱스트로오스

난소화성 말토덱스트린(resistant maltodextrin / nondigestible maltodextrin, NMD)은 옥수수전분을 가수분해하여 얻은 수용성 식이섬유로 85%의 식이섬유를 함유하고 있다. 이 소재는 포도당의 흡수를 억제하여 혈당 상승을 유의적으로 억제, 조절하며 급격한 인슐린 상승을 막는 기능을 가지고 있다. 혈중 중성지방의 상승 억제작용, 혈청 콜레스테롤과 중성 지질을 개선한다. 밀 전분유래 난소화성 말토덱스트린은 밀 전분을 가열하여 얻은 배소 덱스트린을 α-아밀라아제 및 아밀로글루코시다아제로 효소 분해하여 정제한 것 중 난소화성 성분만 분획하여 얻은 수용성 식이섬유이다. 장의 상태를 조절하며, 특히 변비와 복부 팽만감을 해소하는 정장작용과 배변활동 원활, 변비 개선을 도와주는 소재이다.

폴리덱스트로오스(polydextrose)는 포도당 합성 중합체로 FDA에 의해 가용성 섬유로, 1981년에 승인된 덱스트로스(dextrose)의 폴리머이다. 포도당, 소르비톨, 구연산을 89 : 10 : 1 비율로 구성되어 있으며, 수용성, 난소화성, 저칼로리, 식이섬유(soluble dietary fiber)이다. 장내세균이 일부 이용하여 장내 세균총 개선 작용을 갖는 프리바이오틱스로, 결장 심부에까지 도달하면서 천천히 발효, 분해되어 단쇄지방산을 만든다. 이러한 반응들은 대장 운동작용을 도와주고, 배변량 증가, 배변 통과시간 단축 등 대장의 기능 개선에 도움을 준다. 그 외 혈청 콜레스테롤 저하, 식후 혈당 상승 억제, 지방흡수 억제 등 기능을 가지고 있다.

(3) 글루코만난(곤약 / 곤약만난)과 아라비아검(아카시아검)

글루코만난(glucomannan, 곤약만난)은 호료작물에 속하는 토란과(형태학적) 또는 천남생과(생태학적) 곤약(kon jak)의 근경・뿌리줄기로부터 얻는데, 비소화성 다당류이다. 곤약의 뿌리줄기를 알코올 용매로 추출하고 정제하여 다당류 부분만을 분리하여 제조하는데, 기능성 성분(또는 지표성분)인 식이섬유를 690 mg/g 이상 함유하고 있어야 한다. 글루코만난은 원래 항산화 효과, 암세포 증식억제 효과, angiotensin-I 전환효소 저해작용, 항혈전 효과 및 콜레스테롤 합성 저해 효과, 당뇨병 등 다양한 생리학적 효과를 가지고 있는 기능성 소재로 알려져 있는데, 친수성이 좋아 물을 얼마든지 흡수하여 젤리화하는 특성을 가지고 있다. 또 높은 식이섬유 때문에 체내 독소를 제거, 배출할 수 있으며, 배변을 좋게 하는 기능을 가지고 있다. 특히 글루코만난은 물을 흡수하여 변을 부드럽게 만들며, 섬유질 때문에 장을 자극하여 연동운동을 촉진하여 변통을 좋게 하는 기능도 가지고 있다.

아라비아검(gum arabic, 아카시아검)은 천연검의 일종으로, 아라비아고무나무(*Acacia senegal willdenow*) 또는 그 밖의 동속식물의 분비액을 건조, 탈염하여 또는 기계적으로 착즙하여 세조하는데, 기능 성분(또는 지표성분)의 함량은 식이섬유 800 mg/g 이상이다. 원래 아라비아검은 콩과식물 *Acacia senegal* 또는 *Vachellia*(*Acacia*) *seyal*의 줄기나 가지의 삼출액을 말린 것이다. 아라비아검은 당단백질과 다당류의 고분자

혼합물로서, 주성분은 생물 고분자 물질인 아라비노갈락탄(arabinogalactan, 아라비노오스와 갈락토오스)이다. 친수성 흡수력과 콜로이드성질이 있기 때문에 체내 변을 부드럽게 하고, 장의 윤동작용을 도우며, 배변활동을 도와주는 장 기능 개선에 도움을 주는 소재이다.

(4) 이눌린 / 치커리 추출물

이눌린(inulins) / 치커리 추출물은 치커리(*Chicorium intybus*) 또는 기타 국화과 식물의 뿌리를 열수로 추출, 정제하여 제조한 것으로 기능 성분(또는 지표성분)의 함량은 식이섬유를 800 g/g 이상이다. 이눌린은 프럭탄(fructans)으로 알려진 식이섬유 성분이다. 이눌린은 밀, 양파, 바나나, 마늘, 아스파라거스, 아티초크 및 치커리를 포함한 36,000여 종의 식물 뿌리 또는 뿌리줄기에 존재하는 천연 저장 탄수화물인데, 1804년 독일 과학자 Valentin Rose에 의해 발견되었다. 이눌린은 인체 내 효소에 의해 소화되지 않는 저칼로리형 식이섬유로 물과 섞이면 흰색 크림 같은 겔 구조를 형성하는 지방과 유사한 상태로 변한다.

이눌린의 생리적 기능은 우선 소화되지 않으므로 대장에 도달한 후 결장 박테리아에 의해 프리바이오틱스로 작용하는데, 장내 미생물의 영양 공급원으로 저항성 전분과 다른 발효성 탄수화물과 비슷하게 장내 세균총의 성장을 돕는다. 이눌린은 대장 미생물에 의해 이산화탄소, 수소 및 메탄으로 분해된다. 이눌린 / 치커리 추출물은 식이섬유로서 7.2～20 g, 배변활동 원활에 도움을 줄 수 있는 것은 이눌린 / 치커리 추출물 식이섬유로서 6.4～20 g이다. 결론적으로 이눌린은 소화되지 않는 수용성 섬유로 용해성이 우수하며, 대장의 기능 개선에 도움이 되는 소재일 뿐만 아니라 칼슘 흡수 증가, 혈중 콜레스테롤 개선, 식후 혈당상승 억제에도 도움을 주는 소재이다.

〈14절〉 간 기능 개선에 도움을 주는 생리활성물질

14.1 간의 구조와 기능

간은 갈비뼈의 보호를 받고 있는 몸무게의 약 2%(1～1.5 kg 정도)의 장기로 일종의 선(腺)이다. 간에서는 신체에 공급되는 전체 혈액의 약 13%를 보유하고 있는데, 윗면은 횡격막에, 아랫면은 위, 십이지장, 횡행결장 등에 접해 있으며, 내부구조는 매우 복잡하다. 보통 간소엽(肝小葉)이라는 단위 구조가 집합해 있는데, 총 4개의 엽 즉 오른쪽엽, 왼쪽엽, 네모엽, 꼬리엽을 가지고 있다. 간소엽은 중앙에 있는 하나의 중심 정맥과 여기에 모세혈관을 내보내는 세 개의 소엽간 정맥으로 구성되어 있다.

간은 산소와 영양을 공급하는 두 가지의 혈관, 즉 간동맥과 간문맥을 가지고 있는데, 간동맥과 간문맥으로부터 혈액을 공급받는다. 간동맥은 간으로 들어가는 동맥이고, 소화・흡수된 영양분이 풍부한 혈액을 간으로 운반하는 정맥들은 간문맥이라 부른다. 정상적인 경우 간에 공급되는 혈류량은 문맥을 통한 정맥혈이 약 75%, 간동맥혈이 약 25%를 차지한다. 간동맥과 문맥을 통하여 각각 간 속으로 들어온 혈액은 간의 모세혈관 속에서 섞여진 후에 간정맥으로 모아져 하대정맥을 통해 심장으로 들어간다. 간은 손상을 입어도 재생 능력이 뛰어나 기능이 악화되어도 증상을 느끼지 못한 침묵의 장기이다.

소화관에서 흡수된 것은 모두 간으로 들어가는데, 이곳에서 아미노산과 지방산을 분해하고, 당을 글리코겐으로 저장 또는 필요에 따라 방출한다. 간의 주요 기능은 첫째 에너지 대사조절 기능이다. 체내 흡수된 영양분은 간에서 대사과정을 통하여 우리 몸에 필요한 성분을 다른 장기로 보내지고, 몸에서 쓰고 남은 영양분은 축적시켜 준다. 둘째는 우리 몸에 필요한 단백질, 효소, 비타민, 담즙 등을 만들며, 그 외 혈액 응고, 물질이동, 철 결합, 단백질분해 억제에 관계되는 많은 단백질을 합성하는 곳이다. 특히 혈장단백질인 알부민을 만든다. 셋째는 해독, 면역방어 기능이다. 많은 효소들의 반응경로를 통하여 해로운 물질을 해독하는 작용을 하며, 간의 특수세포는 유해한 세균들을 포식해서 제거한다. 또 간은 수명이 다한 혈구를 파괴, 뒤처리하는 곳이기도 한데, 예를 들면 헤모글로빈의 헴은 철없는 빌리루빈이 되어 담즙색소로 배출된다. 간은 내장기관 중 가장 큰데 혈청단백질과 호르몬을 생산하는 곳이며 비타민 A, D, B_{12}, 철, 구리, 아연 등을 저장하는 역할을 수행한다.

간기능을 검사할 때 혈중 AST(aspartate aminotransferase, 아스파테이트 아미노전이효소), ALT(alanine aminotransferase, 알라닌 아미노 전이효소), ALP(Alkaline Phosphatase, 알칼리 인산분해효소) 등을 체크하여 간 손상 여부를, 빌리루빈(bilirubin)은 간의 배설 능력을, 혈중 알부민, 프로트롬빈 시간(prothrombin time, PT)*은 간의 합성 능력을 결정한다.

* 프로트롬빈 시간은 혈액에 조직인자(tissue factor)와 인지질(phospholipid)을 첨가한 후 혈액 응고시간, 즉 프로트롬빈이 트롬빈으로 전환되는 속도를 측정하는 것이다.

ALT가 주로 간세포의 세포질에 존재하는데 반해, AST는 심장, 간, 횡문근, 신장, 적혈구의 세포질과 미토콘드리아에 분포한다. ALP는 간, 뼈, 백혈구, 장, 태반 등에 뷰포하며, 혈청 내 ALP는 대부분은 간과 뼈에서 유래한다. 즉 AST와 ALT는 전신의 세포에 분포하고 있다. 간담관계 질환이 발생하면 혈청 빌리루빈이 증가하고, 따라서 소변색도 짙어지며, 소변 내에서 빌리루빈이 많이 검출된다. 알부민은 간세포에서 합성되는데, 간 기능 부전의 경우 알부민 합성이 감소하여 저알부민혈증이 초래된다. 그 외 간 기능을 나타내는 총 단백질, 감마글루타밀전이효소(Gamma glutamyl transpeptidase, GGT), 젖산탈수효소(LDH) 등도 검사항목으로 사용된다. GGT는 간 외에도 신장, 비장, 심장, 폐, 뇌 등의 여러 기관에 분포하지만 혈청 GGT의 대부분은 간과 담관 상피세포에서 유래한다.

14.2 간의 질환

간 기능 저하는 간염 바이러스와 과량의 알코올 섭취가 가장 일반적인 원인이 되며, 그 밖에도 약물, 영양불량, 대사이상, 비만 등에 의해 일어날 수 있다. 간 기능이 저하되면 간염, 간경화, 간성뇌증, 지방간, 알코올성간 등과 같은 간 질환이 발생한다. 간염은 바이러스, 약물 혹은 독성물질로 인해 짧은 시간 또는 장기간에 걸쳐 간세포가 파괴되는 질환인데, 만성 활동성 간염의 경우에는 바이러스의 증식이 활발하여 간세포들이 계속적으로 파괴되어 종국에는 간경화로 진행될 수 있다. 지방간은 술, 비만, 당뇨에 의해 유발되며, 간세포 안에 중성지방이 축적된 경우에도 해당하는데, 원인만 제거하면 곧 회복되는 가역적인 간 질환이다.

과도한 알코올은 간세포에 지방을 축적시키고, 알코올 대사산물은 간세포를 손상시켜 알코올성 지방간, 알코올성 간염, 간경변증을 유발한다. 영양섭취 부족이 알코올성 간 손상의 중요한 원인이 되며 동시에 알코올은 영양소의 흡수와 소화 및 대사장애를 일으키고, 식사량을 감소시켜 영양불량을 유발시킨다. 비타민 B_1, 비타민 E, 아연의 결핍 등은 간질환의 악화를 가속시켜 준다. 비알코올성 지방간은 술을 전혀 마시지 않거나 소량을 마실 뿐인데도 술을 많이 마시는 사람들과 비슷하게 간에 지방이 많이 축적되는 질환이다. 염증을 동반하지 않는 단순 지방간에서부터 만성간염, 간경변증에 이르는 다양한 형태의 간질환이 여기에 포함된다. 대부분의 비알코올성 지방간은 서서히 시간이 지남에 따라 심각한 간질환인 간경변증으로 진행된다.

간경화는 만성간염이나 알코올성 간질환 등에 의해 장기간 지속적으로 간 손상과 섬유화로 진행되면서 간 기능의 저하, 간을 통과하는 혈류 장애 등을 일으킨다. 이런 증상은 복수, 위장출혈, 간성 혼수 등의 합병증으로 이어진다. 간경변은 교감신경계의 활성화로 norepinephrine 및 epinephrine의 분비가 증가하여 대사과다증(hypermetabolism)을 일으켜 영양결핍 또는 부족상태를 유발한다. 간경변 상태는 내당능 장애(glucose intolerance)를 일으키는데, 이 상태는 이차적으로 당뇨가 발생되는 간성 당뇨병(hepatogenous diabetes)의 유발 원인이 된다. 만성 간질환에서 간경변증으로 진행한 후에는 다양한 합병증(복수, 정맥류 출혈, 간성혼수 등)과 간암 발생의 위험도가 현저히 높아진다.

14.3 간 개선에 도움을 주는 생리활성물질

간 질환 개선 및 치료용 소재는 간에 생성된 노폐물을 담도를 통해 배출시키거나 간세포를 파괴시키는 인자 혹은 보체를 제거시켜 간세포의 신진대사를 활성화시키고 회복해 주며, 간세포의 단백질 합성을 촉진시켜 간세포의 재생을 촉진하는 소재이다. 또 간 내 지방축적을 억제시키거나 지연시키기도 한다.

식약처가 별도로 인정한 원료 또는 성분 중 고시형으로 간 건강에 도움을 주는 것으로는 도라지 추출물, 밀크씨슬 추출물, 발효울금, 복분자 추출물(분말), 브로콜리 스프라우트 분말, 표고버섯균사체 추출물(분말), 표고버섯 균사체, 유산균발효 마늘추출물 등이 있으며, 알코올성 손상으로부터 간 보호에 도움을 주는 것으로는 유산균발효 다시마 추출물, 헛개나무과병 추출물 등이 있다. 개별인정형 기능성 원료에는 브로콜리 스프라우트 분말, 표고버섯 균사체 추출물(분말), 표고버섯 균사체(추출물), 밀크씨슬 추출물, 복분자 추출분말, 발효울금, 도라지 추출물 등이 있으며, 그 외 오미자, 백복령, 생강, 산수유, 아마씨나 들깨의 α-리놀렌산, 황기 유래의 이소플라본, 감초 유래 glycyrrhizinin, glycyrrhizinic acid, liquiritigenin 등도 간질환 예방과 치료에 도움을 주는 것들이다.

현재 간염, 간경화의 예방 및 치료, 간세포 보호, 간세포 사멸 억제, 간성상세포의 활성화 억제 등을 위해 가장 일반적으로 사용되는 약제는 우르소데옥시콜린산(urso-deoxycholic acid, UDCA), 면역자극제, 항바이러스제, 실리마린(silymarin), 운지 다당체, 비타민 B군, 메티오닌(methionine) 등이 있다.

1) 표고버섯 균사체(추출물)와 도라지 추출물

표고버섯 균사체 추출물은 배양시킨 표고버섯 균사체를 열수 추출한 것으로, 지표성분인 β-1, 3 글루칸을 비롯하여 에리타데닌(eritadenine)의 이중쇄 리보핵산 등이 간 기능 개선 효과를 갖는다. 에리타데닌은 버섯의 2차 대사산물 중의 하나로 퓨린 알카로이드계 화합물로 콜레스테롤을 낮추며, 혈압조절에 밀접한 관계가 있는 앤지오텐신전환효소(angiotensin converting enzyme, ACE)의 활성을 억제하여 항혈압성 효과를 가지고 있는 성분이다. 또 남성호르몬 증가 즉, 남성 성기능 개선에도 도움을 주는 성분이다.

표고버섯 균사체는 간세포의 생존율과 단백질 합성 증가, 간 성상세포의 섬유화 억제 등의 기능을 가지며, 간 건강을 나타내는 지표를 개선하는 데 도움이 되는 소재이다. 또 표고버섯의 자실체로부터 분리된 버섯 유래 β-글루칸은 간 기능 개선에 도움을 줄 뿐만 아니라 생체 내에서 감염 방어 등의 면역기능, 항종양효과 등을 가지며,

혈중 콜레스테롤 수치 저하, 혈당 수치 안정화, 포만감을 통한 체중 감소 기능을 가지고 있다.

도라지(balloon flower, 길경)는 초롱과에 속하는 다년생초로 거담, 기관지염, 천식 등의 호흡기계 질환에 사용되어 온 생약재이다. 도라지 추출물은 간 건강에 도움을 줄 수 있는 생리활성기능 2등급으로 개별인정형 소재로 사용되고 있다(인지능력 향상을 위한 도라지의 Platycoside E + Platycodin D의 합의 성분은 생리활성기능 3급임). 도라지 성분 중 면역 보조효과를 가진 플라티코딘 D(platycodin D, PLD, 그림 14-1)는 triterpenoid saponin의 일종으로서 항염효과가 있고, 간염바이러스 B의 단백질성 표면항원(HBsAg)의 면역성 증진을 돕는 면역 보조효과를 가지고 있다.

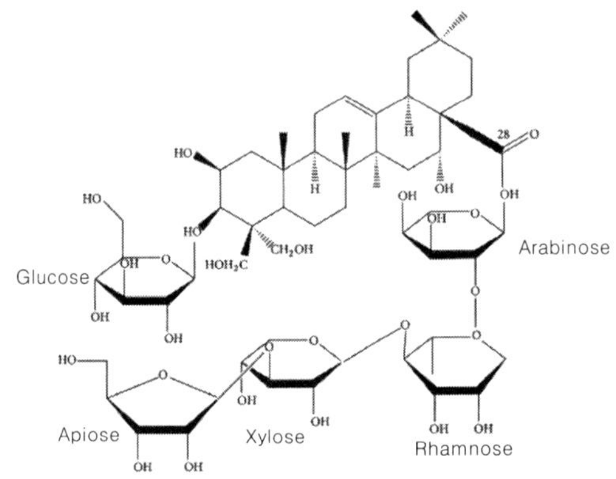

그림 14-1. 플라티코딘 D의 구조
(출처 : 대한약학회지 제 59권 제 4호 170~176, 2015)

도라지의 일반적인 약리성분은 트리테르페노이드(triterpenoid)계 사포닌(saponin)과 피토스테롤(phytosterol) 등인데, 이들은 진해, 거담작용, 중추신경 억제작용(진정, 진통, 해열효과), 급만성염증에 대한 항염작용, 항궤양 및 위액분비 억제작용, 항산화, 항당뇨, 항균, 혈관을 확장하여 혈압을 낮추는 항콜린작용, 혈당 강하작용, 콜레스테롤대사 개선작용 등의 기능을 가지고 있다. 그 외 곰팡이의 아플라톡신을 억제하며, 식균작용, 항종양, 알코올 흡수 억제작용을 한다.

2) 복분자 추출분말과 브로콜리 스프라우트 분말

복분자(*Rubus coreanus Miq.*)는 장미과의 낙엽활엽 덩굴성 식물로 칼륨, 안토시아닌, 시스토스테롤, 탄닌, 폴리페놀 등을 비롯하여 엘라그산(ellagic acid)을 가지고 있다. 특히 복분자 줄기에는 (-)-epicatechin, (+)-catechin, proanthocyanidin 등이, 잎에는 flavonoid 화합물이 많이 들어 있다. 엘라그산은 크렌베리, 딸기, 포도, 복숭아, 석류 등에서도 발견되는 천연 페놀 항산화 물질인데, 간 기능을 개선하는 기능을 가지고 있다. 또 복분자 추출분말은 균의 생육억제, B세포와 T세포주의 생육 촉진, 면역활성 증진 효과, 항산화 등의 기능을 가지고 있다.

브로콜리 스프라우트 분말은 원재료 브로콜리를 침지시켜 3일간 발아시킨 후 동결건조한 것이다. 간 건강에 도움을 주는 브로콜리 스프라우트 분말(broccoli sprout powder)의 지표성분은 생리활성 3급인 설포라판(sulforaphane, 1.5~2.5%)이다(동물시험에서 효소 활성화에 도움을 줄 수 있음이 확인되었으나 인체시험 자료가 미흡할 경우 기능성 등급이 "기타 기능 III"에 해당). 설포라판(그림 14-2)은 이소티오시안산염(isothiocyanate) 그룹의 유기황 화합물이며 브로콜리, 브뤼셀 콩나물, 배추 등 십자화과 식물 채소에 들어 있다.

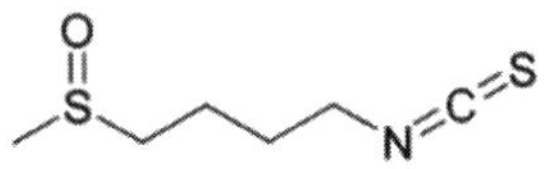

그림 14-2. 설포라판의 구조
(출처 : PLoS ONE 10(6) : e0127541, 2015)

브로콜리 스프라우트(새싹)는 십자화과의 겨자과 식물로 강력한 해독 성분이자 항암성분인 설포라판을 가지고 있는데, 브로콜리 새싹에는 다 자란 브로콜리보다 최대 50배 정도 더 들어 있다. 브로콜리 새싹은 설포라판의 전구체인 글루코시놀네이트(glucosinolate)의 근원인데, 세포를 보호하는 방어기능을 가지고 있다. 이외에도 산화방지에 좋은 셀레늄과 케르세틴을 다량 함유하고 있다.

동물시험에서 설포라판은 해독효소인 GST(glutathione S-transferase), QR(quiononone reductase), GT(glucuronosyl transferases) 등을 유도하여 독성물질을 쉽게 배출할 수 있는 능력을 가진 glutathione과 GSH reductase 등 Phase II 효소의 활성을 증가시킨다. 설포라판은 위궤양과 위암을 일으키는 헬리코박터균을 사멸시키며, 암유발의 신진대사에 필요한 물질을 제거(해독)하며, 암세포의 발병과 진행을 이끄는 다량의 독성물질을 줄이는 효과를 갖는다. 또 콜레스테롤 대사과정을 향상시켜 콜레스테롤 생성을 억제하며, 돌연변이와 같은 비정상적인 세포의 DNA 손상을 방지한다.

3) 발효울금과 헛개나무과병 추출분말

간 건강에 도움을 주는 발효울금의 지표성분은 생리활성 3급인 커큐민(curcumine)이다. 커큐민은 밝은 누란색 화학물질인데, 심황(*Curcuma longa*)의 황색을 담당하는 천연 페놀계인 curcuminoid 그룹에 속하는 디아릴헵타노이드(diarylheptanoid)이다(그림 14-3). 1815년에 Bogel과 Pierre Joseph Pelletier가 심황의 뿌리줄기로부터 황색 착색물질의 분리를 보고하고 이것을 curcumine이라고 명명하였으며, 1910년에 그 구조가 처음 밝혀졌다. 커큐민은 메스꺼움, 설사, 두드러기, 현기증과 같은 부작용을 유발할 수 있는 성분으로도 알려져 있지만, 주기능은 항산화 기능이다.

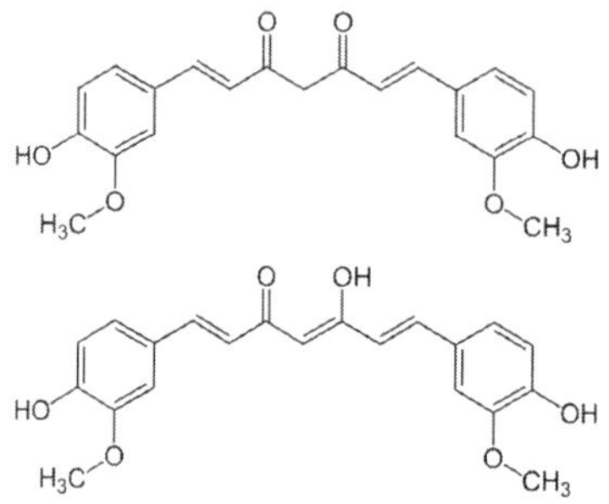

그림 14-3. 커큐민의 구조

울금(鬱金)은 강황(薑黃), 심황(深黃) 등으로 부르는데, 울금과 강황은 모양과 성질이 조금 다르지만 둘 다 생강과의 뿌리작물이고 쓴맛이 나며, 노란색을 띤다는 공통점이 있다. 흔히 인도에서 재배된 것은 강황, 우리나라에서 재배된 것은 울금이라고 부르는데, 뿌리줄기를 '강황', 덩이뿌리를 '울금'이라 부르기도 하며, 강황의 뿌리줄기를 말린 것이 울금 또는 심황이라 부르기도 한다. 이들의 혼동을 피하기 위해 식약처에서는 강황과 울금을 동일한 것으로 규정하고, 두 이름을 병행해서 사용하도록 하고 있다. 결론적으로 강황, 울금, 심황은 같은 말이다. 카레의 재료인 강황(황강, 모강황, 보정향, 편강황, 편자강황)은 생강과에 속하는 식물로 강황의 뿌리줄기를 말려서 약재로 사용하고 있다. 심장보호, 면역기능 향상, 암 위험성 감소, 염증억제, 혈압강하, 항우울 작용, 소화장애 개선 등의 기능을 가지고 있다.

헛개나무(*Hovenia dulcis var. koreana nakai*)는 갈매나무과의 낙엽활엽교목으로 예로부터 주독해독, 정혈, 이뇨, 갈증해소, 해독작용 등에 사용되어 왔다. 헛개나무과병 추출분말은 헛개나무(*Hovenia dulcis*) 과병(果柄, 열매자루 / fruit stalk)의 추출분말로 알코올성 손상으로부터 간 보호에 도움을 줄 수 있는 개별인정형 생리활성 기능 소재이다. 헛개나무과병 추출물의 지표성분은 디하이드로미리세틴(dihydromyricetin, 생리활성기능 3급)과 퀴세틴(qucertine, 생리활성기능 2급)이다. 디하이드로미리세틴은 암펠롭신(ampelopsin)이라 부르며, flavanonol, flavonoid의 한 종류인데, 질환치료 및 숙취치료를 비롯하여 지방대사를 개선하고, 항염증 효과를 나타내는 소재이다. 퀴세틴은 항염, 항암, 알레르기염증 감소, 폐와 신경보호작용을 하는 기능성 성분으로 보통 사과, 체리, 포도, 적포도주, 녹차, 케일, 아욱, 브로콜리, 잎상추, 배, 양파, 마늘 등에도 들어 있다.

헛개나무 추출물은 숙취해소 및 간 기능 활성과 보호작용을 가지며 특히 잎, 줄기 및 열매로 만든 것은 주독제거 및 황달, 지방간, 간경화증, 위장병의 치료와 예방에 뛰어난 효능이 있는 것으로 알려져 있다. 헛개나무과병 추출분말은 알코올로 발생하는 간 손상 지표인 γ-GTP 수치 감소, 중성지방 수치 개선, 장기간 알코올 섭취로 인해 증가된 γ-GTP, AST, ALT 수치 감소, 단기간 과량의 알코올 섭취 시 발생하는 간 손상 지표 ALT 수치 개선 등의 기능을 가지고 있다. 헛개열매 추출물에서 분리한 methoxydihydroflavonol, dihydroflavonol 및 호베노둘리놀은 모두 플라보놀의 유도체이며, 호베노둘리놀(hovenodulinol)은 알코올분해 효과를 가진 성분이다.

4) 곰피 추출물과 밀크씨슬 추출물

간 건강에 도움을 주는 곰피 추출물의 지표성분은 생리활성 3급인 설포라판(1.5~2.5%)이다. 실제 곰피(*Ecklonia stolonifera okamura*)는 다년생 다시마과의 갈조류 일종으로 곰피 추출물에는 fucoidan, L-ascorbic acid 및 collagen, phlorotannins, phloroglucinol, ecklonialactones 등의 성분들이 들어 있다. 곰피 추출물은 피부재생, 주름살 제거 및 피부 미백작용 등 피부 노화방지, 피부세포 생리활성 효과, melanin 형성 저해 효과를 가지고 있으며, 특히 멜라닌 생합성 과정에 핵심적으로 작용하는 효소인 티로시나제(tyrosinase) 저해 활성을 가지고 있어 미백용 화장료 조성물 또는 식품 등의 갈변방지용 조성물로도 잘 알려진 소재이다.

아미노산 중 티로신은 티로시나제에 의해 산화되어 DOPA(3, 4-dihydroxyphenyl-alanine)를 거쳐 도파퀴논(dopaquinone)으로 되고, 도파퀴논은 다시 5, 6-디하이드록시인돌(5, 6-dihydroxyindole)로 전환되는데, 이것이 중합을 통해 단백질과 결합하여 멜라닌(melanin) 색소를 형성하게 된다. 신체 피부의 멜라닌세포에서 생성되는 멜라닌 색소는 검은 색소와 단백질의 복합체 형태를 갖는 페놀계 고분자물질인데 피부, 머리카락 및 눈동자의 색소화에 관여한다. 멜라닌의 과잉 합성 및 축적 시에는 피부에 기미·주근깨와 같은 미적(美的) 문제를 일으킬 뿐만 아니라 피부노화를 촉진하며, 피부암을 유발하기도 한다.

티로시나제는 과일, 야채와 갑각류의 갈변에 관여하며, 곤충의 탈피에 관련된 중요한 효소로 해충을 통제하는 약물을 개발하는 데 응용되고 있다. 티로시나제는 도파민(dopamine)의 신경독성(neurotoxicity)에 중심적 역할을 담당할 뿐만 아니라 파킨슨(Parkinson)씨 병과 관련이 되는 신경퇴화(neurodegenerat ion)에도 기여한다. 특히 곰피 추출물은 기억력 개선, 인지능력 개선, 치매예방, 지연 또는 치료 효과를 가지고 있으며, 곰피의 엑콜(eckol) 성분은 뇌의 신경시냅스에서 신경전달물질인 도파민 농도를 크게 높여 주므로 파킨슨질환 같은 퇴행성 신경질환의 치료에 사용되고 있다.

밀크씨슬 추출물은 간 보호에 도움을 줄 수 있는 개별인정형 생리활성기능 2・3급 소재이며, 지표성분은 플라보노이드인 실리마린(silymarin)과 실리빈(silybin)이다. 실리마린의 주요 활성 성분에는 flavonolignans silosilin, isosilibinin, silicristin, silidianin 등이 있다. 밀크씨슬(milk thistle / *Carduus marianus* / 서양엉겅퀴)은 허브과의 식물로 보라색 꽃을 가지고 있는 서양엉겅퀴의 일종인데, 예전에 산모가 젖이 잘 나오도록 하기 위해 먹었다는 데에서 그 이름이 유래되었다고 한다. 밀크씨슬에 들어 있는 주성분은 실리마린인데 강력한 항산화 성분이며, 간 세포막을 보호해 간의 독성물질이 간세포로 유입되지 못하도록 도와주고, 간세포의 재생을 돕는 물질이다.

밀크씨슬 추출물은 체내 에너지대사 활성화, 간세포의 신진대사 증진과 간세포 손상 억제, 간암 위험요소 억제, 알코올 분해로 인한 숙취 해소, 항염증 효과, 면역력 강화, 피부손상 방지, 피부노화 예방, 자외선에 의한 광암 발생 방지, 자외선에 의한 표피 과형성의 보호, 자외선에 의한 DNA 손상 방지 외 황달 예방, 담낭질환 예방, 담석 / 요석 방지, 혈액순환 증진, 고혈압 예방 등의 기능을 가지고 있다.

5) 우르소데옥시콜린산과 메티오닌, 글리시리진

간 기능을 개선하는 능력을 가진 우루소데옥시콜린산(ursodeoxycholic acid / 3α,7β-dihydroxy-5β-cholanoic acid, UDCA)은 간과 담도계 질환에 사용된 웅담(熊膽)의 주성분으로(그림 14-4), 간에서 합성되어 담즙으로 배설된 뒤 장내 미생물에 의해 대사를 받은 후 간으로 재흡수(장간 재순환, enterohepatic recirculation)되는 3차 담즙산이다. UDCA는 생체내의 미세 담도내 노폐물과 독성 담즙산(chenodeoxycholic acid / deoxycholic acid / lithocholic acid)을 배출하는 작용을 비롯하여 담석을 용해시키고, 담석 생성을 억제시키는 작용으로 담석증과 담도계 질환을 예방 및 개선해 주는 성분이다.

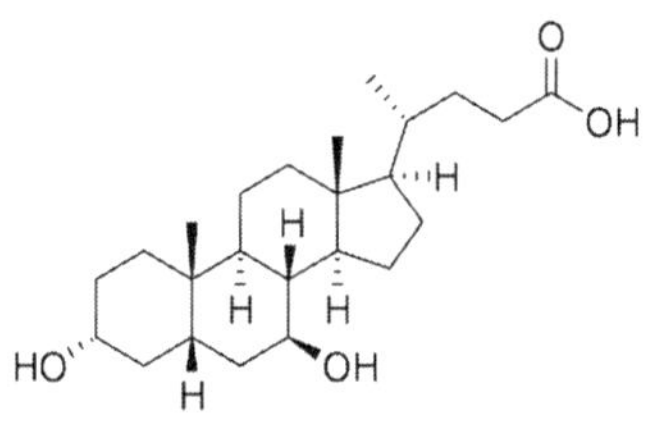

그림 14-4. Ursodeoxycholic acid의 구조

또 간 세포막의 안정화와 간세포 보호작용, 간 혈류량 증가 작용, 콜레스테롤의 흡수와 생합성을 억제하는 작용 등으로 지방간, 만성 간질환을 치료하고, 간 기능을 개선하는 기능을 가지고 있다. 특히 UDCA의 콜레스테롤 담석 용해 효과에 대한 기전

은 간에서 콜레스테롤 합성에 필요한 효소인 HMG CoA 환원효소의 활동을 저하시켜 담즙으로의 콜레스테롤 분비를 감소시키고, 7α-hydroxylase 활성도를 증가시켜 장에서의 콜레스테롤 흡수를 저하시킨다. 즉 UDCA는 간에서 글리신이나 타우린과 포합체(conjugates)를 형성하고, 이 포합체는 소수성 담즙산에 의한 간세포의 용해(cytolysis)를 현저히 감소시킨다. UDCA는 독성 담즙산으로 인한 세포 자멸사(apoptosis)를 억제하는데, 이것은 세포 자멸사에 관여하는 p53 경로를 억제하여 세포 보호작용을 나타낸다. 또 위암세포의 세포 자멸사(apoptosis)를 유도하여 세포사멸을 유발시킴으로써 위암을 예방하거나 치료할 수 있는 효과를 가지고 있다.

메티오닌(methionine)은 간에서 레시틴 생산을 증가시켜 간의 지방을 감소시켜 주고, 간에서 독성 노폐물 제거하며, 피로방지 작용을 수행한다. 메티오닌은 필수아미노산으로 손상된 간세포의 재생을 촉진하고, 지방대사를 촉진하여 간과 동맥에서의 지방 침착을 억제하며, 혈액순환을 좋게 해 준다. 독성물질의 해독과 배설을 촉진하고, 납과 같은 중금속의 배설을 돕는다. 메티오닌은 글루타치온의 전구물질인 시스테인으로 전환되는 아미노산이다. 글리시리진(glycyrrhizin 또는 glycyrrhizic acid / glycyrrhizinic acid)은 감초 뿌리의 주성분이다. 실제 감초에는 트리테르펜(triterpene) 계열의 glycyrrhizic acid(glycyrrhizin), 플라본(flavones) 계열의 liquiritin(liquiritigenin + 당)과 liquiritigenin이, 칼콘(chalcones) 계열의 isoliquiritin과 isoliquiritigenin이, 이소플라본(isoflavones) 계열의 formonetin 등이 함유되어 있는데, glycyrrhizin의 복합제제가 간염 치료제로 널리 사용되고 있다.

〈15절〉 노화방지에 도움을 주는 생리활성물질

15.1 노화의 정의와 항노화 이론

노화는 사전적인 의미와 학문적 의미로 구분하는데 사전적 노화는 '나이를 먹는다(加齡, aging), 늙는다' 라고 정의하는데, 브리태니커 백과사전의 노화는 '유기체를 노쇠한 상태로 이끄는 점진적인 생리 변화, 또는 대사 스트레스에 대한 유기체의 적응능력과 생체기능의 감퇴'라고 정의하고 있다. 즉 노화란 시간의 흐름에 따라 신체 능력이 퇴화되는 현상인데, 시간이 감에 따라 백발의 출현, 피부의 주름, 신체기능 및 인지능력의 저하, 동맥경화 등 각종 질환이 생길 가능성이 높아지는 신체의 경시적 변화 단계를 의미한다. 학문적 노화의 정의는 시간이 흐름에 따라 유기체의 세포, 조직, 기관조직, 또는 유기체 전체에 일어나는 점진적인 변화를 말한다.

실제 노화의 원인과 기전은 수많은 이론과 학설이 있어 노화를 명쾌하게 설명할 수는 없다. 다만 확실한 것은 시간에 따라 외부환경에 적응해 가는 과정 중에 나타나는 부적절한 적응과정(non-adaptive process)이라는 것이다. 즉 노화는 시간의 흐름에 따라 외부자극에 대한 반응이 둔해지며, 항상성을 유지할 수 있는 능력이 감퇴되어 외부 스트레스에 취약하여 질병에 대한 감수성이 증가되면서 만성질환에 걸릴 가능성이 높아지는 일련의 변화 과정이다. 광의의 노화는 생물체가 수태된 순간부터 사망에 이르기까지 배아, 성숙, 성년기의 모든 변화를 말하며, 협의의 노화(aging / senescence)는 성숙한 그 다음부터의 모든 변화를 말하는데, 물론 시간이 갈수록 비가역적으로 퇴화되어 결국 사망하게 된다.

노화의 종류를 보면 시간이 따라 보편적으로 변하는, 질병 및 환경적 영향을 받지 않는 정상노화(normal aging, 내인성 노화 / 1차 노화), 질환과 요인이 동반되는 일반노화(usual aging, 병적노화 / 2차 노화)가 있다. 일반노화에 대응하는 개념으로 성공노화(successful aging)라는 것이 있는데, 이것은 시간이 자나도 신체 및 인지 기능이 정상이고, 장애 및 질환이 없는 상태의 건강한 노화를 말한다. 그 외에 최적노화(optimal aging), 생산적 노화(productive aging), 긍정노화(aging well)라는 말을 사용하기도 한다.

노화현상은 다양한 생화학적 변화와 세포 반응 및 유전자 활동이 각 조직에서 각기 다른 양상으로 나타나는 복잡한 개체 현상이다. 이와 같은 노화현상은 각 구성기관 및 조직의 기능 변화로 이어지고, 이는 구성단위인 세포의 기능 변화로 귀착된다. 우선 뇌의 신경세포(neuron) 소실이 일어나 인지기능(cognition)이 저하하며, 피하지방 세포의 소실로 피부 탄성이 저하되고, 모근 멜라닌세포가 멜라닌 색소 생성력을 소실하므로 백발현상이 나타난다. 특히 노화는 면역저하(immune failure), 상처치료지연(poor wound healing), 피부노화(skin atropy), 소화기능 저하 등 세포 수준의 변화를 동반하게 된다.

이와 같이 세포노화는 반복적인 세포분열의 결과로 일어나는데, 이러한 분열에 의한 세포노화(replicative senescence)는 주로 세포 분열주기마다 짧아지는 텔레미어의 길이에서 기인하지만, 그 외 일부 암유전자의 과발현 및 과도한 세포분열 신호전달 등도 노화를 유도한다. 세포노화는 세포배양 시 대략 50번 정도의 분열 후에는 더 이상 세포가 분열하지 않는 현상을 의미한다. 이 현상을 Hayflick 현상이라고도 부른다. 세포가 노화되면 성장인자에 대한 반응은 물론 여러 스트레스 자극에 대해 심각한 DNA 손상과 신호전달계가 무너지고, 노화된 세포 스스로 여러 단백질 및 cytokine 들을 분비하므로 조직이 더 이상 정상적인 기능을 수행하지 못하게 된다. 노화세포는 노화관련 분비 표현형(senescence-associated secretory phenotype, SASP)이라고 통칭되는 여러 종류의 단백질들(염증성 사이토카인, 성장인자 및 프로테아제로 구성됨)

을 분비하여 세포에 손상을 주며, 노화나 관련 질병에 관여하게 된다.

노화에 줄기세포는 중요한 의미를 가지고 있는데, 노화가 진행되면 줄기세포의 활성이 감소한다. 줄기세포가 그 수를 유지하는 것은 자기복제 능력 때문인데 조직에서 세포가 계속 분열하여 없어지는 세포를 보충하게 된다. 이 분열세포를 줄기세포(stem cell 또는 progenitor cell)라 부른다. 줄기세포의 분열은 무한대가 아니며, 세포는 생체(노화)시계라는 분열을 계수하는 장치를 가지고 있어서 주어진 분열 수가 고갈되면 증식을 멈추고 세포가 노화된다. 즉, 세포증식이 비가역적으로 멈추는 상황이다. 노화는 세포노화, 특히 줄기세포의 노화를 의미한다. 본래는 재생의 과정을 거치면서 점진적으로 천천히 노화되는데, 노화되면 신체 조직이 스스로 회복되지 못하고 줄기세포도 사라진다.

노화의 이론은 보통 (분자)생물학적 이론, 사회심리학적 이론, 환경이론 등으로 구분하고 있다. 생물학적 이론에는 세포, 유전자, 체세포 돌연변이, 교차연결, 자유기, 자가면역 이론 등이 관련되어 있으며, 보통 노화를 분자생물학적 관점에서 접근하는 경우가 많다. 노화의 1차적 원인은 유전자 불안정성(genomic instability), 텔로미어 마모, 후성 유전적(epigenetic) 변화, 단백질 항상성 상실 등을 꼽고 있다. 많은 학자들은 노화이론을 단순하게 프로그램 이론과 과오 이론으로 구분하여 접근하기도 하는데, 프로그램 이론은 생물학적 시계가 있어서 그에 따라 노화가 진행한다는 것이다. 프로그램된 노쇠이론, 내분비이론, 면역이론 등이 여기에 해당된다. 과오이론은 내부 또는 외부의 자극이 세포나 장기에 손상을 초래하고, 그로 인해 기능이 떨어져 노화가 진행된다는 것인데 마모이론, 생명속도이론, 교차결합이론, 자유라디칼이론, 과오파멸이론, 세포돌연변이이론 등이 여기에 해당된다. 본 장에서는 항노화를 이해하기 위해 노화에 관해 자주 소개되는 이론 중심으로 그 내용을 간략 소개하고자 한다.

1) 프로그램 이론

프로그램 이론에는 노쇠이론, 호르몬이론, 면역이론 등이 있다. 프로그램된 노쇠이론은 프로그램된 에너지의 양을 사용하는 속도가 개인의 수명을 결정한다는 것인데, 이 프로그램 이론의 핵심은 텔로미어(telomere) 이론이다. 이 이론은 생체시계 이론(프로그램 이론)과 같은데, 유기체의 생체시계는 생명을 유지하고 살아가는데 사용할 에너지, 엔트로피 및 기타 물질의 양을 프로그램해 놓고 그 분열 횟수만큼 분열이 끝나면 그 기능이 쇠퇴하여 결국에는 죽는다는 것이다. 세포 수명의 생물학적 지표인 텔로미어는 염색체의 먼 곳, 즉 말단에 존재하는 염기서열 반복 부위(5-TTAGGG-3)로 염색체 손상이나 염색체 간의 비정상적 결합을 방지하는 기능을 하는 곳이다. 텔로미어가 없는 상태로 세포가 분열된다면 세포에 관한 정보가 들어 있는 염색체의 끝

부분은 소실된다(그림 15-1). 실제 생식세포와 종양세포를 제외한 모든 세포는 무한정 분열하는 것이 아니고 일정 횟수 이상 분열하면 더 이상 분열하거나 증식하지 못한다.

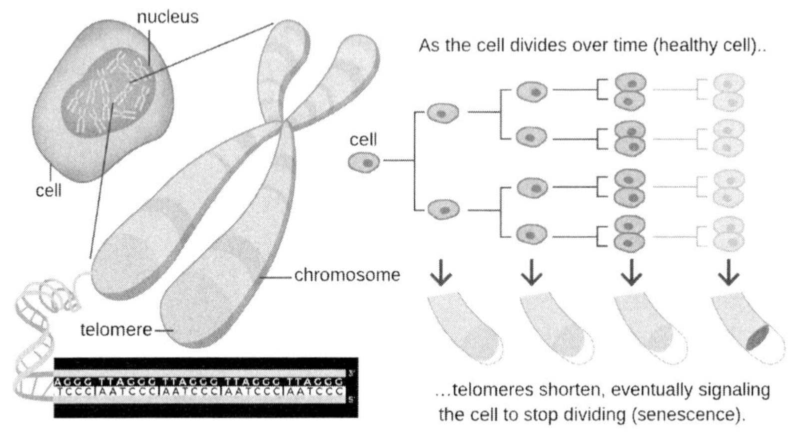

그림 15-1. 텔로미어 캡의 점진적 변화
(출처 : Rejuvenation Research, 12(5), 341-349. 2009)

대부분의 체세포(somatic cell)는 DNA polymerase가 염색체 말단의 유전정보를 복제(replication)하지 못하기 때문에 세포분열에 따라 텔로미어 길이가 짧아지게 되며, 일정 길이 이하로 짧아진 경우 더 이상의 세포분열이 일어나지 않거나 세포고사(apoptosis)가 일어나게 된다. 텔로미어를 "mitotic clock"이라고 부르는데, 이는 세포가 분열함에 따라 텔로미어 길이가 짧아지게 되므로 세포의 텔로미어 길이를 측정하면 세포의 나이를 추정할 수 있고, 따라서 수명을 예측할 수 있다는 것이다. 주어진 분열수가 고갈되면 증식을 멈추게 되는데, 이를 세포노화(cellulalr senescence) 상태에 들어가는 telomere shor- tening 현상으로 설명한다. 텔로미어가 스스로 죽거나 노화를 일으키고, 노화가 일어난 세포는 그 순간부터 분열이 정지된다.

내분비호르몬 이론은 신경-호르몬이론, 신경내분비 조절이론(neuroendocrine control theory) 등으로 불러지고 있는데, 딜만(Vladimir Dilman)에 의해 제시된 이론이다. 이 이론은 생명체의 노화가 진행되면서 호르몬의 감소에 따른 불균형이 체내와 유기적 관계를 가지고 있는 호르몬이 기관의 기능을 저해하여 노화가 일어난다. 즉 우리 몸의 중요한 기능들을 조절하는 생화학 물질의 네트워크인 신경-호르몬 체계에 초점을 맞춘 이론이다.

면역이론은 자가면역이론인데, 면역계의 퇴화를 조절하면 노화를 지연시킬 수 있다는 견해에서 출발하고 있다. 연령과 함께 면역체는 자가면역항체를 생산하여 세포의 죽음과 변화를 일으키고, 이로 인해 노화가 촉진된다는 것이다. 면역계의 기능 변화가 자동적인 퇴화현상을 유도하고, 자신의 정상세포가 이물로 인식되어 면역계에 의하여 공격받으면 면역결손에 의한 노화질환으로 연결된다. 따라서 면역계의 퇴화를 조절하면 노화는 지연될 수 있다.

2) 과오 이론

과오 이론은 내・외부의 자극이 세포나 장기에 손상을 초래하고, 그로 인해 그 기능이 떨어져 노화가 진행된다는 것인데 마모이론, 생명속도이론, 교차결합이론, 자유라디칼이론, 과오파멸이론, 세포돌연변이이론 등이 있다. 마모이론(wear and tear theory)은 세포이론이라고도 하는데, 가장 오래된 이론 중의 하나이다. 우리 몸과 세포들을 계속 쓰면 손상이 되어 노화가 일어난다는 것인데, 이 이론은 프로그램 이론과 연관시켜 생각할 수 있다. 세포의 마모현상은 내・외적 스트레스에 의해 가중된다. 나이가 들면 식사, 환경, 미생물, 바이러스 등으로 인한 손상에서 회복시키는 능력이 떨어져서 질병에 걸리고, 결국에는 사망하게 된다. 나이가 들면서 세포간 물질은 점차 퇴화되어 세포에 적절한 영양분과 산소를 공급하는데 장애를 일으키고, 따라서 기능에도 영향을 미치게 된다.

교차결합이론(cross-linked or connective tissue theory, 결체조직이론)은 DNA와 교차연결 분자 사이에 화학적 반응이 일어나 결체조직의 변화가 일어나는데, 비교적 탄력이 적은 교원질세포(collagen), 탄력섬유(elastic fiber), 망상섬유(reticular fiber) 등에 관한 것이다. 교차결합이론은 교차연결을 주도하는 탄력을 가진 아미노산들이 정상적으로 분자 간 강한 연결 띠를 형성하고 있지만, 만약 이러한 결체조직 간의 교차연결에 문제가 생기면 세포투과성, 근섬유의 유연성, 심근수축력 등은 물론 혈관의 확장-수축 기능 저하, 피부건조, 피부탄력성 저하 등 노화 징후를 보이게 된다. 자유라디칼이론(free radical theory)은 활성산소이론이라고도 하는데, 미토콘드리아에서 에너지를 만드는 과정에서 산소는 화학물질들과 결합하고 물과 탄산가스를 배출하지만, 산소의 약 1～5%는 불가피하게 세포를 파괴하는 활성산소로 변하게 된다. 활성산소는 정상적인 대사작용을 통해서 만들어지며, 방사선이나 오염물질 등에 노출되었을 때도 만들어진다.

활성산소는 고도로 불안정한 세포구성 물질을 증가시키고, 세포가 비정상적으로 성장하도록 해주며, 불가역적인 소모 반응을 일으켜 정상세포의 구조와 세포막의 기능을 손상, 변경하며 유전물질을 손상, 파괴시켜 세포를 노화하게 만든다. 나이가 들수록 활성산소에 의한 손상이 누적되고, 활성산소에 대항하는 항산화 능력은 떨어져 세포는 노화된다. 노화에 따른 활성산소는 생체막을 손상시키며 세포내, 혈액, 체액 내에 지질 산화물을 축적하여 세포병리를 유발시킨다. 세포돌연변이이론은 체세포변이

이론이라고 부르는데, 자발적으로 일어나는 돌연변이 과정에서 DNA변성이 일어나 변성된 DNA가 보수되지 않은 채 그대로 사용되면 세포분열 과정에서 돌연변이가 생기고, 이에 의해 세포기능과 조직의 효율은 저하되고 비정상적인 방향으로 흐르게 된다. 체세포의 돌연변이가 나타나는 대부분의 종에서는 암이 발생하는데, 암을 발생시키는 발암바이러스는 노화에 따른 손상을 보수하려 할 때 활성화되는 것으로 보인다.

3) 항노화 이론

항노화의 개념은 노화과정을 지연・예방하거나 노화현상을 역전시키는 것으로 정의하며, 노화로 인한 신체기능의 저하나 노화 관련 질병을 조기에 탐지・예방하거나 관리・치료하는 의미를 가지고 있다. 나이가 들어 일어나는 자연적(유전적) 노화는 근복적인 예방, 치료는 불가능하다. 다만 인위적으로 노화를 지연・억제할 뿐이다. 노화이론에 가장 많이 등장하는 용어는 활성산소와 미토콘드리아다. 미토콘드리아는 산소를 이용하여 산화시키는 과정에서 에너지를 생산하는데, 이를 ATP 형태로 저장하는 기능을 수행한다. ATP 생성과정에서 peroxysome, xanthine oxidase(XOD)같은 산화효소, NADPH dehydrogenase, cyclooxygenase(COX) 같은 효소를 통해 전자가 부산물로 발생하며, 산소가 이에 결합되어 활성산소가 만들어진다.

미토콘드리아 유리라디컬 가설(free radical theory)에 따르면, 노화로 인하여 미토콘드리아가 손상되면 더 많은 활성산소(ROS)가 생기고, 늘어난 활성산소는 미토콘드리아의 기능 저하를 촉진시킨다. 즉 미토콘드리아의 기능 장애가 바로 노화로 이어진다. 따라서 미토콘드리아를 건강하게 유지하는 것이 노화의 속도를 줄이는 관건이다. 결국 미토콘드리아는 활성산소를 만들어 세포의 노화를 촉진하는 장소인 동시에 피해자인 셈이다.

세포 내에는 mitophagy라고 하는 잘못된 미토콘드리아를 제거하는 기능이 있는데, 즉 미토콘드리아의 건강을 도모하는 단백질인 sirtuin이 mitophagy를 활성화시켜 새로운 미토콘드리아 합성을 촉진하여 세포의 노화를 지연시킨다. 포유류에는 7종류의 Sirtuins(SIRT 1～7)이 있는데 핵, 세포질, 미토콘드리아에 서로 다르게 존재하며, 다양한 기능을 수행한다. SIRT 1은 노화방지 기능성 물질이다. 또 다른 항노화이론에는 인간 제대혈에 있는 혈장 단백질을 거론하곤 하는데, 혈장 단백질은 뇌 기능을 향상시키고 노화를 지연시킨다. 즉 인간 혈장 단백질들 중에 팀프 2(tissue inhibitor of metalloproteinases 2, TIMP 2)라는 특정 단백질이 기억상실, 근육 기능 및 신진대사 감소, 뼈 구조 감소 등과 같은 노화 증상을 억제한다는 것이다.

또 나이가 들면 장내 미생물의 다양성이 줄어들고, 병원성 미생물의 군집이 형성되어 면역력을 저하시키며(면역세포의 80%가 장내에 분포), 해로운 미생물이 유익한 미생물보다 경쟁우위를 차지하면서 노화가 진행하게 되는데, 이를 개선하면 노화는 지연, 억제될 수 있다. 면역력은 외부에서 침입하는 다양한 병원체나 물질(바이러스, 박테리아, 곰팡이, 꽃가루, 화학물질 등)로부터 자기 몸을 지키는 생물의 자기방어 체계인데, 만약 면역세포 각각의 성능이 저하되면 면역세포 간에 조화(coordination)를 상실하면서 전체적으로 면역기능이 저하되어 세포노화가 가속된다. 따라서 노화를 방지하기 위해서는 면역력을 증강시켜야 한다. 또 자외선에 의한 DNA 손상도 세포노화를 가속화시키는데, 손상된 DNA의 복구에 관여하는 복구조절 단백질이 NAD^+ (oxidized form of nicotinamide adenine dinucleotide)의 도움을 받아 노화를 억제한다.

15.2 노화방지에 도움을 주는 생리활성물질

노화억제 방법은 다양하다. 우선하는 방법은 항노화 식품 또는 항노화 성분을 가진 생리활성물질, 항산화제 등을 섭취하는 것이다. 그러나 이들 방법으로 충분하지 않다면 분자생물적 기술을 이용한 줄기세포 이용방법이나 칼로리 제한방법, 유전자 손상 회복방법, 텔로미어 연장방법, epigenetic에 의한 방법, 노화세포 제거방법, 분자표적 방법, 호르몬을 이용하는 방법, 노화조직 재생기술과 장수 유전자 개발방법 등을 생각할 수 있다.

노화 억제의 가장 간단한 이론은 세포의 산화 스트레스로부터의 보호이며, 산화현상의 억제이다. 활성산소에 의한 세포나 유전자 손상이 노화의 원인이므로 산화적인 스트레스를 줄이면 노화가 지연될 수 있다. 산화에 기인한 노화는 활성산소(ROS)를 제거하면 해결된다. 이 기능을 가진 것들이 멜라토닌(melatonin), CoQ10, DHEA (Dehydroepiandrosterone) 등이다. 또 노화억제 방법으로 칼로리 제한(caloric restriction) 방법을 사용한다. 이 방법은 음식 섭취를 제한하면 수명을 연장시키고 노화를 방지한다는 것이다. 대표적인 영양분 신호전달 경로인 cAMP / PKA(cyclic adenosine monophosphate / protein kinase A), 인슐린 / IGF(insulin / insulin-like growth factor), 그리고 TOR (target of rapamycin) 경로가 칼로리 제한에 의한 수명연장(노화억제)과 관련이 있다고 한다.

실제 칼로리의 제한은 생체시계를 젊어지도록 작동하는 강력한 도구이며, 조직노화를 방지하고, 줄기세포들의 유전자 발현 일주기의(노화 상태로의) 재프로그래밍을 방지하게 된다. 또 다른 방법은 노화 억제제로 줄기세포를 활용한 경우이다. 줄기세포란 자가 증식이 가능하고, 다양한 기관, 조직으로 분화 가능한 세포인데, 배아 줄기세포, 성체 줄기세포, 역분화 줄기세포 등이 있다.

줄기세포는 노화의 큰 특징 중 하나인 재생 능력 저하를 개선시켜 주는데, 성체 줄기세포는 정지(quiescence)와 활성(activation) 두 상태 변화를 통해 조직의 항상성과 재생에 기여한다. 이러한 균형이 유지되면 노화는 일어나지 않는다. 근육, 신경, 조혈모 줄기세포의 회춘(rejuvenation)은 혈액 속에 줄기세포를 회춘시킬 수 있는 물질이 존재하기 때문이며, 젊은 줄기세포는 다른 전구세포의 분화를 자극하는 인자를 분비하여 신호경로의 조절을 통한 줄기세포 회춘을 유발한다. 노화된 (조혈) 줄기세포에 p38 MAPK(p38 mitogen-activated protein kinase, 활성산소 생성・노화를 유도하는 효소) 활성을 억제하는 TXNIP(thioredoxin interacting protein) 단백질 유래의 펩타이드를 넣으면 세포는 젊어진다. 일반적으로 포화지방산은 노화를 촉진하고, 식이섬유소는 노화를 억제하며, 탄수화물은 노화에 부정적으로 작용하지만, 복합다당류는 식이섬유소와 같이 노화방지에 긍정적이다.

널리 알려진 또 다른 노화 억제 이론은 손상된 DNA 복구에 관한 것이다. 노화된 세포에서 DNA 손상이 많이 되어 노화과정에 DNA 복구가 제대로 진행되지 않으면 노화는 더욱 가중된다. 따라서 손상된 DNA를 효율적으로 빨리 복구하는 것이 노화를 막거나 지연시키는 데 결정적인 역할을 한다. p53이 지속적으로 활성화되면 노화가 일찍 일어나며, p53이 과발현될 경우에도 노화는 일찍 일어난다.

텔로미어를 연장하는 방법은 아주 간단하다. 과식하지 않고 충분한 수면, 스트레스 해소, 지구력 운동, 과일과 야채, 가공하지 않은 곡식을 많이 먹고 지방질과 정제된 탄수화물을 적게 먹는 식이요법과 운동을 병행하여 스트레스를 조절할 경우 텔로미어의 길이는 길어진다. 텔로미어의 길이를 늘임으로써 세포분열을 지속시키고, 이를 통해 노화를 막을 수 있다. 텔로미어의 길이는 만성 스트레스의 정도를 알려주는 척도인데, 스트레스를 많이 받는 환경이나 식생활 환경에 노출된 사람들은 그렇지 않은 사람들에 비해 텔로미어의 길이가 짧다.

노화를 억제하는데 현재 많이 시도되고 있는 또 다른 방법은 호르몬 보충 요법이다. 이 방법은 노화과정에 여러 호르몬이 자연스럽게 감소하게 되는데, 이를 보충하여 노화과정을 억제, 지연시키는 방법이다. 폐경기 여성의 여성호르몬 보충, 남성에서의 남성호르몬 테스토스테론 보충, 남녀 모두에게 성장호르몬 및 DHEA(dehydro-epiandrosterone) 보충, 스테로이드 호르몬의 전구체인 pregnenolone 활용, 골대사에 관련된 프로호르몬인 비타민 D 활용, 태반호르몬 활용 등이 여기에 속한다.

그러나 여성호르몬은 골다공증의 치료, 골절의 위험 감소, 인지기능 향상, 심혈관 질환 예방, 피부주름 개선, 미용효과 등 기능을 가지고 있으나 유방암의 위험 때문에 남성의 경우에는 남성호르몬이 피로감이나 활력 저하, 성기능 감퇴, 지적기능 저하 등과 같은 갱년기 증상 완화 기능을 가지고 있으나 전립선 비대, 심혈관 질환의 우려,

지질대사 이상, 뇌졸중 위험 등 부작용으로 편안하게 사용할 수 없다. 나이가 들면서 부족한 성장호르몬(growth hormone, GH)을 보충하여 노화를 지연하고자 성장호르몬 보충 요법도 부종(浮腫), 팔목터널증후군(carpal tunnel syndrome), 관절통 등과 같은 부작용으로 크게 신뢰를 받지 못하고 있다.

우리 몸의 세포는 수시로 분열해 새로운 세포를 만든다. 나이가 들수록 우리 몸속에는 40~50번의 세포분열 후 더 이상 분열을 할 수 없는 노화세포가 쌓이게 된다. 면역시스템이 정상이라면 노화세포를 침입자로 인식해 제거하지만, 노화 탓에 면역력이 떨어지면 체내에 노화세포가 쌓여 염증을 일으키고, 세포 노쇠현상이 일어나게 된다. 노화는 조직의 재생능력을 저하시킨다. 예를 들어, 면역세포의 수는 나이를 먹음에 따라 감소하는데, 이는 줄기세포의 기능 저해 때문이다. 줄기세포의 세포주기 활성이 전체적으로 감소하고, 세포분열 빈도 역시 줄어들어 줄기세포 분열 감소로 줄기세포의 고갈이 일어나고, 이것이 노화를 촉진하게 된다. 혹자는 조직재생을 위한 줄기세포 연구, 성체 줄기세포 분화 조절 및 제어기술, 배양기술 등만으로 노화문제는 어느 정도 해결 가능할 것으로 생각하고 있다. 일부에서는 장수 유전자 발굴도 노화를 지연, 예방, 억제할 수 있을 것으로 믿고 있다.

15.3 노화 예방과 지연에 도움을 주는 항노화 생리활성물질

가장 널리 알려진 항노화 식품과 항노화 성분은 매우 다양하다*. 본 장에서는 일부 항노화 성분에 대해서만 간략하게 소개하고자 한다.

* **항노화 식품**에는 아몬드, 인삼, 버섯, 연어, 녹차, 양배추, 블루밸리, 로즈마리(Rosmarinus officinalis), 포도씨 추출물(Vitis vinifera), 금달맞이꽃(Oenothera biennis), 감초 추출물(Glycyrrhiza glabra), 마다가스카르생강씨 추출물(Aframomum angustifolium), 야생참마(Diosgenin), 와인, 초콜릿 등이 있다. **항노화 성분**에는 키네틴(N6 furfuryladenine, 식물호르몬의 일종), 시트로넬롤(citronellol, 장미와 같은 향기가 나는 향료), 리모넨(limonene , 모노테르펜의 일종), 에르고치오네인(ergothioneine, 버섯 추출물), 베타카로틴(당근, 시금치, 달걀노른자, 유제품, 동물의 간, 생선기름), 알부민, 플라노보이드(과일의 껍질, 녹차, 비타민 A, C, E 등), 각종 무기질(셀레늄, 아연 등), 각종 아미노산(글루타민, 카르니틴, 아르기닌, 라이신 등), glutathione, coenzyme Q10, catechin, DHEA, melatonin, hexarelin, curcumin, oxyresveratrol, glucosamine, metformin, hesperetin, betaine, hyaluronic acid, 플라보놀(quercetin, kaempferol), pyruvic acid, retinol, lipoic acid 등이 있다.

1) Resveratrol, Metformin과 Kinetin

레스베라트롤(resveratrol / 3, 5, 49-trihydroxystilbene)은 포도, 오디, 라스베리, 크렌베리 같은 베리류 등에 있는 성분인데, 식물이 미생물과 접촉했을 때 자신을 보호하기 위하여 분비하는 일종의 항생제 물질(피토알렉신, phytoalexin)이다. 즉 포도의 곰팡이 공격으로부터 자신을 보호하기 위한 방어물질이다. 레스베라트롤이 효모 내에서 시르투인(sirtuins : SIRT 1～7)을 활성화시키고, 이를 통해 노화를 예방하고 수명을 연장하는데, 원래 인슐린 감수성 증가, IGF-I 수준 감소, AMPK 증가 및 미토콘드리아 수치 개선 등의 기능을 가지고 있다.

다년생 프랑스 라일락 허브에서 유래된 메트포르민(metformin, 그림 15-2)은 원래 제2형 당뇨치료 성분으로 혈당개선 효과를 가지고 있다. 작용기전을 보면 간에서 AMPK를 활성화하여 포도당 신생합성을 막고, 포도당을 세포내로 흡수하는 포도당 수송체(glucose transporter)의 하나인 GLUT 4(glucose transporter 4)의 수를 증가시킨다. 인슐린이 인슐린 수용체와 결합하면 GLUT 4는 포도당을 세포내로 흡수하므로 혈중에 있는 포도당의 농도는 감소된다. 즉 AMPK가 활성화되면 항산화 기능이 좋아지고, 만성 염증이 감소되므로 결국 노화 억제에 기여하게 된다.

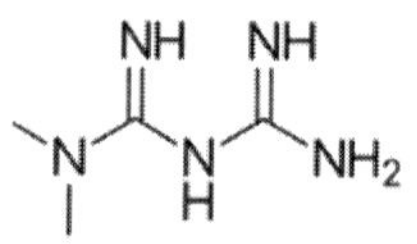

그림 15-2. 메트포르민의 구조

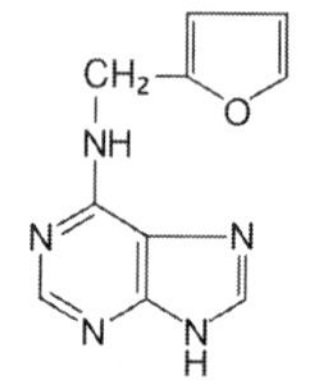

그림 15-3. 키네틴의 구조

키네틴(kinetinN6-furfuryladenine, 그림 15-3)은 세포분열을 촉진하는 식물호르몬의 일종인 cytokinin의 한 유형이다. 키네틴은 세포의 성장과 분화에 영향을 줄 수 있는 필수 성장호르몬으로 세포 신호전달, 세포주기 정지 및 세포사멸 유도의 억제로 노화 지연과 억제작용을 하는 항노화 물질이다. 그 외 종양성장 억제와 백혈병, 각종 암에 대한 효능과 혈소판 응집 억제 등의 기능을 가지고 있다.

2) 에르고티오네인과 헥사렐린

에르고티오네인(egothioneine, 그림 15-4)은 아미노산인데 imidazole 고리에 황(S) 원자를 포함하는 히스티딘(histidine)의 티오유도체로 항노화물질이다. 1909년에 발견되고, 이것의 구조가 1911년에 밝혀졌는데 적혈구, 골수, 간, 신장, 정액 및 눈에 축적되어 있다. 검은 콩, 강낭콩 및 귀리 밀기울, 양송이버섯 등에 함유되어 있으며, 버섯만이 생합성하는 항산화 물질이기도 하다. 세포를 보호하는 기능을 가지고 있다. 생체 내에서 치매에 원인이 되는 물질인 β-amyloid의 생성을 방지하여 신경 재생을 도움으로써 알츠하이머병을 예방 또는 진행을 억제한다.

헥사렐린(hexarelin, 그림 15-5)은 그렐린/성장호르몬 분비를 자극·촉진하는 hexapeptide로 근육 성장의 주요한 물질인 성장호르몬 분비 촉진제이다. 성장과 관련된 것으로는 IGF-1이 있는데, 이것은 중요한 생체내의 신생아 성장과 발달에 관여하며, 주로 성장호르몬에 의해 조절된다. IGF-1의 양은 출생 후 점차 증가하여 사춘기 때 최대가 된 후 정점 동안 그대로 유지되다가 노령에서는 점점 감소하여 거의 0이 된다(성인은 200 ng/mL 정도). 이와 같이 IGF-1의 수치는 나이가 들면서 감소하는데, IGF-1이 늘어난다는 것은 성장호르몬의 수치가 체내에서 증가되고 있다는 의미이다. 따라서 성장호르몬의 분비를 촉진하면 노화현상을 억제하는데, 결국 IGF-1의 분비를 촉진시키므로 노화현상을 억제할 수 있다. 헥사렐린은 성장호르몬 분비를 촉진하고, 이 호르몬이 IGF-1의 분비를 촉진하고 따라서 결론적으로 노화 억제 효과를 얻을 수 있다.

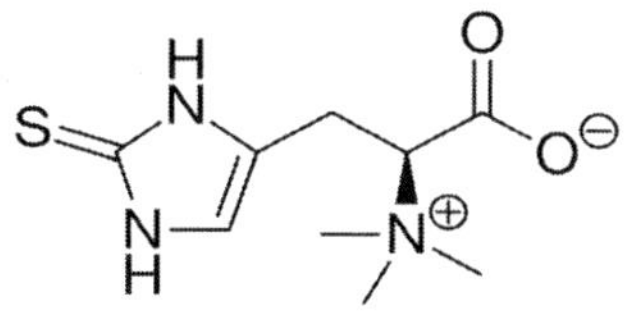

그림 15-4. 에르고티오네인의 구조

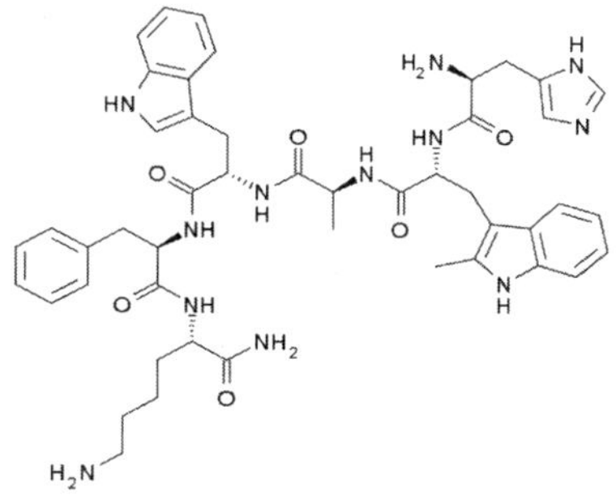

그림 15-5. 헥사렐린의 구조

3) Coenzyme Q_{10}과 멜라토닌

코엔자임 Q_{10}*(Coenzyme Q_{10} / CoQ_{10} / biquinone / ubidecarenone / 비타민 Q)은 간세포, 장기에 높은 농도를 존재하는 동물에서 흔히 볼 수 있는 보효소이다. CoQ_{10}은 비타민과 유사하며, 생체에너지인 ATP가 만들어지는 미토콘드리아 막에 존재하는 지질용해성 물질인데, 에너지를 만드는 미토콘드리아의 기능을 도와주는 물질이다. 또 CoQ_{10}은 췌장 효소 및 담즙에 함유되어 있어 담즙배설을 자극하고, 유화 및 미셀 형성을 촉진시킨다.

* 1957년 Wisconsin대학의 Fredrick L. Crane과 동료들에 의해 처음 발견되었고, 1958년 Karl Folkers와 Merck의 동료들에 의해 화학구조가 보고되었다. 1970년대 초 Gian Paolo Littarru와 Karl Folkers는 CoQ_{10} 결핍이 사람의 심장질환과 관련이 있음을 확인하였다.

CoQ_{10}의 redox(산화환원) 형태는 fully oxidized(ubiquinone), semi quinone(ubi-semi quinone), fully reduced(ubiquinol) 등 3종류가 있으며, 생합성에는 최소한 12

개의 유전자가 필요하다. 세포 에너지 생산과 항산화 보호기능을 가진 CoQ_{10}은 콜레스테롤과 생합성 경로를 공유하는데, CoQ_{10}의 중간 전구체(intermediary precursor)인 mevalonate의 합성은 혈압 강하제인 β 차단제(β blockers)와 콜레스테롤 저하제인 statins에 의해 저해된다. 미토콘드리아 질병의 원인은 미토콘드리아 DNA의 돌연변이인데, 이 질병은 뇌, 심장 및 근육에 영향을 주며, 성장부진, 근육취약, 정신지체, 심장, 간 및 신장질환, 당뇨, 치매 등 질병과 관련이 있다.

CoQ_{10}은 20세부터 급격히 감소되기 시작하여 40～50대가 되면 거의 80% 정도가 줄어드는데, 이것이 퇴행성 심장병과 관련이 있다고 한다. CoQ_{10}은 노화 예방과 관련이 있는데, 이것은 자유라디칼의 공격으로부터 세포를 보호해 주기 때문이다. 특히 심장세포와 뇌세포에서 튼튼한 항산화 벽을 만들어 이들을 보호하며, 면역항체 형성으로 면역기능이 강화되어 수명이 연장되고, 노화를 억제하게 된다. CoQ_{10} 생성과정에는 비타민 B군(B_6, B_{12}, 나이아신, 엽산)이 필요하므로 CoQ_{10}이 잘 만들어지기 위해서는 비타민 B 섭취도 중요하다. CoQ_{10}이 풍부한 대표적인 것은 달걀, 현미, 콩의 배아이며, 그 외에 고등어, 정어리, 내장, 대두유, 땅콩에도 많이 들어 있다.

멜라토닌(melatonin)은 1958년에 발견된 호르몬으로 수면-각성주기(sleep-wake cycle)를 조절하는 호르몬으로 항산화 기능과 산화스트레스를 억제하는 기능을 가지고 있다. 멜라토닌은 강력한 항산화제, 항산화 상승제 및 자유라디칼 제거제로 산소라디칼과 반응성 질소종(예 : OH·, O_2^- 및 NO)의 직접적인 제거역할을 하며, 지방친화적 산화방지제인 비타민 E보다 2배나 활성이 높다. 멜라토닌은 송과샘에서 분비되는 호르몬으로 γ-glutamylcysteine synthase을 자극해 글루타티온(glutathione)을 생성하여 GR(glutathione reductase의) 활성을 촉진하며, SOD(superoxide dismutase)와 GSH-Px(glutathioneperoxidase)의 활성을 도와줌으로써 간접적으로 항산화 작용을 한다. 또 COX-2(cyclooxygenase 2), iNOS(NOsynthase)를 활성화시켜 만성적인 염증장애를 억제한다.

멜라토닌 수용체를 통한 신호전달을 통해 superoxide dismutase, glutathione peroxidase, glutathione reductase, catalase 등과 같은 항산화 효소의 발현을 촉진한다. 또 멜라토닌은 사이토카인 생산을 향상시킬 수 있어 면역결핍을 막을 수 있으며, HIV와 같은 바이러스성 및 세균성 감염을 비롯하여 잠재적으로 암 치료에도 효과적인 성분이다. 노화가 되면 멜라토닌은 감소하고, 초고령 노인에선 멜라토닌 리듬이 거의 없어져 개체의 조절능력이 감소되어 질병에 걸리기 쉽다. 멜라토닌을 보충하면 내분비계 전체의 노화 관련 변화에 대한 기폭제 역할을 하여 활동성 증가와 더불어 수명을 연장해 준다. 특히 멜라토닌은 핵 DNA손상을 방어하고, 세포막의 지질과산화(lipidperoxidation)를 억제하여 면역상승, 세포변성 방지, 수면의 질과 시간 개선 등으로 종국적으로 수면 연장과 노화 억제로 이어질 수 있다. 전적으로 노화 억제 목적으로만 사용하는 것은 아니다.

4) DHEA와 헤스페레틴

DHEA(dehydroepiandrosterone / androstenolone, 그림 15-6)는 중추신경계에 중요한 역할을 하는 내인성 스테로이드의 호르몬의 일종으로 성호르몬의 전구물질이다. 부신, 생식선과 뇌에서 만들어지고, 20～30세에 피크에 도달하고, 그 이후부터 70세까지 점차적으로 감소하는 성분으로 항노화 치료에 널리 사용되는 호르몬이다.

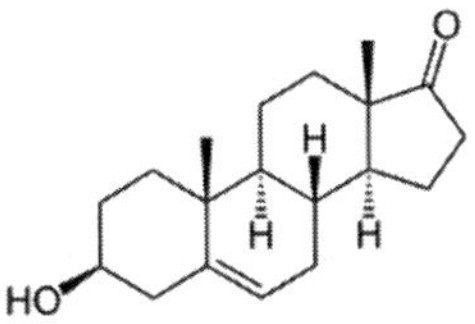

그림 15-6. DHEA의 구조

PPAR(peroxisome proliferator-activated receptor) 활성 효과를 가진 호르몬이며, 이 PPAR는 사람의 피부노화 과정에서 중요한 역할을 하며, catalase의 발현을 조절한다. DHEA는 다양한 잠재적 생물학적 효과를 가지고 있는 물질로 조직에서 에스트로겐 효과를 가진다. 운동과 칼로리 제한, IGF-1 발현 증가는 DHEA 생성 및 분비를 증가시키며, 이 부분이 노화와 수명연장에 영향을 미친다. DHEA는 주름살을 비롯한 피부노화 방지 또는 피부노화 증상 치료 기능을 가지고 있으며, 그 외 인지기능 향상, 뼈, 성기능 호전, 암이나 치매, 당뇨병, 심혈관계 질환의 예방효과 등 기능을 가지고 있다.

헤스페리딘(hesperidin)의 아글리콘(aglycone)인 헤스페레틴(hesperetin / trihydroxyflavanone)은 flavanone 배당체이다. 레몬, 라임(lime), 만다린(mandarin) 등의 오렌지주스나 감귤류(citrus fruits) 등의 과실에는 60여 종의 플라보노이드가 함유되어 있다. 헤스페레틴의 생리활성 기능은 hesperidin과 함께 혈관 시스템 보호, 항암, 항염, 항균, 항 알레르기, 신경보호, 고지혈증 억제, 식중독 / 병원성균에 대한 항균, 헬리코박터균에 대한 항균, 혈소판응집 억제 등이다. 또 헤스페레틴은 멜라닌 생성을 저해하여 기미, 주근깨 개선, 피부노화 등의 개선 기능을 가지고 있으며, 근육 재생 효과도 가지고 있다.

물리적 손상에 의하여 근육 손상이 일어날 경우 MyoD, myogenin 발현을 촉진하여 근육세포 분화 또는 재생을 촉진하여 근육징애 치료 또는 예방에 유효하며, 근육 재생을 가속화시킨다. 헤스페레틴은 골 형성에 관여하는 유전자(BMP2, BMP4, Runx2) 그리고 Osterix의 mRNA의 발현을 증가시켜 조골세포(osteoblasts)의 성장을

다. 폐경기에 접어들면 에스트로겐 부족으로 인한 질 건조 또는 질 위축증을 비롯하여 뼈의 칼슘 상실로 골다공증이 우려되며, 골밀도도 떨어지면서 뼈는 자연스럽게 약해지게 된다. 폐경이란 난소 기능이 점차적으로 저하되어 월경이 끝나는 것을 말하며, 무월경이 12개월간 지속되었을 때를 폐경이라고 한다. 난소의 기능 저하로 인해 난포가 고갈되어 나타나는 폐경은 갑자기 나타나는 것이 아니라 폐경이 되기 전 난소 기능이 감소하면서 월경주기가 불규칙해지고, 에스트로겐(estrogen)이 감소하며, 난포자극호르몬(follicle stimulating hormone)이 증가하는 등의 호르몬 변화가 나타난다.

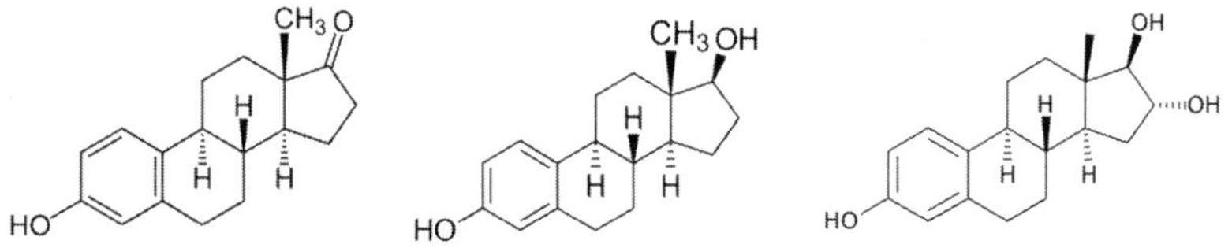

Estrone(E1) 17β-Estradiol(E2) Estriol(E3)

그림 16-1. 에스트로겐의 종류 및 구조

갱년기의 여성은 특히 에스트로겐의 감소로 인한 기억력과 집중력 감퇴 등이 심화되는데, 에스트로겐은 자율신경 기능을 조절하는 시상하부, 기억과 인지기능을 조절하는 측두피질과 변연계, 정신기능을 관장하는 대뇌피질 등에 작용하는 호르몬이다. 에스트로겐이 기준 이하로 감소되면 뇌기능에 이상을 초래한다. 또 에스트로겐은 기억과 인지에 가장 중심적인 역할을 하는 해마의 신경변성과 연관되어 인지기능의 손상을 유발하게 된다. 인지기능이란 생각하고 느끼고 기억하는 과정을 의미하는 대뇌피질의 기능을 말하며, 정보의 선택 및 습득, 분류, 수용기능, 기억과 학습, 사고 및 표현기능을 의미한다. 또 에스트로겐은 혈중 HDL콜레스테롤 수준을 증가시키고, LDL콜레스테롤 및 중성지질을 감소시키므로 심혈관질환 위험을 낮출 수 있으며, 혈액 응고와 섬유소 용해(fibrinolysis)를 조절한다.

폐경에 의한 에스트로겐 감소는 세로토닌의 분비를 감소시켜 뇌 세로토닌 수준을 저하시키므로 우울증을 일으킨다. 여성 갱년기를 치료하기 위한 방법으로는 호르몬 요법, 에스트로겐 크림, 약물제제 등이 있으나 호르몬 요법이 가장 대표적이라고 할 수 있다. 그러나 호르몬 요법은 유방암, 뇌졸중, 심장마비, 정맥 혈전증, 심혈관계 질환 등 우려를 동반한다. 물론 에스트로겐도 다양한 부작용을 보인다. 남성 갱년기에 관해서는 1939년 Werne가는 40대부터 나티니는 안면홍조, 발한, 성욕감퇴, 신경과민, 우울증, 기억력 및 집중력 감퇴, 피로감, 불면증 등 여성 갱년기와 유사한 증상을 중심으로 남성 갱년기라는 용어를 처음 사용하였다. 여성의 경우 폐경을 기점으로 호르몬이 급격하게 줄어드는데 반해 남성은 30대 이후로 해마다 1%씩 호르몬이 줄어들면서 느리게 갱년기가 진행된다. 본격적으로 증상이 나타나는 것은 42~53세이며, 천천히 진행되기 때문에 자각도 늦은 편이다. 남성 갱년기와 관련 있는 남성호르몬은 테스토스테론(testosterone)인데, 테스토스테론은 뇌하수체의 성선자극호르몬의 작용으로 콜레스테롤로부터 합성되는 스테로이드 화합물이다. 남성의 2차 성징의 발현, 정자형성의 촉진, 전립선, 정낭 등의 발육작용을 가지며, 단백질의 동화작용을 가지고 있다. 남성 갱년기에 접어들면 근골격계, 중추신경계, 생식계통이 노화되어 제 기능을 다하지 못하여 원발성 또는 이차적 성선기능 저하, 그리고 혈중 안드로겐의 수치 저하로 근육량 감소, 골무기질 감소, 지방대사 장애 및 인지기능 저하 등이 일어난다.

남성 갱년기의 증상은 잦은 피로, 무기력감, 갑작스런 감정변화, 관절통, 정력 감퇴 등이며 근육량·근력 감소, 골밀도 저하 등으로 뼈가 약해진다. 신진대사가 떨어지며, 복부에 지방이 축적되는 내장지방 증가, 동맥경화 증가 및 경동맥혈관 두께 증가, 인슐린 저항성 증가, 지적/인지능력 저하, 피로, 우울, 성급함, 체모의 감소, 수면장애, 발기부전이나 발기 강직도 저하, 정자 수 및 활동성 감소 등 신체적·심리적·생리적 변화가 일어나게 된다. 특히 남성호르몬인 안드로겐(androgen)은 남성 생식계의 성장과 발달에 영향을 미치며, 고환을 비롯한 부고환, 정관, 전립선 등의 생성과 기능, 성기능 등에 영향을 비친다.

안드로겐은 테스토스테론, DHT, 안드로스테네디온(androstenedione), 디하이드로에피안드로스테론(dehydroepiandrosterone, DHEA) 등의 종류가 있는데, 테스토스테론은 대부분 고환에서 분비되며, 인체에서 가장 핵심적인 남성호르몬으로 작용한다. 테스토스테론이 정상 범위(12 nmol/L 또는 350 ng/dL 이상) 이하인 경우를 남성 성선기능저하증이라 부르는데, 그 중 나이가 들어 남성호르몬을 생산하는 뇌하수체-시상하부-고환 등의 기능 장애로 호르몬 수치가 감소하게 되는 경우를 후기 성선기능저하증(late-onset-hypogonadism, LOH)이라 부른다. 남성호르몬을 과량 사용하면 전립선 비대, 수면 무호흡증, 여성형 유방 발생, 적혈구 증가증, 심혈관질환 위험도 증가 등의 부작용이 일어난다. 남성호르몬의 바이오마커로는 총테스토스테론(TT), 유리테스토스테론(FT), Sex Hormone Binding Globulin(SHBG), 17β-HSD, 3β-HSD, 5α-reductase, DHEA/DHEAS 등이 있다.

16.2 남성 갱년기 증상 완화에 도움을 주는 생리활성물질

갱년기(climacteric) 남성 건강관련 생리활성물질에는 개별인정형인 MR-10 민들레등복합추출물, 옻나무 추출분말, 마카 젤라틴화 분말, 호로파종자 등 추출복합물 등이 있다.

1) MR-10 민들레등복합추출물과 마카 젤라틴화 분말

갱년기 남성의 건강에 도움을 줄 수 있는 개별인정형 생리활성기능 2등급인 이 물질은 갱년기 남성의 근육량 감소, 피로감, 우울감, 두통, 성기능 저하, 성욕 저하 등을 극복하며, 활력을 증진시키고 지구력 증진, 혈관 확장 개선, 혈행 개선, 기억력 개선, 갱년기 또는 갱년기 관련 질환 및 증상의 예방 및 개선에 도움을 준다. 또 혈중 성호르몬 전구체와 남녀 성호르몬 수준을 증가시킨다. 지표성분은 민들레의 루테올린(luteolin)이고(그림 16-2), MR10(민들레등복합추출물)이 주성분이다. 은행잎추출물, 옥타코사놀, 아연, 마카분말과 L-아르지닌, 아스파라긴산 등을 배합하여 기능을 강화하고 있다. 민들레(*Taraxaum monogolicum*)는 국화과에 속하는 다년생 초본으로 한방에서 소염, 강, 해열, 이뇨, 건위, 거담, 해독제 등으로, 서양에서는 담즙분비 촉진, 항류마티스, 이뇨 등에 유효한 약제로 사용되어 왔다.

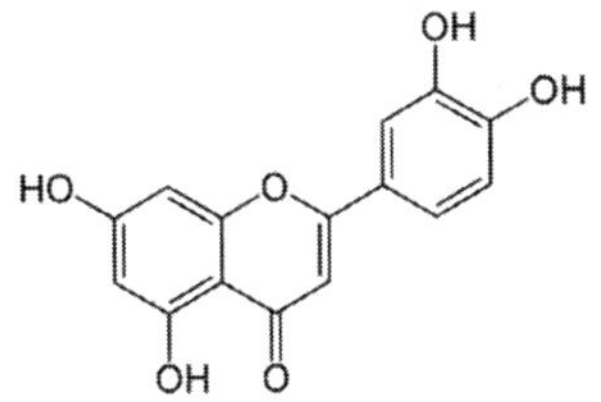

그림 16-2. 루테올린의 구조

마카(*Lepidium meyenii Walp*)는 남미 페루의 안데스산맥 해발 4,000미터 이상의 고지에서 자라는 십자화과 식물로, 페루의 인삼(peruvian ginseng)이라 부른다. 마카 성분은 활력 재생 및 자양강장에 효과가 있고, 항암, 정자 운동성 개선, 정상 면역기능 향상, 정상세포 분열에 도움이 되어 남성 갱년기 건강에 도움이 되는 소재로 분류되었다. 마카에는 폴리페놀을 비롯하여 면역기능과 세포분열 활성화에 필요한 아연, 근육 및 체력을 강화시켜 주는 아르기닌, 아미노산과 상승작용을 하는 비타민 A, C, E, 불포화 지방산 등이 들어 있다. 특히 식물성 스테롤과 2차 대사산물(알칼로이드, 글루코시놀레이트, 지방산, 마카마이드, 마카엔 등)은 난자와 여성의 생식력, 남성의 부신, 갑상선 및 고환 등 내분비계를 자극, 조절하여 남녀 불임 해소에 유용하다.

면역시스템을 조절하고 항암작용을 하는 글루코시놀레이트(glucosinolate) 함량은 다른 십자화과 작물의 100배이다. 또 마카 성분은 혈액의 lactate dehydrogenase (LDH)와 근육의 thiobarbituric acid reactive substance(TBARS)를 감소시키고, 근육의 citrate syntase(CS)와 간과 근육의 글루타치온(glutathione / GSH)을 증가시켜 지구력을 증진시키며, 근육조직에서의 항산화 작용을 통해 세포손상 억제, 근육세포의 산화 능력을 높여 준다. 지표성분으로는 생리활성성분인 마카엔(macaene)과 마카마이드(macamide, N-benzyl hexadecanamide)이다(그림 16-3).

마카는 전분질이 59% 이상이며, 소화흡수가 잘 안 되고, 장기 섭취할 경우 복부 팽만감, 소화불량, 위장장애 등을 유발하므로 소화흡수율을 98%까지 끌어올린 마카 젤라틴화 분말(개별인정형 생리활성기능 2급) 형태를 사용하고 있다.

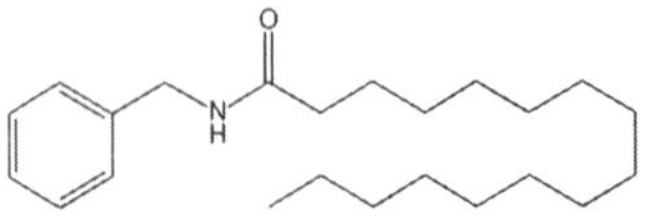

그림 16-3. 마카마이드의 구조

2) 옻나무 추출물과 호로파 종자 등 추출복합물

옻나무(*Rhus verniciflua Stokes*)는 옻나무과(*Anacardiaceae*)에 속하는 낙엽활엽소교목이며, 옻나무 추출물은 개별인정형 생리활성기능 2등급이다. 옻나무의 수액을 옻이라 하는데 한방에서는 복통, 통경, 변비, 어혈, 내과종양 치료 등에 사용하며, 여성의 생리이상, 위장약, 구충제, 혈액순환 및 노화방지 등 용도로 사용되고 있다. 옻나무 추출물의 주성분은 알레르기 성분인 우루시올(urushiol)이고, 지표성분은 푸스틴(fustin)이다(그림 16-4).

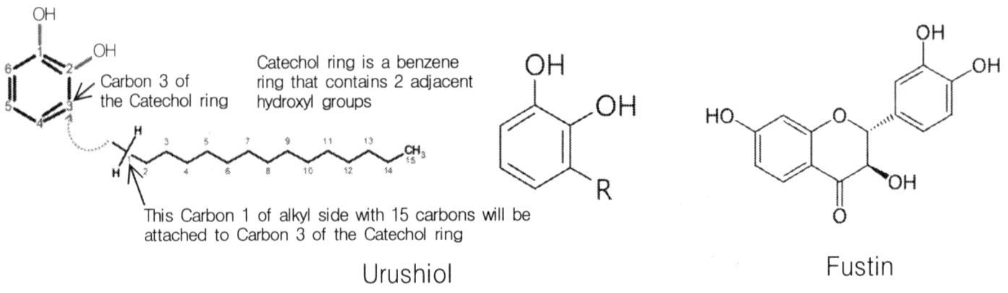

Catechol ring is a benzene ring that contains 2 adjacent hydroxyl groups

Carbon 3 of the Catechol ring

This Carbon 1 of alkyl side with 15 carbons will be attached to Carbon 3 of the Catechol ring

Urushiol

Fustin

그림 16-4. 우루시올(Urushiol)과 푸스틴(Fustin)의 구조

옻의 주된 약리작용은 항암, 항산화, 항균, 숙취해소 작용 등이며 위장병, 심장병, 관절염, 고혈압, 당뇨, 중풍, 만성피로 등에도 그 효능이 인정되고 있으며, 옻나무의 수피 및 목부에서 추출된 flavonoids 성분은 혈관형성 억제작용을 나타내어 암세포의 증식 및 전이를 억제하고 암세포를 정상세포로의 분화를 유도하는 성분이다. 또 숙취해소 및 위염억제 효과도 가지고 있다. 알레르기를 유발하므로 사용에 유의해야 한다.

호로파(*Fenugreek* / *Trigonella foenumgraecum*)는 지중해 지역이 원산지인 약초로 씨앗과 나뭇잎은 요리 향신료로 사용되고 있다. 호로파 종자는 단백질, 비타민 C, 나이아신, 칼륨, 플라보노이드, 라이신 및 L-트립토판, 스테로이드, 알칼로이드, 쿠마린, 사포닌 등의 성분을 가지고 있는데, 에스트로겐과 같은 호르몬 효과를 가지고 있어 성욕을 증가시키고, 방광과 신장 치료, 호르몬 장애 치료, 생리통증 감소, 홍조와 우울증 감소, 혈당과 콜레스테롤 수치 저하 등을 비롯하여 관절염, 천식, 기관지염, 피부질환(상처, 발진 및 종기), 목의 통증, 위산역류 예방/치료, 소화 개선, 체지방・혈중지질 개선, 지구력・근육의 증가, 정자수와 운동성 증가 등 건강한 신진대사를 유지하여 남성 갱년기 증상을 완화하는 개별인정형 생리활성기능 2등급 소재로 활용되고 있다.

16.3 여성 갱년기 증상 완화에 도움을 주는 생리활성물질

여성 갱년기 증상 완화에 도움을 주는 생리활성물질에는 고시형으로 홍삼, 회화나무열매 추출물 등이, 개별인정형으로는 백수오등 복합추출물, 석류 농축액/석류 추출물, 회화나무열매 추출물, 홍삼, 피크노제놀(프랑스해안송껍질 추출물), 오미자 추출물 등이 있다.

1) 프랑스해안송껍질 추출물과 백수오 등 복합추출물

갱년기 여성 건강관련 소재인 프랑스해안송껍질 추출물인 피크노제놀(pycnogenol)은 개별인정형 생리활성기능 2등급이며, 지표성분은 프로안토시아니딘(proanthocyanidin)이다. Proanthocyanidins은 Jacques Masquelier에 의해 1947년에 발견되었으며, 다양한 식물에서 발견되는 폴리페놀계로 oligomeric flavonoids이다. 관상동맥 심장질환의 위험을 낮추는 소재로 적포도주의 주요 폴리페놀이다. 피크노제놀는 proanthocyanidins을 약 65~75%를 포함하고 있으며, proanthocyanidins은 탄닌과 함께 적포도주의 향기, 풍미, 입맛과 수렴을 주는 성분이다.

프랑스해안송껍질 추출물은 폐경기 장애로 인한 고통을 완화하기 위한 기능을 가지고 있는데, 원래 이 소재는 항산화 물질로 FDA의 GRAS(generally recognized as safe)로 등록되어 있고, 국내에서도 안전한 기능성 원료로 인정받은 성분이다. 피크노제놀의 효능은 강력한 항산화 작용을 통해 체내 유해 활성산소를 없애며, 혈액의 흐름을 방해할 수 있는 혈소판 응집을 억제하고, 혈행 순행을 도와 불면증, 식은땀, 안면홍조 등의 증상을 완화해 준다. 또 피크노제놀은 코 막힘, 콧물, 인후염, 재채기, 고열, 기침 등 증상을 완화하며, 비타민 C와 함께 항산화 시너지 효과를 낼 수 있는 물질이다. 면역체계를 증진시키며, 혈관을 이완시켜 신체가 과도한 체열을 발산할 수 있도록 함으로써 폐경이행기의 야간 발한이나 안면홍조 증상을 겪는 여성들의 열감을 줄여 준다.

백수오(白首烏, *Cynanchum wilfordii Hemsley*/조롱/새박풀/새조롱/곱뿌리)는 여러해살이 덩굴풀로 높이가 1~2m까지 자라는 박주가리과의 식물인데, 백하수오의 중국식 이름이 백수오이다. 하수오 중 새박덩굴뿌리로 덩이뿌리가 황백색을 띠는 것은 백하수오(백수호), 적갈색은 띠는 것은 적하수오라 부른다*. 개별인정형 생리활성기능 2등급 건강기능 소재로 유통되고 있는 것은 박주가리과의 여러해살이풀 큰조롱 대근우피소의 뿌리인 백수오이다. 백수오는 재래종인 큰조롱과 도입종인 이엽우피소가 있어 혼동하기도 한다. 백수오는 개별인정형 생리활성기능 2등급이며, 지표성분은 cinnamic acid, shanzhiside methylester, nodakenin 등이다.

* 옛날 중국에서는 하(何)씨 성을 가진 이가 이 약재를 열심히 먹어 130살이 되었어도 머리(首)카락이 까마귀(烏)처럼 검은색을 유지했다고 하는데, 하씨의 머리카락이 까마귀처럼 검다고 해서 하수오(何首烏)라는 이름이 붙여졌다고 한다.

중년 여성들의 갱년기 증상을 개선하기 위해 호르몬 대체요법 및 비스테로이드계 제제 등을 활용하고 있으나 이들은 대부분 두통 및 체중 증가 등의 부작용을 수반한다. 특히 에스트로겐 대체요법은 인위적으로 체내에 호르몬을 투여하는 것이기 때문에 이에 대한 거부반응과 함께 자궁출혈, 뇌졸중, 심장발작, 유방암 및 자궁암 등의 발생 위험이 동반될 수 있다. 따라서 부작용이 없으면서도 갱년기 증상을 완화시키는 효과가 우수한 새로운 갱년기 치료를 위해 백수오 추출물을 사용한다.

보통 백수오에 천연 한약제(참대, 갈근, 소엽, 도라지, 지실초, 감초, 별꽃, 생강, 대추, 진피, 천속단, 석창포, 복령, 맥문동, 녹각사 및 치자나무) 등을 혼합하여 항산화능 및 여성 갱년기 질환의 예방·개선 능력을 상승시킨 것들이 많은데 EstroG-100(국내명 : FGF271) 백수오 추출물의 경우에도 백수오와 당귀, 속단 등을 함께 배합한 것이다. 도입 백수오와 이엽우피소에 관한 '가짜 백수오' 논란 때문에 백수오 섭취 가이드라인으로 열수 추출물(끓여서 추출)만 식품 원료로 인정하고 있다.

2) 석류 추출물과 홍삼(홍삼 농축액)

석류 추출물은 개별인정형 생리활성기능 2등급이며, 지표성분은 엘라그산(ellagic acid)이다. 석류의 고함량 엘라그산은 여성 갱년기 증상, 불안장애, 우울증 또는 집중력 장애의 개선은 물론 간 기능을 향상시키는 항산화, 항간독성, 항지방성, 항섬유원성 및 항바이러스 특성 등을 가지고 있다. 석류 추출물의 주성분은 에스트로겐, 세로토닌, 에피네프린, 노르에피네프린 등이며, 갱년기 증상 개선에 도움을 준다. 석류 추출물의 에스트로겐 함량을 보면 estrone(E1)은 약 84% 내외, 17-β-estradio(E2)는 약 10% 내외, estriol(E3)은 4% 내외 정도이다.

석류 추출물 에스트로겐은 체내에 단기간 체류하고, 인체 유래 호르몬과 유사하며, 부작용이 거의 없고 serotonin에 의한 우울증 개선 효과를 가지고 있다. 폐경 전의 여성에 있어 난소는 에스트로겐의 주요 공급원이다. 에스트로겐의 분비 감소는 여성의 비뇨생식계통 뿐만 아니라 신체 전반에 걸쳐 큰 영향을 미치게 되는데, 폐경기에 접어들면서 난소가 노화됨에 따라 하수체성 성선자극호르몬(여포자극호르몬 및 황체형성호르몬)에 대한 반응이 감소하고, 월경주기 단축, 배란기 단축, 프로게스테론 생성 감소 등이 나타난다. 비스테로이드성 화합물인 식물성 에스트로겐(phytoestrogen)은 현재까지 암, 폐경기증후군, 심혈관 질환과 골다공증을 포함하는 호르몬 의존성 질병에 대하여 잠재적인 대체 소재로 알려져 있다.

홍삼은 고시형 생리활성기능 2등급이며, 6년근 수삼을 엄선하여 껍질을 벗기지 않은 상태로 장시간 증기로 쪄서 건조시킨 담황갈색 또는 담적갈색 인삼인데, 이 과정을 반복하면 색이 점점 짙어져 갈색을 거쳐 검게 변하는 흑삼이 된다. 홍삼의 특유 성분은 사포닌이며, 이 성분은 20(S)- 및 20(R)-ginsenoside이다. 홍삼의 사포닌은 다른 식물에서 발견되는 사포닌과 다른 특이한 화학구조와 약리효능을 가지고 있어 인삼(ginseng) 배당체란 의미로 진세노사이드(gonsenoside)라고 부른다.

Ginsenoside의 주요 약리작용은 중추신경계를 비롯하여 내분비계, 면역계, 대사계 등에 영향을 미쳐 신체조절 기능에 다양한 효과를 가진다. 홍삼의 효능은 피로 해소, 혈액순환 개선, 면역력 증진, 기억력 개선, 항산화 작용에 도움을 주는데 안면홍조, 발한, 손발 저림, 수면장애, 우울감 등 갱년기의 11가지 증상을 수치화한 쿠퍼만 지수(Kupperman's Index)를 크게 낮춰 갱년기에 도움이 된다(지수 5～10 : 경미증상, 10～16 : 중증 정도, 15 이상 : 심한 정도). 쿠퍼만 지수는 미국 뉴욕대 의과대학 교수를 지낸 쿠퍼만 박사가 고안한 갱년기 자가 확인 방법이다.

사포닌(saponin)은 희랍어로 비누라는 뜻인데 콩, 파, 더덕, 메밀, 도라지, 녹두, 마늘, 양파, 은행, 칡, 부추 등 다양한 식물에 소량 함유되어 있지만, 홍삼의 사포닌은 이들 식물 사포닌과 엄격히 구분한다. 식물계 사포닌은 화학구조에 따라 크게 protopanaxadio(PD), protopanaxatriol(PT), oleanolic acid(OA) 등으로 구분하는데, 식물계에서 존재하는 대부분의 사포닌은 oleanane계이고, 홍삼 사포닌은 타 식물계에 거의 존재하지 않는 dammarane계열의 triterpenoid 사포닌이다. 사포닌은 성분 확인 시 각 성분이 나타나는 이동거리에 따라 *Ro, Ra,…등으로 표시한다*.

* **Ro** : 알콜 해독, 항간염 효능, 항염증작용, **Rf** : 뇌신경세포 진통작용, 지질과산화 억제, **Rb1** : 중추신경 억제, 해열진통, 간기능 보호, **Rg1** : 학습기능 개선, 항피로작용, **Rb2** : 항당뇨, 당동맥경화, 간세포 증식, **Rg2** : 혈소판 응집억제, 기억력 감퇴 개선작용, **Rc** : 진통작용, 단백질 및 지질합성 촉진, **Rg3** : 암세포 전이억제, 간 보호작용, 항암제 내성 억제, **Rd** : 부신피질 호르몬 분비 촉진작용, **Rh1** : 간 보호, 항종양 작용, 혈소판 응집 억제, **Re** : 간 보호작용, 골수세포 합성 촉진작용, **Rh2** : 암세포 증식 억제, 종양 증식 억제.

3) 회화나무열매 추출물과 오미자 추출물

회화나무열매 추출물은 고시형 생리활성기능 2등급이며, 지표성분은 isoflavone glycoside인 소포리코시드(sophoricoside, 그림 16-5)이다. 쌍떡잎식물 장미목 콩과의 낙엽교목인 회화나무(*Styphnolobium japonicum(L) Schott*) 열매 괴각으로부터 추출한 물질인데, 갱년기 여성 건강에 도움을 줄 수 있는 기능성 원료로 인정받은 소재이다. 이 추출물은 갱년기 여성 건강을 평가하는 쿠퍼만 지수(KI)를 개선하는 것으로 알려져 있다. 소포리코시드는 갱년기 증상 개선, 체중 감소, 체지방 감소 등의 효과가 있는 물질이다.

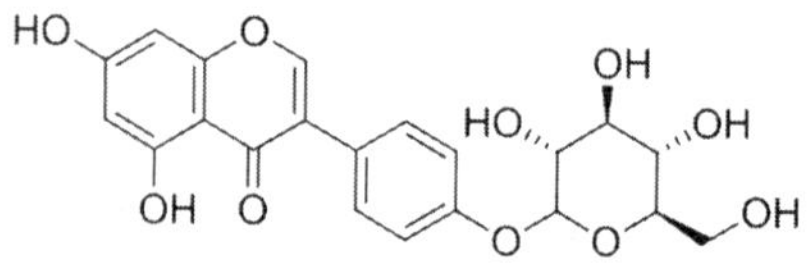

그림 16-5. 소포리코시드(Sophoricoside)의 구조

오미자 추출물은 갱년기 여성 건강개선 개별인정형 생리활성기능 2등급이며, 지표성분은 schisandrin, gomisin A, gomisin N의 합이다(그림 16-6). 오미자(五味子, *Schisandra chinensis*)는 오미자과의 낙엽덩굴식물로 달고, 쓰고(떫고), 시고, 맵고, 짠 5가지의 맛이 난다는 데서 그 이름이 유래하였다. 오미자는 오미자나무에서 열리는 과일이다. 오미자의 대표적인 생리활성물질은 리그난(lignan)인데, 리그난과 리그난 유도체는 혈액 속의 LDL콜레스테롤을 세포로 유입시켜 LDL콜레스테롤 수치를 감소하여 고콜레스테롤혈증을 예방·치료하는 기능을 가지고 있다. 리그난 성분들 중 쉬잔드린(schizandrin)은 신장 독성을 억제하고 항산화, 혈당저하작용, 항궤양, 만성

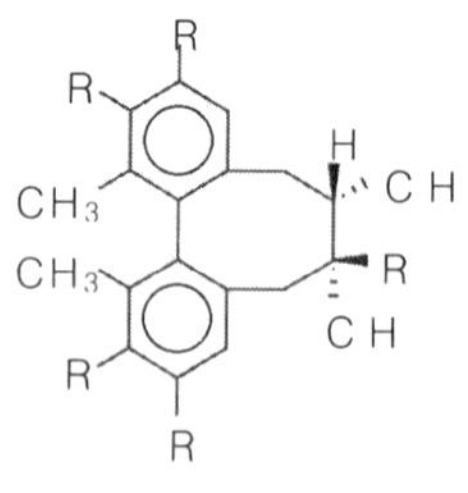

Compounds	R_1	R_2	R_3	R_4	R_5
Schizandrin	OH	OCH_3	OCH_3	OCH_3	OCH_3
Gomisin A	OH	$-OCH_2O-$		OCH_3	OCH_3
Gomisin N	H	$-OCH_2O-$		OCH_3	OCH_3

그림 16-6. 오미자 추출물의 지표성분 구조

간염 치료, 중추신경 흥분작용, 항균 등에 효과가 있으며, 고미신 A(gomisin A)와 고미신 N(gomisin N)은 급성 간독성에 대한 보호활성을 가지며, 간독성을 개선한다. 특히 고미신 N는 항산화작용을 통해 지질과산화를 억제한다. 오미자는 갱년기 증후군을 완화하는 약재로 널리 사용되고 있다.

〈17절〉 피부건강에 도움을 주는 생리활성물질

피부건강에 도움을 주는 생리활성물질을 이해하기 위해서는 우선 피부의 구조와 기능 및 역할, 피부질환에 대한 정보를 가지고 있어야 한다. 따라서 본 장에서는 우선 피부에 관한 기초 이론을 이해한 후 관련 생리활성물질에 대해 기술하고자 한다. 피부건강에 도움을 주는 생리활성물질은 4분류로 구분하여 기술하고자 하는데, 첫째는 일반 피부건강에 도움을 주는 생리활성물질, 둘째는 피부보습에 도움을 주는 생리활성물질, 셋째는 피부면역 과민반응(아토피)에 의한 피부상태 개선에 도움을 주는 생리활성물질, 넷째는 자외선에 의한 피부손상 회복에 도움을 주는 생리활성물질 순서이다.

17.1 피부의 구조 / 기능, 그리고 노화

피부는 체내의 근육들과 기관을 보호하는 조직으로, 제일 바깥의 표피와 그 아래의 진피, 가장 아래쪽의 피하조직으로 구성되어 있다(그림 17-1). 피부는 외부환경에 대해 병원균으로부터 신체를 보호하고, 체온을 조절하고, 감각을 느끼는 등의 기능을 수행하는데, 건강한 피부는 표면이 매끄럽고 윤기가 있으며, 탄력과 촉촉한 느낌을 가지고 있다. 피부 자체가 함유하는 수분의 양은 피부 결을 좌우하는 가장 중요한 요소인데, 피부의 탄력이나 부드럽고 촉촉한 느낌은 피부의 가장 바깥층인 표피의 각질층에 존재하는 수분 때문이다.

건강한 표피의 각질층은 15~20%의 수분을 함유하고 있는데, 만약 수분이 부족하면 피부가 건조해지고, 윤기와 탄력이 없어져 주름이 생기며, 검버섯이나 잡티 등이 나타나게 된다. 이미 언급한 바와 같이 피부는 표피, 진피, 피하지방으로 구성되어 있는데 그 안에는 신경과 혈관, 한선(땀샘), 피지선, 아포크린한선, 모발 등이 존재한다. 피부 전체의 두께는 1.5~4.0 mm이며, 표피의 평균 두께는 0.4~1.5 mm 정도이다. 지속적으로 재생성되는 표피(cpidcrmis)는 피부의 가장 바깥쪽 층으로 혈관이 없고, 신경도 거의 존재하지 않으나 진피로부터 영양분을 공급받는다. 표피는 여러 층으로 된 각질형성 세포(keratinocyte) 80%, 수지상세포(dendritic cell)가 20%로 이루어져 있는데, 수지상세포에는 멜라닌세포(melanocyte), 랑게르한스세포(langerhans cell), 메르켈세포(merkel cell) 등이 기저층과 기저층 직상부 사이에 있다.

표피의 각질형성 세포는 내측으로부터 기저층(basal layer), 유극층(prickle layer / spinous layer), 과립층(granular layer), 각질층(horny layer / cornified layer / stratum corneum) 등으로 구분되며, 표피의 심층은 알칼리성(pH 7.0～7.4)이고, 표층은 피지선에서의 분비물 등으로 인해 산성(pH 4.0～5.0)이다. 각질층은 외부로의 수분과 전해질의 손실을 막고, 외부의 물리・화학적 손상으로부터 보호하는 기능을 갖고 있다. 각질층은 단백질로 이루어진 각질세포(corneocyte)와 각질세포를 둘러싸고 있는 지질로 구성되어 있는데, 건강한 피부상태를 유지하기 위해 각질층은 약 30% 정도의 수분을 함유하여야 한다.

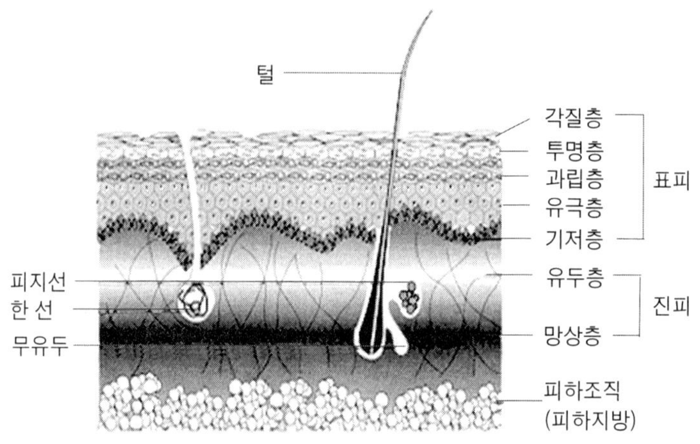

그림 17-1. 피부의 구조

각질층 내의 지질은 건조 각질층 무게의 14% 정도 차지하며, 각질세포 사이에 다층의 라멜라(lamella) 구조로 존재하는데 세라마이드(40～50%), 유리지방산(15～25%), 콜레스테롤(20～25%) 및 콜레스테롤 설페이트(5～10%) 등으로 구성되어 있다. 건조한 피부는 이러한 요소들의 균형이 깨어지거나 결핍될 때 일어난다. 표피와 단단히 연결되어 있는 진피(dermis)는 결합조직으로 이루어진 표피 밑의 피부층으로, 표피에 인접한 위쪽 영역인 유두층(papillary region)과 깊고 굵은 아래쪽 영역인 망상층(reticular region)으로 구분되어 있다. 표피에 접하는 결합조직층은 교원섬유가 촘촘한 그물모양으로 되어 있다.

진피는 완충작용을 하여 신체를 압력과 장력으로부터 보호하며, 접촉과 열을 감지하는 많은 수의 신경말단이 있고, 모낭, 땀샘, 피지선, 아포크린샘, 림프관, 혈관 등도 여기에 존재한다. 표피 심층부의 세포는 멜라닌색소를 갖고 있다. 피하지방층은 진피 밑에 지방이 축적되는 층으로 열의 발산을 막고, 수분을 조절하며, 탄력성을 유지하여 외부의 충격으로부터 몸을 보호하는 기능을 한다. 결론적으로 피부의 기능은 신체보호, 배설, 체온조절, 호흡, 감각(신경말단을 통한 압각, 촉각, 통각, 온각, 냉각 등에 반응), 영양소 저장과 합성(지질과 수분의 저장고이며, 비타민 D 합성 기능 수행), 흡수(지방이나 수분에 용해된 물질 흡수) 등이다.

피부 노화의 원인은 외재적 요인과 내재적 요인으로 구분하거나 내인적 노화(또는 연대학적 노화)와 광노화(또는 광인성 노화)로 구분하기도 한다. 외재적 요인은 일상적 생활방식 인자인 환경오염, 자외선 노출, 햇빛, 흡연, 스트레스, 우울증 등이며, 내재적 요인으로는 유전인자 등이다. 내인적 노화란 나이가 들면서 나타나는 생물학적인 노화를 말하며, 광인성 노화는 자외선과 햇볕에 노출되는 부위에 일어나는 퇴행성 변화와 내인적 노화가 복합적으로 일어나는 노화를 말한다. 내인적 노화가 일어나면 깊은 주름이 생기고, 얼룩진 과색소 침착 또는 저색소 침착, 모세혈관 확장, 가성반흔 등이 나타난다.

광인성 노화는 거칠고 깊은 주름이 나타나며, 비정상적으로 탄력 섬유상 물질이 축적되어 피부가 가죽같이 두꺼워지면서 주름이 생기게 된다. 햇볕에 검게 타는 현상, 즉 멜라닌 색소가 증가하는 현상은 일시적인 대응현상인데, 유해한 자외선이 피부에 침투하는 것을 차단하고 방어하기 위한 보호현상이다. 이 때 두꺼운 멜라닌 색소층에서 자외선을 흡수하여 피부세포에 생길 수 있는 손상을 최대한 줄여 준다. 그러나 지속적인 자외선 노출로 인한 광산화적 손상은 피부의 탄력 섬유를 파괴시키고, 활성산소가 콜라겐을 산화시켜 노화를 촉진시킨다. 특히 과도한 멜라닌 생성으로 기미 및 색소 침착이 일어나고, 전반적으로 피부를 검게 만든다.

표피는 나이가 들어가면서 얇아진다. 이것은 표피세포가 죽어 계속적으로 떨어져 나가고, 안쪽 층 세포로 대체되는데, 세포교환 속도가 느려지면 피부는 점점 얇아지고 쉽게 손상을 입는다. 각질층의 수분결핍이 심화되고, 세포외 기질이 감소하면 기저층에서 각질층까지의 수분 이동 현상이 둔화된다. 만약 피지생성이 감소하여 산성 보호막이 약해지면 태양으로부터 손상을 방지하기 위한 멜라닌세포 생성이 감소하고, 멜라닌색소의 성숙과 분산이 고르게 되지 않아 피부 톤이 불규칙하고 얼룩덜룩한 주름을 만들게 된다.

피부 노화가 일어나면 피부의 혈액공급에 영향을 미쳐 동맥은 두껍고 모세혈관은 얇아진다. 진피와 표피 사이의 연결은 노화에 따라 견고성이 저하하고, 강도와 탄력성을 제공하는 콜라겐과 유연성을 주는 엘라스틴 함량이 줄어들면서 주름 및 피부 손상의 위험이 증가하게 된다. 피부노화가 진행됨에 따라 기질(ground substance, 세포

사이와 콜라겐과 탄력섬유 등의 섬유질 사이를 채우고 있는 물질)들이 감소하면서 피부 주름이 생기게 되는데 기질 중 대표적인 성분이 당단백질(glycosaminoglycans, GAG)인 히알루론산(hyaluronic acid)과 무코다당류(mucopolysaccharides)이다. 노화가 진행되면 히알루론산 분해효소(hyaluronidase)가 증가하여 진피에서의 히알루론산 양이 점차 줄게 된다. 노화가 진행되면 피부를 보호하는 피하지방이 상실되고, 정맥이 두드러져 피부가 쉽게 손상당하게 된다.

피부의 면역과민반응(hypersensitivity reactions)이란 특정 항원에 대해 과도한 면역반응이 일어나 조직 손상 등의 부적절한 피해를 주는 면역반응을 지칭하는데, 면역과민반응은 알레르기와는 다른 말이다. 인체에 알레르겐(겐(allergen 또는 알레르기 항원)이 들어왔을 때 알레르겐과 IgE 항체가 상호작용하여 염증성 물질을 방출시켜 조직에 염증을 일으키고, 궁극적으로는 알레르기 증상을 유발한다. 아토피 피부염, 비염, 천식 등이 이에 해당된다. 아토피 피부염은 피부의 면역과민반응의 일종으로 건조하고 가려운 피부, 발진 등의 증상을 보이는데, 유전적인 소인과 환경적인 요인에 의해서 일어난다.

과민반응은 보통 1~4형으로 분류하는데 1형은 두드러기 및 아나필락시스형(anaphylaxis)으로 두드러기, 아토피 등이 여기에 속한다. 알레르기는 과민반응으로서 면역반응들의 여러 유해반응들 중 하나이며, 항원에 대한 면역계의 반응으로 발생하는 질병이다. 알레르기는 조직 손상을 일으키고, 가려움을 동반하며, 붉은 팽창을 일으킨다. 피부의 면역과민반응 기전은 비정상적인 면역반응(면역조절 기능 이상)과 피부장벽 기능 이상인데, 면역조절 기능 이상은 혈청 IgE 및 알레르겐 감작 증가나 면역계 이상반응 때문에 일어난다. 피부장벽 기능 이상은 피부장벽이 손상되어 알레르기 염증반응이 쉽게 일어나는 상태를 말한다.

17.2 일반 피부건강에 도움을 주는 생리활성물질

일반 피부건강에 도움을 주는 개별인정형 기능성 원료에 포스파티딜세린(phosphatidylserine), 소나무껍질추출물등복합물, 홍삼·사상자·산수유 복합추출물, 핑거루트 추출분말, 프로바이오틱스 HY7714, N-아세틸글루코사민(N-acetylglucosamine), 히알루론산(hyaluronic acid), 곤약감자 추출물(분말), 쌀겨 추출물, 지초 추출분말, AP 콜라겐효소분해 펩타이드, 민들레등추출복합물, collactive 콜라겐 펩타이드, 저분자콜라겐 펩타이드, 옥수수배아 추출물, 콩·보리 발효복합물, 밀배유 추출물, 핑거루트 추출분말, 석류 농축액 등이 있고, 고시형 기능성 원료에는 엽록소 함유 식물, 클로렐라, 스피루리나, 알로에 겔, 곤약감자 추출물 등이 있다.

17.3 피부보습에 도움을 주는 생리활성물질

피부보습에 도움을 주는 생리활성물질에는 개별인정형으로 N-아세틸글루코사민, 히알루론산나트륨, 곤약감자 추출물/추출분말, 쌀겨 추출물, AP콜라겐효소분해 펩타이드, 지초 추출물, 민들레등추출복합물, Collactive 콜라겐 펩타이드, 핑거루트 추출분말, 포스파티딜세린, 저분자콜라겐 펩타이드, 옥수수배아 추출물, 프로바이오틱스 HY7714, 밀배유 추출물, 콩·보리 발효복합물 등이 있는데, 이들은 피부의 건조 정도와 수분의 보유량 등을 개선시켜 피부상태를 개선시킨다.

1) N-acetylglucosamine과 히알루론산나트륨

흔히 피부에는 6가지의 glycosaminoglycans(GAGs 또는 뮤코다당류/세포 간 결합성분)이 들어 있는데 그것은 히알루론산(hyaluronic acid, HA), 헤파린(heparin), 헤파란 황산염(heparan sulfate), 더마탄 황산염(dermatan sulfate, DS), 케라탄 황산염(keratan sulfate, KS), 콘드로이틴 황산염(chondroitin sulfate, DS) 등이다(그림 17-2).

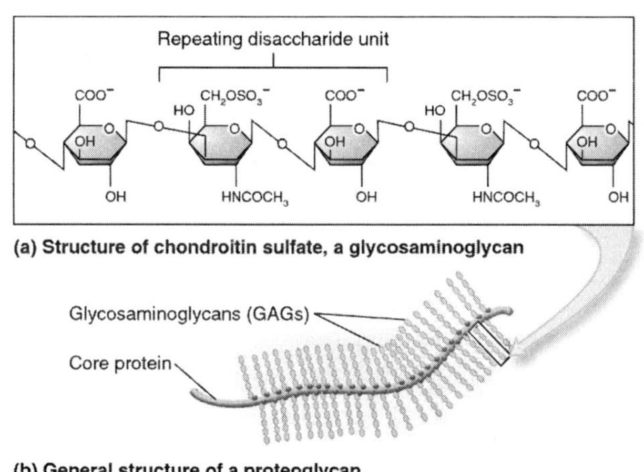

그림 17-2. Glylcosaminoglycans, Proteglycan의 구조

N-아세틸글루코사민(N-acetylglucosamine, NAG)은 피부 진피의 주요한 성분인 히알루론산의 구성성분이며 글루코사미노글리칸, 당지질, 당단백 등의 구성 성분이기도하다. 섬유아세포에서 연골조직을 구성하는 글리코사미노글리칸이 NAG로부터 만들어진다. NAG는 피부보습에 도움을 주는 생리활성기능 2등급이며, 지표성분은 NAG이다. NAG는 체내에서 포도당을 통해 생합성되며, 세포와 세포의 결합성분, 관절 윤활액, 점막 성분으로 관절 및 연골의 건강과 피부보습에 기능성을 인정받고 있다. NAG는 새우와 같은 갑각류의 키틴질 껍질, 버섯과 같은 세균류의 세포벽, 곤충

과 같은 절지동물의 껍질 등에 존재하며 모유, 초유(初乳), 우유에도 들어 있다. NAG는 글루코사민에 비해 체내 흡수율이 3배 좋으며, 체내에서는 히알루론산으로 존재하는데, 히알루론산은 높은 보수, 보습효과를 가지고 있다.

히알루론산나트륨(sodium hyaluronate)은 피부보습에 도움을 주는 생리활성기능 2등급이며, 지표성분은 sodium hyaluronate, hyaluronic acid, sodium hyaluronate, *Streptococcus zooepidemicus* 등이다. 히알루론산은 수용성 다당류의 생체 고분자물질로 콜라겐 및 엘라스틴과 함께 피부 3대 요소 중의 하나로 무릎 절 치료용, 화장품의 보습제용으로 사용되고 있다. 만약 히알루론산이 진피 내에서 감소 또는 결핍될 경우 피부노화, 피부 탄력, 유연성 저하 등이 일어나는데, 따라서 히알루론산은 피부보습, 주름개선 예방 및 치료 기능을 가지고 있다.

2) 곤약감자 추출물 / 추출분말과 쌀겨추출물, 옥수수배아 추출물

곤약감자 추출물은 피부보습에 도움을 주는 생리활성기능 2등급이며, 지표성분은 글루코실세라마이드(glucosylceramide, 그림 17-3)이다. 신체의 최외층을 싸고 있는 피부의 각질층은 수분의 증산을 방지하고, 피부의 촉촉함을 유지해 주는 곳이다. 이 각질층에서 촉촉함을 유지하기 위한 주성분이 바로 스핑고 당지질인 세라미드(ceramide)이다.

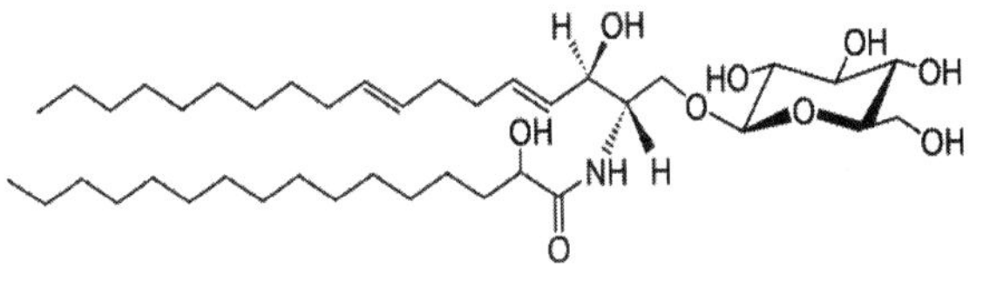

그림 17-3. 글루코실세라마이드의 구조

세라미드는 각질층의 중요 구성 성분으로 총지질의 40~65%를 차지하는데, 각질층의 지질장벽(lipid barrier)을 형성하고 유지하여 피부의 수분 보유능력을 갖는 핵심적 성분이다. 곤약감자 추출물은 세라마이드를 함유해 피부 수분량을 증가시키고, 피부의 수분 손실량을 감소시켜 준다. 세라미드는 나이가 많아지면 건조피부, 아토피성 피부염 등에 의하여 감소된다. 곤약세라미드는 곤약감자로부터 추출된 엑기스로 보습효과, 아토피성 피부염의 개선에 기여한다.

쌀겨 추출물(rice bran extract)과 옥수수배아 추출물 모두는 피부보습에 도움을 주는 생리활성기능 2등급이며, 지표성분은 글루코실세라마이드(glucosylceramide)이다. 쌀겨(미강)는 쌀 영양분의 약 95%가 집결되어 있으며, 양질의 단백질과 식이섬유, 각종 비타민, 미네랄 등을 함유하고 있어 항암, 항산화, 항염증, 항동맥경화, 콜레스테롤 저하, 성장 촉진작용, 소화기능 촉진, 비만 억제 및 면역강화, 수면의 질 개선, 불안 또는 우울증 해소 등의 기능을 가지고 있다. 쌀겨 추출물에 함유된 비타민류는 미백 기능, 아미노산은 탄력 증가, 단백질은 세포활성, 식이섬유는 노폐물 제거, 미강유는 자외선 흡수로 피부를 보호한다. 피부탄력에 관여하는 섬유아세포의 증식, 멜라닌 색소를 만드는 티로시나제 효소의 억제 작용을 하며, 피부의 혈류량을 증가시키고, 피부 보습력도 좋게 해 준다. 옥수수배아 추출물은 양질의 불포화지방산(올레인산, 리놀렌산), 레시틴, 토코페롤 등의 성분을 가지고 있어 항산화 작용을 비롯하여 피부의 수분증발을 지연시켜 피부가 건조해지는 것을 막는 등 피부노화 예방에 도움을 주며, 피부 보습에도 좋은 기능을 가지고 있다.

3) AP콜라겐 효소분해 펩타이드 / 저분자콜라겐 펩타이드 / Collactive 콜라겐 펩타이드

AP(activating protein) 콜라겐 효소분해 펩타이드, 가수분해 저분자콜라겐 펩타이드, Collactive(상표명) 콜라겐 트리펩타이드 등 콜라겐 펩타이드 3종은 피부보습에 도움을 주는 생리활성기능 2급이며, 지표성분은 Gly-Pro-Hyp이다(그림 17-4).

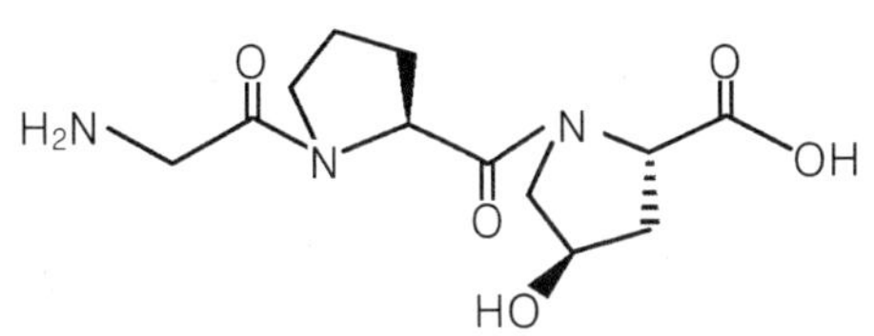

그림 17-4. Gly-Pro-Hyp-OH 구조

콜라겐은 피부 진피층의 70%를 차지하는 중요한 성분이지만 노화·스트레스 등에 의해 피부 속 콜라겐 함량은 점차 감소하는데, 효소분해를 통한 저분자 구조 콜라겐이 피부 속 깊숙이 전달되어 주름개선, 보습증진, 탄력증가 등 기능을 좋게 한다. 콜라겐 펩타이드라고 부르는 콜라겐 가수분해물은 고분자 콜라겐을 추출·효소분해 등의 과정을 통해 가수분해시켜 저분자화 펩타이드로 만든 것으로(분자량은 1,000~5,000 정도) N-말단에 글라이신(Gly)을 갖는 트리펩타이드(Gly-X-Y) 함량이 높은 콜라겐 펩타이드 가수분해물이 바로 콜라겐 3종이다.

콜라겐 펩타이드는 피부에서 항산화 효능을 가지며, 피부보호 효과, 골관절염(osteoarthritis, OA)에도 유효하며, 진피 콜라겐 섬유의 직경을 굵게 하여 밀도를 높이고, 광노화에 따른 피부 개선 효능을 가지고 있는 등 콜라겐 펩타이드가 피부 조절인자로 중요한 역할을 수행한다.

4) 지초 추출분말과 민들레 등 추출복합물, 핑거루트 추출분말

피부보습에 도움을 주는 생리활성기능 2등급이며, 지표성분은 리소스페르미산(자초산, lithospermic acid / shikonic acid)이다(그림 17-5). Lithospermic acid에는 tri-ploid인 phenylpropionic acid 단위가 있다.

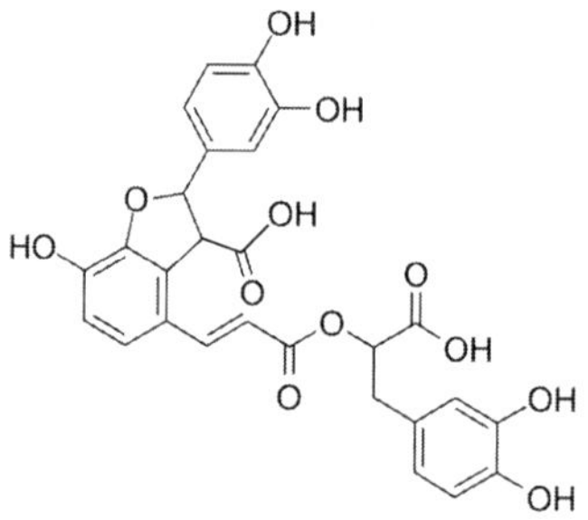

그림 17-5. 리소스페르미산의 구조

지초(芝草), 자초(紫草), 지혈(芝血), 자근(紫根), 자지(紫芝), 자초(紫草), 지치, 주치(*Lithospermum officinale Linn / Lithospermi Radix*)는 지치과(*Boraginaceae*)의 여러해살이 풀이며, 뿌리(자근, 紫根)에서는 알칼로이드(alkaloid), 트리테르펜사포닌(triterpene saponine), 보르네시톨(bornesitol), 루틴(rutine), 니트릴배당체(nitrile glycoside) 등이, 지상분에는 페놀카르본산(phenol carboxylic acid)이 0.2% 정도 들어 있다. 지초 추출물은 피부 보습 및 아토피 피부염에 유용한 소재이며, 건강기능식품 기능성 원료로 다양하게 사용되고 있다. 본초강목에는 "지초는 성질이 차서 열을 내리고, 독을 풀며 염증을 없애고, 새살을 돋아나게 하는 작용이 뛰어나고, 피를 맑게 하며, 장의 활동을 도와 변비를 해소한다."라고 되어 있다.

민들레등추출복합물은 피부보습에 도움을 주는 생리활성기능 2등급이며, 지표성분은 luteolin, catechin, physcion parietin 등이다(그림 17-6). 공통적인 구조는 -OH기를 많이 가지고 있어 친수성 보습효과가 크다.

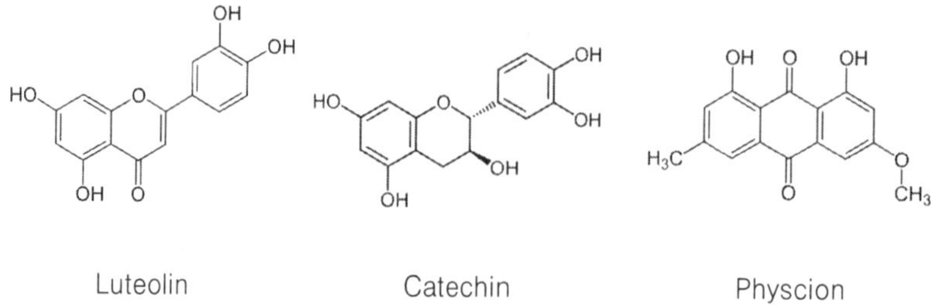

Luteolin Catechin Physcion

그림 17-6. Luteolin, Catechin, Physcion의 구조

민들레(*Taraxaum monogolicum*)는 국화과에 속하는 다년생 초본으로 소염, 해열, 이뇨, 건위, 거담, 해독, 담즙분비 촉진, 항류마티스, 이뇨, 성호르몬 수치 향상 등의 소재로 알려져 있다. 일반적으로 피부주름은 피부의 수분 함유량, 콜라겐 함유량 및 외부 환경에 대한 면역능력 등 여러 가지 복합적인 작용에 의해 생기는데, 콜라겐의 생성량과 콜라겐의 함량을 감소시키는 콜라겐 분해효소인 콜라게네이즈(collagenase)의 발현량, 활성과도 깊은 관련이 있다. 즉 세포활성 감소와 같은 자연노화에 의해 태양광선에 의한 활성산소종의 증가 등과 같은 외부 스트레스에 의해 콜라겐 함량과 생합성이 감소되고, 콜라겐 분해가 증가되면 피부노화가 촉진된다. 따라서 피부주름을 개선시키기 위해서는 콜라겐 생합성을 촉진시키고, 동시에 콜라게네이즈 활성을 억제할 수 있는 물질이 필요하다. 이러한 경우 민들레 등 추출복합물이 그 기능을 수행한다.

핑거루트(fingerroot / *Boesenbergia pandurata*) 추출분말은 핑거루트 뿌리에서 추출한 밝은 황갈색의 분말로 피부보습에 도움을 주는 생리활성기능 2등급이며, 지표성분은 판두라틴(panduratin) A이다(그림 17-7).

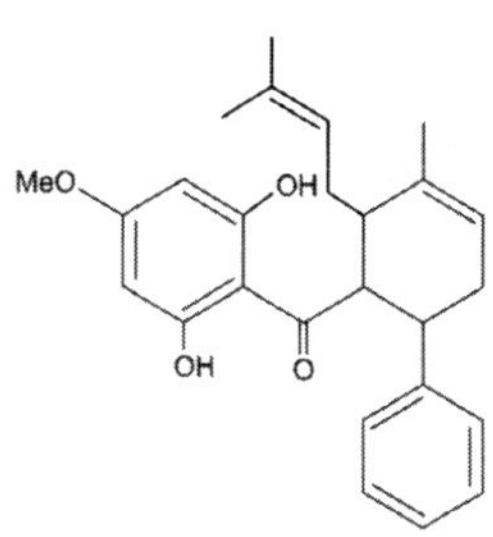

그림 17-7. 판두라틴의 구조

핑거루트는 뿌리모양이 손가락을 닮았다고 해서 붙여진 이름인데, 동남아시아에서 자생하는 생강과의 식물이다. 예전부터 피클, 카레, 음료 등 아시아 전통요리에 이용되어 왔는데 각종 미네랄(나트륨, 칼륨, 철), 비타민 C, 섬유질, 플라보노이드 등이 풍부하다. 판두라틴은 세포와 조직 구조를 유지하는 데 필수적인 AMPK(AMP-activated kinase) 단백질효소를 활성화시키는 기능을 가지고 있다. 피부건강을 유지하고, 체내 에너지 항상성 유지를 위한 센서인 AMPK가 활성화되면 지방을 분해하고, 지방생성을 억제하는 효과가 커진다. 지방이 쌓이면 지방세포에서 염증유발 물질이 나오면서 지방이 단단해져 셀룰라이트(cellulite)를 만드는데, 판두라틴은 염증 유발인자들의 활성도를 낮춰 셀룰라이트 예방에도 도움을 준다. 자외선에 의한 피부손상으로부터 보호, 피부주름, 피부탄력, 피부윤기, 피부수분의 개선 등 피부건강에 도움을 주며, 체지방 감소 등 기능도 가지고 있다. 그 외에 혈당강하, 노화억제, 대장암세포 억제 등의 기능도 알려져 있다.

5) 포스파티딜세린과 프로바이오틱스 HY7714

포스파티딜세린(phosphatidylserine, PS)은 피부보습에 도움을 주는 생리활성기능 2등급이며, 지표성분은 포스파티딜세린이다. 포스파티딜세린은 지방의 일종인 인지질(phospholipid)의 하나로, 신경세포의 세포막을 구성하는 주성분이다. 다양한 많은 생리활성을 가지고 있지만 피부 내 조직세포의 PPAR(peroxisome proliferators activated receptors) α를 활성화시킴으로써 자외선 및 화학물질로 인한 피부의 염증반응을 억제・완화하며, 피부 각질세포의 분화를 촉진하여 피부장벽의 투과성 조절, 피부노화 및 주름, 피부노화에 의한 콜라겐의 감소 방지・개선, 아토피 개선, 보습능력, 염증치유 능력 등을 가지고 있다.

프로바이오틱스 HY7714은 피부보습과 자외선에 의한 피부손상으로부터 피부건강 유지에 도움을 주는 생리활성기능 2등급이며, 지표성분은 프로바이오틱스(probiotics)이다. 모유로부터 분리한 *Lactobacillus plantarum* HY7714의 이름으로 유래한 소재이며, 프로바이오틱스 유산균은 피부보습과 주름개선의 두 가지 기능성을 동시에 갖춘 이중 기능성 원료이다.

6) 밀배유 추출물과 콩보리 발효복합물

밀배유 추출물은 피부보습에 도움을 주는 생리활성기능 2등급이며, 지표성분은 쌀겨 추출물, 옥수수배아 추출물과 마찬가지로 글루코실세라마이드(glucosylceramide)이다. 이너뷰티(inner-beauty, 먹는 화장품)의 일종인 밀배유 추출물은 밀의 발아를 위한 영양분을 저장하는 핵심 조직인 밀배유에서 추출한 것인데, 글루코실세라마이드 성분을 가지고 있다. 이 성분은 피부에 풍부한 수분을 공급해 줄 뿐 아니라 피부 속 수분보호막을 형성해 수분증발을 막고, 외부환경으로부터 피부를 지켜주는 역할을 한다. 밀배유 추출물의 피부보습, 피부탄력, 경피 수분손실, 피부주름 등에 좋은 효과를 가지고 있다.

밀의 씨눈인 밀배아(wheat germ)는 비타민 E(토코페롤)가 풍부한데, 밀배아를 발효하여 추출한 천연물질은 면역기능 복원은 물론 피부주름 개선과 보습 등에 효과가 있는 것으로 알려져 있다. 피부건강에 도움을 주는 또 다른 소재로 밀배아발효 추출물(밀배아 발효물에서 미생물을 제거한 물질)과 2, 6-dimethoxybenzoquinone 성분을 혼합한 것이 있는데, 이것 또한 프로콜라겐/콜라겐 생합성 증가, 콜라겐 및 엘라스틴 분해 억제를 도와주고, 피부에 도포할 경우 피부주름(예컨대, 눈가주름) 개선 효과, 자외선에 의한 collagenase 및 ellastase 발현 억제, 진피 치밀도 및 피부주름 깊이 감소 등으로 피부주름 예방・개선, 치료용으로 사용되고 있다.

콩보리 발효복합물은 피부보습에 도움을 주는 생리활성기능 2등급이며, 지표성분은 총 이소플라본(daidzein과 genistein의 합)과 β-글루칸이다. 다이드제인(daidzein) 및 제니스테인 함량이 많은 콩효모 발효물과 β-글루칸의 함량이 많은 보리효모 발효물을 혼합한 콩보리 발효복합물은 피부주름 개선 및 피부보습 증진 등 전반적인 피부 미용에 우수한 효능을 가지고 있다. 콩보리 발효복합물은 피부주름의 바이오마커인 MMP-1 활성 및 발현 억제, 피부보습 히알루론산 생성효소의 활성화 등에도 우수한 효능을 가진다. 콩보리 발효물이라 함은 *Pichia jadinii* 및 *Aureobasidium pullulans*의 복합균주를 콩 또는 보리에 접종하여 발효배양한 생성물을 말한다.

보리 세포벽의 β-글루칸은 포도당 중합체로 암세포의 증식과 재발을 억제하고, 면역기능 활성화, 혈당강하, 혈중 콜레스테롤 감소, 지질대사 개선, 항비만 등의 기능을 가지고 있는데, β-글루칸이 당단백질과 결합하면 피부조직과의 수분 친화력을 높여주고, 피부 내에서의 수분 보유를 더 좋게 만든다. 콩보리 발효복합물은 β-글루칸의 함량이 보리 원물 또는 종래 보리 발효물보다 매우 높다. 다이드제인과 제니스테인은 플라보노이드 중 아이소플라본의 식물성 호르몬 성분으로 세포 내 신호전달에 관여하는 단백질 인산화효소를 저해하고, 나이가 들어감에 따라 탄력이 없어진 피부가 탄력을 되찾는 데 필수인 콜라겐의 생성을 촉진하고, 피부 산화와 노화를 방지하는 기능을 가지고 있다.

17.4 햇볕 / 자외선의 피부 손상으로부터 피부건강을 유지하는 데 도움을 주는 생리활성물질

피부는 외부 위험인자 중 자외선(UV)에 의해 주름 형성, 피부 건조, 피부 과증식 등이 일어나기 쉽다. 즉 과도한 자외선은 피지막의 주요 구성 지질인 ceramide 함량을 감소시켜 피지막 층상구조의 파괴를 야기하고, 궁극적으로 수분손실 증가로 피부 건조를 유발한다. 피부의 각질층의 지질은 세라미드(ceramide, 각질층 전체 지질의 50%), 콜레스테롤(cholesterol), 유리지방산(free fatty acid) 등 세 가지 혼합체로 층상구조를 이루고 있는데, 그 중 세라미드는 층상구조를 유지시키는 중요한 지질로서 피부의 수분 보유와 피부장벽의 역할을 한다.

태양광의 자외선에 대한 자극이 반복되면 활성산소종(ROS)이 발생하고, 전염성 사이토카인의 생성이 촉진되며, activator protein-1(AP-1)과 nuclear factor κB(NF-κB)의 활성화로 염증반응이 일어나 피부를 구성하는 지질, 단백질, 핵산, 효소 등이 손상, 노화가 일어나게 된다. 신화적 스트레스는 피부가 자외신에 노출되었을 때 과산화수소 등 활성산소종의 발생을 증가시키며, 항산화 효소의 발현을 감소시키는데,

활성산소종의 증가는 유전자와 단백질의 구조를 변화시켜 세포 내외의 항상성을 파괴, 피부의 손상을 가져오게 된다.

자외선에 의한 피부노출에 가장 빨리 반응하는 세포의 반응은 growth factor receptor(EGF-R), tumor necrosis factor(TNF)-receptor, platelet-activating factor(PAF) receptor, insulin receptor, interleukin(IL)-1 receptor, platelet derived growth factor(PDGF) receptor 등의 수용체 활성화이다. 자외선에 의한 피부 노출은 MAP kinase 경로를 활성화시켜 AP-1의 발현을 유도하고, MMPs의 발현을 증가시켜 세포외기질을 분해하여 주름생성을 촉진시킨다. 햇볕 또는 자외선에 의한 피부손상으로부터 피부건강을 유지시키는 생리활성물질에는 소나무껍질추출물등복합물, 멜론 추출물, 포스파티딜세린, 프로바이오틱스 HY7714, 핑거루트 추출분말, 홍삼・사상자・산수유 복합추출물 등이 있다.

1) 소나무껍질추출물등복합물과 멜론 추출물

소나무껍질추출물등복합물은 햇볕 또는 자외선에 의한 피부손상으로부터 피부건강을 유지하는 데 도움을 주는 생리활성기능 2등급으로 지표성분은 ① 프로시아니딘, ② 비타민 C, ③ 비타민 E, ④ 감마리놀렌산 등이다. 프랑스해안송껍질을 주정으로 추출(피크노제놀)한 것에 비타민 C, 비타민 E 및 달맞이꽃 종자유를 혼합하여 제조한 것을 소나무껍질추출물등복합물이라 부르는데, 먹는 화장품(nutricosmetics)의 일종이다. 피부가 햇볕 또는 자외선에 노출될 경우 색소 침착, 피부 윤기 감소, 주름이나 피부각화 등을 유발할 수 있는데, 특히 주름은 햇볕 또는 자외선에 의한 광노화로 피부 콜라겐이 분해되어 일어나는 대표적인 광노화 현상이다.

소나무껍질추출물등복합물은 자외선 조사로 인한 콜라겐 분해와 교원질 합성 저하를 억제하고, 피부 속에 있는 콜라겐과 엘라스틴에 결합하여 피부 손상을 방지하며, 화장품으로 케어하기 어려운 진피층에 영양분으로 작용한다. 소나무껍질추출물등복합물은 피부 방패막이 되어 주며, 피부 재생을 돕고, 피부의 탄력성을 높여 주며, 색소침착을 억제하는 미백작용도 가지고 있다. 콜라겐의 분해와 합성을 조절하는 효소인 matrix metalloproteinases(MMPs)와 콜라겐 분해효소인 collagense의 활성을 억제하고, 피부 말초의 모세혈관의 혈류를 증가시켜 피부건강을 좋게 한다. 또 피부의 상처치유 속도를 빠르게 해 준다. 강렬한 햇볕 또는 자외선에 의하여 생성되는 활성산소를 제거하여 피부노화를 억제하고, 염증 촉진인자인 NF-kB의 활성을 억제하여 염증을 완화시킨다. Tyrosine kinase의 활성도 억제하여 피부 멜라닌 색소의 생성을 억제한다.

멜론 추출물은 햇볕 또는 자외선에 의한 피부 손상으로부터 피부건강을 유지하는 데 도움을 주는 생리활성기능 2등급으로 지표성분은 SOD(superoxide dismutase)이다. 멜론(melon)은 쌍떡잎식물 박과의 덩굴성 한해살이풀로 수분이 많고, 과육에는 항산화효소인 SOD와 베타-카로틴, 칼륨, 비타민 C, E 등을 가지고 있다. 멜론 추출물은 주기능이 혈관벽 두께 감소와 피부보호 기능을 가지고 있는데, 체내의 유해 활성산소를 효과적으로 제거하는 기능 때문에 피부노화 방지 및 피부상태 개선 등 목적으로 사용되고 있다.

멜론 추출물은 자외선으로 인한 홍반양을 감소시키며, 피부노화도 개선시켜 준다. 멜론 추출물은 모세혈관 밀도를 증가하여 자외선으로부터 손상된 피부의 원상회복 능력을 가지며, 항산화 능력으로 면역력을 높인다. 그 외 뇌졸중, 뇌출혈, 고혈압, 동맥경화, 뇌경색, 우울증, 급성심근경색, 관동맥질환, 치매, 협심증 관리뿐만 아니라 DNA 손상방지, 종양 억제, 당뇨, 면역, 시력개선, 노화방지, 기억력 및 집중력 향상 등의 효과도 가지고 있다.

2) 홍삼 · 사상자 · 산수유 복합추출물

홍삼·사상자·산수유 복합추출물은 홍삼, 사상자, 산수유를 혼합한 복합물로부터 추출하여 기능성을 인정받은 소재이다. 이 복합추출물은 햇볕 또는 자외선에 의한 피부 손상으로부터 피부건강을 유지하는 데 도움을 주는 생리활성기능 2등급으로, 지표성분은 ① Rb1, ② Rg3, ③ torilin, ④ loganin 등이다. 홍삼은 사포닌의 일종인 진세노사이드를 가지고 있는데, 핵심 성분은 Rb1, Rg1, Rg3 등이다*

* Rb1은 중추신경작용, 최면작용, 진통작용, 정신 안정작용, 해열작용, 혈청 단백질 합성 촉진작용, 중성지방분해 억제 및 합성 촉진(인슐린 유사)작용, 콜레스테롤 생합성 촉진 작용, 프라스민 활성화 작용, RNA 합성 촉진작용, 호르몬 분비 촉진작용 등을 한다.

사상자(*Torilis fructus*)는 사상(*Torilis japonica*)의 과실로써 진통소염작용, 진경작용 등을 가지고 있는데, 주요 성분은 stigmasterol, β-sitosterol, cholesterol과 6α-diol, torilin 등 9종의 sesquiterpenoids, 그리고 essential oil과 hemiterpenoid 화합물 등이다. 산수유는 산수유나무의 과육으로 주요 성분은 ursolic acid, sallic acid, malic acid와 loganin, morroniside, sweroside류의 iridoid 배당체 등이다. 홍삼·사상자·산수유 복합추출물은 자외선에 의한 TNF-α의 생성 또는 유입을 억제함으로써 TNF-α receptor에 의해 매개되는 신호전달 경로를 둔화시켜 MMPs의 발현을 감소시키는 등 복합적인 생리활성 작용으로 주름생성을 억제시켜 준다.

17.5 피부건강에 도움을 주는 나노화장품과 나노복합화장품

나노화장품 소재와 생리활성물질은 고도의 첨단기술에 의해 고부가가치를 제고한 고기능성 소재인데, 화학합성 소재보다 기능성, 안전성, 효율성, 생리활성 등이 우수한 것으로 알려져 있다. 화장품 소재는 피부미용 뿐만 아니라 피부질환 예방과 치료, 노화방지 등 복합적이 효능이 요구되는데, 고기능성 생리활성 화장품 소재(cosmeceutical bio active materials)는 주로 화장품(Cosmetics)과 의약품(Pharmaceutical)을 융합한 "피부 의약품"의 성격을 가지고 있다. 피부의약품은 피부재생, 미백, 여드름, 항노화 등에 도움이 되는 활성물질을 비롯하여 아토피 완화 및 치료 등을 포함하는 치료목적의 다목적 생리활성물질을 활용하고 있다.

현재 고기능성 화장품 생리활성 원료에는 화학활성물과 천연활성물로 구분하는데, 천연활성물은 화학합성물에 비해 기능성이 우수하며, 부작용이 적고 생체적 합성 및 안전성이 높은 환경 친화적인 물질이다. 그러나 피부 투과율이 다소 낮고, 성능이 제대로 발현되지 못하거나 그 효능이 지속적이 못하여 피부장벽을 극복하고, 피부 속으로 충분히 전달되지 않는 단점을 가지는 경우가 많다. 이를 극복하고자 하는 새로운 개념의 소재가 바로 나노 복합 소재를 이용한 고기능성 나노화장품 소재이다.

과거 기능성 화장품은 기능성과 생체 안전성을 갖는 바이오 소재를 사용하였지만, 최근에는 나노기술을 적용한 고기능성 나노 소재를 사용하고 있다. 고기능성 나노화장품이란 나노 사이즈의 크기를 갖는 나노바이오 입자 / 구조체를 함유한 화장품으로 나노바이오 입자를 활용하여 이를 피부에 흡수시켜 피부재생 및 피부 기능을 향상시키거나 또는 피부에 도포하여 자외선, 적외선, 미세먼지 등 외부의 유해 광선이나 물질을 차단하는 등의 기능을 가지고 있다. 리포좀(liposome), 니오좀(niosome) 등 나노바이오 입자의 주요한 소재는 화장품 제조 성분인 인지질이다.

리포좀(liposome)은 물을 좋아하는 머리부분(친수성)과 기름을 좋아하는 꼬리부분(소수성)으로 구성된 동그란 캡슐로 마치 축구공처럼 생겼는데, 인지질을 주성분으로 하는 인공막을 가진 캡슐모양의 구조를 하고 있다. 마이크로 리포좀(microcasule)은 동·식물의 세포막과 매우 유사한 성분과 구조를 가지고 있어 각종 생리활성물질(Bioactive material)을 원하는 곳으로 전달할 수 있는데, 리포좀을 이용하여 약물 전달에 활용할 수 있는 대표적인 물질로는 항암제, 항균제, 항원, 항체, cytokines, 단백질, 지방, DNA 및 RNA, 조영제, radiosensitiser(IUdR), 비타민 등이 있다. 화장품의 경우 리포좀의 가운데 빈 공간에 피부개선 관련 성분들이나 소재를 넣고 이 리포좀이 피부 각질층을 통과해 유효 성분이 피부 진피층에서 파괴·전달된다.

나노 캡슐화(nanoencapsulation, NC)는 캡슐화를 통해 적절한 시기와 장소에 생체 활성 화합물을 전달할 수 있는 가장 유망한 기술 중 하나로 NC의 크기와 크기 분포는 생물학적 장벽을 통한 세포 흡수 및 침투를 결정하는 데 매우 중요한 요인이다. 난용성 소재의 활용에 더욱 유용한 기술인데, 피부에 유용한 어떤 활성물질도 캡슐화하여 피부 곳곳에 전달할 수 있다. 즉 나노 크기의 활성 성분은 피부와 비슷하거나 더 작은 크기의 입자로 제조하여 마이크로미터 크기의 물질보다 피부 전달을 더 쉽게 해 주는데, 나노캡슐은 크게 나노 크기의 리포좀과 에멀젼 형태로 나뉠 수 있다.

나노 에멀젼은 일반 에멀젼 소재와 달리 낮은 점도조건에서도 장기간 안정성을 보유하는 100～500 nm 입자 크기를 갖는 에멀젼으로 기존 천연 피부 활성물질의 낮은 피부 투과율을 해결하기 위해 만든 기술이다. 일반적으로 화장품에 사용되는 피부활성 성분은 빛, 온도, 열, 공기 등에 민감하게 반응하여 변성되므로 장기 보존하기가 힘들고, 제한성이 많고 기존 리포좀을 이용한 활성물질 전달의 경우 리포좀의 안정성과 투과성에 다소 문제가 있어 이를 해결하기 위해 나노 복합 소재를 이용한 고기능성 나노 에멀젼 기술을 활용하고 있다.

나노 에멀젼 기술은 소량의 계면활성제 사용으로 유화 안정도를 높일 수 있으며, 점도에 관계없이 수용성이든 유용성이든 어떤 종류의 성분도 피부 흡수율을 좋게 만들 수 있다(그림 17-8). 미백 및 주름개선, 각질층 재생, 비듬 개선, 건선, 아토피성 피부염 개선 등의 경우 관련 생리활성물질을 나노캡슐 또는 나노캐리어에 넣어서 기능성 성분을 한 번에 나노 사이즈화하여 소재의 생체 적응성을 제고한 기술이 바로 beautyomics이다. 이 기술은 피부에서 일어나는 생체반응을 나노소재와 연관시켜 피부미용, 피부질환 치료, 노화 억제 등에 도움이 되는 획기적인 기술이다.

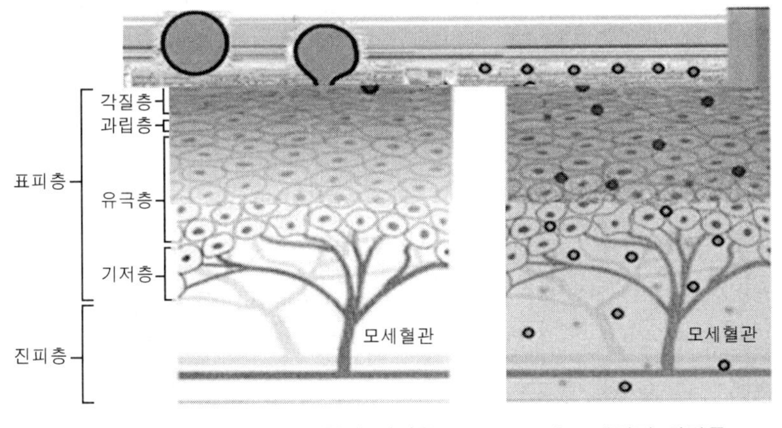

그림 17-8. 마이크로 캡슐과 나노 에멀젼 캡슐의 비교
(출처 : 중소기업기술정보진흥원 보고서, 2008, OGNLAMXNXQXK.hwp)

17.6 면역과민 반응에 대한 피부건강에 도움을 주는 생리활성물질

면역과민 반응에 의한 피부상태 개선에 도움을 주는 생리활성물질로 개별인정형 기능성 원료인 *L. sakei* Probio 65, 감마리놀렌산 함유 유지, 과채유래 유산균(*L. plantarum* CJLP133), 프로바이오틱스 ATP 등이 있다.

1) *L. sakei* Probio 65와 과채유래 유산균(*L. plantarum* CJLP133)

면역과민 반응에 대한 피부건강에 도움을 주는 생리활성기능 2등급으로 지표성분은 김치에서 추출한 유산균인 *Lactobacillus sakei* Probio65이다. *L. sakei* Probio 65 균주의 프로바이오틱스 활성은 알레르기 항원(1-chlor-2, 4-dinitrobenzene)에 의해 유발된 알레르겐 유발 피부염증을 감소시키는 데 효과를 가진다. 또 *L. sakei* ProBio -65는 아토피성 피부염의 질병 악화인자를 억제하며, 이것이 장에 도달할 경우 항균물질을 분비하여 유해세균의 생육을 억제하며, 장내 균총의 정상화를 이룬다. 아토피 피부염은 심한 소양감과 특징적인 습진성 피부 병변을 나타내는 염증성 피부질환으로 주로 유소아기에 발병하며, 후에 기관지 천식이나 알레르기성 비염 등으로 발전한다. 아토피 피부염을 유발하는 원인은 유전적인 요인, 면역학적 요인, 환경적 요인 등이 있다.

과채유래 유산균은 면역과민 반응에 대한 피부건강에 도움을 주는 생리활성기능 2등급으로 지표성분은 유산균 *L. plantarum* CJLP133이다. *L. plantarum* CJLP133은 CJ제일제당이 발견한 *L. plantarum* 유산균 3종인 'CJLP133', 'CJLP243', 'CJLP55' 중 하나이며, 상호 CJ + 유산균 LP를 따와 CJLP로 명명하고, 133은 3천 500개 김치 유산균 중 발견된 순서의 넘버링이다. 유산균은 GRAS(generally regarded as safe bacteria)로 취급되고 있는 프로바이오틱스인데, 장내 미생물의 균형을 개선하고, 영양분의 흡수를 증진시켜 장 환경을 개선하는 데 도움을 준다. 과채유래 *L. plantarum* CJLP133은 유산균 증식 및 유해균 억제 / 배변활동 원활에 도움을 주는 소재이다.

2) 감마리놀렌산 함유 유지와 프로바이오틱스 ATP

면역과민 반응에 대한 피부건강에 도움을 주는 생리활성기능 2등급으로, 지표성분은 γ-리놀렌산(GLA / γ-linolenic acid)이다. ω-6, γ-리놀렌산은 α-리놀렌산(n-3)의 입체이성체로 n-6 불포화지방산인데 피부 세포에 활력을 주어 피부 노화를 예방하고, 아토피나 건조증 등과 같은 피부질환 치료에 유용한 소재이다. 아토피성 피부염은 심한 소양감을 갖게 하는 재발성 만성피부염으로 알레르기 반응을 수반한다. 감마리놀렌산의 결핍은 15-HETrE 및 PGE1과 같은 항염효과를 갖는 물질의 생성을 감소시키게 되고, 결과적으로 염증매개 물질의 생성을 증가시켜 피부 지질막 구조에 이상을 초래한다.

프로바이오틱스 ATP는 면역과민 반응에 대한 피부건강에 도움을 주는 생리활성물질로 지표성분은 생균수이다. 면역과민 반응에 의한 피부상태 개선에 도움을 줄 수 있으나 관련 인체적용 시험이 미흡하여 생리활성기능 3등급으로 분류하고 있다. 프로바이오틱스 ATP는 ATP를 혼합한 유산균으로 1종의 비피더스 유산균과 3종의 다른 유산균이 혼합한 소재이다. ATP 혼합 유산균은 이중 코팅된 유산균(DUOLAC)으로 되어 있는데, 그것은 위산에 불안정한 유산균이 장까지 도달할 수 있도록 단백질 1차 코팅, 다당류 2차 코팅과정을 통해 유산균의 안정성을 높인 이중 코팅 유산균이다. 대장에 유익한 유산균을 증식시키고, 유해미생물을 억제하여 배변활동에 도움을 주며, 피부건강을 개선시켜 준다. 유산균이 생리활성물질로 인정된 경우는 프로바이오틱스 ATP 이외 UREX 프로바이오틱스(유산균 증식을 통한 여성 질 건강에 도움, 2등급), 그리고 면역을 조절하여 장 건강에 도움을 주는 2등급인 프로바이오틱스 VSL#3이 있다.

〈18절〉 기억력에 도움이 되는 생리활성물질

18.1 기억력과 인지능력에 관한 이론

1) 기억력

기억(memory)은 신경세포와 관련이 있는데, 신경세포는 연락망을 만들어 서로 신호를 보내 순간적으로 여러 가지를 판단하고 느낄 수 있도록 하는 곳이다. 기억이란 필요한 정보를 받아들여 뇌 속에 저장했다가 필요할 때 꺼내어 사용하는 능력을 말하는데 학습에 의해 저장된 정보이다. 즉 기억이란 정보의 저장과 유지, 그리고 회상의 일련의 과정으로 그 특성에 따라 감각기억(sensory memory), 단기기억(short-term memory), 장기기억(long-term memory) 등으로 구분한다.

감각기억이란 정보가 감각기관을 통하여 저장되는 과정으로 극히 짧은 시간에 기억되다가 순간적으로 사라지는 기억으로 시각적 자극은 0.5초 정도, 청각적 기억은 2초 정도이다. 감각기억 정보 중 주의를 기울인 정보만이 단기기억으로 넘어간다. 단기기억은 작업기억(working memory)의 중요 요소로 현재 의식하고 있는 정보에 대한 짧은 기억이며, 수초~수분 내에 회상해 낼 수 있는 기억이다. 단기기억에 머무는 시간은 평균 3초~5초, 길어야 30초 정도이다. 장기기억은 나중에 재생할 수 있는 비교적 영구히 저장된 기억으로, 이 저장 과정은 항상 연습을 통해서 이루어지며, 보통 능동적인 과정을 거치지만 일부 정보는 수동적으로 저장된다. 단기기억의 저장(encoding)이 소리를 통한 것이라면 장기기억은 의미(semantics)을 통해 저장된다.

기억력 감퇴는 나이가 들면서 뇌세포의 활성이 저하되는 것인데, 보통 지속적인 스트레스, 긴장, 신체적인 피로, 수면부족, 지나친 알코올 섭취 등으로 뇌세포의 피로를 축적시키면 뇌가 위축되고, 뇌신경세포의 파괴 등으로 우울, 초조 등의 심리적인 변화가 동반되면서 기억력이 떨어지고 건망증으로 이어지게 된다. 기억과 상반되는 망각이란 용어는 기억의 소멸을 말하며, 기억 관련 신경세포들이 생화학적으로 쇠퇴했음을 의미한다.

기억을 관장하는 곳은 뇌다. 뇌는 좌우의 반구와 간뇌로 이루어져 있으며, 이는 대뇌, 소뇌, 간뇌, 뇌간(중뇌, 뇌교, 연수)으로 구분된다. 대뇌(cerebrum)는 기억과 판단을 관장하고, 감각과 수의운동의 중추로서 표면은 수많은 주름으로 이루어져 있으며, 약 1,000억 개의 뇌세포가 있다. 대뇌에서 기억을 저장해 두는 공간은 해마(hippocampus)인데, 내측두엽 안에 위치하면서 다양한 기능별 뇌 부위와 복합한 네트워크를 구성하고, 변연계와 구조적으로 밀접한 관계를 가지면서 학습과 기억 형성에 중추 역할을 한다. 기억에 문제가 있는 경우 일반적으로 해마가 위축되어 있는 경우이며, 해마의 신경세포가 손상되면 기억능력이 감퇴한다.

뇌는 뉴런(neuron)과 신경교세포(glial cell)라는 지지세포(supporting cell)로 이루어져 있다. 뉴런은 신경계를 구성하는 기본 단위로, 받은 자극을 다른 세포로 전달하는 기능을 담당한다. 신경교세포는 지지작용, 탐식작용 및 영양공급 작용을 통해 뉴런을 보호하고, 뉴런의 기능을 보조하는 역할을 한다. 뉴런은 자극을 받으면 이를 전기 신호화하고, 뉴런의 말단에서 신경전달물질(neurotransmitter)을 분비함으로써 다른 세포들에게 자극정보를 한쪽의 일정한 방향으로 전달한다. 따라서 이러한 특징이 신경세포의 신호전달의 방향성과 신경물질에 따른 신호의 강도를 결정하게 된다.

뉴런의 구조는 핵을 포함한 세포체(nerve cell body), 수상돌기(dendrite), 축삭돌기(axon), 신경종말(axon terminals) 등으로 이루어져 있고, 신경종말의 작은 주머니 안에는 신경전달물질이 저장되어 있어 자극에 따라 이를 시냅스로 분비하여 다음 뉴런으로 정보를 전달한다. 신경세포가 손상되면 정상적인 뇌 기능을 할 수 없게 되며, 일단 손상되면 다시 재생되지 않기 때문에 신경세포를 건강하게 유지하는 것이 무엇보다도 중요하다.

2) 뇌의 구조와 인지능력

인지능력(cognition)이란 뇌의 지능을 이용하여 문제를 인식하고 해결할 수 있는 능력으로 정의한다. 인지능력은 뇌의 구조로부터 시작하고, 기억력 또한 뇌의 신경세포로 시작한다. 뇌(腦, brain / 골)는 약 천 억 개의 뇌세포와 약 10~100조의 신경네트워크로 구성되어 인간의 모든 정신활동과 육체활동을 조정하며, 성인의 뇌 무게는 약 1,400 g~1,600 g 정도이다. 뇌는 크게 대뇌・소뇌・뇌간의 3부분으로 구분되며, 다시 뇌간은 간뇌・중뇌・교뇌・연수의 4부분으로 구분된다. 대뇌는 감각, 추리, 판단, 감정 등 정신활동의 중추이다.

대뇌는 뇌량으로 연결된 2개의 대뇌반구로 이루어져 있으며, 뇌량의 연결은 두 대뇌 반구의 신호전달과 상호작용에 중요한 역할을 한다. 대뇌의 바깥층은 뉴런의 신경세포체가 모인 회백질, 안쪽 층은 신경섬유가 모여 있는 백질이 있는데 회백질은 대뇌피질, 기저핵, 변연계를 포함하고 있다. 기저핵은 운동기능 조절, 변연계는 감정반응을 담당하며 편도체, 띠이랑, 해마 등을 포함한다. 대뇌피질은 위치에 따라 전두엽, 두정엽, 측두엽, 후두엽의 네 개의 엽으로 구성되어 있는데 전두엽은 기억력・사고력 등의 행동을 관장하며, 다른 연합영역으로부터의 정보를 조정하고 행동을 조절한다. 두정엽은 촉각, 압각, 통증 등의 체감각의 처리에 관여하며 피부, 근골격계, 내장, 미뢰로부터의 감각신호를 담당한다.

측두엽(관자엽)은 청각, 후각이 일차적으로 도착하는 곳이며 크게 외측 측두엽, 내측 측두엽으로 나뉘고, 기능적으로는 청각 피질, 후각 피질, 베르니케 영역, 해마 등으로 나눈다. 베르니케 영역이 측두엽에 위치하기 때문에 측두엽이 손상되면 말을 이해하는 데 문제가 생길 수 있다. 내측두엽 부분은 해마와 함께 기억형성에 주요한 역할을 수행한다. 해마는 장기기억 전환에 중요한 역할을 수행하는 기관으로 대뇌피질에 저장되어 있는 기억들의 인출을 담당하며, 해마 앞에 있는 편도체는 감정적 기억형성에 주된 역할을 수행한다. 해마는 파페츠 회로(Papez crcuit)라고 알려진 기억회로의 일부를 담당하고 있다. 후두엽은 시각연합 영역과 시각피질이라고 하는 시각중추가 있어 시각정보의 처리를 담당한다. 일차 시각피질에서 유래한 시각정보가 도달하면 색, 모양 등이 인지된다.

소뇌는 뇌에서 두 번째로 큰 구조를 갖고 있으며, 운동근육의 조정과 제어에 중요한 역할을 담당하며, 무게는 약 150 g 정도이다. 중뇌는 간뇌와 뇌교 사이에 위치하는데 중뇌는 두 개의 도파민 작동성 뉴런, 즉 흑질선조체계와 중변연계로 되어 있다. 흑질선조체계는 운동협동에 필요한데, 만약 흑질선조체계의 신경섬유가 변성되면 파킨슨병에 걸리게 된다. 중변연계는 행동과 보상에 관여한다. 뇌간은 뇌와 척수를 이어주는 역할을 하며, 다양한 운동과 감각정보를 매개하는 신경핵들이 집중되어 있다. 특히 뇌간의 연수는 안구운동, 심장박동, 호흡 등 매우 기본적인 생명활동의 중추라고 볼 수 있는 부분이다. 또한 뇌간의 중뇌에는 신경전달물질을 분비 및 조절하는 신경세포들이 모여 있다.

간뇌는 항상성의 중추로 뇌줄기와 대뇌 사이에 존재한다. 간뇌는 시상, 시상하부와 뇌하수체와 송과샘을 포함하는 내분비조직으로 나뉜다. 신경세포들이 모여 있는 장소다. 시상은 간뇌의 대부분을 차지하고 있으며, 감각정보와 운동정보를 처리하여 대뇌로 보내는 기능을 하는데 냄새를 제외한 모든 감각정보를 대뇌에 전달한다. 시상하부는 시상 밑에 위치하여 항상성 유지를 위한 중추로 작용한다. 시상하부는 내분비계와 자율신경계의 기능을 조절하며, 망상계를 통해 다양한 감각수용기를 포함한 여러 부위로부터 정보를 받아 시상으로 보낸다.

대표적인 기능으로는 체온 유지, 삼투압 유지, 음식섭취 조절(배고픔, 갈증), 생식기능조절(호르몬 분비) 등이 있다. 뇌하수체는 뇌의 기저부에서 시상하부에 연결된 내분비선으로 기능적으로 전엽과 후엽으로 구분된다. 전엽은 부신피질자극호르몬, 갑상선자극호르몬, 여포자극호르몬, 황체호르몬, 성장호르몬 등을 분비하고, 후엽은 시상하부에서 만들어진 옥시토신과 항이뇨호르몬을 분비한다. 송과샘은 간뇌 뒤쪽에 위치해 있으며, 멜라토닌을 분비하는 작은 기관이다. 멜라토닌은 일주기 리듬 조절에 관여하는 물질이다. 대뇌변연계(둘레계통, limbic system)는 대뇌피질과 시상하부 사이의 경계에 위치한 부위로, 겉에서 보았을 때 귀 바로 위쪽(또는 측두엽의 안쪽)에 존재한다. 해마(hippocampus), 편도체(amygdala), 시상앞핵(anterior thalamic nuclei), 변연엽(limbic lobe), 후각신경구(olfactory bulbs) 등으로 이루어져 있어 감정, 행동, 동기부여, 기억, 후각 등의 여러 가지 기능을 담당한다.

뇌와 척수의 주체를 이루는 것은 신경세포이며, 그 밖에도 신경세포의 주변에서 보조, 지탱의 역할을 하는 신경교세포가 있다. 뇌에 혈관은 존재하지만 림프관은 없다. 대부분의 경우 신경세포는 집단적으로 존재하며, 신경섬유는 다발을 지어 분포하기 때문에 신경세포와 신경섬유는 육안으로도 구별할 수 있는 경우가 많다. 대뇌의 바깥층은 뉴런의 신경세포체가 모여 회색을 띠고 있어 회백질이라 불리고, 안쪽 층은 신경섬유가 모여 있고 흰색을 띠고 있어 백질이라 불린다. 척수에서는 백질이 회백질을 감싸고 있다.

뇌는 몸무게의 2%밖에 되지 않지만 하루 에너지 소모량의 20%를 소모하는데, 이는 같은 무게의 근육과 비교할 때 혈액과 산소는 2배 정도 더 사용한다. 뇌는 혈관을 통해 공급되는 포도당만을 연료로 쓰며, 간이나 근육과 달리 당분을 저장할 장소가 없기 때문에 에너지 공급이 충분하지 않으면 집중력과 기억력이 떨어지게 된다. 특히 뇌에는 신경전달물질이 필요한 양만큼 존재해야 뇌세포 간에 신호가 원활히 이루어질 수 있는데, 인지능력이 저하된 상태에서는 신경전달물질의 전달이 감소하게 된다. 인지기억 저하는 콜린성 신경세포 퇴화에 의한 아세틸콜린의 부족이 중요한 원인 중의 하나이다.

아세틸콜린(acetylcholine)은 중추신경계의 뉴런과 신경근 접합부의 체성운동 뉴런에 의해 흥분성 신경전달물질로 이용된다. 아세틸콜린은 콜린 전달효소에 의해 뇌신경 세포내에서 생산되고, 시냅스 간극으로 방출된 후 시냅스 후 뉴런의 아세틸콜린 수용체에 붙어 콜린성 신경전달을 일으키는데, 시냅스 간극에 있는 아세틸콜린에스테라아제(acetylcholinesterase)에 의해 분해되어 작용을 마치게 된다. 인지기억 저하는 아세틸콜린에스테라아제의 증가로 더욱 심화된다. 뇌의 인지능력과 관련하여 β-amyloid는 알츠하이머 환자에서 공통적으로 보이는 단백질로 신경세포 바깥쪽에 비정상적으로 쌓여 덩어리를 형성한다. 이는 신경세포에서 독성을 나타내며, 신경섬유매듭, 시냅스 손상, 신경세포 사멸, 흥분성 독성, 염증, 미토콘드리아 손상과 산화스트레스를 초래하여 알츠하이머를 유발한다. 특히 β-amyloid는 기억력과 인지기능에 중요한 뇌 영역인 해마에서 신경세포의 점진적인 퇴화와 사멸을 유도한다.

뉴로트로핀(neurotrophin)은 뇌의 활성인자로서 대뇌피질과 피질하부의 세포성장의 대표적 조절인자이다. 실제로 뉴로트로핀은 신경세포의 변성을 억제하여 신경계의 기능을 회복시키는 것으로 기억, 학습기능을 회복시키며 알츠하이머형 치매증 및 뇌혈관성 치매증의 치료약으로도 사용되고 있다. 특히 신경재생, 통증, 공격성 우울증 등 행동과 신경활동에도 큰 영향을 준다. 뉴로트로핀은 신경세포의 생존과 분화를 결정짓는 인자로서 신경영양인자라 부른다. 신경영양인자는 생체 내에서 신경계의 기능발현에 중요한 역할을 담당하고 있는 단백질군으로, 변성된 신경의 기능을 회복시킬 수 있는 물질이다.

신경영양인자에는 신경성장인자(nerve growth factor, NGF), 뇌유래 신경영양인자(brain-derived neurotrophic factor, BDNF), 뉴로트로핀-3(neurotrophin-3, NT-3), 뉴로트로핀-4 / 5(neurotrophin-4 / 5, NT-4 / 5) 등이 있고, 이들은 신경세포의 생존이나 신경계의 기능유지에 중요한 역할을 하고 있다. NGF는 말초신경계에서는 감각신경세포나 교감신경세포에 대해 작용하고, 중추신경계에서는 콜린 작동성 신경세포에 대해 작용한다. BDNF는 해마에서 직접적인 뇌세포 생성을 대표하는 인자로 광범위하게 걸쳐 있는 신경세포에 작용한다. NT-3는 감각신경세포, 운동신경세포, 해마·대뇌피질의 추체신경세포 등에 대해 작용하고, NT-4 / 5는 교감신경세포나 감각신경세포에 대해 작용한다.

18.2 기억력을 유지 · 개선하기 위한 방법

기억력을 유지 · 개선하기 위해서는 신경전달물질 생성과 전달, β-amyloid protein 축적 억제, Tau protein의 과인산화 억제, 신경염증 억제, 신경세포 사멸 억제를 통한 신경세포 보호, 산화스트레스 억제 등이 중요하다. 신경전달물질(neurotransmitter, 그림 18-1)은 하나의 신경에서 또 다른 신경세포로 시냅스(synapse)를 통해 신호를 전달하는 내인성 화학물질(endogenous chemicals)이다.

신경전달물질의 전달과정을 보면 신경전달물질이 뉴런(neuron)의 축삭말단(axon terminal) 시냅스 소포로부터 시냅스 간극(synaptic cleft)으로 방출 · 확산되어 시냅스 후 뉴런의 막에 있는 특정 수용체에 결합하여 작용을 시작한다. 그리고 시냅스 간극에 있는 신경전달물질들은 신경전달물질 운반단백질(neurotransmitter transporter)에 의해 시냅스 전 뉴런으로 되돌아가 재합성되기도 하고, 시냅스 간극에 있는 분해효소들에 의해 분해되기도 한다. 기억력과 관련된 가장 대표적인 신경전달물질로는 아세틸콜린(acetylcholine, ACh)이다. 해마에 전기적 자극이 전달되어 활성화되면 신경전달물질인 글루타메이트(glutamate)가 시냅스 전(presynaptic site)의 축삭말단(axon terminal)에서 분비되어 시냅스 후(postsynaptic site)에 흥분성 반응을 일으킨다.

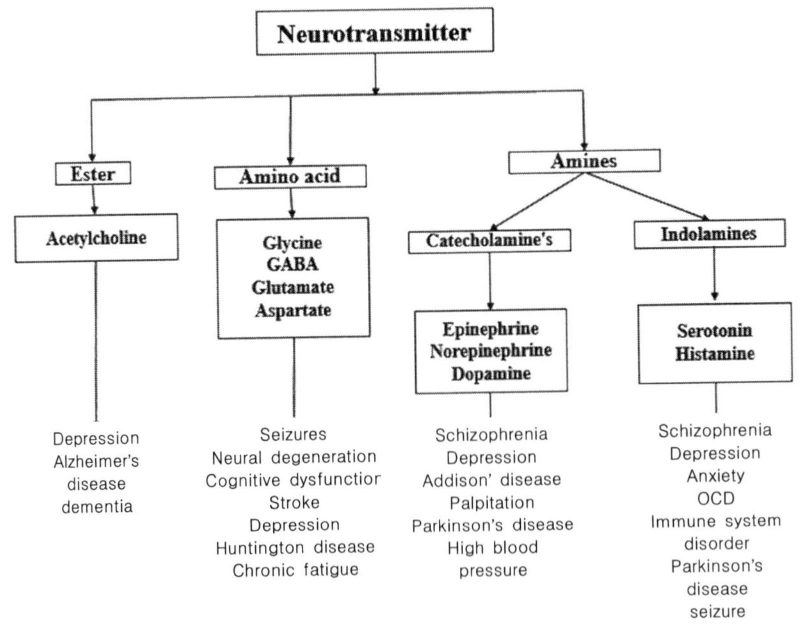

그림 18-1. 신경전달물질

(출처 : Frontiers in Pharmacology of Neurotransmitters pp 1~29, Springer 2020)

분비된 글루타메이트는 α-amino-3-hydroxy-5-methyl-4-isoxazole propionic acid (AMPA)나 N-methyl-D-aspartate(NMDA) 수용체에 작용, 이 수용체를 통하여 Na^+ 이온이 세포 내로 유입되고, K^+이온이 세포 밖으로 이동하여 탈분극(depolarization)이 일어나 전기적 신호가 형성되어 전달된다. NMDA 수용체는 휴지기에는 막혀 있으나 지속적인 자극을 주면 전위변화가 생겨 세포 내로 Na^+와 Ca^{2+}이온이 유입되어 신경세포 안에서 단백질을 발현시키게 된다.

신경세포는 시냅스 결합을 통하여 신호전달을 하며, 기억은 이 시냅스에 단백질의 형태로 축적되어 이루어진다. 또 기억력을 유지 · 개선하기 위해서는 β-amyloid protein(Aβ) 축적이 억제되어야 하는데 β-amyloid protein은 아밀로이드 전구단백질(amyloid precursor protein, APP)에 절단효소인 α-, β- 및 γ-secretase (secretase)의 작용으로 생긴다. 만약 β-와 γ-secretase가 작용하면 응집성이 강한 β-amyloid protein이 생성되어 세포 내에 축적, 섬유상(fibril)으로 응집하면서 신경독성을 나타내고, 이것이 세포를 공격 · 파괴하게 한다. 이를 억제하는 것이 기억력을 유지 · 개선하는 데 결정적인 도움이 된다. 또 타우 단백질(tau protein)은 신경세포의 축색돌기에 주로 존재하는데, 만약 타우 단백질이 과인산화되면 과인산화된 타우 단백질이 섬유화 형태로 엉켜 기억과 관련된 세포의 사멸을 유도하고 기억력을 저하시킨다.

기억력을 유지 · 개선하기 위해서는 신경조직의 신경염증을 억제하여야 한다. 외상성 뇌 손상(traumatic brain injury), 감염(infection), 자가면역 등 원인에 의해 신경염증이 일어나면 이 염증은 미세아교세포(microglia) 및 별아교세포(astrocytes)를 활성화시키고, 특히 별아교세포는 보체 활성제(complement activators), 케모카인(chemokines), 사이토카인(cytokines), 유리라디칼(free radical) 등의 염증성 인자를 분비하여 신경세포의 괴사를 촉진한다. 그 외 신경세포 사멸을 억제하고, 산화스트레스를 억제하면 기억력은 유지 · 개선된다.

18.3 기억력에 도움이 되는 생리활성물질

기억력 개선과 관련한 생리활성물질은 뇌세포가 손상 받지 않도록 보호하고 뇌의 신경전달물질을 잘 전달, 조절하면 되는데, 특히 해마에서 신경전달물질이 필요한 양만큼 존재하면 뇌세포 간에 신호가 원활히 이루어져 기억력은 좋아진다. 뇌세포는 다른 세포에 비해 특히 인지질(레시틴, 포스파티딜세린 등)이 많이 함유되어 있고, 이 인지질은 세포를 보호하는 막을 구성하여 뇌세포가 그 기능을 원활히 수행할 수 있도록 도와준다.

기억장애는 새롭게 알게 된 사실을 기억하지 못하거나, 사물이나 사람의 이름을 기억할 수 없거나, 과거의 경험을 생각해 내는 일이 어렵거나 불가능한 상태를 말한다. 또 학습장애는 듣기, 말하기, 주의 집중, 지각(知覺), 기억, 문제해결 등의 학습기능이나 읽기, 쓰기, 수학 등 학업성취 영역에서 현저하게 어려움을 나타내는 장애를 말한다. 이러한 기억장애, 인지장애 또는 학습장애는 심할 경우 다양한 증상이나 질환* 으로 이어진다.

* **증상이나 질환** : 노화, 알츠하이머병, 정신분열증, 파킨슨병, 헌팅톤병, 피크병, 크로이츠펠트-야콥병, 우울증, 노화, 두부 외상, 뇌졸중, CNS 저산소증, 뇌 허혈증, 뇌염, 건망증, 외상성 뇌손상, 저혈당증, 베르니케 코르사코프 신드롬, 약물중독, 뇌전증, 간질, 해마경화증, 두통, 뇌 노쇠증, 치매, 전측두엽 변성, 종양, 정상 뇌압수두증, HIV, 뇌혈관성 질환, 뇌신경 질환, 심혈관계 질환, 기억상실 등.

기억력 개선에 도움을 주는 생리활성물질에는 식약처의 고시형 기능성 원료에 홍삼, 은행잎 추출물, EPA 및 DHA 함유유지 등이 있고, 개별인정형 기능성 원료에는 피브로인효소가수분해물, 홍삼 농축액, 원지추출분말, 은행잎 추출물, 당귀등추출복합물, EPA 및 DHA 함유 유지, 비파엽 추출물, 구기자 추출물, 천마등복합추출물(HX106), 녹차 추출물 / 테아닌복합물, 인삼가시오갈피 등 혼합추출물, 테아닌등복합추출물 등이 있다.

1) 홍삼(홍삼 농축액)과 은행잎 추출물

기억력 개선에 도움을 주는 생리활성기능 2등급으로 지표성분은 Rg1과 Rb1의 합이다. 홍삼에 들어있는 사포닌의 일종인 진세노사이드의 핵심성분은 Rb1, Rg1, Rg3* 등으로 구분하고, 홍삼의 품질기준으로 사용하고 있다.

* **Rb1** : 세포의 노화를 억제하고 세포의 수명을 길게 하여 노화를 방지, 중추성 식용을 억제하여 비만을 예방, 해열 / 진통 및 항염작용이 있어 감기 등에 효과, 과산화지질의 생석을 억제, 노화와 암을 예방하며, 숙취를 해소하고 간을 보호한다. **Rg1** : 중추신경을 홍분시키며, 행동장애를 개선하고, 기억과 학습기능을 개선, 신경세포의 활성을 촉진, 면역기능을 촉진, 유해한 자극으로부터 인체를 방어, 피로회복 작용 및 항스트레스 작용, 콜레스테롤의 대사를 촉진하여 고지혈증을 예방한다. **Rg3** : 산삼과 홍삼에만 존재, 치매예방 작용에 탁월, 혈전 생성을 억제하고 혈소판의 응집을 억제, 혈관을 확장하여 혈액순환을 촉진, 혈압을 떨어뜨림, 암세포의 전이를 억제, 항암제에 대한 내성의 발생을 억제한다.

홍삼은 기억력 감퇴 개선 효과가 있는데, 전두엽의 기능 향상으로 기억력과 사고력을 좋게 하며 두엽, 두정엽, 후두엽의 α파(기억력, 사고력과 관련되어 나타나는 뇌의 주파수)를 증가시켜 뇌기능 개선 효과를 가진다. 홍삼은 시상사부-뇌하수체-부신피질에서 분비하는 에너지 생성 촉진 호르몬을 조절함으로써 운동능력과 피로회복 능력을 증진시키고, 진세노사이드 성분이 뇌에서 에너지로 사용되는 포도당의 흡수를 도와 뇌의 혈액순환을 원활하게 하여 기억력을 높여 준다.

은행잎 추출물(ginkgo biloba extract)은 기억력 개선에 도움을 주는 생리활성기능 2등급으로, 지표성분은 플라보놀배당체(flavonol glycosides), kaempferol, quercetin, isorhamnetin의 합이다. 은행잎 추출물에는 플라보노이드, 루틴, 카테킨 등 약 20종류의 성분과 혈관강화 기능을 가진 징코라이드 A・B・C・M・J를 비롯한 다양한 약리성분을 가지고 있는데, 그 중 중요한 생리활성성분은 flavonoid glycosides와 terpenoids이다. Flavonoids에는 kaemferol, quercetin과 isorhamnetin 등이 있으며, terpenoids는 ginkgolides와 bilobalides로 구성되어 있다.

Ginkgolides는 혈소판 활성인자를 억제하며, 저산소증이 있는 경우에 뇌 대사를 개선시키는 것으로 알려져 있고, flavonoids는 superoxide anion을 제거하고 NO의 반감기를 늘이는 작용을 하며, terpenes은 산소 자유기 제거에 간접적으로 관여한다. 은행잎 추출물은 항산화 기능 이외 말초동맥을 확장시켜 뇌혈관을 개선하고, 말초순환장애, 뇌허혈성 질환, 허혈성 망막 질환, 협심증 등 혈관 질환을 개선해 주며, 특히 기억력 개선에 효과를 가진 소재이다. 은행잎 추출물의 작용기전은 혈관 내피세포에서 아세틸콜린에 의한 혈관확장 물질인 EDRF(endothelium-derived relaxing factor)와 PGI_2(prostaglandin I_2)*의 유리 증가와 혈관 평활근 조절작용 등이다.

* 프로스타글란딘(PG)은 PGI_2, PGE_2, 그리고 F2α($PGF_{2\alpha}$)로 나누는데, PGI_2은 혈관 확장, 혈소판 응집억제, 기관지 확장 등의 기능을 가짐.

2) EPA 및 DHA 함유 유지

EPA(eicosapentaenoic acid) 및 DHA(docosahexaenoic acid) 함유 유지는 기억력 개선에 도움을 주는 생리활성기능 2등급으로, EPA와 DHA의 합으로서 0.9～2 g/day이다. 오메가-3의 일종인 DHA는 뇌를 구성하는 성분 중 하나이며, EPA는 혈액순환을 원활하게 해 주는 역할을 한다. 오메가-3을 섭취하면 두뇌의 혈류량 뿐 아니라 두뇌 구성물질도 채워줘 기억력 개선에 도움을 준다. DHA는 고도불포화지방산($C_{22:6}$)이며 생물계에 광범위하게 분포하고, 육상 포유류에 뇌와 망막, 중추신경계조직, 심장근육 등의 세포막에 인지질 형태로 존재한다. EPA와 달리 DHA는 뇌혈액 관문(BBB)을 통과해 뇌 속에 들어가고 신경세포에도 들어간다. 기억력을 관장하는 뇌 해마세포의 25%를 차지하는데, 이 물질이 부족하면 뇌세포를 보호하는 뇌 세포막을 만들 수 없어 기억력, 판단력, 집중력이 떨어진다. EPA, DHA, DPA(docosapentaenoic acid / $C_{22:5}$) 등은 안구 뒤쪽에 위치한 망막세포와 기억력을 관장하는 대뇌 해마세포의 주성분이다.

3) 구기자 추출물과 녹차추출물/ 테아닌복합물, 테아닌등복합추출물

구기자 추출물(*Lycium Chinense* Fruit Extract)은 기억력 개선에 도움을 주는 생리활성기능 2등급으로, 지표성분은 베타인(betaine / trimethylglycine)이다. 구기자 추출물에 함유된 choline 유도체인 베타인이 구기자에 0.1% 함유되어 있는데, 이 성분이 기억력 개선에 도움을 준다. 특히 대뇌 해마부위에서 치매 원인물질인 아밀로이드 β 플라크의 침착을 대폭 개선하며, 손상된 뇌 신경세포를 활성화한다. 그 외 구기자 추출물은 주의력 및 집중력, 기억력을 유지, 개선하는 데 유효한 소재이다. 구기자의 생리활성 성분은 betaine, cholin, meliscic acid, zeaxanthin, β-sitosterol, physalien, rutin 등이며, 이 성분들은 항산화, 항비만, 혈당강하, 항고혈압, 항암, 혈중 콜레스테롤 저하, 간기능 개선, 노화방지, 지방간 예방, 다이어트, 당뇨 개선 등의 기능을 가지고 있다.

녹차추출물 / 테아닌복합물은 기억력 개선에 도움을 주는 생리활성기능 3등급으로, 지표성분은 카테킨(catechin)과 L-테아닌(L-theanine / N 5-ethyl-L-glutamine)이다. 녹차(*Camellia sinensis*)에 들어 있는 수용성 성분으로는 카테킨, 카페인, 테아닌, 사포닌, 비타민 C, 비타민 P, 수용성 식물섬유 등이 있고, 불용성으로는 식물섬유, 카로틴, 비타민 E, 클로로필 등이 있다. 이 성분 중 주요 성분은 카페인, 테아닌이다. 녹차 또는 녹차추출물은 뇌 α파를 증가시켜 정신적 긴장 이완, 집중력 향상 기능을 가지고 있다.

테아닌은 글루타민과 에틸아민으로부터 효소의 의해 생합성되어 폴리페놀인 카테킨으로 전환된다. 테아닌의 기능은 뇌신경 전달물질을 조절하고, 신경계를 안정시켜 긴장을 이완시키며 스트레스 저하, LDL 산화 저해, 혈압강하, 항암효과, 불안 및 스트레스와 관련하여 뇌의 α파 증진, GABA의 수치 증가, 항우울증, 집중력 향상 등의 기능을 가지고 있는데, 뇌 혈액 장벽(Brain Blood Barrier)을 통과하는 물질이기도 한다. 즉 테아닌은 뇌 신경전달물질에 영향을 미쳐 불안증 및 스트레스 관련 정신건강 개선에 도움을 준다. 녹차추출물 / 테아닌복합물은 두 원료를 혼합하여 상승효과를 가진 복합물로 외부 불안요소에 대한 개선, 항불안 효능, 중추신경 이완으로 인한 진정작용 등으로 근이완 및 긴장 완화를 도모하며, 항불안 / 항스트레스에 도움을 주는 소재이다.

테아닌등복합추출물은 녹차추출물 / 테아닌복합물과는 다른 물질이다. 테아닌등복합추출물은 기억력 개선에 도움을 주는 생리활성기능 3등급으로, 지표성분은 테아닌과 GABA이다. 테아닌등복합추출물(테아닌과 GABA 성분함유 소재혼합 추출물)은 항고혈압, 흥분과 긴장 완화, 항스트레스 등 신경전달물질 조절기능을 가지고 있으며, 스트레스 지표 개선효과도 가지고 있다.

4) 당귀등추출복합물, 비파엽 추출물과 원지 추출분말

당귀등추출복합물은 기억력 개선에 도움을 주는 생리활성기능 2등급으로, 지표성분은 데커신(decursin), 사우치논(sauchinone), 쉬잔드린(schizandrin) 등이다(그림 18-2). 당귀(*Angelica gigantis radix*)는 미나리(*Umbelliferae*)과에 속한 다년생 초목으로 참당귀(토당귀)와 일당귀(왜당귀) 및 중국당귀 등이 있는데, 한국형 당귀가 참당귀이다. 한약재로 냉증, 빈혈과 같은 부인과 질환, 조혈 및 혈류 개선, 라디칼소거 활성 및 항산화기능, 혈소판 응고방지 및 혈액 응고방지, 신장독성 경감, 신부전증의 억제효과, 당뇨성 고혈압 억제, 배뇨장애 및 부종 개선, 치매 / 인지기능 개선 등의 효과로 널리 알려져 있는 원료이다.

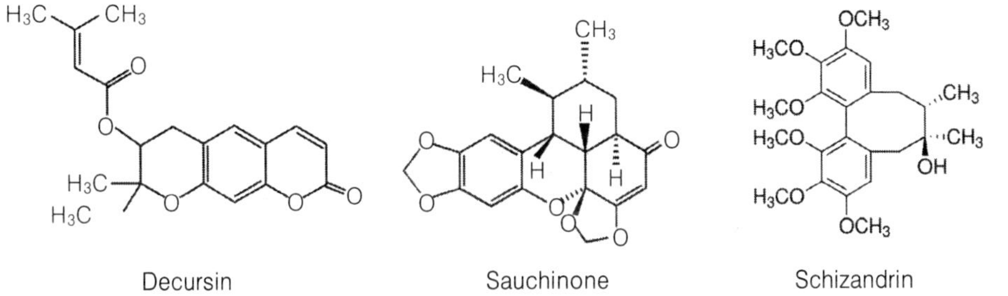

Decursin　　Sauchinone　　Schizandrin

그림 18-2. 데커신(Decursin), 사우치논(Sauchinone) 및 쉬잔드린(Schizandrin)의 구조

참당귀에 함유되어 있는 데커신은 기억력 개선의 효과를 가지는데, 이러한 작용은 acetylcholine esterase(AChE) 활성의 억제에 기인한다. AChE의 저해 정도는 데커신보다 데커시놀(decursinol)이 더 효과적이라고 한다. 이와 같은 데커시놀(decursiol) 성분은 위점막 손상의 예방 및 치료, 진통작용, 숙취제거, 치매예방 및 치료, 패혈성 쇼크 예방 및 치료용으로 사용되고 있다. 쿠마린(coumarin) 유도체인 디커시놀안젤레이트(decursinol angelate)는 항암, 혈관 이완용으로, 그리고 다당류인 안젤린(angelan)은 당뇨병 예방 및 치료용으로, 펙틴질 다당류는 면역증강용 등 다양한 기능을 가지고 있다. 참당귀에는 다당체인 ligustilide(정유 성분 중 45% 정도) 성분도 들어

있는데, 이 성분은 phthaide 유도체로 항암, 항염, 항산화, 신경보호, 그리고 골다공증 예방, 치매 등에 효과가 있는 것으로 알려져 있다.

비파엽 추출물은 기억력 개선에 도움을 주는 생리활성기능 2등급으로, 지표성분은 퀘르세틴(quercetin)이다. 비파엽(枇杷葉 / *Eriobotrya japonica Lindley*)은 장미과의 상록교목으로 기억력 개선에 도움이 되는 성분을 함유하고 있으며 그 외 소염작용, 항산화작용, 진해 · 거담 작용, 피부미백 등의 효과가 있는 것으로 알려져 있다. 비파잎으로부터 얻은 우르솔릭산(ursolic acid)은 테르페노이드 계열의 트리터펜의 하나로 근육을 강화시키고 혈당, 콜레스테롤, 중성지방을 감소시키며, 암세포의 성장과 전이를 억제하는 것으로 알려져 있다.

원지(遠志, *Polygalae Radix*) 추출분말은 기억력 개선에 도움을 주는 생리활성기능 2등급으로, 지표성분은 TMCA(trimethoxycinnamic acid, 그림 18-3)이다. 약용으로는 원지 뿌리를 이용하는데, 주요 성분으로는 3, 4, 5-trimethoxy cinnamic acid, *p*-methoxycinnamic acid 외 9종이 있다. 원지 추출분말의 생리활성은 매우 다양하지만 기억력 개선 및 항불안 기능이 가장 중요한 것으로 알려져 있으며 그 외 항골다공증, 간 보호, 신경퇴행성 활성 저하, 위 보호, 항암, 항염증, 항동맥경화, 신경교세포 활성, 항관절염, 항알러지 기능 등을 가지고 있다.

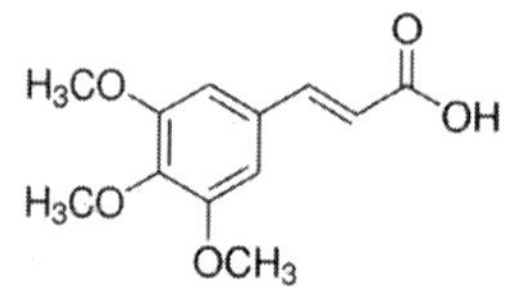

그림 18-3. TMCA(Trimethoxy cinnamic acid)의 구조

5) 인삼가시오가피 등 혼합추출물, 피브로인효소 가수분해물과 천마 등 복합추출물(HX106)

인삼가시오가피 등 혼합추출물은 기억력 개선에 도움을 주는 생리활성기능 3등급으로, 지표성분은 ① ligustilide, ② baicalin, ③ eleutheroside E, ④ ginsenoside Rg1과 Rb1의 합 등이다(그림 18-4). 인삼은 간 기능 회복, 항암면역, 항스트레스, 피로회복 및 당질, 지질, 단백질 대사 조절, 혈당 강하, 일반 자각증상 개선 효과 등이 있고, 가시오가피(*Acanthopanax senticosus*)는 드릅나무과에 속하는 다년생관목으로 러시아 및 유럽지역에서는 'Siberian ginseng'으로 알려져 있다. 이것의 유효 성분으로 eleutheroside A, B, C, D 및 E 등이다.

가시오가피는 항피로, 항스트레스, 면역활성, 항우울증, 흥분완화, 항당뇨, 항암 등 약리효과를 가지고 있으며, 그 중 스트레스 억제, 흥분 완화 및 면역 활성물질로는

eleutheroside B와 E가 있다. 가시오갈피 속명인 Acanthopanax는 *acantho*(가시나무) + *panax*(만병통치약)에서 유래한 이름이다. 인삼가시오가피 등 혼합추출물의 지표성분인 ligustilide는 당귀속의 안젤리카(*Angelica*) 추출물의 성분으로 혈액순환, 저혈압 및 혈중 지방에 의한 동맥질환을 예방하는 성분으로 알려져 있다.

가시오갈피의 대표적 성분인 eleutheroside E는 피로개선, 항염, 항산화 등의 생리활성을 가지고 있으며, 특히 근육세포에서 인슐린에 의해 유도되는 당 흡수를 증진시키고, 염증인자(TNF-alpha)에 의한 인슐린 저항성을 개선시켜 혈당 저하는 물론 당뇨병 개선에도 도움이 되는 성분으로 알려져 있다. Baicalin은 황금(黃芩)의 주요 생체활성 성분이며, 원래 항당뇨 기능이 있는 소재로 알려져 있는데 신경줄기세포 증식과 해마신경 재생성을 촉진하여 학습능력 향상, 기억력 향상, 우울증 개선, 항산화성 등의 효과도 가지고 있다.

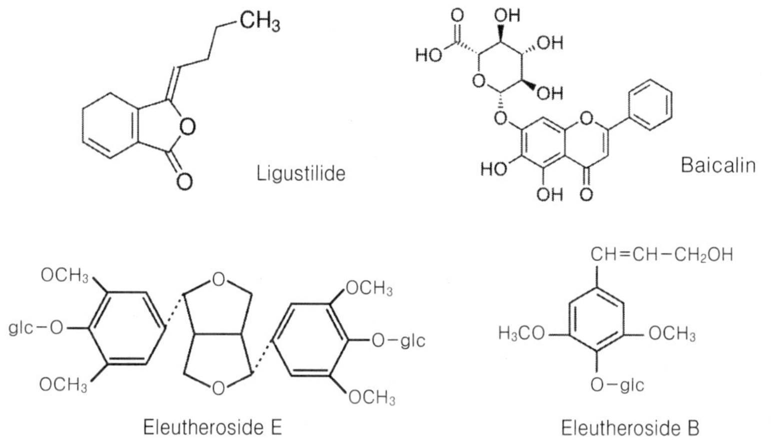

그림 18-4. Ligustilide와 Baicalin, Eleutheroside 구조

피브로인효소 가수분해물은 누에고치에서 뽑아낸 실크에서 세리신을 제거하여 피브로인을 추출한 후 효소가수분해하여 만든 기능성 원료로 학습력과 기억력, 집중력 증진에 효과가 있는 생리활성기능 2등급으로, 지표성분은 Gly-Ala-Gly-Ala-Gly-Tyr의 펩타이드와 티로신(tyrosine), 알라닌(alanine) 등이다. 누에고치는 섬유상 단백질인 fibroin과 그것을 둘러싸고 있는 고무상 단백질인 세리신(serisin)으로 구성되어 있는데 실크 아미노산은 주로 글라이신(glycine), 알라닌, 세리신, 티로신 등이다. 실크 아미노산은 항산화, 콜레스테롤 저하, 소화흡수 촉진, 알코올 흡수 저해, 체내의 면역능력 증가 등의 기능을 가지고 있으며, 피브로인은 혈청 콜레스테롤 억제를 비롯하여 칼슘흡수 촉진 및 골다공증 예방, 고혈압 예방, 항산화, 항알레르기 등의 기능을 가지고 있다.

피브로인 및 피브로인 유래 펩타이드는 경단백질의 일종으로 글리신과 알라닌을 다량 함유하고 있는데, 티로신이나 세린을 비롯하여 17종류의 아미노산으로 이루어져 있다. 누에고치의 섬유를 구성하는 섬유상 단백질 또는 이의 모방 펩타이드로 널리 알려져 있다. 피브로인 유래 펩타이드의 반복적인 아미노산 서열은 헥사펩티드 Gly-Ala-Gly-Val-Gly-Tyr(GAGVGY)인데, 이것은 포도당 수송을 개선시키고, 지질 축적 감소를 가지고 있으며, 고혈당을 조절할 수 있는 성분이다. 또 피브로인 유래 펩타이드는 기억력 향상, 학습, 또는 인지능력을 제고하며, 스코폴라민(scopolamine)으로 인한 기억 손상을 개선하는 효과를 가지고 있다.

피브로인효소 가수분해물은 신경세포의 손상과 손상된 뇌 기능을 회복시키며, 기억력과 학습기억 효율성을 증진시키고, 그 외 항암과 항유전독성 작용을 가진다. Tyrosine은 항우울제(antidepressant)로 신경전달물질의 감소로 인해 기억이 손상되었을 경우 기억을 회복시키는 비필수아미노산으로, 신경계의 도파민이나 노르에피네피린(noradrenaline) 생성에 도움을 주어 정신적인 안정감을 높이고, 아드레날린(adrenaline) 합성과 갑상선호르몬 생성에도 영향을 준다.

천마등복합추출물(HX106)은 기억력 개선에 도움을 주는 생리활성기능 2등급으로, 지표성분은 gastrodin, salvianolic acid B, ellagic acid, spicatoside A 등이다(그림 18-5). 천마(天麻, *Gastrodiae rhizoma*)는 다년생 초본으로 뽕나무버섯과 편리 공생하는 난초과(*Orchidaceae*) 식물에 속하는 식물 천마(*Gastrodia elata BLUME*)의 구근으로 원명은 적전(赤箭)이다. 습기가 많은 돌 틈과 음지 혹은 반그늘에 참나무류가 쓰러져 썩은 곳에서 자란다. 예로부터 천마는 고혈압, 두통, 마비, 신경성질환, 콜레스테롤 저감, 두통과 현기증, 수족마비, 중풍, 전간(발작, 지랄병) 등에 효과가 있는 것으로 알려져 있다.

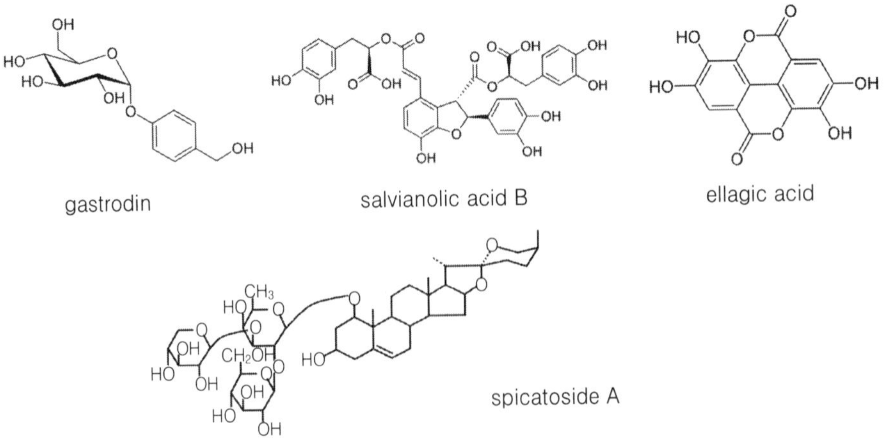

gastrodin salvianolic acid B ellagic acid

spicatoside A

그림 18-5. 천마등복합추출물(HX106)의 지표성분 구조

실제 천마 성분 중 다당체 고분자 분획은 중성지방(TG)과 LDL콜레스테롤 감소, HDL콜레스테 증가를 통해 동맥경화 유발 지수 저하, 혈압 감소를 일으키며, 단백질 분획은 ACE 저해 활성, macrophage 세포의 활성도 증가 등을, 주요 페놀 성분들은 tyrosinase 저해 활성을, 에탄올 가용성 저분자 분획은 항산화 활성을 나타내는 것으로 알려져 있다. 건강기능성식품인 천마등복합추출물은 작업기억(working memory)을 향상시키는 것으로 알려져 있는데, 작업기억이란 암기, 암산, 계산 등과 같은 단기 기억과 정보처리 능력을 동시에 활용하는 데 관여하는 기억이다. 천마 성분으로 알려진 것으로는 가스토로딘(gastrodin) 등 페놀성 화합물과 하이드록시벤질알코올(*p*-hydroxybenzylalcohol), *p*(*p*-hydroxybenzyloxymethyl), 트리테르펜(triterpene), 바닐릴 알코올(vanillyl alcohol), 에르고티오닌(ergothioneine), parishin, phenol glucose 등이 있다(그림 18-6).

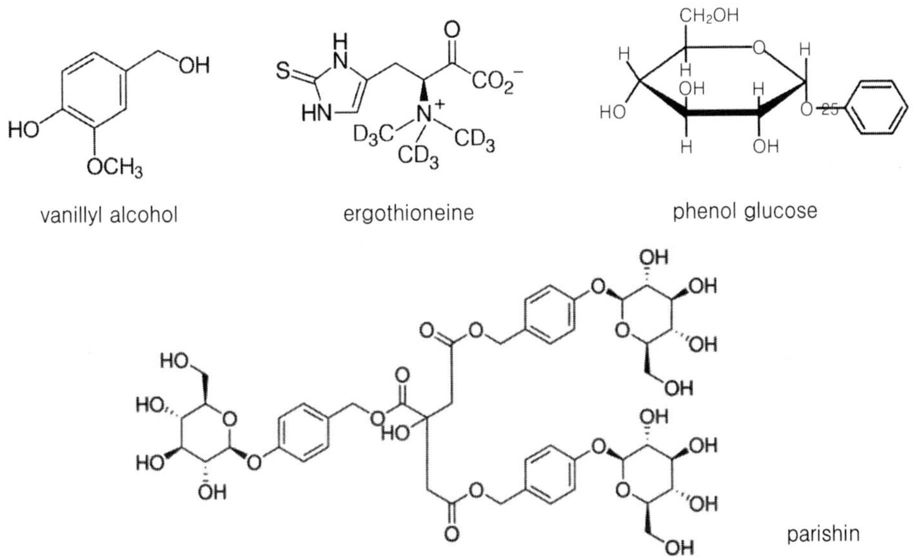

그림 18-6. Vanillyl alcohol, Ergothioneine, Parishin, Phenol glucose의 구조

생(fresh) 천마는 맛이 매우 쓰고 특이 냄새를 가지며, 저장기간이 짧아 보통 이를 증자, 건조, 추출, 분말화하여 사용하고 있다. Gastrodin(glucoside of gastrodigenin, 10 mg / 1g당)은 혈관에 쌓인 유해산소를 제거해 기억력 감퇴를 막고, 혈액순환을 도우며, 뇌신경을 보호한다. 바닐릴알코올은 항염증, 항산화, 항암작용을 가지고 있으며, 에르고티오닌(5 mg / 1g당)이라는 노화억제 물질은 항산화, 치매억제, 피부보호(보습 / 탄력 / 미백 / 주름 등 개선) 등의 약리작용을 가지고 있다. 엘라그산(ellagic acid)는 헥사히드록시디펜산(hexahydroxydiphenic acid)의 디락톤(dilactone)으로 과일과 채소에서 발견되는 천연 페놀 항산화물질이며, 다양한 기능을 가지고 있다.

18.4 인지능력 향상에 도움을 주는 생리활성물질

인지능력 개선은 노화로 저하된 인지능력의 유지와 뇌 기능의 정상적인 유지에 도움이 되는 것을 의미한다. 인지 기능성 내용 표현으로 생리활성기능 1등급은 노화로 저하된 인지능력 개선에 도움을 준다. 2등급은 노화로 저하된 인지능력 개선에 도움을 줄 수 있으며, 3등급은 노화로 저하된 인지능력 개선에 도움을 줄 수 있으나 관련 인체적용 시험이 미흡한 경우라고 정의하고 있다. 현재 식약처에서 인정한 노화로 저하된 인지능력 개선 기능성 원료로는 *Lactobacillus helveticus* 발효물, 도라지 추출물(DRJ-AD), 참당귀뿌리 추출물과 분말, 포스파티딜세린 등이 있다.

1) *Lactobacillus helveticus* 발효물과 도라지 추출물(DRJ-AD)

Lactobacillus helveticus 발효물은 인지능력 향상에 도움을 주는 생리활성 기능성 원료 3등급이며, 지표성분은 젖산이다(*L. helveticus* 발효물로서 1 g / day). 다양한 유산균주들로 우유를 발효하여 얻은 발효산물들 중 신규 분리 동정한 *Lactobacillus helveticus* 발효물이 인지기능 개선에 도움을 주는데 학습능력 및 기억력 회복, 신경세포 보호 효과, 치매 원인물질(베타아밀로이드) 감소 등의 기능을 가지고 있다. 유산균은 정장작용, 소화 촉진작용 이외 다양한 만성질환의 개선에도 효과를 가지고 있다.

도라지 추출물(DRJ-AD)은 인지능력 향상에 도움을 주는 생리활성 기능성 원료 3등급이며, 지표성분은 platycoside E와 platycodin D의 합(도라지 추출분말로서 3g / day)이다. 초롱과에 속하는 다년생초인 도라지(*Platycodon grandiflorum* / *Platycodi Radix, Campanulaceae* / 길경)는 당질과 섬유소가 많고, 칼슘이 풍부한 우수한 알칼리성 식품으로 항산화, 항암, 항당뇨, 항균용 조성물을 가지고 있다. 지표성분인 platycodin D는 triterpenoid saponin의 일종으로, 인지능력 이외 항염효과, 항알레르기를 가지며, 간염바이러스 B의 단백질성 표면항원(HBsAg)의 면역성 증진 효과 등을 가지고 있다. Platycoside E는 항알러지 소재로 알려져 있다. 도라지의 주요 약리성분은 triterpenoid계 사포닌이다. 따라서 도라지 추출물은 세포내 활성산소종(reactive oxygen species, ROS) 및 nitric oxide(NO) 생성을 억제하고, 도라지 ethyl acetate는 세포내 항산화 유전자 발현량을 증가시키며, 사이토카인 분비량을 증가하며, 종양 억제와 암세포 사멸효과를 가지고 있다.

특히 도라지 추출물은 뇌허혈 시 발생하는 뇌신경세포의 사멸로 발생할 수 있는 인지기능 저하 능력을 개선해 주고, 콜린성 신경전달물질의 효능을 증강시키고 동시에 신경세포의 손상을 방지하므로 퇴행성 뇌질환의 예방 및 치료제로서 또한 기억력 증진에 유용하다. 퇴행성 뇌질환인 치매는 전반적인 인지기능의 장애를 나타내는 뇌질환으로 보통 만성 또는 진행성 뇌질환에 의해서 발생되고 기억, 사고, 이해, 계산, 학습, 언어 판단 등 다수의 고위 대뇌기능에 장애가 나타난다. 이러한 원인은 불분명하지만 추정되는 원인으로는 대뇌기저부의 콜린(choline)성 신경세포의 손상(콜린 가설), 신경전달물질의 감소, β-amyloid 축적, 산화스트레스 등으로 보고 있다. 따라서 이를 예방하기 위해서는 뇌세포의 파괴와 노화를 지연시키고, 뇌세포의 재생을 촉진시켜야 한다.

2) 참당귀뿌리 추출물 / 참당귀 추출분말과 포스파티딜세린

참당귀뿌리 추출물 / 참당귀 추출분말은 인지능력 향상에 도움을 주는 생리활성 기능성 원료 2등급이며, 지표성분은 참당귀뿌리 추출물이 디컬시놀(decursinol)과 디컬신(decursin, 참당귀뿌리 추출물로서 800 mg/day)이며, 참당귀 추출분말은 디컬신(decursin)이다(참당귀 추출분말 nutragen으로서 800 mg). 한국산 당귀를 참당귀(세발당귀, 토종 당귀, 토당귀)라 부르는데 디컬신은 매우 강력한 항염, 통증 억제 효과는 물론 연골을 분해하는 효소 생성을 억제하며, 해마조직에서 acetylcholinesterase(AChE)을 저해함으로써 기억력 개선 효과를 나타낸다.

디컬시놀은 참당귀의 생리활성성분으로 인지능력에 도움이 되는 성분이고 그 외 진통효과, 혈류개선 작용을 가지며, 신경독성에 대한 보호, 치매 예방, 항헬리코박터균, 패혈증 등에 효능을 가지고 있다. 포스파티딜세린(phosphatidylserine, PS)은 인지능력 향상에 도움을 주는 생리활성 기능성 원료 2등급이며, 지표성분은 L-α-diacylphospha-tidylserin과 phosphatidylserine 두 종류가 있다(모두 포스파티딜세린으로 300 mg/day이다). PS는 피부건강(노화 및 주름 등)에 도움이 되는 성분일 뿐만 아니라 신경기능을 회복하며, 세포 내에서의 에너지대사를 개선시켜 인지기능 개선, 기억력 회복, 집중력 저하 억제, 정신불안의 해소, 스트레스 내성 향상, 뇌기능 개선 등의 기능을 가지고 있다.

〈19절〉 스트레스와 긴장 완화에 도움을 주는 생리활성물질

19.1 스트레스와 긴장의 정의 및 단계

우선 사람들은 스트레스, 긴장, 불안이라는 용어를 구별하지 않고 사용하고 있다. 엄밀하게 치이점을 논하기는 어렵지만 일반적으로 같은 뉘앙스를 가진 용어로 유사하게 사용되고 있다. 영어로 표현하면 스트레스는 stress, 긴장은 tension, strain, 불안은 anxiety이다. 긴장을 경험하는 사람들은 압박감, 압도적인 불안 및 불확실성을 표현하는 경향이 있고, 스트레스를 받는 사람들은 과민성, 분노, 피로, 근육통, 소화 장애 및 수면장애와 같은 정신적·신체적 증상을 경험하는 반면 불안은 스트레스 요인이 없어도 사라지지 않는 지속적이고 과도한 걱정으로 정의하기도 한다.

어떻든 스트레스(stress)는 내·외부의 압력을 조정하고 그것에 적응하려는 각 개인의 심리적·행동학적 반응을 총칭하는데, 몸에 해로운 자극을 받을 때 몸 안에 발생하는 심리적·신체적 피로, 긴장 등을 말하고 인체에 가해지는 해로운 인자나 자극에 따른 긴장상태로 정의한다. 즉 긴장 요인에 대항하기 위한 심신의 변화과정을 말하는데 정신압박의 일종이다.

외부에서 압력을 받으면 긴장, 흥분, 각성, 불안 등과 같은 생리적 반응이 일어나는데 이런 외부 압력을 스트레스 요인(stressor)이라고 칭하고, 여기서 벗어나 원상복귀하려는 반작용을 스트레스라고 부른다. 즉 외부로 부터의 압력을 받으면 흥분, 각성 또는 불안 등 생리적 반응이 일어나게 되고, 이러한 반응으로부터 원상태로 돌아가려는 반작용, 즉 체내 항상성을 유지하려고 하는 일련의 반응을 말한다.

일반적으로 스트레스는 내외적 원인이 있는데 대부분 내적원인에 기인한다. 내적원인으로는 수면, 과중한 업무, 부정적인 생각, 경직된 사고 등이며, 외적원인은 소음, 강력한 빛, 열, 한정된 공간, 사회적 관계 등이다. 스트레스는 정신적 측면에서는 각성수준, 기억, 정서 등 심리적인 항상성의 변화를, 생물학적 측면에서는 뇌하수체-부신축 활성화와 관련된 내분비계, 자율신경계, 면역계 등의 생리적 변화를, 행동적 측면에서는 다양한 적응적 행동변화를 일으킨다. 스트레스 반응은 기본적으로 생존을 위한 적응 반응이지만, 지나치게 활성화되면 불안장애와 우울증의 증상을 야기할 수 있으며, 만성적으로 오랜 기간 지속되면 신체적인 손상을 가져온다.

스트레스에 대한 반응은 1단계(경보반응), 2단계(저항단계), 3단계(탈진 및 피폐단계)로 구분하는데, 1단계는 스트레스에 대해 적극적으로 저항하는 시기이고, 2단계는 저항이 가장 강한 시기, 3단계는 저항력이 떨어지고 정상적인 기능을 유지할 수 없게 되는 탈진상태를 말한다. 스트레스 시스템이 작동되면 심리적인 변화와 행동 변화가 일어나는데 중추신경계에서는 각성, 인지, 공격성 증가, 성기능 장애, 성장 억제, 대응조절 피드백 기전 작동 등의 반응이 일어난다.

말초신경에서는 산소섭취 증가, 분해대사 증가, 해독물질 증가, 면역억제, 각 조직에의 영양공급 증가 등의 변화가 일어난다. 급성 스트레스일 경우에는 고혈압, 저혈압, 통증, 소화기 증상, 알레르기 질환, 공황장애, 정신분열 증상 등을 유발하고, 만성 스트레스는 불안, 우울증, 인지기능 장애, 심혈관질환, 비만, 당뇨병, 신경퇴행성 질환, 골다공증, 수면무호흡증 등을 유발한다. 폭식장애, 음식중독 등 병적인 식습관 장애도 스트레스, 정서, 인지, 성격과 매우 깊은 관련성을 가지고 있다.

19.2 스트레스의 기전과 호르몬

인체는 복합적인 동적 평형(complex dynamic equilibrium), 즉 항상성(homeostasis)을 유지하려고 한다. 이런 항상성에 위협을 가하는 내적·외적의 해로운 요소들을 우리는 보통 스트레스 유발 요소(stressors)라 부른다. 만약 스트레스 시스템이 너무 과도하거나, 너무 부족하거나 또는 평소에 부적절하게 반응하면 발달장애, 성장장애, 체성분장애, 행동장애 등 다양한 신체질환을 유발한다. 스트레스 요인이 주어지면 코르티솔(cortisol)과 같은 스트레스 호르몬이 혈중으로 분비되어 우리 몸을 보호하려고 한다.

우선 신체부위에 혈액공급을 원활히 할 수 있도록 혈압이 증가하고 뇌, 심장, 근육으로 가는 혈류가 증가하는가 하면 피부, 소화기관, 신장, 간으로 가는 혈류는 오히려 감소하게 된다. 그로 인해 우리 몸은 산소공급을 위해 호흡이 빨라지고, 소화기능은 떨어지며, 근육은 긴장하고, 정신과 감각기관이 예민해지게 되는데 이 상태가 지속되면 저항력이 떨어지고, 정상적인 기능을 유지할 수 없게 된다. 뇌가 스트레스에 반응하는 기전 중 가장 잘 알려진 것은 시상하부-뇌하수체-부신피질축(hypothalamic-pituitary-adrenal axis, HPA)과 교감신경계의 활성화이다. 스트레스로 인해 HPA축이 활성화 되면 부신피질에서 cortisol의 생산과 분비가 촉진되고, 부신수질과 교감신경에서 카테콜아민(catecholamine)의 분비가 이루어진다.

스트레스는 말초와 중추신경계에서 interleukin-1(IL-1), interleukin-2(IL-2), interleukin-6(IL-6), interferon 등의 염증성 사이토카인을 항진시켜 세로토닌 분비를 억제한다. 사이토카인은 세포 사이의 신호전달을 매개하는 단백질로 종류에는 인터루킨, 인터페론, 종양괴사인자 등이 있는데, 면역세포 뿐만 아니라 신경세포도 사이토카인을 분비하여 뇌신경 기능 조절에 관여한다. 사이토카인인 α, β 등의 생성 발현양이 많을수록 스트레스 정도가 심하다.

세로토닌은 뇌 전체에 광범위하게 영향을 미치는데 생리적 기능으로는 기분, 행동, 식욕, 대뇌순환 등을 조절한다. 세로토닌이 지나치게 많으면 뇌 기능이 흥분·자극되고, 부족하면 우울증처럼 신체적 기능을 저하시키는데 세로토닌이 증가할수록 평온함이, 세로토닌이 감소할수록 불안감이 증가된다. 부신피질자극호르몬은 뇌하수체에서 분비되는 물질로 부신피질을 자극하여 코르티솔과 같은 스테로이드 호르몬을 분비시킨다. 인체가 스트레스를 받으면 중추신경계를 통해 이 호르몬의 분비가 촉진된다.

부신피질자극호르몬 방출인자(corticotrophin releasing factor, CRF)는 부신피질자극호르몬의 분비에 관여하는데, 시상하부 뇌하수체 신경분비계에 의해 뇌하수체 문맥계에 분비되고, 혈중의 부신피질호르몬 농도에 의해 분비가 조절된다. CRF를 분비하는 신경세포는 스트레스에 관련된 정보를 통합하는데, 뇌하수체 문맥계로 분비되어 뇌하수체 전엽에서의 adreno-corticotropin(ACTH) 분비를 촉진하고, 이 ACTH는 혈류를 타고 부신피질에 도달하여 glucocorticoid(GC) 분비를 촉진한다.

지속적으로 스트레스를 받으면 GC가 지속적으로 증가하면서 해마의 신경세포에 손상을 주게 된다. 스트레스 반응 초기에는 교감신경계와 부신수질로부터 에피네프린과 노르에피네프린의 분비가 증가한다. 부신수질에서 나오는 카테콜아민은 스트레스에 급히 반응하는 호르몬을 분비한다. 카테콜아민은 트립토판으로부터 세로토닌을, 그리고 티로신으로부터 에피네프린, 노르에피네프린, 도파민 등을 분비한다. 노르에피네프린은 뇌에 광범위하게 퍼져있는 카테콜아민으로 중추신경계와 말초신경계의 신경전달물질로 사용된다. 스트레스를 받았을 때 분비되는 노르에피네프린은 심장의 수축력과 심박수를 증가시키고, 전신의 혈관을 수축시켜 혈압을 상승시킨다. 노르에피네프린 농도가 높을수록 스트레스가 높아진다.

도파민은 중추신경계의 신경전달물질로 노르에피네프린의 전구물질인데 인지와 주의 집중력, 운동기능 조절 등에 관여한다. 도파민은 신체 내에서 감정을 조절하고, 인지와 주의 집중력을 조절하는 데 관여하는데, 도파민의 증가는 곧 스트레스의 감소를 의미한다. 코르티코이드는 부신피질에서 분비되는 스테로이드 호르몬으로 당질코르티코이드인 코르티솔이 스트레스 상황에 반응한다.

코르티솔의 분비는 뇌하수체 전엽의 부신피질자극호르몬에 의해 촉진되고, 음성 피드백에 의해 스트레스 반응을 종료시키는 데 중요한 역할을 한다. 코르티솔은 당신생과정을 자극하고 포도당 이용을 억제하여 혈당량을 증가시키고, 지방분해를 촉진하여 혈액 속에 지방산 유리를 증가시키는 이화작용 촉진물질이다. 코르티솔은 정신적인 스트레스를 받았을 때 상대적으로 농도가 증가하며, 혈압 및 맥박을 증가시키는데, 코르티솔 농도가 높을수록 스트레스가 높음을 의미한다.

뇌파는 뇌의 활동에 따라 일어나는 전류를 기록한 것으로 뇌파는 α β γ δ θ 등이 있는데, 뇌파 α파의 힘이 증가할수록, β파의 힘이 감소할수록 스트레스가 완화됨을 의미한다. 심리적 스트레스로 자극을 받으면 신체는 호르몬 분비 및 신경전달물질의 변화가 나타난다. 뇌하수체 호르몬 생성이 증가하고, 신경전달물질인 P물질(substance P), 칼시토닌 유전관련 펩타이드(calcitonin gene related protein, CGRP) 등도 스트레스에 의해서 그 분비가 증가한다. 이는 혈관내피 의존성 혈관 확장, 비만세포의 탈과립 유도, 염증세포 이주 및 증식에 관여하기 때문이다.

P물질은 타키키닌(tachykinin)류에 속하는 신경전달 펩티드로서 통증 전달에 관여한다. 최근 연구에 의하면 P물질은 혈류량 증가, 혈관 확장, 비만세포의 과립화 등을 유도하며, 특히 피부의 각질형성세포 등에서 염증성 사이토카인의 생성을 촉진하는

것으로 알려져 있다. 따라서 P물질의 생성을 억제할 수 있다면 스트레스로 인한 피부 트러블도 개선시킬 수 있다고 한다.

19.3 스트레스와 긴장 완화에 도움을 주는 생리활성물질

스트레스로 인한 질병을 예방하려면 규칙적인 생활과 건전한 생활리듬을 유지하고 취미생활, 오락, 스포츠 등으로 심신의 스트레스를 해소하여야 한다. 스트레스와 긴장 완화에 도움을 주는 생리활성물질 소재에는 개별인정형 기능성 원료에 유단백가수분해물(락티움)과 L-테아닌, 아쉬아간다 추출물, 돌외잎 추출물 등이 있다.

1) L-테아닌과 유단백가수분해물(락티움)

L-테아닌(theanine)은 긴장 완화에 도움을 주는 생리활성 기능성 원료 2등급으로, 지표성분은 L-테아닌이다. 테아닌(γ-글루타밀에틸아미드)은 홍차와 녹차 등에 많이 들어 있으며, 녹차 특유의 아미노산으로 신경계를 안정시키고 세로토닌, 도파민, GABA의 수치를 상승시켜 긴장을 이완시킨다. 또 스트레스를 저하하고, 뇌의 α파를 증진하여 항우울증, 집중력 향상, 긴장 완화에 도움을 준다.

유단백가수분해물(락티움)은 긴장 완화에 도움을 주는 생리활성 기능성 원료 2등급으로, 지표성분은 αS1-casein(91-100)이다. 유단백가수분해물은 탈지우유에서 카제인을 분리한 후 소화효소인 트립신으로 처리하면 활성물질인 데카펩타이드(decapeptide)인 αs1-casein(91-100 또는 α-casozepine)의 함량이 높은 소재를 얻을 수 있다. 이 펩타이드는 포유류의 중추신경계에 생기는 신경전달물질의 하나인 GABA의 수용체에 대해 친화성을 가지고 있어 불안 완화, 스트레스 호르몬의 분비 감소 등으로 정서적인 안정을 유지하고, 긴장을 완화하는 데 도움을 준다.

2) 아쉬아간다 추출물과 돌외잎 추출물

아쉬아간다 추출물은 긴장 완화에 도움을 주는 생리활성 기능성 원료 2등급으로, 지표성분은 withaferin A이다. 아쉬아간다(*Ashwagandha,* 땀에 젖은 말의 냄새, 말 같은 힘을 얻는다라는 뜻)는 인도와 네팔, 중동의 건조지대에서 자생하는 가지과의 상록식물로 식물의 모든 부분을 약재로 사용할 수 있으나 뿌리가 주 약재 원료로 사용되고 있다. 인도인삼(Indian ginseng)이라고도 부르는데, 생리활성 성분으로는 isopelletierine, anaferine, steroidal lactones, withaferin A, withanolide-A, 시포닌 등이다. 아쉬아간다 추출물의 주요 기능은 긴장 완화를 비롯하여 항산화, 항염증, 면역조절, 자양강장, 조혈기능 강화, 항암, 노화방지, 관절염 염증/통증 완화, 빈혈개선, 성기능 향상, 수면촉진, 혈액순환 증진, 신경계 보호 등이다. 중요한 것은 우울증이나 불안증 해소에 도움이 되는 항스트레스 소재라는 점이다.

돌외잎 추출물은 긴장 완화에 도움을 주는 생리활성 기능성 원료 2등급으로, 지표 성분은 ombuoside이다. 돌외는 박과에 속하는 다년생 덩굴초본으로 중국에서 제2의 인삼으로 불린다. 차로 복용하며 기관지염 치료, 체지방 합성 억제, 면역력, 항산화 등의 기능이 있는 것으로 알려진 식물이다. 돌외잎 추출물의 주요 성분은 dammarane계 사포닌인 gypenoside와 그밖에 promeveroside, sophoriside, bisdesmoside, gentiobioside, rutionoside 등의 배당체, 그리고 스테로이드이다. 돌외잎 추출물은 체지방 분해, 콜레스테롤과 혈당 조절, 면역강화 등의 효능을 가지고 있으며, 긴장 완화에 도움을 주는 생리활성 소재이다. 돌외잎에서 분리된 다마란계 사포닌은 인삼의 사포닌과 동일한 것이 많고, 동계열의 배당체로서 6종의 새로운 지페노사이드(gypenoside)를 함유하고 있는 것으로 알려져 있다. 지페노사이드는 비만, 고혈압, 항염, 항당뇨, 면역기능, 콜레스테롤 강화작용, 심혈관계 질환 예방, 진해, 거담, 강장작용 등의 기능을 가지고 있다.

〈20절〉 눈 건강에 도움을 주는 생리활성물질

20.1 눈의 구조와 시각 수용기

눈은 빛을 감지하는 시각기관으로 명암, 색깔, 사물의 모양과 크기, 원근(멀고 가까움) 등을 구분하는 인체 중요한 기관이다. 그러나 눈 건강에 위험을 주는 환경에 과다 노출(컴퓨터, 텔레비전, 스마트폰 사용 등)되거나 나이가 들면 눈의 기능이 저하되고, 따라서 각종 안구 질환이 생기게 된다. 시각기관(visual system)은 시각을 담당하는 중추신경계의 일부로 신체 외부의 광자극을 전기적 신호로 바꾸는 역할을 한다. 시각기관은 빛의 감지, 단일 영상의 형성, 2차원 형상의 깊이 및 간격 인식, 물체의 파악 및 분류, 신체 동작 인도 등 여러 가지 복잡한 기능을 수행하는데, 주변의 사물을 투상하여 뇌로 전송하는 기관을 안구(눈)라 한다.

안구는 검은자와 흰자위로 구성되어 있는데, 검은자위는 동공((瞳孔, pupil)과 홍채(虹彩, iris)로 구성되어 있고, 검은자위 가운데 색소가 없는 부분을 동공(눈동자)이라 부른다. 안구 전면부에는 렌즈의 역할을 하는 수정체(水晶體, crystalline lens), 안구 내로 유입되는 빛의 양을 조절하는 홍채가 존재하며, 홍채가 둘러싸고 있는 검은 부분이 동공이다. 동공은 투명한 막이지만 검게 보이는 이유는 맥락막(脈絡膜, choroid)에 의해 눈 내부가 암실처럼 되어 있기 때문이다.

눈의 앞쪽 근처에서 눈꺼풀로 보호되는 부위의 막은 세 개의 층으로 구성되어 있는데, 공막(강막, sclera), 안구 전면부의 각막(cornea), 중간에 색소를 함유하고 있는 암막 커튼과 같은 역할을 하는 맥락막 등이 있고, 가장 안쪽에는 안구 뒷쪽으로 망막(retina)이 분포하여 이곳에서 빛을 감지한다. 공막은 각막의 가장자리까지 이어지는 얇고 투명한 결막(conjunctiva)으로 덮여 있고, 결막은 눈꺼풀과 안구의 습기가 있는 뒷면을 덮고 있다. 내부에는 유리체(vitreous body)라는 투명한 젤 형태의 물질로 완전히 차있어 안구의 형태가 구형으로 유지될 수 있다.

빛은 홍채와 동공 앞쪽의 맑은 곡선 모양의 층으로 이루어진 각막을 통과한 후 동공(눈의 중간에 있는 검은 점)을 통해 이동하는데, 각막은 눈 앞쪽의 보호 덮개인데 눈 뒤쪽에 있는 망막에 빛의 초점을 맞추도록 도와준다. 홍채(동공을 둘러싼 눈의 원형 색 영역)는 눈에 들어오는 빛의 양을 조절하는데, 어두운 환경에서 눈에 많은 양의 빛이 들어오도록 하며(동공 확대 또는 확장), 밝은 환경에서는 작은 양의 빛이 들어오도록 한다(동공 축소 또는 수축). 따라서 동공은 카메라 렌즈의 조리개처럼 주변 환경의 빛의 양을 조절한다. 홍채 뒤에 수정체가 자리하는데 이 수정체의 모양이 변하면서 망막에 초점이 맺히게 된다.

수정체가 작은 근육(모양체근)의 작용을 통해 두꺼워지면 가까운 물체에 초점을 맞추게 되며, 얇아지면 멀리 있는 물체에 초점을 맞추게 된다. 망막은 빛을 감지하는 세포(광수용기)와 망막에 영양을 공급하는 혈관을 가지고 있는데, 망막에서 빛에 가장 예민한 광수용기(光受容器, photoreceptor / 원추라고 불리는 유형)를 수백만 개 밀집된 곳이 황반(黃斑, macula / macula lutea / macula of retina)이다. 황반에 빽빽이 들어 있는 원추세포(圓錐細胞, cone cell)는 마치 고해상도 디지털 카메라가 수백만 화소 이상을 갖는 것처럼 세밀한 시각 영상을 만드는 곳이다.

각각의 광수용기는 신경섬유에 연결되어 있으며, 광수용기의 신경섬유는 함께 묶여서 시신경을 형성하고, 시신경의 첫 번째 부분인 시신경 원판은 안구의 뒤쪽에 있다. 망막의 광수용기는 영상을 전기신호로 변환하여 시신경을 통해 뇌에 전달한다. 안구는 두 부분으로 나누어지며, 각 부분에는 체액이 들어 있다. 이 체액에 의해 발생하는 압력이 안구를 채워서 안구의 모양을 유지하게 된다. 안구 앞부분(전안부)은 각막의 내부에서 수정체의 앞쪽 표면까지 이어지는데, 안구 앞부분에는 수양액(水樣液, aqueous humor)이라고 부르는 내부 표면에 영양을 공급하는 액체가 들어 있다.

시각의 수용기인 망막(retina)은 간뇌(間腦, diencephalon)에서 발생되므로 망막의 신경절세포(ganglion cell)의 축삭이 형성하는 시각신경(optic nerve, 시신경)과 시각로(optic tract, 시삭)는 간뇌의 일부분이라고 할 수 있다. 시각의 수용기는 망막의 바깥층에 광수용세포(photoreceptor cell), 즉 원추세포(cone cell, 원뿔세포)와 간상세포(rod cell, 막대세포) 등 2가지 종류가 있는데, 원추세포는 선명하고 섬세한 중심 시력과 색 감각을 담당하며, 주로 황반에 모여 있고 간상세포는 야간 시력 및 주변 시야를 담당하는데, 원추세포보다 훨씬 많고 빛에 훨씬 더 민감하다. 그러나 원추세포처럼 색을 인식하거나 섬세한 중심 시력에 기여하지는 않는다.

간상세포는 주로 망막의 주변부에 모여 있다. 시각자극에 따라 광수용세포에서 생성된 신경신호(nerve impulse, 신경임펄스)는 이극세포(二極細胞, bipolar cell)를 거쳐 신경절세포(ganglion cell)로 전달된다. 신경절세포의 축삭(axon)은 처음에는 망막의 내측 표면을 따라 시각신경원반(optic disk) 부위를 향해 주행하다가 이 부분에서 눈의 뒤쪽으로 방향을 바꿔 공막을 뚫고 나와 시각신경(optic nerve)을 형성한다. 시각신경을 형성한 시각신경섬유는 곧 수초화(myelination)되며, 내측으로 주행하여 정중앙부에서 일부(내측부)는 교차하고, 일부(외측부)는 교차하지 않는 특수한 형태의 시각신경교차(optic chiasm)를 형성한다. 시각신경의 신경섬유의 수는 100만 개 정도이며 이는 모든 뇌신경 신경섬유 수의 38%를 차지한다.

20.2 주요한 눈의 질환

흔하게 거론되는 안구질환은 안구건조증(건성안), 망막질환, 백내장과 녹내장 등이다. 물론 눈의 피로는 안구질환은 아니지만 반복적이고 습관적, 만성적이라면 안구질환으로 발전한다. 오랜 근거리 작업이나 건조한 환경 때문에 일어나는 안구건조증, 장기간 빛 노출에 의한 눈 망막상피세포에서 생성되는 자유라디칼(free radical) 때문에 생기는 망막세포의 손상, 망막에서 혈관수축이나 근육수축으로 인한 혈관평활근 긴장으로 생기는 제반 현상들도 눈 피로의 한 종류이다. 이와 같은 눈의 피로는 흐릿함, 눈물, 충혈, 눈부심, 뻣뻣함, 이물감 등의 증상으로 나타나며, 심한 경우 눈 통증 및 두통으로 이어진다.

안구건조증(건성안)은 눈물 자체 또는 눈물의 한 가지 성분이 부족하거나, 눈물막이 과도하게 증발되는 현상으로 안구 표면이 건조하여 불쾌감과 자극 증상이 생기는 질환이다. 원인은 크게 수성눈물의 생성이 부족한 경우와 눈물막의 증발이 증가하는 경우인데, 수성눈물의 생성부족을 유발하는 질환은 쇼그렌증후군(Sjögren's syndrome / SjS / SS)과 비쇼그렌증후군으로 구분한다. 쇼그렌증후군은 1933년 스웨덴 의사 헨릭 쇼그렌(Henrik Sjögren)의 이름을 따서 지었는데, 눈물샘과 침샘 등을 침범하는 자가면역질환(만성염증) 때문에 생기는 안구건조증(건성안)이다.

비쇼그렌증후군은 눈물막의 증발을 막아주는 지방 성분이 결핍된 경우와 눈꺼풀 이상으로 안구 표면이 노출되는 경우에 생기는데 눈물관의 폐쇄, 반사눈물의 감소 등을 수반한다. 일부에서는 알레르기, 콘택트렌즈의 착용 등으로 반사 눈물이 감소하여 안구건조증(건성안)이 생길 수도 있다고 한다. 안구건조증(건성안)은 눈의 불편감이나 가벼운 증상은 있을 수 있으나 시력에는 큰 지장이 없지만, 이것이 심해지면 경우에 따라서 각막상처와 혼탁으로 시력을 상실할 수도 있다. 특히 눈의 습도는 매우 중요한데, 만일 눈물 자체의 분비 저하나 눈물층이 잘 유지되지 못하면 건성안 증상, 안구표면 손상, 그리고 통증, 시력 저하 등으로 이어진다.

망막관련 질환은 크게 노인성 황반변성과 망막박리, 당뇨망막병증이 있다. 노인성 황반변성(age-related macular degeneration, AMD)은 망막의 황반부에 나이가 들면서 여러 가지 변화가 동반되어 생기는 질병으로 실명으로 이어어질 수 있다. 위험인자로는 연령(나이가 많은 경우), 심혈관질환, 흡연, 비만, 고콜레스테롤혈증, 과도한 광선노출 등이다. 노인성 황반변성은 노화에 따라 황반의 기능에 문제가 생겨 시력의 감소 또는 상실로 이어지는데, 기능이 떨어진 망막세포로 인해 망막 밑에 침착물들이 쌓이게 되면서 시력장애를 가져오게 된다.

노인성 황반변성에는 건성과 습성 두 가지 형태가 있다. 노인성 황반변성환자의 약 90%는 건성인데, 이 건성은 시세포가 노화에 의해 파괴되면서 그 찌꺼기가 망막에 쌓이므로 진행 속도가 느리고 급격한 시력저하는 일어나지 않는 형이다. 그러나 습성은 황반에 좋지 않는 혈관(신생혈관)이 발생하여 혈액 내 체액성분과 혈액이 누출되어 급격하게 심각한 시력저하를 유발하는 형이다.

당뇨망막증은 당뇨병으로 망막의 말초혈관에 순환장애가 일어나 발생되는 복잡한 대사성 질환으로 혈관이 막히고, 망막에 출혈이 생기고, 신경막이 부어 오른 비증식형과 이것이 더욱 진행된 증식형 등으로 구분한다. 증식형은 망막에 신생 혈관이 생기고, 이것이 터져서 눈 속에 출혈을 야기하는 질환이다. 당뇨망막증은 망막에 전반적인 손상을 가져오기 때문에 심한 시력감퇴가 일어난다.

백내장은 사진기의 렌즈와 같은 기능을 하는 수정체에 뿌옇게 혼탁이 생긴 상태를 말하며, 안개가 낀 것처럼 흐릿하게 보이거나 물체가 겹쳐 보이게 되는 질환이다. 혼탁의 원인은 선천적인 경우와 외상, 약물, 안질환 합병증 또는 노인성 변화 등 다양하다. 백내장이 수정체의 중심부분에 생긴다면 초기라 하더라도 시력장애가 나타날 수 있다. 특히 낮이나 밝은 곳에서는 동공이 축소되기 때문에 더 심한 시력장애가 나타나는데, 이를 주맹증이라고 부른다.

녹내장은 안구 내 체액의 침착으로 안압이 높아져 눈에 들어오는 빛을 뇌로 전달하는 시신경에 손상이 일어나는 질환으로 만성형과 급성형이 있다. 만성형(chronic open angle glaucoma)은 녹내장의 가장 대표적인 유형으로 안압이 높아도 자각증세 없이 서서히 진행하는 형이다. 신경 손상으로 부분적으로 안 보이는 부분이 생기기도

하고, 전체적으로 시야가 좁아져 보이기도 한다. 급성은 나이가 들면서 수정체가 두꺼워지거나 수정체 위치의 변화가 생기는 경우 또는 선천적으로 섬모체가 앞쪽에 위치하는 경우 안압이 갑작스럽게 높아지는 질환이다. 증상으로는 눈의 통증과 이에 따른 두통, 그리고 메스꺼움과 구역질, 눈의 충혈 등이 동반된다. 안압이 오르는 이유는 눈 속의 섬유주 부분에 퇴행성 변화가 생기기 때문인데, 안압이 높으면 각막이 붓고 뿌옇게 되며, 시력이 갑자기 저하되고, 불빛을 보면 주위에 무지개 같은 것이 보이고 통증도 동반한다.

20.3 눈 건강에 도움을 주는 생리활성물질

눈의 피로를 개선하기 위해서는 우선 혈관조직의 근육을 이완시키거나 수축 정도를 완화시켜야 한다. 또 신생혈관 생성 및 혈관 내피생성 인자를 저해하거나 섬모체에 더 많은 혈액이 도달하도록 하고, 섬모체 근육에 풍부한 영양을 공급하여야 한다. 광산화작용으로 인해 세포막 손상 시 나타나는 A2E의 양을 감소하여 망막색소상피와 광수용체 세포의 사멸을 억제하면 눈의 피로를 개선할 수 있다. 또 광화학적 반응으로 분해된 로돕신(rhodopsin)이 재합성되면 눈의 피로도는 낮아진다.

일반적으로 눈 건강과 관련한 생리활성성분은 중심 시력을 관장하는 눈의 황반색소 밀도를 높여 주어 노인성 황반변성을 예방 또는 개선시켜 주며 시력개선, 백내장 예방, 황반 퇴화 예방 등에도 도움을 준다. 특히 항산화 작용으로 눈의 피로도 개선에 도움을 주는 것은 자유라디칼을 제거하여 혈관을 보호하고, 미세혈관 순환을 증가시켜 눈에 혈액 및 영양분 공급을 원활하게 해 주며, 눈 근육을 이완시켜 눈의 피로 개선에 도움을 준다.

눈 건강에 도움을 주는 기능성 원료로는 고시형 기능성 원료에 EPA 및 DHA함유 유지, 마리골드꽃 추출물, 헤마토코쿠스 추출물, 빌베리 추출물 등이, 개별인정형 기능성 원료에는 EPA 및 DHA함유 유지, 루테인지아잔틴복합(추출)물, 루테인 복합물, 지아잔틴 추출물, 마리골드 추출물(루테인에스테르), 들쭉열매 추출물, 빌베리주정 추출물/빌베리 추출물, 헤마토코쿠스 추출물 등이 있다. 본 장에서는 상기 소재 중 중요하다고 생각되는 것 일부만 소개하고자 한다.

1) 헤마토코쿠스 추출물과 빌베리(주정) 추출물

헤마토코쿠스 추출물은 눈의 피로도 개선에 도움을 주는 생리활성 기능성 원료 2등급으로, 지표성분은 아스타잔틴(astaxanthin)이다. 헤마토코쿠스(*Haematococcus pluvialis*)는 바다나 호수, 북극지방의 설원 등에 서식하는 미세 조류(algae)의 일종이다. 아스타잔틴은 카르티노이드계 잔토필의 일종으로 새우, 게, 연어, 도미 등 붉은 어패류에 많이 존재하는 테트라테르페노이드(tetraterpenoid)이다. 아스타잔틴은 망막의 혈류 개선, 강력한 항산화 기능을 가지고 시력 및 시야 개선, 노안 개선, 자외선 차단 등 눈의 피로를 줄이는 데 도움을 준다. 또 노화와 관련된 노인성 황반변성 억제에 효과를 가지며, 햇볕으로부터 피부를 보호하고, 주름을 줄이기도 한다*.

* 아스타잔틴의 그 외 기능은 알츠하이머병, 파킨슨병, 뇌졸중, 고 콜레스테롤, 간 질환, 및 암 예방, 심장병, 뇌졸중 및 당뇨병의 위험 감소, 운동성 향상, 운동 후 근육 손상 감소, 운동 후 근육 통증 감소, 햇볕 예방, 수면 향상, 수근관 증후군, 소화불량, 남성 불임, 폐경 증상 및 류마티스성 관절염 등에 유효한 성분이다.

빌베리(주정) 추출물은 눈의 피로도 개선에 도움을 주는 생리활성 기능성 원료 2등급으로, 지표성분은 총 안토시아노사이드(anthocyanoside)이다. 빌베리(Bilberry, *Vaccinium myrtillus* L)는 관목류의 다년생 식물로서 안토시아닌(anthocynin)을 많이 함유하고 있으며, 그 밖에 나이아신, 비타민 A와 C, 그리고 칼륨, 칼슘과 같은 무기질을 함유하고 있다. 안토시아닌은 수용성 색소로서 배당체(glycosides)로 존재하며, 과일류의 색깔을 나타내는 물질이다. 빌베리는 수천 년 전부터 열매와 잎은 설사, 이질, 괴혈병, 목과 코의 점막 감염, 비뇨기 감염, 담석 등의 치료에 사용되었다고 한다. 빌베리에는 지혈과 모세혈관의 파괴를 예방하는 플라보노이드, 그리고 혈당조절에 관여하는 글루코퀴닌(gucoquinine) 등의 성분들이 들어 있으나 가장 관심을 받는 성분은 바로 안토시아노사이드(Anthocyanoside)이다.

이 성분은 천연 항산화제로 알려져 있다. 빌베리의 잎에는 quercetin과 catechin, epicatechin, tannin, iridoids, cinnamic acid, chlorogenic acid, caffeic acid와 그 유도체, 안토시아노사이드, 델피니딘-글루코사이드(delphinidin-glucoside) 등 생리활성 성분이 함유되어 있어 혈당저하를 비롯하여 눈과 구강의 염증, 피부 감염증 및 열상(熱傷)에 대해 국소적 치료 효과를 가지고 있다. 안전성과 기능성을 확보할 수 있는 하루 섭취량은 빌베리 추출물로서 240 mg이다. 빌베리(주정) 추출물은 빌베리 신선과를 -10～30℃로 급속 냉동 저장한 후 냉동된 빌베리를 30～50℃의 온수에서 해동시키면서 마쇄한 액에 펙틴분해효소로 처리한 후 추출용매[에탄올을 50%(v/v)]로 추출하여 여과, 건조하여 추출분말을 얻는다.

빌베리(주정) 추출물은 눈 건강과 시력을 개선하는 데 도움이 되는데 특히 백내장, 녹내장, 야맹증, 망막증과 같은 질병의 예방에 도움이 된다. 그 외 빌베리 추출물은 죽상동맥경화증(atherosclerosis), 창상, 궤양, 활성 폐기종(肺氣腫), 만성 관절류마티스(rheumatoid) 등을 예방, 치료하는 소재이다. 수용성 식물색소인 안토시아노사이드는 천연 빌베리에는 0.1∼0.25% 정도 함유되어 있으며, 야맹증과 어둠에 대한 적응성을 향상시키며, 항산화작용으로 당뇨망막증의 진행을 늦추는 데 관여한다.

안토시아노사이드의 기전은 이 성분이 감광 색소인 로돕신의 재생을 돕고, 망막내의 효소활성을 조절하며, 미세 혈액순환을 개선시킨다는 것이다. 또 안토시아노사이드는 옥시스테롤(oxysterol)의 형성(콜레스테롤 산화물)을 저해하고 모세혈관 보호, 혈관 평활근 기능 증진, 미소혈관의 혈류 재배분 능력 향상 등의 기능을 가지고 있으며, 눈의 암순응을 촉진하는 로돕신(rhodopsin)의 재생산을 도모한다. 특히 젖산 탈수소효소(lactate dehydrogenase, LDH) 활성을 촉진하고, 망막 phosphodiesterase 효소를 저해하여 망막손상과 장해를 억제, 저하시켜 준다. 결론적으로 안토시아노사이드는 눈 혈관의 평활근 긴장을 완화하여 눈의 피로도 개선에 도움이 되는 기능성 소재이다.

2) 루테인 복합물과 마리골드 추출물

루테인 복합물은 눈 건강에 도움을 주는 생리활성 기능성 원료 1등급으로, 지표성분은 루테인(lutein)이다. 루테인은 카로티노이드 중 잔토필(xanthophyll)의 하나로 시금치, 금잔화, 브로콜리, 고구마, 케일, 노란당근, 양배추 등 주황색, 노란색 과일과 잎이 많은 녹색채소에 함유되어 있는 성분이다 눈의 황반 및 수정체의 주요 성분으로, 눈의 건강과 시력증진에 중요한 역할을 한다. 루테인과 그 입체 이성체인 지아잔틴(zeaxanthin)은 중심 시야를 담당하는 망막의 작은 부위인 황반에 집중되어 있으며, 시력에 가장 중요한 이 조직 내에 존재하는 유일한 카로티노이드 성분이다.

루테인의 혈청농도는 안구질환의 위험과 매우 높은 상관관계를 가진다. 눈을 오랫동안 사용하면 자외선, 컴퓨터 모니터 ED에서 나오는 청색광 등이 망막의 시신경세포를 구성하는 황반색소를 파괴하고, 황반(macula lutea)이 파괴되면 사물이 흐릿하게 보이며, 급기야 주변 혈관까지 파괴될 경우 황반변성이 발생하게 된다. 또 나이가 들면 황반을 구성하는 루테인의 밀도가 낮아지면서 황반의 색소 밀도가 감소하여 황반변성을 유도하게 되며, 이것이 시력 저하로 이어진다.

황반은 눈의 망막에서 시세포가 밀집되어 있어 빛을 가장 선명하고 정확하게 받아들이는 부분으로, 황반 중심부의 루테인과 지아잔틴 분포비율은 루테인이 30%, 지아잔틴이 70%이다. 황반변성은 녹내장, 당뇨망막증과 함께 실명의 3대 원인 중의 하나이다. 루테인을 섭취하면 황반색소 광밀도가 증가하며, 유해 활성산소에 의해 손상된 시신경 세포의 노화과정을 효과적으로 억제하고, 안구 안으로 들어온 빛 중 유해한 가시광선을 흡수하며, 항산화 역할을 하여 망막을 보호한다. 특히 망막에 도달하는 청색광을 감소시켜 눈부심 현상, 물체가 흩어지는 등의 시각장애를 완화시켜 준다.

마리골드 추출물은 눈 건강에 도움을 주는 생리활성 기능성 원료 2등급으로, 지표 성분은 루테인 에스테르(lutein ester)이다. 마리골드 추출물은 마리골드에서 추출한 것으로, 이것에는 눈 건강에 도움을 주는 루테인과 지아잔틴이 다량 함유되어 있다. 마리골드(Marigold, *Tagetes patula*)는 금잔화(金盞花)로 불리는 노란색의 예쁜 꽃으로 국화과 한해살이풀에 속하는데, 눈 건강의 도움이외 항균, 항염, 항암, 피부미용, 소화기관 기능 활성화에도 도움이 되는 소재이다.

3) 지아잔틴 추출물과 들쭉열매 추출물

지아잔틴 추출물은 눈 건강에 도움을 주는 생리활성 기능성 원료 1등급으로, 지표 성분은 지아잔틴(zeaxanthin)이다. 지아잔틴은 루테인의 이성체로 카로티노이드의 잔토필(xanthophyll)의 일종이다. 클로렐라(chlorella), 파프리카, 고추, 구기자 등에 많이 들어 있고 시금치, 케일, 순무 잎, 상추, 브로콜리, 옥수수, 양배추, 키위, 메론, 매실, 아보카도 등 녹황색 채소나 과일에도 들어 있다. 루테인과 지아잔틴은 각막과 수정체를 투과해서 들어오는 안구의 세포막을 손상시키는 청색광(blue light)을 흡수해 망막의 손상, 망막의 변성을 막아주며, 노화로 인한 주변 망막의 기능장애 및 변성을 방지 및 지연시켜 주어 백내장을 예방하고, 눈의 노화현상을 억제하면서 시력을 보호해 주는 성분이다.

들쭉열매 추출물은 눈 건강에 도움을 주는 생리활성 기능성 원료 3등급으로, 지표 성분은 총 폴리페놀이다. 빌베리(billberry)와 같은 속에 속하는 들쭉은 진달래과에 속하는 낙엽소관목인 들쭉나무(*Vaccinium uliginosum*)의 열매인데, 폴리페놀류인 안토시아닌류와 플라보놀류를 다량 함유하고 있다. 들쭉열매 추출물은 강력한 항산화 능력을 가지고 있으며, 망막색소 상피세포 내 A2E(pyridnium bisretinoid) 축적을 저해하고, A2E의 산화를 억제하여 망막색소 상피세포를 효과적으로 보호하며, 광수용체층의 위축을 예방하여 황반변성의 진행을 근본적으로 억제, 예방해 준다.

황반변성증의 가장 큰 위험인자는 체내에서 분해되지 않고 망막색소 상피세포에 축적되는 A2E인데, A2E는 눈에서 발견되는 가장 일반적인 리포푸신(lipofuscin)의 하나로 망막색소 상피세포에 축적되어 세포를 자가사멸시키고, 광수용체세포도 사멸시켜 광수용체세포가 집중되어 있는 황반의 기능을 상실케 한다. 또한 자외선은 황반변성증 발병 위험률을 높이거나 병의 진행을 가속화시키는데, 이는 A2E가 자외선에 의해 광산화 형태로 바뀌면서 방박색소 상피세포의 사멸을 급진적으로 증가시키기 때문이다. 황반변성증은 시야 가운데가 흐릿하게 보이고, 변시증(사물이 찌그러져 보이는 증상)을 나타내며, 심할 경우 실명으로까지 이어진다. 노인성 황반변성증 치료제는 보통 습성 황반변성 치료제(Ranibizumab / Lucentis)이고, 건성형 치료제는 아직까지 없는 실정이다*.

* Ranibizumab은 혈관내피 성장인자(VEGF A)를 인식하여 막아 주는(blocking) 단일 클론성 항체(humanized monoclonal antibody)로, 습성 황반변성증의 시력을 회복시키거나 상태를 유지시키는 효과가 있다고 알려져 있다. 그러나 Ranibizumab은 뇌졸증의 발병 위험을 높일 수 있고, 고가이며 투여방법이 불편한 의약품으로 알려져 있다.

4) EPA 및 DHA

EPA 및 DHA는 눈 건강에 도움을 주는 생리활성 기능성 원료 2등급으로, 지표성분은 EPA와 DHA의 합이다. 오메가-3 지방산은 α-linolenic acid(ALA), HA(docosahexaenoic acid), EPA(eicosapentaenoic acid), SDA(stearidonic acid), ETA(eicosatetraenoic acid) 등이 있는데, EPA 및 DHA는 신경세포막과 망막에 분포하여 노화로 인한 시력손실 위험과 황반변성(AMD) 질환 예방한다. 노인성 황반변성의 위험인자로는 나이, 흡연, 인종, 유전자, 고지방 식이 및 콜레스테롤, 염증성분(complement factor H), 태양광 등이 있는데, 이러한 여러 가지 위험인자로 인해 망막에 항산화제가 부족하게 되면 활성산소와 산화된 리포푸신(lipofuscin)에 의해 황반부에 변성이 생기게 된다. 따라서 산화스트레스를 줄여 주는 것이 황반변성의 악화를 예방할 수 있는 최선의 방법이며, 그것이 바로 오메가-3이다.

〈21절〉 신장 기능에 도움을 주는 생리활성물질

신장 기능에 도움을 주는 생리활성물질을 이해하기 위해서 우선 신장의 구조와 기능을 이해하여야 한다. 그리고 본 장에서는 신장 기능과 관련해서 현재 많이 거론되고 있는 배뇨문제, 요로건강 문제, 전립선비대에 국한해서 설명하고자 한다.

21.1 신장의 구조와 기능

비뇨기계는 신장(콩팥), 요관, 방광 및 요도의 4개 기관으로 구성되어 있는데(그림 21-1), 신장은 셋째 요추 양측으로 복막 뒤쪽에 위치하고, 우측 신장은 좌측 신장 보다 1～2cm 정도 내려와 있다. 완두콩 모양인 신장의 무게는 약 150g 정도, 길이 11cm, 폭 6cm, 두께 2.5cm 정도이다. 신장에서 만들어진 하루 1～1.5 L의 소변은 한 번에 200～300 mL씩 내보내는데 그 과정은 사구체 → 보우만주머니 → 세뇨관 → 신우 → 수뇨관(요관) → 방광 → 요도를 거쳐 배설된다.

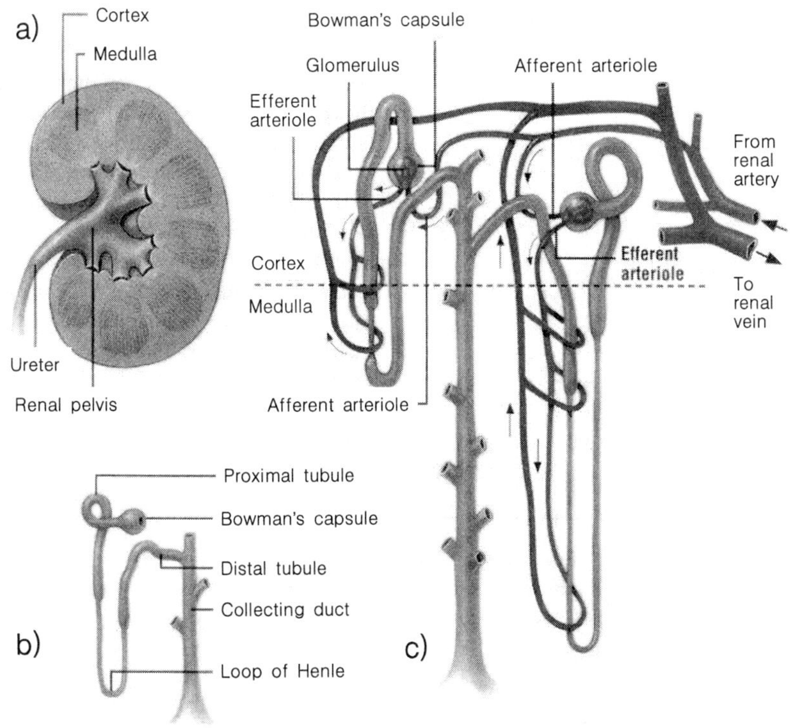

그림 21-1. 신장의 구조
(출처 : adapted from : http://classconnection.s3.amazonaws.com)

1개의 신장 단위는 사구체(絲球體, glomerulus / 토리 / 보우만주머니 안에 위치)와 보우만주머니(Bowman capsule)로 이루어진 신장소체(콩팥소체 / 신소체, renal corpuscle)와 요세관(uriniferous tubule / renal tubule) 2개로 구성되어 있다. 요세관은 근위요세관, 신장세관고리(Henle's loop), 원위요세관, 집합관 등으로 구성되어 있는데, 사구체에서 여과되어 생성된 원뇨(primitive urine)는 요세관으로 흘러들어 간다. 사구체를 가로로 둥글게 자르면 사구체 사이 질을 둘러싼 2, 3개의 혈관(동맥)을 볼 수가 있다. 이 혈관 속의 혈장은 바닥 막을 통해 보우만주머니에 모였다가 요세관 쪽으로 흘러 들어가는데 혈관 속에는 내피세포(endothelial cell)가 있고, 혈관 밖에는 상피세포(epithelial cell)가 있다. 혈관 사이 세포는 그 수축과 이완을 통해 사구체 속의 여과 가능한 표면적을 감소시키거나 증가시킴으로써 사구체의 여과량을 조절하고 있다.

신장을 수직으로 잘라 보면 2개의 뚜렷한 지역으로 나눌 수 있는데, 바깥쪽의 진한 갈색 부위인 피질(皮質, cortex)에는 사구체가 많이 모여 있고, 안쪽의 창백한 부위는 수질(髓質, medulla)이라 하며, 여기에는 세뇨관이 많이 모여 있다. 신장은 수많은 네프론(nephron)으로 이루어져 있는데, 네프론은 신장의 기능적 단위로 사구체와 세뇨관으로 구성되어 있다. 신장은 한 개당 약 100만개의 네프론을 가지고 있는데, 신소체를 구성하는 모세혈관의 실 뭉치와 같은 덩어리인 사구체에서 혈액으로부터 노폐물들을 제거하고, 단백질들과 혈구를 포함하는 주요 성분들의 소실을 방지하게 되는데, 혈액 속에 있는 단백질 중 큰 입자들과 적혈구는 사구체의 고운 여과장치를 통과하지 못하므로 정상 소변에는 단백질이나 적혈구와 같은 성분들이 배출되지 않는다.

노폐물은 신사구체의 여과(혈액을 걸러내는 것)에 의존하므로 사구체의 여과력이 떨어지면 혈액 내에 노폐물이 축적된다. 사구체에서 여과된 후 완전히 재흡수되지 않는 물질들은 모두 오줌에 섞여 나오는데 이 원리로 마약 복용, 운동선수들의 약물 복용 여부 등을 판단한다. 사구체를 통해 혈액 중의 수분과 노폐물이 걸러져서 소변이 만들어지면 이 소변은 세뇨관(細尿管, 가는 오줌관/renal tubule)이라는 가늘고 긴 관을 통과하게 되는데, 통과하는 동안 걸러진 소변이 농축되기도 하고, 필요한 성분은 다시 몸속으로 재흡수된다.

정상적인 신장은 소화된 음식물이나 약물의 노폐물을 제거하고, 체내의 수분과 염분의 양을 조절하며, 혈액과 체액의 전해질 및 산, 염기평형을 유지하고 혈압을 조절한다. 또 정상적인 호르몬 균형을 갖도록 도와주고, 적혈구 형성을 자극하는 호르몬을 분비하여 빈혈을 예방한다. 특히 나트륨, 칼륨, 칼슘, 인산 등과 같은 전해질과 산, 염기농도 조정은 신체 내의 모든 세포의 생활환경을 일정하게 해 주는 중요한 요소들인데, 신장이 이들 전해질의 농도조절을 해 줌으로써 세포대사가 원활히 유지되는 것이다. 이것이 바로 신장의 조절기능이다. 또 신장은 여러 가지 호르몬을 합성하는 합성기능을 가지고 있는데, 혈압을 조절하는 호르몬인 레닌(renin)과 적혈구 생성을 자극하는 호르몬인 erythropoietin을 합성하기도 한다.

신장은 심장으로부터 나온 혈액의 20%를 받아들이고 있는데, 1분간의 심박출량이 약 5,000 mL이므로 그 20%인 1,000 mL가 신장을 흐르고 있는 셈이 된다. 혈액은 50%가 적혈구이고, 50%가 혈장이기 때문에 1분간에 500 mL의 혈장이 흐르는 셈이다. 신장을 흐르는 혈장은 사구체에서 여과되어 소변이 되는데, 그 500 mL의 혈장 중 20%가 여과되어 매 분당 100 mL의 원뇨가 만들어지고 있다. 신장은 한쪽을 절제하더라도 나머지 한쪽 신장이 그 기능을 보충하여 신장 기능을 거의 완벽하게 수행해 나가는데 따라서 한쪽 신장을 이식받거나, 신장 하나를 다른 사람에게 제공한 후 나머지 한쪽 신장만을 지니고 있는 경우에도 건강을 유지하는 데에는 아무런 문제가 없다.

21.2 신장의 질환

정상이던 신장 기능이 50% 이하로 떨어지면 신부전(腎不全, renal failure / renal insufficiency 또는 콩팥기능 상실 / kidney failure)이라고 하는데, 신장기능이 떨어졌을 때 나타날 수 있는 증상으로는 손, 얼굴, 다리의 부종을 비롯하여 미세하지만 중추신경계, 말초신경계, 자율신경계, 피부점막계, 심장과 호흡기계, 소화기계, 혈액계, 대사계 등 매우 광범위한 기관 내 문제를 야기하게 된다*.

* ① **중추신경계** : 집중력의 저하, 불안 초조감, 불면, 두통, 의식장애, 환각, 발작, ② **혼수 / 말초신경계** : 사지의 저림증, 지각 이상, 무기력감, ③ **작열감 / 자율신경계** : 현기증, 기립성 현기증, 땀과 타액의 감소, 체온조절의 이상, 성기능 장애, ④ **피부점막계** : 피부가 검어짐(멜라닌 등의 색소가 침착되기 때문), 피부가 건조해짐, 가려움증, ⑤ **심장과 호흡기계** : 고혈압, 심부전, 폐부종, 가래, 호흡곤란, 부정맥, ⑥ **심비대 / 소화기계** : 식욕부진, 오심(메스꺼움), 구토, 설사, 미각장애, 구내염, 위염, 위장관 출혈, ⑦ **혈액계** : 신성 빈혈, 출혈 경향(요독물질 독소의 영향), ⑧ **대사계** : 중성지방의 증가, 혈당조절의 불량, 내분비적 이상(동맥경화증의 원인), 비타민 D 결핍, 칼슘과 인의 대사 이상, 신성골증 등에 증상이 나타난다.

신장질환의 일반적인 종류에는 급성 신부전증, 급성신장염, 만성신부전증, 요로감염, 신세뇨관장애, 요로결석, 폐쇄성 요로질환, 과민성 방광질환 등이 있다. 급성신부전증은 신장기능이 급격히 나빠지는 것이며, 급성신장염은 사구체와 세뇨관에 급성염증이 일어난 것으로 급성 감염, 종양, 자가면역질환 등의 원인에 기인한다. 만성신부전증은 지속적이고 불가역적으로 신장 기능이 파괴되는 것으로 당뇨, 고혈압, 신장염이 그 원인이다. 신장의 전반적인 기능 감소로 요독 증상이 발생하며, 신장기능의 90%까지 파괴된 상태를 말기신부전이라고 한다.

요로감염(urinary tract infections, UTIs)은 소변에서 세균이나 결핵, 곰팡이 등 감염을 일으킬 수 있는 균이 발견되는 경우인데 배뇨통, 잔뇨감, 빈뇨 등을 동반한다. 여성의 경우 요도의 길이가 굵고 짧기 때문에 항문 근처의 세균으로 인해 요로감염이 남자보다 훨씬 더 잘 발생한다. 요로 상피세포에 병원균이 부착하여 요로감염이 생기면 신장의 손상이 만성 신우신염으로 이행될 수 있어 만성신부전증 원인이 될 수 있다. 요로감염의 시작은 요로감염균이 배뇨로 씻겨 내려가지 않고 질이나 요로상피세포에 부착하는 것으로 시작된다. 요로감염균은 요도구 주위나 원위요도에 정착하는 중간단계를 거쳐 요도를 통해 방광 안으로 들어간다.

폐경 선 여성의 재발성 요로감염의 위험 요인은 요실금, 방광탈출증, 배뇨 후 잔뇨, 그리고 성관계 등이다. 성관계는 자칫 대장균의 요도주위 정착과 요도구에서 방광 안으로 재발성 요로감염 균주의 이동을 촉진하는 계기가 될 수도 있다. 폐경 후 여성에서 재발성 요로감염이 잘 걸리는 이유는 폐경으로 에스트로겐이 줄면서 질 표피가 얇아지고, 포도당 양이 감소하여 유산균의 생육이 적합하지 않기 때문이며, 결과적으로 유산균 수 감소로 이어지게 된다. 요로감염은 여성이 남성보다 25～30배 정도 감염률이 높으며, 여성의 요로감염 원인은 대부분 대장균이다.

신세뇨관 장애는 신우를 구성하는 사구체와 세뇨관 중 세뇨관에 병변이 있는 경우이고, 요로결석은 신장, 요로, 방광에 돌이 생기는 것으로 특징적인 통증을 동반하고 혈뇨를 보인다. 폐쇄성 요로질환은 소변이 나오는 통로가 막혀서 소변양의 갑작스러운 변화, 소변줄기의 약화, 옆구리 압통 등이 동반하는데 요로협착, 요로결석, 전립선비대 등이 그 원인이다. 과민성 방광질환(overactive bladder syndrome, OAB / 과민성 방광증후군)은 본인의 의사와 관계없이 방광 충만기에 불수의적 배뇨근 수축이 일어나는 경우로 절박뇨(소변을 참지 못함)를 중심으로 대개 빈뇨와 야간뇨 증상 등을 말한다.

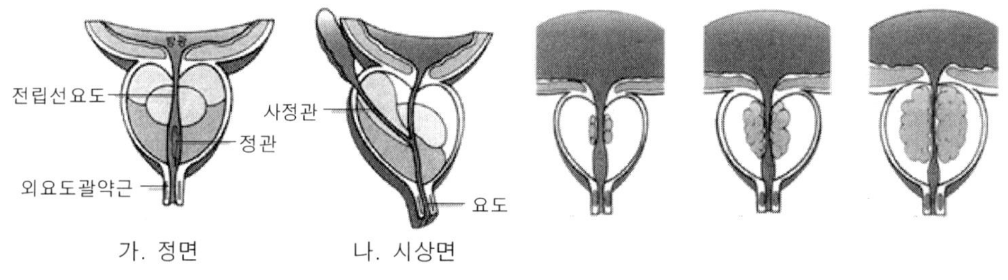

그림 21-2. 전립선 구조와 비대증
(출처 : 대한배뇨장애요실금학회)

그 원인은 신경계질환, 요도나 방광의 국소적 질환, 방광출구 폐색 그리고 고령화 및 원발성 질환 등이다. 특히 노화된 방광에서는 아드레날린성 수축반응이 증가되어 저장기에 교감신경 활성도가 증가되고, 따라서 요 저장 능력이 감소한다. 하루에 소변을 8회 이상 보거나, 수면중에 2번 이상 화장실에 가거나, 소변을 참지 못하여 일상생활에 불편함을 느낀다면 신장질환을 의심해 봐야 한다. 신장질환의 진단은 주로 소변검사로 이루어지지만 초음파 검사, 단백뇨나 혈뇨의 감별, 사구체 여과율 등을 종합적으로 판단하여 신장기능 또는 신장질환 여부를 결정한다.

배뇨(排尿)는 방광에 저장되어 있던 소변이 요도를 통해 밖으로 나오는 현상으로 배뇨이상 원인은 뇨 저장 장애와 배뇨기능 장애로 구분한다. 뇨의 저장 장애는 배뇨근의 과다 수축과 출구의 약화로 인한 방광의 저장 기능 장애 때문이다. 따라서 방광의 저장 기능을 강화하기 위해서는 약물적 치료방법인 항콜린성 약제, 근육이완제, 칼슘채널 차단제, 그리고 방광 괄약근을 강화시키는 교감신경 촉진제, 에스트로겐 등을 사용한다. 비약물적 방법으로는 골반근육 운동과 전기자극 치료, 행동수정 치료 등이 있으며, 장애 정도가 심할 경우에는 수술을 시행한다. 배뇨기능 장애는 여성에서는 드물고, 전립선 비대가 있는 남성에서 흔하게 발생하는 질환이다. 배뇨이상의 흔한 질환은 전립선 비대증이다. 전립선 비대증은 주위의 전립선이 커지면서 나타나는 배뇨장애 질환이다(그림 21-2).

방광은 소변을 내보낼 때 높은 압력을 유지해야 하는데, 나이가 들면 소변줄기가 가늘어지고, 잔뇨감, 야간뇨, 빈뇨, 절박뇨 등과 같은 저장 증상도 대개 동반한다. 즉 소변의 배출 속도가 느려지는 질환이다. 전립선은 남자에게만 있는 생식 관련 장기로 전립선액을 분비한다. 전립선은 해부학적으로 방광과 비뇨생식 격막 사이에 위치하며, 후방으로는 직장 앞의 얇은 막을 경계로 붙어 있다. 전립선 내부에 전립선 요도가 위치하며, 전립선 후면에는 정낭(seminal vesicle)이 붙어 있고, 이 정낭에서 정낭액이 만들어진다. 전립선의 크기는 약 $4 \times 3 \times 3\ cm^3$이며, 부피는 약 20 mL로 40대를 지나면 전립선 조직의 비대가 동반되어 요로폐쇄 증상을 유발하게 된다. 전립선 자체에는 교감신경과 부교감신경이 모두 분포하고 있다.

전립선 비대증은 전립선이 커져 요도저항이 증가하여 발생하는 배뇨장애 증상이다. 그 원인은 테스토스테론(testosterone)과 노화이다. 남성호르몬에는 테스토스테론(testosterone)과 디히드로테스토스테론(dihydrotestosterone, DHT) 등이 있는데, 전립선의 성장에 중요한 것은 DHT이다. 전립선 비대증에 영향을 주는 외부 요인은 흡연, 비만, 유전적 요인, 대사증후군 등인데, 전립선 비대증과 관련된 하부요로 증상은 빈뇨(frequency), 잔뇨감(residual urine sense), 야간뇨(nocturia), 요단절(interruption, 요류가 잠시 멈추었다가 다시 시작됨), 요절박(urgency, 요의가 느껴지면 참기 어려움), 약뇨(weak stream, 요류가 약하거나 가늘다), 요주저(hesitancy, 배뇨 시 힘을 주어야 함) 등인데, 이 중 빈뇨, 요절박, 야간뇨는 전립선이 커져서 방광을 자극하거나 방광감각 기능의 이상으로 요 저장기능에 장애가 생겨서 발생한다.

잔뇨감, 요단절, 요주저 등의 증상은 방광의 수축력이 저하되거나 방광출구 폐쇄 등에 기인한다. 요실금은 여성의 경우 본인의 의지와 관계없이 소변이 나오는 현상으로, 그 중에서 웃거나 재채기, 줄넘기를 할 때와 같이 복부에 힘이 들어갈 때 소변이 나오는 복압성 요실금이 대부분이다. 소변을 참지 못하고 갑작스럽게 흘리는 절박성 요실금을 동반하기도 한다. 골반서근육(괄약근)의 약화와 기능 저하로 인해 니다나며 출산, 비만, 폐경 등이 주요 원인으로 알려져 있다.

21.3 배뇨에 도움을 주는 생리활성물질

일반적으로 배뇨에 도움이 되는 것으로 추천되는 것은 녹차, 호박, 크랜베리. 비타민 C, 프로바이오틱스, D-만노오스 등이 있지만, 이것 대부분은 그 효능이 학술적으로 밝혀진 것은 아니다. 배뇨 증상을 감소시키고, 전립선 비대증의 진행을 막아주는 약제는 α 차단제와 α 환원효소억제제가 있다. 다만 식약처에서는 호박씨추출물등복합물을 배뇨에 도움을 주는 생리활성 기능성 원료 2등급으로 지정하고 있다. 이 물질의 지표성분은 polyphenol 유도체와 대두 이소플라본 배당체의 합이다.

원래 호박씨는 리그난, 레시틴, 멜라토닌, 아연, 마그내슘, 필수아미노산, 폴리페놀 등을 가지고 있는데, 골반저 및 하부요로의 근육강화와 배뇨근의 과도한 수축억제를 통해 과민성 방광증후군인 야간뇨, 빈뇨 및 절박뇨 등의 감소에 효과를 보이고, 요로결석 감소, 이뇨작용, 전립선 비대 억제 등 방광과 신장 건강 유지에 도움이 되는 원료이다. 또 호박씨의 폴리페놀은 방광의 과도한 수축을 억제하여 배뇨기능 개선에 도움을 주고, 전립선 비대증 치료에도 효능이 있는 것으로 알려져 있다.

또 호박씨의 피로갈롤(pyrogallol) 성분과 대두의 다이드진(daidzein), 제니스틴(genistin), 글리시틴(glycitin) 성분 등은 방광의 과도한 수축을 억제하고, 방광을 안정화시켜 여성 배뇨기능 개선에 도움을 준다. 특히 대두 이소플라본(isoflavon)은 여성호르몬인 에스트로겐과 유사한 효과를 발휘하여 과민성 방광에 의한 배뇨장애 감소에 대한 효과가 보고되어 있다. 호박씨추출물등복합물은 호박씨 추출물에 이소플라본과 같은 기능성 소재를 혼합하여 만든 소재로, 여성 방광의 배뇨기능 개선에 도움을 주는 소재이다.

21.4 요로건강에 도움을 주는 생리활성물질

요로건강이란 요로계의 전반적인 건강상태를 말하는데, 요를 구성하는 기관으로 요를 만드는 신장, 일시적으로 요를 저장하는 방광, 요를 운반하는 두 개의 요관, 체외로 요를 배출시키는 요도 등의 건강에 관한 것이다. 요로계의 중요한 기능 중의 하나는 우리 몸에서 만들어진 노폐물을 포함한 각종 유해물질의 배설인데, 만약 요로계에 이상이 생기면 신체 내에 유해물질의 축적과 전해질의 불균형 등을 초래하게 된다.

요로감염 예방에 도움을 주는 생리활성물질은 요로감염의 주된 원인균인 *E. coli*의 요로상피에의 부착을 방지하고, 세균들이 요로를 군락화하는 것을 막는 데 도움을 준다. 질에 있는 유산균은 요로감염균의 초기 정착단계를 방해해 주는 중요한 기능을 수행한다. 요로건강에 도움을 주는 생리활성물질로는 개별인정형 기능성 원료 2등급인 파크랜 크랜베리(pacran® cranberry) 분말이 있으며, 지표성분은 proanthocyanidin과 total anthocyanosides이다. 크랜베리 추출물의 지표성분은 total anthocyanosides이다(Pacran®은 제품이름). 파크랜 크랜베리의 지표성분인 프로안토시아니딘(proanthocyanidin)은 과실류와 콩류에 존재하는 성분으로 천연 플라보노이드류의 일종으로, 축합형 탄닌이 다량 함유되어 있다. 활성산소의 자유라디칼(free radical)에 대한 포착작용, 즉 항산화 기능을 가지고 있다.

안토시아노사이드(anthocyanoside)는 수용성 식물색소로 천연 항산화제로 알려져 있는데, 원래 시력향상과 야맹증 등의 눈 건강에 영향을 미치는 소재이다. 감광색소인 로돕신의 재생, 망막내의 효소활성 조절, 미세혈액순환의 개선 등인데, 요로감염을 예방・치료해 주기도 한다. 크렌베리(cranberry)는 덩굴처럼 휘어졌다고 해서 덩굴월귤(같은 이름의 작은 관목에 열리는 신맛이 나는 작고 빨간 열매)이라 부른다. 색이 마치 학(crane)의 머리 같다고 해서 cranberry라 명명하였다. 이 과일의 짙은 붉은색은 항산화 물질인 안토시아닌이다. 크랜베리의 대표적인 약성은 방광염, 요도염, 신우신염 등 요로감염을 예방하는 것으로, 크랜베리가 소변을 산성으로 바꿔 방광염 등 요로감염 치료에 도움을 준다. 과당과 안토시아닌은 세균이 요로 벽에 달라붙는 것을 막아 준다.

21.5 전립선 비대에 도움을 주는 생리활성물질

전립선 비대증에 효과가 있는 것으로는 톱야자 추출물(쏘팔메토 추출물), 아프리카 서양자두나무(*African Plum*), 하이포시스 루페리(*Hypoxis rooperi*), 호밀(*Secale cereale*) 등이 있으며, 전립선 비대증의 약물로는 α 차단제, 5-α 환원효소 억제제, 항콜린제(anticholinergic agents) 등이 있다. 특히 쏘팔메토열매 추출물은 식약처 고시형 원료 2등급으로 지표성분은 lauric acid(220～360 mg/g 함유되어야 함)이고, 쏘팔메토열매추출물등복합물은 개별인정형 원료 2등급으로, 지표성분은 lauric acid(라우르산)와 β-sitosterol(β-시토스테롤) 등이다. 쏘팔메토(*Serenoa repens* / saw palmetto)는 허브과의 일종인 톱야자 식물인데 인디언들이 최음제로 사용하였다고 하며, 이것의 가장 큰 효능은 항염증 작용이다.

쏘팔메토 열매의 성분은 식물성 스테롤, 카로테노이드, 당류, 지방산 등인데 지방산은 carpic, caprylic, caproic, lauric, palmitic 및 oleic acid와 이들의 에틸에스터들이다. 주요 식물성스테롤들은 β-sitosterol, stigmasterol, cycloartenol, lupeol, lupenone 및 24-methyl-cyclo-artenol 등이 있으며, β-sitosterol은 콜레스테롤과 유사한 구조를 가진 식물성 스테롤 중 하나로 전립선 비대 증상인 잦은 배뇨, 소변시작의 어려움, 약한 소변줄기 등의 개선에 효과가 있는 것으로 알려져 있다.

〈22절〉 수면질 개선에 도움이 되는 생리활성물질

22.1 수면의 정의와 수면장애

수면(睡眠)은 일정 시간 동안 감각기관의 활동을 중단하고 거의 모든 수의근의 움직임이 정지되는 상태를 말하는데, 수면 동안은 주위의 감각신호를 감지하지 못하고 그에 대한 적절한 반응을 보이지 못하게 된다. 가역적으로 의식을 되돌릴 수 있다는 점에서 동면이나 혼수상태와 구별한다. 수면의 역할은 신체의 회복, 에너지 보존, 기억, 면역, 감정조절 등의 역할이며, 만약 수면이 부족하거나 수면의 질이 나빠지면 신체와 정신활동에 문제가 발생할 뿐만 아니라 각종 질환에 걸릴 위험성이 높아지며, 일상생활에도 큰 장애를 가져온다.

실례로 잠을 잘 못잔 경우에 심혈관, 면역력과 같은 신체적 건강은 물론 전신쇠약, 피로감, 집중력과 기억력 저하, 인지기능 저하, 감정조절 문제, 기억과 학습 장애, 우울증 등 각종 문제를 일으키게 된다. 경우에 따라서는 감정기복이 심하고, 식욕이 증가하여 체중 증가가 일어나기도 하며, 스트레스 호르몬인 코티솔, 에피네프린과 노르에피네프린 수준이 높아지기도 한다. 어린이의 경우에는 성장이 지연될 수도 있다.

신체는 수면 항상성과 하루주기 리듬을 조절하는 생체시계(biological clock)가 있는데, 이것은 시상하부(hypothalamus)의 시신경교차상핵(suprachiasmatic nucleus, SCN)이 하루주기를 조정하여 적정한 시간동안 수면을 이루게 한다. 시신경교차상핵의 리듬이 여러 차례 시냅스 후 송과체(pineal gland)로 전해지면 멜라토닌의 분비리듬이 나타나는데, 혈중 멜라토닌 최고점과 체온의 최저점을 이루는 시간대가 바로 최대 수면상태이다. 뇌에 존재하는 생체시계는 낮에는 깨어 있고, 밤에는 잠을 자게 만든다. 수면과 각성은 수면욕구와 생체시계의 두 가지에 의해 조절되는데, 수면 욕구는 자동적으로 조절되는 "신체 항상성"의 일종으로 잠을 못 자거나 부족한 경우 낮에도 졸리거나 일찍 잠에 들게 하도록 하며, 잠을 잘 자게 되면 수면 욕구를 감소시켜 더 이상 졸리지 않도록 만든다(그림 22-1).

수면은 단순히 눈을 감고 움직이지 않는 과정이 아니라 신체 내에서 생물학적 활동과 대사가 활발하게 이루어지는 복잡한 과정이다. 수면상태로 이행되면 우리 몸은 점차적으로 시각, 청각 등의 외부자극에 낮은 반응을 보인다. 수면은 기본적으로 비렘(non-rapid eye movement, NREM) 수면과 빠른 눈동자 움직임을 보이는 렘(rapid eye movement, REM) 수면의 두 가지로 구분하는데, 정상 성인의 밤 수면에서는 4~6회의 렘수면-비렘수면 주기가 반복하면서 대개 비렘수면으로 시작하여 점점 깊은 수면으로 들어간다. 수면 시작 후 80~100분에 첫 번째 렘수면이 나타나고, 그 후로는 비렘수면과 렘수면이 약 90분 주기로 반복한다.

비렘수면은 수면의 깊이에 따라 3가지의 수면단계(N1~N3)로 나누는데, 전체 수면시간에서 1단계(N1)는 3~%, 2단계(N2)는 45~55%, 3단계(N3)는 15~20% 정도이다. 비렘수면은 상대적으로 수면의 깊이가 낮은 N1수면이나 N2수면으로 시작해서 고진폭의 δ파를 특징으로 하는 N3수면(서파수면)으로 진행하는데, 3단계는 가장 깊은 잠을 자는 단계이다. N1수면 시 보이는 느린 눈동자 움직임을 제외하고는 나머지 단계의 비렘수면 동안에는 안구운동은 잘 관찰되지 않는다. N1수면은 각성과 수면의 중간 단계이며, 수면 중 잠깐 깨는 경우에 관찰된다.

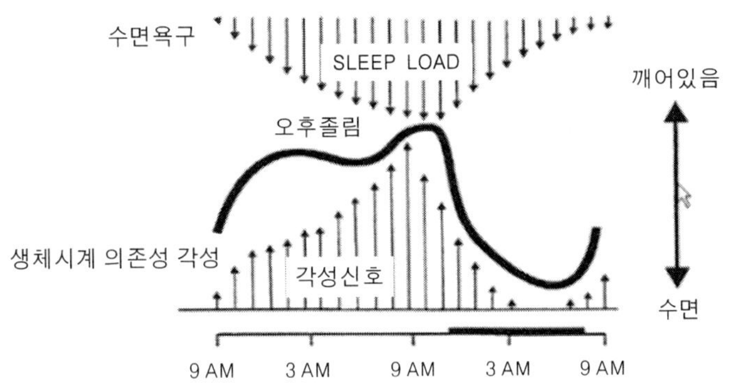

그림 22-1. 수면과 각성의 조절
(출처 : 대한수면연구학회)

비렘수면은 성인에서 수면시간의 약 75~80%를 차지하는데, 이 기간에는 부교감신경계의 긴장도가 증가되고 호흡수와 호흡량, 심박수와 혈압이 약간 저하하여 에너지 소모를 줄이게 된다. 따라서 호흡은 느리고 규칙적이며, 정신적 활동이 현저히 감소하고, 더 낮게 설정된 온도에서 체온 유지가 이루어진다. 비렘수면 기간에는 뇌의 대사요구량이 감소되어 뇌 전체에서 혈류 움직임이 감소한다. 아데노신(adenosine)은 수면의 항상성에 관여하는 인자로 각성상태에서 비렘수면 상태로의 전환에 관여하는 성분이다. 렘수면의 특징은 두 눈의 불규칙한 빠른 눈동자 움직임이 나타나는 기간이다. 렘수면은 비렘수면 뒤에 나타나며, 정상인의 수면시간 중 비렘-렘 주기가 3~7회 관찰되는데, 전체 수면시간의 20~25%를 차지한다.

렘수면의 가장 큰 특징 중의 하나는 꿈을 꾸는 시간이다. 렘수면에서는 교감신경계가 우세해서 심박수와 호흡수가 증가하고 불규칙하며, 체온조절이 잘 안 되고 호흡장애가 발생하기 쉽지만 정신활동의 피로를 회복시키고, 기억력을 강화하는 기간이기도 하다. 렘수면은 아세틸콜린(acetylcholine) 분비에 의해 시작되고, 노르에피네프린(norepinephrine), 세로토닌(serotonin), 히스타민(histamine) 등의 분비를 통해 종료된다. 즉 렘수면은 콜린성신경과 아민성신경의 상호작용에 의해 형성된다. 수면과 관련된 생화학물질 중 아세틸콜린(acetylcholine), 히스타민(histamine), 노르아드레날린(noradrenaline), 도파민(dopamine), 세로토닌(serotonin), 히포크레틴(hypocretin) 등은 각성과 관련이 있고 γ-aminobutyric acid(GABA), 아데노신(adenosine), 각종 사이토카인 등은 수면과 관련된 물질들이다.

뇌파(brain wave)란 두뇌활동을 역동적으로 실시간 전기적으로 기록한 것으로, 뇌의 뉴런(neuron)에서의 이온 전류로 인한 전압 변동을 측정한 것이다. 뇌의 파형(brain waves)은 뇌세포들의 생화학적 상호작용에 의해 발생하는 이온 흐름으로 인해 생성되는 뇌의 전기적 활동이다. 사람의 뇌에서 나오는 뇌파의 파장은 기본적으로 0~30 Hz의 주파수, 20~200 μV의 진폭을 보이는데, 종류에는 δ, θ(theta), α, β, γ 파 등이 임의적 뇌파의 종류이다. 수면중에 뇌에 발생하는 파형을 이해하면 수면의 질을 파악하는 데 크게 도움이 된다.

수면 중에는 주로 δ 파와 θ 파가 관찰되는데, δ 파는 깊은 잠에 빠져서 꿈도 없는 수면인 비렘수면 중에 발생하며, θ 파는 안구운동이 활발하게 일어나며 꿈을 꾸는 상태인 렘수면 중에 발생한다. α 파는 잠들기 직전인 가수면 상태에서 발생하는데, 뇌활동이 안정되어 있는 상태로 명상 시에 많이 나타나는 파장이다. 참고로 수면기간 동안 일어나는 뇌파의 유형은 표 22-1에 나타나 있다.

표 22-1. 수면시간 동안 일어나는 뇌파의 유형

뇌파신호 분류	주파수(Hz)	신호의 형태[2]	신호의 특징	설명
델타(Delta)파	~3.5		가장 진폭이 크다(20~200uV) 내면 심리 반영	- 깊은 수면 또는 혼수상태 - 각성이 떨어질수록 증가함.
세타(Theta)파	3.5~7		진폭이 크다 내면 심리 반영	- 기억을 회상하거나 조용한 집중상태에서 관찰됨. - 동조하여 발화하는 많은 뉴런이 관련됨.
알파(Alpha)파	8~12		진폭이 중간 심리 반영 중간	- 휴식상태의 후두엽에서 발생. 수면상태는 약해짐. - 대규모의 뉴런들이 동조적으로 발화함.
베타(Beta)파	13~30		진폭이 작다 표면 심리 반영	- 각종 상태 및 집중적 뇌 활동과 연관되며, 병리적 현상 및 약물효과와 관련이 있음. - 양반구에서 대칭적으로 분포함.
감마(Gamma)파	31~50		가장 진폭이 작다 표면 심리 반영	- 피질과 피질하 영역들 간의 정보 교환 - 의식적 각성 상태와 REM 수면시 꿈에서 나타남. - 베타파와 중복되어 나타나기도 함.

수면장애(sleep disorder)의 유형에는 불면증, 수면호흡장애(sleep-related breathing disorder), 수면과다증(hypersomnia), 수면중 이상운동 등이 있는데, 불면증은 가장 흔하고 널리 알려진 수면장애이다. 불면증은 수면의 시작 또는 유지가 힘든 상태를 말하는데, 크게 1차성 (primary insomnia)과 2차성 불면증(secondary or comorbid insomnia)으로 나뉜다. 1차성은 여러 종류의 스트레스에 의해 만성화된 정신생리학적 불면증(psychophysiological insomnia)인데, 실제로 잠을 자는데 거의 못 잔다고 생각하는 역설적 불면증(paradoxical insomnia), 스트레스에 의한 일시적 불면증(adjustment insomnia), 불량한 수면환경에 의한 불면증(poor sleep hygiene) 등이 여기에 해당한다. 2차성 불면증은 수면무호흡증에 의한 불면증, 정신과(우울증, 불안증), 내과(위 · 식도 역류, 천식, 심부전, 폐질환 등), 신경과 질환에 의한 불면증, 약물 또는 중독성 물질에 의한 불면증, 알코올에 의한 불면증 등이 여기에 속한다.

22.2 수면질 개선에 도움이 되는 생리활성물질

수면질 개선에 도움이 되는 생리활성물질에는 개별인정형 기능성 원료 2등급인 감태추출물이 있으며 지표성분은 디엑콜(dieckol)이다. 감태추출물에는 디엑콜(dieckol)과 후코이단(fucoidan) 성분이 들어 있는데, 원래 디엑콜은 퇴행성 신경질환 예방 및 치료, 피부홍반과 자외선(UV) B 손상으로부터 보호하는 기능을 가진 성분이다. 그러나 이 성분은 수면질을 개선해 주는 기능도 가지고 있다.

감태(*Ecklonia cava*)는 식용 갈조류로 미역과(*Alariaceae*)의 다년생 해초류이다. 전복의 먹이인 감태의 또 다른 주요 성분은 플로로탄닌(phlorotannin)인데, 이것은 폴리페놀 화합물로 플로로글루신올(phloroglucinol)을 기본 구성단위로 하고 있다. 플로로탄닌은 항균, 항바이러스, 항산화, 간보호 활성, 엘라스타제 저해, hyaluronidase 저해기능을 비롯하여 심혈관 보호, 치매치료 등의 효능을 가지고 있다. 수면질 개선에 도움이 되는 생리활성물질 구조는 그림 22-2와 같다.

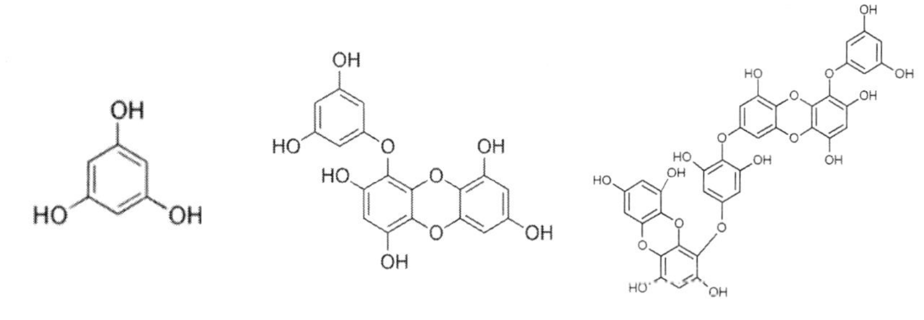

Phloroglucinol unit　　Phlorotannin　　Dieckol

그림 22-2. 플로로글루신올 단위, 플로로탄닌 및 디엑콜의 구조

〈23절〉 어린이 키 성장에 도움을 주는 생리활성물질

23.1 키 성장의 의미와 기전

키는 유전적 요인 이외에도 영양, 운동, 숙면 같은 환경적 요인에 따라 변하지만, 보다 중요한 것은 뼈의 성장과 근육의 형성 등과 관련이 있다. 뼈는 뼈대를 구성하는 조직으로 몸의 근육, 연조직 및 신체기관을 지탱하고 있는데, 출생 시 약 350개인 뼈가 성인이 되면서 206개로 줄어든다. 이것은 성장함에 따라 뼈의 융합을 통해 더 단단한 뼈로 변하기 때문이다. 연골이 뼈로 대치되는 과정을 골화라고 부르는데, 태아기에 시작하여 사춘기 끝에 보통 형성이 완성된다. 뼈는 길이 성장이 끝나 성숙한 뼈가 된 후 넓이 성장을 하는데, 성장호르몬이 뼈의 길이 성장을 자극한다. 이 과정은 두 가지 기전에 의해서 일어나는데, 하나는 인슐린 양 반응을 통한 간접적 자극이고, 다른 하나는 성장호르몬이 직접 성장판 전구세포인 연골세포 및 골모세포에 작용하여 이 세포들의 분화 촉진으로 뼈를 자라게 만든다.

키를 크게 하려면 각 기관이 커져야 하지만, 특히 척추와 다리의 길이가 신장되어야 한다. 성장판은 성장기의 아동에게만 있는데, 긴 뼈의 양쪽 끝 관절 근처에 있다. 이곳에서 지속적으로 연골조직이 단단한 골조직으로 대치되고, 이 과정을 통해서 뼈의 길이 성장이 이루어진다. 성장기 때에는 이 성장판이 열려 있으나, 2차 성징이 시작되면서 성호르몬이 연골부위에 있는 성장판의 융합을 일으켜 닫히게 된다. 성호르몬과 성장호르몬은 서로 길항작용을 하므로 성호르몬의 증가는 성장호르몬의 감소를 가져와 결국 성장을 어렵게 만든다. 뼈 활성인자 ALP(Alkaline Phosphatase)는 잠잘 때 성장판 부위에서 뼈를 만드는 동안 분비되는 단백질 효소로, 숙면을 할수록 생성이 많아진다. 성장판은 여자가 남자에 비해 약 2년 정도 빨리 성호르몬이 배출되며, 이로 인하여 성장도 약 2년 정도 빨리 멈추게 된다. 여아의 경우 초경 전에 성장판이 닫히는 경우도 생긴다.

뼈에 붙어 있는 근육을 골격근이라 부른다. 골격근이 수축하여 뼈를 움직이게 하는데, 뼈의 길이 성장을 유도하는 근육의 성장점 자극이 있어야 성장한다. 근육은 주로 단백질로 구성되어 있고, 근육이 만들어지는 데도 뼈를 만드는 것과 마찬가지로 성장호르몬(growth hormon)의 작용이 중요한 역할을 한다. 키와 관련된 성장호르몬은 뇌하수체전엽에서 분비되는데, 말초조직에서 2가지 작용을 한다. 첫째는 성장호르몬은 간과 골격계에서 인슐린유사 성장인자-I(IGF-I)를 생성하여 IGF-I이 연골조직에 작용함으로써 성장을 자극한다. IGF-I의 합성 및 분비는 성장호르몬에 의해 1차적으로 조정되나, IGF-I의 합성과 분비에 영향을 끼치는 중요한 비호르몬은 영양상태와 인슐린이다. 둘째, 성장호르몬은 당 생성과 단백질 동화작용을 증가시키고, 지방분해 작용을 촉진한다. 따라서 성장기에 비만상태에 놓이게 되면 성장호르몬이 지방분해 작용에 상당부분 사용되어 정상적인 성장을 하는 데 방해를 받을 수 있다.

성장호르몬은 수면기 중 렘수면 시기에(깊은 잠에 빠진 상태) 하루 분비량의 60% 이상이 분비된다. 이 때문에 충분한 숙면을 취하는 것이 성장을 위해 중요한 것이다. 정상적인 성장이 이루어지기 위해서는 성장하는 시기에 정상적인 호르몬 분비와 적절한 영양 공급은 물론이고 간과 골격계에서 IGF-I의 합성과 분비가 잘 이루어져 성장판의 연골세포수를 늘리고, 성장판의 두께를 증가시켜 성장판 주변에 원활한 혈액 공급이 항상 이루어지도록 하여야 한다.

23.2 키 성장에 도움을 주는 생리활성물질

어린이 키 성장에 도움을 주는 생리활성 개별인정형 기능성 원료 2등급으로 황기 추출물 등 복합물(HT042)이 있으며, 지표성분은 formononetin, 6, 9-epi-8-O-acetyl-shanzhiside methyl ester(eleutheroside E 등이다. 보통 황기의 지표성분은 astra-galoside I, IV 및 formononetin이다(그림 23-1).

황기 추출물 및 그로부터 유래된 화합물은 항염증 효능(astragaloside IV), 항알러지 효과(lupenone과 astragaloside IV), 면역증가(daucosterol), 항당뇨 효능(astra-galoside IV), 위염 및 위궤양 억제 활성(daucosterol과 astragaloside I), 골다공증 개선(astragaloside I과 formononetin) 등 기능과 대장암 억제, 다당류들의 근위축 억제

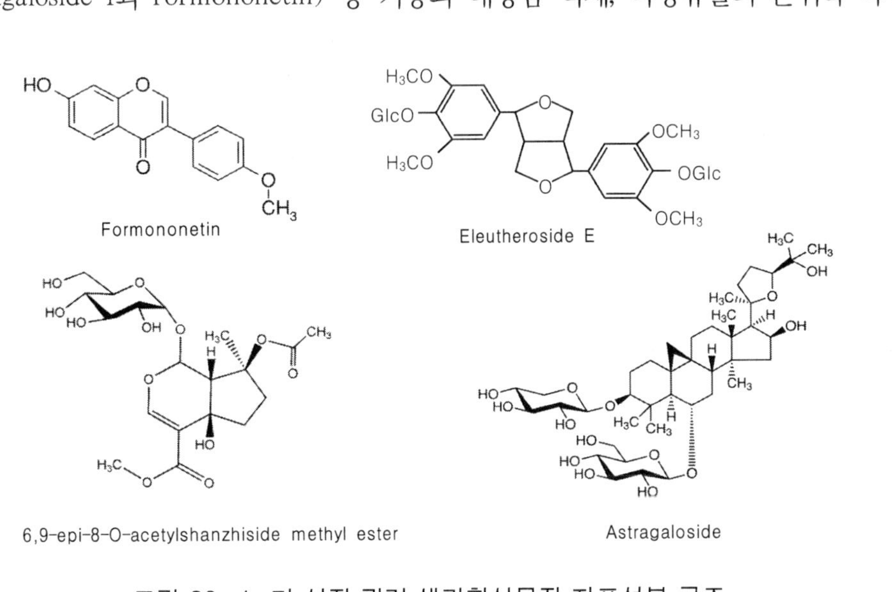

Formononetin

Eleutheroside E

6,9-epi-8-O-acetylshanzhiside methyl ester

Astragaloside

그림 23-1. 키 성장 관련 생리활성물질 지표성분 구조

효과, 당뇨성 상처 치유, 산화적 스트레스 억제 효과 등의 기능을 가지고 있다. 황기는 뿌리와 지상부가 모두 특이한 생리활성성분을 가지고 있는데 황기의 뿌리에는 다당류, flavonoid, saponin 등이 함유되어 있다. 이들 중 astragaloside, formononetin, calycosin 등이 대표적인 생리활성물질이다.

황기의 지상부는 formononetin 및 quercetin, rutin, quercitrin, kaempferol, luteolin, chlorogenic acid, caffeic acid, ferulic acid, *p*-coumaric acid 등이 함유되어 있다. 황기에 들어가 있는 astragaloside에는 위손상 보호, 항알러지 효과를 가지는 astragaloside I과 항당뇨활성, 항알러지 효과를 나타내는 astragaloside IV 등이 있다. Formononetin은 빨간 클로버와 같은 허브에서 발견되는 플라보노이드이다. Formononetin estrogen은 phytoestrogen이며, isoflavone formononetin은 혈액순환 개선용으로 사용하는데, 특히 여성 갱년기증후군을 효과적으로 완화하고, 신체의 호르몬 균형을 조정하는 기능을 가지고 있다.

그 외 항암효과, 이뇨제, 건선과 같은 만성피부질환 치료, 화장품 원료(피부 지성 및 수분 밸런스 조절, 피부 거칠기 방지 등), 항균 및 항진균, 기침과 기관지염 치료, 콜레스테롤 감소 등의 효과를 가지고 있다. Eleutheroside E는 배당체로, 원래는 가시오갈피의 대표적 성분인데, 인슐린 저항성을 개선하고, 혈당을 저하시켜 당뇨병 개선에 도움이 되는 성분이다. 근육세포에서 인슐린에 의해 유도되는 당의 흡수를 증진시키고, 염증인자(TNF-alpha)에 의한 인슐린 저항성을 개선시킨다. 참고로 가시오갈피는 강장효과, 항염, 항산화, 피로개선 등의 목적으로도 사용된다.

〈24절〉 여성 질 건강과 월경전 증후군에 관련된 생리활성물질

24.1 여성 질 건강에 도움을 주는 생리활성물질

여성의 질(vagina)은 근육으로 구성되어 있으며, 자궁과 외음부를 연결해 주는 통로인 외부 생식기관이다. 질은 월경을 배출하는 통로이며, 분만 시 아기가 나오는 길이며, 성교 시 남성의 생식기가 삽입되는 부위이기도 하다. 질벽은 근육층, 결합조직, 점막층으로 구성되어 있고, 점막층은 주름이 잡혀 있어 신축성이 있는 부분이다. 질의 직경은 약 2∼3cm 정도이며, 질에서는 무색·무취의 pH 3.5∼4.5의 약산성인 분비물을 내보내 외부 세균의 침입을 막아 주는데, 분비물은 월경주기에 따라 점도가 다르다. 여성들에게는 흔한 질병 중 하나가 바로 질염(vaginitis)이다.

여성의 질염은 질의 염증으로 비정상적인 질 분비물이 나오고, 냄새가 나며, 외음부가 화끈거리고, 가렵고 통증이 따르게 되는데, 그 원인은 균 감염, 알레르기, 화학적 자극(피임약 등), 물리적 자극, 임신, 항생제의 과다 투여, 폐경(호르몬 변화, 위축성) 등이다. 평소에는 에스트로겐이 질 상피세포의 글리코겐을 유지하면서 질 내 세균총(유산균)을 유지하나, 각종 원인으로 질 내 산도가 변하면 유산균 대신 병원균이 번식하여 질염을 일으킨다. 질염의 종류는 세균성 질염(bacterial vaginosis), 칸디다 질염(Candidasis), 트리코모나스 질염(Trichomonas vaginitis) 등이 있으며, 이 중 세균성 질염과 칸디다 질염이 전체 발병률의 70~80%를 차지한다. 세균성 질염(bacterial vaginosis)이란 질 내의 유산균총이 감소하여 혐기성 병원균이 증식하면 질 내 휘발성 아민화합물이 증가하여 악취를 유발하고, 성병 감염의 위험을 높이는 질염이다. 칸디다 질염(Candidasis)은 질 내부의 효모균인 *Candida albicans*가 증식하면서 야기되는 질염이다.

여성 질 건강에 도움을 주는 생리활성물질인 UREX프로바이오틱스는 개별인정형 2등급으로 분류되어 있으며, 지표성분은 유산균 생균이다(10^8 CFU/g 이상 함유하고 있어야 함). 여성 질 내에 존재하는 유산균은 포도당을 발효시켜 젖산을 생성하여 질 내 산도를 pH 4.5 이하로 유지하여 병원체로부터 질 감염을 방지하고 점액에 부착하여 병원체의 유입을 방해하는 장벽을 형성한다. 또 항균물질인 과산화수소, 젖산, bacteriocin 또는 bacteriocin 유사물질 등을 생성하여 질 내 환경을 개선해 준다. 일반적으로 섭취한 유산균은 3~5일 후면 질과 요도에 정착해 증식하여 병원균 감염을 막아주고, 생식기 면역력을 높여 주며, 질염 개선 효과, 질염 재발률 감소, 질내 균총의 정상적회복 등을 이루어낸다.

프로바이오틱스는 장내에 들어가 건강에 좋은 효과를 주는 살아 있는 유산균으로 제형 및 원료에 따라 프로바이오틱스 ATP(과민 피부상태 개선, 3등급), UREX 프로바이오틱스(유산균 증식을 통한 여성 질 건강에 도움, 2등급), 프로바이오틱스(VSL#3 / 면역을 조절하여 장 건강에 도움, 2등급) 등의 종류가 있다. 일반적으로 프로바이오틱스는 유산균 증식 및 유해균 억제와 배변에 도움을 주며, 젖산을 생성해 장내 환경을 산성으로 만들고, 이를 통해 질병을 일으킬 수 있는 유해균을 억제함으로써 장내 균총의 밸런스를 유지하는 역할을 한다. 최근 연구에 의하면 유산균은 소화와 배변 등 장 기능 개선 뿐 아니라 아토피 · 천식 · 알레르기와 같은 면역질환 등을 개선하는 기능을 가지고 있다고 한다.

24.2 월경전 증후군에 관련된 생리활성물질

월경은 자궁이 임신할 수 있도록 준비하는 생리적 현상으로 매월 자궁벽이 피로 두꺼워져 임신할 경우 아이가 그 안에서 자랄 수 있도록 해 주는 현상이다. 그러나 임신하지 않은 경우에는 두꺼워진 벽이 필요 없으므로 피가 질 밖으로 매달 며칠 동안 흘러나오는데, 이를 월경이라 부른다. 대개 9세에서 16세 사이에 생리를 시작하여 보통 50세 무렵 멈춘다. 월경전 증후군(premenstrual syndrome, PMS)은 월경 전에 나타나는 다양한 증상(복부팽만감, 불안, 긴장, 유방통, 우울증, 피로, 의욕상실, 분노, 초조, 집중력 장애, 식욕변화, 사지의 부종 등)으로 월경 7일에서 10일 전에 나타나서 월경과 함께 증상이 완전히 소실되고, 그 이후 다시 황체기가 시작될 때까지는 무증상으로 지내다가 다시 증상이 주기적으로 반복된다.

월경증후군 중 가장 자주 접하게 되는 것은 기분장애(mood disorder)이다. PMS의 생리학적 원인으로 프로게스테론의 이상, 도파민의 감소로 인한 프로락틴의 증가, 엔도르핀의 문제, 세로토닌의 감소 등이 거론되고 있다. 또 낮은 황체호르몬(progesterone) 농도, 높은 난포호르몬(estrogen) 농도, 난포호르몬과 황체호르몬의 비율 변화, 알도스테론(aldosterone) 활성도 증가, 레닌-안지오텐신(renin-angiotensin) 활성도 증가, 부신(adrenal)의 활성도 증가, 내인성 엔도르핀(endorphin) 중단, 프로스타글란딘(prostaglandin)에 대한 반응, 비타민(vitamin) 부족, 유즙분비호르몬(prolactin)의 과다한 분비, 갑상선 기능장애, 뇌에서 분비되는 신경전달물질의 변화 등이 거론되고 있다.

월경 시 불편함을 없애는 방법으로는 vitamin B_6(하루 50~100 mg), vitamin E(하루 400 IU 복용), L-tryptophan(하루 6 g), 마그네슘, 칼슘제제 등의 섭취를 비롯하여 근육 이완운동(relaxation training), 아로마요법 등을 이용하지만 건강기능성 식품으로 γ-리놀렌산(GLA / γ-linolenic acid / ω-6)를 추천하고 있다. γ-리놀렌산은 여성호르몬인 에스트로겐의 양을 조절해 월경전 증후군 완화, 폐경에 따른 불편 증상을 호전시킨다. 원래 γ-리놀렌산은 콜레스테롤 합성 억제, TXA2 생성 억제, PGE1을 합성 등으로 심혈관 질환을 예방하는 소재로 알려져 있으며, 프로스타글란딘(prostaglandin)의 생체 내 합성에 필수적인 물질이다. 혈당 강하, 항염증, 골다공증, 류마티스성 관절염 개선에 관여하는 성분이기도 하다.

월경전 변화 개선에 도움을 주는 생리활성 고시형 2등급인 γ-리놀렌산 함유 유지의 지표성분은 γ-리놀렌산(70 mg/g 이상)이다. 기능성은 혈중 콜레스테롤 개선, 혈행 개선(1일 섭취량 감마리놀렌산으로서 240~300 mg), 월경 전 변화에 의한 불편함 개선(1일 섭취량 감마리놀렌산으로서 210~300 mg), 면역과민반응에 의한 피부상태 개선(1일 섭취량 감마리놀렌산으로서 160~300 mg) 등이다. 보라지오일도 월경전 증후군 증상 중 스트레스를 해소하고, 수면을 개선시켜 주는 데 도움이 되며, 호박씨도 월경전 증후군 중에서 붓는 증상을 완화시키는 소재이다.

〈25절〉 정자 운동성 개선 관련 생리활성물질

정자(精子, spermatozoon)는 1677년 미생물학자 Antoni van Leeuwenhoek가 발견한 동물 수컷의 생식세포이며, 암컷의 난자와 달리 스스로 운동하는 능력을 가지고 있다. 정액에 포함되어 배란된 난자 두 개의 생식세포와 결합한 세포를 접합체(zygote)라 하는데, 접합체는 세포분열을 통해 독립된 개체로 성장한다. 정자는 부고환에서 성숙해져 부고환 꼬리부에 축적되는데, 올챙이 형태로서 길이가 약 50~60 μm이다. 두부(머리부분)의 모양은 타원, 구형에 가깝고, 두부실질(핵질부)과 두모로 구분된다. 정자의 두부의 앞쪽 끝에 있는 두모에는 난자의 표층을 용해시키는 효소를 가지고 있다. 두부실질은 세포의 핵으로 이루어져 있는데, 감수분열을 하면 체세포의 1/2 정도의 DNA를 가진다. 정자에는 X염색체를 가진 정자와 Y염색체를 가진 정자가 있고, 난자에는 X염색체 밖에 없으므로 성(性)의 결정권은 정자 쪽에 있다.

일반적으로 정자는 산에 약하나 약알칼리성의 환경에서는 활발히 운동한다. 어떤 이유에서인지 만약 고환(정자를 생산하는 곳)에서 생산된 정자가 그 수와 운동성이 크게 저하되거나 비정상적인 정자 수가 증가하거나 구조적으로 이상이 있으면 불임의 원인이 된다. 특정 호르몬, 유전질환, 약물 부작용, 고환수축, 혈관장애, 당뇨병, 전립선 질환 등이 정자 비정상화를 부추긴다.

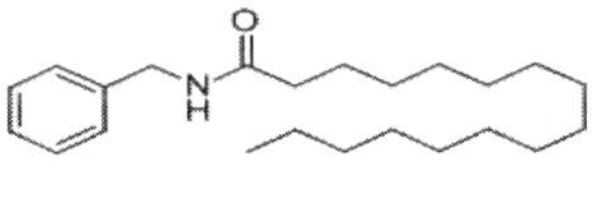

그림 25-1. *n*-benzyl-hexadecan amide의 구조

마카 젤라틴화 분말은 정자 운동성 개선에 도움을 주는 생리활성 개별인정형 2등급이며, 동시에 운동 수행능력 개선에 도움이 되는 3등급, 갱년기 남성에게 도움이 되는 2등급 물질이기도 한다. 이 소재는 소화·흡수가 잘 되도록 마카를 젤라틴화하는 공법을 개발하여 소화 흡수율을 98%까지 상승시킨 소재이다. 마카 젤라틴화 분말의 지표성분은 모두 *n*-benzyl-hexadecan amide이며(그림 25-1), 마카의 지표성분은 마카엔(macaene)이나 마카마이드(macamide/*n*-benzyl-hexadecan amide)와 같은 특유 불포화지방산이다.

마카(*Lepidium meyenii*)는 페루의 안데스산맥이 원산지인 십자화과 두해살이풀인데 단백질, 불포화 지방산 및 미네랄 이외 리놀렌산(linolenic acid), 팔미트산(palmitic acid) 및 올레인산(oleic acid) 등과 같은 지방산과 식물성 스테롤, 글루코시놀레이트(glucosinolate), 아답토젠(adaptogen) 등을 함유하고 있다. 마카의 글루코시놀레이트(glucosinolate)는 항산화 역할을 하면서 면역시스템을 조절하고, 항암작용을 하며, 마카의 아답토젠(adaptogen) 성분은 스트레스에 대한 저항력을 높이고, 스트레스 호르몬의 양을 조절하는 기능을 가지고 있다.

마카의 식물성 스테롤과 2차 대사산물은 과도한 스트레스로 생기는 호르몬 불균형을 안정시키며, 남녀 불임증 해소, 성호르몬 불균형 개선, 그리고 남성에게는 활력증진 및 정자수와 정자 활동성 증가, 성욕 증대, 발기부전이나 성기능 장애 개선, 전립선 비대 방지, 부신, 갑상선 및 고환 등의 내분비계를 자극・조절하는 기능을 가지고 있다. 또 여성에게는 난자와 여성의 임성(妊性) 강화와 폐경기 증상 완화, 월경증후군 및 갱년기 증상 완화 등과 같은 효능을 가진다.

〈26절〉 운동 수행능력 관련 생리활성물질

26.1 운동 수행능력과 지구력의 정의

운동 수행능력이란 운동이나 신체 동작을 할 때 효율적으로 최고의 능률을 얻을 수 있는 능력을 말하는데, 이를 위해서는 근육피로를 막고, 지구력을 좋게 하는 등 근육의 기능을 높여야 한다. 근육은 골격을 이루는 뼈에 부착하여 운동을 가능하게 해 주는 기관으로 크게 골격근, 심장근, 내장근으로 구분하며, 그 기능에 따라 자신의 의사로 수축을 조절할 수 있는 수의근과 수축을 조절할 수 없는 불수의근, 모양에 따라 가로무늬근과 민무늬근으로 나눈다.

근육피로(근피로, muscle fatigue)는 근육을 과도하게 사용했을 때 일어나는 현상으로, 강도가 강한 운동이나 장기간 운동으로 인해 신체활동 수행능력이 일시적으로 저하 또는 감소된 상태를 말한다. 보통 젖산 축적 때문이라는 학설을 유지해 왔으나 최근에는 젖산 축적보다 칼륨이온(K^+)의 과다한 축적, 저농도의 칼슘함량을 비롯하여 글리코겐, 크레아틴 인산, 무기인산염, 아데노신 3인산(ATP), 나트륨이온 등도 근육 피로에 관여한다고 주장하고 있다.

우리 인체는 약 600여 개의 근육이 있는데 근섬유(muscle fiber)가 그 구성 성분이다. 인체의 근육섬유는 특성에 따라 Type Ⅰ, Type Ⅱa, Type Ⅱx 등 세 종류로 구분하는데, Type Ⅰ 섬유는 지근섬유(slow-twitch fiber)이고, Type Ⅱa와 Type Ⅱx는 속근이다(표 26-1).

Type Ⅰ 섬유는 미오글로빈(myoglobin)의 농도가 높아 유산소성 대사능력이 높고, 피로에 대한 높은 저항능력을 가진다. Type Ⅱx는 미토콘드리아의 수가 적고, 피로에 대한 저항능력이 낮아 유산소성 대사능력이 낮지만 에너지원인 글리코겐 함량과 해당과정 효소가 풍부하여 무산소성 대사능력은 매우 높다. Type Ⅱa 섬유는 피로에 대한 저항능력이 다른 두 근섬유의 중간 정도이다. 따라서 이들 근섬유 조성 비율이 유산소성 또는 무산소성 운동능력의 변화를 평가하는 데 중요한 기준이 된다.

표 26-1. 근섬유의 종류와 특징

	Type I	Type IIa	Type IIx
Contraction	Slow twitch	Fast twitch	Fast twitch
Fibre size	Small	Intermediate	Large
Colour	Red	Red	White
Myoglobin concentration	High	High	Low
Mitochondrial content	High	High	Low
Fuel utilization	Oxidative	Oxidative	Glycolytic

(출처 : Ph. D thesis, the Uni. of Glasow, Husni Thamrin, 2008)

지속적으로 운동 수행능력을 높이기 위해서는 체내에 저장되어 있는 글리코겐(glycogen) 소모를 최소화해야 한다. 그 이유는 저혈당이나 글리코겐 고갈이 피로의 원인 중 하나이기 때문이다. 가장 흡수가 빠른 포도당을 운동 전 섭취하면 근수축의 지속시간을 증가시키고, 근피로를 지연시킬 수 있으며, 운동 중에 포도당을 섭취하면 운동 중 혈당 증가는 물론 회복기에 혈중 젖산의 축적을 억제하여 운동 수행능력과 운동피로의 회복에 큰 도움이 된다. 혈중 젖산 농도는 운동 동안 무산소성 대사 정도를 측정하는 유용한 지표로 탈진 정도를 측정하는 데 사용된다. 근육 내 젖산은 간으로 이동되어 포도당으로 전환되며, 이는 다시 근육으로 이동하여 글리코겐으로 전환된다.

지구력(endurance)은 피로에 대한 저항력으로 운동을 얼마나 지속적으로 할 수 있는지에 대한 능력이다. 지구력 운동을 하는 동안 피로도가 높아지며, 근육 에너지 공급을 위한 근육과 간에 저장된 글리코겐 기질이 감소하는데 근육에 글리코겐이 많으면 지구력이 좋고 오랫동안 운동을 할 수 있다. 심폐의 지구력 운동능력을 평가하는 지표는 최대 산소섭취량(VO2 max)인데, 체중 1kg당 1분 동안 사용할 수 있는 최대 산소량으로 결정한다. 최대 산소섭취량의 단위는 MET(metabolic equivalent)로 표시하는데, 성인이 쉬고 있을 때 사용하는 산소섭취량 3.5 ml/kg/min를 1MET라 한다.

일반적으로 최대 산소섭취량이 높을수록 피로를 느끼지 않고 오랫동안 운동을 지속할 수 있으며, 전신 지구력과 유산소 운동능력이 우수하다. 또 폐활량, 혈중 헤모글로빈(혈색소)의 양, 심박출량, 조직의 산소 이용률이 증가할수록 최대 산소섭취량은 커진다. 운동 수행능력과 지구력을 좋게 하기 위해서는 근신경계의 활성화가 필요하다. 근신경계 활동은 감각 및 운동 관련 신경계의 활동을 말하는데, 평형유지 능력(balance)과 같은 기본적 운동능력과 관련이 있다. 평형성은 균형을 유지하는 능력인데 근육뿐만 아니라 전신의 다양한 근육과 관절의 조화로운 움직임으로 이루어진다. 외부자극에 대한 감각-지각-운동체계의 협력적 반응은 평형성 유지를 위해 반드시 필요하다. 협력적 반응이란 신체 분절, 관절, 근육 및 신경계 등의 상호조정 능력으로 움직임을 조절하는 능력을 말한다. 반응시간이란 운동명령이 근육에 도달하여 반응할 때까지의 소요시간을 말한다.

운동능력과 지구력은 근력으로부터 나온다. 근력이란 근육이나 근조직이 발휘할 수 있는 최대의 힘이며, 운동수행의 기본적인 힘이다. 근력의 정의는 어떤 저항(무게·힘)에 대하여 근육이 한 번에 최대로 낼 수 있는 힘이다. 근육은 ATP에너지를 사용하는데 근육 내부에 존재하는 ATP의 양은 너무 적기 때문에 그것만 가지고는 1초도 근수축을 이룰 수 없다. 따라서 장시간 운동을 지속할 수 있는 것은 끊임 없이 재합성되는 ATP 때문이다. 그러므로 ATP나 크레아틴인산(creatine phosphate, CP / ATP 공급원)이 원활히 공급되면 운동 수행능력은 좋아진다.

26.2 운동능력과 지구력 관련 생리활성물질

운동능력 향상에 도움을 주는 생리활성 고시형 / 개별인정형 기능성 원료 2등급인 크레아틴이 있으며, 운동능력의 지표성분은 creatine monohydrate(크레아틴으로서 3 g/day)이다. 2등급인 헛개나무과병 추출분말의 지표성분은 quercetin(헛개나무과병 추출분말로서 2,460 mg/day)이고, 3등급인 마카 젤라틴화 분말의 지표성분은 불포화 지방산인 *n*-benzyl-hexadecanamide(마카 젤라틴화 분말로서 1.5～3.0 g/day)이다. 지구력 증진에 도움을 주는 생리활성 개별인정형 원료로는 3등급인 동충하초 발효추출물이 있으며, 지표성분은 아데노신(동충하초 발효추출물로서 2.1～3.0 g/day)이다.

마카 젤라틴화 분말은 정자 운동성 개선에 도움을 주는 생리활성 3등급, 갱년기 남성에게 도움이 되는 2등급 물질인데, 운동 수행능력 개선에도 도움이 되는 소재이다. 크레아틴은 아미노산 유사물질로 아미노산(아르기닌, 글리신, 메티오닌)으로부터 주로 간에서 합성되며, 95%가 골격근에 저장되어 있다. 크레아틴은 단백질이 아니기 때문에 크레아틴 자체가 근육 합성에 직접적인 영향을 주지는 않지만 무산소 운동 시 에너지 공급에 도움을 주는 성분이다. 아미노기 대신에 구아니딘(guanidine)기를 가진 아미노산 유사물질이며, 근육 속에 크레아틴인산(creatine phosphate, PCr) 형태로 있다가 산소 결핍 시 크레아틴과 인산으로 분해된다.

근육 내 크레아틴인산 저장량이 많으면 더 많은 에너지를 공급할 수 있게 되고, 따라서 에너지 공급량이 늘어나므로 근육 수축을 가능하게 하여 조금 더 많이, 조금 더 오래 동안 운동할 수 있도록 만든다. 크레아틴인산은 체내에서 자연적으로 합성되지만 추가로 섭취할 시 근력 및 근지구력 향상과 근 회복에 도움을 준다. 이와 같이 크레아틴은 근육 속에서 고에너지 결합을 형성하고 있기 때문에 운동할 때 더 필요하고 효과적인 소재이다. 근력 운동 시 수행능력 향상에 도움을 주는 건강기능식품 원료로 인증 받은 creatine monohydrate는 미국에서도 식이보충제(dietary supplement)로 분류되고 있다.

크레아틴은 운동 후 몸의 크레아틴이 소비된 후에 섭취하는 게 좋다. 크레아틴 섭취 자체가 신체에 부작용을 주진 않으나 가끔 섭취 후 메스꺼움과 구토, 설사, 근육 경련 등의 부작용이 있을 수 있으며, 신장질환 환자는 크레아틴 보충제 섭취로 신장 기능 악화를 초래할 수 있다. 크레아틴은 근육을 직접 만드는 것이 아니라 운동을 할 때에 에너지 공급을 도와주는 보충제이므로 운동 없이 섭취할 경우에는 이상 체중 증가를 초래할 수 있다. 헛개나무과병 추출분말은 운동능력 향상 이외 알코올성 손상으로부터 간 보호에 도움을 줄 수 있는 개별인정형 2등급이다.

헛개나무과병 추출분말은 헛개나무(*Hovenia dulcis Thunb*) 과병(果炳, fruit stalk/열매자루)의 추출분말로 지구력을 향상시키는데, 이는 혈중 젖산 탈수소효소(lactic acid dehydrogenase, LDH)와 젖산 농도를 낮추고, 과격한 운동 후에 생성된 산소 자유기들(oxygen radicals)을 제거하여 지질 과산화 생성량을 저하시키며, catalase 활성을 높여 준다. 젖산 탈수소효소는 세포가 손상되거나 파괴될 때 혈액으로 유출되기 때문에 세포 손상의 지표로 사용되며 급성 관상동맥증후군의 진단에 이용되고 있다. 보통 과도한 운동 후에 AST(aspartate amino-transferase)가 약간 높아지는 경우가 있으나 이것은 일시적인 현상이고, 정상적인 건강이라면 특별하게 문제가 되지 않는다. 혈청 AST는 ALT(alanine transferase)와 같이 거의 모든 장기에 존재하지만, 특히 AST는 심장, 간장, 골격근에 많이 존재하는 효소이다.

동충하초 발효추출물은 지구력 증진에 도움을 주는 생리활성성분으로 다양한 수용성성분으로 구성되어 있다. 이들 성분은 만니톨과 포도당-만노스-칼라토스의 3개의 당 결합으로 구성된 수용성 다당체를 다량 함유하고 있다. 이 수용성 다당체가 혈류속도를 향상시켜 산소 공급을 원활히 하고, 인슐린 민감도(Insulin-Like Activity)를 향상시켜 혈액 내 포도당을 안정적으로 공급하므로 세포 내 미토콘드리아에서의 유산소성 에너지(ATP) 대사가 지속적으로 유지되도록 도와준다. 이렇게 간 조직에서 고 ATP 상태를 안정적으로 유지시키므로 운동 수행능력과 유산소 운동능력을 좋게 만든다. 동충하초(冬蟲夏草, *Cordyceps militaris*)는 사상균의 일종인 동충하초균이 살아 있는 곤충의 몸속으로 들어가 자실체를 곤충의 표피에 만드는 곤충 기생성 약용 버섯인데, 겨울엔 곤충의 몸으로 있다가(冬蟲) 여름이면 풀처럼 돋아난다는(夏草) 뜻에서 그 이름이 유래하였다.

〈27절〉 치아 충치발생 위험 감소/구취제거 관련 생리활성물질

27.1 치아의 구조와 기능

치아 충치발생 위험 감소/구취제거에 도움을 주는 생리활성물질을 이해하기 위해서는 우선 치아에 대한 기본 지식이 필요하다. 치아(齒牙)는 구강에 존재하는 기관으로 저작기능, 발음기능, 미용기능 등을 가지고 있다. 이가 빠지면 미용과 발음기능의 결함으로 장애를 받으며, 저작할 수 없어 많은 문제점을 유발한다. 사람의 치아 수는 총 28개(사랑니 포함 32개)이며, 입안을 4부분으로 나눴을 경우 한쪽에 7~8개씩이다(개수는 입안을 4부분으로 나눈 경우 한 쪽당). 1-2 절치(2개, 앞니)는 음식을 자르는 기능 이외 발음 관련 기능을, 3 견치(1개, 송곳니)는 음식 절단, 고정, 찢는 기능을 하며, 치근이 가장 길고 교합의 중요한 부분이다. 4-5 소구치(2개, 작은 어금니)는 견치와 구치의 기능을 모두 행하며, 6-7 대구치(2-3개, 어금니)는 음식을 분쇄하고 갈고 씹는 저작기능 이외 안면을 고정하는 기능을 가진다.

외부에서 치아를 볼 때 잇몸 밖으로 보이는 부분을 이 머리(치관, 齒冠), 잇몸 안에 있어 육안으로는 잘 보이지 않고 치조골(齒槽骨)에 의해 쌓여 있는 부분을 이 뿌리(치근, 齒根)라 부른다. 치아조직을 현미경으로 보면 법랑질(琺瑯質), 상아질(象牙質), 백악질(白牙質), 그리고 내부 신경과 혈관 덩어리(치수, 齒髓) 등으로 구성되어 있는데 법랑질, 상아질, 백아질 등은 경조직인데 법랑질은 96%, 상아질은 70%, 백악질은 50% 무기물 결정체로 구성되어 있고, 그 주성분은 칼슘이다.

법랑질(enamel)은 인체에서 가장 단단한 고도로 석회화된 조직이며, 표면이 매끈하여 외부의 모든 자극으로부터 치아를 보호하는 경조직 중 가장 외부에 존재하는 조직이다. 치아를 충격과 온도로부터 보호하는 구성 성분은 수산화인회석(hydroxyapatite)이다. 상아질(dentin)은 법랑질의 내부에 있으며, 치아의 대부분을 이루는 물질로 치아의 몸체를 이룬다. 감각이 느껴지는 부위이므로 입안에 노출되면 시리게 된다. 형성시기에 따라 1차 상아질(치근형성 전 형성되고), 2차 상아질(치근형성 후 형성), 3차 상아질(이물질의 침입에 대해 방어기전으로 형성) 등으로 구분된다.

상아질은 일종의 골조직이지만 보통의 뼈와 달리 강도는 약한 편이다. 상아질 밑으로는 치아에 영양을 공급해 주는 신경이 위치한 치수가 존재한다. 치수는 치아 중심부에 위치한 연조직성 고유조직이다. 상아질을 형성하고, 치아의 영양공급과 지각을 담당한다. 치수강은 치아 한가운데의 빈 공간으로 턱뼈 속으로부터 치아 뿌리 속으로 들어온 신경과 혈관, 림프관 등으로 채워져 있으며, 매우 예민한 부위이다. 치근관은 턱뼈로부터 치아로 신경과 핏줄이 들어오고 나가는 길이다.

잇몸(치은)은 치아와 입안이 연결되는 경계부에 있는 연조직으로 잇몸 뼈를 감싸고 보호한다. 치은열구(치은낭)은 치아와 잇몸 사이의 벌어진 틈으로 잇몸병이 발생되는 부위이다. 치주인대는 치조골과 치아를 연결해 주는 섬유조직으로서, 치아에 가해지는 힘을 흡수하는 완충 역할을 하며, 잇몸 뼈(치조골)는 치아를 단단히 붙들어 주는 뼈조직으로 치아가 흔들리지 않고 제 기능을 할 수 있도록 해 준다. 치아를 지지하는 주변 조직으로는 백악질, 치주골, 치주인대, 치은 등이 있다.

뼈와 이의 구성 성분은 공통으로 단백질과 칼슘, 인 등인데 뼈의 내부는 혈관이 있고, 영양공급을 받아 부러져도 다시 재생된다. 그러나 치아의 바깥 부분인 법랑질까지는 신경과 혈관이 뻗어 있지 않아 한번 부식되거나 깨질 경우 재생이 되지 않는다. 치아는 일반 뼈와 다르게 법랑질이라고 불리는 에나멜물질로 덮여 있는데, 에나멜질의 안쪽은 상아질이라는 물질로 채워져 있고, 상아질 속에 신경과 혈관이 뻗어져 있다. 에나멜질은 소모되면 재생하지 않고, 상아질은 필요하다면 언제든지 재생이 가능하다. 또한 치아를 잇몸(턱뼈)에 고정시키는 뿌리부분은 시멘트질 또는 백악질로 불리는 물질로 구성되어 있다.

27.2 치아 관련 질환

구강질환은 치아우식, 치주질환, 구취 등인데 그 원인은 치태로부터 시작된다. 치태는 이에서 형성되는 다량의 다양한 세균으로 구성된 생물막인 프라그인데, 이 프라그를 정기적으로 제거하지 않으면 치태가 성장하여 치강(카리에스) 또는 치은염 같은 치주 문제를 야기시킨다. 시간이 지나면 치태는 잇몸을 따라 광물화하여 치석이 되는데, 생물막을 형성하는 미생물은 거의 대부분 연쇄상구균, 혐기성 미생물과 같은 세균으로 입안의 위치에 따라 그 조성은 조금씩 달라진다. 치강과 관련된 가장 중요한 세균은 구강다형연쇄상구균(치석균)이다.

입안의 어떤 세균은 음식물로부터 젖산을 생성하는데, 이것이 치아를 파괴하는 법랑질의 칼슘과 인을 녹이는 탈회(脫灰)작용을 한다. 이 경우 침이 산을 중화시키는 재광화(remineralisation)를 일으켜 용해된 무기물이 에나멜질로 다시 돌아오도록 하여 치아를 스스로 회복하도록 해 준다. 그러나 중요한 것은 침이 치태를 투과하여 세균이 생성한 산을 중화하지는 못한 경우이다. 충치(蟲齒), 우치(齲齒), 삭은 이는 치아의 구조를 손상시키는 질환으로 특정 유형의 산을 생성하는 세균에 의해 발생하며, 설탕, 과당, 포도당 등과 같은 발효성 탄수화물이 주원인이다. 충치는 무기질이 탈회되고, 유기질이 파괴되어 치아조직의 결손을 초래하는 질환이다.

치아우식증은 *Mutans Streptococci* 라고 총칭되는 구강연쇄구균에 의해 발생하며, 사람의 구강에서는 *Streptococcus mutans*와 *Streptococcus sobrinus*의 2종의 균이 분리된다. 처음 침(타액) 내의 당단백질이 *S. mutans*가 생산한 GTase에 의해 글루칸(glucan)을 합성하여 치아 표면에 균괴를 형성한다. 이 균괴가 치면세균막(supra-gingival plaque)을 형성하게 되고, 충치균들이 생산하는 젖산, 유기산 등이 세균막 내부에 축적되어 치아의 탈회를 일으킨다. 이러한 경우 칼슘과 인산이 여기에 부착하여 딱딱하게 변하는데, 이것을 치석이라 부른다. 따라서 치석 형성을 방지하기 위해서는 *S. mutans*에 대한 항균, GTase 활성억제, cell adherence 억제, 산 생성억제 등의 조치가 필요하다.

또 치주조직에 생기는 치주질환으로는 만성치은염, 만성치주염 등이 있는데, 구강 내 치면세균막 내에 있는 세균이 원인균이다. 치주질환을 일으키는 균은 혐기성균으로 주로 *Prophyromonas gingivalis, Prevotella intermedia, Actinobacillus actino-mycetemcomitans, Eikenella corrodents, Fusobacterium nucleatum, Bacteroides forsythius, Campybacterrectus, Treponema*(spirochetes) 등이 있다. 치아부식은 치아의 화학적인 용해를 말하며, 주로 산성음식에 의해서 일어난다. 경우에 따라서는 치아의 경조직에 손상이 일어나기도 하는데, 그것은 치아 마모와 치아우식증에 의한 손상이 그 원인이다.

구취(입냄새, bad breath / halitosis)는 숨을 쉬거나 말할 때 입을 통해 나오는 불쾌한 냄새를 말하는데, 그 정도가 심한 진성구취증과 타인에게는 인식되지 않고 자신에게만 인식되는 가성구취증, 그리고 구취에 대해 염려하는 구취공포증 등으로 구분한다. 구취는 생리적 원인이나 병적인 원인 또는 여러 가지 복합적인 원인에 의해 구강이나 비강을 통해 발생하는 불쾌한 악취를 말하는데 대개 만성적이며 혀, 잇몸, 비염, 축농증, 기관지염, 폐, 간, 신장질환, 당뇨병, 십이지장염, 소화기질환, 및 스트레스 등이 직간접 원인이다.

구체적인 원인으로는 침 분비량이 감소한 경우, 입안 위생관리가 잘 되지 않는 경우, 구취를 쉽게 유발하는 음식을 즐겨 먹는 경우 등이며, 칫솔질 미숙으로 인한 입안 위생상태 불량, 잇몸 질환, 혀의 백태, 심한 충치, 오래된 치아 보철물, 구강건조증, 입으로 숨 쉬는 습관 등도 구취의 원인에 해당한다. 코 및 목구멍 안쪽의 질환, 폐질환, 당뇨병, 신장질환, 간질환 등도 구취에 영향을 미치는 것들이다. 구취는 구취 측정기(Halimeter)를 이용하거나 세균 도말검사, 침 분비율 검사 등을 통해서 판단한다. 구취는 건강의 적신호로 알려져 있는데, 고령일수록 그 냄새의 정도가 심해지는 것이 일반적인 현상이다.

구취 성분은 휘발성 황화합물(volatile sulphur compounds, VSCs)이 90%를 차지하고, hydrogen sulfide(H_2S), methyl mercaptan(CH_3SH), dimethyl sulfide(CH_3) 2S) 등도 관련 성분이다. 휘발성 황화합물은 음식물 찌꺼기를 분해하는 세균과 타액 및 타액 침전물 등에 의해서 복합적으로 발생하며, 설태나 치주질환으로도 발생한다. 구취는 정신적인 스트레스를 유발하기도 하는데, 보통 구취제거제를 사용하여 그 정도를 경감하고 있다.

27.3 치아건강에 도움을 주는 생리활성물질

치아건강 중 충치발생 위험 감소에 도움을 주는 생리활성물질에는 자일리톨(xylitol)이 있으며, 1일 섭취량은 자일리톨로서 10～25 g/day이다. 구강에 서식하는 세균에 의해 설탕, 전분 등이 분해되면서 생기는 산(acid) 때문에 치아의 법랑질이 손상되는 치아우식증(충치)에 대해서 설탕 대체물질로 당알코올인 xylitol, sorbitol, maltitol, lactitol, lycasin, palatinit 등을 사용한다. 그 중 자일리톨은 설탕과 같은 정도의 당도를 가지며, 구강 내 세균에 의해 즉시 분해되지 않는 당알코올로 우식예방에 큰 효과를 가지고 있다. 자일리톨의 효과는 단기간 사용 시 타액과 치태 내의 *S. mutans*의 감소 효과를 보인다.

구취제거제는 구취제거, 살균효과를 동시에 갖고 있는 제제인데, 보통 보릭산(boric acid), 메틸살리실레이트(methyl salicylate) 등 소독제를 주성분으로 하거나 염화암모늄, 보존제인 안식향산, 불화나트륨 등을 주성분으로 하는 등 다양한 제제들이 사용되고 있다. 갈근, 대추, 감초, 하고초, 양제근 및 상백피 등의 혼합물을 구취제거용으로 사용되기도 하며, 휘발성 물질인 피톤치드(주성분은 terpene)를 이용하기도 하는데, 피톤치드는 항균효과는 물론 휘발성 황화합물과 반응하여 구취 성분을 침전시켜 냄새를 제거한다.

녹차에 들어 있는 플라보노이드 성분도 입속의 세균 증식을 막고 구취를 제거하며, 김에 함유된 식이섬유도 치아와 잇몸의 음식 찌꺼기나 세균 제거에 효과가 있는 것으로 알려져 있다. 또 김의 피코시안(phycocyan) 성분은 냄새를 일으키는 트레멘틸아민(trimethylamine)과 메틸메르캅탄(methtyl mercaptan) 등의 성분을 제거하는 능력을 가지고 있으며, 당근의 β-카로틴과 사과의 유기산인 사과산, 구연산, 주석산 등도 구취를 제거해 준다. 또 요구르트 속의 유산균이 구취를 일으키는 황화수소를 감소시키고, 깻잎의 방향성 정유인 페릴알데히드(perillaldehyde)와 페릴케톤(perillaketone)도 구취를 없애는 데 도움을 준다. 피망에 많이 함유된 수분은 입안을 촉촉하게 하고, 잇몸과 치아의 불순물 제거에도 도움이 되며, 비타민 C도 구강질환 예방과 구취제거에 도움을 준다. 레몬은 침 분비를 촉진하여 구취 제거에 도움이 되며, 생강도 입 냄새를 없애는 데 도움이 된다.

〈28절〉 피로회복 관련 생리활성물질

28.1 피로와 피로개선의 정의

피로(疲勞, fatigue / exhaustion / tiredness / languidness / languor / lassitude / listlessness)는 육체적 노동이나 스트레스에 대한 정상적인 반응이고, 결코 육체적 질병의 징후는 아니다. 심신기능이 모두 저하되었거나 떨어진 상태를 말하는데, 신체의 경우 근육의 기능장애로 근육에 사용되는 기질들이 부적절할 경우이거나 장기간 운동으로 인한 근육 내 ATP 고갈, 산소부족, 젖산축적 등의 체내 산성화가 피로의 원인이다. 피로는 대개 노동, 정신적 스트레스, 과대자극, 과소자극, 시차증, 우울증, 권태 등의 결과물이며, 영양분의 부족과 같은 화학적인 요인도 원인이 될 수 있다. 피로의 징후는 기운이 없거나 잠을 많이 자며, 평소에 하는 일에 대한 의욕이 없고, 잠을 잔 후에도 피곤해 하며, 집중이 안 되고 서글픔, 부정적 기분 또는 짜증스런 기분을 느끼는 것 등이 여기에 속한다. 만약 피로가 6개월 이상 지속되는 만성피로의 경우에는 활동저하, 기억력이나 집중력 장애, 인후통, 근육통, 관절통, 두통, 수면장애, 권태감 등을 동반한다.

기존 이론을 보면 혈당저하, 산소의 부족으로 인하여 당 생성과정이 저해될 경우 젖산 생성의 증가로 피로감을 느끼게 되는데, 강도 높은 운동 시 근육에 대한 산소 공급이 충분치 않아 피루브산이 젖산 탈수소효소(lactate dehydrogenase)에 의해 젖산으로 전환, 축적되면서 세포내 pH가 저하되고, 이로 인해 효소활성이 감소되어 미토콘드리아의 산화 및 근육의 이완과 수축활동이 억제되면 피로가 찾아오게 된다. 또 운동을 할 때 adenine nucleotide(ATP / ADP / AMP)가 IMP로 분해되는 과정에서 암모니아가 발생, 축적되면 중추신경 세포내 pH변화, 세포 내외의 전해질 농도 변화, 신경전달물질 농도 변화 등에 의해 피로가 발생하기도 한다. 또 격한 운동 시 크레아틴인산(creatine phosphate, CP / phosphocreatine, Cr) 가수분해로 무기인산이 축적되는 경우에도 피로를 느낀다.

피로와 관련되는 효소류에는 젖산 탈수소효소, 시트르산 합성효소, 숙신산탈수효소, 말산탈수소효소 등이 있고, 피로 관련 호르몬에는 코르티코스테론(corticosterone), 세로토닌, 도파민 등이 있다. 세포의 기능으로 중심으로 만성피로의 원인별 종류를 보면 미토콘드리아의 문제(mitochondropathy), 영양소의 불균형에 의한 문제(nutrition imbalance), 독성물질의 해독에 관한 문제(problem of detoxification), 스트레스에 의한 부신호르몬의 불균형(adrenal fatigue), 갑상선호르몬의 불균형(Wilson Temperature Syndrom), 음식 과민성에 의한 문제(food allergy), 중금속 중독에 의한 문제(toxic mineral intoxification), 장의 기능장애에 의한 문제(Leaky-Gut syndrom), 심신 연계에 의한 문제(Mind-Body connection) 등이 있다.

28.2 피로개선과 회복에 도움이 되는 생리활성물질

피로개선에 도움이 되는 생리활성물질이란 피로회복을 통해 신체리듬을 정상상태로 유지하는 데 도움을 주는 것으로, 고시형 기능성 원료로는 인삼, 홍삼, 매실추출물, 홍경천추출물 등이 있고, 개별인정형 기능성 원료에는 헛개나무과병추출분말, 홍경천추출물, 발효생성 아미노산 복합물 등이 있다.

1) 인삼과 홍삼, 그리고 매실 추출물

인삼과 홍삼은 면역력 증진, 피로개선에 도움을 줄 수 있는 생리활성 기능성 원료 2등급이다(말리지 아니한 것은 수삼, 수삼을 햇볕·열풍으로 그대로 말린 것은 백삼, 수삼을 물로 익혀 말린 것은 태극삼이라 함). 인삼의 지표성분과 그 함량은 진세노사이드 Rg1과 Rb1을 합하여 0.8~34 mg/g이다. 1일 섭취량은 진세노사이드 Rg1과 Rb1의 합계로서 3~80 mg이다. 홍삼은 피로개선에 도움을 줄 수 있는 생리활성기능 2등급으로, 지표성분과 그 함량은 진세노사이드 Rg1, Rb1 및 Rg3를 합하여 2.5~34 mg/g 이다. 1일 섭취량은 면역력 증진, 피로개선에 도움을 줄 수 있는 경우 진세노사이드 Rg1, Rb1 및 Rg3의 합계로서 3~80 mg이다. 홍삼은 수삼을 분말화하여 제조하거나 수삼을 물이나 주정(물주정 혼합물 포함)으로 추출하여 여과하거나, 여과한 후 농축 또는 미생물로 발효하여 제조한다.

매실 추출물은 피로개선에 도움을 주는 생리활성기능 2등급으로, 지표성분과 그 함량은 구연산이 300~400 mg/g이다. 1일 섭취량은 구연산(citric acid)으로서 1~1.3 g이다. 매실은 장미과 식물의 하나로 이미 오래 전부터 그 열매를 식용이나 약용으로 널리 애용해 왔는데, 매실은 약알칼리성 식품으로 약리성분인 구연산을 4~9% 함유하고 있다. 구연산은 피로회복은 물론 항균력, 무기질 흡수 촉진, 신장 또는 요로결석의 예방과 결석의 제거, 요로감염의 치료, 위액분비 촉진, 통풍예방, 비타민 B 흡수 촉진 등 기능을 가지고 있으며 건성피부, 각질층 제거에 유효한 성분이다. 매실과육에는 기능성 생리활성물질인 스쿠알렌 물질을 함유하고 있다. 스쿠알렌(squalene)은 상어간유, 올리브, 쌀겨, 맥아 등에 많이 함유된 불포화탄화수소로 인체의 피부, 지방조직 등 여러 조직에도 발견되는 성분으로 항암, 면역력 증강, 항산화, 노화억제 등에 유효하며, 피부미용에도 도움이 되는 것으로 알려져 있다.

2) 홍경천 추출물과 헛개나무과병 추출분말, 발효생성 아미노산 복합물

홍경천 추출물은 스트레스로 인한 피로 개선에 도움을 줄 수 있는 생리활성기능 2등급으로, 지표성분과 그 함량은 로사빈(rosavin)으로서 20～35 mg/g이다. 1일 섭취량은 홍경천 추출물로서 200～600 mg이다. 홍경천(참돌꽃, *Rhodiola rosea L.*)에 함유된 생체 방어물질인 로사빈(rosavin, cinnamyl alcohol glycoside) 성분은 스트레스 호르몬 억제에 관여하여 스트레스로 인한 피로를 개선해 주는 성분으로 "스트레스 킬러"라 부르고 있다. 홍경천은 자작나무 숲과 협곡의 바위틈에서 자라는 여러해살이 풀로 굵은 뿌리를 약으로 쓴다. 홍경천은 피로를 풀어 주며, 병후에 원기를 보충하며, 신장의 기능을 좋게 하는 작용이 있어 노인성 심장병, 당뇨병, 관절염, 폐결핵, 빈혈, 간염, 저혈압, 두통, 산후풍, 건망증, 불면증 등 질병 치유에 유효한 것으로 알려져 있다.

홍경천 추출물은 스트레스 자극을 받으면 증가되는 것으로 알려진 신경전달물질인 P물질(substance P), 칼시토닌 유전관련 펩타이드(calcitonin gene related protein, CGRP)의 분비를 감소시키는 것으로 알려져 있다. P물질은 타키키닌(tachykinin)류에 속하는 신경전달 펩티드로 혈류량 증가, 혈관 확장 등을 유도하며, 피부의 각질형성 세포 등에서 염증성 사이토카인의 생성을 촉진하는 성분이다. 따라서 P물질의 생성을 억제하면 스트레스로부터 해방될 수 있다. 또 홍경천 추출물은 히스타민 유리 저해, 인터페론 감마(INF-γ) 유리 저해를 통해 항스트레스 효과를 나타내는데, 그것은 외부 항원에 대항하는 면역세포의 활성을 강화시키는 인터페론 감마의 유리를 억제하고, 과민반응을 억제하는 히스타민의 유리를 억제하기 때문이다. 그 외 홍경천추출물의 플라보노이드계 화합물은 바이러스 질환의 예방 및 치료, 항당뇨, 피부미백, 강장제, 면역기능 강화, 항암효과를 가지며, 수렴 화장품 원료, 항스트레스 조성물 등에 사용되고 있다.

헛개나무과병 추출분말은 피로개선에 도움을 줄 수 있는 생리활성기능 2등급으로,

동시에 알코올성 손상으로부터 간을 보호하는 데 도움을 줄 수 있는 생리활성기능 2등급, 운동능력 향상에 도움을 줄 수 있는 생리활성기능 2등급 등으로 이미 잘 알려진 원료이다. 지표성분은 퀘르세틴(quercetin)이고, 1일 섭취량은 헛개나무과병 추출분말로서 2,460 mg/day이다. 헛개나무과병 추출분말은 헛개나무(*Hovenia dulcis Thunb* / 지구자나무 / 괴조) 열매자루(果柄, fruit stalk)의 추출 분말로 간 기능 활성과 간 보호작용을 가지고 있으며 지구력 향상, 과격한 운동 후에 생성된 산소 자유기(oxygen radicals) 제거, catalase 활성 증가, 지질과산화 생성량의 감소 등도 이 소재의 기능들이다.

발효생성 아미노산 복합물은 피로개선에 도움을 줄 수 있는 생리활성기능 2등급으로, 지표성분은 L-leucine), L-isoleucine, L-valine이며, 1일 섭취량은 발효생성 아미노산 복합물로서 4.7～5.0 g/day이다. BCAA(branched chain amino acids)는 단백질을 형성하는 아미노산인 분지사슬 아미노산의 총칭이며, valine, leucine, isoleucine이 여기에 해당된다. 이 3개의 아미노산은 모두 필수 아미노산이기 때문에 음식물로서 BCAA를 섭취해야 한다. BCAA는 근육 성장에 필요한 아미노산으로 체내에 합성되지 않는다. BCAA는 단백질의 합성・촉진으로 근육성장 및 체지방 감소를 촉진하며, 근력운동 전・후 섭취 시 근의 손실을 막아주며, 피로물질인 젖산을 제거하여 근육통의 빠른 회복을 도와주는 기능을 가지고 있다.

BCAA는 단백질의 가수분해로 얻어지는 아미노산 중 하나이며, β 또는 γ 자리에 메틸기를 가지고 있고, 대사적으로도 동일하거나 혹은 공통 경로를 가지기 때문에 3가지 아미노산은 영양학적으로도 서로에 길항하기도 한다. 보충제로 섭취할 때 이상적인 배합은 leucine, isoleucine, valine은 2 : 1 : 1이다. BCAA는 운동에 의한 근육장해의 예방이나 회복 촉진에 효율적이며, 근육의 위축으로부터 회복하기 위한 재활(rehabilitation)의 경우에도 효과를 가진다.

〈29절〉 항산화 관련 생리활성물질

29.1 활성산소의 정의와 조직의 손상

대부분의 생물은 생존을 위해 산소를 필요로 한다. 그러나 대사과정 중에 불완전한 형태의 활성산소가 생겨 각종 반응에 참여하고 있다. 자유기(free radicals / 유리기)를 가지고 있는 산소를 활성산소라 부르고, 자유기란 원자의 가상 바깥층에 쌍을 이루지 못한 전자를 가진 화합물이거나 산소를 함유하지 않은 화합물을 총칭하는 용어이다. 활성산소종(reactive oxygen species, ROS)은 산소원자를 포함한 화학적으로 반응성 있는 분자로 산소이온 그리고 과산화수소를 포함하고 있으며, 구조적으로 짝지어지지 않은 전자 때문에 반응성은 매우 높은 편이다.

산소와 관련된 인체 내 독성물질인 활성산소종의 종류에는 수퍼옥사이드(superoxide), 히드록실(hydroxyl), 페록실(peroxyl), 알콕실(alkoxyl), 히드로페록실(hydroperoxyl) 등과 같은 자유기와 히드로젠페록사이드(hydrogen peroxide), 히포클로로스산(hypochlorous acid), 오존(ozone), 일중항산소(singlet oxygen), 퍼옥시나이트라이트(peroxynitrite) 등 비자유기(non free radical)가 있다(표 29-1). 그 중에서 가장 중요한 역할을 하는 것이 수퍼옥사이드 자유기(superoxide free radical / 활성산소 / 유해산소)이다.

표 29-1. 활성산소종의 종류

Superoxide radical	$O_2^{-\bullet}$	Ozone	O_3
Hydroxyl radical	$^{\bullet}OH$	Singlet oxygen	$^1O_2$
Hydroperoxyl radical	$HO_2^{\bullet}$	Hypochlorous acid	HOCL
Alkoxyl radical	$LO^{\bullet}$,$RO^{\bullet}$	Hydrogen peroxide	H_2O_2
Peroxyl radical	$LO_2^{\bullet}$,$RO_2^{\bullet}$		

자유기는 다양한 생물체의 산화·환원반응에서 생성되며, 여러 생체물질(지질, 단백질, 핵산, 탄수화물)에 산화적인 손상을 유발하며, 세포막의 투과성을 항진시키고, 세포독성을 초래하며, 돌연변이와 노화현상, 각종 질환 등을 유도한다. 활성산소 등의 자유기는 불안정하며, 반감기도 짧고 따라서 안정성을 가지기 위해 다른 물질(DNA, 단백질, 지방 등) 등과 빠르게 반응하는데, 이 반응이 세포분화, 유전자의 발현, 시토카인에 대한 반응정도를 포함한 다양한 생물학적 과정에 관련되어 있다.

체내 대사과정에서 산소를 사용하면서부터 활성산소가 발생하는데, 활성산소가 생성되는 것이 생명체를 유지하는 데 필수불가결한 과정이지만, 활성산소의 생성속도와 제거속도 간의 균형이 깨지는 경우 산화적 스트레스가 발생하여 세포는 그 기능을 상실하거나 변질하게 된다. 그 결과 단백질의 변성, 변성된 단백질의 축적, 생체막 지질의 과산화, 지질형태 변형, 핵산 변형 등을 통해 세포의 사멸이나 세포의 이상 증식을 일으키며, 종양으로 발전되기도 하며 DNA 손상, 효소 불활성화 등을 일으키게 된다. 세포 내로 확산되거나 혈류를 통해 이동한 지질과산화물은 또 다른 새로운 활성산소를 만들어 산화 진행과정을 더욱 촉진하게 된다.

만약 ROS의 생성과 제거의 균형이 잘 이루어지지 않으면 단백질이나 DNA, 지질 등을 산화시켜 세포괴사를 일으키며, 활성산소의 농도가 낮은 경우에는 세포증식에 관여하는 ERK 단백질이 활성화되어 세포증식이 활발히 일어나지만, 활성산소의 농도가 높은 경우에는 오히려 세포 주기의 정지 및 세포 사멸이 유발된다. 그것은 세포 사멸에 관여하는 JNK 단백질이 활성화되어 세포분열을 멈추고, 세포가 죽도록 만든다. 활성산소는 산소의 정상적인 대사작용에 의해서 자연스럽게 생기거나 이온을 생성하는 방사선(방사능 물질, 라돈, 우주선, CT, X-ray 등) 등에 의해서 생기거나 흡연, 농약, 탄 음식, 과격한 운동, 햇빛, 과도한 스트레스 등으로도 생긴다. 또 체내에 미생물 등이 이물질이 감지되었을 때 이것을 제거·분해하는 과정에서도 생성된다. 특히 인체 내 활성산소는 정상적인 세포 내 호흡과정을 관장하는 미토콘드리아에서 부산물로 만들어진다.

세포대사에 사용되는 전체 산소의 90～95%는 미토콘드리아에서 ATP를 만들어 내는 과정에서 소모되며, 이 중 1～2%만 활성산소로 전환된다. 가장 처음 만들어지는 활성산소의 형태는 초과 산화물(superoxide / O_2^-)이며, 이는 미토콘드리아의 전자전달계 중 산화적 인산화 과정에서 대부분 생성되고, 또 세포질 또는 지질막에 존재하는 NADPH 산화효소와 xanthine oxidase에 의해서도 생성된다. 초과 산화물은 미토콘드리아와 세포질에 각각 존재하는 Mn-SOD(manganese super-oxide dismutase)와 Cu / Zn-SOD(copper / zinc superoxide dismutase)에 의해서 과산화수소(hydrogen peroxide / H_2O_2)로 전환되어 세포 바깥으로 배출된다.

최종적으로 과산화수소는 catalase와 peroxidase에 의해 물과 산소분자로 분해되지만 처리되지 못한 과산화수소의 일부는 환원된 상태의 철을 이용하는 펜톤반응(Fenton's reaction)에 의해 활성산소 중 가장 반응성이 강한 히드록실기(hydroxyl radical / OH-)로 전환되어 세포 내 소기관의 손상을 유발하게 된다. 이와 같이 특히 과잉의 활성산소는 체내 지질과 반응하여 과산화지질을 생성하여 혈관에서 혈전과 색전을 생성하고, 이것들이 혈관을 돌아다니며 혈관을 파괴하고, 말단세포로의 혈액을 차단하여 혈액순환 장애를 일으킨다.

이러한 손상이 뇌에서 발생하면 뇌졸중이나 뇌출혈, 뇌혈전을 유발하고, 심장에서 발생하면 심근경색, 동맥에서 발생하면 동맥경화를 일으키게 된다. 한편, 피부에서는 활성산소로 생성된 과산화지질이 피부각층과 수분보호막을 파괴하여 표면의 피부를 변성시키게 된다. 이와 같이 활성산소종은 DNA나 단백질, 지질과 반응하여 허혈/재관류에 의한 조직 손상, 대사증후군, 파킨슨병, 알츠하이머병과 같은 퇴행성 신경질환, 암, 심혈관질환, 노화 등을 비롯하여 염증 유발, 약의 독성 증대, 섬유증(fibrosis), 세포막에 있는 지방성분의 산화 등을 유발한다.

29.2 항산화의 기능과 종류

항산화란 산화적 스트레스로부터 신체를 보호하는 것인데, 산화적 스트레스를 유발시키는 산화 유발물질(oxidants)은 체내 에너지 대사과정이나 정상적인 대사과정에서 자연적으로 발생한다. 이 물질은 매우 불안정하여 필요이상으로 생성 또는 축적될 경우 보통은 체내에서 이들을 제거해 주는 항산화 시스템(antioxidant system)이 가동하여 크게 문제되지는 않는다. 식품 또는 의약품 등에 많이 사용되는 합성 항산화제로는 BHA(butylated hydroxyanisole), BHT(butylated hydroxytoluene), PG(propyl galate), TBHQ(tertiary-butyl hydroquinone) 등이 있는데, 합성형보다 천연 항산화물질인 토코페롤(tocopherol)류, 플라보노이드(flavonoid)류, 고시폴(gossypol), 세사몰(sesamol), 오리자놀 (oryzanol) 및 비타민 C 등을 선호하고 있다. 그 중 토코페롤(tocopherol)과 비타민 C 등이 일반적으로 많이 사용되고 있다.

생체 내에 작동하는 항산화 시스템에는 효소계와 비효소계로 구분하는데, 효소계에는 슈퍼옥사이드 디스뮤타아제(superoxide dismutase, SOD), 카탈라아제(catalase), 글루타치온 퍼옥시다아제(glutathione peroxidase, GPx), 글루타치온 환원효소(glutathione reductase, GR), 글루타치온 S-전이효소(glutathione S-transferase, GST) 등이 있고, 비효소계 시스템에는 식이를 통하여 공급되는 비타민 A, C, E, β-carotene, cysteine, taurine, glutathion, 엽산, 카테킨(catechin), 커큐민, 레스베라트롤(resveratrol), Polyphenols, (9)Coenzyme Q10, α-Lipoic Acid, N-Acetylcysteine, thiazolidine carboxylic acid, 마이토퀴논(mitoquinone), SOD / Catalase 유사제, 인돌구조 항산화제, 그리고 항산화 관련 무기질(셀레늄, 구리) 등이 여기에 속한다(그림 29-1).

이들은 우리 몸에서 생성된 활성산소를 공격성이 없는 물질로 전환시키거나 활성산소와 결합하여 활성산소를 제거하는 역할을 한다. 이 영양소형 항산화 물질은 세포시토졸(cytosol)과 혈장(blood plasma)에서 산화제와 반응한다. 비타민 C는 대표적인 수용성 항산화제이고, 비타민 E는 지용성 항산화제로 lipid peroxidation으로부터 세포막을 보호해 주는데 셀레늄, 구리 등은 자체적인 항산화 기능은 없지만 항산화 보조적인 역할을 수행한다.

또 혈장 내에 존재하는 금속-결합단백질(철운반 단백질 / 철결합 단백질)과 알부민은 세포의 항산화제로 볼 수 있는데, 이는 지질의 과산화를 증가시키는 유리철(free iron)의 농도를 감소시킨다. 그리고 금속-결합단백질들은 체액 내에서 세균의 번식과 H_2O_2가 OH· 로 전환되는 것을 방지하는데, 이러한 결합단백질의 항산화 능력은 혈청 내 존재하는 비타민 E의 50배 이상이다.

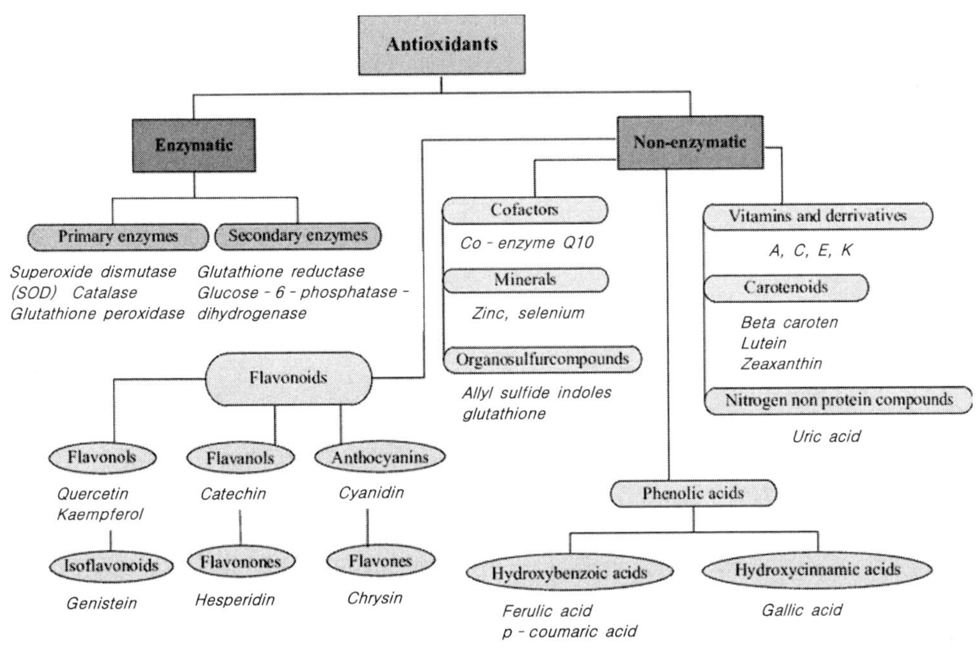

그림 29-1. 항산화제 종류
(출처 : BRIC View 2015-R13, 2015)

Deferoxamine(desferrioxamine, DFO)은 강력한 합성 철킬레이트제(iron chelator)로 철의존성 지질과산화를 강력히 억제해 준다. Scarvenging(chain-breaking) 항산화제는 생체조직이 공격을 받기 전에 유리기와 먼저 반응하는 항산화제로 지용성인 비타민 E, carotenoid, 비타민 C, 요산 등이 여기에 속한다. 대부분의 thiol 화합물도 유리기를 제거하는 작용을 하는데, 혈장단백질 특히 알부민이 thiol의 풍부한 자원이다.

29.3 항산화 관련 생리활성물질

항산화에 도움을 주는 고시형 생리활성 기능 원료에는 클로렐라(엽록소 함유 식물), 스피루리나, 프로폴리스 추출물, 녹차 추출물, 스쿠알렌, 대나무잎 추출물, 메론 추출물, 복분자 추출물(분말), 비즈왁스알코올, 유비퀴놀, 코엔자임 Q10, 토마토 추출물, 포도종자 추출물, 프랑스해안송껍질 추출물, 홍삼(홍삼농축액) 등이 있고, 개별인정형에는 포도종자 추출물, 피크노제놀-프랑스해안송껍질 추출물, 코엔자임 Q10, PME88메론 추출물, 홍삼농축액, 토마토 추출물, 비즈왁스알코올, 대나무잎 추출물, 복분자 추출물, 유비퀴놀 등이 있다.

1) 유니벡스대나무잎 추출물과 포도종자(씨) 추출물

유니벡스대나무잎 추출물은 항산화 효과에 도움을 줄 수 있으나 인체시험을 통한 확인이 필요한 것으로 생리활성기능 3등급으로 분류되어 있다. 지표성분은 ① tricin, ② *p*-coumaric acid이며(그림 29-2), 1일 섭취량은 유니벡스대나무잎 추출물로서 300～600 mg/day, tricin으로 0.345～2.07 mg/day, *p*-coumaric acid로서 1.095～6.57 mg/day이다.

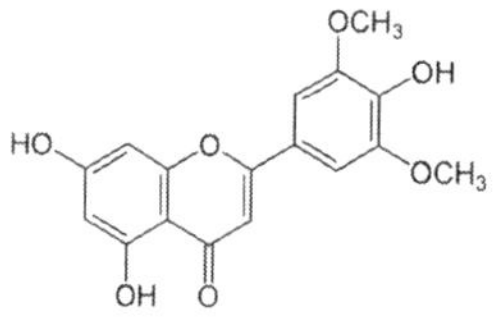

트리신(tricin)

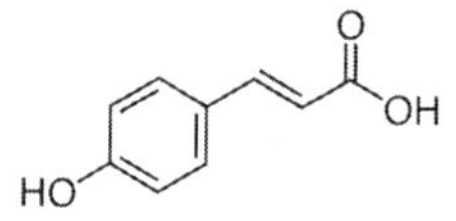

p-coumaric acid

그림 29-2. 트리신(tricin)과 *p*-coumaric acid 구조

대나무잎 추출물(*Bamboo Grass Extract*)은 항산화물질인 폴리페놀, 플라보노이드, 유기산 등을 함유하고 있는데, 그 중 트리신(tricin)은 o-methylated flavone으로 항산화, 항암, 항백혈병 활성을 가진 것으로 알려져 있으며, 염증성 인자인 NO(nitric oxide) 생성 억제에 의한 혈관보호 및 혈액순환 개선 효과, 항염증 효과를 가지고 있다. *p*-coumaric acid(4-hydroxycinnamic acid)은 땅콩, 토마토, 당근, 바질, 마늘 등과 포도주, 식초 등에 함유된 페놀성분으로 멜라닌세포에서 멜라닌 생성을 억제하고, 자외선의 세포 독성을 경감시켜 주는 항산화 물질이다. 자외선에 의한 홍반 형성과 색소 침착을 효과적으로 억제해 주는 피부미백 기능 물질이다.

포도종자 추출물(grape seed extract)은 항산화에 도움을 주는 생리활성기능 2등급으로, 지표성분은 proanthocyanidin, total flavanol이며, 1일 섭취량은 포도종자 추출물로서 200～300 mg/day이다. 예전부터 포도씨유는 식이보조제로 사용되어 왔으며 이담제, 완화제, 제설제와 상처 치료용으로 사용된 소재이다. 포도씨에는 폴리페놀 카테킨(카테킨 / 에피카테킨 / 프로안토시아니딘 중합체) 등을 비롯하여 gallic acid, flavan-3-ol-catechin 등이 풍부하게 함유되어 있는 생리기능성 소재이다. 특히 포도씨에서 추출한 proanthocyanidin은 천연 플라보노이드류의 일종으로 세포막에서의 과포화 지방산 수치를 증가시켜 산화 DNA 손상을 감소, 억제하는 항산화 효과를 가지고 있다. Proanthocyanidin은 수용성 상태에서 높은 항산화력을 보이고, 자유기에 대한 포착작용도 높다. Proanthocyanidin은 비타민 C, E 및 β-카로틴보다 활성산소 소거능 및 산화적 조직 손상을 억제하는 능력이 더 우수한 것으로 알려져 있다.

2) 프랑스해안송껍질 추출물과 복분자 주정추출 폴리페놀

프랑스해안송껍질 추출물(French maritime pine bark extract)은 항산화에 도움을 주는 생리활성 기능성 원료 2등급으로, 지표성분은 pro(antho)cyanidin이며, 1일 섭취량은 피크노제놀로서 100～300 mg/day이다. 피크노제놀(pycnogenol, PYC)은 프랑스 남서부쪽 해안선 숲의 소나무 껍질을 원료로(피크노제놀 1kg / 해안송 껍질 1톤) 제조하는데 지표성분인 proanthocyanidins이다.

피크노제놀은 다량의 polyphenol을 함유하고 있는데, 주성분으로서 catechin과 epicatechin을 단위로 하는 procyanidine으로 구성되어 있고, 이외에 taxifolin과 여러 종류의 phenolic acid로 구성된 bioflavonoids이다. PYC의 생리작용은 항산화, 대사생리조절, 세포기능 조절, LDL 산화억제, 지질 산화억제, 항염증 작용 등이며, 지질 및 염증 관련 사이토카인의 발현을 억제하고, 혈액내의 백혈구에서 NF-κB의 발현을 억제하는 것으로 알려져 있다.

특히 PYC는 간에서의 지질산화로 인한 세포손상을 억제하는 데 중요한 역할을 하는데, 비타민 C나 E의 50배에 달하는 강력한 항산화력으로 피부세포에 피해를 주는 활성산소를 억제한다. 또 수축된 혈관을 이완시키는 데 도움을 준다. PYC은 FDA의 GRA(Generally recognized as safe)에 등록되어 있으며, 국내 식약처에서도 갱년기 여성의 건강에 도움을 줄 수 있는 개별인정형 기능을 인정받은 소재이다. 국내 시판중인 피크노제놀 제품의 공식적인 기능은 활성산소 제거에 도움을 줄 수 있음(기타 기능 II), 혈소판 응집억제에 도움을 줄 수 있음(기타 기능 II) 등이다.

복분자 주정추출 폴리페놀은 항산화 생리활성 기능성 원료 3등급으로, 지표성분은 ellagic acid(1.5%～2.5%)이다. 복분자주정추출물은 지방산화를 감소시키고, 유리기의 제거능이 있고, 항산화 작용이 있는 소재이지만, 인체시험에서의 확인이 필요하므로 기능성 3등급으로 분류하고 있다. 복분자 딸기는 장미과(*Rosaceae*)의 낙엽관목으로 열매는 붉은색으로 익은 후 검붉은 색으로 완숙되어 단맛과 신맛, 독특한 향을 갖는다. 복분자 성분은 hydroxytormentic acid, rosamultin, nigaichigoside F1 / F2, ethyl succinate, vanillic acid, furan-2-ol 등이며, 특히 phenol성 물질은 ellagic acid 등 6종이 있다. 복분자에서 분리한 성분들은 DPPH 라디칼(1.1-Diphenyl-2-picrylhydrazyl) 소거로 인한 항산화 활성, 페놀화합물에 의한 효소적 지질과산화 억제 활성, NO 합성효소의 활성과 발현 증가, LDL 산화억제 활성, α-glucosidase 억제 활성효과 등의 기능을 가지고 있다.

3) 코엔자임 Q_{10}과 유비퀴놀, 비즈왁스 알코올

코엔자임 Q_{10}(Coenzyme Q_{10} / ubiquinone / ubidecarenone)은 항산화에 도움을 주는 생리활성기능 2등급으로, 지표성분은 코엔자임 Q_{10}이며, 1일 섭취량은 코엔자임 Q_{10}로서 90～100 mg/day이다. *Agrobacterium tumefaciens, Paracoccus denitrificans, Pseudomonas aeruginosa* 등의 배양산물을 용매로 추출하고, 이를 농축 또는 정제하여 만들며, 코엔자임 Q_{10}을 980 mg/g 이상 함유해야 한다. 코엔자임 Q_{10}은 지용성 물질로 세포의 기능을 유지하기 위한 대사물질인데, 세포막을 보호하고, 자유기의 손상으로부터 지단백을 보호하는 항산화 기능과 LDL의 산화 등에 관여하는 기능성 소재이다. 코엔자임 Q10은 일종의 조효소로서 미토콘드리아의 전자전달계에 위치하여 ATP 생성에 중요한 역할을 수행하며, 비타민 E와 같이 항산화 작용을 하여 세포막의 산화를 막고, 산소 이용률을 높이는 작용을 한다.

유비퀴놀(ubiquinol)은 항산화에 도움을 주지만, 인체 적용시험 결과가 미흡하여 생리활성기능 3등급으로 분류된 소재이며, 지표성분은 ubiquinol이다. 1일 섭취량은 유비퀴놀(ubiquinol)로서 90～100 mg/day이다. 유비퀴놀(ubiquinol)은 유비퀴논(ubiquinone)의 알코올형이고 동시에 유비퀴논의 환원형이다. 유비퀴논은 보통 코엔자임 Q라고 부르며, 동물과 대부분의 박테리아에 있는 코엔자임 패밀리이다. 특히 인간에서 가장 흔한 형태의 유비퀴논인 코엔자임 Q_{10}(ubiquinone-10)은 세포로 들어가서 전자 2개를 가져와 유비퀴놀 형태로 전환되어 세포막의 항산화제로 작용한다. 즉 우리 몸에 처음 합성할 때는 유비퀴논의 형태로 합성하지만 바로 유비퀴놀의 형태로 전환되는데, 우리 몸에는 유비퀴놀의 형태가 95%, 나머지 5%는 유비퀴논으로 존재한다.

비즈왁스알코올(bees wax alcohol, BWA)은 항산화에 도움을 주는 생리활성기능 2등급으로 지표성분은 ① 1-tetracosanol(C24), ② 1-hexacosanol(C26), ③ 1-octacosanol(C28), ④ 1-triacotanol(C30), ⑤ 1-dotriacotanol(C32), ⑥ 1-tetratriacontanol(C34) 등이고, 1일 섭취량은 비즈왁스알코올로서 50 mg/day이다. 비즈왁스알코올은 벌집의 밀랍에서 추출한 고분자 지방족 알코올로 항산화 효소(SOD / GPX)를 증가시켜 세포를 보호하는 세포막에 직접 작용하며, 세포 방어벽을 두껍게 해 활성산소의 공격을 미리 차단한다. 비즈왁스알코올의 주요 성분인 폴리코사놀(policosanol)은 사탕수수, 쌀겨, 밀랍, 배아, 과일의 외피(사과, 포도), 밀 또는 수수에서 통상 유래된 장쇄 지방족 1차 알코올로, 주성분은 옥타코사놀(C28 : 0)을 비롯하여 테트라코사놀(C24 : 0), 헥사코사놀(C26 : 0), 헵타코사놀(C27 : 0), 노나코사놀(C29 : 0), 트리아콘타놀(C30 : 0), 도트리아콘타놀(C32 : 0) 및 테트라트리아콘타놀(C34 : 0) 등이다. 폴리코사놀의 기능은 혈청 내 총콜레스테롤과 LDL-콜레스테롤 수치를 낮추어 주고,

혈소판 응고 억제, 관상동맥질환 환자의 운동 수행능력 향상, 근력 향상 등의 기능을 가지고 있다.

4) 토마토 추출물과 메론 추출물

메론 추출물은 항산화에 도움을 주는 생리활성기능 2등급으로, 지표성분은 SOD (superoxide dismutase)이다. 1일 섭취량은 SOD 활성으로서 500～1,000 IU/day이고, 추출물 1 mg당 0.8 IU 활성을 가져야 한다. 일반적으로 자연에서 추출한 SOD는 거의 흡수되지 않고 위산에 의하여 신속하게 파괴되어 생체 이용률이 거의 제로이지만, 이것을 40% 알코올 수용액에서 글루텐의 글리아딘 단백질과 결합시키면 소화기에서 파괴되지 않고 소장 점막에 부착되어 기능을 발휘하게 된다.

메론 추출물은 운동 등 산화스트레스 환경에서 항산화효소(SOD / catalase / Gpx 등)의 활성을 높이고, superoxide anion을 억제하고 DNA 손상을 저해하는 등 항산화지표를 개선하는 소재이다. 메론 추출물은 염증유발 사이토카인인 TNF를 감소시키고, 염증억제 사이토카인인 IL-10을 증가시키며, peroxynitrite(ONOO-)의 생성을 유의적으로 감소시키는데, 이것은 메론 추출물의 SOD가 대식세포에서 생성되는 과산화 음이온, peroxynitrite(ONOO-)의 생성을 억제하기 때문이다.

토마토 추출물은 항산화에 도움을 주는 생리활성기능 2등급으로, 지표성분은 all-*trans*-리코펜이고, 1일 섭취량은 (all-*trans*)-lycopene로서 5.7～15 mg/day이다. 지표성분의 함량은 all-*trans*-리코펜을 40～80 mg/g 함유하고 있어야 한다. 토마토 추출물은 보습작용, 미백작용, 멜라닌 색소침착 억제 등의 기능을 가지고 있다. 리코펜은 인간의 혈액과 조직에 존재하는 비프로비타민 A 카로티노이드이며, 일중항산소 소거 및 퍼옥실 라디칼 소거와 같은 항산화 활성을 가지고 있다. 또 글루타티온(GSH), 글루타티온-S-트랜스퍼라제(glutathione-S-transferases) 및 글루타티온 퍼옥시다제(glutathione peroxidase)를 포함한 항산화 효소의 수준과 활성을 자극하여 산화 손상을 감소시키며 DNA, 지질 및 단백질의 산화적 손상을 방지한다. 과도한 양의 리코펜을 섭취하면 피부가 주황색 또는 빨간색으로 변하는 리코펜혈증을 유발하지만, 리코펜 함량이 낮은 식단으로 변경하면 그 증상은 곧 사라진다.

5) 고농축 녹차 추출물(녹차추출물)과 홍삼농축액 / 홍삼

녹차 추출물은 항산화에 도움을 주는 생리활성기능 2등급으로, 지표성분은 EGCG (epigallocatechingallate)이고, 1일 섭취량은 300～330 mg/day이다(카테킨으로서는 0.3～1 g). 녹차 추출물은 카테킨을 200 mg/g 이상 함유하고 있어야 한다. 카테킨은 에피갈로카테킨(epigallocatechin, EGC), 에피갈로카테킨 갈레이트(epigallocatechin gallate, EGCG), 에피카테킨(epicatechin, EC) 및 에피카테킨 갈레이트(epicatechin gallate, ECG)의 합계량으로 계산하며, 4가지 카테킨이 모두 확인되어야 한다.

카테킨류는 폴리페놀 화합물을 75%이상 함유하고 있는데 그 종류로는 C((-)-catechin), EC((-)-epicatechin). ECG((-)-epicatehin gallate), EGC((-)-epigallocatechin), EGCG((-)-epigallocatechin gallate), GC((-)-gallocatechin), CG((-)-catechin gallate), GCG((-)-gallocatechin gallate) 등 8종류가 있고, 그 중 주요 카테킨류로는 EC, ECG, EGC, EGCG 등이다. EGCG의 함량은 카테킨 중 가장 많고, 생물학적 효능도 우수한데 비타민 E보다 25배, 비타민 C보다 100배 정도의 항산화 효과를 가지고 있다. EGCG의 항산화제로서의 작용은 독특한 페놀릭(phenolic) 구조에 의한 것인데, 그 구조 중 하이드록실(hydroxyl)의 개수와 5위치의 OH기, 3위치의 갈레이트기(gallate group) 등이 관여한 것으로 추정된다.

EGCG는 활성산소종 생성량 감소, DPPH radical 소거 기능을 수행하며 SOD, catalase 및 GPX / GSH-PX / glutathione peroxidase) 등의 항산화효소의 활성을 높여 준다. 또 EGCG가 피부에서의 catalase 발현을 증가시켜 피부노화 현상을 억제하는 효과를 가지며, 지질과산화에 의해 생성된 산화 LDL의 강한 산화 억제작용을 가지고 있다. 녹차에는 생엽 중 75~80%는 수분이고, 나머지가 고형물인데 그 중 폴리페놀화합물(flavanols / flavandiols / flavonoid /phenolic acid) 대부분이 카테킨(cathechin)이다. 녹차의 쓰고 떫은맛은 카테킨, 쓴맛은 카페인, 감칠맛은 아미노산, 단맛은 당류들인데, 이들 조화로 녹차의 독특한 향기와 맛을 느끼게 된다.

홍삼 농축액은 항산화 기능을 가진 소재로 생리활성기능 2등급으로 분류되고 있으며, 지표성분은 진세노사이드(ginsenoside) Rg1과 Rb1(인삼 사포닌)이며, 홍삼의 경우는 지표성분이 진세노사이드 Rg1, Rb1 및 Rg3(홍삼 사포닌)이다. 이 세 가지를 모두 합하여 2.5~34 mg/g 함유하고 있어야 한다. 1일 섭취량은 항산화에 도움을 줄 수 있는 경우는 진세노사이드 Rg1, Rb1 및 Rg3의 합계로서 2.4~80 mg이다.

홍삼 사포닌은 타 식물에서 발견되는 사포닌과 화학구조가 전혀 다른데, 이를 구별하기 위하여 인삼 배당체(glycoside)란 의미의 진세노사이드(ginsenoside)라는 명칭을 사용하고 있다. 인삼 사포닌인 진세노사이드는 Rg1, Rb1 등 약 30여 종이 있는데, 가공하지 않은 수삼에 많이 들어 있는 진세노이드 중 Rg1, Rb1, Rb2를 특정 방법으로 가공하면 고기능 진세노사이드인 Rg3, Rg5, Rk1, Rh4 등으로 변한다. 이는 수삼에는 없는 성분으로 일반 홍삼에도 미량만 포함되어 있다. 진세노사이드는 다른 식물 사포닌과 달리 독성이 적고, 용혈작용이 거의 없으며, 지방분해력이 크고, 영양분 흡수와 소화를 촉진한다.

〈30절〉 생체주기 조절 관련 생리활성물질

30.1 생체시계와 생체주기의 기전

대부분의 생명체들은 24시간의 주기성을 가지고 있는데, 이를 생체리듬(biological rhythm)이라 한다. 인체는 생체주기에 따라 항상성(homeostasis)을 유지하고 생활하며, 생체리듬 또한 인체의 생리 및 대사, 행동 변화에 관여하는데, 예를 들면 수면-각성 주기, 호르몬 분비, 섭식 행동 및 혈압과 체온 조절 등이 여기에 해당한다. 이러한 신체기능 조절은 생체주기 때문인데 생체시계 역할을 하는 뇌의 초시각 교차핵에서 빛의 정보를 습득하고, 체내의 주요 장기인 심장, 위, 소장, 대장, 췌장, 간, 근육, 지방조직, 부신, 신장 등의 주변 시계에 신호를 전달함으로써 이루어진다.

생체리듬은 주기에 따라 약 24시간 주기의 일주기 리듬(circadian rhythm)를 기준으로 그보다 짧은 아일주기 리듬(ultradian rhythm), 일주기 리듬보다 주기가 긴 인프라 리듬(infradian rhythm) 등 세 가지로 구분한다. 월주기성, 계절주기성, 연주기성, 일생주기성 등도 생체리듬에 포함된다. 대부분의 생물학적 경로들은 일주기 생체시계와 직·간접적으로 연결되어 있는데, 만약 일주기 리듬이 교란될 경우 수면장애, 피로증후군 뿐만 아니라 비만, 당뇨 등의 대사질환, 심혈관계 질환, 각종 종양, 류마티스, 치매, 정신장애 등 광범위한 질환에 노출될 가능성이 높다.

생체리듬은 일반적으로 멜라토닌과 코르티졸, 인슐린 등 호르몬에 의하여 조절되지만 생물학적 리듬을 조절하는 또 다른 주기유전자(period gene)가 존재한다. 주기유전자는 PER 단백질을 생산하도록 하고, 이 단백질은 밤 동안 세포내에 축적되어 있다가 낮 동안 분해한다. 또 주기유전자는 단백질의 세포내 축적 정도에 따라 그 기능이 활성화되거나 억제되는데, 이것들이 인간의 행동, 호르몬 생성 및 유지, 수면, 체온, 신진대사 등 인체의 주요 기능을 통제하고 상호작용에 관여한다.

대부분의 생물체는 생리 및 행동을 조절하는 마스터 생체시계(a master circadian clock)를 가지고 있어 생체시계의 명령에 의해 생체리듬과 신호전달(signal pathways)을 수행하고 있다. 인간을 포함한 포유류의 일주기 리듬을 관장하는 중추 생체시계는 뇌 시상하부의 시신경 교차상핵(suprachiasmatic nucleus, SCN)에 존재하는데, 일주기 생체리듬을 관장하는 유전자들이 자발적으로 리듬을 생성하고 낮과 밤이라는 환경 변화에 끊임없이 동기화되고 있다. 분자 생체시계는 시상하부 SCN의 중추 생체시계 뿐만 아니라 다양한 뇌 영역과 말초기관에서도 발현되는 국부 생체시계를 통해 일주기 생체리듬 조절 시스템이 효율적으로 작용된다.

생체시계는 중추시계(central clock / master clock)와 말초조직에 존재하는 말초시계(peripheral clock)가 있는데, 중추시계는 환경으로부터의 일주기 정보를 모아 기준 위상을 정립하고, 다양한 말초시계들의 일주기 위상을 자신에게 맞추도록 한다. 중추시계와 말초시계는 호르몬과 신경전달물질을 통해 정보를 주고받으면서 장기의 활동을 주기별로 조절한다. 중추시계는 일체의 외부자극이 없이도 일주기 리듬을 유지할 수 있으며 뇌뿐만 아니라 심장, 신장, 간, 피부, 폐 근육 등과 같은 인체 내 거의 모든 장기의 세포에 존재한다. 말초시계는 독자적으로 외부 또는 내부 신호에 의해서 반응한다.

생체시계를 설명할 때 NAD(P)+ / NAD(P)H의 비율을 언급하곤 하는데 이 비율이 생체시계 유전자를 작동시키고, 생체시계가 신체로 하여금 기상시간 등 생체리듬을 인식하도록 한다는 것이다. 피부세포인 각질세포, 멜라닌세포, 섬유모세포에도 독립적인 생체시계 시스템이 존재하여 피부 생리활성을 조절한다. 예를 들면 피부세포 분화는 늦은 밤과 이른 아침 사이에 일어나고, 자외선 UVB에 노출되기 쉬운 낮 시간대에는 DNA damage 보호 기작이 일어나 유해한 환경과 UV로부터 피부를 보호하는데, 만약 이 리듬이 깨지면 피부의 항상성이 사라져 피부노화로 이어진다. 피부 생체시계는 일주기 교란을 일으키는 생활패턴에 의해서 붕괴될 수 있다.

30.2 생체주기 조절 관련 생리활성물질

생체주기 조절 생리활성물질은 시간영양과 시간약학 개념과 관련이 있다. 시간영양(chrono-nutrition)이란 시간에 따라 장기의 활동과 호르몬 분비가 다르므로 그 리듬에 따라 적절한 영양분을 선택적으로 섭취하는 개념이다. 따라서 시간영양이 아침, 점심, 저녁식사 패턴을 결정하게 되며, 이를 통해 영양보충과 대사를 최적화시킨다. 결국 시간영양이란 신체의 일일 리듬과 조화를 이루는 식품관리를 의미하는데, 음식의 양과 섭취시간 등이 중요한 포인트이다. 식사시점은 수면 및 불면 사이클, 체온, 신체기능 및 주의력을 비롯한 다양한 생리적 과정에 영향을 미칠 수 있으며, 생체시계에 맞춘 식품 섭취는 그래서 매우 중요하다.

생체주기 조절에 도움을 주는 생리활성물질에는 호르몬류인 멜라토닌, 인슐린을 비롯하여 포도당, 지방, 아미노산, 항신화제 등이 있으며 당, 지질 및 단백질대사를 매개하는 수많은 호르몬을 비롯하여 세포 내 인자들도 일주기 생체시계의 직접적인 제어를 받고 있다. 특히 시간생물학(chronobiology)의 핵심인 신경호르몬이나 신경펩타이드들은 다양한 주기의 리듬을 나타내는 생리작용을 조율하는 핵심 물질이다. 본 장에서는 생체주기 조절에 도움을 주는 생리활성물질에 대해 소개하고자 한다.

1) 멜라토닌과 인슐린

멜라토닌(melatonin)은 짐승, 식물, 곰팡이, 박테리아에서 볼 수 있는 호르몬으로 항산화, 항염, 항암, 항당뇨, 항비만을 비롯하여 면역증강, 심혈관보호, 노화방지, 신경보호 등에 유효한 물질이다. 특히 일주기를 개선하는 매우 중요한 생체주기조절 물질이기도 하다. 수면 호르몬인 멜라토닌과 스트레스 호르몬인 코르티졸(cortisol)은 생체시계에 맞춰 주기적으로 분비되고 소멸되는데, 멜라토닌은 상대적으로 빛에 민감하여 낮에는 분비량이 줄어들다 오후 8시 이후 분비가 활성화된다.

멜라토닌은 송과선(pineal gland)에서 생성, 분비되는 광(光)주기를 예측하는 호르몬으로 인체 생체리듬을 조절하고, 생식선자극호르몬의 분비를 억제해 준다. 이와는 대조적으로 코르티졸은 매일 새벽 6시부터 분비량이 증가하다 오전 9~10시 이후부터 점차 감소한다. 사람의 유전자에는 이러한 멜라토닌과 코르티졸의 주기가 저장되고 암호화되어 있어 일정 시간이 되면 자연스럽게 행동으로 나타난다. 멜라토닌과 세로토닌은 정반대 기능으로 보이지만, 사실 멜라토닌은 세로토닌의 변형이라고 말할 수 있다. 그것은 트립토판이 세로토닌을 거쳐 멜라토닌으로 바뀌기 때문이다.

두 호르몬의 변신 스위치 역할을 하는 것은 뇌 깊숙한 곳에서 하루의 시간을 알리는 생체시계의 중심 부분 시교차상 핵이다. 이곳에서 빛이 사라졌다는 정보가 송과선에 전달되면 멜라토닌이 분비되어 잠을 오게 만든다. 가령 밤 시간에 좋은 수면을 유지한다면 그것은 원활한 생체시계의 작동을 의미한다. 주야간 불규칙한 생활로 멜라토닌의 분비가 원활하지 못하면 수면장애, 우울증, 시차적응 실패 등과 같은 문제를 일으킨다. 자유기를 제거하는 능력을 가진 멜라토닌은 뇌와 혈관, 세포 사이를 자유로이 이동할 수 있어 뇌의 신경들을 보호하고, 몸 전체에서 파수꾼의 역할을 하며 항암, 면역증간, 기억력과 인지능력 증강에 도움을 준다. 또 멜라토닌은 치매의 일종인 알츠하이머병의 진행과정에 나타나는 신경섬유원 농축현상을 막고 우울증과 불면증, 흥분 등의 증상들을 완화하는 기능을 가지고 있다.

인슐린(insulin)은 생체 물질대사에 중요한 역할을 하는 호르몬 중 하나로 췌장(이자)의 랑게르한스섬 β세포에서 분비되며, 혈액 속의 포도당 수치인 혈당량을 일정하게 유지시키는 역할을 한다. 생체시계의 영향을 받는 인슐린(insulin)은 체내의 포도당을 에너지원으로 사용하도록 하는데, 기상 직후부터 분비량이 점차 증가하였다가 밤이 되면 감소한다. 밤에 음식을 섭취하면 낮에 섭취하는 것 보다 살이 더 찌는 것도 생체시계가 혈당 조절 호르몬인 인슐린 분비에 영향을 수기 때문이다. 따라서 밤 늦게 음식을 섭취하면 인슐린 부족으로 인하여 포도당이 에너지원으로 사용되지 못하고 지방으로 축적, 살이 찌게 된다. 또 인슐린은 식사신호에 반응하여 말초시계를 재설정하는 중재자이기도 하다.

2) 포도당, 지방, 아미노산과 항산화제

포도당은 생체시계 조절제로 중앙 및 주변시계 모두에 영향을 미친다. 인슐린과 포도당은 서로의 수준을 조절하는데, 포도당이 인슐린의 영향을 받지만 둘은 서로 상호보완적인 관계를 가진다. 생체시계 유전자 발현은 포도당 농도에 따라 달라진다. 또 포도당은 간접적으로 단백질의 안정성을 조절하며 세포시계를 조절한다. 인체의 지방세포는 자체 내부시계를 갖고 있으며, 주요 대사 기능에 영향을 미치는 일주기 리듬을 나타낸다. 고지방 식단의 경우 행동과 유전자 지방의 일주기 리듬을 방해하여 중앙시계와 말초시계 모두에게 영향을 미친다. 내장지방 면적이 증가하면 시계유전자는 적절하게 발현하여 지방을 적정 수준에 머물도록 한다. 총 아미노산 수준 및 일부 특정 아미노산도 생체시계에 영향을 미치는데, 생체시계의 핵심 단백질들은 염색체의 한 부분을 물리적으로 구부려 같은 염색체의 먼 부분에 근접시킴으로써 단백질 복합체를 활성화시키거나 억제한다.

생체시계는 활성산소종(ROS) 항상성의 중요한 조절인자인데, 생체시계에 변이가 일어나면 ROS 수준과 산화적 손상을 증가시켜 산화적 스트레스를 유발한다. 생체시계는 환원제(reducing agents), 손상수복, 세포생존, 항산화효소를 조절하여 대사과정에서 발생한 ROS를 소거하고, 산화적 손상을 저해하는 등 세포내 ROS 항상성에 관여한다. 카페인(caffeine)은 일정한 어둠 속에서 일주기 활동리듬을 연장시키며, 생체기간을 연장한다. 폴리페놀인 resveratrol도 시계유전자 발현에 영향을 미친다. 또 위장관 유래의 호르몬과 담즙산도 시계재설정에 관여한다. 만성적인 음주는 간시계의 기능을 방해하고, 시계 기전을 교란시킨다.

참고자료

(그림과 표의 참고문헌은 직접 관련 쪽에 명기하였음)

1. 공통 참고자료

강국희, 허경택. 비피더스균과 올리고당. 유한문화사, 1994

강신성, 생물과학, 아카데미서적, 2000

강영희, 생명과학대사전, 아카데미서적, 2009.

건강기능식품과 기능성식품소재 시장현황, 임팩트, 2016

건강기능식품에 관한 법률(건강기능식품법), 법률 제10219호

건강기능식품플랫폼. 건강기능식품(https://hfplatform.kfri.re.kr)

국가법령정보센터, 건강기능식품에 관한 법률, 2020

김대근 외 5, 기능성식품학, 신일서적(주), 2017

김미경 외 8, 새로 쓰는 건강기능식품 길잡이, 교문사, 2016

김숙희 외, 고급영양학, 라이프사이언스, 2006

김우정, 식품산업과 기능성식품, 산업식품과학과 산업, 33(3호), 2000

김재호, 생물화학, 청문각, 2002

김창한 외 3, 천연 생리활성 물질학, 유한문화사, 2006.

노봉수 외 4, 식품저장학, 수학사, 2014

노완섭 외 1, 건강보조식품과 기능성식품, 도서출판 효일, 2000

두산백과(www.doopedia.co.kr)

레닌저 생화학(상, 하) 7판, 윤경식 외 역, 월드사이언스, 2018

미래바이오텍, 건강기능식품원료(http://www.mrchito.com/kor/cate03/page03.php)

박인국, 생화학, 라이프사이언스, 2018

박종철, 기능성식품의 천연물과학, 도서출판 효일, 2002

박현서 외 2, 이해하기 쉬운 고급영양학, 도서출판 효일, 2010

백형환, 리핀코트의 그림으로 보는 생화학(제5판), 신일북스, 2012

변기원 외 4, 영양소대사의 이해를 돕는 고급영양학, 교문사, 2017

변기원 외 5, 이해하기 쉬운 생화학, 파워북, 2019,

생명공학정책연구센터, 건강기능식품 연구 및 기술동향 총서 제171권, 2012

서광희 외 4, 에센스 고급 영양학, 지구문화사, 2019

송재철 외 7, 건강기능성식품학. 보문각, 2006

위키백과(https://ko.wikipedia.org/wiki)

윤경식 외 다수 옮김, 월드사이언스, 2018

윤선 외 9, 2판 기능성 식품학, ㈜라이프사이언스, 2014

이남호, 천연물화학, 신일서적, 2014

이양자 외 4, 고급영양학, 신광출판사, 2017

이연숙 외 4, 이해하기 쉬운 인체생리학, 파워북, 2011

이주희 외 5, 꼭 알아야 할 생화학(2판), 교문사, 2017

이형주 외 4, 기능성식품학, 수학사, 2011

일본 보건기능식품 규정집, 2017

장형수 외 3, 건강기능성식품학, 동화기술, 2014

정동효, 농축수산식품의 건강기능대전, 유한문화사, 2013

중국 보건식품 등록 관련 규정집, 2017

채기수 외 5, 생명과학을 위한 생화학, 지구문화사, 1996

편집부, 간호학대사전, 한국사전연구사, 2006

한국보건산업진흥원, 영양표시 및 건강강조표시 규정의 국가별 비교, 2005

한국기능식품협회, 건강기능식품정보, https://www.khsa.or.kr/user/Main.do

한국식물학회, 식물학백과

한국식품과학회, 식품과학기술대사전, 광일문화사, 2004

한국해양과학기술원, http://www.kiost.ac.kr/kor.do

한용봉, 식용해조류 I-성분과 생리활성, 고려대학교 출판문화원, 2010

현태선 외 4, 플러스 고급영양학, 파워북, 2019

홍윤호, 식품 생리활성물질 과학, 전남대학교 출판문화원, 2009

황재관 외 7, 식품기능연구법, 도서출판 효일, 2002

Lauralee Sherwood 저, 강연숙 역, 인체생리학, 라이프사이언스, 2011

Moran 외 3 저, 김준 외 역, 생화학의 원리, 바이오사이언스, 2015

RISS, 학술연구정보서비스, https://twitter.com/riss_twt

Robert E. C. Wildman, Handbook of Nutraceuticals and Functional Foods, CRC Series in Modern Nutrition, 2001

Stuart Ira Fox 저, 박인국 역, 생리학 10판, 라이프사이언스, 2008

U.S. Food & Drug Administration(FDA) https://www.fda.gov/

2. 제 5장 생체기능 관련 생리활성물질 각론의 참고문헌

식약처, 2017년 건강기능식품 상시적 재평가 결과보고서, 2017

식약처, 건강기능식품 기능성 원료 및 기준규격 인정에 관한 규정, 고시 제2011-34호, 2011

식약처, 건강기능식품 기능성 원료 및 기준·규격 인정에 관한 규정, 식약처 고시 제2016-141호, 2016

식약처, 건강기능식품 기능성 원료 인정 현황, 발간등록번호11-1471000-000047-14, 2016

식약처, 건강기능식품 기능성 평가 가이드(민원인 안내서), 2020

식약처, 건강기능식품 기능성 평가 가이드, 2012

식약처, 건강기능식품 기능성평가 교육프로그램 개발, 2010

식약처, 건강기능식품 기능성평가 해설서, 2008

식약처, 건강기능식품 시험법 가이드(Ⅲ), 2005

식약처, 건강기능식품 평가의 과거, 현재, 미래, 2008

식약처, 건강기능식품 생산실적, 2018

식약처, 건강기능식품의 기능성시험가이드, 한국보건공정서연구회, 2008

식약처, 법령자료, 건강기능식품의 기준 및 규격, https://www.mfds.go.kr

식약처, 식품 및 식품첨가물공전, https://www.foodsafetykorea.go.kr, 2020

식약처, 영업자를 위한 건강기능식품 안내서, 2011

식약처. 건강기능식품원료의 in vitro 기능성 평가 모델연구, 2010

식품안전나라, 건강기능식품기능별정보, https://www.foodsafetykorea.go.kr/portal

식품안전나라, 건강기능식품기준 및 규격, https://www.foodsafetykorea.go.kr

식품안전나라, 원료별 정보, https://www.foodsafetykorea.go.kr/portal/board/board.do

3. 각 단위별 주요 참고자료

제 1 장 생리활성물질 총론

<1절, 2절> 생리활성물질의 정의와 중요성/기능성식품 및 생리활성물질의 역사

Medicine LibreTexts, https://status.libretexts.org. 2020

PhamNews, 시럽, 젤리 등 건기식 확대, https://www.pharmnews.com/news/

한국건강기능식품협회, 건강기능정보건강 식품편, https://www.khsa.or.kr/user/Main.do,

제 2 장 소재 / 종류별 생리활성물질

<1절> 식물성 유래 생리활성물질

국제특허 식물을 이용한 효능기반 생리활성물질 발굴방법, 출원번호 PCT/KR20 15/0061 18, 2015

위키백과, https://ko.wikipedia.org/wiki/

<2절> 동물성 유래 생리활성물질

이경광 외 9, 포유동물을 이용한 인체 생리활성물질의 대량 생산 모델시스템 개발, 한국과학기술연구원 부설 유전공학연구소 연구보고서, 1991

<3절> 미생물 유래 생리활성물질

Butler MS, The role of natural product chemistry in drug discovery. J. Nat. Prod. 67, 2004,

Newman DJ. et al., Natural products as sources of new drugs over the period 1981-2002. J. Nat. Prod. 66(7), 1022, 2003

<4절> 해양자원 유래 생리활성물질

Jan Reedijk, Reference Module in Chemistry, Molecular Sciences and Chemical Engineering, Oxford : Elsevier, 2014.

박근형 외 3, Marine enzymes and specialized metabolism, Methods in enzymology, 해조류를 이용한 후코이단의 생산, KSBB Journal, 25(3), 2010

아시아뉴스통신, http://www.anewsa.com

해양생물추출물소재은행, http://www.mabik.re.kr

제 3 장 성분별 생리활성물질

<1절> 탄수화물과 생리활성물질

Barsanti L. et al., Chemistry, physico-chemistry and applications linked to biological activities of β-glucans. Nat Prod Rep. 28, 457, 2011

Bharti SK. et al., Mechanism-based antidiabetic activity of fructoand isomaltooligosaccharides, Process Biochem. 50, 317, 2015

Bruno-Barcena JM, Andrea Azcarate-Peril M., Galactooligosaccharides and colorectal cancer : Feeding our intestinal probiome. J. Functional Food. 12, 92, 2015

C. Sommerville, et al. Towards a systems approach to understanding plant cell walls Science, 306, 2004

Chen J, Zhang XD, Jiang Z., The application of fungal β-glucans for the treatment of colon cancer. Anticancer Agents Med Chem. 13, 725, 2013

Chung, Min-Yu, et al., Hypoglycemic health benefits of D-psicose. J Agric Food Chem., 60(4), 2013

Goodridge HS, Wolf AJ, Underhill DM, Beta-glucan recognition by the innate immune system. Immunol Rev. 230, 2009

Hong KB, Jeong MG, Han KS, Kim JH, Park YH, Suh HJ., Photoprotective effects of galactooligosaccharide and Bifidobacterium longum supplementation against skin damage induced by ultraviolet irradiation in hairless mice. Int. J. Food Sci. Nutr. 66, 923, 2015.

http://plaza4.snut.ac.kr/%7Esnutfood/cyberstudy/heumsuk/chapter6.hwp

http://plaza4.snut.ac.kr/%7Esnutfood/cyberstudy/heumsuk/chapter7.hwp

Kim HS. et al., Stimulatory Effect of β-glucans on Immune Cells. Immune Netw. 11, 191, 2011

Meyer TS, Miguel AS, Rodríguez-Fernández DE, Dellamora-Ortiz GM. 2015.

Orthomolecular medicine, 폴리페놀(플라보노이드)-항산화, 항염증, 항암효과-카테킨, 레스베라트롤, 케르세틴, 이소플라본, 안토시아닌, https://m.cafe.daum.net/panicbird

Pulves 외, 이광웅 외 역, 생명 생물의 과학, 2006

Roberfroid M. Prebiotics, the concept revisited. J. Nutr. 137, 830, 2007.

ScienceOn, 기능성 감미료의 시장동향, RESEAT모니터링 보고서, 2011

ScienceOn, 당 알코올의 특성과 이용법, RESEAT모니터링 보고서, 2005

강국희, 허경택. 비피더스균과 올리고당. 유한문화사, 1994

강신성, 생물과학, 아카데미서적, 2000

강태진, 유산균의 효능과 이용, 생물학연구정보센터, BioWave(http://bric.postech.ac.kr/ biowave), 11(7), 2009

건강과 식품, 글루코사민(Glucosamin)-아미노당과 뮤코다당, 단백관련 기능성식품, 지식정보/글루코사민/녹색입홍합, https://hnfmall.tistory.com/100, 2009

과학백과사전, 갈락토사민, https://www.scienceall.com/galactosamine, 2017

과학백과사전, 아미그달린, https://www.scienceall.com

김상용, 생물공학기술에 의한 (기능성 당알코올) 만니톨의 상업적 생산 및 응용기술 개발, 보건의료 기술연구개발사업 최종보고서(HMP-OO-PT-21100-0005), 보건복지부, 2002

김수정 외. 야콘의 기능성 물질 프락토올리고당 특성과 효능. 한국국제농업개발학회지, 259 (3). 2013

나무위키, 아미그달린, https://namu.wiki.amygdalin

나무위키, 안토사이아닌, https://namu.wiki/

농림축산검역본부, 동물의 중독성 식물정보, https://www.qia.go.kr/animal/disease

박호영 외 2, 설탕 대체재 연구 동향, 한국식품연구원, 2016

비엣콩콩, 배당체의 종류와 분류-다양한 효능, https://newsvn.tistory.com/416, 2016

비엣콩콩, 아미그달린의 효능과 부작용, https://newsvn.tistory.com/420

삼성서울병원, 콩 속의 보물, 이소플라본(isoflavone), http://www.samsunghospital.com/

식품과학회 대두가공이용분과, 대두영양 및 기능성성분, http://www.soynet.org/Research

아미노당(amino sugar)과 아미노글루코시드, https://m.blog.naver.com/applepop/221919116196, 2020

액상과당, http://vitamin.or.kr/bbs/board.php?bo_table=sweetener&wr_id=3

오세화, 안트라퀴논 및 그 유도체들 합성, 한국화학연구원, 1987

위키백과, 청산중독, https://ko.wikipedia.org/wiki

이민혜 외 2, Quercetin과 Rutin의 피부 흡수 증진을 위한 셀룰로오스 다공성 하이드로젤 제형 개발, 한국고분자학회지, 37(3), 347, 2013

이화영, 과학향기 스토리, 중독적인 매운 음식의 비밀, KISTI의 과학향기 제3233호,

전신영 외 3, 한국 성인의 식품안정성에 따른 플라보노이드 섭취 실태, 2007~2012년 국민건강영양조사 자료를 이용하여, J Nutr Health 48(6), 507, 2015

최진환, 기능성 감미료 타카토스의 생물학적 생산 및 제품응용, 보건의료 기술연구개발사업 최종보고서 (HMP-OO-PT -22000-0034), 보건복지부, 2002

하경호 외 2, 한국인의 당류 섭취현황과 만성질환에 미치는 영향, 당류섭취와 저감화기술의 최근동향, 식품과학과 산업 9월호, 2016

한국일보, 생생과학, 01,23, 2019.

홍성욱, 세계김치연구소, 장내 유익균 프로바이오틱스 살리는 식단프리바이오틱스, 생물산업, 2019

<2절> 단백질/아미노산유래 생리활성물질

BT기술동향 보고서, 단백체학 연구 및 활용기술, 기술동향 2008-4 총서 제 93권, 생명공학정책연구원, 2009

Cao, Y., et al., Comparison of pharmacokinetics of L-carnitine, acetyl-L-carnitine and propionyl-L-carnitine after single oral administration of L-carnitine in healthy volunteers. Clinical and Investigative Medicine, 32 (1), 2009

Examine.com, L-Theanine, https://examine.com/supplements/theanine/,

Ing-Lung Shih, Yi-Tsong Van, The production of poly-g-glutamic acid from micro- organisms and its various applications. Bioresource Technology. 79, 207-225. 2001

Lee SW, Park HJ, Park SH, Kim N, Hong S. Immunomodulatory effect of poly-γ-glutamic acid derived from Bacillus subtilis on natural killer dendritic cells. Biochem Biophys Res Commun. 443, 413, 2014

Lee W, Lee SH, Ahn DG, Cho H, Sung MH, Han SH, Oh JW. The antiviral activity of poly-γ-glutamic acid, a polypeptide secreted by Bacillus sp., through induction of CD14-dependent type I interferon responses. Biomaterials. 34, 9700, 2013

Melatonin-Drugs.com. Drugs.com. 2018. naver, 인체의 내인성 항산화 효소 중 가장 강력한 효소 SOD(superoxide dismutase), https://m.blog.naver.com/.

ScienceDirect, Anticoagulant Agent, https://www.sciencedirect.com/topics/chemistry/anticoagulant-agent

ScienceDirect, Luciferase, https://www.sciencedirect.com/topics/neuroscience/luciferase

ScienceOn, Gamma-aminobutyric acid(GABA), 식품생활성물질,
https://scienceon.kisti.re.kr/srch/selectPORSrchReport, 2014

WebMD, theanine, https://www.webmd.com/vitamins/ai/ingredientmono-1053/theanine

Wikipedia encyclopedia, Lactoferrin, https://en.wikipedia.org/wiki/Lactoferrin

Wikipedia encyclopedia, Lysozyme, https://en.wikipedia.org/wiki/Lysozyme

Wikipedia encyclopedia, Protease inhibitor(pharmacology), https://en.wikipedia.org/wiki/Protease_inhibitor_(pharmacology)

구성원, 대두단백 가수분해물(SPIH)로부터 ACE 저해활성 펩타이드의 분리 및 특성분석, 석사학위 논문, 한양대, 2007

김제현, AMP-activated protein kinase(AMPK)의 활성도를 증강하거나 감소시키는 물질을 이용한 신약개발, 한국과학기술정보연구원, 2012

박상재 외 2, 한국특허출원 10-2013-0056923, 2013

박지해 외 5, 대두단백질과 그의 가수분해물 및 펩타이드 분획물이 흰쥐의 지질대사 및 식욕 관련 호르몬에 미치는 영향, 한국영양학회지, 43(4), 342, 2010

성문희, 폴리감마글루탐산. 약업신문, 2015

송우형, 2011, 글루타민과 글루타민펩타이드 차이, 근육맨닷컴, http://www.kun6man.com /m/board.html

식품의약품안전평가원, 유선자지료제 개발 및 규제동향, 첨단바이오제품과, 2018

윤선 외 9, 기능성 식품학, 라이프사이언스, 2006,

이상길, 생물의약품-저분자의약품 간의 비공유 복합체 형성 이론에 기반한 2형 골형성단백질 지속방출 바이오베터의 설계 및 평가, 한국과학기술정보연구원, 20116

이주연, 바이오의약품의 안전한 사용, 항체의약품 중심으로, 병원약사회지 30(1), 2013

이형주, Health Functional Peptides From Milk Products, 한국유가공학회 : 학술대회 논문집, 22-29, 1998

임우백 외 1, 실크 펩타이드 제조 방법, 한국특허 KR100881210B1,2006

전상민, 암에서 AMPK 신호전달 경로의 역할에 관한 최근 연구 동향, http://www.ksmcb.or.kr/file/webzine/2015_01_01.pdf, 웹진, 2015

한국바이오의약품협회, 바이오의약품이란, http://www.kobia.kr/sub01/sub01.php

<3절> 지질 / 지질유도체 유래 생리활성물질

https://goodlucks6200.tistory.com/1303, 오메가-3 지방산, 필수지방산 세상을 담다. 행복한 즐거운 세상. 2020

Hwang HJ et al., Effect of 1-palmitoyl-2-linoleoyl-3-acetyl-rac-glycerol on Immune Functions in Healthy Adults in a Randomized Controlled Trial. Immune Netw. 15, 150, 2015

MacLean CH. eyal., 암 위험에 대한 오메가 -3 지방산의 영향 : 체계적인 검토, JAMA 295(4), 403, 2016

Miles EA, Calder PC, 마린 n-3 다중 불포화 지방산이 면역 기능에 미치는 영향 및 류마티스 관절염의 임상 결과에 미치는 영향에 대한 체계적인 검토, 영국 영양저널, 107 Suppl 2 (S2), S171, 2012

PMG 지식엔진연구소

Yoon SY et al., 1-palmitoyl-2-linoleoyl-3-acetyl-rac-glycerol (EC-18) Modulates Th2 Immunity through Attenuation of IL-4 Expression. Immune Netw, 15, 100, 2015

ω-6 fatty acid, 영양학사전, 1998

김경록, 면역조절 기능성식품의 구조 및 작용, BRIC View 2016-T08, 2016

식품과학기술대사전, 한국식품과학회. 2008

오메가 3, 건강기능식품 국내제품, 식품안전나라

오메가-3 지방산, 필수 지방산(essential fatty acid, EFA), 세상 을 담다. 행복한 즐거운 세상. 2020. 6. 7. https://goodlucks6200.tistory.com/1303

이상후, 지질체학의 기술적 진보 및 최신 연구동향, 서울의과학연구소/에스씨엘헬스케어, BRIC View 2018-T10, 2018

최낙연, SeeHint.com, 지방대사, http://www.seehint.com/word.asp?no=10901

현수랑, 재미있는 음식과 영양 이야기, 가나출판사, 2014

제 4 장 천연색소/피토케미컬 유래 생리활성물질

Admin, Difference Between Antioxidants and Phytochemicals, Difference Between, 2015

Aguila Ruis-Sola M, et al., Carotenoid biosynthesis in Arabidopsis, A colorful pathway. The Arabidopsis Book, 2012

Nisar N, Li L, Lu S 등, Carotenoidd metabolism in plants. Mol Plant, 8, 68, 2015

Sun T, Yuan H, Cao H 등, Carotenoid metabolism in plants: the role of plastids. Mol Plant, 11, 2018

김경변 외 3, 제 I 형 알레르기 반응이 유도된 생쥐에서 식물추출 복합물(PEM381)의 효과, J Kor Soc Food Sci Nutr. 36, 155-162, 2007

김민정, 한국의 상용 과채 60종의 총 폴리페놀 함량에 의한 총 항산화능 평가, 경남대학교 대학원, 석사학위논문, 2011

박경련 외 5. 보성산 유기농 녹차의 품질에 따른 카테킨 함량과 항산화능 비교 분석, 한국식품과학회지, 41(1), 2009

삼성서울병원, 「식물 속 에너지, 파이토케미컬」, http://www.samsunghospital.com/

안정은, 파이토케미칼(식물생리활성물질)-보충, 자유게시판, 식약처, 2020

제5장 생체 기능관련 생리활성물질 각론

<1절> 항암 관련 생리활성물질

과학포털 사이언스올-인터페론, https://www.scienceall.com

김규원 외, 과학의 발전과 항암제의 역사, ㈜범문에듀케이션, 2015

삼성서울병원, 암치유생활백과, 청림라이프, 2016

생명공학정책연구센터 ,https://www.bioin.or.kr

서울대학교암병원, 암에 대해 알아야 할 모든 것, 서울대학교출판문화원, 2016

위키피디아-림프구, https://en.wikipedia.org/wiki/lymphocyte

위키피디아-인터페론, https://ko.wikipedia.org/wiki/Interferon

장근영, Bric동향, BRIC VIEW 2016-T20, 2016

정동기, 박양호, 암세포를 정상세포로, 겨리, 2017

타이 볼링거, 제효영 역, 암의 진실, 토트출판사, 2017

한국보건사회연구원, 연구보고서, 2019

<2절> 면역 / 면역과민(알레르기) 관련 생리활성물질

Cao S, He X, Xu W, Luo Y, Ran W, Liang L, Dai Y, Huang K. Potentially allergenicity research of Cry1C protein from genetically modified rice. Regul Toxicol Pharmacol 63(2), 181, 2012

Eula Biss 저, 김명남 역, 면역에 관하여, 열린책들, 2016

Gibson, K. Let al., B-cell diversity decreases in old age and is correlated with poor health status. Aging Cell. 8, 18, 2009.

Joint FAO/WHO Expert Consultation on Foods Derived from Biotechnology. Rome, Italy, Food and Agriculture Organization of the United Nations, 2001

Kramkowska M et al., Benefits and risks associated with genetically modified food products. Ann Agric Environ Med 20(3), 413, 2013

Manser, A. R. and Uhrberg, M. Age-related changes in natural killer cell repertoires, impact on NK cell function and immune surveillance. Cancer Immunol. Immunother.

Müller, L., Pawelec, G. and Derhovanessian, E. The immune system during aging. In Diet, immunity and inflammation. Woodhead Publishing. Oxford, 631-651, 2013

안강모, 알레르기질환 발생 환경유해인자 규명기술개발, 한국환경기술연구원, 2-16

정경태, 면역 반응체계의 노화, Journal of Life Science, 29(7), 817, 2019

하기와라 기요후미 저, 황소연 역, 내 몸안의 주치의 면역, 전나무숲, 2006

황경아, 면역 관련 건강기능식품(전통식품 소재 중심으로), 식품산업과 영양, 25(1), 2020

<3절> 비만 관련 생리활성물질

국민건강증진개발원, 지역사회 기반 비만예방관리사업 표준 프로그램 개발 연구, 2019.

대한비만학회, 임상비만학(제2판), 고려의학, 2001

마이클파워 외 1저, 김성훈 역, 비만의 진화, 컬처룩, 2014

박영주외 1, 비만분야의 국내외 의학연구 경향분석, 대한비만학회지, 17(4), 2008

박용우, 지방대사 켜는 스위치온 다이어트, 루미너스, 2018

유수정, 우리나라 성인비만 관련요인 분석, 연세대 보건대학원 석사학위논문, 2004

이철호, 비만과의 전쟁, 도서출판 식인연, 2019

제이슨 펑 저, 제효영 역, 비만코드, 시그마북스, 2018

조정진, 비만관련 질환의 이해, 대한운동학회지, 13, 3, 2003

조현익, 비만에 관한 심리학적 연구 동향, 대한운동학회 2, 105, 2000

<4절> 항염증 관련 생리활성물질

Antoni C, Braun J, Side effects of anti-TNF therapy, current knowledge. Clin Exp Rheumatol. 20, 152, 2002

Lawrence T dt al., Antiinflammatory lipid mediators and insights into the resolution of inflammation. Nat Rev Immunol. 2(10), 787, 2002

Serhan CN, Petasis NA, Resolvins and protectins in inflammation resolution. Chem Rev. 111(10), 5922, 2011

<5절~8절> 혈관 관련 생리활성물질

Durstine, J. L. Pollock's 심혈관질환과 재활, 한미의학, 2014

Kalyani RR, Dobs AS. Androgen deficiency, diabetes, and the metabolic syndrome in men. Curr Opin Endocrinol Diabetes, Obes 14, 226-234, 2007

Krauss RM et al., guidelines: revision 2000: a statement for healthcare professionals from the Nutrition Committee of the American Heart Association. Circulation, 102, 2284-99, 2000

Laaksonen DE,et al., Metabolic syndrome and development of diabetes mellitus: application and validation of recently suggested definitions of the metabolic syndrome in a prospective cohort study. Am J Epidemiol 156, 1070, 2002

Lorenzo C. et al The National Cholesterol Education Program: Adult Treatment Panel III, International Diabetes Federation, and World Health Organization definitions of the metabolic syndrome as predictors of incident cardiovascular disease and diabetes. Diabetes Care, 30, 8-13, 2007

MBC, 지방의 누명 1, 2부, 2016, 9

Philip T, et al, 저, 고재문 외 2 역, 최신 해부생리학(4판), 2013

Stampfer MJ et al. Primary prevention of coronary heart disease in women through diet and lifestyle. N Engl J Med., 343, 16-22, 2000

김남수 외 1, 10주간의 유산소운동이 비만 성인여성의 신체구성, 혈중지질, 산화스트레스 및 hs-CRP에 미치는 영향, 한국체육과학회지 26(6), 1007, 2017

김덕경 외 1, 혈관질환의 약물치료 매뉴얼, 군자출판사, 2020

김미경, 박정현, 대사증후군, J Korean Med Assoc 2012 55(10), 1005, 2012

김선주, 우리나라 중고령자의 심뇌혈관질환 발생률과 위험요인, 인제대학교 보건대학원, 2016

김종원 외 2, 걷기운동과 행동수정 프로그램이 비만 남중생의 체조성, 혈중지질 및 대사증후군 인자에 미치는 영향, 한국사회체육학회지 53(2), 637, 2013

김지연 외 2, 비만여성의 폐경 전·후에 따른 유산소 운동이 대사증후군 지표와 우울에 미치는 영향, 한국사회체육학회지 60, 657, 2015

나가시마 히사에, 잇관 외 1, 콜레스테롤, 중성지방을 낮추는 방법, 청홍, 2019

니나 타이숄스 저, 양준상 외 1 역, 지방의 역설-비만과 콜레스테롤의 주범 포화지방, 억울한 누명을 벗다, 시대의창, 2016

대한비만학회, 임상비만학(제2판), 고려의학, 2001

서울의료원, 심혈관센터 자료

식약처, 건강기능식품 기능성 원료 인정 현황, 2016

식약처, 건강기능식품 기능성 평가 가이드,

식약처, 커버 스토리, https://www.mfds.go.kr/webzine/201512/01.jsp

식품안전정보포털 식품나라

연세대 심혈관병원, 심혈관 자료

오우룡, 대사증후군 종합관리시스템 P-700, 유토피아북, 2012

와타나베 요시히코 저, 이주관 외 1역, 혈압을 낮추는 최강의 방법, 청홍, 2019
이지원, 대사증후군식사가이드, cypress, 2018

전진성, 대사증후군, 발효효소로 풀다, 상상나무, 2017

편욱범, 심혈관 질환의 일차예방, 가정의학회지 23(12), 1405, 2002

<10절> 당뇨 관련 생리활성물질

RISS, http://www.riss.or.k

김영설, 당뇨정복 북앤에듀, 2016

사단법인 한국당뇨협회, A Monthly Diabetes Magazine

식약처, 건강기능식품 기능성 원료 및 기준규격 인정에 관한 규정, 식약처고시 2012-107호

식약처, 건강기능식품 기능성 평가 가이드, 2012

식약처, 건강기능식품 기능성평가 해설서, 2008

식약처, 건강기능식품의 기능성시험가이드, 한국보건공정서연구회, 2008

제이슨 저, 이문영 역, 당뇨코드, 라이팅하우스, 2020

<11절> 뼈 / 관절과 칼슘흡수 촉진 관련 생리활성

EFSA. Guidance on the scientific requirements for health claims related to bone,joints, skin, and oral health. EFSA J. 10(5), 2702, 2012

Sanjeevi N, Lipsky LM, Nansel TR. Greater inflammation and adiposity are associated with lower bone mineral density in youth with type 1 diabetes. Diabetes Res Clin Pract. 144, 10-16, 2018

다케우치 슈지 저, 오시연 역, 인체 구조 교과서, 보누스, 2019

대한영양사협회 영양클리닉, https://www.dietitian.or.kr/work/business/kb_clinic.do

마쓰무라 다카히로 저, 장은정 역, 뼈 관절 구조 교과서, 보누스, 2020

식약처, 건강기능식품 기능성 평가 가이드- 뼈/관절 건강에 도움. 2012

식약처, 건강기능식품 기능성 평가가이드(민원안내서), 발간등록번호 안내서-0123-02, 2020

신찬수 외 1, 뼈의 재형성 및 무기질화. 대한내분비학회지. 20(6), 543, 2005

윤종현. 골관절염의 최신지견. 대한내과학회지. 82(2), 170, 2012

<13절, 14절> 소화기와 간 기능 개선 관련 생리활성물질

김경아, 간기능검사의 이해와 적용. 대한내과학회지. 2009;76(2): 163-168

박정현, 인슐린 저항성과 비알콜성 지방간. 대한간학회. 12, 16-30, 2006

식약처, 건강기능식품 기능성 평가가이드(민원안내서), 발간등록번호 안내서-0133-02,2020,

식약처, 건강기능식품 기능성 평가가이드-간 건강에 도움을 줄 수 있음, 2015

요코야마 이즈미 저, 양필성 역, 간 담낭 췌장을 예방 치료하는 식생활과 생활습관 38가지, 동도원, 2010

전재한 외 1, 비알코올성 지방간의 정의, 병인, 자연경과. 대한당뇨병학회지. 15, 65-70, 2014

정고은, 김동희. 비알코올 지방간 질환의 역학. 대한내과학회지. 86(4), 399, 2014

<15절, 16절> 노화 / 갱년기 남성과 여성 건강에 관한 생리활성물질

Ascenzi P, Bocedi A, Marino M. Structure-function relationship of estrogen receptor alpha and beta : impact on human health. Mol Aspects Med. 27, 299-402, 2006

Bassil N, Alkaade S, Morley JE. The benefits and risks of testosterone replacement cancer?. Endocr Pract. 14(7), 904, 2008

Chilibeck PD et al., Effect of estrogenic compounds (estrogen or phytoestrogens) combined with exercise on bone and muscle mass in older individuals. Appl Physiol Nutr Metab. 33, 200-212, 2008

Cutler RG, Mattson MP. The adversities of aging. Aging Res Rev 221-238, 2006

Depp CA, Jeste DV. Definitions and predictors of successful aging : a comprehensive review of larger quantitative studies. Am J Geriatr Psychiatry 14, 6-20. 2006

Dobs AS, Morgentaler A. Does testosterone therapy increase the risk of prostate Masoro EJ. Overview of caloric restriction and aging. Mech Ageing Dev 126, 913-922, 2005

therapy : a review. Ther Clin Risk Manag. 5(3), 427, 2009

권인순, Understanding of Aging, J Korean Med Assoc 50(3), 208, 2007

대한폐경학회, 폐경 여성을 위한 지침서. 제4판. 2012

데이비드 A 외, 노화의 종말, 부키, 2020,

식약처, 건강기능식품 기능성 평가 가이드 '갱년기 남성건강에 도움을 줄 수 있음' 편, 발간등록번호 안내서-0131-03, 2019

식약처, 건강기능식품 기능성 평가 가이드 '갱년기 여성건강에 도움을 줄 수 있음' 편, 발간등록번호 안내서-0132-02, 2019

식약처, 건강기능식품 기능성 평가 가이드, 2012

식약처, 건강기능식품 기능성평가 가이드, 2018

식품안전정보포털, 식품안전나라, https://www.foodsafetykorea.go.kr/portal/healthy

오기원. 에스트로겐과 심혈관질환. 대한내분비학회지. 19(6), 573, 2004

오한진. 갱년기 관리의 최신 지견. 의사협회. 2005

이옥화외 3, 중증도 갱년기 증상을 가진 폐경 후 여성에서 식품군별 섭취패턴에 따른 영양소 섭취상태, 식사의 질 및 삶의 질에 관한 연구. 대한지역양학회지. 17(1), 69, 2012

크리스티안 노스럽 저, 이상춘 역, 폐경기 여성의 몸 여성의 지혜, 한문화, 2011

<17절> 피부건강에 도움을 주는 생리활성물질

Cho S, Kim et al., Phosphatidylserine prevents UV-induced decrease of type I procollagen and increase of MMP-1 in dermal fibroblasts and human skin in vivo. J Lipid Res. 49(6), 1235, 2008

김기쁨 외 6, Sericine과 Alpha-Mangostin의 주름개선 상승효과. Kor J Aesthet Cosmetol 13(6), 729, 2015

김미진 외 3, 질려자 추출물의 피부 볼륨 증진 및 주름개선 효과. Kor. Biotech Bioeng J 31(3), 178, 2016

박장서, 피부 장벽과 스핑고리피드 한국피부장벽학회지 4(1), 20, 2002

식약처, 건강기능식품 시험법 가이드(Ⅱ), 2004

식약처, 고시, 건강기능식품 기능성 원료 및 기준규격 인정에 관한 규정, 2016-141호, 2016

이승헌 외 3, 피부 장벽, 여문각, 2004

이형주 외 4, 기능성식품학, 수학사, 2011

장성재 외 2, 생활속의 자외선, 화장품신문 출판국, 2002

표영희 외 3, 메디컬 스킨케어, 파워북, 2018

피부과학, 대한피부과학회 교과서 편찬위원회, ㈜대학의학서적, 2014

제18장 기억력 개선/인지능력 향상에 도움이 되는 생리활성물질

Lynch G, Palmer LC, Gall CM, The likelihood of cognitive enhancement. Pharmacol Biochem Behav 99(2), 116, 2011

구다희 외 3, 뇌 톡톡 인지능력 향상, 엘맨, 2018

박문호, 그림으로 읽는 뇌과학의 모든 것, ㈜휴머니스트 출판그룹, 2013

배현수, 신인섭. 집중력 및 기억력 개선 관련 기능성 평가체계 구축 최종보고서. 식품의약품안전청, 2003

생리학, 라이프사이언스, 2014

식약처, 건강기능식품 기능성 평가 가이드, '기억력 개선에 도움을 줄 수 있음' 편, 2015

식약처, 건강기능식품 기능성 평가 가이드, '인지능력 개선에 도움을 줄 수 있음' 편, 2014
유순덕, 치매예방을 위한 인지능력향상 뇌건강 학습지 1주차, 해피앤북스, 2018
이정모, 인지과학-학문 간 융합의 원리와 응용, 성균대학교 출판부, 2012

<19절> 긴장완화에 도움을 주는 생리활성물질

Franklin T.B. et al. Neural mechanisms of stress resilience and vulnerability, Neuron, 75, 747, 2012
Joëls, M. & Baram T.Z., The neuro-symphony of stress, Nature Reviews Neuroscience, 10, 459, 2009
권오연, 정신질환분야 R&D 동향 및 시사점, 한국보건산업진흥원 HT R&D 이슈리포트, 12, 2013
석호문, 항스트레스 식품·소재의 시장동향, 식품기술, 20, 215, 2007
식약처, 건강기능식품 기능성 평가 가이드, '긴장완화에 도움을 줄 수 있음' 편, 2014
이상호 권학철, 스트레스 회복탄력성과 천연물활용 신산업 기술, PD ISSUE REPORT, 17-7, 2017
조정진, 근거중심으로 살펴본 스트레스와 질병, J. Korean Med Assoc, 56, 460, 2013
한국보건사회연구원, 한국사회의 사회 심리적 불안의 원인분석과 대응방안 연구보고서, 2015
한국약학교육협의회, 예방약학분과회, 질환별로 본 건강기능식품학, 신일북스, 2013
홍은영, 박석준, 정신건강 기능성식품의 현황 및 미래, 식품과학과 산업 46(2), 2-7, 2016

<20절> 눈 건강에 도움을 주는 생리활성물질

강민주 외 6, 습성 나이 관련 황반변성에서 항혈관내피성장인자의 유효성과 안전성 : 네트워크 메타분석. 대한안과학회지. 60(8), 748-757, 2019
마대중 외 1, 나이관련 황반변성에서 영양보충제의 역할. 대한의사협회지. 59(12), 595, 2016
식약처, 건강기능식품 기능성 평가 가이드(민원인 안내서), '눈건강에 도움을 줄 수 있음' 편-발간등록번호 안내서-0129-02, 2020
식약처. 건강기능식품기능성 평가 가이드(눈건강에 도움을 줄 수 있음). 2015
황형빈. 안구건조증의 병리와 치료동향. 대한의사협회지. 59(9):713-718, 2016

<21절> 배뇨 / 요로 / 전립선 건강에 도움을 주는 생리활성물질

Austin PF, Ritchey ML. Dysfunctional voiding. Pediatr Rev. 21, 336-341, 2000
Han SW. Pediatric voiding dysfunction. Proceedings of the 5th Korea Urology Symposium, 2002 Oct 24, Seoul. Seoul, Korea University, Department of Urology, 2002
Jarred, R.A. et al., Anti-androgenic action by red clover-derived dietary isoflavones reduces non-malignant prostate enlargement in aromatase knockout (ArKo) mice. Prostate, 56(1), 54, 2003
Lusuardi L, Fong YK. Functional voiding disorders, actual aspects in diagnosis and treatment. Curr Opin Urol 14:209-12, 2004
김기혁 외 1, 외래에서 흔히 접하는 배뇨 증상-배뇨장애를 중심으로-, Korean Journal of Pediatrics 48(6), 2005
대한배뇨장애요실금학회, 과민성방광 지침서 (2판), 에이플러스기획, 2011
대한비뇨기과학회, 비뇨기과학. 제4판, 일조각, 2007
대한전립선학회, 전립선 비대증 진료지침, 2010
삼성서울병원, 삼성당뇨소식지,
서은경, 전립선질환 완치스토리, 도서출판 김앤서, 2020
식약처. 건강기능식품기능성 평가 가이드(민원인 안내서), 배뇨기능 개선에 도움을 줄 수 있음 편, 2017
식약처. 건강기능시품기능성 평가 가이드(전립선 건강에 도움을 줄 수 있음), 2017
이규성, 이영숙, Overactive bladder. 대한비뇨기과학회지, 48(12), 1191, 2007
타카하시 사토루 저/김철용 역, 일러스트 100세까지 건강한 전립선, 정다와, 2020

<22절> 수면에 도움을 주는 생리활성물질

민아름, 수면 부족이 대뇌 피질 형태에 미치는 영향에 관한 연구, 연세대학교 대학원, 2017

시미즈 데쓰오 저, 김수희 역, 수면장애와 우울증, 브랜드 이와나미문고, 2018

식약처. 건강기능식품 기능성 평가 가이드(민원인 안내서, '수면건강에 도움을 줄 수 있음), 2017

신수진, 황은희, 불면증을 호소하는 성인의 주관적 수면평가와 객관적 수면평가. 대한임상건강증진학회지 8, 141-149, 2008

정소영, 한국 성인의 적정 수면군과 수면부족 및 과다군 간의 삶의 질 및 정신건강 비교, 고려대학교 보건대학원, 2019

정재훈, 수면촉진 및 스트레스완화 관련 기능성 평가체계구축, 2003

최상용, 하루 3분, 수면 혁명, 휴 출판, 2014

<23절> 어린이 키 성장에 도움을 주는 생리활성물질

대한한방성장학회, 한방 키 키우기, 성장에 관한 한의학의 모든 것, 건강다이제스트사, 2006

소재영. 키!! 아는 만큼 자란다, 매일건강신문사, 2002

이동헌, 한의학에 기반한 건강기능식품 개발 전략 및 어린이 키성장 기능성원료 황기추출물 등 복합물 개발, 한국약용작물학회 학술대회논문집 27(2). 2019

하기찬 외 7, 백수오-한속단 추출 복합물의 어린이 키 성장에 관한 임상 연구, 한방재활의학과학회지 29(1), 75, 2019

헬스조선, 우리 아이 키, 정상적으로 크고 있나?, 2008

<24절> 여성 질 건강(유산균 증식을 통한) / 월경전 변화개선에 도움을 주는 생리활성물질

Cho, Y.H. Introduction to urinary tract infection. Kor. J. Urol. 47, 559-567. 2006.

Park, M.Y.et al., Microbiologic and molecular genetic analysis of Lactobacillus spp. isolated from vagina of Korean women and a pilot clinical study on the treatment of vaginitis using the best Lactobacillus strain KLB 46. Kor. J. Obstet. Gynecol. 47, 1154-1164, 2004.

세키구치 유키 저, 조사연 역, 질과 골반이 건강해야 여자가 행복하다, 시그마북스, 2020

식약처, 건강기능식품 기능성 평가 가이드(민원인 안내서)-월경 전 변화에 의한 불편한 상태 개선에 도움을 줄 수 있음 편, 2017

안혜란 외 2, Characterization and Antimicrobial Activity of Lactic Acid Bacteria Isolated from Vaginas of Women of Childbearing Age, Korean journal of microbiology, 47(4), 2011

오초롱 외 1, Multiplex PCR 분석을 통한 건강한 20대 여성의 질 내에 서식하는 *Lactobacillus*속 유산균의 신속한 검출, Korean Journal of Microbiology 48,(4), 309, 2012

<25절> 정자운동성 개선에 도움을 주는 생리활성물질

남상석 외 3, 어성초·삼백초 발효추출액 복용과 유산소성 트레이닝이 정자(精子) 활성 및 성호르몬 농도에 미치는 영향, 한국체육과학회지 24(4), 1179, 2015

박세환 외 1, 비만과 운동이 정자의 질과 기능에 미치는 영향, 체육과학연구 30(1), 1-8, 2019

선우섭 외 1, 장기간의 토종오가피차 복용이 정자 운동성이 낮은 성인의 운동수행능력 및 정자의 운동특성, 생식기계 호르몬개선에 미치는 영향, 한국체육과학회지 17(4), 2008

이혜윤 외 5, 저항성 운동이 흰쥐 고환 조직의 항산화효소, 부고환 조직의 정자 운동성 및 혈중 testosterone에 미치는 영향, 한국체육학회지 54(3), 511, 2015

이혜윤, 저항성 운동이 흰쥐 고환 조직의 항산화 효소, 정자 운동성 및 혈중 testosterone에 미치는 영향, 한국교원대 대학원, 2015

<26절> 운동수행능력 향상에 도움을 주는 생리활성물질

건강기능식품 플랫폼. http://hfplatform.kfri.re.k

김홍설, 운동선수의 자기관리 및 정신력이 경기력에 미치는 영향, 한국콘텐츠학회논문지 '10(8), 391, 2010

식약처, 건강기능식품기능성 평가 가이드(운동수행능력 향상에 도움을 줄수 있음 편), 2016

<27절> 치아 충치발생 위험 감소 / 구취제거에 도움을 주는 생리활성물질

김동오, 치과의사도 모르는 진짜 치과 이야기, 에디터, 2019

서울대 치과대학홈페이지, 2020

송근배, 치아우식증 예방을 위한 자일리톨의 활용, 대한치과의사협회지 46(3), 132, 2008

이수진, 치과의사들이 하는 그들만의 치아 관리법, 북스고, 2020

전재규, 임상가를 위한 특집 1-충치예방과 관련된 천연물(natural products) 연구의 현황, The journal of the Korean dental association, 50(9), 544, 2012

풍치와 충치의 원인 프라그 제거하려면, 탈모닷컴, 2012

한국건강간리협회, 충치예방, 건강소식 23(6), 1999

항산화 작용과 폴리페놀, applepop블로그, 2016

<28절> 피로회복에 도움을 주는 생리활성물질

나카노 히로미치 저, 최서희 역, 피로를 모르는 최고의 몸, 한국경제신문사(한경비피), 2019

백일영 외, 매실 추출물 섭취가 에너지기질 및 피로물질 변화에 미치는 영향, 생명과학회지 20(1), 2010

스기오카 주지 저, 황선희 역, 완전탈출 만성피로, 페이퍼타이거, 2019

식약처, 건강기능식품의 피로회복 관련 기능성평가체계 구축, 2004

야마다 도모 저, 조해선 역, 스탠퍼드식 최고의 피로회복법, 비타북스, 2019

정승필외 1, 만성 피로증후군, 영남대 J. of med. 2007

<29절> 항산화에 도움을 주는 생리활성물질

과기부, 항산화 및 항염증 생리활성물질의 작용기작, 보고서, 2012

김미경 외 14, 건강기능식품(개정판), 교문사, 2010

식약처, 건강기능식품 기능성 원료 및 기준규격 인정에 관한 규정, 고시 제2011-34호, 2011

식약처, 건강기능식품 기능성평가 교육프로그램 개발, 2010

식약처, 건강기능식품 기능성평가 해설서, 2008

식약처, 건강기능식품 시험법 가이드(Ⅲ), 2005

식약처, 건강기능식품의 기능성내용 교육 프로그램 개발, 2007

식약처. 건강기능식품원료의 *in vitro* 기능성 평가 모델연구, 2010

<30절> 생체주기 조절 생리활성물질

http://www.ibric.org/bbs/trend/0211/021107-3.html

Paolo Sassone-Corsi Gas Asher. Time for Food : The Intimate Interplay between Nutrition, Metabolism, and the Circadian Clock. Cell 161, 84-92, 2015

강건택. 생체시계 비밀 밝힌 美과학자 3명 노벨생리의학상 수상(종합2보), 연합뉴스, 2017

막시밀리안 모저 저, 이덕임 역, 안 아프게 백년을 사는 생체리듬의 비밀, 추수밭, 2019

서지연, 생체주기 조절 식품 및 식품성분의 연구동향, BRIC View 2018-T12

이현정, 밤에 먹으면 살찌고, 낮에 다친 상처가 빨리 낫고., 비밀은 '생체시계, 헬스조선, 2017

조선비즈 IT, http://biz.chosun.com/site/data/html_dir/2017/10/02/2017100201504.

최준호, 세포의 외침, 중앙 Sunday, http://news.joins.com/article/19423946, 2016

한국과학기술정보연구원, 식품이 생체 시계를 변화시킨다. 해외과학기술동향, 6, 2002

찾 아 보 기

ㅇ

ㅈ

ㅊ

ㅋ

ㅌ

ㅍ

ㅎ

Index

B

C

G

H

I

K

L

M

N

O

P

Q

R

S

T

U

V

저자 약력

서형주

- 일본 이화학연구소 화학공학연구실 연구원
- 고려대학교 대학원 식품공학과 박사
- 고려대학교 식품공학과 학사, 석사
- 현재) 고려대학교 바이오시스템의학부 교수

한성희

- 고려대학교 대학원 농화학과 졸업 박사
- 일본킨키대학교 농학부(해외우수연구 인력지원) 책임박사연구
- 고려대학교 바이오시스템의학부 생명자원연구소 연구교수
- 현재) 고려대학교 의과대학/안암병원 연구부 연구기획전담 교수

박현정

- MIT 응용미생물 연구소 Postdoctor Associate
- 전 ㈜ 효락P&S 대표이사
- 부산대학교 대학원 미생물학과 박사
- 연세대학교 식품공학과 학사, 석사

송재철

- 울산대학교 명예교수
- 전 고려대학교 바이오시스템의학부 교수(연구)
- MIT 방문교수
- Ohio State University, Dept. of Food Science & Nutrition 박사
- Wright State University, Medical School, Dept. of Microbiology 석사
- 고려대학교 식품공학과 석사
- 고려대학교 농화학과 학사

기능성 **생리활성물질학**

2023년 4월 5일 초판 인쇄
2023년 4월 10일 초판 발행

저 자 : 서형주 · 한성희 · 박현정 · 송재철
펴낸이 : 천승배

펴낸곳 : 도서출판 유한문화사

주소 : 경기도 고양시 덕양구 지도로124번길 8-35
전화 : (02) 2668-2055
팩스 : (02) 2668-2565
http://www.yuhansa.com
E-mail : yuhansa@hanmail.net

등록 : 제 5-31호. 1979. 3. 6.

값 45,000 원

ISBN : 978-89-7722-952-5 93590